“十二五”国家重点图书出版规划项目
国家出版基金资助项目
贵州省出版发展专项资金资助项目

中国蚋科昆虫

陈汉彬◎主编

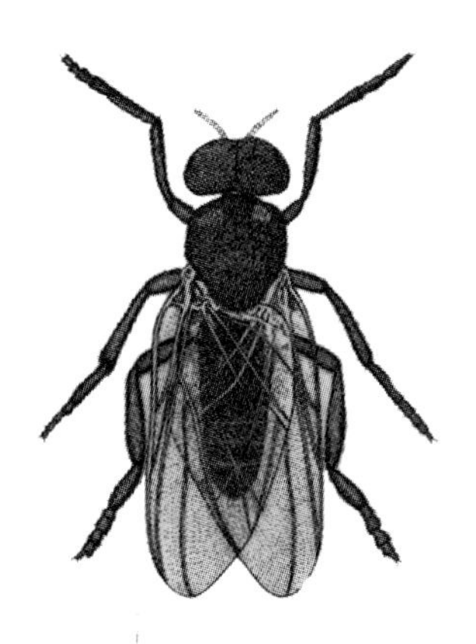

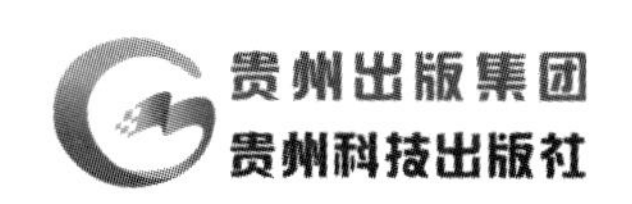

图书在版编目(CIP)数据

中国蚋科昆虫 / 陈汉彬主编. —贵阳:贵州科技出版社,2016.1

ISBN 978-7-5532-0350-8

Ⅰ.①中… Ⅱ.①陈… Ⅲ.①蚋科-研究-中国 Ⅳ.①Q969.44

中国版本图书馆 CIP 数据核字(2015)第206167号

出版发行	贵州出版集团 贵州科技出版社
地　　址	贵阳市中天会展城会展东路A座(邮政编码:550081)
网　　址	http://www.gzstph.com http://www.gzkj.com.cn
出 版 人	熊兴平
经　　销	全国各地新华书店
印　　刷	福建省金盾彩色印刷有限公司
版　　次	2016年1月第1版
印　　次	2016年1月第1次
字　　数	1060千字
印　　张	43.5
开　　本	889mm×1194mm 1/16
书　　号	ISBN 978-7-5532-0350-8
定　　价	120.00元

天猫旗舰店:http://gzkjcbs.tmall.com

《中国蚋科昆虫》

编辑委员会

主　　编　陈汉彬

副 主 编（排名不分先后）

张春林　杨　明　温小军　寻　慧

编　　委（以姓氏笔画为序）

马玉龙　王　嫣　王　赟　韦　静　邓成玉　毕光辉

刘　丹　刘　萍　刘占钰　刘兴梅　寻　慧　杨　明

杨晔宇　吴　慧　张　晶　张庆海　张红玲　张迎春

张建庆　张春林　陈　虹　陈汉彬　罗洪斌　周　静

赵文静　修江帆　侯晓晖　姜迎海　徐　旭　郭莫贵

黄　丽　黄若洋　康　哲　曾亚纯　温小军　樊　卫

廉国胜

内容简介 Introduction

本书为“十二五”国家重点图书出版规划项目、2015年度国家出版基金资助项目、2014年贵州省出版发展专项资金资助项目。全书分总论和各论两部分。总论对蚋科的名称溯源、历史沿革、分类系统、鉴别形态、内部结构、生物地理学、生物学特性、细胞遗传学、分子生物学、医学重要性和研究技术做了系统论述。各论对蚋科6属的333种（含24个新种）蚋虫各虫期的分类做了介绍。

蚋类是盘尾丝虫病（又称“河盲症”）等人类和禽畜多种疾病的传播媒介，对其研究有重要的医学意义。

本书可供从事昆虫学、病原生物学、畜牧兽医学研究及各级疾病控制机构和检测检疫机构人员以及相关院校师生参考。

前言 Preface

蚋类属双翅目长角亚目的蚋科，是医学昆虫中一个世界性分布的重要类群。其危害不仅在于对人畜骚扰吸血，而且还是人类和禽畜多种疾病（包括盘尾丝虫病）的传播媒介，具有医学重要性，广受医学昆虫学家和预防医学家的高度关注。

蚋类的研究已有200余年历史，但在我国却相对滞后。中华人民共和国成立以前仅见外国学者的零星报道。中华人民共和国成立后，特别是改革开放以来，通过我国学者的不断努力，在蚋类的基础分类、生物学、生物地理学、细胞遗传学、分子生物学和疾病关系等方面的研究，都取得了明显的进展。

本书系编著者等历30余年，对我国蚋类开展多学科、多层次研究的总结。同时，也涵盖了前人的研究成果。全书分总论和各论两部分。总论包括名称溯源、研究史略、鉴别形态、内部结构、分类系统、生物地理学、生物学、细胞遗传学、分子生物学、医学重要性和研究技术等；对我国已知蚋科蚋亚科6属15亚属333种蚋虫各阶元的分类做了介绍，包括本书记述的24个新种，另附英文描述稿。各种记述包括鉴别要点、形态概述、生态习性、地理分布和分类讨论，其中有医学重要性的，亦作摘要介绍。除个别种类外，都附有两性尾器，蛹和幼虫的形态特征图版共327幅，包括其他附图59幅。

本书各论的编写，主要沿用Adler和Crosskey（2010~2014）的分类系统，并参考Rubtsov（1956，1964，1974）的分类系统，根据我国实际情况做适当的调整和变更。种的描述大多根据我国的实物标本，并参考国内外文献，对其变异幅度给予足够的重视。所附的插图和样图，大多系绘自实物标本的原图，部分蚋种因缺乏标本，系引用文献附图仿绘或重绘。引证或引用文献的缩写符号系参照《世界科学期刊名录》（*World List of Scientific Periodicals*）（Brown and Staraton，1963~1965）的缩写。由于各论中属级以下均附有历史沿革，已引证相关文献，因此，书后的参考文献仅局限于书中涉及的主要文献。

本书的编写工作及分工：陈汉彬为总论和各论主要执笔者，负责全书策划和审订工作；张春林负责撰写总论的细胞遗传学、研究技术；杨明负责撰写总论的分子生物学；温小军负责撰写总论的生物学特性；寻慧负责撰写总论的内部结构和参与编写总论的鉴别形态；张迎春负责目录、索引、文献编写工作和参与编写总论的分类系统、生物地理学、医学重要性；吴慧参与编写总论的修订名录、历史沿革和各论的原蚋族、特蚋亚属、畦克蚋属、维蚋亚属；赵文静参与编写各论的绳蚋亚属和绘制本书 91 幅图片；修江帆参与编写各论的真蚋亚属和绘制本书 27 幅图片；徐旭参与编写各论的副布蚋属、希蚋亚属、短蚋亚属、逊蚋亚属、杵蚋亚属、洼蚋亚属及蚋亚属的脉蚋组；黄丽参与编写总论的生物地理学、细胞遗传学、研究技术和各论的蚋亚属的多条蚋组；康哲参与编写各论的纺蚋亚属、山蚋亚属、蚋亚属的淡额蚋组、爬蚋组；马玉龙、王嫣、王赟、韦静、邓成玉、毕光辉、刘丹、刘占钰、刘兴梅、刘家宇、刘萍、杨眸宇、张庆海、张红玲、张建庆、张晶、陈虹、罗洪斌、周静、侯晓晖、姜迎海、郭奠贵、黄若洋、曾亚纯、廉国胜、樊卫等参与本底调查、标本采集、新种描述，以及主要承担分类学、涉蚋细胞学和分子生物学资料搜集等编务工作。

在研究和编撰过程中，承蒙国内外众多专家学者的鼎力相助。英国自然历史博物馆（The Natural History Museum，London，UK）R. W. Crosskey 博士、日本 Oita 医科大学高冈宏行教授（H. Takaoka）和美国 Clemson 大学 P. H. Adler 教授惠赠重要文献，中国人民解放军军事医学科学院陆宝麟院士、贵州医科大学（原贵阳医学院）金大雄教授生前惠赠重要文献并给予热情鼓励。此外，安继尧、虞以新、宋锦章、王遵明、陈继寅、孙悦欣、薛洪堤、朱纪章、曹毓存、刘增加、薛健、张友植、薛群力、严格、章涛、刘亦仁等同志提供文献或标本，历届研究生及刘磊、周长荣、张圣芳、杨曜铭协助采集标本，记述新种或誊写、打印书稿，为本书的完成作出了贡献，在此一并致以衷心的感谢！

由于水平所限，疏漏之处在所难免，敬请批评指正！

编著者

2015 年 2 月于贵州医科大学

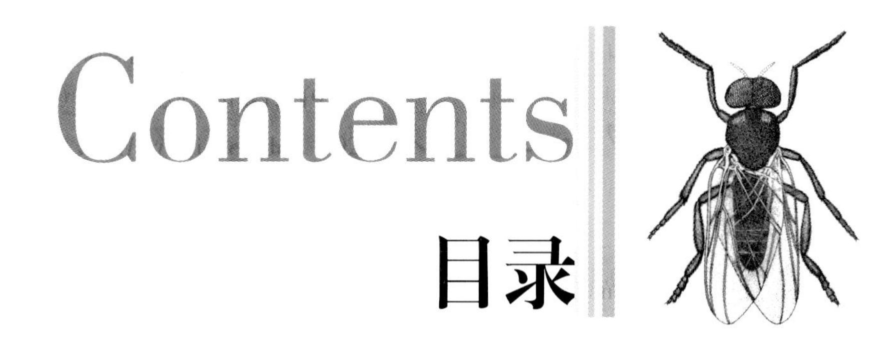

Contents 目录

总 论

各 论

总论

一、名称溯源

蚋类，是一类小型驼背的双翅目吸血昆虫，医学昆虫中的一个世界性分布的重要类群。它不但对人畜骚扰吸血，而且是人类和禽畜多种疾病病原体的传播媒介，与人类的关系甚为密切，古来就引起人们的关注。

在西方，人们通称它为黑蝇（blackfly），顾名思义是黑色的苍蝇，其实名不副实。尽管其体色大多褐黑色，但也有不少种类具有银白色或黄色斑饰，甚至有棕黄色或橘黄色的。冠以蝇名，更是风马牛不相及，虽然蚋、蝇在分类学上同属双翅目，却是隶属不同科的“远亲”。

在我国，古人称之为蜹。蜹者，意指“细如芮子”。早在公元前2世纪成书的《尔雅》，就有“小虫似蜹”的记载，这可以说是世界上有关蚋类名称的最早记载，但在此后相当长的时间内，却往往把蚋类和蚊类或近缘的其他吸血昆虫混为一谈。偶阅古籍，兹列数则以资佐证。

《说文解字》（100~121）云：“蜹，秦晋谓之蜹，楚谓之蚊，从虫芮声。”

《译文》云：“蜹，又作蚋，字同，秦人谓蚊为蚋。”

唐代元稹（779~831）的《元氏长庆集》，有虫豸诗7组21首，其中的《虫豸诗•蟆子》云：“蟆子微于蚋，朝繁夜则无。”

明代李时珍在其巨著《本草纲目》中明确地把蚋类和“细身利喙”的蚊类区别开，并引述元稹《元氏长庆集》，对其形态、习性和防制做了较详细的记述：“蜀中小蚊，名蚋子，又小而黑者为蟆子，微不可见，与尘相浮上下者，为浮尘子，皆巢于巴蛇鳞中，乃透衣入人肌肤，人极苦之，惟捣楸叶傅之则瘥。”

此外，某些古代诗词和地方志书也有相关的记载。

《续新繁县志》云：“蠛蜹啮人最毒，生五倍子中。吕氏曰：蜹，言细如芮子，芮即今胡椒菜，蠛言微不可见也，新繁人呼为‘默默’蚊，无声也。”

《简阳县志》云：“本境黄连木，四月结实，蚊出甚多，名墨蚊，最小，古名蠛蠓。”

《彭县志》云：“蠛蜹也，俗乎蠛。”

《资州县志》云：“蟆子亦名没子。”

《荣县志》云：“蠛蠓，荘子名醯鸡，凡阴晴雨之兆，空中乱飞，郭璞所谓风春雨蠛者，啮人小如蠛鼻者，曰蠛蚊。”

《隴蜀余闻》云："蝎子草……今成都弥望皆是。又有蠓子者，蚊蝱之属。元微之蠓子诗序云：黑而小，不碍纱縠，夜伏昼飞，啮人成疮。秋夏不愈，膏楸叶傅之则瘥。闻柏烟麝香即去。此二物，皆蜀地之最可憎者。"

《太平广记》卷四七九引《录异记·舍毒》云："峡江至蜀，有蠓子，色黑，亦能咬人，毒亦不甚。"

《五杂俎》云："山东草间有小虫，大仅如砂砾，啮人痒痛，觅之即不见，俗名'拿不住'。吾闽亦有之，俗名'没子'，盖无有之意，视山东名为佳矣。"

又白居易《蚊蠓》云："巴徼炎毒早，三月蠓蚊生。咂肤拂不去，绕耳薨薨声。斯物颇微细，中人初甚轻。如有肤受谮，久则疮痏成。痏成无奈何，所要防其萌。麽虫何足道，潜喻儆人情。"

综观上述，古籍记载涉蚋之名称，有默默、墨蚊、没子、蠛子、蠛蚊、蠛蚋、蠛蠓等，其实声音均相近，意指细如芮子，"默默"无声演化而来。显然，这些名称只是通称并非指特定的类群，而是包括若干形态习性相似的小型吸血昆虫，诸如蠓科（Ceratopogonidae），蚋科（Simuliidae）和毛蠓科白蛉亚科（Phlebotominae）昆虫等。从分类学的角度看，蠓类通常翅具暗斑，径脉 2 条，具室，停息时两翅相叠，体毛稀少，幼虫蠕虫状。白蛉子驼背，全身被毛，足长，翅窄，停息时两翅上举，移动时具特征性跳跃。蚋类虽也驼背，但足短拙，翅宽阔，停息时翅不上举，也没有特征性跳跃的习性，并不难区别。古人由于历史条件的限制，当时缺少研究工具仅靠目力所及，故未能将其观察入微而正确分类，以致出现"皆巢于巴蛇鳞中"的不经之谈，但也足见先贤之用心难能可贵。

二、历史沿革

尽管早在2000多年前，我国古籍已有蚋类的记载，但就蚋类的现代科学研究而言，包括形态分类、生物学和生态学、疾病关系、生物地理学等，却是发源于西方，迄今只有200多年历史。

（一）国外蚋类的基础研究

（1）初始期：18世纪中叶至19世纪末。

18世纪中叶，瑞典学者林奈（Linnaeus，1758）首次采用双名法命名2种蚋，即爬蚋（*Simulium reptans*）和马维蚋（*Simulium equinum*），但林奈同样蚊蚋不分，将其置于蚊科（Culicidae）的库蚊属（*Culex*）项下。

19世纪初，Latreille（1802）首次建立了蚋属（Genus *Simulium*），模式种为*Colombaschens*（molotypy）。1834年，Newman根据欧洲已知的相关资料，将蚋属提升为独立的蚋科（Family Simuliidae），并指定蚋属作为模式属，从而拉开了蚋科现代分类研究的序幕。但在整个19世纪，其研究进展相当缓慢，涉蚋研究虽然已从欧洲扩大到北美洲，但总共只记录约40种。

这一时期的代表性人物是Say、Latreille、Meigen、Harris、Lugger和Coquillett等，虽然早期描述非常简单，分类体系尚属初始状态，其分类地位大多被后人重新修订，但是从动物命名法的优先律的角度看，仍然是当今蚋类分类命名及名称校订论证的重要参考资料。

（2）发展期：20世纪初至今。

20世纪是蚋科研究特别是蚋类系统学研究重要的发展期。涉蚋研究已从欧洲、美洲扩大到亚洲、非洲和大洋洲。随着蚋传盘尾丝虫病的发现，世界各地区系的调查不断地扩大和深入，发现并描述了许多分类新阶元，并反复对已知蚋类记录及其分类地位和名称进行校订，以经验的途径对蚋科的分类系统进行了探讨和整理，提出了不同的见解，同时也出现了很大的分歧。与此同时，结合蚋媒复组（Complex）和隐种（Cryptic）的发现，引进新技术和新方法应用于蚋类的分类鉴定，诸如细胞遗传、分子鉴别和系统发育数值分析等与传统的形态分类相结合，已成为当代蚋类分类研究的新趋势。蚋类的分类理念必将在反复修订和争议中演变。

这一时期的代表性人物有Edwards、Smart、Rubtsov、Crosskey、Adler、Yankovsky和Takaoka等。

Edwards（1921，1934）和Twinna（1936）先后将全世界已知蚋种均归入蚋科唯一的蚋属（*Simulium*），下分7个亚属。

Enderlein（1921，1922，1930，1936）则将蚋科分为7个亚科。

Smart（1946）又摒弃亚科和族级阶元，将蚋科分为6属，即澳蚋属（*Austrosimulium*）、克蚋属（*Cnephia*）、吉蚋属（*Gigantodax*）、副蚋属（*Parasimulium*）、原蚋属（*Prosimulium*）和蚋属（*Simulium*）。

Brues（1954）复又将蚋科分为7个亚科，与Enderlein的意见趋同。

Rubtsov（1956）将蚋科分为3个亚科，1974年，他又建议将其分为4个亚科，即副蚋亚科（Parasimuliinae）、九节蚋亚科（Gymnopaidinae）、原蚋亚科（Prosimuliinae）和蚋亚科（Simuliinae）。其中，蚋亚科又分5个族，即澳蚋族（Austrosimuliini）、克蚋族（Cnephiini）、真蚋族（Eusimuliini）、维蚋族（Wilhelmiini）和蚋族（Simuliini）。

Rothfels（1979）根据有限的细胞遗传学资料，首次建立蚋科的细胞分类系统，基本上支持Rubtsov（1974）以比较形态学为基础提出的4亚科5族的分类系统。

Crosskey（1987）提出一个全新的分类系统，将蚋科分为2个亚科5个族，保留了Rubtsov（1974）系统中副蚋亚科和蚋亚科的亚科级地位，而将九节蚋亚科和原蚋亚科合并降级作为蚋亚科族级（原蚋族Prosimuliini）处理。

Yankovsky（2002）参照Rubtsov等（1974，1984，1988）和Crosskey（1987，1990）的分类系统，增加了化石蚋亚科（Kovalevimyliinae Kalugina），提出一个4个亚科8个族的分类系统。其中，原蚋亚科又分为4个族，即伊克蚋族（Ectemniini）、原蚋族（Prosimuliini）、斯蚋族（Stegopternini）和九节蚋族（Gymnopaidini）；蚋亚科又分为4个族，即蚋族（Simulimi）、纺蚋族（Nevermannini）、维蚋族（Wilhelmini）、澳蚋族（Austrosimuliini）。

近年来，Adler和Crosskey（2008，2009，2010，2011，2012，2013，2014）的《世界蚋类分布名录全面修订》[World blackflies（Diptera：Simuliidae）：A comprehensive revision of the taxonomic and geographical inventory（2010，2011，2012，2013，2014）]相继出版，进一步明确采用Crosskey（1987）将“蚋科分为副蚋亚科和蚋亚科”的建议。

随着蚋类基础分类研究的进展，许多国家和地区相继出版了蚋类专著或系列论文，如印度（Puri，1932，1933；Datta，1973~1978）；斯里兰卡（Davies，1975~1992）；日本（Shiraki，1935；Bentinck，1955；Takaoka，1972~2000）；印度尼西亚（Edwards，1934；Smart，1968；Takaoka等，1988，1996，2003）；马来西亚（Takaoka，1995，2001）；菲律宾（Takaoka，1983）；泰国（Takaoka，1984）；苏联（Rubtsov，1940，1956）；大洋洲（Mackerras *et al.*，1948，1949；Crosskey，1967）；南太平洋（Wharton，1948；Takaoka，1995）；古北界（Rubtsov，1964）；俄罗斯（Yankovsky，2002）；非洲（Crosskey，1969）；北美洲（Wygodzinskey，1989；Adler，1986，2002）以及由Crosskey等（1988，1997）编著的《世界蚋类名录》（*An Annotated Checklist of World Blackflies*）和《世界蚋类新的分类和地理分布名录》（*A New Taxinomic and Greographical Inventory of World Blackflies*），由Adler和Crosskey（2010~2014）编著的《世界蚋类分布名录全面修订》等。

根据Adler和Crosskey（2014）《世界蚋类分布名录全面修订》记载，截至2014年底，全世界已知蚋类达2亚科26属2163种，其中包括现存种2151种和化石种12种（表2-1）。

表 2-1　不同时期全球所知蚋科的属、亚属和种数

名　称	1945 Smart	1973 Smith	1988 Crosskey	1997 Crosskey	2014 Adler 和 Crosskey
属	—	8	23	24	26
亚属	—	49	57	53	42
种	617	1024	1461	1660	2151

随着蚋类分类学研究的发展，促进了与之相关的蚋类传播疾病及其生物学和防制的研究，从而进一步扩大和加强了系统学研究，并且从 20 世纪 70 年代起，已在传统的形态分类的基础上，发展了细胞分类和局部的分子鉴别和系统发育数值分析，从而也开展了一些种组、复组和种下分类研究。与此同时，也加强了生态学、疾病关系和防制研究，如《蚋类成虫的生态学和行为》（Davies，1978）；《蚋类的控制》（Jamnback，1973）；《吸血蚋类的流行病学研究》（Owvi，1978）和《蚋类的生态研究》（Kanayama，1988）等。

（二）我国蚋类的基础研究

我国蚋类研究起步较晚，中华人民共和国成立以前仅见外国学者有零星报道，继英国人 Patton（1929）首次记载山东省的马维蚋（*Simulium equinum*）之后，日本学者 Shiraki（1935）记载我国台湾 9 种蚋，Takahasi（1940~1948）先后报道东北地区及内蒙古、山西共计 6 种蚋。此外，Rubtsov（1940）还记述了新疆某些新蚋种。

中国人第一个涉足蚋科研究的学者是原南京金陵女子大学校长吴贻芳（1931），其在美国留学期间撰写了一篇专题报道《A Contribution to the Biology of *Simulium*（Diptera）》。随后，胡经甫（1940）出版的《中国昆虫名录》中收录了马蚋维 1 种。但在此后的 30 年间却未见中国人的涉蚋报道。直至 20 世纪 70 年代，中国科学院动物研究所谭娟杰、周佩燕（1976）首次较系统地报道了我国东北和华北蚋科计 12 属 32 种，其中含 2 新种和 1 国家新记录种，从而有力地推动了我国的蚋类研究进展。改革开放以来，我国自己培养的昆虫工作者登上了蚋科研究的舞台，在全国范围内进行了广泛而深入的区系调查采集，发表了一系列的研究报道，如东北、华北（陈继寅、曹毓存，1982，1983，1984；安继尧等，1988）；北京（谭娟杰、周佩燕，1976；孙悦欣，1999）；黑龙江（安继尧等，2006，2009；陈汉彬、吴慧、杨明，2009，2010）；吉林（陈继寅、曹毓存，1982，1983；孙悦欣，1992；吴慧、温小军、陈汉彬，2013；黄若洋、张春林、陈汉彬，2008，2009）；辽宁（陈继寅、曹毓存，1980，1982，1983，1984；孙悦欣，1994，2008，2012；孙悦欣、薛洪堤，1994；孙悦欣、宗秀慈，1995；孙悦欣、董明珍、葛成杉等，1995；樊卫、杨明、陈汉彬，2009）；内蒙古（陈继寅、曹毓存，1984；陈继寅，1984；徐旭、杨明、陈汉彬，2009，2012）；新疆（朱纪章，1989，1991；马哈木提、安继尧、严格，1997；安继尧、马哈木提，1994；蔡如、安继尧、李朝品，2005）；宁夏（杨明、王嫣、陈汉彬，2008；王嫣、杨明、陈汉彬 2008）；青海（刘增加、宫占威、张继军，2003；石淑珍、安继尧，2004；温小军、马玉龙、陈汉彬，2009；马玉龙、温小军、陈汉彬，2008）；甘肃（刘增加、安继尧，2004；姜迎海、张春林、陈汉彬，2008）；陕西（刘增加、安继尧，2009；修江帆、张春林、陈汉彬，2009，2011）；西藏（安继尧、张有植、邓成玉，1990；安继尧、

薛群力、宋锦章，1991；邓成玉、陈汉彬，1993；邓成玉、张有植、薛群力、陈汉彬，1994；邓成玉、张有植、陈汉彬，1995；安继尧、郭天宇、许荣满，1995；邓成玉、薛群力、张有植、陈汉彬，1995，1996；安继尧、严格，2009；邓成玉、张有植、薛群力、胡小兵、陈汉彬，2010；刘兴梅、杨明、徐旭、陈汉彬，2011）；四川（朱纪章、王仕屏，1992，1993，1995；曹毓存、王树成、陈继寅，1993；薛群力、宋锦章、彭玉芳，1992；陈汉彬、温小军，1999；张春林、温小军、陈汉彬，1999；陈汉彬、张春林、黄丽，2005；温小军、陈汉彬，2006；张春林、陈汉彬，2006；侯晓辉、杨明、陈汉彬，2006；温小军、陈汉彬、张春林、康哲，2007；蔡如等，2008；陈汉彬、张春林、刘丹，2008；黄丽、张春林、陈汉彬，2013）；重庆（朱纪章、王仕屏，1995，1996）；贵州（陈继寅、高煜，1982；陈汉彬、张春林，1997，1998，2000，2002；张春林、陈汉彬，1998，2000，2001；张春林、温小军、陈汉彬，1998；陈汉彬、温小军，1999；陈汉彬，2000，2001；陈汉彬、陈虹，2000；温小军、陈汉彬，2000；陈虹、陈汉彬，2001；陈汉彬、张春林、温小军，2000；陈汉彬、张春林，2002；陈汉彬、张春林、杨明，2003；陈汉彬、修江帆、张春林，2012，2013）；云南（薛洪堤，1987，1991，1992，1993；陈汉彬、张春林，2004；邓成玉、薛洪堤、陈汉彬，2005）；山西（安继尧、严格，2003；蔡如、安继尧、李朝品，2004；陈汉彬、廉国胜、张春林，2007；廉国胜、张春林、陈汉彬，2011）；河北（蔡如、安继尧，2005）；山东（壬兵、安继尧、康增佐，1998；孙悦欣、李文学，2000；薛健、安继尧，2001；孙悦欣，2012；孙宝杰、于长发、安继尧，2012）；河南（韦静、温小军、陈汉彬，2006；温小军、韦静、陈汉彬，2006，2007；郭晓霞、严格、安继尧，2013）；安徽（孙悦欣、崔颖，1996）；湖北（孙悦欣，1992；陈汉彬、罗洪斌、杨明，2006；罗洪斌、杨明、陈汉彬，2005，2010；曾亚纯、陈汉彬，2005；杨明、罗洪斌、陈汉彬，2005）；湖南（毕光辉、张春林、陈汉彬，2003；陈汉彬、张春林、毕光辉，2004；毕光辉、陈汉彬，2004；张春林、陈汉彬，2004）；江西（孙悦欣、肖平，1992；曾亚纯、康哲、陈汉彬，2006；康哲、张春林、陈汉彬，2006，2007；陈汉彬、康哲、张春林，2007；陈汉彬、康哲，2007）；浙江（孙悦欣、周承先，1992）；福建（安继尧，1989；章涛、王敦清，1991；张建庆、高博、陈汉彬等，2009）；（中国）台湾[钟兆麟，1986；黄耀特（音）等，2006，2008，2009，2011]；广西（安继尧、郝宝善、麦振金，1990；张建庆、张春林、陈汉彬，2005；陈汉彬、张建庆、张春林，2007）；海南（龙芝美、安继尧、郝宝善，1994；安继尧、龙芝美、袁文汉，1996；陈汉彬，2001；杨明、陈汉彬，2001；陈汉彬，2003；陈汉彬、杨明、张春林，2003；陈汉彬、张春林、杨明，2003；张春林、陈汉彬，2003；张建庆、张春林、陈汉彬，2005；陈汉彬、张建庆、张春林，2007；郭晓霞、安继尧，2013）；广东（安继尧、严格、杨礼贤等，1994；安继尧、郝宝善、严格，1998）；香港（安继尧、陈家尤、陈汝达，2007）；澳门（瞿逢伊，2001）。此外，日本学者 Takaoka（1979，1995，2006，2009），俄罗斯学者 Yankovsky（2002）等，先后对我国台湾、香港和新疆的蚋类新阶元也做了零星的报道。

自20世纪70年代以来，以中国昆虫学工作者为主体，共记述以我国为模式产地的蚋类新种192个，使中国蚋科区系面貌发生了根本性的变化。迄今，已知蚋类猛增到6属，15亚属，333种（表2-2），区系涉及全国29个省（区、市），使中国蚋类地理区划研究达到能划分亚区的水平。

表 2-2 不同时期中国已知蚋科的属、亚属和种数

名 称	1949 文献综合	1976 谭娟杰等	1989 安继尧	1996 Crosskey，王遵明等 安继尧	2003 陈汉彬 安继尧	2007 陈汉彬	2014 陈汉彬 安继尧
属	—	—	3	4	5	6	6
亚属	—	—	12	16	19	19	15
种	16	50	91	164	209	246	333

综观我国蚋类研究的历史和现状，其突出的特点是发展不平衡。一方面表现在分类区系研究的不均匀性，在已经调查的省（区、市）中，以东北、西北、西南、华中和华南大部分省（区、市）较为深入，而江苏、上海仍处于空白状态，还有一些省（区、市），如安徽、浙江等仅进行了附带性调查，尚待进一步深入。另一方面，表现在研究内容上有很大的反差，与分类区系研究比较，有关蚋类生物学、生态习性、疾病关系和防治等进展却相对滞后，成为我国蚋类研究中的薄弱环节，论文寥寥无几，见于报道者仅有疾病关系（林宇光，1979）；幼虫生态（薛洪堤，1990；薛力群、宋锦章等，1992）；实验生态（安继尧等，1991，1995，1997）；幼虫寄生物（Adler 和王遵明等，1996）。此外，贵州医科大学（原贵阳医学院）蚋科研究中心自 20 世纪 80 年代始，历 30 年在进行中国蚋类区系普查的同时，开展了蚋类多学科、多层次的系统研究，包括生物地理学（陈汉彬，2002）；细胞遗传学（张春林、陈汉彬，2000；温小军、韦静、陈汉彬，2007；张建庆、张春林、陈汉彬，2006，2008；马玉龙、温小军、陈汉彬，2008；姜迎海、张春林、陈汉彬，2008；黄丽、张春林、姜迎海、陈汉彬，2012）；分子生物学（杨明、罗洪斌、陈汉彬，2004；毕光辉、陈汉彬，2004；罗洪斌、杨明、陈汉彬，2006；康哲、张春林、陈汉彬，2007；刘丹、温小军、陈汉彬，2007；侯晓辉、杨明、陈汉彬，2007；王嫣、杨明、陈汉彬，2008；黄若洋、陈汉彬，2009；吴慧、温小军、杨明，2009；樊卫、杨明、陈汉彬，2009；廉国胜、张春林、陈汉彬，2009；徐旭、杨明、陈汉彬，2010，2012；刘兴梅、杨明、陈汉彬，2011；修江帆、张春林、陈汉彬，2011，2013）；蚋类系统发育（徐旭、杨明、陈汉彬，2010）；蚋类组织学（寻慧、杨明、吴慧等，2011；寻慧、丁凯泽、杨明等，2013）；蚋类生物技术（郭莫贵、杨明，2010；周静、陈汉彬、杨明，2010），从而有力地推动了学科的发展。

三、分类系统

（一）现行分类系统评述

蚋科是双翅目中比较原始的类群，较之于许多双翅目昆虫而言，虽然其种类数量相对较少，但其系统学研究较难，这是由于其不同发育虫期形态学上表现出高度的相似性（homogeneity），分类鉴定又涉及立体形态学（如雄性尾器生殖腹板要求腹面观、侧面观和端面观），加上其化石资料所知甚少——迄今，仅在北欧波罗的海琥珀中以及大洋洲和俄罗斯的外高加索等地区发现12种，多半是在中生代的中侏罗纪（Middle Jurassic）和下侏罗纪（Lower Jurassic）的化石，距今1亿7千万年至2亿年，因而，其系统发育的研究还相当薄弱。分类性状中的进化和趋同，同源与同功，祖征与新征等界限尚未划清，现行的分类系统未必能反映其生物系谱，集中表现为近年出版的《世界蚋类分布名录全面修订》（Adler和Crosskey，2008~2014）在族级以下的名录均是以英文字母的顺序排列的。

尽管如此，不同时期的不同作者还是对蚋科提出了不同的分类系统（详见总论“二、历史沿革”），纵观属级以上的分类沿革，可以明显看出，存在着“综合”和“分解”2个学派。迄今，对蚋科的系统学研究还缺乏一个被广泛接受而稳定的分类系统。在现行分类工作中，较广泛使用的有2个分类系统，一个是以Rubtsov（1974）为代表的“分解派”分类系统，将蚋科分为4个亚科含59属，其中蚋亚科又分5个族，其特点是属级以上高阶元分得很细，共有8个分类阶元。目前，俄罗斯学者多采用这一分类系统。另一个是以Crosskey（1969，1981，2010~2014）为代表的“综合派”分类系统，将蚋科分为2亚科、2族、含24属，其特点是属级以上高阶元简单，仅有3个分类阶元，而属级以下分类复杂，将Rubtsov系统中蚋族的许多属降级作为蚋属项下的亚属处理（表3-1）。

上述2个分类系统各有千秋，Rubtsov系统与Rothfels（1979）的细胞分类系统在属级以上的框架非常相似，从理论上说，似乎更加符合生物系谱，但尚有待于分子生物学的证据支撑。从比较形态学的角度分析，分为4个亚科，其间也缺乏稳定的鉴别特征以资佐证。而Crosskey的分类系统分为2个亚科，简单明了，应用方便，现已较被广泛接受。但这一系统也有明显的短板，由于采用“综合”归类，将Rubtsov系统的某些属级阶元降级作为蚋属的亚属处理，这就注定这一系统的属级类群（特别是蚋属）通常为多质分类单元（Polythetic taxa），依靠单一特征往往不能做出正确鉴别，需要依靠综合特征才能做出鉴别。要解决这类异质性类群（heterogeneous group），今后尚有赖于进一步开展分子生物学研究，从分子水平结合形态学上独特的组合特征作为蚋科属间的分界线，对混杂的异质蚋种或类群进行整理，优化重组为若干同质小型的属，使属级阶元更加符合自然系谱，这也许是传统蚋科分类向自然分类转变的必由之路。

表 3-1 两种分类系统的比较

Rubtsov（1974）	Crosskey（1967，1981，1988，1997）
Parasimuliinae 副蚋亚科	
Gymnopaidinae 九节蚋亚科	
Prosimuliinae 原蚋亚科	
Simuliinae 蚋亚科	Parasimuliinae 副蚋亚科
Austrosimuliini 澳蚋族	Simuliinae 蚋亚科
Stegopterniini 斯蚋族	Prosimuliini 原蚋族
Nevermannini 纺蚋族	Simuliini 蚋族
Wilhelmiini 维蚋族	
Simuliini 蚋族	

从实际出发，本书拟采用 Crosskey 分类系统。依照 Adler 和 Crosskey（2014）的报道，世界蚋科分 2 亚科、2 族、26 属、46 亚属，并根据我国实际情况及中胸侧膜具毛这一亚属特征作适当的调整和处理，拟恢复 *Tetisimulium* Rubtsov 和 *Odagmia* Enderlein 的亚属地位。考虑到欧蚋亚属（*Obucbovia* Rubtsov）并入北美的杵蚋亚属（*Trichodagmia* Enderlein），显然有异源的组合（heterogemeous assemblage）之虞，本书暂不苟同，仍保留其亚属地位。我国已知蚋类 333 种，分别隶属于 1 亚科、2 族、6 属、15 亚属。据此，世界及我国蚋科分类系统分别如表 3-2、表 3-3 所示。

表 3-2 世界蚋科分类系统表

Family Simuliidae Newman，1838（蚋科）
Subfamily Parasimuliinae Smart，1945
Parasimulium Malloch，1914
Subg. *Astoneomyia* Peterson，1977
Subg. *Parasimulium* Smart，1945
Subfamily Simuliinae Newman，1834（蚋亚科）
Tribe Prosimuliini Enderlein，1921（原蚋族）
Gymnopais Stone，1949
Helodon Enderlein，1921（赫蚋属）
Subg. *Distosimulium* Peterson，1970
Subg. *Helodon* Enderlein s. str.，1921（赫蚋亚属）
Subg. *Parahelodon* Peterson，1970
Levitinia Chubareva and Petrova，1981
Prosimulium Roubaud，1906（原蚋属）
Twinnia Stone and Jamnback，1955（吞蚋属）
Vrosimulium Contini，1963
Tribe Simuliini Newman，1834（蚋族）
Araucnephia Wygodzinsky and Coscaròn，1973
Araucnephiodes Wygodzinsky and Coscaròn，1973
Austrosimulium Tonnoir，1925
Subg. *Austrosimulium* Tonnoir s. str.，1925
Subg. *Novaustrosimulium* Dumbleton，1973
Cnephia Enderlein，1921
Cnesia Enderlein，1934（1933）

续 表

Cnesiamima Wygodzinsky and Coscaròn, 1973
Crozetia Davies, 1965
Ectemnia Enderlein, 1930
Gigantodax Enderlein, 1925
Greniera Doby and David, 1959
Lutzsimulium d'Andretta and d'Andretta, 1947
Metacnephia Crosskey, 1969（后克蚋属）
Paracnephia Rubtsov, 1962
Subg. *Paracnephia* Rubtsov, 1962
Subg. *Procnephia* Crosskey, 1969
Paraustrosimulium Wygodzinsky and Coscaròn, 1962
Pedrowygomyia Coscaròn and Miranda-Esqwired, 1998
Simulium Latreille, 1802（蚋属）
Subg. *Afrosimulium* Crosskey, 1969
Subg. *Anasolen* Enderlein, 1930
Subg. *Asiosimalium* Takaoka and Choochote, 2005
Subg. *Aspathia* Enderlein, 1935
Subg. *Boophthora* Enderlein, 1925（厌蚋亚属）
Subg. *Boreosimulium* Rubtsov and Yankovsky, 1982
Subg. *Byssodon* Enderlein, 1925（布蚋亚属）
Subg. *Chirostilbia* Enderlein, 1921
Subg. *Crosskeyellum* Grenier and Bailly-Choumara, 1970
Subg. *Daviesellum* Takaoka and Adler, 1997
Subg. *Ectemnaspis* Enderlein, 1934
Subg. *Edwardsellum* Enderlein, 1921
Subg. *Eusimulium* Roubaud, 1906（真蚋亚属）
Subg. *Freemanellum* Crosskey, 1969
Subg. *Gomphostilbia* Enderlein, 1921（绳蚋亚属）
Subg. *Hebridosimulium* Grenier and Rageau, 1961
Subg. *Hellichiella* Rivosecchi and Cardinali, 1975（希蚋亚属）
Subg. *Inseliellum* Rubtsov, 1974
Subg. *Lewisellum* Crosskey, 1969
Subg. *Meilloniellum* Rubtsov, 1962
Subg. *Metomphalus* Enderlein, 1935
Subg. *Montisimulium* Rubtsov, 1974（山蚋亚属）
Subg. *Morops* Enderlein, 1930
Subg. *Nevermannia* Enderlein, 1921（纺蚋亚属）
Subg. *Notolepria* Enderlein, 1930
Subg. *Obuchovia* Rubtsov, 1947（欧蚋亚属）
Subg. *Phoretomyia* Crosskey, 1969
Subg. *Pomeroyellum* Rubtsov, 1962
Subg. *Psaroniocompsa* Enderlein, 1934
Subg. *Psilopelmia* Enderlein, 1934
Subg. *Psilozia* Enderlein, 1936
Subg. *Pternaspatha* Enderlein, 1930
Subg. *Rubtsovia* Petrova, 1983

续表

Subg. *Schoenbaueria* Enderlein，1921（逊蚋亚属）
Subg. *Simulium* Latreille s. str.，1802
Subg. *Trichodagmia* Endenlein，1934（1933）
Subg. *Wallacellum* Takoaka，1983（洼蚋亚属）
Subg. *Wilhelmia* Enderlein，1921（维蚋亚属）
Subg. *Xenosimulium* Crosskey，1969
Stegopterna Enderlein，1930
Salcicnephia Rubtsov，1971（畦克蚋属）

注：附有中文名称者表示我国有分布。

表 3-3　中国蚋科分类系统表

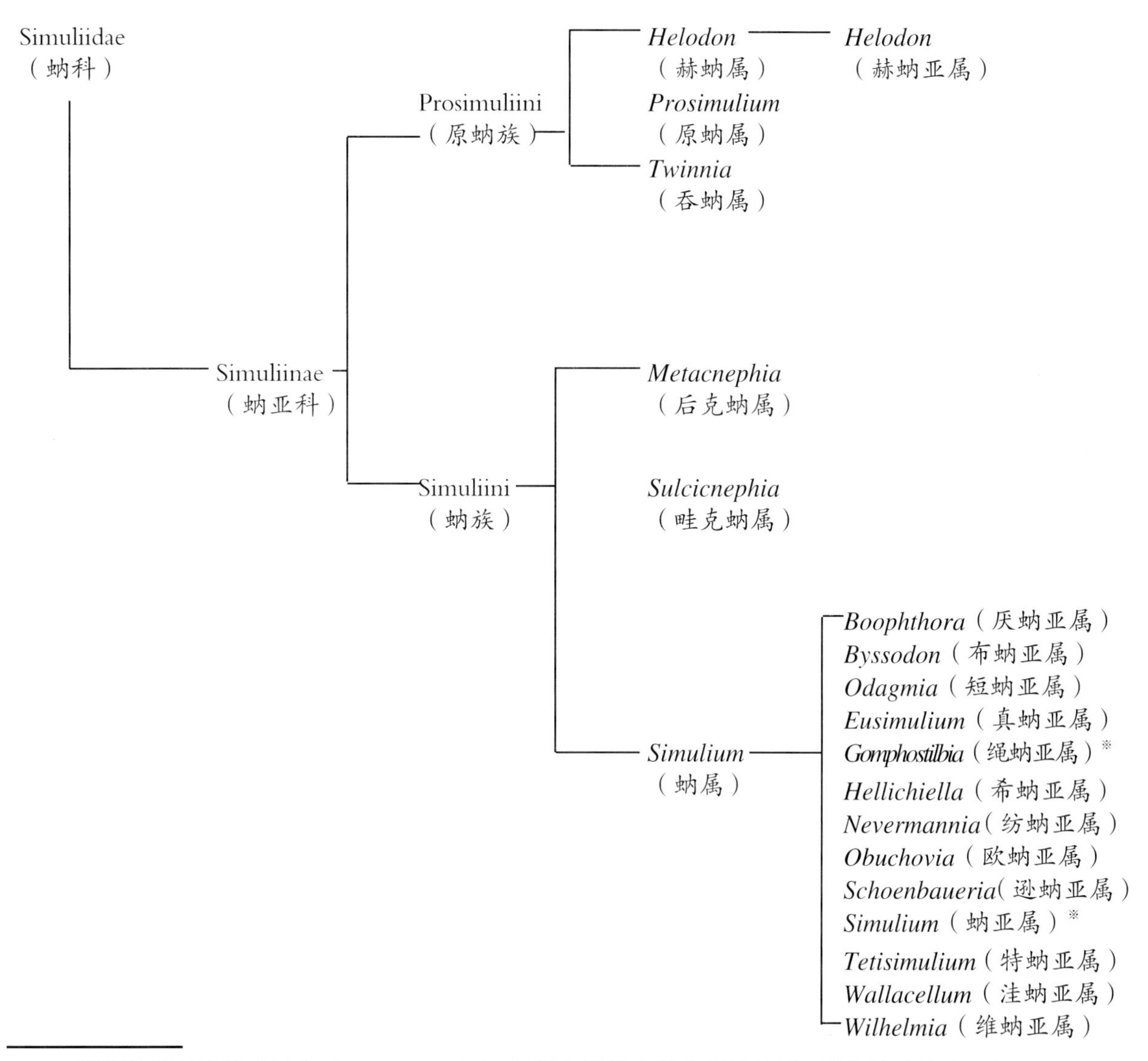

※ 因原记载的摩蚋亚属（Subg. *Morops* Enderlein）所含蚋种已移入绳蚋亚属，副布蚋亚属（Subg. *Parabyssodon* Rubtsov）已并入蚋亚属，故表 3-3 未列入。

（二）中国蚋科修订名录

蚋科 Simuliidae Newman，1834

蚋亚科 Simuliinae Newman，1834

原蚋族 Tribe Prosimuliini Enderlein，1921

赫蚋属 Genus *Helodon* Enderlein，1921

新多丝赫蚋，新种 *Helodon*（*Helodon*）*neomulticaulis* Chen，sp. nov.

高山赫蚋 *Pr.*（*He.*）*alpestre* Dorogostaisky，Rubtsov and Vlasenko，1935

林栖赫蚋 *He.*（*He.*）*lochmocola*（Sun，2008）

原蚋属 Genus *Prosimulium* Roubaud，1906

毛足原蚋 *Pr.*（*Pr.*）*hirtipes*（Fries，1824）

刺扰原蚋 *Pr.*（*Pr.*）*irritans* Rubtsov，1940

辽宁原蚋 *Pr.*（*Pr.*）*liaoningense* Sun and Xue，1994

突板原蚋 *Pr.*（*Hi.*）*nevexalatamus* Sun，2008

吞蚋属 Genus *Twinnia* Stone and Jamnback，1935

长白吞蚋 *T. changbaiensis* Sun，1994

蚋族 Tribe Simuliini Newman，1834

后克蚋属 Genus *Metacnephia* Crosskey，1969

短领后克蚋，新种 *Metacnephia brevicollare* Chen and Zhang，sp. nov.

陆氏后克蚋，新种 *Metacnephia lui* Chen and Yan，sp. nov.

多丝后克蚋，新种 *Metacnephia polyfilis* Chen and Wen，sp. nov.

黑足后克蚋 *Me. edwardsiana*（Rubtsov，1940）

克氏后克蚋 *Me. kirjanovae*（Rubtsov，1956）

蚋属 Genus *Simulium* Latreille，1802

厌蚋亚属 Subgenus *Boophthora* Enderlein，1921

贵阳厌蚋，新种 *Simulium*（*Boophthora*）*guiyangense* Chen，Liu and Yang，sp. nov.

红头厌蚋 *S.*（*B.*）*erythrocephalum*（De Geer，1776）

四丝厌蚋 *S.*（*B.*）*quattuorfile* Chen，Wu and Yang，2010

布蚋亚属 Subgenus *Byssodon* Enderlein，1925

斑布蚋 *S.*（*By.*）*maculatum*（Meigen，1804）

真蚋亚属 Subgenus *Eusimulium* Roubaud，1906

草原真蚋，新种 *Simulium*（*Eusimulium*）*lerbiferum* Chen，Yang and Xu，sp. nov.

六盘山真蚋，新种 *Simulium*（*Eusimulium*）*liupanshanense* Chen，Wang and Fan，sp. nov.

黑带真蚋，新种 *Simulium*（*Eusimulium*）*nigrostriatum* Chen，Yang and Wang，sp. nov.

窄足真蚋 *S.*（*E.*）*angustipes* Edwards，1915

沙柳真蚋 *S.*（*E.*）*arenicolum* Liu，Gong，Zhang *et al.*，2003

山溪真蚋 *S.*（*E.*）*armeniacum* Rubtsov，1955
金毛真蚋 *S.*（*E.*）*aureum*（Fries，1824）
北湾真蚋 *S.*（*E.*）*beiwanense* Guo，Zhang，An *et al.*，2008
宽甸真蚋 *S.*（*E.*）*kuandianense* Chen and Cao，1983
海真蚋 *S.*（*E.*）*maritimum* Rubtsov，1956
皇后真蚋 *S.*（*E.*）*reginae* Terteryan，1949
萨特真蚋 *S.*（*E.*）*satsumense* Takaoka，1976
台北真蚋 *S.*（*E.*）*taipei* Shiraki，1935
泰山真蚋 *S.*（*E.*）*taishanense* Xue and An，2001
威宁真蚋 *S.*（*E.*）*weiningense* Chen and Zhang，1997
细端真蚋 *S.*（*E.*）*tenuistylum* Yang，Fan and Chen，2008

绳蚋亚属 Subgenus *Gomphostilbia* Enderlein，1921

膜毛蚋组 *banaense* group

鹿角绳蚋 *S.*（*G.*）*antlerum* Chen，2001

细跗蚋组 *batoense* group

版纳绳蚋 *S.*（*G.*）*bannaense* Chen and Zhang，2003
短茎绳蚋 *S.*（*G.*）*brivetruncum* Chen and Chen，2000
海南绳蚋 *S.*（*G.*）*hainanense* Long and An，1995
龙胜绳蚋 *S.*（*G.*）*longshengense* Chen，Zhang and Zhang，2007
草地绳蚋 *S.*（*G.*）*meadow* Mahe，Ma and An，2003
黑股绳蚋 *S.*（*G.*）*nigrofemoralum* Chen and Zhang，2000
帕氏绳蚋 *S.*（*G.*）*pattoni* Senior-White，1922
苏海绳蚋 *S.*（*G.*）*synhaiense* Huang and Takaoka，2008
塔什库尔干绳蚋 *S.*（*G.*）*tashikulganense* Mahe，Ma and An，2003
膨股绳蚋 *S.*（*G.*）*tumum* Chen and Zhang，2001
元宝山绳蚋 *S.*（*G.*）*yuanbaoshanense* Chen，Zhang and Zhang，2007

膨跗蚋组（锡兰蚋组）*seylonicum* group

麻子绳蚋 *S.*（*G.*）*asakoae* Takaoka and Davies，1995
曲端绳蚋 *S.*（*G.*）*curvastylum* Chen and Zhang，2001
杜氏绳蚋 *S.*（*G.*）*dudgeoni* Takaoka and Davies，1995
肩章绳蚋 *S.*（*G.*）*epauletum* Guo，Zhang and An，2011
梵净山绳蚋 *S.*（*G.*）*fanjingshanense* Chen，Zhang and Wen，2000
贵州绳蚋 *S.*（*G.*）*guizhouense* Chen，Zhang and Yang，2003
湖南绳蚋 *S.*（*G.*）*hunanense* Zhang and Chen，2004
因他绳蚋 *S.*（*G.*）*inthanonense* Takaoka and Suzuki，1984
尖峰绳蚋 *S.*（*G.*）*jianfenegense* An and Long，1995
崂山绳蚋 *S.*（*G.*）*laoshanstum* Ren，An and Kang，1998

孟氏绳蚋 S.（G.）*mengi* Chen，Zhang and Wen，2000
后宽绳蚋 S.（G.）*metatarsale* Brunetti，1911
苗岭绳蚋 S.（G.）*miaolingense* Wen and Chen，2000
凭祥绳蚋 S.（G.）*pingxiangense* An，Hao and Mai，1990
台东绳蚋 S.（G.）*taitungense* Huang，Takaoka and Aoki，2011
图讷绳蚋 S.（G.）*tuenense* Takaoka，1979
武夷山绳蚋 S.（G.）*wuyishanense* Chen and Zhang，2009
西藏绳蚋 S.（G.）*xizangense* An，Zhang and Deng，1990
云南绳蚋 S.（G.）*yunnanense* Chen and Zhang，2004
察隅绳蚋 S.（G.）*zayuense* An，Zhang and Deng，1990

变角蚋组 *varicorne* group

憎木绳蚋 S.（G.）*shogakii* Rubtsov，1962
狭谷绳蚋 S.（G.）*synanceium* Chen and Cao，1983

未分组绳蚋蚋种 *Gomphostilbia* species unplaced to group

阿勒泰绳蚋 S.（G.）*altayense* Cai，An and Li，2005
重庆绳蚋 S.（G.）*chongqingense* Zhu and Wang，1995
广西绳蚋 S.（G.）*guangxiense* Sun，2009
异枝绳蚋 S.（G.）*heteroparum* Sun，2009
湖广绳蚋 S.（G.）*huguangense* Sun，2009
金鞭绳蚋 S.（G.）*jinbianense* Zhang and Chen，2004
长茎绳蚋 S.（G.）*longitruncum* Zhang and Chen，2003
九连山绳蚋 S.（G.）*jiulianshanense* Kang，Zhang and Chen，2007
康氏绳蚋 S.（G.）*kangi* Sun，Yu and An，2011
刺绳蚋 S.（G.）*penis* Sun，2009
四面山绳蚋 S.（G.）*simianshanense* Wang，Li and Sun，1996
湘西绳蚋 S.（G.）*xiangxiense* Sun，2009

希蚋亚属 Subgenus *Hellichiella* Rivosecchi and Cardinali，1975

白斑希蚋 S.（He.）*kariyai* Takahasi，1940（?）
梅氏希蚋 S.（He.）*meigeni*（Rubtsov and Calson，1965）

山蚋亚属 Subgenus *Montisimulium* Rubtsov，1974

阿氏山蚋 S.（M.）*alizadei*（Djafarov，1954）
周氏山蚋 S.（M.）*chowi* Takaoka，1979
川北山蚋 S.（M.）*chuanbeisense* Chen，Zhang and Liu，2008
凹端山蚋 S.（M.）*concavustylum* Deng，Zhang and Chen，1995
达氏山蚋 S.（M.）*dasguptai*（Datta，1974）
宽板山蚋 S.（M.）*euryplatamus* Sun and Song，1995
库姆山蚋 S.（M.）*ghoomense* Datta，1975

海螺沟山蚋 *S.*（*M.*）*hailuogouense* Chen，Huang and Zhang，2005

黑水山蚋 *S.*（*M.*）*heishuiense* Chen and Wen，2006

夹金山山蚋 *S.*（*M.*）*jiajinshanense* Zhang and Chen，2006

吉斯沟山蚋 *S.*（*M.*）*jisigouense* Chen，Zhang and Liu，2008

清溪山蚋 *S.*（*M.*）*kirgisorum* Rubtsov，1956

林芝山蚋 *S.*（*M.*）*lingziense* Deng，Zhang and Chen，1995

吕梁山蚋 *S.*（*M.*）*lvliangense* Chen and Lian，2011

磨西山蚋 *S.*（*M.*）*moxiense* Chen，Huang and Zhang，2005

线丝山蚋 *S.*（*M.*）*nemorivagum* Datta，1973

多裂山蚋 *S.*（*M.*）*polyprominulum* Chen and Lian，2011

端裂山蚋 *S.*（*M.*）*schizostylum* Chen and Zhang，2011

裂缘山蚋 *S.*（*M.*）*schizolomum* Deng，Zhang and Chen，1995

离板山蚋 *S.*（*M.*）*separatum* Chen，Xiu and Zhang，2012

泰山山蚋 *S.*（*M.*）*taishanense* Sun and Li，2000

谭氏山蚋 *S.*（*M.*）*tanae* Xue，1993

西藏山蚋 *S.*（*M.*）*tibetense* Deng，Xue，Zhang *et al.*，1994

维西山蚋 *S.*（*M.*）*weisiense* Deng，Xue and Chen，2005

五老峰山蚋 *S.*（*M.*）*wulaofengense* Chen and Zhang，2011

忻州山蚋 *S.*（*M.*）*xinzhouense* Chen and Zhang，2011

云台山蚋 *S.*（*M.*）*yuntaiense* Chen，Wen and Wei，2006

纺蚋亚属 Subgenus *Nevermannia* Enderlein，1921

多钩蚋组 *polyhookum* group

多钩纺蚋，新种 *Simulium*（*Nevermannia*）*polyhookum* Chen，Wu and Huang，sp. nov.

山谷纺蚋 *S.*（*N.*）*cherraense* Sun，1994

辽东纺蚋 *S.*（*N.*）*liaodongense* Sun，2012

费氏蚋组 *feuerborni* group

查头纺蚋 *S.*（*N.*）*chitoense* Takaoka，1979

清溪纺蚋 *S.*（*N.*）*kirgisorum* Xue，1991

雷公山纺蚋 *S.*（*N.*）*leigongshanense* Chen and Zhang，1997

三重纺蚋 *S.*（*N.*）*mie* Ogata and Sasa，1954

宽头纺蚋 *S.*（*N.*）*praetargum* Datta，1973

琼州纺蚋 *S.*（*N.*）*qiongzhouense* Chen，Zhang and Yang，2003

山东纺蚋 *S.*（*N.*）*shandongense* Sun and Li，2000

王仙纺蚋 *S.*（*N.*）*wangxianense* Chen，Zhang and Bi，2004

鹿角蚋组 *ruficorne* group

窄跗纺蚋 *S.*（*N.*）*angustitarse* Lundstrom，1911

黄毛纺蚋 *S.*（*N.*）*aureohirtum* Brunetti，1911

猎鹰纺蚋 *S.*（*N.*）*falcoe* Shiraki，1935

新月纺蚋 *S.*（*N.*）*lundstromi* Enderlein，1921

宁夏纺蚋 *S.*（*N.*）*ningxiaense* Yang，Wang and Chen，2008

灰背纺蚋 *S.*（*N.*）*subgriseum* Rubtsov，1940

宽足蚋组 *vernum* group

异形纺蚋，新种 *Simulium*（*Nevermannia*）*dissimilum* Chen and Lian，sp. nov.

中突纺蚋，新种 *Simulium*（*Nevermannia*）*medianum* Chen and Jiang，sp. nov.

秦岭纺蚋，新种 *Simulium*（*Nevermannia*）*qinlingense* Xiu and Chen，sp. nov.

锯突纺蚋，新种 *Simulium*（*Nevermannia*）*serratum* Chen，Zhang and Jiang，sp. nov.

窄形纺蚋 *S.*（*N.*）*angustatum* Rubtsov，1956

双角纺蚋 *S.*（*N.*）*bicorne* Dorogostaisky，Rubtsov and Vlasenko，1935.

苍山纺蚋 *S.*（*N.*）*cangshanense* Xue，1993

陈氏纺蚋 *S.*（*N.*）*cheni* Xue，1993

郴州纺蚋 *S.*（*N.*）*chenzhouense* Chen，Zhang and Bi，2004

河流纺蚋 *S.*（*N.*）*fluviatile* Radzivilovskaya，1948

格吉格纺蚋 *S.*（*N.*）*gejgelense* （Diafarov，1954）

纤细纺蚋 *S.*（*N.*）*gracile* Datta，1973

河南纺蚋 *S.*（*N.*）*henanense* Wen，Wei and Chen，2007

吉林纺蚋 *S.*（*N.*）*jilinense* Chen and Cao，1994

宽丝纺蚋 *S.*（*N.*）*latifile* Rubtsov，1956

龙潭纺蚋 *S.*（*N.*）*longtanstum* Ren，An and Kang，1998

泸定纺蚋 *S.*（*N.*）*ludingense* Chen，Zhang and Huang，2005

梅氏纺蚋 *S.*（*N.*）*meigeni* Rubtsov and Carlsson，1965

新纤细纺蚋 *S.*（*N.*）*novigracile* Deng，Zhang and Chen，1996

普格纺蚋 *S.*（*N.*）*pugetense* Dyar and Shannon，1927

朴氏纺蚋 *S.*（*N.*）*purii* Datta，1973

桥落纺蚋 *S.*（*N.*）*qiaoluoense* Chen，2001

清水纺蚋 *S.*（*N.*）*qingshuiense* Chen，2001

林纺蚋 *S.*（*N.*）*silvestre* Rubtsov，1956

丝肋纺蚋 *S.*（*N.*）*subcostatum* Takahasi，1950

饶河纺蚋 *S.*（*N.*）*raohense* Cai and An，2006

透林纺蚋 *S.*（*N.*）*taulingense* Takaoka，1979

内田纺蚋 *S.*（*N.*）*uchidai* Takahasi，1950

宽足纺蚋 *S.*（*N.*）*vernum* Macquart，1826

五林洞纺蚋 *S.*（*N.*）*wulindongense* An and Yan，2006

新宾纺蚋 *S.*（*N.*）*xinbinense* Chen and Cao，1983

薛氏纺蚋 *S.*（*N.*）*xueae* Sun，1994

张家界纺蚋 S.（N.）*zhangjiajiense* Chen，Zhang and Bi，2004

油丝纺蚋 S.（N.）*yushangense* Takaoka，1979

短蚋亚属 Subgenus *Odagmia* Enderlein，1921

峨嵋短蚋 S.（O.）*emeinese* An，Xu and Song，1991

斑短蚋 S.（O.）*ferganicum* Rubtsov，1940

一洼短蚋 S.（O.）*iwatense* Shiraki，1935

装饰短蚋 S.（O.）*ornatum* Meigen，1818

副布蚋亚属 Subgenus *Parabyssodon* **Rubtsov**，1964

宽跗副布蚋 S.（Pa.）*transiens*（Rubtsov，1940）

逊蚋亚属 Subgenus *Schoenbaueria* **Enderlein**，1921

黄色逊蚋 S.（Sc.）*flavoantennatum* Rubtsov，1940

曲胫逊蚋 S.（Sc.）*tibialis* Tan and Chow，1976

尼格逊蚋 S.（Sc.）*nigrum* Meigen，1804

蚋亚属 Subgenus *Simulium* Latreille（s. str.），1802

阿根蚋组 *argentipes* **group**

双齿蚋 S.（S.）*bidentatum*（Shiraki，1935）

灰额蚋组 *griseifrons* **group**

钟氏蚋 S.（S.）*chungi* Takaoka and Huang，2006

鞍阳蚋 S.（S.）*ephippioidum* Chen and Wen，1999

格氏蚋 S.（S.）*gravelyi* Puri，1933

灰额蚋 S.（S.）*griseifrons* Brunetti，1911

衡山蚋 S.（S.）*hengshanense* Bi and Chen，2004

红坪蚋 S.（S.）*hongpingense* Chen，Luo and Yang，2006

印度蚋 S.（S.）*indicum* Becher，1885

日本蚋 S.（S.）*japonicum* Matsumura，1931

卡瓦蚋 S.（S.）*kawamurae* Matsumura，1915

乐东蚋 S.（S.）*ledongense* Yang and Chen，2001

庐山蚋 S.（S.）*lushanense* Chen，Kang and Zhang，2007

中柱蚋 S.（S.）*mediaxisus* An，Guo and Xue，1995

秦氏蚋 S.（S.）*qini* Cao，Wang and Chen，1993

多枝蚋 S.（S.）*ramulosum* Chen，2000

淡白蚋 S.（S.）*serenum* Huang and Takaoka，2009

匙蚋 S.（S.）*spoonatum* An，Hao and Yan，1998

香港蚋 S.（S.）*taipokauense* Takaoka，Davies and Dudgeon，1995

细板蚋 S.（S.）*tenuatum* Chen，2000

优分蚋 S.（S.）*ufengense* Takaoka，1979

亚东蚋 S.（S.）*yadongense* Deng and Chen，1997

淡足蚋组 *malyschevi* group

利川蚋，新种 *Simulium* (*Simulium*) *lichuanense* Chen，Luo and Yang，sp. nov.
尖板蚋 *S.* (*S.*) *acontum* Chen，Zhang and Huang，2005
黑角蚋 *S.* (*S.*) *cholodkovskii* Rubtsov，1940
大明蚋 *S.* (*S.*) *damingense* Chen，Zhang and Zhang，2007
十分蚋 *S.* (*S.*) *decimatum* Dorogostaisky，Rubtsov and Vlasenko，1935
粗毛蚋 *S.* (*S.*) *hirtipannus* Puri，1932
短飘蚋 *S.* (*S.*) *jacuticum* Rubtsov，1940
辽宁蚋 *S.* (*S.*) *liaoningense* Sun，1994
淡足蚋 *S.* (*S.*) *malyschevi* Dorogostaisky，Rubtsov and Vlasenko，1935
纳克蚋 *S.* (*S.*) *nacojapi* Smart，1944
南阳蚋 *S.* (*S.*) *nanyangense* Guo，Yan and An，2013
新尖板蚋 *S.* (*S.*) *neoacontum* Chen，Xiu and Zhang，2012
怒江蚋 *S.* (*S.*) *nujiangense* Xue，1993
窄手蚋 *S.* (*S.*) *omorii* Takaoka，1942
帕氏蚋 *S.* (*S.*) *pavlovskii* Rubtsov，1940
如伯蚋 *S.* (*S.*) *rubroflavifemur* Rubtsov，1940
红足蚋 *S.* (*S.*) *rufipes* Tan and Zhou，1976
刺毛蚋 *S.* (*S.*) *spiculum* Chen，Huang and Yang，2010
北蚋 *S.* (*S.*) *subvariegatum* Rubtsov，1940
谭氏蚋 *S.* (*S.*) *tanae* Xue，1992
虞氏蚋 *S.* (*S.*) *yui* An and Yan，2009

多条蚋组 *multistritum* group

包氏蚋 *S.* (*S.*) *barraudi* Puri，1932
碧峰峡蚋 *S.* (*S.*) *bifengxiaense* Huang，Zhang and Chen，2013
重庆蚋 *S.* (*S.*) *chongqingense* Zhu and Wang，1995
细齿蚋 *S.* (*S.*) *dentatum* Puri，1932
地记蚋 *S.* (*S.*) *digitatum* Puri，1932
淡股蚋 *S.* (*S.*) *pallidofemum* Deng，Zhang，Xue *et al.*，1994
副瀑布蚋 *S.* (*S.*) *parawaterfallum* Zhang，Yang and Chen，2003
普拉蚋 *S.* (*S.*) *pulanotum* An，Guo and Xu，1995
崎岛蚋 *S.* (*S.*) *sakishimaense* Takaoka，1977
上川蚋 *S.* (*S.*) *shangchuanense* An，Hao and Yan，1998
膨丝蚋 *S.* (*S.*) *tumidilfilum* Luo，Yang and Chen，2010
钩突蚋 *S.* (*S.*) *uncum* Zhang and Chen，2001
瀑布蚋 *S.* (*S.*) *waterfallum* Zhang，Yang and Chen，2003
武陵蚋 *S.* (*S.*) *wulingense* Zhang and Chen，2000

小龙潭蚋 *S.*（*S.*）*xiaolongtanense* Chen，Luo and Yang，2007

杰蚋组 *nobile* group

节蚋 *S.*（*S.*）*nodosum* Puri，1933

素木蚋 *S.*（*S.*）*shirakii* Kono and Takahasi，1940

淡额蚋组 *noelleri* group

樱花蚋 *S.*（*S.*）*nikkoense* Shiraki，1935

淡额蚋 *S.*（*S.*）*noelleri* Friederichs，1920

沼生蚋 *S.*（*S.*）*palustre* Rubtsov，1956

爬蚋组 *reptans* group

甘肃蚋，新种 *Simulium*（*Simulium*）*gansuense* Chen，Jiang and Zhang，sp. nov.

远蚋 *S.*（*S.*）*remotum* Rubtsov，1956

爬蚋 *S.*（*S.*）*reptans* Linnaeus，1758

谭周氏蚋 *S.*（*S.*）*tanetchovi* Yankovsky，1996

塔氏蚋 *S.*（*S.*）*tarnogradskii* Rubtsov，1940

盾纹蚋组 *striatum* group

坝河蚋 *S.*（*S.*）*bahense* Chen，2003

清迈蚋 *S.*（*S.*）*chiangmaiense* Takaoka and Suzuki，1984

格勒斯蚋 *S.*（*S.*）*grisescens* Brunetti，1911

勐腊蚋 *S.*（*S.*）*menglaense* Chen，2003

那空蚋 *S.*（*S.*）*nakhonense* Takaoka and Suzuki，1984

五条蚋 *S.*（*S.*）*quinquestriatum*（Shirakia，1935）

屏东蚋 *S.*（*S.*）*pingtungense* Huang and Takaoka，2008

萨擦蚋 *S.*（*S.*）*saceatum* Rubtsov，1956

泰国蚋 *S.*（*S.*）*thailandicum* Takaoka and Suzuki，1984

五指山蚋 *S.*（*S.*）*wuzhishanense* Chen，2003

块根蚋组 *tuberosum* group

阿里山蚋 *S.*（*S.*）*arishanum* Shiraki，1935

新红色蚋 *S.*（*S.*）*neorufibasis* Sun，1994

黑颜蚋 *S.*（*S.*）*nigrifacies* Datta，1974

亮胸蚋 *S.*（*S.*）*nitidithorax* Puri，1932

显著蚋 *S.*（*S.*）*prominentum* Chen and Zhang，2002

王早蚋 *S.*（*S.*）*puliense* Takaoka，1979

红色蚋 *S.*（*S.*）*rufibasis* Brunetti，1911

皱板蚋 *S.*（*S.*）*rugosum* Wu，Wen and Chen，2013

神农架蚋 *S.*（*S.*）*shennongjiaense* Yan，Luo and Chen，2005

华丽蚋 *S.*（*S.*）*splendidum* Rubtsov，1940

柃木蚋 *S.*（*S.*）*suzukii* Rubtsov，1963

天池蚋 *S.*（*S.*）*tianchi* Chen，Zhang and Yang，2003

树干蚋 *S.*（*S.*）*truncrosum* Guo，Zhang，An *et al.*，2008

山状蚋 *S.*（*S.*）*tumulosum* Rubtsov，1956

伏尔加蚋 *S.*（*S.*）*vulgare* Dorogostaisky，Rubtsov and Vlasenko，1935

杂色蚋组 *variegatum* group

叶片蚋，新种 *Simulium*（*Simulium*）*foliatum* Chen，Jiang and Zhang，sp. nov.

草海蚋 *S.*（*S.*）*caohaiense* Chen and Zhang，1997

昌隆蚋 *S.*（*S.*）*chamlongi* Takaoka and Suzuki，1984

同源蚋 *S.*（*S.*）*cognatum* An and Yan，2009

喜山蚋 *S.*（*S.*）*himalayense* Puri，1932

经甫蚋 *S.*（*S.*）*jingfui* Cai，An and Li，2008

卡任蚋 *S.*（*S.*）*karenkoense* Shiraki，1935

留坝蚋 *S.*（*S.*）*liubaense* Liu and An，2009

矛板蚋 *S.*（*S.*）*longchatum* Chen，Zhang and Huang，2005

青木蚋 *S.*（*S.*）*oitanum* Shiraki，1935

黑色蚋 *S.*（*S.*）*pelius* Sun，1994

黔蚋 *S.*（*S.*）*qianense* Chen and Chen，2001

台湾蚋 *S.*（*S.*）*taiwanicum* Takaoka，1979

角突蚋 *S.*（*S.*）*triangustum* An，Guo and Xu，1995

遵义蚋 *S.*（*S.*）*zunyiense* Chen，Xiu and Zhang，2012

脉蚋组 *venustum* group

恩和蚋，新种 *Simulium*（*Simulium*）*enhense* Xu，Yang and Chen，sp. nov.

角逐蚋 *S.*（*S.*）*aemulum* Rubtsov，1940

阿拉蚋 *S.*（*S.*）*arakawae* Matsumura，1915

曲跗蚋 *S.*（*S.*）*curvitarse* Rubtsov，1940

长须蚋 *S.*（*S.*）*longipalpe* Beltyukova，1955

短须蚋 *S.*（*S.*）*morsitans* Edwards，1915

桑叶蚋 *S.*（*S.*）*promorsitans* Rubtsov，1956

新宾蚋 *S.*（*S.*）*xinbinen* Sun，1992

蚋属蚋亚属未分组蚋种 *Simulium* species unplaced to group

含糊蚋 *S.*（*S.*）*ambiguum* Shiraki，1935

克氏蚋 *S.*（*S.*）*christophersi* Puri，1932

齿端蚋 *S.*（*S.*）*densastylum* Yang，Chen and Luo，2009

福州蚋 *S.*（*S.*）*fuzhouense* Zhang and Wang，1991

赫氏蚋 *S.*（*S.*）*howletti* Puri，1932

仙人蚋 *S.*（*S.*）*immortalis* Cai，An and Li，2004

揭阳蚋 *S.*（*S.*）*jieyangense* An，Ya，Yang *et al.*，1994

卡头蚋 *S.*（*S.*）*katoi* Shiraki，1935

多叉蚋 *S.*（*S.*）*multifurcatum* Zhang and Wang，1991

黑足蚋 *S.*（*S.*）*peliastrias* Sun，1994

轮丝蚋 *S.*（*S.*）*rotifilis* Chen and Zhang，1998

山西蚋 *S.*（*S.*）*shanxiense* Cai，An，Li *et al.*，2004

特蚋亚属 Subgenus *Tetisimulium* Rubtsov，1963

无茎特蚋，新种 *Simulium*（*Tetisimulium*）*atruncum* Chen，Ma and Wen，sp. nov.

贺兰山特蚋，新种 *Simulium*（*Tetisimulium*）*helanshanense* Chen，Wang and Yang，sp. nov.

菱骨特蚋，新种 *Simulium*（*Tetisimulium*）*rhomboideum* Chen，Lian and Zhang，sp. nov.

巨特蚋 *S.*（*Te.*）*alajense*（Rubtsov，1938）

正直特蚋 *S.*（*Te.*）*coarctatum* Rubtsov，1940

沙特蚋 *S.*（*Te.*）*desertorum* Rubtsov，1938

扣子特蚋 *S.*（*Te.*）*kozlovi* Rubtsov，1940

龙岗特蚋 *S.*（*Te.*）*longgengen* Sun，1992

塔城特蚋 *S.*（*Te.*）*tachengense* An and Maha，1994

五台山特蚋 *S.*（*Te.*）*wutaishanense* An and Yan，2003

小岛特蚋 *S.*（*Te.*）*xiaodaoense* Liu，Shi and An，2004

杵蚋亚属 Subgenus *Trichodagmia* Enderlein

白杵蚋组 *albellum* group

成双杵蚋 *S.*（*Tr.*）*biseriata* Rubtsov，1940.

洼蚋亚属 Subgenus *Wallacellum* Takaoka，1983

屿岛洼蚋 *S.*（*Wa.*）*yonakuniense* Takaoka，1972

维蚋亚属 Subgenus *Wilhelmia* Enderlein，1921

宽臂维蚋，新种 *Simulium*（*Wilhelmia*）*eurybrachium* Chen，Wen and Wei，sp. nov.

翼骨维蚋，新种 *Simulium*（*Wilhelmia*）*pinnatum* Chen，Zhang and Jiang，sp. nov.

张掖维蚋，新种 *Simulium*（*Wilhelmia*）*zhangyense* Chen，Zhang and Jiang，sp. nov.

敦煌维蚋 *S.*（*W.*）*dunhuangense* Liu and An，2004

窄叉维蚋 *S.*（*W.*）*angustifurca* Rubtsov，1956

马维蚋 *S.*（*W.*）*equinum*（Linnaeus，1758）

格尔木维蚋 *S.*（*W.*）*germuense* Liu，Gong and An，2003

沼泽维蚋 *S.*（*W.*）*lama* Rubtsov，1940

力行维蚋 *S.*（*W.*）*lineatum* Meigen，1804.

北京维蚋 *S.*（*W.*）*pekingense* Sun，1999

伪马维蚋 *S.*（*W.*）*pseudequinum* Séguy，1921

青海维蚋 *S.*（*W.*）*qinghaiense* Liu，Gong，An *et al.*，2003

清西陵维蚋 *S.*（*W.*）*qingxilingense* Cai and An，2005

塔城维蚋 *S.*（*W.*）*tachengense* Maha，An and Yan，1997

高桥维蚋 *S.*（*W.*）*takahasii* Rubtsov，1962

桐柏山维蚋 *S.*（*W.*）*tongbaishanense* Chen and Luo，2006

沟额维蚋 *S.*（*W.*）*veltistshevi* Rubtsov，1940

乌什维蚋 *S.*（*W.*）*wushiense* Maha，An and Yan，1997

兴义维蚋 *S.*（*W.*）*xingyiense* Chen and Zhang，1998.

畦克蚋属 Genus *Sulcicnephia* Rubtsov，1971

二十畦克蚋，新种 *Sulcicnephia vigintistriatum* Yang and Chen，sp. nov.

短领畦克蚋 *Su. brevineckoi* Wen，Ma and Chen，2010

黄足畦克蚋 *Su. flavipes*（Chen，1984）

褐足畦克蚋 *Su. jeholensis*（Takahasi，1942）

经棚畦克蚋 *Su. jingpengensis* Chen，1984

奥氏畦克蚋 *Su. ovtshinnikovi* Rubtsov，1940

十一畦克蚋 *Su. undecimata*（Rubtsov，1951）

四、鉴别形态

蚋类的外部形态是分类鉴定的主要依据，要正确鉴别蚋种，首先必须了解其鉴别形态的分类学特征。

蚋类属于节肢动物门（Arthropoda）、昆虫纲（Insecta）、双翅目（Diptera）、长角亚目（Nematocera）的蚋科（Simuliidae），具有昆虫纲的一般特征。它是一类小型的短足双翅吸血昆虫，在西方，通称为黑蝇（blackfly），我国民间则俗称为挖背（驼背）或刨锛。称它黑蝇，可能是它们大多体色黯黑或棕褐，乍看似蝇而得名。称它挖背或驼背，却是恰到好处，这是由于蚋类长期的运动适应，使其中胸肌肉特别发达，从而压抑了前、后胸的发展，致使中胸盾片明显隆起呈穹顶状构造。至于称之刨锛，则是基于蚋喙短厚，刺叮吸血特凶，可致宿主皮肤上留有“小血池”，并冒出组织液，活像啃掉一块肉，故名。

除上述特征外，蚋类与其他双翅目昆虫的主要区别：

（1）成虫触角模式 2+9 节；触须 5 节，第Ⅲ节具感觉器（拉氏器）；雄虫接眼式，雌虫离眼式；足短粗；翅宽，无鳞，翅脉简单，前缘脉域的纵脉发达；腹节Ⅰ背板演化为 1 片具长缘毛的基鳞片。

（2）蛹包被于茧中，前胸两侧具外露的丝状、球状或囊状的呼吸器官（鳃器）。

（3）幼虫圆筒状，前胸具单腹足，后腹具钩环。

蚋类属完全变态昆虫，分为卵、幼虫、蛹和成虫 4 个时期。下面将着重介绍不同虫期有鉴别意义的形态学特征。

（一）成虫

蚋类是一类小型的短足双翅昆虫，体长 1.2~5.5mm，体型大小不但因种而异，而且种内也有较大的个体差异。

成虫整体分为头、胸、腹 3 个部分（图 4–1，图 4–2），头部有发达的感受器和摄食器官；胸部

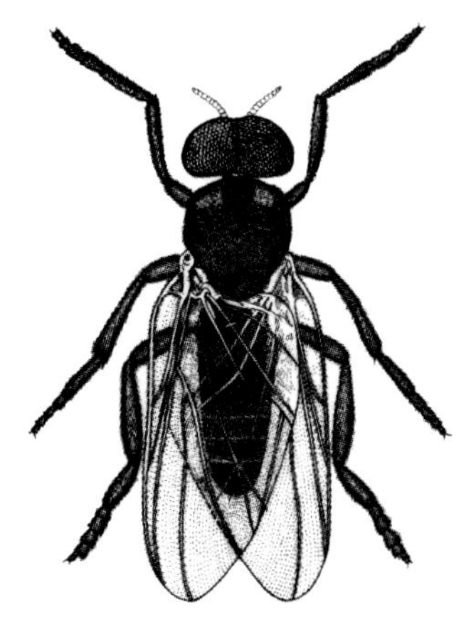

图 4–1　雄蚋背面观（图解）

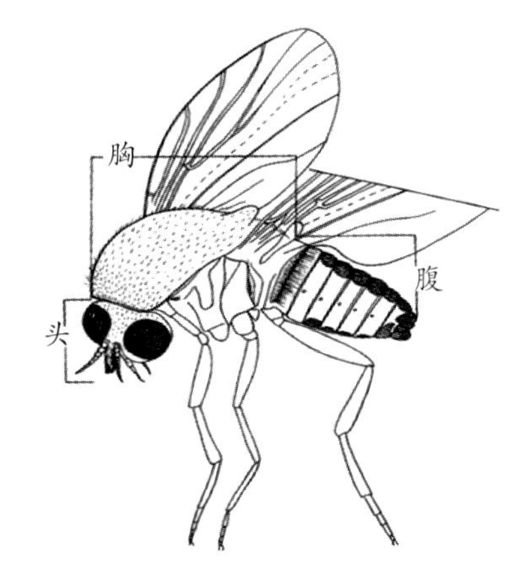

图 4–2　雌蚋侧面观（图解）

由 3 个胸节组成，有足和翅等运动器官；腹部由 11 节组成，是代谢和繁殖的中心，腹节Ⅷ ~ Ⅺ特化为外生殖器。

1. 头部

蚋虫的头部（head）近似圆球形（图 4–3）。雄虫头部通常略宽于胸部，雌虫头部一般略小于胸宽或约等宽。两侧具 1 对大复眼，两眼之间（雌虫）称为额，额的下缘两侧具触角 1 对，触角下方是颜（face），额前端的小片叫唇基（ceypeus），口器附着于此。

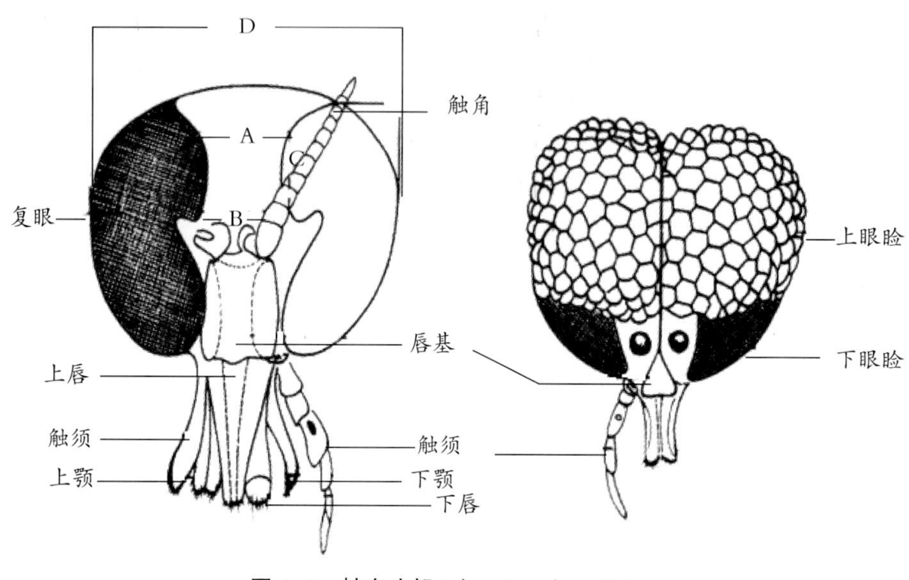

图 4–3　蚋虫头部（左：♀，右：♂）

1）复眼

蚋虫的复眼（facetted eye）位于头部前面两侧，有明显的两性差异。雌虫的复眼由数百个大小相同的小眼镶嵌而成，中间被额隔开，称为离眼式（dichotic）；雄虫的复眼则由大小不同的两种眼面组成，上半部为大眼面，下半部为小眼面，两复眼在额缝处相接，称为接眼式（holoptic）。大眼面的纵列数（vertical columns）和横列数（horizontal rows）有分类价值。

2）触角

蚋虫的触角（antenna）通常由 9~12 节组成，模式触角 2+9 节（图 4–4），伸出呈丝状，短于头部。从基部起依次分为柄节、梗节和鞭节（含 7~9 个鞭分节）3 部分。梗节中存在江氏器，能感受音波频率，是一种特化程度较高的感受器。蚋亚科（Simuliinae）的触角通常是 2+9 节，少数可为 2+8 节或 2+7 节，其形态相当划一，没有两性特征分化，也没有特化的附属物，一般无分类学价值。但各节的颜色，以及雄虫鞭分节Ⅰ和鞭分节Ⅱ的长度比值偶也用于分类。

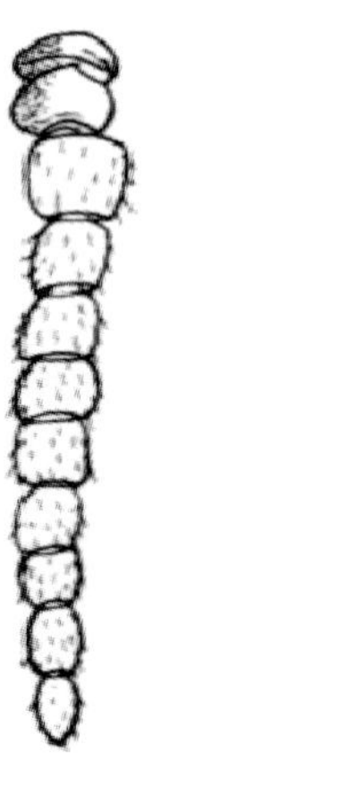

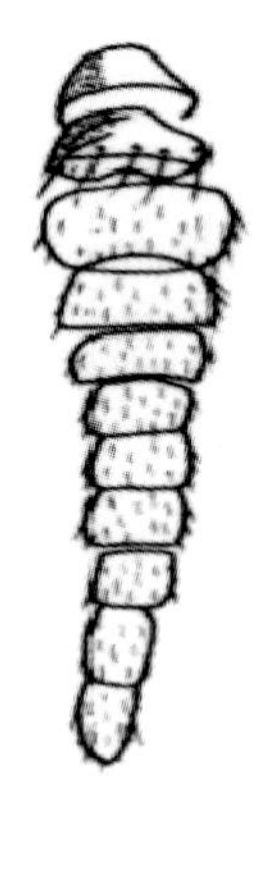

图 4–4　触角（左：♀，右：♂）

3）额部

接眼式的雄虫额部（frons）（图 4–3）通常很小，无分类价值。离眼式的雌蚋额部发达，其长度为宽度的 1.5~4 倍不等。额板的颜色、粉被和覆盖鬃毛的情况，额指数（frontal ratio）=A（额顶最大宽度）：B（额基最窄处宽度）：C（额高度），以及额头指数（frons head ratio）=A（额顶最大宽度）：D（头部最大宽度）等也常用作分类特征。

4）口器

蚋虫的口器（mouth parts）短粗向下，属刺吸式，由喙和触须组成（图 4–3，图 4–5）。喙由上唇、1 对上颚、1 对下颚和舌等构成，包在由下唇形成的外鞘内。上唇（labrum）1 片，短宽，骨化，连接唇基，呈槽状，末端有 1 对分叉的钩齿，腹面为一深槽；上颚（mandible）1 对，呈压舌板状，端缘具细锯齿；下颚（maxilla）1 对，比上颚细窄，端尖，呈剑状（图 4–5），端缘通常有粗锯齿，少数端缘简单，其外侧有 1 对下颚须；舌（hypopharynx）略扁平，刀片状，角化，端圆而中裂，基部与食窦泵底片相连接，并有涎腺泵（salivary pump）开口；下唇（labium）短宽，肉质，端部膨大，基腹面有 1 对槽状的基鞘片，包围上颚、下颚、舌和上唇。当雌蚋刺叮吸血时，即以其上唇的端齿拉住宿主皮肤，借其上颚和下颚交叉挫刺，插入宿主皮肤。口器的发达程度显然与其食性密切相关。雄蚋不吸血，以植物汁液为食，其上颚、下颚明显退化，无齿。某些非吸血蚋种的上颚、下颚也相应退化，据此可作辅助鉴别性状。

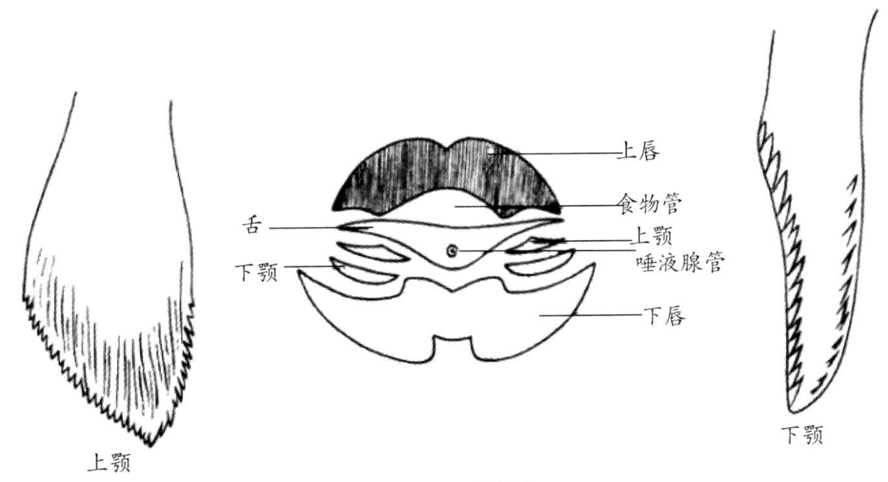

图 4–5　口器横切面

触须（palpuli），位于唇基下方两侧（图 4–3，图 4–6），长于喙，系下颚外叶，故又称下颚须，是蚋虫重要的感受器之一。触须通常分 5 节，着生鬃毛，外形无明显的两性差别，第Ⅲ节通常较膨大，其上有一内陷的感觉器囊（sensory vesicle），称拉氏器，司嗅觉，其形状、大小因种而异，是重要的分类性状。

5）食窦泵

食窦泵（cibarial pump）（图 4–7）属于消化道的前肠部分，一般须经解剖制片方可用于鉴定。

蚋类的咽部分为前、后 2 个部分，它由 2 个具有吮吸机制的"泵"所构成。前咽部分叫食窦泵，后咽部分叫咽泵（pharyngeal pump）。食窦泵位于唇基下方，前接食物管，后连咽泵，呈槽状，由背板和腹板组成，背板与上唇基部连接，紧贴唇基，腹板与舌的基部连接，其外框系由骨化的侧杆构成，侧杆向后延伸形成臂状或角状的侧突（lateral flange），并与咽泵连接。腹板后缘在两侧突间形成内凹的食窦弓（cibarial bar），其上可光滑，也可着生数量不等的疣突、角突或细点，形态因种而异，是雌蚋种间的重要鉴别特征之一。

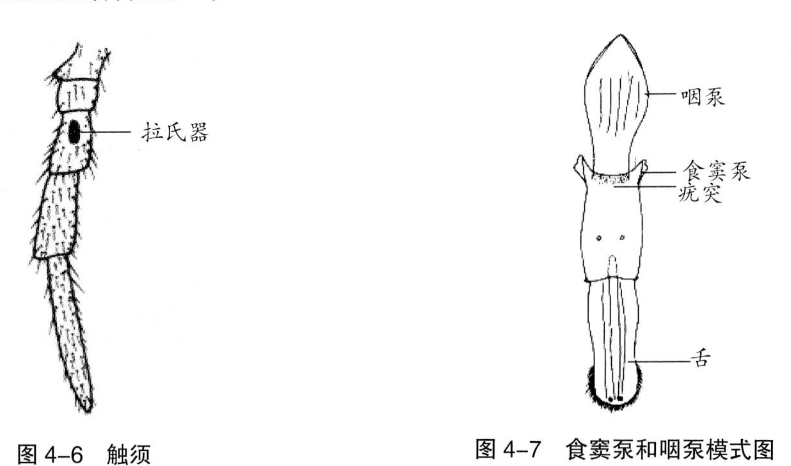

图 4–6　触须

图 4–7　食窦泵和咽泵模式图

2. 胸部

蚋虫的胸部（thorax）分前、中、后 3 胸节（图 4–8），各胸节有足 1 对，中胸有翅 1 对，翅的运动使中胸肌肉特别发达，从而压抑了前、后胸的发展。后胸有 1 对由后翅退化而成的平衡棒（halter）。

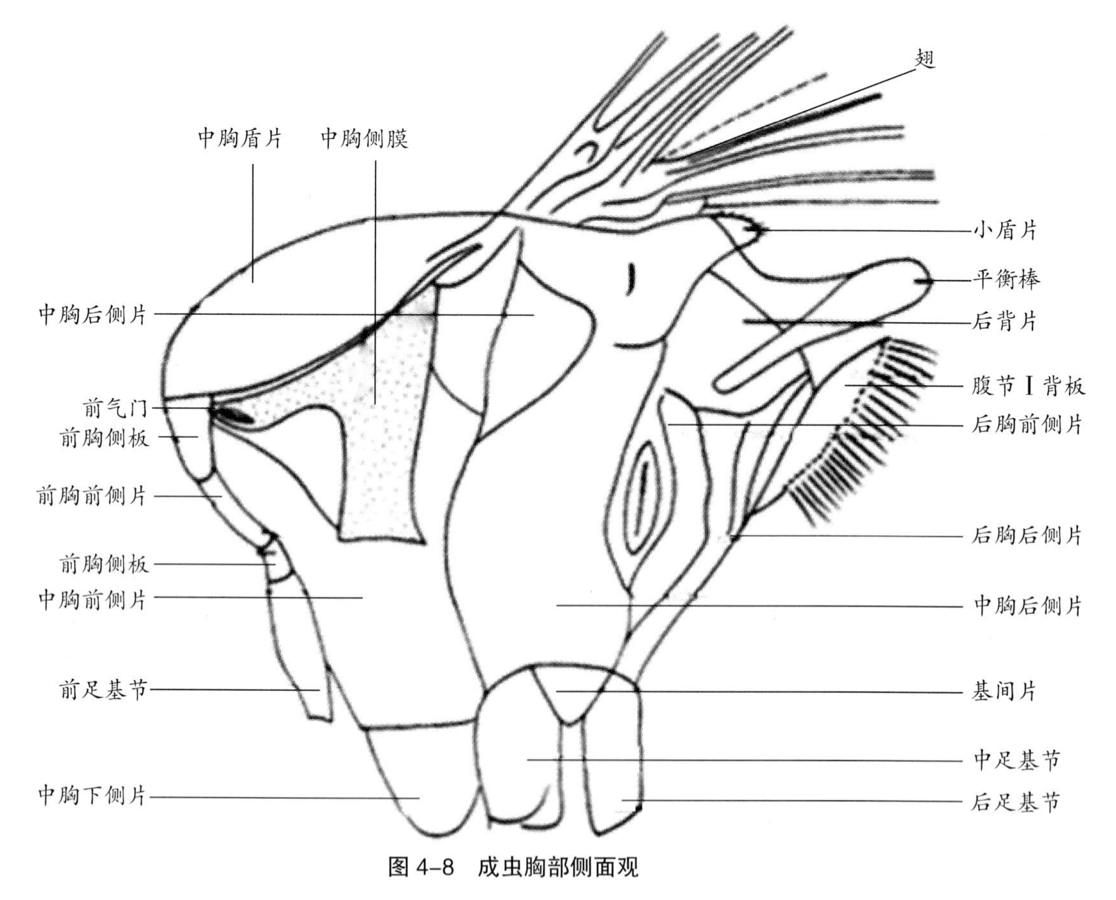

图 4–8　成虫胸部侧面观

1）前胸

前胸（prothorax）通过颈（nape）与头部关连，由于中胸的挤压已大为退化。前胸盾板（pronotum）很小，位于中胸盾片前侧上方，分为左、右两骨片；前胸侧板（propleurom）位于前胸背板下后方，分为前、后两骨片，称为前胸前侧片（prosternal episterna）和前胸后侧片（prosternal epimera）；前胸腹板（prosternum）盾形，位于前足基节之间。

2）中胸

中胸（mesothorax）特别发达。中胸背板（mesonotum）几乎占据全胸背，由前而后分为 3 个部分。

（1）中胸盾片（scutum）：为背板的主体部分，为一个拱起的穹顶状构造，侧面观呈驼背状，雄虫尤为明显，其上着毛的颜色，从不同的角度看有一定的变化。毛的色泽、长短、形状、疏密，以及由不同毛色形成的斑块、纹饰、图案均是重要的分类特征。

（2）小盾片（scutellum）：很小，亚三角形，与盾片后缘由一横沟分开，通常具长缘毛并覆以黑色、棕色或黄色刚毛，因种而异。

（3）后盾片（postscutellum）或叫后背片（postnotum）：位于小盾片后方，显著突出，通常裸露，但在真蚋亚属（*Eusimulium*）的后背片每侧具鳞（毛）丛，可用于分类。

中胸侧板（mesopleuron），占据胸侧的大部，整个侧板以前气门（anterior spiracle）和后气门（posterior spiracle），或前、后胸侧板为界，被一侧沟分为中胸前侧片和后侧片 2 个部分。中胸前侧片复分为上、下 2 个部分，即前侧片上部（anepisternum）和下侧片（katepisternum）。上、下部之间为中胸前侧片缝（mesepisternal sultus）。此缝的深浅、宽窄、清晰度及完整与否是分族的特征之一。中胸下后侧片光裸或被毛是分属或亚属的重要指征。在中胸前侧片上部，翅基前位有一膜质区，称中胸侧膜（pleural membrane），其上光裸或具毛是分属、亚属或蚋种的重要依据之一。

3）后胸

后胸（metathorax）已极度退化。后胸背板（metanotum）细窄，位于中胸背板与第Ⅰ腹节之间，两侧有 1 对由后翅演化而来的平衡棒。后胸侧板位于后气门之后，分为后胸前侧片和后侧片 2 块，呈带状骨片，一般无分类价值。

4）足

胸部附生有前、中、后足 3 对。足短拙。各足依次分为基节（coxa）、转节（trochanter）、股节（femur）、胫节（tabia）和跗节（tarsus）5 个部分。跗节又分为 5 个跗分节（跗节Ⅰ ~ Ⅴ）。跗节Ⅴ末端具爪（claw），爪通常无爪垫，爪间突小，毛状（图 4-9）。雄爪形状较整齐划一，分类价值不大。雌爪形状多有变化，长短不一，简单或具基齿或亚基齿，具有分类学意义。嗜禽鸟血液的种类，如真蚋亚属、纺蚋亚属和绳蚋亚属的多数种类，其雌虫爪齿一般较发达。

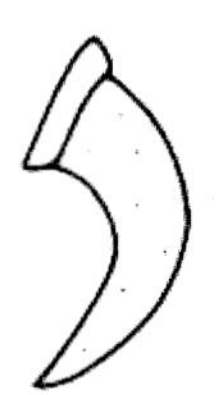

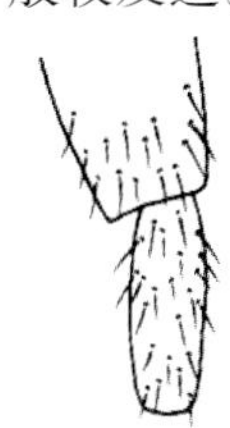

图 4-9　足爪

图 4-10　后足跗节（示跗突和跗沟）

足的色泽是分类的重要性状，胫节前面是否有银白色斑，某些节，如前足跗节Ⅰ和后足基跗节的长宽比值（ratio W：L）也常用于分类。某些类群的后足基跗节内侧有一端突，称跗突（calcipala）（图 4–10），跗节Ⅱ后缘亚基部有一或深或浅的凹陷，称为跗沟（pedisulcus）。后足基跗节是否膨胀，跗突的有无和发达程度，以及跗沟的深浅均具有分类学意义。

足有前、后、背、腹和内、外之分。其定向标准是按虫体平伸姿势，以膝关节（即股、胫节之间）的弯曲内面为腹面，反之为背面；前足靠身体的一侧为前面，反之为后面；中、后足靠近身体的一侧为后面，反之为前面。前足前面为内（里），后面为外面，而中、后足则相反。

5）翅

中胸附生 1 对宽阔的翅（wing）（图 4–11），翅膜透明，偶有烟色暗斑，无鳞，但可密布微刺。翅缘分前、后缘，其交界处为翅端。后胸 1 对翅已演变为平衡棒，分为柄和膨大的结节 2 个部分，其色泽有时也用于种级分类。

翅脉简单，但前缘脉域的纵脉粗壮，通常具刺毛。后部的纵脉细弱。纵脉依次如下：前缘脉（costa）位于翅前缘，自翅基伸达翅端，不分支；前缘脉之后为亚前缘脉（subcosta），自翅基伸达翅端 1/2 处，止于前缘脉，不分支；径脉（radius），位于亚前缘脉之后，分为两支，即第一径脉（R）和径分脉（radial sector，Rs）。有的类群，如原蚋属（*Prosimulium*）的径分脉末端又分为 2 叉支（R_2+R_3），这是原蚋属的主要属征之一。径脉之后为中脉（median vein），并在径中横脉（r–m）处分为 2 支，即第一中脉（M_1）和第二中脉（M_2），均伸达翅端，在径脉和中脉间有一径中横脉相连；中脉之后有 2 条肘脉（cubitus），分别为第一肘脉（Cu_1）和第二肘脉（Cu_2），后者通常呈“S”形，但产于南美的 *Gigantodax* 属是直的；在中脉和肘脉之间，有 1 条特殊的向翅端分叉，类似翅脉褶痕的假脉，称为亚中褶（submedial false of vein），但产于北美的副蚋属（*Parasimulium*）的亚中褶简单；肘脉之后有 2 条臀脉（anal veins），即第 1 臀脉（A_1）

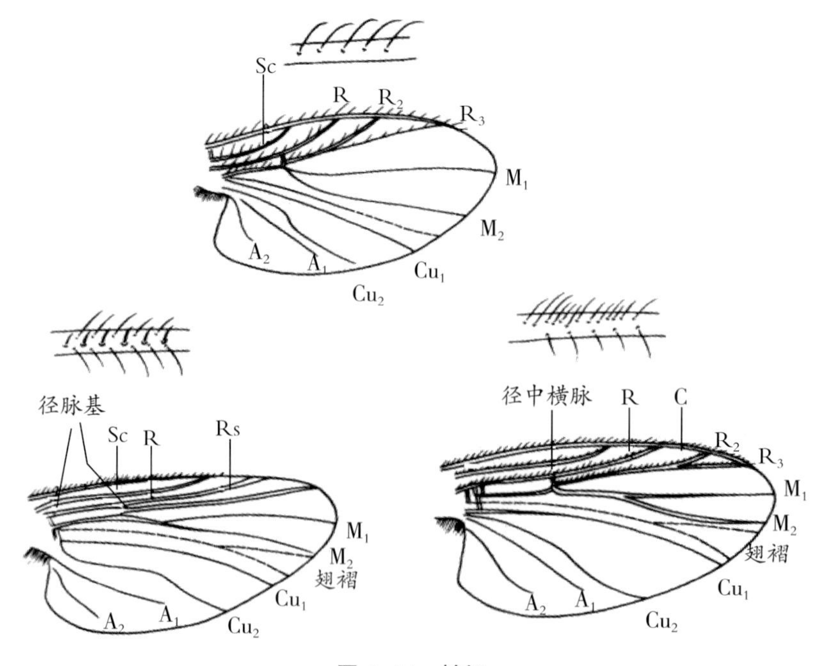

图 4–11　蚋翅

和第 2 臀脉（A_2），臀脉发育程度不一，常不伸达翅缘。此外，肘脉基部和中脉之间在有些类群可有一小的翅室，称为基室（basal cell）。

上述脉序中，前缘脉（S）、亚前缘脉（Sc）和径脉（R）特别显著，其上通常着生有毛和刺，至少在前缘脉上有刺毛混生，但在副蚋亚科和原蚋属这 3 条脉只有毛而无刺。上述前 3 条脉的毛、刺着生位置、数量、颜色以及形状，常有分类价值。径脉基是否具毛是蚋属某些亚属，如绳蚋亚属、纺蚋亚属等的重要特点。此外，径脉基部毛丛的颜色在绳蚋亚属种级分类也有价值。

3. 腹部

蚋虫的腹部（abdomen）由 10~11 节组成，每一典型的腹节具有 1 块背板和 1 块腹板，其间以侧膜相连。侧膜有气门 1 对，腹节Ⅰ背板变成衣领状骨片，其上长有细长的缘毛，称为基鳞（basal scale）。腹节Ⅰ腹板小而角化。雌虫腹节Ⅱ～Ⅵ背板很小，腹板退化，大部膜质，可大幅度地膨胀以容纳血餐；雄虫腹节背板较大，腹板明显退化。腹节背板和腹板上通常被有鬃毛，有时背板和侧膜上有鳞片。有些种类的腹节Ⅱ、腹节Ⅴ～Ⅷ可有银白色斑，或者后部腹节可有闪光，或在腹节Ⅶ腹板有成对的长毛簇均可作为分类指征。腹节Ⅷ～Ⅺ特化成形态各异的外生殖器，是最为重要的分类性状。

1）雌性尾器

雌性外生殖器（female genitalia）由腹节Ⅷ～Ⅹ组成（图 4-12）。腹节Ⅷ背板正常，腹板盾形、方形、半圆形或山峰状，因种而异，其端部延伸形成三角形、方形或舌形的生殖板（genital plate）或叫前阴片（Anterior gonapophysis），生殖板分左、右 2 叶，正中内缘后位的活门为生殖孔。腹节Ⅷ腹板的形状和着毛情况、生殖板的形状、内缘的间距以及端内角是否有附属物等性状，常用于分类。腹节Ⅸ背板发育良好，并以腹侧与由腹节Ⅸ腹板形成的生殖叉突（genital fork）相连接。

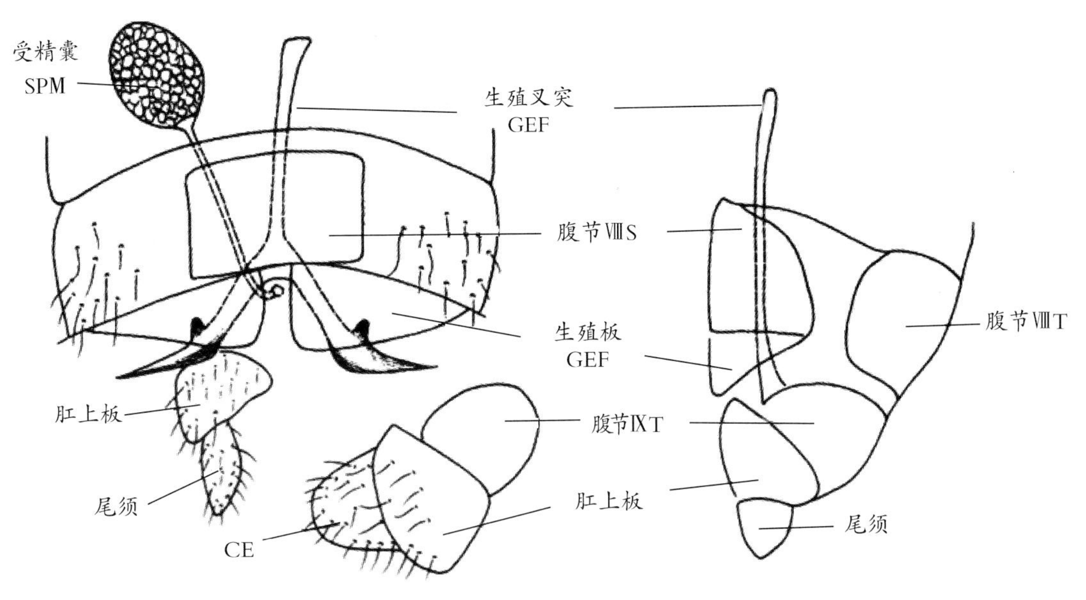

图 4-12 雌性尾器

生殖叉突通常呈倒"Y"形，由游离伸向腹节Ⅷ的柄（stem）和2个后臂所构成。柄基部是否膨胀和两后臂的形状、骨化情况及是否具外侧突或内突等，均是重要的分类性状。腹节Ⅹ背板很小，形状多变，其下有1对肛上板（paraproct）和1对尾须（cercus）或内毛，肛门开口于腹部末端尾须之间。受精囊（spermathesa）1个，通常位于腹节Ⅶ内，其形状和表面纹饰及是否具有网斑等偶也用于分类。

2）雄性尾器

蚋虫的雄性外生殖器（male genitalia）系由腹节Ⅸ～Ⅺ及其附肢特化而成，形态多变，是鉴别蚋种的重要依据。

腹节Ⅸ也称生殖节，背板和腹板连合成指环状，将外生殖器包在环内。背板较宽，腹板细窄，从侧面观，呈亚三角形，由于其构造雷同，分类很少涉及。

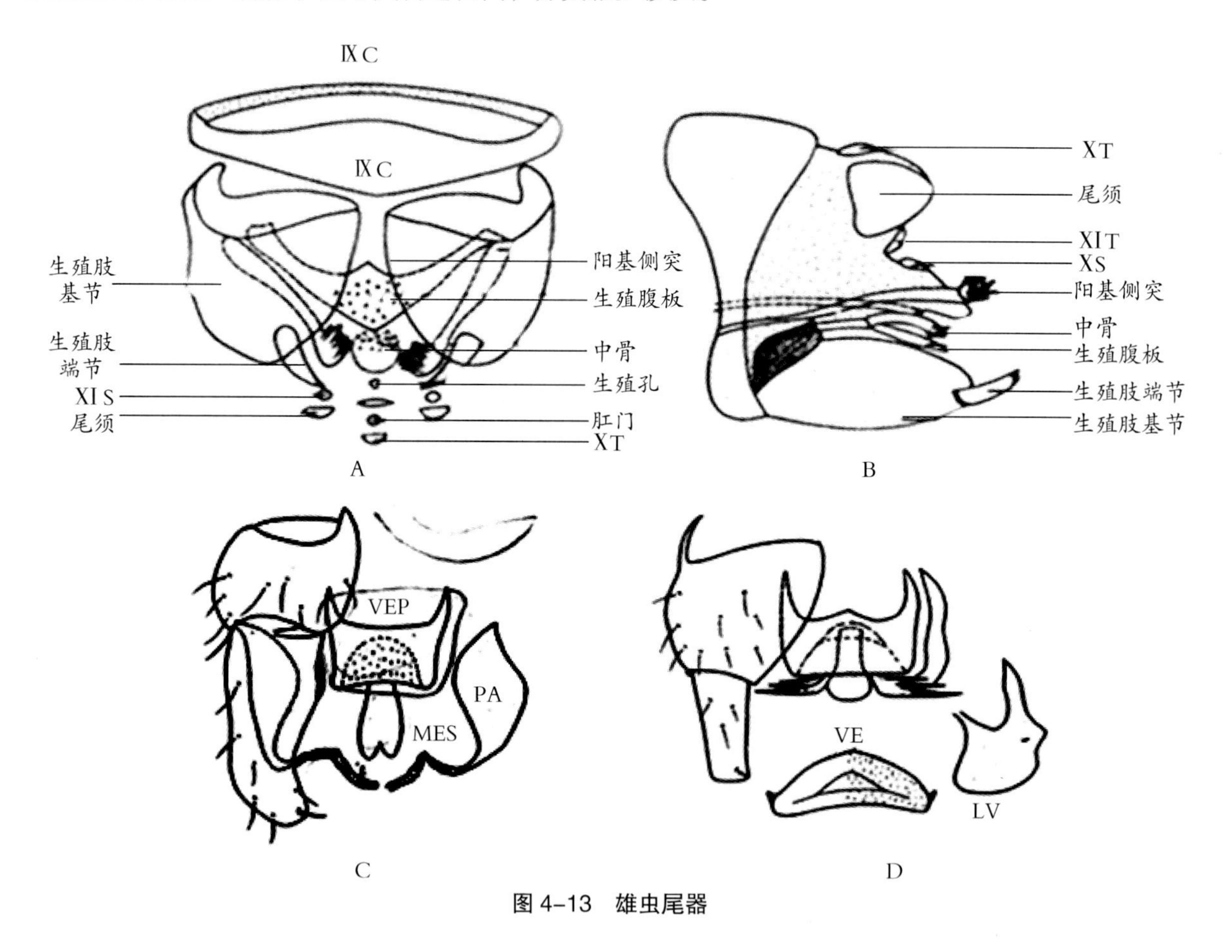

图4-13 雄虫尾器

抱肢（copulatory forceps）：系位于腹节Ⅸ背板下部的1对铗状构造的生殖肢，它实际上是由腹节Ⅸ的附肢特化而成的，因在交尾时具有抱握功能，故名抱肢，或称为抱握器，或叫交合钳。每一个抱肢分2节，即抱肢基节（basimere）和抱肢端节（dismere）。在以往的文献中，抱肢的命名极为混乱，如抱肢基节又称为生殖突基节（gonocoxite）或侧片（coxite），抱肢端节又称为生殖刺突（gonostyle或style）或拥抱器（clasper），建议加以统一，把抱肢基节和端节分别命名为生殖肢基节和生殖肢端节。一般来说，生殖肢基节显著粗大，呈圆筒状或圆锥状，其上着生鬃毛而无鳞。生殖肢端节位于基节之后，呈臂状、圆筒状、锥状或牛角状，其上着生少量感觉细毛并通常具 1 至多个端刺或亚端刺，其横断面为圆形、椭圆形或类三角形。有些种类具 1 个基内突或亚基内突。生殖肢基节和端节的形状和长度比值以及其上的衍生物或附属物等特征，均是重要的分类性状。

阳茎（phallosome）：位于腹节Ⅸ背板之下，生殖肢基节之间的一个几丁质结构，在其基侧部附着支持物阳基侧突（paramere）。其主体结构是由形状多变而高度骨化的生殖腹板（ventral plate）及其下的生殖叉骨或叫中骨（median sclerite）所组成。生殖腹板系由 1 个大的板体（plate body）及其前侧角伸出的 2 个基臂所组成。生殖腹板的形状因种而异，变化多端。从腹面观，呈方形、矩形、袋状或马鞍形，其端缘光裸或具细毛或微刺，某些种类板体可有带齿的背中龙骨突，侧面观尤为明显。生殖腹板两基臂或长或短，平行或亚平行或明显向后外伸呈“Y”形；每臂与生殖肢基节和阳基侧突相接形成关节。中骨位于生殖腹板的下方，形状各异，呈板状、扇状、叉形、棒状或灯泡状等。阳基侧突位于生殖肢基节之内、生殖腹板的背外侧，与生殖腹板基臂关连，并与生殖肢基节基背角形成关节，是 1 个三角形或长方形或不规则形状的骨片，其端部通常有数目不等、大小不同的阳基侧突钩刺（parameral hook），阳基侧突钩刺的形状和数目，常也用于分类。阳茎端膜宽，其上常有小毛或细齿（制片后不易见），分类上很少涉及。

阳基侧突端部之间，中骨之后有生殖孔，生殖孔之后有膜状的腹节Ⅸ腹板，其背面有肛门开口。肛门之后为一几丁质的腹节Ⅸ背板的残余，其两侧为尾须。

（二）蛹

蚋蛹（pupa）具掩体的茧（cocoon），茧是由前蛹的涎腺分泌的丝编织而成。大多属半裸型茧，前端开口，通常头部、前胸及鳃器（gill organ）裸露在外。体长一般在 1.5~5.5mm，全身分为头、胸、腹 3 个部分（图 4–14）。用于分类鉴定的主要性状有毛序及刺、棘等体壁衍生物，鳃器构造，呼吸丝的形状和数目以及茧的形态特征等。

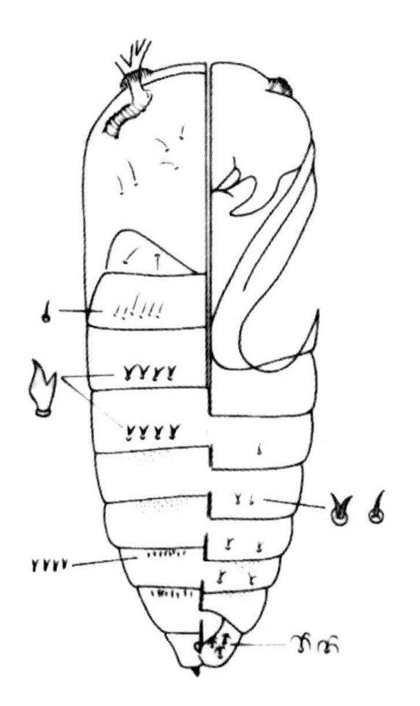

图 4–14　蛹外形图

（左：背面观；右：腹面观）

1. 头部

蛹头小（图 4–14），弯向胸部的腹面，额部盾形，额基颜部两侧有触角鞘伸向鬓角。通常具 1 对颜毛（facial trichomes）和 2~3 对额毛（frontal trichomes），头毛的数目和是否分支以及头部体壁疣突（tubercles）的形状和分布情况常用于分类。

2. 胸部

胸节背板愈合成巨大的盾片（图 4–15）。前胸侧有 1 对发达的鳃器（gill organ）或叫气管鳃（tracheal gill）。鳃器下后方有翅鞘和足鞘，并延伸掩盖腹部前 3 节的大部。胸背和胸侧体壁上着生有数量不等的胸毛（thoracic trichomes），并覆盖有或多或少的盘状疣突（disc-like tubercles）和（或）角状疣突（cone-like tubercles），胸毛的数目、是否分支以及疣突的形状和分布情况均有分类价值。鳃器是蚋蛹最重要的分类性状，它由数量不等的呼吸丝（respiratory filaments）所组成，具有高度的特异性。其数量、长短、形状、大小及细微结构常因种而异。每侧呼吸丝 3~150 条不等，通常为 4~16 条且较为稳定，16 条以上者则丝数越多变化越大。呼吸丝系由总柄发出后再分支，集结成束或作歧状、扇状或树状排列。有些种类的呼吸丝可特化成球状、管状、披针状、鹿角状或形成粗棒状再长出 100~200 条细丝。还有少量种类鳃器基部附近体壁上可有一特殊的坑状器（pit-like organ），成为指标性特征。

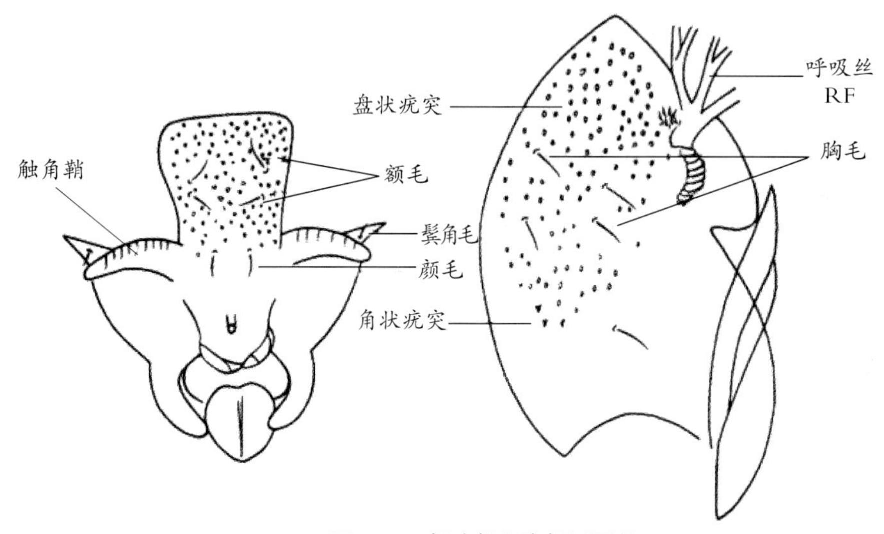

图 4-15　蛹头部和胸部侧面观

3. 腹部

腹部由 9 节组成（图 4-14）。某些腹节上具少量细毛或刺钩，以使蛹体固着在茧内。腹节 3、4 背板和腹节 5~7 腹板通常有 4 个分叉或简单的钩刺（hooked-spine）。某些腹节的背板前缘有成排向后伸的刺栉（spine comb），某些腹节的背、腹板上可有微棘刺群（comb-like group of minute spines），某些种类腹节 9 具 1 对乳突状、钩状或刀状端钩（terminal-shaped hooks），某些种类后腹节还可有少量特殊的锚状钩（grapnel-shaped hooks）。上述体表衍生物除钩刺的分布、形状相对较稳定外，其余的多有变化，因种而异。

4. 茧

蛹茧（cocoon）多呈袋状，从侧面观，有拖鞋状、鞋状、角突状和靴状等（图 4-16），有简单或具领（collar）。从编织情况看，有致密型或疏松型之分。其前缘具有多样性，有的种类加厚形成缘饰；有的具 1 个背中突或 1 对亚中突；有的平直或两侧向前延伸形成前侧突；有的由丝腺缠绕编织成疏松的“花篮”状网格或多种造型的孔隙；有的则在亚前缘形成 1 对前侧窗（anterolateral window），所有这些，都是良好的鉴别特征。

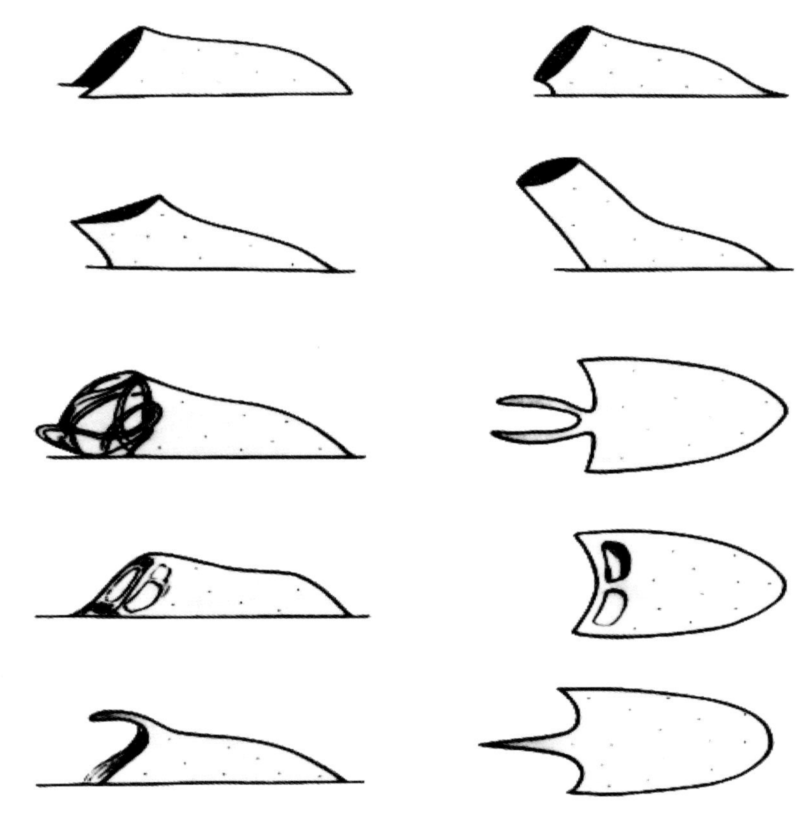

图 4-16 蛹茧的类型

（三）幼虫

蚋的幼虫（larva）呈圆柱状，体长因种而异，通常4~8mm，最大者可达15mm。发育历经不同的龄数，因种而异。昆虫龄期的研究一般采用室内个体饲养的方法来进行，但由于蚋类幼虫大多必须在流水中生活发育，具有趋流性，实验室的饲养条件与自然条件（温度、湿度、食物、水质、光照和生物群落等）差异很大，准确观察蜕皮次数非常困难。因此，国内关于蚋幼虫龄期的划分报道很少，仅见安继尧等（1995）报道黄足真蚋在室温（27.3 ± 0.25）℃的条件下，以后颊裂长度为指标判定幼虫发育经历 5 个生理龄期。但在国外，对于蚋类幼虫龄期的划分研究，最常用的方法是利用头壳纵径几何级数来测定，发现蚋类的不同种群在龄数上存在差别，龄期数以4~9龄不等，大多数集中在6~7龄。除此之外，也有根据体长量度、头壳宽度、口器结构和后颊裂长度等指标来判断。初孵化的一龄幼虫常为淡白色，以破卵器为特征，体长 0.5~1.0mm，以后随着生长发育逐渐变为黄色、淡灰色、棕灰色、棕黄色、淡红色或暗绿色等。同种幼虫在不同龄期，其头扇毛数、尾环数等存在差异。

成熟幼虫是以前胸出现鳃斑为标记，由头、胸、腹 3 部分组成（图 4-17）。其形状相当特殊，后腹部明显膨大，前腹部变细，头胸部又稍膨大。其内部构造主要包括背血管、腹神经索、管状的消化道、1 对涎腺、4 条马氏管、生殖腺和闭式呼吸系。与其他水生双翅目昆虫幼虫的主要区别是体型特殊，体表光裸仅具少量刺毛，3 胸节愈合，无足，具 1 个前腹足和 1 个后钩环以及外露的肛鳃。

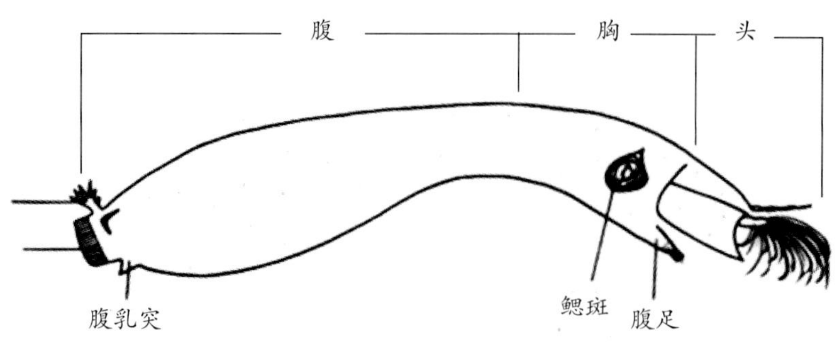

图 4-17　幼虫外形

1. 头部

1）头壳

头壳梨形，由 2 块骨片即额唇基片（frontocleped aptome）和头盖片（epicranial plate）所组成。额唇基片系由额部和唇基愈合而成，通常也称为额板（frontal plate），头盖片则由颊部（gena）和后颊桥（postgenal bridge）联合形成（图 4-18）。

额唇基片以 1 个 "U" 形头缝（epicranial suture）与头盖片分开，其前方有上唇。额板上通常有若干由头内肌肉附着点而形成的头斑（head spots），自前而后分别名为前中斑、中侧斑、后中斑和后侧斑。头斑颜色通常较额板暗，称头斑阳性；反之，则为阴性。头斑的色泽、形状因种而异，有一定的分类价值。头板后背侧有 2 块活动的圆形或椭圆形颈片（cervical sclerite）。额板前方两侧有 1 对头扇（cephalic fan）和 1 对触角（antenna）。

头盖片构成头壳的侧面和腹面，背中侧部有 1 对单眼，腹面为颊部。两颊之间的连接部为后颊桥，其后缘通常内陷形成后颊裂（postgenal cleft）。后颊裂大小不一，形状各异，呈方形、长方形、半圆形、拱门状、箭头状、桃形、梨形、心形、矛形或槽状或伸达到亚颏后缘而使后颊桥副缺，后颊裂的形状、大小以及高度（从后颊裂端部到后部骨化结节处）与后颊桥的长度比值均是重要的分类性状。

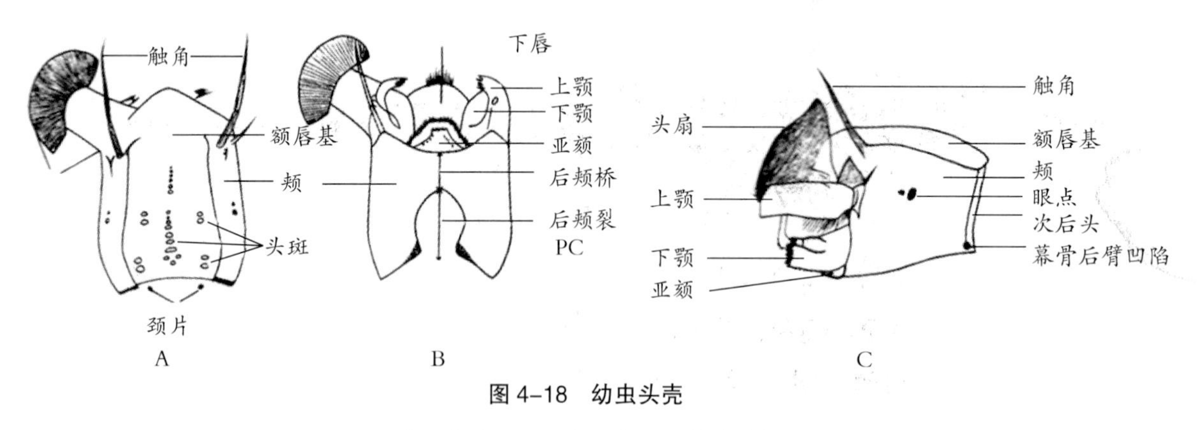

图 4-18　幼虫头壳

（A. 背面观；B. 腹面观；C. 侧面观）

后颊桥前呈楔形或亚梯形骨片称为亚颏（submentum）。亚颏的前方即为口器。颊部后缘具一窄的骨化次后头（postocciput），其下端的幕骨后臂凹陷后方有后头髁（occipital condyle）。

2）头部附件

除头壳外，头部的某些附件也具有分类价值，分述于下。

头扇（cephalic fan）：位于额唇基前侧角的触角前方，由上唇侧壁衍生而来，故又名上唇扇（labral fan）。每个头扇由 2 个部分组成，即位于基部的头扇茎（head fan stalk）和端部毛丛状的头扇部。典型的头扇部由 3 部分组成：一是生于茎端大的原扇（primary fan）；二是原扇下内侧由若干短毛排成弧形的次扇（secondary fan）；三是生于茎中边缘小的中扇（median fan）。其中，原扇系由众多放射状长疏状毛构成，能开放、关闭，借以滤食，其数目和形状，常也用于分类。有的种属如 *Gymnopais* 属无头扇，成为明显的属征之一。

触角（antenna）：系由头盖片背面前端伸出的 1 对细圆柱状结构，通常分 3 节。在正常情况下，基部第 1 节角化弱；第 2 节最长，有时可再分出 2~3 个次生小环节；第 3 节一般比第 1、第 2 节细小，由一明显的柔软部分开，其上长有 2 个小的感觉毛；末端伸出尖锥状感受器，常被误认为是第 4 节。触角的节数、各节的长度比以及触角与头扇茎的比长，因种而异，常用于分类。

口器（mouth parts）：咀嚼式，系由上唇、1 对上颚（在内）、1 对下颚（在外）、舌和下唇构成。

——上唇（labrum）：为一长叶片或鸟喙状骨片，位于头扇茎之间额唇基的腹面，以胶质与额唇基片相连接，向下遮盖幼虫口，腹面中央有成丛的短粗毛，远端侧缘有短粗的齿状突。上唇的腹面紧贴上咽，形成口腔的背侧壁，其上有数排尖端向后的小刺。

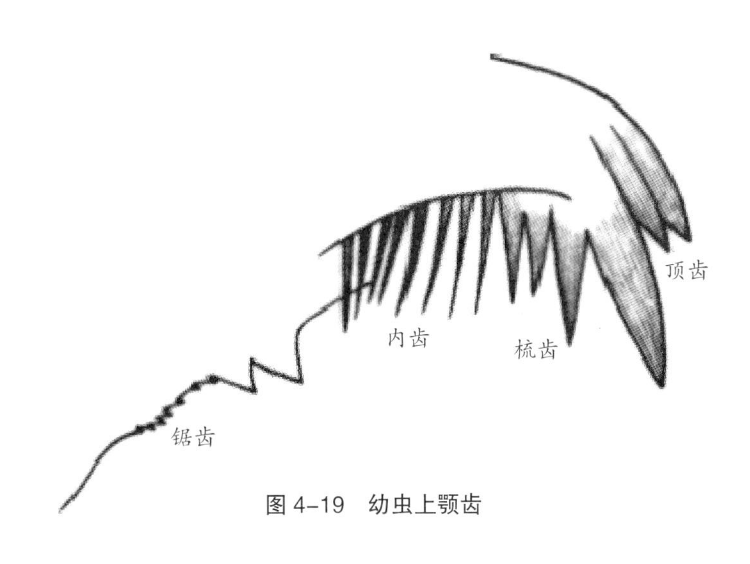

图 4-19　幼虫上颚齿

——上颚（mandible）：位于头扇之下，与头壳前侧骨化的悬骨相连接，可以左右摆动。通常呈宽距形，强骨化，外缘圆钝，内缘稍直，内缘基部和外缘端部着生有 8 簇长短不一的鬃毛，分别名为大基底鬃、小基底鬃、中刷、内鬃、外鬃、覆盖刷、小顶刷、内顶鬃、外顶鬃。上颚齿发达（图 4-19），包括顶齿（apical teeth）3 枚、梳齿（comb teeth）3 枚、内齿（inner teeth）多枚和锯齿（mandibular serrations）2 枚或另具附锯齿列。其中，第 3 顶齿和第 3 梳齿的长短、粗细以及内齿、锯齿的数目和形状，因种而异，具有重要的分类学价值。

——下颚（maxilla）：位于上颚外侧下方，每个下颚由下颚叶（maxillary lobe）和下颚须（触须）组成。下颚叶粗壮，背腹两侧着生多种刺毛；下颚须圆锥状，不分节，末端平齐，上有 7 个大小不一的感觉乳突。

——舌（hypopharynx）：位于下颚之间的软片，其上有感觉乳突，通常与下唇愈合成下唇舌片

（labio-hypopharyngeal），形成口腔的底部。

——下唇（labium）：位于头部腹面的中央，为口腔的腹盖。它实际上是一个复合构造，即是舌和下唇愈合而成的下唇舌片。其主体结构包括上咽舌和亚颏（submentum）。上咽舌位于最上面，表面有许多突起和若干感觉乳头，一般无分类价值。亚颏又称为下颏或口后片（hypostomium），系位于后颊桥前的1块呈楔形或亚梯形的骨片（图 4-20）。其侧缘光滑或具侧缘齿，并具数量不等的亚侧缘毛。前缘有9枚顶齿（apical teeth），通常其中的中齿（median tooth）和角齿（corner teeth）较发达，中侧齿则不显著。有些种类顶齿分3组，每组分别由若干亚侧齿（sublateral teeth）和1枚粗大的主齿组成。亚颏顶齿的形状、侧缘齿的数目和位置以及侧缘毛的数目均有分类价值。

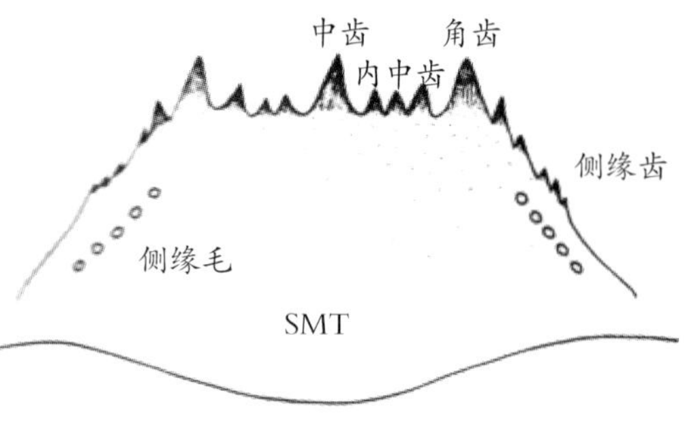

图 4-20　幼虫亚颏

2. 胸部

幼虫胸部（thorax），3胸节已愈合，体壁通常光裸，前胸腹面有1个前伸的腹足（proleg）。腹足呈圆锥状，端部具数排钩刺，前背两侧钩的下方，有1对三角形的小板，板的前缘有尖突。成熟幼虫中胸两侧有1对暗色的鳃斑（gill spots），是发育中的蛹的鳃器，虽然很少用于分类，但其解剖学特征却是判断与之相联系的同种蛹的重要依据。晚期幼虫（前蛹期）还可见到足、翅、平衡棒（halter）等的成组织细胞的纹理。

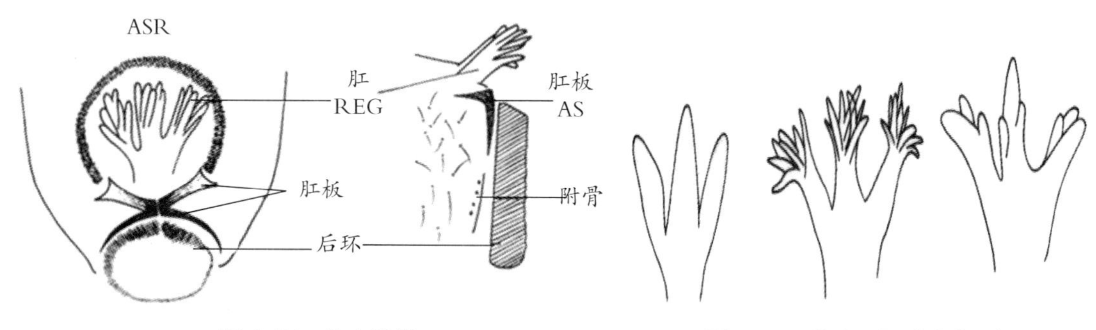

图 4-21　幼虫亚颏　　图 4-22　幼虫肛鳃或称直肠鳃

3. 腹部

幼虫腹部（abdomen）共分8节，但分节界限不明显。每一腹节和前胸均有气门出现，但无功能，属无气门式呼吸。第1~4腹节略细，后腹部膨大，第7腹节的直径最大（图 4-21）。体壁光裸或在后腹节被有无色或暗色的简单小刺毛，或者被以分支的叉状毛或树状毛；有些种类某些腹节具有色素带或色素斑；有些种类第8腹节腹面具一腹乳突（ventral papilla），其大小不一，因种而异，但蚋亚属的则副缺；有些种类，如 *Byssodon* 属第1~6腹节每侧具1对圆锥形突起，1~4腹节各具1对腹突；还有一些种类，如 *Parabyssodon* 属在其前腹部具4对圆锥形突起，凡此种种，都具有鉴别意义。后腹节变化较大（图 4-21），第8腹节的背面中央有肛门开口，其上通常有分为

2~3 叶无色的直肠鳃（rectal gill）或称为肛鳃（anal gill），具有调节有机盐类代谢的功能，还可能与呼吸有关。肛鳃可简单也可再分出次生附叶。附叶呈拇指状（thumb-like）或指状（finger-like）（图 4-22）。直肠有无外露的肛鳃，以及附叶的数量和形状是重要的分类特征。肛鳃之后有强骨化的暗色肛板（anal sclerite），是腹部肌肉的附着处，通常呈“X”形，有的类群，如吞蚋属（*Twinnia*）则呈“Y”形，肛板的形状及前后臂的比长有时也用于分类。腹部末端肛板之后有一后吸盘，称为后环（posterior circlet），系由众多排列有序的钩刺所组成，后环的排数以及每排的小钩数目也有一定的分类价值。

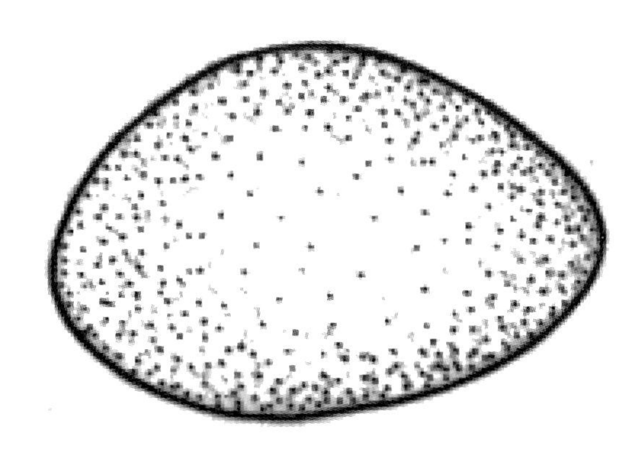

图 4-23　卵外形

（四）卵

蚋卵（egg）很小，刚目力可见（图 4-23），呈长卵形、亚三角形、臂形或蛤形。长 0.15~0.46mm，宽 0.10~0.19mm，其形状和大小因种而异。如黄毛纺蚋［*S.*（*N.*）*aureohirtum*］的卵长度为 0.17~0.35mm，宽度为 0.105~0.15mm（安继尧，1991），卵的表面光滑，在光学显微镜（简称光镜）下观察，看不到任何纹饰，但某些种类在电子显微镜（简称电镜）下观察，卵的表面有纹饰、刻纹或刻点。卵壳坚硬，有色素而透明，壳外被有一层无色而具黏性，含有酸性黏多糖的外浆膜，卵可借此黏着形成卵块并附着在基物上。卵的发育经过眼点期、破卵器期最终破出形成初龄幼虫。由于蚋卵形态简单且相当整齐划一，分类很少涉及。

（五）形态学名词外文缩写（含符号）说明

♀	雌
♂	雄
A	臀脉
A_1	第 1 臀脉
A_2	第 2 臀脉
ABH	幼虫腹部分叉毛
ADS	幼虫腹部附骨
ANS	触角鞘
ANT	触角
AS	肛板
ASA	幼虫腹部鳞片
ASR	幼虫腹部附刺环
ATH	幼虫腹部端沟
C	前脉缘
CE	尾须
CE	额板
CI	食窦
CLH	雌虫腹部Ⅶ腹面长毛丛
CO	茧
Cu	肘脉
Cu_1	第 1 肘脉
Cu_2	第 2 肘脉
CW	爪
CX	生殖肢基节
EV	生殖腹板端面观
FL	前足
FT	前足跗节
GE	尾器
GEF	生殖叉突
GEP	生殖板

GH	锚状钩
HL	后足
HT	后足跗节
HTB	后足胫节
L	幼虫
LA	幼虫腹部
LV	生殖腹板侧面观
M	中脉
M_1	第 1 中脉
M_2	第 2 中脉
MD	上颚
MES	中骨（生殖叉突）
ML	中足
MS	上颚锯齿（缘齿）
PA	阳基侧突
PAS	阳基侧突钩刺
PB	后颊桥
PC	后颊裂
PP	触须
PPT	肛上板
PT	蛹胸部
PTH	蛹胸毛
PU	蛹
R	径脉
REG	肛鳃
RF	呼吸丝
CRs	径分脉
S	腹板
Sc	亚缘脉
SCD	中胸盾片
SM	触须节Ⅲ
SMT	亚颏
SPM	受精囊
ST	生殖肢端节
SV	拉氏器
T	背板
VEP	生殖腹板

五、内部结构

蚋虫属于完全变态昆虫，幼虫水生而成虫陆生，食性与生活习性等方面差异甚大，因而幼虫与成虫在外部形态和内部结构上大有不同，但体内也有部分组织器官在幼虫期和成虫期是相似的。蚋虫与其他节肢动物一样，外被含有几丁质的体壁，内部充满各种组织与器官，由于是开放式循环，体腔又称为血腔，所有内部器官均直接浸浴在血淋巴中。内部组织包括消化、排泄、中枢神经、气管、生殖、肌肉各系统和脂肪体等，下文将对蚋类的5个系统进行描述。

（一）消化系统

昆虫的消化系统由消化道和消化腺组成。消化道具有摄取、运送、消化食物并吸收营养物质，以及控制水分和离子平衡、排泄等功能（Klowden，2007）。根据胚胎期组织学发生来源、功能分化和存在部位的不同，消化道可明显分为前肠（foregut）、中肠（midgut）和后肠（hindgut）3个部分，前肠和后肠起源于外胚层，中肠起源于中胚层（Chapman，1998）。不同昆虫类群的消化道由于取食方式和食物类型的差异常发生不同程度的变异。

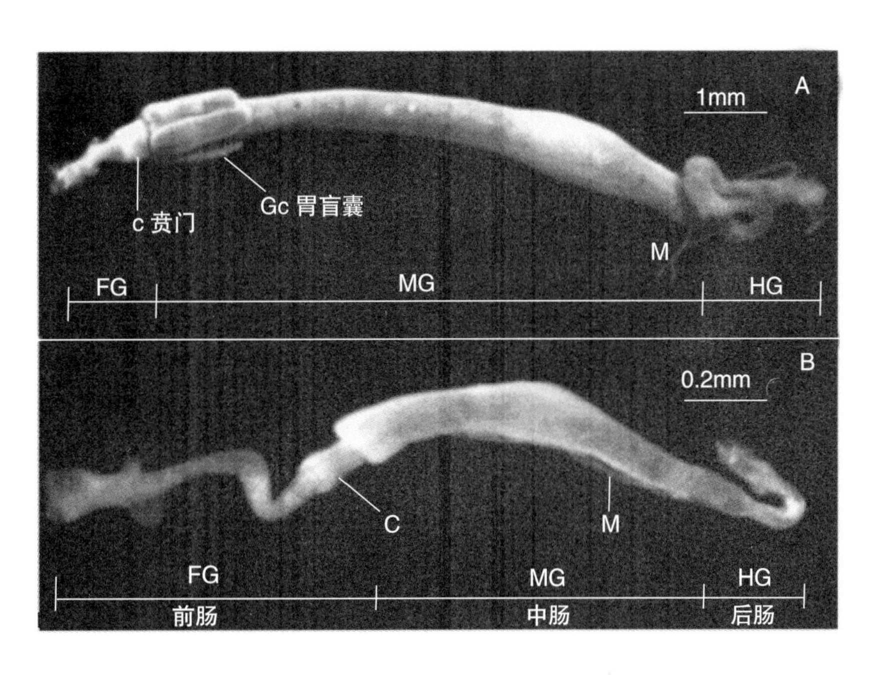

图5-1　幼虫肠道形态（引自Kim，2009）

A. *Simulium (Hemicnetha) innoxium*；B. *Parasimulium crosskeyi*

1. 幼虫的消化道

蚋类幼虫的消化系统包括1根纵贯于体腔中央的消化道和与消化相关的腺体。消化道多为比较宽大的圆筒形管状结构，在后肠的起点处形成一环。整个消化道从头部的口开始，常常止于体躯末节（第8腹节）背面中央的肛门处，肛门上方有直肠鳃外露。消化道分为前肠、中肠和后肠3个部分。

蚋科的不同种属，其消化道也发生不同程度的变异（图5-1）。Kim等（2009）研究发现，胃盲囊形态、后肠弯曲情况和肠道末端形态等消化道特征在克蚋属、蚋属、原蚋属及吞蚋属中存在差异（图5-2）。国内研究的兴义维蚋（寻慧等，2011年）（图5-3）和五指山蚋，其消化道整体形态与图5-1A相似。

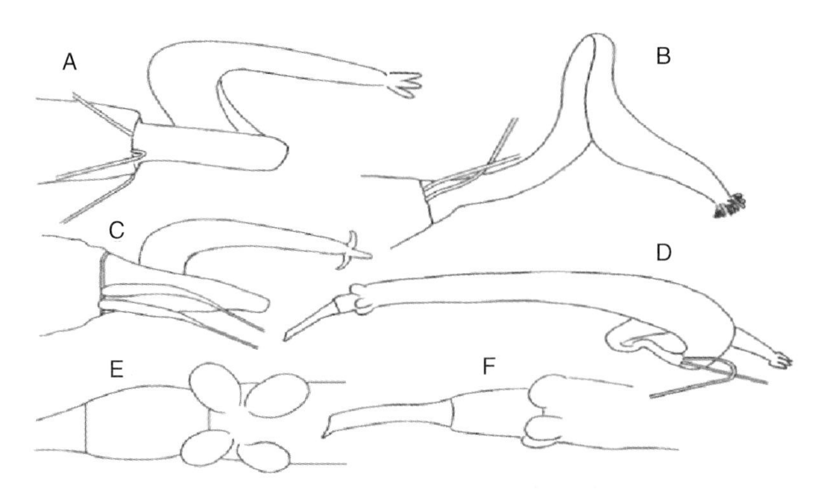

图 5-2　幼虫肠道的变异（引自 Kim，2009）

A，D. *Cnephia ornithophilia*；B. *Simulium*（*Hemicnetha*）*innoxium*；C. *Simulium*（*Psilopelmia*）*bivittatum*；E. *Crozetia Seguyi*；F. *Twinnia tibblesi*

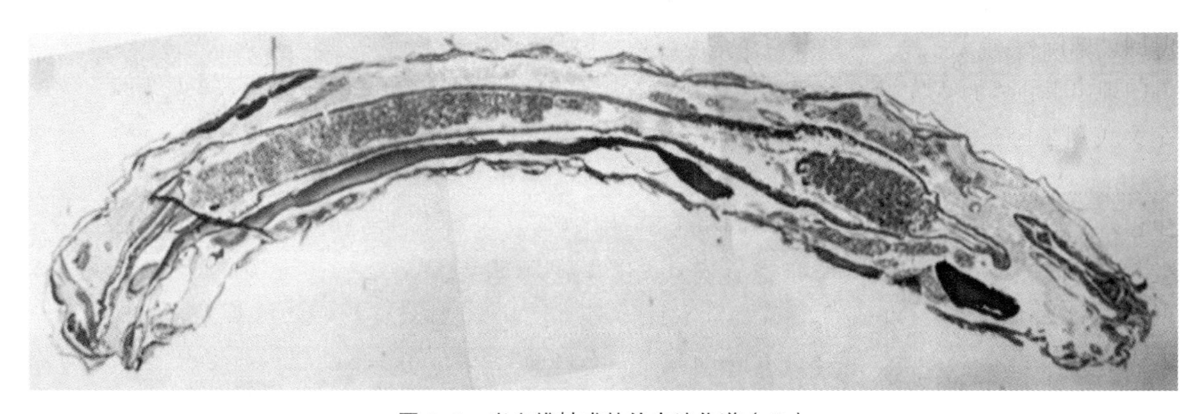

图 5-3　兴义维蚋成熟幼虫消化道（♀）

1）前肠

前肠从口开始，经咽（pharynx）、食道（oesophagus），终止于前胃（proventriculus）。口端部上方内陷形成 1 对上唇腺，左右各一，横切面呈卵圆形，由单层多边形细胞组成，细胞核多位于基底部，排列疏松（图 5-4）。口与咽部之间存在一个狭窄的骨化食窦，在两侧突间形成内凹的食窦弓（图 5-5）。

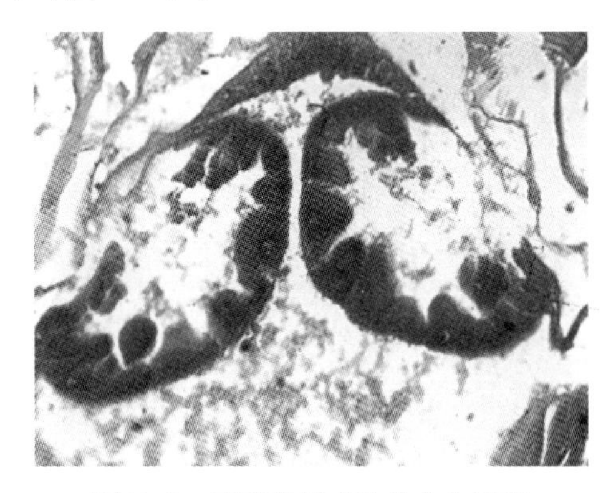

图 5-4　兴义维蚋成熟幼虫上唇腺

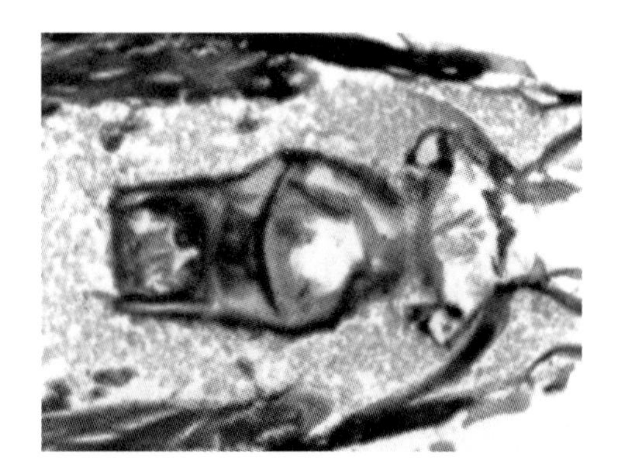

图 5-5　兴义维蚋成熟幼虫食窦

咽部短而窄，食道为咽部后方的简单狭长管道，与咽分段不明显，细胞为单层上皮细胞，细胞核染色浅，圆而大，细胞质染色较深（图 5-6A）。食道末端组织内陷，套入前胃与中肠的接合处，组成一个特殊套管样结构，这是蚋幼虫消化道最特化的部分，被称为食道折叠（esophageal fold）、食道内陷鞘（esophageal invagination）、食道阀（esophageal valva）、贲门瓣（valvula cardiaca）或前胃（图 5-6B）。现已研究证实，胚胎发育的最初几天就发生了这个内陷（Gambrell，1933）。

食道管壁从内向外分为内膜（intima）、肠壁细胞层（epithelium）、底膜（basement membrane）、纵肌（longitudinal muscles）、环肌层（circular muscles）和围膜（peritoneal membrane）6 个层次，肠壁细胞向内褶突，使得管腔十分狭小，底膜、肌层和围膜的界限不易区分（图 5-6C）。前胃内衬食道上皮和肌肉组织，外被疏松表皮和外胚层来源的几丁质外鞘（图 5-6D）。

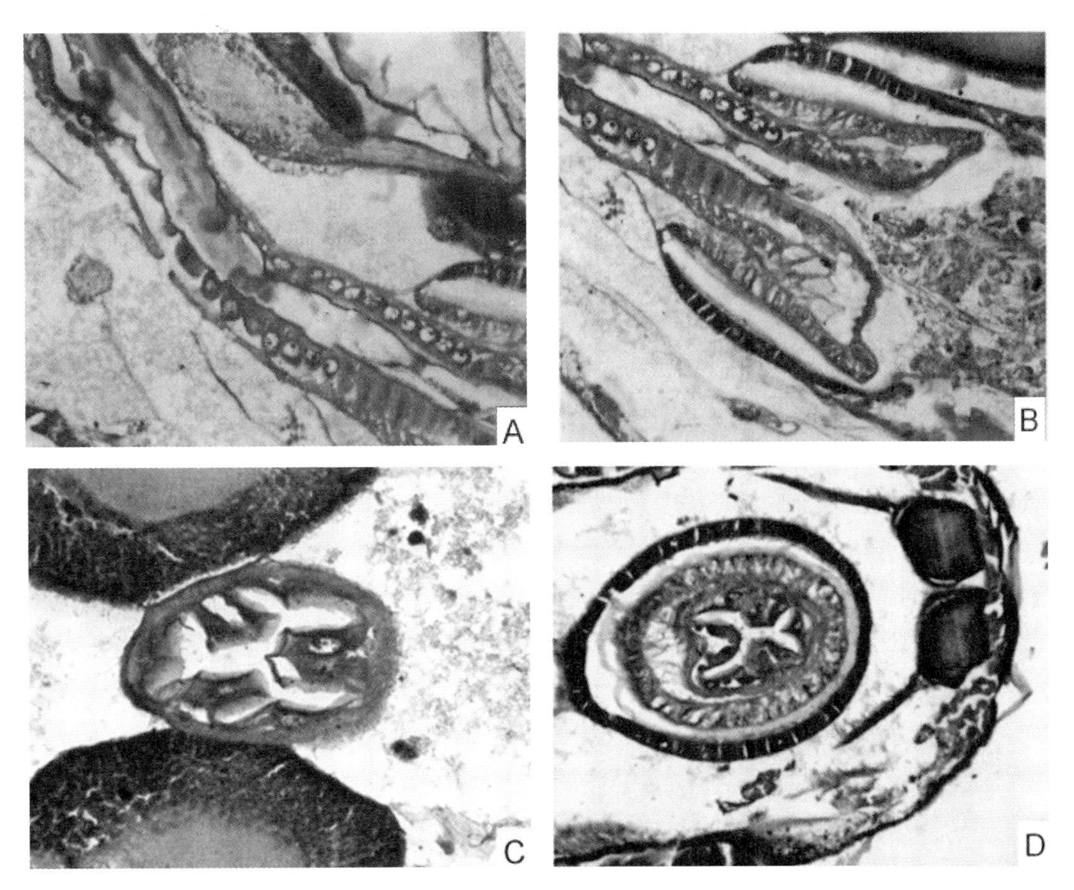

图 5-6　兴义维蚋成熟幼虫前肠（♂）

A. 咽食道纵切；B. 前胃纵切；C. 食道横切；D. 前胃横切

2）中肠

储存和消化食物的中肠特别发达，自头部末端一直延伸到距体躯后端 1/4 处，是幼虫消化道的主要部分，这是蚋类幼虫为蛹期蓄积营养的必然要求。4 个对称分布的胃盲囊位于中肠前端，可增加中肠的表面积，有扩大容积和滞留共生物的作用。不同蚋种的胃盲囊存在形态学上的差异。整个中肠内壁光滑无嵴，不同部位组织结构相似，由内到外可分为围食膜、肠壁细胞层、底膜、环肌、纵肌和外围膜 6 层。围食膜不同于前肠的内膜，它含有几丁质、蛋白质和糖类，位于中肠的最内层，厚度不均，与肠壁细胞间有一层空隙，这个空隙中含有上皮细胞生命活动的各种产物，可保护中肠细胞免受食物颗粒磨损和微生物侵染，同时具有保存消化液的功能。中肠的肠壁细胞层明显比前肠厚，纵肌排列在环肌之外，肌肉层很薄，营养物质、水分和无机盐可渗入血淋巴。

在中肠不同区域，肠壁细胞的分布与形状表现出差异，据此可将中肠分为 3 个区域：第 1 区域，从中肠端部至胃盲囊基部以下一小段，约占中肠总长度的 1/9，肠壁由较大型的单层多边形细胞组成，细胞核大且染色质丰富（图 5–7A）。第 2 区域，从胃盲囊基部以下至中肠 2/3 处，约占中肠总长度的 5/9，肠壁细胞以单层柱状上皮细胞为主，细胞排列整齐，核大而圆，多位于细胞中部或基底部，细胞质染色较浅，顶部有时可见条纹边，可能是柱状细胞在顶膜处形成的微绒毛（图 5–7B）。第 3 区域，为中肠末端膨大部分，占中肠总长度的 1/3，肠壁细胞以单层杯状细胞为主，细胞质染色明显变深（图 5–7C）。在各区域，尤其是第 2 区域的肠壁细胞基部，可见散生或多个聚生的小型再生细胞，核小色深，界限不清。这些再生细胞分裂并分化形成柱状细胞，以补充和替代受损或消亡的柱状细胞。从超微结构看：组成昆虫中肠的细胞常有柱状细胞（columnar cells）、杯状细胞、再生细胞（regenerative cells）和内分泌细胞（endocrine cells）4 类。组织学显微结构可以观察到蚋幼虫中肠有柱状细胞、杯状细胞、再生细胞，但内分泌细胞的存在与否还有待进一步的超微结构研究。

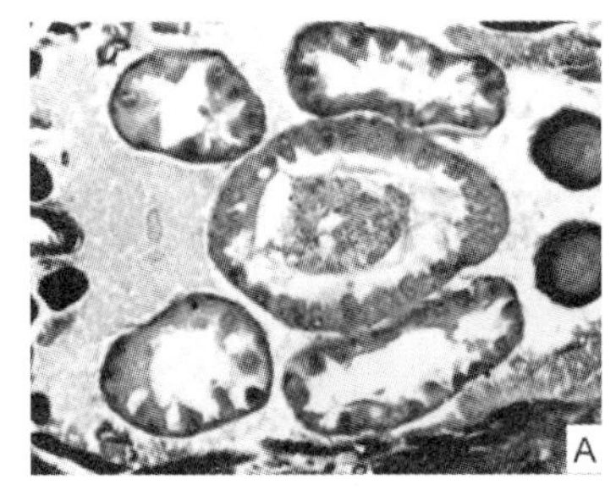

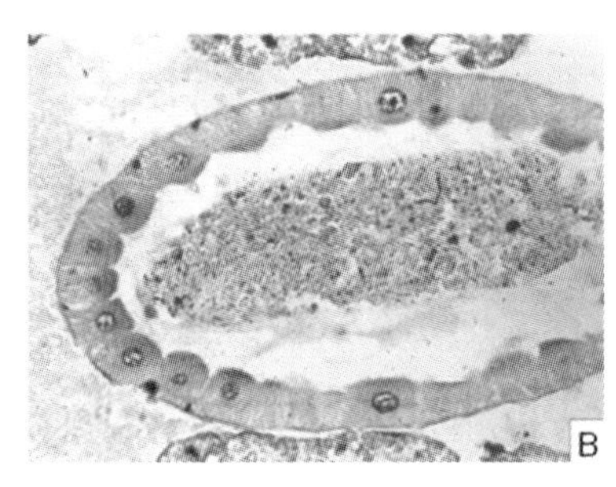

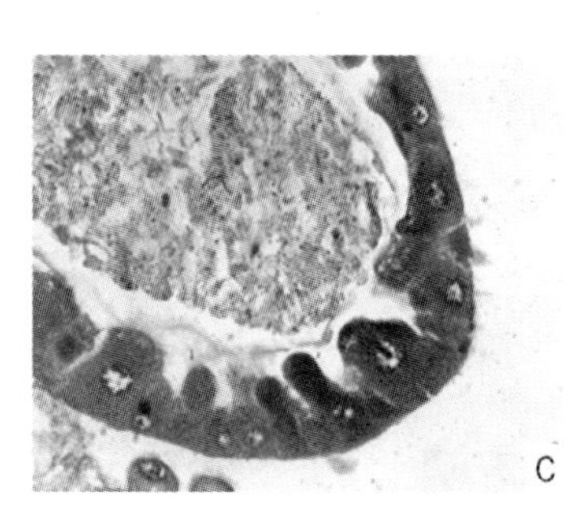

图 5–7　兴义维蚋成熟幼虫中肠横切（♂）

A. 第 1 区域；B. 第 2 区域；C. 第 3 区域

3）*后肠*

后肠由回肠（ileum）和直肠（rectum）2 个部分组成，其组织结构与前肠相似。后肠与中肠交界处称为幽门（图 5–8A），存在幽门瓣，这是控制中肠内消化残渣进入回肠的结构。交界处着生有开口进入肠腔的马氏管。后肠前端是一段简单管道，没有明显的回肠和结肠的区分，肠上皮向肠腔内褶形成嵴。内膜紧贴肠上皮，肠壁细胞形态界线模糊，底膜与肠壁细胞间出现空隙，其外环肌发达（图 5–8B）。直肠为一止于肛门的细长窄管，腔内无直肠垫，内膜薄，肠壁细胞核显著，细胞向内褶突，内侧可见明显纹状缘（图 5–8C，图 5–8D）。

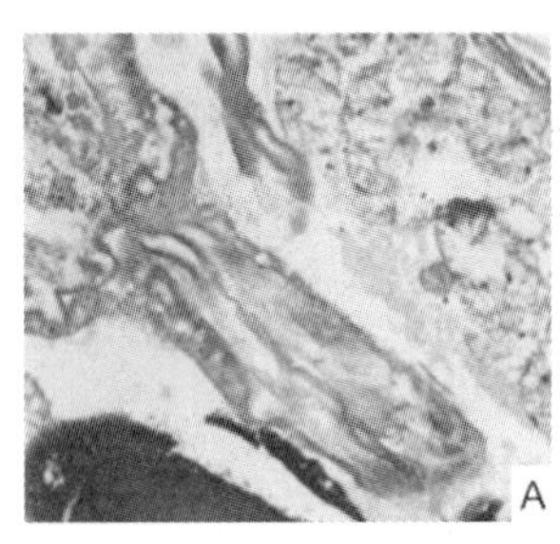

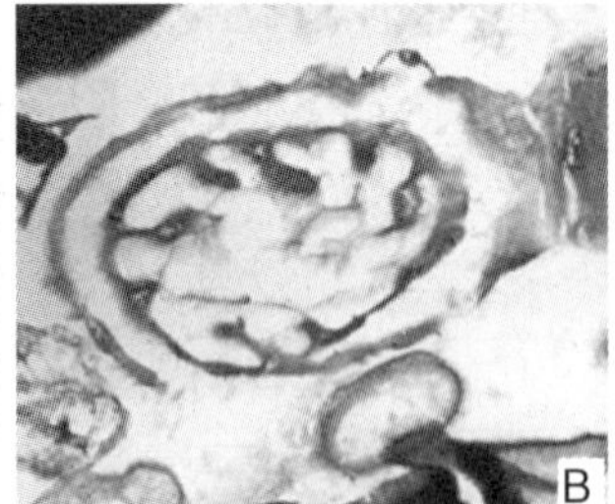

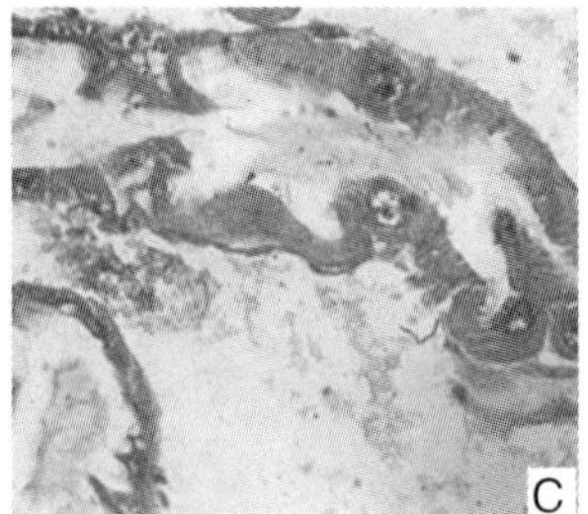

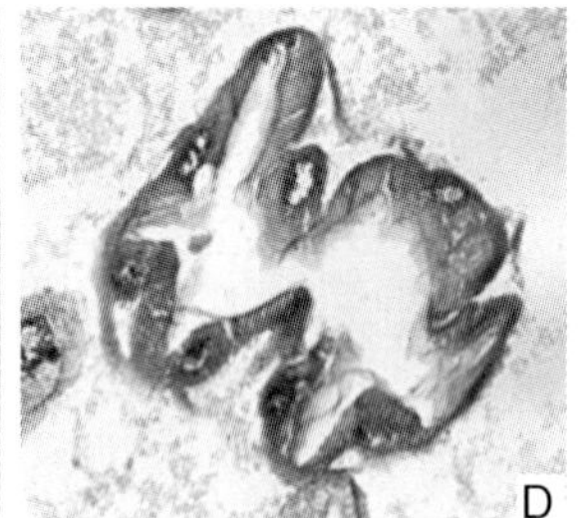

图 5–8　兴义维蚋成熟幼虫后肠（♀）

A. 幽门和回肠纵切；B. 回肠横切；C. 回肠和直肠纵切；D. 直肠横切

2. 成熟蛹和成虫的消化道

取食固体食物的昆虫，其消化道一般粗短，前胃外包有强壮的肌肉层，前胃内面常具有齿状或板状的表皮突起。而取食液体食物的昆虫常无前胃，整个消化道较长，前肠前段常特化成咽喉唧筒。

和幼虫相似，成熟蛹（图 5-9）和成虫的消化系统也主要分为消化道和消化腺（主要是唾液腺），整个消化道从口至肛门呈一管状，其食窦走行方向与虫体纵轴相垂直，到咽至直肠则与虫体基本平行，分前肠、中肠和后肠 3 部分。

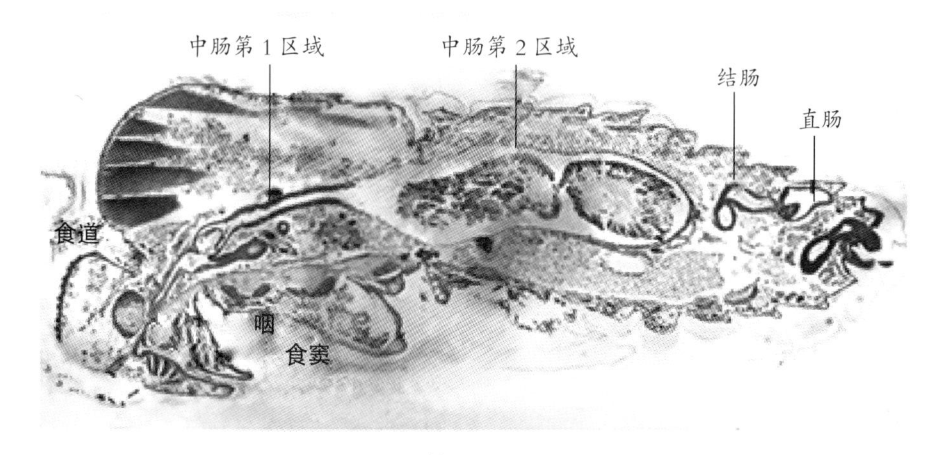

图 5-9　兴义维蚋成熟蛹的消化道（♂）

1）前肠

前肠主要分为口、食窦（cibarium）、咽和食管（图 5-10）。由于取食液体食物，蚋类成虫无前胃。整个消化道始于口，口内下方有唾液腺导管的开口，以此为界可将口腔分为口前腔和口后腔。口器往后，管壁逐渐变厚，并且上管壁向下管壁突起的部分为食窦。食窦上管壁与体壁之间连接有肌肉，兴义维蚋可见 5 条，肌肉的收缩舒张使食窦可以起到吸食的作用。咽与食道连接处几乎呈直角，连接处的上管壁有个不大的咽喉贮液囊。咽部管道非常狭窄，横断面呈特殊形状（图 5-11）。咽部往后，管道逐渐变宽成为食道，食道末端扩大，位于头部和胸部的连接处，食道管壁的组织结构和幼虫相似。

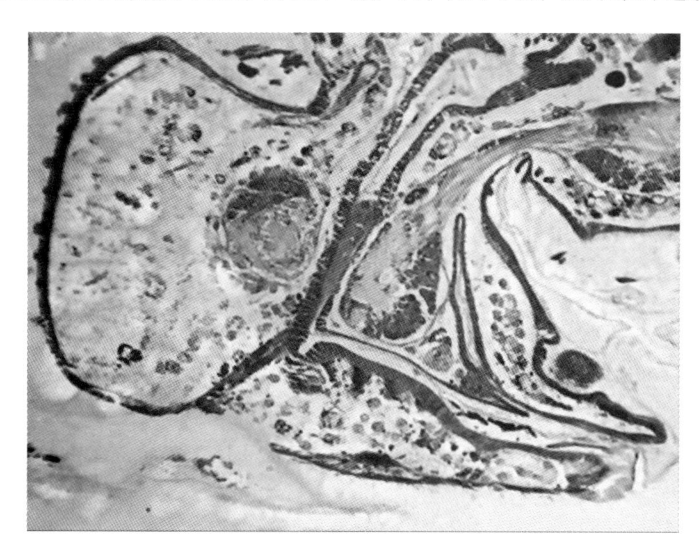

图 5-10　兴义维蚋成熟蛹前肠（♂）

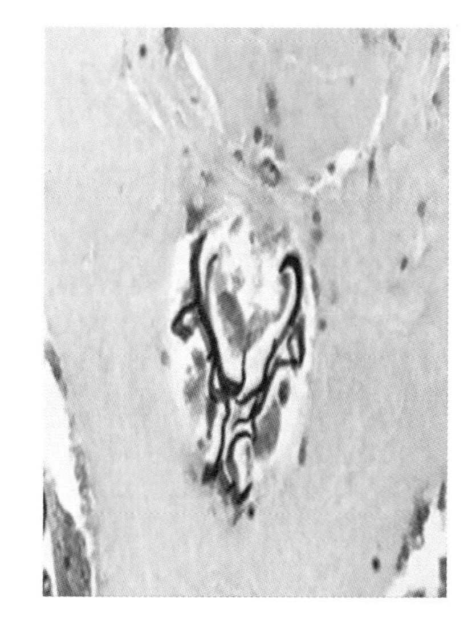

图 5-11　兴义维蚋成熟蛹咽部横断面（♀）

成熟蛹食管末端与中肠前端交接部分稍微膨大，其部分管壁向内凹陷，形成一个类似于阀门的食管阀，进一步组织重建将形成新羽化成虫的贲门。这个阀门起到防止食物回流的作用。食管阀前半部有另一管道开口，通向一个呈袋形的食料储备器（嗉囊）（图 5-12A）。成虫的嗉囊是一个大容量盲管，走行于胸部巨大飞行肌的下方，一直向后延伸到腹部（图 5-12B）。嗉囊形状和位置在不同昆虫中有较大的变异，水分和植物含糖分泌物在转入中肠前先流到嗉囊内，而血液经食道绕过嗉囊直接流入中肠。蚋类成熟蛹和新羽化成虫由于没有进食，嗉囊内是空的；进食后，嗉囊将打开并扩张。

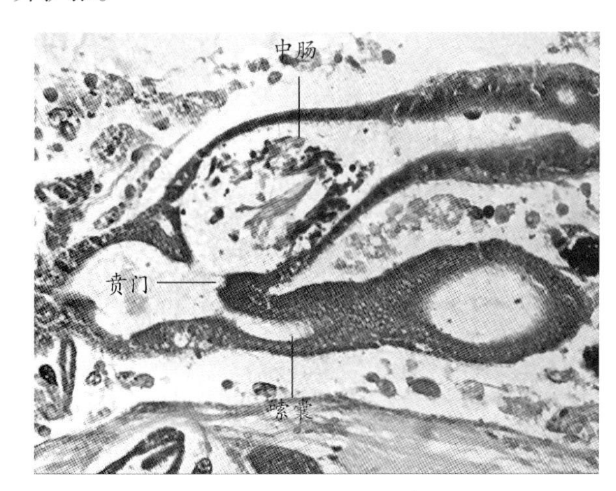

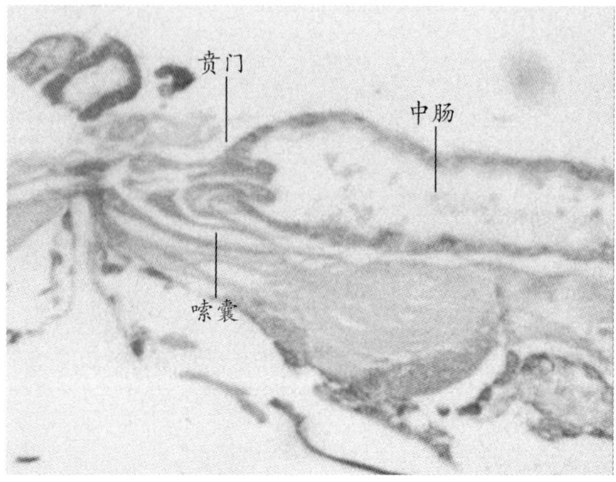

图 5-12　前肠与中肠交接处

A. 兴义维蚋成熟蛹（♂）；B. 五指山蚋新羽化成虫（♂）

2）中肠

中肠是消化食物和吸收营养的主要场所，是消化道中最为膨大和最为发达的部分，从胸部一直向后延伸到腹部的第 5 体节，相对较长。中肠前端无胃盲囊，整个中肠可分为 2 个部分：前部第 1 区域是位于胸部较为狭窄的管道，新羽化成虫的这一部分明显比成熟蛹同段要长一些；后部第 2 区域是管腔扩大的胃，位于腹部（图 5-13）。成熟蛹和成虫的中肠内壁光滑无嵴，肠壁细胞由柱状细胞和再生细胞组成。

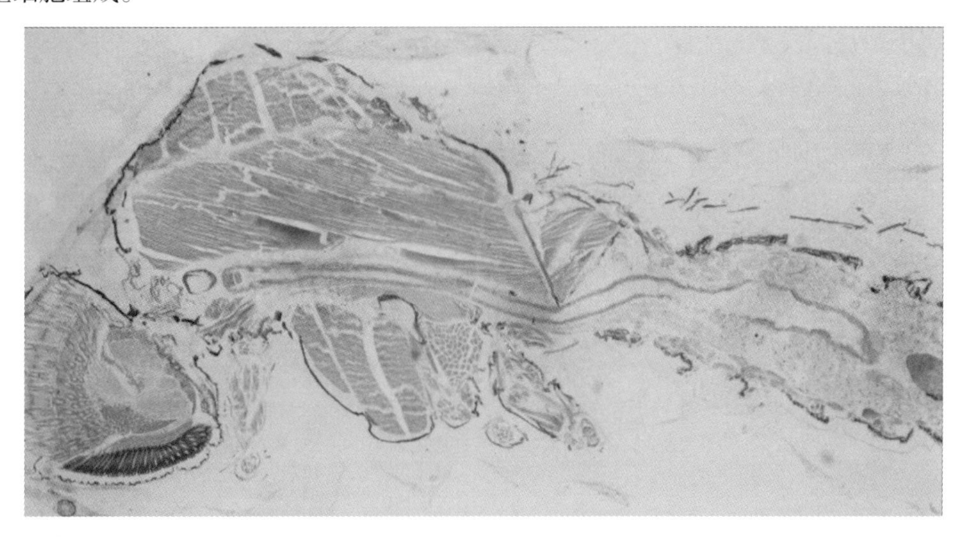

图 5-13　五指山蚋新羽化成虫中肠（♂）

3）后肠

后肠（hindgut）从前向后依次分为幽门（pylorus）、结肠（colon）和直肠（rectum）（图 5-14）。幽门位于中肠和后肠的交接处，存在突入肠腔内的幽门瓣，控制食物残渣排入后肠。后肠的前端是一段未分化的简单管道，没有明显分化为回肠和结肠，Jobling（1987）将后肠前段称为结肠。肠壁细胞单层，常见椭圆形深染的细胞核突出于肠腔。

直肠前端膨大形成直肠囊，内壁上着生有呈辐射状分布的 6 个卵圆形腺体，称为直肠垫（rectal pads）。直肠垫乳头状的顶部伸入直肠腔中，表面的内膜很薄，有利于水分和离子的渗透。组成直肠垫的肠壁细胞十分发达，具有较大的、在光学显微镜下很容易观察到的细胞核（图 5-15），在直肠垫内有微气管穿越在细胞之间。在肠道水分和盐分的代谢中，直肠垫承担重要的功能。直肠囊逐渐变窄，最后终止于肛门处。直肠上皮是较为扁薄的一层，上皮细胞几不可见。

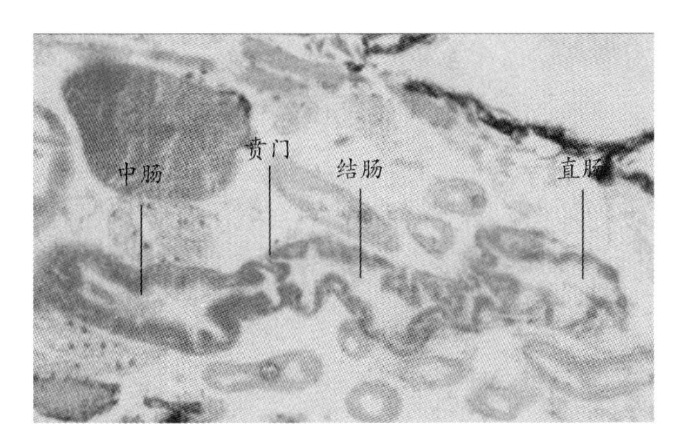

图 5-14 五指山蚋新羽化成虫后肠（♂）

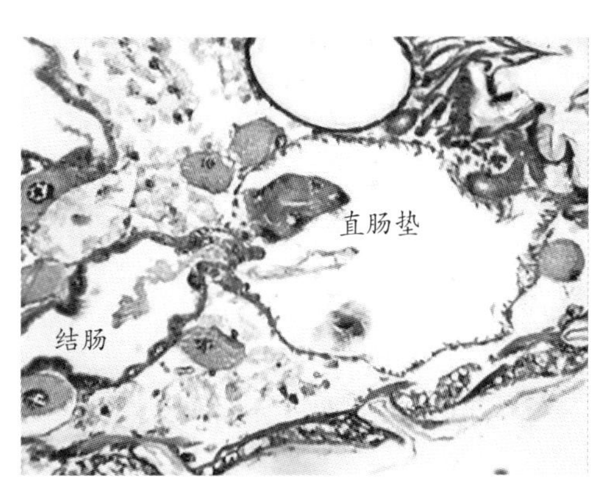

图 5-15 兴义维蚋成熟蛹后肠（♀）

3. 纺织腺和唾液腺

在完全变态昆虫，成虫的唾液腺和幼虫期的唾液腺完全不同，它们分别起源于胚胎发育期的不同细胞。幼虫的唾液腺由胚胎上皮细胞内陷形成，而成虫唾液腺是由成虫唾液腺芽发育而成，幼虫的唾液腺在变态发育过程中会发生程序性死亡。

蚋类幼虫的唾液腺特化为丝腺，常常独立为蚋特有的造丝系统，又称为纺织腺。在幼虫，纺织腺的大小仅次于肠道。纺织腺 1 对，是长粗管状腺体，在肠下沿其两侧从前向后延伸。其可分为 3

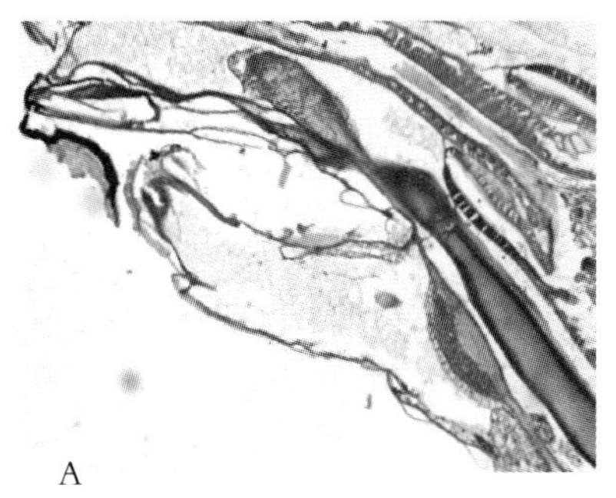

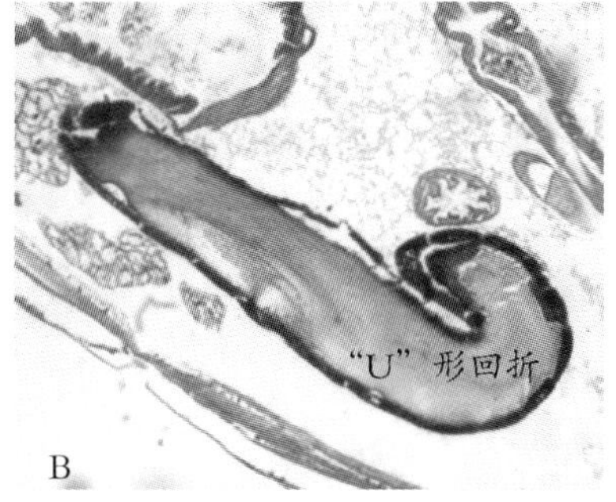

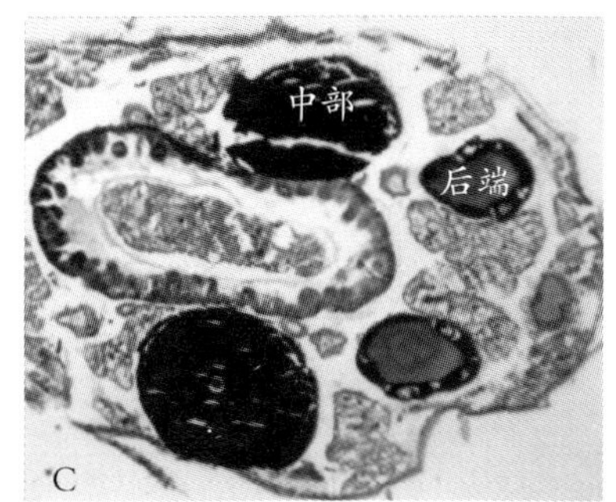

图 5-16 兴义维蚋成熟幼虫

A. 纺织腺前端纵切；B. 纺织腺"U"形回折；C. 纺织腺中、后部横切个部分：前端组成腺体的导管；中部容量最大，是分泌物储存的场所；后端分泌丝质分泌物。2 个纺织腺在前腹足前方跨越神经节交汇为 1 个总导管，前端丝化开口于舌的下方、下唇的上方（图 5-16A）。延伸的腺体至体躯最膨大处（第 7 腹节）弯曲折向前方，形成“U”形回折（图 5-16B），此处纺织腺腺管明显膨大，腺细胞发达，为单层大型细胞，核椭圆而色浅，细胞质和管腔内容物均染为深蓝色（图 5-16C）。纺织腺末端最终变窄以细丝终止于腹部中央。

幼虫的纺织腺极度发达，这与幼虫的固着与移动需求有关，同时也是蛹化前幼虫结茧保护蛹体的需要所致。这不是蚋虫生存的长期需求，因此纺织腺在蛹期会快速解离并重新形成成虫的唾液腺，不再具备特征性的“U”形管，而变得很小。蚋类幼虫唾液腺细胞的染色体不断复制但不分离，细胞不分裂，同源染色体结合成为巨大染色体（多线染色体），是观察染色体结构的好材料。

在幼虫期，成蚋的唾液腺还没有分化，只是幼虫唾液腺附近的一个具有分裂潜力的单细胞层。在从幼虫到成虫的变态发育过程中（即蛹期），纺织腺经过彻底的组织解离转化后发生再造重建，这层细胞迅速分裂分化形成成虫的唾液腺。由于雌、雄成蚋的取食倾向不同，唾液腺在两性间存在显著差异，雌蚋的唾液腺研究略多一些。雌蚋的唾液腺位于成虫胸部前足上方食道附近，分为左、右 2 个腺体，由唾液腺导管汇集在一起通向口器附近的唾液泵（图 5-17A）。每个腺体分成 2 个部分：主叶和附叶。大型的分泌性细胞围成的葡萄状腺泡为主叶，司分泌功能；导管基部的突起为附叶，是分泌物蓄积的场所（图 5-17B）。唾液腺主叶的组织结构由底膜、腺细胞层和内膜共同组成。

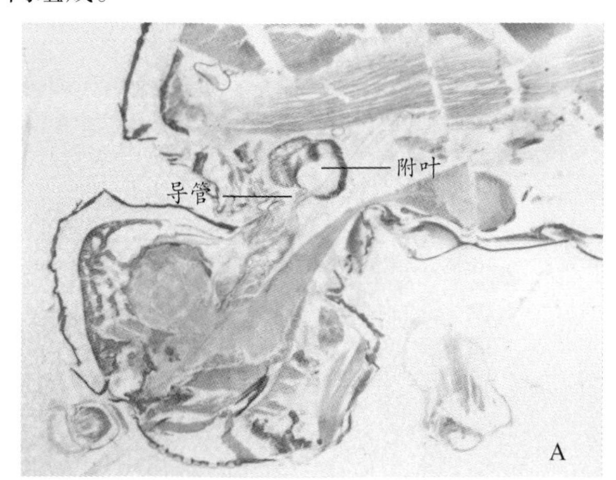

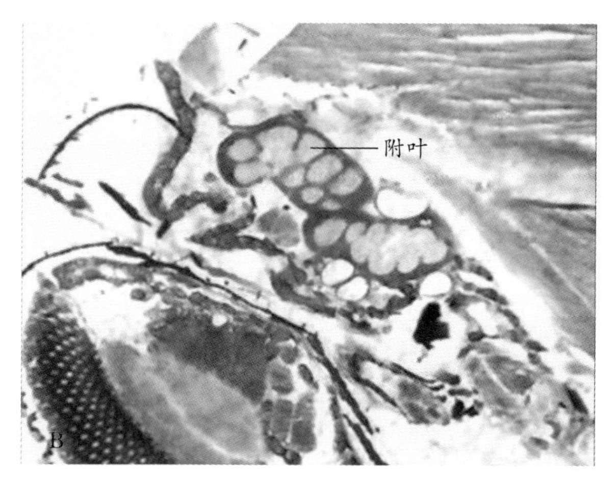

图 5-17　五指山蚋新羽化成虫（♀）

A. 唾液腺导管；B. 唾液腺腺体

（二）排泄系统

昆虫在生命活动中的氮素代谢产物主要经马氏管 - 直肠系统排出，马氏管是主要的排泄器官。各类昆虫中马氏管的数目差异很大。一般来说，数量多的，马氏管一般比较短，而数量少的则比较长，两者的总表面积差异不大。

蚋类成熟幼虫和成虫一般均有 4 条细长乳白色马氏管从中肠与后肠连接处分出，肠道两侧各有 2 根（图 5-18）。马氏管分散在消化道周围，末端游离于血腔的血淋巴中，是分段不明显的盲管，没有形成隐肾结构。成虫马氏管与幼虫相似，数量没有变化，且形态延续于幼虫期，这说明马氏管可能在蛹期大部分不发生变化，不经历完全破坏解离并重新建立的复杂生理生化进程。组织学结构显示：马氏管的管壁由多个大型单层上皮细胞围绕管腔，细胞核显著，细胞中见大量红色内含物，可能为尿酸颗粒（图 5-19）；外侧为基膜；内侧马氏管上皮腔面可见纹状缘。马氏管和直肠一起形成排泄循环。

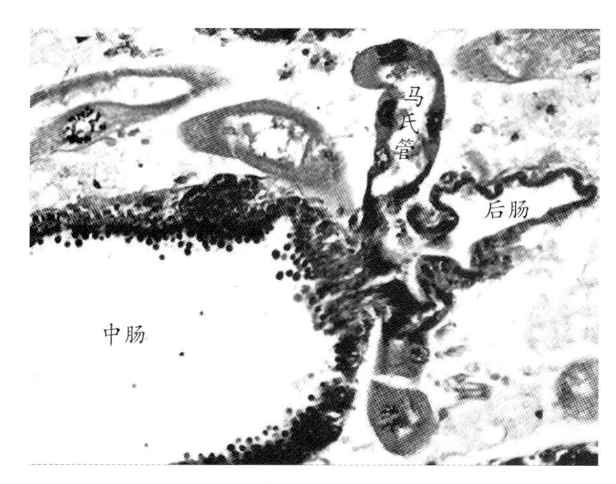

图 5-18　兴义维蚋成熟蛹中后肠交接处（♀）

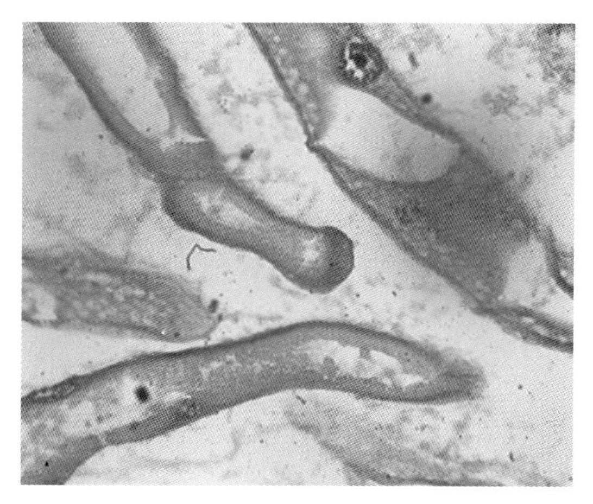

图 5-19　兴义维蚋幼虫马氏管（♀）

（三）中枢神经系统

蚋幼虫、成熟蛹和成虫的中枢神经系统都由脑（brain）、食道下神经节（subesophageal ganglion）和腹神经索（ventral nerve cord）这 3 部分共同形成链状神经系（图 5-9），具有昆虫神经系统的典型特征。位于咽食道上方的头部前 3 对神经节愈合为脑，是头部最大的神经节；位于咽食道下方的头部后 3 对神经节愈合形成食道下神经节，以围食道神经绕过咽食道部与上方的脑相连。腹神经索走行于虫体胸腹部的下侧，自食道下神经节向后延伸，幼虫、蛹和成虫均终止于腹部第 6 体节处。中枢神经系统在幼虫期和成虫期基本结构相似，但幼虫和成虫脑的结构和腹神经节合并情况并不完全相同，考虑这种内部器官的变化可能与蛹期变态发育有关，中枢神经系统的大多结构可能不经过组织的彻底解离破坏而直接参与到成虫相应结构的组建。

经 HE 染色（苏木素 - 伊红染色，hematooylin-eosin staining，简称 HE 染色），脑、食道下神经节和各神经节的剖面结构基本相似，由外到内依次是神经鞘（nerve sheath）、神经细胞体层（neurocyte）和神经髓质层（neuropile）。最外层的神经鞘为结缔组织，由两层组成：外层是一层非细胞组织的无定形的薄膜，称为神经围膜（neural lamella）；内层是由一层细胞构成的分布不均匀的较厚的鞘细胞层（perineurium）。在神经鞘内侧的神经细胞体层，HE 染色呈现大小不等、数量不一的深蓝色颗粒，为神经细胞胞体所在；最中央染成均匀一致的浅紫红色区域，是由轴突、侧支、树状突和端丛等神经纤维共同组成的神经髓质层。

1. 幼虫的中枢神经系统

在幼虫头部，左、右 2 个蛋形的球状体通过中间狭窄的连接带连接形成脑（图 5-20A），位于咽食道两侧，在头中部与食道下方的食道下神经节相连。HE 染色显示连接带呈紫红色，有横行神经纤维。在经咽的头部横切面上，左右脑切面呈椭圆形，中央髓质区呈蝶形，无明显分区，中央体、脑桥结构未见（图 5-20B）；神经分泌细胞排列紧密，可见到大型的成神经细胞存在。在经食道的头部横切面上，左右脑的髓质区各分为 2 区：内侧 1 个卵圆形脑叶和外侧 1 个狭长脑叶（图 5-20C）。纵切面也显示前部脑和中部脑在髓质区结构上存在不同（图 5-20D）。前部脑的髓质区，腹侧有一向前的突起，可能蛹期将会发育为司触觉的嗅叶。中间和侧面的成神经细胞各自形成细胞丛。成熟幼虫的触角、上唇、单眼分别接受来自脑叶向前伸出的独立神经纤维的支配。食道下神经节由左右 2 个靠拢的神经节形成，位于纺织腺的背侧，在前腹足前方交叉越过纺织腺后，腹神经索走行于纺织腺的腹侧（图 5-20E）。

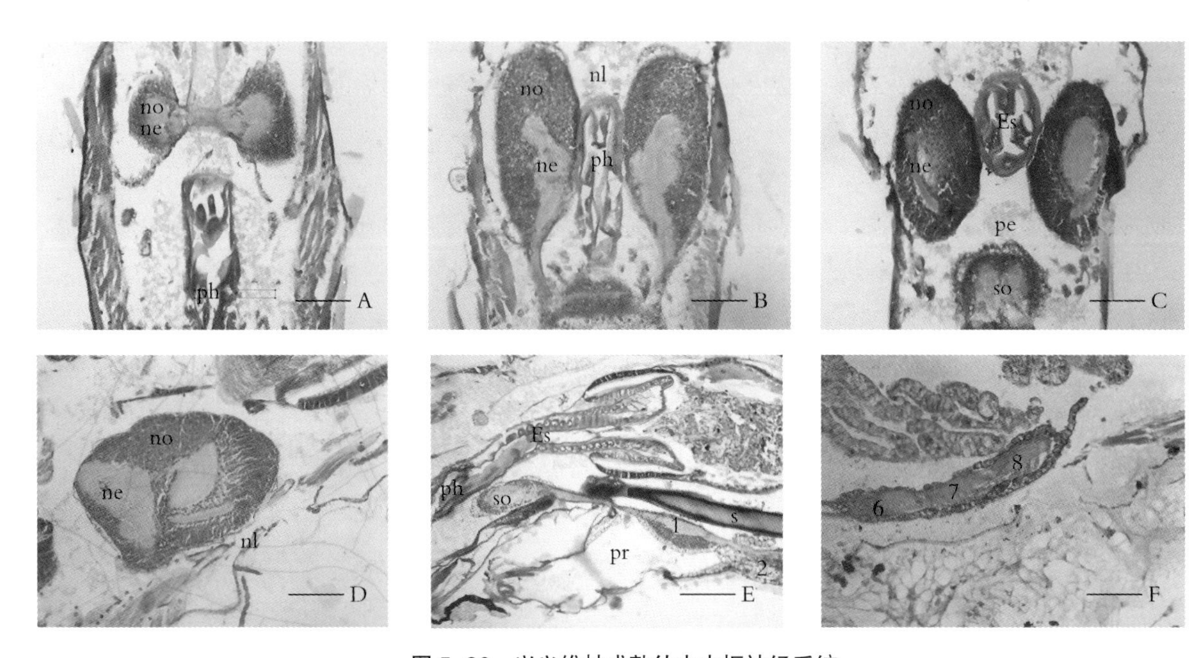

图 5-20　兴义维蚋成熟幼虫中枢神经系统

A. 脑连接处横切；B. 经咽部脑横切；C. 经食道部脑横切；D. 头部纵切；
E. 神经索与纺织腺交叉处纵切；F. 腹末神经节纵切
（SO- 食道下神经节；Ph- 咽；Es- 食道；Pr- 前腹足；ni- 神经围膜；pe- 鞘细胞层；no- 神经细胞体层；ne- 髓质层；
1- 前胸神经节；2- 中胸神经节；3- 后胸神经节；6～8 腹神经节。标尺：50 μm)

幼虫的腹神经索由左右 2 根神经干（nerve trunk）相互靠拢合并形成，原神经干上成对的神经节也左右相互愈合形成 3 个胸神经节和 8 个腹神经节。胸神经节呈卵圆形，腹神经节呈细长椭圆形，前者比后者明显宽大。

胸部的 3 个胸节愈合，分别被前胸、中胸和后胸 3 对胸神经节所支配。前胸腹面有 1 个前伸的腹足（proleg），前胸神经节位于前腹足的正下方。腹部共分 8 节，但分节界限不明显，第 1~4 腹节较细，后腹部第 5 腹节处开始膨大，第 6、第 7 腹节直径最大，第 8 腹节显著缩小。第 1~5 腹神经节分别位于第 1~5 腹节，彼此相隔较远。第 6~8 腹神经节位于第 6 腹节内，分别支配第 6~8 腹节。在进化较低的蚋类，如兴义维蚋，这 3 个腹神经节彼此相邻靠近，并有逐渐愈合形成一个复合神经节的倾向，周围有大型成神经细胞包围（图 5-20F）。而在一些进化较高的蚋种，仅见 1~6

腹神经节，第6~8腹神经节已完全融合为一个复合神经节。整个腹神经索可通过体壁直接观察。

2. 成熟蛹和成虫的中枢神经系统

蚋蛹头小并弯向胸部腹面，胸部分为前胸、中胸和后胸，3个胸节背板愈合成巨大的盾片，腹部共分9个腹节。成熟蛹发育完善后羽化为成虫。新羽化成虫头、胸和腹分化明显，腹部由11个腹节组成，第8~11腹节特化为外生殖器。成熟蛹和新羽化成虫的中枢神经系统结构几乎一样，故以成熟蛹描述。

脑明显分化形成前脑（protocerebrum，P）、中脑（deutocerebrum，D）和后脑（triocerebrum，T）3个部分，以前脑最为发达。前脑发出视神经与复眼相连，由前脑叶和视叶（optic lobe）组成，分左右2个半球（图5-21A）。前脑叶髓质层是由神经细胞球体和神经纤维束形成的脑体，结构极其复杂，包括1对蕈形体（mushroom body，MB）、1个中央复合体（central complex，CC）和1对附叶（accessory protocerebral lobe，AP）（图5-21B）。1对蕈形体以左右对称的形式位于脑的前方，每侧蕈形体由2个次生性融合的冠（calyx）、柄（pedunculus）和向下延伸的复杂根系组成。冠又分为前冠（anterior calyx of mushroom body）和后冠（posterior calyx of mushlroom body）2个部分，整个冠不发达。蕈形体中含有密集排列的内源性神经细胞——Kenyon细胞，这些细胞发出的分支占据了蕈形体的大部分髓区。中央复合体位于左、右前脑半球之间的中部，主要由中央体（central body，CB）和前脑桥（protocerebral bridge，PB）各1个组成。脑桥体位于2个蕈形体之间，是1个马蹄形的纤维体；中央体位于脑桥体的腹面，呈扇形。前脑的两侧膨大成为2个大型的视叶，视叶由视内髓前叶（anterior lobe of medulla interna，MIA）、视内髓后叶（posterior lobe of medulla interna，MIP）、视外髓（medulla externa，ME）及视神经节层（lamina，LA）组成，视外髓与视内髓之间形成内神经交叉（inner chiasma，IC），视外髓与视神经节层之间形成外神经交叉（outer chiasma，OC），视神经节层发出神经纤维与复眼相连，整个视叶的神经纤维联系机制复杂（图5-21C）。附叶则位于蕈形体和视叶之间将两者连接。

中脑位于前脑下方，发出神经至触角，是由1对中脑叶（dorsal lobe，DL）和1对触角中枢（antennal lobes，AL）组成（图5-21D）。中脑叶前面连着前脑，后面连着触角神经束。

后脑向后发出围食道神经，绕过咽与食道下神经节相连。食道下神经节髓质区内见横连的神经连锁（commissure）。

成熟蛹和成虫的腹神经索和幼虫一样，也是由左右2根神经干相互靠拢合并形成，原神经干上成对的神经节也左右相互愈合，组成3个胸神经节和5个腹神经节。3个胸神经节分别位于前胸、中胸和后胸部，调节各胸足翅活动。与幼虫相似，蛹和成虫的胸神经节也呈卵圆形，腹神经节呈细长椭圆形，前者比后者明显宽大（图5-21E，图5-21F）。1~5腹神经节依次位于第2、第3、第4、第5和第6腹节上，第1、第2腹节神经节融合为1个，其中位于第6腹节的第5腹神经节比其他腹神经节稍大，是一个复合神经节，由支配第6~11腹节器官组织运动的神经节愈合而成，是控制后肠、生殖器官、尾须、产卵器等活动的神经中心。

在变态期，脑的显著变化是内部构造复杂化；与虫体的纵向收缩相适应，蚋类腹神经索的变化主要是缩短和神经节合并，导致整个中枢神经系统也在缩短，这与其他变态昆虫相似。蚋类中枢神经系统在幼虫期和成虫期基本结构相似，都是由脑、食道下神经节和腹神经索形成的链状神经系。不过脑的结构和腹神经节合并情况并不完全相同，考虑这种内部器官的变化主要在蛹期形成，中枢神经系统的大多结构可能不经过组织的彻底解离破坏而直接参与到成虫相应结构的组建。

除中枢神经系统外，蚋类体内还存在交感神经和周缘神经系统，这部分研究还有待深入。

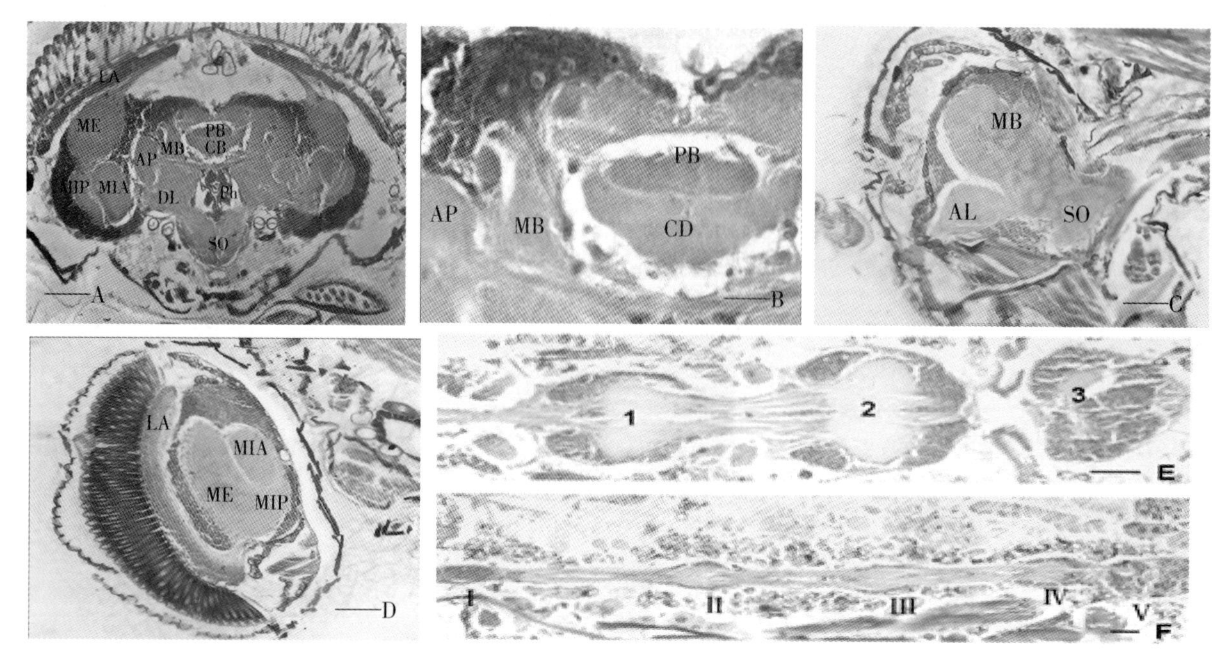

图 5–21　兴义维蚋成熟蛹和新羽化成虫中枢神经系统

A. 成熟蛹头部剖面图；B. 成熟蛹前脑剖面图，箭头示 Kenyon 细胞；C. 成虫视叶纵切面；D. 成虫脑纵切面；E. 成熟蛹胸神经节矢状面；F. 成熟蛹腹神经节矢状面

（SO– 食道下神经节；CB– 中央体；MB– 蕈形体；PB– 前脑桥；AP– 附叶；MIA– 视内髓前叶；MIP– 视内髓后叶；ME– 视外髓；LA– 视神经节层；AL– 中脑嗅觉中枢；1：前胸神经节；2：中胸神经节；3：后胸神经节；Ⅰ～Ⅷ腹神经节。B 标尺 =10 μm；其余标尺 =50 μm）

（四）呼吸系统

蚋类主要靠体内的气管系统进行呼吸，气管系统遍布全身，可从体壁外直接观察到，呈现细而弯曲的黑色管道系统。

水生蚋幼虫体内有完整的气管系统，成熟幼虫腹部共分 8 节，每 1 腹节和前胸均有气门出现，但无功能，属于无气门式或闭式呼吸。幼虫体侧两边各有 1 条纵气管干，每一体节向腹侧发出分支支气管，直至数量众多的微气管（图 5–22A）。前胸部可见气管细支沿鳃斑外围走行（图 5–22B），鳃斑是幼虫体内隐藏的不表达的呼吸丝芽基，将在蛹期表达。

在最后一龄幼虫进入到预蛹期，存在于鳃斑的呼吸丝芽基成组织细胞开始分化，经过一个特殊发育的阶段逐渐形成呼吸丝并裸露于蛹体外。幼虫期鳃斑埋藏于体腔的血淋巴中，当其分化为伸出体外的呼吸丝后，不再被血淋巴所包围，故在呼吸丝的下方存在一个来源于皮质层的气门开口，其后连接一个中空的管状气管，使得呼吸丝管腔内保存有血淋巴和上皮组织。呼吸丝和气管构成了蚋蛹的呼吸器官，具有极度的特异性，不同种类的呼吸丝存在数量、形态上的典型差异。

成熟蛹和成虫的体表皮细胞层下见许多微气管群，由气门与大气相通，空气通过扩散作用从气门进入气管、逐级分支的支气管和微气管中。内部器官也有微气管分布。每一体节多具有自身成熟

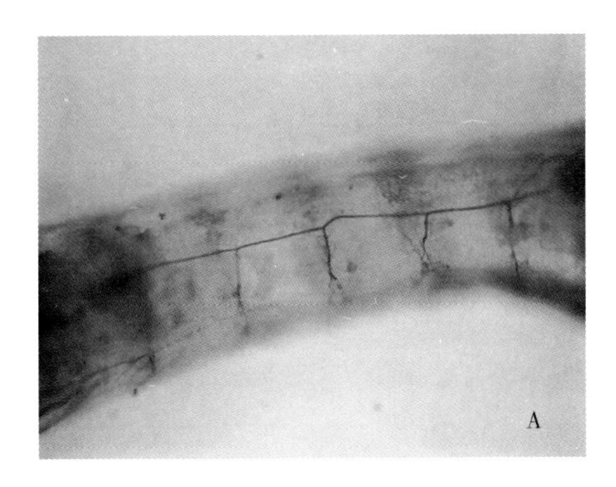

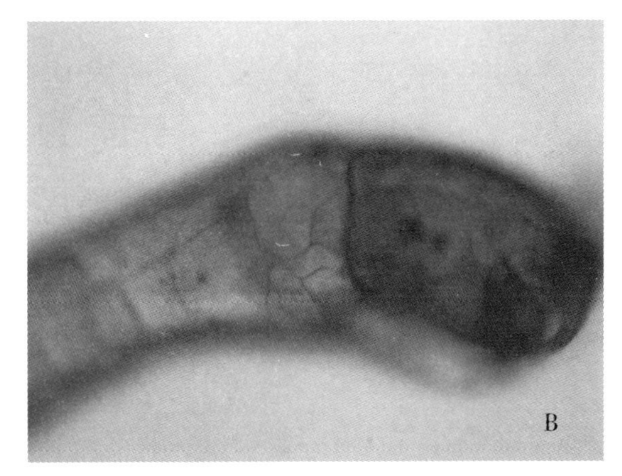

图 5-22　兴义维蚋低龄幼虫气管系统

的气管系统。气管可分为 2 层组织结构，内层是坚实的角质层，外层为几丁质组成的厚壁胸甲。气门分出短的气门气管，周围有肌肉附着（图 5-23A）。气门气管向前、后发出分支，左右相互连接形成 1 对纵气管干，纵气管干向腹肌、神经系统发出腹气管，向背肌和背血管发出背气管，向内脏发出内脏气管，并进一步分出微气管（图 5-23B）。在蛹期和预成虫期，胸部气门 2 对，腹部气门 8 对，只有胸部气门开放，腹部气门保持关闭，直到成虫要求从气门排出气体时为止。

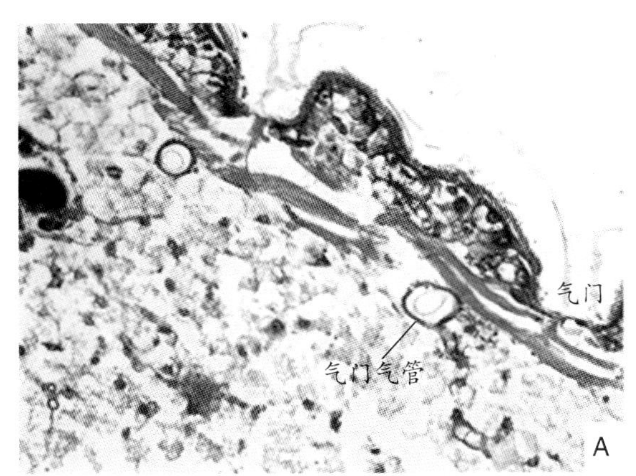

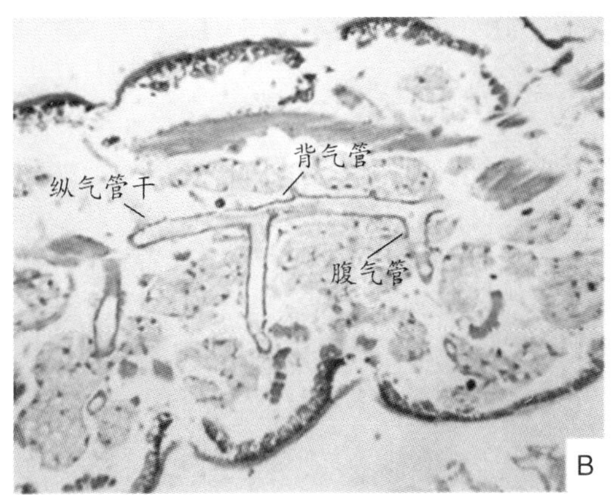

图 5-23　兴义维蚋成熟蛹气管系统

（五）生殖系统

靠近幼虫腹部第 6 体节的体壁下方有 1 对将发育为生殖腺的芽基组织，其背侧即是中肠的膨大处。芽基组织发育为不同的生殖腺，从而决定幼虫的性别。

1. 幼虫的内生殖器官

雌、雄幼虫从体表可见不同形状的生殖腺（图

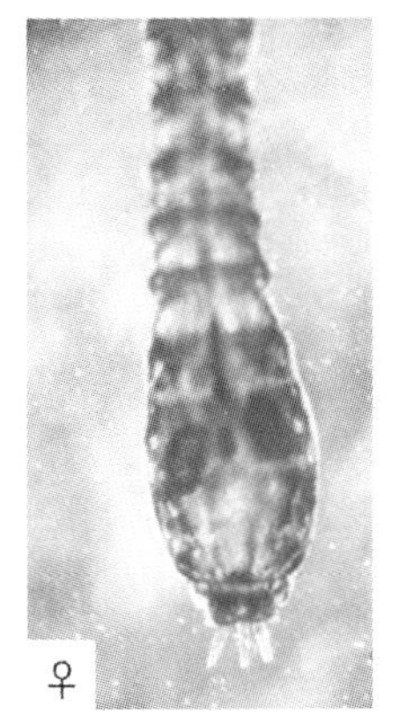

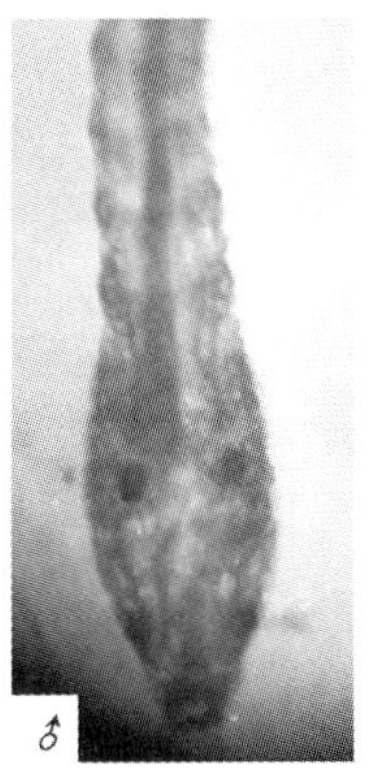

图 5-24　兴义维蚋幼虫腹部

5–24），在末龄幼虫期生殖腺内陷，此时，在体表不能看清。雌性生殖腺的 1 对卵巢位于第 6 腹节处，左低右高，以卵圆形居多，连接一根类似于输卵管的管道雏形。雄性生殖腺的 1 对精巢，以梨形或球形居多，末端连接一未发育的线状结构，将来可能发育为输精管。

2. 成虫的内生殖器官

雌性生殖器官包括 1 对卵巢（ovary）、输卵管（oviduct）、1 个受精囊（spermatotheca）和 1 对附腺（accessory gland）。卵巢长卵圆形，薄壁，由孕育卵母细胞的卵巢管形成（图 5–25）。每个卵巢有 150~600 个以上的短卵巢管，每个卵巢管中都单独发育成熟 1 个卵细胞。每一卵巢管前端的围鞘延伸成为细丝，构成端丝。许多透明的端丝汇合成为卵巢的悬韧带。两侧卵巢的位置左低右高，左侧常位于第Ⅵ和第Ⅶ腹节处，右侧常位于第Ⅴ和第Ⅵ腹节处。卵巢的后端连接侧输卵管，侧输卵管汇合为中输卵管进入生殖腔。第Ⅷ腹节腹板后缘的体壁内陷形成受精囊（图 5–26），是一个球形或卵圆形器官，位于第Ⅶ和第Ⅷ腹节左侧，由受精囊管、在末端的受精囊卵形小室和开口于受精囊管的 1 对受精囊腺组成。2 个大的梨形附生殖腺的管道开口于生殖腔之前。

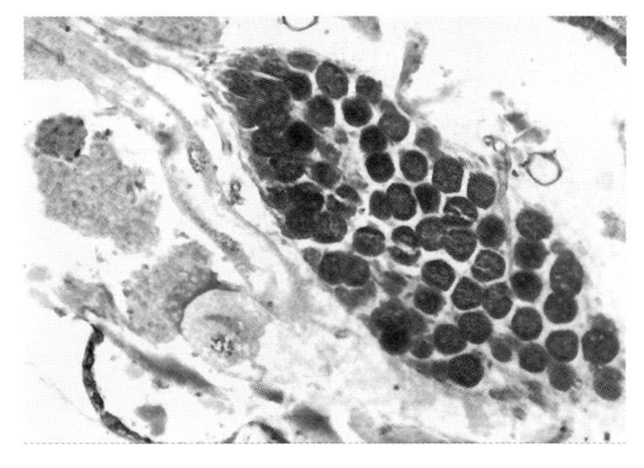

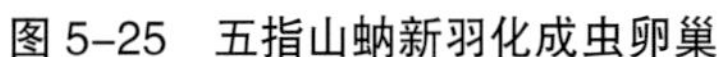

图 5–25　五指山蚋新羽化成虫卵巢

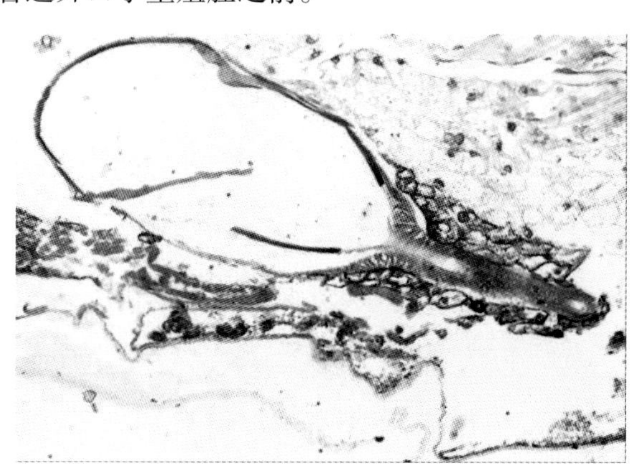

图 5–26　兴义维蚋成熟蛹受精囊

雄性生殖器官包括 1 对精巢（testis）、输精管（vas deferens）、储精囊（seminal vesicle）、射精管（ejaculatory duct）和 1 对附腺。精巢呈腊肠状或梨形，位于第Ⅵ腹节，内有处于不同发育阶段的精原细胞和精细胞（图 5–27A）；输精管是一个将精子输送到外生殖器的管道系统，2 个精巢有输精管连接到腹部正下方的储精囊，储精囊壁被大量的腺细胞所贯穿，并着生强壮肌肉序；精囊后部收缩形成射精管，通向外生殖器（图 5–27B）。

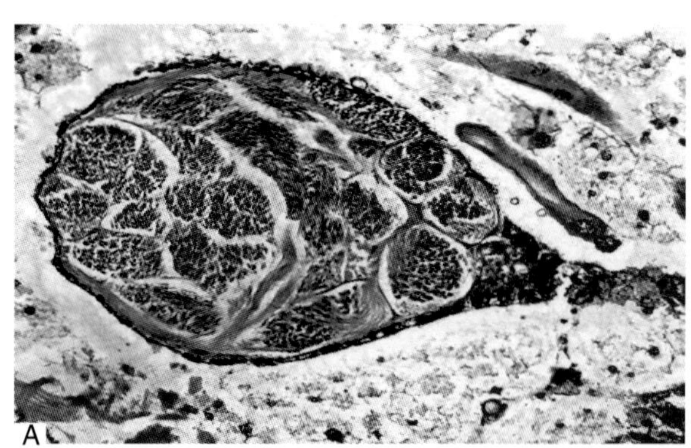

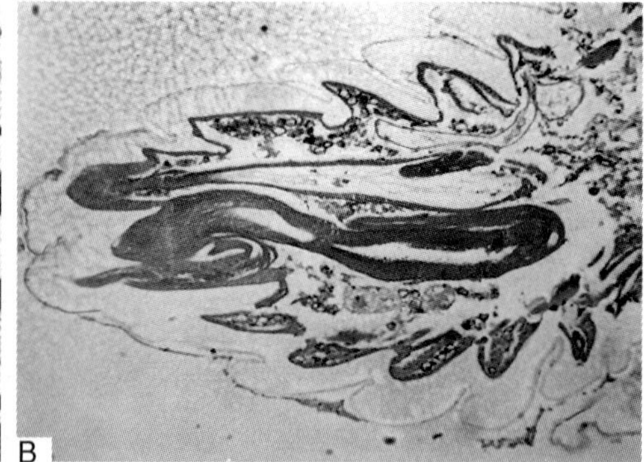

图 5–27　兴义维蚋成熟蛹雄性内生殖器官

六、生物地理学

生物地理学（Biogeography）是一门研究生物随时间在空间上的分布格局（patterns of distribution）以及分布式样的一门学科。有关蚋类的生物地理学迄今尚未见专题报道。涉蚋的地理性状，仅见地区性或全球性的地理分布名录，如 Rubtsov（1956，1959~1964）有关苏联和古北界的蚋类分布记载；Crosskey（1969）有关非洲的蚋相报道；Yankovskey（2002）有关苏联及其邻近地区的

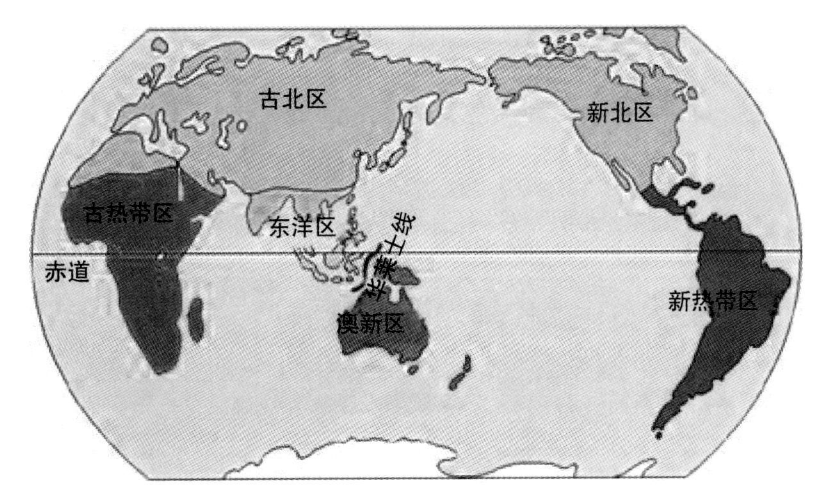

图 6-1　世界动物地理区划示意图（仿 Wallace，1876）

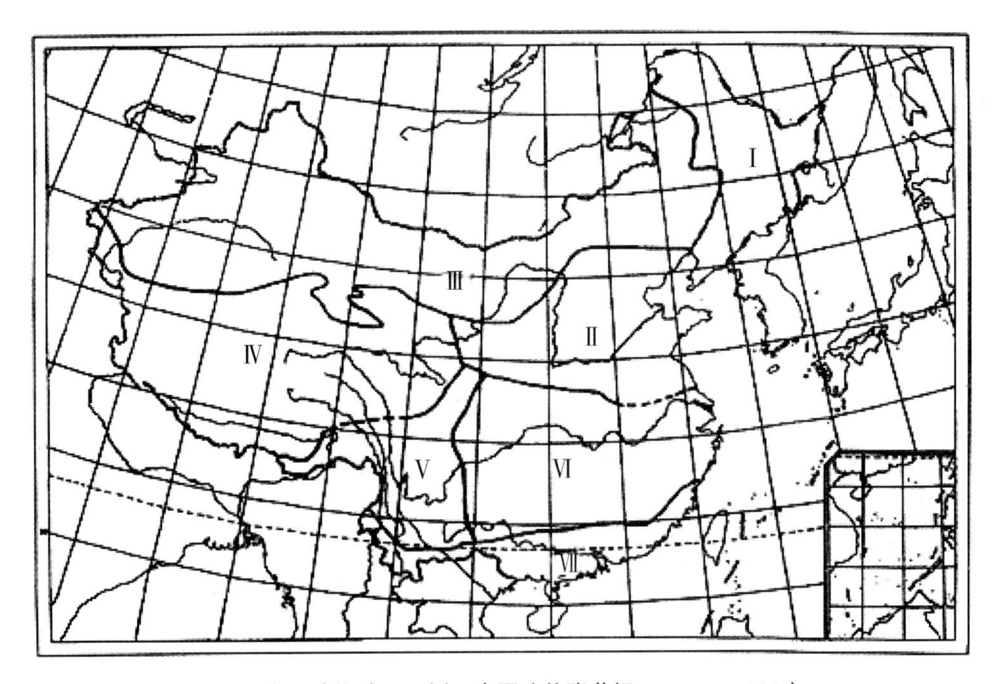

图 6-2　中国动物地理区划示意图（仿张荣祖，1978，1998）

古北界：Ⅰ．东北区；Ⅱ．华北区；Ⅲ．蒙新区；Ⅳ．青藏区；东洋界：Ⅴ．西南区；Ⅵ．华中区；Ⅶ．华南区

蚋相报道；Takaoka（1995，2003）有关印马地区的蚋相报道；Adler（2004）有关北美洲的蚋相报道，以及 Crosskey（1987）、Adler 和 Crosskey（2008~2014）有关世界蚋类分布名录的报道等。在我国，仅见安继尧（1989，1996）、陈汉彬（2002，2007）的相关报道。本书拟根据地带性原则和自然区划为基础的原则，对世界蚋类属级阶元及我国蚋类的地理分布格局作进一步分析。

表 6－1　中国动物地理区划（仿张荣祖，1998）

区 级	界（0 级）	亚界（00 级）	区（I 级）	亚区（II 级）
区域名称	古北界	东亚亚界	东北区	A 大兴安岭亚区
				B 长白山地亚区
				C 松辽平原亚区
			华北区	A 黄淮平原亚区
				B 黄土高原亚区
		中亚亚界	蒙新区	A 东部草原亚区
				B 西部荒漠亚区
				C 天山山地亚区
			青藏区	A 羌塘高原亚区
				B 青海藏南亚区
	东洋界	中印亚界	西南区	A 西南山地亚区
				B 喜马拉雅亚区
			华中区	A 东部丘陵平原亚区
				B 西部山地高原亚区
			华南区	A 闽广沿海亚区
				B 滇南山地亚区
				C 海南亚区
				D 台湾亚区

一个特定地区动物的总体构成该地理的动物区系（fauna）。生物地理区划的具体方法，就是确定各级的区划单元，即在动物区系项下分出界（realm kingdom）、区（region）、亚区（subregion）和省（province）等各级区系单元。目前，世界动物地理区划一般采用Wallace（1876）的六界说（图6–1），即古北界（Palearctic realm）、东洋界（Oriental realm）、新北界（Nearctic realm）、新热带界（Neotropical realm）、非洲界（Ethiopian realm）和澳新界（Australian realm）。中国动物和昆虫的地理区划一般是采用张荣祖（1998）和张学军（1997）的区划体系，即在六界说的框架下，我国的动物地理区系涵盖东洋、古北两界，含3亚界、7区和19亚区（图6–2，表6–1）。上述一至三级区划基本上适用于蚋类的分布模式。根据地带性原则，确定一个地区的蚋类区系特点，必须以该地区的分布现状为依据，种属的区系属性是根据其区系特点而确定。局域性分布种（属）是指某一区界的特有种（属）。广布种（属）则是指全球性或跨界分布的种（属）。

（一）世界蚋科属级阶元在世界动物区划中的分布格局

根据Adler和Crosskey（2014）的报道，全世界蚋科共记录26个现生属，从现有资料分析，其属级阶元在世界动物区系中的归属情况如表6–2、表6–3和表6–4所示，共计有11式样区系型，局域性分布的地区特有属有11属，约占世界蚋科总属数的42.3%，其中，只分布在新热带界的有7属，其次是新北界有2属，古北界和澳新界各有1属，东洋界和非洲界则没有特有属。跨界分布的计有15属，约占世界蚋科总属数的57.7%，其中，跨古北界和新北界的有7属，约占世界蚋科总数的27%；其次为跨古北界和新热带界以及跨古北界 – 新北界 – 非洲界的各有2属，跨古北界和新热带界以及跨古北界和非洲界，跨澳新界和非洲界各有1属。六大地理区均分布的广布属有1属，即蚋属（*Simulium*）。如果将局域性分布属和跨界分布进行复计比较，那么跨新北界区系型有14属，约占世界蚋总属数的53.8%；其次为跨古北界区系型，有12属，约占世界蚋科总数的46.2%。

表6–2　世界蚋科属级阶元在世界动物地理区划中的归属

属名	地理区					
	东洋界	古北界	非洲界	新北界	新热带界	澳新界
Parasimulium				√		
Gymnopais		√		√		
Helodon		√		√		
Levitinia		√				
Prosimulium		√	√	√		
Twinnia		√		√		
Urosimulium		√	√			
Araucnephia					√	
Araucnephioides					√	
Austrosimulium						√

续 表

属 名	地理区					
	东洋界	古北界	非洲界	新北界	新热带界	澳新界
Cnephia		√		√		
Cnesia					√	
Cnesiamima					√	
Crozetia				√		
Ectemnia		√			√	
Gigantodax				√	√	
Greniera		√		√		
Lutzsimulium					√	
Metacnephia		√	√	√		
Paracnephia			√			√
Paraustrosimulium					√	
Pedrowygomyia					√	
Simulium	√	√	√	√		√
Stegopterna		√		√		
Sulcicnephia		√		√		
Tlalocomyia				√	√	

表 6-3　世界蚋科属级阶元在世界动物地理区划中所含区系型及比重

序 号	区系型	属 数	比重（%）
1	新热带界	7	26.90
2	新北界	2	7.70
3	古北界	1	3.85
4	澳新界	1	3.85
5	古北界 - 新北界	7	26.90
6	新北界 - 新热带界	2	7.70
7	古北界 - 新热带界	1	3.85
8	古北界 - 非洲界	1	3.85
9	澳新界 - 非洲界	1	3.85
10	古北界 - 新北界 - 非洲界	2	7.70
11	古北界 – 东洋界 – 新北界 – 新热带界 – 非洲界 – 澳新界	1	3.85
	合 计	26	100

表 6-4 世界蚋科属级阶元在世界动物地理区划中含跨界区系型的复计比较

含特定区的跨区区系型	跨界区系型数	复计属数	比重（%）
跨新北界区系型	5	14	53.8
跨古北界区系型	5	12	46.2
跨新热带界区系型	2	11	42.3
含非洲界区系型	4	5	19.2
含澳新界区系型	3	3	11.5
含东洋界区系型	1	1	3.9

（二）中国蚋科昆虫的地理分布格局

我国地域辽阔，横跨古北、东洋二界，地貌景观复杂，水系纵横交错，气候分化明显，从寒温带到热带，动物生境多种多样，蚋类区系复杂，迄今已知 1 亚科 6 属 333 种（含本书记述的 24 新种）。

1. 中国蚋科属级阶元在世界动物地理区划中的分布

从现有资料分析看（表 6–5，表 6–6），属级阶元跨界分布较多，有 5 属，占中国已知蚋科总属数的 83.3%，其中，跨古北界 – 新北界和跨古北界 – 新北界 – 非洲界的各有 2 属，分别占总属数的 33.3%。另有广布六大界的广布属 1 个。局域性分布的只有 1 属，系古北界的特有属，约占中国蚋科总属数的 6.7%。如果从含跨界区系型的复计比较看（表 6–7），跨古北界区系型多，有 4 种区系型，含复计属数 6 属，占中国已知蚋科总属数的 100%。其次为跨新北界区系型，有 3 种区系型，含复计属数 5 属；跨非洲界的区系型有 2 属，占中国蚋科总属数的 33.3%；而跨东洋界区系型和跨非洲界区系型最少，分别各只有 1 种区系型，含 1 属，约占中国蚋科已知总属数的 16.6%。可见，就属级阶元而言，古北界的分布占有明显优势。

表 6–5 中国蚋科属级阶元在世界和中国动物地理区划中的归属

属名	世界动物地理区						中国动物地理区						
							古北界			东洋界			
	古北界	东洋界	新北界	新热带界	非洲界	澳新界	东北区	华北区	蒙新区	青藏区	华中区	西南区	华南区
原蚋属 *Prosimulium*	√		√		√		√	√	√				
赫蚋属 *Helodon*	√		√				√						
吞蚋属 *Twinnia*	√		√				√						
蚋属 *Simulium*	√	√	√	√	√	√	√	√	√	√	√	√	√
后克蚋属 *Metacnephia*	√		√		√				√				
畦克蚋属 *Sulcicnephia*	√							√	√	√			

表 6–6 中国蚋科属级阶元在世界动物地理区划中的区属类型和所占比重

序 号	区系型	属 数	比重（%）
1	古北界	1	16.7
2	古北界 – 新北界	2	33.3
3	古北界 – 新北界 – 非洲界	2	33.3
4	东洋界 – 古北界 – 新北界 – 非洲界 – 新热带界 – 澳新界	1	16.7
	合 计	6	100

表 6–7 中国蚋科属级阶元在世界动物地理区划中含跨界区系型的复计比较

含特定界的跨界区系型	跨界区系型数	复计属数	比重（%）
跨古北界区系型	4	6	100
跨新北界区系型	3	5	83.3
跨东洋界区系型	1	1	16.6
跨新热带界区系型	1	1	16.6
跨非洲界区系型	2	3	50.0
跨澳新界区系型	1	1	16.6

2. 中国蚋科种级阶元在世界动物地理区划中的归属及所占比重

从现有资料分析，中国蚋科种级阶元在世界动物地理区划的分布（计随机统计 312 种，约占我国已知物种的 98%）如表 6–8、表 6–9 所示，只分布于特定地理区的局域性分布种占绝大多数，达 276 种，约占我国已知蚋种总数的 88.4%。其中，仅分布于古北界的有 150 种。如果加上跨分布的则有 181 种，约占我国已知蚋种总数的 58%。仅分布于东洋界的有 131 种，加上跨界分布的种类，则有 157 种，约占我国已知蚋种总数的 50%。种级阶元跨界分布的比较少，仅有 31 种，约占我国已知蚋种总数的 10%。分布型也只有 5 种，跨界分布型有 3 种，未见跨四界以上的，跨二界分布的有 2 种，即跨东洋界 – 古北界和跨古北界 – 新北界。其中，跨东洋界 – 古北界有 23 种，约占我国已知蚋种总数的 7.3%。跨三界分布的只有东洋界 – 古北界 – 新北界 1 种分布型，含 3 种，约占我国已知蚋种总数的 1%。由此可见，我国蚋类种级阶元也反映出以古北界成分为主，其次为东洋界成分。

表 6 - 8　中国蚋科种级阶元在世界动物地理区划中的归属及所占比重

序号	区系型	种 数	比重（%）
1	古北界	150	48.1
2	东洋界	131	42.0
3	东洋界 – 古北界	23	7.4
4	古北界 – 新北界	5	1.6
5	东洋界 – 古北界 – 新北界	3	1.0
	合　计	312	100

表 6–9 中国蚋科种级阶元在世界动物地理区划中含跨界区系型的复计比较

含特定区的跨界区系型	跨界区系型数	复计属数	比重（%）
跨古北界区系型	4	6	100
跨新北界区系型	3	5	83.3
跨非洲界区系型	2	3	50.0
跨东洋界区系型	1	1	16.6
跨新热带界区系型	1	1	16.6
跨澳新界区系型	1	1	16.6

3. 中国蚋科种级阶元在中国动物地理区的分布及其所占比重

从现有资料分析，中国蚋科种级阶元在中国地理区的分布如表 6–10、表 6–11 和表 6–12 所示，分布型较多，有 24 种。局域性分布种较多，有 256 种，约占我国已知蚋种总数的 80%。其中，华南区型种类最多，有 56 种，约占我国已知蚋种总数的 18%。其次为东北区型和华中区型，各有 44 种，分别占我国已知蚋种总数的 14%。华北区型有 32 种，蒙新区型和青藏区型各有 30 种，分别占我国已知蚋种总数的 9.6%。西南区型最少，仅有 20 种，约占我国已知蚋种总数的 6.7%。跨区分布的有 39 种，约占我国已知蚋种总数的 12%，但其分布型较多，其中跨二区的有 8 种，跨三区的有 7 种，跨四区的有 2 种，跨五区的只有 1 种。如果将局域性分布加上跨区分布的复计比较，则华南区的种类最多，计 73 种，约占我国已知蚋种总数的 23%。其次为华中区（63 种）和东北区（62 种）。如果从东洋界、古北界的复计比较，则古北界有 186 种，约占我国已知蚋种总数的 60%，比重明显大于东洋界。

表 6-10　中国蚋科种级阶元在中国动物地理区划中的归属和比重

序号	区系型	种数	比重（%）
1	东北区	44	15.0
2	华北区	32	10.9
3	蒙新区	30	10.2
4	青藏区	30	10.2
5	华中区	44	15.0
6	华南区	56	19.1
7	西南区	20	6.8
8	东北区－华北区	4	1.4
9	东北区－蒙新区	4	1.4
10	东北区－青藏区	2	0.7
11	华北区－蒙新区	3	1.0
12	东北区－华南区	1	0.3
13	东北区－华中区	1	0.3
14	华中区－西南区	1	0.3
15	华中区－华南区	9	3.1
16	东北区－华北区－蒙新区	1	0.3
17	东北区－蒙新区－青藏区	2	0.7
18	东北区－华中区－华南区	2	0.7
19	华北区－蒙新区－华中区	1	0.3
20	华北区－华中区－华南区	1	0.3
21	华北区－青藏区－华中区	1	0.3
22	华北区－蒙新区－青藏区－华南区	1	0.3
23	青藏区－华中区－华南区－西南区	1	0.3
24	东北区－华北区－华中区－华南区－西南区	1	0.3

表 6-11　中国蚋科种级阶元在中国动物地理区中含跨区区系型的复计比较

含特定区的跨区区系型	区系型数	复计种数	比重（%）
跨东北区区系型	10	62	19.5
跨华北区区系型	9	46	14.6
跨蒙新区区系型	7	42	13.4
跨青藏区区系型	6	36	11.5
跨华中区区系型	11	63	20.2
跨华南区区系型	9	73	23.4
跨西南区区系型	4	23	7.4

表 6-12　中国蚋科种级阶元在世界和中国动物地理区划中的归属

种　名	世界动物地理区						中国动物地理区						
							古北界				东洋界		
	古北界	东洋界	新北界	新热带界	非洲界	澳新界	东北区	华北区	蒙新区	青藏区	华中区	华南区	西南区
高山赫蚋 *Helodon alpestre*	√		√				√						
林栖赫蚋 *He. lochmocola* sp. nov.	√						√						
新多丝赫蚋 *He. neomulticaulis*	√						√						
毛足原蚋 *Prosimulium hirtipes*	√						√		√				
刺扰原蚋 *Pr. irritans*	√						√						
辽宁原蚋 *Pr. liaoningense*	√						√						
突板原蚋 *Pr. nevexalatamus*	√						√						
长白吞蚋 *Tcoinnea changbaiensis*	√						√						
红头厌蚋 *S.*（*Boophthora*）*erythrocephalum*	√								√				
贵阳厌蚋 *S.*（*B.*）*guiyangense* sp. nov.		√									√		
四丝厌蚋 *S.*（*B.*）*quattuorfile*	√						√						
斑布蚋 *S.*（*Byssodon*）*maculatum*	√						√		√				
窄足真蚋 *S.*（*Eusimulium*）*angustipes*	√							√					
沙柳真蚋 *S.*（*E.*）*arenicolum*	√									√			
山溪真蚋 *S.*（*E.*）*armeniacum*	√								√				
金毛真蚋 *S.*（*E.*）*aureum*	√							√					
北湾真蚋 *S.*（*E.*）*beiwanense*	√								√				

续 表

种 名	世界动物地理区						中国动物地理区						
							古北界				东洋界		
	古北界	东洋界	新北界	新热带界	非洲界	澳新界	东北区	华北区	蒙新区	青藏区	华中区	华南区	西南区
宽甸真蚋 *S.*（*E.*）*kuandianense*	√						√						
海真蚋 *S.*（*E.*）*maritimum*	√						√						
皇后真蚋 *S.*（*E.*）*reginae*	√								√				
萨特真蚋 *S.*（*E.*）*satsumense*	√						√						
台北真蚋 *S.*（*E.*）*taipei*		√										√	
泰山真蚋 *S.*（*E.*）*taishanense*	√							√					
细端真蚋 *S.*（*E.*）*tenuistylum*	√						√						
威宁真蚋 *S.*（*E.*）*weiningense*		√											√
鹿角绳蚋 *S.*（*Gomphostilbia*）*antlerum*		√										√	
麻子绳蚋 *S.*（*G.*）*asakoae*		√										√	
阿尔泰绳蚋 *S.*（*G.*）*altayense*	√								√				
版纳绳蚋 *S.*（*G.*）*bannaense*		√										√	
短茧绳蚋 *S.*（*G.*）*briverruncum*		√										√	
重庆绳蚋 *S.*（*G.*）*chongqingense*		√									√		
曲端绳蚋 *S.*（*G.*）*curvastylum*		√										√	
杜氏绳蚋 *S.*（*G.*）*dudgeoni*		√										√	
肩章绳蚋 *S.*（*G.*）*epauletum*		√										√	
梵净山绳蚋 *S.*（*G.*）*fanjingshanense*		√									√		
广西绳蚋 *S.*（*G.*）*guangxiense*		√										√	
贵州绳蚋 *S.*（*G.*）*guizhouense*		√									√		
海南绳蚋 *S.*（*G.*）*hainanense*		√										√	
异枝绳蚋 *S.*（*G.*）*heteropara*		√										√	
湖广绳蚋 *S.*（*G.*）*huguangense*		√									√		
湖南绳蚋 *S.*（*G.*）*hunanense*		√									√		
因他绳蚋 *S.*（*G.*）*inthanonense*		√										√	
尖峰绳蚋 *S.*（*G.*）*jianfenegense*		√										√	
金鞭绳蚋 *S.*（*G.*）*jinbianense*		√									√		
九连山绳蚋 *S.*（*G.*）*jiulianshanense*		√										√	
康氏绳蚋 *S.*（*G.*）*kangi*	√							√					

续表

种名	世界动物地理区						中国动物地理区						
							古北界				东洋界		
	古北界	东洋界	新北界	新热带界	非洲界	澳新界	东北区	华北区	蒙新区	青藏区	华中区	华南区	西南区
崂山绳蚋 *S.*（*G.*）*laoshanstum*	√							√					
长茎绳蚋 *S.*（*G.*）*longitruncum*		√										√	
龙胜绳蚋 *S.*（*G.*）*longshengense*		√										√	
草地绳蚋 *S.*（*G.*）*meadow*	√								√				
孟氏绳蚋 *S.*（*G.*）*mengi*		√									√		
后宽绳蚋 *S.*（*G.*）*metatarsale*	√	√									√	√	
苗岭绳蚋 *S.*（*G.*）*miaolingense*	√										√		
黑股绳蚋 *S.*（*G.*）*nigrofemoralum*		√										√	
帕氏绳蚋 *S.*（*G.*）*pattoni*		√										√	
刺绳蚋 *S.*（*G.*）*penis*		√										√	
凭祥绳蚋 *S.*（*G.*）*pingxiangense*		√										√	
憎木绳蚋 *S.*（*G.*）*shogakii*	√	√					√					√	
狭谷绳蚋 *S.*（*G.*）*synanceium*	√						√						
苏海绳蚋 *S.*（*G.*）*syuhaiense*		√										√	
四面山绳蚋 *S.*（*G.*）*simianshanense*		√									√		
台东绳蚋 *S.*（*G.*）*taitungense*		√										√	
塔什库尔干绳蚋 *S.*（*G.*）*tashikulganense*		√							√				
图讷绳蚋 *S.*（*G.*）*tuenense*		√										√	
膨股绳蚋 *S.*（*G.*）*tumum*		√										√	
武夷山绳蚋 *S.*（*G.*）*wuyishanense*		√									√		
湘西绳蚋 *S.*（*G.*）*xiangxiense*		√									√		
西藏绳蚋 *S.*（*G.*）*xizangense*	√									√			
元宝山绳蚋 *S.*（*G.*）*yuanbaoshanense*		√									√		
察隅绳蚋 *S.*（*G.*）*zayuense*	√									√			
云南绳蚋 *S.*（*G.*）*yunnanense*		√										√	
白斑希蚋 *S.*（*Hellichienarum*）*kariyai*(?)	√						√						
梅氏希蚋 *S.*（*He.*）*meigeni*	√						√						
阿氏山蚋 *S.*（*Montisimulium*）*alizadei*		√											√
周氏山蚋 *S.*（*M.*）*chowi*		√										√	

续 表

种 名	世界动物地理区						中国动物地理区						
							古北界				东洋界		
	古北界	东洋界	新北界	新热带界	非洲界	澳新界	东北区	华北区	蒙新区	青藏区	华中区	华南区	西南区
川北山蚋 *S.*（*M.*）*chuanbeisense*		√											√
凹端山蚋 *S.*（*M.*）*concavustylum*	√									√			
达氏山蚋 *S.*（*M.*）*dasguptai*		√											√
宽板山蚋 *S.*（*M.*）*euryplatamus*	√						√						
库姆山蚋 *S.*（*M.*）*ghoomense*	√									√			
海螺沟山蚋 *S.*（*M.*）*hailuogouense*		√											√
黑水山蚋 *S.*（*M.*）*heishuiense*		√											√
夹金山山蚋 *S.*（*M.*）*jiajinshanense*		√											√
吉斯沟山蚋 *S.*（*M.*）*jisigouense*		√											√
清溪山蚋 *S.*（*M.*）*kirgisorum*	√	√						√		√	√		
林芝山蚋 *S.*（*M.*）*lingziense*	√									√			
泸定山蚋 *S.*（*M.*）*ludiangense*		√											√
磨西山蚋 *S.*（*M.*）*moxiense*		√											√
线丝山蚋 *S.*（*M.*）*nemorivagum*	√	√								√			
多裂山蚋 *S.*（*M.*）*polyprominulum*	√							√					
裂缘山蚋 *S.*（*M.*）*schizolomum*	√									√			
端裂山蚋 *S.*（*M.*）*schizostylum*	√							√					
离板山蚋 *S.*（*M.*）*separatum*		√									√		
泰山山蚋 *S.*（*M.*）*taishanense*	√							√					
谭氏山蚋 *S.*（*M.*）*tanae*		√										√	
西藏山蚋 *S.*（*M.*）*tibetense*	√									√			
维西山蚋 *S.*（*M.*）*weisiense*		√											√
五老峰山蚋 *S.*（*M.*）*wulaofengense*	√							√					
忻州山蚋 *S.*（*M.*）*xinzhouense*	√							√					
云台山蚋 *S.*（*M.*）*yuntaiense*	√							√					
窄跗纺蚋 *S.*（*Nevermannia*）*angustitarse*	√	√											√
窄形纺蚋 *S.*（*N.*）*angustatum*	√						√						
黄毛纺蚋 *S.*（*N.*）*aureohirtum*		√								√	√	√	√
双角纺蚋 *S.*（*N.*）*bicorne*	√		√				√	√	√				

续表

种名	世界动物地理区						中国动物地理区						
							古北界				东洋界		
	古北界	东洋界	新北界	新热带界	非洲界	澳新界	东北区	华北区	蒙新区	青藏区	华中区	华南区	西南区
苍山纺蚋 *S.* (*N.*) *cangshanense*		√										√	
陈氏纺蚋 *S.* (*N.*) *cheni*		√										√	
郴州纺蚋 *S.* (*N.*) *chenzhouense*		√										√	
山谷纺蚋 *S.* (*N.*) *cherraense*	√						√						
查头纺蚋 *S.* (*N.*) *chitoense*		√										√	
猎鹰纺蚋 *S.* (*N.*) *falcoe*		√										√	
河流纺蚋 *S.* (*N.*) *fluviatile*		√											√
格吉格纺蚋 *S.* (*N.*) *gejgelense*		√											√
纤细纺蚋 *S.* (*N.*) *gracile*		√											√
河南纺蚋 *S.* (*N.*) *henanense*	√							√					
吉林纺蚋 *S.* (*N.*) *jilinense*	√						√						
宽丝纺蚋 *S.* (*N.*) *latifile*	√						√						
雷公山纺蚋 *S.* (*N.*) *leigongshanense*		√									√		
长毛纺蚋 *S.* (*N.*) *longipile*	√						√						
泸定纺蚋 *S.* (*N.*) *ludingense*		√											√
新月纺蚋 *S.* (*N.*) *lundstromi*	√							√					
龙潭纺蚋 *S.* (*N.*) *longtanstu*	√							√					
梅氏纺蚋 *S.* (*N.*) *meigeni*	√						√						
三重纺蚋 *S.* (*N.*) *mie*	√	√									√	√	
宁夏纺蚋 *S.* (*N.*) *ningxiaense*	√							√					
新纤细纺蚋 *S.* (*N.*) *novigracile*	√									√	√		
宽头纺蚋 *S.* (*N.*) *praetargum*	√									√			
普格纺蚋 *S.* (*N.*) *pugetense*	√		√				√						
朴氏纺蚋 *S.* (*N.*) *purii*	√									√			
桥落纺蚋 *S.* (*N.*) *qiaoluoense*		√									√		
清水纺蚋 *S.* (*N.*) *qingshuiense*		√									√		
琼州纺蚋 *S.* (*N.*) *qiongzhouense*		√										√	
饶河纺蚋 *S.* (*N.*) *raohense*	√						√						√
林纺蚋 *S.* (*N.*) *silvestre*	√	√	√										

续 表

种 名	世界动物地理区						中国动物地理区						
							古北界				东洋界		
	古北界	东洋界	新北界	新热带界	非洲界	澳新界	东北区	华北区	蒙新区	青藏区	华中区	华南区	西南区
山东纺蚋 *S.*（*N.*）*shandongense*	√							√					
丝肋纺蚋 *S.*（*N.*）*subcostatum*	√						√						
灰背纺蚋 *S.*（*N.*）*subgriseum*	√						√	√					
透林纺蚋 *S.*（*N.*）*taulingense*		√										√	
内田纺蚋 *S.*（*N.*）*uchidai*	√						√						
宽足纺蚋 *S.*（*N.*）*vernum*	√						√	√	√				
王仙纺蚋 *S.*（*N.*）*wangxianense*		√									√		
五林洞纺蚋 *S.*（*N.*）*wulindongense*	√						√						
新宾纺蚋 *S.*（*N.*）*xinbinense*	√						√						
薛氏纺蚋 *S.*（*N.*）*xueae*	√						√						
油丝纺蚋 *S.*（*N.*）*yushangense*		√										√	
张家界纺蚋 *S.*（*N.*）*zhangjiajiense*		√									√		
成双欧蚋 *S.*（*Obachovia*）*biseriatum*	√										√		
峨眉短蚋 *S.*（*Odagmia*）*emeinesis*		√											√
斑短蚋 *S.*（*O.*）*ferganicum*	√						√	√					
一洼短蚋 *S.*（*O.*）*iwatense*		√									√		
黄色逊蚋 *S.*（*Schoenbaueria*）*flavoantennatum*	√								√				
尼格逊蚋 *S.*（*Sc.*）*nigrum*	√								√				
曲跗逊蚋 *S.*（*Sc.*）*titiale*	√							√					
双齿蚋 *S.*（*Simulium*）*bidentatum*	√	√					√	√			√	√	√
法拉蚋 *S.*（*S.*）*flavidum*	√							√					
钟氏蚋 *S.*（*S.*）*chungi*		√										√	
鞍阳蚋 *S.*（*S.*）*ephippioidum*		√									√		
格氏蚋 *S.*（*S.*）*gravelyi*	√									√			
灰额蚋 *S.*（*S.*）*griseifrons*	√									√			
衡山蚋 *S.*（*S.*）*hengshanense*		√									√		
红坪蚋 *S.*（*S.*）*hongpingense*		√									√		
印度蚋 *S.*（*S.*）*indicum*	√									√			
日本蚋 *S.*（*S.*）*japonicum*	√	√						√		√	√		

续表

种名	世界动物地理区						中国动物地理区						
							古北界				东洋界		
	古北界	东洋界	新北界	新热带界	非洲界	澳新界	东北区	华北区	蒙新区	青藏区	华中区	华南区	西南区
卡瓦蚋 *S.*（*S.*）*kawamurae*		√									√		
乐东蚋 *S.*（*S.*）*ledongense*		√										√	
卢山蚋 *S.*（*S.*）*lushanense*		√								√			
中柱蚋 *S.*（*S.*）*mediaxisus*	√									√			
秦氏蚋 *S.*（*S.*）*qini*	√	√						√			√		√
多枝蚋 *S.*（*S.*）*ramulosum*		√									√		
淡白蚋 *S.*（*S.*）*serenum*		√										√	
匙蚋 *S.*（*S.*）*spoonatum*		√										√	
香港蚋 *S.*（*S.*）*taipokauense*		√										√	
细板蚋 *S.*（*S.*）*tenuatum*		√									√		
优分蚋 *S.*（*S.*）*ufengense*		√									√	√	
亚东蚋 *S.*（*S.*）*yadongense*	√									√			
尖板蚋 *S.*（*S.*）*acontum*		√											√
黑角蚋 *S.*（*S.*）*cholodkovskii*	√						√	√					
大明蚋 *S.*（*S.*）*damingense*		√										√	
十分蚋 *S.*（*S.*）*decimatum*	√							√					
粗毛蚋 *S.*（*S.*）*hirtipannus*	√	√								√	√	√	
短飘蚋 *S.*（*S.*）*jacuticum*	√	√						√	√		√		
利川蚋 *S.*（*S.*）*lichuanense*		√									√		
淡足蚋 *S.*（*S.*）*malyschevi*	√						√	√					
纳克蚋 *S.*（*S.*）*nacojapi*	√						√						
新尖板蚋 *S.*（*S.*）*neoacontum*		√									√		
怒江蚋 *S.*（*S.*）*nujiangense*		√										√	
窄手蚋 *S.*（*S.*）*omorii*	√						√						
帕氏蚋 *S.*（*S.*）*pavlovskii*	√							√	√				
如伯蚋 *S.*（*S.*）*rubroflavifemur*	√								√				
红足蚋 *S.*（*S.*）*rufipes*	√						√						
擦萨蚋 *S.*（*S.*）*saccatum*	√							√					
刺毛蚋 *S.*（*S.*）*spiculum*	√						√						

续 表

种 名	世界动物地理区						中国动物地理区						
							古北界				东洋界		
	古北界	东洋界	新北界	新热带界	非洲界	澳新界	东北区	华北区	蒙新区	青藏区	华中区	华南区	西南区
北蚋 *S.*（*S.*）*subvariegatum*	√							√					
谭氏蚋 *S.*（*S.*）*tanae*		√										√	
虞氏蚋 *S.*（*S.*）*yui*	√						√						
包氏蚋 *S.*（*S.*）*barraudi*	√									√			
碧峰峡蚋 *S.*（*S.*）*bifengxiaense*		√									√		
重庆蚋 *S.*（*S.*）*chongqingense*		√									√		
细齿蚋 *S.*（*S.*）*dentatum*	√									√			
地记蚋 *S.*（*S.*）*digitatum*	√									√			
淡股蚋 *S.*（*S.*）*pallidofemum*	√									√			
副瀑布蚋 *S.*（*S.*）*parawaterfallum*		√											√
普拉蚋 *S.*（*S.*）*pulanotum*	√									√			
崎岛蚋 *S.*（*S.*）*sakishimaense*		√									√	√	
上川蚋 *S.*（*S.*）*shangchuanense*		√										√	
膨丝蚋 *S.*（*S.*）*tumidilfilum*		√									√		
钩突蚋 *S.*（*S.*）*uncum*		√									√		
瀑布蚋 *S.*（*S.*）*waterfallum*		√										√	
武陵蚋 *S.*（*S.*）*wulingense*		√									√		
小龙潭蚋 *S.*（*S.*）*xiaolongtanense*		√									√		
节蚋 *S.*（*S.*）*nodosum*	√	√								√		√	
素木蚋 *S.*（*S.*）*shirakii*		√								√		√	
樱花蚋 *S.*（*S.*）*nikkoense*	√						√		√				
淡额蚋 *S.*（*S.*）*noelleri*	√		√				√		√				
沼生蚋 *S.*（*S.*）*palustre*	√								√				
周谭氏蚋 *S.*（*S.*）*chowettni*	√							√					
甘肃蚋 *S.*（*S.*）*gansuense* sp. nov.	√								√				
远蚋 *S.*（*S.*）*remotum*	√							√					
爬蚋 *S.*（*S.*）*reptans*	√							√	√				
谭周氏蚋 *S.*（*S.*）*tanetchovi*	√							√					
塔氏蚋 *S.*（*S.*）*tarnogradskii*	√								√				

续表

种名	世界动物地理区						中国动物地理区						
							古北界				东洋界		
	古北界	东洋界	新北界	新热带界	非洲界	澳新界	东北区	华北区	蒙新区	青藏区	华中区	华南区	西南区
宽跗副布蚋 *S.*（*S.*）*transiens*	√								√				
坝河蚋 *S.*（*S.*）*bahense*		√										√	
清迈蚋 *S.*（*S.*）*chiangmaiense*		√										√	
格勒斯蚋 *S.*（*S.*）*grisescens*		√										√	
卡氏蚋 *S.*（*S.*）*kariyai*	√								√				
勐腊蚋 *S.*（*S.*）*menglaense*		√										√	
那空蚋 *S.*（*S.*）*nakhonense*		√										√	
屏东蚋 *S.*（*S.*）*pingtungense*		√										√	
五条蚋 *S.*（*S.*）*quinquestriatum*		√					√				√	√	
泰国蚋 *S.*（*S.*）*thailandicum*		√										√	
五指山蚋 *S.*（*S.*）*wuzhishanense*		√									√	√	
阿里山蚋 *S.*（*S.*）*arishanum*		√										√	
新红色蚋 *S.*（*S.*）*neorufibasis*	√						√						
黑颜蚋 *S.*（*S.*）*nigrifacies*	√	√								√			√
亮胸蚋 *S.*（*S.*）*nitidithorax*	√	√								√		√	
显著蚋 *S.*（*S.*）*prominentum*		√									√		
王早蚋 *S.*（*S.*）*puliense*		√										√	
红色蚋 *S.*（*S.*）*rufibasis*	√	√								√	√	√	√
皱板蚋 *S.*（*S.*）*rugosum*	√						√						
神农架蚋 *S.*（*S.*）*shennongjiaense*		√									√		
华丽蚋 *S.*（*S.*）*splendidum*	√						√						
柃木蚋 *S.*（*S.*）*suzukii*	√	√									√	√	
谭氏蚋 *S.*（*S.*）*tanae*	√	√					√						
天池蚋 *S.*（*S.*）*tianchi*		√										√	
树干蚋 *S.*（*S.*）*truncrosum*	√								√				
山状蚋 *S.*（*S.*）*tumulosum*	√						√						
伏尔加蚋 *S.*（*S.*）*vulgare*	√		√					√					
草海蚋 *S.*（*S.*）*caohaiense*		√											√
昌隆蚋 *S.*（*S.*）*chamlongi*	√	√								√		√	

续 表

种 名	世界动物地理区						中国动物地理区						
							古北界				东洋界		
	古北界	东洋界	新北界	新热带界	非洲界	澳新界	东北区	华北区	蒙新区	青藏区	华中区	华南区	西南区
同源蚋 *S.*（*S.*）*cognatum*	√									√			
叶片蚋 *S.*（*S.*）*foliatum* sp. nov.	√								√				
喜山蚋 *S.*（*S.*）*himalayense*	√									√			
经甫蚋 *S.*（*S.*）*jingfui*		√											√
卡任蚋 *S.*（*S.*）*karenkoense*		√										√	
留坝蚋 *S.*（*S.*）*liubaense*		√									√		
矛板蚋 *S.*（*S.*）*longchatum*	√	√								√			√
青木蚋 *S.*（*S.*）*oitanum*	√						√				√		
黑色蚋 *S.*（*S.*）*pelius*	√						√						
黔蚋 *S.*（*S.*）*qianense*		√									√		
台湾蚋 *S.*（*S.*）*taiwanicum*	√	√					√				√	√	
角突蚋 *S.*（*S.*）*triangustum*	√									√			
角逐蚋 *S.*（*S.*）*aemulum*	√						√						
阿拉蚋 *S.*（*S.*）*arakawae*	√						√			√			
曲跗蚋 *S.*（*S.*）*curvitarse*	√							√					
恩和蚋 *S.*（*S.*）*enhense* sp. nov.	√								√				
长须蚋 *S.*（*S.*）*longipalpe*	√								√				
短须蚋 *S.*（*S.*）*morsitans*	√								√				
桑叶蚋 *S.*（*S.*）*promorsitans*	√								√				
新宾蚋 *S.*（*S.*）*xinbinen*	√						√						
含糊蚋 *S.*（*S.*）*ambiguum*		√										√	
克氏蚋 *S.*（*S.*）*christophersi*	√									√			
齿端蚋 *S.*（*S.*）*densastylum*		√									√		
福州蚋 *S.*（*S.*）*fuzhouense*		√									√		
赫氏蚋 *S.*（*S.*）*howletti*	√									√			
仙人蚋 *S.*（*S.*）*immortalis*	√							√					
揭阳蚋 *S.*（*S.*）*jieyangense*		√										√	
卡头蚋 *S.*（*S.*）*katoi*		√										√	

续 表

种名	世界动物地理区						中国动物地理区						
							古北界				东洋界		
	古北界	东洋界	新北界	新热带界	非洲界	澳新界	东北区	华北区	蒙新区	青藏区	华中区	华南区	西南区
多叉蚋 *S.*（*S.*）*multifurcatum*		√									√		
黑足蚋 *S.*（*S.*）*peliastrias*	√						√						
轮丝蚋 *S.*（*S.*）*rotifilis*		√									√		
山西蚋 *S.*（*S.*）*shanxiense*	√							√					
巨特蚋 *S.*（*Tetisimulium*）*alajense*	√						√		√	√			
正直特蚋 *S.*（*Te.*）*coarctatum*	√								√				
沙特蚋 *S.*（*Te.*）*desertorum*	√						√		√	√			
扣子特蚋 *S.*（*Te.*）*kozlovi*	√									√			
龙岗特蚋 *S.*（*Te.*）*longgengen*	√						√						
塔城特蚋 *S.*（*Te.*）*tachengense*	√								√				
五台山特蚋 *S.*（*Te.*）*wutaishanense*	√							√					
小岛特蚋 *S.*（*Te.*）*xiaodaoense*	√									√			
屿岛洼蚋 *S.*（*Wallacellum*）*yonakuniense*		√										√	
窄叉维蚋 *S.*（*Wilhelmia*）*angustifurca*	√								√				
敦煌维蚋 *S.*（*W.*）*dunhuangense*	√							√					
马维蚋 *S.*（*W.*）*equinum*	√							√	√	√			
宽臂维蚋 *S.*（*W.*）*eurybrachium* sp. nov.	√								√				
格尔木维蚋 *S.*（*W.*）*germuense*	√									√			
沼泽维蚋 *S.*（*W.*）*lama*	√								√				
力行维蚋 *S.*（*W.*）*lineatum*	√							√	√				
北京维蚋 *S.*（*W.*）*pekingense*	√							√					
翼骨维蚋 *S.*（*W.*）*pinnatum* sp. nov.	√								√				
伪马维蚋 *S.*（*W.*）*pseudequinum*	√							√	√				
青海维蚋 *S.*（*W.*）*qinghaiense*	√									√			
清西陵维蚋 *S.*（*W.*）*qingxilingense*	√							√					
塔城维蚋 *S.*（*W.*）*tachengense*	√									√			
高桥维蚋 *S.*（*W.*）*takahasii*	√	√						√	√	√		√	

续 表

种名	世界动物地理区						中国动物地理区						
							古北界				东洋界		
	古北界	东洋界	新北界	新热带界	非洲界	澳新界	东北区	华北区	蒙新区	青藏区	华中区	华南区	西南区
桐柏山维蚋 *S.*（*W.*）*tongbaishanense*		√									√		
沟额维蚋 *S.*（*W.*）*veltistshevi*	√								√				
乌什维蚋 *S.*（*W.*）*wushiense*	√								√				
兴义维蚋 *S.*（*W.*）*xingyiense*		√									√		
张掖维蚋 *S.*（*W.*）*zhangyense* sp. nov.	√								√				

4. 中国蚋类区系分布的特点

综观上述我国蚋类的分布和动物地理区归属，具有如下特点：

1）地理分布的不均匀性

我国的动物地理区划分属古北界、东洋界。从蚋科属级阶元看，明显表现出自北而南减弱的趋势，并在一定程度上反映了属和亚属南北替代的情况。在我国已知的6属18亚属中，古北界占有全部6属16亚属，而东洋界仅有1属9亚属。其中，原蚋族3属，全部分布在古北界，而蚋属中的布蚋亚属、欧蚋亚属、副布蚋亚属、逊蚋亚属、希蚋亚属和特蚋亚属等6个亚属也仅分布于古北界，洼蚋亚属则局限分布于东洋界。其他亚属则呈现交叉分布，如主分布于古北界的维蚋亚属、真蚋亚属、厌蚋亚属和山蚋亚属则向东洋界延伸分布，而主分布于东洋界的绳蚋亚属则延伸分布到古北界。但总的来说，各级阶元跨区分布的为数不多，究其原因可能有三：一是我国地形地貌复杂，多数地理区间有明显的地理隔离；二是蚋类迁飞能力不强；三是某些地区的区系调查尚待深入。

2）接壤区系的相似性

接壤的区界由于彼此扩散延伸，蚋类区系成分也表现出不同程度的相似性。我国古北界处于中亚亚界和东北亚界，与其邻近的地中海亚界、欧洲亚界和西伯利亚亚界连成欧亚大陆，其间蚋类从属、亚属到某些种都有相似之处。除特有种和东洋界穿插分布种外，有相当数量是与其邻近亚界的共有种。我国东洋界属于中印亚界，蚋类区系与其邻近的印马亚界在属和亚属上的分布也很相似，并拥有一些与中印亚界国外部分的共有种，其蚋相相对简单，仅发现1属9亚属，其中以蚋亚属、绳蚋亚属和纺蚋亚属最为丰富。此外，印马亚界的洼蚋亚属（*Wallacellum*）也延伸分布到本区的离岛。还有古北界的维蚋亚属（*Wilhelmia*）和山蚋亚属（*Montisiumlium*），也是向本区延伸并出现交叉分布的广布种。上述邻近区系的相似性反映了蚋类演化和扩散的历史关联。

3）具有明显的地方性

在我国已知蚋种中，以我国为模式产地的就有192种，约占我国已知蚋种总数的57.7%。其中，2/3以上仅局限分布于某地理区，成为该地区的特有类群，从而表现出明显的地方性。一般来说，地方性的特有类群，比起邻近区系的共有类群，往往是较为进化的类群。

（三）中国蚋类起源和扩散初探

蚋科的起源和扩散，迄今鲜有报道。本书拟根据现有资料和下列原则，对其起源的时空进行初步的分析和推断，即高阶元多元性越丰富的类群起源越早，分布越广的类群起源越早，含特有阶元越多的高级阶元起源越早，地区性特有类群起源越晚，化石产地可能为该类群的起源中心，阶元数多的地区可能为该类群的起源中心。

1. 蚋科起源的时间

化石记录是推断蚋科起源的直接证据。但遗憾的是其化石资料所知甚少。仅在北欧波罗的海琥珀中以及大洋洲和俄罗斯的外高加索先后发现12种（表6-13），大多是在中生代（Mesozoic）的中侏罗纪（Middle Jurassic）和下侏罗纪（Lower Jurassic）的化石，距今约1亿7千万年至2亿年（即170~200Ma）。由此推论，蚋科起源时间应不晚于中生代的中侏罗纪，距今约200亿年。

表6-13　化石蚋种（Fossil species）一览表

属　名	种　数
（*Kovalevimyia*）	1
（*Simulimima*）	1
（*Archicnephia*）	1
（*Baisomyia*）	1
Ectemnia	2
Greniera	3
（*Gydarina*）	1
Simulium（*Hellichiella*）	1
（*Simuliites*）	1
合　计	12

Yankovskey（2002）认为，副蚋亚科Parasimuliinae（仅分布于新北界）是蚋科中最原始的类群，大约在中生代的白垩纪（距今约1.35亿年前，即135Ma）已分化出原蚋亚科（Prosimuliinae）和蚋亚科（Simuliinae），并称有从岩石下发现的化石以资佐证。对此，我们不敢苟同。首先，在侏罗纪中期就有蚋类化石。其次，从地球演化历史看，这种观点难以自圆其说。众所周知，在侏罗纪中期（距

今约 1.80 亿年，即 180Ma），联合古陆沿古特提斯海（Tethys）已分成北方的劳亚古陆（Laurasia，包括北美洲、欧洲和亚洲）和南方的冈瓦纳古陆（Gondwanaland，包括南美洲、非洲、印度、大洋洲和南极洲）。通过对蚋科的地理分布格局分析发现，虽然大多数分类阶元属局域性分布，但也有相当一部分属跨界分布，甚至有全球广布的类型，如蚋属（*Simulium*）。如果蚋科起源于白垩纪，对于迁飞能力有限的广布型蚋类就很难解释了。因此，我们认为，蚋科的起源时间可追溯到联合古陆时期，这就有待发现更多的化石资料以资证实。

2. 蚋科的起源中心

从化石产地和阶元数量来衡量，蚋类的起源中心非古北界莫属。但也可能是古北界 + 新北界，因为后者是阶元数分布最多的地区，也是原始类群副蚋亚属的特产地。

至于我国蚋科的起源和扩散，由于缺乏化石资料，只能就现在类群的分布格局作分析，从对我国蚋科 6 属 312 种的地理分布模式看，无论是从属级阶元还是种级阶元，仍是以古北界为主，其起源中心大致是东北区、蒙新区甚至包括青藏区，随后向东洋界的华中区、华南区和西南区扩散和延伸。

七、生物学特性

蚋类的生物学（biology）是研究蚋类的生命活动及其发生发展规律的科学。其研究内容主要包括生活史（life-history）、生态学（ecology）和行为（behavior）等，属于个体生态学（autecology）的范畴，涉及各种环境因素对于蚋类不同发育时期的影响。

蚋类的个体发育受内分泌的制约，要经过多次的脱皮和变态，其变态属完全变态（complete metamorphosis）。整个生活史是从卵孵化经过各龄幼虫，化蛹以至羽化为成虫直至死亡的全过程。从广义上说，生活史包括不同虫期的生态习性、生理和行为，因为蚋类的一生就是受外界环境的影响和本身对环境的适应过程，其表现型，是个体的遗传基础和环境因素共同作用的结果。

卵、幼虫和蛹统称幼期或叫水生期，孳生于流水中，成虫陆生。

（一）卵和孵化期

当雌蚋体内的卵通过受精囊受精，含有成熟卵的雌蚋就选择适宜的流动水体产卵，产卵通常在傍晚进行。产卵主要有 3 种方式：一是产在水线浸没的石块或水生植物上，如黄毛纺蚋多发现在水深 0.1~2cm 漂流的植物茎叶上（安继尧，1991）；二是在空中飞翔时将卵投入水中或产在水面上；三是停落在露出水面的植物或石块上，在翅下携带一个气泡沿停落面潜入水中到一定深度时产卵黏着在基物上，然后再爬出水面飞离（冯兰洲，1983）。

由于幼期几乎全需在流水中发育，而且对幼体缺乏特殊的保护机制，蚋类因而通过高度的繁殖力以保证种族的繁衍。产卵数因种而异，每批少者 50~100 粒，多者可达 500~1000 粒，通常以卵块的形式出现，黏附在石块、草秆或枯枝落叶等不同的基物上（图 7–1）。产卵数与虫体大小、虫龄有关，卵在卵块中可排成单层或多层，卵块的大小、形状也因种而异，呈带状、片状或不规则状。

初产卵呈乳白色或淡黄色，成胚时逐渐变为棕黑色，透过壳可见发育中的胚胎（图 7–1），当出现眼点和破卵器及头壳结构时，称为前幼虫（prolarva）。单层卵块的卵和多层卵块的表层卵的胚胎发育率和孵化率较高，一般可达 95%，而多层卵块的下层卵的胚胎发育率和孵化率则较低，约 50%，最底层的卵则通常难以完成胚胎发育。

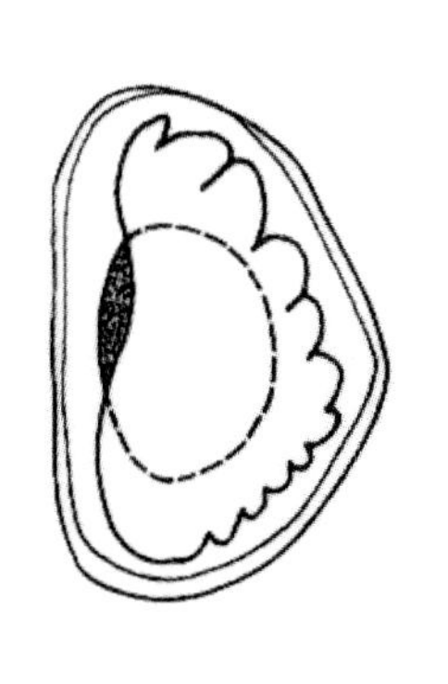
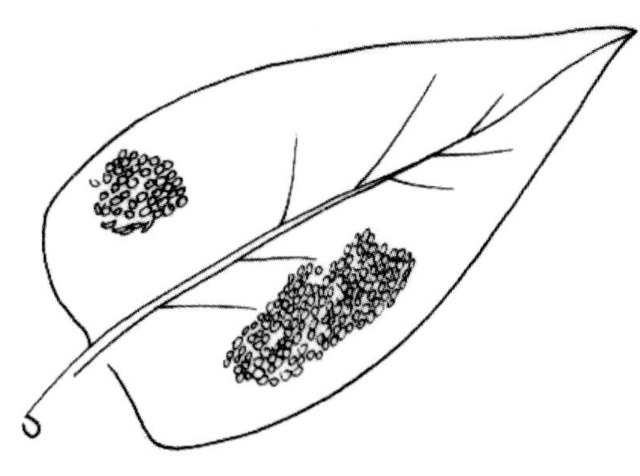

图 7–1 卵胚和卵块

从卵产出至孵化的时间称孵化期。影响孵化期的主要因素是温度、水含氧量、光照和种的生物学特性。胚胎发育与温度关系最为密切，在热带地区，最快需

1~2 天，而很多温带和寒带种多可滞育从而使卵期延长达数月之久。一般来说，水温 8℃时卵始可孵化；20~25℃时，胚胎发育需 3~4 天。多数种类在夏天胚胎发育期需 5~15 天，夏季滞育的蚋种，卵发育期可延长 1~2 个月或更长，而以卵越冬的蚋种，其卵发育期可延宕达数月之久。蚋卵对水湿条件要求很严格，其抗旱力很弱，暴露在水线以上数天就不能孵化，但它对低温的耐受力却很强。实验证实，姬蚋（*S. venustum*）卵在 0.5~1.5℃时可存活达 789 天。至于最高致死温度，迄今所知甚少。

（二）幼虫期

自卵孵化到幼虫化蛹，称为幼虫期。当卵胚发育成熟后，由于前幼虫背面破卵器的动作，在卵前端割开一裂缝，一龄幼虫即从此缝破壳而出。刚孵出的幼虫，可就地以其后环固着在与卵块同一基物上，或者移至 1~5m 处另觅孳生基物。幼虫在生长发育中须进行多次脱皮，脱皮 4~9 次，通常 5~6 次，并历经 5~9 个生理龄期方可化蛹，如黄毛纺蚋在室温（27.3 ± 0.25）℃的条件下，幼虫发育有 5 个生理龄期（安继尧，1991）。龄期的相对划分主要是根据头壳纵径、体长量度、口器结构、头壳宽度和后颊裂长度等指标来判断。如一龄幼虫具有破卵器；成熟幼虫在前蛹期时胸部具明显的鳃斑等指标性特征。

1. 孳生习性

蚋类幼虫孳生的最大特点是趋流性。除少数种类外，几乎全都在急流或缓流淡水中生长发育。从临时性的涓涓细流到大江大湖，大凡瀑布、江河、溪涧、沟渠、泉水及至峭壁或渗出水中，均可发现它们的踪迹，这一习性可能与流水含氧量较高以利于能量代谢有关。其孳生场所主要决定于雌蚋对产卵环境的选择。它们不适宜孳生于硫黄温泉、严重污染、浑浊度高或大面积的静滞水体，而适宜发育于清澄、氧化度高、矿物质含量低的流动淡水水体。通常栖附于水生植物和被水淹没的枯枝落叶、岩壁、石块、桥桩等不同基物上（图 7–2）。少数嗜动物性基物的种类，如非洲的蟹蚋（*S. neavei*）幼虫和蛹可栖附在河蟹的介壳上，还有些种类的早期幼虫能附着在蜉蝣稚虫或大虾体上，成为所谓的携带协同的专性关系（obligate relationship），其生态学意义尚不清楚。我国也曾在贵州省铜仁市郊峡谷山溪急流中发现幼虫栖附在石蟹的介壳上（李建华，1991）。

2. 食性

幼虫口器属咀嚼式，主要以滤食方式摄食。摄食时，以其后环固着在基物上，虫体作纵轴扭转 90° ~180° ，使头部腹面和头扇朝向水流，尔后借助头扇的张闭，以上颚及口器的鬃毛间歇地清刷，无选择性地漏取食物颗粒。颗粒的大小在 0.091~300μm 之间。其食谱主要包括单细胞藻类、细菌、原生动物和浮游生物等，有时也能吞食线虫或昆虫碎片，甚至自相残杀，弱肉强食。另有一些特异的类群，如 *Gymnopais* 属和 *Twinnia* 属的种类，无头扇，营刮食方式，借其高度发达的上颚及具齿的前中颚刷（anteromedian palatal brush）和亚颏顶齿协同刮取食物。食物被漏食或刮食后直接进入食道。摄食速度与虫龄、温度、流速和种类有关，早期幼虫一般比成熟幼虫为快。肠内容物通常在 0.5~1h 即排出体外，仅少量被消化吸收。

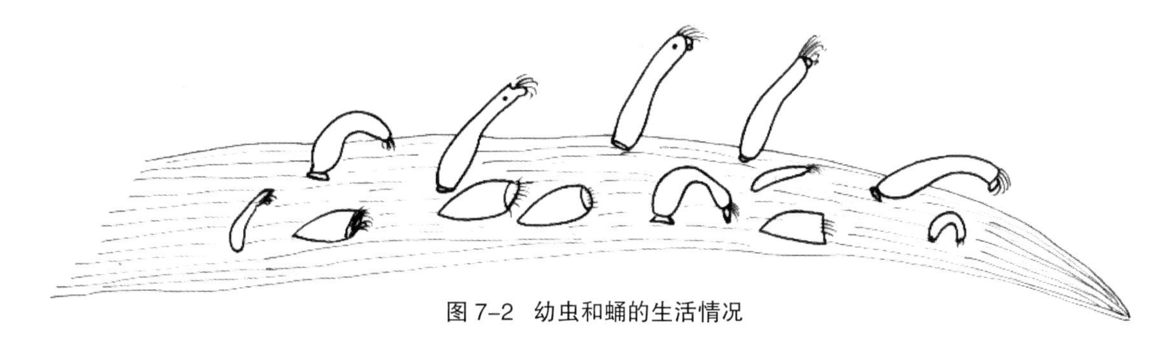
图 7-2 幼虫和蛹的生活情况

3. 运动习性

幼虫不能在水中游泳，它们通常附着在孳生地被水线淹没的基物上，借助后环的小钩抓住由涎腺分泌黏着在基物表面的丝垫上，并和前腹足以交替抓、松的动作进行尺蠖式的圆形运动方式移动身体（图 7-3），有时，在活动的同时也会吐丝涂在基物上，并有一条细丝黏着虫体与附着物，这细丝相当坚韧，在流速 1m/s 的急流中也不会断裂。在正常情况下，幼虫能调整方位，使之与水流方向一致而头部伸向下游。当幼虫“迁居”或意外坠落吊悬在水面上，就可借丝牵引飘流它处，寻找另外的基物附着，必要时，还可返回原处栖居。

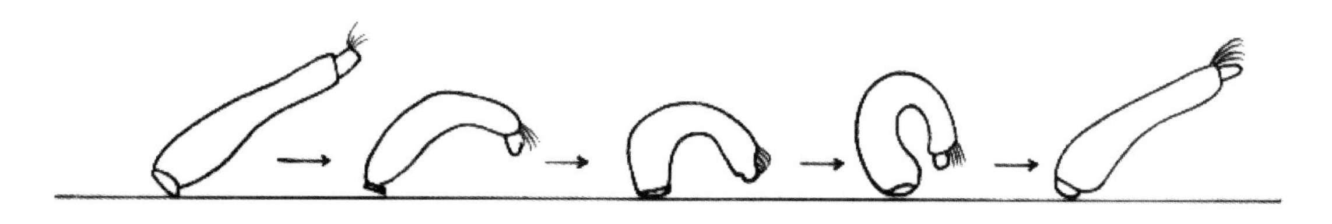
图 7-3 幼虫的运动

4. 影响幼虫发育的环境因素

影响幼虫发育的主要环境因素有温度、光照、水质（含氧量、pH 值和水电导率等）以及水中的生物群落等。

1）温度

温度直接或间接地影响着蚋幼的生长发育。蚋类的热能代谢属于变温动物类型，其体温随着水温的变化而变化，而体温情况又决定着新陈代谢的水平。每一种蚋虫都有其最适温度带、最高和最低的有效温度及致死温度的界限。一般来说，有效温度为 0.5~33℃，但是，由于地域、海拔和季节的不同，温度对不同蚋种的影响也表现出明显的差异，某些冬季种如原蚋属（*Prosimulium*），适应于 0~12℃，当水温达 20℃时即可致死，而某些春季和早夏种，如姬蚋则适于 12~24℃，恶蚋则适于 22~31.1℃的条件下生存；不同海拔高度的不同种类，其有效温度也不尽相同，在海拔 2500m 以上的高、中山带，有效温度 1~10℃；海拔 1200~2500m 的低中山带，则为 4~14℃；在海拔 100~600m 的平原地带，则为 15~29℃。

在正常情况下，温度是影响幼虫发育期最重要的因素。在热带地区的蚋类，幼虫期需数天或 1~2 周，而温带地区蚋类的幼虫期则相对较长，通常要 3~5 周至 2~3 个月并可以幼虫越冬，这类越冬幼虫一般体型较大并可羽化出较大体型的成虫，因此，北方种类的体型通常较南方种类的体型大。在实验室的条件下，当水温在 20℃时其发育期为 2~3 周，而当降低温度时，发育期就相对延长，如装饰短蚋（*S. ornatum*），当水温在 9~15℃时幼虫期为 7~10 周。在自然条件下，一年一代的蚋种，幼虫发育期为 3~5 周；一年两代的蚋种，幼虫发育期约需 6 周；一年三代，以幼虫越冬的蚋种，幼虫期夏季约 40 天，冬季可延长达 6~7 个月。同一蚋种，随着水温的变化，幼虫在夏季的发育较冬季为快。

2）水质

蚋类幼虫适宜生存于无污染、氧化度高、矿物质含量低的流动水体，而不适宜硫黄泉水、海水、浑浊度高或静滞水体。

pH 值：水体的 pH 值对于蚋类幼虫的消化、呼吸和生长发育都有一定关系，特别是对蛋白质的带电程度，胶质状态和酶的活性密切相关。此外，还可直接影响微生物的生长而间接影响蚋类幼虫的食物。一般来说，对 pH 值的适宜幅度为 4.7~10，多数蚋种适于弱碱性或碱性水质中生长，但少数种类可在弱酸性水质中生活，如亚马逊地区的 *S. goeldii* 可以在 pH 值 3.6~5.6 的范围内正常生活。

水的溶氧量：蚋类幼虫在水中营无气门式呼吸，所需氧气，必须从水内溶解的氧气通过体表进入体内。因此，水的溶氧量对其生存至关重要。水中的溶解氧，主要由表面水层吸收，通过水流向深处扩散。当孳生水体的水生植物在阳光照耀下迅速进行光合作用，加上流水的搅动，水内氧溶量就会增大，从而保证了蚋类幼虫正常呼吸和能量代谢的需要。

水量和流速：蚋类幼虫对孳生水体的水量要求似乎并不严格，但对流速的要求却相当严格，它们通常生活在流速 0.15~3.0m/s 的水体，如恶蚋复组（*S. damnosum* complex）种类为 0.4~2.4m/s，而内陆蚋（*S. mediterraneum*）则为 0.2~1.5m/s。但是这并非绝对，许多种类当水量发生季节变化或由于天气干旱导致溪渠断流时，其幼虫在不流动的水中仍可耐受 1~7 天。水量和流速也可影响幼虫的种群动力学，旱季和雨季交替，流速就会出现季节落差。一般来说，在枯水季节种群数量较为稳定，而当洪水泛滥时，其种群密度也会相应降低，这可能是因为流速加大而导致部分个体被冲刷到下游或移居深水处。

3）水中的生物群落

蚋类幼虫是水体生态系统中的重要一环，与其共栖的动、植物和微生物互相依存、互相制约，有着密切的关系，水生植物不但提供幼虫的栖息环境，并且通过其代谢作用影响水体的理化特性，包括 pH 值、溶氧量、无机盐浓度和污染度等，直接影响着幼虫的生活。孳生水体中的单细胞藻类、细菌、原生动物和浮游生物是幼虫的天然食料。此外，还有许多生物是蚋类幼虫的天敌或寄生物，直接危及它们的生存。

蚋类幼虫的主要天敌有鱼、蚂蟥、软体动物、甲壳类，特别是某些捕食性昆虫，如长足虻科（Dolichopodidae）、舞虻科（Empididae）、摇蚊科（Chironomidae）、纹石蛾科（Hydropsychidae）、原石蛾科（Rhyacophilidae）和等翅石蛾科（Philopotamidae）某些种类的幼虫，以及蜓科（Aeshnidae）、色虫忽科（Agrionidae）的若虫，特别是纹石蛾和蜉蝣，是蚋类幼虫的主要天敌。

有关蚋类幼虫的寄生物，见于记载者有病毒 3 种、霉菌 14 种、细菌 8 种、螺旋体 1 种、原虫 30 余种、吸虫 1 种和多种线虫。其中，浓核症病毒（Densonucleosis virus）和胞质型多角体病毒（Gytoplasmic polyhedrosis virus），是蚋类重要的病原体，主要感染部位是中肠上皮，浓核症病毒还可感染脂肪体细胞。某些霉菌，如蚋腔菌（*Coelomycidium simulii*）感染幼虫的脂肪体和嗜铬细胞（Chromatocyte）发育，可致发育迟缓甚至导致死亡。某些索线虫（Mermithiidae）寄生于幼虫的混合体腔，从宿主的血淋巴摄取营养而生长发育，当发育完成即刺破宿主体壁而逸出，导致幼虫死亡。

在我国，仅见 Adler 和王遵明等（1996）报道，在马维蚋、樱花蚋（*S. nikkoense*）和台湾蚋（*S. taiwanicum*）幼虫的体内发现了包括蚋腔菌和微孢子虫等 4 种寄生物。

（三）蛹期

成熟幼虫从化蛹开始到蛹羽化的时期称为蛹期。成熟幼虫最后一次生理性脱皮变为前蛹，经过一段短暂的潜伏期即可化蛹。蛹化的温度因种而异，冬季种蛹化的温度为 9~10℃或 10~16℃；春、早夏种最适温度为 8~22℃。脱皮前，成熟幼虫以其后环附着在孳生基物上，或另外寻找一个隐蔽的处所固着，然后用涎腺分泌出的丝缠绕编织成特定的半裸茧。结茧需 40~60min。结茧后，幼虫蜷缩身体进行最后一次脱皮而变蛹，蛹在茧内不食不动，却进行着剧烈的生理生化活动和器官组织重建过程，所需能量来自幼虫期累积的营养物质。新蛹色淡，随着发育逐渐变暗，待至羽化变成虫。蛹有流线型体形，方向和水流一致，故而呼吸丝和茧口一般都指向下游。羽化时，通常雄蚋先于雌蚋，成熟蛹在其皮下充满卵黄色的空气，使之与成虫分离。这时，蛹皮背面作一矢状“T”形裂隙，成虫先从胸背外露，随后头部、翅和腹部相继脱茧而出。羽化后的成虫可借翅的运动，或进入水流借气泡上升到水面，或沿着未被淹没的物体爬出水面而飞离。羽化后留下的茧壳，可作为蚋类孳生习性和分类鉴定的参考依据。

相比较而言，蛹期明显短于幼虫期，通常只需 2~6 天。蛹期的长短，因种类、气温和季节而异。在夏秋季节为 2~10 天，10℃时可延长为 2 周。某些种类可长达 1 个月以上甚至可以蛹越冬，如淡额蚋（*S. noelleri*）在 7 月份蛹期约为 5 天，在 10 月份约为 10 天。还有一些种类的蛹期可长达 3~4 周（中国科学院动物研究所昆虫分类区系室，1976）。但有的学者则认为，蚋类蛹期的长短，并非像蚊蛹那样主要受温度制约，而是具另一些制约机制，如日照才是主要因素，其证据是蚋蛹仅在白天日照的条件下羽化（Smith，1973）。

和幼虫一样，蚋蛹也具严格的趋流性，必须在氧气充足的流动淡水中生活，一旦置于静水中或暴露在空气中很快就会死亡，但在实验室的条件下，置于潮湿的纸面上，蛹往往可待到羽化变成虫，提示了蚋类幼虫不但能通过皮肤吸收流水中的溶解氧，而且还可能直接从大气中吸收氧气。

（四）成虫期

蛹羽化变成虫直至死亡称为成虫期（adult stage）。蚋类幼期主要是生长发育，而成虫期则主要是进行生殖活动，借以繁衍种族，诸如刺叮吸血、交配产卵的习性，均与生殖密切相关。特别是雌蚋由于咽侧体的分泌受制于脑激素，具有促性腺作用，促使卵巢有一个强烈的发育过程。因此，有人也把成虫期称为生殖期。

1. 吸血习性

雄虫的口器退化，不吸血，以吮吸植物汁液和花蜜为生。雌虫一般都刺叮吸血，但并非所有种类都吸血。根据雌虫卵巢发育对营养的需求不同，大致可分3类：一是口器退化，不进食卵也可成熟，营养来自幼虫的积累，一生只产卵1次，为专性无吸血生殖，属于自育型（autogenous）；二是具刺吸式口器，营养双重性，即吸血或以植物汁液为食，通常其第一生殖营养周环无需血餐即可自育，尔后的营养周环则需要血餐，卵方可成熟；三是具刺吸式口器，营双重营养，但必须血餐卵方可成熟，叫非无吸血生殖，属于非自育型（anautogenous）。吸血种类主要吮吸温血动物血，但有证据表明，有少数种类也吸无脊椎动物，如昆虫的血液。多数种类对血源都表现出不同程度的选择性。相当一部分爪齿发达的种类嗜吸鸟类或家禽血，称为嗜鸟血型（ornithophilic forms）；另有一类则是嗜吸野生动物或家畜等哺乳动物血，称为嗜兽血型（mammalophilic forms）；还有一类则是嗜吸人血，属于嗜人血型（anthropophic forms）。后者实际上是嗜兽血型的一个附型。嗜人血型又可相对地分为高嗜人血（highly anthropophilic）和兼性嗜人血（facultatively anthropophilic），但并没有一种是排它性的嗜人血型（裘明华，1994）。

雌蚋多数在白昼并在户外吸血，晨曦和薄暮寻求血源、侵袭人畜尤为频繁，这一习性和某些专在夜间户内刺叮吸血的雌蚊形成了鲜明的对照。雌蚋吸血前，通常先在宿主体上旋转后再落到宿主体上，并边停边爬地寻找适合的部位，吸血部位因种而异，如非洲的恶蚋主要在小腿和踝部，委内瑞拉的金蚋（*S. metallicum*）偏爱下半身，而危地马拉的淡黄蚋（*S. ochraceum*）却偏爱在身体的上半部吸血。吸血时，先由上唇及其端齿拉住皮肤，以上颚的端锯齿向前交挫；然后，由具齿的下颚和舌刺入皮肤，由上唇扩大伤口，与此同时，涎腺分泌含有抗凝素的涎液注入伤口，以防止血液凝结；最后，由上颚、下颚和舌刺入宿主组织，可深达150μm，其深度和不同种类喙的长度有关。雌蚋的刺叮机制对感染病原体具有特殊的意义，由于它是从挫伤宿主的皮肤形成“储血池”中吸血，而不同于雌蚊采用直接刺入宿主毛细血管吸血的方式，血液是通过由上唇及大颚围绕而成的食物管吸入，从而可使血寄生虫与皮肤寄生虫也可同时经食物管进入媒介蚋体内。

雌蚋吸血是相当缓慢的，一次完全饱血至少需要4~6min，有人通过志愿者观察，恶蚋饱血时间为2~10.5min，缓慢饱血过程是与从皮肤伤口吸入病原体的可能性密切相关的，如果血源适宜，一旦吸血就难以驱赶并从不中断。这种习性导致了血寄生和皮肤寄生的病原体的中间宿主的高效性，因为至今尚未发现蚋类有机械传播病原体的现象。雌蚋每次吸血大致可超过其体重，且每隔几天就需血餐一次，但它们并不完全依靠血餐，许多种类在血源不足的情况下，也常以花蜜或植物汁液为食。这可从其嗉囊中贮有无色液体含有糖分得到证实。

蚋类的吸血活动受温度、光照、风力和气候的制约，大多数种类刺叮活动的温度幅度为6~36℃，最适温度为12~27℃。光线过强或过弱都会影响刺叮活动，活动的最低光照度是1~10lx，高峰活动光度为5000~1000lx，阻抑的光度为10 000~60 000lx。风力在0.2~0.3m/s时刺叮活动明显受阻，风力超4级，即停止侵袭活动。雨水能阻碍蚋类的侵袭活动，但阴天或细雨并不影响其吸血活动。

雌蚋吸血后通常栖息于周围隐蔽场所消化食物，待卵发育成熟后再飞至宜适的孳生地产卵。

2. 栖息和活动习性

从蚋类很少进入人居来分析，绝大多数蚋种属于野栖外食型。初羽化未受精的新蚋，在吸血前通常栖息于孳生地水体附近的草丛或灌丛中，对植物种类似乎并无选择性。当刺叮活动开始时，就能远离孳生地的山野或人居附近寻找血源。其飞行距离因种而异，与季节、植物群落、气候条件以及动物携带有关。有的种夏季在距孳生地附近 0.809~1.609km，而春秋季却可远飞至 12.9~182.4km；有的种在林区可飞离孳生地 10~12km，而在旷野则很少能飞越 3km，但是多数种类都在 2~5km 的范围内活动。气流和鸟类的活动，可能也有助于蚋类的飞行扩散，已有资料表明，曾从不同高度的空中，直至 1530m 的高空中捕获蚋类（Glik，1939）。

3. 生殖营养周环

吸血雌蚋通过反复吸血和产卵以繁衍后代。胃血消化和卵巢发育是同步进行的。一只雌蚋从吸血（或植物汁液）到产卵的周期称为生殖营养周环（即卵巢周期）。吸血雌蚋一生处于反复完成生殖营养周环的过程中。完成一个生殖营养周环一般需 2~10 天。每一生殖营养周环大致包括 3 个阶段：①寻找血源并饱血。②胃血消化与卵的发育成熟。③寻找适宜场所并产出成熟卵。如果某一媒介蚋完成一个生殖营养周环需 2 天，而病原体旋盘尾丝虫（*Onchocerca volvulus*），在蚋体内从微丝蚴发育成感染期幼虫约为 6.5 天，这就意味着，必须具备一生中产 3 次卵的雌蚋才有可能成为媒介蚋。

在自然条件下，不同种类或同一种类的不同个体，常处于不同的生理龄期。因而，在刺叮种群中老少组成在不同季节和时辰常有变化，通常老的经产蚋（已进食和产过卵的），在雨季末期或一天中的特定时间内比新羽化蚋（未经血餐和产卵的）有较高的比率。我们对调节刺叮种群的生理龄期结构的因素所知甚少，但它在流行病学上的意义却很重要，这是因为只有经产蚋吸血过后才能成为病原体的传播媒介。经产蚋和非经产蚋的主要区别是当解剖腹部时，新羽化的非经产蚋有丰富的脂肪体（从幼期遗留下来的），卵巢管内无残留的卵泡和卵。而经产蚋则通常很少或没有脂肪体，卵巢含有疏松的卵巢管、残留的卵泡和成熟卵。

4. 寿命

迄今，对蚋类成虫的自然寿命的研究不多。已知雄蚋寿命较短，交配后常在几天内死亡。雌蚋一般可存活 2~3 周或更长。在实验室条件下，金蚋（*S. metallicum*）的雌蚋，至少存活 85 天（Dalmat，1955）。在长期干旱以后仍然有蚋类活动，这一现象被某些学者认为是由于雌蚋夏眠而引起的，如果这是事实，则表明在特定情况下，雌蚋可能存活达数月之久。

5. 群舞和交配

除少数蚋种营孤雌生殖外，大多营有性生殖。营有性生殖的种类，有的在羽化后不久即在水边石块上或植物上爬行进行交配，但多数种类则是在离孳生地不远处进行群舞交配。所谓群舞，是蚋类性行为的一种本能活动，是某些种类雌雄交配的前奏。通常是雄蚋成群飞舞，雌蚋则个别飞入舞群，在空中进行交配，然后停落在地面或植物上，交配时雄蚋以生殖肢抱握雌体，在阳基侧突的支持下，借生殖腹板和中骨形成的生殖管将带有薄膜的精包注入雌体阴道。雌蚋一般在吸血前交配，仅少数可在血餐后交配。

6. 产卵习性

交配后，雌蚋体内的卵通过受精囊口受精。然后，雌蚋寻找血源，刺叮吸血，促使卵巢发育。当卵在体内发育成熟时，雌蚋就选择适宜的场所产卵。产卵时间多在傍晚，少数种类可在清晨或中午。雌蚋对产卵场所的水流速、水温和附着基物有探测和选择的能力，能准确地将卵产在无污染的流动水体、水生植物、枯枝落叶或石块上。

雌蚋产卵的方式因种而异，主要有以下 4 种。①附着：产卵前探测附着基物，然后降落在被水浸湿或被水线淹没的水生植物、枯枝落叶、石块或被浪花打湿的混凝土表面上，通常以卵块形式出现。如黄毛纺蚋，多发现在 0.1~2cm 深处的植物茎叶上产卵（安继尧，1991）。②漂浮：雌蚋直接在水面上漂浮产卵，卵下浮再黏附在水下基物上。③空投：雌蚋在水面上飞旋，卵一个一个地产出投入水中。④潜水：雌蚋先停落在露出水面的植物或石块上，然后在翅下带一个气泡沿停落面潜入到一定深度时产卵黏着在基物上，再浮出水面飞离。

蚋类幼期几乎全需在流水中发育，由于缺乏特殊的保护机制，从而在长期的自然选择过程中，通过高度的繁殖力以保证种族的繁衍。每批产卵少者 50~100 粒，多者可达 500~1000 粒，在基物上排列成单层或多层的卵块。卵块的形状、大小也因种而异，可自 $5mm^2$ 至 20cm × 10cm 或 60cm × 4cm，形状也不规则，呈带状或鳞片状等，卵块内卵的密度也因种而异，多者可达 1 000 000 粒（裘明华，1994）。

7. 季节分布

蚋类的种属组成和种群数量表现出有规律的季节消长，称为季节分布。成虫的季节分布明显有种的特异性，主要受气候条件的影响。在热带和南亚热带地区的蚋类可经年活动。而高纬度地区蚋类通常仅活动于 3~11 月份，以卵或幼虫在水下或冰下越冬，因而在寒冷的冬季或早春通常没有成虫活动，全部生活史周期自 2~3 个月或更长。某些以幼虫越冬的种类，在 2 月份即可化蛹，而有些以卵越冬的种类要到 6 月份才能孵化，因此不同蚋种一年内的繁殖代数就不尽相同，一年一代的种类季节分布短，季节高峰也短，出现在 6~7 月份，而一年多代的种类季节分布则长，可出现多个密度高峰。

八、细胞遗传学

蚋类的细胞遗传学研究始自20世纪30年代，早期的工作仅局限于多线染色体[①]（又称唾腺线染色体）的结构描述。20世纪50年代初，Kunze（1953）发现多线染色体的结构具有种的特异性，可作为幼虫的分类依据。Rothfels（1953，1956）首次报道了白点蚋（*S. vittatum*）的染色体图谱，并提出多线染色体带型的多态性可用来鉴别近缘种，从而开始了蚋类细胞遗传学的系统研究，其内容涉及核型、带型、杂交实验、性细胞减数分裂、细胞分类和系统发育等领域。迄今，在全球已知现生的2151蚋种中，已有390种做过细胞学研究，约占全球已知蚋种总数的18%。其研究的地理范围从20世纪50年代古北界的苏联及新北界的加拿大、美国扩展到非洲、印度、中南美洲、澳大利亚及新西兰等地区。而我国在这一领域的研究则明显滞后，2000年张春林、陈汉彬采用幼虫脑神经节细胞，通过染色体滴片、空气干燥和Giemsa染色（姬姆萨染色）制作中期染色体玻片标本，用以核型研究，报道了5种蚋幼虫脑神经节细胞的核型。温小军、韦静（2007）报道了河南纺蚋多线染色体研究，并比较研究了五条蚋两地理株的多线染色体。张建庆、张春林（2008）对黑水山蚋的多线染色体进行研究，得到黑水山蚋的多线染色体组型和模式图。黄丽、张春林（2012）首次在国内对兴义维蚋和黔蚋的多线染色体进行研究，并提供其多线染色体标准图。

（一）研究材料和方法

长期以来，蚋类细胞学研究主要以体细胞为主，偶见用精巢细胞研究减数分裂染色体行为的报道。学者多选用成熟幼虫的唾腺细胞作为实验材料，这是由于多线染色体较大，是一类结构稳定的特异性染色体，具多态性的带型和特异性结构，易识别、易制片，绘制标准染色体图较为理想。此外，Bedo（1975）选用蛹或成虫的马氏管细胞制备多线染色体，Procunier和Post（1986）、Procunier（1989）相继在非洲恶蚋复组部分蚋种中成功选用雌虫的马氏管细胞制备了多线染色体，发现其结构与唾腺染色体基本相同，多线染色体带型特征仅存在于幼虫和成虫组织。Procunier（1986）认为，吸血雌蚋多线染色体的多线化程度与依赖血餐的生殖营养周环相关，只有在生殖营养周环的特定阶段，才能制备出成熟的、可供分析的多线染色体。

制备多线染色体通常采用指压法，传统染色方法有两种：一是标准Feulgen染色法（孚尔根染色法），具有能同时制备多线染色体和判断幼虫性别的优点；二是应用乳酸、醋酸和丙酸处理后用地衣红或洋红染色法，具有能取得高分辨率带型的优点，缺点是仍须再用Feulgen染色方可判断

① 多线染色体（polytene chromosome）：又称唾腺线染色体(salivary gland chromosome)，巴尔比亚尼染色体(Balbiani chromosome）。果蝇等双翅目昆虫细胞的有丝分裂间期核中的一种像电缆样的、具有染色带的巨大染色体，是由核内DNA多次复制而细胞核不分裂，复制后的子染色体有序并行排列而成。

幼虫的性别。黄丽、张春林（2009）改进了蚋类多线染色体制备方法，使用改良苯酚品红染色法，既具有醋酸洋红的染色简便、快速的特点，又同时具有 Feulgen 染色分色清晰的优点。用此法制得的染色体具有耐保存、高稳定、持久不褪色的优点，这是前两种染色方法所不及的。虽然其缺点仍然是染色效果与盐酸的解离条件密切相关，但对温度条件不是很苛刻。另外，染液的配制和保存也比 Schiff 试剂简单，而且其染色能力随着放置的时间越久染色效果越好。现将其具体操作步骤介绍如下。

1）唾腺的剥离

取经 Carnoy' s 液固定的成熟幼虫标本放到载玻片上，加 2 滴 Carnoy' s 液，再将载玻片放到解剖镜下。用解剖针从虫体的后环作一个腹面切口，将唾腺从幼虫腹部拉出，于载玻片上滴加 2~3 滴 50% 乙酸溶液，放置 30~120s。

2）解离

将腺体放入 1mol/L 盐酸溶液中浸泡 2~5min，软化唾腺上的脂肪组织。

3）漂洗

用吸水纸吸去唾腺上的盐酸溶液，加上 1 滴蒸馏水于腺体上约 1min 后再用滤纸吸干水分，这样重复 3~4 次即可洗净残留的盐酸。

4）去背景

将背景净化液滴加到载玻片上，用镊子夹持载玻片，在酒精灯上微烤约 3s，以净化染色体背景。倾斜载片，滴冲洗液数次，彻底冲掉背景净化液。

5）染色

将腺体移到新的凹玻片上，滴加 2~3 滴改良苯酚品红染色液，放置 20~30min。

6）压片

制片前将干净无油的载玻片放入 0~4℃冰箱中处理 1~2h，将染色好的唾腺迅速置于冰冷的载玻片上，并滴加 1~3 滴 50% 的乙酸溶液，用解剖针将腺体腔中胶冻样物质去尽，立即加盖盖玻片，随后覆盖吸水纸，用铅笔头适度用力垂直敲压，染色体即可分散开。

7）镜检

压好的临时片直接在显微镜（1000×）下观察，摄影。

8）永久片制作

将分散好的多线染色体装片用冰冻法揭片，滴加冲洗液冲去染色液，择带有材料的载片或盖片，分别经过乙醇及冰醋酸（3∶1）1 次、无水乙醇 2 次、无水乙醇及二甲苯（1∶1）1 次、二甲苯 2 次处理，每次各 2~3min。最后用中性树胶封固，即成为永久性制片。显微镜（1000×）下观察，摄影。

Bedo（1975）认为应用荧光染色和 C 带技术可以增加多线染色体带型的分辨率。相继有应用电泳技术（Snyder，1982；Snyder，Linton，1983）、分子生物学技术（包括 DNA 原位杂交）（Teshima，1972；Sohn 等，1975；Zhu 等，1998）研究多线染色体的报道。

此外，对蚋类细胞学研究还可采用幼虫脑神经细胞，通过染色体滴片、空气干燥和 Giemsa 染色制作中期染色体玻片标本，用以核型研究（张春林，陈汉彬，2000）。

（二）核型和多线染色体特征

蚋类的核型（karyotype）96% 为 2n=6，单倍染色体数为 3，3 对染色体长度有明显差异，根据其长度的降序分别编号为Ⅰ号、Ⅱ号、Ⅲ号（图 8–1）。Ⅰ号最长，具中央或亚中央着丝粒，Ⅱ号、Ⅲ号稍短，具中央着丝粒。每条染色体被膨胀的着丝粒分为长臂（L）和短臂（S）。标准染色体臂组成：ⅠS+ⅠL，ⅡS+ⅡL，ⅢS+ⅢL。但也有少数例外，如 *Cnephia pallipes*、*Simulium manense*、*S. aureum* 复组和 *Astega* 以及 *Eusimulium* 的某些蚋种核型为 2n=4，单倍体数为 2，染色体数减少的原因是由于着丝粒易位，导致Ⅰ号、Ⅱ号染色体融合的结果。原蚋属的某些种为三倍体单性生殖（3n=9）。此外，由自发突变导致的单个三倍体也存在于两性生殖的种群中，如克蚋属（*Cnephia*）、短蚋亚属（*Odagmia*）、

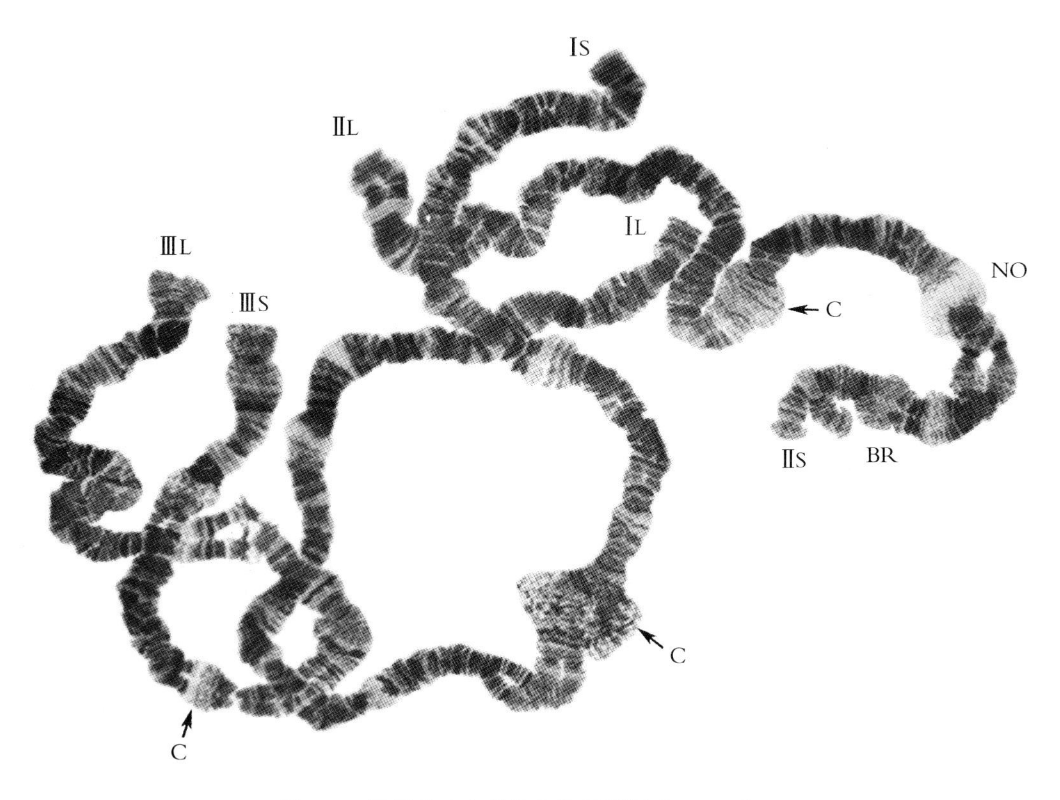

图 8–1 黔蚋幼虫多线染色体组型图（1000×）

Ⅰ，Ⅱ，Ⅲ =chromosome Ⅰ，Ⅱ，Ⅲ；S=short arm；L=long arm；C=centromere；NO=nucleolar organizer

维蚋亚属（*Wilhelmia*）及纺蚋亚属（*Nevermannia*），嵌合型蚋种的生殖腺中既含有二倍体细胞又含有三倍体细胞。

蚋类多线染色体具有种的特异性，其染色体上的核仁组织中心位置（localization of the nucleolus organizer）、着丝粒区域的形态（morphology of the centromere regions）、同源染色体配对程度（degree of the homologous chromosomes pairing）、巴尔比尼环（Balbianiring）、副环（Parabalbiani）、磨损（frazzled）、泡（blister）、缢痕（constriction）等结构，均可作为重要的鉴别指征。基于这些鉴别特征，Rothfels（1979）完成了标准染色体组型的比较。同时，这些鉴别特征还可揭示蚋类系统发育关系及染色体进化的方式。

在某些蚋种，着丝粒区呈巨大异染色质块，由每一条染色体的着丝粒区结合在一起形成一个染色中心。其可作为蚋类一个快速的特异性的鉴别指征。Chubareva（2003）报道原蚋亚属、后克蚋属、克蚋属、纺蚋亚属和维蚋亚属的某些蚋种着丝粒区亦具有染色中心。黄丽、张春林（2012）报道兴义维蚋 3 对染色体的着丝粒区可形成明显的染色中心（图 8-2）。

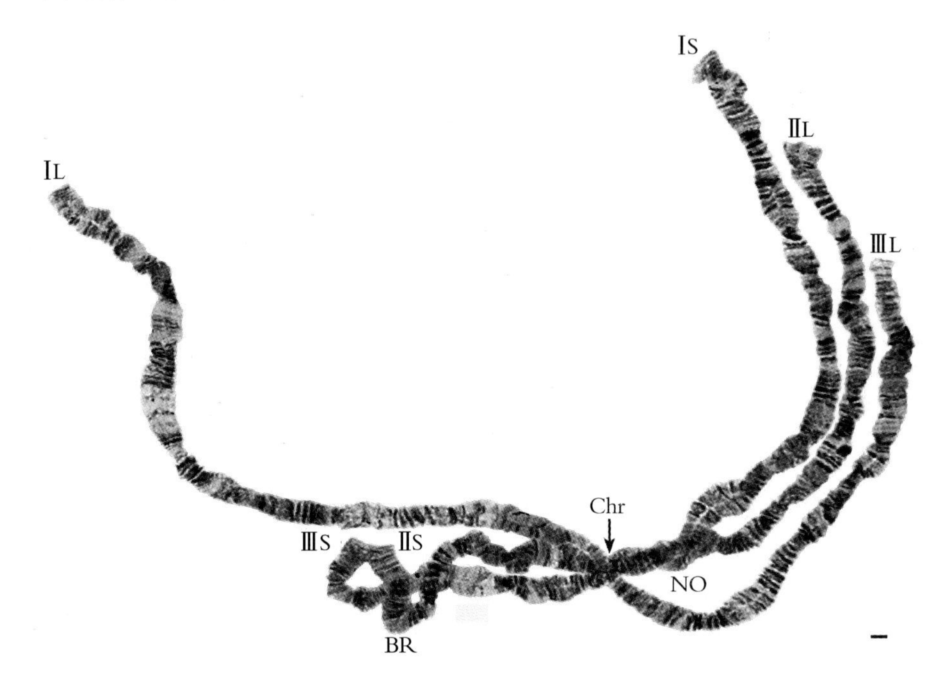

图 8-2　兴义维蚋多线染色体的染色中心（1000×）

Ⅰ, Ⅱ, Ⅲ =chromosome Ⅰ, Ⅱ, Ⅲ; S=short arm, L=long arm; Chr=chromocenter; NO=nucleolus; BR=Balbiani's ring

多线染色体还具有多态性，通常表现为杂合子多态性倒位。所谓倒位，是指染色体某些节段水平顺序的颠倒，分两种类型：种间倒位（interspecific inversions）或固定倒位（fixed inversions）和种内倒位（intraspecific inversions）或浮动倒位（floating inversions），可以发现在杂合子（仅 1 个同源的）或纯合子（具 2 个同源的），通常用阿拉伯数字或文字表示，如Ⅲ L-1，即表示Ⅲ号染色体长臂第一个倒位。

目前，有多个蚋属的 41 个蚋种发现了 B 染色体（B-chromosomes）（图 8-3），占经核型研究蚋种的 13.2%，其为蚋类细胞的超数染色体（Supernumerary chromosomes），小于普通染色体，深染，为中央或端着丝粒，具有种的特异性，也具有重要的分类学价值。

蚋类的性染色体属于XY型。同种个体X_0和Y_0极为相似，其性别决定机制尚不完全清楚。Rothfels（1979）认为：Y染色体具有很强的性别决定功能，与性别决定有关的基因位点具有“流动性”（motorbilily），可分布于不同的染色体上。蚋类遵循XY型性别决定的平衡理论，也就是说，其性别决定于1对或多对等位基因，多对等位基因具有流动性，可分布于各对染色体，性别决定于X和Y位置数量的相对平衡。

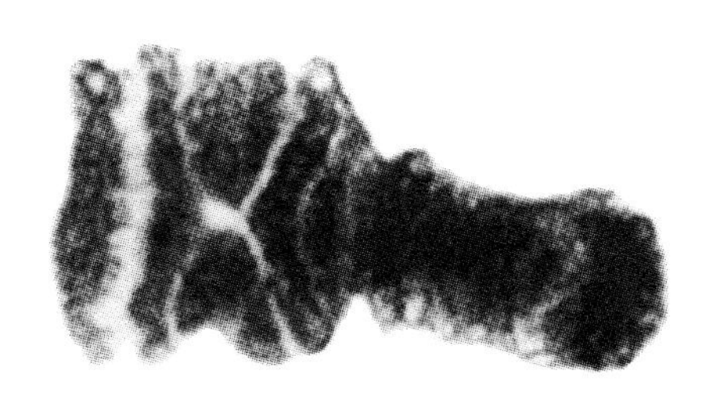

图8-3 B染色体

（三）细胞遗传学研究的应用

根据蚋类多线染色体具有种的特异性，其可用于分析不同分类阶元在系统发育中的相互关系。Rothfels（1979）曾根据多线染色体倒位的数目、程度和位置的变化，初步建立了蚋科的细胞分类系统，将蚋科分为4个亚科含58属，即副蚋亚科（Parasimuliinae）、九节蚋亚科（Gymnopaidinae）、原蚋亚科（Prosimuliinae）和蚋亚科（Simuliinae）。

细胞遗传学研究的另一个重要应用领域是分类学，特别是在种团（species group）、亲缘种（sibling species）、复组（complex）、隐种（cryptic species）和种下分类的应用，如非洲含有盘尾丝虫媒介的恶蚋复组（*S. darnnosum* complex），通过细胞分类已分出近30个种型，但是最后确认具传媒作用的只有4种，即*S. squamosum*、*S. darnnosum*、*S. sirbarum*和*S. yahense*。此外，种间杂交的遗传相关分析，如子一代F_1，发育状况、卵的孵化率、F_1回交的可育性及其染色体交换频率等，也可作为蚋类细胞分类的辅助手段。Rothfels（1981）总结蚋类种间杂交的研究成果，指出F_1和回交后代的染色体联和松散，交换频率下降，回交后代可育性极低。在蚋类自然种群中还普遍存在多倍体，多倍体的产生主要是由于种间杂交和减数分裂中染色体分配不平衡的结果。如在原蚋属，就发现*Pr. micropyga*和*Pr.pecticrassum*的三倍体种群（Chubareva，1978）。由于杂交和多倍体的存在，增加了形态分类的难度，在这种情况下，细胞分类就成为确定其分类地位的重要手段之一。

九、分子生物学

（一）蚋类基因组

1. 核基因组

蚋类核基因组由 3 对（个别蚋种为 2 对）染色体构成，迄今仅有 1 种蚋（*Prosimulium multidentatum*）的基因组大小经过估计。根据 DNA 复性动力学研究结果估计，*P. multidentatum* 基因组大小约为 1.87×10^8bp，其中，重复序列占 44%，远高于果蝇（约 15%）和摇蚊（约 4.5%）。蚋类基因组的 G+C 含量为 29%~34%。

在蚋类研究中使用最多的核基因组序列为 rDNA 序列。Morales-Hojas 等（2002）首次测定蚋类（*S. sanctipauli*）完整的 rDNA 重复单位序列。*S. sanctipauli* 的 rDNA 重复单位长约 9400bp，其结构如图 9-1 所示。在蚋类同一个体中，rDNA 重复单位之间存在长度变异，主要由 IGS 的长度差异导致。

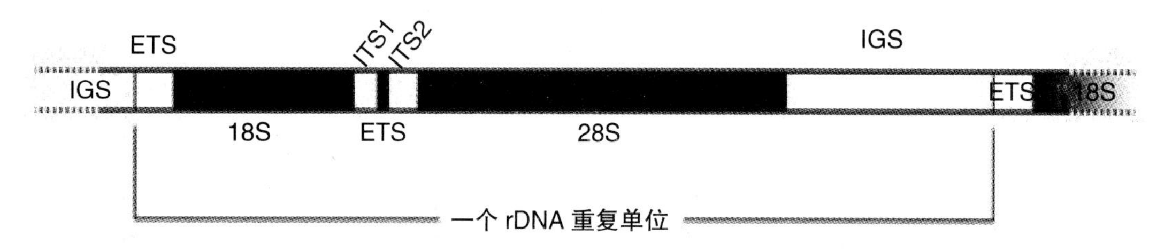

图 9-1　蚋类 rDNA 重复单位结构

颜色：黑色，编码序列：白色，间隔序列；ETS：external transcribed spacer，外转录间隔区；IGS：intergenic spacer，基因间间隔区；ITS：internal transcribed spacer，内转录间隔区

根据 GenBank 中 *S. sanctipauli* 的以下序列绘制：AF403825，AF403786，AF40380，U36206

按各区段长度比例绘制，各区段长度（bp）为：ETS，445；18S，1960；ITS1，250；5.8S，123； ITS2，319；285，4006；IGS，2264

蚋类 ITS1 序列是高度变异的序列，但有可能存在保守的核心区。有些蚋种的 ITS1 序列存在广泛的个体间多态性和种内多态性，个体间多态性可能是同域近缘种之间的杂交导致的。

已定位的蚋类基因较少。在 *S. sanctipauli* 中，与杀虫剂抗性相关的几个基因已定位，细胞色素 P450 家族的 3 个基因定位于幼虫多线染色体 Ⅰ L 和 Ⅲ S 的具体条带上，天冬氨酸转氨酶基因和 DNA 聚合酶基因分别定位于 Ⅰ S 的不同条带上。

2. 线粒体基因组

迄今未见蚋类线粒体全基因组测序的报道。Zhu（1991）克隆 *S. vittatum* 线粒体基因组，并测定了 3818bp 序列，涉及 11 个蛋白质基因、7 个 tRNA 基因和大 rRNA 基因，其中，*CO* Ⅱ（细胞色素氧化酶Ⅱ）基因和5个tRNA基因（*Leu*、*Thr*、*Asp*、*Lys*、*Pro*）为全序列，其他基因为部分序列。通过序列比较发现，*S. vittatum* 基因的排列顺序与 *Drosophila yakuba* 一致。Pruess 等（1992）测定 *S.vittatum* 10个tRNA基因（*Ala*、*Arg*、*Asn*、*Asp*、*Glu*、Gly、*Leu*、*Lys*、*Ser* 和 *Val*）的序列，其中，缬氨酸tRNA基因仅为部分序列，其他9个基因为完整序列。罗洪斌等（2010）测定五条蚋（*S. quinquestriatum*）*CO* Ⅰ（线粒体细胞色素氧化酶Ⅰ）基因全序列。

（二）蚋类分子分类学

1. 系统发育

利用分子生物学方法研究蚋类的系统发育始于20世纪70年代早期。1972年，Teshima 利用DNA-DNA杂交方法（DNA复性动力学）研究蚋类（*S. venustum*、*S. tuberosum*、*S. vittatum*、*C. dacotensis* 和 *P. multidentatum*）的系统发育关系。Sohn 等（1975）分离6种蚋（*P. multidentatum*、*P. magnum*、*P.fuscum*、*C.dacotensis*、*S.venustum* 和 *S.pictipes*，分别代表全北区的3属）的单一序列（unique sequence），制备 *P. multidentatum* 与自身及其他5个种的杂交DNA，测定杂交分子的融解温度（melting temperature，Tm），根据不同杂交分子的Tm值的差异，对6蚋种进行系统发育分析，得出结论：在进化上，原蚋属与克蚋属最近，蚋属次之。Xiong 等（1991）根据果蝇（*Drosophila yakuba*）线粒体 *16S rRNA* 基因序列设计通用引物，PCR扩增7个蚋类形态种（morphospecies）的同源区域，并测定序列；比较7个种的序列，根据颠换的差异进行系统发育分析，结果与传统的分类观点相同，即斯蚋属（*Stegopterna*）与克蚋属（*Cnephia*）关系相近，同属克蚋族（Cnephiini），蚋属归属于蚋族（Simuliini），克蚋族与蚋族构成蚋亚科；原蚋属归属于原蚋亚科。Miller 等（1997）利用 *18S* 和 *5.8S rDNA* 序列进行系统发育分析，发现在长角亚目（Nematocera）的蚊型（Culicomorpha）各科中，蚋科（Simuliidae）与细蚊科（Dixidae）和蠓科（Ceratopogonidae）的关系相近，与摇蚊科（Chironomidae）次之（传统上根据比较形态学特征对长角亚目的系统发育分析，蚋科与蠓科和摇蚊科的关系相近，与细蚊科次之）。

根据 Crosskey 分类系统，蚋科分2亚科，即副蚋亚科（Parasimuliinae）和蚋亚科（Simuliinae），近99%的蚋类属蚋亚科。蚋亚科又分2族，即原蚋族（Prosimuliini）和蚋族（Simuliini）。蚋类是一个古老的双翅目类群，原蚋族和蚋族均最晚起源于中生代（Mesozoic period）晚白垩纪（late Cretaceous，1亿~7210万年前）。Moulton（2000）利用 *28S rDNA*、延伸因子-1α（elongation factor-1 α，*EF-1α*）基因、多巴脱羧酶（dopa decarboxylase，*DDC*）基因、磷酸烯醇丙酮酸羧激酶（phosphoenolpyruvate carboxykinase，PEPCK）基因、*12S rDNA* 和NADH脱氢酶亚单位2（NADH dehydrogenase subunit 2，ND_2）基因的序列，对蚋科25属进行系统发育分析，显示基层趋异（basal divergence）与根据形态数据建立的分类系统一致，即副蚋属（*Parasimulium*）处于基部，为其余所有蚋类的姐妹群（sister group），其余所有蚋类为一个单系群。根据分子数据建立的分类系统如表9-1所示。

表 9-1　根据分子数据建立的分类系统

Family Simuliidae

Subfamily Parasimuliinae

Parasimulium

Subfamily Simuliinae

Tribe Prosimuliini

Helodon

Gymnopatis

Levitinia※

Prosimulium

Twinnia

Urosimulium

Tribe Simuliini

Araucnephia※

Araucnephioides※

Austrosimulium

Cnephia

Cnesia

Cnesiamima※

Ectemnia

Gigantodax

Greniera

Lutzsimulium※

Mayacnephia

Metacnephia

Paracnephia

Paraustrosimulium

Procnephia

Simulium

Stegopterna

Sulcicnephia※

Tlalocomyia※

※ 这 7 属的位置系 Moulton(2000)根据 Currie(1988)的结论直接确定的，没有分子学证据的支持。Moulton(2000)根据分子数据得出的系统发育关系，与 Currie（1988）根据形态数据得出的结论完全相同。Moulton 据此直接采用了 Currie 关于上述 7 属的结论。

2003年Moulton用*28S rDNA*、延伸因子−1 α（elongation factor−1 α，*EF−1* α）基因、多巴脱羧酶（dopa decarboxylase，*DDC*）基因、磷酸烯醇丙酮酸羧激酶（phosphoenolpyruvate carboxykinase，*PEPCK*）基因和*12S rDNA*的序列分别或联合进行系统发育分析，所得结果与Moulton（2000）结果相同，即基层趋异与根据形态数据建立的分类系统一致，但发现序列数据不足以重建族下各属的系统发育关系。

Xiong等（1993）测定*S. venustum*的4个近缘种［CC、CC_3、CC_4和AC（gB）］和*S. verecundum*的2个近缘种（AA和ACD）的线粒体*16S rRNA*基因部分序列，并进行系统发育分析，结果与非分子生物学证据一致。

Pruess等（2000）测定17个蚋种（4属，其中蚋属含4个亚属）线粒体*CO* Ⅱ基因的完整序列，并进行系统发育分析。作者想利用*CO* Ⅱ基因揭示蚋类从近缘种到族的不同分类层次的亲缘关系，结果发现，*CO* Ⅱ基因只适合用于亚属层次或亚属以下层次，对于高阶元可能不适用。

Joy等（2001）利用*CO* Ⅰ及*12S rRNA*基因序列，对法属波利尼西亚社会群岛*Inseliellum*亚属25种蚋进行系统发育分析，以对波利尼西亚社会群岛上蚋类生态适应的特点——岛屿辐射（insular radiation）进行研究。

Pramual等（2005）利用*CO* Ⅰ基因序列进行泰国*S. tani*的系统地理学（phylogeography）分析，推测*S. tani*的种群历史。

Krueger等（2006）测定非洲13国恶蚋（*S. damnosum*）复组的26个近缘种或细胞型的16S及ITS2序列，与细胞遗传学结果进行比较研究。

Rodríguez−Pérez等（2006）PCR扩增ND_4及ITS区，ND_4进行HAD分析，ITS区进行长度差异及序列分析，揭示墨西哥*S. ochraceum*复组的遗传多样性。

Thanwisai等（2006）PCR扩增ITS2，克隆，测序，系统发育分析泰国4亚属40种蚋。ITS2序列长247~308bp，所有蚋的AT含量均较高，为71%~83.8%。在13个种中，出现ITS2序列的个体内差异。系统发育分析结果与现存的基于形态的结果基本一致。通过系统发育分析，将一个存疑的蚋种（*S. baimaii*）归属于蚋亚属。

Finn等（2006）用PCR扩增*CO* Ⅰ基因部分序列，根据PCR产物的单链构象多态性（single-stranded conformation polymorphism，SSCP）数据来评估序列变异，研究美国南洛矶山脉生态区内分布的*P.neomacropyga*系统地理学结构。

Finn等（2006）用*CO* Ⅰ基因部分序列（PCR产物）进行SSCP来评估序列变异，研究*Metacnephia coloradensis*的种群遗传结构。

Mansiangi等（2007）用线粒体*16S rRNA*基因序列及*ITS2 rDNA*序列，对刚果金沙萨盘尾丝虫病疫区的*S. squamosum*进行系统发育分析。

Joy等（2007）对法属波利尼西亚社会群岛*Inseliellum*亚属2蚋种的*CO* Ⅰ基因部分序列进行系统发育分析，说明幼虫的生态转移（ecological shift）在蚋类的岛屿辐射中发挥作用。

Spironello等（2009）从*S. negativum*基因组中分离到11个微卫星基因座，并对其杂合性（heterozygosity）进行鉴定，发现11个基因座的杂合性为0.03~0.83，每个基因座的等位基因数目为8~19个，提示这些微卫星基因座可用于整个*S. arcticum*复组的遗传结构研究。

恶蚋复组包括57个细胞型（cytoform）［包括细胞种（cytospecies）和细胞型（cytotype）——统称细胞形］，分成5个亚组（subcomplex）。Morales−Hojas等（2009）对GenBank中已登录的恶蚋

复组的线粒体 *16S* 和 ND_4 基因，以及核 *rDNA ITS2* 序列进行系统发育分析，发现在细胞型之间缺乏清晰的遗传分化。

Phayuhasena 等（2010）利用线粒体基因（*CO* Ⅰ、ND_4、*16S rRNA*）和 *28S rRNA*（D_1、D_2、D_4）基因序列，对泰国蚋属 5 亚属 37 种（分属 13 个复组）进行系统发育分析，显示蚋亚属和纺蚋亚属的相互关系比山蚋亚属近，山蚋亚属通常更接近基部。

在用线粒体 DNA 序列来重建系统发育关系时，在染色体数据支持的近缘种中，常常出现种级非单系性（species-level non-monophyly），即不同种的序列比同种的序列相关关系更近。*S. arcticum* 复组包含 9 个生殖隔离的种和 21 个细胞型，Conflitti 等（2010）以该复组为研究对象，对其 *CO* Ⅱ、*cyt b* 12S 和 ITS1 序列进行系统发育分析。结果显示，mtDNA 序列不能够有效分辨染色体不同的近缘种（细胞型）的种级单系性，排除种级非单系性的原因是标本分类错误导致，提示在近缘种之间存在渐渗杂交（introgressive hybridzation）；提示种级非单系性是基于染色体的近缘种形成的初始阶段。

Sriphirom 等（2013）用 *CO* Ⅰ、*CO* Ⅱ、18S、ITS1 序列对泰国 *S. tuberosu* 复组 5 蚋种进行系统发育分析。

Pramual 等（2014）获得泰国蚋属 6 亚属 41 蚋种的 DNA 条码，发现种内遗传分歧平均为 2.00%，最大为 9.27%；DNA 条码鉴定蚋种的准确性为 96%。Pramual 等（2014）认为，DNA 条码鉴定细胞型的效率在不同复组中的差异，原因是不同复组的遗传结构和种群历史有差异。用 DNA 条码构建的系统发育树与之前通过分子、染色体和形态分析构建的系统发育树大体一致。

Senatore 等（2014）利用线粒体基因组（ND_2、*CO* Ⅰ、*CO* Ⅱ，共约 2kb）和核基因组［3 个快速进化的基因：大锌指（big zinc finger，*BZF*）、5 内含子基因（5-intron gene，*5-intG*）和延伸复合体蛋白 1（elongation complex protein 1，ECP_1）］，对北美 *S. jenningsi* 复组 22 个蚋种进行系统发育分析。

2. 物种鉴定

蚋类体型小，在形态特征上的相似性高，形态鉴定比较困难。蚋类的准确鉴定通常需要分析包括幼虫、蛹和两性成虫在内的成套标本，并要进行两性尾器的显微解剖。对于在形态上无法区分的近缘种，唯一的办法是分析幼虫的多线染色体。因此，蚋类鉴定存在形态鉴定和染色体鉴定上的困难，需要训练有素的分类学家和细胞遗传学家进行，分子生物学的出现为解决这些困难开辟了新途径。自 20 世纪 80 年代起，酶（蛋白）谱、限制性片段长度多态性（restriction fragment length polymorphism，RFLP）、免疫印迹（immunoblotting）、聚合酶链反应（polymerase chain reaction，PCR）、定向异源双链分析（directed heteroduplex analysis，DHDA）和 DNA 测序等检测遗传标记的技术在蚋类物种鉴定上获得了不同程度的应用。在所涉及的遗传标记中，蛋白质包括磷酸葡萄糖变位酶（phosphoglucomutase，PGM）、海藻糖酶（trehalase，TRE）、苹果酸脱氢酶 -2、谷草转氨酶 -2 和丝蛋白等；DNA 包括线粒体 *16S rRNA* 基因、细胞色素 C 氧化酶亚基 Ⅰ 基因（cytochrome c oxidase subunit Ⅰ，*CO* Ⅰ）、NADH 脱氢酶亚单位 4 基因（ND_4）和基因组的 rDNA 序列、高度重复序列、微卫星（microsatellite）及随机扩增多态性 DNA（random amplified polymorphic DNA，RAPD）。

（1）酶电泳。如 Meredith 等（1981）利用 PGM 和 TRE 对恶蚋复组的 *S. yahense*、*S. squamosum*、*S. sirbanum*、*S. damnosum* s.s.、*S. sanctipauli* 和 *S. soubrense* 进行鉴定；Rivosecchi 等（1984）利用苹果酸脱氢酶 -2 和谷草转氨酶 -2 对爬蚋（*S. reptans*）复组的爬蚋和 *S. voilense* 进行鉴定；Fryauff 等（1986）

利用PGM和TRE鉴定恶蚋复组的*S. yahense*和*S. sanctipauli*；Charalambous等（1993）利用PGM对*S. exiguum*的3个细胞型（Bucay、Cayapa和Quevedo）进行鉴定。

（2）蛋白质电泳。如Brockhouse等（1993）利用丝蛋白的免疫印迹鉴定*S. squamosum*和*S. sirbanum*；*Jariyapan*等（2006）对唾腺蛋白质进行SDS-PAGE分析，以鉴定*S. nigrogilvum*、*S. rufibasis*、*S. nodosum*和*S. asakoae*。

（3）Southern杂交（斑点杂交）。如Jacobs-Lorena等（1988）从基因组文库中筛选出2两种具有种特异性的高度重复序列（SP_2和SVD_3），以这2种序列制备克隆探针，用斑点杂交法对*S. vittatum*和*S. pictipes*进行鉴定。Post等（1992）以高度重复序列（pSO_3、pSO_{11}和pSQ_1）为探针，对恶蚋复组的3个亚组（*damnosum*、*squamosum*和*sanctipauli*）进行鉴定；对pSO_{11}的序列分析表明，其为一个转座因子的5'一侧。Flook等（1997）根据pSO_{11}探针与蚋类个体DNA的Southern杂交带型，揭示*S. damnosum* s.l.的种内变异，反映该蚋种在盘尾丝虫控制区内的迁移模式。这是第一个种群水平的*S. damnosum* s.l.研究。

（4）基于PCR的方法。如Agatsuma等（1993）以*CO* Ⅰ的PCR-RFLP鉴定*S. ochraceum*、*S. metallicum*和*S. colvini*。Brockhouse等（1993）根据rDNA-ITS PCR产物的长度差异鉴别*S. squamosum*和*S. sirbanum*。Tang等（1995）用PCR扩增ND_4部分序列后，用DHDA法鉴别恶蚋复组的*S. damnosum sensu stricto*、*S. sirbanurn*、*S. sanctipauli*、*S. yahense*和*S. squamosum*。Tang等（1996）用PCR-DHDA获取线粒体16S数据，鉴别*Austrosimulium bancrofti*、*S. meridionale*、*S. bivittatum*、*S. vittatum*、*S. decorum*、*S. noelleri*、*S. ochraceum*、*S. metallicum*和*S. damnosum*。Dumas等（1998）利用微卫星标记鉴别*S. damnosum*的2个种群。1994年，Wilson等人报道比较了3种蚋（*S. sirbanum*、*S. sanctipauli*和*S. squamosum*）的组蛋白基因序列，发现在H3-H4组蛋白基因间隔区中，在*S. sirbanum*和*S. sanctipauli*中有一个10bp长的插失（indel），但是在*S. squamosum*没有。Krüger等（2000）利用ITS1的长度差异鉴定恶蚋复组的不同细胞型。Mank等（2004）利用这个10bp的插失来鉴定*S. squamosum*，PCR扩增该区段后，通过琼脂糖凝胶电泳或聚丙烯酰胺凝胶电泳即可鉴定。Duncan等（2004）用RAPD-PCR法来鉴定*S. vittatum*的2个细胞种Ⅰ S-7和Ⅲ L-1。Mustapha等（2005）利用rDNA-ITS1的长度多态性来鉴定*S. thyolense*。

（5）分子标记在种下分类中得到应用。如Higazi等（2000）根据*16S rRNA*基因的PCR-DHDA数据和ND_4的序列数据进行系统发育分析，结合细胞分类学及形态学结果，说明分布在尼罗河第四、第五大瀑布之间的*S. damnosum* s.l.种群为一个新的近缘种，作者将其命名为哈马德型。Post等（2003）利用探针杂交和RFLP分析数个重复DNA序列，证实赤道几内亚比奥科岛上分布的*S. yahense*是一个新型，称为比奥科型。Pramual等（2012）综合细胞遗传学、生态学和分子遗传学（DNA条码），研究*S. angulistylum*中隐藏的多样性；通过固定的染色体倒位，可将*S. angulistylum*分成3个细胞型，说明*S. angulistylum*是一个复组；DNA条码分析显示3个细胞型之间存在显著的遗传分歧（genetic divergence），支持细胞分类学结果。

近年来DNA条码技术在物种鉴定上得到长足的发展，在蚋类鉴定上也见到一些报道。对于形态上有差异的蚋种，利用DNA条码进行鉴定的正确率几乎为100%。DNA条码（DNA barcode）是赫伯特（Hebert）提出的一个概念，指用来进行物种鉴定的线粒体*CO* Ⅰ基因的一段特定序列（658bp）。在许多动物类群中，已证明DNA条码分析是一个有效的分子鉴定系统。Rivera等（2009）用通用引物扩增 DNA 条码，之后对 PCR 产物进行直接测序，获得新北区 65 种蚋的 DNA 条码，发现同属蚋种之间的遗传差异平均为 14.93%（2.83%~15.33%），种内差异平均为 0.72%（0~3.84%）。Conceio 等（2013）用 DNA 条码技术鉴定 *S. limbatum* 和 *S. incrustatum* s.l.。

（6）解决分类争议。爬蚋是由林奈（Linnaeus）定名的 2 个蚋种之一，分布极其广泛，在整个欧洲及亚洲大部分地区均有分布。在爬蚋复组中，爬蚋及其近缘种 *S. galeratum* 的关系长期存在争议，历史上对两者的关系有 3 种观点：变种、同种（*S. galeratum* 为同物异名）、不同种。Day 等（2008）研究英国标本，根据 *CO* Ⅰ基因序列的系统发育分析结果，认为爬蚋和 *S. galeratum* 为不同物种。Bernotien 等（2009）通过根据 *CO* Ⅰ基因序列的系统发育分析结果，认为立陶宛的爬蚋实际上是 *S. galeratum*。而 Kúdela 等（2014）对更广范围（包括中欧、波罗的海地区、斯堪的纳维亚及英国）的标本进行研究，根据 *CO* Ⅰ基因序列数据证实，爬蚋和 *S. galeratum* 为不同物种。

（7）辅助新的形态种的鉴定。1979 年，Takaoka 根据采自我国台湾日月潭附近的 1 只成熟幼虫和 1 只预蛹（pharate pupa）建立新种图讷绳蚋 *Simulium*（*Gomphostilbia*）*tuenense*，雌虫和雄虫未知。图讷绳蚋的蛹与其近缘种在形态上无法区分，但幼虫很容易区分。Huang 等（2014）从蛹孵化出雄虫，用 PCR/DNA 测序法获得线粒体 *16S rRNA* 基因序列，与从幼虫扩增的相应序列比较，证实该雄虫为图讷绳蚋，而不是其近缘种，从而建立幼虫和成虫之间的确切联系。

在进行蚋种鉴定时，不同的分子标记可能具有不同的效率。如 Morales-Hojas 等（2002）以 rDNA IGS 为分子标记，试图利用 IGS 两端的序列对西非恶蚋复组的 5 个近缘种进行鉴定，但未发现具有种特异性的差异。Pramual 等（2011）研究泰国绳蚋亚属（*Gomphostilbia*）13 个蚋种的 DNA 条码，结果显示，种内遗传趋异（用 Kimura 双参数模型进行计算）为 0~9.28%，种间遗传趋异为 0.34%~16.05%，种内和种间趋异有重叠，原因是不完全的谱系筛选（incomplete lineage sorting）和分类学错误。说明用 DNA 条码来鉴定这些蚋种，可能得不到明确的结果。但 DNA 条码有助于发现隐蔽的多样性，可用来辅助传统分类学。Conflitti 等（2013）研究克蚋属（*Cnephia*）5 个蚋种的 DNA 条码序列，发现利用 DNA 条码可鉴定其中 4 个蚋种，1 个蚋种（*C. pecuarum*）不能鉴定，但结合地理及生态信息可得到鉴定。

（三）蚋类吸血相关事件的分子生物学研究

1. 唾腺组

在分子水平上理解蚋类吸血或消化血液的事件，有助于阐明蚋类叮咬后宿主皮肤反应的机制，有助于了解蚋类选择宿主及传播病原体的机制，从而有可能找到控制病原体的新疫苗，保守的、特异性的唾腺因子可能会成为候选的抗原靶标。

S. vittatum 是此类研究的理想生物，因为 *S. vittatum* 已在实验室驯养成功，可提供大量的幼虫和成虫标本以供研究，而且，在极地附近及北美洲地区，*S. vittatum* 表现出丰富的多线染色体条带和倒位的多态性。*S. vittatum* 吸血时所用的唾腺抗凝血因子的多样性与媒介能力和疾病的关系，已比较清楚。例如：Cupp 等（1993）发现，在驯养的 *S. vittatum* 的唾腺中存在腺苷三磷酸双磷酸酶（apyrase）活性。Jacobs 等（1990）发现，在 *S. vittatum* 的唾腺中存在抗 Xa 凝血因子。Abebe 等（1996）利用

反相高效液相色谱法（high-performance liquid chromatography，HPLC），在 *S. vittatum* 唾腺中发现能够抑制凝血因子V的新的抗凝素。Xiong 等（1995）分析 *S. vittatum* 羧肽酶基因和胰蛋白酶基因 5' 上游区序列，确定了 mRNA 转录起点和 TATA 框等元件的位置。Abebe 等（1995）在 *S. vittatum* 唾腺中发现具有抗凝血酶活性的蛋白质，分子量为 11.3kDa，命名为蚋素（simulidin）。Cupp 等曾从 *S. vittatum* 的 900 对唾腺中纯化得到白点蚋红肿蛋白（*Simulium vittatum* erythema protein，SVEP）。用基质辅助激光解吸质谱（matrix-assisted laser-desorption mass spectroscopy，MALD/MS）测得 SVEP 分子量为（15 373 ± 38）Da。用胰蛋白酶消化 SVEP 后，用自动埃德曼降解法（automated Edman degradation）获得 2 个肽的 N 端氨基酸序列。根据所得氨基酸序列设计 PCR 引物，从 *S. vittatum* 唾腺 mRNA 中扩增得到 2 个 PCR 产物（cDNA），长度分别为大约 300bp 和 400bp。克隆这 2 个 PCR 产物并测序，发现两者有 7 个碱基不同，其中 2 个碱基的不同导致氨基酸替换。以 SVEP-300 cDNA 为模板，通过 PCR 扩增制备地高辛标记的探针，用来筛选 *S. vittatum* 的 cDNA 文库，获得 SVEP 的全长 cDNA。该 cDNA 长 548bp，编码长为 152 个氨基酸的蛋白质，经翻译加工后，得到的成熟分泌蛋白含 133 个氨基酸残基，分子量为 15.4kDa。以数种蚋的唾腺提取物注射兔子皮肤，可迅速引起持久的红肿，说明这些蚋的唾腺中含血管舒张活性；利用反相高效液相色谱法，从 *S. vittatum* 和 *S. ochraceum* 唾腺中分离纯化得到具有血管舒张活性的蛋白质分子，分子量约为 15kDa。Ribeiro 等（2000），在 *S. vittatum* 唾腺中检测出透明质酸酶（hyaluronidase）活性。Stallings 等（2002），证实在 *S. vittatum* 唾液中所含的某种蛋白质使得 *O. lienalis* 微丝蚴能够向唾液定向运动，从而感染蚋。Cupp 等（1998），克隆 *S. vittatum* 的 2 个短的转录物（其产物为 SVEP 和 SVAT），并对其 cDNA 测序；SVAT 即蚋素，SVEP 为血管舒张因子。Procunier 等（2005）使用高分辨细胞遗传作图法，对编码 *S. vittatum* 的 2 个抗凝血因子 SVAT 和 SVEP 的基因进行精细的染色体定位，SVAT 定位于 3 号染色体短臂（Ⅲ S-72a4.5），SVEP 定位于 3 号染色体长臂（Ⅲ L-96b1），用来定位的染色体为幼虫和成虫的多线染色体和成虫马氏管染色体。Schaffartzik 等（2009）从 *S. vittatum* 唾腺 cDNA 文库中筛选到 7 条编码 IgE 结合蛋白的 cDNA，推导的氨基酸序列分别与抗原 5 样蛋白、丝氨酸蛋白酶抑制剂、2 种 α 淀粉酶和 3 种 SVEP 具有相似性；原核表达这 7 个 cDNA 所编码的蛋白质，通过免疫印迹分析，检测到抗这 7 种重组蛋白及 *S. vittatum* 唾腺提取物的抗体。蚋类研究中第一个组学（omics）水平的研究，研究对象也为 *S. vittatum*。Andersen 等（2009）构建基于 PCR 的 *S. vittatum* 的唾腺 cDNA 文库，测定了 1483 个表达序列标签（expressed sequence tag，EST）的序列，并进行基因功能注释；同时，用一维凝胶电泳和质谱法（mass spectrometry，MS）分析唾腺可溶蛋白质，所得结果与 EST 序列推导来的蛋白质序列一起进行分析。Tsujimoto 等（2010）发现，*S. vittatum* 唾腺提取物可抑制小鼠脾细胞的增殖并诱导细胞凋亡，抑制因子是一种蛋白质（或蛋白复合体），分子量大小为 50~100kDa。Tsujimoto 等（2011）在 *S. vittatum* 唾腺组中鉴定库尼茨（Kunitz）蛋白家族的 2 个成员，其中 SV-66（被作者命名为 simukunin，蚋库尼素）是典型的 BPTI（basic pancreatic trypsin inhibitor，碱性胰蛋白酶抑制剂）样抑制剂，可选择性抑制Ⅹa 因子。

对其他蚋类唾腺成分的研究也有一些成果。例如：Wirtz（1990）用高效液相色谱法，在 *S. lineatum* 和 *S. equinum* 雌虫的唾液和唾腺中发现组胺、腐胺、精胺、N_1-单乙酰精胺和亚精胺，其中，组胺的含量远高于其他胺类。Abebe 等（1994）分析唾腺提取物中的抗凝血活性，在 4 种蚋中发现抗凝血因子Ⅹa 活性，在 2 种蚋中发现抗凝血酶活性。Chagas 等（2011）对 *S. guianense* 唾腺的转录组及蛋白组进行了分析。

2. 蚋类吸血后其他基因表达变化

蚋类（*S. vittatum*）吸血后由中肠上皮分泌形成Ⅰ型围食膜（PM_1，peritrophic matrix type 1），其主要成分为几丁质、蛋白质、糖蛋白和蛋白聚糖。Ramos 等（1994）用二维凝胶电泳发现 2 个 PM_1 特异的蛋白质，分子量分别为 61kDa 和 66kDa。

Ramos 等（1993）用中肠和非肠 RNA 的 cDNA 制备探针，对 *S. vittatum* 基因组文库进行差异性筛选，发现 2 个在中肠上皮特异性表达的基因；通过序列分析发现，这 2 个基因分别与胰蛋白酶基因和羧肽酶基因高度相似；这 2 个基因的调节具有性别特异性，雌蚋血餐后高表达。

Renshaw 等（1994）发现，装饰短蚋（*S. ornatum*）摄食血液后激发卵黄形成（vitellogenesis），卵巢中的卵黄素（vitellin）由 2 个亚基组成，分子量分别为 200kDa 和 68kDa；当蚋被盘尾丝虫微丝蚴寄生后，卵黄素的合成量急剧下降。Renshaw 等（1994）证实装饰短蚋（*S. ornatum*）的卵黄蛋白原（vitellogenin）由脂肪体合成，分泌进入血淋巴；卵黄蛋白原也由 2 个亚基构成，大小与卵黄素的亚基相近。

S. damnosum s.l. 不同细胞种和种群，对 *O. volvulus* 特别是其不同株（如草原株和森林株）的易感性不同。蚋类在盘尾丝虫传播能力上的差异，其机制尚不清楚。在蚋类受到丝虫感染而诱导的体液免疫反应中，丝氨酸蛋白酶类起关键的调节作用。Hagen 等（1995）报道，用 *O. ochengi* 感染 *S. damnosum* s.l. 后，用差异显示反转录 PCR（differential display reverse transcription PCR，DDRT-PCR）发现，蚋体被诱导产生丝氨酸蛋白酶。

3. 宿主鉴定

了解吸血昆虫的吸血习性和宿主特异性（host-preference），对于昆虫防制及疾病传播的研究极其重要。传统的宿主特异性研究方法，是直接从动物诱饵身上采集饱血的蚋类，潜在的诱饵动物由研究者主观选择，因而研究结果依赖于研究者的选择。

Sasaki 等（1986）首次用 ELISA 鉴定蚋类的血餐来源。蚋类采自北海道知床国家公园，利用抗血清进行 ELISA（enzyme linked immunosorbent assay，酶联免疫吸附试验），发现 *Distosimulium daisetsense* 吸食人、梅花鹿和鸡的血液，*Twinnia canivora* 和 *S. japonicum* 吸食人和梅花鹿的血液，*S. nukabirana* 吸食人和棕熊的血液，*S. rufibasis* 吸食人和贝德福特红背田鼠的血液。Simmons 等（1989）野外采集蚋类（杀虫剂及车载法），用血清学方法（毛细管沉淀法）鉴定捕获的蚋类的血餐来源。Hunter 等（1991）用诱饵动物诱捕蚋类，用 ELISA 方法鉴定血餐来源。

Boakye 等（1999）用 PCR-HDA 法鉴定 *S. damnosum* s.l. 吸血宿主种类。设计可特异性扩增脊椎动物（包括哺乳类和鸟类）的 *cyt b* 基因序列，但不扩增昆虫的 *cyt b* 基因序列的引物，令待检测标本的 PCR 产物与不同脊椎动物的 PCR 产物形成异源双链，根据异源双链的电泳速率判断结果，证实可在吸人血的 *S. damnosum* 中检出人 *cyt b* 基因。

Malmqvist 等（2004）用引物 L14841 和 H15149 扩增（PCR）*cytb* 基因的部分序列，测序后用 BLAST 与 GenBank 中的序列比对，鉴定血餐来源［引物 L14841 和 H15149 为 Kocher（1989）设计，用来特异性扩增脊椎动物 *cyt b* 基因］。据 Malmqvist 等（2004）报道，在瑞典北部采集的 200 只饱血雌蚋（包括17个蚋种），经鉴定血餐来源有25个脊椎动物物种。根据研究结果，发现2个模式：①可将蚋类分成嗜哺乳类（mammalophilic）和嗜鸟类（ornithiphilic）两大类。②多数蚋类偏好大型宿主。该项研究还证实了之前（Crosskey，1990）的一个假说：雌蚋爪的形状可反映宿主类别，嗜哺乳类蚋种的爪简单，而嗜鸟类蚋种的爪是分叉的（bifid），利于在羽毛中行动。

Imura等（2010）根据鸟类*cyt b*基因序列高度保守区设计引物，用巢式PCR扩增，产物直接测序后进行BLAST比对，结果证实3种蚋吸食日本岩雷鸟血液，很可能是*L.lovati*的媒介。

（四）蚋类传播病原体的分子生物学研究

迄今已知由蚋类传播的病原体有30余种，主要包括线虫和原虫两大类，线虫包括盘尾丝虫属（*Onchocerca*）、曼森丝虫属（*Mansonella*）、灿丝虫属（*Splendidofilaria*）和恶丝虫属（*Dirofilaria*），该4属均属盘尾丝虫科（Onchocercidae）；原虫包括住白细胞虫属（*Leucocytozoon*）和锥虫属（*Trypanosoma*）。

蚋类传播病原体的检测，包括在中间宿主（蚋）和终宿主（比如人、牛和鸭）中的检测。检测线虫和原虫的传统方法都是在显微镜下进行形态学检查，从1990年开始过渡到用分子生物学方法来检测，迄今已有盘尾丝虫、住白细胞虫和锥虫方面的报道。

对于蚋类传播的线虫，在终宿主中找到成虫后可以镜检鉴定，但在中间宿主中为其幼期，往往无法仅凭形态学特征准确鉴定。PCR方法出现后，很快在盘尾丝虫的鉴定上得到应用，在中间宿主和终宿主中均可准确鉴定。该法针对盘尾丝虫属特异的一种重复DNA序列（O-150），以其PCR产物与种特异DNA探针进行Southern杂交，以鉴定出种。这种方法，适于大规模的筛查。

现已有报道用PCR方法检测终宿主体内的曼森线虫和恶丝虫。如Tang等（2010）利用巢式PCR扩增rDNA ITS区，鉴别患者体内发现的曼森线虫；Vera等（2011）利用rDNA ITS区序列来鉴定欧氏曼森线虫；Michalski等（2010）用PCR方法扩增*5S rDNA*基因并测序，根据所得序列鉴定黑熊体内的恶丝虫为*D.ursi*。

1. 盘尾丝虫的分子鉴定

在非洲，恶蚋复组的成员是盘尾丝虫的媒介。对非洲盘尾丝虫病的流行病学、临床、昆虫学及血清学的研究表明，森林和草原地区的*O. volvulus*属于不同的型。在草原生境发生的盘尾丝虫病可致盲，但在森林生境出现的盘尾丝虫病很少致盲，提示存在2种致病性不同的盘尾丝虫，但用形态学指标不能鉴定这2种类型的盘尾丝虫。在蚋（恶蚋）中检测盘尾丝虫，通常采用直接解剖蚋体的方法，但即使发现了盘尾丝虫幼虫，也很难鉴定种类。而盘尾丝虫病的诊断，通常通过检查是否存在皮下结节，或者体外培养皮肤切片，看是否有微丝蚴逸出。但很多皮下结节不明显，有时皮肤切片法也无法检测到感染。使用血清学方法也存在问题，当时使用的是从其他线虫分离的抗原，这使得在具有多种蠕虫感染的疫区价值有限。Perler等（1986）利用*O.volvulus*的基因组文库进行筛选，得到2个重复DNA序列家族（pOV_8和pOV_{26}），其中，pOV_8在整个丝虫总科（Filarioidea）中均存在，而pOV_{26}只存在于盘尾丝虫属（*Onchocerca*）中。pOV_{26}的大小为2.6kb，每个基因组中至少有100个拷贝，可能是散在重复序列。以pOV_8和pOV_{26}为探针进行RFLP分析，可将*O. volvulus*与其他丝虫区分开来。

Erttmann 等（1987）从基因组文库中筛选到一个对森林型 *O. volvulus* 特异的克隆（pFS-1），该序列长 153bp，本身不含正向或反向重复序列。同年，Shah 等筛选到 4 种盘尾丝虫属特异的高度重复序列（$puOvs_1$、$puOvs_2$、$puOvs_3$ 和 $puOvs_4$）；$puOvs_3$ 为串联重复序列，在单倍基因组中有 1500~3000 个拷贝；对 $puOvs_3$ 进行序列分析表明，$puOvs_3$ 长 297bp，由长度分别为 148bp 和 149bp 的 2 个 Rsa Ⅰ串联重复序列构成。

Meredith 等（1989）从基因组文库中筛选到 *O. volvulus* 特异的 DNA 序列（$pOvs_{134}$）；$pOvs_{134}$ 为高度重复序列，测序表明其由 12 个 149bp 的串联重复序列构成；在单倍基因组中，149bp 序列的拷贝数约为 4500 个；$pOvs_{134}$ 的序列与 Shah 等报道的 puOv、Erttmann 等报道的 pFS-1 相似。同年，Harnett 等筛选到 *O. volvulus* 特异的另一个 DNA 探针（C1A1-2）。

1990 年，Erttmann 筛选到对草原型 *O. volvulus* 特异的 DNA 探针（pSS-1BT）。

在上述 DNA 探针中，C1A1-2、$pOvs_{134}$、pFS-1 和 pSS-1BT 均属于同一个串联重复序列家族的成员（此后，该家族常被称作 O-150 家族，引物重复单位为 150bp），在单倍基因组中大约有 4000 个拷贝。Meredith 等（1991）在 150bp 家族的保守区段内设计通用引物，用 PCR 方法扩增 O-150 重复序列，然后用种特异探针（pOvs134）或株特异探针（pFS-1 和 pSS-1BT）与 PCR 产物进行 Southern 杂交，从而鉴定 *O.volvulus* 是草原型还是森林型。

Meredith 等（1991）开发的对 *O. volvulus* 进行阳性鉴定迅速在西非的盘尾丝虫病控制项目（Onchocerciasis Control Programme，OCP）中得到大规模应用，用来对 OCP 控制区内全部 11 个国家采集的盘尾丝虫进行分类。此时的 PCR 检测方法需要解剖蚋体来鉴定蚋种，要耗费大量的人力物力。1995 年，Katholi 等开发了不用解剖蚋体而可直接检测 *O. volvulus* 的方法，适于 OCP 的大规模调查。但这仍然存在问题：在西非，有一种寄生于牛的盘尾丝虫（*O. ochengi*）与 *O. volvulus* 同域分布，并且都由相同的蚋类传播。由于 O-150 是盘尾丝虫属物种都具有的重复序列家族，如果同一个样品中即存在 *O. ochengi* 又存在 *O. volvulus*，在 O-150 PCR 中，*O. ochengi* 的 DNA 可作为底物，与 *O. volvulus* 的 DNA 产生竞争。在 *O. volvulus* 稀少的地区，这种竞争会使在含大量被 *O. ochengi* 感染的蚋池（若干只蚋为一个蚋池，提取 DNA 或 PCR 时作为一个样品处理）中检出 *O. volvulus* 的能力下降。因此，Merriweather 等（1996）设计了一种能在具有 *O. ochengi* DNA 背景下优先检出 *O. volvulus* DNA 的方法。该法的核心是更具特异性的引物，能够从 *O. volvulus* 中扩增出 O-150 家族，但不扩增 *O. ochengi* 中的 O-150 家族。Oskam 等（1996）报道利用 *O. volvulus* 特异的引物，直接根据扩增条带的有无，判断在蚋池中是否有 *O. volvulus* 的感染。该法可在以 80 只蚋为单位的蚋池中检出 1 条微丝蚴的感染，适于感染率低的地区。

Fischer 等（1997）用 O-150 PCR 扩增乌干达蚋类解剖出来的丝虫的 DNA，PCR 产物与分别对 *O.volvulus* 和 *O. ochengi* 特异的 DNA 探针杂交，发现在传播 *O. volvulus* 的蚋种中，同时也传播 *O. ochengi* 的极少，这意味着在乌干达，根据 O-150 PCR 结果是否为阳性，即能确定蚋是否感染 *O. volvulus*（因为无 *O. ochengi* 干扰）。

在多哥和喀麦隆，传播 *O.volvulus* 的 *S. damnosum* s.l. 也可传播 *O. ochengi*。Wahl 等（1998）对 2 种盘尾丝虫感染期幼虫（L3）的形态学差异进行研究，并用 O-150 探针来证实形态学研究的可靠性。

Davies 等（1998）证实，用 PCR 法，不经过杂交，直接根据扩增结果判断，可用于野外采

集的 *S. ochraceum* 池中 *O. volvulus* 的检测。

Yamèogo 等（1999）证明用解剖法或 PCR（需探针杂交）分别检测野外采集的 *S. damnosum* 中 *O. volvulus* 的感染率，所得结果没有区别，说明 PCR 法可用于 *O. volvulus* 感染的流行病学监测。

Rodríguez-Pérez 等（1999）证实用 PCR/SB 进行蚋池检测，可替代传统的蚋类解剖法，用于 *O. volvulus* 的媒介检测。

Guevara 等（2003）成功利用池筛查 PCR-ELISA 法（O-150 PCR 产物与标记荧光素的 Ovs_2 杂交）对厄瓜多尔 2 种蚋（*S. exiguum* 和 *S. quadrivittatum*）感染 *O. volvulus* 的情况进行评估。

Rodríguez-Pérez 等（2004）报道用 PCR-ELISA 监控大规模依维菌素（ivermectin）治疗前后，在蚋类媒介中 *O. volvulus* 的感染情况。

Kutin 等（2004）报道在研究加纳 *S. sanctipauli* 的媒介效能（vector efficiency）时，用 O-150 PCR/DNA 探针杂交法来鉴定 *O. volvulus*。

Ramírez-Ramírez 等（2006）用 PCR/DNA 探针杂交法研究分离自墨西哥瓦哈卡州和恰帕斯州的 *O. volvulus*，发现 2 个州的 *O. volvulus* 的 O-150 重复序列家族具有差异。

Rodríguez-Pérez 等（2006）利用 PCR/ELISA 法（探针为 Ovs_2）对墨西哥 *O. volvulus* 传播进行大规模的流行病学评估。

Marchon-Silva 等（2007）用 O-150 PCR 对巴西蚋类媒介感染 *O. volvulus* 的情况进行池筛查。

Gonzalez 等（2009）用 O-150 PCR/ 探针杂交法，检测危地马拉盘尾丝虫病疫区中蚋池感染 *O. volvulus* 的情况。

Diawara 等（2009）在马里和塞内加尔盘尾丝虫病疫区进行大规模的依维菌素治疗后，用 O-150 PCR/DNA 探针杂交（Ovs_2）评估媒介蚋类感染 *O. volvulus* 的情况，在 4 个月内完成约 16 万只蚋的评估。

Gopal 等（2012）报道，利用特异性寡核苷酸来捕捉 *O. volvulus* DNA，可使池筛查 PCR 检测的蚋池大小扩大到 200 只蚋。

Traore 等（2012）报道，用 O-150 PCR/ 探针杂交法对马里和塞内加尔盘尾丝虫病疫区大规模依维菌素治疗后的昆虫学评估中，检测的蚋体数量达 492 600 只。

Rodríguez-Pérez 等（2012）报道，将 PCR-ELISA 法用于墨西哥恰帕斯南部盘尾丝虫病疫区的蚋类媒介感染盘尾丝虫情况监控中。

Fukuda 等（2010）发现，在 Oita 采集的 *S. bidentatum* 中，2% 被丝虫幼虫感染；根据形态学观察判断，至少有 2 种感染期幼虫。对 *CO* Ⅰ的分析显示，*S. bidentatum* 感染 *O. dewittei japonica* 及另一未知盘尾丝虫种，提示在因 *O. dewittei japonica* 导致的动物盘尾丝虫病中，*S. bidentatum* 在传播中起到媒介的作用。

Eisenbarth 等（2013）用 PCR 扩增从 *S. damnosum* s.l. 和非洲瘤牛盘尾丝虫结节中分离的盘尾丝虫幼虫的线粒体 12S、16S 和 *CO* Ⅰ基因，测序后进行系统发育分析，证实牛可为 *O. volvulus* 的 Siisa 型的终宿主，并揭示喀麦隆的 *O. ochengi* 可分为 2 个进化枝（clade）。

2. 蚋类与盘尾丝虫的相互作用

蚋类与盘尾丝虫相互作用方面的研究不多。

蚋类被丝虫感染时，可诱发体液免疫，至少产生四大类分子：抗菌肽、蛋白酶、原酚氧化酶 / 酚氧化酶、血淋巴凝集素。酚氧化酶（phenoloxidase，PO）是黑色素合成途径的关键酶，在昆虫对病原体的防御和识别中起重要作用。原酚氧化酶（prophenoloxidase，proPO）为酚氧化酶的前体。利用差异显示反转录 PCR 时发现，*S. damnosum* 感染盘尾丝虫后，编码原酚氧化酶的基因转录上调。

Bianco 等（1990）设计了一种对蛋白质进行活体标记（脉冲标记）的新方法，将 ^{35}S 标记的甲硫氨酸注射进蚋体中，使感染蚋体的微丝蚴蛋白质被标记。经 SDS-PAGE 及免疫沉淀实验，发现仅在 *O. lienalis* 和 *O. volvulus* 三期幼虫阶段表达的一种蛋白质，该蛋白质为酸性蛋白质，分子量为 23kDa。

在蚋类血淋巴中注射入丝氨酸蛋白酶抑制剂，可提高感染蚋类 *O.ochengi* 的存活率。

Lustigman 等（1992）克隆了 *O. volvulus* 的盘尾胱抑素（onchocystatin）基因，盘尾胱抑素为半胱氨酸蛋白酶抑制剂。Kläger 等（1998）利用重组的盘尾胱抑素进行实验，表明盘尾胱抑素可能在盘尾丝虫针对蚋类媒介免疫反应的逃避中发挥作用。

Hagen 等（2001）对微丝蚴实验感染 *S. damnosum* 后微丝蚴的数量及细胞凋亡情况进行研究，表明微丝蚴感染蚋体后，蚋类迅速杀死微丝蚴可能与血细胞的整合素样 RGD 依赖的细胞黏附机制有关。

3. 住白细胞虫的分子鉴定

迄今报道的用于蚋体中住白细胞虫鉴定的分子标记均为 *cyt b* 基因。

Hellgren 等（2004）根据 *cyt b* 基因的保守区设计引物进行巢式 PCR（nested-PCR），可同时扩增 3 属最常见的鸟类血液寄生虫：变形血原虫属（*Haemoproteus*）、疟原虫属（*Plasmodium*）、住白细胞虫属（*Leucocytozoon*）。

Adler 等（2007）用住白细胞虫特异的 *cyt b* 引物对一个濒危物种——草原松鸡阿特沃特亚种（*Tympanuchus cupido attwateri*）身上采集的蚋（*Cnephia ornithophilia*）进行 PCR 扩增，产物经 DNA 测序，所得序列在 GenBank 中用 BLAST 程序进行比对，确定该种蚋携带的病原体为住白细胞虫。

Hellgren 等在对住白细胞虫进行分子鉴定的同时，用 PCR 扩增蚋的 *CO* Ⅱ基因，以确认形态鉴定结果。

Sato 等（2007，2009）发现日本高山地区的濒危动物岩雷鸟日本亚种（*Lagopus mutus japonicus*）受到住白细胞虫（*Leucocytozoon lovati*）的高度感染，并对所感染的 *L. lovati* 的 *cyt b* 基因序列进行了分析，证实至少有 3 种蚋可被认为是将 *L. lovati* 传播给岩雷鸟的潜在媒介。

Synek 等（2013）用基于 PCR 的分子检测方法，在捷克 *Eusimulium securiforme* 池中发现 3 个住白细胞虫谱系。

（五）蚋类寄生虫和病毒的分子生物学研究

1. 寄生虫——索虫

在蚋类幼虫的寄生虫中，索虫（mermithid）的感染率是最高的，对蚋类种群数量的影响也是最大的。索虫可阻止幼虫化蛹，或在其第一个生殖营养周期（gonotrophic cycle）中杀死成虫，因此，有可能将索虫用于媒介蚋类的综合防治，索虫是值得深入研究的蚋类寄生虫。但传统的形态学方法不足以对索虫的生物学及宿主范围进行描述和分析。索虫的鉴定主要依靠成虫尾器，而索虫在蚋类幼虫中的寄生阶段为幼期，需待其从蚋体中逸出后人工饲养为成虫才能鉴定。索虫幼虫的鉴别形态非常少，在操作中很容易受损而无法鉴定。

2008 年，St-Onge 等利用 *CO* Ⅰ和 18S rRNA 基因序列的差异，用差异 PCR（discriminatory PCR）方法鉴别北美蚋类中寄生的 4 种索虫。Crainey 等（2009）从加纳的 5 条河中采集 *S. damnosum* s.l. 幼虫，对其体内获得的索虫进行形态学鉴定，然后提取索虫的 DNA，PCR 扩增 18S rDNA 并测序，结果显示 *Isomermis lairdi* 可感染恶蚋复组的不同细胞型。

2. 共生菌——沃尔巴克体

沃尔巴克体（wolbachia）是母系遗传的胞内细菌，通常存在于节肢动物或丝虫的生殖组织中，它们能够操纵宿主的性别系统（sexing system），以便加强自己的传播，可作为医学昆虫的遗传控制的潜在因素，因而受到研究和重视。

Crainey 等（2010）提取 *S. squamosum* 的 DNA，PCR 扩增沃尔巴克体的 *ftsZ* 基因，以证实是否存在沃尔巴克体；同时，用多基因座序列分型（Multi-Locus Sequence Typing，MLST）PCR 扩增，对产物克隆及测序，获得沃尔巴克体的 12 个基因和 1 个假基因的序列。Albers 等（2012）在研究 *O. volvulus* 幼虫发育与沃尔巴克体数量之间的关系时，利用实时定量 PCR（real-time PCR）检测盘尾丝虫幼虫体内的沃尔巴克体数量（利用 *ftsZ* 基因为标记），结果说明沃尔巴克体是 *O. volvulus* 胚胎发生、幼虫发育和成虫生存所必需的。

3. 病毒

虹彩病毒（iridovirus）为双链 DNA 病毒，二十面体，在宿主细胞质中组装。被虹彩病毒严重感染的宿主，由于病毒在宿主组织中形成晶体，所以使宿主呈现蓝绿色或淡紫色的虹彩。Williams 等（1993）对分离自蚋类幼虫的虹彩病毒的 DNA 进行 RFLP 分析。2013 年，Piégu 等报道对分离自蚋幼虫的一种虹彩病毒（IIV-22）的全基因组进行测序，IIV-22 基因组大小为 197.7kb，G+C 含量为 28.05%，含 167 个基因。次年 Piégu 等又报道另一种虹彩病毒（IIV-25）的基因组全序列，该基因组大小为 204.8kb，G+C 含量为 30.32%，编码 177 个蛋白质。

Green 等（2007）从 *S. ubiquitum* 中分离到一种质型多角体病毒（*cypovirus*），基因组大小约为 22.9kb，由 10 个双链 RNA 片段构成；对最小的片段克隆和测序，并与其他同类病毒进行同源性比较，说明所得病毒是质型多角体病毒属（*Cypovirus*）的一个新种。

Mead 等（2009）在研究水泡性口炎病毒通过 *S. vittatum* 传播给牛的过程中，用实时反转录聚合酶链反应（real-time PCR，RT-PCR）扩增核衣壳基因，作为判断各种组织中是否存在病毒的证据。

4. 其他寄生虫

Adler 等（2000）根据超微结构、分子生物学证据及生态学证据，证实在 *Cnephia orinthophilia* 和 *Stegopterna mutata* 中发现微孢子虫新种 *Caudospora palustris*，分子生物学证据为 *16S rRNA* 基因全序列。

旋孢子虫（*Helicosporidia*）是广泛寄生于无脊椎动物的一类病原体，但其分类地位未定，通常认为其为原虫或真菌。Tartar 等（2002）从 *S. jonesi* 中分离到旋孢子虫属（*Helicosporidium*）的一个种，分离孢囊后提取基因组 DNA，PCR 扩增 18S、28S、28S、肌动蛋白和 β 微管蛋白基因，测序后与其他阶元的序列进行系统发育分析，揭示旋孢子虫为绿藻（*Chlorophyta*）。

毛菌（*Trichomycetes*）是许多节肢动物的专性内共生肠道真菌，但仅凭形态学手段，难以鉴定物种，也难以将不同的寄生阶段联系起来。White 等（2006）扩增来自蚋类成虫的未萌芽的毛菌孢囊及蚋类卵块上附着的已萌芽的孢囊的 18S 和 28S rRNA 基因部分序列，测序后进行系统发育分析，鉴定出几种蚋类所感染的毛菌种类，并证实卵巢孢囊为钩孢毛菌生活史的一个阶段。

（六）方法学探讨

在蚋类的分子生物学研究中，有一些具有特色的方法学上的探讨。

如为了兼顾 DNA 提取及保留形态学特征，Hunter 等（2007）开发了仅需超声波处理，无需使用化学试剂的 DNA 提取方法。将蚋的幼虫、蛹或成虫浸泡在水中，经超声波处理一定时间后，水中即有 DNA，标本可作为凭证标本存放。利用所得的 DNA，用扩增 DNA 条码的引物进行验证，发现 66% 的标本可得到扩增。

Crainey 等（2010）构建了 *S. squamosum* 的细菌人工染色体（bacterial artificial chromosome，BAC）文库，显然，这主要是在为进行 *S. squamosum* 的全基因组测序做准备。所得的 BAC 文库含 1.54Gb 克隆 DNA，插入片段的平均长度为 128kb；估计 *S. squamosum* 基因组大小为 87~196Mb。该 BAC 文库中含有寄生于 *S. squamosum* 的 *Isomermis lairdi* 及内共生的沃尔巴克体的 DNA。

Rodríguez-Pérez 等（2013）将自动化 DNA 提取方法用于盘尾丝虫病疫区的昆虫监控中，提高了蚋池大小（从 50 只提高到 100 只）。

为了将馆藏标本用于分子生物学研究，Hernández-Triana 等（2014）利用伦敦自然历史博物馆的馆藏标本来探讨 PCR 扩增方法，这批标本馆藏的平均时间为 26 年。取每个标本的 2、3 条足来提取 DNA，余下部分留为凭证。利用不同引物扩增较短的重叠片段，然后拼接为长的 *CO* Ⅰ片段，发现 54% 以上的标本可扩增得 200bp 长的片段，18% 的标本可获得全长或接近全长的 DNA 条码。

（七）其他

Yang 等（1968）发现，在 *P. fuscum* 和 *S. venustum* 中，蔗糖转化酶（invertase）的活性主要在中肠，饲以人血后，雌蚋的转化酶活性急剧升高，且在至少 48h 内均维持在恒定水平。Liu 等（1972）发现，在蚋（*S. vittatum*）飞行肌线粒体中，谷草转氨酶主要定位在嵴上，内膜上较少，而外膜上缺乏。Tang 等（1996）将 ITS 序列用作研究重复序列家族的协同进化（concerted evolution）和分子驱动（molecular drive）的模型。McCall（1995）证实，*S. damnosum* s.l. 的集中产卵行为受蚋卵释放的信息素调节。Noriega 等（2002）用 SDS-PAGE 和竞争 ELISA 揭示，在 *S. vittatum* 卵母细胞发育中，卵黄蛋白原的出现与蜕皮激素水平升高相关。

Papanicolaou 等（2013）的研究，充分反映了蚋类研究已开始全面使用先进的分子生物学技术。该研究以实验室饲养的 *S. vittatum* 幼虫（倒数第二个龄期）、野外采集的 *S. vittatum* 和 *S. tribuatum*

幼虫为研究对象。从幼虫体内取出丝腺，溶解在SDS(十二烷基磺酸钠)缓冲液中(得丝腺蛋白提取物)，聚丙烯酰胺凝胶电泳后分别进行特异性染色，检测磷酸化蛋白和糖蛋白存在的情况。丝腺蛋白提取物进行二维电泳。用基质辅助激光解吸飞行时间质谱仪（matrix-assisted laser desorption ionization time-of-flight mass spectrometer，MALDI-TOF-MS）测定丝蛋白序列。用焦磷酸测序法(pyrosequencing)获得整个身体的，包括所有生活史阶段的转录组（transcriptome）；焦磷酸测序法是一种高通量测序技术或称下一代测序技术（next generation sequencing，NGS）。比较结合质谱法获得的蛋白质数据和转录组数据，根据共有序列设计引物，通过 cDNA 末端快速扩增技术（rapid amplification of cDNA ends，RACE）获得全长 cDNA。该项研究综合运用了生化、蛋白组、下一代测序和生物信息学方法，鉴定了 2 个新的丝蛋白基因。

Conflitti 等（2014）利用蚋类细胞分类学非常成熟的特点，来研究物种形成（speciation）过程。蚋类标本来自美国蒙大拿州的 5 个采集点，含有处于染色体分歧（chromosome divergence）不同阶段的同域分布的 *S. arcticum* 复组的细胞种、细胞型及 1 个早期形态种，DNA 标记包括 11 个微卫星及 *CO* Ⅰ、*CO* Ⅱ、*cyt b* 和 ND_4 基因。

十、医学重要性

蚋类是医学昆虫中的重要类群之一，与医学关系密切。凡是吸血蚋种多和医学有关，轻者通过侵袭骚扰、刺叮吸血降低宿主体力，影响正常生活，造成经济损失；重者作为包括盘尾丝虫病等多种病原体的传播媒介，严重危害人类和禽畜的健康和安全。

（一）骚扰吸血，危害人畜

蚋类的直接危害是骚扰吸血，危害人畜。对人体的大量侵袭，会引发蚋病（simuliosis）。所谓蚋病，是指被雌蚋刺叮产生的皮肤反应。蚋虫虽小，刺叮吸血却很凶猛，对在林区、山地、草原等地进行户外作业或训练的人群造成极大的威胁。人畜被刺叮初时不觉疼痛，刺叮后会出现小血点，产生红斑、水疱样皮疹、化脓性病变、坏死性病变。有报道称部分被刺叮患者会出现强烈的过敏性反应，易继发感染淋巴结炎或淋巴管炎，过敏性休克，有时还会并发"蚋热病"（blackfly fever）。美国曾报道一种甄氏纳 *Simulium jenningsi* 可引起过敏性哮喘。

蚋类刺叮特别是群聚刺叮，对家畜的危害尤为严重，轻者引发变态反应，造成肉产量和乳产量的降低，导致经济损失；重者可致牲畜于死地。最典型的例子是18世纪时居住在多瑙河流域的牧民，每年都有大批牲畜因蚋类刺叮而致死。为了避免蚋害，保护牲畜，不得不养成了季节性外迁的习惯。据 Ciurea 和 Dinuflescu（1923）的报道，仅罗马尼亚一年因蚋类刺叮而致死的家畜有 16 474 头，致死的牲畜有皮下出血和胶样浸润，肺部充血、肿胀，内脏出现点状溢血，伴有呼吸困难，重者 6~12h 后即死亡。迄今，在加拿大、罗马尼亚等国家的若干地区，蚋类活动仍十分猖獗，有时大家畜死亡以千万计。在美洲的密西西比河流域，常有马、牛、驴等大家畜在被蚋类刺叮后几个小时内即死亡的报道，后来由于采取了有效的防制措施，才逐渐改变了这一局面。在我国，蚋类的吸血骚扰也造成了极大的危害。据中国人民解放军军事医学科学院（1988）对黑龙江省乌苏里江沿岸等地区的调查，蚋类对当地人畜刺叮骚扰仅次于蚊类和蠓类，严重干扰值班战士和户外作业人员的正常生活。此外，在辽宁省西部凌原县和东部山区林场，都曾发生大量蚋类刺叮野外作业的人群，酿成了严重的疫情发生（孙悦欣，1994）。

（二）作为人类和禽畜多种疾病的传播媒介

1. 人盘尾丝虫病

盘尾丝虫病（onchocerciasis）的病原体是盘尾丝虫（*Onchocerca*），在非洲是旋盘尾丝虫（*Onchocerca volvulus* Lauckart，1893），在美洲则是盲盘尾丝虫（*O. caocutieus*），蚋类是其唯

一的中间宿主和传播媒介。本病严重时可引起双目失明，故又称河盲症，在美洲也称 Robies 病。旋盘尾丝虫寄生于人体皮下组织的纤维结构中，通常雌雄成对或数条扭结成团，寿命可达 10 余年，估计 1 年可产微丝蚴数百万条，出现于结缔组织和淋巴管内。当雌蚋吮吸患者血液时，微丝蚴即随组织液被吸入虫体，穿过胃壁而侵入胸肌，经 2 次脱皮后发育成体长约 550μm 的感染期幼虫，并移行至喙的下唇。当这种带有感染期幼虫的雌蚋再叮人吸血时，感染期幼虫即逸出侵入人的皮肤使之感染。旋盘尾丝虫在蚋体的潜伏期为 6~15 天，因气温的高低而异。旋盘尾丝虫的成虫和微丝蚴对人体均有致病作用，但前者病情较轻，后者较重。患者出现极度痛痒和“苔藓化”，皮下开裂以及皮下结节等。微丝蚴可侵入人体各部皮层和皮下淋巴，致使各种皮肤损伤和淋巴结病变，也可侵入眼部而导致失明。

盘尾丝虫病广布于非洲、拉丁美洲和亚洲西部的南、北也门。据世界卫生组织（World Health Organization, WHO）报道，本病涉及 34 个国家，其中热带非洲占 26 个国家，在超过 2.93 亿的总人口中，直接受威胁者约 7800 万人，实际受感染者达 1700 万人，其中致盲者 326 000 人；在拉丁美洲的巴西、哥伦比亚、厄瓜多尔、危地马拉、墨西哥和委内瑞拉 6 个国家，在 1.65 亿的总人口中，直接受威胁者 500 万人，实际受感染者 97 000 人，其中致盲者 1400 人。在上述流行区内，尤以西非的沃尔特流域最为严重，受害人数超过百万，感染率达 70%~80%，至少有 10 万人双目失明。在拉丁美洲巴西的某一地区的感染率竟高达 91.7%，严重威胁着当地居民的身体健康，制约着当地的经济和社会发展，因而引起了世界卫生组织和世界银行等国际机构的高度重视，曾出资 8000 万美元帮助这些国家开展了声势浩大的灭蚋运动。

旋盘尾丝虫在蚋体内从微丝蚴发育成感染期幼虫约需 6.5 天，而媒介蚋完成一个生殖营养周期至少需 2 天。因此，必须具备产 2~3 次卵的雌蚋才可能成为媒介。本病的媒介，在非洲和西亚是恶蚋复组的某些成员，如传播致盲型的平原种恶蚋（*S. damnosum*）、沙巴蚋（*S. sirbanum*）和鳞蚋（*S. squamosum*）等，以及传播轻型的森林种，如 *S. sanctipauli*。在东非和中非的传播媒介则是蟹蚋（*S.neavei*），而在拉丁美洲已知媒介有 12 种，包括淡黄蚋（*S. ochraceum*）、金蚋（*S. metallicum*）、亚马逊蚋（*S. amazonicum*）、阿根廷蚋（*S. argentiscutum*）、血红蚋（*S. sanguineum*）和四带蚋（*S. quadrivittatum*）等。但是各国的媒介蚋种不尽相同，如危地马拉主要媒介是淡黄蚋，而委内瑞拉北部的主要媒介则是金蚋。

2. 家畜盘尾丝虫病

某些大型家畜，水牛、黄牛、马和羊等，也可寄生盘尾丝虫。马盘尾丝虫病是颈盘尾丝虫（*O.cervicalis*）和网状盘尾丝虫（*O. reticulata*）引起的。牛和羊盘尾丝虫病是由牛盘尾丝虫（*O. gutturosa*）引起的，在欧洲广为流行。在英国已证实其主要媒介是装饰短蚋（*S. ornatum*），被感染的牲畜主要表现为胃口低下、消瘦疲乏、步态蹒跚、喜卧躺，重症患畜发音嘶哑、呼吸困难、口鼻腔分泌液泡，因液泡堵塞气管和支气管而窒息致死。通常在被叮咬感染后 6~12 个月后开始大量死亡。

3. 欧氏曼森线虫病

欧氏曼森线虫（*Mansonella ozzardi* Manson，1891），是分布于拉丁美洲和西印度群岛的一种人寄生线虫。在委内瑞拉的一些地区相当流行，多在 0~9 岁感染，50 岁以上的几乎全部感染，约占总人口的 80%，主要传播媒介是珊氏蚋（*S. sanchezi* Ramfrez，1982），实验和自然感染微丝蚴后，在蚋体内发育同步，当温度为 23~27℃时，在 7~8 天达到第三期蚴。此外，亚马逊蚋和血红蚋也可传播本病。

4. 禽鸟住白细胞虫病

某些蚋种在野生鸟类和家禽传播血孢子虫，引起住白细胞虫病（Leucocytozoonsis），造成大批禽鸟死亡。如美国东部由 *S. slossona*l Dyar and Shannon 传播火鸡住白细胞虫病；在加拿大和美国北部由 *S. ruggles* Nicholson and Mickel 传播水鸟住白细胞虫病。

在我国，已有蚋传鸡沙氏住白虫（*Leucocytozoon sabrazesi* Mathis and Leger，1910）在福建引发鸡住白细胞虫病的报道。福建全省当年各地的鸡场都有不同程度的感染，感染率达 50%~100%，童鸡死亡率也达 50%，媒介蚋种拟是后宽绳蚋［*S.*（*G.*）*metatarsale* Brunetti，1911］。通常 3 月初发，5~6 月份达高峰，7~9 月份停止，11~12 月份达第二高峰，翌年 1~2 月份病又停止（林宇光，1979），主要症状表现为普遍贫血、鸡冠明显苍白，消瘦乏力，行动困难，翅膀下垂，精神不振。病鸡不但食欲不振，而且伴有拉绿色恶臭稀粪便（赵辉元，1996）。

5. 水疱性口炎

水疱性口炎（vesicular stomatitis）是一种人兽共患性疾病，病原体为水疱性病毒新泽西血清型（vesicular stomatitis virus New Jersey serotype），在美国已证实系由 *S.vittatum* 经生物性传播（Francy 等，1988）。猪、牛、马、野猪、浣熊和鹿均可感染，在临床症状上极易与口蹄疫混淆，且能够感染人，被国际兽疫局（Office International des Epizooties，OIE）列为 A 类传染病。受到该病毒感染的家畜可表现为高热，舌部、蹄部可见直径数毫米至 2cm 大小的水疱，影响站立，幼仔吃奶困难。人感染此病毒后可在齿龈、手指及趾间出现透明的米粒大小的水疱，奇痒，伴有高热、恶心、头痛、肌肉酸痛等症状。

（三）蚋类的防制

目前，对蚋类的防制方法主要有物理、化学和生物防制法。物理防制方法有安装纱窗、穿防护衣、清理孳生场所；化学防制则主要采用菊酯类杀虫剂、驱避剂等交互使用；生物防制法见国外报道用苏云金杆菌和养鱼法防制河流中的蚋幼虫，取得一定的成效。据报道，在多地区蚋类分布调查中发现各地的蚋幼虫都有很高的索虫感染率，这表明索虫有可能成为一种生物防制剂。

在乌干达西部地区，憎蚋和洁蚋是传播盘尾丝虫病的主要媒介。乌干达成为首先试图通过媒介防制来消灭盘尾丝虫病的国家之一，1963 年开始实施针对传播媒介的防制措施，成效显著，其中 Bugoye 地区的盘尾丝虫病已经消失。

十一、研究技术

蚋类的研究技术包括了传统研究技术，如蚋类标本的采集、制作与保存和现代研究技术，如细胞遗传技术和分子生物学技术。

（一）标本采集

蚋和蚊等均为吸血昆虫，雌虫多数种类刺吸人和禽兽血液，雄虫不吸血，常在植物花草上刺吸汁液。因此，进行蚋的成虫采集时，具体方法类似于成蚊的采集，如人帐诱法、人诱法、挥网法、灯光诱捕法及二氧化碳诱捕法等。

蚋幼虫和蛹的采集：蚋幼虫孳生在水中，常附着于流水处的枝叶、草茎及石块上，所以在采集时，需要到溪流中仔细检查这些物体。发现幼虫（最好是成熟幼虫）和蛹后，可用细镊子将其挑下或剪取附有幼虫和蛹的枝、叶，直接投入 75% 的酒精中保存，或将采到的成熟蛹放入内有湿滤纸或湿棉花的指形管或平皿内饲养，如此羽化的成虫展翅后，与所孵化的蛹皮标本编为同一个编号，作为一套完整的标本，写明标签，成虫用干藏法保存，而蛹皮装入 75% 的酒精保存。

（二）标本保存

采集的蚋成虫一般多采用氯仿麻死；幼虫和蛹，可用温水或沸水烫死，或直接投入保存液内杀死。保存的方法有干藏法和液藏法两种。

1. 干藏法

蚋的成虫保存通常采用干藏法，就是把蚋用针插置于标本盒中或玻璃管中，或直接将标本移置于小玻璃管中保存。干藏标本，必须等待标本完全干燥后才能保存。饱血后的蚋，最好留待其血食消化后再杀死保存。

干藏标本保存时应特别注意防潮、防霉、防尘，及避免甲虫的幼虫、螨或蚂蚁对标本的侵蚀。通常将标本插置于密闭的木制标本盒内，标本盒的材质最好使用樟木，忌用纸质或铁质材料。在储藏干藏标本前，须在标本盒的内壁及各角上涂上干藏标本除害液，待干燥后再插入标本，这样既可杀灭盒内已长出的霉菌或侵入的害虫，又可免除以后盒内霉菌的生长及害虫的侵袭。另外，较简易的驱除害虫法，可于纱布小口袋中装些骈苯（naphthalene），或用小球瓶内注入些许木馏油（creosote），或用脱脂棉花球浸透木馏油或石炭酸后，插置于标本盒角处。如果发现标本中已有害虫侵袭，可于盒的底面上注加适量的四氯化碳或二硫化碳，并将盒盖盖紧以熏死害虫。

此外，具有软木塞的玻璃管也可作为干藏标本管使用。将标本直接插置于木塞的内端，待标本充分干燥后，将附有标本的木塞塞入管内。也可将标本先插置于软木片上，软木片再固定于木塞内端的一侧，待标本充分干燥后，将木塞连同插有标本的软木片塞入管内。采用玻璃管干藏方法，同样须防止管内长霉菌或害虫侵入，可在软木塞的内端插置一个浸吸石碳酸或木馏油的棉花球，或将软木塞的一侧切割一小沟，嵌入滴加石炭酸或木馏油的棉花。

除针插干藏标本外，也可将标本干燥后移置于小玻璃管内保存。选用尖细的镊子轻钳蚋标本逐个移入标本管中，用软木塞塞紧。在软木的内端，插入一个浸吸石碳酸的棉花球。然后将这种玻璃管底放入装有骈苯的小袋，袋内置棉花一小块，棉花上再铺衬一小块白纸。如果标本不够干燥，或在潮湿的季节，可于小玻璃管口塞以加过数滴石炭酸的棉花。

为保持标本的干燥，防止霉烂，便于长久的存放，可将上述干藏标本，集中置放在干燥器内，或者存放于装有生石灰的盒或罐内。在放置标本前，须在这些容器内放入如前所述驱除害虫的药剂。如遇有害虫侵袭，可于罐内或箱内滴注四氯化碳或二硫化碳熏杀之。保存时，应将同一地区同一场所采集的标本放置于同一标本管或标本盒内，并附以标签注明采集的地点、场所和日期。

2. 液藏法

蚋的卵、幼虫和蛹通常采用液藏法。液藏法最常用的保存液是 75% 酒精溶液。将蚋的卵、幼虫和蛹杀死后移入这种酒精溶液内即可。对于体较柔软的幼虫、蛹等可杀死后移置于麦氏液（Mac Gregor's solution）或奥氏液内保存。液藏标本的瓶口须塞紧，可用蜡封口。

蚋的成虫或幼虫，如果须留作切片，应采取液藏方法，可保存于 75% 酒精溶液中。但最好于杀死后立即将其浸入昆虫固定液中，过夜后再移入 70% 酒精溶液中保存。需要强调的是，若固定蚋的目的是为以后制作切片，则固定液中不应含有乙醛，因乙醛可使虫体的几丁质变硬而不利于切片的制作。

（三）标本制作

蚋的标本制作可采用针插法和玻片法。

1. 针插法

针插法，是指采用昆虫针或三角针尖固定昆虫，然后插置于木盒或玻璃管中的制作方法。蚋体型较小，应选用细而短的针。一般来说，针主要从蚋的胸部插入，然后将插入蚋胸部的针再直接插在木盒中，或管口的软木塞上，或玻璃管内的软木片上。准备一张小纸片，其上标注标本的名称、采集场所与日期。依据附有标本的针的长短，或直接将纸片穿插附有标本的同一针上；或另取一长针穿入标注纸片，并将该长针插入附有该标注标本的细短针所插入的软木片或塑料片的一端。亦可将蚋用黏剂如树胶或虫胶溶化后的胶水，或塑料、有机玻璃所溶化的黏剂等黏附于硬纸片做成的三角尖的尖端上，然后在三角尖的基部宽阔处插入一长针而插置于盒内或玻璃管内。

应于杀死后立即制成针插标本。如果蚋死亡时间过长，虫体会干燥变硬，针插时极易毁坏虫体。故针插死亡变硬的虫体前，应先将其软化。取一块培养皿，在皿底铺一层湿棉花，棉花上再盖一层滤纸，使之受潮，然后将干硬的蚋置放在滤纸上，盖好皿盖。经过数小时或过夜后，虫体即可变软。

对于干硬后不宜针插的蚋，可用胶水或黏剂黏附于硬纸片做成的三角尖上以制作标本。

2. 玻片法

玻片法是将昆虫封制于玻片上。玻片法适合于制作蚋的卵、幼虫、蛹、若虫和成虫。用玻片制成的标本，便于在显微镜下观察虫体的细微结构。操作步骤如下。

1）成蚋玻片标本制作

（1）成虫外形特征的观察记录：触角、额、颜、中胸盾片、足、平衡棒和腹部的颜色及斑纹、造形、毛的形状及颜色等。

（2）割翅：新鲜标本用70%酒精或水浸泡约1h，干标本回软，再用70%酒精或水浸泡6h以上，在解剖镜下用解剖针将成虫的两侧翅割掉，然后把割下的翅放入已准备好的放一小滴树胶酚的载玻片上，并将翅展平。

（3）腐蚀：成虫割翅后，用蒸馏水洗净，而后将其放入5%~10%氢氧化钾或氢氧化钠等碱性溶液中腐蚀约4h。时间的长短以腐蚀溶解掉虫体内部的柔软组织，使标本清晰可见而定。另外，可将盛有标本的腐蚀液放在温箱内，加快标本的腐蚀过程。解剖镜下雌、雄虫生殖器官各部清晰可见即可。

（4）清洗：将腐蚀好的成虫用蒸馏水清洗3次，每次浸泡15min。

（5）制片：在上述放翅的载玻片上，在翅的附近放1滴蒸馏水，然后将洗净的成虫放到水滴中央，用解剖针将虫体分成头、胸、腹3个部分，并将各部特征（特别是前足、中足、后足）展示清楚。雌虫须将食窦甲拉出。雄虫生殖器需将生殖腹板的侧面和端面观描绘成图，再恢复以腹面观形式出现。

（6）脱水及透明：依次滴加1~2滴70%、80%、90%、95%酒精溶液（或无水酒精）和二甲苯，以使标本脱水及透明。

（7）封片：待制成标本1~2天后稍干，使标本固定后再加适量中性树胶并加盖玻片封片，以制成永久玻片。

（8）贴标签：与所孵化的蛹皮标本编为同一个编号，贴上标签，放入玻片标本盒内保存。

2）蛹玻片标本制作

（1）解剖：将保存的蛹从75%酒精中用镊子取出，放在一张玻片上，滴上1~2滴蒸馏水。在解剖镜下用解剖针将蛹茧和蛹体分开，蛹茧平铺于载玻片上。

（2）腐蚀：将蛹体放入5%~10%氢氧化钾或氢氧化钠等碱性溶液中腐蚀约2h。

（3）清洗：将腐蚀好的蛹体用蒸馏水清洗2~3次，每次浸泡10~15min。

（4）制片：用镊子将洗净的蛹体从蒸馏水中取出，放在有蛹茧的载玻片上，滴上1~2滴蒸馏水。在解剖镜下先用解剖针挤掉体内已消化的组织，再割下头部和胸腹部，并平整各部分特征使之充分暴露。

（5）脱水及透明：在上述制好的玻片标本中依次滴加1~2滴70%、80%、90%、95%酒精溶液（或无水酒精）和二甲苯，以使标本脱水及透明。

（6）封片：最后将制好的玻片标本放于阴暗处自然干燥或用60~70℃烘箱烘干，加适量中性树胶并用盖玻片封片，以制成永久玻片。

（7）贴标签：在制好的玻片标本上贴上标签，放入玻片标本盒内保存。

3）幼虫玻片标本制作

（1）割肛鳃：自保存液中取出幼虫标本，在解剖镜下用解剖针将幼虫第 8 腹节背面中部的肛鳃割下，置于载玻片上并做好形态记录。若为成熟幼虫，需在解剖镜下用解剖针将其中胸两侧鳃斑剖离，于载玻片上展平鳃斑中的呼吸丝并做好形态记录。

（2）腐蚀：余下幼虫标本用蒸馏水洗净 1~2 次，而后将其放入 5%~10% 氢氧化钾或氢氧化钠等碱性溶液中腐蚀约 2h。时间的长短以腐蚀溶解掉虫体内部的柔软组织，使标本清晰可见而定。另外，可将盛有标本的腐蚀液放在温箱内，加快标本的腐蚀过程。

（3）清洗：将腐蚀好的幼虫用蒸馏水清洗 2~3 次，每次浸泡 10~15min。

（4）制片：用镊子将洗净的幼虫从蒸馏水中取出，放在有肛鳃的载玻片上，滴上 1~2 滴蒸馏水。在解剖镜下用解剖针割下头部和尾部。将幼虫头部从侧面剖开，然后把头壳及头部附件（特别是头斑、触角、上颚、头扇）展开，直到看清各部特征为止。而胸腹部用解剖针挤掉体内已消化的组织，摆平整并把尾部特征充分暴露。

（5）脱水及透明：在上述制好的玻片标本中依次滴加 1~2 滴 70%、80%、90%、95% 酒精溶液（或无水酒精）和二甲苯，以使标本脱水及透明。

（6）封片：最后将制好的玻片标本放于阴暗处自然干燥或用 60~70℃烘箱烘干，加适量中性树胶并用盖玻片封片，以制成永久玻片。

（7）贴标签：在制好的玻片标本上贴上标签，放入玻片标本盒内保存。

在制片过程中，应尽量避免坚硬物体与虫体直接接触及标本的移动，以免损伤虫体。标本制成后，贴上标签，标注采集地点和采集时间，留取空白处，待鉴定后添补该昆虫的种名。

为使制作的标本更易观察，可在标本制作过程中加入透明剂。常用的标本透明剂有二甲苯、丁香油或冬青油（wintergreen oil）等。二甲苯的优点为透明力强而快，易与加拿大树胶相融合；缺点是易使标本变硬、变脆、标本收缩及变形等。丁香油和冬青油则透明较慢，且不易与加拿大树胶相融合，但是两者可使标本柔软，移动时不易破裂。

总之，除上述传统研究技术外，还需注意采集到的蚋类标本如若用于细胞遗传学研究，需将成熟幼虫标本保存在新鲜配制的 Carnoy' s 固定液（甲醇：冰醋酸＝ 3 ： 1）中，待 1~12h 后各更换 1 次新鲜配制的 Carnoy' s 固定液，并贮存于 -20℃冰箱中备用；如若用于分子生物学研究，需将采集到的成熟蛹放入内有湿滤纸或湿棉花的指形管或平皿内饲养，待其人工孵化出成虫后，按常规方法鉴别茧、蛹皮和成虫，然后再将茧、蛹皮和成虫尾器制备成玻片标本保存，成虫余部除尾器外均保存于 70% 酒精溶液中，4℃下存放，以备提取 DNA。

各 论

十二、中国蚋科分类鉴定

蚋科 Simuliidae Newman，1834

Simuliites Newman，1834，*Ent. Mag.*，2：387. 模式属：*Simulium* Latreille.

Simuliides Zetterstedl，1837.

Simuliinae Rondani，1840.

Simuliina Agassiz，1846.

Simuliidae Haliday *in* Walker，1851.

Simuliadae Haliday *in* Walker，1851.

Simulina Rondani，1856.

Simulidae Bellardi，1859.

Simuliidae Dallas，1869.

科征概述 系一类小型短足双翅昆虫。成虫略呈驼背，体色多暗褐、红棕或灰白。触角 2+7 节、2+8 节或 2+9 节，短于头部。上颚发达。触须 5 节，节 3 具一司感觉的拉氏器（感觉器）。雌虫离眼式；雄虫接眼式，上眼面大，下眼面小。无单眼。中胸盾片无“V”形缝。足短拙，前足基跗节长。后足基跗节有或无跗突，跗节 2 有或无跗沟。翅室无褶痕的网系，具强壮的前域脉，包括前缘脉（C）、亚前缘脉（Sc）和径脉（R），中脉（M_2）和肘脉（Cu_1）之间具褶痕（假脉），肘脉无柄。腹节 I 背板演化为一具长缘毛的基鳞（basal scale）。幼期孳生于流动水体的附属物上。蛹大多具半裸型茧，胸部两侧具 1 对鳃器，鳃器由形状各异、数量不等的呼吸丝排列组成。幼虫体呈圆筒状，后部膨大，头前具头扇 1 对，触角通常分 3 节并连接端感器（apical sensillum），前胸具愈合的单腹足，后腹节具肛骨和后环。气门退化，属周气门型。

蚋科隶属于双翅目（Diptera）的长角亚目（Nematocera）（有学者将其置于蚊形下目 Infraorder Culicomorpha Hennig 项下），广布全球。迄今，共记载 2154 种，其中含 12 个化石种（Adler 和 Crosskey，2014）。

现行分类系统将蚋科分为 2 个亚科，即副蚋亚科（Parasimuliinae）和蚋亚科（Simuliinae）。

副蚋亚科是一个小亚科，迄今仅发现 2 属 4 种，均分布于北美洲。其主要特征是触角 2+8 节，后足跗突和跗沟副缺。翅前缘脉域各脉具长毛而无刺；亚前缘脉和径脉 1（R_1）很短，径脉终止处短于前缘脉的 1/2，径分脉末段分叉。中脉（M_2）和肘脉间的褶痕不明显且末段不分支。雌虫上颚、下颚均无齿，雌爪具基齿，受精囊圆形。雄虫接眼式或离眼式，生殖肢端节无端刺。蛹呼吸丝 3 条，腹部背板无栉刺列，腹板无钩。幼虫后颊裂副缺，触角仅具 1 节，腹节 9 具乳突。

蚋亚科是一个大亚科，我国已发现 333 种，均隶属于这个亚科。其中，包括 24 个新种将分别在相应分类阶元项下记述。新种名录见表 12–1。

表 12–1　本书记述的新种名录

新多丝赫蚋，新种 *Helodon*（*Helodon*）*neomulticaulis* Chen（陈汉彬），sp. nov.

短领后克蚋，新种 *Metacnephia brevicollare* Chen and Zhang（陈汉彬，张春林），sp. nov.

陆氏后克蚋，新种 *Metacnephia lui* Chen and Yang（陈汉彬，杨明），sp. nov.

多丝后克蚋，新种 *Metacnephia polyfilis* Chen and Wen（陈汉彬，温小军），sp. nov.

贵阳厌蚋，新种 *Simulium*（*Boophthora*）*guiyangense* Chen，Liu and Yang（陈汉彬，刘占钰，杨明），sp. nov.

草原真蚋，新种 *Simulium*（*Eusimulium*）*lerbiferum* Chen，Yang and Xu（陈汉彬，杨明，徐旭），sp. nov.

六盘山真蚋，新种 *Simulium*（*Eusimulium*）*liupanshanense* Chen，Wang and Fan（陈汉彬，王嫣，樊卫），sp. nov.

黑带真蚋，新种 *Simulium*（*Eusimulium*）*nigrostriatum* Chen，Yang and Wang（陈汉彬，杨明，王嫣），sp. nov.

多钩纺蚋，新种 *Simulium*（*Nevermannia*）*polyhookum* Chen，Wu and Huang（陈汉彬，吴慧，黄若洋），sp. nov.

异形纺蚋，新种，*Simulium*（*Nevermannia*）*dissimilum* Chen and Lian（陈汉彬，廉国胜），sp. nov.

中突纺蚋，新种 *Simulium*（*Nevermannia*）*medianum* Chen and Jiang（陈汉彬，姜迎海），sp. nov.

秦岭纺蚋，新种 *Simulium*（*Nevermannia*）*qinlingense* Xiu and Chen（修江帆，陈汉彬），sp. nov.

锯突纺蚋，新种 *Simulium*（*Nevermannia*）*serratum* Chen，Zhang and Jiang（陈汉彬，张春林，姜迎海），sp. nov.

利川蚋，新种 *Simulium*（*Simulium*）*lichuanense* Chen，Luo and Yang（陈汉彬，罗洪斌，杨明），sp. nov.

甘肃蚋，新种 *Simulium*（*Simulium*）*gansuense* Chen，Jiang and Zhang（陈汉彬，姜迎海，张春林），sp. nov.

叶片蚋，新种 *Simulium*（*Simulium*）*foliatum* Chen，Jiang and Zhang（陈汉彬，姜迎海，张春林），sp. nov.

恩和蚋，新种 *Simulium*（*Simulium*）*enhense* Xu，Yang and Chen（徐旭，杨明，陈汉彬），sp. nov.

无茎特蚋，新种 *Simulium*（*Tetisimulium*）*atruncum* Chen，Ma and Wen（陈汉彬，马玉龙，温小军），sp. nov.

贺兰山特蚋，新种 *Simulium*（*Tetisimulium*）*helanshanense* Chen，Wang and Yang（陈汉彬，王嫣，杨明），sp. nov.

续表

菱骨特蚋，新种 *Simulium* (*Tetisimulium*) *rhomboideum* Chen，Lian and Zhang (陈汉彬，廉国胜，张春林)，sp. nov.
宽臂维蚋，新种 *Simulium* (*Wilhelmia*) *eurybrachium* Chen，Wen and Wei (陈汉彬，温小军，韦静)，sp. nov.
翼骨维蚋，新种 *Simulium* (*Wilhelmia*) *pinnatum* Chen，Zhang and Jiang (陈汉彬，张春林，姜迎海)，sp. nov.
张掖维蚋，新种 *Simulium* (*Wilhelmia*) *zhangyense* Chen，Zhang and Jiang (陈汉彬，张春林，姜迎海)，sp. nov.
二十畦克蚋，新种 *Sulcicnephia vigintistriatum* Yang and Chen (杨明，陈汉彬)，sp. nov.

蚋亚科 Simuliinae Newman，1834

特征概述 翅前缘脉、亚前缘脉、径脉具毛或兼具刺。径脉 1 终止处超过前缘脉长度的 1/2 或 3/4。径脉 2（径分脉 R_2 或 R_s）简单或分叉，如果分叉则较短。中脉（M_2）与肘脉间的褶痕明显，末段分叉。复眼位于触角两侧的头部中间。雄虫的上眼面大，下眼面小。中胸侧板具毛丛。跗突和跗沟存在或副缺。雄虫生殖肢端节具 1 至多个端刺或亚端刺，偶付缺。

蚋亚科分为原蚋族（Prosimuliini）和蚋族（Simuliini）。全世界已知 26 属 2151 种（Adler 和 Crosskey，2014）。其中，原蚋族含 6 属 138 种。蚋族含 19 属 2001 种。我国已知的 333 种分别隶属于 6 属，即原蚋族的原蚋属（*Prosimulium*）、赫蚋属（*Helodon*）、吞蚋属（*Twinnia*）和蚋族的蚋属（*Simulium*）、后克蚋属（*Metacnephia*）、畦克蚋属（*Sulcicnephia*）。原蚋属和蚋属不仅数量多而且与医学关系最为密切，涵盖了大部分嗜血或媒介蚋种。在我国，侵袭人畜的主要蚋种有毛足原蚋（*Prosimulium hirtipes*）、斑布蚋 [*Simulium* (Byssodon) *maculatum*]、爬蚋（*S. reptans*）、红色蚋（*S. rufibasis*）、黑角蚋（*S. cholodkovskii*）、双齿蚋（*S. bidentatum*）、淡足蚋（*S. malyschevi*）、马维蚋（*S. equinum*）和五条蚋（*S. quinquestriatum*）等。

中国蚋亚科分族分属检索表

雌虫

1 翅径分脉（Rs）通常分叉，其叉室长于径，前缘脉仅具毛而无刺；中胸前侧缝宽而浅，前部不完整；中胸下后侧片短；后足基跗节通常无跗突和跗沟（**原蚋族** Prosimuliini）…… 2

翅径分脉不分叉，前缘脉具毛和刺；中胸前侧缝窄而通常完整；中胸下后侧片长；后足基跗节通常具跗突和跗沟，偶不发达（**蚋族** Simuliini）……4

2（1） 触角 2+7 节；喙明显短于唇基的 1.5~2.0 倍；翅径分脉简单……**吞蚋属** *Twinnia*

触角 2+9 节；喙明显长于或约略与唇基的长度相等；径分脉末段分叉……3

3（2） 头仅稍窄于胸；触角鞭状；体色通常暗褐；生殖板纵长，内缘骨化……**原蚋属** *Prosimulium*

头明显窄于胸部的 1.3~1.4 倍；触角念珠状；体红棕色或铁锈色；生殖板短，后缘宽截，内缘仅中部骨化……………………………………………………………………**赫蚋属** *Helodon*

4（1） 触须末节明显长于节Ⅳ；后足基跗节有明显的跗突，偶副缺，跗节Ⅱ有深或浅的跗沟………………………………………………………………………………**蚋属** *Simulium*

触须末节与节Ⅳ约等长；后足基跗节无跗突或跗突不发达，跗节Ⅱ无跗沟或仅具小跗沟………5

5（4） 中胸侧膜光裸；后足基跗节无跗突，跗节Ⅱ有跗沟…………………………**畦克蚋属** *Sulcicnephia*

中胸侧膜具毛；后足基跗节无跗突或仅具小跗突，跗节Ⅱ无跗沟…**后克蚋属** *Metacnephia*

雄虫

1 翅径分脉分叉，偶简单，前缘脉具毛而无刺；中胸前侧缘宽而浅，前部不完整；中胸下后侧片宽且明显大于高；后足基跗节无跗突和跗沟（**原蚋族** Prosimuliini）……………2

翅径分脉简单，前缘脉具毛和刺；中胸前侧缝窄且通常完整；中胸下后侧片长明显大于高；后足基跗节通常具跗突和跗沟（**蚋族** Simuliini）……………………………………4

2（1） 触角 2+7 节；喙短，约为唇基的 1/2；生殖腹板板体基部侧缘具弧形凹陷……………………………………………………………………………………**吞蚋属** *Twinnia*

触角 2+9 节；喙稍长于或与唇基约等长；生殖腹板非如上述……………………………3

3（2） 体色暗黑；触角鞭状；生殖腹板横宽，蹄状，侧面观通常具明显的唇状腹中突……………………………………………………………………………**原蚋属** *Prosimulium*

体铁锈色；触角念珠状；生殖腹板较长，非蹄状，侧面观无唇状突……**赫蚋属** *Helodon*

4（1） 后足基跗节跗突发达（希蚋亚属例外），跗节Ⅱ有深或浅的跗沟………………**蚋属** *Simulium*

后足基跗节无跗突或仅具小跗突，跗节Ⅱ无跗沟或仅具小跗沟…………………………5

5（4） 中胸侧膜具毛；后足基跗节无跗突或仅具小跗突，跗节Ⅱ无跗沟；生殖肢端节圆锥状，具细短端刺……………………………………………………………**后克蚋属** *Metacnephia*

中胸侧膜光裸；后足跗节Ⅱ有跗沟；生殖肢端节靴状，具粗长端刺…… **畦克蚋属** *Sulcicnephia*

蛹

1 茧编织疏松而粗糙，偶紧密；腹部骨化；端钩特发达（**原蚋族** Prosimuliini）……………… 2

茧编织紧密或疏松；腹部除后部外通常膜质，端钩通常不发达（**蚋族** Simuliini）…………4

2（1） 呼吸丝 16 条，通常由背、侧、腹 3 条主干发出，排列为 8+4+4；腹节 3、4 背板和腹节 5~7 腹板具长刺毛而无叉钩，端钩长刺毛状……………………………**吞蚋属** *Twinnia*

无上述合并特征……………………………………………………………………………3

3（2） 呼吸丝 13~16 条或多达 100 条，如 13~16 条时，则由 3~5 个短茎发出成树状排列……………………………………………………………………………**原蚋属** *Prosimulium*

呼吸丝约 35 条，由基部分 3~5 个短茎发出，或者由 1 个短粗茎发出 100~200 条细丝…………………………………………………………………………………**赫蚋属** *Helodon*

4（1） 呼吸丝 10~150 条，呈树状分布；后腹节具发达的锚状钩，端钩长而直…………………………………………………………………………**后克蚋属** *Metacnephia*

无上述合并特征……………………………………………………………………………5

5（4）呼吸丝10~16条；端钩短；茧靴状，具长领，完全覆盖蛹体…………**畦克蚋属** *Sulcicnephia*

综合特征非如上述……………………………………………………………**蚋属** *Simulium*

幼虫

1 亚颏顶齿大，通常复合型，间有或无小齿，或明显集中向前分3组；偶无头扇（**原蚋族** Prosimuliini）……………………………………………………………………2

亚颏顶齿通常简单，不分组，或退化排列于亚颏前缘；头扇通常发达（**蚋族** Simuliini）… 4

2（1）无头扇；肛板"Y"形…………………………………………………**吞蚋属** *Twinnia*

有头扇；肛板"X"形…………………………………………………………………3

3（2）头色淡；额斑明显；亚颏中齿长于侧齿………………………………**原蚋属** *Prosimulium*

头色暗；额斑不明显；亚颏顶齿变化大………………………………………**赫蚋属** *Helodon*

4（1）亚颏前部缩小；后颊裂伸达亚颏后缘……………………………………………………5

亚颏前部不缩小；后颊裂一般未伸达亚颏后缘，如伸达，则顶齿的中、角齿突出………………………………………………………………………………………**蚋属** *Simulium*

5（4）上颚端部具简单毛；第3顶齿特别发达、粗长，至少长于梳齿；亚颏前缘平或均凹；顶齿锯齿状…………………………………………………………………**后克蚋属** *Metacnephia*

上颚端部具分裂刺毛；顶齿中度发达，与梳齿约等长；亚颏前部变窄，略呈亚三角形，前缘中部凸出，顶齿很小……………………………………………………**畦克蚋属** *Sulcicnephia*

（一）原蚋族 Tribe Prosimuliini Enderlein，1921

Prosimuliini Enderlein，1921. *Dt. Tierärzti. Washr.*，29：199. 模式属：*Prosimulium* Roubaud，1906.

Hellichiini Enderlein，1925. 模式属：*Hellichia* Enderlein.

Gymnopaidinae Rubtsov，1955. 模式属：*Gymnopais* Stone.

Helodoini [sic] Ono，1982. 模式属：*Helodon* Enderlein.

族征概述 中胸前侧缝宽而浅，前部不完整，下侧片短；后足基跗节通常无跗突，附节Ⅱ无跗沟。翅前缘脉、亚前缘脉和径脉具毛而通常无刺。径分脉通常分叉，偶简单。肘脉有时直或几乎直；触须末节通常较短，与节Ⅲ约等长。中胸侧膜通常光裸。蛹茧编织疏松而粗糙，腹部具骨化的背板、腹板和不连续的侧片，或者无明显骨化的背板、腹板，仅基部几节呈棕色。腹板有或无刺栉列。端钩粗长。幼虫偶无头扇，头斑阳性。颈片长在次后头上端的细长骨片上。上颚第3顶齿和第3梳齿发达，锯齿具波状附齿列。后颊裂很小或副缺，亚颏顶齿大，通常复合型，间有或无小齿，或明显集中向前分3组。

原蚋族共分6属（Adler和Crosskey，2014），主要分布于新热带界、新北界、古北界、大洋洲界和埃塞俄比亚界，东洋界则鲜有报道。我国已发现3属，即原蚋属（*Prosimulium*）、赫蚋属（*Helodon*）和吞蚋属（*Twinnia*），主要分布于东北区、蒙新区和藏青区。

1. 赫蚋属 Genus *Helodon* Enderlein，1921

Helodon Enderlein，1921. *Dt. Tierärzti. Washr.* 模式种：*ferrugineum* Wahlberg，1844（原始描述）.

属征概述 体通常呈铁锈色。触角 2+9 节，细长。雌额窄，偶稍宽，较窄者仅上部稍宽，额高至少大于额宽的 3 倍。中胸侧膜光裸，下后侧片具毛。翅前 3 脉（C、Sc、R）具毛、无刺，径分脉分叉。后足无跗突和跗沟。雌虫爪具钝基齿。生殖板小，端圆。受精囊较长，袋状。雄虫生殖肢端节具 2~6 个端刺，生殖腹板横宽，薄片状，后缘船底形。阳基侧突片状，无刺。中骨短，顶端窄而分叉。蛹呼吸丝 32~150 条，由 3~5 个短茎发出，或由 1 个短粗茎发出 100~200 条细丝。腹节 5~9 背板有刺栉列，端钩特大。茧覆盖蛹体。幼虫头部背面暗色或浅红褐色，上颚第 3 顶齿和第 3 梳齿粗大，缘齿通常具锯齿列。亚颏齿分 3 组，中齿发达，长于其他顶齿。后颊裂小，方形或半月形，宽大于长。

本属分 3 个亚属，即异蚋亚属（*Distosimulium* Peterson）、赫蚋亚属（*Helodon* Enderlein）和副赫蚋亚属（*Parahelodon* Peterson）。我国已发现 3 种含 1 新种：高山赫蚋（*He. alpestre*），林栖赫蚋（*He. lochmocola*）和新多丝赫蚋［*He.*（*He.*）*neomulticaulis* sp. nov.］，均隶属于赫蚋亚属。

本属分布于美洲、欧洲、远东地区、蒙古国、日本和中国。

中国赫蚋属分种检索表

雌虫①

1 额长，额顶最大宽度约为额基最小宽度的 5 倍；生殖叉突后臂无骨化侧突……**林栖赫蚋** *He. lochmocola*

额宽，额顶最大宽度仅稍大于额基最小宽度；生殖叉突后臂具 2 个骨化侧突……………………**高山赫蚋** *He. alpestre*

雄虫②

1 生殖腹板板体宽约为其高的 3 倍，后缘具弧形内凹……………………**林栖赫蚋** *He. lochmocola*

生殖腹板板体宽约为其高的 2 倍，后缘凸出……………………**高山赫蚋** *He. alpestre*

蛹

1 呼吸丝 33~37 条……………………**高山赫蚋** *He. alpestre*

呼吸丝 80 条以上……………………2

2（1）呼吸丝 80~100 条，由 3 个茎支发出……………………**林栖赫蚋** *He. lochmocola*

呼吸丝 125~130 条，由 4~6 个茎支发出……………………**新多丝赫蚋，新种** *He. neomulticaulis*

幼虫

1 后颊裂矩形……………………**高山赫蚋** *He. alpestre*

后颊裂双峰形（“M”形）……………………2

2（1）后环 95~100 排，每排具 10~23 个钩刺……………………**新多丝赫蚋，新种** *He. neomulticaulis*

后环 105~113 排，每排具 14~15 个钩刺……………………**林栖赫蚋** *He. lochmocola*

① 新多丝赫蚋［*He.*（*He.*）*neomulticaulis* sp. nov.］的雌虫尚未发现。

② 新多丝赫蚋［*He.*（*He.*）*neomulticaulis* sp. nov.］的雄虫尚未发现。

新多丝赫蚋，新种 *Helodon*（*Helodon*）*neomulticaulis* Chen（陈汉彬），sp. nov.（图 12–1）

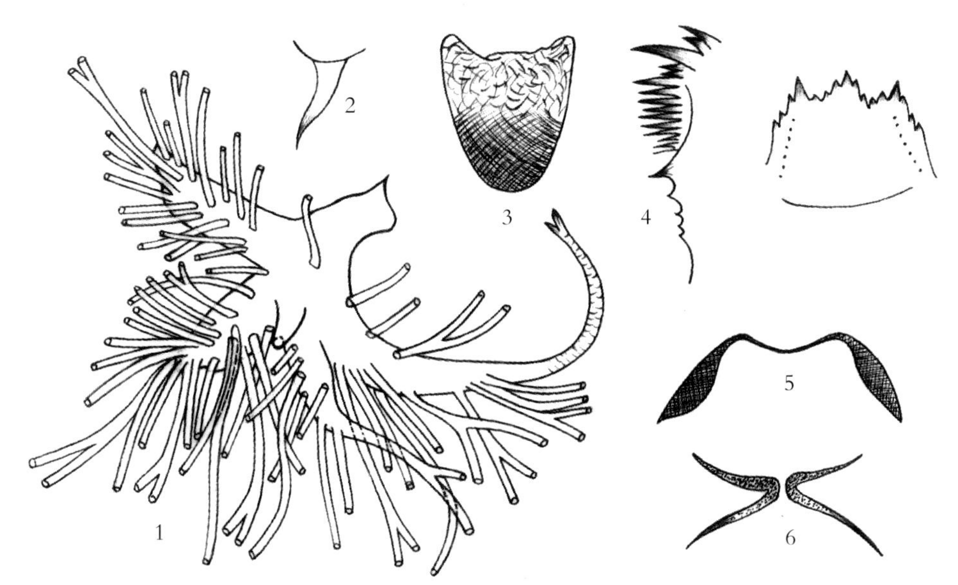

图 12–1 新多丝赫蚋，新种 ***He.*（*He.*）*neomulticaulis*** Chen，sp. nov.

1.Filaments；2.Terminal hook；3.Cocoon；4.Larval mandible；5.Larval head capsules in ventral view；6.Larval anal sclerite

鉴别要点 蛹约具 125 条呼吸丝，由 5 个茎支发出。幼虫上颚缘齿 5 个，后环约 100 排。

形态概述

雌虫 尚未发现。

雄虫 尚未发现。

蛹 体长约 5.8mm。头、胸部棕黄色，无疣突。头毛 3 对，胸毛 5 对，均简单。呼吸丝约为 125 条，由主茎分出 5 个茎支（排列为 3+1+1）。背茎支 3 支，约具 30 条丝；中茎支末端分叉，约具 55 条丝；腹茎支末端分叉，约具 40 条丝。丝简单或分 2 支。腹部各节均被暗色疣突；腹节 2 背板具 6 支简单毛；腹节 3、节 4 背板每侧具 4 个钩刺；腹节 5~9 背板具栉刺列。端钩发达呈长角状。腹节 5 腹板两侧各具 1 对亚中双叉钩刺；腹节 6~7 腹板各具 1 对远离的双叉钩刺。茧简单，前部编织疏松，具众多小孔窗。

幼虫 体长 10~11mm。体色灰白。头斑阳性。触角 3 节，长于头扇柄，节比为 28∶20∶6，头扇毛约 40 支。上颚缘齿具 1 枚大齿、1 枚小齿和 3 枚附齿。亚颏顶齿 9 枚，分 3 组，中齿和角齿特别发达，约等长。亚颏有侧缘齿，侧缘毛每侧约 6 支。后颊裂双峰形，长约为后颊桥的 1/4。肛鳃简单。肛骨前支约为后支长的 0.8。腹乳突缺如。后环约 95 排，每排具 10~23 个钩刺。

模式标本 全模 1 蛹、1 幼虫。均制片。采自吉林省长白山林区山溪水草和枯枝落叶上。模式标本存放于贵州医科大学生物学教研室。

地理分布 中国吉林（长白山）。

词 源 学 因新种蛹特征颇似多丝蚋［*He.*（*He.*）*multicaulis*］，故冠以“neo”以示区别。

分类讨论 新种与报道自俄罗斯的多丝蚋［*He.*（*He.*）*multicaulis*］和亚多丝蚋［*He.*（*He.*）*submulticaulis* Yankovsky］以及日本的 *He.*（*He.*）*kamui*（Vemoto 和 Okazava，1980）相似。虽然新种的成虫尚未发现，但是蛹呼吸丝的数量和排列方法以及幼虫的上颚缘齿、头扇毛和后环钩刺排数均有明显差异，可资鉴别。

附：新种英文描述。①

Helodon*（*Helodon*）*neomulticaulis **Chen，sp. nov.（Fig.12–1）**

Form of overview

Female and male Unknown.

Pupa Body length 5.8mm. Head and thorax: The integuments brownish yellow and smooth. Head with 3 pairs of simple slender facial trichomes, thorax with 5 pairs of all long and simple trichomes. Gill organ longer than 1/2 length of pupal body; consisting of about 125 filaments in a tight clump.The basal stout stem divided into 3+1+1 bladder–like tube groups from above downwards; the dorsal trunk branching into 3 secondary stalks with about 30 filaments; medial trunk thickest with bifid tip and about 55 filaments; ventral trunk with bifid tip and with about 40 filaments; some filaments split into 2 branches. Abdomen: All segments with tubercles. Tergum 2 with 6 long simple setae on each side; terga 3 and 4 each with 4 hooked spines on posterior margins; tergites 5~9 each with a cross row of spine–combs on each side; tergum 9 with a pair of prominent long hom–like terminal hooks. Sternum 5 with a pair of bifid hooks submedially on each side; sterna 6 and 7 each with a pair of bifid hooks widely spaced on each side; sternum 9 with several long spine–like hairs on each side. Cocoon: covering to about 1/2 length of pupal body, simple loosely woven, giving rise to several small interspaces in the webs.

Mature larva Body length 10~11mm. Body color white. Cephalic apotome brown with faint positive head spots. Antenna: longer than the stem of cephalic fan and with 3 segments in proportion of 28∶20∶6. Cephalic fan with 40 main rays. Mandible: with mandibular serrations composed of a larger tooth and a smaller tooth and with 3 supernumerary serrations; The second and the third comb–teeth of equal size shorter than the first one. Hypostonium teeth aggregated into three main groups and its corner and median teeth strongly developed; Lateral serration present; hypostomial bristles 6 in number lying in parallel to the lateral margin on each side. Postgenal cleft shallow apex mostly projected posteriorly, conspicuously widening posteriorly and about 1/4 length of postgenal bridge.Thoracic and abdominal integuments bare. Rectal gills simple. Anal sclerite of X–shaped with anterior short arms about 0.8 times as long as posterior ones. Ventral papillae absent. Posterior circlet consisting of 10~23 hooks in about 95 rows.

Type materials Syntype: 1 pupa and 1 larva, slide–mounted, was collected in a fast–flowing stream from Changbai Mountain（42° 10′ N, 100° 20′ E, 2051m）, Jilin Province, China, 10th, Aug., 2007, were taken from trailing grasses and decaying leaves exposed to the sun by Huang Ruoyang and Wu Hui.

Distribution Jilin Province, China.

Etymology The new species is named for a number of pupal gill filaments.

Remarks Although the adult of this new species is unknown, but the pupa and larva very characteristic. The gill organ is with about 125 filaments on 5 bladder–like stout tubes, and the shape of larval postgenal cleft and anal sclerite, the mandible is only with 3 supernumerary serrations.It seems closely related to *P.*（*H.*）*multicaulis*（Dopov）（1968）and *P.*（*H.*）*submulticaulis* Yankovsky（2000）from Russia.The new species, however, can be readily separated from the latter two species by the number and branching method of the pupal gill filaments and the several characters of larva.

① 按照国际惯例，新种的形态描述采用电报式描述法，下同。

高山赫蚋 ***Prosimulium*（*Helodon*）*alpestre*** Dorogostaisky，Rubtsov and Vlasenko，1935（图 12–2）

Prosimulium（*Helodon*）*alpestre* Dorogostaisky and Vlasenko，1935. *Parasitology. sbornik*，5：136.

模式产地：俄罗斯（西伯利亚）；Chen and An（陈汉彬，安继尧）2003.The Blackflies of China：57.

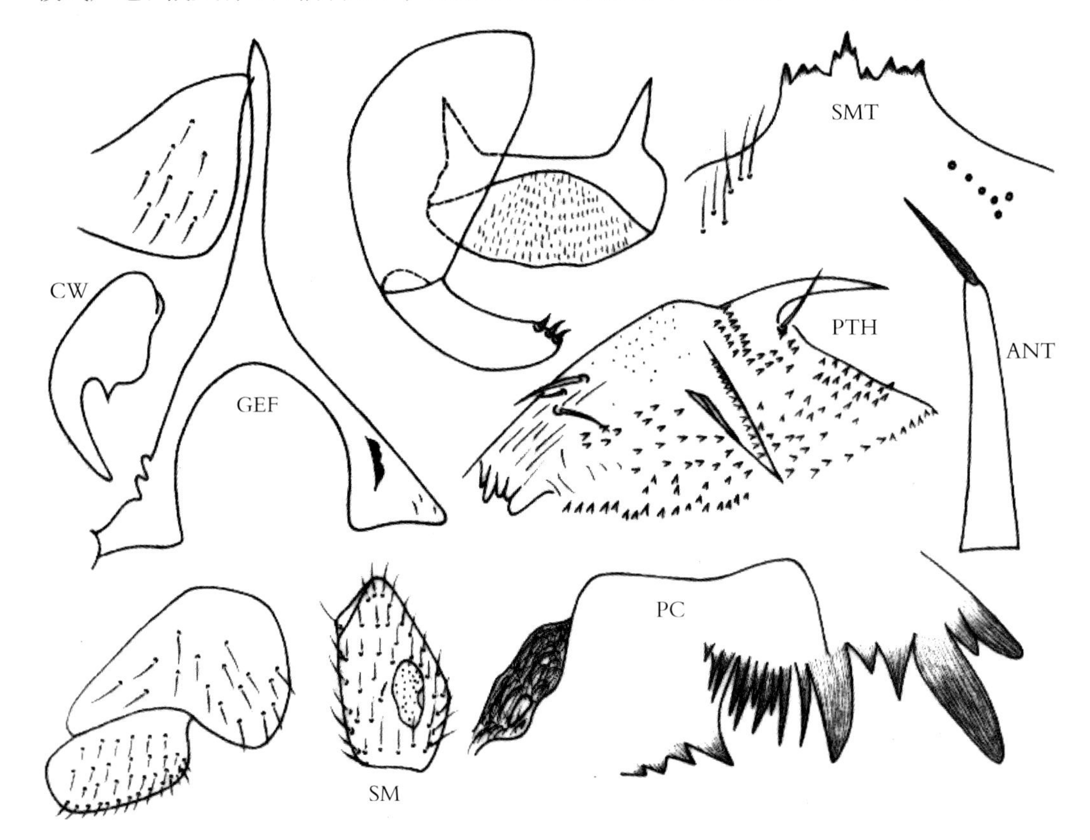

图 12–2　高山赫蚋 ***Pr.*（*He.*）*alpestre*** **Dorogostaisky，**
Rubtsov and Vlaseko，1935（仿 Rubtsov，1956. 重绘）

鉴别要点　雌虫上颚、下颚无齿；生殖板短而端圆。雄虫生殖肢端节全长约等宽。蛹呼吸丝 33~37 条。

形态概述

雌虫　体长约 5mm。触须短粗，拉氏器小；触角 11 节，细长；上颚、下颚仅具鬃毛而无齿。额较宽，具细毛。平衡棒棕褐色。足第Ⅱ跗节宽，爪具小基齿。生殖板短，端部圆钝，内缘平行。尾须宽约为长的 2 倍。

雄虫　体长约 4mm。触须短粗，3 节，拉氏器小，圆形。触角细，鞭节Ⅰ长约为鞭节Ⅱ的 2 倍。生殖腹板后缘凸出，后缘及侧缘呈波状弯曲。生殖肢端节全长近等宽，具 3 个端刺。

蛹　体长 5~6mm。呼吸丝 33~37 条，由 3~5 个茎支发出，排列成树状，短于蛹体。茧编织疏松，有时覆盖蛹体。

幼虫　体长 9~10mm。棕褐色。头较小，宽度小于体宽。头斑不明显，头扇毛 31~48 支。触角基部短粗。上颚第 3 顶齿和第 3 梳齿明显较其他顶齿和梳齿粗大，锯齿 6 枚，第 1 齿最大。后颊裂浅，矩形。亚颏中齿明显较其他顶齿粗长。后环 100~114 排，每排具 11~13 个钩刺。

生态习性　雌虫不吸血，以植物汁液为食，幼虫和蛹孳生在高寒地区山涧溪流中的石块上，成虫8月份和9月份羽化（孙悦欣，1994）。

地理分布 中国：吉林（长白山）；国外：俄罗斯，蒙古国，加拿大及美国阿拉斯加。

分类讨论 本种依传统分类，隶属于原蚋亚属（*Prosimulium*），后来，Crosskey（1988）将它移入赫蚋亚属。但是本种除两性尾器较符合赫蚋亚属的特征外，还有许多特征，如雌额宽、中胸下后侧片光裸，幼虫头部暗色以及额部暗斑不明显等特征，更似原蚋亚属，所以其分类地位有待进一步研究。

林栖赫蚋 *Helodon*（*Helodon*）*lochmocola*（Sun，2008），新组合（图 12–3）

Prosimulium（*Helodon*）*lochmocola* Sun（孙悦欣），2008. *Acta Parasitol. Med. Entomol. Sin.*，15（4）：247. 模式产地：中国辽宁 .

Prosimulium（*Helodon*）*sinensis* Sun（孙悦欣），1994. Blackflies in most part of North China：50（新同物异名）.

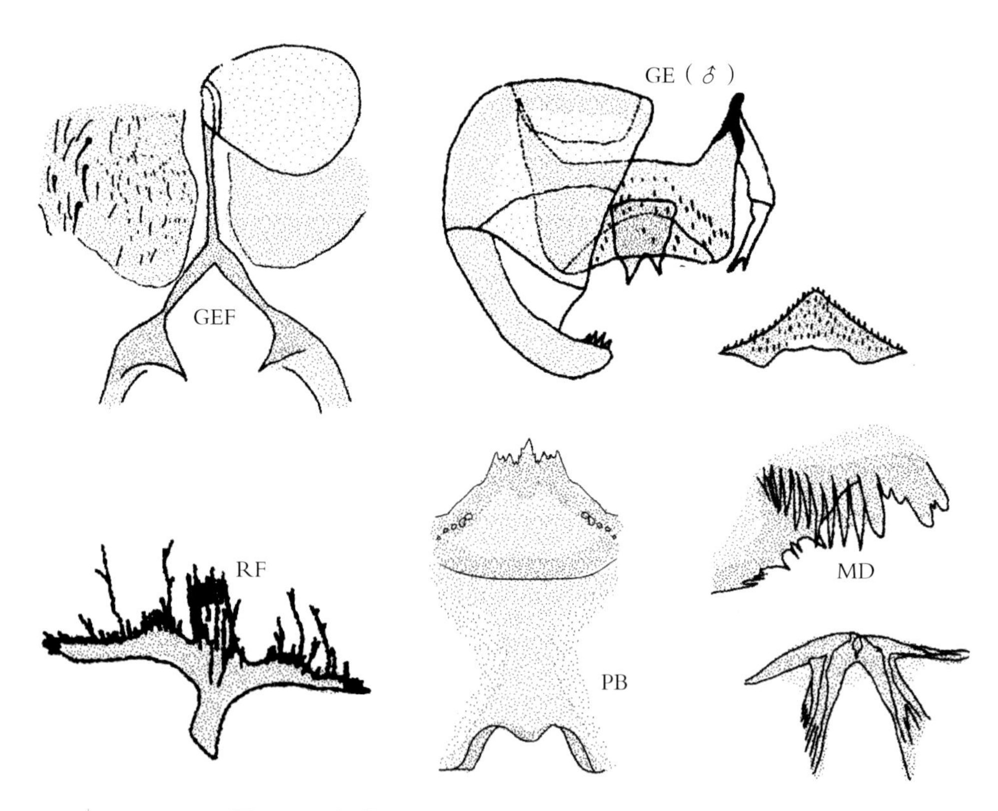

图 12–3 林栖赫蚋 *He.*（*He.*）*lochmocola*（Sun，2008）
（仿孙悦欣，2008. 重绘）

鉴别要点 雌虫额长，额顶宽度约为额基宽度的5倍。雄虫生殖腹板端缘内凹。蛹呼吸丝80~100条，由3支干发出。幼虫后颊裂双峰形。

形态概述

雌虫 体长约5.0mm。翅长约5.5mm。触角2+9节。额窄长，额约为26：5：10。触须拉氏器约占节Ⅲ长的1/2。上颚具内缘齿36~39枚，外缘齿13~16枚。下颚具内缘齿12~14枚，外缘齿14~15枚。中胸侧膜光裸，下后侧片后缘具一簇黄色毛。后足跗节无跗突和跗沟。爪具小基齿。翅前三脉仅具毛，径分脉分叉。生殖板宽舌形，内缘稍弯。受精囊卵形，具网纹。肛上板长钩状。

雄虫 体长约5.5mm。翅长约5.5mm。触角鞭节Ⅰ约为鞭节Ⅱ的2倍长。触须拉氏器长约为节Ⅲ长的0.38。足除股节后面为灰黄色外，其余部分为黑褐色。生殖肢基节长于端节，生殖肢端节具3~4个端刺。生殖腹板宽约为高的3倍，端缘具弧形凹入。中骨短宽，端裂深。阳基侧突端尖，无刺。

蛹 体长约5.8mm。呼吸丝一侧80~100条，由3个粗长主茎发出，丝呈单丝、双丝或多丝，单丝多集中分布在中茎上。茧编织密而厚，覆盖蛹体。

幼虫 体长约10mm。灰白色。头斑阳性。触角3节，长于头扇柄，节比为5∶9∶8。头扇毛35~38支。上颚缘齿具附齿列。亚颏顶齿分3组，中齿特发达。肛鳃简单。肛骨前臂明显长于后臂。后环105~113排，每排具14~15个钩刺。无腹乳突。

生态习性 幼期孳生于林缘凉水沟溪流中的水草上。海拔900~1000m，水温7~8℃。

地理分布 中国辽宁（新宾）。

分类讨论 虽然本种与产自哈萨克斯坦的多丝赫蚋［*He.*（*He.*）*multicaulis*（Popov，1968）］近似，但其雌虫生殖板，雄虫的生殖腹板的形态，蛹呼吸丝数量以及幼虫后颊裂和肛骨的形态有明显差异，可资鉴别。孙悦欣（1994）报道的中华赫蚋［*He.*（*He.*）*sinensis* Sun］，经核对原描述与本种雷同，系同义词。

2. 原蚋属 Genus *Prosimulium* Roubaud，1906

Prosimulium Roubaud，1906. *C. r. hebd. Seanc. Acad. Sci.*，Raris 143: 521. 模式种: *Pr.hirtites*（subsequent disiriation of Malloch，1914）.

Hellichia Enderlein，1925（as genus）. 模式种：*macropyga* as *latifrons.*

Taeniopterna Enderlein，1925（preocc.）（as genus）. 模式种：*macropyga.*

Mallochella Enderlein，1930（preocc.）（as genus）. 模式种：*hirtipes* as *sibirica.*

Piezosimulium Peterson，1989（as genus）. 模式种：*neomacropyga* as *jeanninae.*

属征概述 体色通常褐黑，头稍窄于胸。触角2+8节或2+9节，通常鞭毛状。喙通常长于唇基。翅前缘脉域的S、Sc和R脉具毛而无刺，径分脉分叉，肘脉（Cu_2）呈"S"形。后足基跗节无跗突，跗节Ⅱ无跗沟。生殖肢基节长于端节，生殖肢端节具2至多个端刺或亚端刺。阳基侧突板状，无钩刺。雌虫爪简单或很小；中胸下侧片光裸或具毛；生殖板或长或短，呈舌形、椭圆形或豆荚形，因种而异。蛹呼吸丝短，13~16条或多达100条，如13~16条时，则由3~5个短茎发出成树状排列。或在一短粗茎上发出100~200条，排列不规则。腹部背板和腹板明显骨化，两侧具不连续的侧片，腹节9背板具1对粗长端钩；茧编织疏松而粗糙。幼虫头部背面淡或暗色，具清晰的阳斑；亚颏顶齿分3组，中齿和（或）侧齿突出；上颚第3顶齿和第3梳齿粗长，锯齿具附齿列；后颊裂浅，方形或端圆；触角短，前2节较粗壮；肛鳃简单。

原蚋属全世界已知75种分3个种组（Adler和Crosskey，2013），即毛足蚋组（*hirtipes* group）、巨臀蚋组（*macropyga* group）和巨大蚋组（*magnum* group）。我国已记录4种，即毛足原蚋（*Pr. hirtipes*）、刺扰原蚋（*Pr. irritans*）、辽宁原蚋（*Pr. liaoningense*）和突板原蚋（*Pr. nevexalatamus*）等，均隶属于毛足原蚋组。主要分布于东北区和蒙新区。

中国原蚋属分种检索表

雌虫

1 触角拉氏器长椭圆形；各足股节基部 4/5 和胫节基部 3/4 黄褐色……………………………………………………………………………………………辽宁原蚋 *Pr. liaoningense*

拉氏器长条形；足色大部褐黑……………………………………………………………2

2（1） 生殖板豆荚形……………………………………………………刺扰原蚋 *Pr. irritans*

生殖板舌形……………………………………………………………………………3

3（2） 肛上板帽状；生殖板内缘几乎直而平行…………………………………毛足原蚋 *Pr. hirtipes*

肛上板钩状；生殖板内缘稍弯，后部分离……………………………突板原蚋 *Pr. nevexalatamus*

雄虫

1 生殖腹板横宽，宽约为高的 2 倍，后缘中部凹入……………………………毛足原蚋 *Pr. hirtipes*

生殖腹板相对较窄，宽约为高的 1.5 倍，后缘平齐或突出………………………………2

2（1） 生殖肢端节具 3~4 个端刺……………………………………………突板原蚋 *Pr. nevexalatamus*

生殖肢端节具 2 个端刺…………………………………………………………………3

3（2） 生殖腹板后缘凸出呈弧形，中央有一轴状突起…………………………刺扰原蚋 *Pr. irritans*

生殖腹板后缘平直，中央无轴状突出………………………………………辽宁原蚋 *Pr. liaoningense*

蛹

1 呼吸丝 16 条，由 5 个细茎发出，排列为（1+2）+（2+2）+（1+2）+（2+2）+2……………………………………………………………………………………………刺扰原蚋 *Pr. irritans*

呼吸丝 16 条，着生在 3 个粗茎上，排列非如上述…………………………………………2

2（1） 呼吸丝排列为（3+1）+3+（2+7）…………………………………………毛足原蚋 *Pr. hirtipes*

呼吸丝排列非如上述……………………………………………………………………3

3（2） 呼吸丝排列为（2+2）+（3+2+3）+（2+2）……………………………辽宁原蚋 *Pr. liaoningense*

呼吸丝排列为（2+3+3）+（2+2）+（2+2）……………………………突板原蚋 *Pr. nevexalatamus*

幼虫

1 头扇毛约 28 支；后环约具 54 排钩刺………………………………………突板原蚋 *Pr. nevexalatamus*

头扇毛 32 支以上；后排具 62 排以上钩刺………………………………………………2

2（1） 上颚锯齿 6 枚；亚颏中齿和角齿约等长…………………………………刺扰原蚋 *Pr. irritans*

上颚踞齿 10 枚以上；亚颏中齿和角齿不等长………………………………………………3

3（2） 上颚锯齿 18 枚，第 1、第 2 齿较小与后续的齿约略等大；后环约 90 排……………………………………………………………………………………………毛足原蚋 *Pr. hirtipes*

上颚锯齿 15 枚，第 1~3 齿及第 7~10 齿明显较大；后环 62~64 排……………………………………………………………………………………………辽宁原蚋 *Pr. liaoningense*

毛足原蚋 ***Prosimulium*（*Prosimulium*）*hirtipes***（Fries，1824）（图 12-4）

Simuliai hirtipes Fries，1824. *Monogr. Simul. Suec.*，13：17（*Simulium*）. 模式产地：瑞典 .

Prosimulium hirtipes Fries，1824；Takahasi，1942. *Die Simuliiden von Mandschukuo*，Ⅱ，*Insecta*，*Matsumurana*，16（1/2）：36.

Prosimulium（*Prosimulium*）*hirtipes* Fries，1824；Crosskey，1988. Annot. Checklist World Blackflies（Diptera：Simuliidae）：440；Chen and An（陈汉彬，安继尧），2003. The Blackflies of China：59.

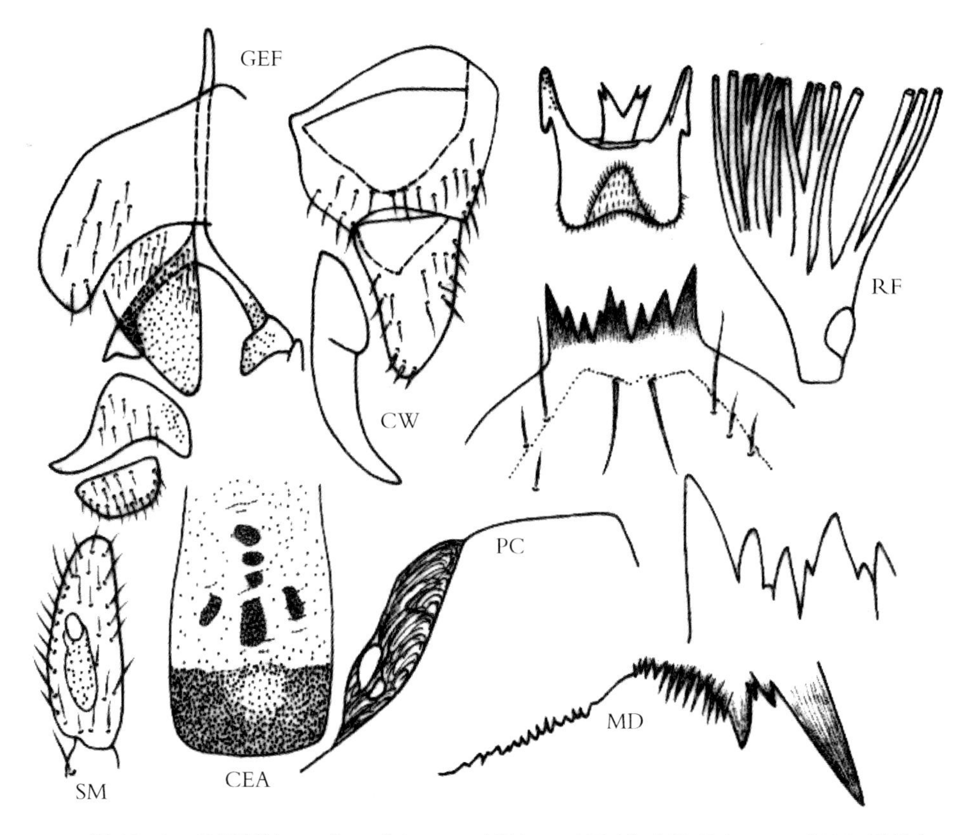

图 12-4　毛足原蚋 ***Pr.*（*Pr.*）*hirtipes***（Fries，1824）（仿 Rubtsov，1956. 重绘）

鉴别要点 生殖板舌形；生殖腹板横宽，后缘中凹呈槽状。生殖肢端节通常具 3 个端刺。

形态概述

雌虫 体长 3.5~4.5mm。体黑色，体毛短而稀疏，为淡黄色。下颚具外齿 16 枚，内齿 12~13 枚。足黑褐色，爪具小基齿。生殖板舌状，内缘直。

雄虫 体长 3~4mm。体黑色，体毛长而稀疏，为暗黄色。触须第Ⅲ节略膨大，拉氏器发达，开口于端部。生殖肢端节圆锥形，具 3 个端刺。生殖腹板横宽，宽约为长的 2 倍，后缘中凹呈槽状。中骨短，末段分叉。

蛹 体长 3.3~5.5mm。头前具 1 对分支毛，额毛简单，刺状，胸毛长；腹部第 9 节具微棘群；呼吸丝 16 条，从 3 个粗茎发出，排列为（3+1）+3+（2+7）。

幼虫 体长 8~9mm。额板暗褐色，头斑不明显。触角 4 节，末 2 节色暗。头扇毛 35~45 支。上颚锯齿 6 枚，第 1 齿发达。亚颏顶齿的中齿和角齿发达，但角齿明显长于中齿。后环约 90 排，每排具 10~13 个刺钩。

生态习性 幼期孳生于林区或山区溪涧、河流或泉水里，以幼虫越冬，5 月下旬至 6 月上旬羽化，叮咬人畜。

地理分布 中国：河北，辽宁，吉林，黑龙江，内蒙古；国外：俄罗斯。

刺扰原蚋 *Prosimulium*（*Prosimulium*）*irritans* Rubtsov，1940（图 12-5）

Prosimulium irritans Rubtsov，1940，*Blackflies*，*Fauna USSR*，Diptera，6（6）：243. 模式产地：俄罗斯（西伯利亚）；Tan and Chow（谭娟杰，周佩燕），1976. *Acta Ent. Sin.*，19（4）：455.

Prosimulium（*Prosimulium*）*irritans* Rubtsov，1940；Crosskey，1988. Chen and An（陈汉彬，安继尧），2003. The Blackflies of China：61.

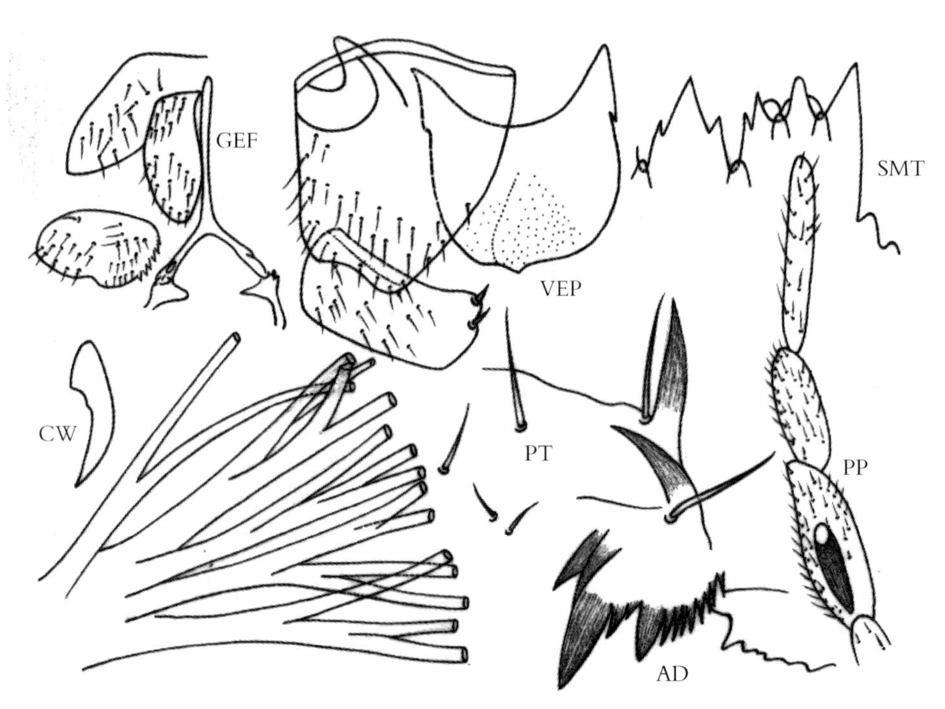

图 12-5 刺扰原蚋 *Pr.*（*Pr.*）*irritans* Rubtsov，1940（仿 Rubtsov，1956. 重绘）

鉴别要点 雌虫生殖板豆荚形。雄虫生殖腹板后缘凸出成弧形。蛹呼吸丝 16 条，由 5 个细茎发出。

形态概述

雌虫 体黑色，中胸盾片被长而密的金黄色毛。下颚具 13~15 枚外齿，10~11 枚内齿。足褐黑色，爪具小基齿。生殖板长，豆荚形，内缘端半向侧面凹入。

雄虫 体长约 3.0mm。外形近似毛足原蚋，主要区别在外生殖器的构造。生殖腹板相对较窄长，后缘凸出成孤形，中央具一轴状突起，生殖肢端节两边平行，末端圆钝，通常具 2 个端刺。

蛹 体长 4.0~5.0mm。头毛简单、刺状。呼吸丝 16 条，由一总茎分出 5 个细茎发出，排列为（1+2）+（2+2）+（1+2）+（2+2）+2。丝短，约为体长的 1/2。腹节 5~8 背板每侧均具栉刺列。茧编织疏松而不规则，覆盖蛹体的 1/2。

幼虫 体长 9.0~10mm。头斑不明显，头扇毛 33~36 支。上颚锯齿 6 枚，第 1 齿明显较大。亚颏中齿和角齿发达，约等长。后环 68~70 排，每排具 8~10 个钩刺。

生态习性 幼期孳生于山区河沟或江河，水底多砾石的流动水体，附着在枯草或石块上，水温 7~11℃。幼虫于 5 月中旬化蛹，成虫于 6 月初到 8 月初羽化。以卵越冬。成虫全天活动，嗜吸人血。

地理分布 中国：河北，辽宁，吉林，黑龙江；国外：俄罗斯。

辽宁原蚋 *Prosimulium*（*Prosimulium*）*liaoningense* Sun and Xue，1994（图 12-6）

Prosimulium liaoningense Sun and Xue（孙悦欣，薛洪堤），1994. *Sichuan J. Zool.*，13（2）：51.

模式产地：中国辽宁 .

Prosimulium（*Prosimulium*）*liaoningense* Sun and Xue，1994；Chen and An（陈汉彬，安继尧），2003. The Blackflies of China：62.

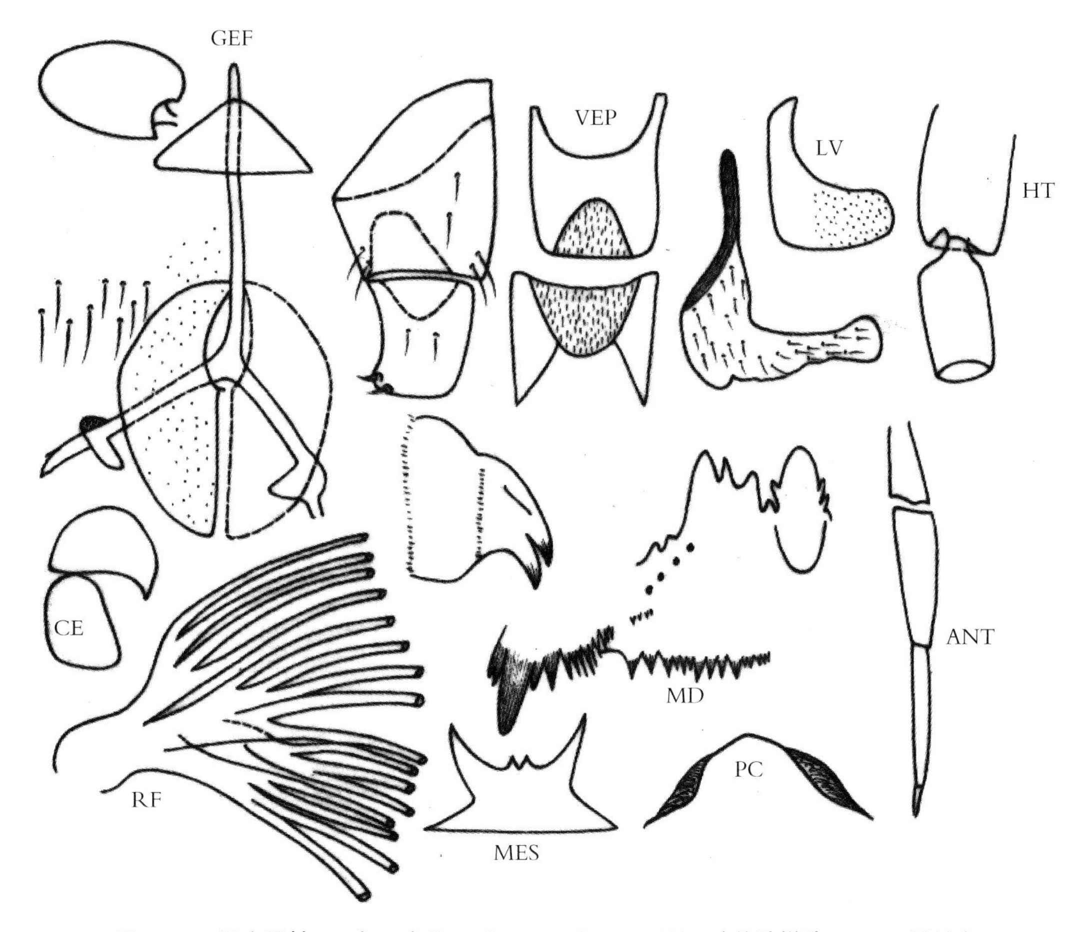

图 12-6 辽宁原蚋 *Pr.*（*Pr.*）*liaoningense* Sun and Xue（仿孙悦欣，1994. 重绘）

鉴别要点 足股节和胫节大部黄褐色；生殖板舌形，内缘直；生殖腹板后缘平齐。

形态概述

雌虫 体长 3.0~4.0mm。体黑色，中胸盾片密被金黄色长毛。下颚具 11~12 枚内齿，16~18 枚外齿。触须灰褐色，拉氏器长椭圆形。各足股节基部 4/5 和胫节基部 3/4 为黄褐色，余部为褐黑色。生殖板长，后缘弧形，内缘基部 2/5 向侧面凹入，端部 3/5 平行。

雄虫 体长 2.8~3.8mm。外形近似雌虫，主要区别是足一致为褐黑色。生殖肢端节端部内弯，具

2 个端刺。生殖腹板后缘平直。

蛹 体长 4.0~4.5mm。头、胸部体壁散布盘状疣突，头、胸毛简单。呼吸丝 16 条由 3 个粗茎发出，排列为（2+2）+（3+2+3）+（2+2）。腹部第 3 背板每侧各具 4 对分叉钩刺，第 4 背板可具 5 对分叉钩刺，第 5~9 背板均具刺栉。茧拖鞋状，编织疏松。

幼虫 体长 6~7mm。头斑阳性，触角长于头扇柄，头扇毛 32~34 支。上颚锯齿 15 枚，前 3 齿及第 7~10 齿明显较大。亚颏中齿较角齿粗长。后环 62~64 排，每排具 11~12 个钩刺。

生态习性 幼虫和蛹孳生于山村清洁小溪下游的石块和枯枝落叶上。水温 7~13℃，海拔 450m。每年 4 月出现一龄幼虫，5 月中旬和下旬羽化。

地理分布 中国辽宁。

分类讨论 虽然辽宁原蚋与刺扰原蚋近似，但是两者两性尾器构造、蛹呼吸丝的排列方式有明显差异，可资鉴别。

突板原蚋 *Prosimulium*（*Hirtipes*）*nevexalatamus* Sun，2008（图 12-7）

Prosimulium nevexalatamus Sun（孙悦欣），2008. *Acta Parasitol. Med. Gntomal. Sin.*，15（4）：247~250.

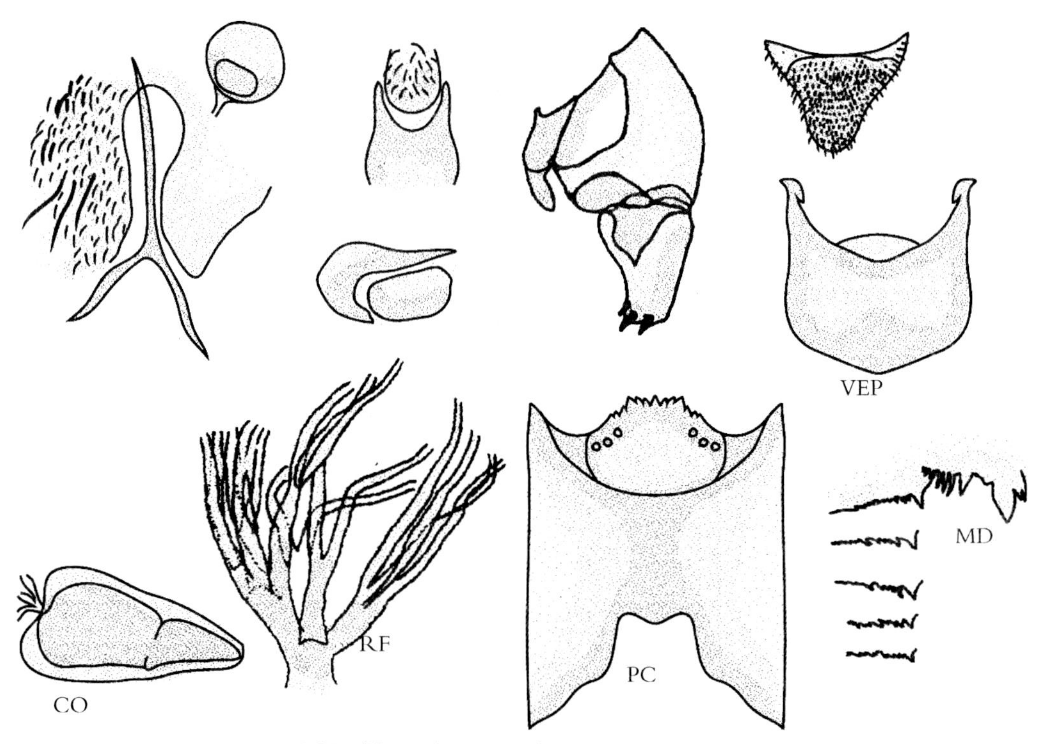

图 12-7 突板原蚋 *Pr.*（*Hirtipes*）*nevexalatamus* Sun，2008

（仿孙悦欣，2008. 重绘）

鉴别要点 雌虫生殖板舌形，内缘稍弯。雄虫生殖肢端节具 3 个端刺。蛹呼吸丝排列特殊。幼虫头扇毛和后环钩刺排数明显较少。

形态概述

雌虫 体长约 5.0mm。翅长约同体长。触角 2+9 节。额窄，额指数为 26∶5∶10。触须拉氏器约占节Ⅲ长的 1/2。下颚具内齿 12~14 枚，外齿 14~15 枚。中胸侧膜光裸，下后侧片后缘具一黄色毛簇。

足大部暗褐色，后足基跗节无跗突，跗节Ⅱ无跗沟。爪具小基齿。翅前三脉无刺，径分脉分叉。生殖板宽舌形。内缘稍弯，具小毛。生殖叉突后臂具三角形内突。受精囊卵形，具网纹。肛上板长钩状。

雄虫 体长和翅长均为 5.5mm。触角鞭节Ⅰ的长约为鞭节Ⅱ的 2 倍。触须节Ⅲ ~ Ⅴ的节比为 9∶8∶15，拉氏器占节Ⅲ长的 1/3。中胸侧膜、下后侧片、足与翅的特征同雌虫。生殖肢基节与端节约等长。端节具Ⅲ个端刺。生殖腹板后缘中部突出呈三角形，约为其高的 3 倍，后缘有弧形凹入，板体端面观为三角形。中骨宽，端部浅裂。阳基侧突无刺。

蛹 体长约为 5.5mm。呼吸丝 16 条，由 3 个茎支发出，排列成（2+3+3）+（2+2）+（2+2）。茧通常覆盖蛹体。

幼虫 体长约 6.5mm。体灰色。头斑阳性，头扇毛约 28 支。触角 3 节，节比为 40∶60∶55。节 3 和感觉器骨化。亚颏顶齿的中、角齿发达，约等长。侧缘毛 3 对，后颊裂亚方形，前缘中部稍凹入。上颚锯齿 10~11 枚。肛骨“X”形。后环具 14 排，每排约具 12 个钩刺。腹乳突缺如。

生态习性 幼期孳生于小溪急流处的石块和枯枝落叶上。海拔约 336m，水温 18℃。

地理分布 中国辽宁（新宾）。

分类讨论 本种雌虫肛上板钩状，雄虫生殖腹板后缘中部突出呈亚三角形，蛹呼吸丝的排列方式和幼虫头扇毛和后环钩刺排数少等综合特征，可与毛足原蚋组已知近缘种相区别。

3. 吞蚋属 Genus *Twinnia* Stone and Jamnback，1935

Twinnia Stone and Jamnback，1935. *Bull. N. Y. State Mus.*，349：18. 模式种：*Twinnia tibblesi* Stone and Jamnback，1955.

属征概述 成虫触角 9 节。中胸侧膜和下侧片光裸。后足跗节无跗突和跗沟，爪简单；翅前缘脉具毛而无刺，径分脉简单。蛹呼吸丝 16 条，分 3 组，排列为 8+4+4，背丝组 8 条，侧丝组和腹丝组各 4 条。腹节 3、4 背板和腹节 5~7 腹板有刺状毛而无叉钩。幼虫无头扇。亚颏齿钝，分 3 组，中组低于两侧组。后颊裂缺。直肠鳃 3 叶，简单。肛板“Y”形。

本属全世界已知 11 种（Crosskey，1997），分布于北美洲、欧洲、远东和日本，我国仅发现 1 种，即长白吞蚋（*T. changbaiensis*）。

长白吞蚋 *Twinnia changbaiensis* Sun，1994（图 12-8）

Twinnia changbaiensis Sun（孙悦欣），1994. *Memorial Volume Dedicated Fiftieth Anniversary Founding*, *China Ent. Soc.*，68. 模式产地：中国辽宁；Crosskey，1997. Taxo. Geograp. Invent. World Blackflies（Diptera：Simuliidae）：25；Chen and An（陈汉彬，安继尧），2003. The Blackflies of China：75.

鉴别要点 成虫触角 9 节，后足跗节无跗突和跗沟；翅前缘脉具毛而无刺。蛹呼吸丝 16 条，分 3 组；腹部无叉钩。幼虫无头扇，肛骨“Y”形。

形态概述 （参考孙悦欣的描述）

雌虫 体长 2.5~3.5mm。翅长 3.0~3.2mm。额高约为宽的 1.5 倍，触角 9 节，触须拉氏器约为节Ⅲ的 0.35。下颚具内齿 8~9 枚，外齿 19~20 枚。上颚具内齿 7~8 枚，外齿 31~32 枚。中胸盾片黑色，被黄色柔毛。各足基、转节黑色。前足股节基部 6/7 和胫节基部 1/2 为灰褐色，其余部分为黑色。后足跗节无跗突和跗沟。翅前缘脉、亚前缘脉和径脉具毛，无刺。径分脉不分叉；腹节Ⅷ腹板菱形，光裸。生殖板三角形，内缘基部远离，端部并拢。生殖叉突基 2/3 扩大并具不规则三角形端内突，端部 1/3 变细。肛上板和尾须中等大。受精囊短圆形。

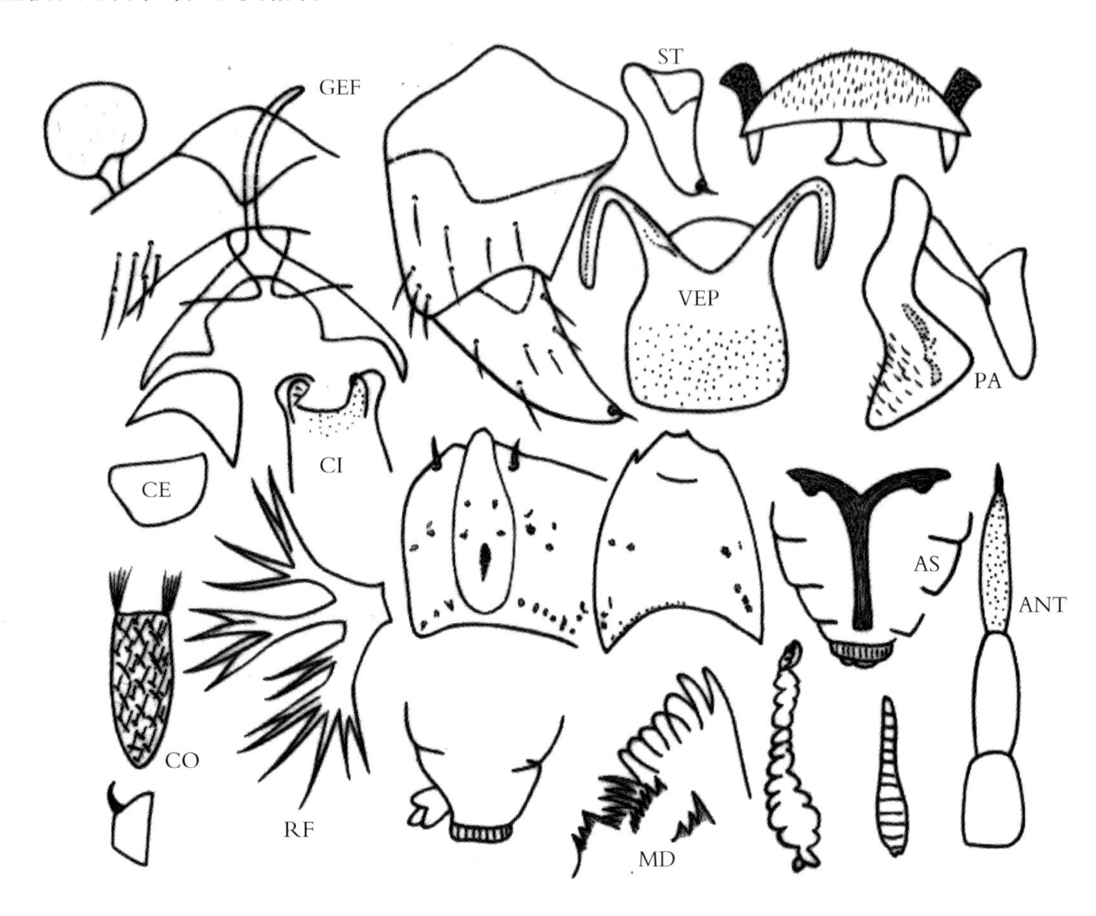

图 12-8 长白吞蚋 *Twinnia changbaiensis* Sun
（仿孙悦欣，1994. 重绘）

雄虫 体长 2.8~3.2mm。上眼面 22 排。触须拉氏器小。中胸盾片黑色，具金黄色毛夹少量黑色毛。足的黄色部分包括前足股节基部 2/3，跗节Ⅱ基部 1/2，中足基节，股节基部 5/6，胫节和跗节Ⅰ基部 2/3 以及后足股节基部 6/7；其余部分为灰褐色至褐黑色。后足跗节无跗突和跗沟。生殖肢基节桶状，长大于宽，生殖肢端节短，亚三角形，长约为基宽的 1.6 倍，具 1 个端刺。生殖腹板板体长大于宽，后缘近于平直，侧缘亚基部内凹，腹中部密布细毛。基臂长，端半反褶伸向后方。中骨末端分叉。阳基侧突端部宽，无刺。

蛹 体长 3.1~4.6mm。头胸背面覆盖大小不一的疣突。呼吸丝长约为体长的 1/3，16 条，分为 3 组，排列为 8+4+4，大多由背、侧、腹茎的端部发出。腹节 3、4 背板每侧各具 3 支刺状毛，腹节 5 腹板每侧具 2 支刺状毛，腹节 6、7 腹板每侧具 1 支刺状毛。腹节 5~7 每侧各具 1 对毛。腹节 9 具 1 对刺状端钩。茧无定型，编织疏松，覆盖蛹体。

幼虫 体长 5.9~7.2mm。头棕色；自前向后渐膨胀。无头扇。头斑明显，不规则。触角 4 节，长于头扇柄。亚颏齿分 3 组，中齿和中侧齿端钝，中齿组明显低于侧齿组。后颊裂缺。上颚第 3 顶齿和梳齿端圆。胸腹体壁光裸。肛鳃 3 叶，简单。肛板“Y”形，强骨化，干长于前背臂。后环 51~57 排，每排具 8~10 个钩刺。无腹突。

生态习性 蛹和幼虫孳生于山涧急流处的石块下。海拔 350m，水温 8~9℃。

地理分布 中国辽宁。

分类讨论 虽然本种与日本吞蚋（*T. japonensis*）很相似，但是可根据两性尾器、足的颜色和蛹腹部的毛序特征，加以区别。

（二）蚋族 Tribe Simuliini Newman，1834

Simuliini Newman，1834. *Ent. Mag.*，2：387. 模式属：*Simulium* Latreille，1802.

Nevermanniini Enderlein，1921. 模式属：*Nevermannia* Eoderlein.

Wilhelmiini Baranov，1926. 模式属：*Wilhelmia* Enderlein.

Ectemniinae Enderlein，1930. 模式属：*Ectemnia* Enderlein.

Cnesiinae Enderlein，1934. 模式属：*Cnesia* Enderlein.

Austrosimuliini Smart，1945. 模式属：*Austrosimulium* Tonnoir.

Cnephiini Grenier and Rageau，1960. 模式属：*Cnephia* Enderlein.

Eusimuliini Rubtsov，1974. 模式属：*Eusimulium* Rouband.

族征概述 中胸前侧缝深，前部完整，下侧片长。后足基跗节有或无跗突。节Ⅱ通常具跗沟，偶不发达或副缺。翅前缘脉具刺和毛，径分脉通常简单，肘脉弯曲，径脉基具毛或光裸。触须 5 节，末节细长。中胸侧膜下后侧片光裸或具毛。雄虫通常离眼式。蛹体壁通常色淡，膜质。腹节 5~8 有或无刺栉，后腹节有或无端钩。茧编织致密或疏松，形状各异。少数类群具锚状钩。上颚第 3 顶齿发达或不发达，锯齿通常 2 枚，偶具 3~4 枚或具附齿列。颊后裂形状因种而异，少数可副缺或伸达亚颏后缘。亚颏顶齿 9 枚，排成一行，通常不分组。触须基部具毛丝。体壁光裸或具刺毛。肛板“X”形。肛鳃通常复杂，偶简单。

蚋族已知有 19 属（Adler 和 Crosskey，2014），广布全球。我国已记录 3 属，即后克蚋属（*Metacnephia*），蚋属（*Simulium*）和畦克蚋属（*Sulcicnephia*）。

4. 后克蚋属 Genus *Metacnephia* Crosskey，1969

Metacnephia Crosskey，1969. *Bull. Br. Mus.*（*Nat. Hist*）（*Entomol.*）*Suppl.*，14：16. 模式种：*Me. hirticosta*；Chen and An（陈汉彬，安继尧），2003. The Blackflies of China：64.

属征概述 触角 11 节。中胸侧膜通常具毛，下后侧片光裸。中胸前侧缝深，前部几乎完整。翅前缘脉具刺和毛，径分脉简单，径脉基具毛，肘脉（Cu_2）弯曲。前足基跗节细；后足基跗节长，长约为胫节的 3/4，无跗突或仅具小的尖跗突，节Ⅱ无跗沟。雄虫生殖肢端节圆锥状，端部尖或平截，具 1 个端刺。生殖腹板叶片状，具毛，横宽或呈亚三角形。阳基侧突具多个钩刺。中骨长，具端中裂隙，偶简单。雌虫食窦后缘无疣突，爪具大基齿。蛹呼吸丝 15~150 条，因种而异。腹节 7~8（偶包括腹节 5~6）具刺栉，腹节 8、9 通常具锚状钩。后腹具圆钝的小端钩。幼虫体壁光裸，上颚第 3 顶齿特别发达，长而粗于梳齿，至少比其中 2 枚梳齿长，锯齿 3~4 枚，大小不一。触角节 2 比节 1 长。后颊裂长而基宽，通常伸达亚颏后缘。亚颏顶齿锯齿状，不突出。肛鳃简单。肛板正常。腹乳突副缺。

本属系 Crosskey（1969）从克蚋属分出建立的一个新属。该新属的特征介于原蚋族和蚋族之间，但先前多数学者均将它置于原蚋族项下（Crosskey，1988，1997；Crosskey 和 Howard，2004；陈汉彬，安继尧，2003）。近年来，Adler 和 Crosskey（2010~2014）已将它移入蚋族项下。迄今，全世界已知 53 种（Adler 和 Crosskey，2014），主要分布于古北界和新北界。我国仅记录黑足后克蚋（*Me. edwardsiana*）和克氏后克蚋（*Me. kirjanovae*）2 种，以及本书记述的 3 个新种，即短领后克蚋（*Me. brevicollare* sp. nov.）、陆氏后克蚋（*Me. lui* sp. nov.）和多丝后克蚋（*Me. polyfilis* sp. nov.）。所以，迄今我国已知有 5 种。

中国后克蚋属分种检索表

雌虫

1　口器非吸血型；生殖叉突后臂的骨化前侧突缩小，约为臂直径的 1/6……………………………………克氏后克蚋 *Me. kirjanovae*

　无上述合并特征……………………………………2

2（1）足色全黑……………………………………黑足后克蚋 *Me. edwardsiana*

　股节基 4/5 色淡，胫节中部外面色淡……………………………………3

3（2）中胸盾片密被灰白色细毛……………………………………陆氏后克蚋 *Me. lui* sp. nov.

　中胸盾片密被黄色细毛……………………………………4

4（3）生殖叉突柄短，与其后侧臂约等长；触须拉氏器约占节Ⅲ长的 1/3……………………………………多丝后克蚋 *Me. polyfilis* sp. nov.

　生殖叉突柄长，约为其侧臂长的 1.5 倍；触须拉氏器约占节Ⅲ长的 1/2……………………………………短领后克蚋 *Me. brevicollare* sp. nov.

雄虫

1　生殖板横宽……………………………………2

　生殖腹板亚三角形或半圆形……………………………………3

2（1）生殖腹板后缘几乎平直……………………………………黑足后克蚋 *Me. edwardsiana*

　生殖腹板后缘中部突出……………………………………克氏后克蚋 *Me. kirjanovae*

3（2）阳基侧突每侧具 6~8 个强钩刺；中骨简单，细板状………陆氏后克蚋 *Me. lui* sp. nov.

　阳基侧突每侧具 9~10 个强钩刺；中骨具中端裂隙……………………………………4

4（3）中骨末端有 1 对倒侧突向前伸……………………………………短领后克蚋 *Me. brevicollare* sp. nov.

　中骨末端无倒侧突……………………………………多丝后克蚋 *Me. polyfilis* sp. nov.

蛹

1　呼吸丝 90~120 条……………………………………多丝后克蚋 *Me. polyfilis* sp. nov.

　呼吸丝 40~76 条……………………………………2

2（1）呼吸丝 40~52 条……………………………………3

　呼吸丝 56~76 条……………………………………4

3（2） 茧领很低；呼吸丝由总茎分 3 支发出，每支又发出若干次生茎丝……………………………………………………………………………短领后克蚋 *Me. brevicollare* sp. nov.

茧具高领；呼吸丝由总茎分 2 支发出，每支又发出若干次生茎丝……………………………………………………………………………………克氏后克蚋 *Me. kirjanovae*

4（3） 呼吸丝由总茎分 5 支发出……………………………………陆氏后克蚋 *Me. lui* sp. nov.

呼吸丝由总茎分 2 支发出……………………………………黑足后克蚋 *Me. edwardsiana*

幼虫

1 头斑阴性；每侧头扇毛约具 42 支，上颚锯齿 2 枚………短领后克蚋 *Me. brevicollare* sp. nov.

头斑明显；每侧头扇毛 44~60 支，上颚锯齿 3~4 枚……………………………………2

2（1） 上颚锯齿 4 枚；头扇毛每侧约 60 支…………………………黑足后克蚋 *Me. edwardsiana*

上颚锯齿 3 枚；头扇毛每侧 4~52 支………………………………………………………3

3（2） 后环约具钩刺 140 排；上颚锯齿自上而下依次递减…………陆氏后克蚋 *Me. lui* sp. nov.

后环具 110~130 排钩刺；上颚锯齿非如上述……………………………………………4

4（3） 上颚第 2 锯齿长度和粗度大于第 1 和第 3 锯齿，第 1 和第 3 锯齿约等长、等粗……………………………………………………………………………多丝后克蚋 *Me. polyfilis* sp. nov.

上颚第 1 和第 2 锯齿均发达，长并粗于第 3 锯齿…………………克氏后克蚋 *Me. kirjanovae*

短领后克蚋，新种 *Metacnephia brevicollare* Chen and Zhang（陈汉彬，张春林），sp. nov.（图 12–9）

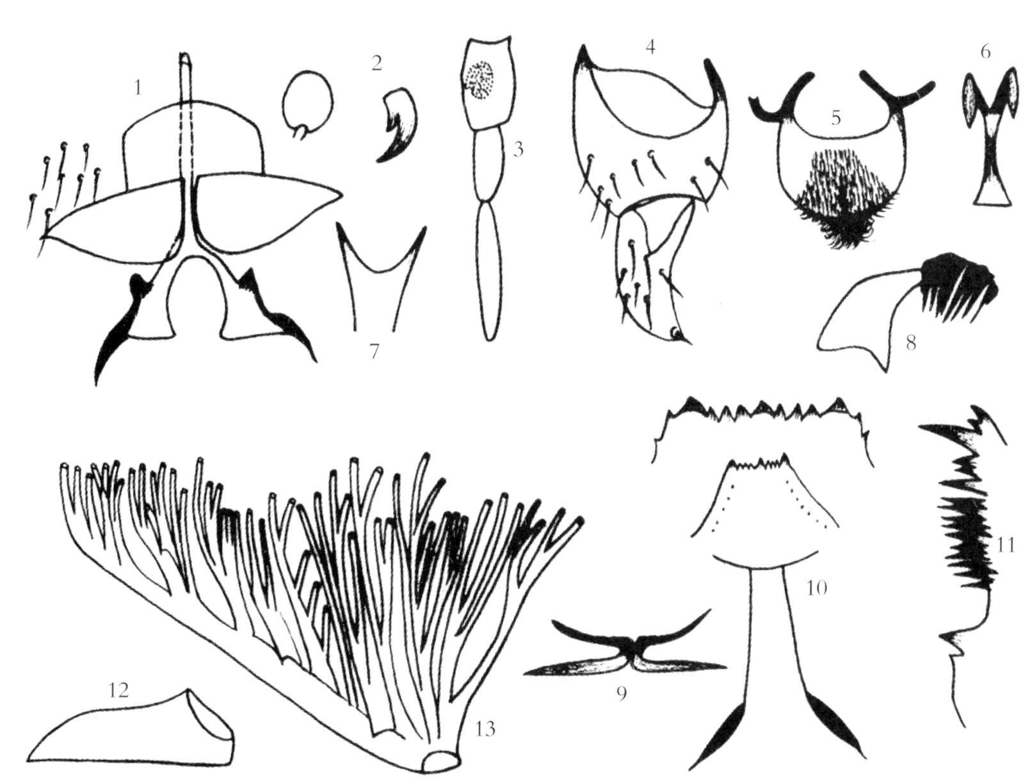

图 12–9 短领后克蚋，新种 ***Me. brevicollare*** Chen and Zhang（陈汉彬，张春林），sp. nov.

1.Female genitalia；2.Female claw；3.Female sensory vesicle；4.Coxite and style of male；5.Ventral plate；6.Median sclerite；7.Female cibarium；8.Paramere；9.Larval anal sclerite；10.Larval head capsules in ventral view；11.Larval mandible；12.Cocoon；13.Filaments

鉴别要点 茧具短领；呼吸丝 40~52 条，由主茎分 3 支发出。幼虫头斑阴性；上颚锯齿 2 枚。雄虫中骨有 1 对倒侧突。

形态概述

雌虫 体长 5.0mm。额黑色，覆灰粉被，具若干黑色毛。额指数为 5.5∶4.4∶7.0。额头指数为 6.5∶23.9。触须 5 节，触须节Ⅲ～Ⅴ的节比为 6.5∶5.1∶10，节Ⅲ膨胀，拉氏器长约为节Ⅲ的 0.48。小颚具内齿、外齿 12 枚，上颚具内齿 31 枚、外齿 12 枚。食窦弓光滑。中胸盾片黑色，被黄色细毛，小盾片黑色，被黑色长毛，后盾片黑色，光裸。足基节和转节除中足基节外，余色淡。各足股节除端 1/5 为棕黑色外，余一致为淡黄色。各足胫节中大部外面为黄色，其余为棕黑色。各足跗节除后基跗节和节Ⅱ基部为黄色外，余一致为棕黑色。爪具大基齿。前足基跗节细，均为其宽的 9 倍。后足基跗节两侧平行，长约为宽的 6.5 倍。跗突小，跗沟缺。翅径脉基具毛。腹部背板色暗被黑色毛。生殖板内缘平行，端内角圆。生殖叉突后臂具骨化尖侧突。

雄虫 体长 4.5mm。复眼具 19 横排和 13~14 纵列大眼面。触角鞭节Ⅰ的长约为鞭节Ⅱ的 1.6 倍。胸、腹似雌虫。尾器：生殖肢基节略长于端节。生殖肢端节圆锥状，端节内弯。具端刺。生殖腹板半圆形。中骨细板状，具短中裂，1 对倒叶状端侧突。阳基侧突具 9 个强钩刺。

蛹 体长 4.0mm。头胸体壁为淡黄色，几乎光裸。头毛 3 对，胸毛 6 对。呼吸丝 40~52 条，主茎分 3 支发出，长约为蛹体长的 1/3，排列不规则。后腹节具 7~9 个锚状钩。茧具短领。

成熟幼虫 体长 6.8mm。头斑阴性，触角 3 节，节比为 3.9∶6.1∶3.0。头扇毛约 42 支。上颚锯齿 2 枚，第 1 锯齿明显发达。亚颏顶齿的角齿突出，侧缘毛 4~6 支。后颊裂伸达亚颏后缘。胸、腹体壁光裸，肛鳃简单。后环 130~137 排，每排具 8~21 个钩刺。

模式标本 正模：1♀，从蛹羽化，制片。山西荷叶萍，采自山溪急流石块上。122°60′E，38°60′N，海拔 1680m。2007 年 7 月 24 日，廉国胜采。副模：1♀，3♂♂，15 蛹，17 幼虫，同正模。

地理分布 中国山西。

种名词源 本新名依其蛹茧具短领命名。

分类讨论 虽然新种蛹呼吸丝 40~52 条，这一特征与报道自吉尔吉斯斯坦的 *Me. karakeonsis*（Yankovsky，2000）、蒙古国的 *Me. ramificata*（Rubtsov，1956）、塔吉克斯坦的 *Me. kirjanovae*（Rubtsov，1956）、西伯利亚的 *Me. larunae*（Worobez，1984）和 *Me. hamardabanae* Bazarova 以及北美的 *Me. sailer*（Stone，1952）相似，但是可根据中骨的特殊形状，茧具短领，幼虫头斑阴性和上颚等综合特征与上述近缘种相区别。

附：新种英文描述。

Metacnephia brevicollare Chen and Zhang，sp. nov.（Fig.12–9）

Form of overview

Female Body length about 5.0mm. Head：Slightly narrower than thorax. Frons black，grey pruinose and covered with several dark hairs；frontal ratio 5.5:4.4∶7.0；frons–head ratio 6.5∶23.9. Clypeus black，grey dusting，covered with yellowish white pubescence and intermixed with sparse black hairs. Antenna composed of 2+9 segments，brownish black except scape yellow. Maxillary palp with 5 segments in proportion of the 3rd to the 5th segments in 6.5∶5.1∶10；the 3rd segment enlarged. Maxilla with 12 inner teeth and 12 outer ones. Mandible with 31 inner teeth and 12 outer ones. Cibarium unarmed. Thorax: Scutum black, densely covered with yellowish white pubescence as well as sparse erect black hairs on prescutellar area. Scutellum black with long black hairs. Postscutellum black, grey-dusted and bare. Pleural membrane haired. Legs: All coxae and trochanters black except mid coxa pale. All femora yellow except each distal 1/5 brownish black. All tibiae brownish black with large yellowish patch medially on outer surface. All tarsi brownish black except hind basitarsus and base of second tarsomere yellow. Each claw with large basal tooth. Fore basitarsus slender, about 9.0 times as long as width. Hind basitarsus nearly parallel-sided, length about 6.5 times as long as width. Calcipala small and lacking pedisulcus. Wing: Costa with spinules as well as hairs; subcosta hairy; basal section of radius haired.Hair tuft of stem vein brownish black. Abdomen: Basal scale brownish black with a fringe of brownish hairs. Terga black with dark hairs. Genitalia: Sternite 8 sparsely hairy medially and with numerous black hairs on each side. Anterior gonapophysis thin, membraneous, not rounded posteriorly, with numerous short setae and microsetae. Genital fork with slender sclerotized stem, about 1.8 times as long as the length of arm; each arm with sclerotized projection directed forwards. Spermatheca elliptic. Paraproct and cercus of moderate size.

Male Body length about 4.5mm. Head: Slightly wider than thorax. Upper-eye consisting of about 19 horizontal rows and 13 or 14 vertical columns of large facets. Clypeus black, grey pruinose, covered with long black hairs. Antenna: composed of 2+9 segments, dark brown with yellow scape. The 1st flagellomere about 1.6 times as long as next one. Maxillary palp: with 5 segments, sensory vesicle almost rounded, about 0.2 times as long as the 3rd segment. Thorax: Nearly as in female except hind basitarsus slightly swollen, about 4.0 times as long as width. Abdomen: Nearly as in female. Genitalia: Coxite subconical, broader than length. Style conical, shorter than gonocoxite, tapered toward apical tip, gently curred inward, and with apical spine. Ventral plate lamellate, semicircular in shape, with proximal margin slightly convex; plate body much shorter than width and setose medially; arms well sclerotized, shorter than plate body and converging apically. Parameres each with about 9 strong hooks. Median sclerite slender plate in shape, base swollen and with bifid tip, each having a inverted-projecting directed backwards.

Pupa Body about 4.0mm. Head and thorax: Integuments yellow, almost lacking tubercles. Head trichomes 3 pairs, all short and simple, whereas thorax with 6 pairs of slender and simple trichomes. Gill organ with 40~52 filaments approximately 1/3 length of pupal body, arranged irregularity, usually arranged in following way: from a short fairly stalk 3 branches arise and each branch divided again into several second branches. Abdomen: Arrangement of setae, spines and hooks of both dorsal to ventral surfaces of abdomen similar to those of *M. polyfils* sp. nov., except pupal cocoon with very short neck.

Mature larva Body length about 6.8mm. Cephalic apotome with negative head spots. Antenna with 3 segments in proportion of 3.9∶6.1 ∶ 3.0. Each cephalic fan with about 42 main rays. Mandible with 2 mandibular serrations, and the 1st tooth longer and thicker than the 2nd one. Apical teeth of hypostomium very reduced and inconspicuous, anterior corners rounded; Hypostomial bristles 4~6 in number on each side. Postgenal cleft large and elongate, almost subparallel-sided and reaching posterior margin of hypostomium.Thoracic and abdominal integuments bare. Rectal gills simple. Anal sclerite of X-form type with anterior short about 0.8 times as long as posterior ones. Posterior circlet with 130~137 rows of 8~21 hooklets per row.

Type materials Holotype: 1 ♀, reared from pupa, slide-mounted with associated pupal skin. Heyeping, Shanxi Province, China. 122° 60 ′ E, 38° 60 ′ N, alt.1680m. 24th, July, 2007; collected by Lian Guosheng. Paratype: 1 ♀, 3 ♂♂, 15 pupae and 17 larvae, all on slide, same day as holotype.The larvae and pupae were collected on stones surface to a fast-frowing small stream.

Distribution Shanxi Province, China.

Remarks According to the pleural membrane haired, the calcipala undeveloped, the pupal last adbominal segments with anchor-like spinous hooklets and the larval postgenal cleft reaches the hypostomium, this new species seems belong to the Genus *Metacnephia* as defined by Crosskey (1969). This new species is characterized by the pupal gill organ, with 40~52 slender filaments and from a short fairly stalk 3 with branches arise. This character is shared by some known species, such as *M. karakechensis* Yankovsky (2000) from Kyrgyzstan, *M. ramificata* (Rubtsov, 1956) from Mongolia, *M. kirjanovae* (Rubtsov, 1956) from Tajikistan, *M. larunae* (Worobez, 1984), *M. hamardabanae* (Bazarova, 1990) from Siberia and *M. saileri* (Stone, 1952) from North America. The new species, however, can be readily separated from all the related species mentioned above by the feature of male median sclerite. The pupal filaments braching method and cocoon with very low neck and some characters in larva.

Etymology The specific name was given for the shape of pupal cocoon.

陆氏后克蚋，新种 *Metacnephia lui* Chen and Yang（陈汉彬，杨明），sp. nov.（图 12-10）

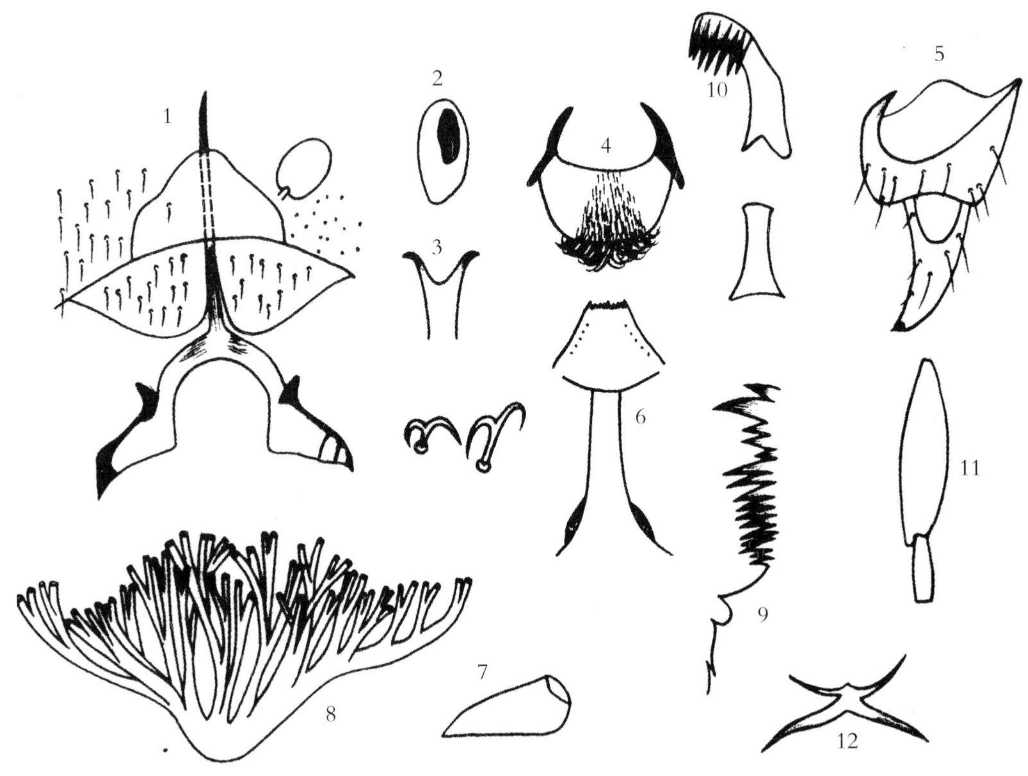

图 12-10 陆氏后克蚋，新种 ***Me. lui*** Chen and Yang（陈汉彬，杨明），sp. nov.

1.Female genitalia; 2.Female sensory vesicle; 3.Cibarium; 4.Ventral plate in ventral view; 5. Coxite and style of male; 6.Larval head capsules in ventral view; 7.Cocoon; 8.Pupal filaments; 9.Larval mandible; 10.Paramere; 11.Hind basitarsus; 12.Anal sclerite

鉴别要点 雌虫拉氏器小，约为触须节Ⅲ长的1/3。雄虫中骨无端中裂隙。蛹呼吸丝由主茎分3支发出。幼虫上颚齿3枚，依次由大变小。

形态概述

雌虫 体长5.0mm。头：额和头顶为黑色，覆灰粉被，具若干黑色毛。额指数为7.8∶4.7∶7.5。额头指数为7.9∶25.3。唇基黑色，灰粉被，覆黄白色细毛和若干黑色毛。触角鞭节Ⅰ的长约为鞭节Ⅱ的1.5倍，触须节Ⅲ～Ⅴ的节比为6.5∶5.0∶11.8。触须拉氏器长约为节Ⅲ的1/2。下颚两侧各具16枚齿，上颚具50枚内齿和15枚外齿。食窦简单。胸：中胸盾片黑色，被黄色细毛，小盾片覆灰粉被。后盾片黑色而光裸。各足基和转节为棕黑色。股节基4/5色淡，端1/5为棕黑色。各足胫节中大部外面为黄白色，余部为棕黑色。跗节除后足基跗节和跗节Ⅱ基部色淡外，其余均为棕黑色。前足基跗节细，约为其宽度的8.5倍。后足基跗节两侧几乎平行。长约为宽的7.0倍。跗突很不发达。跗沟缺。爪具大基齿。翅径脉基具毛。腹：背板暗棕色。尾器：生殖板内缘几乎直，端中缘圆钝。生殖叉突柄长，约为后臂长的2.5倍。后臂具骨化侧突。受精囊椭圆形，具网纹。

雄虫 体长约4.5mm。头：复眼大眼面具21横排，19纵列。触角鞭节Ⅰ的长约为鞭节Ⅱ的1.7倍，触须拉氏器小，长约为节Ⅲ的0.18。胸：似雌虫，但后足基跗节稍膨胀，长约为宽的4.2倍。腹：似雌虫。尾器：生殖肢基节和端节约等长。生殖腹板半圆形，基缘内凹。中骨长板状，基半窄，端半渐变宽。阳基侧每突侧具6~8个大刺。

蛹 体长约4.2mm。头毛4对，胸毛6对，均简单。呼吸丝56~70条，由主茎分4~5支发出。腹部刺和毛的分布式样同多丝后克蚋（*Me. polyfilis*）。

幼虫 体长约7.0mm。头斑不明显。触角3节，节比为4.0∶6.5∶3.4。亚缘侧缘毛4~5支。头扇毛48~50支。上颚具3枚锯齿，大小依次递减。后颊裂伸达亚颏后缘，胸腹体壁光裸。肛鳃简单。后环约140排，每排具10~21个钩刺。

模式标本 正模：1♀，从蛹羽化，制片。2008年8月1日杨明采自内蒙古海拉尔的小溪后面，50°38′N，122°51′E，海拔376m。副模：4♂♂，5蛹，2幼虫。同正模。

地理分布 中国内蒙古。

种名词源 种名系为纪念著名医学昆虫学家陆宝麟院士的姓氏而命名。

分类讨论 ①虽然新种蛹呼吸丝有90~102条，这一特征与*Me. mirzaevae*近似，但是本新种的盾毛黄白色、雄虫中骨形状、蛹呼吸丝的分支式样等综合特征与其近缘种有明显的差异，可资鉴别。②新种主要特征是蛹呼吸丝56~70条，由主茎分4支发出。虽然这一特征近似*Me. amsheovi*、*Me. baicali*、*Me. tamarina*和*Me. sailer*等，但是本新种盾毛黄白色，雌虫生殖叉突，雄虫生殖腹板和中骨形状，蛹呼吸丝的分支式样以及幼虫上颚锯齿等综合特征，与上述近缘种有明显差异，可资鉴别。

附：新种英文描述。

Metacnephia lui Chen and Yang，sp. nov.（Fig.12–10）

Form of overview

Female Body length about 5.0mm. Wing length about 4.5mm. Head：Width slightly narrower than that of thorax，frons and vertex black，grey–dusted and covered several black hairs；frontal ratio 7.8∶4.7∶7.5；frons–head ratio 7.9∶25.3.Clypeus black，grey dusting，covered with yellow white pubescence and with some black hairs. Antenna：composed of 2+9 segments，brownish black except scape pale brown；the 1st flagellar segment about 1.5 times as long as the following one. Maxillary palp：composed of 5 segments with proportional length of the 3rd, 4th and 5th segments of 6.5 : 5.0 : 11.8; sensory vesicle ellipsoidal in shape, about 1/2 as long as respective segment. Maxilla with 16 teeth on each side. Mandible with about 50 inner teeth and 15 outer ones. Cibarium without denticles on posterior border. Thorax: Scutum black and densely covered with recumbent greyish white pubescence as well as sparse erect black hairs on prescutellar area. Scutellum black, grey–dusted and with some black hairs. Postscutellum black and bare. Pleural membrane haired. Katepisternum bare. Legs: All coxae and trochanters brownish black. All femora pale except each distal 1/5 brownish black. All tibiae brownish black with median large portions of outer surface pale grey. All tarsi brownish black except hind basitarsus nearly parallel–side, about 7.0 times as long as wide. Calcipala undeveloped and pedisulcus absent. Each claw with large basal tooth. Wing: Costa with stout black spinules intermixed with black hairs; subcosta haired entirely; radius haired; Hair tuft on base of costa and stem vein brownish black. Abdomen: Basal scale brownish black with fringe of brownish yellow hairs. Terga dark brown.Genitalia: Sternite 8 with numerous black hairs on each side. Anterior gonapophysis membraneous, covered with numerous microsetae; inner margins nearly straight and posteromedian corners rounded. Genital fork with slender sclerotized stem, about 2.5 times as long as the length of arm; each arm with prominent sclerotized projection directed forwards. Spermatheca elliptic and with weak pattern.

Male Body length about 4.5mm. Head: Upper–eye with 21 horizontal rows and 19 vertical columns of large facets each side. Clypeus black, whitish grey pruinose, and with sparse dark hairs. Antenna composed of 2+9 segments, brownish black with yellow scape. The 1st flagellomere about 1.7 times as long as the following one. Maxillary palp as same as in female, but the sensory vesicle smaller, about 0.18 length of the 3rd segment. Thorax: Nearly as in female except hind basitarsus somewhat enlarged, W : L=1.0 : 4.2.Abdomen: As in female. Genitalia: Coxite rectangular in shape, broader than length. Style conical, as long as coxite, tapered toward apical tip, gently curred inward and with apical spine. Ventral plate semicircular in shape; with proximal margin slightly convex; plate body much wider than length; ventral and posterior surface setae medially and lateral margins each having a sclerotized basal process; basal arms shorter than plate body, strongly sclerotized and bending inward. Parameres each with 6~8 large hooks. Median sclerite slender plate in shape, gradually widened towards tip.

Pupa Body length about 4.2mm. Head and thorax: Integuments densely covered with tubercles. Head trichomes 4 pairs, all simple and short; thoracic trichomes 6 pairs, all simple and long, Gill organ with 56~70 filaments approximately 1/3 length of pupal body, usually arranged in following way: from a short fairty stalk 4~5 branches arise and each branch divided again into several second branches. Abdomen: Arrangement of setae, spines and hooks of both dorsal to ventral surface of abdomen similar to those of *M. polyfilis* sp. nov..

Mature larva Body length about 7.0mm. Head spots indistinct. Antenna with 3 segments in proportion of 4.0:6.5:3.4. Each cephalic fan with 48~50 main rays. Mandible with 3 mandibular serrations, decreasing in length and thickness from above downwards. Hypostomium with a row of 9 reduced apical teeth, its anterior corners rounded. Hypostomial setae 4~5 in number on each lateral margin. Postgenal cleft elongate, almost subparallel–sided and reaching posterior margin of hypostomium. Thoracic and abdominal integuments bare. Rectal gills simple, anal sclerite of X–shaped, with short anterior arms about 0.6 length of posterior ones. Posterior circlet with about 140 rows of 10~21 hooklets per row.Ventral papillae absent.

Type materials Holotype: 1 ♀, slide-mounted with its associated pupal skin, reared from pupa, collecting on surface of stones to a small stream, from Hailaer, Inner Mongolia, China, 50° 38′ N, 122° 51′E, alt.376m.1st August, 2008, collected by Yang Ming and Xu Xu. Paratype: 4 ♂♂, 5 pupae and 2 larvae, all on slide, same day as holotype.

Distribution Inner Mongolia Autonomous Region, China.

Remarks This species seems to fall into the Genus *Metacnephia* as defined by Crosskey (1969).It is characterized by the pupal gill filaments, which is with 56~70 filaments from a short fair stalk 4~5 braches arise, this character is shared by some known species, such as *M. amsheovi* Usova and Bazarova (1990), *M. baicali* Usova and Bazarova, *M. tamarina* Usova and Bazarova, and *M. sailer* (Stome, 1952) from Siberia, but the new species differs in some respects, such as the structure of both genitala including the shape of genital fork in the female, the shape of ventral plate and median sclerite in the male, the braching method of the pupal gill filaments and shape of larval mandibular serrations.

Etymology This specific name was given in honor of Professor Lu Baolin for his contribution in medical entomology.

多丝后克蚋，新种 *Metacnephia polyfilis* Chen and Wen（陈汉彬，温小军），sp. nov.（图 12–11）

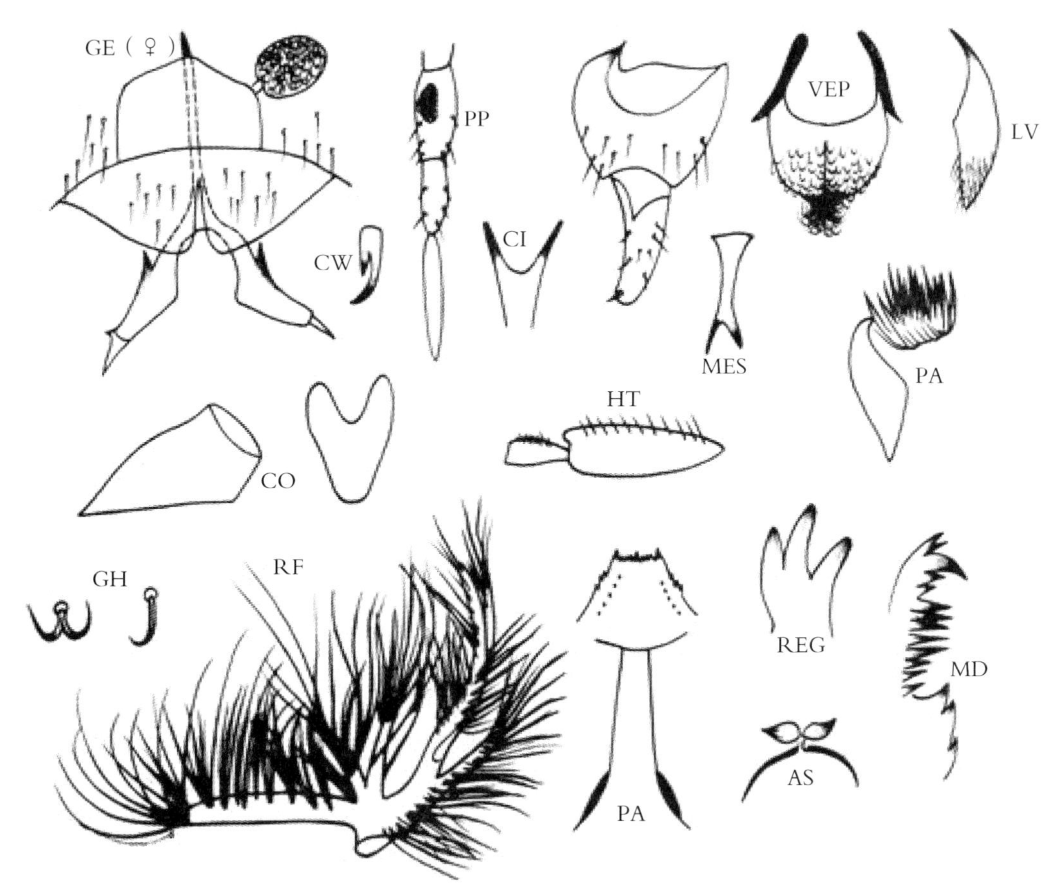

图 12–11　多丝后克蚋，新种 *Me. polyfilis* Chen and Wen，sp. nov.

1.Female genitalia; 2.Claw of female; 3.Palpuli; 4.Female cibarium; 5. Coxite and style of male; 6.Median sclerite; 7.Cocoon in lateral view; 8.Ventral plate in lateral view; 9.Cocoon in lateral view; 10.Cocoon; 11.The 1st abdominal segment; 12.Paramere; 13.Grapnel-shaped hooklet; 14.Grapnel-shaped hooklet; 15.Pupal filaments; 16.Larval head capsules in ventral view; 17.Anal gill; 18.Larval anal sclerite; 19.Larval mandible

鉴别要点 雌虫生殖叉突柄短，触角拉氏器小。蛹具呼吸丝 90~120 条，幼虫上颚第 2 锯齿明显大于第 1 和第 3 锯齿。

形态概述

雌虫 体长 4.5~5.0mm。头：额和唇基黑色，被黄白色毛。额指数为 7.0∶3.9∶7.6。额头指数为 7.0∶23.6。触须节Ⅲ～Ⅴ的节比为 1.6∶1.3∶2.7。拉氏器小，约占节Ⅲ长的 1/3。上颚具 13 枚内齿和 40 枚外齿。下颚具 18 枚内齿和 17 枚外齿。食窦光裸。各足股节端 1/5 为棕黑色，基 4/5 色淡；各足胫节除中大部外面色淡外，余一致为棕黑色。各足跗节除后基跗节和跗节Ⅱ基部色淡外，余一致为棕黑色。爪具大基齿。前足基跗节细长。后基跗节两侧平行，长约为宽的 7 倍。跗突小，跗沟缺。翅亚缘脉和径脉基具毛。尾器：生殖板亚三角形，生殖叉突柄短，与其后臂约等长。后臂具发达的骨化侧突。

雄虫 体长 3.5~4.5mm。头：上眼面具 14 横排和 13 纵列。唇基黑色具同色毛。触角鞭节Ⅰ的长约为鞭节Ⅱ的 1.7 倍。触角拉氏器小，长约为节Ⅲ的 1/5。胸：近似雌虫，但小盾前区具黄白带，翅亚缘脉光裸。腹：背板暗棕色具同色毛。尾器：生殖肢端节略短于基节。生殖腹板半圆形，基缘内凹。阳基侧突每侧约具 10 个强钩刺。中骨长板状，基部宽，向端部渐变窄，端中裂隙明显。

蛹 体长 3.5~4.0mm。头、胸体背密被疣突，头毛 3 对，简单而短。胸毛 5 对，较长。呼吸丝 90~102 条，为体长的 1/4~1/3，通常由主茎分 3 支发出，腹节 1、2 背板具疣突。腹节每侧具 5 支短毛和 1 支长毛。腹节 3、4 每侧具 4 个叉钩，腹节 5 具 1 对互相靠近的分叉钩刺。腹节 6、7 每侧具 1 对远离的分叉钩刺，后腹节具 7~9 个锚状钩和 1 对发达的端刺。茧靴状具长领。

幼虫 体长 7.0~7.5mm。头板棕黑色，头斑阳性。头扇毛 44~46 支。亚颏侧缘毛每侧 5 支。上颚第 3 顶齿特发达，锯齿 3 枚，第 2 锯齿最大，第 1 和第 3 锯齿较小。颊后裂梯状，伸达亚颏后缘。胸、腹体壁光裸。肛鳃简单，肛骨前臂只有后臂的 1/2 长。后环约 120 排。每排具 16~22 个钩刺。腹乳突缺。

模式标本 正模：1♀，从蛹羽化而得。马玉龙采自青海白山国家森林公园小溪中急流的石面上。36°48′N，101°54′E，海拔 3140m，2006 年 7 月 31 日。副模：6♀♀，5♂♂，21 蛹和 3 幼虫，均制片，同正模。

地理分布 中国青海。

种名词源 新种根据其呼吸丝数特多而命名。拉丁文“poly”（多）和“filum”（丝）组合示多丝。

分类讨论 新种的突出特征是呼吸丝达 90~102 条，这一特征虽然与西伯利亚的 *Me. mirzaevae*（Bazarova，1990）相似，但是可根据新种雌虫生殖叉突短，拉氏器小，雄虫尾器构造和幼虫肛骨前臂特短以及上颚锯齿等综合特征，与其近缘种相区别。

附：新种英文描述。

Metacnephia polyfilis Chen and Wen，sp. nov.（Fig.12–11）

Form of overview

Female Body length 4.5~5.0mm.Head：Narrower than thorax. Frons and clypeus black，with grey dusting，covered with whitish yellow pubescence and intermixed with sparse，black hairs. Frontal ratio 7.0∶3.9∶7.6 and fronts–head ratio 7.0∶23.6. Antenna composed of 2+9 segments，brownish black. Maxillary palp with 5 segments，with proportional length of the 3rd to the 5th segments of 1.6∶1.3∶2.7；sensory vesicle elliptical and about 1/3 as long as the 3rd segment. Mandible with about 13 inner teeth and 40 outer ones. Maxilla with 18 inner teeth and 17 outer ones. Cibarium unarmed. Thorax：Scutum black，densely covered with yellowish grey pubescence as well as sparse erect black hairs on prescutellar area. When viewing in certain angle of light, with a whitish yellow band over the anterior margin. Scutellum black, grey-dusted and with some erect black hairs. Postscutellum black and bare. Pleural membrane haired and katepisternum bare. Legs: All coxae and trochanters black. All femora yellow with distal 1/5 brownish black. All tibiae brownish black except median large portions of outer surface pale. All tarsi brownish black except hind basitarsus and base of second tarsomere pale. Claws each with large basal tooth. Fore basitarsus slender, cylindrical, and about 9 times as long as its greatest width. Hind basitarsus nearly parallel-sided, W∶L=1.0∶7.0. Calcipala small and pedisulcus absence. Wing: Costa with spines as well as hairs. Subcosta hairy. Basal section of radius of haired. Hair tuft of stem vein blackish brown. Abdomen: Basal scale brown with a fringe of brownish yellow hairs. Terga dark brown with dark hairs. Genitalia: Sternite 8 sparsely hairy medially and with a lot of black hairs on each side. Anterior gonapophysis thin, membraneous, not rounded posteriorly, covered with microsetae; inner margins well sclerotized, widely separated from each other. Genital fork with slender sclerotized stem, which very short and about as long as arms. Arms moderately wide, each with sclerotized projecting directed forwards. Spermatheca elliptic and with reticulate pattern. Paraproct and cercus of moderate size.

Male Body length 3.5~4.5mm. Head: Wider than thorax. Upper-eye consisiting of about 14 horizontal rows and 13 vertical columns of large facets. Clypeus dark with a few black hairs. Antenna composed of 2+9 segments, brown; the 1st flagellomere about 1.7 times as long as next one. Maxillary palp with 5 segments, sensory vesicle small, almost rounded, about 0.2 times as long as the 3rd segment. Thorax: Nearly as in female. Except with a yellowish white band on the prescutellar area and the hind basitarsus somewhat in flated. Abdomen: Nearly as in female. Genitalia: Coxite subconical, short, broader than length. Style conical, short than coxite, tapered toward apical tip and gently curred inward, with apical spine. Ventral plate lamellate, semicircular in shape, with proximal deep convex, plate body much shorter than width, setose medially; arms short and well sclerotized. Parameres each with about 10 strong hooks. Median sclerite long plate-like with bifid tip.

Pupa Body length about 3.5~4.0mm. Head and thorax: Integuments brownish yellow, densely covered with small tubercles. Head with 1 facial and 2 frontal pairs of short, simple trichomes, whereas the thorax with 5 pairs of simple, long trichomes. Gill organ with 90~102 filaments approximately 1/4~1/3 length of pupal body, arranged irregularity, usually from a short fairly stalk 3 branches arise and each branch with numerous slender filaments. Abdomen: Terga 1 and 2 tuberculate. Tergum 2 with a long seta and 5 short slender setae on each side. Terga 3 and 4 each with 4 hooked spines on each side. Terga 6~8 each with a transverse row of spine-combs directed caudad on each side. Tergum 9 lacking terminal hooks. Sternum 4 with a distinct simple hook and a few minute setae on each side; Sternum 5 with a pair of bifid hooks submedially situated close together on each side; Sterna 6 and 7 each with a pair of bifid hooks widely spaced on each side; last segment with 7~9 grapnel-like hooklets ventrolaterally on each side. Cocoon: Shoe-shaped with long neck, tightly woven.

Mature larva Body length 7.0~7.5mm. Cephalic apotome brownish black or brown with positive head spots. Antenna with 3 segments in proportion of 3.5∶4.6∶2.8. Cephalic fan with 44~46 main rays. The 3rd apical tooth well developed. Mandibular serrations composed of 3 large teeth and the 2nd tooth longer and thicker than the 1st and the 3rd ones subequal sized. Hypostomium with a row of 9 apical teeth, of which reduced and inconspicuous, but each corner tooth moderately developed. Hypostomial bristles 5 in number, lying in parallel to lateral margin on each side. Postgenal cleft much deep, ladder-like, reaching posterior margin. Thoracic and abdominal integuments bare. Rectal gill lobes simple. Anal sclerite of X-form type with broadened, wing-like short anterior arms. Posterior circlet with about 120 rows of 16~22 hooklets per row. Ventral papillae absent.

Type materials Holotype: 1 ♀, reared from pupa, slide-mounted, with skin and associated cocoon, collected in a fast-flowing small stream from Baishan National forest park, Qinghai Province, China (36° 48′ N, 101° 54′ E, alt. 3140m), 31st, July, 2006, collected by Ma Yulong.Paratype: 6 ♀♀, 5 ♂♂, 21 pupae and 3 larvae.All slide-mounted, same day as holotype.

Distribution Qinghai Province, China.

Remarks This new species appears to belong to the Genus *Metacnephia* as defined by Crosskey (1969). The pupa with 90~102 filaments is characteristic of this new species.This character is shared by a known species, such as *M. mirzaevae* Bazarova, 1990.The new species, however, can be readily separated from latter species and all the related species by severa combination characters including the shape of female Anterior gonapophysis, the structure of male genitalia, pupal filaments branching and several characters of larva.

Etymology The specific name was given for its pupa with numerous gill filaments.

黑足后克蚋 *Metacnephia edwardsiana* (Rubtsov, 1940)(图 12-12)

Simulium edwardsiana Rubtosv, 1940.*Blackflies*, *Fauna USSR*, Diptera, 6(6): 319. 模式产地:俄罗斯(西伯利亚).

Cenphia edwardsiana (Rubtsov, 1940); Rubtsov, 1956. *Blackflies*, *Fauna USSR*, Diptera, 6(6): 299; Lee *et al.*(李铁生等), 1976. N. China, midges, blackflies and horseflies: 108.

Metacnephia edwardsiana(Rubtsov, 1940); Crosskey, 1988, Annot. Checklist World Blackflies (Diptera: Simuliidae); 437; Chen and An, 2003. The Blackflies of China: 64.

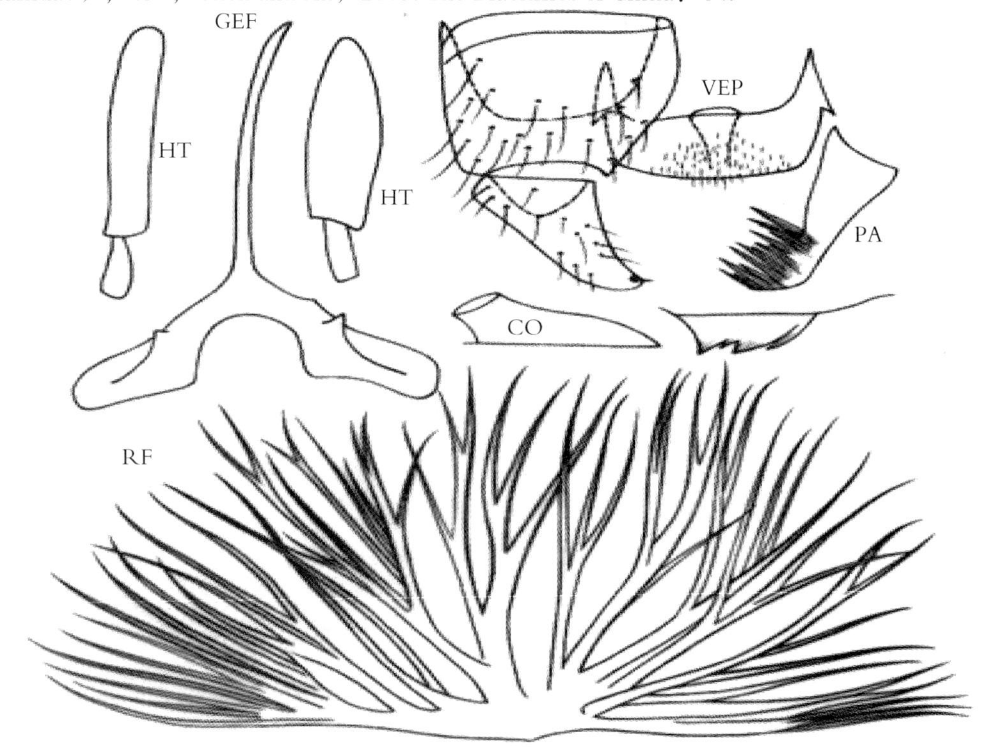

图 12-12 黑足后克蚋 *Me. edwardsiana* (Rubtsov, 1940)

鉴别要点 足黑色；生殖腹板横宽，后缘平；呼吸丝 70~75 条。

形态概述

雌虫 体长 5~6mm。触角黑色，额和头顶黑灰色，密被软毛。中胸盾片黑灰色，密覆银灰色毛，侧膜具毛。足黑色，具银灰色长毛。后足基跗节两边平行，明显比胫节窄，其长度约为宽的 6 倍，跗突小尖形。节Ⅱ无跗沟。腹部棕黑色，腹节Ⅱ、Ⅲ平覆银灰色长毛，余部具金黄色短软毛。生殖板矩形，生殖叉突两后臂端 2/3 扩展呈矩形，具小侧突。

雄虫 体长 3.5~5mm。触角黑色。中胸盾片黑色，密被金黄色软毛。侧膜具毛。平衡棒棕黑色。足黑色，具白色长毛。后足基跗节呈纺锤状，比胫节略窄，无跗突，节Ⅱ无跗沟。腹部黑色，覆以银灰色长毛。生殖肢端节短锥状，其长度约为中部宽度的 3.5 倍。生殖腹板横宽，宽度超过长度的 2 倍，后缘平直，仅中部略凸，两侧角浑圆；中骨窄，基部较宽，其长度约为中部宽度的 7 倍；阳基侧突每侧具 10~12 个长短不一的钩刺。

蛹 茧长 6~7mm。靴状，靴口长约为蛹体长的 0.33。呼吸丝不露出茧外。呼吸丝每侧 60~76 条，着生在 2 个粗茎上，从基部开始至呼吸丝中部分叉呈树枝状。

幼虫 体长 9~10mm，呈绿色，具棕横带。头斑阳性，但不清晰。头扇毛约 60 支。缘齿 4 枚，第 1 和第 3 齿发达。后环 112 排，背面每排具 16 个小钩，腹面每排具 18~19 个小钩。肛鳃简单。

生态习性 幼期孳生于山区清凉的江河里，河宽 0.7~0.8m，水温 12~15℃。

地理分布 中国：内蒙古，新疆及东北地区；国外：俄罗斯，蒙古国。

分类讨论 本种原描述归入蚋属，后来移入真蚋属，1988 年，Crosskey 又把它移入新建立的后克蚋属，这样分类更趋合理。

克氏后克蚋 *Metacnephia kirjanovae*（Rubtsov，1956）（图 12-13）

Cnephia kirjanovae Rubtosv，1956. *Blackflies*，*Fauna USSR*，Diptera，6（6）：302. 模式产地：吉尔吉斯斯坦 .

Metacnephia kirjanovae（Rubtsov，1956）；Crosskey，1988. Annot. Checklist World Blackflies（Diptera：Simuliidae）：437.

Sulcicnephia kirjanovae（Rubtsov，1956）；Chen and An，2003. The Blackflies of China：66.

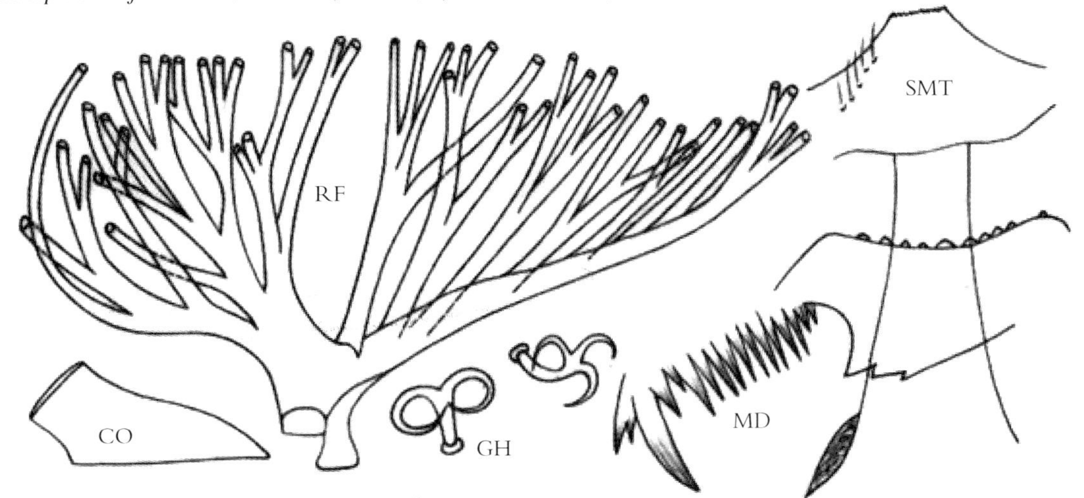

图 12-13 克氏后克蚋 *Me. kirjanovae*（Rubtsov，1956）

鉴别要点 蛹呼吸丝 44~50 条。成虫生殖叉突后臂侧突小，生殖腹板中部突出。幼虫上颚第 3 顶齿发达，上颚第 1 和第 2 锯齿大于第 3 锯齿；亚颏 9 枚顶齿约等大。

形态概述

雌虫 体长约 4.5mm。口器非吸血型。生殖叉突后臂的骨化侧突很小，约为后臂直径的 1/6。

雄虫 体长约4.0mm。生殖肢基节和端节约等长。生殖腹板横宽，基缘内凹，后缘中突。侧缘亚平行。阳基侧突每侧约具 10 个粗刺。

蛹 呼吸丝 44~50 条。由总茎分 2 支发出，但排列方式有变化；后腹节有 3~4 个锚状钩。茧靴状，具高领。

幼虫 体长 7~8mm，头部色较暗，额斑不明显。触角 4 节，节 2 最长，节 1 和节 3 约等长，节 3 和节 4 暗色。上颚上侧缘明显向下突出，第 3 顶齿发达，明显长于梳齿；梳齿 11 枚；锯齿 3 枚，第 1、第 2 齿发达，第 3 齿小。亚颏顶齿 9 枚，约等大，等距排成一弧形。侧缘毛通常 5~6 支。后颊裂伸达亚颏后缘，长梯形。后环 110~130 排，每排具 17~20 个小钩刺。

生态习性 幼虫约在 8 月初化蛹。幼期孳生于寒冷的山地江河中。

地理分布 中国：新疆；国外：吉尔吉斯斯坦。

分类讨论 本种原描述置于克蚋属（*Cnephia*）项下。后来，Crosskey（1988）将它移入后克蚋属（*Metacnephia*）。随后，安继尧（1996）将它移入畦克蚋属（*Sulcicnephia*）。鉴于本种的尾器特征，蛹呼吸丝的数量和幼虫上颚齿和亚颏齿的特征，无疑归入后克蚋属更为合适。

5. 蚋属 Genus *Simulium* Latreille，1802

Simulium Latreille，1802（as genus）.*Hist. nat. generale et particuliere des Crustaces et des Ins. Paris*，3: 426. 模式种：*Rhagio colombaschensis* Fabricius，1787（monotype）.

属征概述 成虫触角 10~11 节。触须末节细长。中胸侧膜具毛或光裸。翅前缘脉具毛和刺，径分脉简单，肘脉（Cu_2）弯曲。后足基跗节通常具跗突，偶副缺。跗节Ⅱ通常有跗沟，偶副缺或很不发达。爪简单或具基齿。雄虫生殖肢、生殖腹板和中骨因亚属和种而异。蛹体壁通常色淡，膜质，呼吸丝 4~32 条，通常丝状，少数种类膨大而成棒状或球状。后腹节有或无端刺。茧拖鞋状、鞋状或鞭状，有或无前中突和侧窗。幼虫具头扇。亚颏齿 9 枚，排成一行，中齿和角齿突出或不突出。后颊裂形状各异，少数可伸达亚颏后缘。肛板“X”形。肛鳃简单或复杂，腹乳突存在或副缺。

本属系世界性分布。属下分类，不同学者见仁见智。现行分类设置 37 亚属已知 1645 种（Adler 和 Crosskey），超过蚋科已知种级阶总数的七成。但是本属明显具有异源性，所以有待进一步研究和整理，使其更符合生物系谱。我国已发现15亚属，包括厌蚋亚属（*Boophthora*）、布蚋亚属（*Byssodon*）、短蚋亚属（*Odagmia*）、真蚋亚属（*Eusimulium*）、绳蚋亚属（*Gomphostilbia*）、希蚋亚属（*Hellichiella*）、山蚋亚属（*Montisimulium*）、纺蚋亚属（*Nevermannia*）、副布蚋亚属（*Parabyssodon*）、逊蚋亚属（*Schoenbaueria*）、蚋亚属（*Simulium*）、特蚋亚属（*Tetisimulium*）、杵蚋亚属（*Trichodagmia*）、洼蚋亚属（*Wallacellum*）和维蚋亚属（*Wilhelmia*）等。以前报道的喜蚋亚属（*Himalayam*）现已并入蚋亚属。Adler 和 Crosskey（2014）将副布蚋亚属移入蚋亚属作为种组处理，但考虑到该亚属形态结构的特殊性（包括尾器和幼虫），不敢苟同，所以本书仍保留其亚属地位。

中国蚋属分亚属检索表

雌虫

1　中胸侧膜和下侧片具毛；后足基跗节跗突发达，至少伸达第Ⅱ跗节末端……………………………………………………………………洼蚋亚属 *Wallacellum*

无上述合并特征……………………………………………………………2

2（1）中胸下侧片具毛……………………………………绳蚋亚属 *Gomphostilbia*

中胸下侧片光裸……………………………………………………………3

3（2）足无跗突和跗沟，上颚、下颚无齿……………………希蚋亚属 *Hellichiella*

无上述综合特征……………………………………………………………4

4（3）中胸盾片边缘覆灰色粉被，无毛，中部黑色具平覆短毛并有强闪光；生殖腹板亚三角形，生殖叉突基部1/3处拱起，末端亚方形……………副布蚋亚属 *Parabyssodon*

无上述综合特征……………………………………………………………5

5（4）径脉基段具毛……………………………………………………………6

径脉基段光裸……………………………………………………………13

6（5）爪简单……………………………………………………………………7

爪具基齿……………………………………………………………………9

7（6）爪短；中胸盾片和足全暗…………………………逊蚋亚属 *Schoenbaueria*

爪长；中胸盾片具银白斑或暗色纵条……………………………………8

8（7）中胸盾片灰色，具3条琴弦状暗色窄纵条；生殖板内缘末端延伸成细弯钩状突……………………………………………………………………维蚋亚属 *Wilhelmia*

中胸盾片无上述纵条但有银白色斑；生殖板无细弯钩状端突…………厌蚋亚属 *Boophthora*

9（8）中胸盾片具3条巧克力色窄纵条…………………………布蚋亚属 *Byssodon*

中胸盾片无上述窄纵条……………………………………………………10

10（9）小颚通常内缘具齿列，但外缘仅近端部具齿；生殖板长，舌状；受精囊圆球形……………………………………………………………………真蚋亚属 *Eusimulium*

无上述综合特征……………………………………………………………11

11（10）触须第Ⅲ节明显膨大，拉氏器长，至少为第Ⅲ节的1/2，第Ⅴ节长约为第Ⅲ、第Ⅳ节之和……………………………………………………纺蚋亚属 *Nevermannia*

触须第Ⅲ节正常，拉氏器通常短于第Ⅲ节的1/2，第Ⅴ节长度小于第Ⅳ、第Ⅳ节之和……………………………………………………………山蚋亚属 *Montisimulium*

13（5）中胸侧膜具毛……………………………………………………………14

中胸侧膜光裸……………………………………………………蚋亚属 *Simulium*

14（13）爪简单………………………………………………杵蚋亚属 *Trichodagmia*

爪具基齿……………………………………………………………………15

15（14）中胸盾片具3条暗色纵纹；前足胫节无银白色斑；生殖板通常呈舌状……………………………………………………………………特蚋亚属 *Tetisimulium*

综合特征非如上述……………………………………………………………………短蚋亚属 *Odagmia*

雄虫

1 中胸侧膜和下侧片具毛……………………………………………………………洼蚋亚属 *Wallacellum*
中胸侧膜和下侧片光裸或仅其中之一具毛……………………………………………………………2
2（1） 中胸下侧片具毛…………………………………………………………………绳蚋亚属 *Gomphostilbia*
中胸下侧片光裸…………………………………………………………………………………………3
3（2） 后足无跗突和跗沟，至多具光裸的浅跗沟………………………………………希蚋亚属 *Hellichiella*
后足具跗突和跗沟………………………………………………………………………………………4
4（3） 中胸盾片边缘覆灰色粉被，无毛，中部黑色有散在的金黄色短毛；生殖腹板短宽，生殖肢端节基部内侧有一丛小齿突…………………………………………………副布蚋亚属 *Parabyssodon*
综合特征非如上述………………………………………………………………………………………5
5（4） 中胸侧膜具毛……………………………………………………………………………………………6
中胸侧膜光裸……………………………………………………………………………………………9
6（5） 径脉基段具毛，生殖肢基节明显长于小钩形的生殖肢端节………………维蚋亚属 *Wilhelmia*
径脉基光裸，生殖肢明显短于生殖肢端节…………………………………………………………7
7（6） 生殖肢端节长，具 0~3 个端刺…………………………………………………杵蚋亚属 *Trichodagmia*
综合特征非如上述………………………………………………………………………………………8
8（7） 生殖腹板纵长，两侧基部和端部强收缩，末端呈尖楔状或矛状，板体侧面观后跟和腹突不发达…………………………………………………………………特蚋亚属 *Tetisimulium*
生殖腹板中度长，板体中部略膨大，呈壶状，侧面观腹突发达……………短蚋亚属 *Odagmia*
9（5） 生殖肢端节短宽，端圆，具一排或一簇亚端刺；生殖腹板三角形或亚方形，基部有 1 对臂状侧突……………………………………………………………………厌蚋亚属 *Boophthora*
非如上述………………………………………………………………………………………………10
10（9） 径脉基段具毛…………………………………………………………………………………………11
径脉基段光裸…………………………………………………………………………………………15
11（10）阳基侧突每侧仅具 1 粗刺…………………………………………………………………………12
阳基侧突每侧至少具 2 根粗刺………………………………………………………………………14
12（11）生殖腹板具中龙骨突……………………………………………纺蚋亚属 *Nevermannia*（部分）
生殖腹板无中龙骨突…………………………………………………………………………………13
13（12）生殖肢端节短小而内弯呈钩状；生殖腹板呈长三角形；中骨长杆状，末端通常不分叉……………………………………………………………………………真蚋亚属 *Eusimulium*
生殖肢端节与基节约略等长；生殖腹板横宽，中骨末端分叉或不分叉………………………………………………………………………………纺蚋亚属 *Nevermannia*（部分）
14（11）阳基侧突每侧具 2 个大刺………………………………………………逊蚋亚属 *Schoenbaueria*
阳基侧突每侧具 3~9 个大小不一的大刺…………………………………山蚋亚属 *Montisimulium*
纺蚋亚属 *Nevermannia*（部分）
15（10）生殖肢端节短于生殖肢基节，圆柱形而内弯；中骨相当宽，末端内凹，有锯齿…………………………………………………………………………………布蚋亚属 *Byssodon*

生殖肢端节明显长于生殖突基节，中骨非如上述……………………………蚋亚属 *Simulium*

蛹

1　　腹节背板无刺栉……………………………………………………………………………………

　　腹节背板具刺栉（至少后腹节有刺栉）…………………………………………………………2

2（1）　后腹节有发达的锚状钩；额毛3对……………………………………绳蚋亚属 *Gomphostilbia*

　　后腹节无锚状钩；额毛通常2对…………………………………………………………………3

3（2）　腹背具圆锥状突………………………………………………………………………………4

　　腹部无圆锥状突……………………………………………………………………………………5

4（3）　呼吸丝4条……………………………………………………………………副布蚋亚属 *Parabyssodon*

　　呼吸丝22~26条…………………………………………………………………………布蚋亚属 *Byssodon*

5（3）　呼吸丝3~8条，叉状排列，多数基部膨大，向端部渐变尖；茧通常具发达的背中突

　　……………………………………………………………………………………希蚋亚属 *Hellichiella*

　　无上述合并特征…………………………………………………………………………………6

6（5）　呼吸丝4条，或6条，或8条，呈2歧分支；当8条丝时，则有1~2个短柄上发出3条丝。

　　茧拖鞋状………………………………………………………………………逊蚋亚属 *Schoenbaueria*

　　综合特征非如上述…………………………………………………………………………………7

7（6）　腹节5~8背板前沿具刺栉………………………………………………………………………8

　　腹节仅7、8背板具刺栉……………………………………………………………………………10

8（7）　呼吸丝8~14条，密集成束或树状排列，通常密布黑色疣突………山蚋亚属 *Montisimulium*

　　呼吸丝非如上述……………………………………………………………………………………9

9（8）　呼吸丝4条，长而约等粗，由2个长短不一的短茎发出，通常下对的上丝明显向上升再折

　　向前方；茧通常无前背中突……………………………………………………真蚋亚属 *Eusimulium*

　　呼吸丝4条或6条，4条时成对生长在短柄上，或由一粗杆状或其中1~2条缩成拇指状。

　　茧简单，或具背中突或具成对角状突…………………………………………纺蚋亚属 *Nevermannia*

10（7）　茧鞋状或靴状，具领；呼吸丝6~16条……………………………………杵蚋亚属 *Trichodagmia*

　　无上述合并特征……………………………………………………………………………………11

11（10）　呼吸丝8条，成对发出，均具短柄或其中1~2对无柄。茧编织疏松，前部具网格状领和…

　　孔窗…………………………………………………………………………………………………12

　　无上述合并特征……………………………………………………………………………………13

12（11）　端钩发达，弯曲…………………………………………………………特蚋亚属 *Tetisimulium*

　　端钩直，中度发达……………………………………………………………………短蚋亚属 *Odagmia*

13（11）　腹节6背板具少量刺；腹节7、8背板具刺栉；呼吸丝4~6条；茧简单……………………

　　……………………………………………………………………………………厌蚋亚属 *Boophthora*

　　腹部仅节7具刺栉；呼吸丝6~32条；茧简单或复杂…………………………蚋亚属 *Simulium*

14（1）　呼吸丝6条，膨胀呈囊状，从背、腹管状基臂间向前发出；茧具领……维蚋亚属 *Wilhelmia*

　　呼吸丝4条，丝状或细管状………………………………………………………洼蚋亚属 *Wallacellum*

幼虫

1 腹部具圆锥状突……………………………………………………………………………………………………14
腹部光滑或仅具刺毛……………………………………………………………………………………2

2（1） 触角 7~9 节 ……………………………………………………………………**希蚋亚属** *Hellichiella*
触角 3~4 节 ……………………………………………………………………………………3

3（2） 后腹有腹乳突……………………………………………………………………………………4
后腹无腹乳突……………………………………………………………………………………10

4（3） 后颊裂副缺，或明显短于后颊桥……………………………………………………………5
后颊裂深，至少与后颊桥约等长（偶例外）………………………………………………8

5（4） 亚颏侧缘无齿……………………………………………………………**绳蚋亚属** *Gomphostilbia*
亚颏具侧缘齿……………………………………………………………………………………6

6（5） 亚颏大而明显，高度骨化，顶齿的中、角齿突出；后颊裂缺或仅具有痕迹……………………
……………………………………………………………………**山蚋亚属** *Montisimulium*
无上述合并特征…………………………………………………………………………………7

7（6） 亚颏窄小，顶齿发达或不发达，中、角齿突出或不突出，肛板前后臂约等长，后颊裂通常短于后颊桥，呈圆形或亚方形……………………………………………**纺蚋亚属** *Nevermannia*
亚颏正常，顶齿发达，中、角齿突出；肛板前臂长于后臂；后颊裂短于后颊桥，呈槽状或亚圆形…………………………………………………………………**真蚋亚属** *Eusimulium*

8（4） 亚颏齿较小，不突出，上颚具内齿 3~5 枚……………………………**厌蚋亚属** *Boophthora*
无上述合并特征…………………………………………………………………………………9

9（8） 后颊裂端尖而前伸…………………………………………………………**洼蚋亚属** *Wallacellum*
后颊裂端圆……………………………………………………………………**逊蚋亚属** *Schoenbaueria*

10（3） 亚颏下部宽，中齿突出；侧缘毛 8 根以上，通常排成 2~3 排；后颊裂上尖下宽；无腹乳突……………………………………………………………………**杵蚋亚属** *Trichodagmia*
综合特征非如上述………………………………………………………………………………11

11（10） 上颚第 3 齿粗大，3 枚梳齿约等长，锯齿 2 枚；亚颏顶齿短钝；后颊裂大、宽、钝，呈箭形或卵圆形……………………………………………………………**维蚋亚属** *Wilhelmia*
综合特征非如上述………………………………………………………………………………12

12（11） 上颚顶齿长度依次递减……………………………………………………**蚋亚属** *Simulium*
上颚前顶齿至少为中、后顶齿长的 1 倍以上…………………………………………………13

13（12） 上颚前顶齿长为中、后顶齿的 2~2.5 倍 ……………………………**特蚋亚属** *Tetisimulium*
上颚前顶齿长为中、后顶齿的 1~1.5 倍……………………………………**短蚋亚属** *Odagmia*

14（1） 腹部第 3 节腹面具 1 对圆锥状突；体上有分支叉状毛……………**副布蚋亚属** *Parabyssodon*
腹部 1~6 节每侧具 1 对圆锥状突起；1~4 节各具 1 对腹突……………**布蚋亚属** *Byssodon*

1）厌蚋亚属 Subgenus *Boophthora* Enderlein，1921

Boophthora Enderlein，1921，*Dt. Tierärztl. Wschr.*，29：199. 模式种：*Simulia argyreata* Meigen（as subgenus of *Simulium*）；Chen and An，2003. The Blackflies of China：83.

Dseudosimulium Baranov，1926（preoce.）（as subgenus of *Simulium*）. 模式种：*erythrocephalum.*

鉴别要点 雌虫额高为最大宽度的 1.25~1.50 倍；雄虫中胸盾片有明显的银白色斑；雌虫盾斑不明显；中胸侧膜光裸；前足跗节Ⅰ扁平宽大，两性后足跗节Ⅰ两边平行。爪简单。生殖肢基节矩形，生殖肢端节短宽，端部横宽钝圆，具一排或一簇亚端刺；中骨窄条状或上宽下窄，不分叉；阳基侧突具众多小刺，排成 2~3 行。生殖腹板薄片状，形状特殊，板体三角形或亚方形，两基臂端侧缘形成 2 个向后伸的楔状突起。蛹呼吸丝每边 6 条，腹部节 6 有少量刺，节 7、节 8 具刺栉；茧拖鞋状。幼虫亚颏端齿较小，上颚锯齿 2 枚，间距较大。后颊裂桃形，未伸达亚颏后缘。后腹突分离。肛鳃简单或复杂。

本亚属全世界已知 5 种（Adler 和 Crosskey，2014），全部分布于古北界。我国已知有 3 种（含本书描述的 1 新种），即红头厌蚋［*S.*（*B.*）*erythrocephalum*］、四丝厌蚋［*S.*（*B.*）*quattuorfile* Chen，Wu and Yang，2000］和贵阳厌蚋［*S.*（*B.*）*guiyangense* Chen，Liu and Yang，sp. nov.］。

中国厌蚋亚属分种检索表

雌虫

1 中胸盾片覆金黄色细毛，具银白色肩斑；触须拉氏器大，约占节Ⅲ长的 1/2……………………………………………………………………………贵阳厌蚋 *S.*（*B.*）*guiyangense* sp. nov.

中胸盾片覆灰白细毛，无银白色肩斑；拉氏器约为节Ⅲ长的 1/3…………………………2

2（1） 足大部黑色，各足跗节除基部色淡，余部均棕黑色……………………………………………………………………………红头厌蚋 *S.*（*B.*）*erythrocephalum*

足大部色淡，各足跗大部色淡……………………………四丝厌蚋 *S.*（*B.*）*quattuorfile*

雄虫

1 生殖肢端节具 5~7 个亚端刺排成一行…………………红头厌蚋 *S.*（*B.*）*erythrocephalum*

生殖肢端节具 10~15 个亚端刺排成一簇或排成 2~3 行……………………………………2

生殖腹板亚方形；后缘几乎垂直……………………贵阳厌蚋 *S.*（*B.*）*guiyangense* sp. nov.

生殖腹板亚箭形；后缘中部突出……………………………四丝厌蚋 *S.*（*B.*）*quattuorfile*

蛹

1 呼吸丝通常 4 条，偶 5 条；呼吸丝短，其长度约为体长的 2/3……………………………………………………………………………四丝厌蚋 *S.*（*B.*）*quattuorfile*

呼吸丝通常 6 条，偶 5 条；呼吸丝长度与蛹体约相当或略长于蛹体…………………………2

2（1） 呼吸丝略短于蛹体，排列成 2+2+2…………………红头厌蚋 *S.*（*B.*）*erythrocephalum*

呼吸丝长度略长于蛹体，排列成 2+4 或 2+3…………………贵阳厌蚋 *S.*（*B.*）*guiyangense*

幼虫

1 头扇毛 35~54 支……………………………………………红头厌蚋 *S.*（*B.*）*erythrocephalum*

头扇毛 28~34 支………………………………………………………………………………2

2（1） 腹部每节有棕色带……………………………………四丝厌蚋 *S.*（*B.*）*quattuorfile*

腹部无棕色带……………………………………………贵阳厌蚋 *S.*（*B.*）*guiyangense*

贵阳厌蚋，新种 ***Simulium*（*Boophthora*）*guiyangense*** Chen，Liu and Yang（陈汉彬，刘占钰，杨明），sp. nov.（图 12–14）

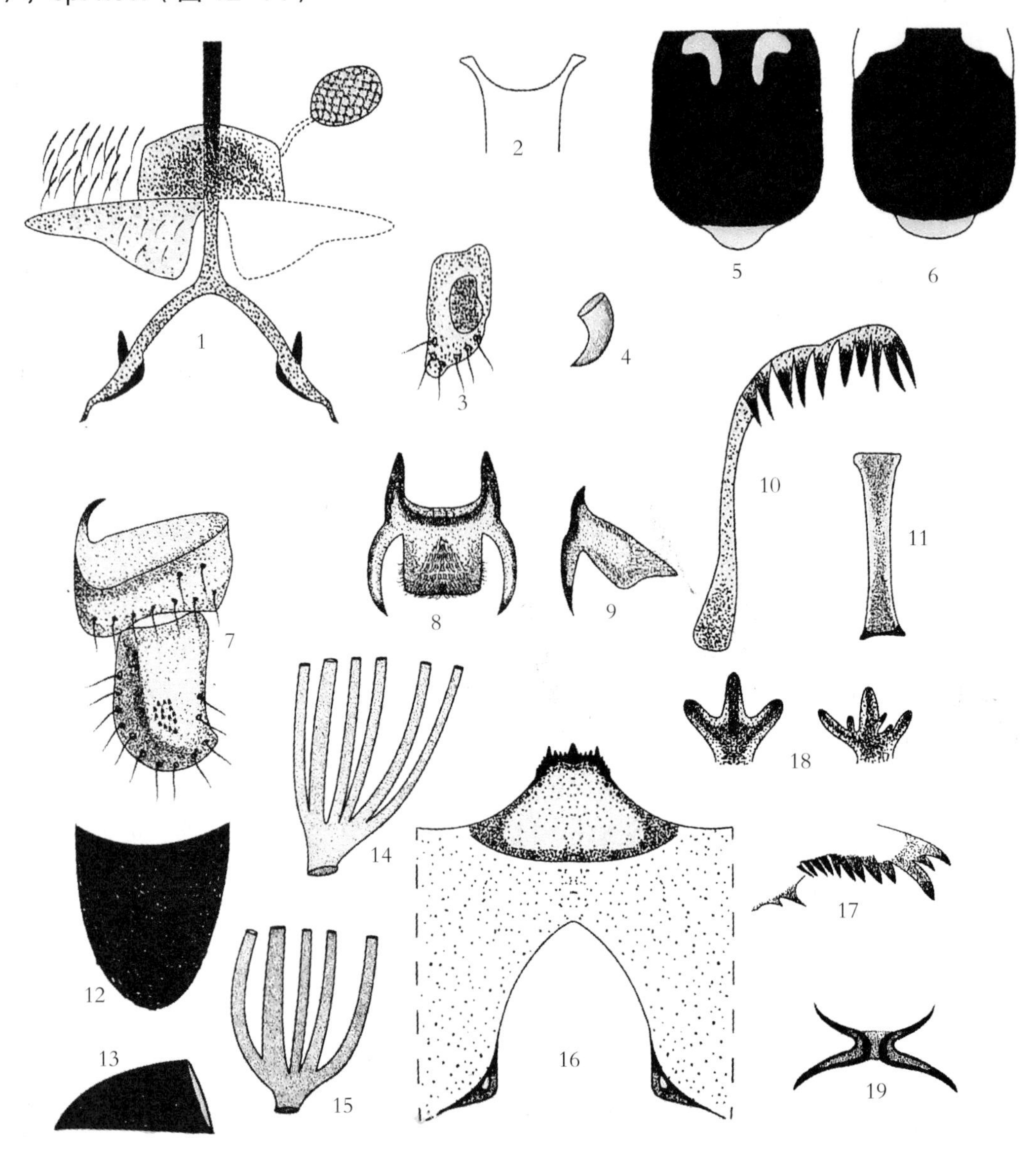

图 12–14　贵阳厌蚋，新种 ***S.*（*B.*）*guiyangense*** Chen，Liu and Yang，sp. nov.

1.Female genitalia；2.Female cibarium；3.The 3rd segment of maxillary palp；4.Female claw；5.Female scutum；6.Male scutum；7.Gonocoxite and gonostylus of male；8.Ventral plate in ventral view；9.Ventral plate in lateral view；10.Paramere of male；11.Median sclerite；12.Cocoon；13.Cocoon in lateral view；14~15.Filaments；16.Larval head capsules in ventral view；17.Larval mandible；18.Larval rectal papilla；19.Larval anal sclerite

鉴别特征　雄虫生殖腹板亚方形，后缘几乎平齐。

形态概述

雌虫　体长 2.3mm。翅长约 2.1mm。头：额闪光，色黑，覆以稀疏灰白色。额指数为 8.5∶5.5∶8.0。额头指数为 8.5∶27.5。唇基灰黑色，覆白色细毛。触角柄节和梗节红棕色。鞭棕黑色。触须节Ⅲ～Ⅴ的节比为 4.4∶4.8∶10.5。触须拉氏器较大，为节Ⅲ长的 0.48~0.52。上颚具 27 枚内齿和 14 枚外齿。下颚具 13 枚强内齿和 11 枚外齿。食窦弓光裸。胸：中胸盾片覆灰色粉被。密被金黄色细毛，具银白色肩斑。小盾片具暗色毛。后盾片光裸。中胸侧膜和下侧片光裸。前、中股节端1/3为棕黑色，基2/3为黄棕色。各足胫节为暗棕色，但中大部外面为黄色。各足跗节除中足基跗节基4/5、后足基跗节基3/4和节Ⅱ基1/2色淡外，余一致为棕色。前足基跗节长约为宽的0.45。后足基跗节两侧平行。长约为宽的5.3倍。翅前缘脉基1/3具毛。腹：背板黑被同色毛。腹节Ⅱ、Ⅲ具银白色侧斑。尾器：生殖板舌状，后缘钝圆，内缘稍分离。生殖叉突具骨化细柄。后臂具明显骨化的后侧脊和侧突。受精囊椭圆形。尾须后缘钝圆，长大于宽。

雄虫 体长2.3~2.5mm。头：复眼大眼面具17横排和17纵列。唇基灰粉被，闪光。触角鞭节Ⅰ的长约为鞭节Ⅱ的1.6倍。触须拉氏器长约为节Ⅲ的0.28。胸：中胸盾片黑色，闪光，覆金黄色细毛，具银白色肩斑。小盾片黑色具同色毛。后盾片灰被闪光，光裸。足同雌虫。翅亚缘脉光裸。腹：背板黑色被同色毛。腹节Ⅱ具银白色侧斑。尾器：生殖肢基节长为宽的0.7~0.8，端圆。生殖肢端节宽，两侧亚平行，长约为基节的1.2倍，具12~15个亚端刺，排列成不规则的2~3行。生殖腹板形状特殊，板体亚方形，后缘几乎直，具1对长楔状基侧突。腹板侧面观具1个明显的喙状腹突。中骨长板状，端宽。阳基侧突每侧约具10个强钩刺。

蛹 体长3.2~3.8mm。呼吸丝长3.0~4.2mm。头、胸：体壁淡黄，覆以疣突。头毛3对，胸毛3对，均简单。呼吸丝通常5~6条，由主茎分2支发出，排列成2+3或2+4。第1对的内丝长于（1.2倍）并粗于（1.3倍）其他呼吸丝。腹：节2背板每侧具6支简单毛；节3、节4背板每侧具4个钩刺；节7~9背板具刺栉。节5腹板具1对并列的分叉钩刺；节6~7腹板每节具1对分离的分叉钩刺。后腹无端钩。茧简单，鞋状，具加厚前缘。

四龄幼虫 体长5.5~6.0mm。头斑可见暗色中条和侧斑。触角具3节和1个感觉器，节比为3.0∶3.7∶3.6。头扇毛30~33支。上颚锯齿2枚，一大一小。亚颏顶齿9枚，中齿和角齿中度突出；侧缘毛3~4支。后颊裂亚箭形。端尖，长为后颊桥的2.0~2.5倍。胸部体壁光裸。腹部体壁具稀疏黑刺毛。肛鳃简单或偶具1个次生附叶。肛板“X”形，前臂约为后臂长的0.8倍。后环具55~62排，每排具8~12个钩刺。

模式标本 正模：1♀。由蛹羽化而得。刘占钰采自贵阳市白云区的山溪水草，26°92′N，106°36′E，2011年7月19日，海拔1251m。副模：14♀♀，29蛹，37幼虫。同正模。

生物学 幼虫和蛹采自山地小溪流中的水生植物和枯枝落叶上。溪流宽0.3~1.0m、深0.1~0.4m，水温24℃。

种名词源 新种以其模式产地贵阳市而命名。

分类讨论 本新种是厌蚋亚属首次发现于东洋界的新分布。新种雄虫生殖腹板亚方形，后缘平直，是区别于本属已知种的独具特征。新种的生殖肢端节具12~15个排列不规则的亚端刺，虽然这一特征近似报道自日本的*S.*（*B.*）*yonagoense*（Okamoto）和*S.*（*B.*）*makunbei*，以及发现于中国的四丝厌蚋［*S.*（*B.*）*quattuorfile* Chen，Wu and Yang *et al.*］，但是可根据足色、盾饰、雄虫生殖腹板和中骨的形状、蛹呼吸丝数和排列方式、幼虫肛鳃和后环数等特征加以区别。

附：新种英文描述。

Simulium*（*Boophthora*）*guiyangense Chen，Liu and Yang，sp. nov.（Fig.12–14）

Form of overview

Female Body length up to 2.3mm. Wing length about 2.1mm. Head：Nearly as wide as thorax.

Frons shiny, black, covered with some short greyish white hairs. Frontal ratio 8.5 : 5.5 : 8.0; frons-head ratio 8.5 : 27.5. Clypeus greyish black, densely covered with fine white hairs. Antenna composed of 2+9 segments, brownish black except scape and pedicel, redish brown. Maxillary palp greyish black, with proportional length of the 3rd to the 5th segments of 4.4 :4.8 : 10.5.The 3rd segment is enlarged but the apical part isn' t swollen; sensory vesicle elongate, about 0.48~0.52 length of respective segment. Mandible with 27 weak inner teeth and 14 outer ones. Maxilla with about 13 strong inner teeth and about 11 outer ones. Cibarium usually lack denticles on posterior border. Thorax: Scutum black, grey pruinose, covered with golden yellow pubescence and with anterior pair of silvery white spots on shoulders. Scutellum black and covered with dark hairs. Postscutellum dark and bare. Pleural membrane and katepisternum bare. Legs: All coxae brownish yellow except hind coxa brownish black. All trochanters brownish yellow. Fore and mid femora yellowish brown with distal 1/3 brownish black. All tibiae brown except median large portions of outer surface yellow. All tarsi brown except basal 4/5 of mid basitarsus, basal 3/4 of hind basitarsus and basal 1/2 of second tarsomere pale. The length of fore basitarsus 0.45 as long as width. Hind basitarsus subparallel-side, W : L=1.0 : 5.3. Wing: Costa with spinules as well as hairs. Subcosta: distal 1/3 hairy. Basal section of radius with a tuft of brown hairs. Abdomen: Basal scale greyish white, with a fringe of brownish yellow hairs. Terga shiny black and covered with dark hairs; segments 2 and 3 each with silvery white spots on each side. Genitalia: Sternite 8 bare medially and with about 15 stout hairs on each side. Anterior gonapophysis sub-tongue-shaped, covered with some short macrosetae as well as numerous microsetae, their posterior margins slightly rounded, inner margins somewhat diverged laterally. Genital fork of inverded Y-form; stem slender and well sclerotized, each with distinct sclerotized poster-lateral ridge and a sclerotized projection directed forwards. Spermatheca ellipsoidal. Paraproct subtriangular, broad dorsally and abruptly narrowed at anteroventral corner. Cercus rounded on the posterior margin, longer than the width.

Male Body length 2.3~2.5mm. Head: Upper-eye consisting of about 17 horizontal rows and 17 vertical columns of large facets. Clypeus shiny grey.The 1st flagellomere of antenna about 1.6 times as long as the following one. Maxillary palp as same as in female, but with smaller sensory vesicle, about 0.28 of the length of the 3rd segment. Thorax: Scutum shiny black, covered with golden yellow pubescence and with distinct anterior pair of silvery white spots on shoulders. Scutellum black with black hairs. Postscutellum shiny grey and bare. Pleural membrane and katepisternum bare. Legs and wings: Nearly as in female except mid and hind trochanters brown and wings' subcosta bare. Abdomen: Terga greyish black covered with dark hairs; segment 2 with distinct silvery white lateral spots on each side. Genitalia: Gonocoxite in ventral view rectangular in shape, about 0.7~0.8 times as long as width, apical part spherical; apex laterally compressed, margin oblique.Gonostylus much broader, subparallel-sided, columnar in cross-section, about 1.2 times as long as gonocoxite, with a tuft of about 12~15 subapical spines, irregularly arranged in 2 or 3 rows. Ventral plate of unique form, plate body quadrate in shape, posterior margin nearly straight and lateral margins nearly parallel-side, with a pair of long peg-like projection opposing short basal arms. Ventral plate in lateral view with a distinct beak-like ventral projection. Median sclerite long plate-like, widened apically. Parameres each with about 10 strong hooks.

Pupa Body length 3.2~3.8mm. Respiratory filaments length 3.0~4.2mm. Head and thorax: Integuments pale yellow and moderately covered with disc-like tubercles. Head with 3 pairs of simple trichomes. Thorax with 3 pairs of simple trichomes.Gill organ with 4~6 filaments (usually 5 or 6) , subequal or slightly longer than the length of pupal body (up to 1.2) ; arranged in groups of 2+2 (or 3~4) filaments from dorsal to ventral as follows: a very short common stalk divided into dorsal and ventral branches, the dorsal branch divided into 2 filaments, with short primary stalk, its inner filaments usually longer (1.2 times) and thicker (1.3 times) than those of other filaments, which almost sessile. Abdomen: Tergum 2 with 6 simple setae on each side. Terga 3 and 4 each with 4 hooked spines along posterior margins on each side.Terga 7~9 each with row of spine-combs on each side. Tergum 9 lack terminal hooks. Sternum 5 with a pair of close together bifid hooks submedially on each side; sterna 6 and 7 each with a pair of bifid hooks widely separated on each side. Cocoon: simple, slipper-shaped, moderately woven, with a thick anterior margin but lacking an anterodoral projection or lateral window.

Mature larva Body length 5.5~6.0mm. Cephalic apotome with dark median stripe and lateral spots. Antenna composed of 3 segments and a terminal sensory organ, with proportional length of 3 segments from base to tip of 3.0∶3.7∶3.6.Cephalic fan with 30~33 main rays. Mandible with a large and a small mandibular serrations. Hypostomium with 9 rows of apical teeth. Median and corner teeth moderately longer than others; 3~4 hypostomial setae diverging posteriorly from lateral margin on each side. Postgenal cleft mitre-shaped, moderately pointed apically and about 2.0~2.5 times as long as postgenal bridge. Thoracic integuments bare. Abdominal integuments sparsely covered with minute, simple, black spinules setae on segments 6~8; each abdominal segment with brown band. Rectal papilla of 3 lobes, all simple or each with a leteral secondary lobules. Anal sclerite of X-form, anterior arms about 0.8 length of posterior ones. Posterior circlet with 55~62 rows of 8~12 hooklets per row.

Type materials Holotype: 1 ♀, reared from pupa, slide-mounted, together with its associated pupal skin, was taken in a shaded stream from Baiyun, Guiyang, Guizhou Province, China (26°02′ N, 106° 36′ E; alt.1251m) .19th, July, 2011, collected by Liu Zhanyu. Paratype: 14 ♀♀, 29 pupae and 37 larvae, all slide-mounted by Liu Zhanyu on the same day as holotype.

Biological notes The larvae and pupae of present new species found on fine roots, twigs, leaves of grasses trailing in the water of small and slowly running shaded streams (0.3~1.0m in width, 0.1~0.4m in depth) with water temperature of 24℃ .The larvae and pupae found from July to October. Collecting together with *S.* (*S.*) *bidentatum*, *S.* (*S.*) *qianense*, *S.* (*S.*) *wuzhishanense* and *S.* (*Wilbelmia*) *xingyiense*.The biting habit is unknown.

Distribution Guizhou Province, China.

Etymology The specific name of new species was given for its type locality.

Remarks This new species is characterized by the special shape of male ventral plate, which is quadrate in shape, its posterior margin is nearly straight and lateral margins is nearly parallel-sided, by those may be distinguished from all the other known species of subgenus *Boophthora*.

In addition, the male gonostylus of this new species with a tuft of 12~15 subapical spines is irregularly arranged in 3~4 rows, this character is shared by some known species, such as *S. yonagoense* (Okamoto, 1958) , *S. makunbei* (Ono, 1977) from Japan and *S. quattaorfile* (Chen *et al.*, 2010) from China. The new species, however, is easily distinguished from all related species mentioned above by several combinations of characters, including the female cibarium armed smooth; the coloration of legs and the characteristic scutum pattern; the shape of the male ventral plate and median sclerite; the number of pupal filaments and the shape of rectal papillae and the number of posterior circlet rows in the larva.

红头厌蚋 *Simulium* (*Boophthora*) *erythrocephalum* (De Geer, 1776) (图 12-15)

Tipula erythrocephalum De Geer, 1776. *Mem*, *Serv. Hist. Ins.*, 6: 431. 模式产地：瑞典 .

Simulium (*Boophthora*) *erythrocephalum* (De Geer) , 1776; Rubtsov, 1956. *Blackflies*, *Fauna USSR*, Diptera, 6 (6) :599; Crosskey, 1988. Annot. Checklist World Blackflies (Diptera: Simuliidae) : 445; Crosskey *et al.*; 1996. *J. Nat. Hist.*, 30: 422.

Simulium (*Boophthora*) *sinensis* Enderlein, 1934 (Dipt.) . *Deuts. Ent. Zeit.*, 1933 (2/3) : 287; Crosskey, 1986. Annot. Checklist World Blackflies (Diptera: Simuliidae) : 445.

鉴别要点 雄虫中胸盾片及腹背具银白色斑；生殖腹板三角形，两臂侧缘具细长突起；生殖肢端节短宽，具 5~7 个亚端刺。

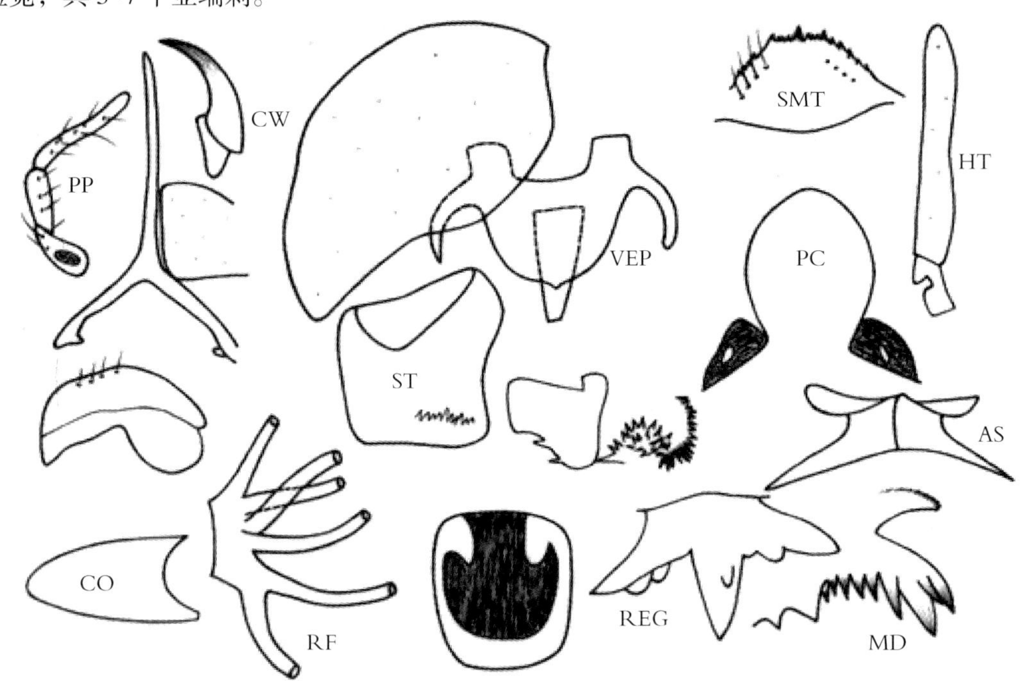

图 12-15 红头厌蚋 *S.* (*B.*) *erythrocephalum* (De Geer, 1776)

形态概述

雌虫 额黑色，闪光，无毛或具散在缘毛，上部、下部约等宽，高度约为宽度的 1.25 倍；触须黑色，拉氏器椭圆形，其长度约为节Ⅲ的 0.33，节Ⅴ约为节Ⅲ、节Ⅳ长度之和；触角黑色，但节Ⅲ淡红色。上颚、下颚均具齿。中胸盾片黑色闪光，覆以稀疏软毛，前缘淡红色，肩部具银白色斑；翅脉白色，基段淡红色，径脉具毛，平衡棒橘黄色。足大部黑色，前足基节、中足和后足股节、胫节基部及中足跗节Ⅰ黄色。前足基跗节长度约为前足胫节的 3/5。后足基跗节基部 3/4 为黄色。爪无基齿。腹部背面黑色，第Ⅱ节、Ⅵ节、Ⅷ节背板为棕黑色，几乎无毛并闪光，腹部腹面黄色。生殖板矩形，两臂亚末端具三角形内突。

雄虫 体长 2.3~2.8mm。触须第Ⅲ节约为第Ⅱ节长的 1.5 倍。中胸盾片密覆金黄色短毛，前缘淡红色，具形状各异的银白色斑。平衡棒淡红色。足大部为棕黑色，前足胫节前面为白色，后足胫节基部和基跗节基部 1/2 为黄褐色，并具稀疏短毛。爪无基齿。腹节Ⅱ、Ⅴ、Ⅶ背板侧缘有大银白色斑。生殖肢端节短宽，末端圆钝，具 5~7 个亚端刺。生殖腹板三角形，生殖叉突两臂基侧有向后外伸的楔形突。

蛹 体长 2.5~3.0mm。茧拖鞋状。呼吸丝 6 条，短于蛹体，着生在 3 个短茎上。

幼虫 体长 5~5.5mm，淡绿色。腹部背面具棕色横带。额板具骨化的阳斑。触角细，节 1 与节 3 约等长，有时较短。亚颏顶齿较小。后颊裂拱形。头扇毛 36~54 支。肛鳃 3 叶，每叶分出 1~2 个小的次生叶。后环 64~76 排，每排具 13~16 个钩。

生态习性 幼虫和蛹孳生于多种流动水体，从小的溪流到大江、大河均可采获。雌虫吸血凶猛，攻击人畜。

地理分布 中国：新疆；国外：广布于欧洲大陆，从英国、西欧延伸到西伯利亚东部、哈萨克斯坦、蒙古国。

分类讨论 红头厌蚋广布于欧洲和东亚，其特征相当突出，易于鉴别。国外曾报道分布于蒙古国和中国北方的中华厌蚋［*S.*（*B.*）*sinensis*］，但是至今仅发现 1 只雌虫，Crosskey 等（1996）曾检查其模式标本，未发现与红头厌蚋有显著差异，因而把它作为后者的同物异名处理。

四丝厌蚋 *Simulium*（*Boophthora*）*quattuorfile* Chen，Wu and Yang，2010（图 12-16）

Simulium（*Boophthora*）*quattuorfile* Chen，Wu and Yang（陈汉彬，吴慧，杨明），2010. *Acta Zootax Sin.*，35（3）：486. 模式产地：黑龙江 .

鉴别要点 蛹呼吸丝 4 条。雄虫生殖肢端节约具 10 个不规则排列的亚端刺，排列为 3~4 行。

图 12-16 四丝厌蚋 *S.*（*B.*）*quattuorfile* Chen，Wu and Yang，2010

形态概述

雌虫 体长约 2.4mm。额黑色，覆灰白色。额指数为 8.0∶6.2∶8.9。额头指数为 8.0∶30.5。触角柄节黑色，余部为红棕色。触须节Ⅲ～Ⅴ的节比为 4.0∶3.8∶5.2。拉氏器为节Ⅲ的 0.45~0.5。上颚具 27 枚内齿和 16 枚外齿。下颚具 18 枚内齿和 16 枚外齿。食窦弓具疣突。中胸盾片黑色，闪光，覆灰白色毛和 1 对银白色肩斑延伸到小盾前区。前、中股节黄棕色，但端 1/4 略为棕色。后股基 2/3 黄色；端 1/3 暗棕色。各足胫节除中大部外面色淡外余，余一致暗棕色。各足跗节除中足基跗节基 1/2、后足基跗节 3/4 和跗节Ⅱ基 1/2 色淡外，余一致为暗棕色。前足基跗节长约为宽的 5.0 倍，后足基跗节两侧平行，长约为宽的 5.8 倍。爪简单。翅前缘基 1/2 具毛。背板暗棕色，闪光，覆黑色毛。生殖板亚三角形，内缘骨化。生殖叉柄细。后臂具明显的骨化侧突。受精囊椭圆形，具网斑。肛上板亚三角形。尾须后缘钝圆。

雄虫 体长约 2.5mm。复眼大眼面具 16 横排和 14 纵列。唇基黑色，闪光。触角鞭节Ⅰ的长约为鞭节Ⅱ的 1.6 倍。触须拉氏器小，长约为节Ⅲ的 0.26 倍。中胸盾片棕黑色，具明显的银白色肩斑和后缘白带。后足基跗节稍膨大，长约为宽的 4.8 倍。背板灰黑色。腹节Ⅱ，腹节Ⅴ～Ⅶ具银白色侧斑。生殖肢基节短宽。生殖肢端节后缘圆，长约为基节的 1.2 倍，约具 10 个亚端刺，排列成不规则的 3~4 行。生殖腹板亚箭形，有 1 对长基侧突，中骨长板状，两头稍宽。阳基侧突具众多大小不一的钩刺。

蛹 体长约 3.0mm。头胸体壁淡黄色。覆疣突。头毛 3 对，简单。呼吸丝通常 4 条，偶 5 条，上对外丝长而粗于其他 3 条。腹节 1、2 背板具疣突；腹节 2 背板具 6 支简单毛；腹节 3、4 背板每侧具 4 根钩刺；腹节 7~9 背板具刺栉；腹节 9 具端钩；腹节 5 腹板每侧具 1 对并列的分叉钩刺；腹节 6、7 每侧具 1 对分离的分叉钩刺。茧简单，鞋状，前缘加厚。

成熟幼虫 体长约 6.0mm。头斑可见。触角 3 节，节比为 3.3∶4.6∶3.6。上颚具锯齿 2 枚，一大一小，头扇毛 28~30 支。亚颏顶齿 9 枚，中齿、角齿显著。侧缘毛 3 支。后颊裂箭形，端尖。长约为后颊桥的 2.5 倍。胸部体壁光裸。腹节 6~8 具黑色微刺毛，毛简单或分 2 叉。肛鳃 3 叶。每叶具 1~2 个次生叶。肛板前臂约为后壁长的 0.8。后环约 60 排，每排具 7~12 个钩刺。

生态习性 幼虫和蛹孳生于山溪中急流的水草和枯枝落叶上。

地理分布 中国黑龙江。

分类讨论 本种的主要特征是幼虫具呼吸丝 4 条，雄虫生殖肢端节约具 10 个不规则排列为 3~4 行的亚端刺。后一特征与报道自日本的 *S.*（*B.*）*yonagiens* Okamoto，1958 和 *S.*（*B.*）*makunbei*（Ono，1977）近似，但是后两种蛹呼吸丝 5~6 条，并且，其雌虫食窦甲具齿突，雄虫生殖腹板和中骨形状以及幼虫的某些特征与本种有明显差异，可资鉴别。

2）布蚋亚属 Subgenus *Byssodon* Enderlein，1925

Byssodon Enderlein，1925. *Zool. Anz.*，62：209. 模式种：*Simulium forbesi* Malloch，1914；Chen and An（陈汉彬，安继尧），2003. The Blackflies of China：86.

Titanopteryx Enderlein，1935. *Sitzber. Ges. naturf. Fr. Berlin*，1935：360. 模式种：*Atractocera maculeta* Meigen，1804；Tan and Chow（谭娟杰，周佩燕），1976. *Acta Ent. Sin.*，19（4）：457；Lee *et al.*（李铁生等），1976. N. China，midges，blackflies and horseflies：111.

鉴别要点 雌虫中胸盾片具3条棕色纵纹。中胸侧膜和下侧片光裸。后足具跗突和跗沟。爪具大基齿。径脉基光裸。雌虫生殖板矩形，生殖叉突后臂具骨化侧突。受精囊无斑纹和内毛。雄虫生殖肢端节短于生殖肢基节。中骨较宽，末段膨大，端部内凹，具齿。蛹呼吸丝22~26条，短于蛹体，呈树状排列，或仅有2~3条，呈披针状或亚圆柱状或球状。茧鞋状，但颈领短。幼虫亚颏侧缘毛2~4支。腹部1~6节每侧具1对圆锥状突起，节1~4每节都具1对腹突。亚颏齿尖锐，明显。后颊裂宽，伸达亚颏后缘。肛鳃复杂。腹乳突小。后环60~65排。

布蚋亚属全世界已知13种，Adler和Crosskey（2014）将它分为2组，即 *gibbinsiellum* group和 *meridionale* group，分布于非洲、欧洲、中东、中亚、蒙古国和我国北方。我国仅发现1种，即斑布蚋 *S.*（*By.*）*maculatum*。

斑布蚋 *Simulium*（*Byssodon*）*maculatum*（Meigen，1804）（图12-17）

Atractocera maculata meigen，1804. Klassifilazion and Beschreibung der europaischer zweiflugligen.（Diptera Linn）：95. 模式产地：德国 .

Titanopteryx maculeta（meigen，1804）；Rubtsov，1956. *Blackflies*，*Fauna USSR*，Diptera，6（6）：364；Lee *et al.*（李铁生等），1976. N. China，midges，blackflies and horseflies：111.

Simulium（*Byssodon*）*maculatum* Meigen，1804；Crosskey，1988. Annot. Checklist World Blackflies（Diptera：Simuliidae）：445；An（安继尧），1996. *Chin J. Vector Bio. and Control*，13（2）：471.

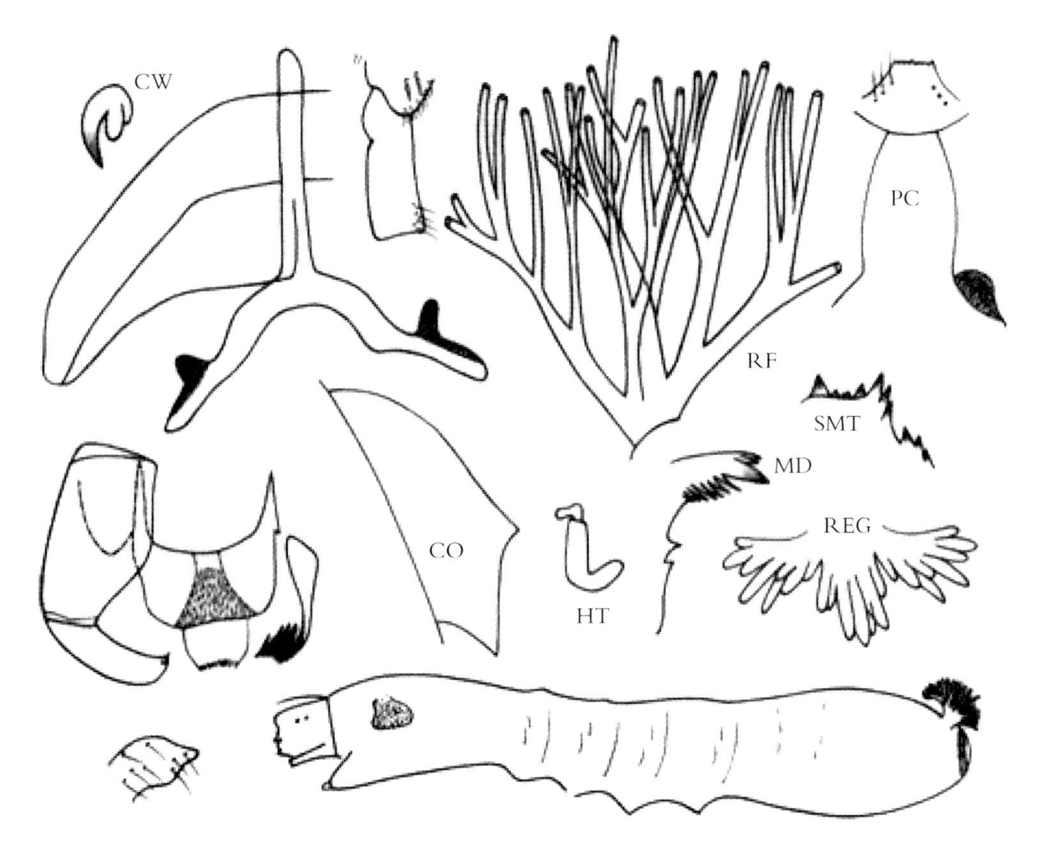

图12-17 斑布蚋 *S.*（*By.*）***maculatum***（Meigen，1804）（仿Rubtsov，1956. 重绘）

鉴别要点 雌虫中胸盾片绒毛稀疏，3条暗色纵纹清晰。蛹呼吸丝每侧24条。幼虫后颊裂伸达亚颏后缘；腹部具6对侧乳突和4对腹乳突。

形态概述

雌虫 体黑色。额银灰色，触须黑色，被银色毛，拉氏器长约为节Ⅲ的1/3。上颚、下颚具齿。中胸盾片灰黑色，覆以稀疏的灰黑色短毛，具3条棕色纵纹，中侧纵纹较宽而分叉。翅前缘脉黄色，具刺，亚前缘脉光裸，R_1末段具刺，平衡棒黄色。足黑色。后足跗节Ⅰ长约为胫节的2/3。跗突和跗沟发达。腹部背面棕黑色，边缘闪光。腹节Ⅱ~Ⅳ横宽。生殖板矩形，生殖叉突后臂有骨化长侧突。

雄虫 体长2.3~3mm，体黑色。触角棕黄色。中胸盾片绒黑色被以散在的金黄色长毛。足黑色，后足跗节Ⅰ长约为胫节长的3/5，纺锤形，跗突较小，跗沟发达。翅透明，黄白色。平衡棒黄棕色，基部和结节黑色。腹部基鳞具金黄色长缘毛。背板绒黑色，散布金黄色毛。腹板黄褐色，中部具暗斑。生殖肢端节圆锥状，约为基节长的2/3；生殖腹板长宽约相等，阳基侧突每侧各具3个大刺，中间夹杂若干小刺；中骨末端扩大，中央内凹，具锯齿。

蛹 体长3.0~3.5mm。呼吸丝每侧24条，丝短，粗细均匀，着生在5个短茎上。茧鞋状，颈领短。

幼虫 体长5mm，体长黄色。额斑阳性。触角短，4节，节1、节2界限不清。头扇毛38~40支。亚颏顶齿明显。侧缘毛各3~4支。后颊裂宽，伸达亚颏后缘。腹部前2/3侧面各具6对乳突，前面1/2各具4对腹乳突。肛鳃复杂，分9~12个次生小叶。后环60~64排，每排具10~12个钩刺。

生态习性 幼虫孳生于大江、大河里。成虫活动高峰在6~8月份，全天活动，吸食人畜血。

地理分布 中国：黑龙江，内蒙古，新疆；国外：德国，西欧至东西伯利亚，蒙古国。

分类讨论 斑布蚋系古北界的广布种，由于其形态变异较大，分类工作比较混乱。根据Crosskey（1988）的意见，包括*pungens*（Meigen，1806）、*subfasciatum*（Meigen，1838）、*vigintiquaterni*（Enderlein，1929）、*echinatum*（Baranov，1938）、*ussurianum*（Rubtsov，1940）、*danubense*（Rubtsov，1956）、*uralense*（Rubtsov，1956）和*lenae*（Rubstov，1956）等，均系本种的同物异名。

3）真蚋亚属 Subgenus *Eusimulium* Roubaud，1906

Subgenus（*Eusimulium*）Roubaud，1906. *C. B. Acad. Sci. Paris*，143：521. 模式种：*Simulia aurea* Fries，1824；Chen and An，2003.The Blackflies of China：88.

亚属特征 触角2+9节。翅前缘脉具毛和刺，径脉基段具毛。后盾片两侧通常具鳞（毛）丛。雌虫下颚通常仅一边具齿；触须第Ⅲ节短粗，节Ⅴ长于节Ⅲ和节Ⅳ的总和。足大部为黄色。后足基跗节窄长，超过其宽度的6~8倍。生殖板长，生殖叉突两臂具延伸的舌状叶。雄虫生殖肢基节膨大，生殖肢端节短小而内弯，呈鞋状或钩状，末端具1个粗刺；生殖腹板侧缘收缩呈亚三角形，两臂突起；阳基侧突窄长，每边具1个端粗刺。中骨细长杆状，末端通常不分叉。蛹呼吸丝4条，通常长于蛹体，约等粗，由2个短茎成对发出或一对生长在短茎上，另一对从基部发出。通常下对的上丝明显向上突起再急弯向前方。茧拖鞋状，编织紧密，无前背中突。幼虫头斑阳性，触角无次生环节，上颚有2枚大锯齿，无附齿列。亚颏顶齿发达，中齿和侧齿突出。后颊裂小，方形或圆形，长略超过或等于后颊桥。

本亚属全世界已报道39种（Crosskey，2014），分布于古北界（欧洲、中东地区、俄罗斯、中亚地区、蒙古国、日本北方和中国）、新北界，稍稍延伸到东洋界。我国已记录13种，即窄足真蚋［*S.*（*E.*）*angustipes*］、沙柳真蚋［*S.*（*E.*）*arenicolum*］、山溪真蚋［*S.*（*E.*）*armeniacum*］、金毛真蚋［*S.*（*E.*）*aureum*］、北湾真蚋［*S.*（*E.*）*beiwanense*］、宽甸真蚋［*S.*（*E.*）*kuandianense*］、海真蚋［*S.*（*E.*）*maritimum*］、皇后真蚋［*S.*（*E.*）*reginae*］、萨特真蚋［*S.*（*E.*）*satsumense*］、台北真蚋［*S.*（*E.*）*taipei*］、泰山真蚋［*S.*（*E.*）*taishanense*］、细端真蚋［*S.*（*E.*）*tenuistylum*］、威宁真蚋［*S.*（*E.*）*weiningense*］；加上本书记述的3个新种，即六盘山真蚋［*S.*（*E.*）*liupanshanense* sp. nov.］、草原真蚋［*S.*（*E.*）*lerbiferum* sp. nov.］和黑带真蚋［*S.*（*E.*）*nigrostriatum* sp. nov.］，迄今我国已知有16种。

中国真蚋亚属分种检索表

雌虫

1 中胸盾片覆银白色毛……2

中胸盾片覆金黄色毛或黄白色毛……3

2（1）生殖叉突后臂具明显的骨化外突……**皇后真蚋** *S.*（*E.*）*reginae*

生殖叉突后臂外缘具骨化脊但无外突……**山溪真蚋** *S.*（*E.*）*armeniacum*

3（1）生殖叉突具骨化外突……4

生殖叉突无骨化外突……7

4（3）中胸下侧片具毛……5

中胸下侧片光裸……6

5（4）第Ⅷ腹板前缘具1对亚中骨化带；生殖叉突后臂末半扩大外展成菱形……**萨特真蚋** *S.*（*E.*）*satsumense*

第Ⅷ腹板前缘无亚中骨化带；生殖叉突后臂末半扩大成犁形……**北湾真蚋** *S.*（*E.*）*beiwanense*

6（3）生殖板内缘基部内凹形成半圆形区……**宽甸真蚋** *S.*（*E.*）*kuandianense*

生殖板内缘基部无半圆形区……**窄足真蚋** *S.*（*E.*）*angustipes*

4（3）生殖板宽舌状；生殖叉突后臂膨大成长方形而向外伸……**金毛真蚋** *S.*（*E.*）*aureum*

生殖板窄舌状或三角形；生殖叉突端半膨大部非长方形……5

5（4）生殖叉突后臂具骨化外突……6

生殖叉突后臂无外突……7

7（3）生殖板长椭圆形，生殖叉突末端细条状……**泰山真蚋** *S.*（*E.*）*taishanense*

生殖板和生殖叉突形状非如上述……8

8（7）中足、后足股节基部2/3，中足胫节基部2/3和后足胫节基部1/2为黄色，余部暗褐色……**海真蚋** *S.*（*E.*）*maritimum*

足色非如上述……9

11（10）生殖板内缘基极靠拢，斜向后外伸，端部远分离……**草原真蚋** *S.*（*E.*）*lerbiferum*

生殖板内缘亚平行……12

12（11）生殖板宽舌状，生殖叉突后臂末端具尖内突……**黑带真蚋** *S.*（*E.*）*nigrostriatum*

无上述典型特征……………………………………………………………………………………………13

13（12）前足股节和胫节 4/5 呈黄色，端部 1/5 暗棕色……**六盘山真蚋** *S.*（*E.*）*liupanshanense*

前足股节基 3/4 和胫节基 2/3 黄色，余部暗棕色…………**威宁真蚋** *S.*（*E.*）*weiningense*

雄虫[①]

1 生殖肢基节圆锥状，基部宽端部较细，长宽约相等；生殖腹板基臂短于或约等于板体…3

生殖肢基节圆筒状，侧缘近平行，长约为宽的 1.5 倍；生殖腹板基臂明显长于板体…………2

2（1） 生殖腹板基臂具亚末端黑环；生殖腹板末端宽度与长度约相等……………………………

……………………………………………………………………**泰山真蚋** *S.*（*E.*）*taishanense*

无上述合并特征……………………………………………………………………………………………3

3（2） 生殖肢端节直而基段明显扩大，长约为基节的 2/3，生殖腹板板体楔形，侧面观较细长，具腹前突……………………………………………………………**海真蚋** *S.*（*E.*）*maritimum*

生殖肢端节直而自基部向端部渐变尖，长约为基节的 1/2；生殖腹板板体长梯形，侧面观膨胀，腹缘圆钝而无前突…………………………………………………**萨特真蚋** *S.*（*E.*）*satsumense*

4（1） 生殖肢端节弯刀状或月牙状…………………………………………………………………………8

生殖肢端节靴状………………………………………………………………………………………5

5（4） 中骨末段分叉；生殖腹板基臂前缘具 2~3 个波状突………**山溪真蚋** *S.*（*E.*）*armeniacum*

中骨简单；生殖腹板基臂无波状突……………………………………………………………………6

6（5） 生殖肢端节弯形，细弯呈“S”形；每足胫节中 1/3 呈黄色，余部棕色………………………

……………………………………………………………………**细端真蚋** *S.*（*E.*）*tenuistylum*

生殖肢端节形状和足色非如上述…………………………………………………………………………7

8（7） 生殖腹板基臂末端明显膨胀形成浑圆的前突和角状后突………**窄足真蚋** *S.*（*E.*）*angustipes*

生殖腹板基臂全长亚平行，末端斜截，无前、后突……………**草原真蚋** *S.*（*E.*）*lerbiferum*

8（4） 生殖腹板板体楔状，端圆………………………………………**宽甸真蚋** *S.*（*E.*）*kuandianense*

生殖腹板板体亚三角形，端尖……………………………………………………………………………9

9（8） 生殖腹板基臂明显短，具 1 对骨化黑纵条……………………**黑带真蚋** *S.*（*E.*）*nigrostriatum*

生殖腹板基臂长，无骨化黑纵条………………………………………………………………………10

10（9） 生殖腹板侧面观板体椭圆形，腹突明显…………………………**皇后真蚋** *S.*（*E.*）*reginae*

生殖腹板侧面观呈斧状或三角形，腹突不明显……………………………………………………10

11（10） 生殖腹板侧面观板体呈三角形，端尖，与基臂的夹角约 30° ……**金毛真蚋** *S.*（*E.*）*aureum*

生殖腹板侧面观呈斧状，端圆，与基臂的夹角大于 60° ……………………………………………12

12（1） 中骨长条状，从基部向端部渐变细，端部略扩大；生殖腹板基臂末端膨大，具角状后突……

……………………………………………………………………**威宁真蚋** *S.*（*E.*）*weiningense*

中骨长棒状，全长亚平行；生殖腹板基臂末端不膨大，也无毛角状后突……………………………

……………………………………………………………**六盘山真蚋** *S.*（*E.*）*liupanshanense*

---

① 台北真蚋［*S.*（*E*）*taipei*］、沙柳真蚋［*S.*（*E.*）*arenicolum*］和北湾真蚋［*S.*（*E.*）*beiwanense*］的雄虫尚未发现。

蛹[1]

1 上对呼吸丝的上丝从基部向上发出伸达 1/4~1/3 处呈 90° 急弯向前方……4
呼吸丝非如上述……2

2（1） 呼吸丝特长，超过体长的 1.5 倍，无茎，上对呼吸丝的上丝明显较其余 3 条丝粗……
……**山溪真蚋** *S.*（*E.*）*armeniacum*
呼吸丝仅略长于蛹体，具短茎，上对的上丝正常……3

3（2） 上对的上丝自基部向上前方发出后呈 60° 缓慢弯向前方……**泰山真蚋** *S.*（*E.*）*taishanense*
上对的上丝与其他 3 条丝互相接近伸向前方……**皇后真蚋** *S.*（*E.*）*reginae*

4（1） 呼吸丝不等粗……5
呼吸丝约等粗……10

5（4） 腹节 6~8 背板在每节距前缘 2/3 处，每侧各具 2 支刚毛……**萨特真蚋** *S.*（*E.*）*satsumense*
腹节 6~8 背板无上述刚毛……6

6（5） 上对呼吸丝的下丝特别粗壮，约为其他 3 条丝的 2 倍粗……**细端真蚋** *S.*（*E.*）*tenuistylum*
非如上述……7

7（6） 茧前缘中部弧形隆起……8
茧前缘无中隆起……9

8（7） 腹节 1、2 背板具疣状突，分布于贵州高原……**威宁真蚋** *S.*（*E.*）*weiningense*
腹节 1、2 背板无疣状突，分布于内蒙古草原……**草原真蚋** *S.*（*E.*）*lerbiferum*

9（7） 分布于宁夏……**六盘山真蚋** *S.*（*E.*）*liupanshanens*
分布于辽宁……**宽甸真蚋** *S.*（*E.*）*kuandianense*

10（4） 茧亚前位具 4 个小孔隙……**黑带真蚋** *S.*（*E.*）*nigrostriatum*
茧无孔隙……11

11（10） 蛹体小型，体长约 2.5mm；呼吸丝长 3.0~3.5mm……**海真蚋** *S.*（*E.*）*maritimum*
蛹中型，体长 3.0~3.5mm；呼吸丝长 4.0~4.5mm……**金毛真蚋** *S.*（*E.*）*aureum*
窄足真蚋 *S.*（*E.*）*angustipes*

幼虫[2]

1 头扇毛 28~32 支；触角第 2 节具 1 个次生环……**威宁真蚋** *S.*（*E.*）*weiningense*
头扇毛 33~58 支；触角无次生环……2

2（1） 腹部肛前具刺环……**黑带真蚋** *S.*（*E.*）*nigrostriatum*
腹部肛前无刺环……3

3（2） 后颊裂方形或槽口状……4
后颊裂端圆、拱门状或菜花形……8

4（3） 肛骨前后臂等长……**六盘山真蚋** *S.*（*E.*）*liupanshanens*
肛骨前臂明显短于长臂……5

5（4） 体长 6.0~7.0mm；上颚内齿 9~10 枚……**金毛真蚋** *S.*（*E.*）*aureum*

① 台北真蚋［*S.*（*E.*）*taipei*］、沙柳真蚋［*S.*（*E.*）*arenicolum*］和北湾真蚋［*S.*（*E.*）*beiwanense*］的蛹尚未发现。

② 台北真蚋［*S.*（*E.*）*taipei*］、沙柳真蚋［*S.*（*E.*）*arenicolum*］、山溪真蚋［*S.*（*E.*）*armeniacum*］和北湾真蚋［*S.*（*E.*）*beiwanense*］的幼虫尚未发现。

体长不及 6.0mm；上颚内齿 4~8 枚……………………………………………………6

6（5） 上颚内齿 8 枚；亚颏侧缘毛每侧 6 支；后环 72~80 排………皇后真蚋 *S.*（*E.*）*reginae*

上颚内齿 4~5 枚；亚颏侧缘毛 3~5 支；后环 64~68 排……………………………………7

7（6） 头扇毛 48~50 支；侧缘毛每侧 3~4 支；上颚内齿 4 枚；分布于西藏……………………

……………………………………………………………………海真蚋 *S.*（*E.*）*maritimum*

头扇毛 56~58 支；侧缘毛每侧 4~5 支；上颚内齿 5 枚；分布于我国东北地区………………

……………………………………………………………………窄足真蚋 *S.*（*E.*）*angustipes*

8（3） 后颊裂菜花形；上颚内齿 5 枚；无肛鳃……………………宽甸真蚋 *S.*（*E.*）*kuandianense*

后颊裂端圆、拱门状或菜花形；上颚内齿 6~7 枚；具肛鳃……………………………………9

9（8） 后颊裂长于后颊桥………………………………………………萨特真蚋 *S.*（*E.*）*satsumense*

后颊裂短于后颊桥…………………………………………………………………………10

10（9） 头扇毛 28~32 支；后环 64~66 排…………………………………草原真蚋 *S.*（*E.*）*lerbferum*

头扇毛 33~38 支；后环 70~73 排……………………………………………………………11

11（10）后颊裂拱门状；头扇毛 36~38 支………………………………细端真蚋 *S.*（*E.*）*tenuistylum*

后颊裂近长方形；头扇毛 33 支…………………………………泰山真蚋 *S.*（*E.*）*taishanense*

草原真蚋，新种 *Simulian*（*Eusimulium*）*lerbiferum* Chen，Yang and Xu（陈汉彬，杨明，徐旭），sp. nov.（图 12–18）

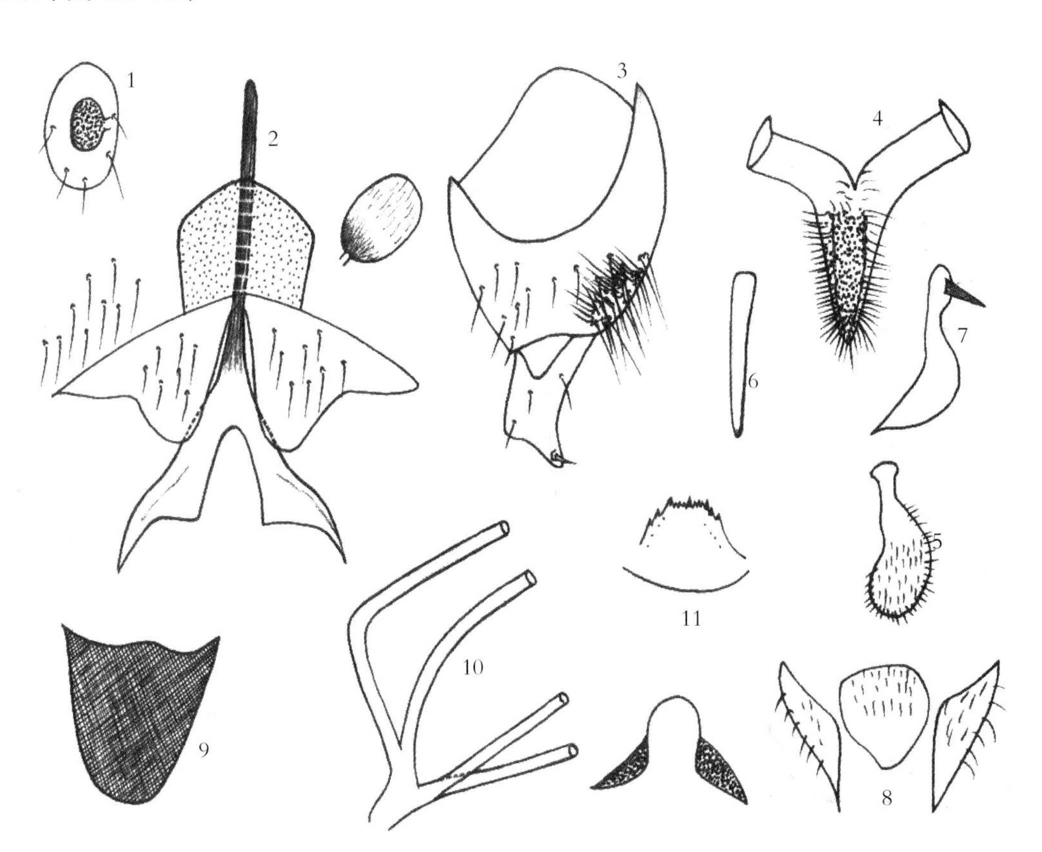

图 12–18 草原真蚋，新种 ***S.*（*E.*）*lerbiferum*** Chen，Yang and Xu，sp. nov.

1.The 3rd segment of maxillary palp（♀）；2.Genitalia in ventral view（♀）；3.Genitalia in ventral view（♂），4.Ventral plate in ventral view；5.Ventral plate in lateral view；6.Median sclerite；7.Paramere；8.The 10th tergum；9.Cocoon；10.Basal portion of pupal gill filaments；11.Larval head capsules

鉴别要点 生殖板内缘基段靠拢，斜向后外伸，端部远离，生殖叉突后臂端 1/3 扩大成犁状；生殖肢端节 1/3 骤变细尖。

形态概述

雌虫 体长约 2.9mm，翅长约 2.4mm。头：略窄于胸，额黑色，覆黑白粉被，具黑色毛。额指数为 6.1 : 6.4 : 12.5。额头指数为 6.1 : 6.2。唇基棕黑色，覆灰粉被，具黑色毛。触角除柄节为黄色外，余一致为棕黑色。触须节Ⅲ～Ⅴ，节比为 6.1 : 6.4 : 12.5。拉氏器长约为节的 1/2。下颚具 11 枚内齿和 14 枚外齿，上颚具 27 枚内齿和 12 枚外齿。食窦光裸。胸：中胸盾片棕黑色，密覆黄白色细毛，小盾前区有若干黑色毛，小盾片棕黑色，覆灰粉被和黄白色细毛，后盾片黑色而光裸。中胸侧膜和下侧片光裸。足：各足基节除前足基节 1/2 为黄色外，余部为暗棕色；前足转节为黄色，中足、后足转节为棕色；每足股节端 1/4~1/3 为棕色，余部为黄色；每足胫节端 1/4 为棕色，余部为黄色；各足跗节除后足基跗节Ⅱ基 1/2 为黄色外，余部为棕色。前足基跗节长约为宽的 6.0 倍。后足基跗节侧缘亚平行，长约为基的 6.5 倍。跗突和跗沟发达。爪具大基齿。翅亚缘脉基具毛。腹：腹部基端具黄色绒毛，背板暗棕色，覆同色毛。尾器：生殖板亚舌形，内缘基部靠拢，后斜向后外伸，端部宽分离。生殖叉突无骨化外突，后臂端半膨大成犁状向外伸，受精囊椭圆形。

雄虫 体长约 3.0mm。头：上眼大眼面 17 纵列，20 横排。唇基棕黑色，覆灰白粉被，具黄白色毛和黑色毛。触角鞭节Ⅰ的长约为鞭节Ⅱ的 1.7 倍。触须节Ⅲ不膨大，拉氏器长约为节Ⅲ的 1/4。胸：似雌虫，但各足胫节中部为黄色，翅亚缘脉无毛。腹：似雌虫。尾器：生殖肢基节端圆锥状，长约为宽的 1.3 倍，具亚端长毛簇。生殖肢端节靴状，基 2/3 两侧亚平行，端 1/3 内弯骤变细尖，具端翅。生殖腹板长三角形，中骨细棒状，阳基侧突每侧具 1 个大刺，第 1 背板犁形。

蛹 体长约 3.0mm。头、胸：体壁黄色，覆疣突。头毛 3 对，胸毛 5 对，均简单。呼吸丝 4 条，成对排列，具短茎，约等长，略长于蛹体。腹节 2 背板两侧各具 6 支简单毛；腹节 3、4 背板两侧各具 4 个钩刺；腹节 5~8 背板具刺栉，具端钩。腹节 5 腹板每侧具 1 对并拢的叉钩；腹节 6、7 腹板两侧具 1 对分离的叉钩。茧简单，前缘具弧形中隆凸。

幼虫 体长 4.8~5.0mm。体色黄，头斑可见。触角 3 节，节比为 5.9 : 7.2 : 4.3。头扇毛 34~38 支。上颚缘齿无附齿列。亚颏顶齿 9 枚，中齿、角齿发达。侧缘毛 4~5 支。后颊裂小，端圆，长约为后颊桥的 3/5。胸、腹体壁光裸。腹节 8 具红棕色斑。肛鳃简单，肛骨前臂短于后臂。后环 80~84 排，每排具 7~18 个钩刺，腹乳突发达。

生态习性 幼虫和蛹孳生于草原水体的水生植物和枯枝落叶上。

模式标本 正模：1♀，从蛹孵化、制片，杨明采自内蒙古草原河流的水草上。50° 05′ N，120° 19′ E，2008 年 8 月 2 日，海拔 344m。副模：1♀，2♂♂，4 蛹和 5 幼虫。同正模。

地理分布 中国内蒙古。

种名词源 新种以其孳生地和栖息地的草原命名。

分类讨论 本新种的主要特征是生殖肢端节呈鸟头状，基 2/3 几乎亚平行，端 1/3 骤变细尖而向内弯；生殖肢基节具亚端毛簇，生殖板内缘基部靠拢，端部远离。这一特征与报道自西伯利亚的 *S.*（*E.*）*baator* 和报道自中亚的 *S.*（*E.*）*nigrofuscipes* 近似，但是本新种的足色、两性外生殖器的构造与上述近缘种有明显差异。

附：新种英文描述。

***Simulian* (*Eusimulium*) *lerbiferum* Chen, Yang and Xu, sp. nov. (Fig.12–18)**

Form of overview

Female Body length 2.9mm. Wing length 2.4mm. Head: Narrower than width of thorax. Frons black, whitish grey pruinose, and with several dark hairs; frontal ratio 6.1 : 6.4 : 12.5; frons–head ratio 6.1 : 26.2. Clypeus brownish black, whitish grey pruinose and covered with some dark hairs. Antenna composed of 2+9 segments, dark brown except scape yellow. Maxillary palp with 5 segments in proportion of the 3rd to the 5th segments in 6.1 : 6.4 : 12.5; sensory vesicle oblong, about 0.5 length of the 3rd segment. Maxilla with about 11 inner teeth and 14 outer ones. Mandible with about 27 inner teeth and 12 outer ones. Cibarium unarmed. Thorax: Scutum brownish black, densely covered with whitish yellow pubescence, and with some black hairs on prescutellar area. Scutellum brownish black, whitish grey pruinose and with whitish yellow pubescence.Postscutellum brownish black and bare. Pleural membrane and katepisternum bare. Legs: All coxae brown except distal 1/2 of fore coxa yellow; all trochanters brown except fore trochanter yellow; all femora yellow except each with distal 1/4~1/3 brown; all tibiae yellow with distal 1/4 brown. All tarsi brownish black except hind basitarsus and basal 1/2 of the 2nd tarsomere yellow. Fore basitarsus about 6.0 times as long as width. Hind basitarsus nearly parallel–sided, about 6.5 times as long as its greatest width.Calcipala and pedisulcus well developed. Each claw with large basal tooth. Wing: Costa with spinules as well as hairs; subcosta hairy; basal section of radius full haired. Hair tuft of stem vein brownish black. Abdomen: Basal scale pale brownish with a fringe of pale yellow hairs. Terga brown black except the 2nd tergite pale brown and with sparse brown black hairs. Genitalia: Sternite 8 bare medially and with about 10 long brown hairs on each side. Anterior gonapophysis of tongue–shape, membraneous, covered with several short setae and numerous microsetae, inner margins situated closely together on base, but the distal widely separated from each other, posteremedian corner round. Genital fork with slender sclerotized stem, arms each with sclerotized ridge but lacking any prominent projection directed forwards. Spermatheca elliptic. Paraproct and cercus of usual form.

Male Body length about 3.0mm. Head: Slightly wider than thorax. Upper–eye consisting of 20 horizontal rows and 17 vertical columns of large facets. Clypeus brownish black, whitish grey pruinose, covered with yellowish white hairs and dark ones. Antenna composed of 2+9 segments, brownish with scape pale. The 1st flagellomere elongated, being about 1.7 times as long as the following one. Maxillary palp composed of 5 segments; the 3rd segment of normal sized, with small elliptical sensory vesicle, about 0.25 length of the 3rd segment. Thorax: Nearly as in female, except all tibiae brownish black and each with large yellowish patch medially on outer surface, and subcosta of wing bare. Abdomen: Nearly as in female.Genitalia: Coxite in ventral view rectangular in shape, about 1.3 times as long as width. Style remarkably modified, bird–head–shape, much shorter than coxite, twisted inwards, abruptly narrowed on about apical third and with apical spine. Ventral plate Y–shaped, strongly sclerotized, plate body long subtriangular shaped and with very large widely divergent and directed outwardly basal arm, each arm with distinct sclerotized black stripe. Median sclerite slender rod–shaped. Parameres each with a large hook. The 10th tergum pear in shape, length as long as width.

Pupa Body length about 3.0mm. Head and thorax: Integuments yellow, sparsely covered with small tubercles. Head with 1 facial and 2 frontal pairs of simple, long trichomes, whereas the thorax with 5 pairs of simple, small trichomes. Gill organ with 4 filaments arranged in pairs near base, all filaments subequal in length and slightly longer than pupal body. The outer filament of lower pair diverged in a vertical plane at an angle; all filaments tapering distally, with numerous transverse ridges and covered densely with minute tubercles; common stalk short, but longer than secondary stalks. Abdomen: Tergum 2 with 6 short setae on each side; terga 3 and 4 each with 4 hooked spines on each side; terga 5~8 each with spine–combs on each side; tergum 9 with a pair of stout cone–like terminal hooks, sternum 5 with a pair of bifid hooks situated closely together on each side; sterna 6 and 7 each with a pair of bifid hooks widely spaced. Cocoon: Wall–pocket–shaped, tightly woven, with thick anterior margin but lacking anterodorsal projection.

Mature larva Body length about 5.0mm. Body color yellow with positive head spots. Antenna longer than stem of cephalic fan, composed of 3 segments in proportion of 7.7 : 11.8 : 9.2. Cephalic fan with 50~52 main rays. Mandible lacking supernumerary serrations. Hypostomium with 9 rows of apical teeth of each corner tooth and median tooth much longer than intermediate teeth on each side; 4 hypostomial setae lying in parallel to lateral margin on each side; lateral serrations weakly developed in apical 1/2. Postgenal cleft medium, rounded anteriorly, about 4/5 as long as postgenal bridge. Thoracic and abdominal integuments bare. Rectal papilla of 3 lobes, all simple. Anal sclerite of X–form type with anterior short arms about 0.6 times as long as posterior ones. Posterior circlet with 64~65 rows of 12~16 hooklets per row. Ventral papillae developed.

Type materials Holotype: 1 ♀, reared from pupa, slide–mounted, collected in a fast–flowing stream from Caoyuan river, Inner Mongolia (50°05′ E, 120° 19′ E, alt. 344m) , 2nd August, 2008, were taken from submerged grass blades exposed to the sun by Yang Ming and Xu Xu.Paratype: 1 ♀, 2 ♂♂, 4 pupae and 5 larvae on the same day as holotype; all slide–mounted.

Distribution Inner Mongolia Autonomous Region, China.

Etymology The new specific name was given for its habitation.

Remarks According to the shape of male ventral plate, the new species seems to fall into the subgenus *Eusimulium* of genus *Simulium*. The present new species is characterized by the male style bird–head–shape, it's allied to *S.*(*E.*)*baatore* (Bubtsov, 1967) from Siberia and Mongolia, and *S.*(*E.*)*nigrofuscipes*(Rubtsov, 1947) from central Asia. The new species, however, can be readily separated from above two species by color of legs, the shape of male 10th tergum and the arms of female genital fork lacking any sclerotized projection directed forwards.

六盘山真蚋，新种，***Simulium* (*Eusimulium*) *liupanshanense*** Chen，Wang and Fan（陈汉彬，王嫣，樊卫），sp. nov.（图 12–19）

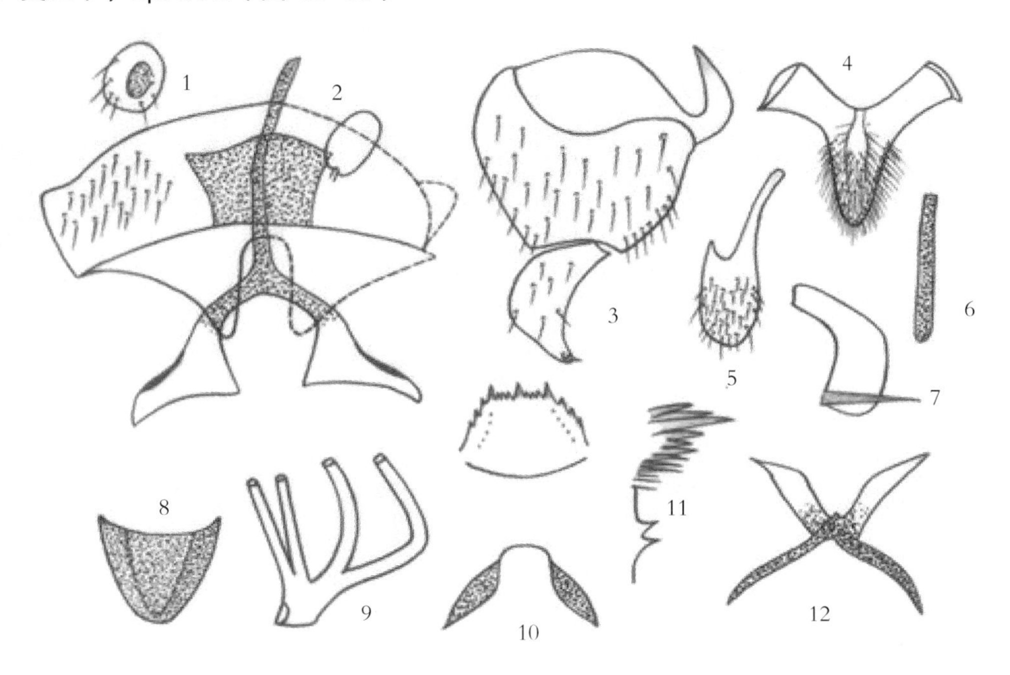

图 12–19 六盘山真蚋，新种 ***S.*（*E.*）*liupanshanense*** Chen，Wang and Fan，sp. nov.

1.The 3rd segment of maxillary palp（♀）；2.Genitalia in ventral view（♀）；3.Genitalia in ventral view，（♂）；4.Ventral plate in ventral view；5.Ventral plate in lateral view；6.Median sclerite；7.Paramere；8.Cocoon；9.Basal portion of pupal gill filament；10.Larval head capsules in ventral view；11.Tip of larval mandible；12.Anal sclerite

鉴别要点 生殖肢端节 1/3 骤变细尖。蛹腹节 5 背板无刺栉。幼虫肛骨前后臂约略等长。

形态概述

雌虫 体长约 2.8mm，翅长约 2.4mm。头：略窄于胸。额黑色，覆白粉被和黑色毛。额指数为 6.5∶4.0∶7.4。额头指数为 6.5∶27.4。触角除柄节、梗节和鞭节 I 基部为黄色外，余部为棕色。鞭节 I 的长约为鞭节 II 的 2 倍，触须节 III ~ V 的节比为 5.8∶4.7∶9.0，节 III 膨大。拉氏器长约为节 III 的 1/2。下颚具 8 枚内齿，14 枚外齿。上颚具 27 枚内齿，无外齿。食窦光裸。胸：中胸盾片棕黑色。覆黄白色细毛，前后具灰白色斑，小盾片黑色，覆黄色毛，后盾片棕黑色，光裸。中胸侧膜和下侧片无毛。足：前足基转节为黄色。股节、胫节基 4/5 为黄色，端 1/5 为暗棕色。基跗节细，长约为宽的 7 倍；转节为黄色，股节、胫节基 3/4 为黄色，端 1/4 为棕色。跗节暗褐色，足色似中足，但是后足基跗节基 3/4 和跗节 II 基 1/2 为黄色。后足基跗节两侧亚平行，长约为宽的 6 倍。后悬式基齿。翅亚缘脉和径脉基具毛。腹：基鳞及其缘毛淡棕色，背板暗棕色具同色毛。尾器：第 VIII 腹节中部光裸，两侧各具约 25 支黑色长毛，生殖板亚三角形，内缘直而分离。端后角圆，生殖叉突具较长的骨化茎，后臂具骨化侧脊但无外突，末段膨大呈犁状。受精囊椭圆形。

雄虫 体长约 3.0mm，翅长约 2.6mm。头：上眼大眼面 12 横排，14 纵列。唇基棕色，覆黄白色毛和黑色毛。触角鞭节 I 的长约为鞭节 II 的 1.7 倍。触须节 III ~ V 的节比为 4.8∶4.0∶11.2。节 III 膨大。

拉氏器小。胸：似雌虫。尾器：生殖肢基节圆锥形，长约为端节的 1.3 倍。生殖肢端节弯月形，端 1/4 骤变细尖呈鸟喙状，具端刺。生殖腹板板体亚长三角形，中骨细棒状。

蛹 体长约 3.0mm。头、胸体壁具疣突。头毛 3 对，胸毛 5 对，均简单。呼吸丝 4 条，成对排列，上对略粗，具短茎，下对几乎无茎。腹部钩刺和毛序同草原真蚋 *S.*（*E.*）*lerbiferum*，但腹节 5 背板无刺栉。

幼虫 体长 3.0~5.0mm。体色灰黄，头斑阳性。触角 3 节，节比为 5.8∶7.1∶3.9。头扇毛 38~40 支，上颚缘齿无附齿列。亚颏顶齿的中齿和角齿发达。侧缘毛 4~5 支。后颊裂端圆，略短于后颊桥。胸、腹壁光裸。肛腮简单。肛骨前臂、后臂约等长。后环 82~84 排，每排具 12~17 根钩刺。腹乳突发达。

模式标本 正模：1♀，从蛹羽化，制片。樊卫、王嫣采自宁夏六盘山东沟，35°28′N，186°19′E，海拔 2942m，2006 年 7 月 20 日。副模：7♀♀，5♂♂，22 蛹和 21 幼虫，均制片，同正模。

地理分布 中国宁夏。

种名词源 新种以其模式产地六盘山而命名。

分类讨论 本新种生殖板亚三角形，生殖叉突后臂无外突，端部成犁状，生殖肢端节形状特殊，蛹腹节 5 无刺栉，幼虫肛骨前臂、后臂约等长等综合特征，可与其近缘种相区别。

附：新种英文描述。

Simulium*（*Eusimulium*）*liupanshanense Chen，Wang and Fan，sp. nov.（Fig.12–19）

Form of overview

Female Body length about 2.8mm. Wing length about 2.4mm. Head: Lightly narrower than thorax. Frons black, whitish pruinose, covered with black hairs. Frontal ratio 6.5∶4.0∶7.4. Frons-head ratio 6.5∶27.4. Frontal-ocular area well developed. Antenna composed of 2+9 segments, brownish except scape, pedicel and base of the 1st flagellomere yellow. The 1st flagellomere about 2.0 times as long as the following one. Maxillary palp with 5 segments, with proportional lengths of the 3rd to the 5th segments of 5.8∶4.7∶9.0; the 3rd segment moderately enlarged, sensory vesicle elliptical, about 0.50 length of respective segment. Maxilla with 8 inner teeth and 14 outer ones. Mandible with about 27 inner teeth and lacking outer ones. Cibarium unarmed. Thorax: Scutum velvet black, densely covered with yellow pubescence and with whitish grey pattern on anterior area. Scutellum black with recumbent yellow hairs. Postscutellum brownish black and bare.Pleural membrane and katepisternum bare. Legs: Fore leg with coxa and trochanter yellow; femur and tibia yellow except distal 1/5 brown; tarsus dark brown, basitarsus slender, about 7.0 times as long as width; midleg with coxa brown and trochanter yellow; femur and tibia yellow with distal 1/4 brown; tarsus dark brown; hindleg as in midleg except basal 3/4 of basitarsus and basal 1/2 of second tarsal segment yellow.Hind basitarsus not enlarged, nearly parallel-sided, about 6 times as long as width. Claws each with large basal tooth. Wing: Costa with spinules as well as hairs; subcosta hairy; basal portion of radius fully haired.Hair tuft at base of costa and on stem vein brown. Abdomen: Basal scale pale brownish, with a fringe of pale brown hairs. Terga brown with black hairs. Genitalia: Sternite 8 bare medially and with about 25 long hairs on each side. Anterior gonapophysis of long tongue-shape, membraneous, covered with microsetae and several short setae; inner margins nearly straight and slightly separated from each other, posteromedian corner rounded. Genital fork with sclerotized stem and widely expanded arms; each arm with well sclerotized ridge but lack any prominent projection directed forwards. Spermatheca elliptic. Paraproct and cercus of usual form.

Male Body length about 3.0mm. Wing length about 2.6mm. Head: Upper-eye consisting of large facets in 12 horizontal rows and 14 vertical columns. Clypeus brown, grey-dusted, covered with yellowish white hairs and dark ones. Antenna composed of 2+9 segments, the 1st flagellomere somewhat elongated, about 1.7 times as long as the following one. Maxillary palp with 5 segments, with proportional length of the 3rd to the 5th segments of 4.8 : 4.0 : 11.2; The 3rd segment moderately enlarged and with small sensory vesicle. Thorax: Nearly as in female except all tibiae brown yellow on most median portions of shafts, brownish on basal 1/3 and distal 1/3; hind basitarsus enlarged, broad distally, about 4.0 times as long as width, and subcosta of wing bare. Abdomen: Nearly as in female. Genitalia: Coxite rectangular in shape, about 1.3 times as long as width. Style bird-head-shaped, twisted inwards, about 0.75 of the length of coxite, tapering distally abruptly narrowed on apical 1/4 and with a stout apical spine. Ventral plate not lamellate, Y-shaped, plate body subtriangular shaped and with widely divergent and outwardly directed basal arms. Median sclerite slender, long rod-shaped. Parameres each with a strong hook.

Pupa Body length about 3.0mm. Head and thorax: Integuments sparsely covered with small tubercles. Head with 1 facial and 2 frontal pairs of simple, long trichomes. Thorax with 5 pairs of simple, short trichomes. Gill organ with 4 filaments, arranged in pairs and longer than pupal body, upper 2 filaments of lower pair arising from very short stalk and thicker than 2 upper pairs of filaments, which almost sessile; uppermost filament of lower pair arising upwards and then bending forward and form of a distinct angle. Abdomen: Tergum 2 with 1 simple long seta and 5 simple short setae on each side. Terga 3 and 4 each with 4 hooked spines on each side. Terga 6~8 each with spine-combs and also comb-like groups of minute spines laterated on each side; tergum 9 with a pair of developed terminal hooks. Sternum 5 with a pair of bifid hooks situated close together each other laterally; sterna 6 and 7 each with a pair of bifid hooks widely spaced on each side. Cocoon: Wall-pocket-shaped, tightly woven, with a strong anterior margin but lacking any anterodorsal projection or window.

Mature larva Body length 3.0~5.0mm. Body color greyish yellow. Cephalic apotome with faint positive head spots. Antenna larger than stem of cephalic fan, composed of 3 segments in proportion of 5.8:7.1: 3.9. Each cephalic fan with 38~40 main rays. Mandible with a pair of developed mandibular serrtations but lacking supernumerary serrations. Hypostomial teeth 9 in number and with corner and median tooth being prominent; hypostomial bristles 4~5 in number on each side. Postgenal cleft rounded and a little shorter than postgenal bridge. Thoracic and abdominal integuments bare. Rectal papilla of 3 lobes, all simple. Anal sclerite of X-form type and anterior arms subequal in length to posterior ones. Posterior circlet with about 82~84 rows of 12~17 hooklets per row. Ventral papillae developed.

Type materials Holotype: 1 ♀, reared from pupa, slide-mounted, collected in a shaded stream from Donggou, Liupan Mountain, Jingyuan City (35 °28 ′ N, 186 ° 19 ′ E, alt. 2942m, 20th, July, 2006, by Wang Yan and Fan Wei, Ningxia Hui Autonomous Region, China). Paratype: 7♀♀, 5♂♂, all mounted; 22 pupae and 21 larvae, were taken from trailing grasses and decaying leaves exposed to the sun by Wang Yan and Fan Wei on the same day as holotype.

Distribution Ningxia Hui Autonomous Region, China.

Remarks According to the shape of male ventral plate, this new species seems also to fall into the *Simulium* (*Eusimulium*) . The new species is characterized by shape of male style and the arms of female genital fork lacking any sclerotized projection directed forwards, the tergum 5 of pupal abdomen devoid spine-combs on each side, and the larval anal sclerite with anterior arms subequal in length to posterior ones, by those combinations of characters may be easily distinguished from all known species of *Simulium* (*Eusimulium*) .

黑带真蚋，新种 *Simulium* (*Eusimulium*) *nigrostriatum* Chen, Yang and Wang (陈汉彬，杨明，王嫣)，sp. nov. (图 12-20)

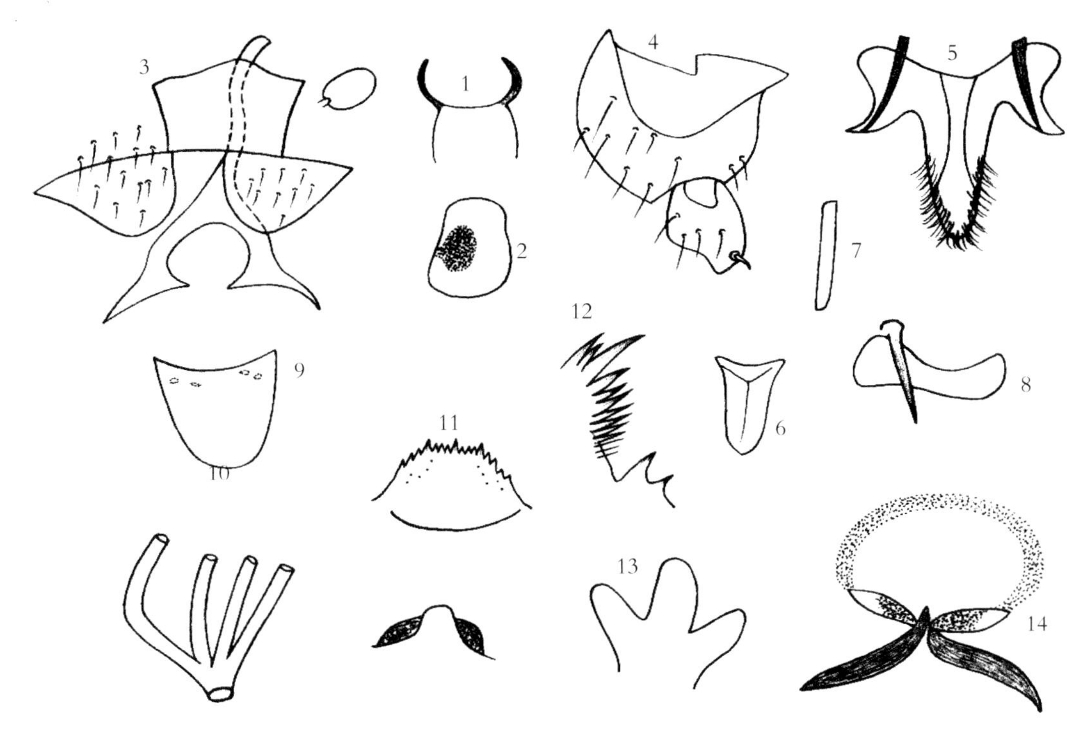

图 12-20 黑带真蚋，新种 *S.* (*E.*) *nigrostriatum* Chen，Yang and Wang，sp. nov.

1.Cibarium; 2.The 3rd segment of maxillary palp (♀) ; 3.Genitalia in ventral view (♀) ; 4.Genitalia in ventral view (♂); 5.Ventral plate in ventral view; 6.Ventral plate in end view; 7.Median sclerite; 8.Paramere; 9.Cocoon; 10.Basal portion of pupal gill filaments; 11.Larval head capsules; 12.Tip of larval mandible; 13.Larval rectal papilla; 14.Larval anal sclerite

鉴别要点 生殖腹板基臂亚末端有 1 对显著的黑色纵条。

形态概述

雌虫 体长约 2.8mm，翅长约 2.3mm。头：窄于胸。额和唇基棕黑色，覆灰白粉被，具棕色毛和灰色毛。额指数为 8.2∶4.6∶7.0。额头指数为 8.2∶25.6。触角柄节和梗节为黄色，鞭节棕色。触须节Ⅲ～Ⅴ的节比为 5.6∶3.5∶7.8，节Ⅲ膨胀，拉氏器长约为节Ⅲ的 0.45。上颚具 18 枚内齿、无外齿。下颚具 8 枚内齿和 14 枚外齿。食窦无疣突。胸：中胸盾片棕黑色，覆黄白色细毛。小盾片棕色，覆灰白粉被和黄白色细毛。后盾片黑色而光裸。中胸侧膜和下侧片光裸。足：前足基节黄色，中足、后足基节棕色。各足股节端 1/4~1/3 为棕色，余部为黄色。各足胫节端 1/4~1/3 为棕黑色，余部为黄色。各足跗节除后足基跗节基 4/5 和跗节Ⅱ基 1/2 为黄色外，余一致为棕黑色。前足基跗节长约为宽的 7 倍。后足基跗节两侧亚平行，长约为宽的 6.4 倍。跗突和跗沟发达。爪具大基齿。翅亚缘脉和径脉基具毛。腹：基鳞棕色，缘毛黄色。背板除节Ⅱ色淡外，余部为棕黑色并具同色毛。尾器：第Ⅷ腹板中部光裸，两侧各具约 15 支黑色长毛。生殖板舌状，后臂无侧突，端部呈梨状，端内具角状内突。受精囊椭圆形。

雄虫 体长约 3.0mm。头：稍宽于胸。复眼大眼面具 16 纵列，18 横排。唇基黑色，灰白粉被，覆黄白色细毛。触角除柄节色淡外，余一致为棕黑色。鞭节Ⅰ的长约为鞭节Ⅱ的 1.6 倍。触角节Ⅲ～Ⅳ的节比为 4.2∶4.3∶8.5。节Ⅲ稍膨大，拉氏器小。胸：似雌虫，但后足基跗节纺锤状，长约宽的 4.5 倍。翅亚缘脉光裸。腹：似雌虫。尾器：生殖肢基节圆锥状，长约宽的 1.4 倍。生殖肢端节中部宽，端 1/3 略收缩，端缘斜截，具端刺。生殖腹板长三角形，基臂亚端部膨大，具 1 对突出的骨化黑色纵条。中骨杆状。

蛹 体长约 3.0mm。头、胸体壁淡黄色，稀布小疣突。头毛 3 对，胸毛 5 对，均简单。呼吸丝 4 条，成对，上对具细茎，下对无茎，略长于蛹体。腹部的钩刺和毛序同草原真蚋［*S.*（*E.*）*lerbiferum*］。茧简单，亚前缘具若干小孔隙。前缘加厚。

幼虫 体长 4.8~5.0mm。体壁淡黄色。头斑可见。触角 3 节，节比为 5.9∶7.2∶4.3。头扇毛每侧 34~38 支。上颚缘齿无附齿列。亚颏顶齿中的中齿、角齿发达，侧缘毛 4~5 支。后颊裂小，亚方形，长约为后颊桥的 3/5。胸、腹体壁光裸。腹节 8 具大的棕色带。肛鳃简单。肛骨前臂短于后臂。肛前具刺环。后环 80~84 排，每排具 7~18 个钩刺。腹乳突发达。

模式标本 正模：1♀。从蛹羽化，制片。王嫣、樊卫采自宁夏贺兰山的山溪中，38° 28′ N，106° 35′ E，海拔 3556m，2006 年 7 月 27 日。副模：2♂♂，7 蛹，2 幼虫。同正模。

地理分布 中国宁夏。

种名词源 新种以其生殖腹板基臂亚末端具有显著的黑色纵条，这一独具特征而命名。

分布讨论 本新种生殖腹板基臂亚端具 1 对明显的骨化黑色纵条，这一独具特征可与真蚋亚属已知近缘种相区别。

附：新种英文描述。

***Simulium*（*Eusimulium*）*nigrostriatum* Chen，Yang and Wan，sp. nov.（Fig.12–20）**

Form of overview

Female Body length about 2.8mm. Wing length about 2.3mm. Head：Narrower than width of thorax. Frons and clypeus brown，whitish grey pruinose，with several brownish hairs and grey hairs.Frontal ratio 8.2∶4.6∶7.0.Frons–head ratio 8.2∶25.6. Frontal–ocular area well developed. Antenna composed of 2+9 segments，brownish yellow except scape and pedicel yellow. Maxillary palp with the 3rd to the 5th segments in proportion of 5.6∶3.5∶7.8，the 3rd segment moderately swollen；sensory vesicle elliptical，about 0.45 length of respective segment. Maxilla with 8 inner teeth and 14 outer ones. Mandible with 18 inner teeth and lacking outer one. Cibarium unarmed. Thorax：Scutum brownish black，densely covered with recumbent whitish yellow pubescence，intermixed with erect long black hairs on prescutellar area. Scutellum brown，whitish grey pruinose and with whitish yellow pubescence. Postscutellum black and bare. Pleural membrane and katepisternum bare. Legs：All coxae brown except fore coxa yellow. All trochanters yellow. All femora yellow except apical 1/4~1/3 brown. All tibiae yellow with distal 1/4~1/3 brownish black. All tarsi brown except basal 4/5 of hind basitarsus and basal 1/2 of the 2nd tarsomere yellow. Fore basitarsus about 7.0 times as long as width. Hind basitarasus nearly parallel-sided, about 6.4 times as long as its greatest width. Calcipala and pedisulcus well developed. Each claw with large basal tooth. Wing: Costa with spinules as well as hairs. Subcosta hairy. Basal section of radius fully haired. Hair tuft on stem vein brownish yellow. Abdomen: Basal scale brownish, with a fringe of yellow hairs. Terga brown except the 2nd tergite pale brown and covered with pale and dark hairs. Genitalia: Sternite 8 bare medially and with about 15 long hairs on each side. Anterior gonapophysis of short tongue-shape, membraneous, covered with a few short setae and numerous microsetae, inner margins separated from each other, posteromedian corner rounded. Genital fork with well sclerotized stem, arms each with strong sclerotized projection directed posteromedially but lacking any prominent projection directed forwards. Spermatheca elliptic. Paraproct and cercus of moderate size.

Male Body length about 3.0mm. Head: Width slightly wider than thorax. Upper-eye consisting of 18 horizontal rows and 16 vertical columns of large facets. Clypeus brown, whitish grey pruinose, covered with whitish yellow hairs and dark ones. Antenna composed of 2+9 segments, brown to brownish black with yellow scape, the 1st flagellomere somewhat elongate, being about 1.6 times as long as the following one. Maxillary palp composed of 5 segments, with proportional length of the 3rd to the 5th segments of 4.2∶4.3∶8.5, the 3rd segment moderately enlarged and with small sensory vesicle. Thorax: Nearly as in female, except hind basitarsus spindle-shaped, about 4.5 times as long as width, and subcosta of wing bare. Abdomen: Nearly as female. Genitalia: Coxite conical in shape, about 1.4 times as long as width. Style much shorter than coxite, twisted inwards, abruptly narrowed on about apical 1/3 and with apical spine. Ventral plate not lamellate; plate body long, subtriangular shaped and with very large widely divergent and outwardly directed basal arms, each basal arm with distinct sclerotized black, stripe slender rod-shaped. Parameres each with a large hook.

Pupa Body length about 3.0mm. Head and thorax: Integuments pale yellow, sparsely covered with small tubercles. Head with 1 facial and 2 frontal pairs of simple, long trichomes, whereas the thorax with 5 pairs of simple, small trichomes. Gill organ with 4 filaments, extending forwards and tapered towards tip, uppermost and inner middle filaments arising from very short stalk, while 2 others is almost sessile, all filaments subequal in length and slightly longer than pupal body. Abdomen: Tergum 2 with 1 long seta and 5 short setae on each side; terga 3 and 4 each with 4 hooked spines on each side; terga 5~8 each with spine-combs on each side; tergum 9 with a pair of stout cone-like terminal hooks. Sternum 5 with a pair of bifid hooks situated closely together on each side; sterna 6 and 7 each with a pair of bifid hooks widely spaced. Cocoon: Wall-pocket-shaped, moderately woven, with thick anterior margin but without anterodorsal projection.

Mature larva Body length 4.8~5.0mm. Body color yellow with moderate positive cephalic spots. Antenna longer than stem of head fan, composed of 3 segments in proportion of 5.9∶7.2∶4.3. Each cephalic fan with 34~38 main rays. Mandible lack supernumerary serrations. Hypostomium with a row of 9 apical teeth, of each corner tooth and median tooth much longer than intermediate teeth on each side; hypostomial bristles 4 or 5 in number, lying in parallel to lateral margin on each side. Postgenal cleft small, somewhat quadrate and about 3/5 as long as postgenal bridge. Thoracic and abdominal integuments bare. Abdominal segment 8 with a pair of large reddish-brown spots. Rectal papilla of 3 lobes, all simple. Anal sclerite of X-form type with anterior arms slightly shorter than posterior ones. Posterior circlet with 80~84 rows of approximately 7~18 hooks. Ventral papillae well developed.

Type materials Holotype: 1 ♀, reared from pupa, slide-mounted, collected from a small trickle at Baisikou, Mountain HeLan (38° 28′ N, 106° 35′ E, alt. 3556m, 27th, July, 2006, by WangYan and Fan Wei) , Ningxia Hui Autonomous Region, China. Paratype: 2 ♂♂, recorded from pupa, 7 pupae and 2 larvae, all slide-mounted, same day as holotype.

Distribution Ningxia Hui Autonomous Region, China.

Remarks On the basis of the shape of male ventral plate, the present new species belongs to the subgenus *Eusimulium* of genus *Simulium*. This new species is characterized by the shape of style and each basal arm of male ventral plate with distinct sclerotized is black striate, which are form two distinct sclerotized projections by those characters may be distinguished from all the known species of subgenus *Eusimulium*.

窄足真蚋 *Simulium* (*Eusimulium*) *angustipes* Edwards, 1915 (图 12-21)

Simulium angustipes Edwards, 1915. *Bull. Ent. Res.*, 6: 40. 模式产地：英国 .

Eusimulium latizonum Rubtsov, 1956. *Blackflies*, *Fauna USSR*, Diptera, 6 (6) : 514~518.

Simulium (*Eusimulium*) *angustipes* Edwards, 1915; Crosskey, 1988. Annot. Checklist World Blackflies: 448; Crosskey *et al.*, 1996. *J. Nat. Hist.*, 30: 419; An (安继尧) , 1996. *Chin J. Vector Bio. and Control*, 7 (6) : 472.

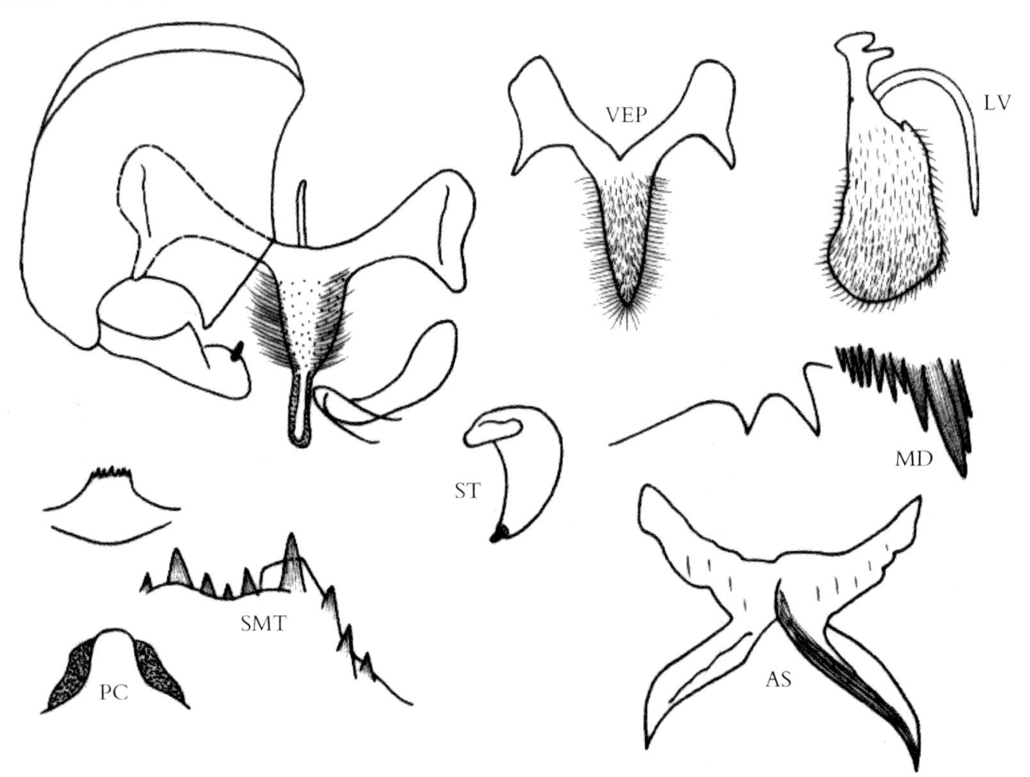

图 12-21 窄足真蚋 *S.* (*E.*) *angustipes* Edwards, 1915 (仿 Rubtsov, 1956. 重绘)

鉴别要点 雌虫生殖叉突后臂具骨化外突。雄生殖腹板基臂明显膨胀而外展，其夹角超过150°；侧面观具半圆形的腹突。

形态概述

雌虫 触角柄节和梗节黄色，鞭节褐黑色。触须暗，额、唇基灰色。中胸盾片灰色，密被金色毛，闪光。足大部色淡，前足基节和股节基部3/5为黄色；前足胫节和中足、后足胫节基部2/3为黄白色，其余为褐黑色。生殖腹板舌状，生殖叉突后臂具几丁质外突。

雄虫 体长2.8~3.0mm。一般特征似雌虫。足除各足胫节前缘为淡黄色外，余一致为暗褐色。腹部黑色，基鳞具长毛，腹面棕黑色并具闪光的银白色斑。生殖肢基节膨胀，生殖肢端节鞋状。生殖腹板楔形，基臂明显膨胀而外展，夹角大于150°，板体侧面观端部内弯，具半圆形腹突。中骨细杆状，端部稍扩大。

蛹 体长约3mm。呼吸丝4条，排列似金毛真蚋，茧简单。

幼虫 体长约6mm。触角第2节比第1节稍长，第3节短于第1节。头扇毛33~36支。上颚第3顶齿发达，第1梳齿约为第2梳齿的2倍长，锯齿一大一小。亚颏角齿长于中齿，亚缘毛每侧3~4支。后颊裂方形，长约为亚颏高的2/3；后环64~66排，每排具10~11个钩。

生态习性 幼虫和蛹孳生于稍污染的小溪内。每年在6~8月份羽化。

地理分布 中国：河北，辽宁，西藏；国外：英国，西欧至西伯利亚，蒙古国，阿尔及利亚，突尼斯等。

分布讨论 安继尧（1989）曾记载我国新记录种拉提真蚋［*S.*（*E.*）*latizonum* Rubtsov，1956］，根据Crosskey（1988）的意见，拉提真蚋应作为窄足真蚋的同物异名处理。

沙柳真蚋 *Simulium*（*Eusimulium*）*arenicolum* Liu，Gong，Zhang *et al.*，2003（图12-22）

Simulium（*Eusimulium*）*arenicolum* Liu，Gong，Zhang，Luo and An（刘增加，宫占威，张继军，罗远琼，安继尧），2003. *Acta Parasitol. Med. Entomol. Sin.*，10（1）：57.

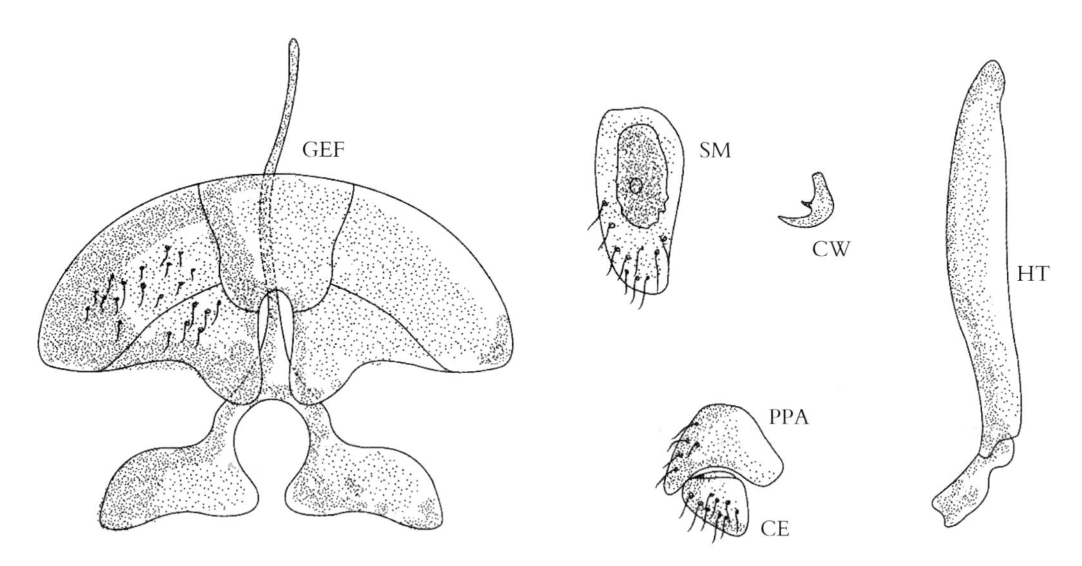

图12-22 沙柳真蚋 *S.*（*E.*）*arenicolum* Liu，Gong，Zhang *et al.*（仿刘增加等，2003. 重绘）

鉴别要点 雌虫生殖叉突后臂末段膨大成亚长方形。

形态概述

雌虫 体长 3.2mm。翅长 2.8mm。触角 11 节，棕黄色。触须节Ⅲ ~ Ⅴ的节比为 34 : 24 : 55。拉氏器长约为节Ⅲ的 1/2。额指数为 15 : 12 : 20。额头指数为 15 : 70。下颚具外齿 13 枚、内齿 7 枚，上颚具内齿 27 枚、外齿缺。中胸盾片和小盾片均为黑色，中胸侧膜光裸。前足胫节端 1/5 和跗节为黑色，余部为黄色。中足基节、胫节端 1/5 和跗节为黑色，余部为黄色。后足胫节端 1/4、基跗节端 1/4 和跗节Ⅱ端 1/2 以及跗节Ⅲ ~ Ⅴ为黑色，余部为黄色。跗突明显，跗沟发达。爪具大基齿。翅径脉基具毛。腹部前 2/3 色淡。生殖板分离，内缘平行。生殖叉突柄细长，轻度骨化。两后臂中部拱抬，末段膨大成亚长方形。肛上板帽状。

雄虫 尚未知。

蛹 尚未知。

幼虫 尚未知。

生态习性 未知。

地理分布 中国青海（格尔木）。

分类讨论 本种是根据采自青海的 2 个雌虫记述的新种。除上述鉴别要点外，没有明显的种征，其分类地位有待进一步研究。

山溪真蚋 *Simulium*（*Eusimulium*）*armeniacum* Rubtsov，1955（图 12–23）

Eusimulium armeniacum Rubtsov，1955. *Trudy Ins. Zool. Akad. Nauk Azerbaijanskoi USSR*，18：126~127.

模式产地：亚美尼亚；Tan and Chow（谭娟杰，周佩燕），1976. *Acta Ent. Sin.*，19（4）：456.

Simulium（*Eusimulium*）*armeniacum* Rubtsov，1955；Crosskey，1988. Annot. Checklist World Blackflies：448；An（安继尧），1996. *Chin J. Vector Bio. and Control*，7（6）：472.

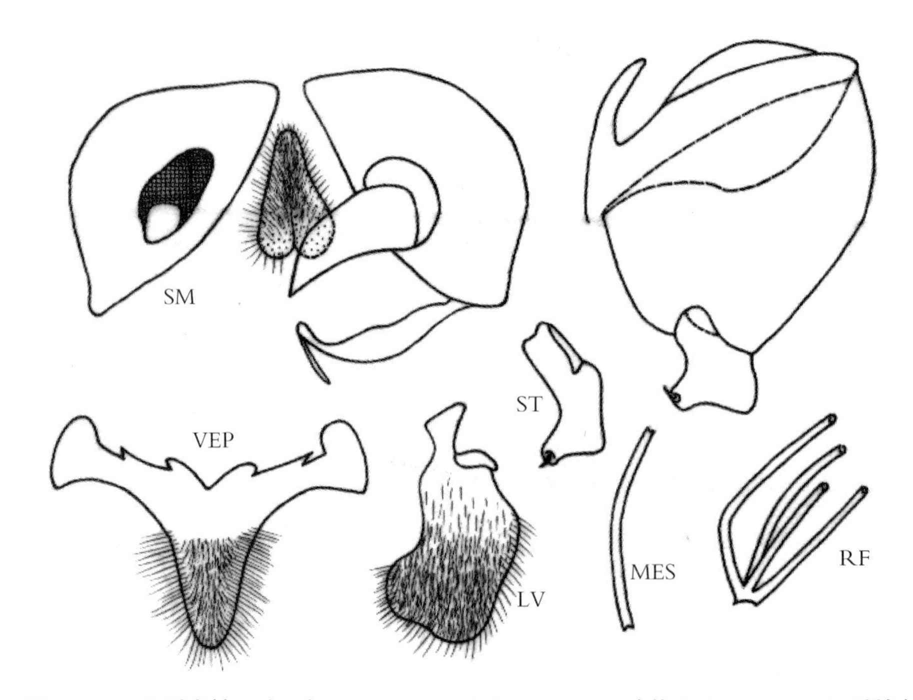

图 12–23 山溪真蚋 *S.*（*E.*）*armeniacum* Rubtsov，1955（仿 Rubtsov，1956. 重绘）

鉴别要点 雌虫中胸盾片被银白色毛；生殖叉突后臂基半窄，末半膨大成三角形，外缘全长骨化，无外突。雄虫生殖肢端节鞋状，生殖腹板端尖，基臂前缘各具2个波状突，板体侧面观很宽。

形态概述

雌虫 体长2.4~2.5mm。额、唇基银白色。触角柄节和梗节为赭红色，其余为褐黄色。触须拉氏器大，长度超过节Ⅲ的1/2。中胸盾片为黑色，被银白色毛，闪光。前足跗节Ⅰ的长为宽的7~7.5倍；后足基跗节的长为宽的8~8.8倍。生殖板舌状，生殖叉突两后臂膨大成三角形，外缘全长骨化，无外突。

雄虫 体长约2.4mm。触角淡棕色。中胸盾片为褐色，被淡黄色毛，前缘两侧具银白色斑。足大部为褐黄色；暗色部分包括中足股节末端和后足股节末端上半部，前足胫节末端和中足、后足胫节端部1/3。后足基跗节长约为宽的5倍。生殖肢端节鞋状，生殖腹板楔形，端尖，两基臂粗壮，外展，前缘各具2个波状突。板体侧面观很宽，末端明显向上突出。中骨细杆状，末端分叉。

蛹 体长3.5~4mm。呼吸丝长约6mm，4条，上对丝明显粗长，其上丝向上发出再折向前方。

幼虫 不详。

生态习性 幼期孳生于山区的小溪中，水温15~25℃，蛹4~5月份出现，7月下旬为羽化盛期。

地理分布 中国：内蒙古，华北地区；国外：亚美尼亚，阿塞拜疆。

分类讨论 山溪真蚋两性中胸盾片的着毛颜色及尾器特征相当突出，易于与其近缘种相区别。

金毛真蚋 *Simulium*（*Eusimulium*）*aureum*（Fries，1824）（图12-24）

Simulia aureum Fries，1824. *Observationes Ent*. Part 1：40. 模式产地：瑞典.

Eusimulium aureum（Fries，1824）. Rubtsov，1956. *Blackflies*，*Fauna USSR*，Diptera，6（6）：504；Lee *et al*.（李铁生等），1976. N. China，midges，blackflies and horseflies：114~115.

Simulium（*Eusimulium*）*aureum* Fries，1824；Crosskey，1988. Annot. Checklist World Blackflies：448；An（安继尧），1996. *Chin J. Vector Bio. and Control*，7（6）：472；Chen and An（陈汉彬，安继尧），2003. The Blackflies of China：94.

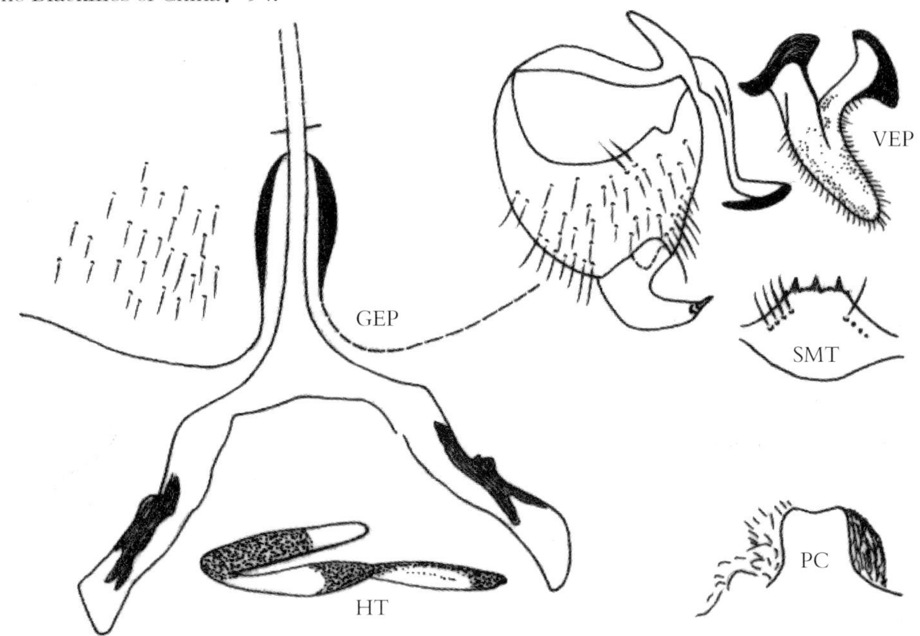

图12-24 金毛真蚋 *S.*（*E.*）***aureum***（Fries，1824）（仿 Rubtsov，1956. 重绘）

鉴别要点 雌虫生殖板宽舌状，生殖叉突两后臂全长膨胀成长方形向侧后伸；雄虫生殖腹板楔状，端尖，与基臂的夹角约为 30°。

形态概述

雌虫 体长 3.5~4mm。触角暗褐色，柄节和梗节色稍淡。触须色暗，节Ⅲ膨胀，拉氏器大；节Ⅴ长，约为节Ⅲ和节Ⅳ长度的总和。额和唇基色暗。中胸盾片灰黑色，被金色毛。径脉基具毛。平衡棒亮黄色。足大部为黄色；暗色部分包括中足、后足基节，股节端部 2/3，胫节端部 1/3 和基跗节端部 1/4。后足基跗节宽约为胫节宽度的 2/3，长为本身宽度的 6~7 倍。腹部褐黄色，被淡色毛。生殖腹板宽舌形，端缘浑圆，生殖叉突两后臂全长扩大成长方形，中部外缘骨化，无明显的外突。

雄虫 体长 3.5~4mm。触角黑褐色，触须暗。中胸盾片黑丝绒状，被金色毛，前后两侧有银白色斑或前缘呈银灰色。平衡棒暗黑色。足除股、胫节基部 2/3 色稍淡外全黑。后足基跗节的长度和宽度分别约为胫节的 3/4。生殖肢基节膨大，圆锥形，生殖肢端节弯钩状，长约为基节的 1/2，具 1 个发达的端刺。生殖腹板楔状，端部略尖，两基臂向前外伸，其夹角约为 30°。

蛹 体长 3.0~3.5mm。茧简单，狭长。呼吸丝 4 条，长于蛹体，粗细均匀。丝从基部成对发出，上对具短茎，其上丝向上发出再折向前方。腹部钩刺正常，端钩小。

幼虫 体长 6~7mm。体色淡。触角第 1、第 2 节约等长。头扇毛 52~56 支。上颚第 3 顶齿发达，第 2 梳齿约为第 1 梳齿的 2 倍长。内齿 9~10 枚，缘齿一大一小。亚颏侧缘齿 5 枚，侧缘毛每边 4~6 支。后颊裂小，槽口状，长约为亚颏高的 2/3。肛鳃简单。后环 66~88 排，每排具 11~13 个钩刺。

生态习性 幼虫和蛹孳生于山区小溪湍急的流水中，6~7 月份为第一代。

地理分布 中国：黑龙江，山西；国外：英国，瑞士，瑞典，西欧至西伯利亚。

分类讨论 金毛真蚋是真蚋亚属中分布较广的一种，其形态变异较大。但是其两性尾器特征突出，易于鉴别。

北湾真蚋 *Simulium*（*Eusimulium*）*beiwanense* Guo，Zhang，An *et al.*，2008（图 12-25）

Simulium（*Eusimulium*）*beiwanense* Guo，Zhang，An *et al.*（郭晓霞，张映梅，安继尧等），2008. *Oriental Ins.*，42：341~348.

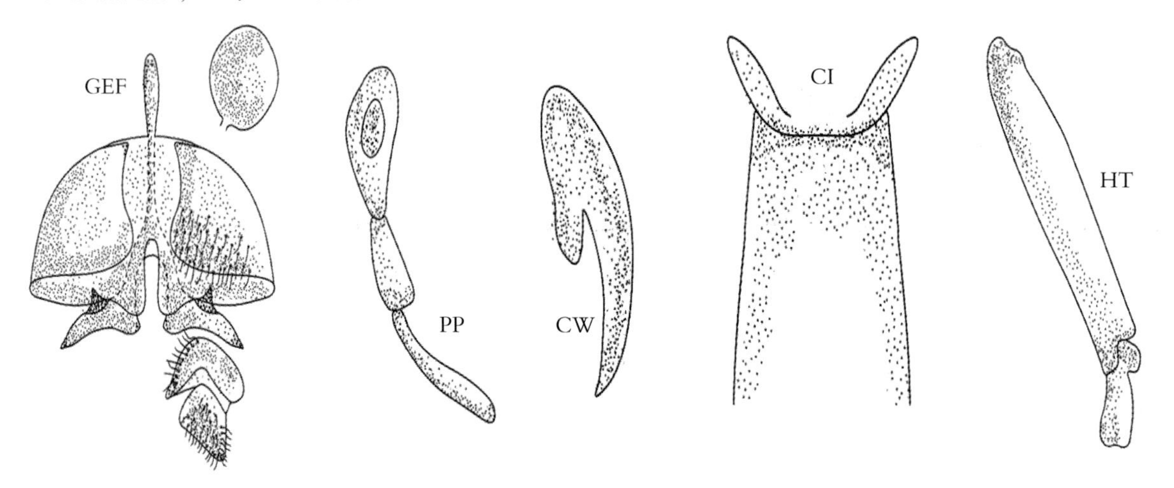

图 12-25 北湾真蚋 *S.*（*E.*）*beiwanense* Guo，Zhang，An *et al.*，2008

鉴别要点 雌虫触角拉氏器特大，长约为节Ⅲ的0.63；生殖叉突后臂骨化外突，中胸后侧片具毛。

形态概述

雌虫 额、唇基和后头为黑色，覆黄白色细毛。额指数为30∶25∶32。额头指数为30∶160。触角除柄节和梗节为棕色外，余部为棕黑色。触须节Ⅲ～Ⅴ的节比为30∶27∶40。节3膨大，拉氏器大。长约为节Ⅲ的0.63。下颚具11枚内齿和12枚外齿；上颚具32枚内齿，缺外齿；食窦光裸。中胸盾片覆黄白色细毛，中胸侧膜光裸。下侧片具26支棕毛。前足基节为棕黄色，中足、后足基节为黑色。各足股节除前、后股端1/2，中股端1/3为暗黑色外，余一致为棕黄色。各足胫节除前股端1/4和中、后股端1/3外，余一致为棕黄色。各足跗节除后足基跗节基2/3为黄色外，余一致为暗黑色。跗突发达，跗沟明显。爪具大基齿，翅亚前缘脉基1/2和径脉基具毛。腹背黑色，覆黄白色毛。腹板黑色，覆棕色毛。第Ⅷ腹板中部光裸，两侧各具约42支黑色长毛。生殖板分离，端内角圆。生殖叉突后臂具骨化侧突，末段膨大成犁形。

雄虫 未知。

蛹 未知。

幼虫 未知。

生态习性 模式标本系使用二氧化碳诱光灯采获，吸血习性不详。

地理分布 中国新疆（阿尔泰）。

分类讨论 本种系郭晓霞等根据从新疆诱捕的11个雌虫记述的新种。虽然至今其他虫期尚未发现，但其种征明显，如拉氏器特大、中胸下后侧片具毛等综合特征，可与真蚋属已知近缘种相区别。

宽甸真蚋 *Simulium*（*Eusimulium*）*kuandianense* Chen and Cao，1983（图12-26）

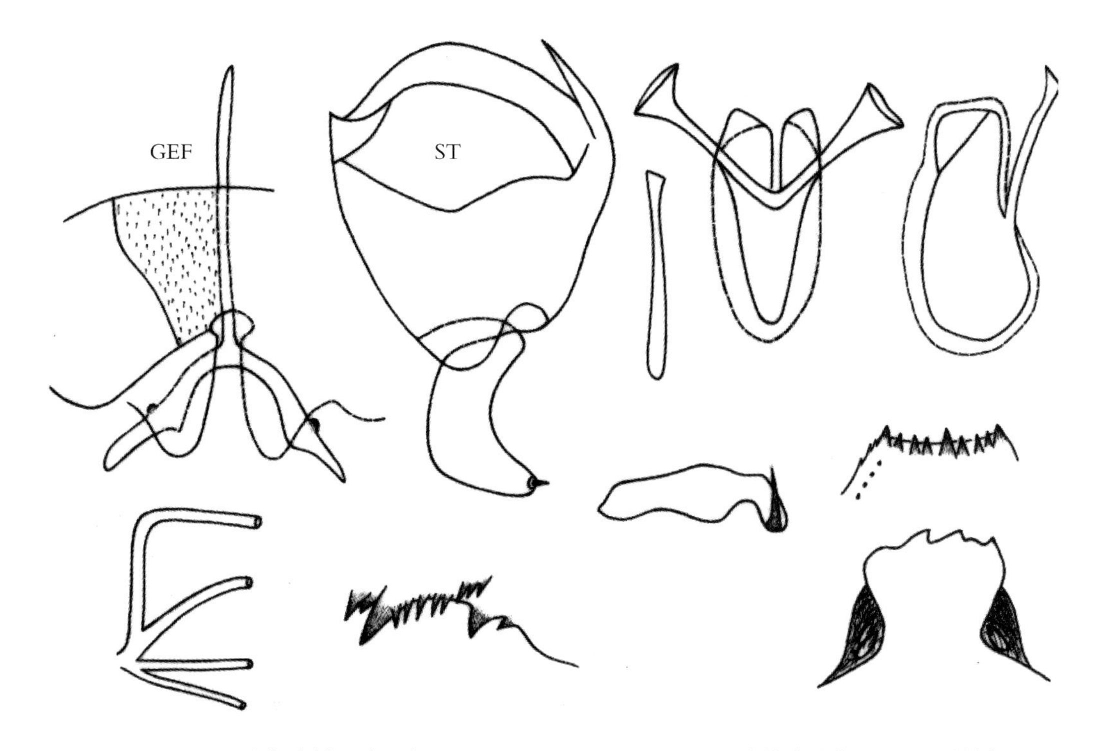

图12-26 宽甸真蚋 *S.*（*E.*）*kuandianense* Chen and Cao（仿陈继寅，1983. 重绘）

Eusimulium kuandianense Chen and Cao（陈继寅，曹毓存），1983. *Acta Ent. Sin.*，26（2）：230~232. 模式产地：中国辽宁 .

Simulium（*Eusimulium*）*kuandianense* Chen and Cao，1983；Crosskey，1988. Annot. Checklist World Blackflies：448；Sun *et al.*（孙悦欣等），1995. *Chin J. Vector Bio. and Control*，6（3）：185；*An*（安继尧），1996. *Chin J. Vector Bio. and Control*，7（6）：472；Crosskey *et al.*，1996. *J . Nat. Hist.*，30：420；Chen and An（陈汉彬，安继尧），2003. The Blackflies of China：96.

鉴别要点 雌性生殖板内缘基部凹入形成半圆形区；雄性生殖腹板基臂细，端部扩大成喇叭形，斜截状。

形态概述

雌虫 体长约 3.3mm。触角柄节和梗节色淡，鞭节暗褐色。触须节Ⅲ膨大，拉氏器大。中胸盾片灰黑色，被黄色毛。平衡棒黄白色。足大部为黄色；黑棕色部分包括前足股节端部 1/4，胫节端部 1/3 和跗节，中足基节，股、胫节端部 1/4 和跗节（除节Ⅰ基部 1/2 腹面外），后足基节和股、胫节端部 1/4。腹部背板灰黑色，腹板灰棕色。生殖板舌状，内缘基部内凹呈半圆形凹陷区。

雄虫 体长约 3.0mm。触须节Ⅲ长于节Ⅱ，拉氏器小，圆形。足大部为棕黄色；浅黄色部分包括前足基节，股节基部 3/4，胫节中部 1/2，中足股节基部 3/4，胫节基部 1/2，后足基节、股、胫节基部 2/3 和第Ⅰ跗节（除基、端部各 1/8 外）。生殖肢端节弯月形，末端变尖。生殖腹板楔形，端圆；侧面观呈斧状，端部宽圆，无腹突，基臂窄，端部扩大成喇叭状，斜截。中骨细杆状，端半略膨大。

蛹 体长约 4.0mm。呼吸丝每侧 4 条，排列似金毛真蚋。茧简单，前缘明显加厚。

幼虫 体长 6~7mm。体色灰白，头斑阳性，头扇毛 42~47 支，触角长出头扇柄。上颚第 3 顶齿发达，内齿 5 枚，亚颏中齿稍低于角齿，中侧齿不发达。侧缘毛每侧 4 支。后颊裂菜花状，端半外扩成弧形。胸腹体壁光裸，未见肛鳃。后环约 56 排，每排 10~11 个钩刺。

生态习性幼虫和蛹孳生于山溪流动水体的石块和枯草枝上。

地理分布 中国辽宁。

分类讨论 宽甸真蚋具有真蚋亚属的一般特征。其最大特点是雌性生殖板内缘基部具半圆形凹陷区，生殖叉突及雄性生殖腹板基臂的形状也相当特殊。

海真蚋 *Simulium*（*Eusimulium*）*maritimum* Rubtsov，1956（图 12-27）

Eusimulium maritimum Rubtsov，1956. *Trudy Ins. Zool. Akad. Nauk Azerb. USSR*，18：127. 模式产地：亚美尼亚；Chen and Cao（陈继寅，曹毓存），1983. *Acta Zootax Sin.*，8（3）：308.

Simulium（*Eusimulium*）*maritimum* Rubtsov，1956；Crosskey，1988. Annot.Checklist World Blackflies：448；Crosskey *et al.*，1996. *J. Nat. Hist.*，30：419；Chen and An（陈汉彬，安继尧），2003.The Blackflies of China：97.

鉴别要点 生殖肢端节直而长，生殖腹板两基臂外展，夹角 180°，板体侧面观具前腹突。

形态概述

雌虫 额、唇基灰色，具淡金色毛。触须暗褐色，节Ⅲ较短粗，拉氏器大，节Ⅴ略短于节Ⅲ和节Ⅳ的长度总和。中足、后足股节基部2/3，中足胫节基部2/3和后足胫节基部1/2为黄色；后足基跗节基半后缘色稍淡，余部为暗褐色。平衡棒黄白色。腹部被金色毛。

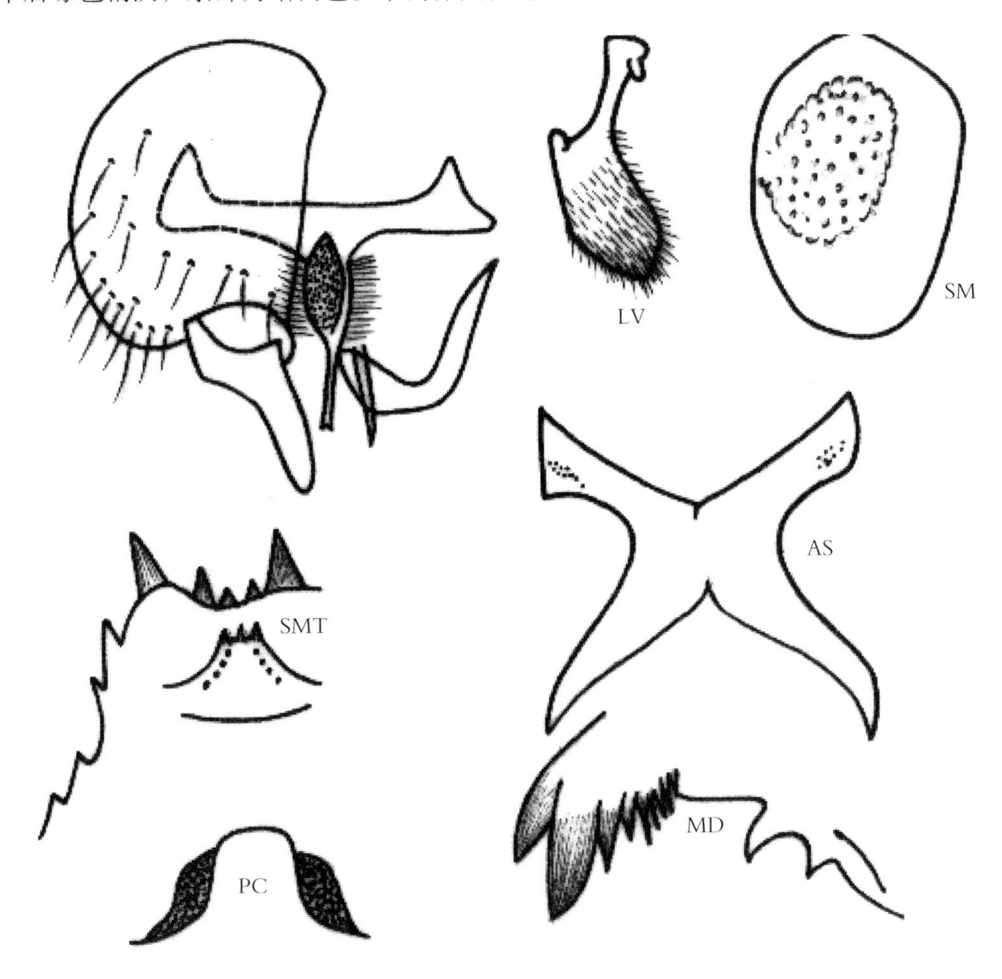

图12-27　海真蚋 *S.*（*E.*）***maritimum*** Rubtsov（仿 Rubtsov，1956. 重绘）

雄虫　体长约2.5mm，一般特征似雌虫。生殖肢端节形状特殊，直而较细长，基段明显扩大，长约为生殖肢基节的2/3。生殖腹板板体较粗壮，端部略圆，侧面观具1个前腹突；两基臂水平外展，夹角180°。中骨细杆状，端部分叉。

蛹　体长约2.5mm。头毛3对，胸毛5对。茧简单。呼吸丝4条，排列似金毛真蚋（*S. aureum*），上对较粗壮，长3~3.5mm。

幼虫　体长5~5.5mm。色淡，头斑明显，头扇毛56~58支。上颚第3顶齿和第1梳齿发达，内齿4~5枚。亚颏中齿、角齿突出，侧缘齿发达，侧缘毛每边4~5支。后颊裂方形。后环64~68排，每排12~13个钩刺。

生态习性　幼虫和蛹孳生于山溪急流中的石块、木棒上，每年9月份羽化。

地理分布　中国：辽宁；国外：俄罗斯，亚美尼亚，格鲁吉亚。

分类讨论　海真蚋的雄性生殖肢端节直而长，生殖腹板两基臂水平外展，这在真蚋亚属中独具特征，不难鉴别。

皇后真蚋 *Simulium*（*Eusimulium*）*reginae* Terteryan，1949（图 12-28）

Simulium reginae Terteryan，1949. *Vortriige*（*Daklady*）*d. Akad. d. Wiss. d. Arm. USSR*，11（3）：96~97. 模式产地：亚美尼亚 .

Eusimulium reginae Terteryan，1949；Rubtsov，1956. *Blackflies*，*Fauna USSR*，Diptera，6（6）：508~509.

Simulium（*Eusimulium*）reginae Terteryan，1949；Crosskey，1988. Annot. Checklist World Blackflies：449；An（安继尧），1996. *Chin J. Vector Bio. and Control*，7（6）：472；Chen and An（陈汉彬，安继尧），2003. The Blackflies of China：98.

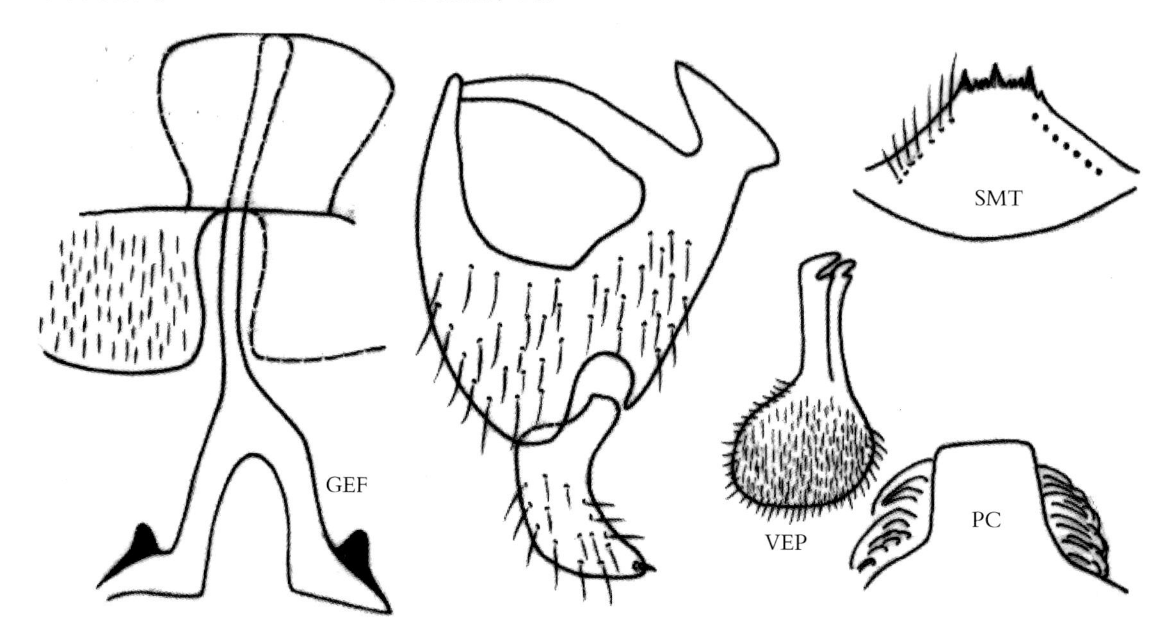

图 12-28 皇后真蚋 *S.*（*E.*）*reginae* Terteryan，1949（仿 Rubtsov，1956. 重绘）

鉴别要点 雌性中胸盾片被银白色毛；生殖板三角形，生殖叉突两后臂全长膨大成靴状，具显著的侧突。雄虫生殖肢端节鞋状，生殖腹板侧面观椭圆形，明显向腹面突出，蛹呼吸丝互相接近伸向前方。

形态概述

雌虫 触角柄节和梗节黄色，鞭节淡褐色。触须暗，具银白色毛。中胸盾片褐黑色，被银白色毛，肩侧部尤为密集。足大部为黄白色；暗色部分包括前足股节端部 1/3，中足股节端部 1/4，后足股节端部 1/3。前足前面具清晰的亮区。后足基跗节侧缘平行，长为宽度的 6~6.5 倍。腹部黑色，被银白色毛。生殖板三角形，生殖叉突后臂膨大成靴状，具骨化长侧突。

雄虫 体长约 3.3mm。触须黑色。中胸盾片覆稀疏金色毛，前缘具银白色带。平衡棒黄褐色。足为暗黄色；暗色部分包括前足股节端部 1/2，中足、后足股节端部 1/3，前足胫节端部 1/3 和中足、后足胫节端部 1/4。后足基跗节色全暗，稍膨大，长为宽的 5~6 倍。跗突和跗沟均发达。腹部黑色，基鳞具暗色缘毛。生殖肢基节膨大，端节鞋状；生殖腹板侧面观板体呈椭圆形，膨大并向后缘延伸。

蛹 体长 3.8mm。呼吸丝 4 条，细长且互相接近。茧简单，无孔隙。

幼虫 体长约 5.5mm，浅灰色。头部淡黄色。触角节 2 的长约为节 1 的 1.25 倍，节 3 与节 1 约等长。

头扇毛 43~48 支。上颚第 3 顶齿和第 1 梳齿发达，内齿 8 枚。亚颏中齿、角齿突出，侧缘毛各 6 支。后颊裂深，方形，几乎直。后环 72~80 排，每排具 12~13 个钩刺。

生态习性 幼虫和蛹孳生于山溪支流中，水温达 26℃，9 月份化蛹。

地理分布 中国：新疆；国外：亚美尼亚，阿塞拜疆。

分类讨论 皇后真蚋雌虫盾片的毛饰与山溪真蚋（*S. armeniacum*）很相似，但是两者外生殖器差异很大，可资鉴别。

萨特真蚋 *Simulium*（*Eusimulium*）*satsumense* Takaoka，1976（图 12–29）

Simulium（*Eusimulium*）*satsumense* Takaoka，1976. *Jap. J. Sanit*，*Zool.*，27（2）：171~175. 模式产地：日本（Teuchi）；Sun（孙悦欣），1994. *Chin J. Vector Bio. and Control*，5（1）：42；An（安继尧），1996. *Chin J. Vector Bio. and Control*，7（6）：472；Chen and An（陈汉彬，安继尧），2003. The Blackflies of China：99.

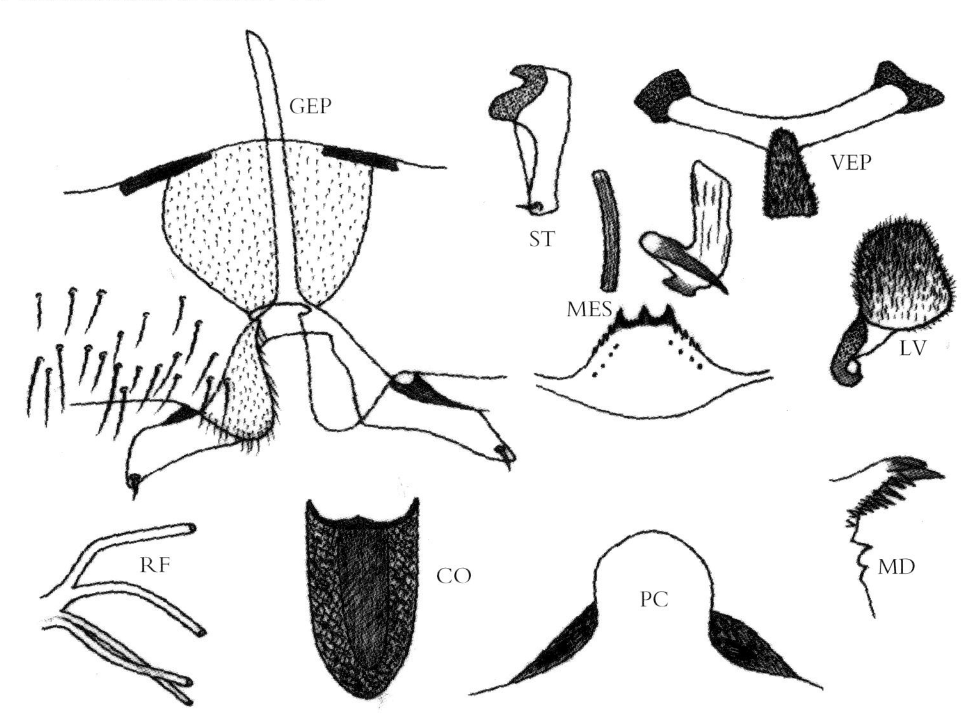

图 12–29 萨特真蚋 *S.*（*E.*）*satsumense* Takaoka（仿 Takaoka，1976. 重绘）

鉴别要点 雌虫第Ⅷ腹板前缘两侧具骨化带，生殖叉突后臂后半膨大成菱形并各具 1 个强端刺。雄虫生殖肢端节圆锥状，生殖腹板倒楔形，端缘平齐。

形态概述

雌虫 体长 3.2mm。额、唇基和头顶银灰色，被黄白色毛。触角除柄节、梗节为黄色外，余一致为暗黑色。触须节Ⅱ膨大，拉氏器稍长于节Ⅲ的 1/2。下颚具内齿 9 枚，外齿 12 枚；上颚具内齿 28 枚，外齿缺。食窦后缘密集疣突。中胸盾片灰黑色密被黄白色毛，小盾片具黄白色竖毛。前足基节和各足转节为黄色，中足、后足基节为黑色；各足股节除端部 1/3 为黑色外，余全为黄色；各足胫节中央大部为黄色而基部棕色，端部 1/3 为黑色；各足跗节除后足基跗节中部为棕黑色外，余一致为黑色。前足股节具角状疣突。后足基跗节侧缘平行，跗突中度发达，伸达跗沟。爪具大基齿。翅径脉基具毛。腹部暗黑色密覆黄白色毛。第Ⅷ腹板前缘具 1 对亚中骨化带。生殖板舌形，生殖叉突后臂末半膨大成菱形并各具 1 个强端刺。

雄虫 体长约 3.6mm。上眼面 18 排。唇基灰黑色，具稀疏黄白色毛。中胸盾片闪光，具 1 对银白色肩斑。小盾片黑色具黄白色毛，后盾片光裸。足大部黄色，但前足胫节中部外缘、中足胫节基 1/2 和后足胫节基 1/4 为淡棕色。翅前缘脉仅基部 1/3 具毛。腹节Ⅱ具 1 对背侧银白色斑；其余各节为灰黑色，被黄白色毛。生殖肢基节圆筒状，长明显大于宽，生殖肢端节约为基节长的 1/2，象鼻形，基部具外突，端缘平截。生殖腹板倒“Y”形，具腹中毛突，后缘凹入，基臂长，夹角约为 150°。阳基侧突每侧具 1 个粗刺。中骨细杆状，不分叉。

蛹 体长约 4.0mm。头胸部具盘状疣突。头毛 3 对，胸毛 6 对，均单支。呼吸丝每侧 4 条，成对发出，下对无柄，上对具短茎，其上丝向上发出再折向前方，下丝明显粗于其他呼吸丝。腹节 3、4 背板每侧具 4 个叉钩；腹节 6~8 每侧具微棘刺群和由 6 个刺组成的刺栉，并在距前缘 2/3 处各具 2 支简单毛；腹节 9 具发达的端钩。腹节 4 腹板每侧具 1 个叉钩，腹节 5~7 腹板每侧具 1 对叉钩。茧拖鞋状，编织紧密，前缘加厚。

幼虫 体长 6.3~6.8mm。体色灰棕，头斑显著。触角淡黄色，节 1 棕色。头扇毛约 52 支。上颚第 3 顶齿发达，内齿 7 枚。亚颏中齿、角齿发达，侧缘齿发达，侧缘毛 3~5 支。后颊裂圆，比后颊桥稍长。肛鳃简单。后环约 70 排，每排约具 15 个钩刺。

生态习性 幼虫和蛹从稻田静滞小水沟的水草上采获，成虫吸血习性未知。

地理分布 中国：辽宁；国外：日本。

分类讨论 萨特真蚋雌虫第Ⅷ腹板前缘具 2 个骨化带，生殖叉突后臂具端刺，雄性生殖肢端节象鼻形，生殖腹板倒“Y”形等独具特征，易与其他近缘种相区别。

台北真蚋 *Simulium*（*Eusimulium*）*taipei*（Shiraki，1935）

Eusimulium taipei Shiraki，1935. *Mem. Fac. Sci. Agric. Taihoku Imp. Univ.*，16：15.

Simulium（*Eusimulium*）*taipei*（Shiraki，1935）.Takaoka，1979. *Pac. Ins.*：384；Crosskey，1988. Annot. Checklist World Blackflies：448；Chen and An，2003. The Blackflies of China：88.

鉴别要点 无明显种征。

形态概述 ［根据 Shiraki（1935）的原描述整理］

雌虫 体长 2.1~2.6mm。翅长 3~3.5mm。额黑色，长约为头长的 1/3，覆灰粉被和黄色细毛。触角除柄节为黄色外，余一致为暗棕色。触须Ⅴ节为黑色，节Ⅲ较节Ⅳ长而宽。拉氏器长约为节Ⅲ长的 1/2。中胸盾片红棕色，具 3 条暗棕色纵纹，中纵纹窄于侧纵纹。覆金黄色细毛，小盾片和后盾片被金黄色毛。前中足大部为暗棕色，后足明显色淡，股节基 3/4、胫节和基跗节大部为黄色。爪具大基齿。腹部背板黑色，覆暗黑色毛。基鳞黄棕色，具黄色缘毛。

雄虫 未知。

蛹 未知。

幼虫 未知。

生态习性 雌虫吸人血。

地理分布 中国台湾（台北）。

分类讨论 台北真蚋是 Shiraki 于 1935 年根据 1 个雌虫独模记述的新种。虽然原描述的记录较繁琐，但却看不到明显的种征，也未附特征图，所以其分类地位尚待进一步的研究。

泰山真蚋 *Simulium*（*Eusimulium*）*taishanense* Xue and An，2001（图 12-30）

Simulium（*Eusimulium*）*taishanense* Xue and An（薛健，安继尧），2001. *Acta Parasital. Med. Entomol. Sin.*，8（1）：46~49. 模式产地：中国山东（泰山）.

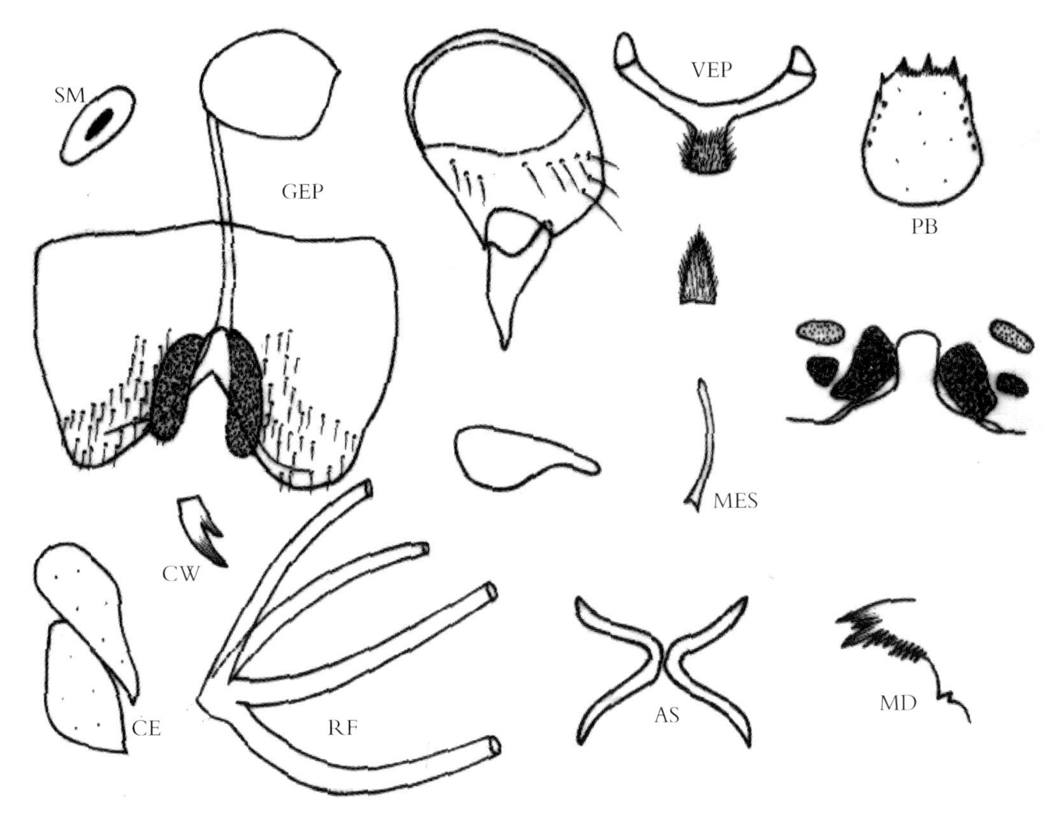

图 12-30 泰山真蚋 *S.*（*E.*）*taishanense* Xue and An（仿薛建等，2001. 重绘）

鉴别要点 雌虫生殖板中部向上凹入，略呈长方形，内缘端部突出，略呈圆形。雄虫生殖叉突后臂末段细条状；生殖腹板短梯形，两臂亚末端具骨化环。中骨长杆状，末端凹入。幼虫后颊裂明显短于后颊桥。

形态概述

雌虫 体长约 3.2mm。触角棕黑色，具黄色短毛。触须拉氏器长约为节Ⅲ的 2/5。上颚具内齿 28 枚，外齿缺；下颚具内齿 7 枚，外齿 11 枚。中胸盾片黑色，覆黄色短毛。平衡棒柄黑色，球部棕褐色。前足转节、股节基部内面 5/6 和胫节端 4/5 为褐色；中足股节基部内面和胫节基内面 4/5 为褐色；后足股节基内面 4/5，胫节基 2/3 和基跗节基内面 2/3 为褐色，余部为黑色。跗突和跗沟发达。爪具大基齿。腹部黑色。生殖板中部向上凹入，略呈长方形，内缘下端两侧突出，略呈圆形。受精囊近球形。肛上板长条状。

雄虫　体长约 3.0mm。触角深黑色，鞭节Ⅰ的长约为节Ⅱ的 1.5 倍。大眼面 13 排，小眼面 29 排。触须拉氏器小，球形，长约为节Ⅲ的 1/6。中胸盾片黑色，覆黄色短毛，小盾片黑色，被黄色毛，具黑色长缘毛。平衡棒柄黑色，球部棕黑色。足色同雌虫。跗突发达，跗沟发育良好。腹部黑色。生殖肢基节横宽，生殖肢端节锥形，长约为基节的 3/4。生殖腹板短梯形，密被长毛，两臂呈 150° 角外展，末端略膨大并在膨大部的亚基部具骨化环。中骨长杆状，端凹。阳基侧突每边具 1 个大刺。

蛹　体长约 3.1mm。呼吸丝每边 4 条，上对略长于蛹体，成对排列，内对具短茎。茧拖鞋状，前缘加厚。

幼虫　体长约 5.0mm。额斑阳性。触角长于头扇柄。头扇毛 33 支，上颚齿正常。亚颏中齿、角齿发达，侧缘毛每边 4 支。后颊裂小，长方形，长约为后颊桥的 0.75 倍。肛板后臂长于前臂。后环 73 排，每排具 9~12 个钩刺。

生态习性　幼虫和蛹孳生于山溪流水中的基物上。海拔 500m。水宽 2m，深 0.2m，流速 0.5m/s。

地理分布　中国山东。

分类讨论　本种与 *S.*（*E.*）*satsumense* 近似，但是两者的生殖板、生殖叉突及生殖腹板的构造有明显差异。此外，幼虫后颊裂浅，也可资鉴别。

威宁真蚋 *Simulium*（*Eusimulium*）*weiningense* Chen and Zhang，1997（图 12-31）

Simulium（*Eusimulium*）*weiningense* Chen and Zhang（陈汉彬，张春林），1997. *Acta Zootax Sin.*, 22（3）: 301~306.　模式产地：中国贵州（威宁）.

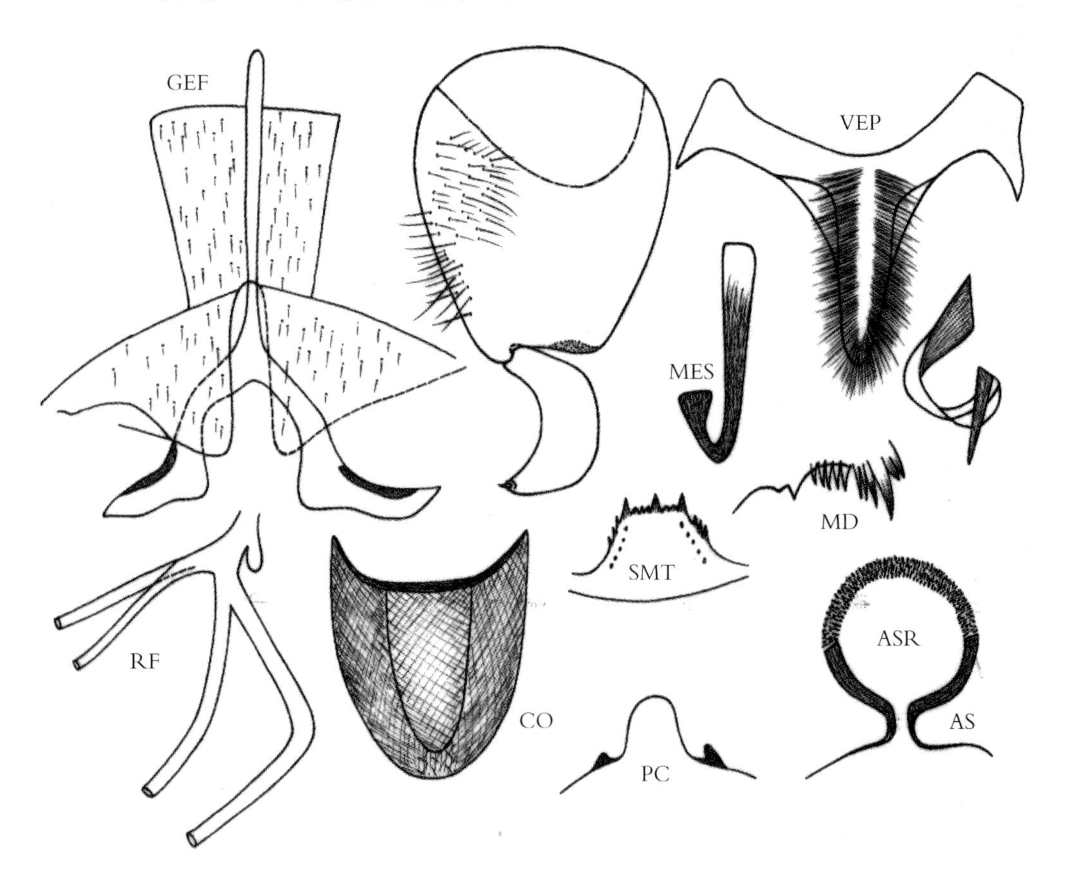

图 12-31　威宁真蚋 *S.*（*E.*）*weiningense* Chen and Zhang，1997

鉴别要点 雌性生殖叉突后臂膨大成犁状，无侧突。雄虫中骨长条状，从基部向端部变窄，端部又略扩大。蛹茧前缘中部呈弧形隆起。幼虫头扇毛 28~32 支，后环 80~88 排，后腹部具肛前刺环。

形态概述

雌虫 体长约 3.2mm。触须第Ⅲ节膨大，拉氏器长约占第Ⅲ节的 1/2。下颚具内齿 11 枚，外齿 13 枚；上颚具内齿 23 枚。中胸盾片覆金黄色软毛，小盾片两侧着生长毛，后盾片光裸。翅亚缘脉和径脉基具毛。前足股节基部 3/4 和胫节基部 2/3，中足股、胫节基部 3/4 和跗节Ⅰ基部 1/8，后足股、胫节基部 3/4 和跗节Ⅰ中部 1/2 均色淡，余部为暗褐色。爪具大基齿。生殖板亚三角形，端内延伸形成窄舌状突，内缘近于平行。生殖叉突柄细长、强骨化，两后臂后侧缘骨化，无外突，后部 1/2 膨大成犁状。受精囊椭圆形，无网纹。

雄虫 体长约 4mm。上眼面 16 排。触角鞭节Ⅰ的长约为鞭节Ⅱ的 1.5 倍。触须第Ⅲ节不膨大，拉氏器小。前足股节基部 2/3、胫节基部 3/4，中足股节基部 3/4，胫节基部 2/3 和后足股、胫节基部 1/3 均色淡，余部色暗。腹部基鳞具黑色缘毛。生殖肢基节粗壮，圆锥状，背内区具细毛丛；生殖肢端节弯刀状，长约为基节的 1/2，具亚端刺；生殖腹板楔形，端圆，被长毛，板体与基臂约等长。两基臂粗壮，呈 150° 角外展，末端鸟喙状。中骨长杆状，从基部向端部渐变窄，端部略扩大，端缘平截。阳基侧突细板状，各具 1 个强刺。

蛹 体长 3.3~3.8mm。头胸体壁被稀疏疣突。头毛 3 对，胸毛 6 对，均不分支。呼吸丝 4 条，长于蛹体，由总茎分 2 支发出，上对具短茎，下对几乎无茎。上对的上丝向上发出伸达 1/4 处呈 90° 急弯向前，上对丝通常明显粗于下对丝。腹部第 1、第 2 背板每侧具疣突区，第 3、4 背板两侧各具 4 个叉钩，节 5~9 每侧具刺栉和微棘刺群，第 6~8 腹板每侧具 1 对分叉或简单钩刺。末节具端钩。茧拖鞋状，致密，前缘加厚并通常中部隆起。

幼虫 体长 8~9mm。头斑阳性。触角长于头扇柄，节 2 亚端部具 1 个次生环。头扇毛 40~42 支。上颚第 3 顶齿发达，缘齿一大一小，紧邻。亚颏中齿、角齿突出，侧缘毛每边 3~4 支，侧缘齿 6~8 枚。后颊裂端圆，长约与后颊桥相当。肛骨后臂长于前臂，肛前具附骨环。后环约 80 排，每排具 10~12 个小钩。

生态习性 幼虫和蛹孳生于高原山溪中的水草上，水温 20℃，海拔 2250m。

地理分布 中国贵州（威宁）。

分类讨论 虽然威宁真蚋近似宽甸真蚋（*S. kuandianense*），但是可根据生殖叉突后臂和生殖腹板基臂的形态，蛹第 1、第 2 腹节背板两侧具疣突区和幼虫触角节 2 具次生环以及腹部具肛前附骨环等特征，加以鉴别。

细端真蚋 *Simulium*（*Eusimulium*）*tenuistylum* Yang，Fan and Chen，2008（图 12-32）

Simulium（*Eusimulium*）*tenuistylum* Yang，Fan and Chen（杨明，樊卫，陈汉彬），2008. *Acta Zootax Sin.*，33（3）：523~525.

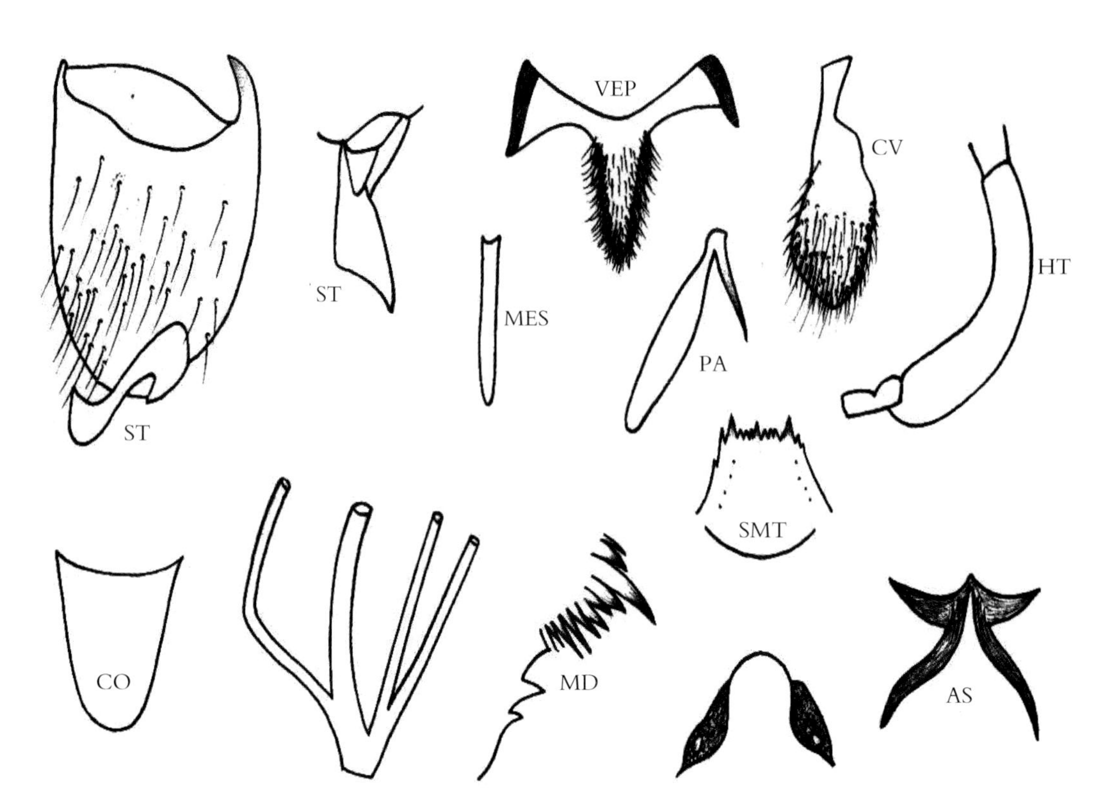

图 12–32 细端真蚋 *S.*（*E.*）***tenuistylnm*** Yang，Fan and Chen，2008.

鉴别要点 雄虫生殖肢端节变形，细弯，两头膨大成“S”形。蛹呼吸丝上对的下丝约为其余 3 条丝的 2 倍粗。

形态概述

雌虫 未知。

雄虫 体长约 3.2mm。翅长约 2.3mm。上眼大眼面 18 横排，18 纵列。唇基黑色，覆灰粉被和黄白色细毛。触角一式暗棕色。鞭节Ⅰ的长约为鞭节Ⅱ的 1.7 倍，触须节Ⅲ ~ Ⅴ的节比为 4.1：3.7：8.2。触角拉氏器小。中胸盾片黑色，覆黄白色细毛。小盾片黑色，覆黄白色毛。后盾片黑色，光裸。中胸侧膜和下侧片光裸。各足基节除前足基节为黄色外，余部为棕色。各足胫节棕色。各足股节除端 1/4~1/3 为棕色外，余部为黄色。各足胫节中大部为黄色，基 1/3 和端 1/3 为棕色。各足跗节除后足基跗节为黄色外，余一致为淡棕色。前足基跗节长约为宽的 7 倍。后足基跗节两侧亚平行，长约为宽的 5 倍。翅亚缘脉基 1/3 和径脉基具毛。腹部基鳞棕色具棕黄色缘毛。腹节背板暗棕色，覆黑色和淡色毛。生殖肢基节大，圆锥形，长约为宽的 1.5 倍。生殖肢端节变形，细弯，两头膨大成“S”形，具端刺。生殖腹板亚三角形，基臂细，亚末端膨大具光角状后突。阳基侧突每侧具 1 个大钩刺。中骨棒状，具端中浅裂。

蛹 体长约 3.8mm。头、胸体壁淡黄色，被疣突。头毛 3 对，简单。胸毛 6 对，细小，简单。呼吸丝 4 条，成对排列，均具短茎。上对的下丝特别粗壮，约为其余 3 条丝的 2 倍粗。腹部刺毛分布正常。端钩发达。茧简单，前缘加厚。

幼虫 体长 5.3~5.6mm。体色灰黄，头斑可见。触角 3 节，节比为 6.6：7.8：5.1。头扇毛 36~38 支。

上颚缘齿一大一小。亚颏顶齿9枚，中齿、角齿突出。侧缘毛4~6支。后颊裂小，端圆，略短于后颊桥。胸部体壁光裸，腹背稀布黑色小刺毛。肛鳃简单。肛骨前臂短于后臂。后环约70排，每排具15~18个钩刺。腹乳突发达。

生态习性 蛹和幼虫孳生于山溪急流中的水草和枯枝落叶上。

地理分布 中国辽宁。

分类讨论 本种雄虫生殖肢端节形状特殊，胫节中部黄色，两头棕色，蛹呼吸丝上对的下丝特别粗壮。根据上述综合特征，可与真蚋属已知种类相区别。

4）绳蚋亚属 Subgenus *Gomphostilbia* Enderlein，1921

Gomphostilbia Enderlein，1921. *Dent. Tierärzti. Wachr.*，29：199. 模式种：*Gomphostilbia seylonica* Enderlein，1921.

Simulium（*Nipponosimulium*）Shogaki，1956. *Zool. Mag.*，65：276.

Simulium（*Gomphostilbia*）Enderlein，1921；Grosskey，1988. Annot. Checklist World Blackflies：449；Takaoka，1996. Blackflies of Java：14；Takaoka，2003. Blackflies of Sulawesi，Maluku and Irian Jaya：50；Chen and An（陈汉彬，安继尧），2003. The Blackflies of China：104.

亚属特征 成虫：触角2+9节或2+8节或2+7节。翅前缘脉具毛和刺，径脉基具毛（少数国外种例外）。中胸侧膜光裸或具毛。下侧片通常具毛。前足基跗节细长或稍膨大（长为其宽的4.5~9.5倍）。中胸盾片有或无造型。雌虫：食窦光裸。触须节Ⅲ短于节Ⅳ。拉氏器的大小因种而异。爪具大基齿，偶简单，或具中型亚基齿，或具小型亚基齿。腹节Ⅵ~Ⅷ，偶包括节Ⅴ闪光。受精囊椭圆形，偶球形，无骨化颈，有或无网斑。生殖腹板通常呈亚三角形或亚舌形。生殖叉突柄无细毛，后臂有或无侧突，膨大部可作各种造型。雄虫：上眼大眼面具9~15横排。后足基跗节细，侧缘亚平行，或膨大呈纺锤形或作后宽形。腹节Ⅱ、腹节Ⅴ、腹节Ⅵ和腹节Ⅶ通常具闪光侧斑。尾器相对简单，生殖肢基节圆筒状，通常长于端节或与之约略等长。生殖肢端节变化较大，通常呈弯锥状，少数变形呈蛇头状，镰刀状或亚长方形，具1个端刺。生殖腹板横宽，无齿，腹面和后面密被细毛，基臂亚平行或斜伸。阳基侧突较窄，具数量不等的大刺和若干小刺。中骨形状各异。蛹：具3对额毛。触角缝无刺突或疣突。胸无坑状器。呼吸丝通常8条，排列成2+3+3或成对排列。少量种类呼吸丝3条、4条或10条，与蛹体等长或长于蛹体。少数种偶见呼吸丝膨大并发出若干细丝。腹部具正常的钩刺，节7、节8和（或）节9具刺栉。后腹节具锚状钩和端钩。茧简单，袋状，覆盖蛹体，编织致密或疏松，前缘通常加厚，有或无背中突。幼虫：头斑阳性，偶阴性。亚颏顶齿9枚，中齿突出，侧缘齿缺。侧缘毛3~6支。上颚梳齿长度依次递减，缘齿无附齿列。触角3节，无次生环节。后颊裂长度变化较大，通常约等于或长于后颊桥，偶可伸达亚颏后缘或短于后颊桥，形状为亚卵圆形、拱门状、箭形或桃形，因种而异。腹节无背侧突，后腹节有或无暗色小刺毛或分叉毛，少数种类覆以树状毛或掌状毛。肛鳃复杂，偶简单。腹乳突发达，圆锥形或亚角状。肛板宽骨化。后腹无附骨。

绳蚋亚属主要分布于东洋界，并向北延伸至所罗门群岛、爪哇岛和巴布亚新几内亚，少量延伸到非洲界。全世界已知 206 种（Adler 和 Crosskey，2014）。大多吸食禽血，从其形态特征看是一较为原始的类群。我国迄今已记录 46 种，主要分布于东洋界，少数延伸到古北界的东北区、西北区和青藏区。

Enderlein 于 1921 年建立了绳蚋属（Genus *Gomphostilbia*），Crosskey（1967）则将它降级作为蚋属的亚属处理，并首次指出其鉴别指征。随后，Datta（1973）、Takaoka（1983，2003）、Davies 和 Gyorkos（1987）、Takaoka 和 Davies（1995，1996），前后对该亚属的基础分类进行了进一步的整理、充实和提高。

关于绳蚋亚属的分组，至今仍众说纷纭，意见尚未统一。Takaoka（1983）在研究菲律宾蚋类时，首次将绳蚋亚属分为 3 组，即骨颈蚋组［（*ambigens* group）主要特征是受精囊具骨化颈］、裸爪蚋组［（*baisasae* group）主要特征是雌爪简单］和膨跗蚋组（主要特征是后足基跗节膨大）。Takaoka、Davies（1996）和 Takaoka（1996）在研究印马亚界蚋类时则建议将绳蚋亚属分为 6 组，除上述 3 组外，另外增加了细跗蚋组［（*batoense* group）主要特征是中胸侧膜光裸，雄虫后足基跗节细而两侧亚平行］、裸径蚋组［（*hiroshii* group）主要特征是径脉基光裸］和变角蚋组［（*varicorne* group）主要特征是触角 2+7 节或 2+8 节］。此后，Takaoka（2003）研究东洋界的绳蚋亚属和魔蚋亚属（Subgenus *Morops*）的交叉特征及其分类地位时，又建议增加了 3 个新组，即三丝蚋组［（*trirugosum* group）主要特征是蛹呼吸丝 3 条］、膜毛蚋组［（*banaense* group）主要特征是中胸侧膜具毛］和小爪齿蚋组［（*sherwaodi* group）主要特征是雌爪具很小的亚基齿，呼吸丝 5 条或 6 条］。加上安继尧、陈汉彬（2007）根据发现于新疆的 2 个新种的后足跗突副缺或很小，建议另立一新组，即弱突蚋组（*altayense* group）。这样，东洋界的绳蚋亚属已知可分为 10 组。最近，Adler 和 Crosskey（2014）在其最新世界蚋类分布名录中，又将绳蚋亚属分为 14 组。

综观绳蚋亚属的分组概况，不难看出存在的问题。一是分类性状的选择以表型体征为主，很少涉及外生殖器特征。二是虫期不全，主要以成虫作为分组依据，幼期特征几乎没有涉及。三是根据现行的分组，许多蚋种无法确定归属。一个原因可能是由于绳蚋亚属是一个异质性的类群，现行分类未能反映其自然系谱；另一个原因是由于不同作者在发现新种时描述过于简单，未能反映现行分组特征，甚至有些看不出明显的种征，其分类地位很值得商榷。鉴于此，本书拟采纳各家之长，结合我国实际情况，拟将我国绳蚋亚属分为 4 组，即膜毛蚋组（*banaense* group）、细跗蚋组（*batoense* group）、膨跗蚋组（*seylonicum* group）和变角蚋组（*varicorne* group），对于未能确定组别或存疑蚋种，暂列入未分组蚋种项下，并另列检索表和种的特征概述以供参考。

中国绳蚋亚属分组检索表

1　中胸侧膜具毛；蛹呼吸丝4条或6条，或分为2个鹿角状扁管并具6条或10条细丝……………………………………………………………………………………**膜毛蚋组** *banaense* group

　中胸侧膜光裸；蛹呼吸丝8条或10条，形状非如上述…………………………………………2

2（1）触角2+7或2+8节（即鞭节具7~8个鞭分节）…………………………**变角蚋组** *varicorne* group

　触角2+9节（即鞭节具9个鞭分节）……………………………………………………………3

3（2）雄虫后足基跗节膨胀，纺锤形或后宽型，其最大宽度大于或约等于胫节……………………………………………………………………………………**膨跗蚋组** *seylonicum* group

　雄虫后足基跗节细，侧缘平行或亚平行，其最大宽度小于胫节…**细跗蚋组** *satoense* group

A. 膜毛蚋组 *banaense* group

组征概述　触角2+9节。中胸侧膜具毛。爪具大基齿。雄虫后足基跗节细，两侧亚平行。蛹呼吸丝4条或6条，或分2个鹿角状扁管并具6条或10条细丝。

本组全世界已知11种，其中，菲律宾9种，马来西亚砂捞越（Sarawak）1种和我国海南岛1种，即鹿角绳蚋［*S.*（*G.*）*antlerum* Chen，2001］。

鹿角绳蚋 *Simulium*（*Gomphostilbia*）*antlerum* Chen，2001（图12-33）

Simulium（*Gomphostilbia*）*antlerum* Chen（陈汉彬），2001. *Acta Zootax Sin.*，26（4）：565. Chen and An（陈汉彬，安继尧），2003. The Blackflies of China：166.　模式产地：中国海南.

Simulium（*Gomphostilbia*）*antlerum* Chen，2001；Takaoka，2003. The Blackflies of Sulawesi，Muluku and Irian Java：54.

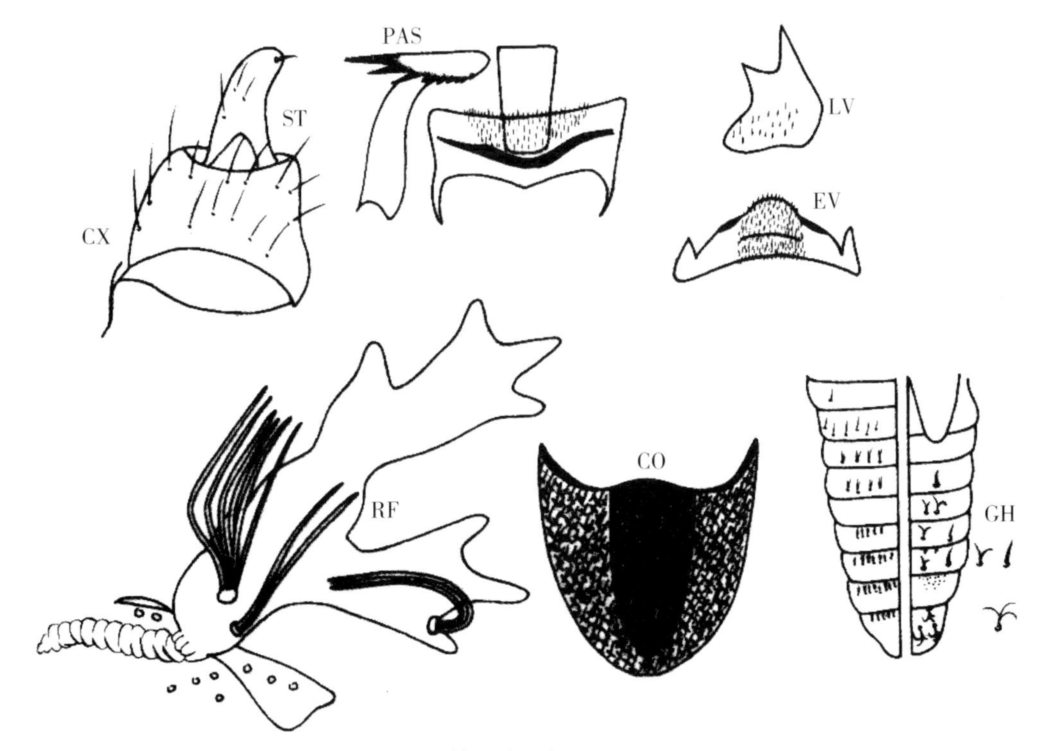

图12-33　鹿角绳蚋 *S.*（*G.*）*antlerum* Chen，2001

鉴别要点 中胸侧膜和下侧片具毛；蛹鳃器分成2个鹿角状分支管，并在其总管亚基部和短支端部具3簇线状丝。

形态概述

雄虫 中胸盾片被金黄色毛。中胸侧膜和下侧片具毛。后足基跗节两边平行，长约为宽的4.5倍，跗突中型，仅伸达跗沟。径脉基具毛。生殖肢基节圆筒状，短宽，长宽约相等；生殖肢端节圆锥状，从基部向端部渐变细；生殖腹板横宽，板体长约为宽的1/3，具显著的腹毛突，端缘略凹，基缘略凸。阳基侧突每侧具3个长刺。中骨板状，端部略宽。

雌虫 尚未发现。

蛹 头、胸毛大多分2支。鳃器形状特殊，分成2个长短不一的鹿角状分支管并在其总管亚基部和短支端部具3簇线状丝。腹部末节具3个锚状钩。

幼虫 尚未发现。

生态习性 蛹孳生于山溪缓流中的枯叶上。

地理分布 中国海南（尖峰岭）。

分类讨论 本种原描述（陈汉彬，2001）将它置于魔蚋亚属（*morops*）项下，Takaoka（2003）则将它移入绳蚋亚属的膜毛蚋组。Adler 和 Crosskey（2014）又将它移入绳蚋属的 *gombakense* group。显然，其分类地位尚待其他虫期的发现再作定夺。但是其蛹期形态特殊，呼吸丝呈鹿角分支并具3簇细线丝，根据这一独具特征可与已知的其他绳蚋相区别。

B. 细跗蚋组 *batoense* group

组征概述 成虫触角2+9节。中胸侧膜光裸，下侧片具毛。雄虫后足基跗节细两侧亚平行。雌爪具大基齿或小的亚基齿。蛹呼吸丝通常8条，排列成2+3+3，偶成4条或6条。幼虫后颊裂浅或深，偶伸达亚颏后缘。

本组涵盖绳蚋亚属相当数量的蚋种，是一个异质性多元类群。进一步研究，可能还可再分若干亚组。全世界已知47种（Adler 和 Crosskey，2014）。我国已报道11种，即版纳绳蚋［*S.*（*G.*）*bannaense*］、短茎绳蚋［*S.*（*G.*）*brivetruncum*］、海南绳蚋［*S.*（*G.*）*hainanense*］、龙胜绳蚋［*S.*（*G.*）*longshengense*］、草地绳蚋［*S.*（*G.*）*meadow*］、黑股绳蚋［*S.*（*G.*）*nigrofemoralum*］、帕氏绳蚋［*S.*（*G.*）*pattoni*］、苏海绳蚋［*S.*（*G.*）*synhaiense*］、塔什库尔干绳蚋［*S.*（*G.*）*tashikulganense*］、膨股绳蚋［*S.*（*G.*）*tumum*］和元宝山绳蚋 *S.*（*G.*）*yuanbaoshanense*］等。

中国绳蚋亚属细跗组分种检索表

雌虫

1 生殖板内缘紧靠，仅一缝的空间；生殖叉突后臂具楔状亚基内突，膨大部卵圆形……………………**塔什库尔干绳蚋** *S.*（*G.*）*tashikulganense*

无上述合并特征……………………2

2（1） 生殖叉突柄前端膨大呈亚球形；触须拉氏器大，长为节Ⅲ的0.6~0.7……………………8

生殖叉突柄前端不膨大；拉氏器小，长为节Ⅲ的0.25~0.50……………………3

3(2) 爪具大基齿……………………………………………………………………………………4

爪具小的亚基齿…………………………………………………帕氏绳蚋 *S.*(*G.*) *pattoni*

4(3) 生殖板长窄条状；两板紧靠呈“八”字形排列；生殖叉突后臂具乳突状基内突……………………………………………………………………………………草地绳蚋 *S.*(*G.*) *meadow*

生殖板三角形或窄条状；生殖叉突后臂无基内突……………………………………5

5(4) 拉氏器小，长为触须节Ⅲ的0.25……………………元宝山绳蚋 *S.*(*G.*) *yuanbaoshanense*

拉氏器中型或大型，长为节Ⅲ的0.4以上…………………………………………………6

6(5) 生殖叉突后臂合围成马蹄状，末端后伸………………………海南绳蚋 *S.*(*G.*) *hainanense*

生殖叉突非如上述……………………………………………………………………………7

7(6) 各足股节全暗；拉氏器长约为触角节Ⅲ的0.4；生殖板中后角平直……………………………………………………………………………黑股绳蚋 *S.*(*G.*) *nigrofemoralum*

各足股节两色；拉氏器长为触角节Ⅲ的0.5~0.64；生殖板中后角钝圆……………………………………………………………………………………苏海绳蚋 *S.*(*G.*) *synhaiense*

8(2) 生殖叉突后臂具骨化侧突…………………………………………版纳绳蚋 *S.*(*G.*) *bannaense*

生殖叉突后臂无骨化侧突……………………………………短茎绳蚋 *S.*(*G.*) *brivetruncum*

……………………………………………………………………龙胜绳蚋 *S.*(*G.*) *longshengense*

雄虫

1 后足股节膨胀；生殖腹板板体半圆形…………………………………膨股绳蚋 *S.*(*G.*) *tumum*

后足股节正常；生殖腹板板体横宽…………………………………………………………2

2(1) 后足股节全黑色；生殖腹板侧缘浑圆；中骨板状，两侧平行，端部平直……………………………………………………………………………黑股绳蚋 *S.*(*G.*) *nigrofemoralum*

无上述合并特征……………………………………………………………………………3

3(2) 中骨烧瓶状，基节细而侧缘亚平行，端节膨胀成圆球形…………………………………9

中骨非烧瓶状……………………………………………………………………………4

4(3) 生殖腹板呈亚方形，基臂具基外突；阳基侧突具7个大刺………………………………5

无上述合并特征……………………………………………………………………………6

5(4) 生殖肢端节靴状；中骨棒状，基宽端窄不分叉…塔什库尔干绳蚋 *S.*(*G.*) *tashikulganense*

生殖肢端弯锥状；中骨板状，端部分叉………………………………草地绳蚋 *S.*(*G.*) *meadow*

6(5) 阳基侧突具2个大刺和1个中刺和若干众多小刺；生殖腹板侧缘半斜截…………………………………………………………………………………帕氏绳蚋 *S.*(*G.*) *pattoni*

阳基侧突具3~4个大刺和若干小刺；生殖腹板非如上述…………………………………7

7(6) 生殖腹板板体具侧缘，具角状亚基外突……………………………版纳绳蚋 *S.*(*G.*) *bannaense*

生殖腹板侧缘无角状亚基突……………………………………………………………8

8(7) 生殖腹板板体侧缘斜截，基缘宽凹……………………元宝山绳蚋 *S.*(*G.*) *yuanbaoshanense*

生殖腹板板体侧缘亚平行，基缘中部呈角状突…………………苏海绳蚋 *S.*(*G.*) *synhaiense*

9(3) 生殖肢端节亚长方形；生殖腹板板体侧缘端半斜截；基半收缩……………………………………………………………………………………短茎绳蚋 *S.*(*G.*) *brivetruncum*

生殖肢端节弯刀形；生殖腹板非如上述……………………………………………………10

10（9） 生殖腹板基缘稍凹，端缘几乎平齐……………………………海南绳蚋 *S.*（*G.*）*hainanense*

生殖腹板基缘宽凸，端缘稍凹………………………………龙胜绳蚋 *S.*（*G.*）*longshengense*

蛹[①]

1 呼吸丝 10 条……………………………………………………………版纳绳蚋 *S.*（*G.*）*bannaense*

呼吸丝 8 条…………………………………………………………………………………………2

2（1） 茧具发达的背中突………………………………………………………………………………3

茧无背中突，但可有中隆起…………………………………………………………………………5

3（2） 下对呼吸丝茎明显长于中丝组的初级茎和二级茎之和……………………………………

………………………………………………………………元宝山绳蚋 *S.*（*G.*）*yuanbaoshanense*

下对呼吸丝茎明显短于中丝组的初级茎和二级茎之和…………………………………………4

4（3） 下对呼吸丝的初级茎明显短于中丝组的初级茎………………………膨股绳蚋 *S.*（*G.*）*tumum*

下对呼吸丝的初级茎明显长于中丝组的初级茎………………黑股绳蚋 *S.*（*G.*）*nigrofemoralum*

5（2） 茧无背中突，但有小的角状中隆起……………………………………………………………6

茧无背中突和中隆起………………………………………………………………………………8

6（5） 下对呼吸丝茎明显长且粗于中丝组和上丝组茎，上丝组具短茎……………………………

……………………………………………………………………龙胜绳蚋 *S.*（*G.*）*longshengense*

非如上述……………………………………………………………………………………………7

7（6） 下对丝茎长于中丝组的初级茎和次级茎之和…………………………海南绳蚋 *S.*（*G.*）*hainanense*

下对丝茎短于中丝组的初级茎和次级茎之和……………………………帕氏绳蚋 *S.*（*G.*）*pattoni*

8（5） 下对呼吸丝茎短于中丝组的初级茎………………………………短茎绳蚋 *S.*（*G.*）*brivetruncum*

下对呼吸丝茎明显长于中丝组的初级茎和次级茎之和…………………苏海绳蚋 *S.*（*G.*）*synhaiense*

幼虫[②]

1 后颊裂壶形伸达亚颏后缘………………………………………………版纳绳蚋 *S.*（*G.*）*bannaense*

后颊裂形状各异，未伸达亚颏后缘…………………………………………………………………2

2（1） 后颊裂端尖…………………………………………………………………………………………3

后颊裂端圆……………………………………………………………………………………………5

3（2） 后颊裂深，长度超过后颊桥的 8 倍………………………………………………………………4

后颊裂中型，长为后颊桥的 2.5~3.5 倍………………………………海南绳蚋 *S.*（*G.*）*hainanense*

4（3） 亚颏侧缘毛 3 支；头扇约 30 支；后环 72 排…………………………膨股绳蚋 *S.*（*G.*）*tumum*

亚颏侧缘毛 4~5 支，偶 3 支；头扇毛 36 支；后环 60 排…………帕氏绳蚋 *S.*（*G.*）*pattoni*

5（2） 后颊裂深，长为后颊桥的 7.8~14.3 倍；后颊裂端部中央骤变细形成乳头状突………………

……………………………………………………………………苏海绳蚋 *S.*（*G.*）*synhaiense*

无上述合并特征……………………………………………………………………………………6

6（5） 后颊裂中型，长为后颊桥的 3.5~4.0 倍……………………黑股绳蚋 *S.*（*G.*）*nigrofemoralum*

---

① 草地绳蚋［*S.*（*G.*）*meadow*］和塔什库尔干绳蚋［*S.*（*G.*）*tashikulganense*］的蛹尚未发现。

② 草地绳蚋［*S.*（*G.*）*meadow*］和塔什库尔干绳蚋［*S.*（*G.*）*tashikulganense*］的幼虫尚未发现。

后颊裂浅，长为后颊桥的 1.5~1.8 倍……………………………………………………7

7（6） 肛鳃每叶具 11~12 个次生小叶；后环 84 排钩刺………**龙胜绳蚋** *S.*（*G.*）*longshengense*

肛鳃每叶具 4~9 个次生小叶；后环 72~80 排钩刺……………………………………8

8（7） 肛鳃每叶具 4~5 个次生小叶；后环约 70 排钩刺………**短茎绳蚋** *S.*（*G.*）*brivetruncum*

肛鳃每叶具 8~9 个次生小叶；后环约 80 排钩刺………**元宝山绳蚋** *S.*（*G.*）*yuanbaoshanense*

版纳绳蚋 *Simulium*（*Gomphostilbia*）*bannaense* Chen and Zhang，2003（图 12–34）

Simulium（*Gomphostilbia*）*bannaense* Chen and Zhang（陈汉彬，张春林），2003. *Acta Zootax Sin.*，28（3）：542~545. 模式产地：中国云南（西双版纳）.

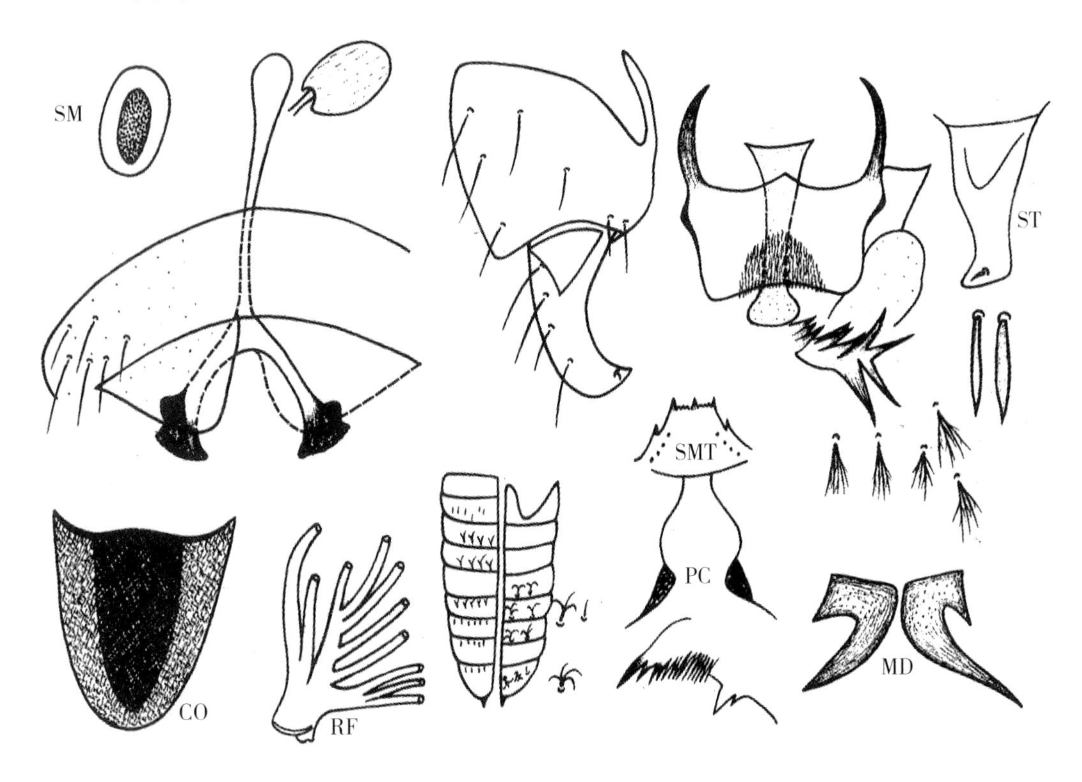

图 12–34 版纳绳蚋 *S.*（*G.*）*bannaense* Chen and zhang，2003

鉴别要点 雌虫生殖叉突柄端部膨胀成长椭圆形，后臂具骨化外突。雄虫生殖腹板侧缘具亚基外突。蛹呼吸丝 10 条。幼虫后颊裂壶形，伸达亚颏后缘。

形态概述

雌虫 小型种。体长 2.1~2.3mm。翅长约 1.9mm。额指数为 4.9∶3.2∶6.0。额头指数为 4.9∶20.2。触须节Ⅲ~Ⅴ，节比为 3.0∶3.2∶5.8。节Ⅲ膨大，拉氏器长约为节Ⅲ的 0.6。食窦弓光裸。中胸后片黑色，灰粉被，覆金黄色毛，具 3 条暗纵纹。中胸侧膜光裸，下侧片具毛。前足除股节基 3/4 和胫节中大部为黄色外，余部为暗棕色。中足除转节、股节基 3/4、胫节中大部和基跗节基 1/2 为黄色外，余部为暗棕色。后足除转节、股节基 2/3、胫节中大部、基跗节基 3/4 和跗节Ⅱ基 1/2 为黄色外，余部为暗棕色。前足基跗节长约为宽的 5.5 倍，后足基跗节细，两侧亚平行，长约宽的 7.5 倍。跗突和跗沟均发达。爪具小的亚基齿。翅亚缘脉和径脉基具毛。生殖腹板舌形，内缘亚平行。生殖叉突柄端部膨胀成亚球形。

两后臂骨化外突，膨大部不向后外伸。受精囊椭圆形。

雄虫 体长 2.2~2.3mm。翅长约 2.0mm。上眼面 12 纵列，13 横排。触角鞭节Ⅰ的长约为鞭节Ⅱ的 1.4 倍，触须节Ⅲ不膨大。拉氏器长为节Ⅲ长的 1/3。胸、足同雌虫，但股、胫节外侧具鳞状毛。后足基跗节两侧亚平行，长约为宽的 5.8 倍。腹节背板Ⅱ，腹节背板Ⅴ~Ⅶ具灰白色侧斑。生殖腹板侧缘具亚基外突，端缘稍凹，基缘中凸，中骨板状，两头宽，端圆。阳基侧突每侧具 4 个大刺和若干小刺。

蛹 体长约 2.8mm。头毛 4 对，胸毛 6 对，均简单。呼吸丝 10 条，长约为体长的 1/3，排列成 3+5+2。腹对丝长且粗于其他呼吸丝。茧拖鞋状，前缘加厚，编织紧密。

幼虫 体长 4.~5.0mm。触角节 1~3 的节比为 3.7∶3.8∶3.1。头扇毛 26~28 支。侧缘毛 4~5 支。后颊裂深，壶状，伸达亚颏后缘。腹部密布分叉毛。肛鳃每叶具 5~6 个次生小叶。肛管前臂翼状，明显短于后臂。后环 82 排，每排具 12~15 个钩刺。

生态习性 幼虫和蛹孳生于山溪遮阴处的水草茎叶上。

地理分布 中国云南（勐腊）。

分类讨论 本种的主要特征是呼吸丝 10 条，这一特征与产自印度尼西亚的 *S.*（*G.*）*atratoides*，菲律宾的 *S.*（*G.*）*bicolense* 以及中国的重庆绳蚋［*S.*（*G.*）*chongqingense*］和九连山绳蚋［*S.*（*G.*）*jiulianshanense*］近似，尤其与九连山绳蚋近似。虽然九连山绳蚋的成虫尚未发现，但是九连山绳蚋和版纳绳蚋幼虫的头扇毛、肛鳃和肛骨形状有明显的差异，可资鉴别。版纳绳蚋与其近似的前 3 种的主要区别是两性尾器构造迥异。

短茎绳蚋 *Simulium*（*Gomphostilbia*）*brivetruncum* Chen and Chen，2000（图 12-35）

Simulium（*Gomphostilbia*）*brivetruncum* Chen and Chen（陈虹，陈汉彬），2000. 走向 21 世纪的中国昆虫学：129~133；Chen and An（陈汉彬，安继尧），2003. The Blackflies of China：111. 模式产地：中国海南（尖峰岭）.

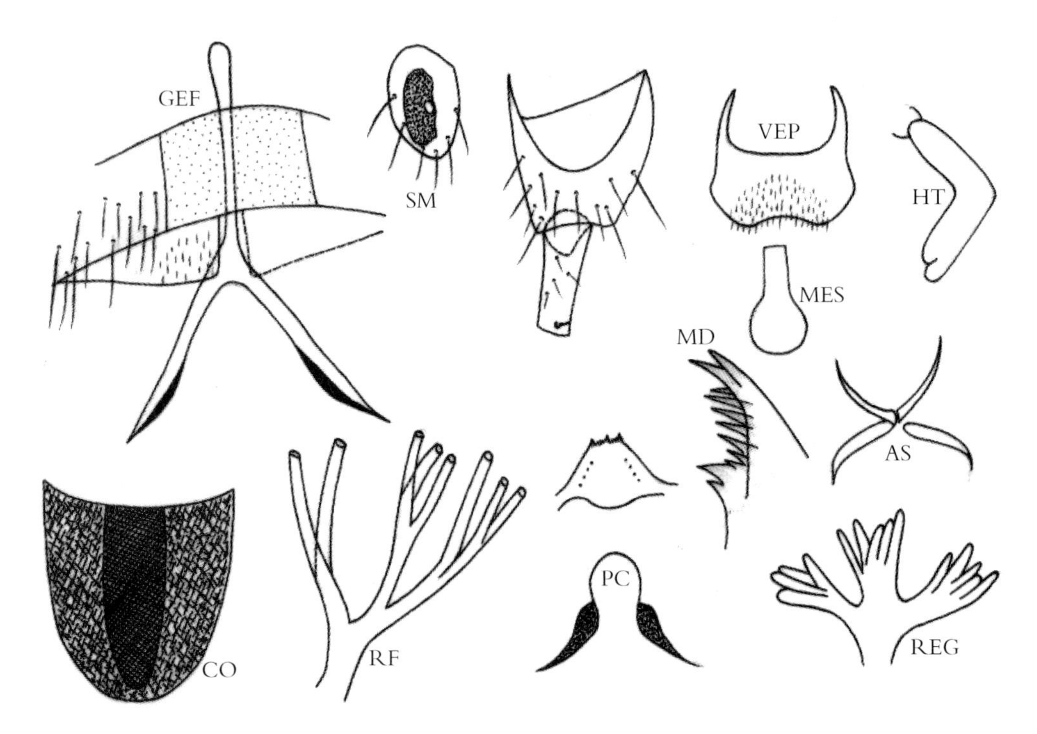

图 12-35 短茎绳蚋 *S.*（*G.*）*brivetruncum* Chen and Chen

鉴别要点 雌虫拉氏器大，生殖叉突后臂直向后外伸。雄虫生殖腹板端半侧缘斜截，基半收缩。蛹下对呼吸丝茎与上、中丝组的初级茎约持平，茧编织疏松，前缘不加厚。幼虫后颊裂浅，长约为后颊桥的 1.8 倍。

形态概述

雌虫 体长 2.2mm。额和唇基黑色，具金黄色软毛。触角柄节、梗节和鞭节Ⅰ基部 1/2 为橙黄色，其余为棕黑色。触须拉氏器大，约占节Ⅲ长的 0.7。下颚具 10 枚内齿和 11 枚外齿；上颚具 24 枚内齿，无外齿。中胸盾片棕黑色，被黄白色毛，小盾片具棕色毛。足暗棕色；淡色部分包括前足基节、转节、股节基部 2/3、胫节中 1/3，中足转节、股节基 3/5、胫节中 1/3，后足股节基部 3/5、胫节中部 1/3，基跗节端部 5/6 和跗节Ⅱ基部 1/3。后足基跗节两边平行，W∶L 比值为 1∶7。爪具大基齿。翅径脉基毛丛棕黑色。腹部黑色，被黄白色毛。生殖板亚三角形，内缘弧形，生殖叉突柄基部膨大成球状，两后臂直而向后外伸，无外侧突和内突。

雄虫 体长约 2.5mm。上眼面 12 横排，13 纵列。触角拉氏器小，约占节Ⅲ的 0.28。足的颜色似雌虫，但各足胫节外面中部淡黄色区更为清晰。后足基跗节两边亚平行，W∶L 比值为 1∶4.8。腹部似雌虫，生殖肢基节圆锥状，生殖肢端节亚长方形，略短于基节。生殖腹板横宽，板体基半收缩而斜截，后缘中部略凹，基半侧缘收缩，基臂亚平行，长与板体相当。阳基侧突每侧具 3 个大刺和若干小刺；中骨灯泡状。

蛹 体长约 2.8mm。头、胸部散布盘状疣突。头毛 4 对，胸毛 6 对，均不分支。呼吸丝排成 2+3+3，下对丝较粗长，略短于蛹体。下对丝茎短，约与上、中丝组的初级茎持平。上丝组的二级茎约为中丝组二级茎长的 1/2。腹部节 1 背板具 1 支简单毛；节 2 背板具 5 支细毛和 1 支长毛；节 3、节 4 背板每侧各具 4 个叉钩；节 6~9 背板具刺栉，端钩发达；节 5 腹板每侧具 1 对亚中钩刺，节 6、节 7 腹板每侧各具 1 对内侧分叉外侧简单的钩刺；节 6~8 每侧具微刺群；节 9 具少量锚状钩。茧简单，拖鞋状，编织疏松，前缘不加厚，无背中突和前侧突。

幼虫 体长 4.6~5.5mm，头斑阳性。触角 3 节，长约为头扇柄的 2 倍。头扇毛 36 支。上颚梳齿自前而后根据长度递减，亚颏顶齿 9 枚，中齿、角齿突出，侧缘齿不发达，侧缘毛每侧 4~5 支。后颊裂圆，长约为后颊桥的 1.8 倍。后腹部有棕色斑和散在简单的暗色毛。肛鳃每叶分 4~5 个指状小叶。后环约 70 排，每排具 9~13 个钩。

生态习性 幼虫和蛹孳生于山区小溪中的枯枝落叶上，海拔 650~820m。

地理分布 中国海南。

分类讨论 短茎绳蚋雄虫后足基跗节两边平行，茧无背中突，近似于印度尼西亚的 *S.*（*G.*）*batoense*、*S.*（*G.*）*sundaicum*、*S.*（*G.*）*flovocinct*、*S.*（*G.*）*zonatum*，斯里兰卡的 *S.*（*G.*）*krombeini*、*S.*（*G.*）*dola*，泰国的 *S.*（*G.*）*siamense* 和中国的 *S.*（*G.*）*hainanense* 以及菲律宾的某些种。但是可根据拉氏器大，生殖叉突柄基部膨大，足的颜色，雄虫生殖腹板的形状，蛹呼吸丝下对丝茎短，小型的幼虫后颊裂以及肛鳃的分支数目等综合特征加以区别。

海南绳蚋 *Simulium*（*Gomphostilbia*）*hainanense* Long and An，1995（图 12-36）

Simulium（*Gomphostilbia*）*hainanense* Long and An（龙芝美，安继尧），1994. *Chin J. Vector Bio. and Control*，5（6）：405~409. 模式产地：中国海南（三亚）；An（安继尧），1996. *Chin J. Vector Bio. and Control*，7（6）：471；Chen and An（陈汉彬，安继尧），2003. The Blackflies of China：119.

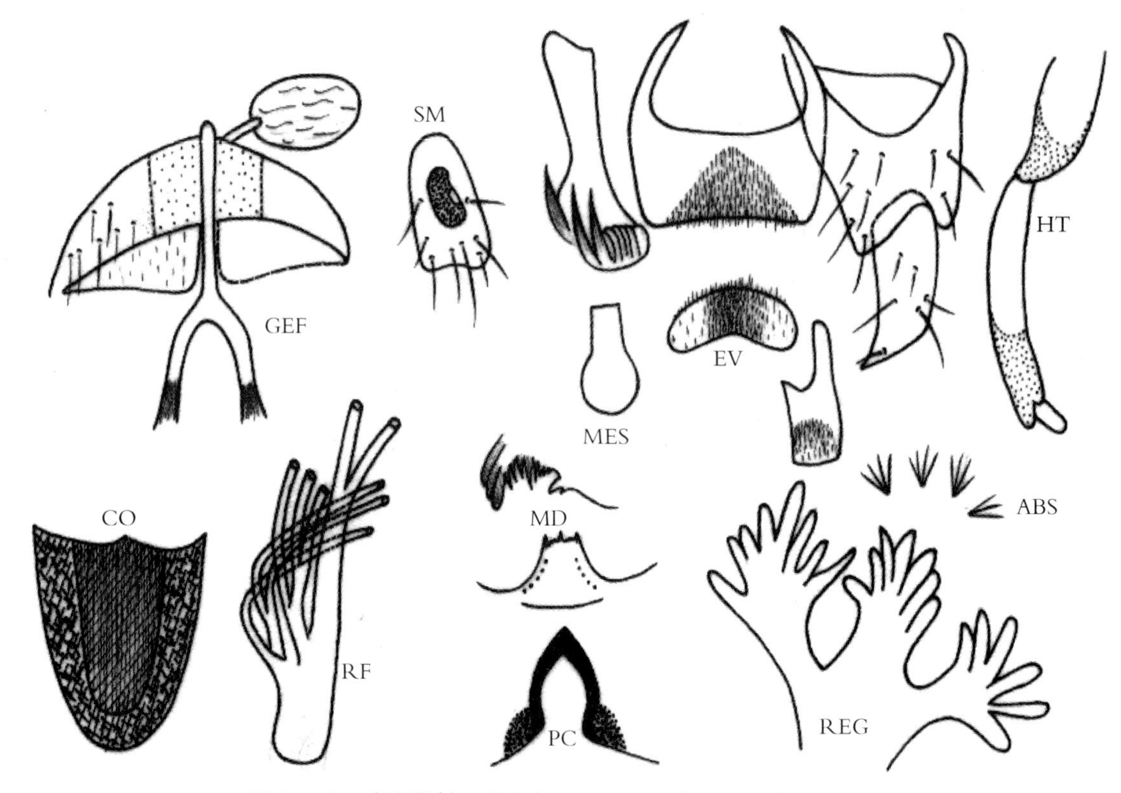

图 12-36　海南绳蚋 *S.*（*G.*）*hainanense* Long and An，1995

鉴别要点　雌虫生殖板内缘紧靠，生殖叉突后臂膨大后伸成马蹄形。雄虫生殖肢端节弯刀状。蛹呼吸丝排列特殊，下组丝茎显著粗长。幼虫腹部密被掌状毛。

形态概述

雌虫　体长约 2.3mm。触角柄节、梗节棕黑色，鞭节黑色。额黑色，被黄白色毛。触须拉氏器约占节Ⅲ的 1/2 长。上颚具内齿 19 枚，外齿 12 枚；下颚具内齿 10 枚，外齿 11 枚。颜黑色，被黄色毛。中胸盾片和小盾片黑色，被黄白色毛，下侧片具黄白色毛。平衡棒结节黄色，柄黑色。足黑色；棕黄色部分包括前足基、转节、股节基部 3/4 和胫节中部 1/2，中足转节基部 1/2、股节基部 3/4 和胫节基部 1/2，后足转节、股节基部 2/3、胫节基、端部和基跗节基部 3/4。后足基跗节窄，两边平行。跗突发达，跗沟发育良好。爪基齿发达。径脉基毛丛为黑色。腹部背面黑色，被黄白色毛。生殖肢基节短宽，与端节长度相当。生殖肢端节弯刀状。生殖腹板横宽，矩形，宽约为高的 2.5 倍，板体前缘稍凹，后缘中部稍凸，侧缘亚平行。

雄虫　体长约 2.5mm。上眼面具 12 横排。唇基黑色，被稀疏灰白色毛。触须拉氏器小，约占节长的 1/5。足除前足胫节中部 1/5 和中足胫节基部 1/4 为棕黄色外，其余同雌虫。后足基跗节窄长，两边平行，跗突发达，伸达节Ⅱ的 1/2，跗沟发育良好。腹节背板黑色，被黄白色毛。生殖肢基节略长于端节，生殖肢端节弯刀状；生殖腹板矩形，宽约为高的 2.5 倍，前缘稍凹，后缘平齐或中部微凸，侧缘平行；中骨灯泡状。阳基侧突每侧具 3~4 个大刺和若干小刺。

蛹 体长约 2.5mm。呼吸丝排成 3+3+2，下组丝茎明显粗长，最长者约与体长相当。上组丝无二级型。茧拖鞋状，致密，前缘加厚并在中部隆起。

幼虫 体长约 5.0mm，棕黄色。头斑阳性。触角长约为头扇柄的 1.45 倍。上颚齿正常。亚颏中齿突出，角齿次之。侧缘毛各 5 支。后颊裂桃形，长为后颊桥的 2.5~3.5 倍。胸部体壁光裸，后腹部密被掌状毛。肛骨前臂、后臂约等长。肛鳃每叶分 6~8 个次生小叶。后环 75 排，每排具 3~11 个钩刺。

生态习性 幼虫和蛹孳生于山地溪流中的枯枝落叶和水草上。海拔 220~850m。

地理分布 中国海南。

分类讨论 海南绳蚋的幼期形态特征相当突出，雌虫生殖叉突后臂膨大呈马蹄形的这一特征也很有特色。从全面特征看，与察隅绳蚋和重庆绳蚋近似，但是也可依其雌虫尾器形态、蛹呼吸丝的排列方式以及幼虫某些特征加以区别。

龙胜绳蚋 *Simulium*（*Gomphostilbia*）*longshengense* Chen，Zhang and Zhang，2007（图 12–37）

Simulium（*Gomphostilbia*）*longshengense* Chen，Zhang and Zhang（陈汉彬，张建庆，张春林），2007. *Acta Zootax Sin.*，32（4）：782~786. 模式产地：中国广西（龙胜）.

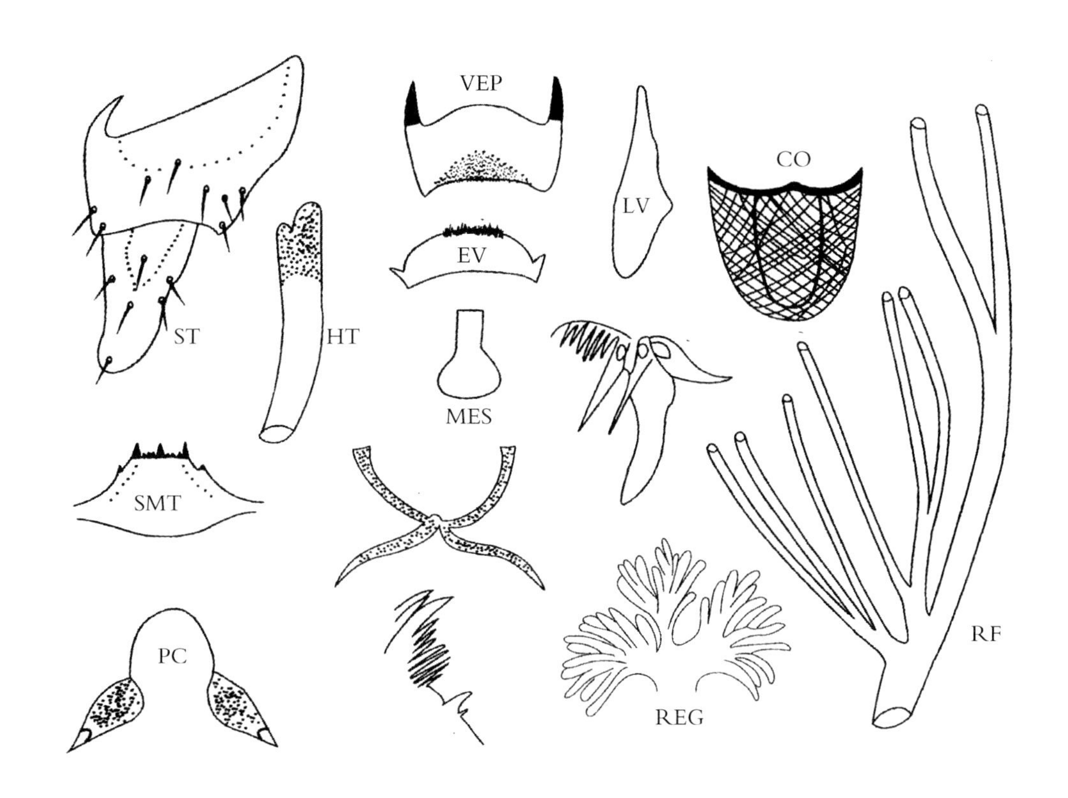

图 12–37 龙胜绳蚋 *S.*（*G.*）*longshengense* Chen，Zhang and Zhang，2007

鉴别要点 雄虫生殖腹板板体亚矩形，基缘宽凸，端缘稍凹；中骨灯泡状；股节具鳞状毛。蛹下对呼吸丝茎特长，呼吸丝明显长而粗于中、上丝组的呼吸丝。幼虫后颊裂圆，肛鳃每叶具 11~12 个次生小叶。

形态概述

雌虫 未知。

雄虫 体长约 2.3mm。翅长约 2.0mm。上眼具 11 纵列，13 横排。触角鞭节Ⅰ的长为鞭节Ⅱ的 1.5 倍。触须节Ⅲ膨大。拉氏器的长约为节Ⅲ的 0.3。中胸盾片棕黑色，灰白粉被，覆黄色细毛。中胸侧膜光裸，下侧片具毛。前足基节、转节、股节基 2/3、胫节中 1/3 色淡，余部为棕黑色。中足股节基 3/4、胫节中 1/3 和基跗节基 2/5 为淡黄色，余部为棕黑色。后足股节基 2/3、胫节中大部外面、基跗节基 3/5 和跗节Ⅱ基 1/2 为黄色，余部为黑色。各足股节具鳞状毛。后足基跗两侧亚平行，长约为宽的 6.5 倍。跗突和跗沟发达。翅亚缘脉基 1/2 和径脉基具毛。生殖肢基节和端节约等长，端节端圆。生殖腹板板体亚矩形，后缘宽凹，基缘宽凸，约为板体长的 1/2。阳基侧突每侧具 3 个大刺和若干小刺。中骨灯泡状，端圆。

蛹 体长约 2.5mm。头毛 4 对，胸毛 6 对，均简单。呼吸丝 8 条，排列成 2+3+3，长于蛹体。下对丝茎特别长，其丝的长度和粗度大于其他呼吸丝的 2~3 倍。茧简单，编织紧密。前缘中部具小的角度隆突。

幼虫 体长约 4.5mm。头斑不明显。触角节 1~3 的节比为 4.9 : 4.5 : 4.5。头扇毛约 30 支。侧缘毛 5 支。后颊裂中型，端圆，长约为后颊桥的 1.5 倍。腹部具无色刺。肛鳃每叶具 11~12 个次生小叶。肛骨前臂、后臂约等长。腹乳突发达，后环约 84 排，每排约具 16 个钩刺。

生态习性 幼虫和蛹孳生于山溪流水中的水生植物上，海拔 800m。

地理分布 中国广西（龙胜）。

分类讨论 本种蛹下对呼吸丝茎特别长，其丝明显长于和粗于（2~3 倍）其他呼吸丝。本种近似于报道自沙捞越的 *S.*（*G.*）*kolakaense*，但后者的雄虫尾器形状、上眼排数、幼虫后颊裂形状和肛鳃次生小叶数等与本种有明显的种级差异。

草地绳蚋 *Simulium*（*Gomphostilbia*）*meadow* Mahe，Ma and An，2003（图 12-38）

Simulium（*Gomphostilbia*）*meadow* Mahe，Ma and An（马合木提，马德新，安继尧），2003. *Acta Parasitol. Med. Entomol. Sin.*，10（2）：113~117. 模式产地：中国新疆（塔什库尔干）.

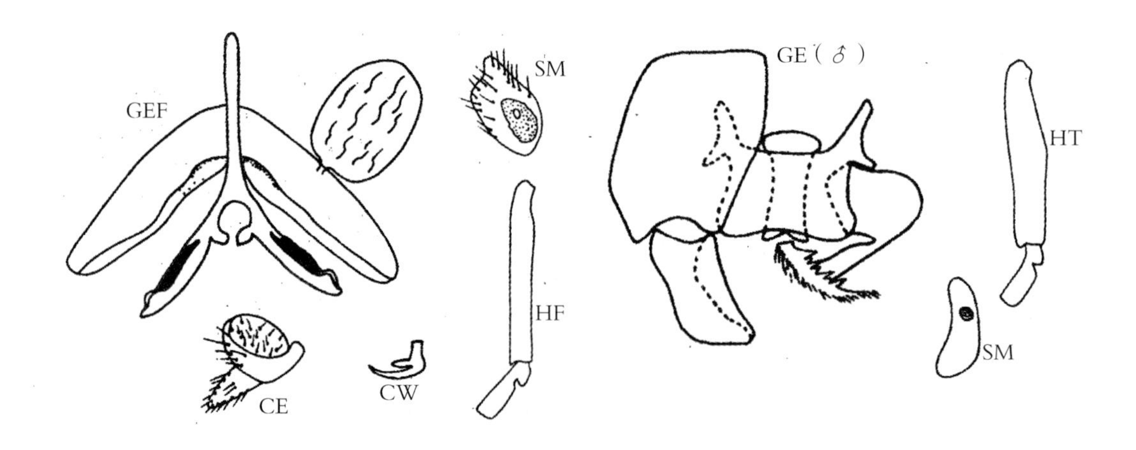

图 12-38 草地绳蚋 *S.*（*G.*）*meadow* Mahe，Ma and An（仿马合木提等，2003. 重绘）

鉴别要点 雌虫生殖板窄条状，生殖叉突后臂具基内突；拉氏器小，与节Ⅲ长度比为 16：35；后足基跗节跗突小。雄虫后足基跗节细，两侧亚平行；生殖腹板亚方形；中骨端部分叉。

形态概述

雌虫 3.8mm。翅长 3.3mm。额指数为 25：16：15。额头指数为 25：80。触须节Ⅲ～Ⅴ的节比为 36：39：85。拉氏器的长约为节 3 的 0.46。下颚具 13 枚内齿，14 枚外齿。中胸侧膜光裸，下侧片覆长毛。前足基节、转节、股节基 1/2，胫节基 1/2 均为黄色，余部为黑色。中足转节、股节基 2/3、胫节基和基跗节基 2/3 为黄色，余部为黑色。后足转节、股节基 1/2、胫节基 1/3、基跗节基 2/3 为黄色，余部为黑色。跗突很不发达，跗沟发育良好。爪具大基齿。翅径脉基具毛。生殖板窄条状，呈“八”字形。生殖叉突后臂具基内突，形成圆形空间。受精囊椭圆形，具纵纹。

雄虫 体长 3.6mm。翅长 2.9mm。触须节Ⅲ～Ⅴ的节比为 27：33：72。拉氏器小，长约为节Ⅲ的 0.15。中胸侧膜光裸，下侧片覆长毛。足色似雌虫，但前足基部和中足转节为黑色。后足转节黑色，股节末端棕色，后足基跗节细，两侧亚平行。跗突不发达，跗沟发育良好。翅径脉基具毛。生殖肢基节略长于端节，生殖腹板板体亚方形。两臂具基外突，中骨板状，基部略宽，端部分叉。阳基侧突具 7 个大刺和若干小刺。

蛹 尚未发现。

幼虫 尚未发现。

生态习性 标本采自新疆塔什库尔干，海拔 3860m。

分类讨论 本种后足跗突很不发达，这一特征近似阿勒泰绳蚋［*S.*（*G.*）*altayense*］，但是两者也有不同特征可以区别。两者的差异将在阿勒泰绳蚋的“分类讨论”中阐述。

黑股绳蚋 *Simulium*（*Gomphostilbia*）*nigrofemoralum* Chen and Zhang，2000（图 12–39）

Simulium（*Gomphostilbia*）*nigrofemoralum* Chen and Zhang（陈汉彬，张春林），2001. *Acta Zootax Sin.*，26（3）：361~381. 模式产地：中国海南（尖峰岭）；Chen and An（陈汉彬，安继尧），2003. The Blackflies of China：130.

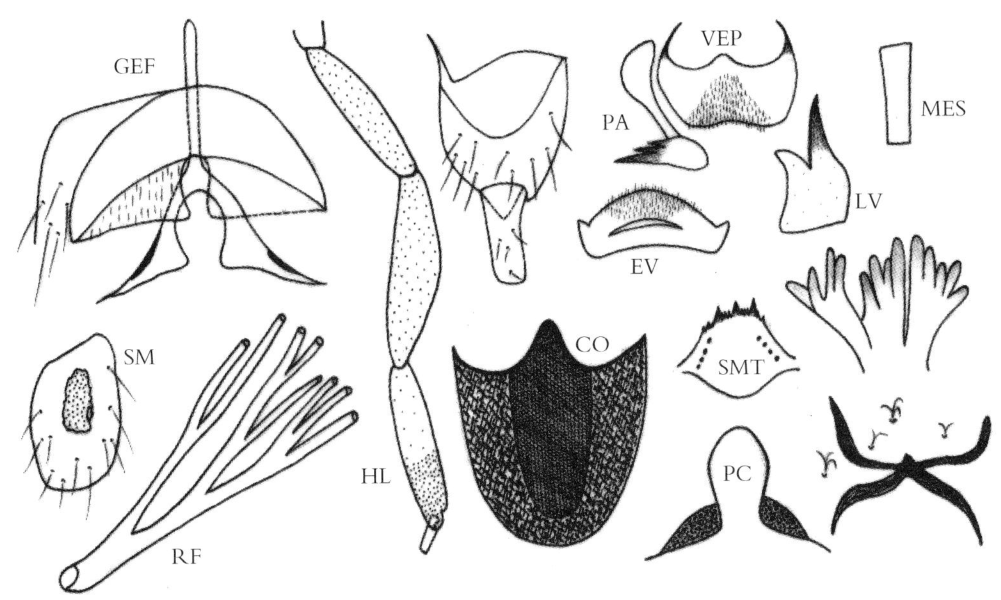

图 12–39 黑股绳蚋 *S.*（*G.*）*nigrofemoralum* Chen and Zhang，2000

鉴别要点 各足股节全暗，径脉基毛丛黑色；生殖腹板两侧缘自基部向端部收缩成弧形，中骨细板状。茧具背中突。幼虫后腹部具色斑并散布暗色叉状毛。

形态概述

雌虫 体长2.4~2.6mm。额和颜黑色，被金黄色毛。触角柄节、梗节黄色，鞭节暗棕色。触须拉氏器约为节Ⅲ长的2/5。下颚具内齿11枚，外齿12枚；上颚具内齿22枚，无外齿。中胸盾片棕黑色，被金黄色毛；小盾片具棕色毛，下侧片具毛。足大部为棕黑色；淡黄色部分包括前足基、转节、胫节基部2/3和跗节Ⅰ基部1/2，中足转节和胫节基部2/3，后足转节和胫节基部3/5。后足基跗节细，两边平行。跗突发达，约为基跗节端部的3/4。爪具大基齿，径脉基毛丛黑色。腹部除节Ⅱ基部1/2为黄色外，余一致为棕黑色，被金黄色毛；腹节Ⅷ腹板两侧各具约10支长毛。生殖板亚三角形，内缘略弯，生殖叉突后臂膨大部外展成犁状，无突起。

雄虫 体长约2.4mm。上眼面具13横排，12纵列。触角柄节、梗节和鞭节Ⅰ基部淡黄色，其余棕黑色。触须拉氏器约占节Ⅲ的1/6。各足股节全暗，前足胫节暗棕色，中足、后足胫节基部1/3黄棕，余部黑色。各足跗节除中足、后足基跗节基部1/3外一致暗棕色。后足基跗节两边几乎平行，W∶L=1∶4.5。跗突发达。径脉基毛丛黑色。腹部似雌虫。生殖肢基节长约为端节的1.2倍，生殖腹板横宽，后缘略凹，中部呈角状突，侧缘自亚基部向端部渐收缩呈弧形。中骨细板状。阳基侧突每侧具3个大刺和若干小刺。

蛹 体长约3.0mm。头、胸部散布盘状疣突。头毛4对，胸毛6对，均细单支。呼吸丝略长于蛹体，排成3+3+2。下对丝茎略短于中丝组的初级茎和二级茎之和，上、中丝组的下对丝茎明显长于其二级茎。腹部钩刺正常。茧拖鞋状，编织紧密，前缘加厚，具发达的前侧突和背中突。

幼虫 体长5.0~5.5mm，淡黄色。触角长约为头扇长的1.2倍，头扇毛30支。上颚无附齿列。亚颏中齿、角齿较发达，侧缘毛每侧4支。后颊裂深，亚卵圆形，长为后颊桥的3.5~4倍。腹部第6~8节背侧面具紫色斑并散布暗色叉状毛。肛鳃每叶分4~5个小叶。肛骨前臂、后臂约相等。后环80排，每排具11~12个钩刺。腹乳突发达。

生态习性 幼虫和蛹孳生于山溪急流中的水草茎叶上，海拔800m。

地理分布 中国海南。

分类讨论 黑股绳蚋的蛹具背中突，雄虫后足基跗节不膨大，这一合并特征似绳蚋亚属中的某些种类，但是本种股节全暗，特征相当突出，不容易混淆。

帕氏绳蚋 *Simulium* (*Gomphostilbia*) *pattoni* Senior-White，1922（图12-40）

Simulium（*Gomphostilbia*）*pattoni* Senior-White，1922. *Mem. Dep. Aqrie. India Entomol. Ser.*，7：126~131. 模式产地：印度泰米尔 .

Gomphostilbia sp. I Starmühlner，1984. *Monogr. Biol.*，57：222.

鉴别要点 雌爪具小的亚基突；生殖板三角形；生殖叉突具角状端内突，无外突。雄虫阳基侧突具2个大刺和1个中刺。蛹呼吸丝特殊，中丝组几乎无茎，亚基部急弯于背丝组和腹对丝之间。幼虫后环约60排钩刺。

形态概述

雌虫 小型种。体长 2.4~2.6mm。额两侧亚平行。额指数为 2.0 : 1.0 : 2.7。上颚具 30 枚内齿，14 枚外齿。下颚具 11 枚内齿，16 枚外齿。触须节Ⅲ ~ Ⅴ的节比为 1.0 : 1.3 : 2.3。拉氏器长为节Ⅲ的 0.5。中胸盾片灰粉被，具 3 条暗纵纹，覆银灰色毛。下侧片覆淡黄色毛。前足除基节、转节基 1/2 和胫节基部为橙黄色外，余一致为中棕色。基跗节长约为宽的 5.4 倍。中足似前足，但基节为暗棕色，胫节基 1/3 和基跗节为中棕色。后足基节为暗棕色，转节为黄色，股节淡棕色并渐变暗，端 1/3 为黑色，胫节基 1/4 为黄色并渐变中棕色至黑棕色，基跗节基 2/3 和跗节Ⅱ基 1/2 为黄色，余部为暗棕色。爪具小的亚基齿。翅亚缘脉基 2/3 和径脉基具毛。生殖板三角形，内缘稍凹。生殖叉突后臂无外突，具端内突。受精囊椭圆形，无斑纹。

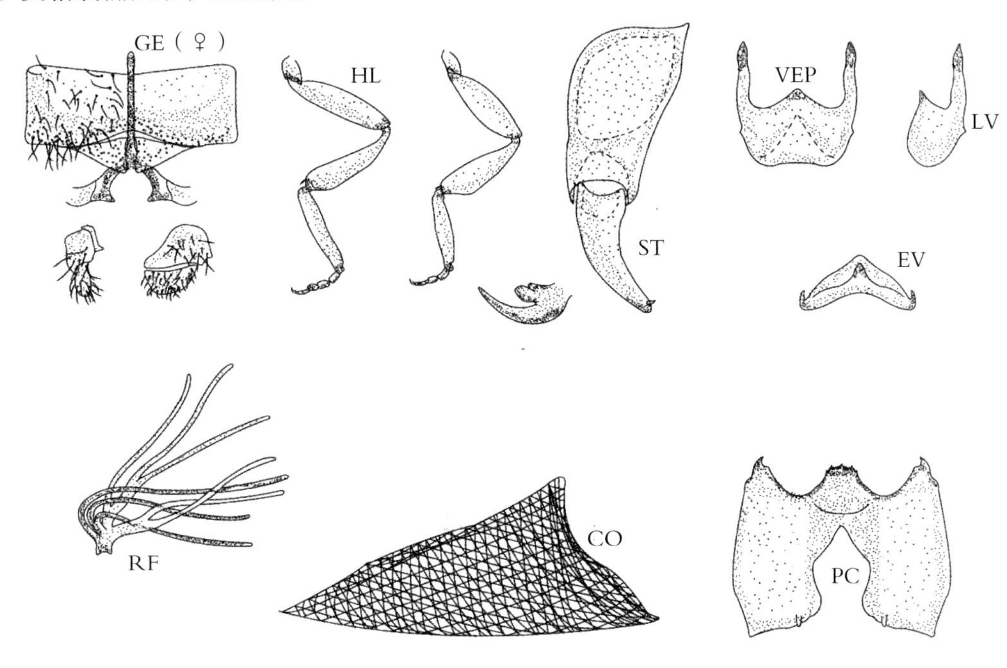

图 12-40 帕氏绳蚋 *S.*（*G.*）***pattoni*** Senior-White（仿 Davies and Gyorkos，1987. 重绘）

雄虫 上眼具 12~13 纵列，12 横排。触须拉氏器小，长为节Ⅲ的 0.2。中胸盾片具 3 条暗纵纹。下侧片具中棕色毛。前足基节、转节、股节中 1/3 和胫节基部为中棕色，余部为暗棕色。中足除基节、转节、胫节基部和基跗节基 3/5 为中棕色外，余部为暗棕色。后足除基节、转节、胫节基部和基跗节基 3/5 为淡棕色外，余部为暗棕色。基跗节细，两侧亚平行，跗突和跗沟发达。生殖肢端节弯刀状，短于基节。生殖腹板横宽，侧端缘斜截，基缘中凸，后缘稍凹，基臂平行，长约与板体相当。阳基侧突具 2 个大刺、1 个中刺和若干小刺。

蛹 呼吸丝 8 条，排列成 2+3+3，稍长于蛹体。中丝组细几乎无茎，约于发出 1/3 处急弯穿过背丝组和腹对丝之间。腹对丝茎长。腹节背板 6~8 具刺栉。茧拖鞋状，编织紧密。

幼虫 头斑阳性。头扇毛 36 支。后颊裂深亚箭形，端尖，中部弧形扩大，基段略收缩，长约为后颊桥的 8 倍。肛鳃复杂，每叶具 15~18 个次生小叶。后环 60 排钩刺。

生态习性 本种在斯里兰卡是一常见种。生活在高海拔地区（1800~2120m）。

分类讨论 帕氏绳蚋已知分布于印度和斯里兰卡。其雌爪具小的亚基齿，特征相当突出。中国海南的分布是根据国外文献记载确定的，经复查贵州医科大学生物学教研室馆藏的海南标本，尚未能予以证实，不能排除原鉴定有误。

苏海绳蚋 *Simulium*（*Gomphostilbia*）*synhaiense* Huang and Takaoka，2008（图 12–41）

Simulium（*Gomphostilbia*）*synhaiense* Huang and Takaoka，2008. *Med. Entomol. Zool.*，59（3）：171~179. 模式产地：中国台湾（屏东）.

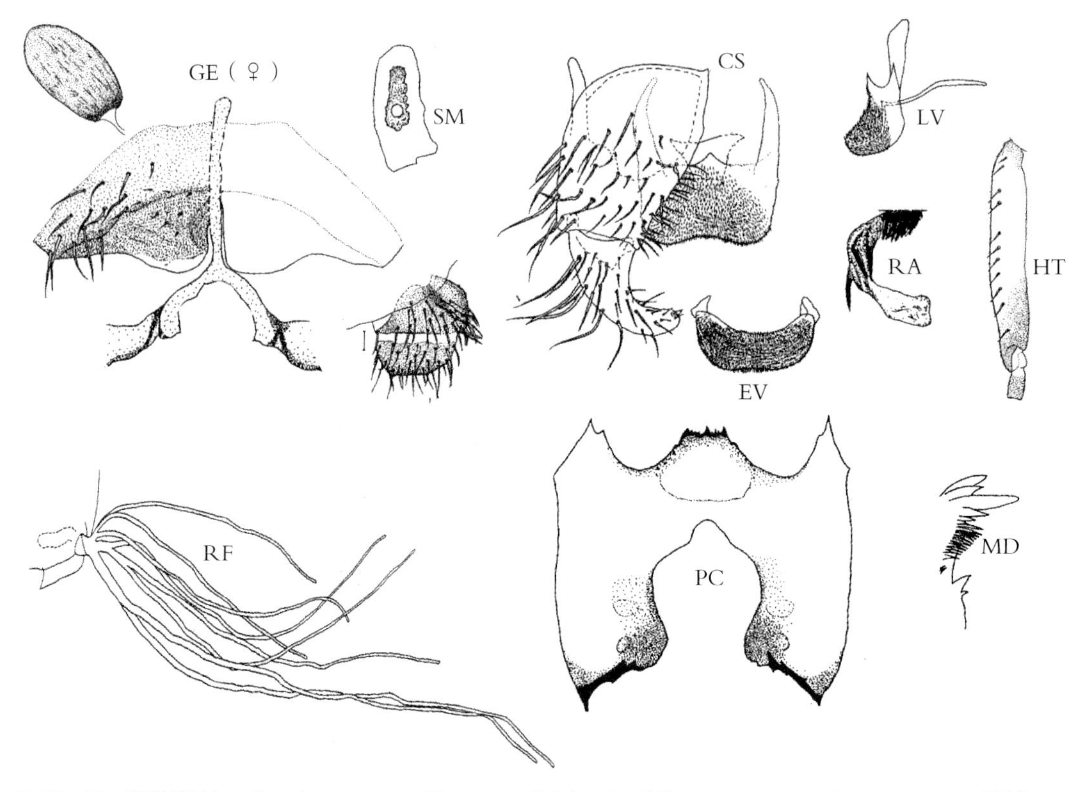

图 12–41 苏海绳蚋 *S.*（*G.*）*synhaiense* Huang and Takaoka（仿 Huang and Takaoka，2008. 重绘）

鉴别要点 雌虫生殖板短舌形，中后角圆。拉氏器长为节Ⅲ的 0.56~0.64。雄虫生殖腹板亚方形，基缘具角状中突；中骨短宽，亚梯形。蛹下对呼吸丝茎明显长于中丝组的初级茎和次级茎之和。幼虫后颊裂深，长为后颊桥的 7.8~14.3 倍，侧缘宽弧形，端缘中部骤变细形成乳头状突。

形态概述

雌虫 小型种。体长 1.8~2.1mm。翅长 1.7~1.8mm。额指数为（1.6~1.7）：1.0：（2.0~2.18）。额头指数为 1.0：（4.0~5.0）。触须节Ⅲ ~ Ⅴ，节比为 1.0 ：（1.13~1.15）：（2.41~2.63）。节Ⅲ膨大。拉氏器大，长为节Ⅲ的 0.56~0.64。下颚具 12~13 枚内齿和 16 枚外齿。上颚具 21 枚内齿和 10~12 枚外齿。食窦光裸。中胸盾片黑色，灰白粉被，具 3 条纵纹，覆黄白色细毛。中胸侧膜光裸，下侧片具毛。前足基节黄色。转节中棕色，股节为中棕色而端部为黑色，胫节为暗棕色而中大部为黄色，跗节黑色。基跗节长为宽的 5.82 倍。中足基节暗棕色，转节中棕色，股节为中棕色而端部为黑棕色，胫节为暗棕色而基部为黄色，跗节除基 1/3~1/2 为黄色外，余部为暗棕色。后足基节棕色，转节暗黄色，股节为中棕色至暗棕色而基部为黄色，胫节为暗棕色而基部为黄白色，跗节为暗棕色至棕黑色而基跗节基 2/3 和跗节Ⅱ基 1/2 为黄白色。基跗节细，两侧亚平行，长约为宽的 5.67 倍。跗突和跗沟发达。爪具大基齿。翅亚缘脉基 3/4 和径脉基具毛。腹节Ⅷ中部光裸。生殖板短舌形，中端角浑圆，内缘稍分离，生殖叉突后臂无外突和端内突。受精囊长椭圆形，具纵纹。

雄虫 体长 2.1mm。上眼具 17~18 纵列和 17 横排。触角鞭节Ⅰ的长约为鞭节Ⅱ的 1.67 倍。触须节Ⅲ～Ⅴ的节比为 1.0∶1.1∶2.7。节Ⅲ端宽，拉氏器长约为节Ⅲ的 0.24。中胸盾片具 1 对蓝灰色扇斑，并向后延伸在小盾前区形成黄白色大板块。中胸侧膜光裸，下侧片具毛。足色似雌虫，但基节为暗黄色至淡棕色；前足转节余一致为中棕色；中足基跗节基 1/3 为暗黄色；后足胫节基部为黄色，前基跗节长为宽的 7.1 倍。后足基跗节细，两侧平行，长为宽的 5.5 倍。翅似雌虫，但亚缘脉光裸。生殖肢端节弯刀状，长约为基节的 0.78 倍，生殖腹板横宽，基缘具角状中突，端缘稍凹。中骨宽板状。阳基侧突每侧具 3 个大刺和若干小刺。

蛹 体长 2.5~2.9mm。头毛 4 对，胸毛 6 对，均简单。呼吸丝 8 条，排成 3+（1+2）+2。背丝组具短茎。腹丝对茎明显长于中丝组初级茎和二级茎之和。腹对呼吸丝的长约为背丝组的 2 倍。茧简单，前缘加厚。

幼虫 体长 4.3~5.3mm。胸腹具红棕色带。头斑阳性。头扇毛 42~46 支。侧缘毛 3~5 支。后颊裂深，长为后颊桥的 7.8~14.3 倍，侧缘宽弧形，端中部骤变细形成乳头状突。肛鳃每叶具 5~7 个次生小叶。后环 74~80 排，每排约具 14 个钩刺。

生态习性 幼虫和蛹采自溪水中的树枝落叶上，海拔 210m。

地理分布 中国台湾（屏东）。

分类讨论 本种的主要特征是蛹呼吸丝的排列方式，具有这些类似特征的已知至少有 5 种。但是可根据其大型拉氏器，两性尾器构造，幼虫后颊裂的特殊形状等综合特征加以区别。

塔什库尔干绳蚋 *Simulium*（*Gomphostilbia*）*tashikulganense* Mahe，Ma and An，2003（图 12-42）

Simulium（*Gomphostilbia*）*tashikulganense* Mahe，Ma and An（马合木提，马德新，安继尧），2003. *Acta Parasitol. Med. Entomol. Sin.*，10（2）：113~117. 模式产地：中国新疆（塔什库尔干）.

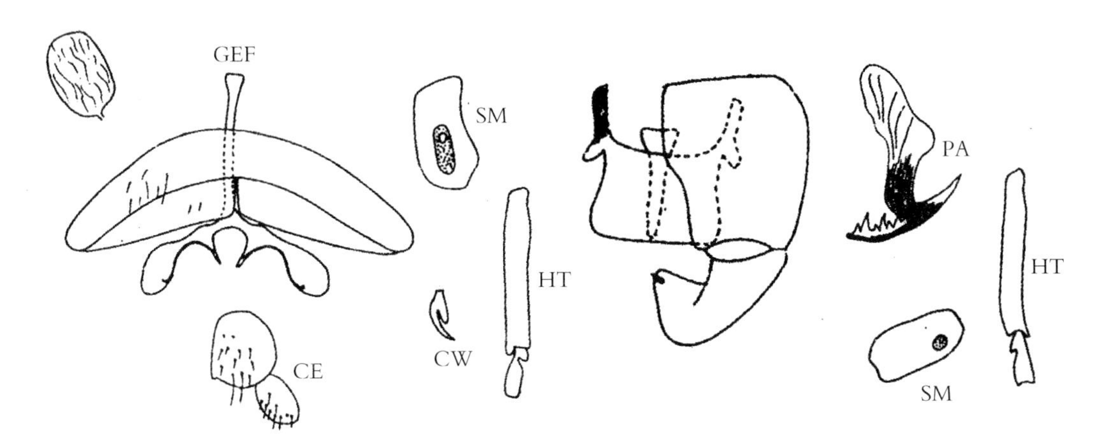

图 12-42 塔什库尔干绳蚋 *S.*（*G.*）*tashikulganense* Mahe，Ma and An（仿马合木提等，2003. 重绘）

鉴别要点 生殖板短三角形，内缘紧靠，仅一缝空间；生殖叉突后臂具楔形亚基内突，膨大部卵圆形。生殖腹板亚方形，两基臂直伸，具基外突。

形态概述

雌虫 体长 3.6mm。额指数为 22∶13∶15。额头指数为 22∶75。触须节Ⅰ～Ⅲ的节比为 31∶30∶73，拉氏器的长约为节Ⅲ的 0.45。下颚具内齿 10 枚，外齿 13 枚。上颚具内齿 26 枚，外齿 21 枚。中胸盾片黑色。中胸侧膜光裸，下侧片具毛。前足基节、转节、股节和胫节基 3/4 为棕黄色，余部为黑色，两侧平行。跗突和跗沟发达。爪具大基齿。生殖板长三角形，内缘紧靠，仅一缝之隔；生殖叉突后臂具楔状亚基内突，膨大部呈卵圆形。

雄虫 体长 3.3mm。触须节Ⅲ～Ⅴ的节比为 27 ∶ 33 ∶ 72。拉氏器的长约为节Ⅲ的 0.16。中胸侧膜光裸，下侧片具毛。足除前足基节为黑色外，余似雌虫。生殖肢端节靴状，端 1/3 内弯。生殖腹板亚方形，两基臂亚平行，具乳突状基外突。中骨棒状，基部宽向端部渐变窄。阳基侧突每侧具 6 个大刺和众多小刺。

蛹 尚未发现。

幼虫 尚未发现。

生态习性 幼期孳生于河岸边水生植物的茎叶上，海拔 3860m。

地理分布 中国新疆（塔什库尔干）。

分类讨论 虽然本种的幼虫和蛹尚不详，但是其两性成虫的尾器构造相当特殊。所以，不难与本亚属已知近缘种相区别。

膨股绳蚋 *Simulium*（*Gomphostilbia*）*tumum* Chen and Zhang，2001（图 12-43）

Simulium（*Gomphostilbia*）*tumum* Chen and Zhang（陈汉彬，张春林），2001. *Acta Zootax Sin.*，26（3）：361~368. 模式产地：中国海南（五指山）. Chen and An（陈汉彬，安继尧），2003. The Blackflies of China：137.

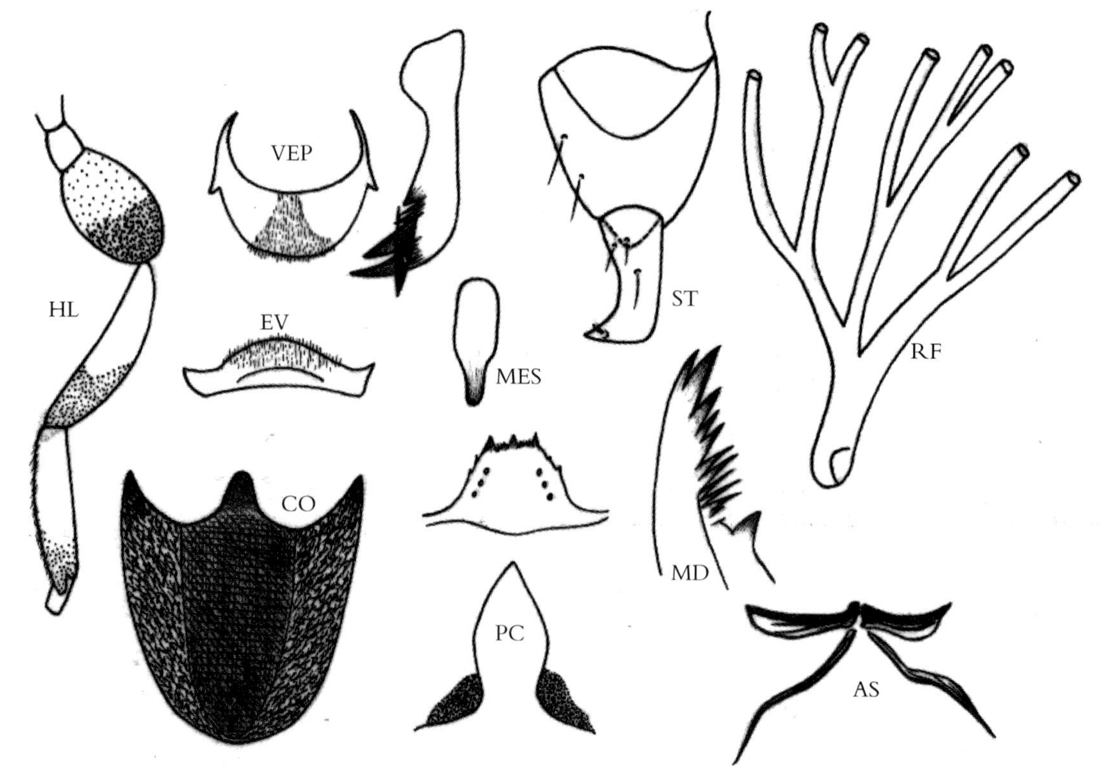

图 12-43 膨股绳蚋 *S.*（*G.*）*tumum* Chen and Zhang，2001

鉴别要点 雄虫后足股节色黑并膨胀；生殖肢端节末段向内强弯，生殖腹板后部呈半圆形突出，中骨瓶状。茧具背中突。

形态概述

雌虫 不详。

雄虫 体长约2.5mm。上眼面具12横排，10纵列。额被黄白色毛。触角柄节和梗节基部1/2为黄色，其余为棕黄色。鞭节Ⅰ的长约为鞭节Ⅱ的1.4倍。触须节Ⅲ节不膨大，拉氏器的长约为节Ⅲ的1/3。中胸盾片为棕黑色，被黄白色毛。小盾片黑色，被棕色毛。后盾片光裸。下侧片具毛。足为黄黑两色；黄色部分包括前足基、转节和胫节中1/3，中足转节、胫节基部2/3和跗节Ⅰ基部3/5，后足转节、胫节基部3/5、基跗节基部2/3和跗节Ⅱ基部1/3。后足股节明显膨胀，腰鼓形，W∶L=1∶2.8。基跗节窄，两边平行，W∶L=1∶6。跗突伸达跗沟。径脉基段具毛，径脉基毛丛黄色。腹部除节Ⅱ基部1/2为黄色外，余一致为棕色，被金黄色毛。生殖肢基节的长约为宽的1.2倍。生殖肢端节端部内弯呈镰刀状。生殖腹板板体呈半圆形凸起，前缘内凹。中骨瓶状。阳基侧突每侧具3个大刺。

蛹 体长约2.8mm。头、胸部散布盘状疣突。头毛3对，胸毛6对，均细单支。呼吸丝8条，稍短于蛹体，排列成3+3+2，扇状分支，下对丝茎短于中丝组的初级茎和二级茎之和，上、中丝组的下对丝具长茎。腹部钩刺正常。茧拖鞋状，编织紧密，前缘加厚并具明显的背中突和前侧突。

幼虫 体长约4.5mm，体色黄。头斑阳性。触角长于头扇柄的1.25倍。头扇毛30支。上颚无附齿列。亚颏中齿、角齿发达，侧缘毛每侧3支。后颊裂深，箭形，长约为后颊桥的8倍。后腹部具暗色单刺毛。肛鳃复杂。肛骨前臂短，长约为后臂的0.7。后环72排，每排具11~13个钩刺。腹乳突发达。

生态习性 幼虫和蛹采自五指山小溪急流中的水草和枯枝落叶上，海拔约630m。

地理分布 中国海南。

分类讨论 膨股绳蚋的指标性特征是雄虫后足股节为棕黑色并膨胀呈腰鼓状，生殖腹板呈半圆形，蛹茧具背中突。这些指标性特征在雄虫后足基跗节膨大的近缘种中相当突出，不容易混淆，可资鉴别。

元宝山绳蚋 *Simulium* (*Gomphostilbia*) *yuanbaoshanense* Chen, Zhang and Zhang, 2007（图12-44）

Simulium（*Gomphostilbia*）*yuanbaoshanense* Chen, Zhang and Zhang（陈汉彬，张建庆，张春林），2007. *Acta Zootax Sin.*, 32（4）：782~786. 模式产地：中国广西（元宝山）.

鉴别要点 雌虫拉氏器小，长约为节Ⅲ的0.25。雄虫生殖腹板亚梯形，侧缘斜截，基缘宽凹，中骨宽板状。蛹呼吸丝下丝对的初级茎特别长。幼虫后颊裂端圆，肛管前后臂约等长。

形态概述

雌虫 体长约2.2mm。翅长约2.0mm。额指数为4.5∶2.6∶8.8。额头指数为4.5∶26.4。触须节Ⅲ~Ⅴ的节比为5.9∶6.0∶9.8。拉氏器小，长约为节Ⅲ的1/4。下颚具12枚内齿，6枚外齿。上颚具24枚内齿，12枚外齿。食窦光裸。中胸盾片灰粉被，覆金黄色细毛。中胸侧膜光裸，下侧片具毛。前足基节、转节和中足转节黄色。中足基节和后足基、转节棕黑色。各足股节除前足股节基2/3、中足股节基3/4和后足股节基3/5为黄色外，余部为棕黑色。前足胫节中大部为黄色，余部为棕黑色。中足、后足胫节除中胫端1/3和后胫端1/4为棕色外，余部为黄色。各足跗节为棕黑色，但是中足基跗节为棕黑色，中足基跗节基 1/2、后足基跗节基 2/5 和跗节Ⅱ基 1/2 为黄色。前足基跗节长约为宽的 6 倍。后足基跗节细，两侧亚平行，长约为宽的 5.8 倍。爪具大基齿。翅亚缘脉和径脉基具毛。生殖板三角形，内缘后段稍分离。生殖叉突柄端尖，后臂无内突和外突。受精囊椭圆形。

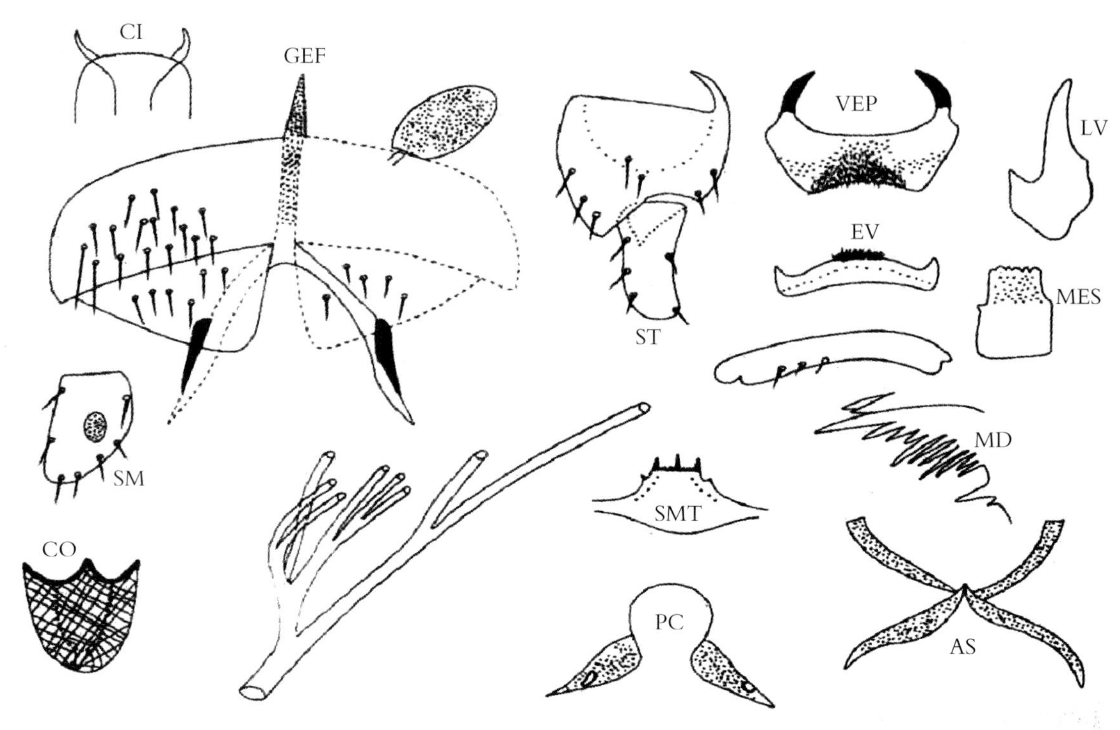

图 12-44　元宝山绳蚋 *S.*（*G.*）*yuanbaoshanense* Chen，Zhang and Zhang，2007

雄虫　体长 2.4mm。翅长约 2.1mm。上眼具 10 纵列，10 横排。触角鞭节Ⅰ的长约为鞭节Ⅱ的 1.7 倍。触须拉氏器小，长约为节Ⅲ的 0.2。足似雌虫，后足基跗节细，侧缘亚平行。生殖肢端节略短于基节。生殖腹板亚梯形，侧缘斜截，基缘宽凹，端缘略凹。阳基侧突每侧具 3 个大刺。中骨板状，端平。

蛹　体长约 2.5mm。体色黄棕，稀布疣突。头毛 4 对，胸毛 6 对，均简单。呼吸丝 8 条，长于蛹体，排列成 2+（3+3）。腹对丝茎特别长，长于中丝组的初级茎和二级茎之和。茧简单，编织紧密，前缘具背中突。

幼虫　体长约 4.0mm。触角节 1~3 的节比为 6.8 : 5.9 : 6.7。头扇毛约 40 支，侧缘毛 5 支。后颊裂端圆，长为后颊桥的 1.0~1.5 倍。肛鳃每叶分 8~9 个次生小叶。肛骨前臂、后臂约等长，腹乳突发达。后环约 80 排，每排约具 14 个钩刺。

生态习性　幼虫和蛹孳生于山溪流水中的水生植物和枯枝落叶上，海拔 2086m。

地理分布　中国广西（元宝山）。

分类讨论　本种生殖叉突无内突、外突，生殖腹板和中骨形状特殊，蛹呼吸丝的排列方式等综合特征，不难与已知近缘种相区别。

C. 膨跗蚋组（锡兰蚋组）*seylonicum* group

组征概述　触角 2+9 节。雌爪具大基齿。雄虫后足基跗节膨胀，或两头较窄中部宽呈纺锤形，或从基部向端部变宽形成后宽型；生殖腹板无中龙骨。蛹呼吸丝通常 8 条，偶 6 条和 10 条。幼虫腹部无背突，后颊裂中型或大型，偶可伸达亚颏后缘。

本组是个异质型组，其组下可以再分若干亚组。全世界已知32种（Adler和Crosskey，2014）。我国已知20种，即麻子绳蚋［*Simulium*（*Gomphostilbia*）*asakoae*］、曲端绳蚋［*S.*（*G.*）*curvastylum*］、杜氏绳蚋［*S.*（*G.*）*dudgeoni*］、梵净山绳蚋［*S.*（*G.*）*fanjingshanense*］、贵州绳蚋［*S.*（*G.*）*guizhouense*］、湖南绳蚋［*S.*（*G.*）*hunanense*］、因他绳蚋［*S.*（*G.*）*inthanonense*］、尖峰绳蚋［*S.*（*G.*）*jianfenegense*］、崂山绳蚋［*S.*（*G.*）*laoshanstum*］、孟氏绳蚋［*S.*（*G.*）*mengi*］、后宽绳蚋［*S.*（*G.*）*metatarsale*］、苗岭绳蚋［*S.*（*G.*）*miaolingense*］、凭祥绳蚋［*S.*（*G.*）*pingxiangense*］、台东绳蚋［*S.*（*G.*）*taitungense*］、图讷绳蚋［*S.*（*G.*）*tuenense*］、武夷山绳蚋［*S.*（*G.*）*wuyishanense*］、西藏绳蚋［*S.*（*G.*）*xizangense*］、云南绳蚋［*S.*（*G.*）*yunnanense*］和察隅绳蚋［*S.*（*G.*）*zayuense*］等。

中国绳蚋亚属膨跗蚋组分种检索表

雌虫

1　中胸盾片密被黑色毛；生殖叉突后臂部端部膨大内弯……………… **察隅绳蚋** *S.*（*G.*）*zayuense*

　中胸盾片被全黄色毛或灰白色毛；生殖叉突后臂非如上述……………………………………2

2（1）生殖叉突后臂具骨化外突……………………………………………………………………3

　生殖叉突无外突……………………………………………………………………………………6

3（2）拉氏器大，长约为触须节Ⅲ的0.6……………………………… **曲端绳蚋** *S.*（*G.*）*curvastylum*

　拉氏器小，长度小于节Ⅲ的1/3……………………………………………………………………4

3（4）拉氏器长约为节Ⅲ的1/3；生殖板内缘平行…………………… **湖南绳蚋** *S.*（*G.*）*hunanense*

　拉氏器长约小于节Ⅲ的1/4；生殖板内缘基部靠近，端部分离……………………………………5

5（4）拉氏器长约为节Ⅲ的0.30；各足胫节中大部为黄色……… **云南绳蚋** *S.*（*G.*）*yunnanense*

　拉氏器长约为节Ⅲ的0.25；各足胫节基2/3~3/4为黄色…… **苗岭绳蚋** *S.*（*G.*）*miaolingense*

6（2）生殖叉突后臂具明显的端内突……………………………………………………………………7

　生殖叉突后臂无端内突 …………………………………………………………………………8

7（6）生殖板短三角形，后缘几乎平直；生殖叉突后臂端部外展……………………………………
……………………………………………………………………… **凭祥绳蚋** *S.*（*G.*）*pingxiangense*

　生殖板亚舌形，后缘圆；生殖叉突后臂端部内弯……………………… **杜氏绳蚋** *S.*（*G.*）*dudgeoni*

8（6）拉氏器中型，长为触须节Ⅲ的0.4~0.5……………………………………………………………10

　拉氏器小型，长度不超过节Ⅲ的0.33………………………………………………………………8

9（8）拉氏器长约为节Ⅲ的0.5；生殖叉突后臂亚部不具乳头状后突……………………………………
……………………………………………………………………… **因他绳蚋** *S.*（*G.*）*inthanonense*

　拉氏器长约为节Ⅲ的0.4；生殖叉突后臂乳头状后突………… **崂山绳蚋** *S.*（*G.*）*laoshanstum*

10（8）受精囊亚球形……………………………………………………… **肩章绳蚋** *S.*（*G.*）*epauletum*

　受精囊椭圆形 ……………………………………………………………………………………11

11（10）生殖板内缘斜截，后端远离……………………………… **武夷山绳蚋** *S.*（*G.*）*wuyishanense*

　生殖板内缘亚平行 ………………………………………………………………………………12

12（11）中胸盾片覆灰白色毛…………………………………………… **麻子绳蚋** *S.*（*G.*）*asakoae*

中胸盾片覆金黄色或黄白色毛……………………………………………………………13

13（12）上颚、下颚均具内齿、外齿……………………………………………………16

上颚、下颚无内齿或外齿副缺…………………………………………………………14

14（13）上颚无内齿…………………………………………**尖峰绳蚋** *S.*（*G.*）*jianfenegense*

上颚无外齿……………………………………………………………………………15

15（14）上颚具内齿28枚；下颚具内齿11枚，外齿12枚……………**后宽绳蚋** *S.*（*G.*）*metatarsale*

上颚具内齿13枚；下颚具内齿7枚，外齿10枚…………………………**孟氏绳蚋** *S.*（*G.*）*mengi*

16（13）生殖板亚舌状，端内角圆…………………………………**台东绳蚋** *S.*（*G.*）*taitungense*

生殖板短三角形，端内角尖………………………………**梵净山绳蚋** *S.*（*G.*）*fanjingshanense*

雄虫

1　中胸盾片被黑色毛………………………………………………………………………2

中胸盾片被金黄色或黄白色毛……………………………………………………………3

2（1）生殖腹板宽约为高的6倍，后侧角尖，侧缘斜截，板体前缘骨化部中央呈山峰状突起………
……………………………………………………………………**西藏绳蚋** *S.*（*G.*）*xizangense*

生殖腹板宽约为高的1.5倍，后侧角圆，侧缘中部内凹，板体无山峰状突起…………………
……………………………………………………………………**察隅绳蚋** *S.*（*G.*）*zayuense*

3（1）后足基跗节纺锤形，两头窄中部宽，呈中宽型……………………………………4

后足基跗节末端膨胀，呈后宽型…………………………………………………………10

4（3）上眼16纵列，16横排…………………………………………………………………5

上眼11~15纵列，11~15横排……………………………………………………………6

5（4）后足胫节具亚基黑环，触角鞭节Ⅰ的长约为鞭节Ⅱ的1.79倍……**图讷绳蚋** *S.*（*G.*）*tuenense*

无上述合并特征……………………………………………………**因他绳蚋** *S.*（*G.*）*inthanonense*

6（4）生殖腹板亚梯形，侧缘斜截，基缘宽凹；中骨末端分叉…**武夷山绳蚋** *S.*（*G.*）*wuyishanense*

非如上述…………………………………………………………………………………7

7（4）生殖腹板端平，端侧角外展，侧缘从端部向基部收缩；中骨宽扇形……………………
……………………………………………………………………**杜氏绳蚋** *S.*（*G.*）*dudgeoni*

生殖腹板和中骨非如上述……………………………………………………………………8

8（7）殖腹板侧缘具角状基突；中骨烧瓶装……………………**湖南绳蚋** *S.*（*G.*）*hunanense*

无上述合并特征……………………………………………………………………………9

9（8）生殖肢端节端1/3急向内弯成蛇头状；生殖腹板侧缘端半收缩；中骨细板状，基宽端细；阳基侧突具4个大刺；上眼11纵列，11横排…………………**曲端绳蚋** *S.*（*G.*）*curvastylum*

生殖肢端弯锥状；生殖腹板侧缘中部稍凹；中骨宽板状；上眼11纵列，15横排…………
……………………………………………………………………**台东绳蚋** *S.*（*G.*）*taitungense*

10（3）后足基跗节末端仅稍膨胀，最宽处约相当于或小于后足胫节的宽度…………………
………………………………………………………………**梵净山绳蚋** *S.*（*G.*）*fanjingshanense*

后足基跗节末端明显宽，大于后足胫节的宽度…………………………………………11

11（10）生殖腹板侧缘中部内凹…………………………………………………………12

生殖腹板侧缘平行或斜截，无中凹………………………………………………………14

12（11）生殖腹板基缘具角状中突；中骨烧瓶状……………………云南绳蚋 *S.*（*G.*）*yunnanense*
生殖腹板基缘平直，无中突；中骨长板状……………………………………………………………13
13（12）生殖肢端节弯锥状；阳基侧突具4个大刺；上眼具11纵列，13横排……………………
……………………………………………………………………………………麻子绳蚋 *S.*（*G.*）*asakoae*
生殖肢端节弯刀状；阳基侧突具3个大刺；上眼具14纵列，12横排……………………………
……………………………………………………………………………………肩章绳蚋 *S.*（*G.*）*epauletum*
14（11）生殖腹板后缘两侧凹陷，中部突出；中骨基部分叉……凭祥绳蚋 *S.*（*G.*）*pingxiangense*
无上述合并特征 ……………………………………………………………………………………………15
15（14）生殖腹板前缘、后缘几乎平行；阳基侧突每侧具5个大刺……………………………………
……………………………………………………………………………尖峰绳蚋 *S.*（*G.*）*jianfenegense*
无上述合并特征 ……………………………………………………………………………………………16
16（15）生殖腹板后半收缩，后缘中凹，侧缘具角状亚基突；中骨宽板状…………………………
……………………………………………………………………………………苗岭绳蚋 *S.*（*G.*）*miaolingense*
无上述合并特征 ……………………………………………………………………………………………17
17（16）中骨烧瓶状，端部扩大……………………………………………………………………………18
中骨细板状，基部扩大……………………………………………………………………………………19
18（17）生殖腹板基缘具角状中突；阳基侧突每侧具2个大刺…………………………………………
……………………………………………………………………………………崂山绳蚋 *S.*（*G.*）*laoshanstum*
生殖腹板基缘平直；阳基侧突每侧具3个大刺…………………………孟氏绳蚋 *S.*（*G.*）*mengi*
18（17）生殖腹板基缘具角状中突，侧缘平行…………………………后宽绳蚋 *S.*（*G.*）*metatarsale*
生殖腹板基缘平直……………………………………………………………贵州绳蚋 *S.*（*G.*）*guizhouense*

蛹

1 茧具明显的背中突……………………………………………………………………………………………2
茧无背中突，但前缘中部可有端的弧形或角状突起……………………………………………………4
2（1） 呼吸丝约等粗，下对丝茎较短，约与中丝组的初级茎持平………………………………………
……………………………………………………………………………………因他绳蚋 *S.*（*G.*）*inthanonense*
下对丝明显粗于其他呼吸丝……………………………………………………………………………………3
3（2） 下对丝茎长于中丝组的二级茎…………………………梵净山绳蚋 *S.*（*G.*）*fanjingshanense*
下对丝茎短于中丝组的二级茎……………………………………………云南绳蚋 *S.*（*G.*）*yunnanense*
…………………………………………………………………………武夷山绳蚋 *S.*（*G.*）*wuyishanense*
4（1） 8条呼吸丝成对排列成2+4+2………………………………………………………………………5
呼吸丝排列成2+3+3……………………………………………………………………………………………6
5（4） 中丝组的下对丝茎长，约与下丝对的茎持平………………曲端绳蚋 *S.*（*G.*）*curvastylum*
中丝组下对丝几乎无茎……………………………………………………贵州绳蚋 *S.*（*G.*）*guizhouense*
6（4） 上丝组和下对丝几乎无茎，总柄基外侧具1个大的透明突…察隅绳蚋 *S.*（*G.*）*zayuense*
上丝组至少具短茎，总柄基无透明突…………………………………………………………………………7
7（6） 茧前缘中部有小角状或弧形隆起…………………………………………………………………………8
茧前缘简单 ……………………………………………………………………………………………………11
8（7） 下对丝茎长约与中丝组的二级茎持平…………………………………………………………………9

下对丝茎短于中丝组的二级茎 ……………………………………………………………10

9（8） 腹节 6~9 背板均具刺栉……………………………………………麻子绳蚋 *S.*（*G.*）*asakoae*

腹节 9 背板无刺栉……………………………………………………肩章绳蚋 *S.*（*G.*）*epauletum*

10（8） 上丝组的各丝在统一位点上发出，无二级茎……………………尖峰绳蚋 *S.*（*G.*）*jianfenegense*

上丝组的腹对丝具二级茎…………………………………………………后宽绳蚋 *S.*（*G.*）*metatarsale*

……………………………………………………………………………………图讷绳蚋 *S.*（*G.*）*tuenense*

11（7） 下对丝茎特别长，长于中丝组的初级茎和二级茎之和的 2 倍以上，上丝组无茎………………

……………………………………………………………………………………杜氏绳蚋 *S.*（*G.*）*dudgeoni*

呼吸丝非如上述……………………………………………………………………………………12

12（11） 下对丝茎短于中丝组的初级茎………………………………………………………………13

下对丝茎与中丝组的二级茎约持平或略长…………………………………………………14

13（12） 茧编织紧密，前侧角发达……………………………………台东绳蚋 *S.*（*G.*）*taitungense*

茧前编织疏松，侧角不发达……………………………………………苗岭绳蚋 *S.*（*G.*）*miaolingense*

14（12） 茧编织紧密………………………………………………………崂山绳蚋 *S.*（*G.*）*laoshanstum*

茧编织疏松……………………………………………………………………………………15

15（14） 上丝组茎短，长约中丝初级茎的 1/2…………………………孟氏绳蚋 *S.*（*G.*）*mengi*

上丝组茎与中丝组茎约等长…………………………………………湖南绳蚋 *S.*（*G.*）*hunanense*

幼虫

1 后颊裂壶形，伸达或接近亚颏后缘；腹部覆树状毛…………………………………………2

后颊裂非壶形，不伸达亚颏后缘…………………………………………………………………3

2（1） 后颊裂伸达亚颏后缘；头扇毛 26 支；肛鳃每叶具 6~7 个次生小叶………………………

……………………………………………………………………………………察隅绳蚋 *S.*（*G.*）*zayuense*

后颊裂接近亚颏后缘；头扇毛 30 支；肛鳃每叶分 3~5 个次生小叶………………………

……………………………………………………………………………………曲端绳蚋 *S.*（*G.*）*curvastylum*

3（1） 后颊裂端圆，拱门型或卵圆形或桃形…………………………………………………………4

后颊裂端尖，亚箭形…………………………………………………………………………………11

4（3） 肛鳃简单；后环 52 排…………………………………………………杜氏绳蚋 *S.*（*G.*）*dudgeoni*

肛鳃复杂；后环 67 排以上…………………………………………………………………………5

5（4） 后颊裂较浅，长至少为后颊桥的 2 倍 ……………………………………………………………6

后颊裂深，长为后颊桥的 3 倍……………………………………………孟氏绳蚋 *S.*（*G.*）*mengi*

6（5） 后颊裂端钝，桃形；肛鳃每叶具 3~4 小叶；后环 92 排…………肩章绳蚋 *S.*（*G.*）*epauletum*

无上述合并特征……………………………………………………………………………………7

7（6） 后颊裂拱门状，侧缘平行，基部不收缩，长约为后颊桥的 2/3；头扇毛 44 支………………

……………………………………………………………………………………因他绳蚋 *S.*（*G.*）*inthanonense*

后颊裂卵圆形，基部收缩，长为后颊桥的 1~3 倍；头扇毛 40 支以下…………………………8

8（7） 后颊裂与后颊桥约等长；肛鳃每叶分 14~16 个次生小叶……………………………………

……………………………………………………………………………梵净山绳蚋 *S.*（*G.*）*fanjingshanense*

后颊裂长为后颊桥的 2.0~2.5 倍；肛鳃每叶具 5~8 个附叶…………………………………9

9（8） 头扇毛 38 支；腹部具明显的灰绿色斑和红棕带并具叉状暗色毛………………………

……………………………………………………………………图讷绳蚋 *S.*（*G.*）*tuenense*

头扇毛 32 支；腹部非如上述……………………………………湖南绳蚋 *S.*（*G.*）*hunanense*

10（9） 后颊裂深，长为后颊桥的 3 倍以上………………………………………………………………14

后颊裂浅，长为后颊桥的 1~3 倍………………………………………………………………………11

11（10） 肛骨前臂、后臂约等长 ………………………………………台东蝇蚋 *S.*（*G.*）*taitungense*

肛骨前臂、后臂不等长……………………………………………………………………………………12

12（11）肛骨前臂稍长于后臂………………………………………………………麻子绳蚋 *S.*（*G.*）*asakoae*

肛骨前臂短于后臂…………………………………………………………………………………………13

13（12）后环具 67 排钩刺；头扇毛 42 支…………………………………崂山绳蚋 *S.*（*G.*）*laoshanstum*

后环约具 80 排钩刺；头扇毛 28 支…………………………………武夷山绳蚋 *S.*（*G.*）*wuyishanense*

后颊裂深，其上方无"X"形暗色造型，长为后颊桥的 3~4 倍………………………………15

14（10）肛鳃每叶具 3~4 个次生小叶；后环约具 70 排钩刺…………………………………………………

……………………………………………………………………尖峰绳蚋 *S.*（*G.*）*jianfenegense*

肛鳃每叶具 5 个以上次生小叶；后环具 80 排以上钩刺……………………………………………15

15（14）肛鳃每叶具 5~6 个次生小叶…………………………………………苗岭绳蚋 *S.*（*G.*）*miaolingense*

肛鳃每叶具 8~12 个次生小叶…………………………………………………………………………16

16（15）头扇毛 26~28 支…………………………………………………………云南绳蚋 *S.*（*G.*）*yunnanense*

头扇毛约 37 支……………………………………………………………后宽绳蚋 *S.*（*G.*）*metatarsale*

麻子绳蚋 *Simulium*（*Gomphostilbia*）*asakoae* Takaoka and Davies，1995（图 12-45）

Simulium（*Gomphostilbia*）*asakoae* Takaoka and Davies，1995. The Blackflies of West Malaysia：55. 模式产地：马来西亚（Sabah，Sarawak）.

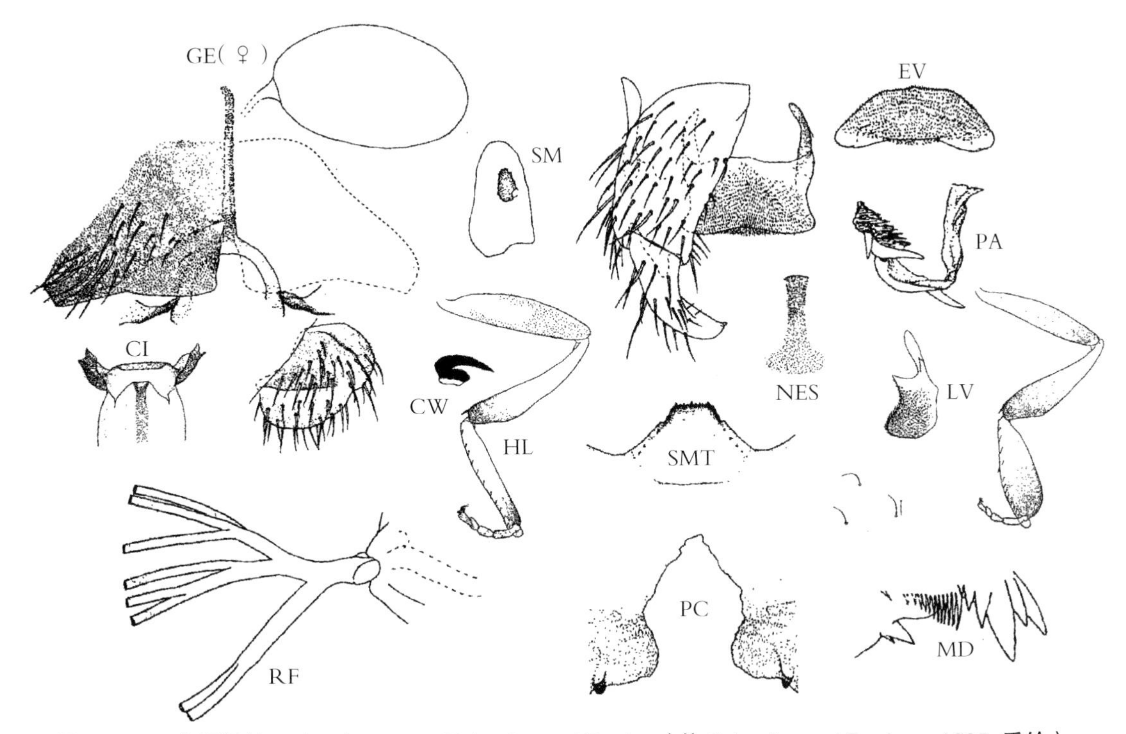

图 12-45 麻子绳蚋 *S.*（*G.*）*asakoae* Takaoka and Davies（仿 Takaoka and Davies，1995. 重绘）

鉴别要点 中胸盾片平覆灰白色毛。生殖腹板侧缘中凹；翅径脉基毛丛黄色。

形态概述

雌虫 体长约 2.8mm。额指数为 1.7∶1.0∶2.4。额头指数为 1.0∶4.8。触角鞭节Ⅰ的长约为鞭节Ⅱ的 1.6 倍。触须节Ⅲ～Ⅴ的节比为 1.0∶1.1∶2.8。拉氏器长约为节Ⅲ的 0.3。下颚具 9~10 枚内齿和 15~16 枚外齿。上颚具 25 枚小内齿和 6 枚外齿。食窦泵亚前端具暗色中纵纹。中胸盾片黑色，有灰白色粉被，具 3 条暗色宽纵纹，覆黄白色细毛。中胸侧膜光裸，下侧片具毛，灰白分布。前足基、转节为黄色；股节黄棕色而端部为黑色；胫节基 3/4 为白色，端 1/4 为暗棕色。跗节暗棕色，基跗节细，长约为宽的 6.3 倍。中足基节暗棕色；转节黄色；股节棕色而基部为黄色；胫节基 2/3 为黄白色，余部为棕色；跗节除基跗节基 3/5 和跗节Ⅱ基 1/2 为黄白色外，余部为棕色。后足基跗节细，长约为宽的 5.9 倍。跗突和跗沟发达。各足股、胫节具鳞状毛。爪具大基齿。翅亚缘脉和径脉基具毛；亚缘脉基部毛丛黄色。生殖板三角形，内缘骨化。生殖叉突后臂无外突。受精囊椭圆形，无内毛。

雄虫 体长约 2.5mm。上眼面 11 纵列，13 横排。触角鞭节Ⅰ的长为鞭节Ⅱ的 1.7 倍。触须节Ⅲ～Ⅴ的节比为 1.0∶1.1∶2.3。拉氏器小，长约为节Ⅲ的 0.17。中胸盾片覆金黄色细毛。中胸侧膜和下侧片似雌虫。足似雌虫，但前足胫节基 2/3 为白色，余部为棕色；中胫基 1/3 为白色，余部为暗棕色；后胫基 1/2 为白色，余部为棕色。后足基跗节基 1/2 为白色，后部膨胀，后宽型，长约为宽的 3 倍。跗突和跗沟发达。翅似雌虫。生殖肢端节弯锥形。生殖腹板横宽，端缘略凹，侧缘中部内凹。中骨板状，端部扩大。阳基侧突每侧具 4 个大刺和若干小刺。

蛹 体长 3.0mm。头、胸密布疣突。头毛 4 对，胸毛 6 对，均简单。呼吸丝 8 条，排列成 2+3+3。下对丝茎约与中丝组的二级茎持平，下对丝长且粗于其他 6 条丝。腹部钩刺分布正常。茧简单，中度编织，前缘中部隆起。

幼虫 体长 5.5~6.0mm。体色灰黄，头斑阳性。触角 3 节的节比为 1.0∶0.8∶0.75。头扇毛 36 支。亚颏侧缘毛 5 支。后颊裂亚箭形，端尖，长度变化大，长为后颊桥的 1.5~3.0 倍。肛鳃每叶具 8~10 个次生小叶。肛骨前臂稍长于后臂。后环具 80 排，每排约具 14 个钩刺。

生态习性 幼虫和蛹孳生于山麓茶场小溪中的水草上。水温 19.5℃。

地理分布 中国：香港；国外：马来西亚，泰国和越南。

分类讨论 麻子绳蚋主要特征是雄虫生殖腹板侧缘中凹。虽然这一特征近似中国的云南绳蚋［*S.*（*G.*）*yunnanense*］和肩章绳蚋［*S.*（*G.*）*epauletum*］，但是其间亦有差别可资鉴别，详情请参见“中国绳蚋亚属膨跗蚋组分种检索表・雄虫”。

曲端绳蚋 *Simulium*（*Gomphostilbia*）*curvastylum* Chen and Zhang，2001（图 12–46）

Simulium（*Gomphostilbia*）*curvastylum* Chen and Zhang（陈汉彬，张春林），2001. *Acta Zootax Sin.*, 26（3）：361~368. 模式产地：中国海南（尖峰岭）.Chen and An（陈汉彬，安继尧），2003. The Blackflies of China：114.

鉴别要点 雌虫翅径脉基毛丛棕黑色；拉氏器大；生殖叉突后臂具显著的乳头状外侧突。雄虫生殖腹板侧缘叶部具角状突，生殖肢端节末 1/3 强弯成蛇头状。蛹呼吸丝特别短，排列成 2+4+2。幼虫后颊裂几乎伸达后颊桥。

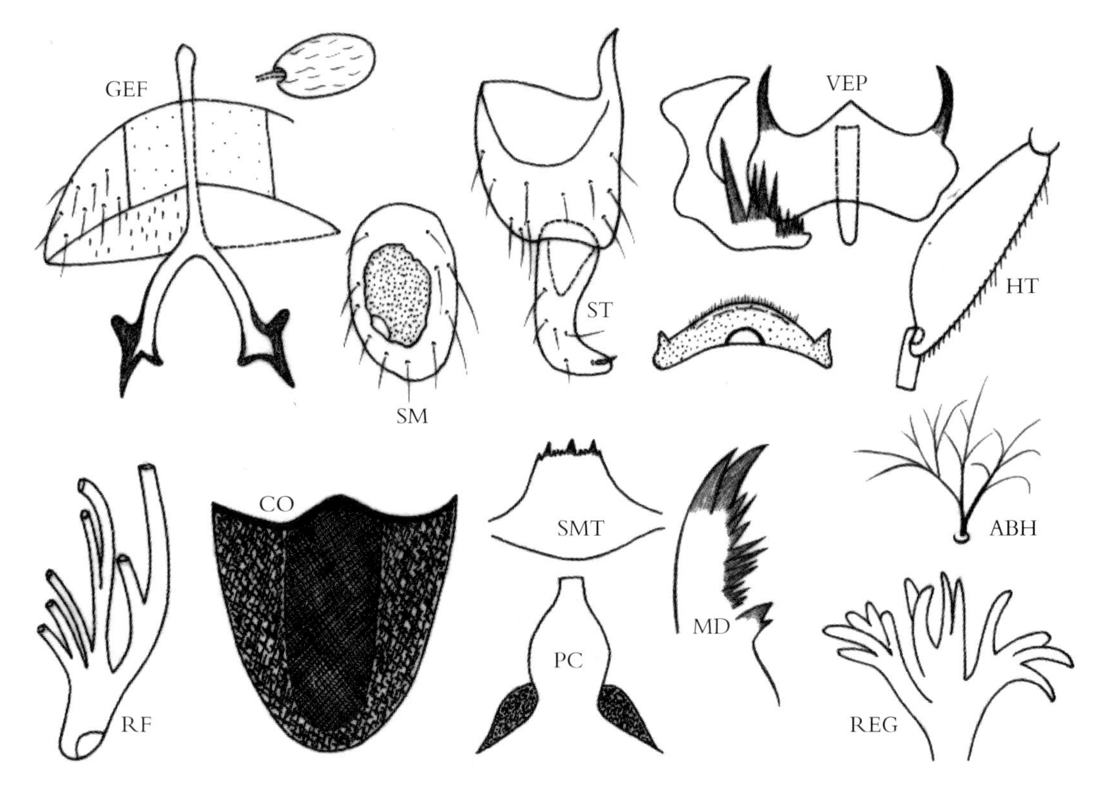

图 12–46 曲端绳蚋 *S.*（*G.*）*curvastylum* Chen and Zhang，2001

形态概述

雌虫 体长约 2.0mm。触角柄节淡黄色，其余棕黄色。触须拉氏器大，长约为节Ⅲ长的 0.6。下颚具 13 枚内齿，17 枚外齿；上颚具 24 枚内齿，外齿缺。中胸盾片棕黑色，被黄白色软毛；小盾片被棕色长毛，后盾片光裸；下侧片具毛。足为棕黑色；淡黄色部分包括前足基节、转节、股节基部 2/3，胫节中部 1/3，中足转节、股节基部 3/4，胫节中部外侧 1/3 和基跗节基部 1/3，后足转节、股节基部 2/3、胫节中部外侧 3/5 和基跗节基部 3/4。后足基跗节两边平行。跗突中度发达，约为基跗节末端宽度的 1/2，伸达跗沟。爪具大基齿。径脉基毛丛黑色。腹部黑色，被黄白色毛。生殖板亚三角形，内缘平行，生殖叉突后臂具显著的乳头状外侧突。

雄虫 体长约 2.3mm。上眼面 11 横排，11 纵列。触角鞭节Ⅰ约为鞭节Ⅱ的 2 倍长。触须拉氏器小，长约为节Ⅲ的 0.2。后足基跗节稍膨大，纺锤形，W∶L=1∶3.3。生殖肢基节圆锥状，与端节约等长。生殖肢端节基部较宽，端部 1/3 向内强弯成蛇头状。生殖腹板横宽，前缘中央呈角状突出，后缘中央略凹，侧缘中部成角状突出。阳基侧突每边具 4 个大刺和若干小刺。中骨细板状，基部较宽，向端部渐变细。

蛹 体长约 2.6mm。头、胸部散布盘状疣突。头毛 4 对，胸毛 6 对，均长单支。呼吸丝 8 条，排列成 2+4+2，下对丝茎明显粗长，长度约为体长的 1/3；上对丝从总茎发出，几乎无柄；中组丝的下对具短的二级茎，下对丝直接从其初级茎发出。腹部钩刺正常，端钩发达，后腹节每侧具 3 个锚状钩。茧简单，拖鞋状，编织紧密，前缘加厚并在中部隆起。

幼虫 体长约 4.0mm。头斑阳性，触角长约为头扇柄的 1.2 倍，头扇毛 44 支。上颚锯齿 2 枚，一大一小紧靠，无附齿列。亚颏顶齿 9 枚，中齿、角齿发达，侧缘毛各 4 支。后颊裂很深，亚箭形而端缘平齐，几乎伸达亚颏后缘，个别标本呈壶状，伸达亚颏后缘。胸部体壁光裸，腹部密被黑色树状毛，肛鳃每叶分 3~5 个小叶。肛骨前臂、后臂约等长，前臂末端斜截成关刀状。后环 82 排，每排具 13~14 个小钩。

生态习性 幼虫和蛹孳生于山区小溪中的水草茎叶和枯枝落叶上，海拔 750~810m。

地理分布 中国海南。

分类讨论 曲端绳蚋呼吸丝的排列式样和幼虫腹部被树状毛等特征，近似斯里兰卡的［*S.*（*G.*）*pattoni*］和中国的四面山绳蚋［*S.*（*G.*）*simianshanense*］，但是本种雄虫的生殖肢和生殖腹板形状特殊，雌虫生殖叉突后臂具显著的外侧突，可资鉴别。

杜氏绳蚋 *Simulium*（*Gomphostilbia*）*dudgeoni* Takaoka and Davies，1995（图 12-47）

Simulium（*Gomphostilbia*）*dudgeoni* Takaoka and Davies，1995. *Jap. J. trop*，*Med. Hyg.*，23（3）：189~196. 模式产地：中国香港；Chen and An（陈汉彬，安继尧），2003. The Blackflies of China：115; An, Chen and Chen（安继尧，陈家龙，陈汝达），2007. *Acta Parasitol. Med. Entomol. Sin.*，14（4）：249~251.

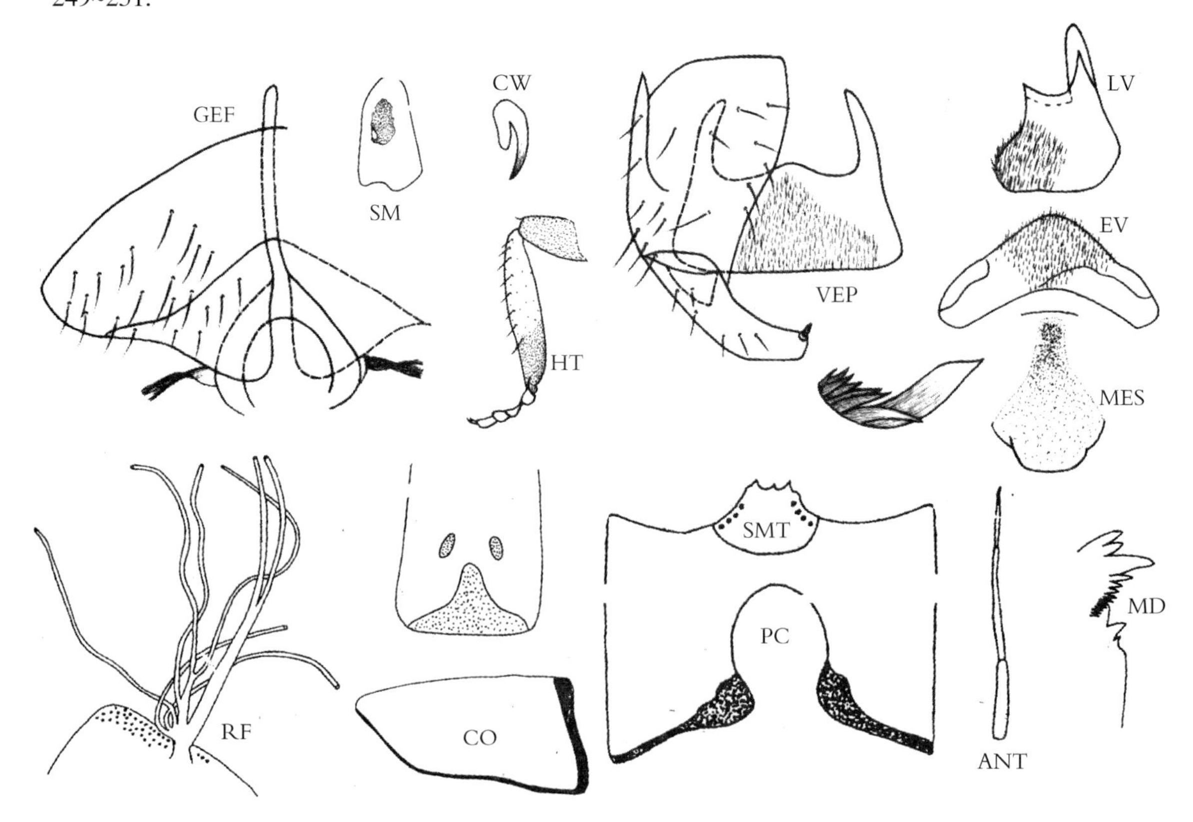

图 12-47 杜氏绳蚋 *S.*（*G.*）*dudgeoni* Takaoka and Davies（综合 Takaoka and Davies，1995; 安继尧等，2007. 重绘）

鉴别要点 雌虫前足胫节基 3/4 黄棕，基跗节窄长。雄虫后足股节大部为黑色而基部为黄色，基跗节纺锤形。中骨基部细而端部宽。

形态概述

雌虫 体长约 2.5mm。额暗棕色，覆灰白粉被，具黄白色毛和少量黑色毛。额指数为 1.7：1.0：3.1。

唇基暗棕色，覆灰白粉被，密盖黄白色毛。触角柄节、梗节和鞭节Ⅰ为黄色，余部为棕黑色。鞭节Ⅰ的长约为鞭节Ⅱ的1.6倍。触须拉氏器的长约占节Ⅲ的0.4。下颚具内齿13~14枚，外齿14枚；上颚具内齿28枚，外齿8枚。食窦光滑，后缘中部具暗纵条。中胸盾片棕色，覆灰白粉，闪光，具3条细纵纹。小盾片被黄白色毛，并具黑色缘毛。后盾片光裸。前足基节白色，转节黄色，股节棕色，胫节基3/4黄棕色、端1/4棕色；跗节色全暗。中足基节棕色，转节黄色，股节棕色，胫节基1/3黄白色，余部为棕色；跗节除基跗节基1/2为黄白色外色全暗。后足基节棕色，转节黄色，股节棕色，胫节基1/3~1/2黄白色，端1/2棕色，后面基2/3大部为白色；基跗节基2/3和跗节Ⅱ基1/2为白色，余部为棕色。前足基跗节细，长约为宽的7.7倍；后足基跗节细，两边平行，长约为宽的6.8倍。跗突和跗沟发达。爪具大基齿。翅径脉基具毛。腹部棕黑色，节Ⅱ背板覆白粉被。节Ⅵ~Ⅷ背板闪光。生殖板三角形，后缘圆钝，内缘骨化生殖叉突后臂中部内突，后部骨化，无外突。受精囊椭圆形，具网斑。

雄虫 体长约3.0mm。上眼面具13~14纵列，15~16横排。唇基棕黑色，覆白粉被，被黄白色细毛。触角鞭节Ⅰ的长约为鞭节Ⅱ的2.0倍。触须拉氏器小，长约为节Ⅲ的0.15。中胸盾片棕色，密被金黄色柔毛。小盾片棕色，覆金黄色毛并具黑色长缘毛。后盾片棕色，覆白粉被，光裸。前足基节黄色，转节暗黄色至棕色；胫节棕色而中部外面大部色淡。跗节色全暗。中足基节暗棕色，转节和股节棕色，胫节大部棕色而基部为黄色，跗节基跗节基1/3~1/2色淡，余部为黑色。后足基节棕色，转节黄色至暗黄色，股节大部黑色而基部为黄色，胫节基1/5~1/4为黄色，向后渐变为黑色；基跗节1/2和跗节Ⅱ基2/5为黄色，余部为黑色。后足基跗节略膨胀呈纺锤状，长约为宽的4.8倍。跗突和跗沟发达。翅径脉基段具毛，基毛丛棕色。腹部背面暗棕色，被黑色。腹节Ⅱ和腹节Ⅴ~Ⅶ具白色侧斑，闪光。生殖肢端节弯锥状，略长于生殖肢基节。生殖腹板横宽，板体前缘中部凸出，后缘平直，端侧角略向外扩展，中骨扇状，基半细，端半扩大。阳基侧突每边具1个大刺和约6个中型刺。

蛹 体长2.6mm。头、胸密布疣突。呼吸丝8条，长于蛹体，排列呈2+3+3。上丝组无茎，分别从基部发出。下丝对具粗长茎，长约为中丝组的初级茎和二级茎之和的2倍。腹部钩刺分布正常。茧简单，前缘加厚。无背中突。

幼虫 体长3.0~4.0mm。头斑阳性。触角节1~3长度比为15∶21∶10。头扇毛33~35支。亚颏中的角齿、顶齿约等长。侧缘毛4支。后颊裂端圆，长约为后颊桥的4倍。肛骨前臂稍短于后臂。后环52排，每排约15个钩刺。

生态习性 幼虫孳生于山涧溪流中的杂草茎叶和枯枝落叶上。

地理分布 中国香港。

分类讨论 本种全面特征近似斯里兰卡的［*S.*（*G.*）*seylonicum*］，但后者雄虫后足基跗节明显较宽（L∶W=3.4∶1.0），且呼吸丝排列方式和幼虫后颊裂形状迥异。

肩章绳蚋 *Simulium*（*Gomphostilbia*）*epauletum* Guo，Zhang and An，2011（图12–48）

Simulium（*Gomphostilbia*）*epauletum* Guo，Zhang and An（郭小霞，张红建，安继尧），2011. *Oriental Ins.*，45（1）：87~92. 模式产地：中国海南.

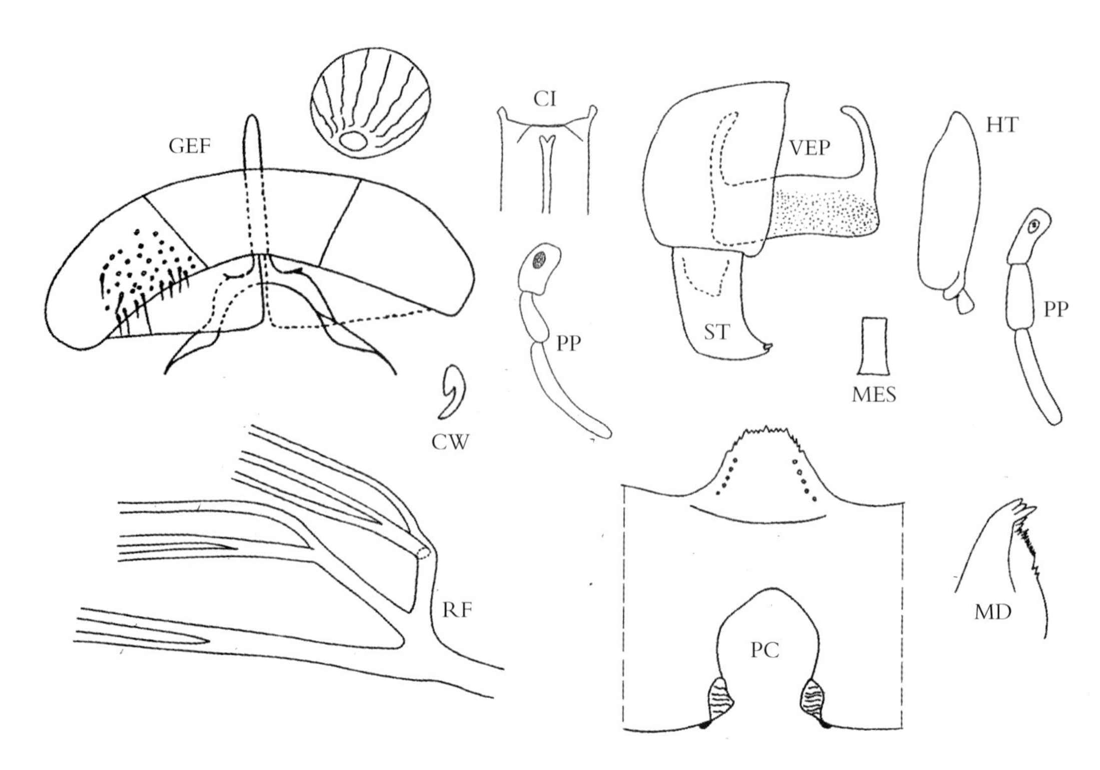

图 12–48　肩章绳蚋 *S.*（*G.*）*epauletum* Guo，Zhang and An（仿 Guo，Zhang and An，2011. 重绘）

鉴别要点　雌虫拉氏器长约为节Ⅲ的 0.3；生殖板三角形，生殖叉突后臂无内突、外突，但前缘两侧具肩章状骨化脊。雄虫生殖腹板矩形，侧缘中部略凹。幼虫肛鳃每叶具 3~4 个小叶。

形态概述

雌虫　体长 3.0mm。翅长 2.7mm。额指数为 25 : 10 : 40。额头指数为 25 : 120。触须节Ⅲ ~ Ⅴ的节比为 20 : 18 : 37。节Ⅲ膨胀，拉氏器长约为节Ⅲ的 0.3。下颚具 9 枚内齿和 15 枚外齿。上颚具 21 枚内齿和 35 枚外齿。食窦泵亚前方中部具"Y"形暗色脊。中胸盾片黑色，具 3 条黑色纵纹，覆金黄色毛。中胸侧膜光裸，下侧片具暗色毛。各足基节棕黄色但中足基节为棕黑色；转节棕黄色；股节棕黄色但中股端 3/4 和后股端 4/5 为棕黑色；胫节除前胫端 1/4、中胫端 1/2 和后胫端 1/5 为棕黑色外，余部为棕黄色；跗节除中足基跗节基 1/3 和后足基跗节基 3/4 为黄色外，余一致为棕黑色。跗突和跗沟发达。爪具大基齿。翅亚缘脉基 2/3 和径脉基具毛。生殖板三角形，内缘接近，亚平行。生殖叉突后臂无内突、外突，但前缘两侧具肩章状骨化横脊。受精囊亚球形，强骨化。

雄虫　体长 2.8mm。翅长 2.3mm。上眼面具 14 纵列，12 横排。触角鞭节Ⅰ的长约为鞭节Ⅱ的 1.7 倍。触须节Ⅲ ~ Ⅴ的节比为 8 : 20 : 30。拉氏器长为节Ⅲ的 0.2。中胸盾片纹饰似雌虫。中胸侧膜光裸，下侧片具毛。各足基节除前足基节为棕黑色外，余一致为暗黑色；转节除中足转节为棕黄色外，一致棕黑色；股节除中、后足股节端部为棕黑色外，余一致为棕黄色；胫节除前胫基 3/4，中胫基 1/4 和后胫基 1/3 为棕黄色外，余一致为暗黑色。前足基跗节长约为宽的 6.4 倍；后足基跗节后宽型。跗突和跗沟发达。翅亚缘脉基 1/2 和径脉基具毛。生殖肢端节弯刀状，长约为基节的 0.6。生殖腹板横宽，长约为宽的 0.4，后缘和侧缘中部略凹。阳基侧突具 3 个大刺和若干小刺。中骨板状，端部稍宽。

蛹　体长约 3.4mm。头、胸密布疣突。呼吸丝 8 条，排列成 2+3+3。下对丝长而粗于其他 6 条丝。

下对丝茎长，约与中丝组的二级茎持平。腹部钩刺分布正常。茧前缘加厚，具弱中突。

幼虫 体长约5mm。体色黄绿。头斑阳性。触角节比为17∶12∶15。头扇毛39~41支。亚颏侧缘毛5支。后颊裂梨形，端钝，长约为后颊桥的2倍。胸、腹体壁光裸。肛鳃每叶具3~4个次生小叶。肛骨前臂短于后臂。后环92排，每排约具15个钩刺。

生态习性 不详。

地理分布 中国海南。

分类讨论 本种生殖腹板两侧缘内凹，近似麻子绳蚋［*S.*（*G.*）*asakoae*］、云南绳蚋［*S.*（*G.*）*yunnanense*］。其间区别见两者的“分类讨论”项下和“中国绳蚋亚属膨跗蚋组分种检索表”。

梵净山绳蚋 *Simulium*（*Gomphostilbia*）*fanjingshanense* Chen，Zhang and Wen，2000（图12–49）

Simulium（*Gomphostilbia*）*fanjingshanense* Chen，Zhang and Wen（陈汉彬，张春林，温小军），2000. *Entomologia Sin.*，1（1）：21. 模式产地：中国贵州（梵净山）.

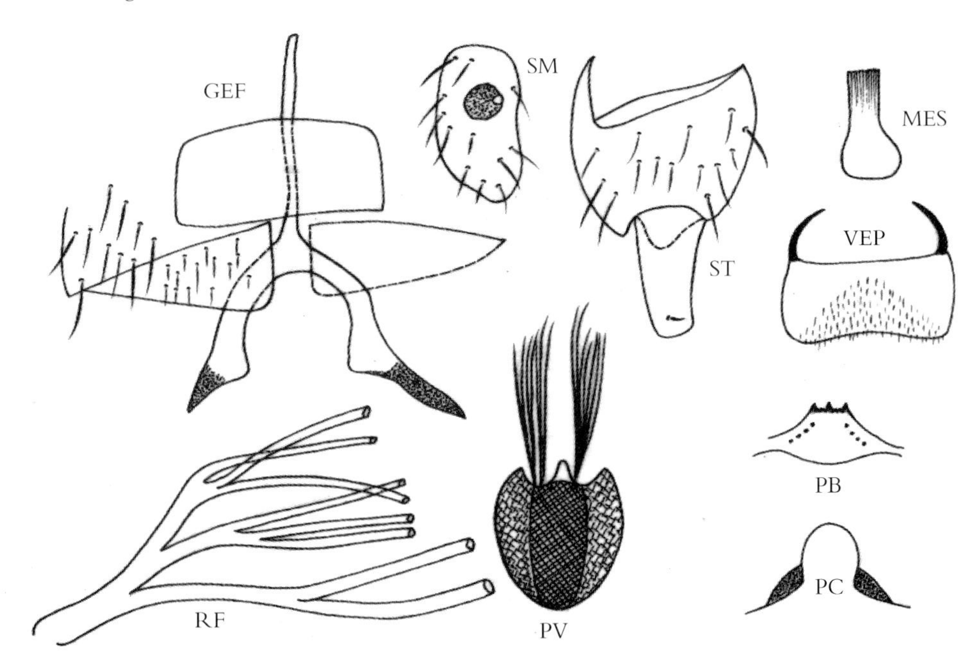

图12–49 梵净山绳蚋 *S.*（*G.*）*fanjingshanense* Chen，Zhang and Wen，2000

鉴别要点 雌虫拉氏器小。雄虫后足基跗节膨大。蛹茧具背中突。幼虫后颊裂长与后颊桥约相等，肛鳃每叶分14~16个小叶。

形态概述

雌虫 体长2.2~2.4mm。触须拉氏器小，约占节Ⅲ长的1/4。下颚具内齿14枚，外齿16枚；上颚具内齿16枚，外齿14枚。中胸盾片棕黑色，被黄白色毛；小盾片棕黑色，具棕色长竖毛；后盾片光裸。后侧片具毛。足暗棕色；淡黄色部分包括前足基节、转节基部1/2、股节基部3/4、胫节中部1/3，中足转节基部1/2、股节基部3/4、胫节基部3/5和跗节Ⅰ基部1/2，后足股节基部3/4、胫节基部2/5和基跗节基部3/4。后足基跗节两边平行。跗突伸达跗节Ⅱ的1/2，跗沟明显。爪具大基齿。径脉基毛丛棕黄色。腹部除节Ⅱ背板基部2/3外，余一致为暗棕色，被黄白色毛。生殖板三角形，内缘直，平行，后臂端半呈犁状，具角状内突，无外侧突。

雄虫 上眼面具 15 横排，12 纵列。触角鞭节Ⅰ的长约为鞭节Ⅱ的 1.8 倍。触须拉氏器长约为节Ⅲ的 1/5。中胸下侧片具毛。后足基跗节后部膨大成纺锤状，长约为最宽处的 4.8 倍。腹部暗棕色被黄白色。生殖肢基节圆锥状，长宽约相等，生殖肢端节略短于基节，圆筒形；生殖腹板横宽，矩形，宽约为高的 2 倍，端缘中凹，侧缘平行，前缘近于平直；中骨灯泡状；阳基侧突每侧具 2 个大刺和若干小刺。

蛹 体长约 2.8mm，黄棕色。头、胸部具稀疏的盘状疣突。头毛 4 对，胸毛 6 对，均不分支。呼吸丝排列成 3+3+2，下对丝明显较其他丝粗长，下对丝茎长于中丝组的初级茎和二级茎之和，上、中丝组的初级茎约等长，但上丝组的二级茎很短，3 条丝几乎在同一位点上发出。腹部钩刺正常。茧拖鞋状，编织紧密，前缘加厚并具显著的前侧突和楔状的背中突。

幼虫 体长 4.0~5.5mm。触角长于头扇柄，头扇毛 32 支，上颚无附齿列。亚颏中齿、角齿突出，侧缘毛每侧 4~5 支。后颊裂小，卵圆形，长约与后颊桥相等。胸部光裸，后腹部覆稀疏的黑色单刺毛。肛鳃每叶分 14~16 个小叶。肛骨前臂、后臂约等长。后环 84 排，每排具 13~14 个小钩。腹乳突发达。

生态习性 幼虫和蛹孳生于山地小溪中的水草上，海拔 600m。

地理分布 中国贵州。

分类讨论 梵净山绳蚋雄虫后足基跗节膨大呈纺锤状，茧具发达的背中突和前侧突，幼虫后颊裂小，这些综合特征与泰国的因他绳蚋［*S.*（*G.*）*inthanonense*］最为近似。但是本种雌虫拉氏器小，蛹下对呼吸丝茎长，幼虫肛鳃分出的次生小叶多，后颊裂卵圆形，长约与后颊裂相等，这些特征可资鉴别。

贵州绳蚋 *Simulium*（*Gomphostilbia*）*guizhouense* Chen，Zhang and Yang，2003（图 12-50）

Simulium（*Gomphostilbia*）*guizhouense* Chen，Zhang and Yang（陈汉彬，张春林，杨明），2003. *Guizhou Science*，21（1~2）：46~50. 模式产地：中国贵州（雷公山）.

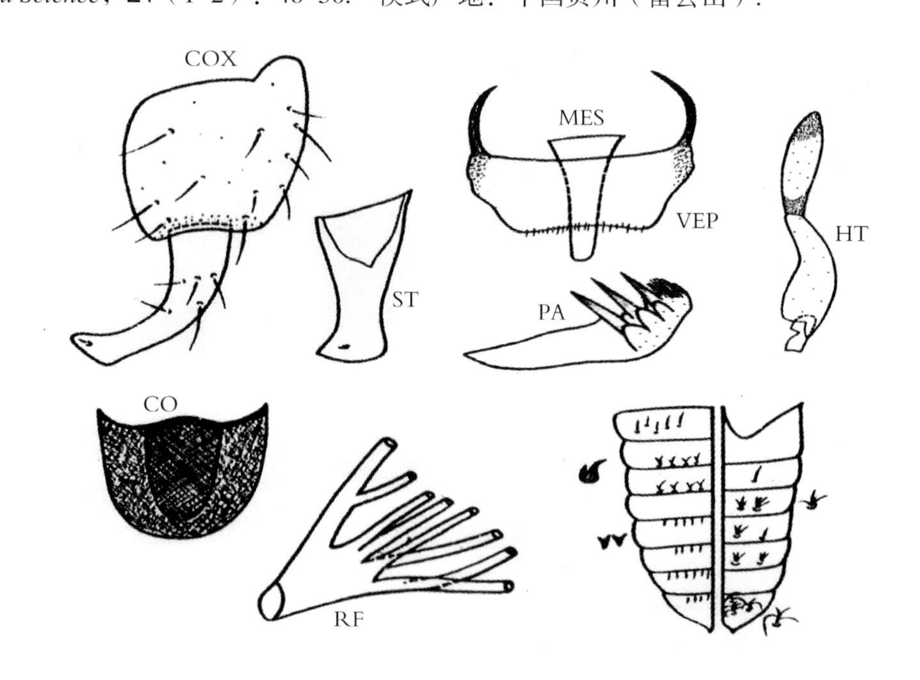

图 12-50 贵州绳蚋 *S.*（*G.*）*guizhouense* Chen，Zhang and Yang，2003

鉴别要点 雄虫生殖腹板侧缘端半收缩；生殖肢端节蛇头状。蛹呼吸丝8条，排列成2+4+2，中丝丝无茎。茧前缘具中隆突。

形态概述

雌虫 尚未发现。

雄虫 小型种，体长2.0mm。中胸盾片黑色，密被黄白色细毛。中胸侧膜光裸，下侧片具黄白色毛。前足除基节、转节基1/2，股节基3/4和跗节Ⅱ基1/2为淡黄色，余部为棕黑色。后足基跗节属后宽型，长约为宽的4倍。跗突和跗沟发育良好。翅亚缘脉和径脉基具毛。生殖肢端节中部骤向内弯，蛇头状。生殖腹板亚梯形，板体后半收缩，斜截，端圆略凹，基缘几乎直。阳基侧突每侧具3个大刺。中骨长板状，基部宽，端部细。

幼虫 尚未发现。

蛹 体长约2.6mm。头、胸具疣突。头毛4对，胸毛6对，均简单。呼吸丝8条，长约为体长的1/3，排列成2+4+2。上、下对丝具中长茎。中丝组直接从总茎发出。下对的外丝明显于其他7条丝。腹部钩刺分布正常。茧简单，编织紧密，前缘加厚并具弧形中隆起。

生态习性 幼期孳生于雷公山山腰溪流中的水草上，海拔1300m。

地理分布 中国贵州（雷公山）。

分类讨论 本种呼吸丝排列为2+4+2，与印度的达吉岭绳蚋［*S.*（*G.*）*darjeelingense*］和中国的曲端绳蚋［*S.*（*G.*）*curvastylum*］与四面山绳蚋［*S.*（*G.*）*simianshanense*］近似，但是本种与后三者雄虫尾器迥异，所以不难鉴别。

湖南绳蚋 *Simulium*（*Gomphostilbia*）*hunanense* Zhang and Chen，2004（图12-51）

Simulium（*Gomphostilbia*）*hunanense* Zhang and Chen（张春林，陈汉彬），2004. *Acta Zootax Sin.*，29（2）：372~376. 模式产地：中国湖南（张家界）.

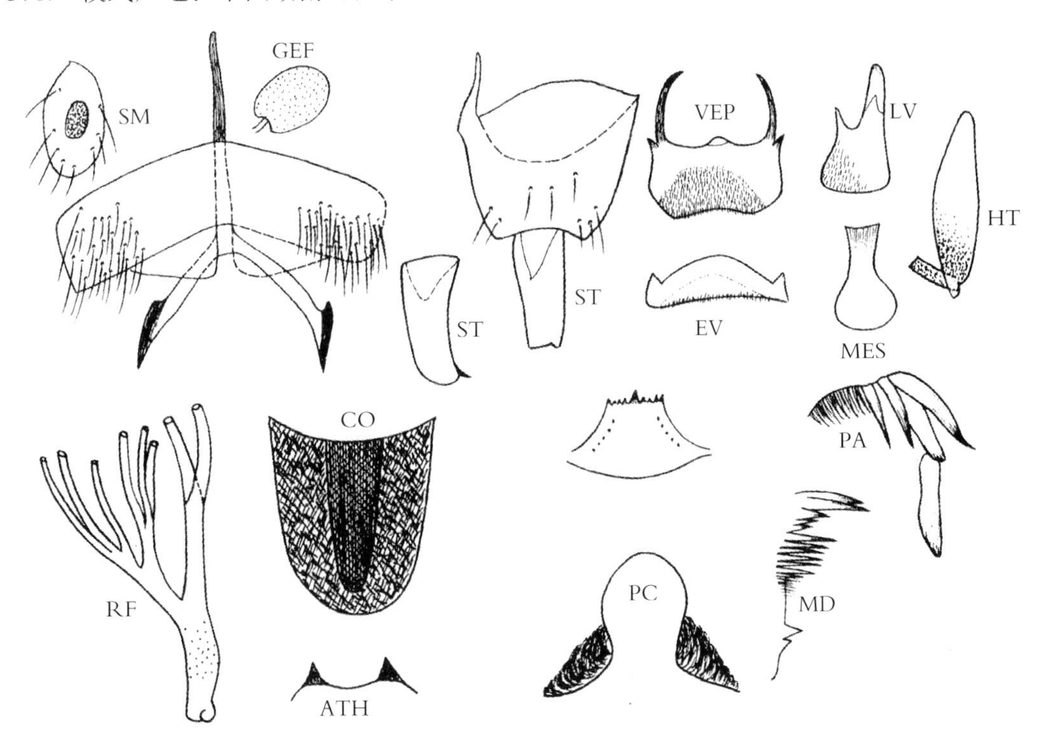

图12-51 湖南绳蚋 *S.*（*G.*）*hunanense* Zhang and Chen，2004

鉴别要点 雌虫触须拉氏器长约为节Ⅲ长的 1/3，生殖板内缘平行。雄虫后足基跗节纺锤形，生殖腹板侧缘具角状基突。蛹下对丝茎略长于中丝组和上丝组的二级茎。

形态概述

雌虫 体长约 2.3mm。翅长约 1.9mm。额指数为 6.0：3.4：7.9。额头指数为 6.0：22.5。触角鞭节Ⅰ的长约为鞭节Ⅱ的 1.5 倍。触须节Ⅲ ~ Ⅴ的节比为 1.0：1.0：2.5。拉氏器长约为节Ⅲ的 0.32。下颚具 11 枚内齿和 17 枚外齿，上颚具 27 枚内齿和 10 枚外齿。食窦光裸。中胸盾片棕黑色，有灰白粉被，密覆黄白色细毛，具 3 条暗纵纹。中胸侧膜光裸，下侧片具毛。各足基节和前足转节黄色，中足、后足转节棕色；各足股节棕色而基部为黄色；前足胫节基 3/4 为棕色，端 1/4 为黄色，中足、后足胫节基 1/3 黄色而端为棕色；各足跗节除中足基跗节基 1/2，后足基跗节 3/4 和跗节Ⅱ基 1/2 为黄色外，余部为棕色。前足基跗节长约宽的 6.5 倍。后足基跗节两侧平行，长约为宽的 7 倍。跗突和跗沟发育良好。爪具大基齿。翅亚缘脉和径脉具毛。生殖板三角形，内缘平行，稍骨化。生殖叉突具骨化柄，后臂具小的骨化外突，膨大部不外展。受精囊椭圆形。

雄虫 体长约 2.8mm。翅长约 2.0mm。上眼面 12 纵列，13 横排。触角鞭节Ⅰ的长约为鞭节Ⅱ的 1.5 倍。触须节Ⅲ膨大，拉氏器长约为节Ⅲ的 0.16。胸部纹饰似雌虫。中胸侧膜光裸，下侧片具毛。各足基、转节除前足基节和后足转节为黄色外，余一致为棕色；各足股节除基 3/4~2/3 为黄色外，余一致为棕色；前、后足胫节中大部为黄色，余部为棕色。前足基跗节长约为宽的 7 倍。后足基跗节纺锤形，长约为宽的 4 倍。跗突和跗沟发达。翅同雌虫。生殖肢基节略长于端节。生殖腹板横宽，基缘中凸，端缘稍凹，侧缘端半收缩而斜截，具角状基突。阳基侧突具 3 个大刺和若干小刺。中骨灯泡状，端圆。

蛹 体长约 2.5mm。头毛、胸毛均简单。呼吸丝 8 条，排列成 2+3+3。上丝组和中丝组的二级茎约持平。下丝组茎略长于中丝组的初级茎和二级茎之和。下对丝粗且长于其他 6 条丝（约 1.4 倍）。腹部钩刺分布正常。茧简单，前缘弱，无背中突。

幼虫 体长 5.0~5.5mm。头斑阳性。触角 3 节比值为 4.5：5.1：4.9。头扇毛 32 支。亚颏侧缘毛 5~6 支。后颊裂端圆，基部收缩，长为后颊桥的 2.0~2.5 倍。肛鳃每叶具 6~8 个次生小叶。肛骨前臂、后臂约等长。后环 80 排，每排约 14 个钩刺。

生态习性 幼虫和蛹孳生于山溪急流中的水草上，海拔 400m。

地理分布 中国湖南（张家界）。

分类讨论 本种雄虫后足基跗节呈纺锤形，与图讷绳蚋［*S.*（*G.*）*tuenense*］、因他绳蚋［*S.*（*G.*）*inthanonense*］、武夷山绳蚋［*S.*（*G.*）*wuyishanense*］和杜氏绳蚋［*S.*（*G.*）*dudgeoni*］近似。但是可根据本种生殖腹板的特殊形状，结合其他虫态的综合特征与其近缘种相区别。

因他绳蚋 *Simulium*（*Gomphostilbia*）*inthanonense* Takaoka and Suzuki，1984（图 12-52）

Simulium（*Gomphostilbia*）*inthanonense* Takaoka and Suzuki，1984. *Jap. J. Sanit. Zool.*，35（1）：18. 模式产地：泰国因他龙山 .Chen and An（陈汉彬、安继尧），2003. The Blackflies of China：120.

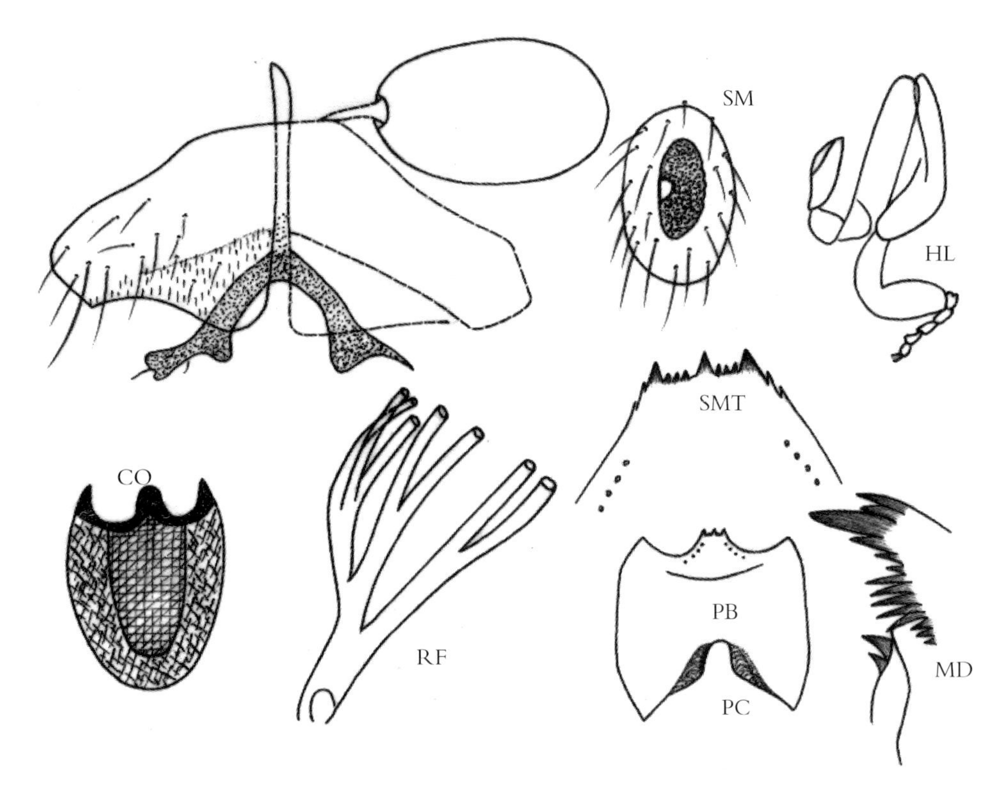

图 12–52 因他绳蚋 ***S.*(*G.*)*inthanonense*** Takaoka and Suzuki，1984（仿 Takaoka and Suzuki，1995. 重绘）

鉴别要点 雌虫触须拉氏器大。雄虫后足基跗节纺锤形。茧具背中突。幼虫后颊裂小，拱门状。

形态概述

雌虫 体长 2.3~2.5mm。额和唇基棕黑色，密被黄白色毛和少量棕色毛。触须拉氏器大，长约为节Ⅲ的 1/2。中胸盾片暗棕色，被黄白色毛，具 3 条暗色纵纹。小盾片淡棕色，具黄白色细毛和棕色长竖毛，后盾片光裸。下侧片具棕色毛。足为暗棕色；黄色部分包括前足基节、后足转节、各足股节基部 3/4，前足胫节基部 3/4，中足、后足胫节基部 1/2，中足基跗节基部 1/3，后足基跗节基部 2/3 和跗节 2 基部。后足基跗节两边平行，跗突发达，伸达跗节Ⅱ的 1/2，跗沟发育良好。爪具大基齿。径脉基毛丛棕色。腹部背板除节Ⅱ外余一致为暗棕色，被黄白色毛，节Ⅵ ~ Ⅷ背板闪光。生殖板亚三角形，生殖叉突后臂无外侧突。受精囊椭圆形。

雄虫 根据 Takaoka（1984）的原描述：上眼面具 16 横排和纵列；唇基具淡色毛；触角 2+9 节，鞭节Ⅰ的长约为宽的 1.5 倍；拉氏器的长约为宽的 1.6 倍。中胸盾片暗棕色，被淡色毛，下侧片具毛。后足基跗节膨大，呈纺锤状。

蛹 体长约 3.0mm。头、胸部中度散布疣突。头毛 4 对，胸毛 5 对，均为细单支，呼吸丝排列成 3+3+2，约与蛹体等长，下对丝茎约等于或略短于上、中丝组的二级茎的分叉点。腹部钩刺正常。茧拖鞋状，致密，前缘加厚并具发达的背中突和前侧突。

幼虫 体长 5.5~6.0mm。头斑阳性，触角长于头扇柄，头扇毛 44 支。上颚无附齿列。亚颏中齿、角齿中度发达，侧缘毛各 5~7 支。后颊裂小，拱门状，长约为后颊桥的 2/3。胸部光裸，后腹背侧部具简单刺毛。肛鳃每叶分 7~9 个小叶。肛骨前臂、后臂约等长。后环 88 排，每排约具 12 个钩刺。腹乳突发达。

生态习性 幼虫和蛹采自海拔 1700m 的高山溪流中。

地理分布 中国：云南；国外：泰国。

分类讨论 因他绳蚋雄虫后足基跗节膨大和蛹茧具发达的背中突，这一合并特征近似于日本的［*S.*（*G.*）*ogatai*］和中国的［*S.*（*G.*）*fanjingshanense*］与［*S.*（*G.*）*synanceium*］，但是本种幼虫后颊裂特别小，可与上述近缘种相区别。

尖峰绳蚋 *Simulium*（*Gomphostilbia*）*jianfenegense* An and Long，1995（图 12-53）

Simulium（*Gomphostilbia*）*jianfenegense* An and Long（安继尧，龙芝美），1995. *Chin. J. Vector Bio. and Control*，5（6）：405~409. 模式产地：中国海南（尖峰岭）. An，1996. *Chin. J. Vector Bio. and Control*，7（6）：471. Chen and An（陈汉彬，安继尧），2003. The Blackflies of China：122.

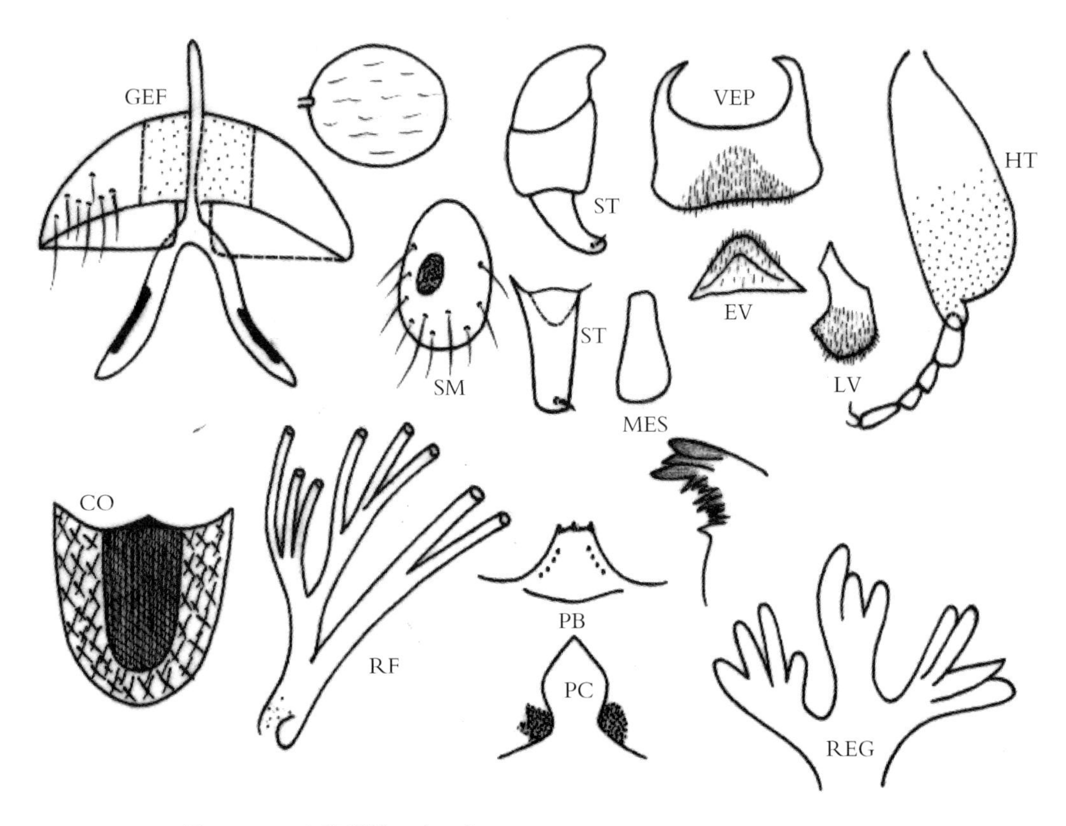

图 12-53 尖峰绳蚋 *S.*（*G.*）*jianfenegense* An and Long，1995

鉴别要点 雌虫上颚具外齿 31 枚，无内齿。雄虫后足基跗节末端膨大，阳基侧突每侧具 5 个大刺。蛹下对呼吸丝茎短。幼虫后颊裂桃形，肛鳃每叶分 3~4 小叶。

形态概述

雌虫 体长约 2.5mm。触角柄节和梗节棕色，鞭节棕黑色。额黑色，被黄白色毛。触须拉氏器长约占节Ⅲ的 1/3。上颚具外齿 31 枚，无内齿；下颚具外齿 11 枚，内齿 11 枚。中胸盾片和小盾片黑色，覆棕黄色毛，中胸下侧片具棕黄色毛。平衡棒柄黑色，结节黄色。足大部为棕黑色；棕黄色部分包括前足基、转节、股节基部和胫节基部 2/3，中足转节、股节基部 1/3 和胫节基部 1/2，后足转节、股节、胫节基部 1/2 和跗节Ⅰ基部 2/3。后足基跗节窄，两边平行。

跗突和跗沟发达。爪具大基齿。腹节背面黑色，腹面棕黑色。生殖板三角形，生殖叉突后臂无突起。受精囊近圆形。

雄虫 体长约 3.4mm。上眼面 15 横排。唇基黑色，被白色毛。触须拉氏器小，长约为节Ⅲ的 3/17。中胸盾片黑色，被黄色毛。小盾片被棕黄色毛和黑色缘毛，下侧片具稀疏棕黄色毛。后足基跗节后部膨大，长约为最大宽度的 3 倍，跗突发达，伸达跗节Ⅱ基部的 1/3。腹节Ⅴ～Ⅶ背面有银白色斑。生殖肢基节长大于宽，生殖肢端节弯锥形，生殖腹板横宽，矩形，宽约为高的 2 倍；中骨上窄下宽，端部平齐；阳基侧突每侧具 5 个大刺。

蛹 体长 3.0mm，呼吸丝排列成 3+3+2，最长者与蛹体约等长，下对丝茎约与中丝组二级茎的终点持平，上丝组 3 条丝几乎在同一位点上发出。茧拖鞋状，前缘加厚，中央略凸，但不形成背中突，前部下面有小孔窗。

幼虫 体长约 5.0mm，棕黄色，额具暗斑，触角长约为头扇柄的 1.4 倍。头扇毛 31 支。上颚缘齿 2 枚，一大一小，无附齿列。亚颏中齿突出，角齿次之，侧缘毛每边 4 支。后颊裂呈桃形，长约为后颊桥的 3.5 倍。肛骨前臂、后臂约相等。肛鳃每叶分 3~4 个小叶。后环 70 排，每排具 3~10 个钩刺。

生态习性 幼虫和蛹孳生于山地林区溪流中的枯枝落叶或水草茎叶上，海拔 500~950m。

地理分布 中国海南。

分类讨论 海南绳蚋与后宽绳蚋［*S.*（*G.*）*metatarsale*］近似，两者的主要区别是两者雌虫生殖叉突的形态，雄虫中骨的形状，阳基侧突大刺的数目均有明显差异。此外，两者蛹呼吸丝的排列方式和幼虫肛鳃小叶数目也有明显差异。

崂山绳蚋 *Simulium*（*Gomphostilbia*）*laoshanstum* Ren，An and Kang，1998（图 12-54）

Simulium（*Gomphostilbia*）*laoshanstum* Ren，An and Kang（任兵，安继尧，康增佐），1998. *Chin. J. Vector Bio. and Control*，9（1）：32~35. 模式产地：中国山东（青岛）.

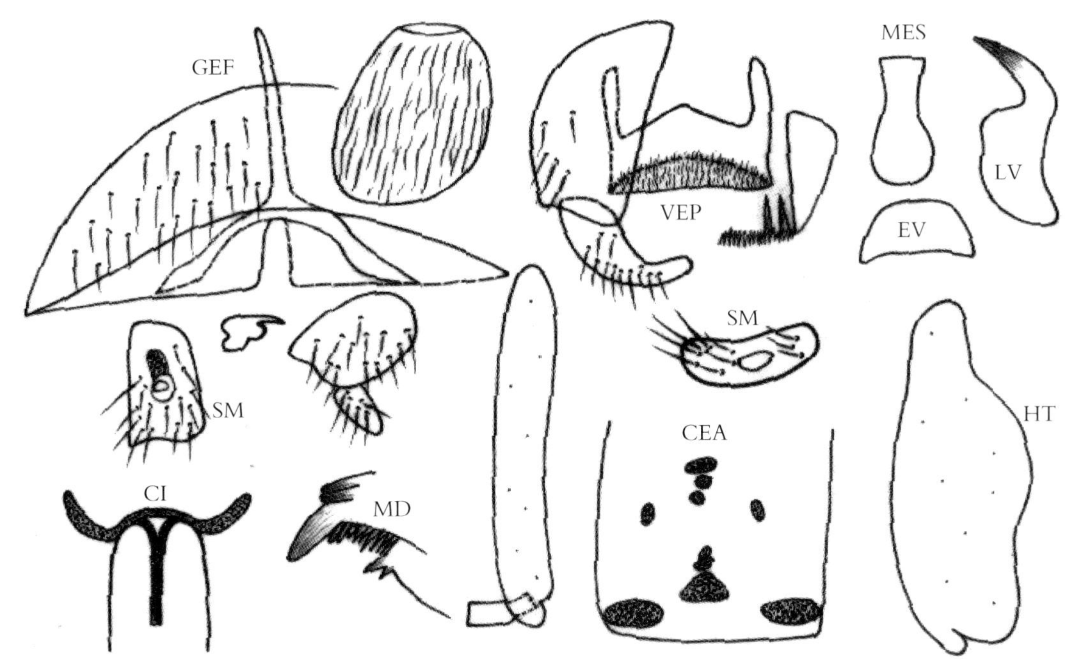

图 12-54 崂山绳蚋 *S.*（*G.*）*laoshanstum* Ren，An and Kang，1998

鉴别要点 雌虫生殖叉突后臂无内突、外突。雄虫后足基跗节膨胀，生殖腹板前缘呈三角形突出。蛹茧简单。幼虫后颊裂桃形。

形态概述

雌虫 体长约 3.0mm。触角柄节、梗节红棕色，鞭节黑色。触须拉氏器长约为节Ⅲ的 2/5。下颚具内齿 11 枚，外齿 7 枚。中胸盾片黑色，密覆黄色毛，中央具 1 条黑色纵纹，中侧具 1 对黑色短纵纹。小盾片黑色，具褐色长毛。翅径脉基段具毛。中胸下侧片密生黄色小毛。前足基、转节、股节后面和侧面为棕黄色，胫节基 3/4 为白色，余部为黑色；中足转节，股节基 1/2 和末端为棕黄色，胫节基 3/4 和跗节Ⅰ基 3/4 为黄白色，余部为黑色；后足胫节、跗节Ⅰ基部 3/4 为黄白色，余部为黑色或棕黑色。跗突发达。爪具大基齿。腹部黑色，腹节Ⅴ～Ⅶ背板闪光。生殖板三角形。生殖叉突后臂无内突、外突。受精囊椭圆形。

雄虫 体长约 3.0mm。触角 11 节，密被白色短毛。触须拉氏器长约为节Ⅲ的 1/4。中胸盾片黑色，密覆黄色毛。小盾片黑色，具黑色长毛。中胸下侧片覆黄色毛。翅同雌虫。前足基、转节、股节为棕黄色，胫节基部后面和侧面 3/4 为白色，余部为黑色；中足转节基部 1/2，股节基部 3/4 为棕黄色，胫节基部 1/2 和跗节Ⅰ基部 1/2 为黄白色，余部为黑色；后足转节，股节基部 1/2，胫节基部 1/2 和基跗节基部 2/3 为棕黄色，余部为黑色。腹部黑色。生殖肢基节长于生殖肢端节。生殖腹板横宽，约为高的 1.8 倍，前缘具角状中突，后缘稍凹，端侧角略突出。中骨灯泡状。阳基侧突每边具 2 个大刺和众多小刺。

蛹 体长约 3.0mm。呼吸丝 8 条，排列成 3+3+2，下丝组茎略长于中丝组的初级茎和二级茎之和，上丝组几乎在同一位点上发出。茧拖鞋状，编织较紧密。

幼虫 体长约 5.0mm。额斑阳性，触角长于头扇柄，头扇毛 42 支。亚颏中齿、角齿发达。侧缘毛每边 3~4 支。后颊裂呈桃形，基部收缩，长约为后颊桥的 2 倍。肛骨后臂略长于前臂。肛鳃每叶具 5~8 个附叶。后环约 67 排，每排具 11~13 个钩刺。

生态习性 幼期孳生于山溪流水中，海拔 45m，流速 0.3m/s。

地理分布 中国山东。

分类讨论 崂山绳蚋雌虫后足股节色全暗，虽然这一特征与黑股绳蚋［*S.*（*G.*）*nigrofemoralum*］及杜氏绳蚋［*S.*（*G.*）*dudgeoni*］近似，但是本种与后 2 种雄虫尾器形态迥异，所以不难鉴别。

孟氏绳蚋 *Simulium*（*Gomphostilbia*）*mengi* Chen，Zhang and Wen，2000（图 12-55）

Simulium（*Gomphostilbia*）*mengi* Chen，Zhang and Wen（陈汉彬，张春林，温小军），2000. *Entomoligia Sin.*，7（1）：21~28. 模式产地：中国贵州（梵净山）. Chen and An（陈汉彬，安继尧），2003. The Blackflies of China：125.

鉴别要点 雌虫拉氏器小，生殖叉突后臂无突起。雄虫后足基跗节后部膨大。茧无背中突。幼虫肛鳃每叶分 11~13 个小叶。

形态概述

雌虫 体长约 2.5mm。触角鞭节Ⅰ的长约为鞭节Ⅱ的 1.7 倍。触须拉氏器小，约占节Ⅲ长的 1/4。下颚具 7 枚内齿，10 枚外齿；上颚具 13 枚内齿，无外齿。食窦光滑。中胸盾片棕黑色，被黄白色毛。下侧片具毛。足为棕黑色；黄色部分包括前足基、转节、股节基部 3/4 和胫节基部 2/3，中足转节基部 1/2、股节基部 3/4、胫节基部 2/5、基跗节基部 1/2 和跗节Ⅱ基部 1/4，后足股节基部 2/5、胫节基部 3/4、基跗节基部和跗节Ⅱ基部 1/3。后足基跗节细，两边平行。爪具大基齿。腹部背板除节Ⅱ外余一致为棕黑色，被黄白色毛。腹节Ⅷ腹板两侧各具约 40 支长毛。生殖板亚三角形，内缘直而宽分离；生殖叉突后臂直向后外伸，后半部骨化，无侧突和内突。受精囊椭圆形，无网纹。

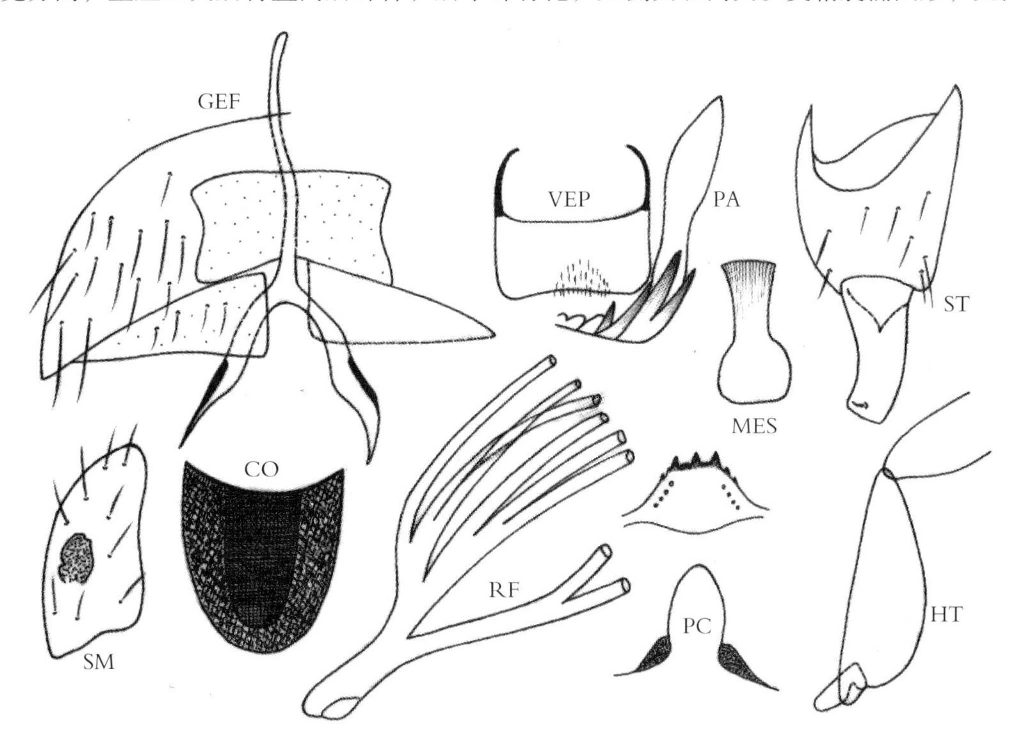

图 12-55 孟氏绳蚋 *S.*（*G.*）*mengi* Chen，Zhang and Wen，2000

雄虫 上眼面具 8 横排，9 纵列。额和唇基具淡色毛。触角柄节、梗节和鞭节Ⅰ为淡黄色，其余为淡棕色，鞭节Ⅰ长约为鞭节Ⅱ的 1.7 倍。触须拉氏器小，长为节Ⅲ的 1/6。胸、腹部似雌虫。生殖肢基节约为端节长的 1.3 倍，生殖肢端节圆筒形；生殖腹板横宽，后缘中部略凹，侧缘平行，前缘近乎平直；中骨灯泡状；阳基侧突每侧具 3 个大刺和若干小刺。

蛹 体长约 2.8mm，淡黄色。头、胸部散布盘状疣突。头毛 4 对，胸毛 6 对，均细单支。呼吸丝 8 条，略长于蛹体，排列成 3+3+2；下对丝较上、中组丝细长，下对丝茎约等于中组丝的初级茎和二级茎长度之和，上组丝长茎约为中组丝茎的 1/2。腹部钩刺正常，端钩发达。茧拖鞋状，编织疏松，前缘略加厚，无背中突。

幼虫 体长 5.0~5.5mm。头斑阳性。触角长于头扇柄，头扇毛 38 支。上颚无附齿列。亚颏中齿、角齿发达，侧缘齿不发达，侧缘毛每侧 4~5 支。后颊裂深，亚卵圆形，约为后颊桥长的 3 倍。腹节 6~9 背侧面具暗色单刺毛。肛鳃每叶分 11~13 个小叶。肛板前臂、后臂约等长。后环 70 排，每排具 12~14 个钩刺。腹乳突发达。

生态习性 幼虫和蛹孳生于山地林区小溪中的水草茎叶和枯枝落叶上，海拔 600m。

地理分布 中国贵州。

分类讨论 孟氏绳蚋雄虫后足膨大，茧无背中突，这一特征近似于日本的 *S.*（*G.*）*tokarense*、*S.*（*G.*）*okinawense* 和斯里兰卡的 *S.*（*G.*）*ela*。但是本种肛鳃复杂，拉氏器特小，雄虫上眼面横排数少以及两性尾器的某些特征，可与上述近缘种相区别。

后宽绳蚋 *Simulium*（*Gomphostilbia*）*metatarsale* Brunetti，1911（图 12–56）

Simulium metatarsale Brunetti，1911. *Rec. Ind. Mus.*，4（25）：284~285.　模式产地：印度（West Bengal，Siknim）；Edwards，1934. *Arch. Hydrobiol.*，13：119~129.

Simulium（*Gomphostilbia*）*metatarsale* Brunetti，1911. *J. Nat. Hist.*，1：38；Datta，1973. *Orient. Ins.*，7：382；*Takaoka*，1979. *Pacif. Ins.*，20（4）：384；Xue（薛洪堤），1987. *Acta Zootax Sin.*，12（1）：111；An（安继尧），1996. *Chin. J. Vector Bio. and Control*，7（6）：471；Chen and An（陈汉彬，安继尧），2003. The Blackflies of China：127.

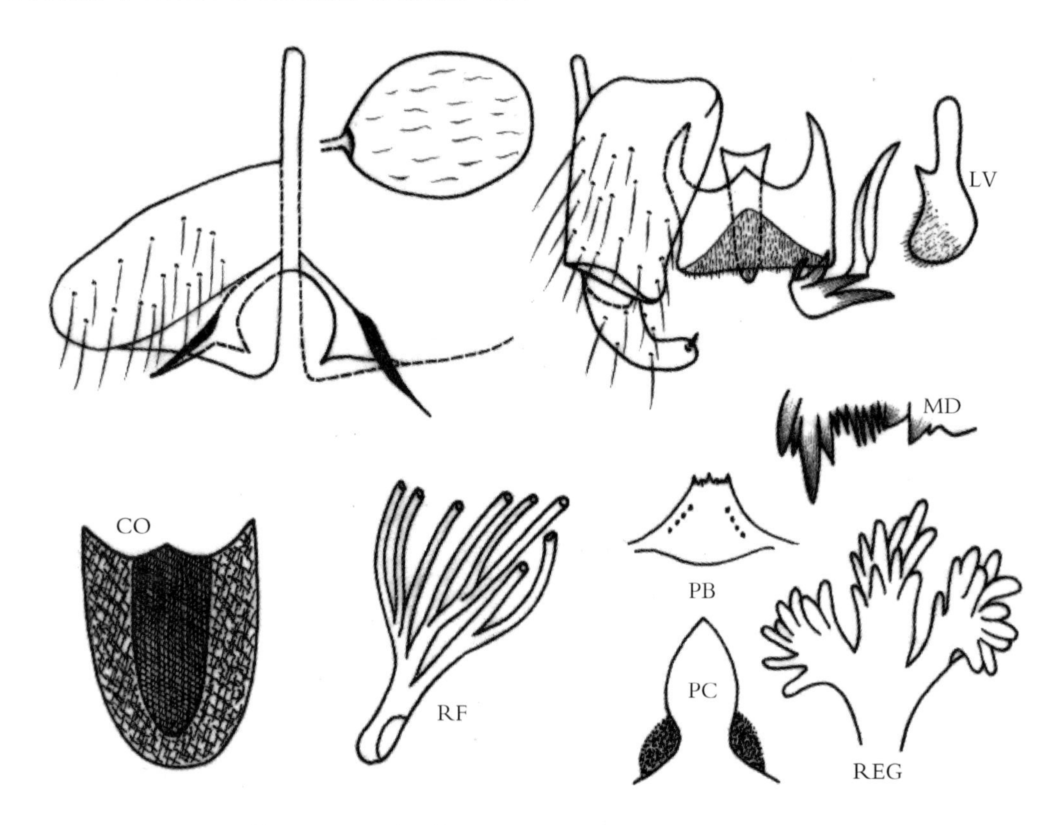

图 12–56　后宽绳蚋 *S.*（*G.*）*metatarsale* Brunetti，1911

鉴别要点　雄虫后足基跗节膨大。茧无明显的背中突。幼虫后颊裂深，肛鳃每叶分 10~11 个次生小叶。

形态概述

雌虫　体长 2.4~2.6mm。额和唇基棕黑色，被黄白色毛。触角柄节、梗节和鞭节Ⅰ基部 1/2 为黄色，其余为棕黑色。触须拉氏器小型，长约为节Ⅲ的 1/4。下颚具内齿 11 枚，外齿 12 枚；上颚具内齿 28 枚，无外齿。中胸盾片棕黑色，被黄白色毛，具 3 条不明显的暗色纵纹，下侧片具棕色毛。足大部为棕黑色；黄色部分包括前足基节、各足转节、各足股节基部 2/3，中足跗节Ⅰ基部 1/2，后足基跗节基部 3/5 和跗节Ⅱ基部 1/2。后足基跗节窄，两边平行。跗突伸达跗节Ⅱ的 1/2 处。爪具大基齿。翅径脉基具毛，径脉基毛丛黄色。腹部基鳞黄棕色具黄色缘毛。背板棕黑色，被稀疏棕色毛，腹节

Ⅵ ~ Ⅷ闪光。生殖板亚三角形，内缘平行，生殖叉突柄骨化，后臂具骨化前中脊而无外侧突。受精囊椭圆形，具纵纹。

雄虫 体长 2.5~2.9mm。上眼面具 13 横排。触角鞭节Ⅰ的长是鞭节Ⅱ的 2 倍。拉氏器小，近球形。足颜色似雌虫，但前足胫节基部 2/3，中足、后足胫节基部 1/3，中足跗节Ⅰ基部 1/3，后足基跗节基部 2/3 和跗节Ⅱ基部均为黄色。后足基跗节膨大，W∶L=1∶3.5。翅和腹部似雌虫。生殖肢基节长大于宽，生殖肢端节短于基节，弯锥形；生殖腹板横宽，具腹中突，后缘稍凹，被小毛；中骨较宽，基部略扩大；阳基侧突每侧具 3 个大刺和若干小刺。

蛹 体长约 3.0mm，淡黄色。头、胸部中度覆以盘状疣突。头毛 4 对，胸毛 5 对，均为长单支。呼吸丝 8 条，明显长于蛹体，排列成 3+3+2，根据长度自下而上递减，下对丝茎短于中丝组的初级茎和二级茎之和，上丝组 3 条丝几乎同时从其短茎发出。腹部刺钩正常，端钩亚三角形。茧拖鞋状，编织中度致密，前缘中部稍隆起但无背中突。

幼虫 体长 5.0~5.5mm。头斑阳性。触角长约为头扇柄的 1.1 倍，头扇毛 37 支。上颚第 1 疏齿粗壮，缘齿无附齿列。亚颏中齿、角齿中度发达。侧缘毛每侧 4~5 支。后颊裂较深，箭形，基部收缩，长为后颊桥的 3~4 倍。后腹部背侧具散在暗色单刺毛。肛鳃每叶分 10~11 个次生小叶。肛板前臂、后臂约等长。后环 84 排，每排约 12 个钩刺。腹乳突发达。

生态习性 幼虫和蛹孳生于各种流动水体中的水草和枯枝落叶上。雌虫吸血，刺叮骚扰较严重。

地理分布 中国：浙江，江西，台湾，福建，广东，海南，广西，贵州，云南；国外：印度，印度尼西亚，马来西亚。

分类讨论 后宽绳蚋最早由 Brunetti（1911）根据采自印度的单个雄虫而命名。Edwards（1934）根据爪哇标本对其雌虫、蛹和幼虫进行补描述。Takaoka（1979）根据中国台湾标本再次进行了描述。根据本种雌爪具大基齿，雄虫生殖腹板横宽，蛹具 8 条丝，排列成 3+3+2，应隶属于膨跗蚋组（*seylonicum* group）。

本种雄虫后足基跗节膨胀，茧无背中突，这一特征与尖峰绳蚋、孟氏绳蚋和印度尼西亚的 *S.*（*G.*）*gyorkosae* 以及斯里兰卡的 *S.*（*G.*）*ela* 相似。但是它们间亦有区别，本种与尖峰绳蚋、孟氏绳蚋的区别已列入"中国绳蚋亚属膨跗蚋组分种检索表"，本种与 *S.*（*G.*）*gyorkosae*、*S.*（*G.*）*ela* 的主要区别是幼虫肛鳃复杂，每叶分 10~11 个附叶。

苗岭绳蚋 *Simulinm*（*Gomphostilbia*）*miaolingense* Wen and Chen，2000（图 12–57）

Simulinm（*Gomphostilbia*）*miaolingense* Wen and Chen（温小军，陈汉彬），2000. *Guizhou Science*，18（1~2）：112~115. 模式产地：中国贵州（雷公山）；Chen and An（陈汉彬，安继尧），2003. The Blackflies of China：129.

鉴别要点 雌虫生殖叉突后臂具角状外侧突。雄虫后足基跗节膨大，生殖腹板端半收缩，后缘中部内凹，侧缘具角状基侧突，中骨短宽。蛹呼吸丝下对丝茎短，端钩不发达。幼虫后颊裂箭形，肛鳃每叶分 11~13 小叶。

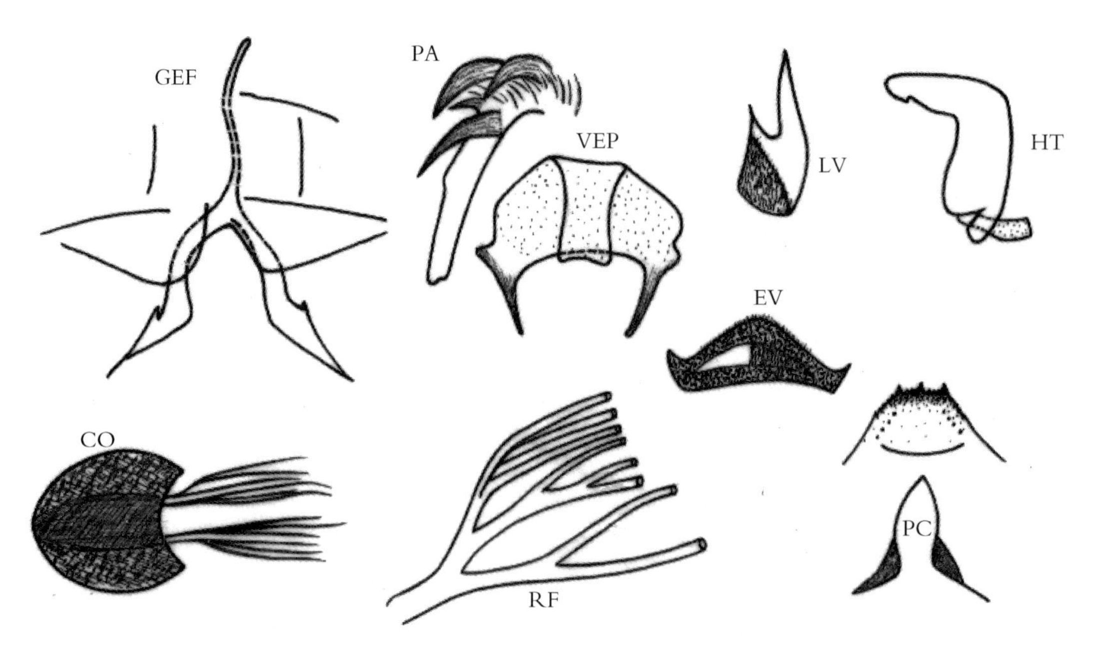

图 12–57 苗岭绳蚋 *S.*（*G.*）***miaolingense*** Wen and Chen，2000

形态概述

雌虫 触角柄节、梗节淡黄色，鞭节棕黑色。触须拉氏器约占节Ⅲ的 1/4。下颚具内齿 10 枚，外齿 13 枚；上颚具内齿 8 枚，外齿 10 枚。食窦光裸。中胸盾片被黄白色毛，下侧片具毛。足为暗棕色；淡黄色部分包括前足基、转节、股节基部 3/4 和胫节基部 2/3，中足转节、股节基部 3/4、胫节基部 3/5 和跗节Ⅰ，后足股节基部 3/5、胫节基部 3/4、跗节Ⅰ和跗节Ⅱ基部 1/3。后足基跗节细，两边平行。跗突发达，伸达跗节Ⅱ基部的 2/3 处。爪具大基齿。腹部基鳞具淡棕色长缘毛。腹节Ⅷ腹板每侧具约 30 支长毛，生殖板亚三角形，内缘分离，后臂端半膨大外展成犁状，具小的角状外侧突。

雄虫 体长约 2.4mm。上眼面具 9 横排。触角同雌虫。触须拉氏器小，约为节Ⅲ长的 1/6。胸、腹部似雌虫。后足基跗节后部膨胀，W∶L=1∶3.1。跗节发达，伸达跗节的 2/3 处。生殖肢基节长约为宽的 1.5 倍，稍长于端节，生殖肢端节末端变尖。生殖腹板横宽，端半收缩，后缘中凹，侧缘具显著的角状基突；中骨短宽，板状，两端扩大；阳基侧突每侧具 3 个大刺和若干小刺。

蛹 体长约 2.8mm。头、胸部散布大小不一的盘状疣突，后胸散布角状疣突。头毛 4 对，胸毛 6 对，均细单支。呼吸丝略短于蛹体，排列成 3+3+2；下对丝明显较粗长，下对丝茎短于中丝组的初级茎和二级茎之和；上组丝茎短，约为中组丝茎长的 2/3。腹部刺钩正常，端钩不发达。茧拖鞋状，编织疏松，前缘略加厚，前侧角中度发达，无背中突。

幼虫 体长 4.5~5.0mm，淡黄色。头斑阳性。触角长于头扇柄。头扇毛 36 支。上颚锯齿 2 枚，无附齿列。亚颏中齿、角齿突出，侧缘毛每侧 4~5 支。后颊裂窄而深，箭形，长约为后颊桥的 4 倍。后腹节背侧面散布暗色单刺毛。肛鳃每叶分 5~6 个小叶。肛板前臂、后臂约等长。后环 80 排，每排具 11~13 个小钩。腹乳突发达。

生态习性 幼虫和蛹孳生于山溪急流中的水草上，海拔 1200m。

地理分布 中国贵州。

分类讨论 苗岭绳蚋具有雄虫后跗节后部膨大，茧无背中突这一合并特征。其近缘种已在梵净山绳蚋“分类讨论”项下讨论。本种以其两性尾器的特殊构造，可与其相应近缘种包括梵净山绳蚋相区别。

凭祥绳蚋 *Simulium*（*Gomphostilbia*）*pingxiangense* An，Hao and Mai，1990（图 12-58）

Simulium（*Gomphostilbia*）*pingxiangense* An，Hao and Mai（安继尧，郝宝善，麦振全），1990. *Contr. Blood-sucking. Dipt. Ins.*，2：100~102. 模式产地：中国广西（凭祥）. Crosskey，Wang and Deng，1996. *J. Nat. Hist.*，30：415；An，1996. *Chin. J. Vector Bio. and Control*，7（6）：471；Chen and An（陈汉彬，安继尧），2003. The Blackflies of China：132.

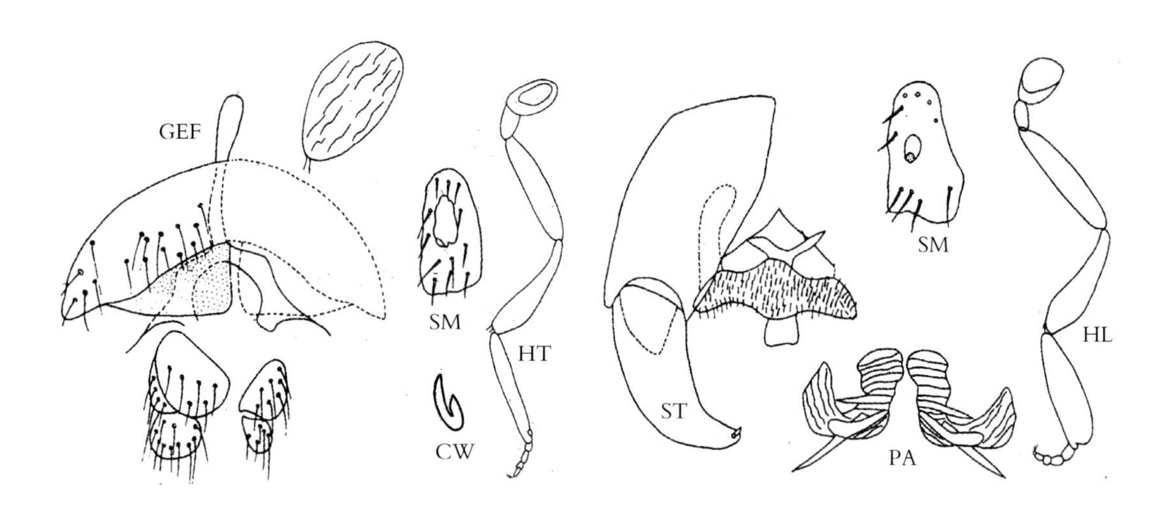

图 12-58 凭祥绳蚋 *S.*（*G.*）*pingxiangense* An，Hao and Mai（仿安继尧等，1990. 重绘）

鉴别要点 雄虫触角柄节、梗节暗棕色，鞭节棕黄色；生殖腹板后缘两侧凹陷，中央呈圆形突出，前缘呈三角形突出；中骨基部分叉。雌虫生殖叉突后臂具内突。

形态概述

雌虫 体长 3.1mm。额和颜棕黑色，被黄白色毛。触角柄节、梗节黑色，鞭节棕色。触须拉氏器长约为节Ⅲ的 2/5。下颚具内齿 10~12 枚，外齿 13 枚；上颚具内齿 22 枚，无外齿。中胸盾片和小盾片棕黑色，被黄白色毛，中胸下侧片分布稀疏黄色。前足基、转节、股节两端和胫节基部 2/3 为棕黄色，其余为棕黑色；中足转节、股节基部 1/3，胫节基部 2/3 和跗节Ⅰ基部 1/2 均为棕黄色，其余为棕黑色；后足转节、股节基部 1/4、胫节基部 2/3 和跗节Ⅰ基部 3/4 均为棕黄色，其余为棕黑色。后足基跗节两边平行。跗突和跗沟发育良好。爪有基齿。平衡棒黄白色。腹部棕黑色，节Ⅵ~Ⅷ闪黑色光。生殖板亚三角形，生殖叉突主干骨化，粗壮，后臂膨大外展，具乳头状内突，无外突。受精囊椭圆形。

雄虫 体长约 3.0mm。触角柄节、梗节暗棕色，鞭节棕黄色。上眼面具 13 横排。唇基黑色，疏被黑色毛。触须拉氏器小，长约为节Ⅲ的 1/5。中胸盾片黑色，密被黄色毛，下侧片具黄色毛。前足颜色似雌虫。中足转节、股节基部 1/3、胫节基部 2/3 和跗节Ⅰ基部 3/4 黄色，其余棕黑色。后足转节、股节基部 1/5、胫节基部 1/3 和跗节Ⅰ基部 1/2 为黄色，其余为棕黑色。平衡棒黄色。腹节Ⅵ~Ⅷ背板闪黑色光。生殖肢基节宽大于长，生殖肢端节弯锥状。生殖腹板横宽，后缘两侧内凹，中央呈圆形突起，板体前缘呈三角形突；中骨基部分叉；阳基侧突每侧具 3 个大刺和许多小刺。

蛹 不详。

幼虫 不详。

生态习性 不详。

地理分布 中国广西。

分类讨论 尽管凭祥绳蚋的幼虫和蛹尚未发现，但其雄虫生殖腹板和中骨特征相当突出，可与我国已知本亚属其他蚋种相区别。

台东绳蚋 *Simulium*（*Gomphostilbia*）*taitungense* Huang，Takaoka and Aoki，2011（图 12–59）

Simulium（*Gomphostilbia*）*taitungense* Huang，Takaoka and Aoki，2011. *Trop. Biomedicine*，28（3）：577~588. 模式产地：中国台湾（台东）.

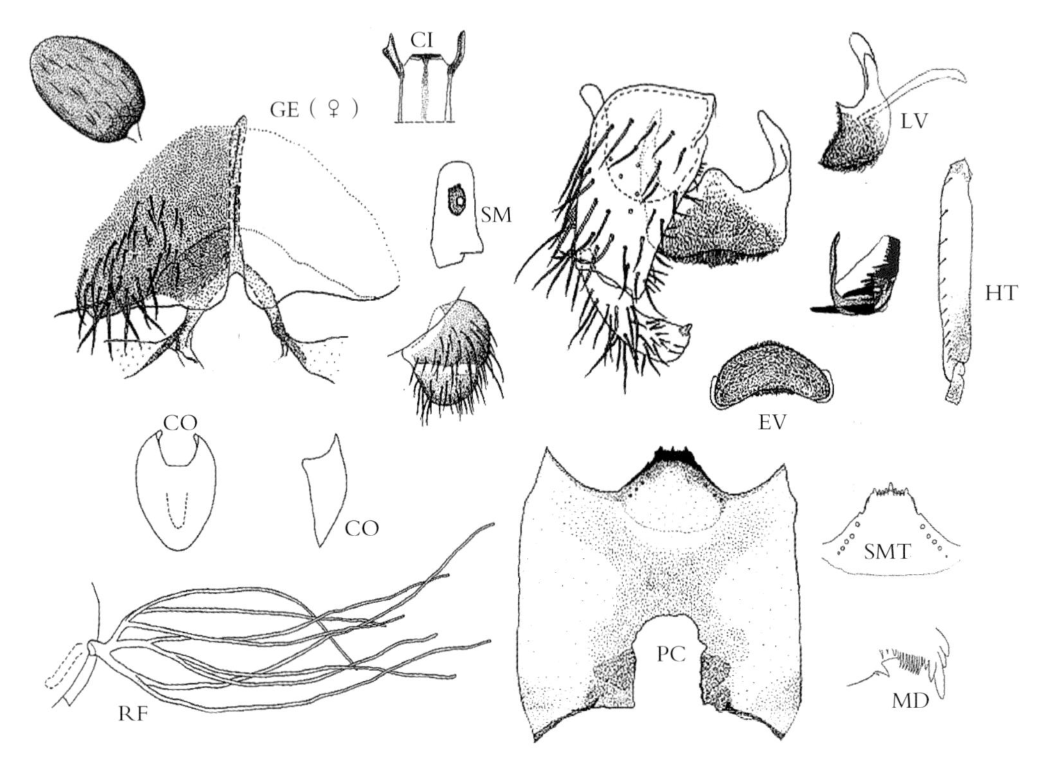

图 12–59 台东绳蚋 *S.*（*G.*）*taitungense* Huang，Takaoka and Aoki
（仿 Huang，Takaoka and Aoki，2011. 重绘）

鉴别要点 雄虫上眼面 15~16 横排，15 纵列，后足基跗节纺锤形。幼虫后颊裂上方具“X”形暗色造型。

形态概述

雌虫 体长 2.0~2.3mm。翅长 2.0mm。额指数为 1.9 : 1.0 :（2.43~2.76）。额头指数为 1.0 :（4.3~4.6）。触须节Ⅲ ~ Ⅴ的节比为 1.00 :（1.14~1.21）:（2.58~2.73）。节Ⅲ膨大，拉氏器长为节Ⅲ的 0.23~0.33。下颚具 11 枚内齿，16 枚外齿；上颚具 24~26 枚内齿和 6~8 枚外齿。食窦光裸，具暗色中纵条。中胸盾片暗黑色，具 3 条纵纹，覆黄白色细毛和棕黑色长毛。中胸侧膜光裸，下侧片具黄白色毛。前足基节黄白色；转节淡棕色而基部为白色；股节基 1/2 为淡棕色，端 1/2 为中棕色；胫节淡棕色至中棕色而基部为黄白色；跗节除基跗节基 1/2 为暗黄色外，余部为暗棕色。后足基节色淡至中棕色；转节黄白色；股节基部黄白色，端部暗棕色，余部色淡至棕黑色。基跗节窄，两侧几乎平行，长约为宽的 5.8 倍。跗突和跗沟发达。翅亚缘毛基 5/6 和径脉基具毛。生殖板短舌状，中后角圆。内缘直，稍骨化。生殖叉突后臂无外突。

雄虫 体长 2.0~2.3mm。上眼面 15 纵列和 15~16 横排。触角鞭节Ⅰ的长为鞭节Ⅱ的 1.72~1.86 倍。触须节Ⅲ ~ Ⅴ的节比为 1.00 ：（1.06~1.28）：（2.49~2.81）。节Ⅲ端宽，拉氏器小而圆，长约为节Ⅲ的 0.16。中胸盾片覆金黄色毛。前足基节黄色；转节暗黄色至淡棕色；股节淡棕色而端部为中棕色；胫节淡棕色而端 1/4 为中棕色，基 3/4 外面为黄色；跗节棕黑色。基跗节膨大，长约为宽的 6.4 倍，形状介于纺锤形和后宽型之间。翅似雌虫，但亚脉缘光裸或少毛。生殖肢端节弯锥状，长约为基节的 0.75。生殖腹板横宽，前缘中部略凹，侧缘中部稍凹，后缘中凹。中骨板状，短宽。阳基侧突每侧具 3 个大刺和若干小刺。

蛹 体长 2.2~2.5mm。头、胸稀布疣突。头毛和胸毛简单。呼吸丝 8 条，长于蛹体，排列呈［（1+2）+（1+2）］+2 或［3+（1+2）］+2。腹对丝茎短于中丝组的初级茎。腹对丝粗且长于背丝组和中丝组的 6 条丝。腹部钩刺分布正常。茧简单，前缘加厚，无背中突。

幼虫 体长 4.3~5.6mm。头斑阳性。触角 1~3 节长度比为 1.11 ：（0.78~0.83）：（0.86~1.00）。头扇毛 33~41 支。亚颏侧缘毛 4~5 支。后颊裂小，拱门状或亚箭形，长为后颊桥的 1.0~1.75 倍，端平或端尖，形态多变，其上方有"X"形暗斑。肛鳃每叶具 5~7 个次生小叶。肛骨前臂、后臂约等长。后环 82~84 排，每排约具 12 个钩刺。

生态习性 幼虫和蛹孳生于山溪中的水草上，海拔 781m。

地理分布 中国台湾（台东）。

分类讨论 本种雄虫后足基跗节介于纺锤形和后宽型之间，但其上眼面大 15~16 横排，15 纵列；生殖腹板侧缘中凹；幼虫头壳腹中区有暗色"X"造型，特征相当突出，故不难与其近缘种相区别。

图讷绳蚋 *Simulium*（*Gomphostilbia*）*tuenense* Takaoka，1979（图 12-60）

Simulium（*Gomphostilbia*）*tuenense* Takaoka，1979. *Pacif. Ins.*，20（4）：365~403. 模式产地：中国台湾（日月潭）. Chen and An（陈汉彬，安继尧），2003. The Blackflies of China：139. Huang，Takaoka and Aoki，2011. *Trop. Biomedicine*，28（3）：577~588.

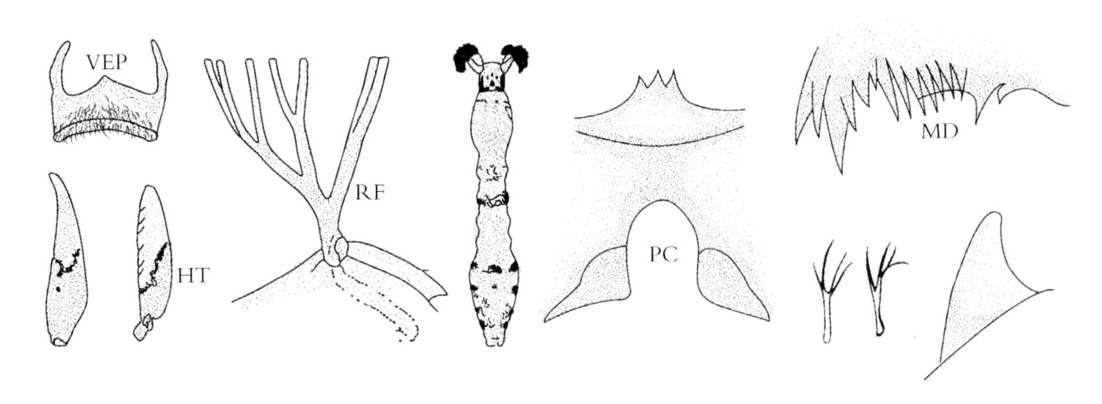

图 12-60 图讷绳蚋 *S.*（*G.*）*tuenense* Takaoka（仿 Takaoka，1979；Huang，Takaoka and Aoki，2011. 重绘）

鉴别要点 雄虫后足基跗节纺锤形，胫节具亚基黑环。幼虫腹节 1、2 具暗灰色带。

形态概述

雌虫 未知。

雄虫 体长 2.3mm。翅长 2.0mm。上眼面 16 纵列和 16 横排。触角鞭节Ⅰ的长约为鞭节Ⅱ的 1.8 倍。

触须节Ⅲ～Ⅴ的节比为 1.00：(1.12~1.16)：2.58，节Ⅲ端宽，拉氏器小，长为节Ⅲ的 0.15~0.16。中胸盾片中棕色。前足基、转节为黄白色；股节中棕色而端 1/4 为淡棕色；胫节淡棕色而端 1/4 为中棕色；跗节棕黑色。基跗节长约为宽的 6.89 倍。中足基节中棕色而后面为棕黑色；转节黄色至淡棕色；股节色淡至中棕色；胫节色淡至中棕色而基 1/4 为黄色；跗节除基跗节基 1/3 为黄色外，余一致为中棕色。后足基节淡棕色；转节黄色；股节中棕色而基 2/5 为黄色，端部为黑色；胫节基 2/5 为黄色，具淡棕色亚基环，端 3/5 为暗棕色；跗节除基跗节基 1/2 和跗节Ⅱ基 1/2 为黄色外，余部为暗棕色。基跗节膨大，接近纺锤形，长约为宽的 4.04 倍。跗突和跗沟发育良好。生殖肢端节长约为基节的 0.8；生殖腹板横宽；基缘中凸；侧缘几乎直。

蛹 胸部密布疣突。胸毛 5 对，其中背毛 3 对，侧毛 2 对，均长单支而端弯。呼吸丝 8 条，其排列方式及腹部钩刺似后宽绳蚋［*S.*（*G.*）*metatarsale*］。

幼虫 体长 4.3~4.5mm。体色淡黄，头斑明显。腹部节 1、节 2、节 6 和节 7 背侧具灰绿色斑，跗节 5 和跗节 6 具红棕色带并通常在色带的亚中部断裂，从而形成暗色中斑和侧斑。触角长于头扇柄，3 节，长度比为 33 ∶ 28 ∶ 30。头扇毛 38 支。上颚和亚颏与后宽绳蚋相似。后颊裂端圆，基部收缩，长约为后颊桥的 2 倍。胸部体壁几乎光裸。腹部背侧面中度覆以暗色叉状毛（分 2~5 支）。肛鳃每叶分 5~8 个指状小叶。肛板后臂长于前臂。后环 80 排，每排约具 12 个钩刺。腹乳突角状。

生态习性 幼虫和蛹孳生于日月潭边小沟渠中（宽 0.3~1.0m）的水草上，水温 13℃。

地理分布 中国台湾（宜兰）。

分类讨论 虽然本种颇似台东绳蚋［*S.*（*G.*）*taitungense*］，但是其生殖板形态迥异，并且蛹呼吸丝排列方式和幼虫腹部色带也有明显的差异，可资鉴别。

武夷山绳蚋 *Simulium*（*Gomphostilbia*）*wuyishanense* Chen and Zhang，2009（图 12-61）

Simulium（*Gomphostilbia*）*wuyishanense* Chen and Zhang（陈汉彬，张建庆），2009. *Acta Parasitol. Med. Entomol. Sin.*，16（2）：101~110. 模式产地：中国福建（武夷山）.

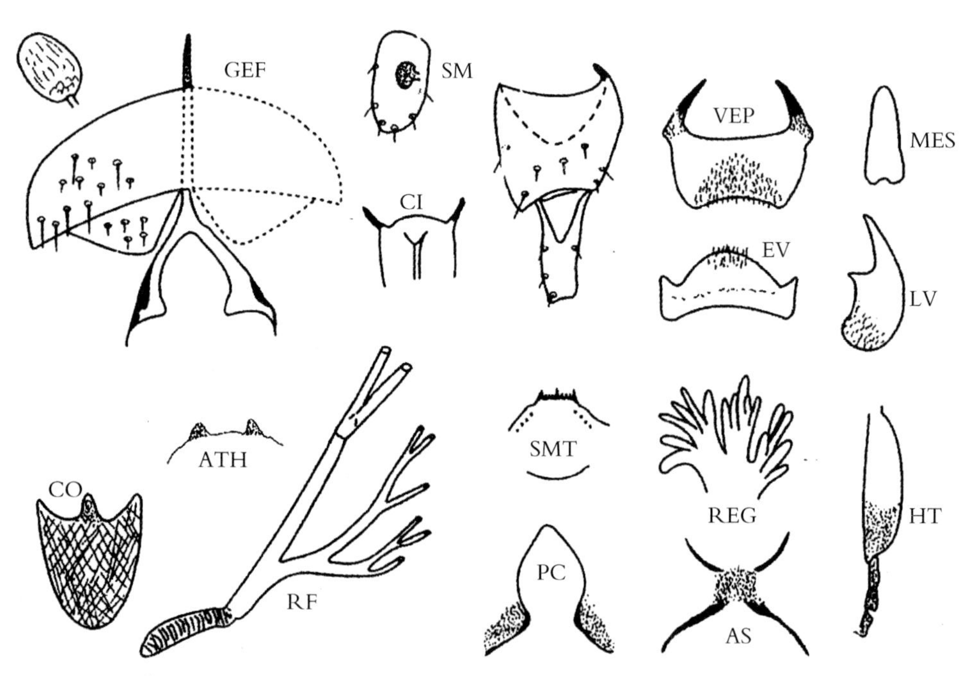

图 12-61 武夷山绳蚋 *S.*（*G.*）*wuyishanense* Chen and Zhang，2009

鉴别要点 雌虫生殖板内缘斜截，后端远离。雄虫后基跗节纺锤形，中骨端部分叉。茧具背中突。

形态概述

雌虫 体长约 2.3mm。翅长约 2.0mm。额指数为 4.5∶2.3∶8.4。额头指数为 4.5∶24.5。触须节Ⅲ～Ⅴ的节比为 3.6∶4.4∶8.9。拉氏器小，长约为节Ⅲ的 0.28。下颚具 14 枚内齿和 12 枚外齿；上颚具 25 枚内齿和 12 枚外齿。食窦泵亚前区具 1 个端部分叉的暗色中纵条。中胸盾片黑色，覆黄白色细毛。中胸侧膜光裸，下侧片具毛。前足基节黄色；转节和股节棕色；胫节基 3/5 黄色，端 2/5 棕色；跗节暗棕色。中足基、转节、股节均为棕色；胫节基 1/3 黄色，端 2/3 棕色；跗节棕色但基跗节基 1/2 为黄色。后足基节棕色；转节黄色；股节棕色但基部为黄色；胫节基 2/5 黄色，端 3/5 棕色；跗节除基跗节基 3/4 和跗节Ⅱ基 1/2 为黄色外，余部为棕色。跗突和跗沟发达。前足基跗节长约为宽的 7 倍。后足基跗节长约为宽的 6.5 倍。各足股、胫节密覆鳞状毛。翅亚缘脉、径脉基具毛。生殖板三角形，内缘从基部向后外斜截，后端远离。生殖叉突后臂无外突，膨大部做梨形外伸。受精囊椭圆形。

雄虫 体长约 2.5mm。翅长 2.2mm。上眼面具 12 横排和 12 纵列。触角鞭节Ⅰ的长约为鞭节Ⅱ的 1.4 倍。触须节Ⅲ不膨大，拉氏器长约为节Ⅲ的 0.22。胸部似雌虫，但前足基跗节较细，长约为宽的 8 倍；后足基跗节膨大，纺锤形，长约为宽的 4 倍；翅亚缘脉光裸。尾器的生殖肢端基节和端节约等长。生殖腹板横宽，基缘和端缘稍凹，侧缘斜截。阳基侧突具 3 个大刺和若干小刺。中骨板状，自基部向端部渐变宽，末端分叉。

蛹 体长约 2.5mm。胸、腹覆疣突。头毛 4 对，胸毛 6 对，均简单。呼吸丝 8 条，排列成 3+2+2；下对丝稍长于蛹体，约为上丝组丝长的 2 倍；下对丝茎长，约与中丝组的二级茎持平。茧编织紧密，具背中突和加厚的前缘。

幼虫 体长约为 4.5mm。体色黄。头斑阳性。触角 3 节，节比为 27∶25∶21。头扇毛 28 支。亚颏侧缘毛 4 支。后颊裂亚箭形，端尖，长为后颊桥的 2.5~3.0 倍。肛鳃每叶具 5~6 个次生小叶。肛骨前臂为后臂的 0.6。后环约 80 排，每排具 10~14 个钩刺。

生态习性 幼虫和蛹孳生于山溪水中的草上，海拔 1528m。

地理分布 中国福建（武夷山）。

分类讨论 本种雄虫后基跗节纺锤形，这一特征近似图讷绳蚋［*S.*（*G.*）*tuenense*］、因他绳蚋［*S.*（*G.*）*inthanonense*］、杜氏绳蚋［*S.*（*G.*）*dudgeoni*］、湖南绳蚋［*S.*（*G.*）*hunanense*］、曲端绳蚋［*S.*（*G.*）*curvastylum*］和台东绳蚋［*S.*（*G.*）*taitungense*］。其间区别见“中国绳蚋亚属膨跗蚋组分种检索表”相关项下。

西藏绳蚋 *Simulium*（*Gomphostilbia*）*xizangense* An，Zhang and Deng，1990（图 12-62）

Simulium（*Gomphostilbia*）*xizangense* An，Zhang and Deng（安继尧，张有植，邓成玉），1990. *Contr. Blood-sucking. Dipt. Ins.*，2：103~109. 模式产地：中国西藏（察隅）. Crossky *et al.*，1996. *J. Nat. Hist.*，30：415；An（安继尧），1996. *Chin J. Vector Bio. and Control*，7（6）：471；Chen and An（陈汉彬，安继尧），2003. The Blackflies of China：140.

鉴别要点 足大部暗色。生殖腹板特宽，约为高的 6 倍，侧缘斜截，端后角尖，后缘中凹，板体骨化部前缘中部呈山峰状凸起。

形态概述

雌虫 不详。

雄虫 体长约2.7mm。上眼面14横排。触角深棕色。触须V节，节比为10∶11∶17∶22∶50，拉氏器小，椭圆形，长约为节Ⅲ的1/4。中胸盾片黑色，被棕黑色软毛，小盾片黑色，被棕黑色毛。中胸下侧片具稀疏深棕色毛。翅径脉基具毛。足除后足跗节Ⅰ基部2/3为棕黄色外，其余部分为棕色或深棕色。跗突和跗沟发达。腹部背面棕黑色。生殖肢基节长于生殖肢端节。生殖腹板特宽，约为高的6倍，板体后缘从两侧面中部逐渐凹陷，后侧角尖，侧缘斜截，板体骨化部后缘中部呈山峰状凸起，基臂端尖，亚平行。中骨楔状。阳基侧突每侧具2个粗大刺和许多小刺。

蛹 不详。

幼虫 不详。

生态习性 不详。

地理分布 中国西藏（察隅）。

分类讨论 虽然西藏绳蚋的雌虫、蛹和幼虫均未发现，但西藏绳蚋的雄虫生殖腹板特殊，这一特征在绳蚋亚属中绝无仅有，易于与其他已知种类相区别。

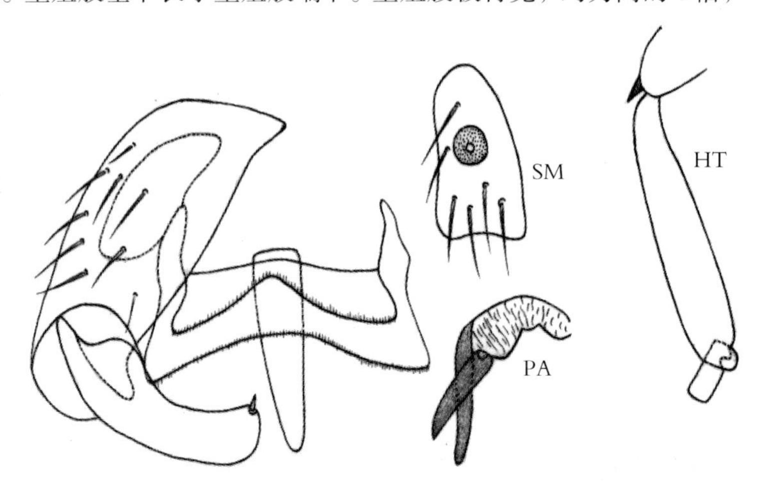

图12-62 西藏绳蚋 *S.*（*G.*）*xizangense* An，Zhang and Deng，1990

云南绳蚋 ***Simulium*（*Gomphostilbia*）*yunnanense*** Chen and Zhang，2004（图12-63）

Simulium（*Gomphostilbia*）*yunnanense* Chen and Zhang（陈汉彬，张春林），2004. *Acta Parasitol. Entomol. Sin.*，11（2）：87~90. 模式产地：中国云南（勐腊）.

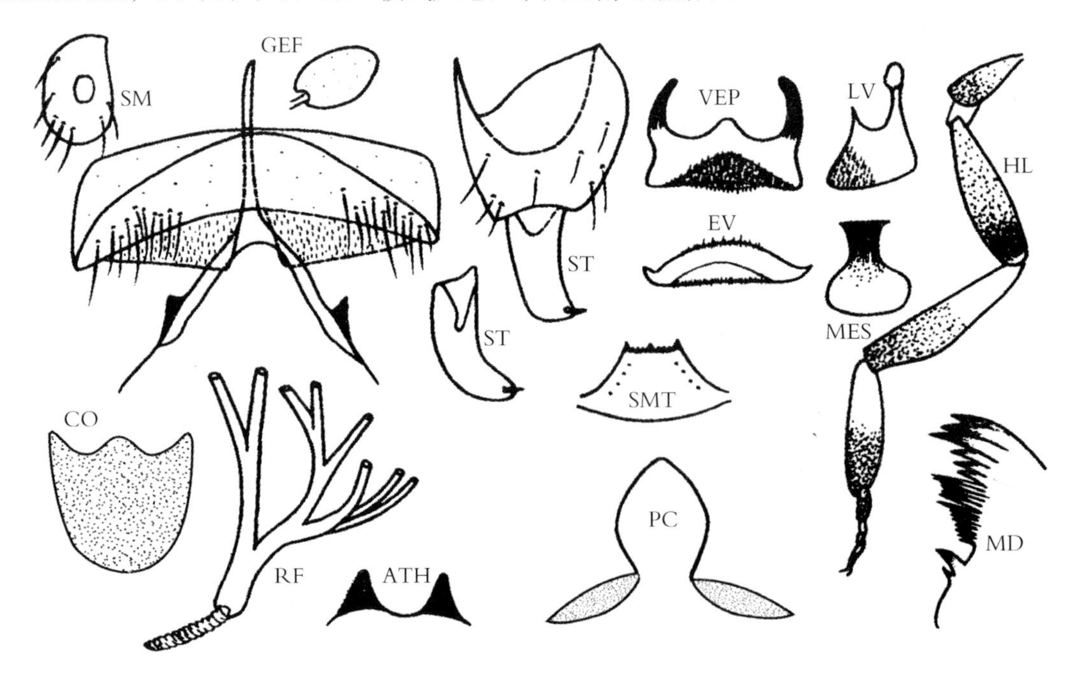

图12-63 云南绳蚋 *S.*（*G.*）*yunnanense* Chen and Zhang，2004

鉴别要点 雌虫各足胫节中大部为黄白色。雄虫生殖腹板基缘具角状中突，两侧缘中凹，后足基跗节纺锤形。茧具背中突。

形态概述

雌虫 体长2.5mm。翅长2.0mm。额指数为1.2：0.9：2.0；额头指数为1.2：6.9。触角鞭节Ⅰ的长约为鞭节Ⅱ的1.5倍，触须节Ⅲ～Ⅴ的节比为3.7：3.5：6.6。节Ⅲ略膨大，拉氏器长约为节Ⅲ的0.3。下颚具11枚内齿和13枚外齿；上颚具28枚内齿，无外齿。食窦光裸。中胸盾片棕黑色，覆金黄色毛，具3条暗色纵纹。中胸侧膜光裸，下侧片具毛。各足基节棕色。前、中股节基3/4为黄白色，端1/4棕色；后足股节基3/5黄色，端2/5棕色；各足胫节中大部为黄白色；各足跗节除中足基跗节基1/2、后足基跗节基2/3和跗节Ⅱ基2/5为黄色外，余部为棕黑色。爪具大基齿。翅亚缘脉和径脉基具毛。生殖板短三角形，生殖叉突后臂具外突。

雄虫 体长2.5mm。翅长1.8mm。上眼面10纵列，14横排。触角鞭节Ⅰ的长约为鞭节Ⅱ的1.6倍。触须拉氏器长约为节Ⅲ的0.16。胸部似雌虫。各足基、转节除中足、后足基节为棕色外，余部为黄色；各足股节除中足、后足股节基部为黄色外，余部为棕色；各足胫节中大部为黄白色。各足跗节除中足基跗节基1/3、后足基跗节基1/2和跗节Ⅱ基2/5为黄色外，余部为棕色。各足股、胫节具鳞状毛。前足基跗节长约为宽的7倍。后足基跗节纺锤形，长约为宽的4.3倍。跗突和跗沟发达。翅亚缘脉光裸，径脉基具毛。生殖肢端节略短于基节。生殖腹板横宽，基缘具角状中突，侧缘中凹。中骨烧瓶状。阳基侧突每侧具4个大刺和若干小刺。

蛹 体长约2.2mm。头、胸稀布疣突。头毛4对，胸毛8对，均简单。呼吸丝8条，排列成3+3+2，稍长于蛹体。下对丝茎粗，长约与中丝组的二级茎持平。腹部钩刺分布正常。茧前缘加厚，具背中突。

幼虫 体长4.0~5.0mm。体色黄。后腹具色带。触角3节的节比为5.1：3.7：5.3。头扇毛26~28支。亚颏侧缘毛4支。后颊裂较深，箭形，端尖，长为后颊桥的3.5~4.0倍。肛鳃每叶具8~12个次生小叶。肛骨前臂、后臂约等长。后环82排，每排具12~14个钩刺。

生态习性 幼虫和蛹孳生于小溪中的水生植物上，海拔700m。

地理分布 中国云南（勐腊）。

分类讨论 本种主要特征是各足胫节中大部为黄白色，雄虫后足基跗节纺锤形；生殖腹板形状特殊；茧具发达的背中突；幼虫后颊裂大型等，不难与其近缘种相区别。

察隅绳蚋 *Simulium*（*Gomphostilbia*）*zayuense* An，Zhang and Deng，1990（图12-64）

Simulium（*Gomphostilbia*）*zayuense* An、Zhang and Deng（安继尧，张有植，邓成玉），1993. *Contr. Blood-sucking. Dipt. Ins.*，2：103~109. 模式产地：中国西藏（察隅）. Deng and Chen（邓成玉，陈汉彬），1993. *Sichuan J. Zool.*，12（2）：31；Crosskey *et al.*，1996. *J. Nat. Hist.*，30：415；An，1996. *Chin J. Vector Bio.and Control*，7（6）：471；Chen and An（陈汉彬，安继尧），2003. The Blackflies of China：141.

鉴别要点 雌虫中胸盾片和腹背密被黑色毛；生殖叉突后臂膨大部内弯。雄虫生殖腹板后侧角圆钝，侧缘中凹。蛹头、胸部无疣突；呼吸丝总柄基部外侧具大的透明突。幼虫后颊裂壶状，伸达亚颏后缘，腹部被树状毛。

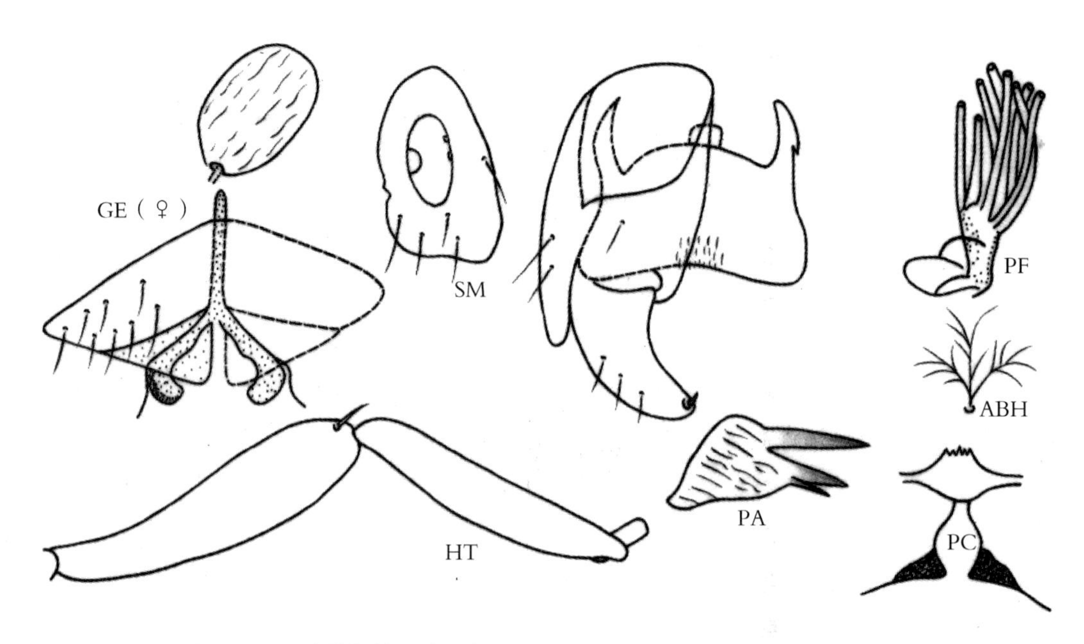

图 12-64　察隅绳蚋 ***S.*（*G.*）*zayuense*** An，Zhang and Deng，1990

形态概述

雌虫　体长约 2.7mm。头如胸宽。触角棕黑色。触须拉氏器约为节Ⅲ长的 1/2。中胸盾片黑色，被同色毛。下侧片具棕黑色毛。翅径脉基段有毛。平衡棒棕黄色。足大部为棕黑色；黄色部分包括前足基、转节、股节基部 2/3、胫节中部 1/3，中足转节和股节基部 2/3，后足转节、股节基部 2/3，胫节中部 1/3 和跗节Ⅰ基部 2/3。爪具大基齿。腹部背面棕黑色，被黑色毛。生殖板亚三角形。生殖叉突后臂膨大部内弯，外缘骨化并形成游离的骨化带。

雄虫　体长约 2.8mm。上眼面具 14 横排。触角深棕色。触须拉氏器小，椭圆形，长约为节Ⅲ的 1/4.5。中胸盾片黑色，被棕黑色软毛，下侧片具稀疏棕黑色毛。翅径脉基具毛。平衡棒棕黄色。足的颜色同雌虫。腹部背面棕黑色，被同色毛。生殖肢基节长约为端节的 1.5 倍，生殖肢端节呈弯锥形；生殖腹板横宽，约为高的 1.5 倍，前缘呈弧形凸出，后缘中部略凹，后侧角圆钝，侧缘基部收缩；阳基侧突每侧具 3 个大刺和众多小刺。

蛹　体长约 2mm，黄色。头毛 5 对，不分支；胸毛 6 对，不分支。头、胸部无疣突。呼吸丝 8 条，成对排列，无疣突，具横脊。下对丝粗长，具极短的粗茎，中对丝茎较长，上两对几乎从总柄基部发出，无茎；总柄外侧各具 1 个大的透明突。腹部无锚状钩。茧拖鞋状，编织紧密，前缘增厚。

幼虫　体长约 4.5mm，黄色，头斑阳性。触角约与头扇柄等长，各节长度比为 33∶60∶28∶4。头扇毛约 26 支。上颚无附齿列。亚颏中齿、角齿发达，侧缘齿各 3 枚，侧缘毛各 4 支。后颊裂大，壶形，伸达亚颏后缘。胸腹部密被树状毛。肛鳃每叶分 6~7 个小叶。肛板后臂长于前臂。后环 85~90 排，每排约 13 个钩刺。腹乳突发达。

生态习性　幼虫和蛹附着于溪流中的枯枝、水草和石块上，水温 15~25℃，海拔 1660m。

地理分布　中国西藏。

分类讨论　察隅绳蚋具有明显的种征：中胸盾片被黑色毛；雌虫生殖叉突膨大部内弯并具游离骨化带；雄虫生殖腹板较长，后侧角钝圆；蛹头胸部和呼吸丝无疣突，呼吸丝近于成对排列并在总柄外侧具特有的透明突；幼虫后颊裂伸达亚颏后缘，无锚状钩等。根据上述的综合特征，不难与本亚属已知种类相区别。

D. 变角蚋组 *varicorne* group

组征概述 2+7 节或 2+8 节，后足跗发达，雌爪具大基齿。雄虫后足基跗节较细，生殖腹板无中龙骨。蛹通常具 8 条呼吸丝，偶 10 条。幼虫后颊裂未伸达亚颏后缘，腹部无背突。

本组种类较少，全世界已知 10 种（Adler 和 An，2014），主要分布于东南亚。我国已记录 2 种，即憎木绳蚋［*S.*（*G.*）*shogakii*］和狭谷绳蚋［*S.*（*G.*）*synanceium*］，均分布于东北区。

中国绳蚋亚属变角蚋组分种检索表

雌虫

1　生殖板端内角尖；生殖叉突后臂膨大部呈杓状内弯……………………**憎木绳蚋** *S.*（*G.*）*shogakii*
　生殖板端内角钝；生殖叉突后臂膨大部呈犁状外伸，端内具角状内突………………………………………………………………………………………**狭谷绳蚋** *S.*（*G.*）*synanceium*

雄虫

1　生殖腹板端侧角圆钝；阳基侧突每侧具 3~4 个大刺和若干小刺……**憎木绳蚋** *S.*（*G.*）*shogakii*
　生殖腹板端侧角斜截；阳基侧突每侧具 1 个大刺和众多小刺…**狭谷绳蚋** *S.*（*G.*）*synanceium*

蛹

1　茧无背中突……………………………………………………………**憎木绳蚋** *S.*（*G.*）*shogakii*
　茧具背中突…………………………………………………………**狭谷绳蚋** *S.*（*G.*）*synanceium*

憎木绳蚋 *Simulium*（*Gomphostilbia*）*shogakii* Rubtsov，1962（图 12-65）

Cnetha shogakii Rubtsov，1962. *Die Fliegen der palaarktischen Region*，14：305~306. 模式产地：日本．Chen（陈继寅），1984. *Acta Zootax Sin.*，9（2）：169.

Simulium（*Gomphostilbia*）*shogakii* Rubtsov，1962；Crosskey，1988. Annot. Checklist World Blackflies：450；Chen and An（陈汉彬，安继尧），2003. The Blackflies of China：134.

鉴别要点 雌虫生殖叉突膨大部呈杓状，内弯。雄虫生殖腹板前缘具中凸，中骨宽板状。

形态概述

雌虫 体长约 2.0mm。额较宽。触须拉氏器小，圆形。食窦无疣突。上颚内齿不明显。足黑褐色，爪具大基齿。生殖板三角形，内缘靠近，近于平直，后缘中部略凹。生殖叉突柄基部略扩大而斜截，两后臂端半膨大成内弯杓状。受精囊椭圆形，其表面具纵纹。

雄虫 一般特征似雌虫。生殖肢基节长明显大于宽，圆筒状。生殖肢端节弯锥状，略短于基部；生殖腹板宽矩形，后缘中部凸出；中骨板状，基部宽，端部略窄而平直。阳基侧突每侧具 3~4 个大刺和若干小刺。

蛹 呼吸丝 8 条，排列成 3+3+2，下对丝茎短于中丝组初级茎和二级茎的总和。腹部钩刺正常，端钩不发达。茧拖鞋状，掩盖蛹的胸腹部，前缘增厚并具发达的前侧角，无背中突。

幼虫 不详。

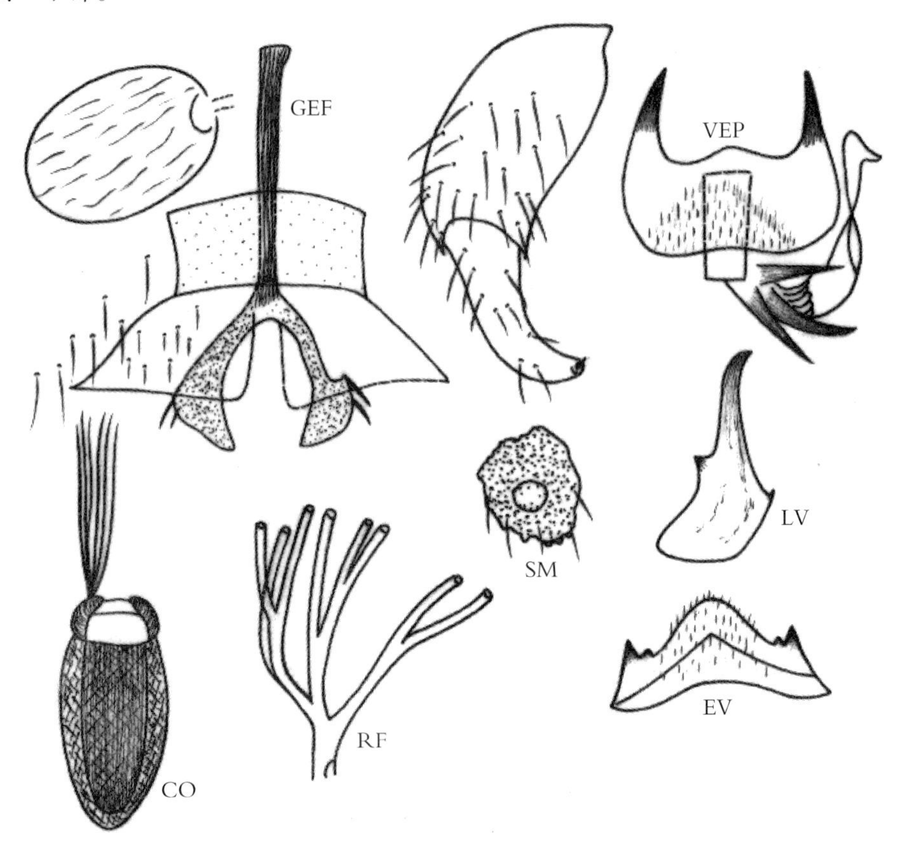

图 12–65 憎木绳蚋 ***S.*（*G.*）*shogakii*** Rubtsov，1962（仿 Rubtsov，1964. 重绘）

生态习性 蛹虫生活于小溪流水中，10 月份采到成熟蛹。

地理分布 中国：吉林，辽宁，四川；国外：日本，朝鲜。

分类讨论 憎木绳蚋的突出特征是雌虫生殖叉突膨大部呈杓状而内弯，虽然其幼虫尚未发现，雄虫的特征也不突出，但是憎木绳蚋的雌虫并不难与本亚属已知的其他蚋种相区别。

狭谷绳蚋 *Simulium*（*Gomphostilbia*）*synanceium* Chen and Cao，1983（图 12–66）

Eusimulium synanceium Chen and Cao（陈继寅，曹毓存），1983. *Acta Ent. Sin.*，26（2）：229~232. 模式产地：中国辽宁（宽甸）. An（安继尧），1989. *Contr. Bloodsucking Dipt. Ins.*，1：183.

Simulium（*Gomphostilbia*）*synanceium* Chen and Cao，1983；Chen and An（陈汉彬，安继尧），2003. The Blackflies of China：136；Sun（孙悦欣），2011. *Acta Parasitol. Med. Entomol. Sin.*：174~175.

鉴别要点 雌虫生殖板略呈宽舌形；生殖叉突后臂具角状内突。雄虫生殖腹板前缘中部具角突，中骨高足杯状。蛹下对呼吸丝茎短。茧具发达的前角突和三角形的背中突。

形态概述

雌虫 体长约 2.2mm。额灰棕色，被淡色毛。触角柄节、梗节黄色。触须拉氏器小，近圆形。

中胸盾片黑色，密被金黄色毛。平衡棒棕黄色。足为黄黑两色；黄色部分包括前足基、转节、股节基部 2/3、胫节中部 1/3，中足转节、股节基部 2/3、胫节基部 1/2、跗节Ⅰ基部 3/5 和跗节Ⅱ基部 1/3，后足转节、股、胫节基部 2/3 和基跗节基部 2/3。跗突和跗沟明显。爪具大基齿。腹部背板淡黑色，腹板灰棕色。生殖板略呈宽舌形，端部宽分离。生殖叉突后臂膨大部具 1 个角状内突。受精囊长椭圆形。

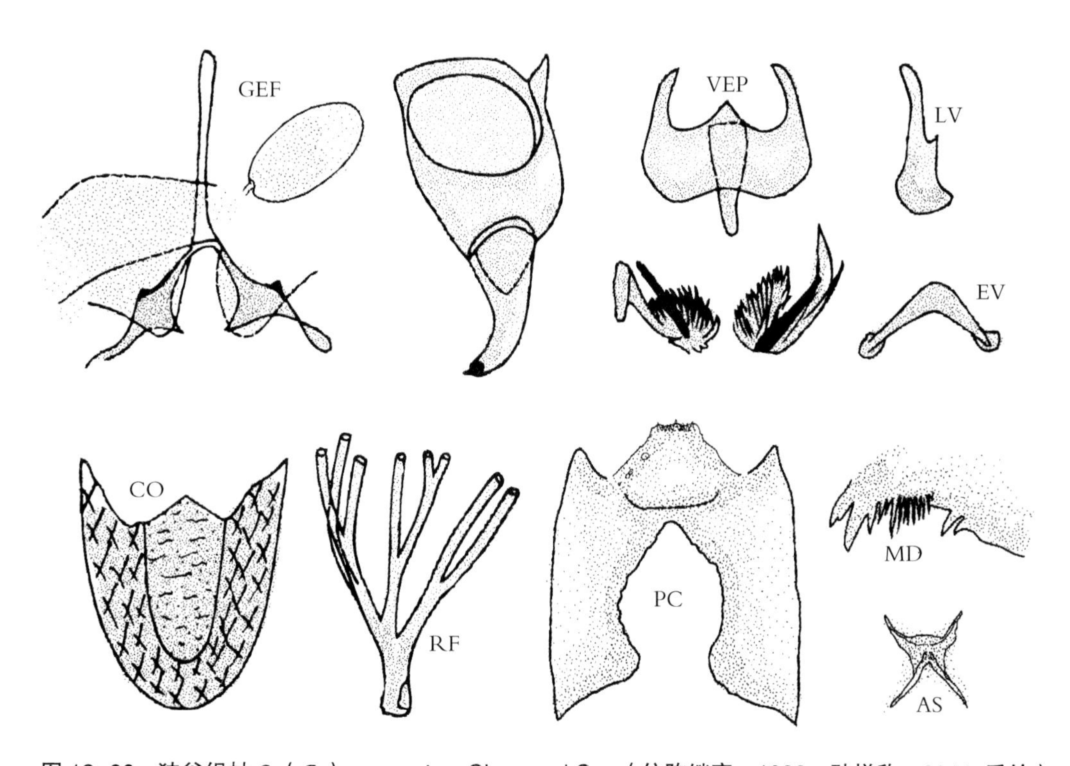

图 12-66 狭谷绳蚋 *S.*（*G.*）*synanceium* Chen and Cao（仿陈继寅，1983；孙悦欣，2011. 重绘）

雄虫 体长约 2.0mm。触须第 3 节膨大，拉氏器小，圆形。足为黄黑两色，黄色部分似雌虫，但中足胫节基部 1/3、跗节Ⅰ基部 1/2 和后足胫节中部为 1/3 黄色。生殖肢基节长宽约相等。生殖肢端节弯锥形，长与基节约相等。生殖腹板横宽，宽约为高的 2 倍，前缘中部具 1 个三角形突，后缘中凹。中骨高足杯状。阳基侧突每侧具 1 个大刺和众多小刺。

蛹 呼吸丝 8 条，排列成 3+3+2，下对丝茎略短于中丝组的初级茎和二级茎之和，上、中丝组的二级茎长。茧拖鞋状，具明显的前侧突和三角形背中突。

幼虫 见图 12-66。

生态习性 成熟蛹采自鸭绿江支流中的蒲草上，支流宽约 60cm，水深 15cm，水温 18℃，pH 值 6.5，向阳。

地理分布 中国辽宁。

分类讨论 狭谷绳蚋和前述的憎木绳蚋、崂山绳蚋是中国古北界东北地区已知的 3 种绳蚋。狭谷绳蚋与后 2 种的雌虫生殖板和生殖叉突，雄虫生殖腹板形状，阳茎基侧突钩刺数目以及茧的结构有明显的差别。

E. 未分组绳蚋蚋种（*Gomphostilbia* species unplaced to group）

以上介绍了中国绳蚋亚属4组34种。此外，尚有12种暂时未能确定其组别归属。这是因为现行的分组性状主要是依据雄虫后足基跗节的形态特征而定，而这些未分组的蚋种，或是由于模式标本虫态不全，雄虫迄今尚未发现，或是虽然虫态完整，但原描述对其雄虫后足基跗节的形态特征未予表述和界定，尚待以后补描述再做定夺。这些未分组绳蚋蚋种包括以下几种情况。

（1）只知幼期，成虫不详的有九连山绳蚋［*S.*（*G.*）*jiulianshanense*］、刺绳蚋*S.*（*G.*）*penis*］。

（2）虫态不全，雄虫未知的有阿勒泰绳蚋［*S.*（*G.*）*altayense*］、金鞭绳蚋［*S.*（*G.*）*jinbianense*］、康氏绳蚋［*S.*（*G.*）*kangi*］、长茎绳蚋［*S.*（*G.*）*longitruncum*］。

（3）虫态完整或不全，已知雄虫，但其后足基跗节形态特征不详的有重庆绳蚋［*S.*（*G.*）*chongqingense*］、广西绳蚋［*S.*（*G*）*guangxiense*］、异枝绳蚋［*S.*（*G.*）*heteroparum*］、湖广绳蚋［*S.*（*G*）*huguangense*］、四面山绳蚋［*S.*（*G*）*simianshanense*］和湘西绳蚋［*S.*（*G.*）*xiangxiense*］等。

中国未分组绳蚋分种检索表

雌虫[①]

1　生殖叉突后臂具骨化外突 ……2
　生殖叉突无外突 ……3
2（1）各足胫节无亚基黑环，生殖板内缘平行……**长茎绳蚋** *S.*（*G.*）*longitruncum*
　各足胫节具亚基黑环，生殖板内缘向后外斜截，远离……**金鞭绳蚋** *S.*（*G.*）*jinbianense*
3（1）生殖叉突柄端部膨大呈球状 ……4
　生殖叉突柄端部不膨大 ……5
4（3）后足基跗节跗突小，几乎副缺……**阿勒泰绳蚋** *S.*（*G.*）*altayense*
　跗突发达……**重庆绳蚋** *S.*（*G.*）*chongqingense*
5（3）受精囊亚球形 ……6
　受精囊椭圆形 ……7
6（5）生殖叉突柄和后臂明显大部骨化，后臂中部骤收缩；生殖板板形……**康氏绳蚋** *S.*（*G.*）*kangi*
　生殖叉突柄未骨化，后臂中部正常；生殖板三角形……**湖广绳蚋** *S.*（*G.*）*huguangense*
7（5）生殖板亚三角形；生殖叉突后臂基1/3外展，端2/3后伸……**湘西绳蚋** *S.*（*G.*）*xiangxiense*
　生殖板亚舌形；生殖叉突从基向后外展……8
8（7）上颚具内齿22枚；下颚具内齿、外齿各11枚……**广西绳蚋** *S.*（*G.*）*guangxiense*
　上颚具内齿24枚；下颚具内齿11枚，外齿13枚……**异枝绳蚋** *S.*（*G.*）*heteroparum*

① 九连山绳蚋［*S.*（*G.*）*jiulianshanense*］、刺绳蚋［*S.*（*G.*）*penis*］和四面山绳蚋［*S.*（*G.*）*simianshanense*］的雌虫尚未发现。

雄虫[①]

1　生殖肢端节呈火腿状，端1/3骤变细而内弯……2
　生殖肢端节非如上述……3
2（1）生殖腹板基缘呈三角形突触，后缘平直；中骨杆状，末端分裂……**重庆绳蚋** *S.*（*G.*）*chongqingense*
　生殖腹板基缘呈半圆形宽凸，后缘宽凹；中骨楔状，端尖……**四面山绳蚋** *S.*（*G.*）*simianshanense*
3（1）生殖肢端节端1/3骤然收缩内弯成钩状……4
　生殖肢端节弯刀状，末端不急弯成钩状……**湖广绳蚋** *S.*（*G.*）*huguangense*
4（3）生殖腹板板体端部收缩，基缘宽凹；阳基侧突每侧具3个大刺……**异枝绳蚋** *S.*（*G.*）*heteroparum*
　生殖腹板非如上述；阳基侧突每侧具2个大刺……5
5（4）生殖腹板基缘平直，侧缘亚平行；中骨烧瓶状……**广西绳蚋** *S.*（*G.*）*guangxiense*
　生殖腹基缘稍凹，侧缘略斜截；中骨板状，端部略扩大……**湘西绳蚋** *S.*（*G.*）*xiangxiense*

蛹

1　呼吸丝10条……2
　呼吸丝8条……3
2（1）上丝组几乎无茎……**九连山绳蚋** *S.*（*G.*）*jiulianshanense*
　上丝组具长茎，约与中丝组的二级茎持平……**重庆绳蚋** *S.*（*G.*）*chongqingense*
3（1）茧具背中突……4
　茧无背中突……5
4（3）茧的背中突发达；下对呼吸丝茎长于中丝组的初级茎和次级茎之和……**金鞭绳蚋** *S.*（*G.*）*jinbianense*
　茧仅具很短的背中突；下对丝茎短，仅与中丝组的初级茎持平……**康氏绳蚋** *S.*（*G.*）*kangi*
5（3）呼吸丝排列2+4+2……6
　呼吸丝排列2+3+3……7
6（5）茧具弧形中隆突；下对丝茎特别长，超过中、上级丝组初级茎的10倍……**长茎绳蚋** *S.*（*G.*）*longitruncum*
　茧前缘无隆突；下对丝茎中度长，约与中丝组的初级茎持平……**四面山绳蚋** *S.*（*G.*）*simianshanense*
7（5）下对丝茎约与中丝组的二级茎持平……8
　下对丝茎明显短于中丝组的二级茎……9
8（7）中丝组几乎无二级茎，3条丝约在一级茎末端同一位点发出……**湖广绳蚋** *S.*（*G.*）*huguangense*
　中丝组有明显的二级茎……**广西绳蚋** *S.*（*G.*）*guangxiense*
9（7）中丝组几乎无二级茎……**刺绳蚋** *S.*（*G.*）*penis*

---

① 阿勒泰绳蚋［*S.*（*G.*）*altayense*］、金鞭绳蚋［*S.*（*G.*）*jinbianense*］、长茎绳蚋［*S.*（*G.*）*longitruncum*］、九连山绳蚋［*S.*（*G.*）*jiulianshanense*］、康氏绳蚋［*S.*（*G.*）*kangi*］和刺绳蚋［*S.*（*G.*）*penis*］的雄虫尚未发现。

中丝组有较长的二级茎……………………………………………………………10

10（9） 上丝组几乎无二级茎…………………………………………异枝绳蚋 *S.*（*G.*）*heteroparum*

上丝组具长的二级茎……………………………………………湘西绳蚋 *S.*（*G.*）*xiangxiense*

幼虫[①]

1 后颊裂伸达或接近亚颏后缘；肛鳃每叶具 7~15 个次生小叶……………………………………2

无上述合并特征 ………………………………………………………………………………3

2（1） 后颊裂壶形，伸达亚颏后缘；后环约具 80 排钩刺………九连山绳蚋 *S.*（*G.*）*jiulianshanense*

后颊裂亚三角形，端部圆尖；后环具 85~89 排钩刺………重庆绳蚋 *S.*（*G.*）*chongqingense*

3（1） 后颊裂亚圆形；肛鳃每叶具 9~10 个次生小叶；后环具 88 排钩刺………………………………
……………………………………………………………………金鞭绳蚋 *S.*（*G.*）*jinbianense*

后颊裂亚箭形，端尖；肛鳃和后环非如上述……………………………………………………4

4（3） 肛骨前臂与后臂约等长……………………………………………………………………5

肛骨前臂、后臂不等长………………………………………………………………………6

5（4） 腹部具刺；后环约 83 排钩刺…………………………………………………刺绳蚋 *S.*（*G.*）*penis*

腹部无刺；后环约 74 排钩刺………………………………………广西绳蚋 *S.*（*G.*）*guangxiense*

6（4） 肛鳃前臂长于后臂；后环约具 50 排钩刺；肛鳃每叶具 6 个次生小叶………………………………
…………………………………………………………………………湖广绳蚋 *S.*（*G.*）*huguangense*

肛鳃前臂短于后臂；后环具 73~87 排钩刺；肛鳃每叶具 6~9 个次生小叶…………………………7

7（6） 后颊裂具刺状中突，侧缘波状；后环具 87 排钩刺…………湘西绳蚋 *S.*（*G.*）*xiangxiense*

后颊裂正常；后环约具 73 排钩刺………………………………………异枝绳蚋 *S.*（*G.*）*heteroparum*

阿勒泰绳蚋 *Simulium*（*Gomphostilbia*）*altayense* Cai，An and Li，2005（图 12–67）

Simulium（*Gomphostilbia*）*altayense* Cai，An and Li（蔡茹，安继尧，李朝品），2005. *Acta Parasitol. Med. Entomol. Sin.*，12（3）：177~179. 模式产地：中国新疆（阿勒泰）.

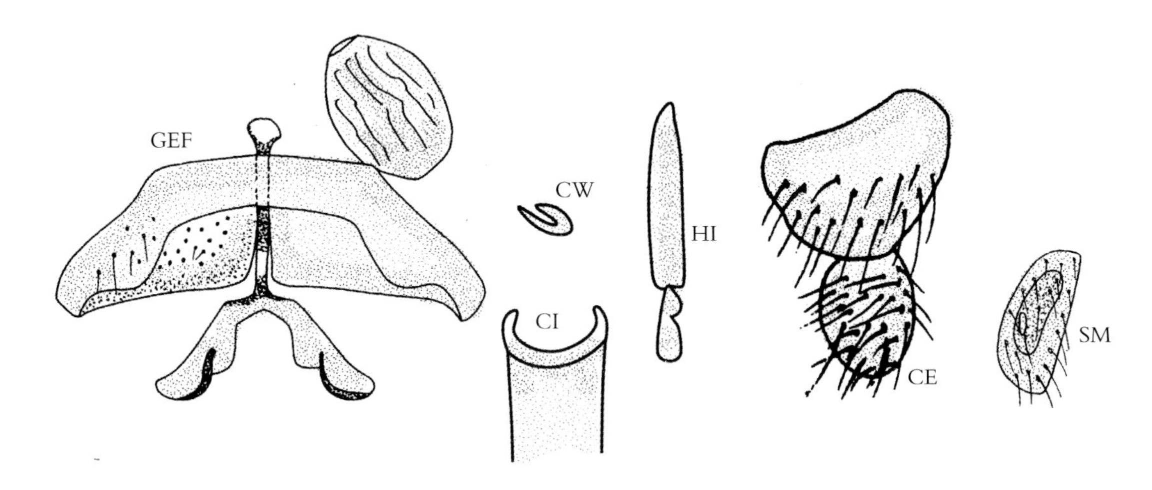

图 12–67 阿勒泰绳蚋 *S.*（*G.*）*altayense* Cai，An and Li（仿 Cai，An and Li，2005. 重绘）

① 阿勒泰绳蚋［*S.*（*G.*）*altayense*］、长茎绳蚋［*S.*（*G.*）*longitruncum*］、康氏绳蚋［*S.*（*G.*）*kangi*］和四面山绳蚋［*S.*（*G.*）*simianshanense*］的幼虫尚未发现。

鉴别要点 雌虫后足跗突很小；雌爪具大基齿；生殖叉突柄基部扩大，端圆。

形态描述

雄虫 尚未发现。

雌虫 额和唇基为棕色，覆灰白粉。额指数为 20∶15∶14。额头指数为 20∶57。触角 2+9 节，触须节Ⅲ～Ⅴ的节比为 14∶10∶20，节Ⅲ稍膨大，拉氏器长约为节Ⅲ的 0.63。下颚具 10 枚内齿，14 枚外齿；上颚具 26 枚内齿，30 枚外齿。食窦光裸。中胸侧膜光裸，下侧片具黄色长毛。前足和中足基、转节为黄色，后足基、转节为棕黑色。各足股节除前骨端 1/3、中股端 2/3 为棕黑色外，余部为黄色。各足胫节除中胫端 1/3 和后胫端 1/2 为棕黑色外，余部为黄色。各足跗节除前足基跗节基 2/3、中足基跗节基 1/3 和后足基跗节基 1/3 以及跗节Ⅱ基 1/2 为黄色为外，余一致为棕黑色。跗突很小，跗沟发达。爪具大基齿。翅亚脉缘基 1/5 和径脉基具毛。第Ⅷ腹板中部光裸，两侧各具约 12 支小毛。生殖后缘平直，生殖叉突柄端部扩大成亚球形，后臂无侧外突，端圆。

蛹 尚未发现。

幼虫 尚未发现。

生态习性 本种标本系网捕获得，海拔 1400m。

地理分布 中国新疆（阿勒泰）。

分类讨论 本种虽然只发现雌虫，但具有标记性的种征，即后足跗突很小。虽然这一特征与同样采自新疆的 *Simulium*（*Gomphostilbia*）*meadow* Mahe，Ma and An，2003 近似，但是两者在生殖板和生殖叉突以及触须拉氏器的形状上有明显的差异。

重庆绳蚋 *Simulium*（*Gompostilbia*）*chongqingense* Zhu and Wang，1995（图 12-68）

Simulium（*Gompostilbia*）*chongqingense* Zhu and Wang（朱纪章，王仕屏），1995. *Sichuan J. Zool.*，14（1）：13~15. 模式产地：中国重庆（四面山）. An（安继尧），1996. *Chin J. Vector Bio. and Control*，7（6）：471；Chen and An（陈汉彬，安继尧），2003. The Blackflies of China：112.

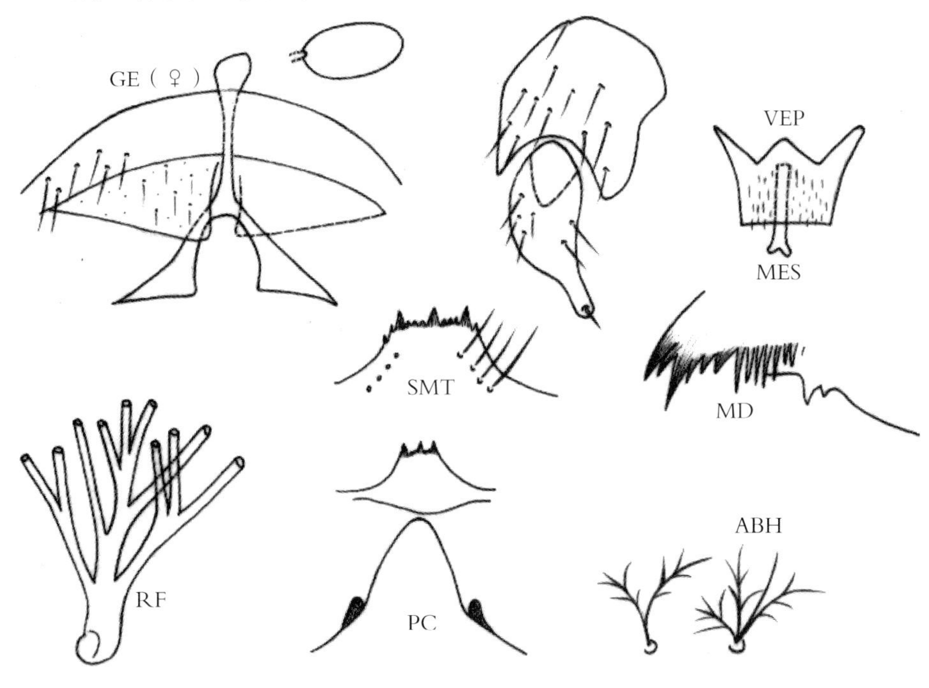

图 12-68 重庆绳蚋 *S.*（*G.*）*chongqingense* Zhu and Wang，1995

鉴别要点 雌虫生殖叉突柄基部膨大成球状，两后臂端半膨大外展成三角形。雄虫生殖肢端节末 1/3 骤然收缩而内弯，生殖腹板前缘呈三角形凸出，中骨杆状，末端呈叶状分裂。蛹呼吸丝 10 条。幼虫后颊裂圆尖，伸达亚颏后缘，腹部密被树状毛。

形态概述

雌虫 体长 2.1~2.4mm。触角黑褐色毛。触须拉氏器大，约占节Ⅲ的 0.6。平衡棒棕黄色。足大部为黑色；棕黄色部分包括前足基节转节、股节基部 3/4、胫节中部 1/2，中足基节、股节基部 3/4，后足股节基部 2/3 和胫节中部 1/2。生殖板亚三角形，生殖叉突柄基部膨大成球形，两后臂端半膨大外展成三角形，肛上板和尾须中型，受精囊椭圆形。

雄虫 体长约 2mm。触角鞭节Ⅰ的长约为鞭节Ⅱ的 2 倍。触须拉氏器长约为节Ⅲ的 1/5。中胸盾片黑褐色，被黄色毛，中胸下侧片具稀疏黄褐色毛。平衡棒黑褐色。足大部为黑褐色；棕黄色部分包括前足股节基部 2/3、胫节中部 1/3，中足股节基部 3/4，后足股节基部和胫节基部 2/3。后足基跗节跗突发达；跗沟明显。腹节背板黑褐色，被黄棕色毛，腹板棕黄色，生殖肢基节长大于宽，与生殖肢端节约等长，端节末 1/3 骤然变细而内弯。生殖腹板中度横宽，前缘正中具 1 个三角形凸起，阳基侧突每侧具 2~3 个大刺与多个小刺。中骨棒状，末端呈叶状分裂。

蛹 体长约 2.5mm。体黄色。头毛 4 对，胸毛 10 对，均为长单毛。腹部钩刺和毛序正常。呼吸丝 10 条，排列成 3+5+2，长度约相等，短于蛹体。茧简单，编织紧密且具增厚的前缘，覆盖蛹体。

幼虫 体长 4.3~4.7mm，体色淡黄白色。头无额斑，触角长于头扇柄。头扇毛 35~38 支。上颚锯齿 2 枚，无附齿列。亚颏顶齿 9 枚，中齿发达，角齿略大于中侧齿，侧缘毛每侧 4 支。后颊裂圆尖，伸达接近亚颏后缘，胸部和腹节 1~4 有稀疏毛，腹节 5~9 背面密被棕色树状毛。肛鳃每叶分 7~12 个次生小叶。后环 85~89 排，每排 11~13 个小钩。腹乳突圆锥状。

生态习性 幼期孳生于山涧小河及溪流中的草茎、树枝或竹的枝叶上。

地理分布 中国重庆。

分类讨论 重庆绳蚋蛹呼吸丝 10 条，两性尾器和幼虫后颊裂形态特殊，很容易与中国已知本亚属其他种类相区别。

广西绳蚋 *Simulium*（*Gompostilbia*）*guangxiense* Sun，2009（图 12–69）

Simulium（*Gompostilbia*）*guangxiense* Sun（孙悦欣），2009. *Chin J. Vector Bio. and Control*，20（6）：545~549. 模式产地：中国广西（临桂和龙胜）.

鉴别要点 雌虫生殖板亚三角形；生殖叉突后臂基 1/2 外展，端 1/2 伸向后外。雄虫生殖腹板基缘平直；中骨烧瓶状。

形态概述

雌虫 体长 2.2mm。翅长 2.5mm。触角鞭节Ⅰ的长约为鞭节Ⅱ的 1.4 倍。触须节Ⅲ ~ Ⅴ的节比为 10∶9∶22，拉氏器长约为节Ⅲ的 0.3。中胸盾片覆黄色毛。中胸侧膜光裸，下侧片具黑色毛。足除前足基节、转节、股节、胫节基 2/3，中足转节、股节、胫节基 1/2，后足基节基 1/2、转节、股节基 2/3、胫节基 2/3 和基跗节基 2/4 为黄色外，余部为黑褐色。前足基跗节长约为宽的 6.1 倍。后足跗突发达。爪具大基齿。生殖板亚三角形。生殖叉突后臂无外突，基外展，端向后外伸。

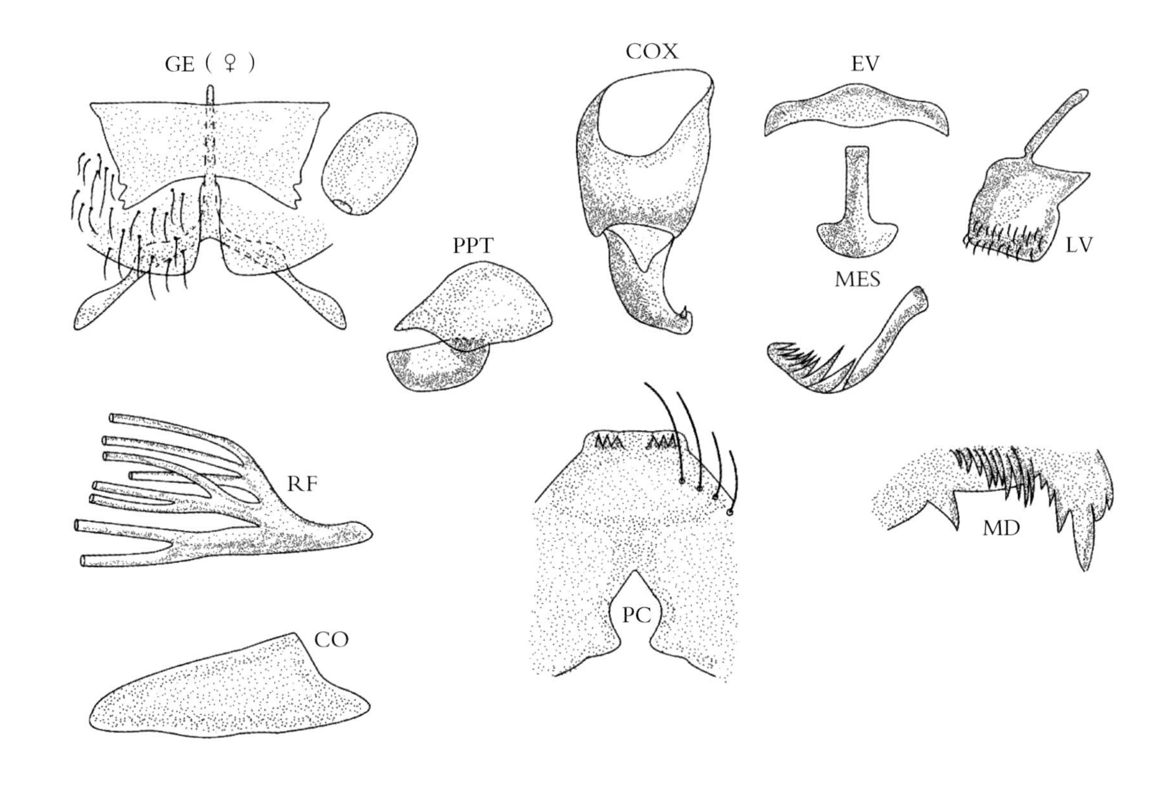

图 12–69　广西绳蚋 *S.*（*G.*）*guangxiense* Sun（仿孙悦欣，2009. 重绘）

雄虫　体长 2.5mm。翅长 2.1mm。触角鞭节Ⅰ的长约为鞭节Ⅱ的 1.7 倍。触须节Ⅲ～Ⅴ的节比为 8∶9∶16。拉氏器长约为节Ⅲ的 0.18。足除前足基节、转节、股节、胫节基 3/4，中足转节、股节、胫节基 1/2、基跗节基 1/2，后足转节、股节基 1/5、胫节基 1/2、基跗节基 1/2 和跗节Ⅱ基 1/3 为黄色外，余部为黑褐色。前足基跗节长约为宽的 7 倍。后足跗突发达。生殖肢基节长于端节，生殖肢端节端 1/3 骤然变细并内弯成钩状。生殖腹板亚矩形，基缘直，侧缘平行，端缘中部略凹。中骨烧瓶状，端圆。阳基侧突每侧具 2 个大刺和若干小刺。

蛹　体长 2.0~2.2mm。呼吸丝 8 条，排列成 2+3+3。下对丝茎与中组丝的二级茎约持平。上丝组和中丝组的初级茎约等长。茧拖鞋状。

幼虫　体长 4.8~4.9mm。头斑阳性。触角 3 节，节比为 14∶13∶13.5。头扇毛 40~41 支。亚颏侧缘毛 4 支。后颊裂亚箭形，端尖，肛骨前臂、后臂约等长。肛鳃每叶具 6~9 个次生小叶。后环 74 排，每排约具 9 个钩刺。

生态习性　不详。

地理分布　中国广西。

分类讨论　本种和原描述图文欠规范，种征不突出，尚待进一步补充其形态特征，如雄虫上眼、后足基跗节等，以便进一步确定其分类地位。

异枝绳蚋 *Simulium*（*Gompostilbia*）*heteroparum* Sun，2009（图 12-70）

Simulium（*Gompostilbia*）*heteroparum* Sun（孙悦欣），2009. *Chin J. Vector Bio. and Control*，20（6）：545~549. 模式产地：中国广西（龙胜和临桂），湖南（通道、吉首和张家界）.

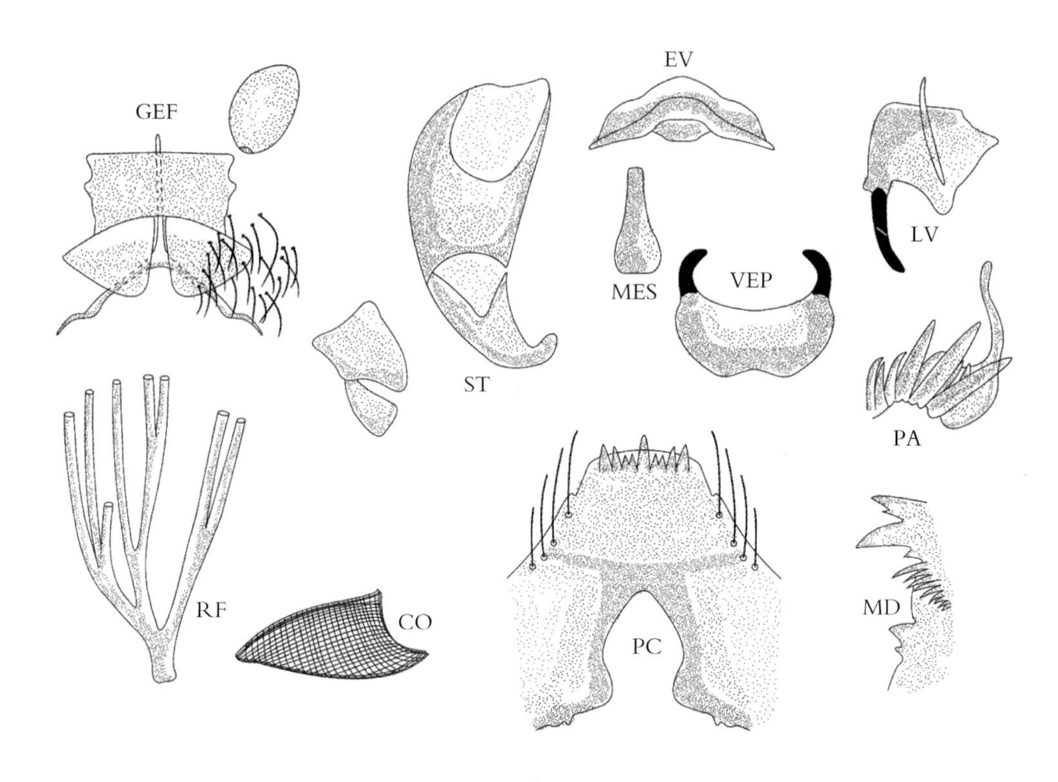

图 12-70 异枝绳蚋 *S.*（*G.*）*heteroparum* Sun（仿孙悦欣，2009. 重绘）

鉴别要点 雌虫生殖叉突后臂无外突。雄虫生殖肢端节弯钩状。蛹上丝组几乎无二级茎。

形态概述

雌虫 体长 2.8mm。翅长 2.5mm。触角鞭节Ⅰ的长约为鞭节Ⅱ的 1.7 倍。额指数为 18∶8∶13。触须节Ⅲ～Ⅴ的节比为 9∶8∶21。拉氏器长约为节Ⅲ的 0.27。下颚具 11 枚内齿和 13 枚外齿；上颚具 24 枚内齿，无外齿。中胸盾片覆黄色细毛。中胸侧膜光裸，后侧片具黑色毛。足除前足基节、转节、股节基 4/5、胫节基 3/4；中足转节、股节基 4/5、胫节基 1/2、基跗节基 1/2；后足转节、股节基 3/4、胫节基 2/3、基跗节基 1/2，后足转节、股节基 3/4、胫节基 2/3、基跗节基 4/5 为黄色外，余部为褐黑色。前足基跗节长约为宽的 6.5 倍。后足跗突发达。爪具大基齿。生殖板舌形，内缘紧靠，平行。生殖叉突柄基部稍细，后臂无外突。受精囊椭圆形。

雄虫 触角鞭节Ⅰ的长约为鞭节Ⅱ的 1.7 倍。触须节Ⅲ～Ⅴ的节度比为 8∶8∶20。拉氏器长约为节Ⅲ的 0.25。前足基跗节长约为宽的 6.5 倍。后足跗突发达。生殖肢端节端 1/4 骤然变细内弯成弯钩状。生殖腹板横宽，端版收缩。基缘宽凹，端圆略凹。中骨棒状，端部扩大。阳基侧突每侧具 3 根大刺和众多小刺。

蛹 体长 2.0~2.2mm。呼吸丝 8 条，排列成 2+3+3。下对丝茎短于中丝组的二级茎，上丝组几乎从同一位点发出。茧拖鞋状。

幼虫 体长 4.8~4.9mm。头斑阳性。触角 3 节的节比为 14 : 13 : 14.5。头扇毛 40~41 支。亚颏侧缘毛 4 支。后颊裂亚箭形，基部收缩，端尖。肛鳃每叶具 6~9 个次生小叶。肛骨前臂、后臂约等长。后环 74 排，每排约具 9 个钩刺。

生态习性 不详。

地理分布 中国湖南和广西。

分类讨论 本种的种征并不突出，尚待进一步补描述以便确定其组别。

湖广绳蚋 *Simulium*（*Gompostilbia*）*huguangense* Sun，2009（图 12-71）

Simulium（*Gompostilbia*）*huguangense* Sun（孙悦欣），2009. *Chin J. Vector Bio. and Control*，20（6）：545~549. 模式产地：中国湖南（通道），广西（三江和临桂）.

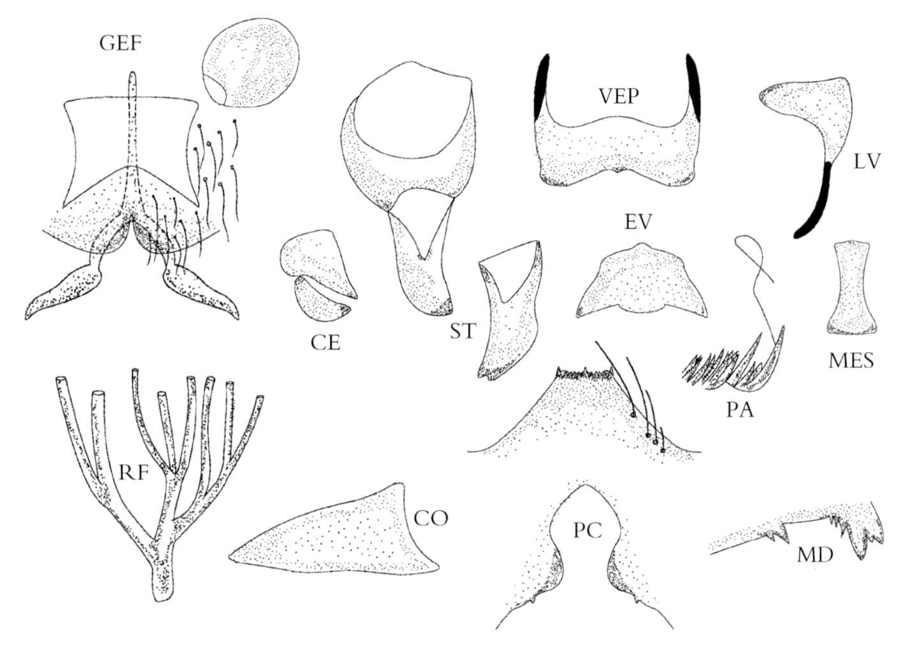

图 12-71 湖广绳蚋 *S.*（*G.*）*huguangense* Sun（仿孙悦欣，2009. 重绘）

鉴别要点 雌虫拉氏器小，长约为触须节Ⅲ的 0.27；生殖叉突柄未骨化；受精囊亚球形。雄虫阳基侧突具 2 个大刺。蛹中丝组几乎无二级茎。幼虫肛骨前臂长于后臂。

形态概述

雌虫 体长 1.9mm。翅长 2.1mm。触角鞭节Ⅰ的长约为鞭节Ⅱ的 1.5 倍。额指数为 19 : 7 : 12。触须节Ⅲ ~ Ⅴ的节比为 11 : 9 : 24。拉氏器小，长约为节Ⅲ的 0.27。下颚具 10 枚内齿和 13 枚外齿；上颚具 24~25 枚内齿，无外齿。中胸盾片覆黄色柔毛。中胸侧膜光裸，下侧片具黄色毛。足除前足转节、股节、胫节基 3/4，中足转节、股节基 4/5、胫节基 1/2、基跗节基 1/2，后足转节、股节基 4/5、胫节基 4/5。基跗节基 2/3 为黄色外，余部为褐黑色。前足基跗节长约为宽的 6.5 倍。后足跗突发达。爪具大基齿。生殖板亚三角形，内缘紧靠。生殖叉突柄未骨化，后臂无外突。受精囊亚球形。

雄虫 体长 1.9mm。翅长 2.2mm。触角鞭节Ⅰ的长约为鞭节Ⅱ的 2.7 倍。触须节Ⅲ ~ Ⅴ的节比为

10∶10∶16。拉氏器小，长约为节Ⅲ的 0.1。中胸侧膜光裸，下侧片有黑色毛。足除前足股节基 4/5、胫节中部 1/2，中足股节基 3/4，后足股节基 4/5、基跗节基 3/4 为黄色外，余部为褐色。前足基跗节长约为宽的 8.5 倍。后足跗突发达。生殖肢端节弯锥形，短于基节。生殖腹板横宽，基缘中突，侧缘平行。阳基侧突具 2 个大刺和众多小刺。中骨板状，端部扩大。

蛹 体长 2.0~2.2mm。呼吸丝 8 条，排列成 2+3+3。下丝茎约与中丝组的初级茎持平。中丝组几乎无二级茎。茧拖鞋状。

幼虫 体长 5.5~5.6mm。体灰色。头斑阳性。触角 3 节的节比为 13∶13∶13。头扇毛 41 支。亚颏侧缘毛 4 支。后颊裂亚箭形。肛鳃每叶具 6 个次生小叶。肛骨前臂长于后臂。后环约 50 排，每排约具 13 个钩刺。

生态习性 幼虫和蛹孳生于村边小溪流水中的石块、树枝茎和竹叶上，流速 0.4~0.6m/s，pH 值 5.0~5.5，水温 14~18℃。

地理分布 中国湖南和广西。

分类讨论 本种有明显的种征，如雌虫生殖叉突柄无骨化，雄虫阳基侧突具 2 个大刺，蛹呼吸丝中丝组几乎无二级茎，幼虫肛骨前臂长于后臂等，都是与本亚属其他近缘种相区别的重要特征。

金鞭绳蚋 *Simulium* (*Gompostilbia*) *jinbianense* Zhang and Chen，2004（图 12–72）

Simulium(*Gompostilbia*)*jinbianense* Zhang and Chen(张春林，陈汉彬)，2004. *Acta Zootax Sin.*，29(2): 372~376. 模式产地：中国湖南（张家界）.

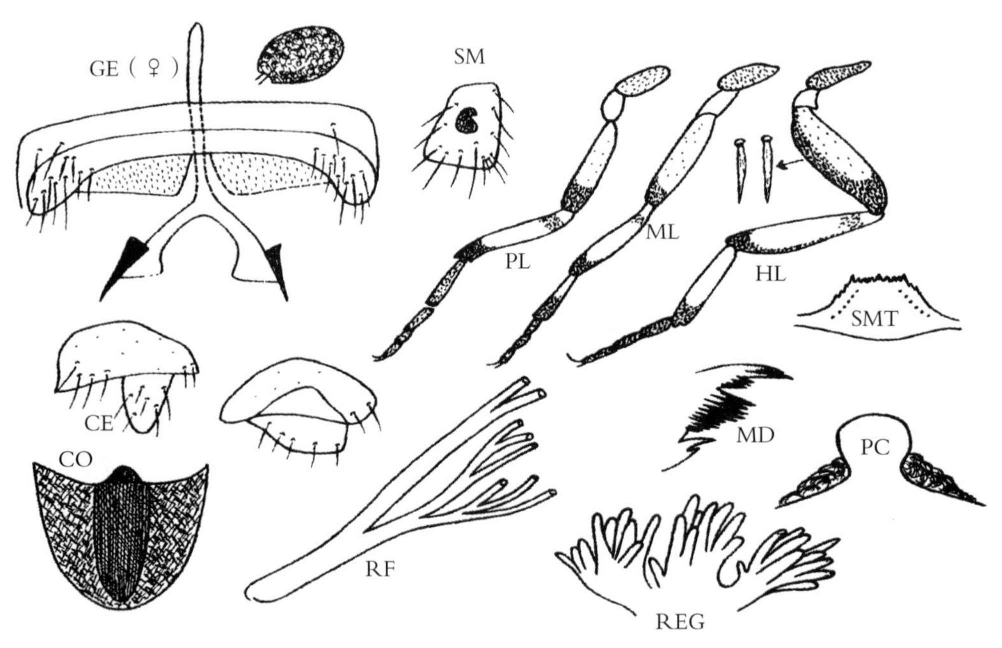

图 12–72 金鞭绳蚋 *S.*（*G.*）*jinbianense* Zhang and Chen，2004

鉴别要点 雌虫各足胫节具亚基棕黑环；生殖板内缘斜截，末端远离。茧背中突发达，下对丝茎长于中丝组的初级茎和二级茎之和。幼虫后颊裂亚圆形。

形态概述

雄虫 未知。

雌虫 体长约 2.2mm。翅长约 2.0mm。额指数为 4.5∶2.2∶9.0。额头指数为 4.5∶20.2。触须节Ⅲ~Ⅴ的节比为 3.6∶3.9∶9.8，节Ⅲ膨大，拉氏器长约为节Ⅲ的 0.32。下颚具 11 枚内齿和 13 枚外齿；下颚具 26 枚内齿和 13 枚外齿。中胸盾片棕黑色，有灰白粉被，覆黄白色毛，具 3 条暗纵条。中胸侧膜光裸，下侧片具毛。前足基节和转节为淡黄色，中足、后足基节为棕色；前足和中足股节基 3/4 为棕黄色，端 1/4 为棕褐色；前足和后足胫节基 3/4 为黄白色，端 1/4 为暗棕色，各足胫节具亚基棕黑环。各足跗节除中足基跗节基 1/2，后足基跗节基 2/3 和跗节Ⅱ基 2/3 为淡黄色外，余部为暗棕色。各足股节和胫节具鳞状毛。前足基跗节长约为宽的 6 倍。后足基跗节细，两侧亚平行。跗突和跗沟发达。爪具大基齿。翅亚缘脉和径脉基具毛。生殖板三角形，内缘斜截，端部分远离。生殖叉突后臂具骨化外突。受精囊椭圆形。

蛹 体长 2.2~2.4mm。头、胸具疣突。头毛 4 对，胸毛 6 对，均简单。呼吸丝 8 条，排列成 2+3+3。下对丝茎长于中丝组的初级茎和二级茎之和。上丝组丝几乎从同一位点发出。腹部钩刺正常。茧具发达的背中突，编织紧密。

幼虫 体长 4.6~5.2mm。后腹具色带。头斑阳性，触角 3 节的节比为 1.0∶5.8∶5.9。头扇毛 33 支。亚颏侧缘毛 4 支或 5 支。后颊裂亚圆形，长为后颊桥的 1.0~1.3 倍。后腹部具黑色刺毛。肛鳃每叶具 9~10 个指状小叶。肛骨前臂、后臂约等长。后环 88 排，每排约具 13 个钩刺。

生态习性 幼虫和蛹孳生于山溪急流中的水生植物和枯枝落叶上，海拔 480m。

地理分布 中国湖南。

分类讨论 本种雄虫未知，难以确定本种的组别归属。但是本种种征突出，雌虫具有各足胫节具棕黑色亚基环；生殖板内缘斜截，远离；茧具背中突和幼虫后颊裂圆形等特征，不难与其近缘种相区别。

长茎绳蚋 *Simulium*（*Gompostilbia*）*longitruncum* Zhang and Chen，2003（图 12-73）

Simulium（*Gompostilbia*）*longitruncum* Zhang and Chen（张春林，陈汉彬），2003. *Chin J. Vector Bio. and Control*，14（5）：354~355. 模式产地：中国海南（尖峰岭）.

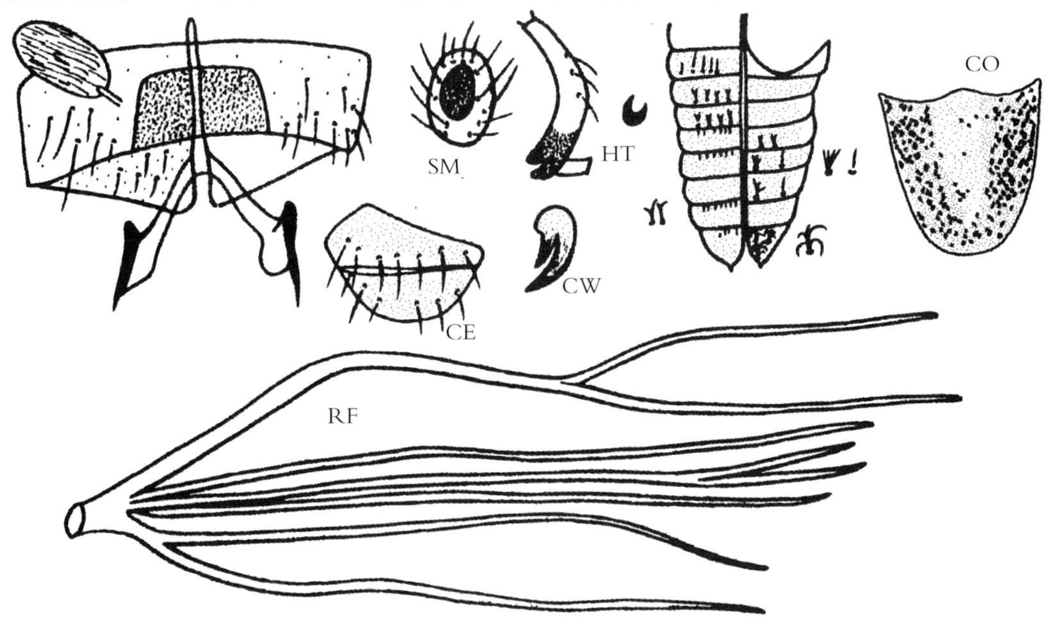

图 12-73 长茎绳蚋 *S.*（*G.*）*longitruncum* Zhang and Chen，2003

鉴别要点 雌虫生殖板内缘平行；生殖叉突后臂具外突。蛹呼吸丝排列呈 2+4+2，下对丝茎和中丝组中对的二级茎特别长。

形态概述

雄虫 未知。

雌虫 体长 2.5m。翅长约 2.0mm。额指数为 6.0∶3.6∶2.0。额头指数为 6.0∶19.5。触须节Ⅲ～Ⅴ的节比为 19∶23∶44。拉氏器长约占节Ⅲ的 0.6。上颚具 14 枚内齿，17 枚外齿。中胸盾片覆淡黄色毛。中胸侧膜光裸，下侧片具毛。前足基节、转节、股节基 3/4 和胫节中 1/3 为黄白色，余部为棕褐色；中足除基跗节基 1/3 为黄白色外，余部似前足；后足股节基 2/3、胫节中部外侧 3/5、基跗节基 2/3 和跗节Ⅱ基 1/2 为黄白色，余部为棕色。跗突中度发达。爪具大基齿。后足基跗节细，两侧平行。翅亚缘脉和径脉基具毛。生殖板三角形，内缘平行，稍骨化，两后臂具骨化外突。受精囊椭圆形。

蛹 体长 2.8mm。头部额板和前胸体臂散布盘状疣突。头毛 4 对，胸毛 6 对，均简单。呼吸丝特殊，8 条排列呈 2+（1+2）+2，主茎发出 3 个初级茎，下对初级茎最长，最粗；上对呼吸丝从短茎发出，中丝组呼吸丝从初级短茎同一位点发出，其中对二级茎特别长，超出下对初级茎的长度。腹节背板 7 无栉刺。茧简单，前缘加厚，具弧形中隆突，编织紧密。

幼虫 未知。

生态习性 成熟蛹采自山溪急流中的水草上，海拔 600m。

地理分布 中国海南。

分类讨论 尽管本种的雄虫和幼虫尚未发现，但是由于长茎绳蚋蛹的特征突出——呼吸丝 8 条另类排列，并具特别长的下对丝茎和中丝组的二级茎，腹节 7 背板无刺栉，这在绳蚋亚属中实属独具特征。不过，因为仅有 1 个标本，也不能排除个体变异的可能，其分类地位尚待进一步研究。

九连山绳蚋 *Simulium*（*Gompostilbia*）*jiulianshanense* Kang，Zhang and Chen，2007（图 12-74）

Simulium（*Gompostilbia*）*jiulianshanense* Kang，Zhang and Chen（康哲，张春林，陈汉彬），2007. *Acta Parasitol. Med. Entomol. Sin.*，14（3）：185~187. 模式产地：中国江西（九连山）.

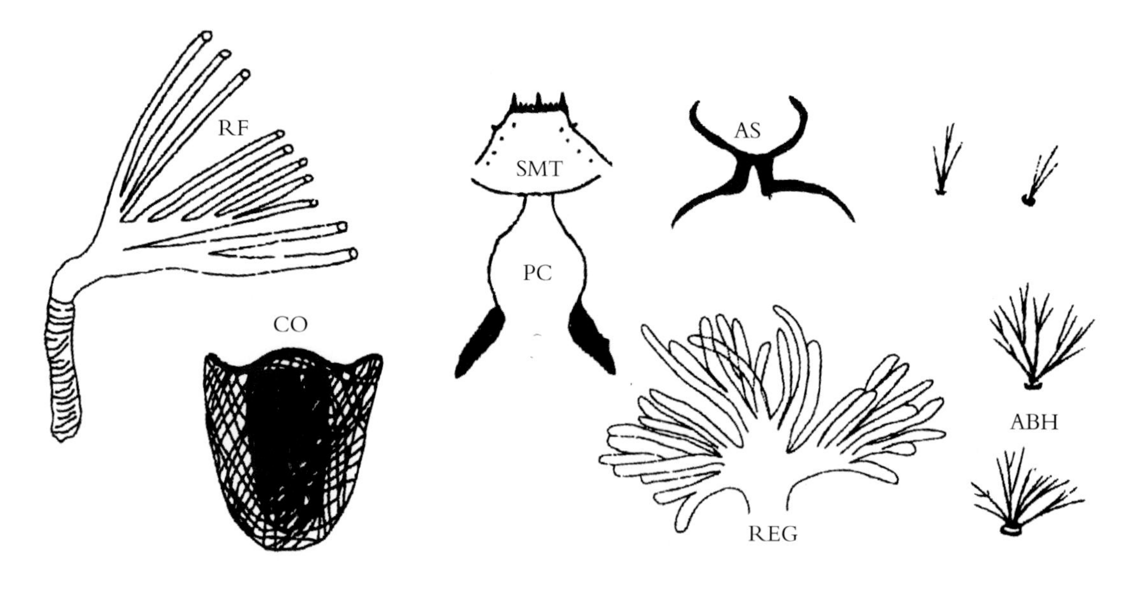

图 12-74 九连山绳蚋 *S.*（*G.*）*jiulianshanense* Kang，Zhang and Chen，2007

鉴别要点 蛹呼吸丝10条，排列成3+5+2，上丝组几乎无茎。幼虫后颊裂壶形，伸达亚颏后缘，腹部密被覆树状毛。

形态概述

雌虫 尚未发现。

雄虫 尚未发现。

蛹 体长2.3mm。头、胸体壁稀布疣突。头毛4对，胸毛6对，均长而简单。呼吸丝10条，长约为体长的1/4，排列成3+5+2。由主茎分3支发出短茎，但上丝组几乎无茎。下丝组的外丝长而粗于其他9条丝。腹部钩刺分布正常。茧拖鞋状，编织紧密，前缘加厚并具弧形隆突。

幼虫 体长3.8~4.3mm。头斑不明显。触角节1~3长度比为4.8∶4.2∶3.3。头扇毛38~40支。亚颏具1枚侧缘齿。侧缘毛3~4支。后颊裂壶形，伸达亚颏后缘。胸部和腹节1~4稀布黑色叉状毛（每分3~5支），跗节5~8密布树状毛（每分7~15支）。肛鳃每叶约具10个指状小叶。肛骨前臂约为后臂长的0.8。后环80排，每排约具15个钩刺。

生态习性 幼虫和蛹孳生于山溪中的水草上，海拔700m。

地理分布 中国江西（九连山）。

分类讨论 本种主要特征是呼吸丝10条，具有这一特征的已发现若干种，如报道自印度尼西亚的*S.*（*G.*）*atratoides*、马来西亚的*S.*（*G.*）*decuslum*以及中国的重庆绳蚋［*S.*（*G.*）*chongqingense*］和版纳绳蚋［*S.*（*G.*）*bannaense*］。本种与上述前3种可根据呼吸丝排列方式和性状以及幼虫后颊裂的形状加以区别，与后1种可依据其后腹节无刺栉以及幼虫肛骨、腹部毛序和肛鳃指状小叶数量不同加以鉴别。

康氏绳蚋 *Simulium*（*Gompostilbia*）*kangi* Sun，Yu and An，2011（图12–75）

Simulium（*Gompostilbia*）*kangi* Sun，Yu and An（孙宝杰，安继尧等），2011. *Acta Parasitol. Med. Entomol. Sin.*，18（4）：247~249. 模式产地：中国山东（青岛崂山）.

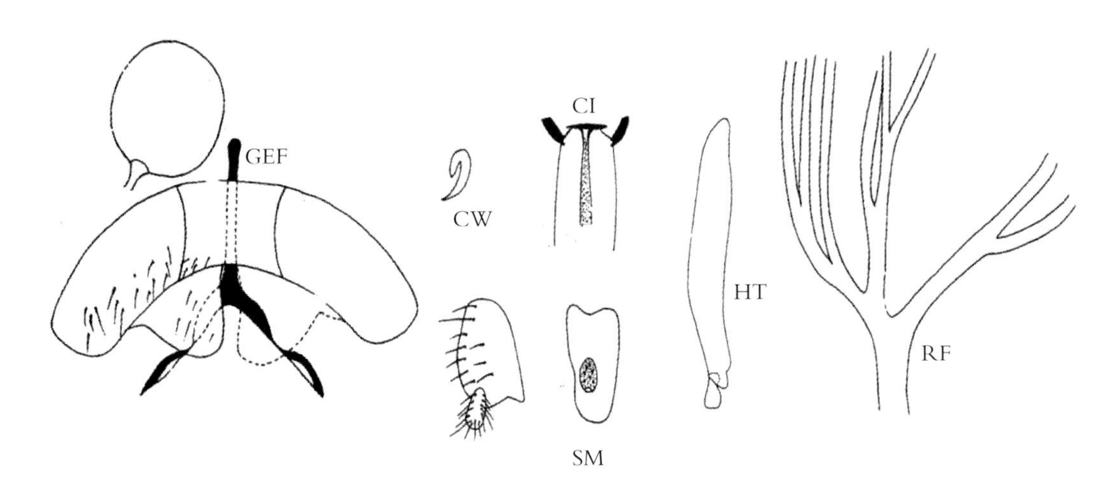

图12–75 康氏绳蚋 ***S.*（*G.*）*kangi*** Sun，Yu and An（仿Yu and An，2011. 重绘）

鉴别要点 雌虫生殖叉突大部骨化，后臂中部骤然变细弱。茧前缘具很小的背中突；蛹下对呼吸丝茎短，约与中丝组的初级茎持平或略短。

形态概述

雄虫 尚未发现。

雌虫 体长 3.2mm。翅长 2.8mm。额指数为 15∶10∶18。额头指数为 15∶75。触须节Ⅲ～Ⅴ的节比为 11∶14∶25。节Ⅲ膨大，拉氏器长为节Ⅲ的 0.3。下颚具 12 枚内齿和 16 枚外齿；上颚具 36 枚内齿和 28 枚外齿。食窦光裸，但具暗色中脊。中胸盾片棕黑色，覆黄色毛。中胸侧膜光裸，下侧片具黄色毛。前足、中足基节棕黄色，后足基节为棕黑色；各足转节除中足转节基 1/2 为棕黑色外，余一致为棕黄色；各足股节除端 1/3 为棕黑色外，余一致为棕黄色；各足胫节除前、后胫端 1/3 和中胫端 1/2 为棕黑色外，余一致为棕黄色。各足跗节除中足基跗节基 1/3、后足基跗节基 2/3 和跗节Ⅱ基 1/2 为棕黄色外，余一致为棕黑色。跗突发达，跗沟明显。爪具大基齿。翅亚缘脉基 2/3 和径脉基具毛。生殖板宽舌状，端圆。生殖叉突全长大部骨化，后臂中端骤然变细弱。受精囊亚球形。

蛹 体长 3.2mm。呼吸丝长 2.7mm。头、胸密布疣突。呼吸丝 8 条，排列成 2+3+3。下对丝长而粗于其余 6 条丝，其丝茎约与中组丝的二级茎持平或略短。腹部钩刺分布正常。茧简单，前缘加厚并具短小的背中突。

幼虫 尚未发现。

生态习性 蛹采自山溪中的水草上，海拔 1130m。

地理分布 中国山东（青岛）。

分类讨论 本种虽然虫态不全，但是雌虫外生殖器和蛹都具有清晰的特征。不过因为其模式标本偏少，所以还有待发现雄虫和幼虫，再进一步确定其分类地位。

刺绳蚋 *Simulium*（*Gompostilbia*）*penis* Sun，2009（图 12-76）

Simulium（*Gompostilbia*）*penis* Sun（孙悦欣），2009. *Chin J. Vector Bio. and Control*，20（6）：545~549. 模式产地：中国广西（龙胜）.

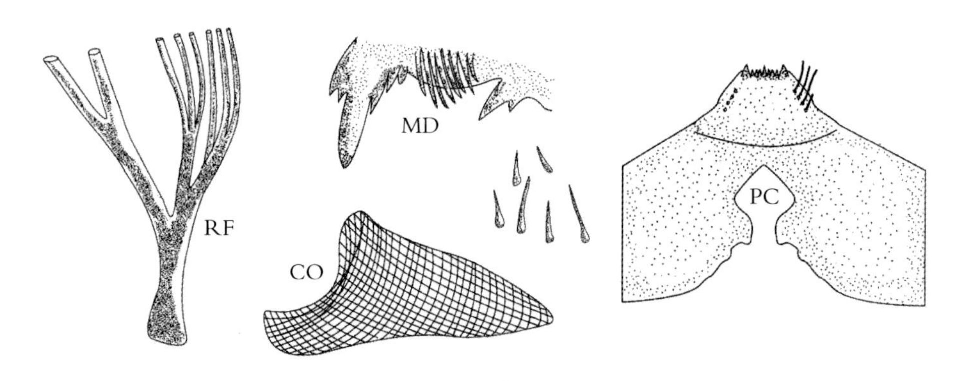

图 12-76 刺绳蚋 *S.*（*G.*）*penis Sun*（仿孙悦欣，2009. 重绘）

鉴别要点 蛹中丝组在初级茎同一位点上发出 3 条丝；下对丝茎长于中丝组的初级茎和二级茎之和。幼虫腹部具刺，后颊裂箭头状，基部强收缩。

形态概述

雌虫 未发现。

雄虫 未发现。

蛹 体长1.8~2.0mm。呼吸丝8条，排列成2+3+3。下对丝茎粗长，中丝组3条丝自初级茎同一位点发出。腹部钩刺正常。茧拖鞋状，似有背中突。

幼虫 体长5.3~5.4mm。头斑阳性。触角节1~3的节比为11:17:14。头扇毛39支。亚颏侧缘毛4~6支。后颊裂箭头状，端尖，基部强收缩。腹背有稀疏小刺。肛骨上臂短于下臂。肛鳃每叶具8~11个次生小叶。后环约83排，每排约具10个钩刺。

生态习性 幼虫和蛹采自山村小溪中。

地理分布 中国广西（龙胜）。

分类讨论 ①因为本种成虫尚未发现，而幼期原描述图文又略显粗糙，看不出明显的种征，所以其种名词源不当。②因为本种幼虫腹背具刺是绳蚋亚属已知的绝大多数种的共性特征，并非本种的标志性特征，所以其分类地位有待两性成虫的补描述，方可确定其分类地位。

四面山绳蚋 *Simulium*（*Gomphostilbia*）*simianshanense* Wang，Li and Sun，1996（图12-77）

Simulium（*Gomphostilbia*）*simianshanense* Wang，Li and Sun（王仕屏，李秀安，孙立萍），1996. *Sichuan J. Zool.*，15(3)：96~97. 模式产地：中国重庆（四面山）. Chen and An（陈汉彬，安继尧），2003. The Blackflies of China：119.

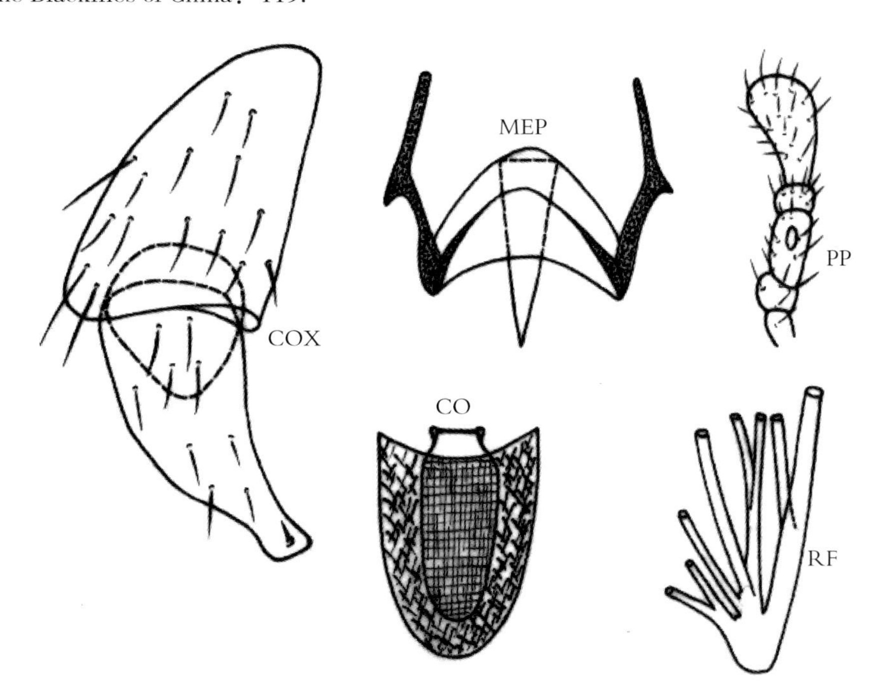

图12-77 四面山绳蚋 *S.*（*G.*）*simianshanense* Wang，Li and Sun（仿王仕屏等，1996. 重绘）

鉴别要点 雄虫生殖肢端节末1/3骤然变细而内弯，生殖腹板后缘内凹，前缘呈半圆形突出。蛹呼吸丝排列成2+4+2。

形态概述

雌虫 尚未发现。

雄虫 体长约3.2mm。唇基黑褐色，被同色毛。上眼面22横排。触角棕黄色，鞭节Ⅰ的长约为鞭节Ⅱ的2倍。触须端节膨大，拉氏器长约为节Ⅲ的1/3。中胸盾片褐黑色，被棕黄色毛；小盾片棕黄色，被棕黄色毛。中胸侧膜和下侧片光裸（来自于原描述）。径脉基具毛。足大部黑褐色；棕黄色部分包括各足股节基部2/3、胫节中部1/3和后足基跗节基部3/5。前足跗节Ⅰ的长约为宽的10倍。跗突发达，跗沟明显。腹节Ⅰ背板具棕黄色长毛，其他腹节背板为棕黄色，被黄色毛，腹板被同色毛。生殖肢基节长大于宽，略长于端节。生殖肢端节末1/3骤然变细而内弯。生殖腹板宽大于长，前缘呈圆形凸出，后缘凹入。中骨楔状，前宽后尖。阳基侧突每侧具大刺。

蛹 体长约3.0mm，黄色。额毛3对，胸毛5对，均不分支。呼吸丝8条，排列成2+4+2；下对丝茎粗壮，其下丝明显较上、中丝组粗长，超过短丝1倍长；中丝组的2支上丝无柄，上丝组从总柄亚基部的短茎分出。腹部钩刺正常，但原描述未记述端钩和锚状钩。茧简单，拖鞋状，编织紧密，前缘增厚，不完全掩盖蛹体。

幼虫 尚未发现。

生态习性 蛹和幼虫孳生于山溪急流中的水草茎叶及枯枝落叶上，水温13~18℃，海拔940m。

地理分布 中国重庆。

分类讨论 四面山绳蚋原描述者将它置于真蚋亚属，但是根据本种雄虫和蛹的一般特征，显然应属于绳蚋亚属，而原描述中的“中胸侧膜和下前侧片光裸”，且未描述蛹后腹部端钩和锚状钩，似乎又不符合绳蚋亚属的特征。所以，其分类地位有待进一步研究。

湘西绳蚋 *Simulium*（*Gomphostilbia*）*xiangxiense* Sun，2009（图12-78）

Simulium（*Gomphostilbia*）*xiangxiense* Sun（孙悦欣），2009. *Chin J. Vector Bio. and Control*，20（6）：545~549. 模式产地：中国广西（三江、龙胜和临桂），湖南（通道）.

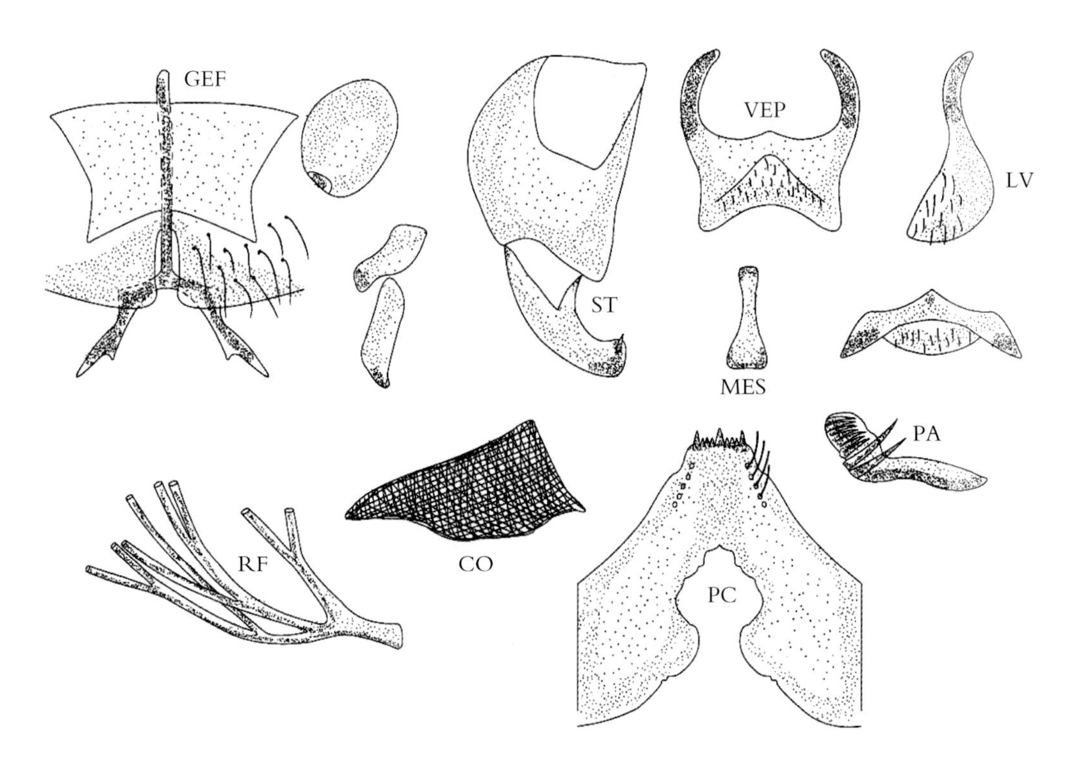

图12-78 湘西绳蚋 *S.*（*G.*）*xiangxiense* Sun（仿孙悦欣，2009. 重绘）

鉴别要点 雌虫生殖叉突后臂无外突。雄虫生殖肢端节末端钩状；阳基侧突每侧具 2 个大刺。蛹上丝组和中丝组的二级茎长，下对丝茎短，约与中丝组的初级茎持平。幼虫后颊裂箭头状，端部中央具 1 个刺状尖凸，侧缘波状。

形态概述

雌虫 触角鞭节Ⅰ的长约为鞭节Ⅱ的 1.7 倍。额指数为 20∶6∶11。拉氏器长约为触须节Ⅲ的 0.28。上颚具 23 枚内齿和 8 枚外齿；下颚具 10 枚内齿和 16 枚外齿。前足基跗节长约为宽的 5.5 倍。后足跗突发达。爪具大基齿。生殖板亚三角形。生殖叉突后臂基 1/3 外展，端 2/3 后伸，无外突。受精囊卵圆形。

雄虫 触角鞭节Ⅰ的长约为鞭节Ⅱ的 1.7 倍。触须节Ⅲ～Ⅴ的节比为 8∶7∶11。拉氏器长约为节Ⅲ的 0.54。前足基跗节长约为宽的 9 倍。生殖肢基节长于端节。端节末端内弯呈钩状。生殖腹板基缘略凸，端缘略凹，端侧角尖。中骨板状，端宽。阳基侧突每侧具 2 个大刺和众多小刺。

蛹 体长 2.3~2.5mm。头毛 4 对，简单。呼吸丝排列成 2+3+3。下对丝茎短，约与中丝组的初级茎持平。腹部钩刺和毛序正常。茧拖鞋状，前缘似有背中突。

幼虫 体长 5.5~5.7mm。头斑阳性，头扇毛 38 支。触角 3 节的节比为 14∶12∶12。亚颏侧缘毛 4~8 支。后颊裂箭头状，端部中央有尖刺状突，侧缘波状，基部强收缩。肛骨前臂短于后臂。肛鳃每叶具 9~10 个指状小叶。后环 87 排，每排约具 8 个钩刺。

生态习性 幼虫和蛹孳生于山溪中的水草上。

地理分布 中国广西和湖南。

分类讨论 本种幼虫后颊裂特征突出，蛹呼吸丝排列方式也比较特殊，所以不难鉴别。建议对雄虫后足基跗节的形状及上眼面的特征补描述，以便确定其组别归属。

5）希蚋亚属 Subgenus *Hellichiella* Rivosecchi and Cardinali，1975

Hellichiella Rivosecchi and Cardinali 1975. *Rivista di Parassitol.*，36：69. 模式种：*Eusimulium saccai Rivosecchi*，1967；Lee *et al.*（李铁生等），1976. N. China，midges，blackflies and horseflies：110；Chen and An（陈汉彬，安继尧），2003. The Blackflies of China：142.

Boreosimulium Rubtsov and Yankousky，1982. *Entomol. Oboz.*，61：183. 模式种：*Simulium forbesi Malloch*，1914.

Parahellichiella Golini，1982（thesis）（unav.，nomen nudum）.

亚属特征 上颚、下颚无齿，中胸盾片呈黑绒状；具银白色斑；翅前三脉具毛和刺，径分脉简单；足无跗突和跗沟，或仅具浅而光裸的跗沟。雌虫足爪具基齿，生殖板略呈三角形。生殖叉突两臂末段扁宽。雄蚋中胸侧膜具稀毛。生殖肢端节圆锥状，与基节约等长，生殖腹板叶片状，横宽。中骨条状，末端分叉或不分叉。阳基侧突具 2 排刺。蛹呼吸丝 3~12 条，叉状排列，多数基部膨大，向端部渐变尖。茧通常具发达的背中突。幼虫触角 7~9 节。头扇具 60 条以上细丝。上颚锯齿 2~4 枚。后颊裂窄小，形状不规则。肛鳃具附叶。

希蚋亚属全世界已知 25 种（Adler 和 Crosskey，2014；Crosskey，1997），分布于北美洲、欧洲、俄罗斯。中国仅在内蒙古发现 2 种，即白斑希蚋［*S.*（*He.*）*kariyai*］和梅氏希蚋［*S.*（*He.*）

meigeni〕。本亚属旧称 *Hellichia Enderlein*，Rubtsov（1964），曾将它并入真蚋属（*Ensimulium*），但两者特征显然不同，本书根据 Crosskey（1988，1997）的意见，将其作为独立的亚属处理。

白斑希蚋 *Simulium*（*Hellichiella*）*kariyai* Takahasi，1940（？）（图 12-79）

Hellichia kariyai Takahasi，1940. 1940~1942. *Insecta*，*Matsumurana*，15（1~2）：62. 模式产地：中国辽宁（公主岭）.Lee *et al.*（李铁生等），1976. N. China，midges，blackflies and horseflies：110.

Simulium（*Hellichiella*）*kariyai*（Takahasi，1940）；Crosskey，1988. Annot.Checklist World Blackflies（Diptera：Simuliidae）：451；An（安继尧），1996，*Chin J. Vector Bio. and Control*，7（6）：471；Chen and An（陈汉彬，安继尧），2003.The Blackflies of China：143.

鉴别要点 雄虫中胸盾片前部两侧具 1 对卵圆形银白色斑，并沿盾侧缘向后延伸形成银白色宽带。后足基跗节无附突和跗沟。爪无齿。

形态概述

雌虫 未知。

雄虫 体长 3.2mm，翅长 3.6mm。额窄，黑色，覆灰色粉被。喙和触须暗棕色。触角 11 节，棕褐色，被白色毛。中胸盾片呈黑丝绒状，覆以稀疏淡黄色毛。前缘两侧有 1 对卵圆形银白色斑，此斑沿盾侧向后延伸，并在小盾前区会合形成银白色宽横带。足大部为褐色，但是前足胫节外缘为淡黄色，中足胫节及第 I 跗节基部、后足胫节基半及基跗节基部 3/5 为黄色。无跗突及跗沟。爪简单。

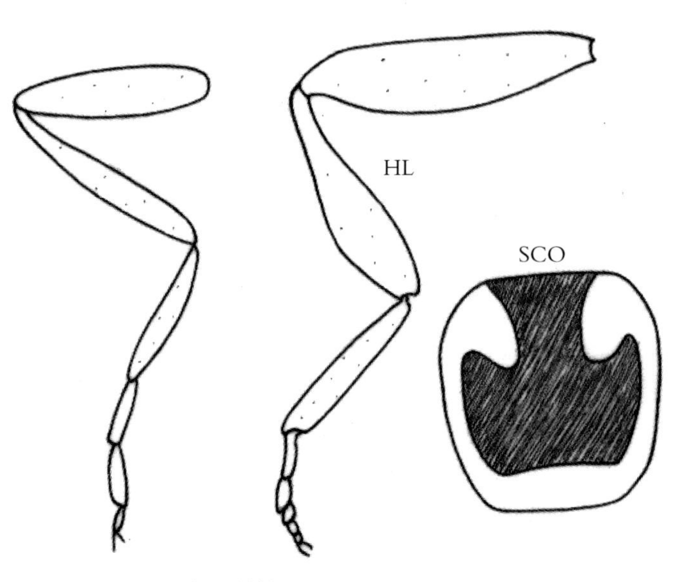

图 12-79 白斑希蚋 *S.*（*He.*）*kariyai* Takahasi，1940

蛹 未知。

幼虫 未知。

生态习性 不详。

地理分布 中国辽宁。

分类讨论 本种系由 Takahasi 于 1940 年根据单性成虫而记述，原描述很简单。Crosskey、安继尧、陈汉彬先后将它置于希蚋亚属项下，显然有误。现本种已移入蚋亚属盾纹蚋组。

梅氏希蚋 *Simulium*（*Hellichiella*）*meigeni*（Rubtsov and Calson，1965）（图 12-80）

Simulium（*Hellichiella*）*meigeni*（Rubtsov and Calson，1965）. 模式产地：俄罗斯（Murmansk KM）.

Simulium（*Hellichiella*）*fallisi*（Golini，1975）（Norway）.

鉴别要点 雌虫生殖叉突柄末端膨出。蛹呼吸丝排列成（3+3）+（3+3）；茧具发达的背中突。

形态概述 ［未见标本，以下是根据 Yankovsky（2002）的资料进行的整理］

雄虫 未知。

雌虫 中胸盾片暗褐色。足色全暗，爪具大基齿。后足无跗突和跗沟。生殖板呈三角形，端内角尖。生殖叉突柄端部膨大，后臂具骨化钝突。

蛹 呼吸丝 12 条，排列成（3+3）+（3+3）。下丝组的初级基和二级基约等长。两丝组展角约为 120°。

幼虫 未知。

生态习性 不详。

地理分布 中国：辽宁；国外：俄罗斯，蒙古国，挪威。

分类讨论 该种呼吸丝的数量和排列方式近似 *S.*（*He.*）*dogieli* 和 *S.*（*He.*）*usovae*，但后 2 种足为两色，雌性尾器也有差异，可资鉴别。

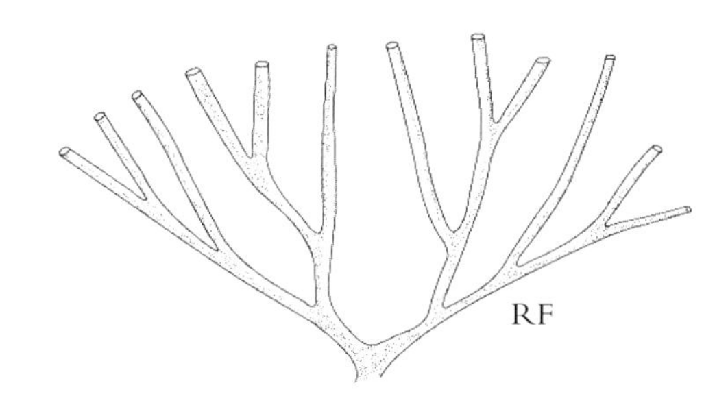

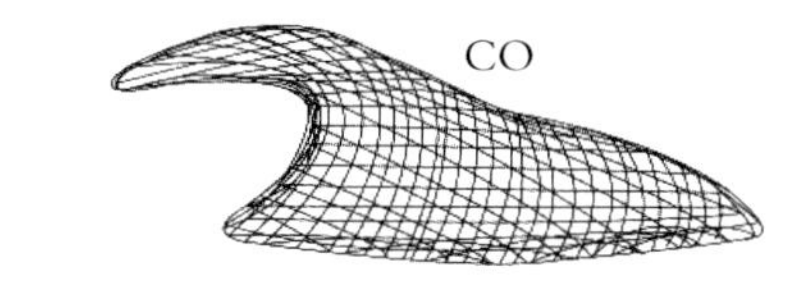

图 12–80 梅氏希蚋 *S.*（*He.*）*meigeni* (Rubtsov and Calson，1965)

6）山蚋亚属 Subgenus *Montisimulium* Rubtsov，1974

Montisimulium Rubtsov，1974. *Trudy Zool. Ins.* Leningrad，53：275. 模式种：*Simulium schevyakovi* Dorogostaisky *et al.*，1935. Chen and An（陈汉彬，安继尧），2003. The Blackflies of China：147；Liu，Wen and Chen（刘丹，温小军，陈汉彬），2007. *Acta Parasitol. Med. Entomol. Sin.*：114；Chen，Lian and Zhang（陈汉彬，廉国胜，张春林），2011. *Zootaxa*，3017：51~68.

亚属特征 成虫为大型或中型暗色种。体长 3~11mm。中胸盾片通常无纹饰。中胸侧膜和下侧片光裸，偶具毛。跗突和跗沟通常发育不良。有的跗突较小，有的跗沟较浅。翅径脉基具毛。雌虫下颚两侧具齿。上颚外齿通常副缺。触须节Ⅲ通常膨大或正常，拉氏器中等发达或发达。触须节Ⅴ长度短于节Ⅲ和节Ⅳ之和。前足基跗节的长为其宽的 8~10 倍。后足基跗节膨大或正常。长度与胫节约相等或稍短。爪具大基齿。生殖板舌状或亚三角形，内缘靠近或远离。生殖叉突后臂有或无骨化外突，膨大部形状多变，通常外展。雄虫生殖肢端节短于基节，形状各异，通常呈靴状或简单，但不呈钩状，末端内凹或变形，或形成圆形外突，其上可有若干齿突，或平或变尖。端刺发达。生殖腹板横宽，薄片状。中骨通常杆状或长板状，末端内凹，分叉或平齐。阳基侧突各具 3~14 个大小不一的粗刺。蛹呼吸丝 8~14 条，通常成束或分 2 支分出。茧编织通常紧密或前部具若干孔窗，前缘简单或具 1~5 个前背突。幼虫亚颏通常发达而高度骨化；顶齿的中齿、角齿发达；具侧缘齿。上颚顶齿大于第 2 顶齿。触角节 2 有或无次生淡环。后颊裂小而浅，呈圆形、方形、“M”形、槽口形或几乎缺如。肛鳃通常复杂，偶简单。腹乳突发达。

山蚋亚属系 Rubtsov 于 1974 年建立。其模式种 *S. chevyakovi* 系由 Darogostajsky、Rubtsov 和 Vlasenko 于 1935 年记述并置于蚋属（Genus *Simulium*）项下。1940 年，Rubtsov 将它移入蚋属真蚋亚属（Subgenus *Eusimulium*）。随着相关近缘种的不断发现，Rubtsov 于 1956 年将其 20 个近缘种（含亚种）置于真蚋属（*Eusimulium*）项下，分为山蚋组（*montium* group）和阿尔卑斯组（*alpinum* group）。随

后，Rubtsov 和 Yankovsky（1984，2002）又将上述 2 组合并提升为独立的山蚋属（*Montisimulium*）。由此可见，山蚋亚属的分类地位至今尚有争议。

虽然山蚋亚属与真蚋亚属和纺蚋亚属近缘，但是可通过山蚋亚属雌虫下颚两侧具齿，触须节 5 短于节 3 和 4 之和，生殖叉突后臂膨大而外展；雄虫生殖腹板横宽，阳基侧突每侧具 3~14 个粗刺；蛹具 8~14 条呼吸丝成束发出；幼虫上颚第 3 顶齿特粗大，触角有或无次生环节等综合特征，与真蚋亚属和纺蚋亚属相区别。

山蚋亚属是一类高地型类群。幼虫和蛹孳生于海拔 700~4000m 的高山溪涧或江河中，冷泉急流中的石块、水草或枯枝落叶上。水温 8~20℃，通常在春夏季活动，每年一代。雌虫的生态习性鲜有报道。

本亚属主要分布于古北界，并向东洋界延伸，包括东欧、中东、俄罗斯、蒙古国、中国、日本、印度、不丹、巴基斯坦、缅甸和泰国等。目前，全世界已知 79 种（Adler 和 Crosskey，2014）。我国迄今已报道 27 种，多数分布于青藏区和西南区，即阿氏山蚋［*S.*（*M.*）*alizadei*］、周氏山蚋［*S.*（*M.*）*chowi*］、川北山蚋［*S.*（*M.*）*chuanbeisense*］、凹端山蚋［*S.*（*M.*）*concavustylum*］、达氏山蚋［*S.*（*M.*）*dasguptai*］、宽板山蚋［*S.*（*M.*）*euryplatamus*］、库姆山蚋［*S.*（*M.*）*ghoomense*］、海螺沟山蚋［*S.*（*M.*）*hailuogouense*］、黑水山蚋［*S.*（*M.*）*heishuiense*］、夹金山山蚋［*S.*（*M.*）*jiajinshanense*］、吉斯沟山蚋［*S.*（*M.*）*jisigouense*］、清溪山蚋［*S.*（*M.*）*kirgisorum*］、林芝山蚋［*S.*（*M.*）*lingziense*］、磨西山蚋［*S.*（*M.*）*moxiense*］、线丝山蚋［*S.*（*M.*）*nemorivagum*］、多裂山蚋［*S.*（*M.*）*polyprominulum*］、端裂山蚋［*S.*（*M.*）*schizostylum*］、裂缘山蚋［*S.*（*M.*）*schizolomum*］、离板山蚋［*S.*（*M.*）*separatum*］、泰山山蚋［*S.*（*M.*）*taishanense*］、谭氏山蚋［*S.*（*M.*）*tanae*］、西藏山蚋［*S.*（*M.*）*tibetense*］、维西山蚋［*S.*（*M.*）*weisiense*］、五老峰山蚋［*S.*（*M.*）*wulaofengense*］、忻州山蚋［*S.*（*M.*）*xinzhouense*］和云台山蚋［*S.*（*M.*）*yuntaiense*］等。

中国山蚋亚属分种检索表

雌虫①

1　生殖叉突后臂具三角形的端内突……2
　生殖叉突后臂无三角形的端内突……6
2（1）　生殖叉突后臂具骨化侧外突……3
　生殖叉突后臂无骨化侧外突……5
3（2）　生殖叉突柄基部膨大……**周氏山蚋** *S.*（*M.*）*chowi*
　生殖叉突柄基部不膨大……4
4（3）　生殖板长舌状，后缘圆钝……**吉斯沟山蚋** *S.*（*M.*）*jisigouense*
　生殖板亚三角形，后缘几乎直……**黑水山蚋** *S.*（*M.*）*heishuiense*
5（2）　拉氏器长约为触须节Ⅲ的 2/3；生殖板长舌状……**忻州山蚋** *S.*（*M.*）*xinzhouense*
　拉氏器长约为节Ⅲ的 1/3；生殖板短三角形……**宽板山蚋** *S.*（*M.*）*euryplatamus*
6（1）　生殖叉突后臂具骨化侧外突……7

① 凹端山蚋［*S.*（*M.*）*concavustylum*］、达氏山蚋［*S.*（*M.*）*dasguptai*］、林芝山蚋［*S.*（*M.*）*lingziense*］、清溪山蚋［*S.*（*M.*）*kirgisorum*］、磨西山蚋［*S.*（*M.*）*moxiense*］、裂缘山蚋［*S.*（*M.*）*schizolomum*］、西藏山蚋［*S.*（*M.*）*tibetense*］和五老峰山蚋［*S.*（*M.*）*wulaofengense*］的雌虫尚未发现。

生殖叉突后臂可有骨外侧脊但无骨外侧外突……………………………………………13

7(1) 中胸盾片具Ⅲ条暗色纵纹；生殖板内缘深凹………………**线丝山蚋** *S.*（*M.*）*nemorivagum*

无上述合并特征……………………………………………………………………8

8(7) 拉氏器小，长约为触须节Ⅲ的 0.38……………………………**泰山山蚋** *S.*（*M.*）*taishanense*

拉氏器大，长为触须节Ⅲ的 0.5~0.7………………………………………………9

9(8) 拉氏器长约为节Ⅲ的 1/2；生殖叉突后臂侧突小…………**川北山蚋** *S.*（*M.*）*chuanbeisense*

拉氏器长为节Ⅲ的 0.6~0.7；生殖叉突后臂侧突发达……………………………10

10(9) 食窦后缘具中突；生殖板内缘斜向后外，远离………**夹金山山蚋** *S.*（*M.*）*jiajinshanense*

无上述合并特征……………………………………………………………………1

11(10) 生殖板内缘呈弧形内凹……………………………**多裂山蚋** *S.*（*M.*）*polyprominulum*

生殖板内缘几乎直…………………………………………………………………12

12(11) 生殖叉后臂膨大部向外呈线状延伸………………………**海螺沟山蚋** *S.*（*M.*）*hailuogouense*

非如上述……………………………………………………………………………13

13(6) 生殖板短舌状；生殖叉突后臂膨大部成尖角形………………**离板山蚋** *S.*（*M.*）*separatum*

生殖板短三角形；生殖叉突后臂膨大部端圆…………………**吕梁山蚋** *S.*（*M.*）*lvliangense*

14(6) 额具中纵沟纹……………………………………………**库姆山蚋** *S.*（*M.*）*ghoomense*

额具中纵沟纹………………………………………………………………………15

15(14) 食窦具疣突…………………………………………………………………………16

食窦光裸……………………………………………………………………………17

16(15) 生殖板内缘几乎直而窄分离………………………………**维西山蚋** *S.*（*M.*）*weisiense*

生殖板内缘内凹且远分离……………………………………**谭氏山蚋** *S.*（*M.*）*tanae*

17(15) 生殖板内缘稍内凹且远分离………………………………**端裂山蚋** *S.*（*M.*）*schizostylum*

生殖板内缘基部靠近，渐向后外稍分离……………………**阿氏山蚋** *S.*（*M.*）*alizadei*

雄虫①

1 生殖肢端节末端中凹，形成不对称的两支，外肢具若干齿突，或平滑，内支收缩…………3

生殖肢端节简单，形状各异…………………………………………………………9

2(1) 生殖肢端节亚端外突具 4~5 个粗齿突………………………………………………3

生殖端节亚端外突平滑………………………………………………………………7

3(2) 中骨具端中裂；生殖腹板基缘几乎直………………………**川北山蚋** *S.*（*M.*）*chuanbeisense*

无上述合并特征……………………………………………………………………4

4(3) 生殖腹板端缘宽凹，基缘中突………………………………………………………5

生殖腹板至少基缘无中突……………………………………………………………6

5(4) 生殖腹板侧缘具亚基侧突；阳基侧突具 5~6 个大刺…………**忻州山蚋** *S.*（*M.*）*xinzhouense*

生殖腹板侧缘无亚基侧突；阳基侧突具 8~9 个大刺…………**吕梁山蚋** *S.*（*M.*）*lvliangense*

6(4) 生殖腹板双峰状，端侧角圆，侧缘几乎平行，基臂具明显的楔状突……………………

① 裂缘山蚋［*S.*（*M.*）*schizolomum*］、周氏山蚋［*S.*（*M.*）*chowi*］、凹端山蚋［*S.*（*M.*）*concavustylum*］、林芝山蚋［*S.*（*M.*）*lingziense*］、多裂山蚋［*S.*（*M.*）*polypominulum*］、离板小蚋［*S.*（*M.*）*separatum*］和云岩山蚋［*S.*（*M.*）*yumtaiense*］的雄虫尚未发现。

…………………………………………………………端裂山蚋 *S.*（*M.*）*schizostylum*

7（2） 生殖腹板蝶形，侧缘斜截，基臂无楔状突………………凹端山蚋 *S.*（*M.*）*concavustylum*

生殖腹板端缘宽凹；基缘中突……………………………………………………………………8

8（7） 生殖腹板蝶形，侧缘具角状亚中突……………………………黑水山蚋 *S.*（*M.*）*heishuiense*

生殖腹板横宽，侧缘无角状亚中突………………………吉斯沟山蚋 *S.*（*M.*）*jisigouense*

9（1） 中骨基部特宽，约为其中径的 4 倍……………………………阿氏山蚋 *S.*（*M.*）*alizadei*

中骨形状非如上述……………………………………………………………………………10

10（9） 生殖腹板横宽，端缘几乎平直…………………………线丝山蚋 *S.*（*M.*）*nemorivagum*

生殖腹板蝶形，端缘凹…………………………………………………………………………11

11（10）中骨具端中裂……………………………………………………………………………12

中骨简单…………………………………………………………………………………………14

12（11）生殖肢端节鹅头状，端 1/4 膨大………………………………宽板山蚋 *S.*（*M.*）*euryplatamus*

生殖肢端节非鹅头状，端 1/4 渐变窄…………………………………………………………13

13（12）阳基侧突具 5 个大刺………………………………………………维西山蚋 *S.*（*M.*）*weisiense*

阳基侧突具 3 个大刺……………………………………………清溪山蚋 *S.*（*M.*）*kirgisorum*

14（11）生殖腹板端缘宽凹，侧缘具有角状亚中突…………………磨西山蚋 *S.*（*M.*）*moxiense*

生殖腹板端缘明显中凹，侧缘无角状亚中突………………………………………………15

15（14）中骨端骨…………………………………………………………………………………16

中骨端平…………………………………………………………………………………………19

16（15）生殖腹板基缘明显向前凸出；阳基侧突具 10 个大刺………………………………………

…………………………………………………………五老峰山蚋 *S.*（*M.*）*wulaofengense*

无上述合并特征…………………………………………………………………………………17

17（16）生殖肢端节几乎直………………………………………………西藏山蚋 *S.*（*M.*）*tibetense*

生殖肢端中部向内急弯…………………………………………………………………………18

18（17）阳基侧突具 4 个大刺和 3 个小刺，生殖腹板后缘中部深凹……泰山山蚋 *S.*（*M.*）*taishanense*

阳基侧突约具 8 个约等大的刺，生殖腹后缘中部浅凹…………达氏山蚋 *S.*（*M.*）*dasguptai*

19（15）生殖肢基节很长，约为其宽度的 8 倍；阳基侧突具 6 个大刺……………………………

…………………………………………………………库姆山蚋 *S.*（*M.*）*ghoomense*

生殖肢基节长仅略大于宽；阳基侧突具 4 个大刺和 5 个小刺……………………………

…………………………………………………………夹金山山蚋 *S.*（*M.*）*jiajinshanense*

蛹

1 呼吸丝变形，呈长角状，其前 2/3 发出 14 条排列不规则的细短丝…达氏山蚋 *S.*（*M.*）*dasguptai*

呼吸丝形状正常……………………………………………………………………………2

2（1） 呼吸丝 8 条………………………………………………………忻州山蚋 *S.*（*M.*）*xinzhouense*

呼吸丝 10~14 条…………………………………………………………………………………3

3（2） 呼吸丝 10 条……………………………………………………………………………………4

呼吸丝 12~14 条…………………………………………………………………………………7

4（3） 茧编织疏松，其上具众多孔窗，前缘具 4~6 个排列不规则的指状前背突……………………

……………………………………………………………………多裂山蚋 *S.*（*M.*）*polyprominulum*

茧编织紧密，茧前缘无上述指状突……………………………………………………………………5

5（4） 茧具1对大侧窗……………………………………………………宽板山蚋 *S.*（*M.*）*euryplatamus*

茧无侧窗……………………………………………………………………………………………6

6（5） 茧具1对发达的前背突，其长度约为茧长的1/2……………端裂山蚋 *S.*（*M.*）*schizostylum*

茧仅具小的前背突…………………………………………………………吕梁山蚋 *S.*（*M.*）*lvliangense*

7（3） 呼吸丝12条…………………………………………………………………………………………11

呼吸丝14条…………………………………………………………………………………………8

8（7） 茧具前背突……………………………………………………………………………………10

茧无前背突……………………………………………………………………………………………9

9（8） 呼吸丝排列为6+8………………………………………………夹金山山蚋 *S.*（*M.*）*jiajinshanense*

呼吸丝排列为6+2+3+3………………………………………………………西藏山蚋 *S.*（*M.*）*tibetense*

10（8） 茧具小的前背突，背对丝茎粗于其他丝茎…………………………维西山蚋 *S.*（*M.*）*weisiense*

茧具显著的前背突，所有丝茎约等粗……………………………………磨西山蚋 *S.*（*M.*）*moxiense*

11（7） 茧编织疏松，前缘具4~6个排列不规则的指状前背突…………………………………………12

茧编织紧密，前缘简单或具1个前背突……………………………………………………………13

12（11） 茧具众多不规则的孔窗，但无侧窗……………………………海螺沟山蚋 *S.*（*M.*）*hailuogouense*

茧具3对5~6个侧窗……………………………………………………裂缘山蚋 *S.*（*M.*）*schizolomum*

13（11） 茧具前背突……………………………………………………………………………………14

茧无前背突……………………………………………………………………………………………18

14（13） 呼吸丝排列成5+7……………………………………………………云台山蚋 *S.*（*M.*）*yuntaiense*

呼吸丝排列非如上述………………………………………………………………………………15

15（14） 呼吸丝排列成5+2+2+3…………………………………………………谭氏山蚋 *S.*（*M.*）*tanae*

呼吸丝排列非如上述………………………………………………………………………………16

16（15） 呼吸丝排列成2+5+5…………………………………………………凹端山蚋 *S.*（*M.*）*concavustylum*

呼吸丝排列成2+6+4…………………………………………………………………………………17

17（16） 肢节9端钩很小……………………………………………………………库姆山蚋 *S.*（*M.*）*ghoomense*

端钩发达……………………………………………………………………周氏山蚋 *S.*（*M.*）*chowi*

18（13） 茧细长，长为其宽的2.0~2.5倍；呼吸丝由主茎分5~7支发出……………………………

……………………………………………………………………………阿氏山蚋 *S.*（*M.*）*alizadei*

无上述合并特征……………………………………………………………………………………19

19（18） 呼吸丝排列2+3+3+4……………………………………………………………………………20

呼吸丝排列非如上述………………………………………………………………………………21

20（19） 茧前缘具中隆起，但不加厚………………………………………离板山蚋 *S.*（*M.*）*separatum*

茧前缘加厚但无中隆起………………………………………………黑水山蚋 *S.*（*M.*）*heishuiense*

21（20） 呼吸丝排列成2+5+5………………………………………………………………………………22

呼吸丝排列成2+6+4…………………………………………………………………………………23

22（21） 茧前缘具中隆起…………………………………………………五老峰山蚋 *S.*（*M.*）*wulaofengense*

茧前缘无中隆起……………………………………………**林芝山蚋** *S.*（*M.*）*lingziense*

23（22）无胸毛…………………………………………………………**泰山山蚋** *S.*（*M.*）*taishanense*

具胸毛 ……………………………………………………………………………………24

24（23）茧编织紧密………………………………………………**吉斯沟山蚋** *S.*（*M.*）*jisigouense*

茧编织疏松 …………………………………………………………………………………25

25（24）下对丝茎长于中对丝初级茎和次级茎之和…………………**清溪山蚋** *S.*（*M.*）*kirgisorum*

下对丝茎短于中对丝初级茎和次级茎之和………………………**线丝山蚋** *S.*（*M.*）*nemorivagum*

幼虫[①]

1 上颚缘齿具附齿列……………………………………**海螺沟山蚋** *S.*（*M.*）*hailuogouense*

上颚缘齿无附齿列…………………………………………………………………………2

2（1） 触角节 2 具次生环节……………………………………………………………………3

触角节 2 无次生环节 ……………………………………………………………………13

3（2） 触角节 2 仅具 1 个次生环节…………………………………**西藏山蚋** *S.*（*M.*）*tibetense*

触角节 2 具 2~4 个次生环节………………………………………………………………4

4（3） 触角节 2 具 2 个次生环节…………………………………………………………………5

触角节 2 具 3~4 个次生环节………………………………………………………………6

5（4） 后颊裂小，几乎不成形………………………………………**云台山蚋** *S.*（*M.*）*yuntaiense*

后颊裂虽小，但明显可辨认……………………………**夹金山山蚋** *S.*（*M.*）*jiajinshanense*

6（4） 大型种，体长 10~12mm…………………………………………**谭氏山蚋** *S.*（*M.*）*tanae*

中型种，体长 7~8mm…………………………………………………………………………7

7（6） 触角节 2 具 3 个次生环节…………………………………………………………………8

触角节 2 具 4 个次生环节 …………………………………………………………………10

8（7） 头扇毛约 40 支；后环约具 94 排钩刺………………………**离板山蚋** *S.*（*M.*）*separatum*

头扇毛 25~34 支；后环具 80~84 排钩刺 ………………………………………………………9

9（8） 侧缘毛 5 支；头扇毛约 24 支…………………………**吉斯沟山蚋** *S.*（*M.*）*jisigouense*

侧缘毛 4 支；头扇毛约 25 支……………………………………**林芝山蚋** *S.*（*M.*）*lingziense*

10（7） 侧缘毛通常 5 支 ……………………………………………………………………………11

侧缘毛通常 7 支 ……………………………………………………………………………12

11（10）后环约具 90 排钩刺……………………………………………**周氏山蚋** *S.*（*M.*）*chowi*

后环具 76~79 排钩刺 ……………………………………………**泰山山蚋** *S.*（*M.*）*taishanense*

12（10）肛鳃每叶具 4~6 个次生小叶 ……………………………**黑水山蚋** *S.*（*M.*）*heishuiense*

肛鳃非如上述………………………………………………………**库姆山蚋** *S.*（*M.*）*ghoomense*

13（2） 后颊裂不成形 ……………………………………………………………………………14

后颊裂虽小，但成形…………………………………………………………………………18

14（13） 亚颏侧缘毛 5~6 支 ………………………………………………………………………15

亚颏侧缘毛 3~4 支 …………………………………………………………………………17

15（14）头扇毛 20 支；后环具 104~108 排钩刺 ……………………**清溪山蚋** *S.*（*M.*）*kirgisorum*

① 多裂山蚋［*S.*（*M.*）*polyprominulum*］的幼虫尚未发现。

头扇毛27~30支；后环具26~78排钩刺……………………………………………………16
16（15）肛鳃具13~15个次生小叶……………………………………阿氏山蚋 *S.*（*M.*）*alizadei*
肛鳃约具8个次生小叶……………………………………………………达氏山蚋 *S.*（*M.*）*dasguptai*
17（14）侧缘毛3支…………………………………………………线丝山蚋 *S.*（*M.*）*nemorivagum*
侧缘毛4支……………………………………………………五老峰山蚋 *S.*（*M.*）*wulaofengense*
18（13）肛鳃每叶具4个次生小叶………………………………………………………………19
肛鳃每叶具6~13个次生小叶………………………………………………………………20
19（18）后环约具50排钩刺…………………………………………维西山蚋 *S.*（*M.*）*weisiense*
后环约具80排钩刺……………………………………………裂缘山蚋 *S.*（*M.*）*schizolomum*
20（18）头扇毛约20支……………………………………………裂缘山蚋 *S.*（*M.*）*schizolomum*
头扇毛28~34支……………………………………………………………………………21
21（20）后环约具88排钩刺……………………………………………忻州山蚋 *S.*（*M.*）*xinzhouense*
后环具80~82排钩刺………………………………………………………………………22
22（21）侧缘毛4~6支………………………………………………端裂山蚋 *S.*（*M.*）*schizostylum*
侧缘毛7~9支………………………………………………………………………………23
23（22）肛鳃每叶具10~13个次生小叶……………………………川北山蚋 *S.*（*M.*）*chuanbeisense*
肛鳃每叶具6~8个次生小叶…………………………………………………………………24
24（23）后颊裂“M”形，长约为后颊裂桥的0.65………………凹端山蚋 *S.*（*M.*）*concavustylum*
后颊裂形状不规则，长约为后颊桥的1/3……………………………吕梁山蚋 *S.*（*M.*）*lvliangense*

阿氏山蚋 *Simulium*（*Montisimulium*）*alizadei*（Djafarov，1954）（图12–81）

Eusimulium gviletense alizadei Djafarov，1954：285~290；*Rubtsov*，1956. *Blackflies*，*Fauna USSR*，Diptera，6：407. 模式产地：阿塞拜疆.

Simulium（*Montisimulium*）*alizadei*（Djafarov，1954）；Adler and Crosskey，2008. Checklist World Blackflies：51.

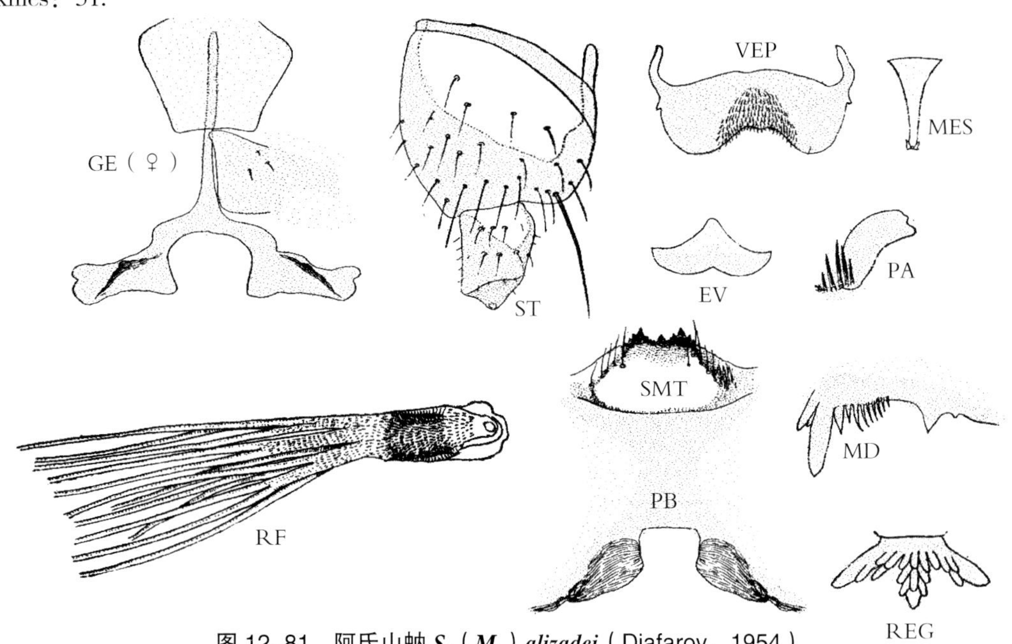

图12–81 阿氏山蚋 *S.*（*M.*）*alizadei*（Djafarov，1954）

鉴别要点 雄虫中骨基部特宽，约为其中径的 4 倍宽。茧长，为其宽的 2.0~2.5 倍。

形态概述

雌虫 额高约为最小宽度的1.75倍。前足基跗节细长。后足基跗节约为宽的8倍。生殖板亚三角形。生殖叉突后臂具骨化侧脊但无外突，后段膨大部为亚长方形。

雄虫 体长 4.0~5.6mm。中胸盾片密被黄白色毛。后足基跗节为纺锤形。生殖板端节短于基节，侧缘几乎平行。端部收缩。生殖腹板横宽，后缘中凹，中骨基部宽，约为其中径的 4 倍宽。阳基侧突每侧具 5 个大刺。

蛹 呼吸丝 12 条，由主茎分 5~7 支成束发出，与蛹体约等长。茧简单。拖鞋状，长为宽的 2.0~2.5 倍。

幼虫 体长约 8.0mm，上颚缘齿无附齿列。头扇毛 27~30 支。亚颏中的角齿、顶齿突出。侧缘毛 4~7 支。后颊裂小亚方形。肛鳃复杂，具 13~15 个次生小叶。后环 76~78 排。

生态习性 不详。

地理分布 中国：四川；国外：阿塞拜疆，亚美尼亚，哈萨克斯坦，俄罗斯，土耳其。

分类讨论 本种在我国四川的分布记录，系根据国外的文献记载。经复查四川大量相关标本，尚未能证实，拟作存疑种处理。

周氏山蚋 *Simulium*（*Montisimulium*）*chowi* Takaoka，1979（图 12-82）

Simulium（*Eusimulium*）*chowi* Takaoka，1979，*Pacif. Ins.*，20（4）：374. 模式产地：中国台湾（台中和花莲）.

Simulium（*Montisimulium*）*chowi*，1979；Crosskey，1988. Annot. Checklist World Blackflies（Diptera: Simuliidae）：455；Chen and An（陈汉彬，安继尧），2003.The Blackflies of China：150.

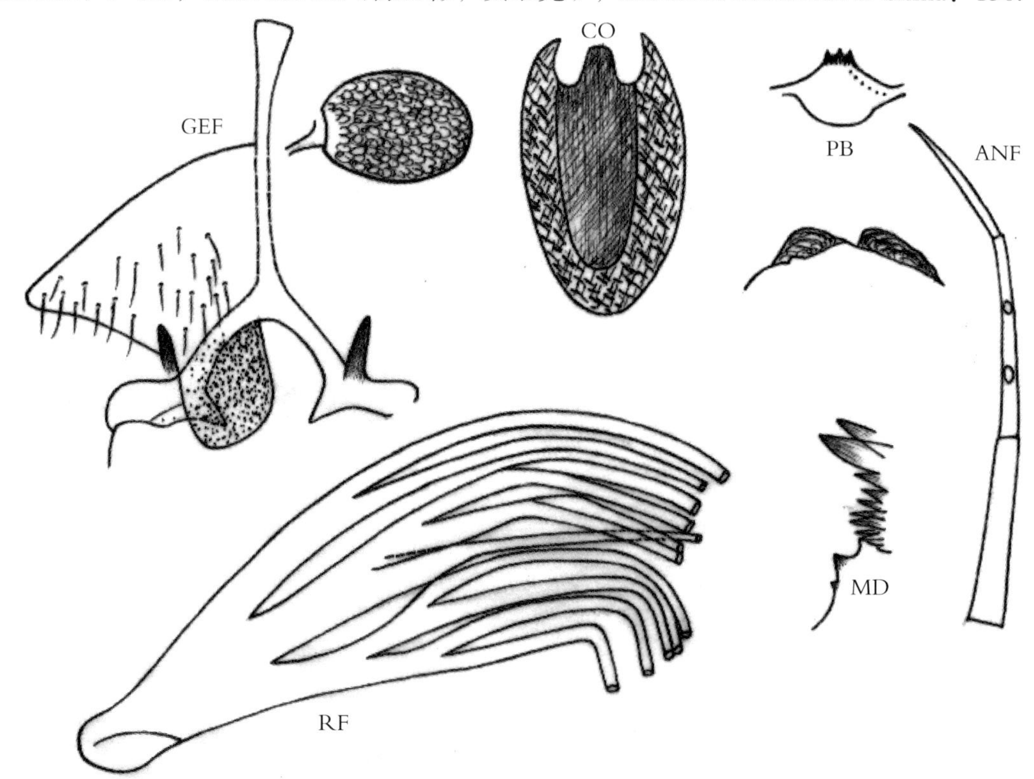

图 12-82 周氏山蚋 *S.*（*M.*）*chowi* Takaoka（仿 Takaoka，1979. 重绘）

鉴别要点 雌性触须拉氏器长约为宽的3倍；生殖板向后内突出呈乳头状。蛹腹部端钩发达。茧具背中突。幼虫后腹部红棕色。

形态概述

雌虫 体长约3.6mm。额和唇基暗棕色，无闪光，密被黄白色毛。额头指数为1:4。额指数为7∶4∶6。触角2+9节，全色暗。触须黑色，5节，第Ⅲ节稍膨大，拉氏器长约为宽的3倍，为第Ⅲ节的1/2。下颚具内齿9枚，外齿14枚；上颚具内齿28个，外齿缺。中胸盾片棕色，密被黄白色毛；小盾片棕色，被黄白色细毛和棕色竖毛；后盾片棕色，光裸。中胸侧膜和下侧片光裸。各足除股节基部4/5和中足、后足胫节中部为黄棕色，以及后足基跗节为灰棕色外，余一致为棕色。后足基跗节侧缘平行。跗突和跗沟均发达。爪基齿约为爪长的1/3。翅径脉基具毛。腹部基鳞淡黄色，腹背暗棕色覆以黄白色毛。生殖板乳头状，端圆，生殖叉突柄基部膨大，每一后臂具1个骨化楔状长侧突和1个弱骨化的三角形内突。受精囊卵圆形，具网纹。肛上板和尾须短。

雄虫 未发现。

蛹 头、胸部黄棕色，密被疣突。头毛、胸毛均简单。呼吸丝12条，排列成2+6+4，所有丝均密布盘状黑色疣突。腹部第5节背板无刺栉，末节每侧具1个锚状钩。

幼虫 头斑明显。触角第2节具3~4个次生淡环。头扇36支。上颚第1顶齿发达，锯齿无附缘齿列。亚颏中齿、角齿发达，侧缘齿不发达，侧缘毛5~6支。后颊裂很小。胸部光滑，后腹节具红棕色斑和稀疏简单毛。肛骨“X”形，后臂略长于前臂。附骨缺。后环90排，每排具14个钩刺。腹乳突发达。

生态习性 幼虫和蛹孳生于山溪中的石块或枯枝落叶上。

地理分布 中国台湾。

分类讨论 周氏山蚋蛹呼吸丝的数目和排列方式与库姆山蚋［*S.*（*M.*）*ghoomense*］、林芝山蚋［*S.*（*M.*）*lingziense*］、线丝山蚋［*S.*（*M.*）*nemorivagum*］和清溪山蚋［*S.*（*M.*）*kirgisorum*］相似。但是根据本种雌性触须拉氏器特别长，生殖板乳头状，蛹具发达的端钩，茧具背中突，幼虫后腹节具红棕色斑等综合特征，可与上述近缘种相区别。

川北山蚋 *Simulium*（*Montisimulium*）*chuanbeisense* Chen，Zhang and Liu，2008（图12-83）

Simulium（*Montisimulium*）*chuanbeisense* Chen，Zhang and Liu（陈汉彬，张春林，刘丹），2008. *Acta Zootaxa Sin.*，33（1）：68~72. 模式产地：中国四川（四姑娘山）.

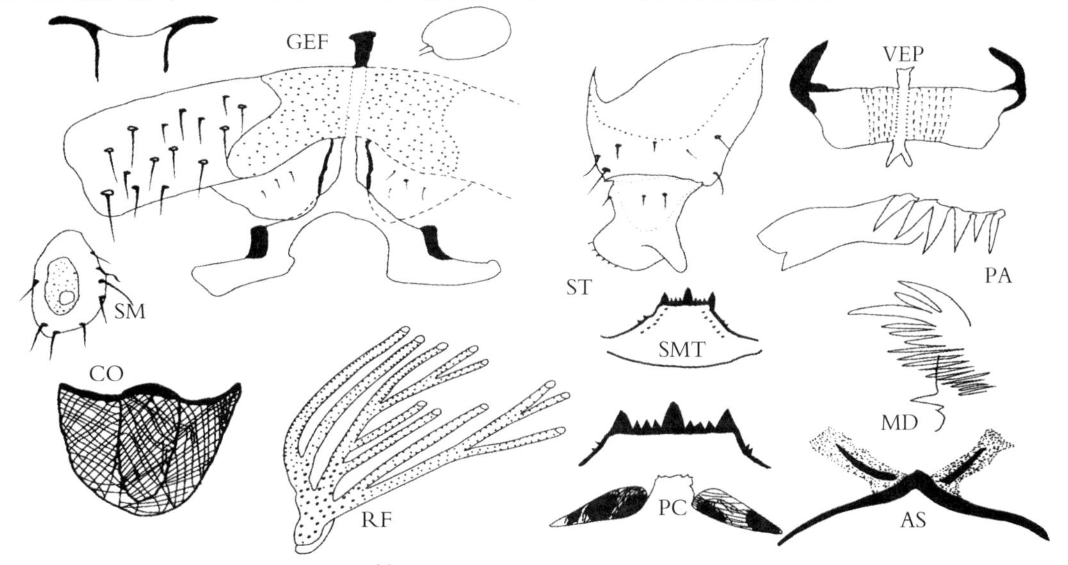

图12-83 川北山蚋 *S.*（*M.*）*chuanbeisense* Chen，Zhang and Liu，2008

鉴别要点 雌虫生殖板短舌状；生殖叉突后臂具骨化侧脊但无外突；生殖腹板后缘中凹，基缘平直；中骨棒状，端部分叉。茧前缘具骨化弧形突。蛹呼吸丝排列成 2+5+5。

形态概述

雌虫 体长 4.0mm。翅长约 3.2mm。额指数为 8.0∶5.1∶7.0，额头指数为 8.0∶28。触角柄节或梗节和鞭节 I 基部为黄棕色，余部为棕色。触须节 Ⅲ ~ Ⅴ的节比为 7.3∶5.0∶15.8。拉氏器长约为节Ⅲ的 1/2。下颚具 10 枚内齿和 12 枚外齿；上颚具 26 枚内齿，无外齿。食窦无疣突。中胸盾片密覆金色毛。中胸侧膜和下侧片光裸。各足基或转节除前足转节基 1/2 色淡外，余部为棕色。各足股节基 3/4 为黄色，端 1/4 为棕色。各足胫节棕色但中大部外面为黄色，各足跗节除后足基跗节和跗节Ⅱ基 1/2 色淡外，余一致为棕色。前足基跗节长约为宽的 9 倍，后足基跗节两侧亚平行，长约为宽的 8 倍。跗突和跗沟发达，爪具大基齿。翅前缘脉和径脉基具毛。生殖板短舌状；生殖叉突无外突。

雄虫 体长 4.2mm。翅长约 3.6mm。上眼具 14 纵列和 16 横排大眼面。触角鞭节 I 的长约为鞭节Ⅱ的 1.7 倍，触须拉氏器几乎圆，长约为节Ⅲ的 0.22。胸部近似雌虫。但后足基跗节膨大，长约为宽的 4.5 倍，翅亚缘脉光裸。生殖肢端节长约为基节的 0.7，端内骤变细尖。从腹侧面观，端外有 1 个明显的亚端圆突，基端缘各具 1 列粗齿。从腹面观，生殖腹板横宽，端缘内凹，基缘平直，侧缘斜截。阳基侧突每侧具 5~6 个大刺。中骨棒状，具端裂。

蛹 体长约 5.5mm。头、胸密覆疣突。呼吸丝 11 或 12 条，排列成 2+5+4 或 2+5+5，长约为体长的 1/2。腹部钩刺和毛序分布正常。茧编织紧密，前缘中部有弧形隆起。

幼虫 体长约 7.5mm。头斑阳性。触角 3 节，节比为 6.0∶7.0∶4.8。头扇毛 28~34 支。亚颏中的角齿、顶齿突出。侧缘毛 6~7 支。后颊裂小槽口形，肛鳃每叶具 10~13 个次生小叶，后环 82 排。腹乳突发达。

生态习性 幼虫孳生于山溪急流中的水草和石块上，成虫习性不详。

地理分布 中国四川。

分类讨论 本种蛹呼吸丝 11~12 条，近似于 *S.*（*M.*）*concavustylum*、*S.*（*M.*）*schizolomum*、*S.*（*M.*）*hailnogouense* 以及报道自塔吉克斯坦的 *S.*（*M.*）*stackelbergi* 和 *S.*（*M.*）*odontostylum*。但是可根据两性尾器构造，蛹前缘具弧形中隆起以及通常只有 11 条呼吸丝排列成 2+5+4 等综合特征，可与其近缘种相区别。

凹端山蚋 *Simulium*（*Montisimulium*）*concavustylum* Deng，Zhang and Chen，1995（图 12-84）

Chen and An（陈汉彬，安继尧），2003. The Blackflies of China：151. 模式产地：中国西藏（林芝）.

鉴别要点 雄性生殖肢端节鹅头状，亚端部明显内凹；阳基侧突每侧具 9 个大刺。蛹呼吸丝排列成 2+5+5；茧具背中突但无侧突。

形态概述

雄虫 上眼面 22 排。触角鞭节 I 的长约为鞭节Ⅱ的 2 倍。触须拉氏器小，约为节Ⅲ长的 1/4。足大部色暗；淡色部分包括各足股节基部 4/5，胫节中部约 1/2 及后足基跗节。生殖肢基节长约为端节的 2 倍。生殖肢端节亚端部内凹，形成鹅头状。生殖腹板蝶形，后缘内凹，中部 1/2 密被倒刺毛；中骨杆状，端部平截；阳基侧突每侧具 9 个大小不一的刺。

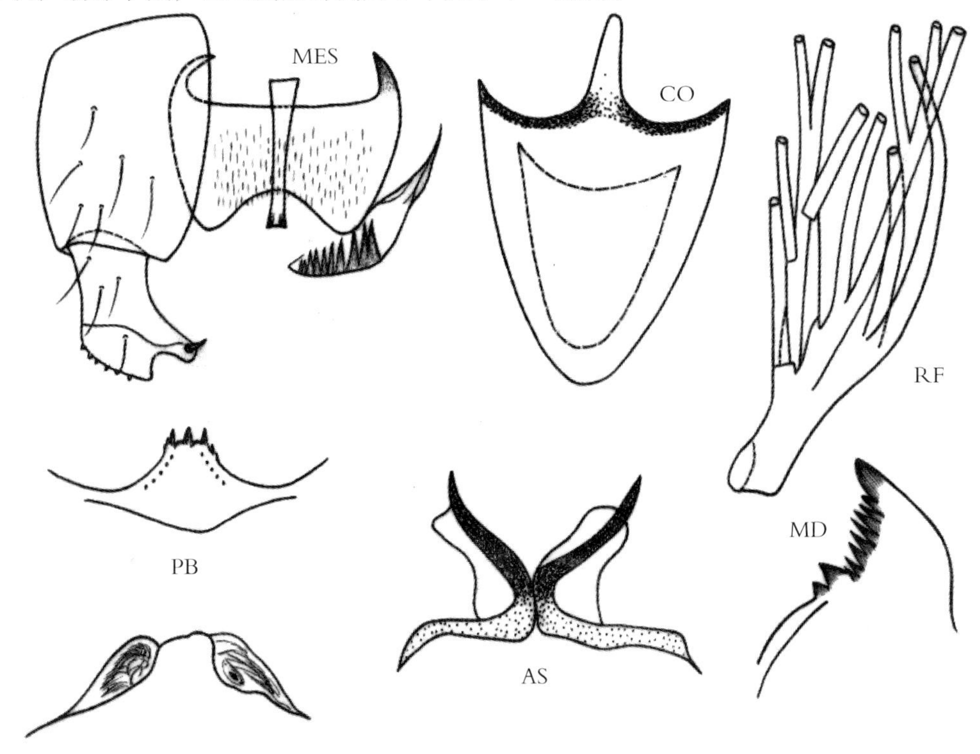

图 12–84 凹端山蚋 *S.*（*M.*）*concavustylum* Deng，Zhang and Chen，1995

蛹 头部和前胸密被盘状疣突，后胸疣突较小。头毛、胸毛不分支。呼吸丝 12 条，长约为蛹体长的 5/8，排列成 2+5+5。腹节 2 背板每侧各具 5 支简单毛和 1 支刺毛，节 3、节 4 背板每侧具 4 个叉钩，节 5~7 背板具刺栉；节 5~7 腹板每侧具 2 个分叉或不分叉的钩刺；末节具端钩。茧拖鞋状，编织紧密，具增厚的前缘和发达的背中突。

幼虫 体长约 6.6mm。亚颏中齿、角齿发达；侧缘齿各 3 枚；侧缘毛各 6~9 支。后颊裂较大，“M”形，高约为后颊桥的 2/5。触角无次生环。上颚第 1 顶齿特发达，无附缘齿列。肛板“X”形，后臂长于前臂。肛鳃复杂，约具 20 个次生小叶。后环 80 排，每列具 5~12 个小钩。

生态习性 幼虫和蛹附生于山溪中的水草、枯枝和石块上，水温 19℃，海拔 2900m。

地理分布 中国西藏。

分类讨论 凹端山蚋呼吸丝排列为 2+5+5，这一特征与裂缘山蚋［*S.*（*M.*）*schizolomum*］相似。但是后者茧具分裂的长侧突和多个侧窗；幼虫上颚第 1 和第 3 顶齿均发达，约等长；后颊裂较小等特征，可资鉴别。

达氏山蚋 *Simulium*（*Montisimulium*）*dasguptai*（Datta，1974）（图 12–85）

Simulium（*Eusimulium*）*dasguptai* Datta，1974. *Oriental Ins.*，8（4）：459. 模式产地：印度达吉岭 .

Simulium（*Montisimulium*）*dasguptai*（Datta，1974）. Takaoka *et al.*，2009. *Med. Entomol. Zool.*，60（3）：217~220.

鉴别要点 雄虫上眼 23 横排，25 纵列；阳基侧突具 8 个钩刺。蛹呼吸丝呈长角状，略短于体长，其端 2/3 具 14 条不规则排列的细丝。

形态概述

雌虫 未知。

雄虫 体长 4.0mm。头稍宽于胸，上眼大眼面 23 纵列，25 横排。唇基暗棕色，覆白粉被，具棕黑色长毛和黄色短毛。触角除鞭节Ⅰ基部为淡棕色外，余部为暗棕色，鞭节Ⅰ的长约为鞭节Ⅱ的 2.2 倍。触须节Ⅲ ~ Ⅴ的节比为 1.0 : 1.23 : 2.27。中胸盾片棕黑色，覆灰白粉被和黄色细毛。小盾片淡棕色，具黑色长毛。后盾片棕黑色，灰白粉被，光裸。中胸侧膜和下侧片光裸。前足基转节暗棕色；股节淡棕色而端部为棕黑色。胫节棕黑色而中大部外面为棕色；跗节棕黑色。基跗节细长，长约为宽的 10.22 倍。中足基节中棕色，转节暗棕色但基 1/2 为淡棕色；股节淡棕色而端为棕黑色；胫节棕黑色但中大部外面为淡棕色；跗节棕黑色。后足基节暗棕色，转节中棕色；股节淡棕色但端部为棕黑色；跗节暗棕色，基跗节除基部为中棕色外一式淡棕色，膨胀，纺锤状。跗突和跗沟发达。翅亚缘脉光裸，径脉基具毛。腹部基鳞棕黑色并具同色缘毛。背板暗棕色并覆同色毛。生殖肢基节圆锥状，长约为宽的 1.8 倍，生殖肢端节长约为基节的 0.72 倍。端圆两侧几乎平行，中部骤向内弯，具端刺。生殖腹板横宽，后缘中凹，侧面观有角状基突。中骨板状，端圆。阳基侧突每侧具 8 个大刺。

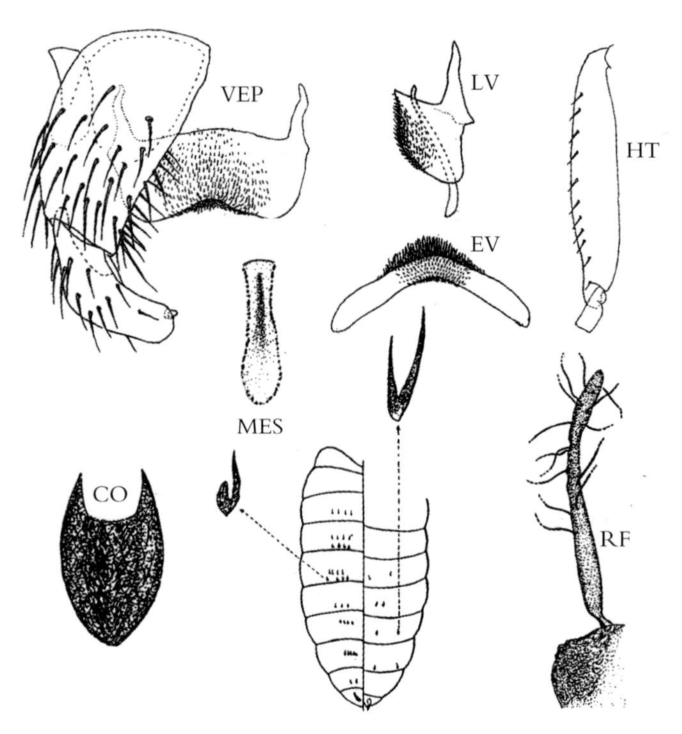

图 12–85 达氏山蚋 ***S.*（*M*）*dasguptai***（Datta）
（综合 Datta，1974 和 Takaoka，2009. 重绘）

蛹 体长约 4.0mm。头、胸具疣突。呼吸丝特殊，由 1 对长角的端 2/3 不规则地发出 14 条细短丝。节 2 背板每侧具 4 支简单毛，节 3、节 4 背板每侧具 4 个叉钩和 4 支简单毛，节 5 每侧具 4 个刺和 2 支毛，节 6、节 7 和节 8 背板每侧分别具 8 个、10 个和 4 个刺。节 5 腹板每侧具 1 对并拢的叉钩，节 6、节 7 腹板具 1 对分离的叉钩，后腹节具端钩。茧编织疏松，拖鞋状，前缘不加厚。

幼虫 体长 6.5~7.0mm。体色淡黄，头斑可见。触角 3 节。头扇毛约 30 支。后颊裂小，槽口状。亚颏中齿、角齿突出。侧缘毛 6 支，上颚缘齿无附齿列，肛鳃复杂。每叶具 7~8 个顶生小叶，肛骨前臂、后臂约等长。

生态习性 不详。

地理分布 中国：四川；国外：印度。

分类讨论 本种是 Datta（1974）根据印度的幼虫和蛹记述的新种，置于真蚋亚属项下。Takaoka

（2009）根据地模标本对其雄虫进行补描述。从幼期结合成虫看，将它放入山蚋亚属更为合理。虽然其雌虫迄今为止尚未发现，但是其蛹呼吸丝的排列方式是独有的特征，可与山蚋亚属已知种相区别。

宽板山蚋 *Simulium*（*Montisimulium*）*euryplatamus* Sun and Song，1995（图 12–86）

Simulium（*Eusimulium*）*euryplatamus* Sun and Song（孙悦新，宋秀慈），1995. *Simulium J. Zool.*，14（2）：50. 模式产地：中国辽宁（新宾）.

Simulium（*Montisimulium*）*euryplatamus* Sun and Song，1995. An（安继尧），1996. *Chin J. Vector Bio. and Control*，2（2）：471；Chen and An（陈汉彬，安继尧），2003. The Blackflies of China：153.

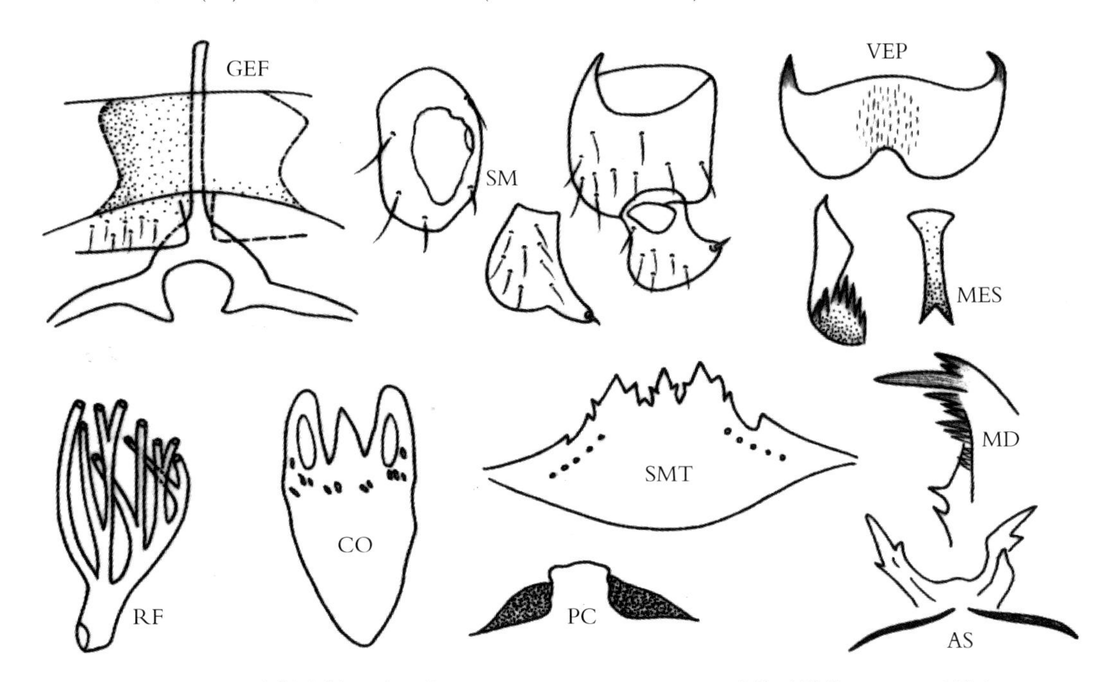

图 12–86 宽板山蚋 *S.*（*M.*）*euryplatamus* Sun and Song（仿孙悦欣，1995. 重绘）

鉴别要点 雌性生殖板后缘平齐；生殖叉突无侧突。雄性生殖肢端节鹅头状；生殖腹板后缘中部呈槽口状深凹；中骨末端分叉。蛹呼吸丝 10 条，排列成 4+2+3+1；茧具背中突并具长侧突，两侧突上各有 1 个大侧窗。

形态概述

雌虫 触须拉氏器长约为节Ⅲ的 1/2。上颚具内齿 10~11 枚，外齿 20~21 枚；下颚具内齿 8~9 枚，外齿 12~14 枚。中胸盾片黑色，密被黄色柔毛。前足股节端部 1/3 为黄白色。爪具大甚齿。翅径脉具毛和刺。生殖板亚三角形，后缘平齐，生殖叉突两后臂各具 1 个楔状内突。受精囊椭圆形，具网纹。肛上板半圆形，与尾须约等长。

雄虫 唇基被黄色毛，上眼面具 17 横排。触角鞭节Ⅰ的长约为鞭节Ⅱ的 2 倍。触须拉氏器长约为节Ⅲ的 1/4。中胸盾片黑色，被金黄色稀毛。前足股节后面灰白色。腹节Ⅰ～Ⅴ背板为棕黄色具短毛，余部为黑色。生殖肢端节短于基节，亚端部内凹，鹅头状。生殖腹板横宽，后侧角斜截，后缘中部呈槽口状深凹。中骨末端分叉。阳基侧突每侧具 8 个大小不一的刺。

蛹 体长 4.5~5.0mm。头胸部具盘状疣突。头毛 1 对。呼吸丝 10 条，排列为 4+2+3+1，中组丝茎长。

茧拖鞋状，具发达的背中突和侧突，两侧突上各具 1 个大侧窗。

幼虫 头斑阴性。触角无次生环。亚颏顶齿分 3 组，侧缘毛 4~5 支；后颊裂小，槽口状。无肛指，肛板“X”形。后环 83 排，每排具 13 个钩刺。

生态习性 幼虫和蛹孳生于海拔 700m 的高山小溪中的石块下，水温 8℃，pH 值 5.5。

地理分布 中国辽宁。

分类讨论 宽板山蚋蛹呼吸丝的数目和排列方式，茧的特殊形态以及雌虫生殖板后缘平齐等特征相当突出，不难与本亚属已知其他种类相区别。

库姆山蚋 *Simulium*（*Montisimulium*）*ghoomense* Datta，1975（图 12–87）

Simulium（*Eusimulium*）*ghoomense* Datta，1975. *Proc. Indian Acad. Sci.*，81(2)：67~74. 模式产地：印度；Ghoom；Deng，Xue，Zhang *et al.*（邓成玉等），1994. *Sixtieth Anniversary Founding*，*China Zool. Soc.*：10~13.

Simulium（*Montisimulium*）*ghoomense* Datta，1975；Chen and An（陈汉彬，安继尧），2003. The Blackflies of China：154.

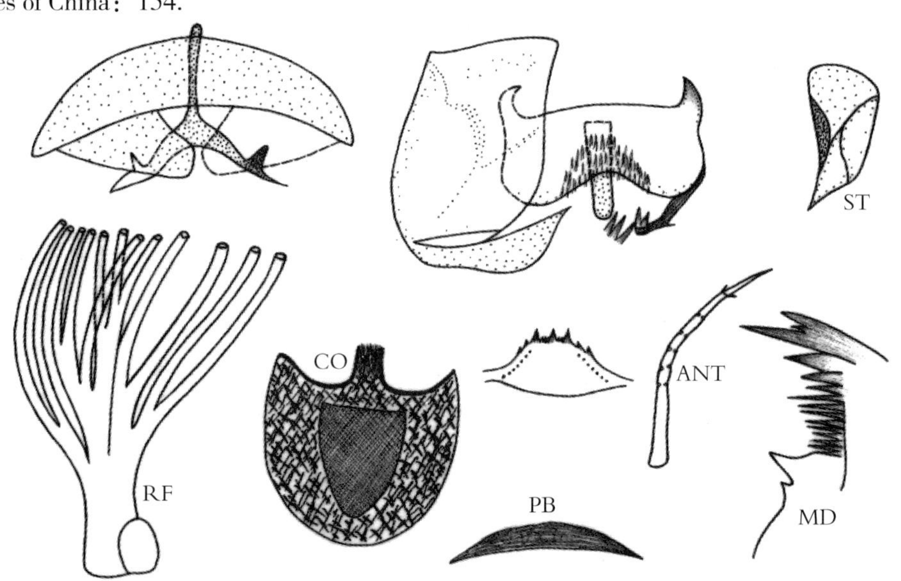

图 12–87 库姆山蚋 *S.*（*M.*）*ghoomense* Datta（仿 Datta，1975. 重绘）

鉴别要点 雌额具中纵淡沟；生殖板内缘基半内凹形成缺刻，生殖叉突后臂各具 1 个楔状长侧突。雄虫生殖肢端节端尖，呈长三角形；生殖腹板蝶形；中骨杆状。蛹腹部端钩不发达；茧背中突端钝。幼虫触角节 2 具 4 个次生淡环。

形态概述

雌虫 额色灰暗，侧缘亚平行，具 1 条中纵淡沟。触须拉氏器长宽约相等。食窦光滑。中胸盾片黑色，闪光，被金色毛，具 3 条纵线自前沿伸达小盾前面。前足股节灰色，仅端部为黑色并在基部具一暗斑；前足胫节灰色，仅端部为黑色并具一亚基暗环。中足、后足股节灰色，仅端部为黑色；中足、后足胫节灰色，仅端部为黑色并具一亚基暗环。跗突发达，爪具大基齿。生殖板内缘基半内凹形成缺刻，生殖叉突后臂各具 1 个楔状长侧突。

雄虫 上眼具20纵列，18横排。中胸盾片黑色，被金色毛，具3条不清晰的纵纹；小盾片灰黑色，被金色毛，闪光；后盾片灰黑色，光裸。翅径脉基段具毛。前足股节淡棕色，仅末端灰色并具一灰色基斑；前足胫节棕色，仅端部灰色并具一亚基灰环；中足股节棕色，仅端部灰色；中足胫节棕色，仅端部灰色并具一亚基灰环；后足股节淡棕色，仅端部灰色；后足胫节棕灰色，仅端部灰色并具一亚基灰环；各足跗节灰色。跗突发达。腹节Ⅱ~Ⅴ黄色，其余为灰黑色。生殖肢基节明显长于端节。生殖肢端节末端尖，生殖腹板蝶形，后缘中凹，侧后角斜截。中骨杆状，简单。阳基侧突每侧具6个大刺。

蛹 头、胸部被以盘状疣突。头毛3对，胸毛7对，均简单。蛹呼吸丝12条，排列成2+6+4，均密被疣突。腹部钩刺正常，端钩很小。茧拖鞋状，编织紧密，具端钝的背中突，其长度约与侧突齐平。

幼虫 触角节2具4个次生淡环。上颚第3顶齿发达。头扇毛32支。后颊裂小，几乎副缺。亚颏中齿、角齿显著，侧缘毛每边6~7支。肛鳃复杂。肛板后臂长于前臂。

生态习性 库姆山蚋与本亚属其他种类一样，属高山型种类，幼虫和蛹孳生于流速0.3~0.5m/s的水体，通常在枯叶或石块上。

地理分布 中国：西藏；国外：印度。

分类讨论 库姆山蚋雌额具中纵淡沟，生殖板基部凹入呈三角形缺刻以及雄性生殖肢端节形状特殊等综合特征，易于与本亚属已知其他种类相区别。

海螺沟山蚋 *Simulium* (*Montisimulium*) *hailuogouense* Chen, Huang and Zhang, 2005（图12–88）

Simulium（*Montisimulium*）*hailuogouense* Chen，Huang and Zhang（陈汉彬，黄丽，张春林），2005. *Acta Zootaxa Sin.*，30（1）：175~179. 模式产地：中国四川（泸定）.

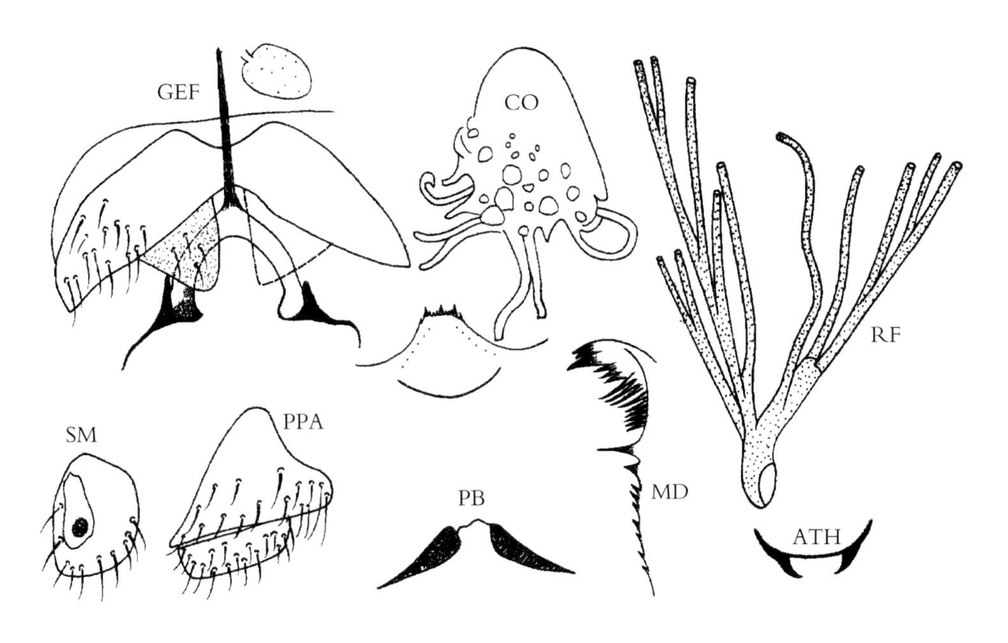

图12–88 海螺沟山蚋 *S.*（*M.*）*hailuogouense* Chen，Huang and Zhang，2005

鉴别要点 雌虫生殖板亚三角形，内缘亚平行。蛹呼吸丝12条，茧前部具众多小孔室和5~7个排列不规则的前背突。幼虫上颚缘齿具附齿列。

形态概述

雌虫 体长约3.7mm。翅长约3.0mm。额指数为8.5∶5.5∶8.8。额头指数为8.5∶34.5。触角鞭节

Ⅰ的长约为鞭节Ⅱ的 1.4 倍。触须节Ⅲ ~ Ⅴ的节比为 6.6 : 6.0 : 20.3。节Ⅲ膨大，拉氏器长约为节Ⅲ长的 0.6。下颚具 8 枚内齿和 10 枚外齿；上颚具 27 枚内齿，无外齿。食窦光裸。中胸盾片暗棕色，覆金黄色毛。中胸侧膜和下侧片光裸。各足基转节除中足转节基 1/2 色淡外，余部为棕色。各足股节基 3/4 黄色，端 1/4 棕色。各足胫节中大部外面为黄色，余部为棕色。各足跗节除后足基跗节和跗节Ⅱ基 1/3 为黄色外，余部为暗棕色。前足基跗节长约为宽的 9 倍。后足基跗节两侧平行，长约为宽的 7.7 倍。跗突和跗沟发达。爪具大基齿。翅亚缘脉和径脉基具毛。腹节背板暗棕色，并覆同色毛。生殖板亚三角形，内缘亚平行。生殖叉突后臂具骨化外侧突。受精囊近圆形。

雄虫 未知。

蛹 体长约 3.9mm。体色黄棕。头、胸稀布疣突。头毛 3 对，胸毛 6 对，均简单。呼吸丝 12 条，长约为体长的 1/2，分散排列为 2+5+5。腹节 1~3 具疣突，钩刺和毛序分布正常。茧特殊，前 1/2 具许多小孔窗，并具 3~4 个排列不规则的前背突。

幼虫 体长约 7.0mm。头斑阳性。触角 3 节，节比为 8.2 : 9.5 : 7.5。头扇毛约 30 支。上颚缘齿具附齿列（约 7 枚小锯齿）。亚颏中的角齿、顶齿突出。侧缘毛 6~7 支。后颊裂小，槽口状，长约为后颊桥的 1/3。胸、腹体壁光裸。肛鳃每叶具 14~18 个次生小叶。后环约 82 排。腹乳突发达。

生态习性 幼虫和蛹孳生于山溪流水中的水草和枯枝落叶上，海拔 3020m。

地理分布 中国四川。

分类讨论 本种具 12 条呼吸丝，这一特征与林芝山蚋 [*S.*（*M.*）*lingziense*]、裂缘山蚋 [*S.*（*M.*）*schizolomum*]、周氏山蚋 [*S.*（*M.*）*chowi*]，报道自印度的线丝山蚋 [*S.*（*M.*）*nemorivagum*]、库姆山蚋 [*S.*（*M.*）*ghoomense*]，报道自日本的 *S.*（*M.*）*kobayashii* 以及报道自吉尔吉斯斯坦的 *S.*（*M.*）*kirgisorum* 相似。但是可根据其蛹和茧的特殊形态，呼吸丝排列为 2+5+5，幼虫上颚缘齿具附齿列等综合特征加以区别。

黑水山蚋 *Simulium*（*Montisimulium*）*heishuiense* Chen and Wen，2006（图 12-89）

Simulium（*Montisimulium*）*heishuiense* Chen and Wen（陈汉彬，温小军），2006. *Acta Zootaxa Sin.*，31（4）: 880~882. 模式产地：中国四川（黑水）.

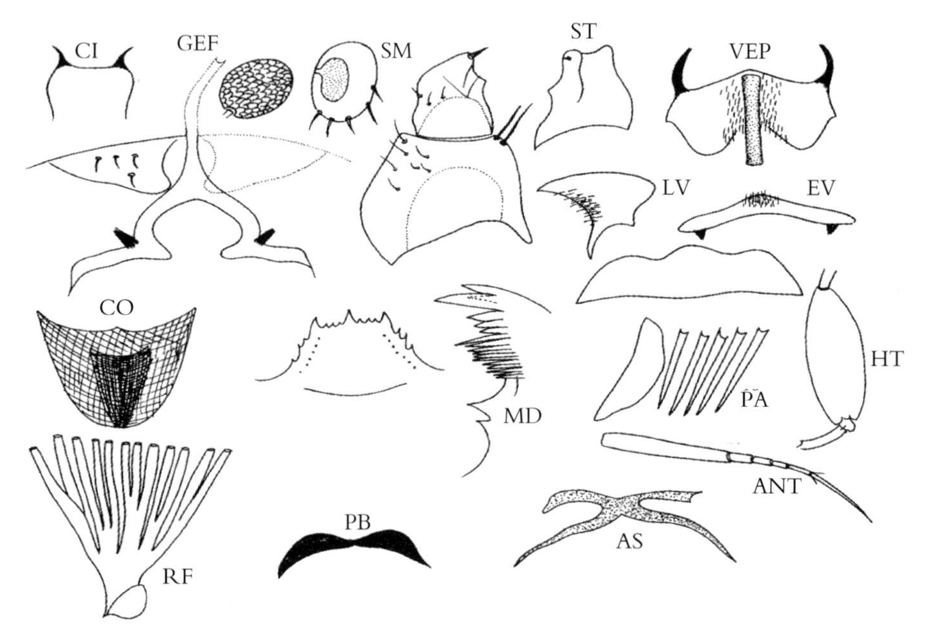

图 12-89 黑水山蚋 *S.*（*M.*）*heishuiense* Chen and Wen，2006

鉴别要点 雌虫生殖板亚三角形。雄虫生殖腹板碟形，后缘中部深凹，侧缘具亚中角状突。蛹呼吸丝排列成 2+3+3+4。幼虫肛鳃每叶分 4~6 个次生小叶。

形态概述

雌虫 体长 4.0~4.3mm。翅长 3.8~4.0mm。额和头顶暗棕色，覆灰白色毛。额指数为 9.5：5.1：7.7。额头指数为 9.5：32.1。触角柄节和梗节淡黄色，鞭节暗棕色，鞭节Ⅰ的长约为鞭节Ⅱ的 1.5 倍。触须节Ⅲ～Ⅴ的节比为 7.0：5.1：11.3。节Ⅲ膨大，拉氏器长约为节Ⅲ的 1/2。下颚具 9 枚内齿和 14 枚外齿；上颚具 25 枚内齿，缺外齿。食窦光裸。中胸盾片黑色，覆黄白色细毛。中胸侧膜和下侧片光裸。足棕黑色，但前足转节、各足股节基 3/4、各足胫节中大部、后足基跗节和跗节Ⅱ基 1/2 为黄色。前足基跗节长约为宽的 8 倍。后足基跗节两侧平行。长约为宽的 7 倍。跗突和跗沟发达。爪具大基齿。翅亚缘脉和径脉基具毛。腹部背板灰黑色。生殖板亚三角形，内缘中凹，端后角圆钝。生殖叉突后臂具发达的骨化外突，膨大具内突，呈梨形。受精囊椭圆形，具网斑。

雄虫 体长约 4.0mm。翅长约 3.0mm。上眼面具 15 纵列和 18 横排。触角鞭节Ⅰ的长约为鞭节Ⅱ的 2 倍。触须节Ⅲ～Ⅴ的节比为 5.5：5.8：10.4，节Ⅲ膨胀，拉氏器长约为节Ⅲ的 1/3。中胸盾片黑色，覆金黄色细毛。足似雌虫，但后足基跗节纺锤形，长约为宽的 4.2 倍。翅似雌虫，但亚缘脉光裸。生殖肢端节长约为基节的 2/3，基 2/3 亚平行，端 1/3 骤变细尖呈鸟头状。生殖腹板横宽，蝶形，后缘中部深凹，侧缘具亚中角状外突。中骨细杆状。阳基侧突每侧具 4 个大刺。

蛹 体长约 4.0mm。头、胸黄棕色，覆疣突。头毛 3 对，胸毛 6 对，均简单。呼吸丝 12 条，长度超过体长的 1/2，排列成 2+3+3+4，二级茎很短。腹节 1~4 背板覆疣突，钩刺和毛序分布正常。茧拖鞋状，编织紧密，前缘加厚。

幼虫 体长约 7.0mm。头斑阳性。触角 3 节，节比为 5.9：4.3：4.0。触角节 2 具 3~4 个次生环节，上颚缘齿无附齿列。头扇毛约 32 支。亚颏中的角齿、顶齿发达，侧缘毛每边 6~7 支。后颊裂很小，几乎副缺。胸、腹体壁光裸。肛鳃每叶分 4~6 个次生小叶，肛骨前臂约为后臂长的 1/2。后环约 86 排，每排最多具 16 个钩刺。腹乳突发达。

生态习性 幼虫和蛹孳生于山溪流水中的石头、水草和枯枝落叶上，海拔 2400m。

地理分布 中国四川。

分类讨论 本种蛹呼吸丝的数量和排列方式以及雄虫生殖腹板形状等特征近似泰山山蚋，但是其呼吸丝二级茎很短，生殖腹板侧缘具亚中角状外突，可资鉴别。

夹金山山蚋 *Simulium*（*Montisimulium*）*jiajinshanense* Zhang and Chen，2006（图 12-90）

Simulium（*Montisimulium*）*jiajinshanense* Zhang and Chen，2006（张春林，陈汉彬），2006. *Acta Zootaxa Sin.*，31（3）：643~695；Chen，Lian and Zhang（陈汉彬，廉国胜，张春林），2011. *Zootax*，3017：51~68. 模式产地：中国四川（夹金山）.

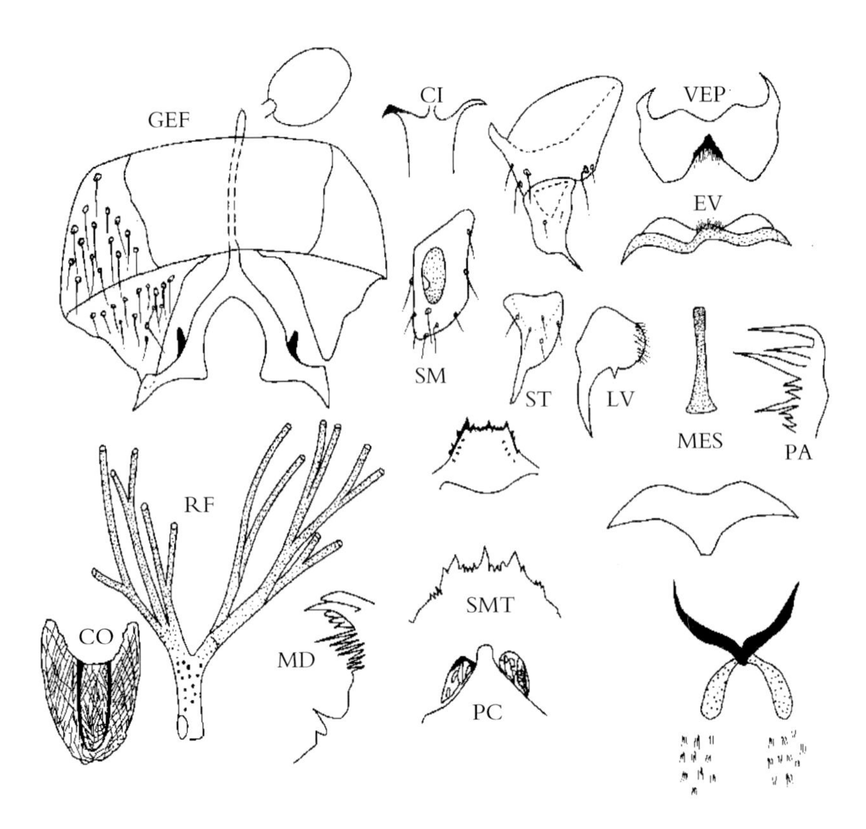

图 12–90 夹金山山蚋 *S.*（*M.*）*jiajinshanense* Zhang and Chen，2006

鉴别要点 雌虫食窦后缘具中突起，生殖板三角形，内缘远离。雄虫生殖肢端节端部骤变尖；生殖腹板双峰状，后缘中凹，基缘中凸；中骨基部宽。蛹呼吸丝排列成6+8。幼虫触角节2具2个次生淡环。

形态概述

雌虫 体长约3.5mm。翅长约3.0mm。额指数为8.2∶6.2∶6.0。额头指数为8.2∶33.2。触须节Ⅲ～Ⅴ的节比为7.5∶5.6∶13.0。节Ⅲ膨大，拉氏器长约为节Ⅲ的3/5。下颚具6枚内齿和6枚外齿；上颚具22枚内齿，无外齿。食窦无疣突，但后缘具显著的中突。中胸盾片黑色，覆金色毛。中胸侧膜和下侧片光裸。各足基、转节大部为棕色。股节基2/3色淡而端1/3为棕色。胫节除中大部外面色淡外，余部为棕色。跗节除后足基跗节和跗节Ⅱ基1/2色淡外，余部为暗棕色。前足基跗节长约为宽的8倍。跗突和跗沟发达。爪具大基齿。翅亚缘脉和径脉基具毛，肢节背板棕色。生殖板三角形，内缘远离。生殖叉突后臂具骨化外突。受精囊椭圆形。具网斑。

雄虫 体长约4.0mm。翅长约3.0mm。上眼大眼面17纵列，16横排。触角鞭节Ⅰ的长约为鞭节Ⅱ的2.0倍。触须拉氏器长约节Ⅲ长的1/5。中胸盾片黑色，覆金色毛。中胸侧膜和下侧片光裸。生殖肢端节1/4骤变细突，呈鸟喙状；生殖腹板双峰状，后缘中部深凹，基缘中凸。中骨棒状，基部宽于中部的2~3倍。阳基侧突每侧具4个大刺和若干小刺。

蛹 体长约5.0mm。胸、腹密布疣突。呼吸丝14条，长约体长的3/5，排列成6+8。腹部的钩刺和毛序分布正常。茧拖鞋状，前缘不加厚，编织紧密。

幼虫 体长约7.0mm。头斑阳性。触角3节，节比为7.8∶7.2∶6.8，节2具2个次生淡环。头扇毛28~32支。上颚缘齿无附齿列。亚颏中的角齿、顶齿发达。侧缘毛5~6支。后颊裂小，槽口状。肛鳃每叶分12~14个次生小叶，腹乳突发达。

生态习性 幼期孳生于雪山小溪中，海拔3300m。成虫习性不详。

地理分布 夹金山山蚋蛹呼吸丝14条，近似于西藏山蚋［*S.*（*M.*）*tibetense* Deng，Xue，Zhang and Chen，1994］、磨西山蚋［*S.*（*M.*）*moxiense* Chen，Huang and Zhang，2005］，报道自阿塞拜疆的［*S.*（*M.*）*assadovi*（Djafarav，1956）］，亚美尼亚的［*S.*（*M.*）*litshkense*（Rubtsov，1947）］，哈萨克斯坦的［*S.*（*M.*）*quattuordecim fiatliatum* Rubtsov，1949］以及塔吉克斯坦的［*S.*（*M.*）*quattaordecimfilum* Rubtsov，1947］。但是本种可根据其食窦弓具中突，两性外生殖器的特殊形态以及茧呼吸丝的排列方式等综合特征，与上述近缘种相区别。

吉斯沟山蚋 *Simulium*（*Montisimulium*）*jisigouense* Chen，Zhang and Liu，2008（图12-91）

Simulium（*Montisimulium*）*jisigouense* Chen，Zhang and Liu（陈汉彬，张春林，刘丹），2008. *Acta Zootax Sin.*，33（1）：68~72. 模式产地：中国四川（四姑娘山）.

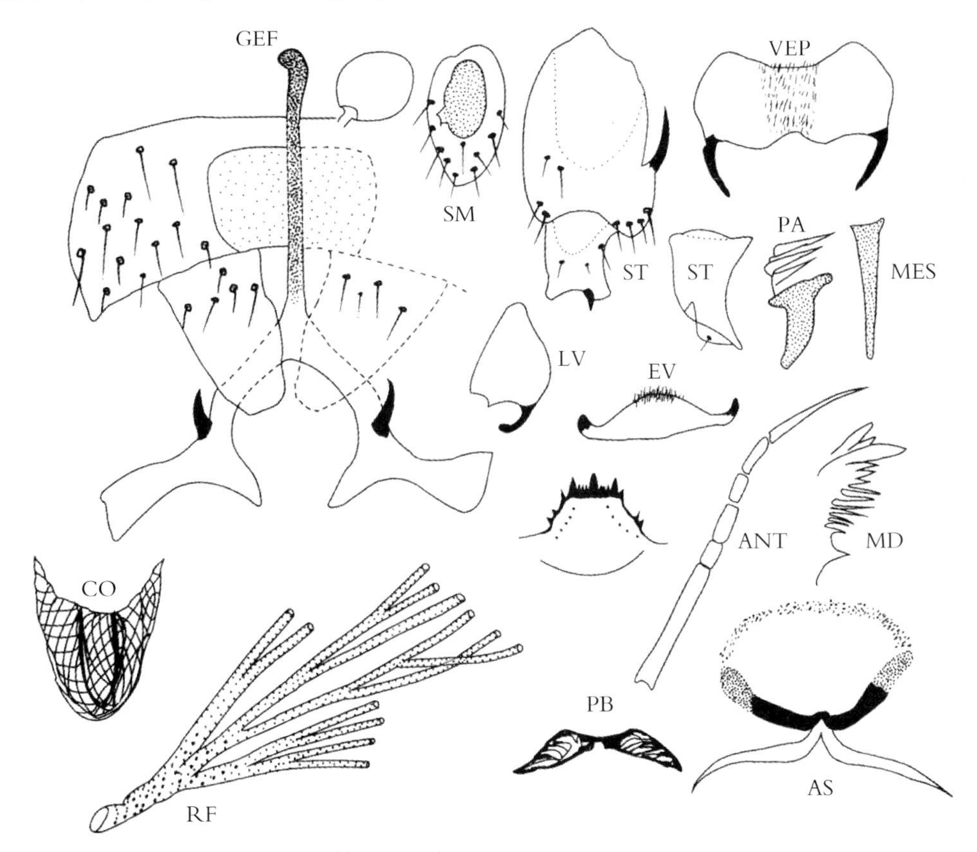

图12-91 吉斯沟山蚋 *S.*（*M.*）*jisigouense* Chen，Zhang and Liu，2008

鉴别要点 雌虫生殖板长舌状，后缘圆钝。雄虫生殖腹板横宽，基缘中凸，后缘中凹，侧缘圆；阳基侧突每侧具3个大刺。蛹呼吸丝排列成2+6+4。

形态概述

雌虫 体长约4.0mm。额指数为7.5∶4.9∶6.8。额头指数为7.5∶34.6。触须节Ⅲ～Ⅴ的节比为5.8∶4.5∶8.9。节Ⅲ膨大，拉氏器大，长约为节Ⅲ的2/3。下颚具4枚内齿和8枚外齿；上颚具27枚内齿，无外齿。食窦光裸。中胸盾片黑色，覆黄色细毛。中胸侧膜和下侧片光裸。前足基、转节黄棕色。后足基、转节棕色。各足股节基 3/4 黄色，而端 1/4 为棕色。各足胫节中大部外面为黄色。各足跗节除后足基跗节和跗节Ⅱ基 1/3 为黄色外，余一致为棕色。前足基跗节细，长约为宽的 10 倍。后足基跗节两侧平行，长约为宽的 7 倍。跗突和跗沟发达。爪具大基齿。翅亚缘脉和径脉基具毛。腹节背板暗棕色。生殖板长舌状，内缘基 1/3 远离，端 2/3 并拢，后缘圆钝。生殖叉突后臂具明显的骨化侧突，膨大部呈长方形，具内突。

雄虫 体长约 4.3mm，翅长约 3.8mm。上眼具 14 纵列和 16 横排。触角鞭节Ⅰ的长约为鞭节Ⅱ的 1.8 倍。触须节Ⅲ拉氏器圆，长约为节Ⅲ的 1/4。胸部似雌虫，但后足基跗节稍膨大，长约为宽的 4.2 倍。生殖肢端节近长方形，端部骤变细尖而内弯；生殖腹板横宽，基缘中凸，后缘中凹，侧缘圆，基臂短。阳基侧突每侧具 3 个大刺。中骨棒状，基部略宽，向端部渐变细。

蛹 体长约 4.0mm。头、胸淡黄色，密覆疣突。呼吸丝 12 条，长约为体长的 2/3，排列为 2+6+4。腹部刺钩和毛序的排列和分布正常。茧拖鞋状，编织紧密。

幼虫 体长约 7.0mm，头斑阳性。触角 3 节，节比为 7.8∶11.2∶7.0，节 2 具 3 个次生环节。上颚无跗齿列。亚颏中的角齿、顶齿显著。侧缘毛 5 支。后颊裂小。胸、腹体壁光裸。肛鳃每叶具 14~36 个次生小叶。肛骨前臂、后臂约等长。后环 84 排，每排最多具 17 个钩刺。

生态习性 幼虫和蛹孳生于雪山流动水体中的水草和枯枝落叶上，海拔约 2700m。

地理分布 中国四川。

分类讨论 本种蛹呼吸丝排列方式近似林芝山蚋［*S.*（*M.*）*lingziense*］和泰山山蚋［*S.*（*M.*）*taishanense*］，但是可根据两性尾器的形状，茧无前背中突和幼虫触角节 2 具次生环节等综合特征，加以区别。

清溪山蚋 *Simulium*（*Montisimulium*）*kirgisorum* Rubtsov，1956（图 12-92）

Simulium（*Eusimulium*）*kirgisorum* Robtsov，1956. *Blackflies*，*Fauna USSR*，Diptera，6（6）：829~830. 模式产地：吉尔吉斯斯坦 . Xue（薛洪堤），1987. *Acta Zootax Sin.*，12（1）：110.

Simulium（*Montisimulium*）*kirgisorum* Robtsov，1956；Crosskey，1988. Annot. Checklist World Blackflies（Diptera：Simuliidae）：471；Crosskey *et al.*，1996. *J. Nat. Hist.*，30：416；Chen and An（陈汉彬，安继尧），2003. The Blackflies of China：157.

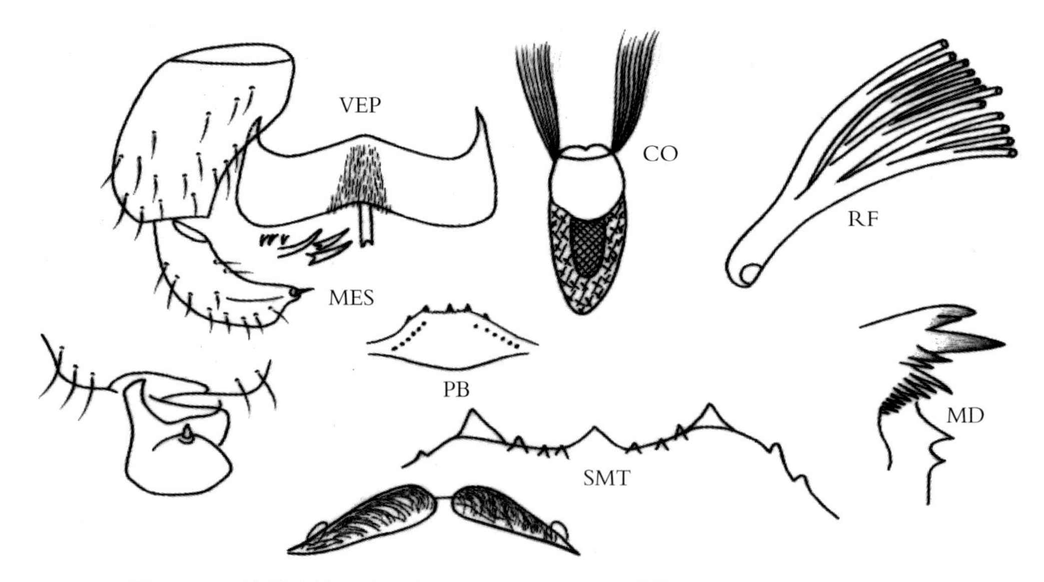

图 12-92 清溪山蚋 *S.*（*M.*）*kirgisorum* Rubtsov（仿 Rubtsov，1956. 重绘）

鉴别要点 雄虫生殖腹板后缘中部凹入；生殖肢端节长，内弯；阳基侧突每侧具 3 个大刺和 4 个小刺。蛹呼吸丝上组丝茎特别长，超过中、下组丝的二级茎。

形态概述

雌虫 未知。

雄虫 生殖肢端节略短于基节，两侧近平行，内弯；生殖腹板横宽，薄片状，宽约为长的 3 倍，前缘中部向前突出，后缘中部内弯，侧后角圆钝；阳基侧突每侧具 3 个大刺和 4 个小刺；中骨窄杆状，端部分叉。

蛹 体长约 4.5mm。呼吸丝 12 条，排列成 2+6+4。上组丝茎明显较长，超过中、下组丝的二级茎。茧简单，宽而编织紧密，前缘不加厚。

幼虫 体长约 8mm。头扇毛 20 支。上颚第 3 顶齿发达。亚颏中齿、角齿发达，侧缘齿 2 枚，侧缘毛 5~6 支。后颊裂小，槽口状。后环 104~108 排，每排具 12~15 个钩刺。

生态习性 幼虫和蛹孳生于山区中的泉源附近，海拔 1200~1400m，水温 9~10℃。

地理分布 中国：北京，河北，西藏，云南；国外：吉尔吉斯斯坦。

分类讨论 清溪山蚋与线丝山蚋相似，但两者雄虫尾器构造显然不同，此外，呼吸丝茎的长短和幼虫侧缘毛数也有差异。

林芝山蚋 *Simulium* (*Montisimulium*) *lingziense* Deng，Zhang and Chen，1995（图 12-93）

Simulium (*Montisimulium*) *lingziense* Deng, Zhang and Chen (邓成玉，张有植，陈汉彬), 1995. *Sichuan J. Zool.*，14 (1)：7~10. 模式产地：中国西藏（林芝）.

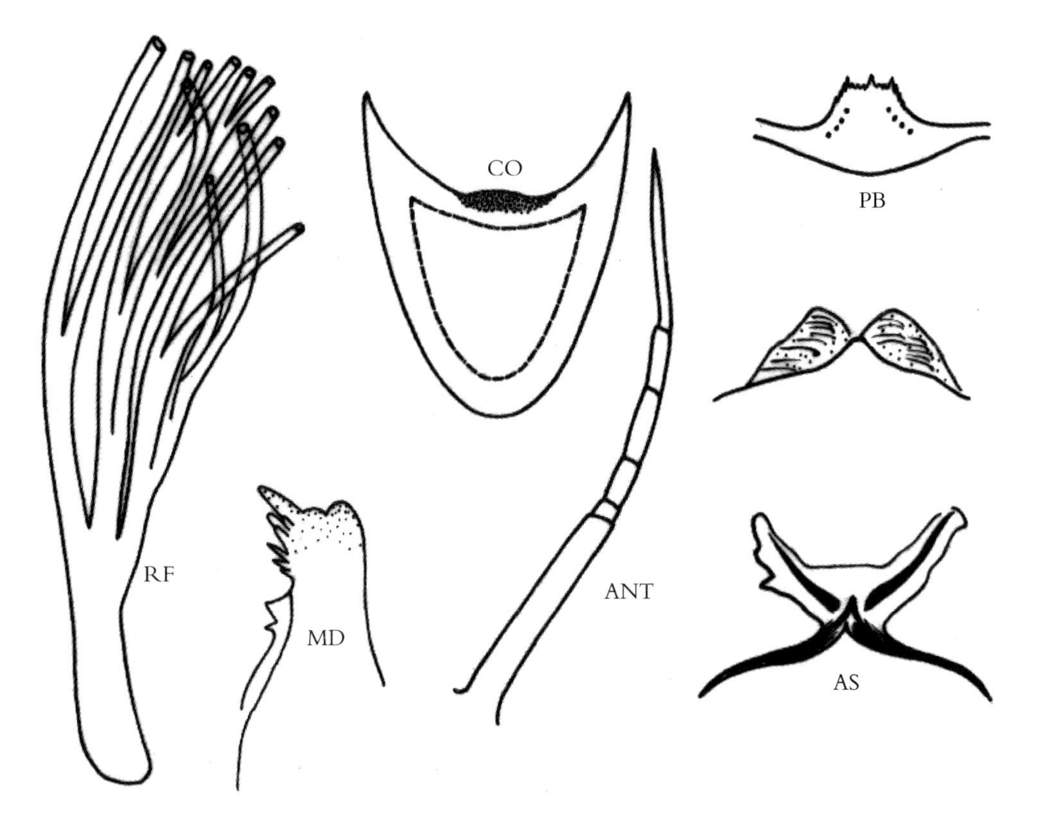

图 12-93 林芝山蚋 *S.* (*M.*) *lingziense* Deng，Zhang and Chen，1995

鉴别要点 茧无背中突但前侧突显著，前缘中部明显加厚而隆起。幼虫触角具 4 个次生环。

形态概述

雌虫 尚未发现。

雄虫 尚未发现。

蛹 体长约 3.7mm，深棕色。头、胸部密被盘状疣突，后胸部疣突较小。头毛、胸毛不分支。呼吸丝 12 条，与蛹体约等长，排列成 2+6+4。腹部第 1 节背板每侧具 4 支刺毛和 2 支毛；腹节 3、4 背板每侧具 4 个叉钩和 1 支刺毛；第 5~8 腹节背板每侧具刺栉。第 5~7 腹节腹板每侧具 2 个分叉或不分叉的钩刺，末节具端钩。茧拖鞋状，编织疏松，侧突显著，前缘背中位明显增厚而隆起，但未形成背中突。

幼虫 体长约 6.5mm，深灰色。头具正斑。触角 4 节，长于头扇柄。第 2 节具 3 个次生环。头扇毛 25 支。上颚第 3 顶齿发达，第 1、第 2 顶齿很小。亚颏中齿、角齿突出，侧缘齿各 4 枚，侧缘毛各 4 支。后颊裂很小。肛板后臂略长于前臂。后环 80 排，每排具 5~14 个小钩。

生态习性 幼虫和蛹孳生于山区小溪中的枯枝、水草和石块上，水温 11℃，海拔 2500m。

地理分布 中国西藏。

分类讨论 林芝山蚋蛹呼吸丝排列成 2+6+4，茧无背中突，这一特征与线丝山蚋［*S.*（*M.*）nemorivagum］、清溪山蚋［*S.*（*M.*）*kirgisorum*］以及 *S.*（*M.*）*kobayashii* 很相似，但后 3 种幼虫触角均无次生环，可资鉴别。

吕梁山蚋 *Simulium*（*Montisimulium*）*lvliangense* Chen and Lian，2011（图 12-94）

Simulium（*Montisimulium*）*lvliangense* Chen and Lian（陈汉彬，廉国胜），2011. *Zootaxa*，3017：51~68. 模式产地：中国山西（吕梁山）.

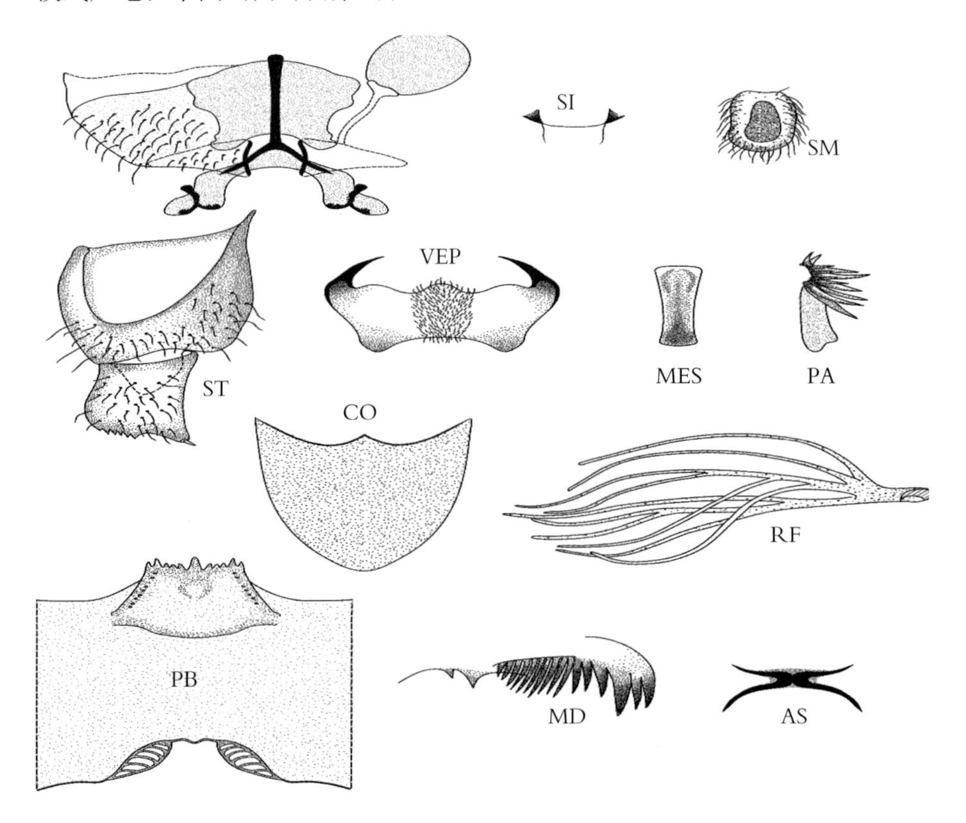

图 12-94 吕梁山蚋 *S.*（*M.*）*lvliangense* Chen and Lian，2011

鉴别要点 雌虫生殖板三角形；生殖叉突后臂具骨化外突，膨大部端圆。雄虫生殖腹板后缘宽凹，侧缘斜截；阳基侧突每侧具 8~9 个大刺。茧具三角形弱中突；蛹呼吸丝 10 条，排列成 2+4+4。

形态概述

雌虫 体长 3.8mm。翅长约 3.4mm。额指数为 7.1∶4.4∶8.5。额头指数为 7.1∶31.8。触须节Ⅲ ~ Ⅴ的节比为 6.8∶6.1∶15.2。节Ⅲ膨大，拉氏器近圆形，长约为节Ⅲ的 0.6。下颚具 9 枚内齿，16 枚外齿；上颚具 27 枚内齿。食窦光裸。中胸盾片覆盖金色毛。中胸侧膜和下侧片光裸。腹节背板暗棕色。生殖板三角形，内缘远离。生殖叉突后臂具骨化外突，膨大部端圆。受精囊近球形。

雄虫 体长约 4.0mm。翅长约 3.6mm。上眼具 18 纵列，10 横排。触角鞭节Ⅰ的长约为鞭节Ⅱ的 2.2 倍。触须拉氏器长约为节Ⅲ的 0.22。胸、腹近似端裂山蚋［*S.*（*M.*）*schizostylum*］。生殖肢端节端外突具 5~6 个齿突。生殖腹板横宽，端缘宽凹，基缘中凸，侧缘斜截；中骨板状。阳基侧突每侧具 8~9 个大刺。

蛹 体长约 0.3mm。呼吸丝 10 条，排列成 2+4+4，上对丝的二级茎短。茧拖鞋状，具弱中突。

幼虫 体长约 7.0mm。头斑阳性，触角 3 节，节比为 6.9∶7.8∶4.0，头扇毛 32~34 支。亚颏中的角齿、顶齿突出。侧缘毛 7~8 支。肛鳃每叶具 8~9 个次生小叶。

生态习性 不详。

地理分布 中国山西（吕梁山）。

分类讨论 本种与端裂山蚋［*S.*（*M.*）*schizostylum*］近缘，但是两者呼吸丝的排列方式，雄虫外生殖器形状以及蛹上对呼吸丝的二级茎短等特征，有着明显的形态学差异，可资鉴别。

磨西山蚋 *Simulium*（*Montisimulium*）*moxiense* Chen，Huang and Zhang，2005（图 12–95）

Simulium（*Montisimulium*）*lvliangense* Chen，Huang and Zhang，（陈汉彬，黄丽，张春林），2005. *Acta Zootaxa Sin.*，30（1）：175~179. 模式产地：中国四川（泸定）.

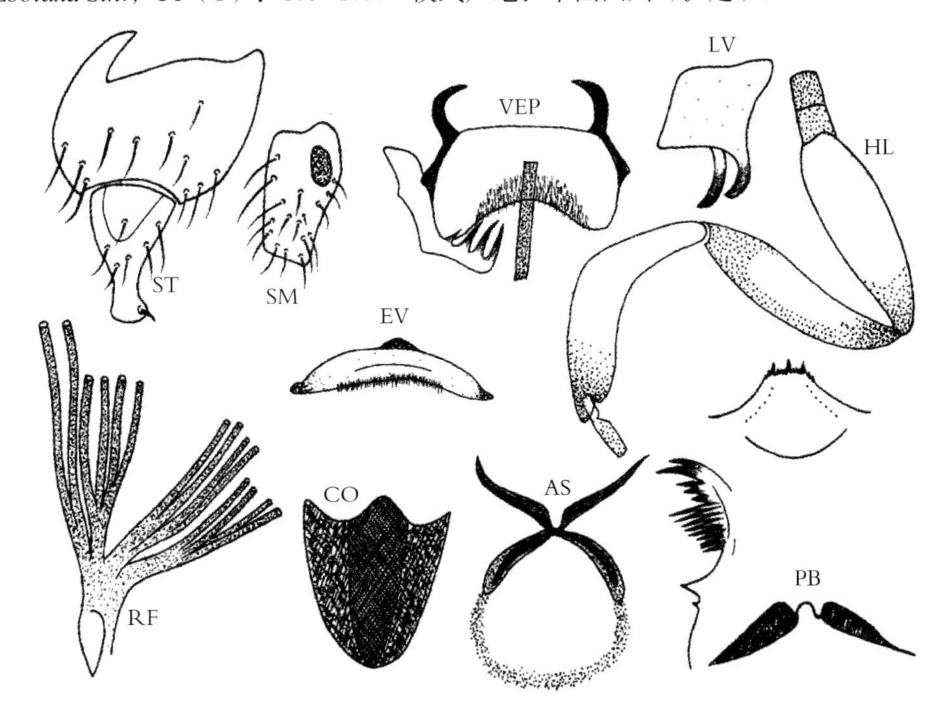

图 12–95 磨西山蚋 *S.*（*M.*）*moxiense* Chen，Huang and Zhang，2005

鉴别要点 雄虫生殖肢端节鸟头状，端半变细；生殖腹板后缘宽凹，侧缘具亚中突。蛹呼吸丝14条；茧具背中突。

形态概述

雌虫 未知

雄虫 体长3.8mm。上眼大眼面具15纵列，16横排。触角鞭节Ⅰ的长约为鞭节Ⅱ的1.9倍。触须节Ⅲ～Ⅴ的节比为6.3∶5.6∶9.2。触须节Ⅲ膨大，拉氏器长约为节Ⅲ的1/4。中胸盾片棕黑色，中胸侧膜和下侧片光裸。各足股节基3/4黄色，而端1/4棕色。各足胫节中大部外面为黄色，余部为棕色。各足胫节除后足基跗节基4/5和跗节Ⅱ基1/2为黄色外，余部为暗棕色。前足基跗节长约为宽的7.5倍。后足基跗节两侧亚平行，长约为宽的5.8倍。跗突和跗沟发达。翅亚缘脉光裸，径脉基具毛。腹节背板暗棕色，覆同色毛。生殖肢端鸟头状，基半突，端半窄，长约为基节的0.8。生殖腹板横宽，后缘宽凹，侧缘具亚中角状突。阳基侧突每侧具4个大刺，中骨细棒状。

蛹 体长约4.0mm。头、胸淡黄色，密覆疣突。头毛3对，胸毛6对，均简单。呼吸丝14条，长约为体长的1/2，排列成2+4+4+4。腹部钩刺和毛序分布正常。茧具明显的中背突。

幼虫 体长约7.2mm。头斑阳性，触角3节，节比为8.5∶10.4∶4.0。头扇毛约30支。上颚缘齿无附齿列。亚颏中的角齿、顶齿发达。侧缘毛6~7支。后颊裂小。胸、腹体壁光裸。肛鳃每叶具4个次生小叶。肛前具刺环。后环约80排，腹乳突发达。

生态习性 幼虫和蛹孳生于小溪水草上，海拔1800m。

地理分布 中国四川。

分类讨论 本种具14条呼吸丝，近似于西藏山蚋［*S.*（*M.*）*tibetense*］；但是根据后者各足胫节色暗，生殖腹板蝶状，茧无背中突以及幼虫触角节2具次生环节等特征，可与本种相区别。

线丝山蚋 *Simulium*（*Montisimulium*）*nemorivagum* Datta，1973（图12–96）

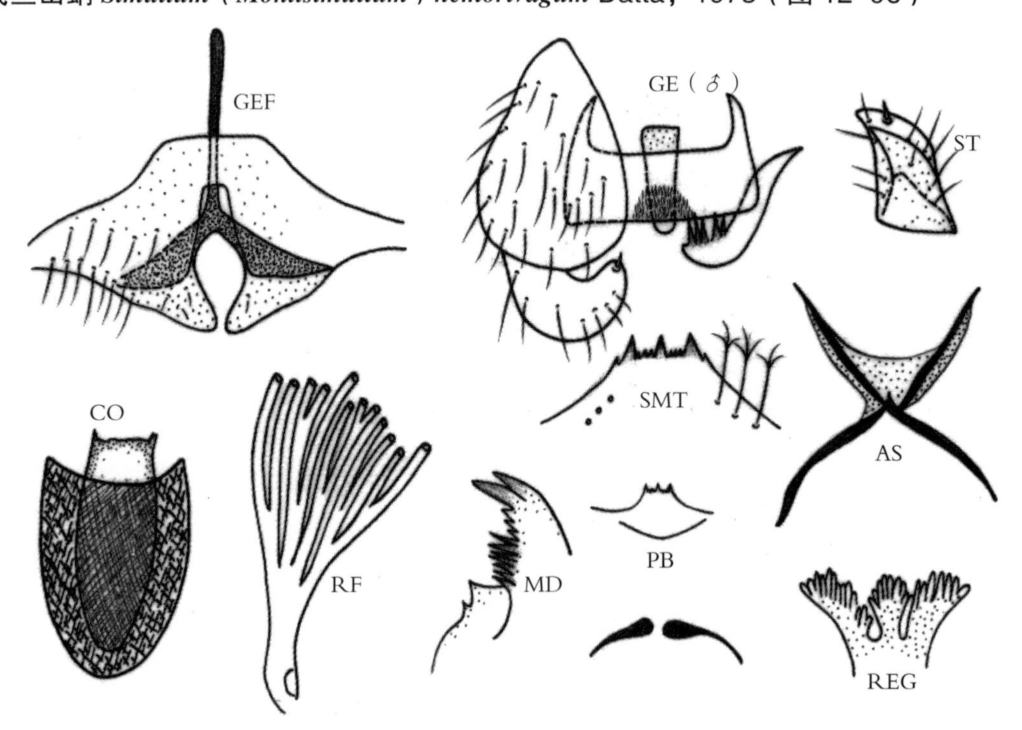

图12–96 线丝山蚋 *S.*（*M.*）*nemorivagum* Datta（仿Datta，1973. 重绘）

Simulium（*Eusimulium*）*nemorivagum* Datta，1973. 模式产地：印度达吉岭（Dar-jeeling）.Datta，1974. *Oriental Ins.*，8（4）：457；Deng，Xue，Zhang and Chen（邓成玉，薛力群，张有植，陈汉彬），1994. *Sixtieth Anniversary Founding*，*China Zool. Soc.*：12.

Simulium（*Eusimulium*）*nemorivagum* Datta，1973；Crosskey，1988. Anonot. Checklist World Blackflies（Diptera：Simuliidae）：471；Crosskey，Wang（王遵明）*et al.*，1996. *J .Nat. Hist.*，30：416；Chen and An（陈汉彬，安继尧），2003. The Blackflies of China：159.

鉴别要点 雌虫生殖叉突后臂无侧突；生殖板后伸呈舌状。雄虫生殖腹板端缘稍凸，中骨基宽端窄。茧编织疏松，无背中突和增厚的前缘。幼虫亚颏侧缘毛各3支。

形态概述

雌虫 体长约3.5mm。额侧缘几乎平行，稀被金色毛和黑色竖毛，闪光。唇基被金色毛。触角柄节、梗节和鞭节Ⅰ基部暗灰色，余部为暗黑色。触须第Ⅲ节膨胀，拉氏器长约为宽的2倍。食窦光裸。中胸盾片灰黑色，被金色毛并具3条暗色纵纹。小盾片灰色，被金色毛和少量黑色竖毛，闪光。后盾片光裸。翅径脉基具毛。前足基节黑色，转节基部色淡，股节棕色但端部黑色，胫节暗棕色但端部黑色并具亚基黑环，跗节色全暗；中足基节灰色，转节灰色而基部色淡，其余似前足；后足基节灰色，转节棕色而基部黄色，股节黄色并向端部渐变为黑色，胫节暗棕色而端部黑色并具亚基黑环。基跗节侧缘平行，棕色，其余跗节灰黑色。跗突发达，爪具大基齿。腹部基鳞具金色缘毛，第Ⅵ~Ⅷ背板闪光。生殖板后伸呈舌状，生殖叉突后臂无侧突。

雄虫 体长约4.3mm。上眼面具14纵列和12横排。额、唇基和触角似雌虫。触须拉氏器圆形。腹部似雌虫。生殖肢基节稍宽，端节内弯；生殖腹板横宽，薄片状，后缘稍凸，基臂和板体约等长。中骨板状，自基部向端部渐变窄。阳基侧突每侧具6个大刺。

蛹 头毛3对，胸毛6对，均简单。呼吸丝12条，排列成2+6+4。腹部刺钩正常，端钩钝。茧拖鞋状，编织疏松，前缘不加厚，无背中突和侧突。

幼虫 体长约5.5mm，头斑阳性。触角无次生环。头扇毛28支。亚颏中齿、角齿显著，侧缘毛每侧3支。上颚第3顶齿发达。后颊裂小，槽口状。肛鳃复杂，每叶分8~10个次生小叶。肛板前、后臂约等长。

生态习性 幼虫和蛹孳生于山溪中的石块上，海拔1900~2250m。

地理分布 中国：西藏；国外：印度，尼泊尔，巴基斯坦。

分类讨论 线丝山蚋近似清溪山蚋［*S.*（*M.*）*kirgisorum*］，但是后者的雄尾构造、蛹呼吸丝分支情况以及幼虫亚颏侧缘毛数目，与本种差异明显。

多裂山蚋 *Simulium*（*Montisimulium*）*polyprominulum* Chen and Lian，2011（图12-97）

Simulium（*Montisimulium*）*polyprominulum* Chen and Lian，（陈汉彬，廉国胜），2011. *Zootaxa*，3017：51~68. 模式产地：中国山西（芦芽山）

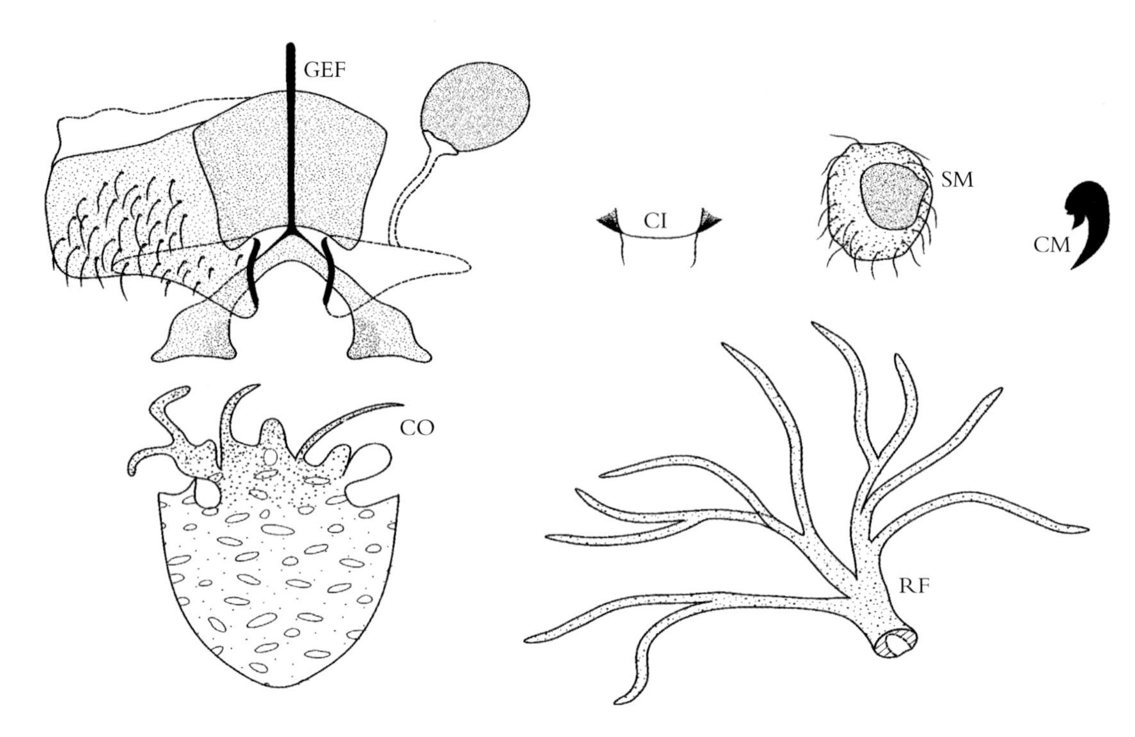

图 12-97 多裂山蚋 ***S.*（*M.*）*polyprominulum*** Chen and Lian，2011

鉴别要点 雌虫生殖板三角形，内缘呈弧形内凹。呼吸丝略排列成 2+4+4。茧形状特殊，具许多孔窗；前缘具 4~6 个形状不规则的指状前背突。

形态概述

雌虫 体长约 3.8mm。翅长约 3.0mm。额指数为 7.9∶4.6∶6.2。额头指数为 7.9∶26.4。触角鞭节Ⅰ的长约为各鞭节Ⅱ的 1.5 倍，触须节Ⅲ～Ⅴ的节比为 4.8∶5.3∶13.2。节Ⅲ膨大。拉氏器长约为节Ⅲ的 0.65。下颚具内齿、外齿各 12 枚。食窦光裸。中胸盾片覆金黄色毛。中胸侧膜和下侧片光裸。前足基、转节为色淡。中足、后足基、转节为棕色。各足股节色淡，但端 1/4~1/3 为棕色外。各足胫节中大部外面为黄色外，余部为棕色。各足跗节除后足基跗节和跗节Ⅱ基 1/3 为黄色外，余部为暗棕色。前足基跗节长约为宽的 9 倍。后足基跗节两侧亚平行，长约为宽的 7.5 倍。跗突和跗沟发达。爪具大基齿。翅亚缘脉和径脉基具毛。生殖板三角形，内缘远离。生殖叉突后臂无骨化外突。

雄虫 未发现。

蛹 体长约 4.0mm。头、胸棕黄色，布疣突。呼吸丝 10 条，长约为体长的 2/3，排列成 2+4+4。茧前 1/2 具许多小孔窗；前缘具 4~6 个不规则的前背突。

幼虫 尚未发现。

生态习性 不详。

地理分布 中国山西（芦芽山）。

分类讨论 虽然本种的幼虫尚未发现，但是雌虫和蛹的特征突出，所以不难与其近缘种相区别。

端裂山蚋 ***Simulium*（*Montisimulium*）*schizostylum*** Chen and Zhang，2011（图 12-98）

Simulium（*Montisimulium*）*schizostylum* Chen and Zhang（陈汉彬，张春林），2011. *Zootaxa*，3017：51~68. 模式产地：中国山西（芦芽山）.

鉴别要点 雄虫生殖肢端节的亚端外突具4或5枚齿突，生殖腹板双峰状，后缘中凹，中骨烧瓶状。蛹呼吸丝10条；茧背中突显著。

形态概述

雌虫 体长约3.6mm。翅长约3.0mm。额指数为7.8∶5.2∶9.7。额头指数为7.8∶29.7。触须节Ⅲ～Ⅴ的节比为6.8∶4.5∶11.2。节Ⅲ膨大，拉氏器长约为节Ⅲ的2/3。下颚具8枚内齿，7枚外齿；上颚具26枚内齿，无外齿。食窦光裸。中胸盾片覆金黄色。中胸侧膜和下侧片光裸。各足基、转节色淡，但后基节为棕色。各足股节端1/4~1/3为棕色，余部为黄色。各足胫节中大部为黄色，余部为棕色。各足跗节除后足基跗节和跗节Ⅱ基1/3为黄色外，余部为暗棕色。前足基跗节长约为宽的8倍，后足基跗节两侧平行，长约为宽的7.5倍。跗突和跗沟发达。爪具大基齿。翅亚缘脉和径脉基具毛。生殖板亚三角形，内缘远离。生殖叉突后臂具骨化侧脊但无外突。

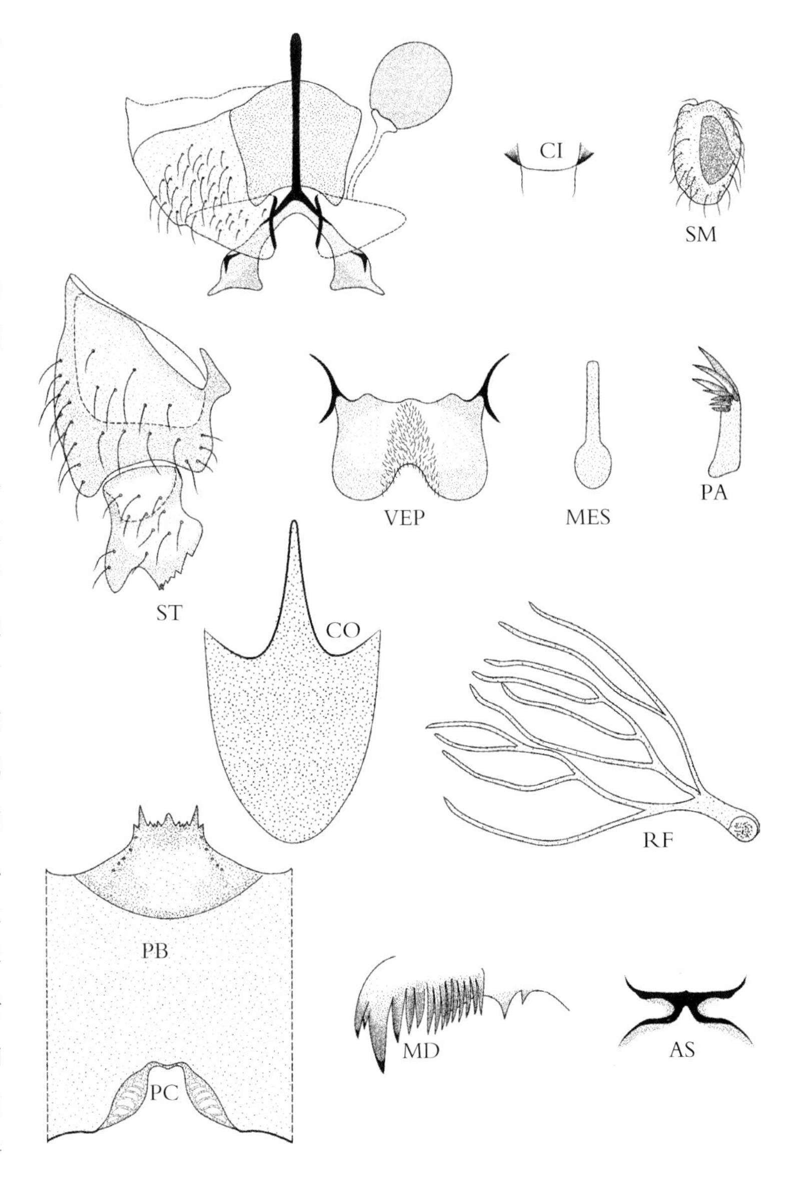

图 12–98 端裂山蚋 *S.*（*M.*）*schizostylum* Chen and Zhang，2011

雄虫 体长3.8~4.0mm。翅长约3.5mm。上眼具14纵列，15横排。触角鞭节Ⅰ的长约为鞭节Ⅱ的2.2倍。触须节Ⅲ膨大，拉氏器长约为节Ⅲ的0.2。胸部似雌虫，但后足基跗节膨大，长约为宽的4.8倍，翅亚缘脉光裸。生殖肢端节的亚端外突具4或5枚齿突，生殖腹板双峰状，后缘中凹，中骨烧瓶状。

蛹 体长约4.5mm。头、胸、腹似忻州山蚋。呼吸丝10条，排列成2+4+4。茧具长的背中突。

幼虫 体长约7.0mm。头斑阳性。触角3节，节比为7.5∶5.4∶3.4。头扇毛28~30支，侧缘毛4~6支。后颊裂小，"M"形。肛鳃复杂，后环80排。

生态习性 幼虫和蛹孳生于高地山溪急流中的水生植物和植被落叶上，海拔1500m。

分类讨论 本种具呼吸丝10条，具这一特征的山蚋全球已知有10种，并且本种的蛹具发达的背中突，近似于哈萨克斯坦的 *S.*（*M.*）*decafile* Bubtsov，1976。但是可依据其大型的拉氏器，雄虫尾器形态，以及幼虫后颊裂形状和亚颏侧缘毛数目不同等特征加以区别。

裂缘山蚋 *Simulium* (*Montisimulium*) *schizolomum* Deng，Zhang and Chen，1995（图 12-99）

Simulium（*Montisimulium*）*schizolomum* Deng，Zhang and Chen，1995. 模式产地：中国西藏（林芝）.

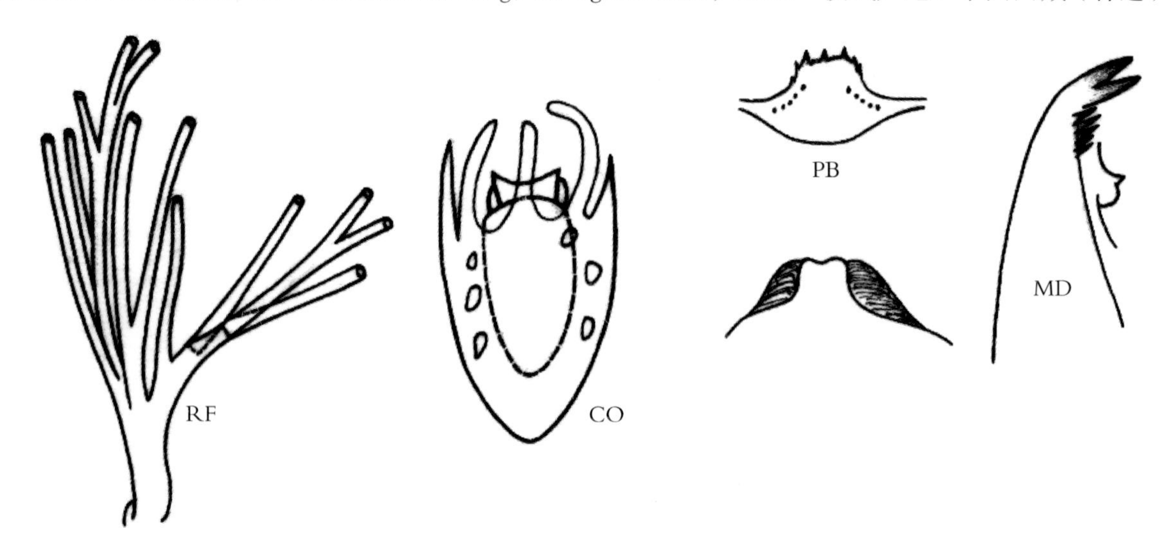

图 12-99 裂缘山蚋 *S.*（*M.*）*schizolomum* Deng，Zhang and Chen，1995

鉴别要点 蛹呼吸丝排列成 2+5+5；茧具发达的背中突和每侧分裂为二的前侧突，茧体每侧具 3 个侧窗。幼虫上颚第 1 和第 3 顶齿均发达，约等长；后颊裂"M"形，较大，高约为后颊桥的 2/5。

形态概述

雌虫 尚未发现。

雄虫 尚未发现。

蛹 体长约 4.8mm，棕黄色。头、胸部密被盘状疣突，但后胸疣突较小。头毛、胸毛均简单。呼吸丝 12 条，长约为蛹体的 2/3，排列成 2+5+5。腹部第 1 节背板每侧具 4 支刺毛和 2 支毛，第 3、第 4 节背板每侧具 4 个叉钩，第 5~8 节背板每侧具刺栉；第 5~7 腹板每侧具 2 个叉钩，末节具端钩。茧拖鞋状，编织紧密，前缘具发达的背中突和成对的侧突；茧体共具 5~6 个侧窗。

幼虫 体长约 6mm，深灰色。头扇毛 20 支。上颚第 1 和第 3 顶齿均发达，约等长，缘齿一大一小。亚颏中齿、角齿发达，侧缘齿各 3 枚，侧缘毛各 7 支。后颊裂"M"形，高约为后颊桥的 1/3，肛骨前臂短于后臂。后环约 80 排，每排具 3~15 个小钩。

生态习性 幼虫和蛹采自一茶场溪流中。

地理分布 中国西藏。

分类讨论 裂缘山蚋茧的形态和呼吸丝的排列方式相当突出，虽然其成虫尚未发现，但是根据上述合并特征，易于鉴别。

离板山蚋 *Simulium*（*Montisimulium*）*separatum* Chen，Xiu and Zhang，2012（图 12-100）

Simulium（*Montisimulium*）*separatum* Chen，Xiu and Zhang（陈汉彬，修江帆，张春林），2012. *Acta Zootaxa Sin.*，37（2）：382~388. 模式产地：中国贵阳（绥阳）.

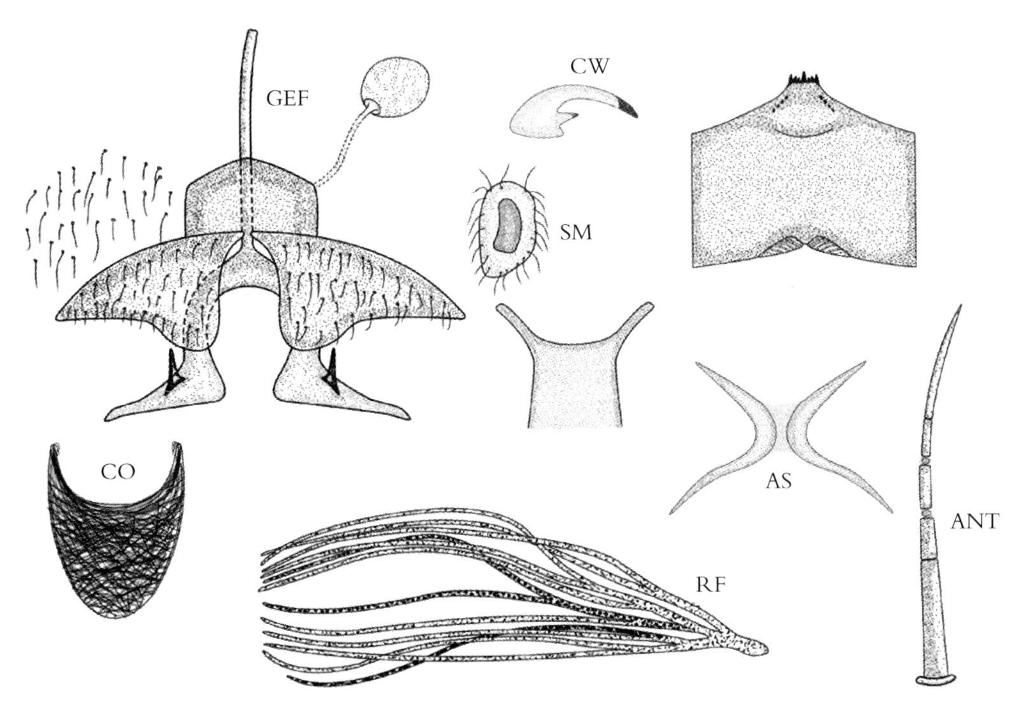

图 12-100 离板山蚋 ***S.*（*M.*）*separatum*** Chen，Xiu and Zhang，2012

鉴别要点 雌虫生殖板内缘远离。蛹呼吸丝背对具短茎。幼虫肛鳃每叶具 14~16 个次生小叶。

形态概述

雌虫 体长约 3.3mm。翅长约 2.6mm。额黑色，覆灰白色毛。唇基黑色，灰粉被。额指数为 6.5∶5.5∶6.2。额头指数为 6.5∶29.4。触角鞭节Ⅰ的长约为鞭节Ⅱ的 1.7 倍。触须节Ⅲ～Ⅴ的节比为 6.5∶4.1∶10.5。节Ⅲ膨大，拉氏器大，长约为节Ⅲ的 0.6。下颚具 5 枚内齿和 10 枚外齿；上颚具 24 枚内齿，无外齿。食窦光裸。中胸盾片棕黑色，密被黄白色毛。中胸侧膜和下侧片光裸。各足基节棕色，转节除中足、后足基 1/2 为黄色外，余一致为棕色。各足股节除端 1/4 为棕色外，余一致为黄色。各足胫节中大部外面为黄色。各足跗节除后足基跗节和跗节Ⅱ基 1/2 为黄色外，余一致为棕色。前足基跗节长约为宽的 8.5 倍。后足基跗节两侧亚平行，长约宽的 6.5 倍。爪具大基齿。翅亚缘脉和径脉基具毛。腹节背板节Ⅱ色淡，余部为暗黑色，覆黄白色毛。生殖板内缘直而远离，端缘圆。生殖叉突后臂具骨化外突，后段呈犁形。

雄虫 未知。

蛹 体长 4.0mm。头、胸体壁黄棕色，密覆疣突。头毛、胸毛均简单。呼吸丝 12 条，长约为蛹体长的 2/3，排列为 2+（2+1）+（2+1）+2+2。背对具短茎，腹部钩刺和毛序分布正常。茧拖鞋状，前缘不加厚。

幼虫 体长 6.5~7.5mm。头壳棕黑色。头斑阳性，触角 3 节，节比为 7.0∶9.1∶6.8，节 2 具 2 个次生环。头扇毛约 40 支。亚颏中的角齿、顶齿发达。上颚缘齿无跗齿列。亚颏侧缘毛 4~5 支。后颊裂很小。胸、腹体壁光裸。肛鳃复杂，每叶具 14~16 个次生小叶。肛骨前臂约为后臂长的 0.8。后环约 94 排，每排约具 15 个钩刺。腹乳突发达。

生态习性 幼虫和蛹孳生于山溪急流中的水草上，海拔 1483m。

地理分布 中国贵州.

分类讨论 本种近似于报道自印度的线丝山蚋［*S.*（*M.*）*nemorivagum*（Datta，1973）］，但是根据本种生殖板内缘远离，呼吸丝背对具短茎以及幼虫头扇毛数和肛鳃次生叶数等综合特征，可与其近缘种相区别。

泰山山蚋 *Simulium*（*Montisimulium*）*taishanense* Sun and Li，2000（图 12-101）

Simulium（*Montisimulium*）*taishanense* Sun and Li（孙悦欣，李文学），2000. *Chin J. Vector Bio. and Control*，11（2）：86~90. 模式产地：中国山东（泰山）；Chen and An（陈汉彬，安继尧），2003. The Blackflies of China：161.

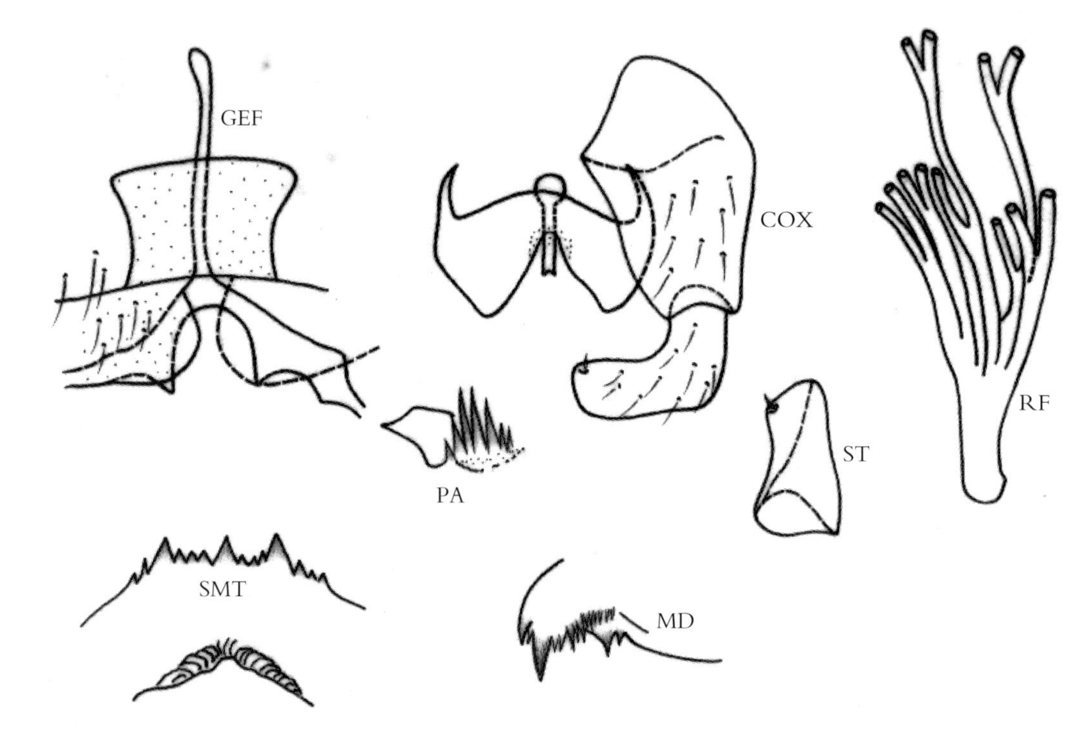

图 12-101 泰山山蚋 *S.*（*M.*）*taishanense* Sun and Li（仿孙悦欣，2000. 重绘）

鉴别要点 雌虫生殖板内缘凸出呈弧形。雄虫生殖腹板蝶形，后缘中部深凹呈槽口状；中骨末端分叉。蛹无胸毛，呼吸丝排列成 2+3+3+4。幼虫触角第 2 节具 4 个次生淡环。

形态概述

雌虫 体长约 3.5mm。额和唇基黑色，有白色短毛和散在黑色长毛。触角柄节和梗节棕黄色，鞭节褐黑色，鞭节Ⅰ的长为鞭节Ⅱ的 2 倍。食窦光滑。触须节Ⅲ膨大，拉氏器长约为节Ⅲ的 3/8。下颚具内齿 9 枚，外齿 10 枚。中胸盾片黑色，密被黄色柔毛，后盾片光裸。足大部为褐黑色；棕黄色部分包括前足基节、转节前面、胫节后面及中部 1/2，中足转节端部 1/2、胫节基部 2/3、后足转节、胫节中部 2/3、基跗节中部 3/4、跗节Ⅱ基部 1/3 及各足股节基部 3/4。后足基跗节侧缘平行，跗突伸达跗沟。爪具大基齿。腹部棕褐色。生殖板后缘近弧形，内缘凸出。生殖叉突两臂有小侧突和三角形的内突。

雄虫 体长 3.8~3.9mm。触角黑色，鞭节Ⅰ的长为鞭节Ⅱ的 1.7 倍。触须拉氏器长条形。唇基黑色，有白色毛和黑色毛混生。中胸盾片毛色较雌虫的深。足为黑色；其中，棕褐色部分包括前足基节、转节、股节中部 2/5、胫节后面中部 1/3，中足转节基部 2/3、股节基部 3/4，后足转节、股节基部 3/4，胫节中部 1/2 和基跗节端部 4/5。后足基跗节膨胀，跗突发达。腹部棕褐色。生殖肢基节基部膨大，端节内弯；生殖腹板蝶形，后缘中部深凹呈槽口状，后侧角斜截；中骨杆状，基部宽圆，端部细而分叉；阳基侧突每侧具 4 个大刺和 3 个小刺。

蛹 呼吸丝排列成 2+3+3+4，密布黑色疣突。头毛 1 对，胸毛缺。腹部钩刺正常，端钩小而尖，第 5 节腹侧面有 3 对小毛。

幼虫 体长 6.2~7.2mm。触角第 2 节有 4 个次生环。头扇毛 32 支。上颚第 3 顶齿发达，梳齿 9 枚。亚颏中齿、角齿发达，侧缘齿每侧 5 枚。侧缘毛 5 枚，后颊裂小，形状不规则。肛鳃缺。后环 76~79 排，每排约具 12 个钩刺。

生态习性 幼虫和蛹采自泰山旅游区小溪中的石块和草茎叶上，溪宽约 2.5m。

地理分布 中国山东。

分类讨论 泰山山蚋生殖腹板蝶形，中骨末端分叉，这一特征与清溪山蚋相似。但是本种蛹呼吸丝排列特殊，上组丝茎明显短于中、下组丝的二级茎，以及幼虫触角具次生淡环等特征，可与后者相区别。根据原描述，"泰山山蚋蛹头毛 1 对，胸毛缺"，从理论上说可能有误，尚待进一步的研究去证实。

谭氏山蚋 *Simulium* (*Montisimulium*) *tanae* Xue，1993（图 12-102）

Titanopteryx tanae Xue（薛洪堤），1993. *Acta Zootax Sin*., 18（4）：466~468. 模式产地：中国云南（大理）.

Simulium（*Montisimulium*）*tanae* Xue，1993；Chen and An（陈汉彬，安继尧），2003. The Blackflies of China：163.

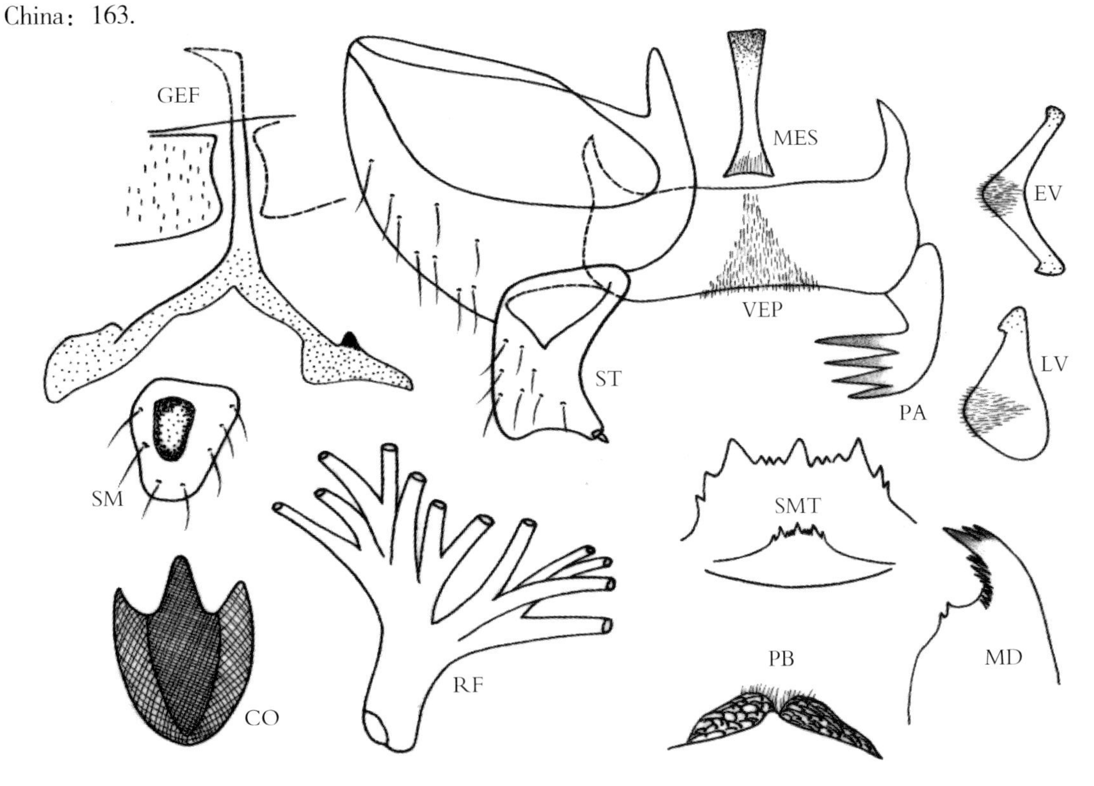

图 12-102 谭氏山蚋 *S*.（*M*.）*tanae* Xue（仿薛洪堤，1993. 重绘）

鉴别要点 雌虫食窦弓丛生疣突，生殖板内凹。雄虫生殖肢基节长宽约相等，生殖腹板后缘平齐，中骨两端扩大，端缘有小齿；阳基侧突每侧具 4 个大刺。蛹呼吸丝排列成 5+2+2+3。幼虫亚颏侧缘齿 2 枚。

形态概述

雌虫 体长 4.0~4.2mm。额和唇基黑色，密被金黄色。食窦弓丛生疣突。下颚具内齿、外齿各 15 枚；上颚具内齿 27 枚，外齿缺。触须第Ⅲ节中度膨大，拉氏器长方形。触角 2+9 节，基部黄白色，向端部渐变为棕黄色。中胸盾片密被金黄色毛，具 3 条深色窄纵纹。前足基节和转节黑色，股节基部 4/5 棕色，端部黑棕色但胫节中部大部为白色，第Ⅰ跗节基部 3/5 为棕色，端部与其他跗节为黑色。中足除第Ⅰ跗节端部及其余跗节为黑色外，余一致为棕色。后足基节、转节及股节基部 4/5、胫节基部 3/5 为棕色，其余为黑色。跗突和跗沟均发达。爪具大基齿。腹部背面深棕色，密被金黄色毛。生殖板内缘稍凹入，生殖叉突两后臂膨大，具骨化侧突。

雄虫 中胸盾片黑色，被金黄色毛，无纵纹。腹部背面黑色，腹面棕黄色，密被黑色毛。生殖肢基节长宽约相等。生殖腹板后缘微凹，近于平直，后侧角圆钝。中骨两端扩大，后缘有小齿，阳基侧突各具 4 个大刺。

蛹 呼吸丝 12 条，长约为体长的 1/2，排列成 5+2+2+3。茧背中突发达，明显长于侧突。

幼虫 体长 10~12mm。头斑阳性。触角第 2 节具 4 个次生环。上颚第 3 顶齿发达，亚颏中齿、角齿发达，侧缘齿 2 枚，后颊裂小。后环 82 排，每排具 12~13 个钩。

生态习性 幼虫和蛹孳生于海拔 2300m 的山溪中。

地理分布 中国云南。

分类讨论 谭氏山蚋原描述置于梯蚋属（*Titanopteryx*），这种分类显然有误。本种雌虫食窦丛生疣突，雄尾构造特殊，可与其近缘种相区别。

西藏山蚋 *Simulium*（*Montisimulium*）*tibetense* Deng，Xue，Zhang and Chen，1994（图 12–103）

Simulium（*Eusimulium*）*tibetense* Deng，Xue，Zhang and Chen（邓成玉，薛力群，张有植，陈汉彬），1994. *Sixtieth Anniversary Founding*，*China Zool. Soc.*：10~16. 模式产地：中国西藏 .

Simulium（*Montisimulium*）*tibetense* Deng，Xue，Zhang and Chen，1994；Chen and An（陈汉彬，安继尧），2003. The Blackflies of China：164.

鉴别要点 蛹呼吸丝 14 条。雄虫中骨倒纺锤形，生殖腹板蝶形。

形态概述

雌虫 尚未发现。

雄虫 体长约 3mm。复眼大眼面 21，鞭节Ⅰ的长约为鞭节Ⅱ的 1.8 倍。触须拉氏器小，椭圆形，长约为宽的 1.5 倍，约占节Ⅲ的 1/3。翅径脉基具毛，径中横脉色稍暗。前足胫节和跗节，中足、后足股节端部 1/3 及胫、跗节色暗，余部色淡。跗突发达，伸达跗节Ⅱ基部的 1/2 处。生殖肢端节后缘斜截状，生殖腹板蝶形，后缘中凹，后侧角钝圆。中骨倒纺锤形，基部宽圆，端部窄。阳基侧突每侧具 3 个大刺和 1 个小刺。

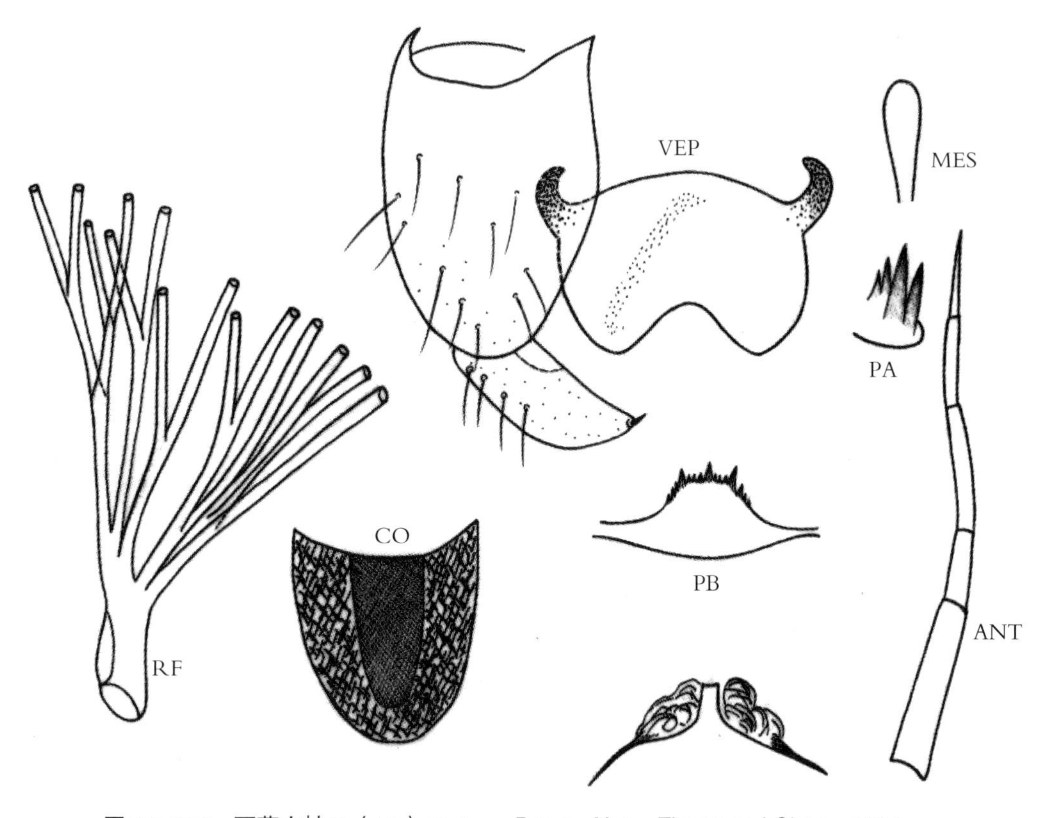

图 12–103　西藏山蚋 *S.*（*M.*）*tibetense* Deng，Xue，Zhang and Chen，1994

蛹　头、胸部密被疣突，后胸疣突较小。呼吸丝 14 条，与蛹体约等长，排列成 2+6+2+4，叉状分布。腹部钩刺正常。茧拖鞋状，编织疏松，无前背突和增厚的前缘。

幼虫　体长约 6mm，深灰色。触角第 2 节具 1 个次生环。头扇毛 26 支。上颚第 1 和第 3 顶齿发达，约等长。亚颏中齿、角齿发达，侧缘齿各 2 枚，侧缘毛各 5 支。后颊裂小，近长方形，高约为后颊桥的 1/3。后环 84 排，每排具 4~13 个小钩。

生态习性　幼虫和蛹孳生于山区溪流中的枯枝、水草和石块上，水温 20℃。

地理分布　中国西藏。

分类讨论　迄今，本亚属已知蛹具 14 条呼吸丝的有 3 种，即 *S.*（*M.*）*quattuordecimfilum* Rubtsov，1974；*S.*（*M.*）*litshkense* Rubtsov，1956 和 *S.*（*M.*）*assadovi* Djaf，1956。本种与 *S.*（*M.*）*assadovi* 最为近似，但是可根据本种雄虫生殖腹板蝶形，蛹呼吸丝的排列方式呈叉状分布，幼虫头扇毛 26 支和后颊裂呈长方形等特征，可与后者相区别。

维西山蚋 *Simulium*（*Montisimulium*）*weisiense* Deng，Xue and Chen，2005（图 12-104）

Simulium（*Montisimulium*）*weisiense* Deng，Xue and Chen（邓成玉，薛洪堤，陈汉彬），2005. *Chin. J. Vector Bio. and Control*，16（3）：191~192. 模式产地：中国云南（维西）.

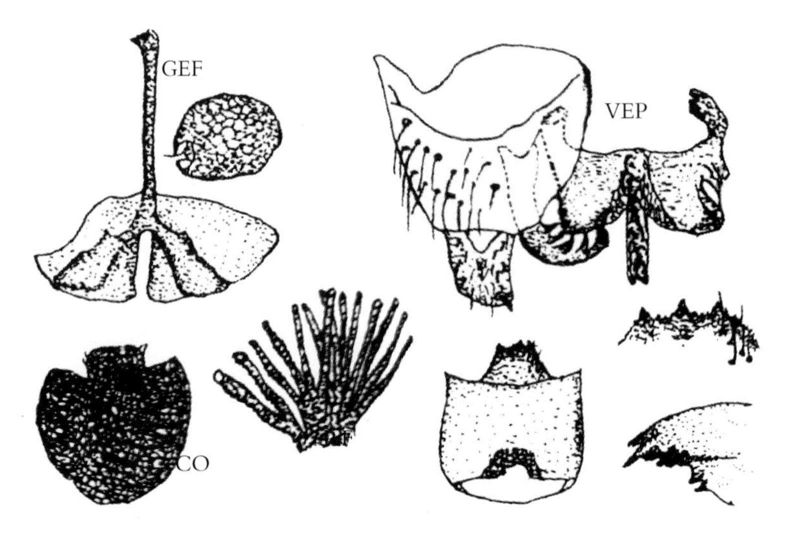

图 12-104 维西山蚋 *S.*（*M.*）*weisiense* Deng，Xue and Chen，2005

鉴别要点 生殖肢端节约具 15 个亚端刺突；中骨棒状，末端分叉；生殖板内缘靠近，亚平行。茧具背中突，呼吸丝 14 条几乎从基部发出。

形态概述

雌虫 体长 4.3~4.7mm。触角鞭节Ⅰ约为鞭节Ⅱ和鞭节Ⅲ的长度之和。触须节Ⅲ膨大。食窦具疣突。上颚具内齿 23 枚；下颚具内齿、外齿各 14 枚。生殖板亚三角形，内缘靠近，亚平行。生殖叉突后臂膨大无外突。受精囊椭圆形，具网纹。

雄虫 体长 4.5~4.7mm。翅长 3.5~3.8mm。上眼大眼面 18 纵列。触角鞭节Ⅰ的长约为鞭节Ⅱ~Ⅳ的长度之和。触须黑色，拉氏器小。中胸盾片黑色，覆黄色毛。中胸侧膜和下侧片光裸。前足除胫节前外侧为浅色外，余均为棕色。中足、后足股、胫节基 1/2 为褐色，余部为黑色。前足基跗节长约为宽的 8 倍。跗突和跗沟发达。爪具大基齿。生殖肢端节长约为基节的 1/2，具 15 个亚端刺突。生殖腹板横宽，端缘中凹。中骨棒状，末端分叉。阳基侧突每边具 5 个大刺。

蛹 体长 4.5~5.0mm。呼吸丝 14 条，树状分布，由主茎分 4 支发出，最上面 1 对丝稍粗。茧拖鞋状，具背中突。

幼虫 头斑阳性，触角 3 节。头扇毛 30~34 支。肛鳃每叶具 4 个次生小叶。后环约 50 排，每排具 12~14 个钩刺。

生态习性 幼虫和蛹孳生于小溪中的石块下，海拔 2300m。

地理分布 中国云南（维西）。

分类讨论 本种主要特点是蛹呼吸丝 14 条，全世界具有这一特征的已知蚋种不少于 10 种。但是本种呼吸丝排列方式特殊，由主茎分 4 条短的二级茎发出，茧具背中突，再结合两性尾器的特殊形状，并不难与其他近缘种相区别。

五老峰山蚋 *Simulium*（*Montisimulium*）*wulaofengense* Chen and Zhang，2011（图 12–105）

Simulium（*Montisimulium*）*wulaofengense* Chen and Zhang（陈汉彬，张春林），2011. *Zootax*，3017：51~68. 模式产地：中国山西（五老峰）.

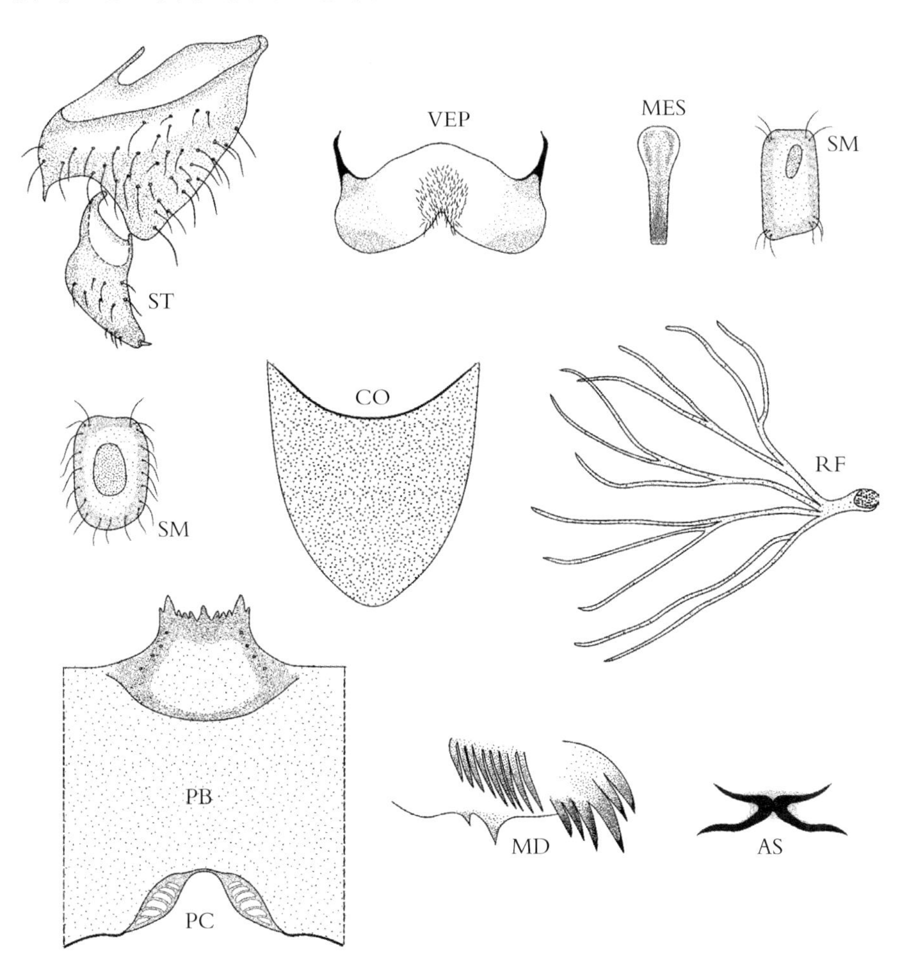

图 12–105 五老峰山蚋 ***S.*（*M.*）*wulaofengense*** Chen and Zhang，2011

鉴别要点 雄虫生殖腹板基缘宽凸，端缘中凹。幼虫触角节 2 具 4 个次生环节。

形态概述

雌虫 仅检视 1 个不完全标本。体长约 3.5mm。额指数为 7.2∶5.5∶6.1。额头指数为 7.2∶25.7。触角鞭节Ⅰ的长约为鞭节Ⅱ的 1.6 倍。触须节Ⅲ～Ⅴ的节比为 5.0∶4.7∶10.8。拉氏器约为节 3 长的 0.6。下颚具 9 枚内齿，12 枚外齿；上颚具 33 枚内齿。中胸盾片覆金黄色毛。中胸侧膜和下侧片光裸。后足基跗节长约为宽的 7 倍。

雄虫 体长约 3.2mm。上眼具 16 纵列，17 横排。触角鞭节Ⅰ的长约为鞭节Ⅱ的 1.9 倍。触须节Ⅲ～Ⅴ的节比为 5.2∶5.7∶11.4。拉氏器长约为节Ⅲ的 0.2。中胸盾片密被金黄色毛，各足基转节除前足转节色淡外，余部为暗棕色。前足、中足股节色淡，端 1/4 为暗棕色。各足胫节中大部外面为黄色，余部为暗棕色。各足跗节除后足基跗节和跗节Ⅱ基 1/2 为黄色外，余部为暗棕色。前足基跗节长约为宽的 9 倍。后足基跗节膨大，长约为宽的 4 倍。跗突和跗沟发达。翅亚缘脉基 1/3 和径脉基具毛。腹节背板暗棕色，并覆同色毛。生殖肢端节简单，中部宽，端 1/2 变细，内弯。生殖腹板横宽，基缘宽凸，端缘中凹。中骨话筒状，宽部圆宽。阳基侧突每侧具 10 个大刺。

蛹 体长约 4.0mm。头、胸布疣突。呼吸丝 12 条，长约为体长的 2/3，排列成 2+3+3+4。腹部刺钩和毛序分布正常。茧拖鞋状。

幼虫 体长约 7.0mm。头斑阳性。触角 3 节，节比为 6.5 : 8.0 : 3.4。头扇毛约 28 支。亚颏中的、角齿、顶齿发达，侧缘毛 4 支，后颊裂小，“M”形。触角节 2 具 4 个次生环节。后环约 76 排。腹乳突发达。

生态习性 不详。

地理分布 中国山西。

分类讨论 本种具 12 条呼吸丝，这一特征近似于泰山山蚋［*S.*（*M.*）*taishanense*］，但是根据本种雄虫尾器构造特殊，幼虫触角节 2 具 4 个次生环节等特征，可资鉴别。

忻州山蚋 *Simulium*（*Montisimulium*）*xinzhouense* Chen and Zhang，2011（图 12-106）

Simulium（*Montisimulium*）*xinzhouense* Chen and Zhang（陈汉彬，张春林），2011. *Zootaxa*，3017: 51~68. 模式产地：中国山西（忻州）.

鉴别要点 蛹呼吸丝 8 条。雌虫拉氏器大，约为节Ⅲ长的 2/3；生殖板长舌状。雄虫生殖肢端节具亚端外突，其上具 4~5 个齿突；生殖腹板端缘宽凹；基缘具中突。

形态概述

雌虫 体长约 3.5mm。翅长约 3.0mm。额指数为 7.6 : 4.7 : 7.9。额头指数为 7.6 : 32.7。触须节Ⅲ~Ⅴ的节比为 5.2 : 5.8 : 15.9。节Ⅲ膨大，拉氏器长约为节Ⅲ的 0.65。下颚具 12 枚外齿，16 枚内齿；上颚具 24 枚内齿。食窦简单。中胸盾片棕黑色，覆金色毛。中胸侧膜和下侧片光裸。各足基转节除前足转节为黄色外，余一致为棕色。各足股节黄色，端 1/3 黑色。各足胫节棕色，但中大部为黄色。各足跗节除后足基跗节和跗节Ⅱ基 3/5 为黄色外，余一致为棕黑色。前足基跗节长约为宽的 8 倍。后足基跗节两侧平行，长约为宽的 7.5 倍。跗沟和跗突发达。爪具大基齿。翅亚缘脉和径脉基具毛。生殖板舌状，内缘分离，后内角圆。生殖叉突后背无外突。受精囊近圆形，具网斑。

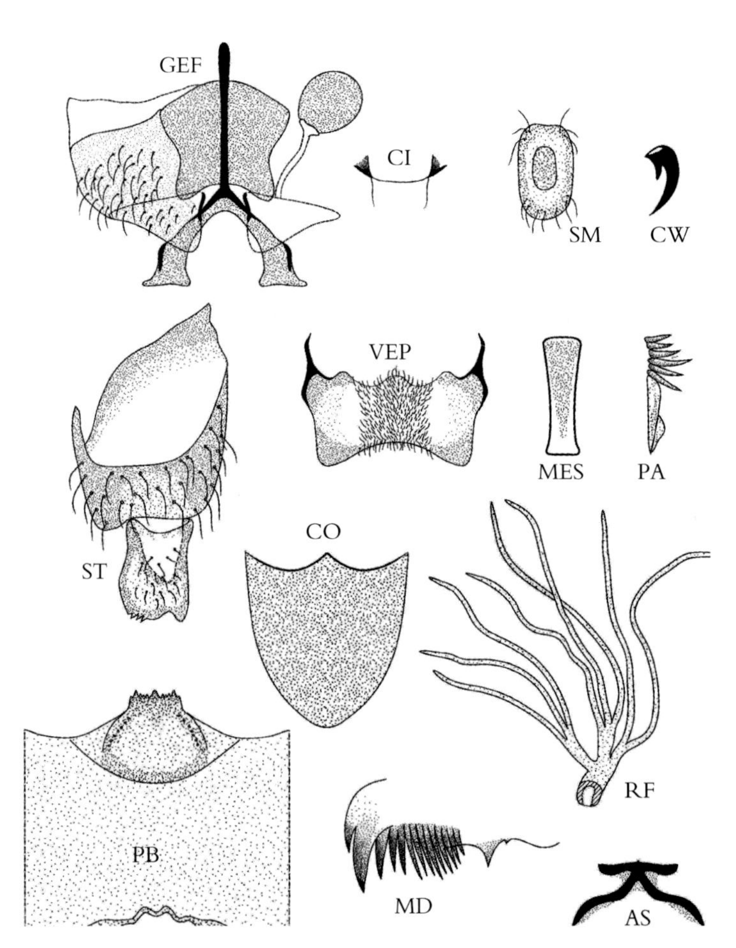

图 12-106 忻州山蚋 *S.*（*M.*）*xinzhouense* Chen and Zhang，2011

雄虫 体长约4.0mm。翅长约3.2mm。上眼具17纵列，18横排。触角鞭节Ⅰ的长约为鞭节Ⅱ的2倍。触须拉氏器长约为节Ⅲ的0.23。胸部似雌虫，但后足基跗节膨大，长约为宽的4倍。生殖肢端节短，具亚端外突，其上具4~5个齿突。生殖腹板横宽，基缘中突，端缘宽凹，侧缘具亚基突。中骨板状。阳基侧突每侧5~6个大刺。

蛹 体长约4.0mm。头、胸淡棕色，布疣突。呼吸丝8条，由主茎分2支发出。腹部钩刺和毛序分布正常。茧简单，具角状弱中突。

幼虫 体长6.5~7.0mm。头斑阳性。触角3节，节比为5.1∶6.3∶4.8。头扇毛约30支。亚颏中的角齿、顶齿发达。侧缘毛7支。肛鳃每叶具6~11个次生小叶。后环88排，每排约具16个钩刺。

生态习性 幼虫和蛹孳生于山溪急流中的水生植物上。

地理分布 中国山西（忻州）。

分类讨论 本种是我国已知的山蚋亚属中唯一具有8条呼吸丝的蚋种，国外已发现4种，如塔吉克斯坦的 *S.*（*M.*）*brachystulum*、*S.*（*M.*）*ocreastylum* 和 *S.*（*M.*）*octofiliatum*，以及发现于Hirghizia的 *S.*（*M.*）*sonkulense* 等。本种雄虫外生殖器形状特殊，不难与上述近缘种相区别。

云台山蚋 *Simulium*（*Montisimulium*）*yuntaiense* Chen，Wen and Wei，2006（图12-107）

Simulium（*Montisimulium*）*yuntaiense* Chen，Wen and Wei（陈汉彬，温小军，韦静），2006. *Acta Parasitol. Med. Entomol. Sin.*，13（4）：239~240. 模式产地：中国河南（焦作）.

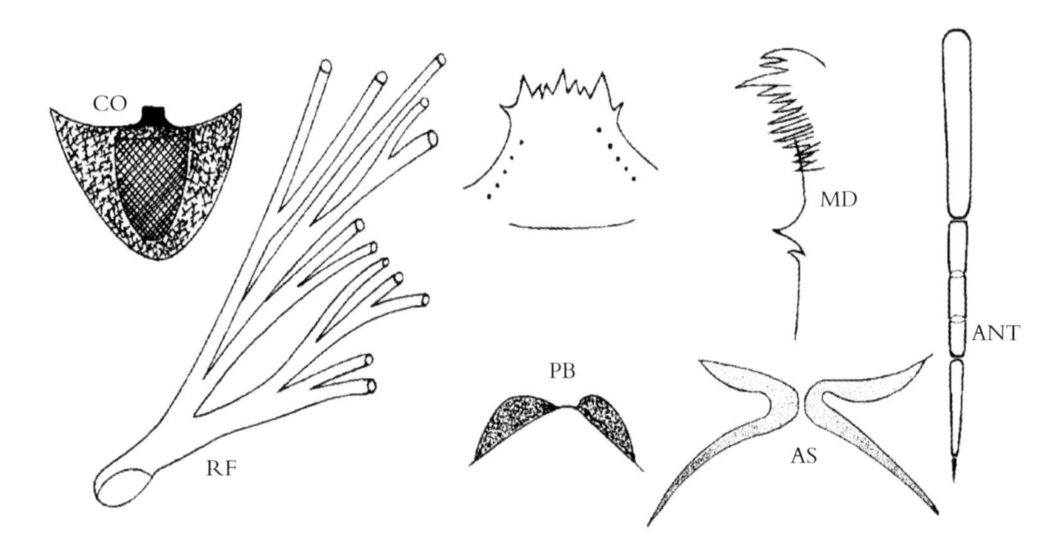

图12-107 云台山蚋 *S.*（*M.*）*yuntaiense* Chen，Wen and Wei，2006

鉴别要点 茧具背中突，蛹呼吸丝排列成5+7。幼虫触角节2具2个次生环节。

形态概述

雌虫 未知。

雄虫 未知。

蛹 体长约3.8mm。头、胸黄棕色，密被疣突。呼吸丝12条，排列成5+7，长度与体长约相当，由主茎分 2 支发出，上支分 2 支（2+3），下支再分为 3 支（2+3+3）。腹节 1、节 2 背板无疣突，节 2 背板每侧具 6 支简单毛，节 3、节 4 背板每侧具 4 个叉钩，节 6~9 背板具刺栉；节 5 腹板每侧具 1 对亚中叉钩；节 6、节 7 每侧具 1 对分离的叉钩。茧拖鞋状，宽大于长，前缘具背中突。

幼虫 体长 6.4~6.8mm。头黄棕色，头斑阳性。触角 3 节，节比为 7.6 : 6.5 : 6.1。触角节 2 具 2 个次生环节。头扇毛 24~30 支。上颚缘齿无跗齿列。亚颏中齿、角齿突出。侧缘毛每边 5 支。胸、腹壁光裸。肛鳃复杂。肛骨前臂约为后臂长的 3/4。后环 86 排。腹乳突发达。

生态习性 幼虫孳生于云台山天火崖下游的石块上，海拔 1580m。

地理分布 中国河南。

分类讨论 虽然本种的成虫尚未发现，但是其蛹的特征突出，如 12 条呼吸丝排列成 5+7，茧具背中突。这一特征虽然与报道自塔吉克斯坦的 *S.*（*M.*）*odontostylum* 相似，但是后者茧无背中突，可资鉴别。

7）纺蚋亚属 Subgenus *Nevermannia* Enderlein，1921

Nevermannia Enderlein，1921. *Dt. Tierärzti. Wschr.*，29：199. 模式种：*Simulium annulipes* Becker，1908; Crosskey，1988. Annot. Checklist World Blackflies（Diptera：Simuliidae）：458; Chen and An（陈汉彬，安继尧），2003. The Blackflies of China：167.

Cnetha Enderlein，1921. *Dt. Tierärzti. Wschr.*，29：199. 模式种：*Simulium pecuarum* Riley，1887.

Stilboplax Enderlein，1921. *Dt. Tierärzti. Wschr.*，29：199. 模式种：*Simulium speculiventre* Enderlein，1914.

Pseudonevermannia Baranov，1926. *N. Beitr. syst. Insektenk*，3：164. 模式种：*Simulium vernum* Macquart，1826.

Cryptectemnia Enderlein，1936. *Sitzber. Ges. naturf. Fr.*，1936：114. 模式种：*Crypfecfmnia orsovae* Smart，1944.

Chelocnetha Enderlein，1936. *Sitzber. Ges. naturf. Fr.*，1936：117. 模式种：*Chelocnetha biroi* Enderlein，1936.

鉴别要点 中胸盾片通常无纹饰，后盾片光裸。中胸侧膜和下侧片光裸。翅径脉基具毛。跗突和跗沟发达或跗突明显突出而跗沟较浅。雌虫食窦通常无疣突。爪通常具较大的基齿。生殖板简单，钝圆或截叶状，生殖叉突后臂宽大。受精囊具多角形斑，无内毛。雄虫生殖肢端节短于或约等于生殖肢基节，末端平截或圆钝，具 1 个端刺。生殖腹板横宽，板体中部有或无龙骨突，或后缘中部末端具被毛的舌状折叠物，或腹面中区具毛。中骨杆状，窄长，偶短宽，有时末端分叉。阳基侧突每侧具 1 个粗刺或具 3~7 个大小不一或约等长的刺。蛹呼吸丝通常 4 条或 6 条，长于或约等于蛹体，腹部末节无锚状钩。茧简单或具领，前缘有或无背中突。幼虫头斑阳性，触角无次生环。上颚第 2 梳齿短于第 1 梳齿，等于或短于第 3 梳齿，锯齿无或有附齿列。亚颏具侧缘齿，侧缘毛 3~7 支。顶齿 9 枚，中齿和角齿突出。后颊裂通常短小，呈方形、圆形、箭状或槽口状，短于后颊桥，少数可约等于或长于后颊桥或颊裂副缺。腹部光裸，或后腹侧具无色刺毛。肛鳃简单或复杂。有或无附骨和（或）肛前刺。腹乳突存在。

纺蚋亚属是一个异质性的大类群，主要分布于古北界、东洋界、新北界和非洲界。全世界已报道224种（Adler和Crosskey，2014），含5组，即*atlanticum* group（主要特征是中胸侧膜具毛，仅知1种，分布于Saint Helena群岛）、*loutetense* group（已知4种，分布于非洲）、费氏蚋组（*feuerborni* group）、鹿角蚋组（*ruficorne* group）以及宽足蚋组（*vernum* group）。中国已记录45种，分别隶属于后3组。本书拟新建1个组，即多钩蚋组（*polyhookum* group），另记述5个新种，所以纺蚋亚属在中国已知达4组50种，广布于中国东洋界、古北界的各个地理区。

中国纺蚋亚属分组检索表

雌虫

1　肛上板明显短于尾须……………………………………鹿角蚋组 *ruficorne* group
　肛上板长度与尾须约等长或长于尾须…………………………………………2
2（1）生殖叉突后臂具显著的骨化外突（偶例外）…………………费氏蚋组 *feuerborni* group
　生殖叉突后臂无或仅具较小的外突……………………………………………3
3（2）触须拉氏器小型，长度小于节Ⅲ的1/3…………………多钩蚋组 *polyhookum* group
　触须拉氏器大中型，长度通常大于节Ⅲ的1/3，少数例外…………宽足蚋组 *vernum* group

雄虫

1　后足基跗节细，侧缘平行………………………………………………………2
　后足基跗节膨大，纺锤形或后宽型……………………………………………3
2（1）生殖腹板具中龙骨；阳基侧突每侧具1个大刺…………鹿角蚋组 *ruficorne* group
　生殖腹板无中龙骨；阳基侧突每侧具3~6个钩刺…………多钩蚋组 *polyhookum* group
3（2）生殖肢基节明显短于基节；中骨通常不分叉；阳基侧突每侧具3~7个钩刺……………
　……………………………………………………………费氏蚋组 *feuerborni* group
　生殖肢基节仅略短于基节；中骨通常分叉；阳基侧突每侧具1个大刺…………………
　……………………………………………………………宽足蚋组 *vernum* group

蛹

1　腹节背板6~9（或5~8）每节均具刺栉………………………………………2
　腹节背板仅节7~8（或仅节7）具刺栉……………………鹿角蚋组 *ruficorne* group
2（1）呼吸丝6条，偶4条……………………………………费氏蚋组 *feuerborni* group
　呼吸丝4条……………………………………………………………………3
3（2）茧简单，无背中突………………………………………多钩蚋组 *polyhookum* group
　茧简单或具1~2个背中突…………………………………宽足蚋组 *vernum* group

幼虫

1　上颚具2枚约等大的缘齿…………………………………鹿角蚋组 *ruficorne* group
　上颚缘齿一大一小 ……………………………………………………………2

2（1） 上颚缘齿无附齿列 ……………………………………………………**费氏蚋组** *feuerborni* group
上颚缘齿通常有附齿列……………………………………………………………………………… 3
3（2） 后颊裂深，长度大于后颊桥 ………………………………………**多钩蚋组** *polyhookum* group
后颊裂小型或中型，通常短于或约等于后颊桥 ………………………**宽足蚋组** *vernum* group

A. 多钩蚋组 *polyhookum* group

组征概述 中胸侧膜、下侧片和后盾片光裸，跗突和跗沟发达。雄虫后足基跗节细，侧缘平行；生殖肢端节稍短于基节；生殖腹板板体无中龙骨；中骨板状或杆状，末端分叉或不分叉；阳基侧突每侧具3~6个大钩刺；第X腹板壶状。雌虫触须拉氏器小型，长不超过节Ⅲ的1/3；爪具大基齿；生殖叉突后臂无外突。蛹呼吸丝4条，成对，具短茎；茧简单，无背中突。幼虫上颚有或无附齿列；触角节2有或无次生环，后颊裂深，长度超过后颊桥；肛鳃简单；后腹有或无附骨。

本组雄虫具明显的组征，其后足基跗节细，侧缘平行，近似鹿角蚋组（*ruficorne* group），但生殖腹板无中龙骨而有别于后者。雌虫、蛹和幼虫尚未发现排他性组征，其性状特征与其他组多有交叉，尚待进一步的发现和研究，以便补充和修订。

本组已发现3种，均分布于我国古北界东北区，即多钩纺蚋［*S.*（*N.*）*polyhookum* sp. nov.］、山谷纺蚋［*S.*（*N.*）*cherraense* Sun，1994］和辽东纺蚋［*S.*（*N.*）*liaodongense* Sun，2012］。

中国纺蚋亚属多钩蚋组分种检索表

雌虫[①]

1 生殖板长舌形；生殖叉突后臂无外突 …………………**多钩纺蚋** *S.*（*N.*）*polyhookum* sp. nov.
生殖板三角形；生殖叉突后臂有外突…………………………**辽东纺蚋** *S.*（*N.*）*liaodongense*

雄虫

1 生殖腹板矩形，基缘和端缘平直；中骨中部有叉状骨化脊……**山谷纺蚋** *S.*（*N.*）*cherraense*
生殖腹板和中骨非如上述 ……………………………………………………………………… 2
2（1） 中骨杆状，末端分叉；阳基侧突每侧具4~5个大刺……………………………………………
……………………………………………………**多钩纺蚋** *S.*（*N.*）*polyhookum* sp. nov.
中骨板状，末端不分叉；阳基侧突每侧具6个大刺…………**辽东纺蚋** *S.*（*N.*）*liaodongense*

蛹[②]

1 下对呼吸丝明显粗、长于上对呼吸丝…………………**多钩纺蚋** *S.*（*N.*）*polyhookum* sp. nov.
所有呼吸丝均等长、等粗……………………………………**辽东纺蚋** *S.*（*N.*）*liaodongense*

幼虫[③]

1 上颚缘齿具附齿列；后颊裂梭形，两头细，中间大…**多钩纺蚋** *S.*（*N.*）*polyhookum* sp. nov.
上颚缘齿无附齿列；后颊裂箭形，亚端部扩大………………**辽东纺蚋** *S.*（*N.*）*liaodongense*

---

① 猎鹰纺蚋［*S.*（*N.*）*falcoe*］的雌虫尚未发现。
② 猎鹰纺蚋［*S.*（*N.*）*falcoe*］的蛹尚未发现。
③ 猎鹰纺蚋［*S.*（*N.*）*falcoe*］和灰背纺蚋［*S.*（*N.*）*subgriseum*］的幼虫尚未发现。

多钩纺蚋，新种 *Simulium* (*Nevermannia*) *polyhookum* Chen，Wu and Huang (陈汉彬，吴慧，黄若洋)，sp. nov. (图 12–108)

模式产地：中国吉林（长白山）.

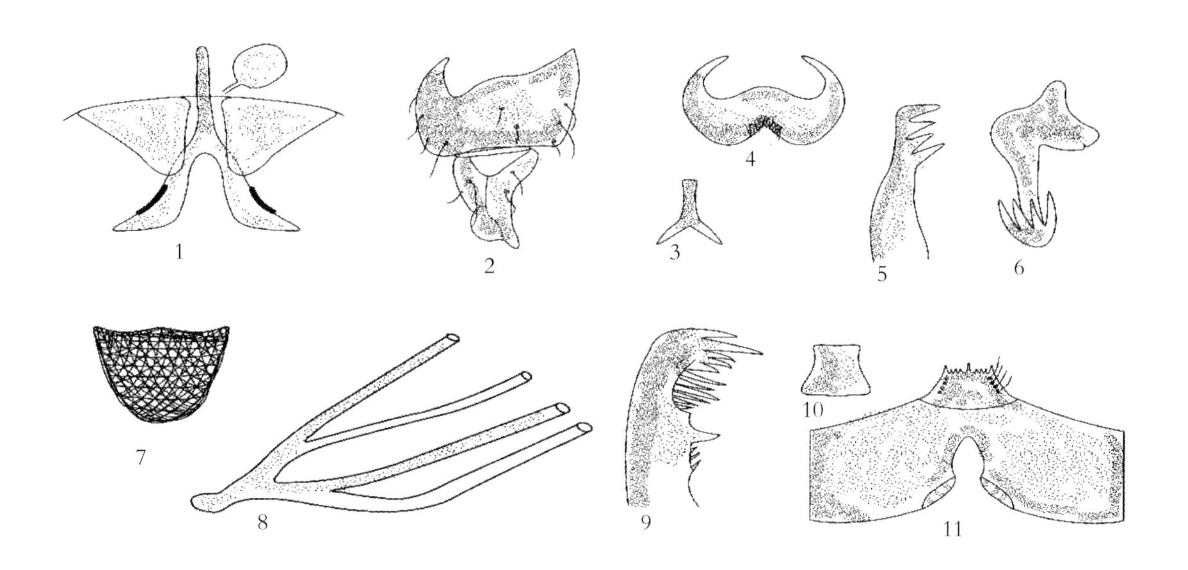

图 12–108　多钩纺蚋，新种 *S.* (*N.*) *polyhookum* Chen，Wu and Huang，sp. nov.

1. Female genitalia；2. Coxite and style of male；3. Median sclerite；4. Ventral plate；5~6 Paramere；7. Cocoon；8. Filaments；9.Larval mandible；10. The 10th tergum；11. Larval head capsules in ventral view

鉴别要点　雄虫生殖腹板无中龙骨，阳基侧突每侧具 4~5 个大刺。雌虫生殖板舌形，生殖叉突后臂窄分离，具骨化侧脊，无内突、外突。幼虫上颚缘齿具附齿列。

形态概述

雌虫　体长 2.8mm。翅长 2.5mm。额棕黑色，灰粉被，覆黄白色毛。额指数为 3.5 : 2.8 : 5.3。额头指数为 3.5 : 22.9。触角柄节和梗节为黄色，鞭节棕黑色。触须节Ⅲ ~ Ⅴ的节比为 4.0 : 3.9 : 7.5。节Ⅲ不膨大，拉氏器小，长为节Ⅲ的 0.27。食窦光裸。中胸盾片棕黑色，灰白粉被，覆黄白色毛。中胸盾片和下侧片光裸。各足基节和转节为中棕色；股节端 1/4~1/3 为棕黑色，余部为黄色；胫节棕黑色而中大部为黄色；跗节除后足基跗节和跗节Ⅱ基 1/2 为黄色外，余部为棕黑色。前足基跗节长约为宽的 7.3 倍；后足基跗节细，长约为宽的 7 倍。爪具大基齿。翅亚缘脉和径脉基具毛。腹部背板黑色，覆棕黄色毛。生殖板长舌形，内缘骨化，亚平行。生殖叉突具骨化细柄，后臂窄分离，向后外伸，具骨化脊，无内突、外突。

雄虫　体长约 2.9mm。翅长 2.5mm。上眼具 18 横排和 15 纵列大眼面。触角 2+9 节，鞭节Ⅰ的长约为鞭节Ⅱ的 1.7 倍。触须节Ⅲ不膨大，拉氏器长约为节Ⅲ的 0.2。胸似雌虫。后足基跗节细，长约为宽的 5 倍，侧缘亚平行，但翅亚缘脉光裸。腹似雌虫。生殖肢端节鞋状，短于基节。生殖腹板无中龙骨，双峰形，基缘中凸，端缘中部深凹，中骨杆状，端部分叉。阳基侧突每侧具 4~5 个大钩刺。第Ⅹ腹板宽板状，高与宽均等长。

蛹 体长约 3.0mm。体色黄棕。头、胸和腹节 1、2 无疣突。头毛 3 对，均简单。呼吸丝 4 条，略短于蛹体，成对排列，具短茎。腹部钩刺和毛序正常。茧拖鞋状，编织致密，前缘增厚，具弧形中隆突，但无背中隆突。

幼虫 体长 5.0~5.5mm。体色棕黄。头斑阳性。触角节 1~3 的节比为 4.2∶5.6∶4.0。头扇毛 38~40 支。上颚缘齿具附齿列。亚颏中的角齿、顶齿发达，侧缘毛每侧 3~4 支。后颊裂梭形，长为后颊桥的 2.5~3.0 倍。肢节 6~8 稀布黑色单刺毛。肛鳃每叶具 6~7 个次生指叶。后环 76 排，每排具 10~15 个钩刺。

模式标本 正模：1♂，从蛹孵化，制片。副模：1♂，3♀♀，4 蛹，5 幼虫。黄若洋、吴慧采自中国吉林长白山溪流水中的草和石块上（42° 10′ N，100° 20′ E，海拔 2051m，2007 年 8 月）。

地理分布 中国吉林。

种名词源 新种系根据雄虫阳基侧突钩刺的数量而命名。

分类讨论 本种主要特征是雄虫阳基侧突每侧具 4~5 个钩刺，这与山谷纺蚋［*S.*（*N.*）*cherraense*］和辽东纺蚋［*S.*（*N.*）*liaodongense*］相似，多钩纺蚋与山谷纺蚋和辽东纺蚋同属于一个新的种组，即多钩蚋组（*polyhookum* group）。这 3 种蚋种的形态鉴别详见相应检索表项下。

附：新种英文描述。

***Simulium*（*Nevermannia*）*polyhookum* Chen，Wu and Huang，sp. nov.（Fig.12–108）**

Form of overview

Female Body length about 2.8mm. Wing length about 2.5mm. Head：Slightly narrower than thorax. Frons brownish black with grey dusting and covered with yellowish white pubescence. Frontal ratio 3.5∶2.8∶5.3；frons–head ratio 3.5∶22.9. Antenna composed of 2+9 segments，brownish black except scape and pedicel yellow. Maxillary palp with 5 segments in proportional lengths of the 3rd to the 5th segments in 4.0∶3.9∶7.5. The 3rd segment not so swollen，sensory vesicle small，about 0.27 as long as the 3rd segment. Cibarium smooth. Thorax：Scutum black，greypruinose and densely covered with yellowish white pubescence. Pleural membrane and katepisternum bare. All coxae and trochanters medium brown. All femora yellow with distal 1/4~1/3 brownish black. All tibiae brownish with large median portion yellow. All tarsi blackish brown except hind basitarsus and basal 1/2 of second tarsomere yellow. Fore basitarsus cylindrical，about 7.3 times as long as width. Hind basitarsus nearly parallel–sided，about 7.0 times as long as width. Calcipala and pedisulcus well developed. Each claw with large basal tooth. Wing：Costa with heavy stout black spinules intermixed with black hairs. Subcosta hairy. Radius entirely haired. Hair tuft on stem vein brown. Abdomen：Basal scale brown，with a fringe of brown hairs. Terga dark black with black hairs. Genitalia：Sternite 8 bare medially，with about 20 long hairs on each side. Anterior gonapophysis lip–shaped，inner margins slightly separated from each other. Genital fork with well sclerotized stem and narrow arms，each arm with a strongly sclerotized distal ridge but lacking inner projection and any prominent projection directed forwards. Spermatheca elliptic. Paraproct and cercus of moderate size.

Male Body length about 2.9mm. Wing length about 2.5mm. Head: Upper-eye consisting of 18 horizontal rows and 15 vertical columns of large facets on each side. Antenna composed of 2+9 segments, the 1st flagellar segment about 1.7 times as long as the following one. Thorax: Nearly as in female, hind basitarsus also parallel-sided and about 5.0 times as long as width, but the subcosta of wing bare. Abdomen: Nearly as in female. Genitalia: Coxite rectangular in shape. Style boot-shaped. Ventral plate in ventral view lamellate, shorter than width, apicolateral corners broadly rounded, with distal median margin concave and proximal median margin distinctly produced forwards; setae medially; basal arms about 2/3 length of plate body and converging apically. Parameres each with 3~4 strong hooks. Median sclerite rod-shaped with bifid tip. The 10th dorsal plate widely plate in shape.

Pupa Body length about 3.0mm. Integuments brownish yellow. Head and thorax: Almost lacking tubercles. Head with 3 pairs of simple, long trichomes, whereas the thorax with 6 pairs of simple trichomes. Gill with 4 filaments arranged in pairs and slightly shorter than pupal body; basal stout stem divided into 2 stalks, which subequal, usually extending in a vertical plane at the of about 60 degrees, each stalk divided again into 2 slender filaments; two upper pairs of filaments thicker (about 2.0 times) than those of lower pair of filaments. Abdomen: Terga 1 and 2 lack tubercles. The hooks, arrangement of setae, spines and hooks of both dorsal and ventral surface of moderate size. Cocoon: Wall-pocket-shaped, tightly woven, with a strong anterior margin but lacking anterodorsal projection.

Mature larva Body length 5.5~6.0mm. Cephalic apotome pale yellow with positive head spots. Antenna longer than cephalic fan, composed of 3 segments in proportion of 4.2 : 5.6 : 4.0. Cephalic fan each with 38~40 main rays. Mandible with a few very minute supernumerary serrations; hypostomium with a row of 9 apical teeth, of which median and corner teeth prominent; lateral serration developed on lateral margin on each side. Postgenal cleft deep, lance-shaped, pointed anteriorly and constricted at base, 2.5~3.0 times as long as postgenal bridge. Thoracic integuments bare. Abdominal integuments sparsely covered with simple minute black setae dorsally on posterior segments 6~8. Rectal papillae compound, each of 3 lobes with 6~7 finger-like secondary lobules. Anterior arms of anal sclerite 0.6 times as long as posterior ones. Ventral papillae well developed. Posterior circlet with 76~78 rows of up to 15 hooklets per row.

Type materials Holotype: 1♂, reared from pupa, slide-mounted with pupal exuviae and cocoon. Paratype: 1♂, 3♀♀, 4 pupae and 5 larvae, collected from a forest stream from Changbai Mountain, Jilin Province (42°10′ N, 100° 20′ E, alt. 2051m; 12th, Aug., 2007), were taken from trailing grasses and decaying leaves exposed to the sun by Huang Ruoyang and Wu Hui.

Distribution Jilin Province, China.

Etymology The specific name was given for its number of hooks of male paramere.

Remarks The present new species appears to belong to a new species group, *polyhookum* group of *Simulium* (*Nevermannia*) by the male parameres each with 4~5 strong books.

山谷纺蚋 *Simulium*（*Nevermannia*）*cherraense* Sun，1994（图 12–109）

Simulium（*Nevermannia*）*cherraensis* Sun（孙悦欣），1994. The Blackflies of North China: 76~78. 模式产地：中国辽宁（新宾）.

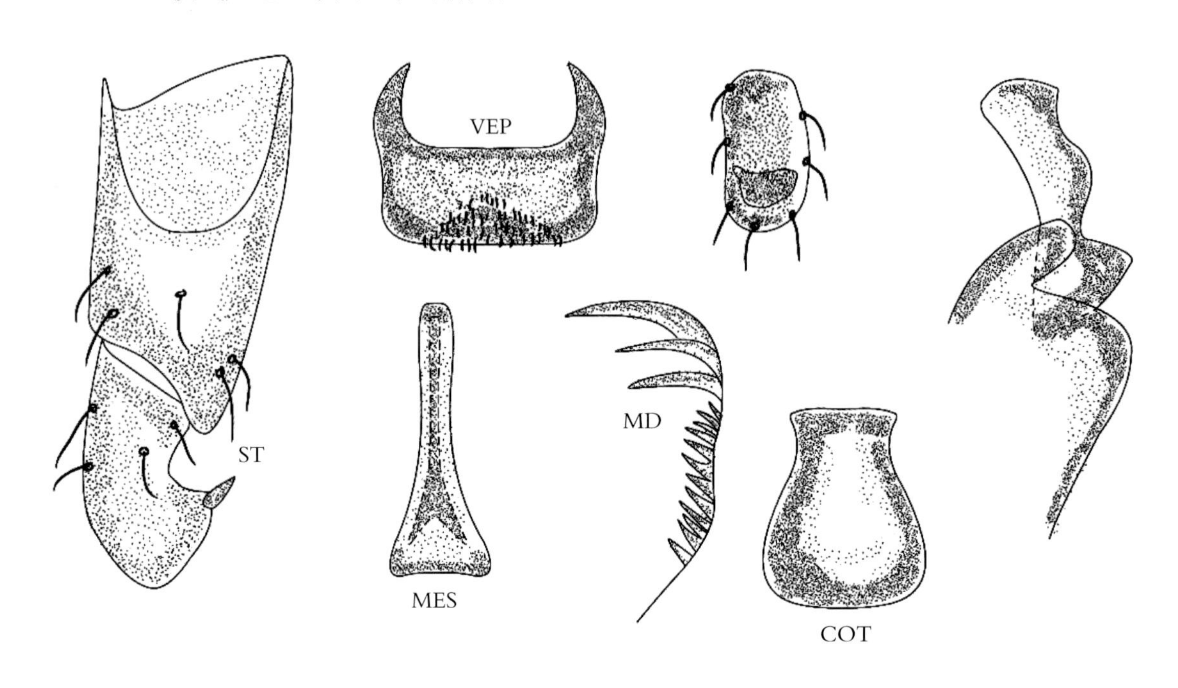

图 12–109 山谷纺蚋 *S.*（*N.*）*cherraense*（仿孙悦欣，1994. 重绘）

鉴别要点 生殖腹板宽为长的 2.5 倍，基缘和端缘平直；阳基侧突具 3 个大刺和若干小刺，中骨棒状，中部有叉状黑色中脊。

形态概述

雌虫 未发现。

雄虫 体长 4.0~4.5mm。翅长 4.0~4.5mm。上眼 11 排。触角鞭节 Ⅰ 的长为鞭节 Ⅱ 的 2 倍。触须拉氏器长为节 Ⅲ 的 0.18。中胸盾片黑色，覆金黄色毛。中胸侧膜和下侧片光裸。足黑褐色，前足基跗节长为宽的 6.8 倍，后足基跗节后缘弯曲。跗突和跗沟发达。生殖肢基节圆筒状，长于端节，生殖肢端节弯刀状。生殖腹板横宽，矩形，基缘和端缘平直，侧缘亚平行。阳基侧突每侧具 3 个大刺和若干小刺。中骨窄板状，端部扩大，宽为长的 2.5 倍，后缘平，中央有叉状骨化黑中脊。第 X 背板亚壶形。

蛹 未发现。

幼虫 未发现。

生态习性 采自山溪中，宽 1.0~1.5m。水温 7~13℃，pH 值 5.5，海拔 450m。

地理分布 中国辽宁。

分类讨论 虽然本种仅知雄虫，但是本种雄虫阳基侧突每侧具 3 个大刺，中骨具叉状黑中脊，特征相当突出。

辽东纺蚋 *Simulium* (*Nevermannia*) *liaodongense* Sun，2012 (图 12-110)

Simulium (*Nevermannia*) *liaodongense* Sun (孙悦欣), 2012. *Acta Parasital. Med. Entomol. Sin.*, 19 (1): 48. 模式产地：中国辽宁（新宾）.

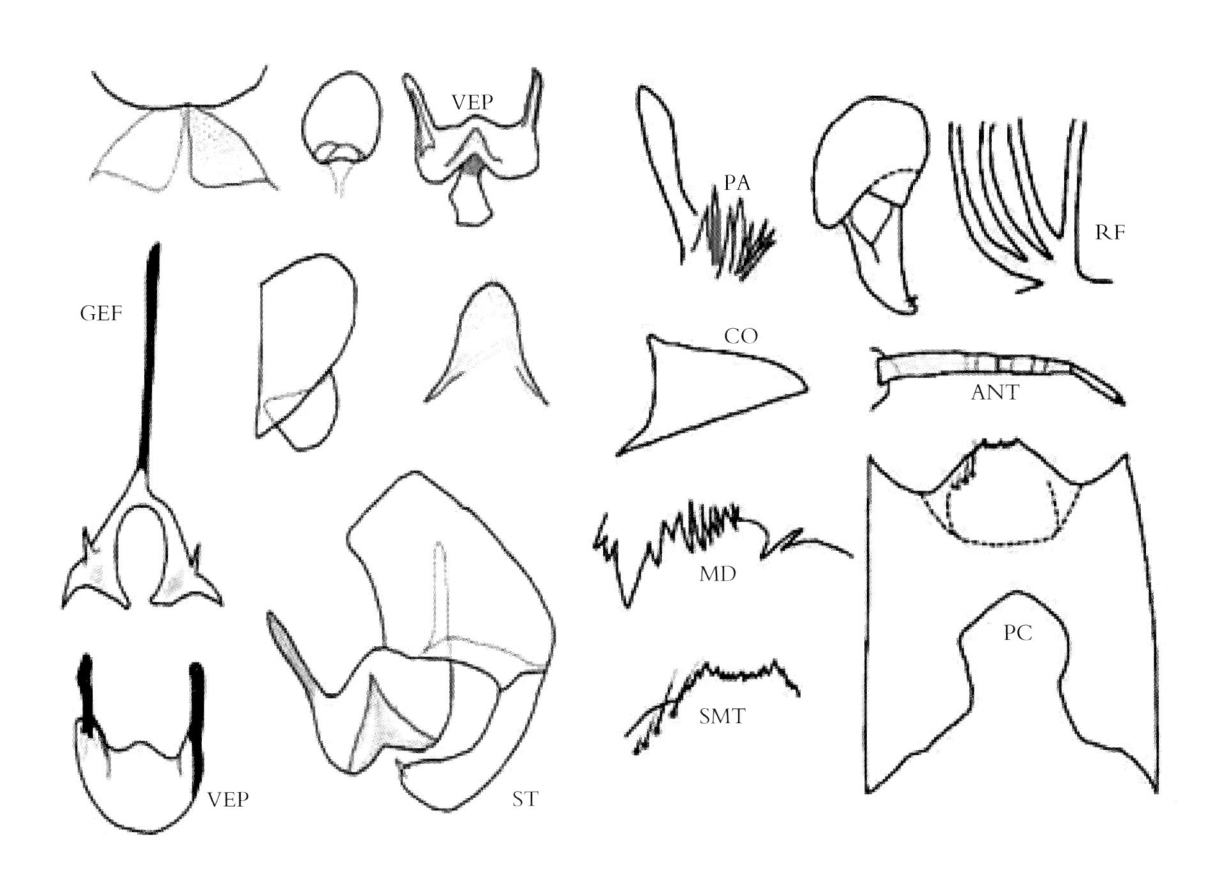

图 12-110 辽东纺蚋 *S.* (*N.*) *liaodongense* Sun，2012

鉴别要点 雌虫生殖叉突后臂具内突、外突。雄虫阳基侧突每侧具 6 个大刺，中骨板状。

形态概述

雌虫 体长 2.2mm。翅长 2.2mm。触角鞭节 I 的长为鞭节 II 的 1.7 倍。触须节 III ~ V 的节比为 8 : 6 : 15。拉氏器长约为节 III 的 1/3。下颚具 8 枚内齿，15 枚外齿；上颚具 38 枚内齿，8 枚外齿。中胸盾片密覆黄色毛，中胸侧膜和下侧片光裸。前足基节、转节、胫节基 3/5 为黄色，余部为褐黑色；中足和后足的转节、股节、胫节基 3/5 为黄色，余部为褐黑色。后足跗突发达，跗沟较浅。前足基跗节长为宽的 7 倍。爪具基齿。翅亚缘脉和径脉基具毛。生殖板亚三角形，生殖叉突后臂具内突、外突。受精囊球形。肛上板盔形，尾须近三角形。

雄虫 体长 2.0mm。翅长 2.2mm。触角鞭节 I 的长约为鞭节 II 的 2 倍。触须节 III ~ V 的节比为 7 : 6 : 14。拉氏器长约为节 III 的 1/4。中胸盾片覆黄色长毛，中胸侧膜、下侧片和翅同雌虫。足褐黑色，后足基跗节细，两侧亚平行。跗突发达，跗沟较浅。前足基跗节长约为宽的 9 倍。生殖肢基节和端节约等长，生殖肢端节弯锥形。生殖腹板横宽，基缘宽凸，端缘中凹，端侧角圆钝，基臂骨化，与板体约等长。中骨板状，阳基侧突具 6 个大刺和若干小刺。

蛹 体长 2.1mm。呼吸丝 4 条，成对，具短茎。腹部钩刺和毛序分散正常。端钩小而尖，茧拖鞋状；前缘增厚，中部微凸。

幼虫 体长 4.0mm。胸、腹具叉状毛。腹部各节有棕色带。头斑阳性，触角 3 节的节比为 13∶16∶6。触角节 2 具 2 个次生环节。头扇毛 25~27 支。亚颏中齿、角齿发达，侧缘毛 3~4 支。后颊裂亚箭形，端部稍钝，长约为后颊桥的 3 倍。肛鳃每叶具 7 个次生指状小叶。后环 50~53 排，每排约具 11 个钩刺。

生态习性 幼虫和蛹孳生于小溪急流中的水草茎叶及石块上，海拔 480m。

地理分布 中国辽宁（新宾）。

分类讨论 本种的标志性特征是雄虫阳基侧突具 6 个大刺。此外，本种中骨形状特殊，受精囊球形，幼虫触角节 2 具次生环节，也是本种明显的种征，所以易于鉴别。

B. 费氏蚋组 *feuerborni* group

组征概述 中胸侧膜、下侧片和后盾片光裸。雄虫后足基跗节膨胀，纺锤形。生殖肢端节明显短于基节，末端截削，通常不扩大，无内突。生殖腹板横宽，具腹毛区而无龙骨突。中骨简单，杆状或端部扩大，如果呈“Y”形，则末端为膜质；阳基侧突每侧具 3~7 个约等大或大小不一的钩刺。雌虫跗突发达，跗沟较浅。爪具大基齿。肛上板腹面具毛。蛹呼吸丝每侧 6 条，腹对具长柄。茧简单或具背中突。幼虫触角无次生环，亚颏通常中齿、角齿发达；上颚锯齿 2 枚，无附齿列。后颊裂小。肛鳃通常复杂。后腹有或无附骨。腹乳突发达。

本组是一个同质型的小类群，全世界已知 29 种，主要分布于东洋界，少数延伸到古北界。我国已发现 8 种，即查头纺蚋［*S.*（*N.*）*chitoense*］、清溪纺蚋［*S.*（*N.*）*kirgisorum*］、雷公山纺蚋［*S.*（*N.*）*leigongshanense*］、三重纺蚋［*S.*（*N.*）*mie*］、宽头纺蚋［*S.*（*N.*）*praetargum*］、琼州纺蚋［*S.*（*N.*）*qiongzhouense*］、山东纺蚋［*S.*（*N.*）*shandongense*］和王仙纺蚋［*S.*（*N.*）*wanxianense*］。

中国纺蚋亚属费蚋组分种检索表

雌虫

1　生殖叉突柄端部膨大成亚球形，后臂无骨化外突……………… **山东纺蚋** *S.*（*N.*）*shandongense*

　生殖叉突柄端不膨大，后臂具外突……………………………………………………………2

2（1）　生殖叉突后臂外突小，后缘明显中凹；受精囊球形………… **宽头纺蚋** *S.*（*N.*）*praetargum*

　无上述合并特征 ………………………………………………………………………………3

3（2）　触须拉氏器中型，长最多为节Ⅲ的 1/2……………………………………………………4

　触须拉氏器大型，长约为节Ⅲ的 3/5…………………………………………………………5

4（3）　上颚具内齿 23~26 枚；生殖板内缘呈弧形内凹…………… **清溪纺蚋** *S.*（*N.*）*kirgisorum*

　上颚具内齿 18 枚；生殖板内缘平行……………………… **雷公山纺蚋** *S.*（*N.*）*leigongshanense*

5（4）　生殖板内缘略弯，基 1/2 分离远于端 1/2……………………… **查头纺蚋** *S.*（*N.*）*chitoense*

　生殖板内缘平直…………………………………………………………………………………6

6（5）　生殖板后缘平直，端内角尖………………………………………… **三重纺蚋** *S.*（*N.*）*mie*

　生殖板后缘斜截，端内角圆钝……………………………………………………………………7

7（6）　生殖板亚舌形；生殖叉突两后臂围成圆形空间…………… **琼州纺蚋** *S.*（*N.*）*qiongzhouense*

　生殖板亚三角形；生殖叉突后臂围成长椭圆形空间…………… **王仙纺蚋** *S.*（*N.*）*wangxianense*

雄虫

1 阳基侧突每侧具5个大刺……………………………………………清溪纺蚋 *S.*（*N.*）*kirgisorum*
阳基侧突每侧具6~7个大刺………………………………………………………………………2
2（1）生殖腹板矩形，两侧亚平行………………………………………宽头纺蚋 *S.*（*N.*）*praetargum*
生殖腹板非如上述 ……………………………………………………………………………3
3（2）生殖腹板侧缘具角状亚基突……………………………………………………………………4
生殖腹板侧缘无亚基突 ………………………………………………………………………5
4（3）生殖肢端节末端扩大向内弯成鸟头状；生殖腹板后缘中突；中骨端部扩大…………………
……………………………………………………………………琼州纺蚋 *S.*（*N.*）*qiongzhouense*
生殖肢端节弯锥状；生殖腹板后缘宽凹；中骨细杆状…………王仙纺蚋 *S.*（*N.*）*wangxianense*
5（4）生殖腹板后缘宽凹，呈双峰状……………………………………………………………………6
生殖腹板后缘几乎平直…………………………………………………………………………7
6（5）触角鞭节Ⅰ的长约为鞭节Ⅱ的3倍；中骨端部扩大…雷公山纺蚋 *S.*（*N.*）*leigongshanense*
触角鞭节Ⅰ的长约为鞭节Ⅱ的2倍；中骨杆状，中部略窄……山东纺蚋 *S.*（*N.*）*shandongense*
7（6）生殖腹板后缘稍内凹；触角鞭节Ⅰ的长约为鞭节Ⅱ的2.5倍…查头纺蚋 *S.*（*N.*）*chitoense*
生殖腹板后缘几乎平直；触角鞭节Ⅰ的长约为鞭节Ⅱ的2.0倍…………………………………
…………………………………………………………………三重纺蚋 *S.*（*N.*）*chitoensemie*

蛹

1 茧前缘无背中突……………………………………………………………………………………2
茧前缘具发达的背中突…………………………………………………………………………6
2（1）呼吸丝排列成（2+1）+2+1；下丝组的二级茎长，初级茎约与中对丝茎持平…………………
……………………………………………………………………王仙纺蚋 *S.*（*N.*）*wangxianense*
呼吸丝排列非如上述……………………………………………………………………………3
3（2）3对呼吸丝均具茎…………………………………………………琼州纺蚋 *S.*（*N.*）*qiongzhouense*
至少部分呼吸丝直接从基部发出………………………………………………………………4
4（3）头、胸体壁无毛；后腹端钩小…………………………………山东纺蚋 *S.*（*N.*）*shandongense*
无上述合并特征…………………………………………………………………………………5
5（4）茧前缘具弧形隆突……………………………………………………三重纺蚋 *S.*（*N.*）*mie*
茧前缘加厚但无弧形隆突………………………………………………查头纺蚋 *S.*（*N.*）*chitoense*
6（1）茧编织梳松，背中突特别长，超过茧体长的1/2；上对丝具短茎…………………………
……………………………………………………………………宽头纺蚋 *S.*（*N.*）*praetargum*
茧编织致密，背中突中度发达；上对丝无茎……………………………………………………7
7（6）茧背中突角状；上、中对呼吸丝无茎，均发自基茎……………清溪纺蚋 *S.*（*N.*）*kirgisorum*
茧背中突乳头状；最上面的1条丝由总茎直接游离发出…………………………………………
……………………………………………………………雷公山纺蚋 *S.*（*N.*）*leigongshanense*

幼虫

1 亚颏中齿不发达，不外露；后环仅具约50个钩刺……………山东纺蚋 *S.*（*N.*）*shandongens*
亚颏中齿发达而外露；后环具70个以上的钩刺…………………………………………………2

2（1） 腹部肛前具刺环……………………………………………雷公山纺蚋 *S.*（*N.*）*leigongshanense*

腹部肛前无刺环……………………………………………………………………………………3

3（2） 肛鳃每叶仅具 4~9 个次生小叶…………………………………………………………………4

肛鳃每叶具 10 个以上次生小叶……………………………………………………………………7

4（3） 肛鳃次生小叶拇指状……………………………………………………清溪纺蚋 *S.*（*N.*）*kirgisorum*

肛鳃次生小叶指状……………………………………………………………………………………5

5（4） 肛骨前臂膨大呈宽翼状……………………………………………王仙纺蚋 *S.*（*N.*）*wangxianense*

肛骨前臂正常…………………………………………………………………………………………6

6（5） 头扇毛 27 支；肛鳃每叶分 5~6 个指叶………………………………宽头纺蚋 *S.*（*N.*）*praetargum*

头扇毛 38~40 支；肛鳃每叶具 8~9 个次生小叶………………琼州纺蚋 *S.*（*N.*）*qiongzhouense*

7（3） 肛骨前臂、后臂约等长；后环具 78 排钩刺…………………………………三重纺蚋 *S.*（*N.*）*mie*

肛骨前臂短于后臂；后环约具 70 排钩刺……………………………查头纺蚋 *S.*（*N.*）*chitoense*

查头纺蚋 *Simulium*（*Nevermannia*）*chitoense* Takaoka，1979（图 12-111）

Simulium（*Eusimulium*）*chitoense* Takaoka，1979. *Pacific Ins.*，20（4）：377~382. 模式产地：中国台湾.

Simulium（*Eusimulium*）*chitoense* Takaoka，1979；Crosskey，1988. Annot.Checklist World Blackflies（Diptera：Simuliidae）：458；An（安继尧），1996. *Chin J. Vector and Control*，7（6）：471；Chen and An（陈汉彬，安继尧），2003. The Blackflies of China：171.

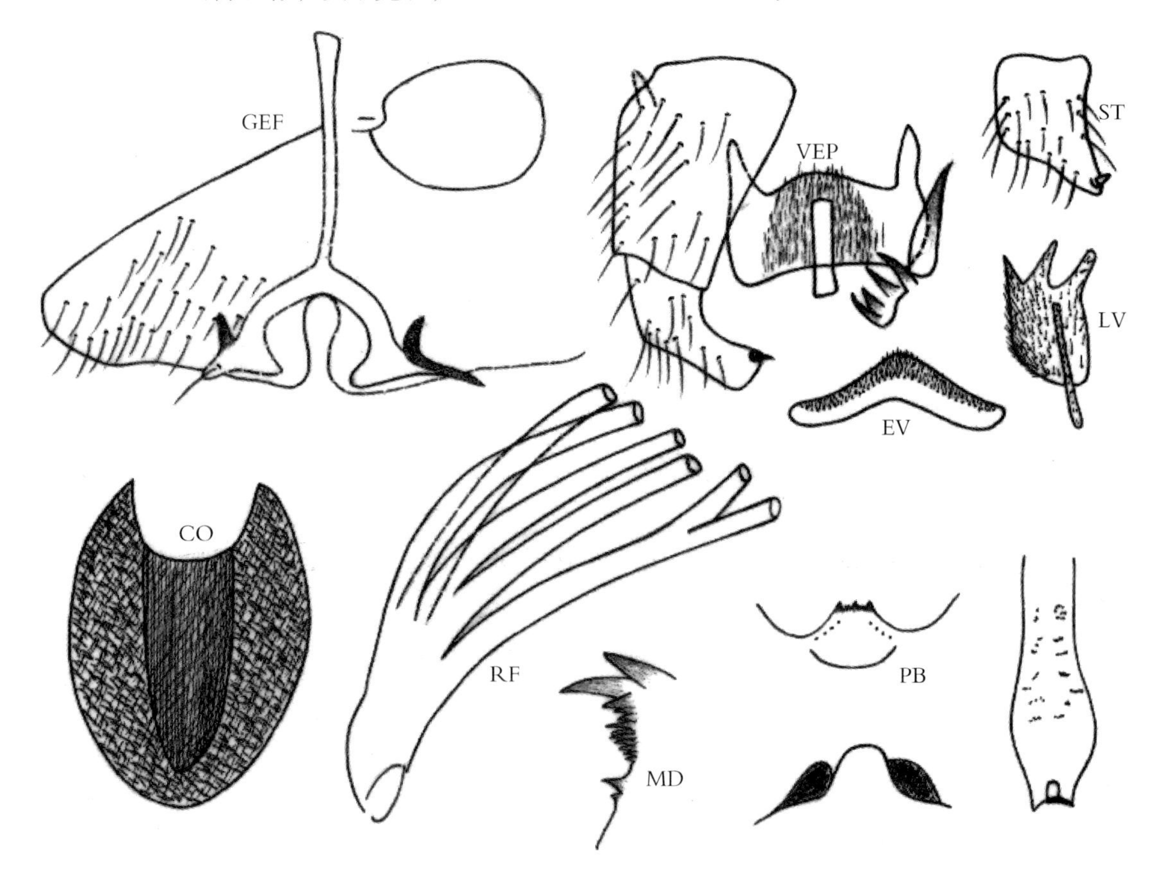

图 12-111 查头纺蚋 *S.*（*N.*）*chitoense* Takaoka（仿 Takaoka，1979. 重绘）

鉴别要点 雌虫触须拉氏器长约占节Ⅲ的2/3。雄虫触角鞭节Ⅰ的长约为鞭节Ⅱ的2.5倍。茧简单。幼虫腹背具明显的红棕色斑。

形态概述 （参考Takaoka，1979）

雌虫 体长约3.0mm。头顶、额和唇基略呈棕色，具灰白粉被和棕色长毛。额指数为10∶6∶15。触角2+9节，柄节、梗节和鞭节Ⅰ基部为黄色。触须节Ⅲ膨大，拉氏器长约占节Ⅲ的3/5。下颚具9枚内齿和约14枚外齿；上颚具20枚内齿。食窦无疣突。中胸盾片密覆黄色毛，并具3条暗色窄纵纹，后盾区具少数棕色竖毛；小盾片棕色，具棕色竖毛，后盾片光裸。前足基节和各足转节为黄色，中足、后足基节为棕色；前足股节基部为黄色，而端部1/4为棕黑色；中足、后足股节除端部1/4或1/5为棕黑色外，余一致为黄色；各足胫节除中部为淡棕色外，余大部为棕黑色；各足跗节除后足基跗节为淡棕色外，余一致为棕黑色。前足基跗节长约为宽的8倍。后足基跗节亚平行，跗突发达，并伸达跗节Ⅱ基部的1/3处。跗沟发育良好。爪具大基齿。翅径脉基段具毛，径脉基毛丛棕色。腹背除节Ⅱ为棕色外，余一致为棕黑色，无闪光。生殖板亚三角形，后缘平直，内缘略弯。生殖叉突柄强骨化，两后臂各具1个发达的内突和1个骨化的楔状侧突。受精囊卵状，表面具明显的网斑。

雄虫 体长约4.0mm，翅长3.0mm。上眼具大眼面16排。触角鞭节Ⅰ的长约为鞭节Ⅱ的2.5倍。触须各节长度比为15 ∶ 15 ∶ 34 ∶ 34 ∶ 50，拉氏器小，球状。中胸盾片密被金黄色毛，并在后盾区具若干黑色竖毛。足的颜色似雌虫。前足基跗节长约为宽的9.5倍，后足基跗节长约为最宽处的4.7倍。翅除亚缘脉光裸外，余似雌虫。生殖肢基节长约为宽的1.5倍，生殖肢端节明显较短小，端刺粗壮；生殖腹板横宽，后缘稍内凹，侧缘亚中部略圆而外凸；中骨杆状；阳基侧突每侧具7个大刺。

蛹 体长约4.0mm。头、胸部中度覆盖盘状疣突。头毛4对，胸毛5对，均简单，并且长。呼吸丝6条，长于蛹体，腹对具长茎，上、中对无茎或具短茎。腹部钩刺正常。茧拖鞋状，编织紧密，无背中突，前缘加厚并向腹侧延伸。

幼虫 体长7.0~8.4mm，头斑阳性。触角3节，节比为50∶48∶33。头扇毛约30支。上颚无附齿列。亚颏中齿、角齿发达，侧缘齿中度发达，侧缘毛每侧4支。后颊裂小，长约为后颊桥的1/2。腹部背面具红棕色斑，后腹节具毛。肛鳃复杂，每叶具约12个次生小叶，肛板前臂稍短于后臂。后环约具70个钩刺列，腹乳突发达。

生态习性 幼虫和蛹孳生于小山溪中（0.2~1.0m宽）的水草或枯叶上。

地理分布 中国台湾。

分类讨论 查头纺蚋的茧简单，与三重纺蚋［*S.*（*N.*）*mie*］十分近似，唯本种雄虫触角鞭节Ⅰ的长，可资鉴别。其分类地位有待进一步研究。

清溪纺蚋 *Simulium*（*Nevermannia*）*kirgisorum* Xue，1991（重复占有名称）（图12-112）

Titanopteryx kirgisorum Xue，1991. *Chin J. Vector Bio. and Control*，2（2）：93~94. 模式产地：中国云南（大理）.

Simulium（*Montisimulium*）*kirgisorum* Xue，1991；Crosskey，1988. Annot. Checklist World Blackflies（Diptera：Simuliidae）：456；An（安继尧）1996. *Chin J. Vector Bio. and Control*，2（2）：471；Chen and An（陈汉彬，安继尧），2003. The Blackflies of China：173.

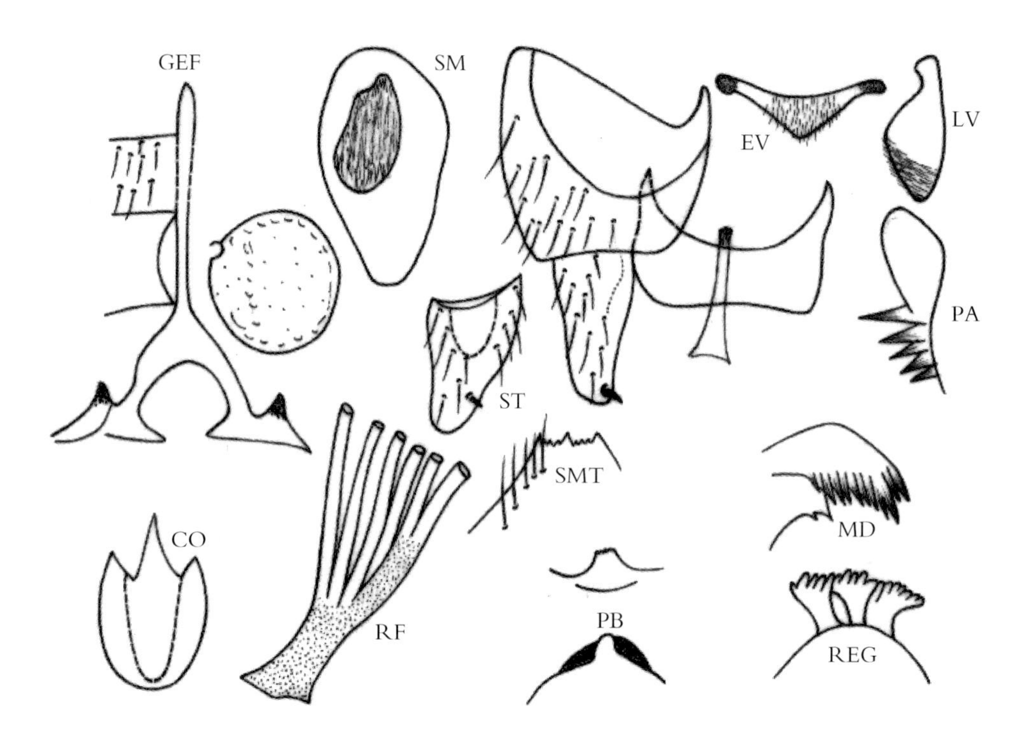

图 12-112 清溪纺蚋 *S.*（*N.*）*kirgisorum* Xue（仿薛洪堤，1991. 重绘）

鉴别要点 雄虫中骨末端扩大，阳基侧突每侧具 5 个大刺。蛹的头、胸部无毛，茧具角状背中突。幼虫肛鳃每叶具 4~6 个拇指状小叶。

形态概述

雌虫 体长 3.2~3.6mm。触角棕黄色，触须节Ⅲ膨大，拉氏器长约为节Ⅲ的 1/2。上颚具内齿 26 枚；下颚具内齿、外齿各 12 枚。额和唇基密布金黄色毛。中胸盾片褐色，密布金黄色毛，具 3 条黑褐色纵纹。前足基节、转节、股节基部 3/4 和胫节中部 2/3 为黄色，其余部分和跗节为黑色；中足转节、股节基部 3/4、胫节中部 2/5 为黄色，其余部分为黑色。后足转节、股节基部 1/2、胫节中部 2/5 为黄色，其余部分为黑色。前足基跗节长约为宽的 9 倍。跗突发达，长约为后足基跗节末端宽度的 1/2，跗沟明显。爪具大基齿。腹背棕色，腹面淡黄色。生殖板内缘凸出，生殖叉突臂具乳头状外侧突和发达的内突。受精囊球形。

雄虫 体长 3.5~3.8mm。触角褐色。鞭节Ⅰ的长约为鞭节Ⅱ的 2 倍。触须第Ⅲ节不膨大，拉氏器约占节Ⅲ长的 1/4。中胸盾片黑色，密被金黄色毛，无暗色纵纹。足似雌虫。生殖肢基节长约为端节的 1.5 倍，生殖腹板横宽，中骨末端扩大，阳基侧突每侧具 5 个大刺。

蛹 体长 3.8~4.0mm。呼吸丝每侧 6 条，稍长于蛹体，下对丝具长茎，其余 4 条丝均发自基茎。茧编织致密，具角状背中突。

幼虫 体长 0.7~0.8mm，头斑阳性。头扇毛 26~28 支。亚颏中齿、角齿发达，侧缘齿每侧 3 枚，侧缘毛每侧 5 支。后颊裂小，近方形。肛鳃每叶分 4~6 个拇指状次生小叶。后环约 80 排，每排约 13 个钩刺。腹乳突发达。

生态习性 幼虫和蛹孳生于山区小溪中的植物茎叶上，海拔 2300m，水温 16~19℃。

地理分布 中国云南。

分类讨论 清溪纺蚋的原描述（薛洪堤，1991）置于梯蚋属（*Titanopteryx*），显然有误。随后，

Crosskey（1988）和安继尧（1996）先后将它移入蚋属的山蚋亚属（*Montisimulium*）。但是从其全面特征看，包括生殖肢端节、生殖腹板和中骨的形状，阳基侧突具多个刺，蛹呼吸丝 6 条以及幼虫的某些特征，显然应隶属于纺蚋亚属。

雷公山纺蚋 *Simulium*（*Nevermannia*）*leigongshanense* Chen and Zhang，1997（图 12–113）

Simulium（*Eusimulium*）*leigongshanense* Chen and Zhang（陈汉彬，张春林），1997；*Acta Zootax Sin.*，22（3）：301~306. 模式产地：中国贵州（雷公山）. Chen and An（陈汉彬，安继尧），2003. The Blackflies of China：174.

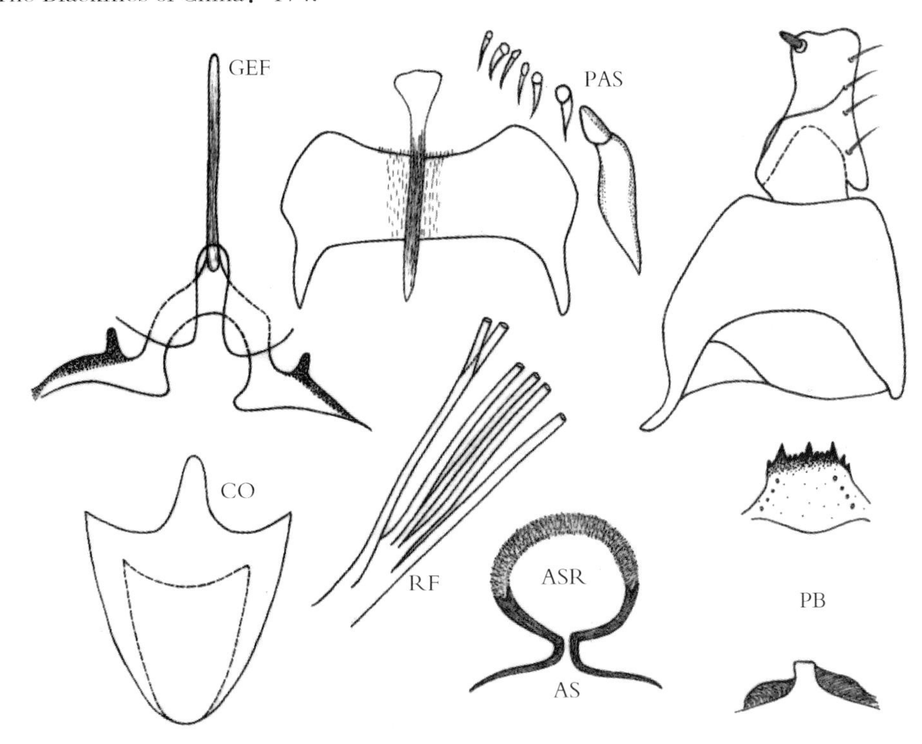

图 12–113 雷公山纺蚋 *S.*（*N.*）*leigongshanense* Chen and Zhang，1997

鉴别要点 雄虫触角鞭节Ⅰ特别长，生殖腹板后缘中凹，后侧角斜截，中骨末端膨胀。蛹呼吸丝最上 1 条游离，茧具乳头状背中突。幼虫具肛前附加骨环。

形态概述

雌虫 体长 3.5~3.8mm。额头指数为 18∶65。触须拉氏器约占节Ⅲ的 1/2。下颚具内齿 8 枚，外齿 13 枚；上颚具端齿 18 枚。中胸盾片被金黄色柔毛和 3 条暗色纵纹。翅径脉基段具毛。足暗褐色；淡色部分包括前足基、转节、股节基部 3/4、胫节中部 1/2；中足基节、股节基部 3/4、胫节中部 1/2；后足股节基部 3/4、胫节中部 2/5 和跗节Ⅰ腹面大部。跗突发达，伸达跗节Ⅱ的 3/5 处。爪具大基齿。生殖腹板内缘平行，后缘弧形，生殖叉突后臂粗壮，后半部膨大成犁状，外侧缘具 1 个骨化的指状突。

雄虫 体长约 3.5mm。复眼大眼面 16 排，小眼面 32 排。触角鞭节Ⅰ的长约为鞭节Ⅱ的 3 倍。触须各节长度比为 7∶5∶11∶12∶25，拉氏器长约为节Ⅲ的 1/4。中胸盾片和足的颜色似雌虫，但后足基跗节几乎色全暗。生殖突基节圆筒状，生殖肢端节鸟喙状，端缘中部略凹，略短于生殖肢基节。

生殖腹板横宽，前缘平直，后缘中凹，后侧角斜截，中骨杆状，端部膨大。阳基侧突每侧具 6~7 个大小不等的粗刺。

蛹 体长 3.7~4.0mm。头、胸体壁具稀疏疣突。头毛 3 对，胸毛 6 对，均为细单支。呼吸丝每侧 6 条，长于蛹体，腹对具长茎，其余 4 条由总茎发出，其中最上位 1 条游离。腹节 3~4 背板每侧具 4 个叉钩，节 5 背板每侧有 2 支小刺毛，节 5~8 背板每侧具 1 列栉刺，端钩发达；节 5~7 腹板每侧具 1 对叉钩。茧编织较紧密，前缘加厚并具乳头状背中突。

幼虫 头斑阳性。头扇毛每侧 28~32 支。上颚锯齿 2 枚。亚颏中齿、角齿发达，侧缘齿 1~3 枚，侧缘毛 5~7 支。后颊裂小，方形。肛板“X”形，后臂略长于前臂。肛前具附加骨环。肛鳃复杂。后环 80~88 列，每列具 5~13 个钩刺。

生态习性 幼虫和蛹采自雷公山小溪中的水草上，海拔 700m。

地理分布 中国贵州。

分类讨论 雷公山纺蚋雄虫触角鞭节 I 特别长，生殖肢端节形状特殊；蛹呼吸丝中有 1 条游离，另外 3 条独立发自总柄；幼虫具肛前附加骨环等特征，不难与其近缘种相区别。

三重纺蚋 *Simulium*（*Nevermannia*）*mie* Ogata and Sasa，1954（图 12-114）

Simulium（*Eusimulium*）*mie* Ogata and Sasa，1954：*Jap. J. Exp. Med.*，24：327~328. 模式产地：日本. Takaoka，1976. *Jap. J. Sanit. Zool.*，27（2）：175~178.

Simulium（*Nevermannia*）*mie* Ogata and Sasa，1954；Crosskey，1988. Annot. Checklist World Blackflies（Diptera：Simuliidae）：458；Crosskey *et al.*，1996. *J. Nat. Hist.*，30：416；An（安继尧），1996. *Chin J. Vector Bio. and Control*，2（2）：472.

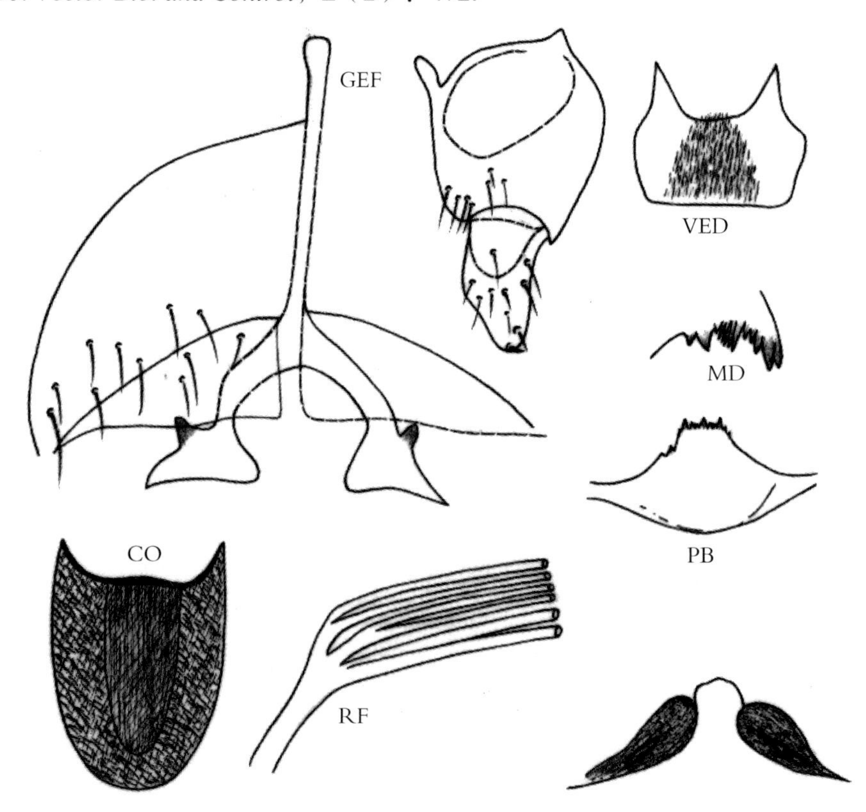

图 12-114 三重纺蚋 *S.*（*N.*）*mie* Ogata and Sasa，1954

鉴别要点 茧简单，无背中突。雌虫触须拉氏器长约占节Ⅲ的2/3。幼虫肛板前臂、后臂约等长。

形态概述

雌虫 体长约2.5mm。额指数为（1.6~1.8）∶1∶2.2。触角鞭节Ⅰ的长约为鞭节Ⅱ的2倍。触须拉氏器长为节Ⅲ的2/3。下颚具内齿9~12枚，外齿13枚；上颚具18枚内齿，无外齿。中胸盾片密盖金黄色毛，并散布黑色竖毛，3条暗色纵纹在后盾部联合。前足基节和各足转节黄色，各足股节除端部1/4~1/5为暗色外，余一致为黄色；前足胫节大部色暗，但中部外侧具1个大的淡斑；中足、后足胫节为黄棕色而端部1/4色暗，各足跗节除后足基跗节中部具1个大的黄棕色斑外，余一致为暗色。前足跗节Ⅰ长约为宽的7倍。后足基跗节侧缘平行。跗突发达，伸达节Ⅱ的2/3处。爪具大基齿。翅径脉基部具毛。生殖板后缘直，内缘平行。生殖叉突后臂具发达的内突和骨化的楔状侧突。

雄虫 体长约3.4mm，翅长约2.3mm。复眼大眼面14排。触角鞭节Ⅰ的长约为鞭节Ⅱ的2倍。翅亚前缘脉光裸。生殖肢基节长约为宽的1.5倍。生殖肢端节短小，长约为宽的2倍。生殖腹板横宽，长约为宽的1/2，腹面中部具毛，基臂短，中骨细杆状。阳基侧突每侧具7个大刺。

蛹 体长约3.0mm。头、胸部覆以盘状疣突。头毛3对，胸毛6对。呼吸丝6条，长于蛹体，下对丝具长茎，上、中对具短茎或无茎。茧简单，无背中突。

幼虫 体长5.5~6.2mm。头斑阳性，头扇毛31~34支。上颚缘齿无附齿列。亚颏中齿、角齿发达，侧缘毛4~5支。后颊裂小，短于后颊桥的1/2。胸、腹部具明显的红棕色斑带。肛鳃复杂，每叶分8~13个指状次生小叶。肛板前臂、后臂约等长。后环78排。腹乳突显著。

生态习性 蛹和幼虫孳生于山溪缓流中的石块、树叶或水草上，吸血习性不详。

地理分布 中国：福建，浙江，云南，贵州；国外：日本，韩国。

分类讨论 三重纺蚋系Ogata等（1954）根据采自日本的雌虫而记述的。Takaoka（1976）对其各虫期进行了描述。他在核对了模式标本后指出，原描述忽略了雌虫生殖叉突后臂具有明显的侧突这一特征。本种茧无背中突与查头纺蚋（*S. chitoense*）相似，两者的区别已在后者进行了分类讨论。本种与产自日本的*S. morisonoi* Takaoka，1973也非常相似，实际上两者的雌虫、雄虫和蛹的形态几乎难以区别，但是两者幼虫的肛鳃二级小叶和头扇毛数目略有差异，可资鉴别。

宽头纺蚋 *Simulium*（*Nevermannia*）*praetargum* Datta，1973（图12-115）

Simulium（*Eusimulium*）*praetargum*，Datta，1973. *Oriental Ins.*，7（3）：365~368. 模式产地：印度达吉岭. Deng *et al.*（邓成玉等），1994. *Sixtieth Anniversary Founding*，*China Zool. Soc.*：12.

Simulium（*Nevermannia*）*praetargum* Datta，1973；Crosskey，1988. Annot.Checklist World Blackflies：458.

鉴别要点 雌虫生殖叉突后臂具齿状侧突，不发达。雄虫生殖腹板矩形。茧背中突发达。

形态概述

雌虫 体长3.0~3.5mm。触角柄节、梗节和鞭节Ⅰ基部为金黄色，其余为灰黑色。中胸盾片橙红色，被金色毛并具3条明显的暗色纵纹。小盾片红棕色，闪光，被金色毛和少量暗色竖毛。后盾片灰色，闪光，光裸。前足转节基部色淡，股节和胫节大部为棕色而末端黑色；中足、后足转节为黄色，股节为棕黑色，胫节灰黑色并具亚基黑环；中足跗节Ⅰ基部色淡；后足基跗节大部为棕色，末端灰黑色，其他跗节为灰黑色。跗突发达，爪具大基齿。腹部暗棕，节Ⅵ～Ⅷ背板闪光。生殖板亚三角形，后缘略呈弧形，内缘平行。生殖叉突后臂具齿状侧突。受精囊球形，具网斑。

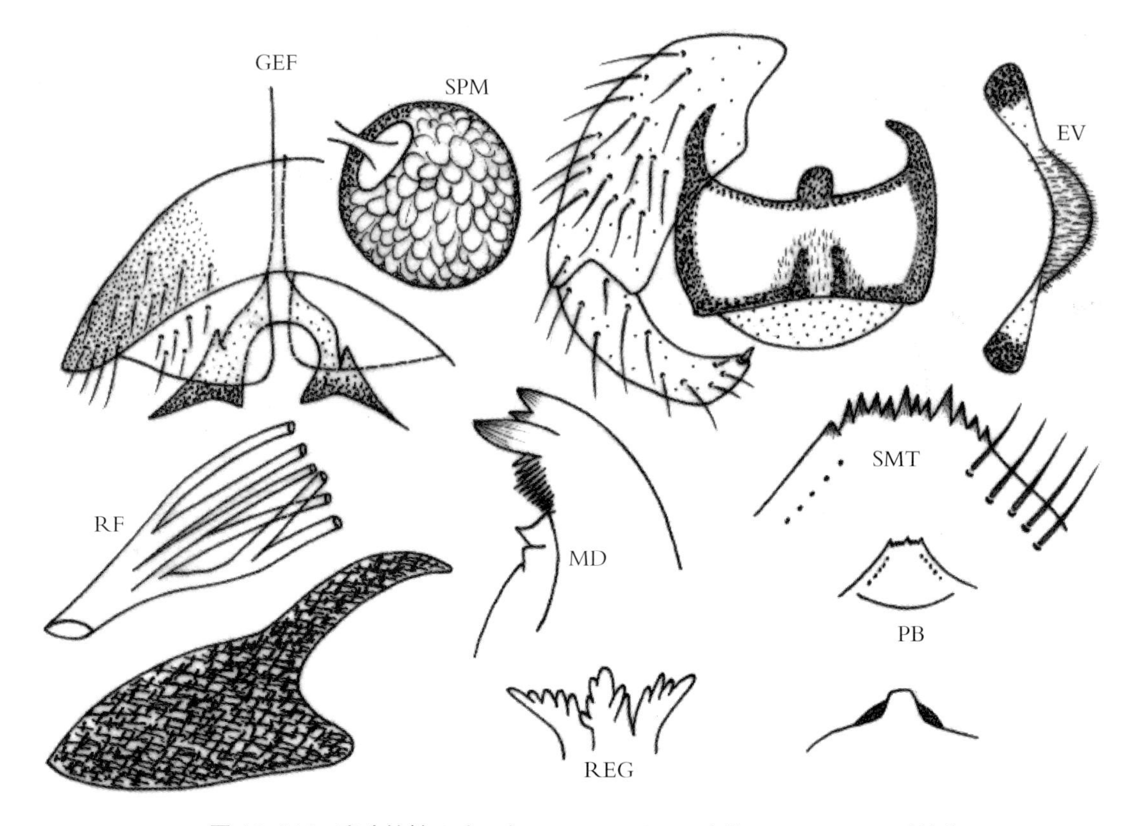

图 12-115　宽头纺蚋 *S.*（*N.*）*praetargum* Datta（仿 Datta，1973. 重绘）

雄虫　体长 3.4~4.0mm。头宽于胸。上眼具 17 横排，16 纵列。触角柄节、梗节和鞭节Ⅰ基部 1/3 为黄色，其余灰黑色。触须灰黑色。胸、腹部近似雌虫。生殖肢基节长圆筒状，生殖肢端节略向内弯，端刺发达。生殖腹板矩形。阳基侧突每侧具 7 个大刺。

蛹　体长 4.0~4.5mm。头、胸部背面具盘状疣突。头毛 3 对，均简单。胸毛 4 对，均粗长，不分支。呼吸丝 6 条，下对具长茎，上对具短茎，中对自基部发出，无柄。腹部钩刺正常。茧编织疏松，前缘加厚，具发达的背中突。

幼虫　体长 7.0~8.0mm。头斑阳性。头扇毛 27 支。亚颏中齿、角齿显著，侧缘毛每侧 5~6 支，上颚无附齿列。肛鳃复杂，每叶分 5~6 个指状小叶。肛板前臂、后臂约等长。腹乳突发达。

生态习性　蛹和幼虫孳生于山地森区树阴下缓流中的枯枝落叶上，海拔 1600~3000m。

地理分布　中国：西藏；国外：印度。

分类讨论　宽头纺蚋两性尾器的形态比较突出，并且具有茧背中突特别发达等综合特征，所以不难与其近缘种相区别。

琼州纺蚋 ***Simulium*（*Nevermannia*）*qiongzhouense*** **Chen，Zhang and Yang，2003（图 12-116）**

Simulium（*Nevermannia*）*qiongzhouense* Chen，Zhang and Yang（陈汉彬，张春林，杨明），2003. *Acta Zootax Sin.*，28（4）：745~750. 模式产地：中国海南（尖峰岭）.

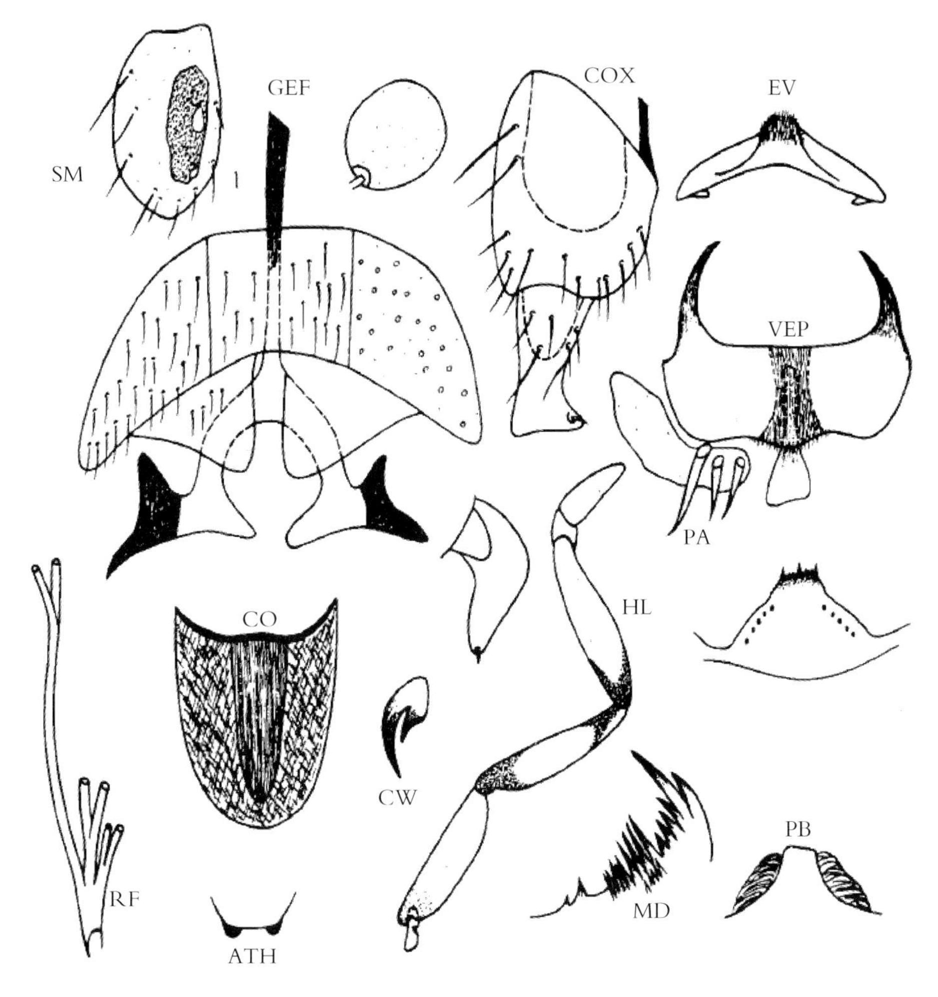

图 12-116 琼州纺蚋 ***S.*（*N.*）*qiongzhouense*** Chen，Zhang and Yang，2003

鉴别要点 雄虫生殖板亚舌形，生殖叉突两后臂合围成亚圆形空间。雄虫生殖肢端鸟头状，生殖腹板端缘中突。蛹呼吸丝 3 对均具茎。

形态概述

雌虫 体长 2.3~3.0mm。额指数为 1.5∶1.0∶2.1。额头指数为 1.5∶6.9。触须节Ⅲ ~ Ⅴ的节比为 6.4∶4.5∶13.5，节Ⅲ膨大，拉氏器长约为节Ⅲ的 2/3。上颚具 20 枚内齿，外齿缺；下颚具 10~12 枚内齿和 13 枚外齿。食窦光裸。中胸盾片棕黑色，覆金色毛，具 3 条暗色纵纹。中胸侧膜和下侧片光裸。前足基节淡黄色，中足、后足基节棕色，各足转节黄白色；各足股基 3/4 为黄色，而端 1/4 为棕色；各足胫节中大部为黄棕色，余部为暗棕色。各足跗节除后足基跗节基 2/3 和跗节Ⅱ基 1/2 为黄色外，余一致为暗棕色。前足基跗节长约为宽的 8 倍；后足基跗节两侧几乎平行。跗突和跗沟发达。爪具大基齿。翅亚缘脉和径脉基具毛。生殖板亚舌形，内缘稍骨化，平行，端内角圆钝。生殖叉突柄骨化，端部斜截，两后臂具骨化外突和内突，合围成亚圆形空间。受精囊椭圆形，无斑纹。

雄虫 体长约3.2mm。上眼具16横排15个纵列。触角鞭节Ⅰ的长约为鞭节Ⅱ的2倍，触须节Ⅲ不膨大。中胸盾片覆金黄色细毛，具3条暗色纵纹。足似雌虫，但后足基跗节膨胀，长约为宽的4倍。生殖肢基节长约为端节的1.3倍，端部扩大内弯呈鸟头状。生殖腹板横宽，基缘略凹，端缘中凸，侧缘后半收缩，具角状亚基外突。阳基侧突每侧具6个大刺。中骨板杓状，基2/3细，端1/3扩大。

蛹 体长2.8mm。头、胸覆疣突。头毛3对，胸毛6对，均简单。呼吸丝6条，稍长于蛹体，排列成2+2+2，均具茎，下对丝茎最长。腹部钩刺和毛序正常。茧拖鞋状，前缘加厚，无背中突。

幼虫 体长7.0~7.5mm。头斑明显，触角3节的节比为2.8 : 10.1 : 4.6。头扇毛38~40支，亚颏中的角齿、顶齿发达，侧缘毛5~6支。后颊裂亚方型，长约为后颊桥的1/3。胸、腹体壁光裸，腹节8具红棕色带。肛鳃每叶具8~9个指状小叶，肛骨前臂稍短于后臂。后环90~92排，每排具15~17个钩刺。腹乳突发达。

生态习性 幼虫和蛹孳生于山溪急流中的水草和枯枝落叶上，海拔700m。

地理分布 中国海南（尖峰岭）。

分类讨论 本种呼吸丝成对排列，均具茎，并且雄虫生殖腹板和中骨形态特殊，具有明显的种征，不容易与本亚属已知种类相混淆。

山东纺蚋 *Simulium*（*Nevermannia*）*shandongense* Sun and Li，2000（图12-117）

Simulium（*Nevermannia*）*shandongense* Sun and Li，2000. *Chin J .Vector Bio. and Control*，11（2）：88~89. 模式产地：中国山东（泰山）.

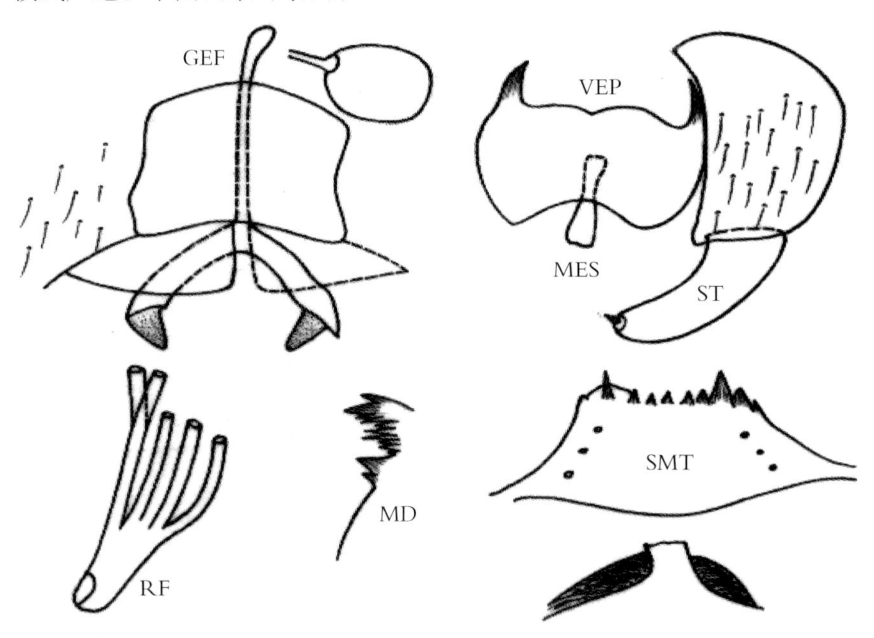

图12-117 山东纺蚋 *S.*（*N.*）*shandongense* Sun and Li（仿孙悦欣，2000. 重绘）

鉴别要点 雌虫生殖叉突柄端部膨胀，后臂无外侧突。雄虫生殖腹板后缘中凹，两侧具乳状突。蛹无头毛、胸毛。幼虫亚颏中齿不突出。

形态概述

雌虫 翅长约3.0mm。额指数为16∶19∶17。触角鞭节Ⅰ的长约为鞭节Ⅱ的1.5倍。触须拉氏器约占节Ⅲ的 2/3。食窦后缘中间有小突起。下颚具内齿 6~8 枚，外齿 2 枚；上颚具内齿 15~16 枚，无外齿。前足跗节Ⅰ长约为宽的 6 倍。跗突发达，超过跗沟。爪具大基齿。翅径脉基段具毛。生殖板近三角形，内缘靠近平行，后缘平直。生殖叉突柄端部膨大成呈球形，后臂每侧具发达的内突而无外侧突。受精囊近球形。

雄虫 翅长 3.1mm。触角鞭节Ⅰ的长约为鞭节Ⅱ的 2 倍。触须拉氏器圆形，约占节Ⅲ长的 1/3。前足胫节长约为宽的 9 倍。跗突发达，超过跗沟。生殖肢基节与端节约等长。生殖腹板横宽，前缘中部凹入，后缘中凹，两侧呈乳头状突出，侧缘向后斜截呈弧形。中骨杆状，中部略细。阳基侧突每侧具 7 个大刺。

蛹 体长约 2.5mm。头、胸部无毛。呼吸丝 6 条，下对具长柄，上对具短柄，中对自基部独立发出。腹节 6~8 背板具刺栉，端钩小。茧拖鞋状，无背中突。

幼虫 体长 6.5~6.7mm。体淡白色。触角长于头扇柄。头扇毛 33~35 支。上颚无附齿列。亚颏角齿发达，中齿不外露。后颊裂小，上宽下窄。腹背具红棕色斑带。后环约 50 排。腹乳突发达。

生态习性 蛹和幼虫孳生于山溪水流中的石块和水草茎叶上，溪宽 0.5~2.5m。

地理分布 中国山东。

分类讨论 山东纺蚋雄虫的生殖腹板后缘呈双峰状突，雌虫生殖叉突后臂无侧突，茧简单以及幼虫后环仅 50 排等综合特征相当突出，易于鉴别。原描述中本种蛹无头毛、胸毛，从理论上说不太可能，如果属实，也堪称是本种独具的特征。

王仙纺蚋 *Simulium*（*Nevermannia*）*wangxianense* Chen，Zhang and Bi，2004（图 12-118）

Simulium（*Nevermannia*）*wangxianense* Chen，Zhang and Bi（陈汉彬，张春林，毕光辉），2004. *Acta Zootax Sin.*，29（2）：365~371. 模式产地：中国湖南（郴州，王仙岭）.

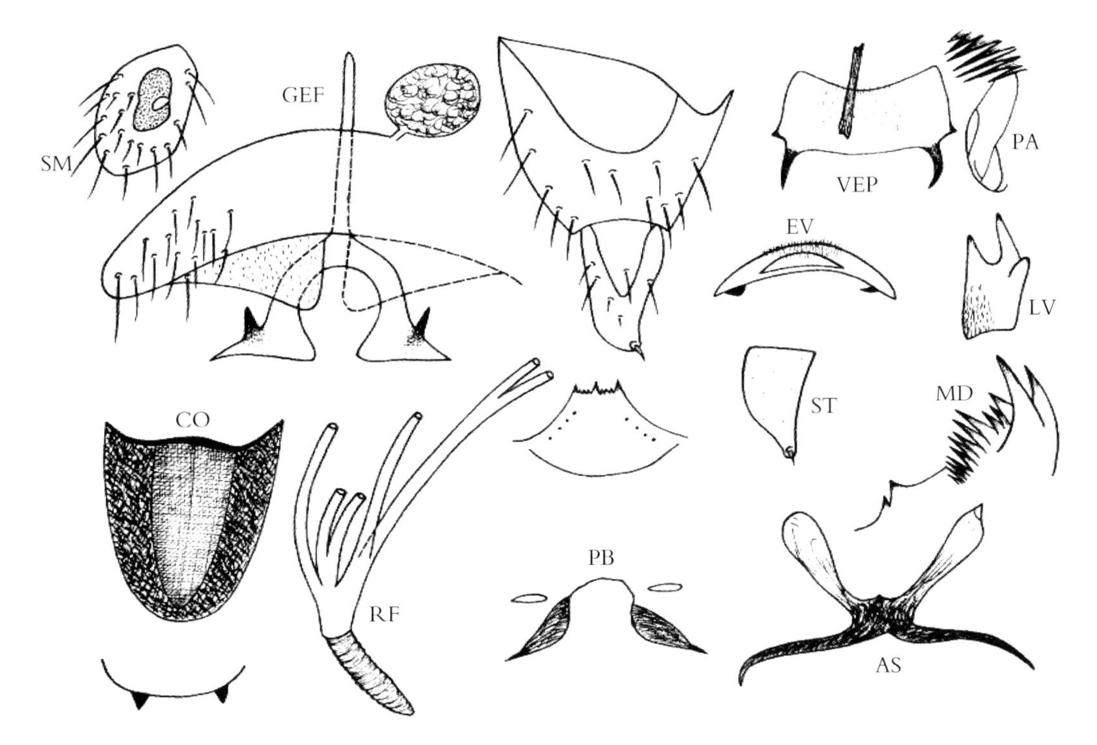

图 12-118 王仙纺蚋 *S.*（*N.*）*wangxianense* Chen，Zhang and Bi，2004

鉴别要点 雌虫生殖叉突后臂合围成长椭圆形空间。雄虫生殖腹板端缘宽凹。蛹呼吸丝排列成（2+1）+2+1。幼虫肛骨前臂呈宽翼状。

形态概述

雌虫 体长 2.9~3.1mm。翅长约 3.0mm。额指数为 1.6：1.0：2.1。额头指数为 1.6：6.8。触角鞭节Ⅰ的长约为鞭节Ⅱ的 1.5 倍。触须节Ⅲ～Ⅴ的节比为 6.5：5.1：8.7。节Ⅲ膨大，拉氏器长约为节Ⅲ长的 0.6。上颚具 27 枚内齿，无外齿；下颚具 9 枚内齿和 11 枚外齿。中胸盾片棕黑色，覆金色毛，具 3 条暗色纵纹。各足基节为棕色，转节淡黄色；股节基 3/4~2/3 为黄色，端 1/4~1/3 暗棕色；胫节中大部为黄色，余部暗棕色；跗节除后足基跗节基 2/3 和跗节Ⅱ基 1/2 为黄色外，余一致为棕黑色。前足基跗节长约为宽的 8 倍；后足基跗节两侧平行。跗突和跗沟发育良好。翅亚缘脉和径脉基具毛。腹节Ⅷ中央具毛。生殖板亚三角形，内缘稍骨化。生殖叉突两后臂具外突，合围成长椭圆形空间。受精囊亚球形，具网斑。

雄虫 体长约 3.0mm。翅长 2.8~3.0mm。上眼具 13 横排和 18~19 纵列。触角鞭节Ⅰ的长约为鞭节Ⅱ的 1.9 倍。触须节Ⅲ正常，拉氏器长约为节Ⅲ的 0.22。胸和足似雌虫，但后足基跗节纺锤形，长约为宽的 4 倍。亚缘脉光裸。生殖肢端节短，弯锥形，生殖腹板横宽，基缘略凸，端缘宽凹，侧缘斜截，具角状亚基外突。中骨细杆状。阳基侧突每侧具 6~7 个大刺。

蛹 体长约 3.5mm。头、胸黄棕色，具疣突。头毛、胸毛简单。呼吸丝排列成（2+1）+2+1，长于蛹体。腹丝组具短的初级茎和长的二级茎，中对丝茎与腹丝组的初级茎约持平，背丝 1 条游离。腹部钩刺和毛序正常。茧简单，编织紧密，前缘加厚并隆突，但无背中突。

幼虫 体长 7.0~7.5mm。头斑明显，头扇毛 30~32 支，亚颏中的角齿、顶齿显著；侧缘毛 5 支。后颊裂小，形状不规则，长约为后颊桥的 2/3。胸、腹体壁光裸，腹节 7~8 具红棕色带。肛骨前臂、后臂约等长，前臂扩大呈翼状。后环 74 排，每排约具 14 个钩刺。

生态习性 幼虫和蛹孳生于山溪中的水草和枯枝落叶上。

地理分布 中国湖南（郴州）。

分类讨论 本种生殖叉突、生殖腹板、蛹呼吸丝的排方式和幼虫肛骨前臂的形状等都具有明显的种征。

C. 鹿角蚋组 *ruficorne* group

组征概述 中胸侧膜、下侧片和后盾片光裸。雄虫后足基跗节细，侧缘亚平行，生殖肢端节短于基节，末端斜截或圆钝，通常不扩大，偶钝圆而稍膨大；生殖腹板横宽，板体中部腹面具明显的龙骨突；中骨长杆状，末段不分叉；阳基侧突窄长，每侧具 1 个强大的钩刺；第Ⅹ腹节背板三角形。雌虫上颚具内齿、外齿；前足跗节Ⅰ长，为其宽度的 7~9 倍；爪具大基齿；腹节Ⅲ～Ⅴ背板相当宽，超过其长度的 1.5~2 倍；肛上板明显短于尾须，腹面大部光裸，腹内缘具长毛丝；受精囊与其导管连接处通常具骨化区。蛹呼吸丝多数 4 条，少数为 6 条，成对分散发出，或由 1 个主茎发出，或其中 1~2 条特化变成指状，或其中 1 条缺失；茧简单，或具三角形背中突而无长角状背中突。幼虫上颚无附齿列；触角无次生环；后颊裂短于后颊桥，呈圆形、方形或槽口状，或仅见几丁质增厚而几乎看不到。

本组全世界已知超过 61 种，广布非洲界和古北界，少数种类分布于东洋界和澳洲界，我国已知6种，即窄跗纺蚋［*S.*（*N.*）*angustitarse* Lundstrom，1911］、黄毛纺蚋［*S.*（*N.*）*aureohirtum* Brunetti，1911］、猎鹰纺蚋［*S.*（*N.*）*falcoe* Shiraki，1935］、新月纺蚋［*S.*（*N.*）*lundstromi* Enderlein，1921］、宁夏纺蚋［*S.*（*N.*）*ningxiaense* Yang，Wang and Chen，2008］和灰背纺蚋［*S.*（*N.*）*subgriseum* Rubtsov，1940］。

中国纺蚋亚属鹿角蚋组分种检索表

雌虫

1 触角和足大部为黄白色……2

无上述合并特征……3

2（1）额高约为其最宽处的1.5倍……**猎鹰纺蚋** *S.*（*N.*）*falcoe*

额高与其最宽处的长度约相等……**黄毛纺蚋** *S.*（*N.*）*aureohirtum*

3（2）生殖叉突后臂具骨化外突；生殖板亚三角形……**新月纺蚋** *S.*（*N.*）*undstromi*

生殖叉突后臂无骨化外突；生殖板舌状……4

4（3）生殖板内缘斜截，末端分离远；生殖叉突后臂中部具角状内突……

……**窄跗纺蚋** *S.*（*N.*）*angustitarse*

无上述合并特征……5

5（4）中胸盾片覆银白色毛；生殖板内缘中度分离……**灰背纺蚋** *S.*（*N.*）*subgriseum*

中胸盾片覆金黄色毛；生殖板内缘远离……**宁夏纺蚋** *S.*（*N.*）*ningxiaense*

雄虫[①]

1 生殖腹板基缘宽凸，侧缘亚基部内凹形成裂隙……**新月纺蚋** *S.*（*N.*）*lundstromi*

生殖腹板基缘内凹，侧缘无亚基裂隙……2

2（1）生殖腹板半圆形；生殖肢端节端1/3膨大而内弯……**灰背纺蚋** *S.*（*N.*）*subgriseum*

无上述合并特征……3

3（2）生殖腹板侧缘无基侧突……4

生殖腹板侧缘具基侧突……**宁夏纺蚋** *S.*（*N.*）*ningxiaense*

4（3）生殖肢端节圆筒状，两性亚平行，生殖腹板侧缘斜截，自基部向端收缩变突……

……**窄跗纺蚋** *S.*（*N.*）*angustitare*

生殖肢端节短扁；生殖腹板端侧角向外扩大……**黄毛纺蚋** *S.*（*N.*）*aureohirtum*

蛹[②]

1 呼吸丝每侧6条……**黄毛纺蚋** *S.*（*N.*）*aureohirtum*

呼吸丝4条……2

2（1）茧简单，无背中突……**灰背纺蚋** *S.*（*N.*）*subgriseum*

茧具背中突……3

3（2）体型较大，体长3~4mm；呼吸丝长于蛹体……**窄跗纺蚋** *S.*（*N.*）*angustitare*

① 河南纺蚋［*S.*（*N.*）*henanense*］的雄虫尚未发现。

② 猎鹰纺蚋［*S.*（*N.*）*falcoe*］的蛹尚未发现。

	小型种，体长 2.5~2.9mm；呼吸丝长于蛹体	4
4（3）	茧前缘加厚	宁夏纺蚋 *S.*（*N.*）*ningxiaense*
	茧前缘不加厚	新月纺蚋 *S.*（*N.*）*lundstromi*

幼虫[①]

1	后颊裂中型，仅略短于后颊桥；上颚 2 枚缘齿发达，约等大	黄毛纺蚋 *S.*（*N.*）*aureohirtum*
	后颊裂小型或几乎副缺；上颚缘齿一大一小	2
2（1）	后颊裂特别小或勉强可见	窄跗纺蚋 *S.*（*N.*）*angustitarse*
	后颊裂虽小，但可分辨	3
3（2）	头扇毛 66 支	新月纺蚋 *S.*（*N.*）*lundstromi*
	头扇毛 28 支	宁夏纺蚋 *S.*（*N.*）*ningxiaense*

窄跗纺蚋 *Simulium*（*Nevermannia*）*angustitarse* Lundstrom，1911（图 12–119）

Melusina angustitarse Lundstrom，1911. *Acta Soc. Fauna Flora Fenn.*，34（12）：22~23. 模式产地：乌克兰（Crimea）.

Eusimulium angustitarse Lundstrom，1911. Rubtsov，1956. *Blackflies*，*Fauna USSR*，Diptera，6（6）：488~492；Xue（薛洪堤），1987. *Acta Zootax Sin.*，12（1）：110；An（安继尧），1989. *Mag. Acad. Mil. Med. Sci.*，13（3）：182.

Simulium（*Nevermannia*）*angustitarse* Lundstrom，1911；Crosskey，1988. Annot. Checklist World Blackflies（Diptera：Simuliidae）：458.

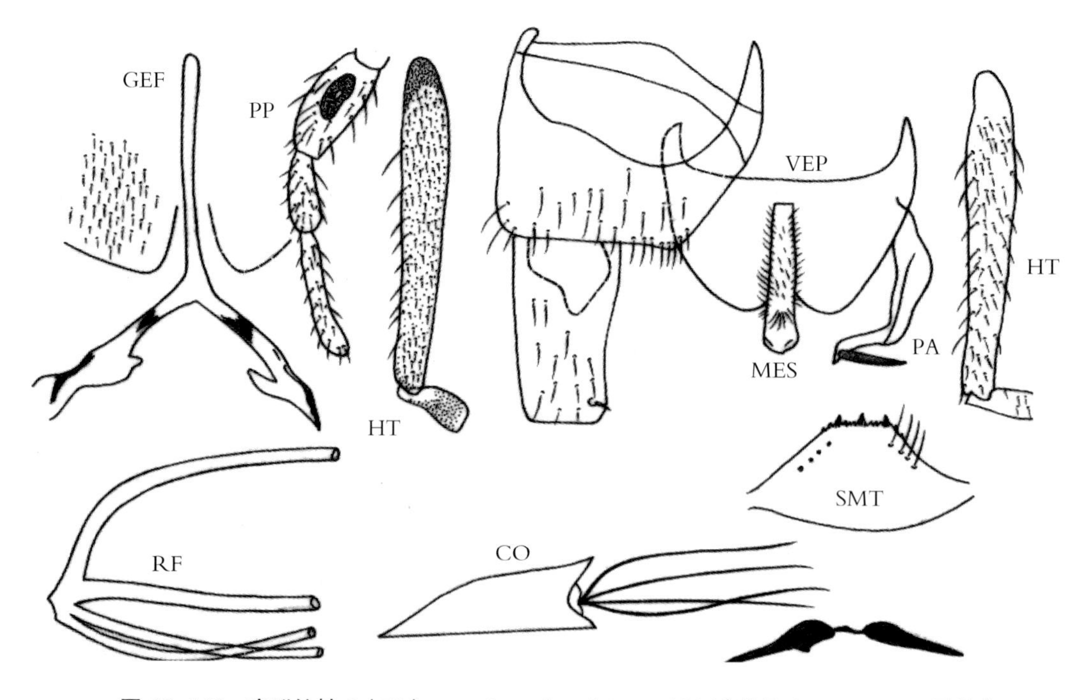

图 12–119 窄跗纺蚋 *S.*（*N.*）*angustitarse* Lundstron，1911（仿 Rubtsov，1956. 重绘）

① 猎鹰纺蚋［*S.*（*N.*）*falcoe*］和灰背纺蚋［*S.*（*N.*）*subgriseum*］的幼虫尚未发现。

鉴别要点 雌虫生殖叉突后臂中部具角状内突。雄虫生殖腹板侧缘向后收缩，基部凹入形成裂隙。蛹呼吸丝 4 条，长于蛹体。幼虫后颊裂小，方形。

形态概述

雌虫 体长 3.5~4.0mm。触角黑色。触须暗褐色，节Ⅲ膨大，拉氏器长约占节Ⅲ的 2/5。中胸盾片灰褐色，被银白色毛。平衡棒黄白色。足暗褐色，胫节中部大部分色淡，后足基跗节延长，前端较后端宽，长为宽度的 7~8 倍。爪具大基齿。腹部暗褐色，节Ⅰ背板色淡；节Ⅲ ~ Ⅵ背板宽约为其长度的 1.5 倍。生殖板宽舌状，生殖叉突两后臂中部各具 1 个角状内突。

雄虫 体长 2.8~3.5mm。触角色暗具银白色短毛。触须色暗，具同色毛。中胸盾片为黑天鹅绒色，背面是银白色斑，盾缘具淡红色斑。后足基跗节基部窄，其宽度约为后足胫节宽的 2/3，长约为本身宽度的 6 倍。生殖肢端节略短于基节，圆筒状。生殖腹板横宽，龙骨突发达，侧缘基部内陷形成裂隙，并向端部收缩与中凹的后缘连接形成双峰状后突。中骨杆状。

蛹 体长 3~4mm。呼吸丝 4 条，长于蛹体（4~5mm），上对丝具短茎，稍粗，上对和下对的下丝在同一平面上。上对的上丝向上发出，然后弯向前方。茧宽，具不发达的三角形背中突。

幼虫 体长 6~9mm。头斑阳性。触角第 2 节长于节 1 和节 3。头扇毛 50~66 支。亚颏中齿、角齿发达，侧缘毛 3~4 支。后颊裂特别小，仅勉强可见。后环 66~80 列，每列具 11~13 个钩刺。

生态习性 蛹和幼虫孳生于小河中的石块和水草上，雌虫吸血。

地理分布 中国：云南；国外：中东地区、西欧至东西伯利亚。

分类讨论 窄跗纺蚋雌虫生殖叉突、雄虫生殖腹板和幼虫后颊裂的特征虽然相当突出，但是鉴于本种属于古北界，并有一定的形态变异，中国云南标本的鉴定是否有误，还有待进一步考证。

黄毛纺蚋 *Simulium*（*Nevermannia*）*aureohirtum* Brunetti，1911（图 12-120）

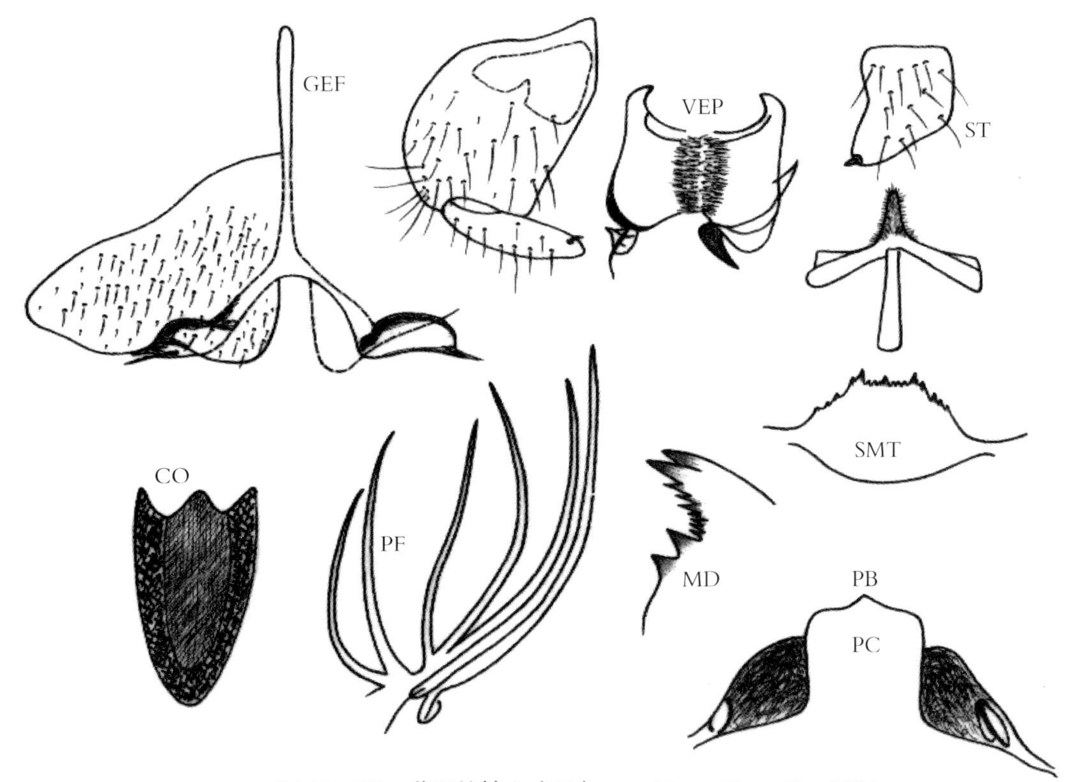

图 12-120 黄毛纺蚋 *S.*（*N.*）*aureohirtum* Brunetti，1911

Eusimulium aureohirtum Brunetti，1911. *Rec. Ind. Mus.*，4：287~288. 模式产地：印度阿萨姆；Chen and Cao（陈继寅，曹毓存），1982. *Acta Zootax Sin.*，7（1）：387.

Simulium（*Eusimulium*）*aureohirtum* Brunetti，1911；Takaoka，1979. *Pacif. Ins.*，20（4）：382~384.

Simulium（*Nevermannia*）*aureohirtum* Brunetti，1911；Crosskey，1988. Annot. Checklist World Blackflies（Diptera：Simuliidae）：459；Crosskey *et al.*，1996. *J. Nat. Hist.*，30：416.

鉴别要点 雌虫触角除鞭节Ⅰ为棕黑色外，余一致为黄色或黄棕色；足大部为黄色。蛹呼吸丝 6 条。幼虫后颊裂较深。

形态概述

雌虫 体长约 2.8mm。额和唇基棕黑色，密被黄白色毛。额指数为 8∶5∶8。触角除鞭节Ⅰ为棕黑色外，余一致为黄色至黄棕色。触须节Ⅲ膨胀，拉氏器约占节Ⅲ的 0.38。下颚具内齿 12 枚，外齿 14 枚；上颚具内齿 20 枚，外齿约 10 枚。食窦光裸。中胸盾片暗棕色，被黄白色毛，无闪光，具 3 条暗色纵纹。后盾片暗棕色，有灰白粉被，光裸。前足基节淡黄色，中足、后足基节棕色。各足转节淡黄色，前足、中足股节除端部 1/5 为暗棕色外，余一致为淡黄色。后足股节除端部 1/4 为暗棕色外，余为淡黄色。各足胫节基部黄色，在端部 1/2 变为棕色并具亚基棕色环。各足跗节除后足基跗节基 1/2 为黄色外，余一致为棕色至棕黑色。前足基跗节细，后足基跗节侧缘平行。跗突和跗沟均发达。爪具大基齿。翅径脉基具毛。腹节背板棕色至棕黑色，不闪光。生殖板端缘圆钝，内缘直，平行，生殖叉突柄细，骨化，两后臂端半膨胀呈枕头状向外伸。受精囊长椭圆形，具强骨化的颈，长约为宽的 2 倍。

雄虫 体长 2.8mm。唇基棕色，着黄白色毛，上眼面 18 纵列。触角似雌虫。触须拉氏器小。中胸盾片黑色，无闪光，密被黄色毛，从一定的角度看，具 1 条宽的暗色中纵纹和亚中黑色斑。足色似雌虫，区别是前足、中足转节为暗黄色，前足胫节为暗棕色但中央大部呈淡棕色，中足、后足胫节的亚基黑环较宽。翅和腹部似雌虫。生殖肢基节大，生殖肢端节短而扁，生殖腹板横宽，具发达的中龙骨突，侧缘向后外略扩大，端侧角圆钝。中骨杆状。阳基侧突每侧具 1 个强刺。

蛹 体长约 2.6mm。头、胸部体壁除后胸部散布盘状疣突外，几乎光裸。头毛 4 对，胸毛 5 对，均不分支。呼吸丝 6 条，具短茎，成对扇状分布，腹对丝较粗长，约与蛹体长度相当。腹节 5~6 背板无刺栉。茧拖鞋状，编织紧密，前缘未加厚，但具三角形背中突。

幼虫 体长约 5.8mm。头斑显著，头扇毛 34 支。上颚具 2 枚锯齿，发达并约等大。亚颏中齿、角齿突出，侧缘齿发达，侧缘毛每侧 5 支。后颊裂相对较深，近方形或菜花形，略短于后颊桥。后腹部散布单刺毛。肛鳃复杂，肛板后臂略长于前臂。后环约 70 排，每排约具 12 个钩刺。腹乳突角状，不发达。

生态习性 蛹和幼虫孳生于山区清澈的流水沟或田边小沟。雌虫吸血。Takaoka 和 Noda（1970）曾报道本种系自育（autogenous）种，至少第一代未经吸血即可产可育卵，曾在 2 只未吸血的雌虫体内发现成熟卵并孵出幼虫。

地理分布 中国：福建，广东，广西，海南，四川，贵州，云南，西藏；国外：印度，泰国，菲律宾，巴基斯坦，马来西亚，印度尼西亚，日本，斯里兰卡，不丹。

分类讨论 黄毛纺蚋广泛分布于东洋界和部分古北界。Brunetti（1911）根据印度标本进行了原描述。Puri（1932）和 Takaoka（1979）曾对印度标本和我国台湾标本的各虫期分别进行了描述。采自我国大陆的标本与 Takaoka（1979）的描述除雌虫各足胫节颜色和雄虫上眼面排数略有差异外，其余基本相符合。本种是我国南方最为习见的蚋种之一，其蛹的形态在鹿角蚋组中相当突出，所以鉴定并不困难。

猎鹰纺蚋 *Simulium*（*Nevermannia*）*falcoe* Shiraki，1935（图 12-121）

Eusimulium falcoe Shiraki，1935. *Men. Fac. Sci. Agric*，*Taihotu Imp. Univ.*：13~15. 模式产地：中国台湾（kappansan）. *Simulium*（*Nevermannia*）*falcoe*（Shiraki，1935）. Takaoka，1979. *Pacific Ins.*，20（4）：384.

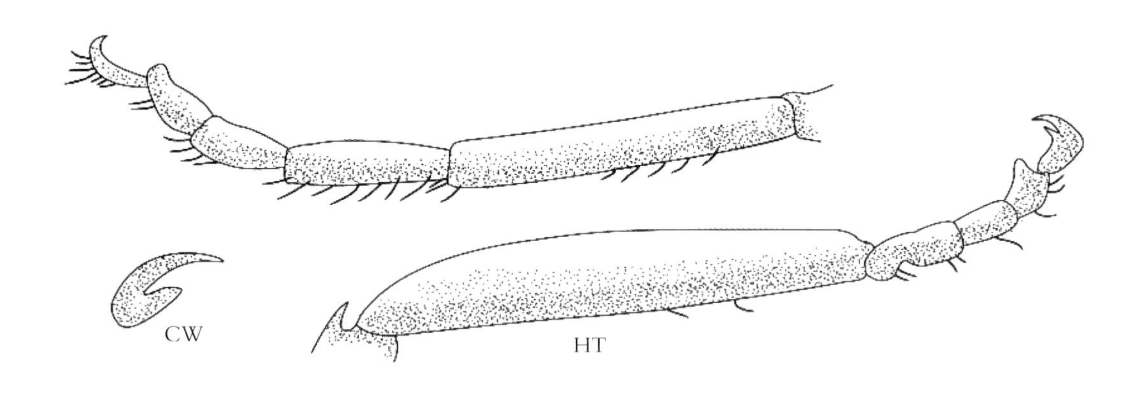

图 12-121 猎鹰纺蚋 *S.*（*N.*）*falcoe*（仿 Shiraki，1935）

鉴别要点 雌虫额高为最宽处的 1.5 倍；触角和足大部黄色。

形态概述 [未见标本，摘录自 Shiraki（1935）原描述]

雌虫 体长 1.7~1.9mm。翅长 2.5~2.7mm。额高约为最宽处的 1.5 倍长。额、唇基、头顶有灰白粉被，覆黄白色毛。触角除前Ⅱ～Ⅲ鞭分节为棕色外，大部为黄色。中胸盾片黑色，灰粉被，覆黄色毛。胸板翅基前具细黄毛丛。前足淡黄色而跗节棕黑色；股节黄色仅端部为棕色；胫节黄色而端 1/2 为棕色；跗节全暗。后足大部黄色，而股、胫节端部、基跗节端 1/2 和其余跗节为棕色。爪具大基齿。腹部和尾器不详。

雄虫 未知。

蛹 未知。

幼虫 未知。

生态习性 雌虫系从猎鹰羽毛间捕获，海拔 300m。

地理分布 中国台湾。

分类讨论 猎鹰纺蚋是日本学者 Shiraki（1935）根据采自中国台湾的 2 只雌虫记述的新种，迄今已过 80 年，尚未见其他虫期的补描述。有学者认为它是黄毛纺蚋［*S.*（*N.*）*aureohirtum*］的同物异名。虽然后者的额高约与最宽处相当，与猎鹰纺蚋不同，但是鉴于两者的触角和足的颜色大致相似，所以这意见可取。

新月纺蚋 *Simulium*（*Nevermannia*）*lundstromi* Enderlein，1921（图 12-122）

Nevermannia lundstromi Enderlein，1921. *Dt. Tierärzti. Wschr.*，29（16）：200. 模式产地：英国 .

Eusimulium lundstromi Enderlein，1921；Rubtsov，1956. *Blackflies*，*Fauna USSR*，Diptera，6（6）. 493.

Eusimulium latigonium Enderlein，1921；Rubtsov，1956. *Blackflies*，*Fauna USSR*，Diptera，6（6）：830~833.

Simulium（*Nevermannia*）*lundstromi* Enderlein，1921；Crosskey，1988. Annot. Checklist World Blackflies（Diptera：Simuliidae）：459；Chen and An（陈汉彬，安继尧），2003. The Blackflies of China：185.

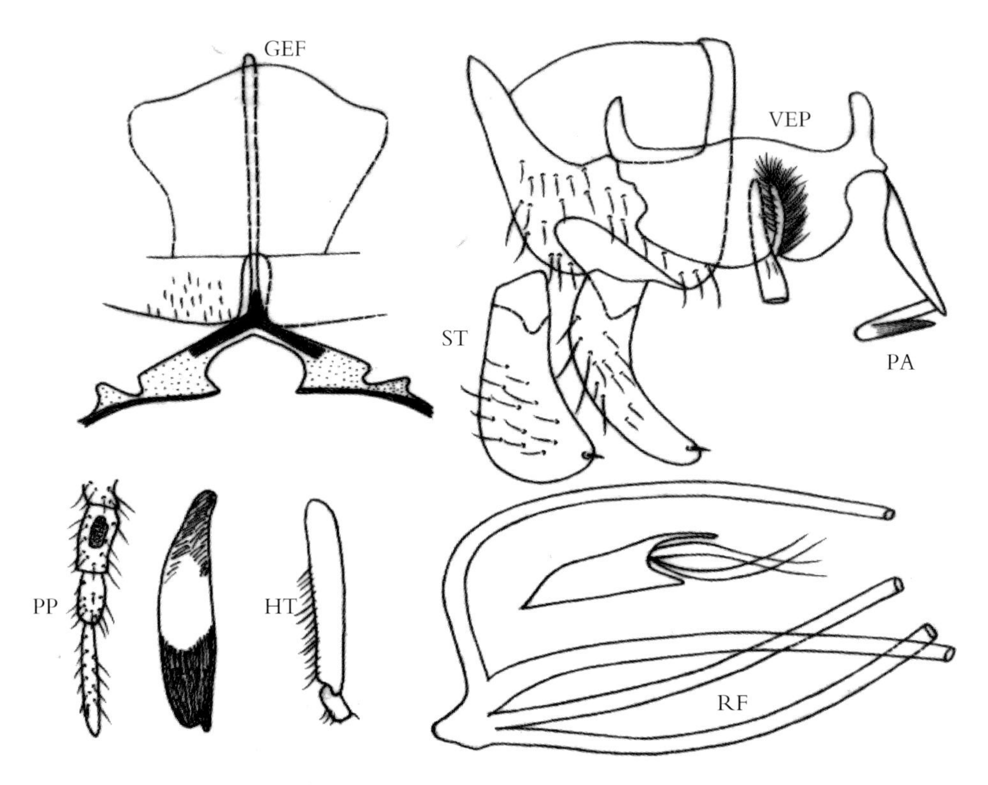

图 12-122 新月纺蚋 *S.*（*N.*）***lundstromi*** **Enderlein，1921**（仿 Rubtsov，1956. 重绘）

鉴别要点 雌虫生殖叉突后臂基部 1/3 外侧具角状前突。雄虫生殖腹板前缘中部具角状突。

形态概述

雌虫 触角暗褐色，柄节和梗节褐色。中胸盾片肩部，翅基部以及足大部为褐黄色。暗色部分包括股节端部，胫节和跗节。后足基跗节两边平行。生殖叉突柄强角化，两后臂基部 1/3 外侧具骨化的角状突，端部 2/3 膨胀呈“八”字形向后外伸。

雄虫 体长 2.8mm。触角柄节、梗节褐色。平衡棒褐黄色。生殖肢端节略短于基节，末段稍内弯。生殖腹板横宽，龙骨突发达，前缘中部呈角状突出，侧缘亚平行，后缘中凹，后侧角稍斜截。中骨杆状，端部稍宽于基部。阳基侧突每侧具 1 个大刺。

蛹 体长约 3.0mm。呼吸丝 4 条，长约为体长的 2/3，下对几乎无柄，上对具短茎，上对的上丝向上发出后急弯伸向前方。茧前缘未加厚，具三角形背中突。

幼虫 体长约6.0mm。触角节2的长度超过节3的1.75倍。头扇毛64支。亚颏中齿、角齿突出，侧缘齿发达，侧缘毛每侧3~4支。后颊裂小，方形。后环66排，每排具11~12个钩刺。

生态习性 蛹和幼生孳生于宽1~4m、深4~20cm的小溪中的水生植物上，水温15~20℃。成虫出现在8月上旬、中旬，每年一代，以卵越冬。

地理分布 中国：北京；国外：西欧到西伯利亚。

分类讨论 新月纺蚋两性尾器构造相当特殊，易于鉴别。一般认为，Rubtsov（1956）记述的*S. litigonium*是本种的同物异名。

宁夏纺蚋 *Simulium*（*Nevermannia*）*ningxiaense* Yang，Wang and Chen，2008（图12-123）

Simulium（*Nevermannia*）*ningxiaense* Yang，Wang and Chen（杨明，王嫣，陈汉彬），2008. *Acta Zootax Sin.*，33（2）：291~293. 模式产地：中国宁夏（六盘山，东沟）.

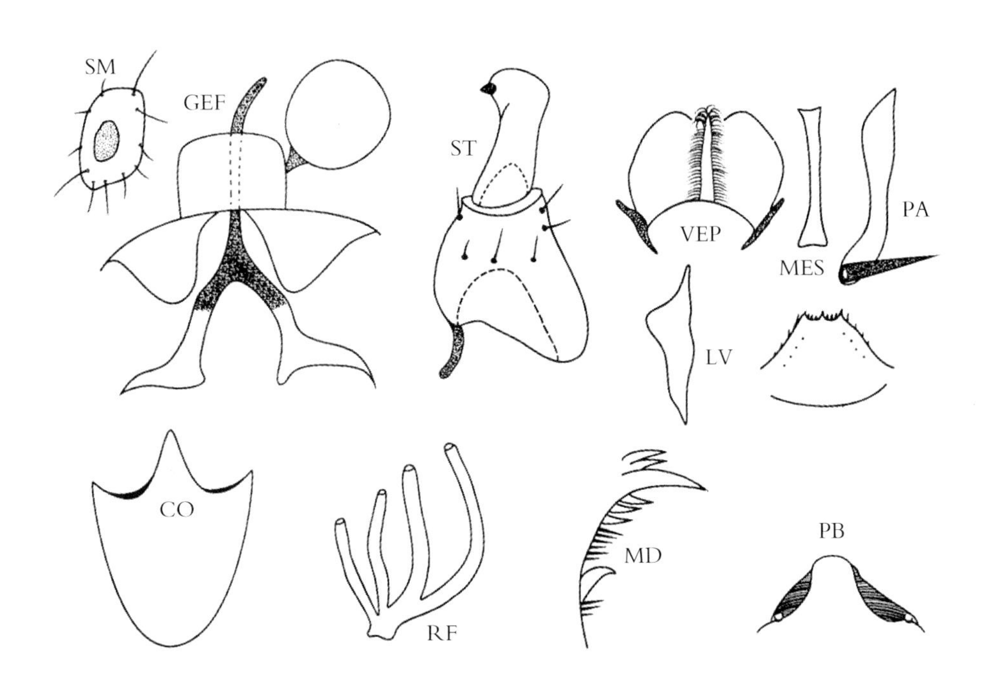

图12-123 宁夏纺蚋 *S.*（*N.*）*ningxiaense* Yang，Wang and Chen，2008

鉴别要点 雌虫生殖板内缘远离。雄虫生殖肢端节靴状；生殖腹板侧缘具基侧突。幼虫头扇毛26~28支，上颚缘齿具附齿列；茧具背中突。

形态概述

雌虫 体长2.7~2.9mm。额指数为6.0∶3.8∶6.4。额头指数为6.0∶24.0。触须节Ⅲ~Ⅴ的节比为5.1∶4.8∶9.3。节Ⅲ膨大，拉氏器长约为节Ⅲ的0.4。下颚具9枚内齿和13枚外齿。食窦光裸。中胸盾片棕黑色，覆金黄色毛。前足基节黄色，中足、后足基节棕色；各足转节黄色；各足股节基3/4黄色，而端1/4为棕色；各足胫节中大部为黄色，余部为棕色；各足跗节除后足基跗节基4/5和跗节Ⅱ基1/2为黄色外，余部为棕色。前足基跗基长约为宽的8倍，后足基跗节两侧亚平行。跗突和跗沟发达。爪具大基齿。翅亚缘脉和径脉基具毛。生殖板舌形，端圆，内缘斜截，远离。生殖叉突后臂无外突，膨大部作梨状向外伸。受精囊亚球形，无网斑。

雄虫　体长约 3.0mm。上眼具 19 横排，18 纵列。触角鞭节Ⅰ的长为鞭节Ⅱ的 2 倍，触须拉氏器小，长为节Ⅲ的 0.17。胸似雌虫。足似雌虫，但各足基、转节均为暗棕色，后足基跗节膨大，长约为宽的 4.5 倍。生殖肢端节靴状，生殖腹板双峰状，具中龙骨突，基缘宽凹，后缘中凹，侧缘后半收缩，具骨化基外突。中骨窄板状，基部和端略扩大。阳基侧突每侧具 1 个大刺。

蛹　体长约 3.0mm。头、胸稀布疣突。头毛 3 对，胸毛 5 对，均简单。呼吸丝 4 条，短于蛹体，成对排列，上对和下对内丝具短茎，下对外丝游离，直接发向总茎。腹部钩刺和毛序正常。茧拖鞋状，编织紧密，前缘加厚并具发达的背中突。

幼虫　体长 5.8~6.2mm。头斑阳性，头扇毛 26~28 支。触角节 1~3 的节比为 5.5∶6.0∶4.8。上颚缘齿具附齿列。亚颏中的角齿、顶齿发达，侧缘毛 4~5 支。胸、腹壁光裸。后颊裂小，亚方形，长为后颊桥的 1/3~1/2。肛骨前臂约为后臂的 0.7。后环 66~68 排，每排约具 16 个钩刺。

生态习性　幼虫和蛹孳生于山溪中的水草上，海拔 2942m。

地理分布　中国宁夏（六盘山）。

分类讨论　宁夏纺蚋是首次以我国为模式产地的蚋种，属纺蚋亚属鹿角蚋组。幼虫上颚缘齿具附齿列为宁夏纺蚋的独具特征，同时，其两性外生殖器的形态特征也相当突出，据此综合特征可与该组其他已知蚋种相区别。

灰背纺蚋 *Simulium*（*Nevermannia*）*subgriseum* Rubtsov，1940（图 12–124）

Simulium（*Nevermannia*）*subgriseum* Rubtsov，1940. *Trudy Zool. Ins. Akad. Nauk* SSSR，9：355~356.　模式产地：哈萨克斯坦 . Crosskey，1988. Annot. Checklist World Blackflies（Diptera：Simuliidae）：460；An（安继尧）1996. *Chin J. Vector Bio. and Control*，2（2）：472.

Eusimulium subgriseum Rubtsov，1940；Tan and Chow（谭娟述，周佩燕），1976. *Acta Ent. Sin.*，19（4）：456，459；Lee *et al.*（李铁生等），1976. N. China，midges，blackflies and horesflies：113~114.

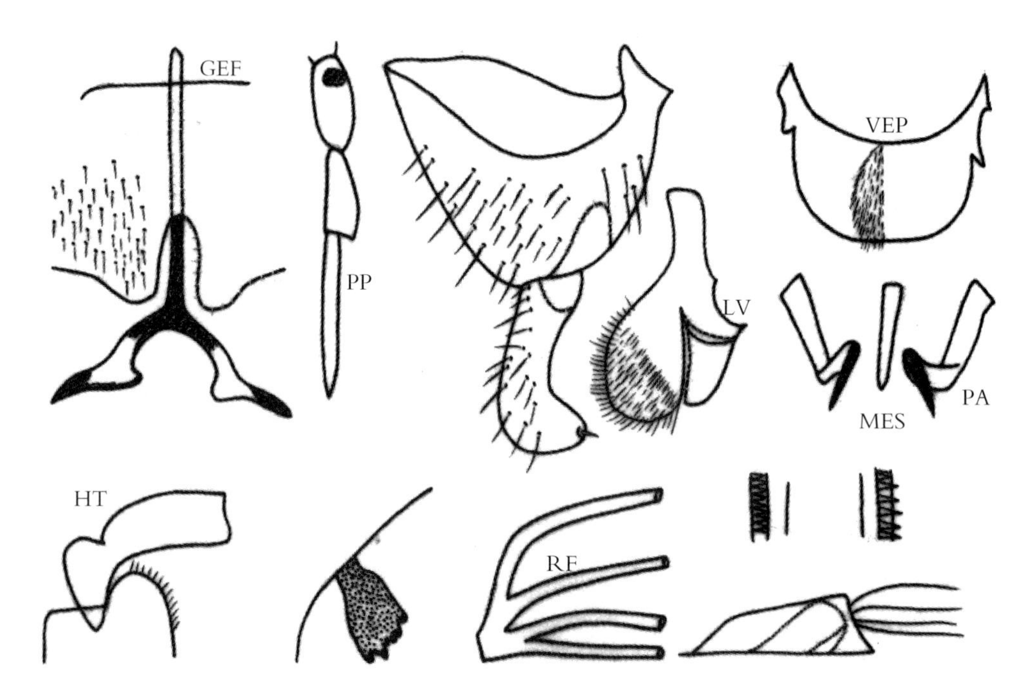

图 12–124　灰背纺蚋 *S.*（*N.*）*subgriseum* Rubtsov，1940（仿 Rubtsov，1956. 重绘）

鉴别要点 雌虫生殖叉突后臂端半膨胀成犁状向侧外伸。茧无背中突。幼虫后颊裂特别小，勉强可见。

形态概述

雌虫 触角柄节和梗节黄色，其余色较深。额、颜及中胸背板淡灰色，被银白色毛。肩部及中胸盾片暗褐色。生殖板舌状，后角乳头状。生殖叉突两后臂端半膨胀呈犁状向侧外伸，末端尖。肛上板横向延伸。

雄虫 体长 2.5~2.8mm。触角赭红色，末端色稍暗。触须黑色。中胸盾片黑色，无闪光，从前面观呈银白色，具稀疏的全暗色毛，前缘较稠密。足大部为黄色；暗色部分包括中足、后足基节，前足、中足跗节，后足股节端部，中足、后足胫节端部以及后足基跗节端部。此外，中足胫节及后足胫节基部内、外侧有暗色斑。生殖肢端节亚末端明显膨大而内弯。生殖腹板横宽，宽约为长的 2 倍，龙骨突发达，前缘凹入成弧形，侧缘基部具外侧突，侧后角浑圆。中骨杆状，端部略宽。腹节 X 腹板端缘扩大呈不规则的三角形。阳基侧突每侧具 1 个粗刺。

蛹 体长 2.8~3mm。呼吸丝 4 条，略短于蛹体，排列方式如窄跗纺蚋。茧简单，编织疏松，具孔窗，无背中突。

生态习性 蛹和幼虫孳生于山地水草丛生的小溪流中，成虫于 4 月中旬出现，延至 9 月份仍可见少量成虫。

地理分布 中国：北京，辽宁；国外：哈萨克斯坦，吉尔吉斯斯坦，塔吉克斯坦。

分类讨论 本种生殖板、生殖叉突和雄虫的生殖肢端节形状特殊。此外，还可根据茧编织疏松，无背中突等特征与我国鹿角蚋组已知的其他种类相区别。

D. 宽足蚋组 *vernum* group

组征概述 中胸侧膜和下侧片光裸，偶具毛，后盾片光裸。雄虫生殖肢端节与基节约等长，末端扩大并向内突出，具亚端刺。生殖腹板横宽，无龙骨突。中骨“Y”形，通常末端分叉。阳基侧突呈不规则板状，每侧具 1 个长钩刺。后足基跗节纺锤状，长为胫节的 3/4~5/6，宽度与胫节约相等。腹节 X 背板发达。雌虫触须节 Ⅲ 膨大，拉氏器大小不一，节 Ⅴ 约为节 Ⅲ 和节 Ⅳ 的长度之和。额窄，被毛。足大部为黑色或褐色。跗突和跗沟发达。爪通常具大基齿，偶具小基齿或简单。腹节 Ⅱ ~ Ⅴ 背板退化，长宽约相等。生殖叉突后臂宽叶状。蛹呼吸丝 4 条（外国种有例外，蛹呼吸丝具 6 条、8 条、10 条或变形成 2 个角状管）。茧编织紧密，简单，前缘加厚，或具单个或成对的角状背中突。幼虫触角无次生环。上颚有或无附锯齿列。亚颏小，后颊裂小或与后颊桥约等长，端圆或亚方形或槽口状。肛鳃通常复杂。

本组全世界已知超过 117 种（Adler 和 Crosskey，2014），主要分布于古北界和新北界，少数种分布于东洋界和北非。我国已发现 32 种，即窄形纺蚋（*angustatum* Rubtsov，1956）、双角纺蚋（*bicorne* Dorogostaisky，Rubtsov and Vlasenko，1935）、苍山纺蚋（*cangshanense* Xue，1993）、陈氏纺蚋（*cheni* Xue，1993）、郴州纺蚋（*chenzhouense* Chen，Zhang and Bi，2004）、山谷纺蚋（*cherraensis* Sun，1994）、河流纺蚋（*fluviatile* Radzivilovskaya，1945）、格吉格纺蚋（*gejgelense* Djafarov，1954）、河南纺蚋（*henanense* Wen，Wei and Chen，2007）、纤细纺蚋（*gracile* Datta，1956）、吉林纺蚋（*jilinense* Chen and Cao，1983）、宽丝纺蚋（*latifile* Rubtsov，1956）、长毛纺蚋（*longipile* Radzivilovskaya，1948）、龙潭纺蚋（*longtanstum* Ren，An and Kang，1998）、泸定纺蚋（*ludingense* Chen，Zhang and Huang，2005）、梅氏纺蚋（*meigeni* Rubtsov and Carlsson，1956）、新纤细纺蚋（*novigracile* Deng，Zhang and Chen，1996）、普格纺蚋（*pugetense* Dary and Shannon，1927）、朴氏纺蚋（*purii* Datta，1973）、桥落纺蚋（*qiaoluoense* Chen，2001）、清水纺蚋（*qingshuiense* Chen，2001）、饶河纺蚋（*raohense* Cai and An，2006）、林纺蚋（*silvestre* Rubtsov，1956）、丝肋纺蚋（*subcostatum* Takahasi，1950）、透林纺蚋（*taulingense* Takaoka，1979）、内田纺蚋（*uchidai* Takahasi，1950）、宽足纺蚋（*vernum* Macquart，1826）、五林洞纺蚋（*wulindongense* An and Yan，2006）、新宾纺蚋（*xinbinense* Chen and Cao，1983）、薛氏纺蚋（*xueae* Sun，1994）、油丝纺蚋（*yushangense* Takaoka，1979）和张家界纺蚋（*zhangjiajiense* Chen，Zhang and Bi，2004）等。其中，长毛纺蚋［*S.*（*N.*）*longipile* Radz］系国外文献记载，尚无标本以证实分布于我国四川，所以暂作存疑处理。

本书另记述4个新种，即异形纺蚋，新种［*S.*(*N.*) *dissimilum* Chen and Lian，sp. nov.］、中突纺蚋，新种［*S.*(*N.*) *medianum* Chen and Jiang，sp. nov.］、秦岭纺蚋，新种［*S.*(*N.*) *qinlingense* Xiu and Chen，sp. nov.］和锯突纺蚋，新种［*S.*(*N.*) *serrafum* Chen，Zhang and Jiang，sp. nov.］。这样，本组在我国已知达36种。

中国纺蚋亚属宽足蚋组分种检索表

雌虫[①]

1　中胸盾片覆黑色毛……2
　中胸盾片覆黄白色毛、金黄色毛或灰白色毛……3
2（1）　生殖板内缘交叉重叠；受精囊椭圆形……**饶河纺蚋** *S.*（*N.*）*raohense*
　生殖板内紧靠，但无交叉重叠；受精囊亚球形……**五林洞纺蚋** *S.*（*N.*）*wulindongense*
3（2）　中胸盾片具暗色纵纹……4
　中胸盾片无暗色纵纹……5
4（3）　中胸盾片具5条暗纵纹；生殖腹板后臂具内突……**纤细纺蚋** *S.*（*N.*）*gracile*
　中胸盾片具3条暗色纵纹；生殖腹板后臂无内突……**朴氏纺蚋** *S.*（*N.*）*purii*
5（4）　生殖叉突后臂具骨化外突……6
　生殖叉突后臂无骨化外突，但可有骨化侧脊……12
6（5）　触角拉氏器小型，长为节Ⅲ的1/4~1/3……7
　触角拉氏器中型至大型，长为节Ⅲ的1/2~7/10……7
7（6）　生殖叉突后臂膨大部无内突……**宽丝纺蚋** *S.*（*N.*）*latifile*
　生殖叉突后臂膨大部有内突……8
8（7）　拉氏器长为触须节Ⅲ的1/4……**河流纺蚋** *S.*（*N.*）*fluviatile*
　拉氏器长为触须节Ⅲ的1/3……**梅氏纺蚋** *S.*（*N.*）*meigeni*
9（6）　生殖叉突后臂有内突；外突发达，其前缘具3~4个锯齿突……**锯突纺蚋** *S.*(*N.*)*serratum* sp. nov.
　生殖叉突后臂无内突；外突简单……10
10（9）　生殖叉突后臂直棒状，中部稍膨大，直接向后外伸……**陈氏纺蚋** *S.*（*N.*）*cheni*

① 桥落纺蚋［*S.*（*N.*）*qiaoluoense*］、吉林纺蚋［*S.*（*N.*）*jilinense*］、秦岭纺蚋［*S.*（*N.*）*qinlingense* sp. nov.］、油丝纺蚋［*S.*（*N.*）*yushangense*］和张家界纺蚋［*S.*（*N.*）*zhangjiajiense*］的雌虫尚未发现。林纺蚋［*S.*（*N.*）*silvestre*］的雌虫原描述太简单，似无种征，故未收入本检索表雌虫项下。

生殖叉突后臂端半膨胀成梨状或三角形，向侧外伸……………………………………………11

11（10）生殖叉突后臂外突呈瘤状；触须拉氏器长为节Ⅲ的 1/2………**格吉格纺蚋** *S.*（*N.*）*gejgelense*

生殖叉突后臂外突呈角状；触须拉氏器长为节Ⅲ的 7/10……………**内田纺蚋** *S.*（*N.*）*uchidai*

12（5）触须拉氏器小，长为节Ⅲ的 1/4~1/3…………………………………………………………13

触须拉氏器大，长为节Ⅲ的 1/2~3/4…………………………………………………………15

13（12）食窦后缘具指状长中突…………………………………**中突纺蚋** S.（*N.*）*medianum* sp. nov.

食窦后缘无中突……………………………………………………………………………………14

14（13）生殖叉突后臂膨大部成长方形……………………………………**双角纺蚋** *S.*（*N.*）*bicorne*

生殖叉突后臂膨大部成梨状……………………………………**新纤细纺蚋** *S.*（*N.*）*novigracile*

15（14）触须节 4 细长，约等于节Ⅱ、节Ⅲ之和；生殖叉突后臂膨大部呈亚长方形……………………

……………………………………………………………………………**宽足纺蚋** *S.*（*N.*）*vernum*

触须节Ⅳ短于节Ⅱ、节Ⅲ之和；生殖叉突后臂膨大部非亚长方形…………………………16

16（15）额高为其最小宽度的 3 倍；触角鞭节Ⅰ的长为鞭节Ⅱ的 2 倍…………………………………

…………………………………………………………………………**窄形纺蚋** *S.*（*N.*）*angustatum*

无上述合并特征……………………………………………………………………………………17

17（16）生殖叉突后臂膨大部具内突………………………………………………………………………18

生殖叉突后臂无内突………………………………………………………………………………22

18（17）生殖叉突后臂膨大部呈杓状向后内伸……………………………**薛氏纺蚋** *S.*（*N.*）*xueae*

膨大部呈梨状或三角形向后外伸…………………………………………………………………19

19（18）受精囊亚球形；触角鞭节Ⅰ的长为鞭节Ⅱ的 1.4 倍……**郴州纺蚋** *S.*（*N.*）*chenzhouense*

受精囊椭圆形；触角鞭节Ⅰ的长为鞭节Ⅱ的 1.5 倍以上…………………………………20

20（19）生殖板内缘平行；触须拉氏器长为节Ⅲ的 0.6………………**河南纺蚋** *S.*（*N.*）*henanense*

生殖板内缘末段分离远；触须拉氏器长为节Ⅲ的 0.55…………………………………………21

21（20）下颚具 8 枚内齿和 12 枚外齿…………………………**异形纺蚋** *S.*（*N.*）*dissimilum* sp. nov.

下颚具 33 枚内齿，无外齿………………………………………………**泸定纺蚋** *S.*（*N.*）*ludingense*

22（17）触须拉氏器中型，长约为节Ⅲ的 1/2……………………………………………………………23

触须拉氏器大型，长为节Ⅲ的 2/3~3/4………………………………………………………………25

23（22）食窦后缘具疣突；生殖叉突后臂长叶状，直接向后外伸；受精囊亚球形……………………

……………………………………………………………**苍山纺蚋** *S.*（*N.*）*cangshanense*

无上述合并特征……………………………………………………………………………………24

24（23）生殖板内缘平行；生殖叉突柄端部稍膨大……………………**新宾纺蚋** *S.*（*N.*）*xinbinense*

生殖板内缘向后外斜，分离较远；生殖叉突柄端部斜截，不膨大……………………………

……………………………………………………………………**丝肋纺蚋** *S.*（*N.*）*subcostatum*

25（22）中胸下侧片具棕黄色毛；受精囊亚球形……………………**龙潭纺蚋** *S.*（*N.*）*longtanstum*

无上述合并特征……………………………………………………………………………………26

26（25）生殖板内缘凹入呈弧形，分离远……………………………**清水纺蚋** *S.*（*N.*）*qingshuiense*

生殖板内缘非如上述…………………………………………………………………………………27

27（26）生殖板内缘自基部向端部渐收缩且在末段重叠……………**普格纺蚋** *S.*（*N.*）*pugetense*

生殖板内缘自基部向端部倾斜而分离远……………………………**透林纺蚋** *S.*（*N.*）*taulingense*

雄虫①

1 中骨简单，末端不分叉……2
中骨“Y”形，末端分叉……5
2（1）生殖腹板马鞍形，向后强收缩，后缘平直；中骨纺锤形，端部较窄……
……**桥落纺蚋** *S.*（*N.*）*qiaoluoense*
无上述合并特征……3
3（2）生殖腹板后缘中凹呈双峰状，侧缘斜截；中骨杆状，末端膨大而钝圆……
……**普格纺蚋** *S.*（*N.*）*pugetense*
生殖腹板后缘平直或稍凹，侧缘亚平行；中骨末端扩大而后缘平齐……4
4（3）生殖腹板前缘中部凸出，端侧角尖锐……**新纤细纺蚋** *S.*（*N.*）*novigracile*
生殖腹板前缘平直，端侧角钝圆……**纤细纺蚋** *S.*（*N.*）*gracile*
5（1）中胸盾片覆黑色毛……6
中胸盾片覆灰白色毛、金黄色毛或黄白色毛……7
6（5）生殖腹板端缘中部呈槽口状深凹，基臂短粗而端圆；中骨基缘锯齿状……
……**五林洞纺蚋** *S.*（*N.*）*wulindongense*
生殖腹板端中缘呈角状深凹，基臂形状正常；中骨基部膨大呈圆帽状……
……**饶河纺蚋** *S.*（*N.*）*raohense*
7（5）生殖腹板端缘向后宽凸……8
生殖腹板端缘平直或中凹，或呈双峰状……13
8（7）生殖板板体半圆形……9
生殖板板体非半圆形，端中部可突出或略凹……12
9（8）生殖肢端节端凹，形成内突和端侧突；中骨基部窄，端部扩大……**林纺蚋** *S.*（*N.*）*Silvestre*
无上述合并特征……10
10（9）第X腹板长约为宽的1.4倍；生殖腹板基缘直，侧缘亚平行……
……**郴州纺蚋** *S.*（*N.*）*chenzhouense*
无上述合并特征……11
11（10）中骨侧缘平行；第X腹板长大于宽……**泸定纺蚋** *S.*（*N.*）*ludingense*
中骨基部宽向亚端部渐变窄；第X腹板长宽约相等……**张家界纺蚋** *S.*（*N.*）*zhangjiajiense*
12（8）生殖腹板板体长宽均相等，基缘中部凸出……**陈氏纺蚋** *S.*（*N.*）*cheni*
板体明显宽大于长，基缘中凹……**苍山纺蚋** *S.*（*N.*）*cangshanense*
13（7）生殖腹板特宽，约为体长的3倍，后缘中部呈“M”形凹口……
……**异形纺蚋** *S.*（*N.*）*dissimilum* sp. nov.
生殖腹板非如上述……14
14（3）生殖腹板端缘有三角形中凸……**中突纺蚋** *S.*（*N.*）*medianum* sp. nov.
生殖腹板无三角形中凸……15
15（4）生殖腹板端缘亚中区各有1~2个齿突……**格吉格纺蚋** *S.*（*N.*）*gejgelense*
生殖腹板端缘亚中区无齿突……16

① 河南纺蚋［*S.*（*N.*）*henanense*］的雄虫尚未发现。

16（15）生殖腹板后缘平直，即1支微凹也不形成明显的双峰状……………………………………17
　　生殖腹板后缘明显中凹形成双峰状………………………………………………………………26
17（16）生殖肢端节长靴状，亚端外突具2个齿突…………………**双角纺蚋** *S.*（*N.*）*bicorne*
　　生殖肢端节非如上述…………………………………………………………………………………18
18（17）生殖腹板后缘平齐…………………………………………………………………………………19
　　生殖腹板后缘中凹或中凸……………………………………………………………………………21
19（18）生殖腹板前缘中部呈弧形凸出；基臂端部向前外弯曲呈钩状……………………………………
　　………………………………………………………………**透林纺蚋** *S.*（*N.*）*taulingense*
　　生殖腹板前缘平齐；基臂端部仅稍内弯……………………………………………………………20
20（19）生殖腹板侧缘向后收缩，斜截；中骨前缘平齐，叉支末端呈弯钩状……………………………
　　…………………………………………………………………**宽丝纺蚋** *S.*（*N.*）*latifile*
　　生殖腹板侧缘亚平行；中骨前缘斜截，叉支直向后外伸………**清水纺蚋** *S.*（*N.*）*qingshuiense*
21（18）生殖腹板基部明显收缩并渐向后外扩大形成圆钝的端侧角……………………………………22
　　生殖腹板基部不收缩，侧缘平行或向后收缩………………………………………………………23
22（20）中骨细杆状，两侧平行…………………………………………………**朴氏纺蚋** *S.*（*N.*）*purii*
　　中骨长板状，端部扩大………………………………………………**薛氏纺蚋** *S.*（*N.*）*xueae*
23（21）生殖腹板盆状，两侧从基部向端部收缩………………………………………………………24
　　生殖腹板亚长方形，侧缘亚平行或向后略收缩………………………………………………………25
24（23）生殖腹板侧缘具基侧突；中骨端部深裂………………………**丝肋纺蚋** *S.*（*N.*）*subcostatum*
　　生殖腹板无基侧突；中骨端部浅裂……………………………………**龙潭纺蚋** *S.*（*N.*）*longtanstum*
25（23）生殖腹板基中缘呈弧形凹入；侧缘亚平行，后缘平直……………………………………………
　　……………………………………………………**秦岭纺蚋** *S.*（*N.*）*qinlingense* sp. nov.
　　生殖腹板基缘稍宽凸；侧缘端半略收缩，后中缘稍凹………**油丝纺蚋** *S.*（*N.*）*yushangense*
26（16）生殖腹板前缘中凹或平齐或呈波形………………………………………………………………27
　　生殖腹板前缘向前突出…………………………………………………………………………………31
27（26）生殖腹板具中纵毛带，其端部呈角状突………………………**新宾纺蚋** *S.*（*N.*）*xinbinense*
　　生殖腹板无上述中纵毛带……………………………………………………………………………29
28（27）生殖肢节宽度明显大于长度；生殖腹板前缘中凹形成1对亚中乳状突…………………………
　　…………………………………………………………………**吉林纺蚋** *S.*（*N.*）*jilinense*
　　无上述合并特征…………………………………………………………………………………………29
29（28）生殖腹板前缘宽凹呈圆弧形；中骨基部宽于端部…………**窄形纺蚋** *S.*（*N.*）*angustatum*
　　生殖腹板前缘非如上述；中骨基部宽于端部或侧缘平行……………………………………………30
30（29）生殖腹板前中缘具角状凹陷；中骨基部扩大；第X腹板端尖………………………………………
　　………………………………………………………………**河流纺蚋** *S.*（*N.*）*fluviatile*
　　生殖腹板前中缘无角状凹；中骨侧缘平行；第X腹板端钝……………………………………………
　　……………………………………………………**锯突纺蚋** *S.*（*N.*）*serratum* sp. nov.
31（26）生殖腹板前缘明显呈弧形突出，后缘中凹深；板体宽约为长度的2.5倍…………………………
　　…………………………………………………………………**梅氏纺蚋** *S.*（*N.*）*meigeni*
　　生殖腹板前缘凸出不显著，后缘中凹较浅；板体宽不超过长度的2倍…………………………32

32（31）生殖腹板末半明显收缩；侧缘基部具角状侧突……………………**内田纺蚋** *S.*（*N.*）*uchidai*

生殖腹板末半收缩不明显；侧缘基部无角状侧突…………………**宽足纺蚋** *S.*（*N.*）*vernum*

蛹[①]

1 鳃器由1对膨胀的泡状角组成……………………………………**透林纺蚋** *S.*（*N.*）*taulingense*

鳃器由4条呼吸丝组成……………………………………………………………2

2（1）茧无背中突，至多前缘中部稍隆起……………………………………………3

茧具1~2个背中突 ……………………………………………………………14

3（2）茧前缘凹入呈弧形………………………………………………………………4

茧前缘稍隆起，但未形成明显的背中突……………………………………11

4（3）呼吸丝排列特殊，下对丝茎从亚基急弯穿过上对丝茎，上对丝长（3倍）、粗（1.3倍）于下对丝……………………………………**异形纺蚋** *S.*（*N.*）*dissimilum* sp. nov.

呼吸丝非如上述……………………………………………………………………5

5（4）呼吸丝长于蛹体……………………………………………………………………6

呼吸丝短于或约等于蛹体…………………………………………………………7

6（5）下对呼吸丝的外丝向上发出后从亚基部急转弯向前方……**龙潭纺蚋** *S.*（*N.*）*longtanstum*

下对呼吸丝的外丝亚基部不转弯………………………………**普格纺蚋** *S.*（*N.*）*pugetense*

7（6）呼吸丝约等长、等粗，丝茎短，约等长…………………………**梅氏纺蚋** *S.*（*N.*）*meigeni*

呼吸丝非如上述……………………………………………………………………8

8（7）2对呼吸丝茎很短，约等长；茧掩盖蛹体…………………**窄形纺蚋** *S.*（*N.*）*angustatum*

呼吸丝非如上述……………………………………………………………………9

9（8）下对呼吸丝的外丝从亚基部急转弯向前………………………………………10

下对外丝直接前伸……………………………………………**泸定纺蚋** *S.*（*N.*）*ludingense*

10（9）呼吸丝短，约为蛹体长的1/2…………………………………**河南纺蚋** *S.*（*N.*）*henanense*

呼吸丝长度仅略短于蛹体……………………………………**新宾纺蚋** *S.*（*N.*）*xinbinense*

11（3）呼吸丝短于蛹体……………………………………………………………………12

呼吸丝长于蛹体……………………………………………………………………13

12（11）下对呼吸丝茎较细长，其长为茎宽度的2.0~2.5倍；呼吸丝较细，其茎粗0.03mm……………………………………………………………**河流纺蚋** *S.*（*N.*）*fluviatile*

下对呼吸丝茎较粗短，其长度约为茎宽度的1.5倍；呼吸丝较粗，其茎粗0.04~0.05mm……………………………………………………………**宽丝纺蚋** *S.*（*N.*）*latifile*

13（11）上、下丝展角小于30° ………………………………………**丝肋纺蚋** *S.*（*N.*）*subcostatum*

上、下丝展角大于45° ………………………………………**五林洞纺蚋** *S.*（*N.*）*wulindongense*

14（2）茧具单个背中突………………………………………………………………………18

茧具成对背中突……………………………………………………………………15

15（14）头毛、胸毛多分支；成对背中突成幕状……………………………**纤细纺蚋** *S.*（*N.*）*gracile*

头毛、胸毛简单；成对背中突呈角状或带状……………………………………16

16（15）茧具发达的腹侧突……………………………………………**双角纺蚋** *S.*（*N.*）*bicorne*

茧无发达的腹侧突…………………………………………………………………17

① 吉林纺蚋［*S.*（*N.*）*jilinense*］的蛹尚未发现。

17（16）成对背中突呈带状，端圆；呼吸丝茎部不等长；呼吸丝与蛹体约等长……………………………………………………………………………………新纤细纺蚋 *S.*（*N.*）*novigracile*

成对背中突呈角状，端尖；呼吸丝茎约等长；呼吸丝短于蛹体……………………………………………………………………………中突纺蚋 *S.*（*N.*）*medianum* sp. nov.

18（14）背中突长度超过茧长的1/2……………………………………………………19

背中突长度短于或约等于茧长的1/2…………………………………………21

19（18）背中突长杆状，端钝……………………………………林纺蚋 *S.*（*N.*）*silvestre*

背中突长角状，端尖………………………………………………………………20

20（19）2对呼吸丝茎长短不一；呼吸丝长于蛹体；分布于东北和内蒙古……………………………………………………………………………宽足纺蚋 *S.*（*N.*）*vernum*

2对呼吸丝茎约等长；呼吸丝短于蛹体；分布于西藏……………朴氏纺蚋 *S.*（*N.*）*purii*

21（18）背中突长度约为茧体的1/2，明显高腹侧角……………………………22

背中突长度短于茧体的1/2，短于或与腹侧角持平…………………………25

22（21）背中突末端圆钝；分布于我国台湾地区……………油丝纺蚋 *S.*（*N.*）*yushangense*

背中突端尖；分布于我国大陆……………………………………………………23

23（22）头、胸几乎无疣突；上、下丝展角约90° ……………锯突纺蚋 *S.*（*N.*）*serratum* sp. nov.

无上述合并特征……………………………………………………………………24

24（23）2对呼吸丝茎约等长、等粗……………………………苍山纺蚋 *S.*（*N.*）*cangshanense*

上对呼吸丝茎明显较下对丝茎粗长…………………………………陈氏纺蚋 *S.*（*N.*）*cheni*

25（21）背中突为茧长的1/3~1/4；下对呼吸丝无茎……………饶河纺蚋 *S.*（*N.*）*raohense*

无上述合并特征……………………………………………………………………26

26（25）背中突端部平齐……………………………………………………………27

背中突端尖…………………………………………………………………………28

27（26）4条呼吸丝约等长、等粗……………………………郴州纺蚋 *S.*（*N.*）*chenzhouense*

背对外丝长于其余3条丝的1.3倍…………………………张家界纺蚋 *S.*（*N.*）*zhangjiajiense*

28（26）茧具发达的腹侧突…………………………………………………………29

茧无发达的腹侧突…………………………………………………………………30

29（28）头、胸密布疣突；背中突乳头状……………………………内田纺蚋 *S.*（*N.*）*uchidai*

头、胸稀布疣突；背中突三角形…………………秦岭纺蚋 *S.*（*N.*）*qinlingense* sp. nov.

30（28）上对呼吸丝茎明显长于下对丝茎……………………格吉格纺蚋 *S.*（*N.*）*gejgelense*

上对呼吸丝茎明显短于下对丝茎…………………………………………………31

31（30）腹节9背板具刺栉……………………………………清水纺蚋 *S.*（*N.*）*qingshuiense*

腹节9背板无刺栉……………………………………………桥落纺蚋 *S.*（*N.*）*qiaoluoense*

成熟幼虫

1 亚颏侧缘毛5~6支排成2行；后项具95~100排钩刺；肛鳃简单……………………………………………………………………………格吉格纺蚋 *S.*（*N.*）*gejgelense*

无上述合并特征……………………………………………………………………2

2（1）后颊裂深，长度达到后颊桥的1.5倍或更长……………………………………3

后颊裂浅，至多与后颊桥约等长……………………………………………………7

3（2） 后颊裂三角形，长度超过后颊桥的 4 倍……………………**龙潭纺蚋** *S.*（*N.*）*longtanstum*
后颊裂非如上述……………………………………………………………………………………4
4（3） 后颊裂亚箭形，侧缘亚平行；腹部腹节凸起呈垅状………………**梅氏纺蚋** *S.*（*N.*）*meigeni*
后颊裂端圆，基部收缩；腹节无垅状突……………………………………………………………5
5（4） 亚颏侧缘毛每侧 3 支；后颊裂近圆形；胸、腹部背侧具红棕色斑带和单刺毛…………………
……………………………………………………………………**新宾纺蚋** *S.*（*N.*）*xinbinense*
亚颏侧缘毛每侧 4~5 支；后颊裂椭圆形；胸、腹部无红棕色斑带，仅在后腹节背侧具单刺毛…………………………………………………………………………………………………6
6（5） 头扇毛 30~40 支；后环约 78 排…………………………………**内田纺蚋** *S.*（*N.*）*uchidai*
头扇毛 46~48 支；后环 64~68 排……………………………………**林纺蚋** *S.*（*N.*）*silvestre*
7（2） 后颊裂亚三角形，基部不收缩，侧缘向端部强收缩………………………………………………8
后颊裂非如上述……………………………………………………………………………………9
8（7） 后颊裂端尖；后腹具肛前刺环……………………………**郴州纺蚋** *S.*（*N.*）*chenzhouense*
后颊裂端钝；后腹无肛刺环…………………………………………**宽丝纺蚋** *S.*（*N.*）*latifile*
9（7） 上颚缘齿具 1 枚大齿，或一大一小，无附齿列……………………………………………………10
上颚缘齿具附齿列………………………………………………………………………………………
10（9） 后环 60~62 排………………………………………………………**河流纺蚋** *S.*（*N.*）*fluviatile*
后环 90 排以上……………………………………………………………………………………11
11（10）后颊裂亚箭形，端尖…………………………………………**苍山纺蚋** *S.*（*N.*）*cangshanense*
后颊裂拱门状或槽口状，端圆…………………………………………………………………12
12（11）肛鳃简单……………………………………………………………………………………………13
肛鳃复杂……………………………………………………………………………………………14
13（12）后颊裂槽口状，长约为后颊桥的 1/2；后腹具附骨和肛前刺环………………………………
………………………………………………………………**锯突纺蚋** *S.*（*N.*）*serratum* sp. nov.
后颊裂拱门状，长约与后颊桥相等；后腹无附骨和肛前刺环……**河南纺蚋** *S.*（*N.*）*henanense*
14（12）亚颏角齿长于中齿；侧缘毛每侧通常 3 支，偶 4 支………………**宽足纺蚋** *S.*（*N.*）*vernum*
亚颏中齿、角齿约等长；侧缘毛 4 支以上……………………………………………………15
15（14）后腹具附骨和肛前刺环；肛鳃每叶分 16~20 个指状小叶………**泸定纺蚋** *S.*（*N.*）*ludingense*
后腹无附骨和肛前刺环；肛鳃每叶分 4~7 个小叶……………………………………………16
15（15）亚颏侧缘毛每侧 5 支；肛鳃每叶分 6~7 个次生小叶…………**新纤细纺蚋** *S.*（*N.*）*novigracile*
亚颏侧缘毛每侧 4 支；肛鳃每叶分 4~5 个次生小叶……………………**陈氏纺蚋** *S.*（*N.*）*cheni*
17（9） 后腹具附骨和肛前刺环……………………………………………………………………………18
后腹无附骨和肛前刺环或两者缺其一…………………………………………………………19
18（17） 后颊裂长与后颊桥相当；肛鳃每叶分 10~12 个指状小叶…………………………………
…………………………………………………………**张家界纺蚋** *S.*（*N.*）*zhangjiajiense*
后颊裂长约为后颊桥的 4/5；肛鳃每叶分 4~6 个指状小叶……………………………………
…………………………………………………………**秦岭纺蚋** *S.*（*N.*）*qinlingense* sp. nov.
19（17）后腹具肛前刺环…………………………………………………………………………………20
后腹无肛前刺环…………………………………………………………………………………19

20（19）后颊裂亚箭形，端尖……………………………………………桥落纺蚋 *S.*（*N.*）*qiaoluoense*

后颊裂拱门状，端圆………………………………………………………清水纺蚋 *S.*（*N.*）*qingshuiense*

21（19）后腹具附骨；后颊裂小，长略超过后颊桥的 1/2……………油丝纺蚋 *S.*（*N.*）*yushangense*

无上述合并特征………………………………………………………………………………………22

22（21）头扇毛 48~52 支……………………………………………………………………………23

头扇毛 28~46 支………………………………………………………………………………………26

23（22）后颊桥端圆；后环具 90 排钩刺……………………………中突纺蚋 *S.*（*N.*）*medianum* sp. nov.

后颊桥端尖；后环具 74~80 排钩刺……………………………………普格纺蚋 *S.*（*N.*）*pugetense*

24（22）肛鳃每叶分 12~16 个小叶；亚颏侧缘毛每侧 8 支…………透林纺蚋 *S.*（*N.*）*taulingense*

肛鳃简单，或每叶具 1~6 个小叶；亚颏侧缘毛 4~5 支……………………………………………25

25（24）肛鳃简单，或每叶分 1~3 个指状小叶；亚颏侧缘毛末端不分叉…………………………26

肛鳃复杂，每叶分 4~6 个指状小叶，亚颏侧缘毛末端分叉…………………………………………27

26（25）头扇毛 25~27 支；后颊裂圆形……………………………………丝肋纺蚋 *S.*（*N.*）*subcostatum*

头扇毛 50~56 支；后颊裂亚方形……………………………………………窄形纺蚋 *S.*（*N.*）*angustatum*

27（25）后颊裂亚方形；肛板前臂、后臂约等长…………………………………朴氏纺蚋 *S.*（*N.*）*purii*

后颊裂圆形；肛板前臂明显短于后臂……………………………………纤细纺蚋 *S.*（*N.*）*gracile*

异形纺蚋，新种，*Simulium*（*Nevermannia*）*dissimilum* Chen and Lian（陈汉彬，廉国胜），sp. nov.（图 12-125）

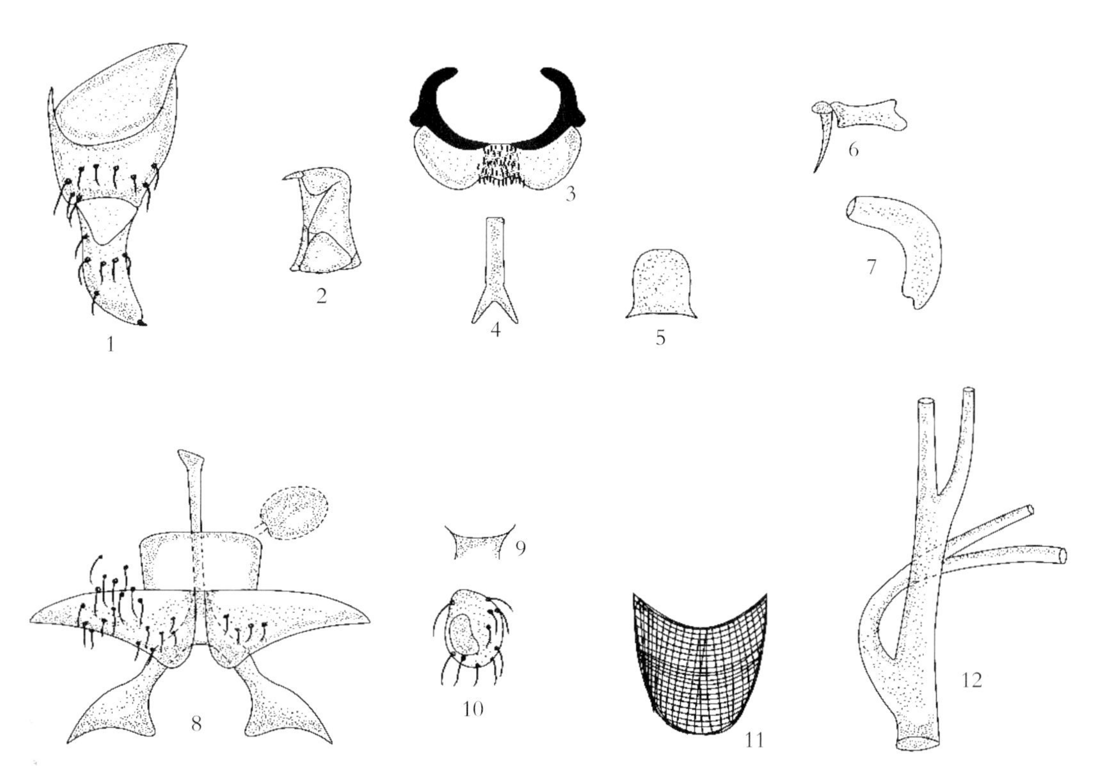

图 12-125 异形纺蚋，新种 *S.*（*N.*）*dissimilum* Chen and Lian，sp. nov.

1. Coxite and style of male；2. Style viewed ventrointernally；3. Ventral plate；4. Median sclerite；5. The 10th tergum；6. Paramere；7. Hind basitarsus；8. Female genitalia；9. Female cibarium；10. Female sensory vesicle；11. Cocoon；12.Filaments

模式产地：中国山西（芦芽山，忻州）。

鉴别要点 雄虫生殖腹板特宽，约为板体长度的3倍，端缘中部呈“M”形凹口。蛹呼吸丝的形态和排列方式特殊，下对丝从亚基部急弯，穿过上对丝基。

形态描述

雌虫 体长2.8mm。头：额指数为5.3∶4.2∶6.1。额头指数为5.3∶21.2。触须节Ⅲ～Ⅴ的节比为6.2∶5.3∶13.6；节Ⅲ膨大，拉氏器长约为节Ⅲ的0.55。下颚具8枚内齿和12枚外齿。食窦光裸。胸：中胸盾片覆黄白色毛。各足基节和转节为棕色；股节端1/4~1/3为棕色，余部为黄色；胫节黑色而中大部为黄色。跗节棕黑色而后足基跗节和跗节Ⅱ基1/2为黄色。前足基跗长约为宽的7倍；后足基跗节细，两侧平行。跗突和跗沟发达，爪具大基齿。翅亚缘脉和径脉基具毛。腹：背板灰棕色但节Ⅱ为黄色。尾器：腹节Ⅷ中部具毛，生殖板亚三角形，内缘骨化，末段远分离，生殖叉突具骨化柄，后臂具骨化侧端脊和内突，无外突。受精囊椭圆形。

雄虫 体长3.0mm。翅长2.4mm。头：上眼具15纵列和16横排大眼面。触角鞭节Ⅰ的长为鞭节Ⅱ的2倍。触须拉氏器总长为节Ⅲ的0.23。胸：似雌虫，但后足基跗节稍膨大，长约为宽的5倍。腹：似雌虫。尾器：生殖肢端节弯锥状。生殖腹板特宽，约为板体长的3倍，基缘平直，侧缘圆钝，向端部收缩，端缘中部具“M”形凹陷。中骨板状末端分叉。阳基侧突具1个大刺，第Ⅹ腹板端圆，长大于宽。

蛹 体长约3.0mm。头、胸稀布疣突。头毛3对，胸毛6对，均简单。呼吸丝4对，成对，短于蛹体，排列特殊。下对丝从亚基部骤然拐弯穿过上对丝茎，上对丝长（约3倍）、粗（约1.3倍）于下对丝。腹部钩刺和毛序分布正常，茧简单，编织紧密，前缘略加厚，无背中突。

幼虫 未知。

生态习性 幼虫和蛹孳生于山溪急流中的石块上，海拔2600m。

模式标本 正模：1♀。副模：1♂，5蛹。2007年8月，廉国胜采自山西忻州山溪急流中的石面上。

地理分布 中国山西。

分类讨论 本种雄虫生殖腹板形状和蛹呼吸丝排列方式非常特殊，具明显的种征，据此可与纺蚋亚属已知蚋种相区别。

种名词源 新种根据生殖腹板和呼吸丝排列方式的与众不同，故取名“异形”。

附：新种英文描述。

***Simulium*（*Nevermannia*）*dissimilum* Chen and Lian，sp. nov.（Fig.12–125）**

Form of overview

Female Body length about 2.8 mm. Head：Slightly narrower than thorax. Frons and clypeus brownish black with grey dusting and covered with yellowish white pubescence and intermixed with a few black ones. Frontal ratio 5.3∶4.2∶6.1；frons–head ratio 5.3∶21.2. Antenna composed of 2+9 segments，brownish yellown except scape yellow. Maxillary palp with 5 segments in proportional lengths of the 3rd to the 5th segments in 6.2 ∶ 5.3 ∶ 13.6；the 3rd segment swollen，sensory vecicle elliptical，about 0.55 times as long as the 3rd segment. Maxilla with 12 outer teeth and 8 inner ones. Cibarium without denticles on posterior border. Thorax：Scutum brownish black，covered with dense，recumbent，yellowish white pubescence and black hairs. Scutellum brownish with yellowish white pubescence and erect black hairs. Postscutellum black and bare. Pleural membrane and katepisternum bare. Legs: All coxae and trochanters brown except fore and mid thochanter pale yellown. All femora yellow with distal 1/4~1/3 brown. All tibiae blackish with large yellowish white patch medially on outer surface. All tarsi black brown except hind basitarsus and basal 1/2 of second tarsomere yellow. Fore basitarsus cylindrical, about 7.0 times as long as width. Hind basitarsus nearly parallel-sided, about 7.2 times as long as width. Calcipala and pedisulcus well developed. Each claw with large basal tooth. Wing: Costa with heavy stout brownish black spines intermixed with black hairs. Subcosta hairy. Radius entirely haired. Hair tuft on stem vein brownish yellow. Abdomen: Basal scale greyish brown with a fringe of brownish yellow hairs. Terga greyish brown except the 2nd segment yellow. Genitalia: Sternite 8 sparsely hairy medially and with a lot of black hairs on each side. Anterior gonapophysis simple, subtriangular, with several microsetae, its inner margin narrowly sclerotized. Genital fork with well sclerotized stem, each arm with a strongly sclerotized distal ridge and subapical inner projection but lacking any prominent projection directed forwards. Spermatheca elliptic. Paraproct and cercus of moderate size.

Male Body length about 3.0mm. Wing length about 2.4mm. Head: Upper-eye consisting of 16 horizontal rows and 15 vertical columns of large facets on each side. Clypeus black, grey-dusted, with pale hairs. Antenna composed of 2+9 segments, the 1st flagellomere; about 2.0 times as long as the following one. Maxillary palp composed of 5 segments; sensory vesicle about 0.23 of the length of the 3rd segment. Thorax: Nearly as in female except hind basitarsus somewhat swollen about 5.0 times as long as width. Abdomen: Nearly as in female. Genitalia: Coxite nearly rectangular in ventral view, about 1.3 times as long as width and 1.2 times as long as than style. Style boot-shaped, abruptly narrowed on apical 1/3 and curved inward, with stout apical spine. Ventral plate lamellate, much wider than length (about 3.0 times); with a distal median margin concave and proximal margin nearly straight; lateral margins each with a peg-like basal projection; basal arms as long as plate body and somewhat converting apically. Parameres each with a large parameral tooth. Median sclerite long plate-like and with bifid tip.

Pupa Body length about 3.0mm. Head and thorax: Integuments pale yellow, covered with disc-like tubercles. Head trichomes hare 3 pairs, all simple and short, whereas the thorax with 6 pairs of slender and simple trichomes. Gill organ with 4 filaments arranged in pairs, shorter than pupal body; common stalk much shorter than primary stalks, two upper pairs of filaments thicker (1.3) and longer (3.0) than those of lower pair of filaments; the lower pair diverged in a vertical plane at an angle and curved forward; all filaments tapering distally with numerous transverse ridge and covered densely with minute tubercles. Abdomen: Terga 1 and 2 with weakly tubercles; tergum 2 with 5 short and 1 long hairs on each side; terga 3 and 4 each with 4 hooked spines on each side; terga 7 and 8 each with spine-combs and also comb-like groups of minute spines on each side; tergum 9 with a pair of terminal hooks. Sternum 5 with a pair of bifid hooks situated closely together on each side. Sterna 6 and 7 each with a pair of bifid hooks widely spaced on each side. Cocoon: Wall-pocket-shaped, tightly woven, with a moderately strong anterior margin but lacking anterodorsal projection.

Mature Larva Unknown.

Type materials Holotype: 1 ♀, reared from pupa, slide-mounted together with its associated pupal exuviae and cocoon, which was collected on stone surface to a fast-flowing small stream from Luyashan (112° 60′ E, 38° 60′ N, alt.2600m), Xinzhou city, Shanxi Province, China, Aug., 2007, by Lian Guo sheng. Paratype: 1 ♂, 5 pupae, same day as holotype, all slide-mounted.

Distribution Shanxi Province, China.

Remarks According to the shape of male genitalia and with 4 pupal filaments, this new species seems to fall into the *vernum* group of *S.* (*Nevermannia*). The present new species is characterized by the shape and branching method of the pupal gill filaments and the male ventral plate much wider, by those combinations of characters, is easily distinguished from all known species of this group.

Etymology The specific name was given by the characteristic shape and branching method of the pupal gill filaments.

中突纺蚋，新种 *Simulium* (*Nevermannia*) *medianum* Chen and Jiang (陈汉彬，姜迎海), sp. nov. (图 12-126)

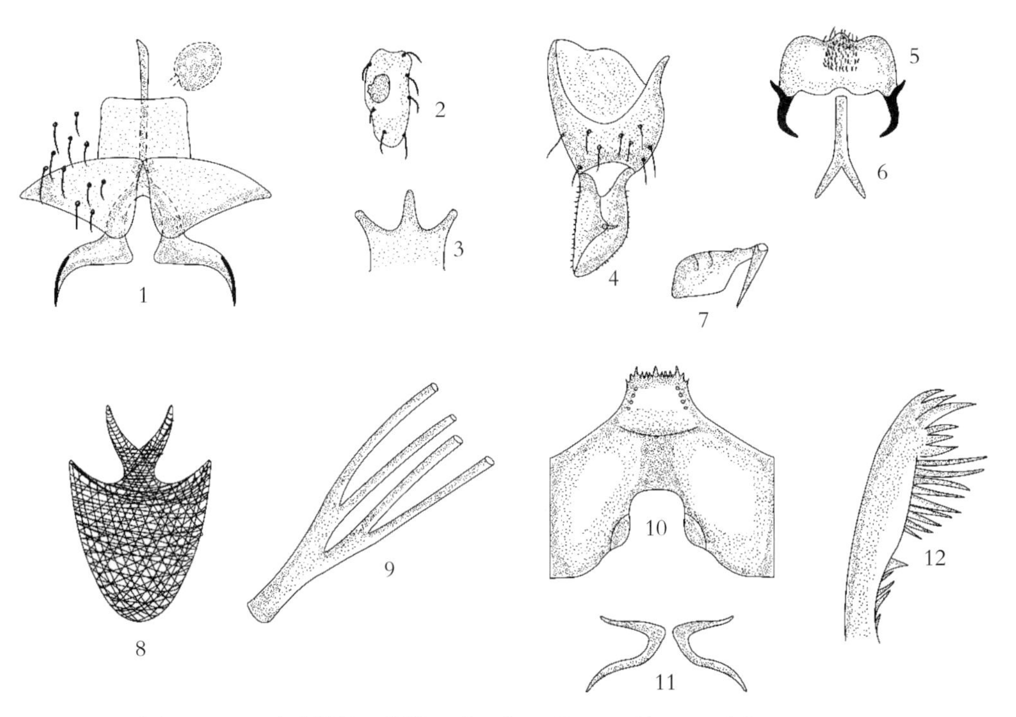

图 12-126 中突纺蚋，新种 *S.* (*N.*) *medianum* Chen and Jiang, sp. nov.

1. Female genitalia; 2. Female sensory vesicle; 3. Female cibarium; 4. Coxite and style of male; 5. Ventral plate; 6. Median sclerite; 7. Paramere; 8. Cocoon; 9. Filaments; 10. Larval head capsules in ventral view; 11. Larval anal sclerite; 12.Larval mandible

地理分布 中国甘肃（白龙江）。

鉴别要点 茧前缘具 1 对幕状背中突。雌虫食窦后缘具指状长突；触须拉氏器小，长为节Ⅲ的 1/4.

形态概述

雌虫 体长 3.0mm。翅长 2.3mm。头：额指数为 6.0∶3.2∶7.0。额头指数为 6.0∶26.5。触角鞭节Ⅰ的长为鞭节Ⅱ的 1.8 倍，触须节Ⅲ～Ⅴ的节比为 6.0∶4.2∶5.5。拉氏器小，长为节Ⅲ的 1/4。下颚具 11 枚内齿，11 枚外齿。食窦后缘具显著的指状长突。胸：中胸盾片黑色，覆金黄色毛。中胸侧膜和下侧片光裸。各足基节和转节棕黑色；股节基 3/4 基、端 1/4 为棕黑色；胫节棕色而中大部为黄色；跗节除后足基跗基 4/5 和跗节Ⅱ基 1/2 为黄色外，余一致为棕黑色。前足基跗节长为宽的 8.5 倍；后足基跗节膨大不明显，长约为宽的 6 倍。爪具大基齿。翅亚缘脉和径脉基具毛。腹：背板暗棕色，覆淡色毛。尾器：生殖板三角形，端内角圆钝，内缘稍骨化，亚平行。生殖叉突具骨化柄，后臂具骨化脊，无内突、外突。受精囊球状，具网斑。

雄虫 体长 3.2mm。翅长 2.6mm。头：上眼具 18 纵列和 18 横排大眼面。触角鞭节Ⅰ的长为鞭节Ⅱ的 2 倍。触须拉氏器小，长为节Ⅲ的 0.18。胸：似雌虫，但后足基跗节膨大，长约为其宽的 3.6 倍；翅亚缘脉基 1/2 具毛。腹：似雌虫。尾器：生殖肢端节靴状，生殖腹板横宽，其缘中凹；端缘具角状中突，端侧角圆钝；侧缘略收缩，具骨化小基突。中骨杆状，末端分叉。阳基侧突具 1 个大刺。

蛹 体长 3.0mm。头、胸无疣突。头毛、胸毛简单。呼吸丝 4 条成对排列，短于蛹体，具短茎。茧编织致密，前缘增厚并具 1 对发音的幕状背中突。

幼虫 体长 5.5~6.0mm。头斑阳性。触角节 1~3 的节比为 5.3∶8.3∶3.0。头扇毛 50 支，上颚缘齿具附齿列。亚颏中齿、角齿发达。侧缘毛 4~5 支。后颊裂中型，端圆，长与后颊桥相当。胸、腹体壁光裸。后环约 90 排，每排具 10~15 个钩刺。

生态习性 幼虫和蛹孳生于江河支流中的水草和石块上。

模式标本 正模：1♀。副模：2♂♂，5 幼虫，3 蛹。2006 年 8 月 28 日，32° 20′ N，104° 20′ E，海拔 2800m。

分类讨论 本种的标志性特征是茧具成对的幕状背中突，这一特征可见于印度的 *S.*（*N.*）*gracile*，中国的 *S.*（*N.*）*novigracile*，俄罗斯的 *S.*（*N.*）*bicorne*、*S.*（*N.*）*paracornifera* 和 *S.*（*N.*）*comifera*，但本种雌虫食窦后缘具指状长突，拉氏器特小，可与上述近缘种相区别。

种名词源 新种的雌虫食窦后缘中部具指状长突，因此而命名。

附：新种英文描述。

Simulium*（*Nevermannia*）*medianum Chen and Jiang，sp. nov.（Fig.12–126）

Form of overview

Female Body length 3.0mm. Wing length 2.3mm. Head：As wide than thorax. Frons and clypeus black whitish grey pruinose，densely covered with golden yellow hairs and a few dark erect hairs. Frontal ratio 6.0∶3.2∶7.0. Frons–head ratio 6.0∶26.5. Fronts–ocular area well developed. Antenna composed of 2+9 segments，brownish black except scape pale yellow；the 1st flagellomere about 1.8 times as long as the following one. Maxillary palp composed of 5 segments，proportional lengths of the 3rd to the 5th segments 6.0∶4.2∶5.5；sensory vesicle small，about 0.25 times as long as the 3rd segment. Maxilla with about 11 inner teeth and 11 outer ones. Cibarium unarmed but with a prominent median projection on posterior border. Thorax：Scutum black，covered densely with golden yellow recumbent pubescence as well as spase erect black hairs on prescutellar area. Scutellum brownish，with golden yellow and a few dark erect hairs. Postscutellum black and bare. Pleural membrane and katepisternum bare. Legs：All coxae and hind trochanters brownish black. All femora yellow with apical 1/4 brownish black. All tibiae brown with large yellowish patch medially on outer surface. All tarsi blackish brown except basal 4/5 of hind basitarsus and basal 1/2 of second tarsomere yellow. Fore basitarsus slender cylindrical, about 8.5 times as long as its greatest width. Hind basitarsus not enlarged, nearly parallel-sided, about 6 times as long as width. Claws each with large basal tooth. Wing: Costa with 2 parallel rows of short spines and hairs. Subcosta fully haired. Basal portion of radius haired. Hair tuft at base of costa and on stem vein blackish brown. Abdomen: Basal scale pale brownish, with a fringe of pale hairs. Terga dark brown with pale hairs. Genitalia: Sternite 8 bare medially and with about 30 hairs on each side. Anterior gonapophysis simple, subtriangular, covered with microsetae and a few short seatae, inner margin narrowly sclerotized, posteromedian corner rounded. Genital fork with slender sclerotized stem and widely expanded arms; arms with sclerotized ridge but lacking any prominent projection directed forwards. Spermatheca spherical, sclerotized surface with reticulate pattern. Paraproct and cercus moderate size.

Male Body length about 3.2mm. Wing length 2.6mm. Head: Slightly narrower than thorax. Clypeus black, grey pruinose, covered with long brown hairs and a few short yellow hairs. Upper-eye consisting of large facets in 18 horizontal rows and 18 vertical columns. Antenna composed of 2+9 segments, the 1st flagellar segment about 2.0 times as long as next one. Maxillary palp with 5 segments, sensory vesicle small, almost rounded, about 0.18 times as long as the 3rd segment. Thorax: Nearly as in female, except hind basitarsus enlarged, broad distally, about 3.6 times as long as width; and basal 1/2 of wing subcosta bare. Abdomen: Nearly as in female. Genitalia: Coxite rectangular in shape, about 1.25 times as long as width. Style boot-shaped, about 0.9 times as long as that of coxite, twisted inward and with small apical spine. Ventral plate subquadrate, transverse, narrowed distally, covered with numerous microsetae on ventral and posteromedially portion; posterior margin convex medially, basal arms longer than plate body. Parameres each with a large hook. Median sclerite with bifid tip.

Pupa Length about 3.0mm. Head and thorax: Integument 3 yellow and almost lacking tubercles. Head with 1 facial and 3 frontal pairs of simple, long trichomes. Gill organ with 4 filaments arranged in pairs, shorter than pupal body, the basal stout stem divided into 2 primary stalks of variable length, each primary stalk divided again into 2 secondly slender filaments; all filament subequal to each other in length and thickness, tapered apical, with numerous transverse ridges and covered densely with minute tubercles. Abdomen: Terga 1 and 2 lacking tubercles. Terga 3 and 4 each with 4 hooked spines directed forwards along posterior margin on each side. Terga 5~8 each with a cross row of spine-combs and also comb-like group of very minute spines laterated on each side. Tergum 9 with comb-like groups of very minute spines; sternum 5 with a pair of bifid hooks situated close together on each side; Sterna 6 and 7 each with pair of inner bifid and outer simple hooks. Cocoon: Wall-pocket-shaped, tightly woven, with developed anterior margin and with a pair of veil-like anterodorsal projections.

Mature larva Body length 5.5~6.0mm, entirely yellow. Cephalic apotome pale yellow with positive head spots. Antenna longer than cephalic fan, composed of 3 segments in proportion of 5.3 : 8.3 : 3.0. Cephalic fan each with about 50 main rays. Mandible with a few very minute supenumerary serrations. Hypostomium with a row of 9 apical teeth, of which median and corner teeth prominent; hypostomial with 4 or 5 bristles, lying in parallel to the lateral margin on each side. Lateral serration developed on lateral margin on each side. Postgenal cleft is medium, rounded anteriorly, as long as postgenal bridge. Thoracic and abdominal integuments bare. Anal sclerite X-formed.

Circlet with about 90 rows of 10~15 hooklets per row. Ventral papillae developed.

Type materials Holotype: 1♀, reared from pupa, slide–mounted with pupal skin and cocoon, in a small shaded stream from BaiLong river, Gansu Province, China, 32° 20′ N, 104° 20′ E, alt.2800m, 28th August, 2006. Collected by Jiang Ying hai. Paratypes: 2♂♂, pinned with pupal skin and 5 lavae, same day as holotype, exposed to sun by Jiang Yinghai.

Distribution Gansu Province, China.

Remarks The present new species appears to belong to *vernum* group of *Simulium* (*Nevermannia*) by the feature of male genitalia as defined by Crosskey and Davies (1972). Among this group, the new species is distinctive in the pupal cocoon with a pair of veil–like anterodorsal projection, which has been reported in named species, such as *S.* (*N.*) *gracile* Datta, 1973 from India; *S.* (*N.*) *novigracile* Deng, Zhang and Chen, 1996 form China; *S.*(*N.*) *bicorne* Dorogostaisky *et al.*, 1956; *S.*(*N.*) *paracornifera* Yankovsky, 1979 and *S.*(*N.*) *cornifera* Yankovsky, 1979 from USSR and China. The new species, however, can be readily separated from all related species mentioned above by the sensory vesicle small, which is about 0.25 times as long as of respective segment and the cibarium with a prominent median projection on posterior border in the female.

Etymology The specific name was given by the female cibarium with a distinct median projection.

秦岭纺蚋，新种 *Simulium*（*Nevermannia*）*qinlingense* Xiu and Chen（修江帆，陈汉彬），sp. nov.（图 12–127）

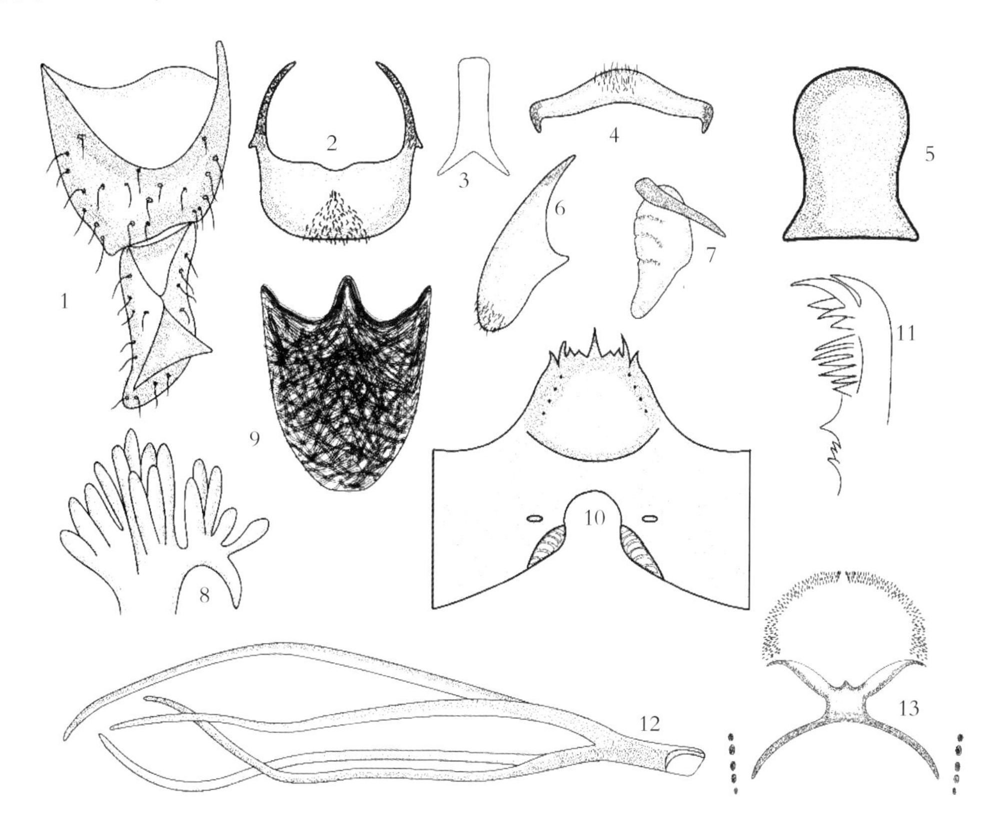

图 12–127 秦岭纺蚋，新种 *S.*（*N.*）*qinlingense* Xiu and Chen，sp.nov.

1. Coxite and style of male; 2. Ventral plate; 3. Median sclerite; 4. Ventral plate in and view; 5. The 10th tergum; 6. Ventral plate in lateral view; 7. Paramere; 8. Larval anal gills; 9. Cocoon; 10. Larval head capsules in ventral view; 11. Larval mandible; 12. Filaments; 13. Larval anal sclerite

鉴别要点 雄虫生殖板基缘中凹，端缘平直。茧具发达背中突。幼虫上颚缘齿具附齿列；后腹具附骨和肛前刺环；后颊裂小，长约为后颊桥的 0.8。

形态概述

雌虫 未知。

雄虫 体长 3.2mm。翅长 2.3mm。头：上眼具 17 纵列和 17 横排大眼面。触角鞭节Ⅰ的长为鞭节Ⅱ的 1.4 倍，触须节Ⅲ～Ⅴ的节比为 5.3∶4.9∶10.6，拉氏器长为节Ⅲ的 0.21。食窦光裸。胸：中胸盾片棕黑色，灰粉被，密覆黄色毛。中胸侧膜和下侧片光裸。各足基节和转节中棕色；股节淡棕色，但中足、后足股节端 1/4 略呈棕色；胫节中棕色；跗节除后足基跗节和跗节Ⅱ基部为黄白色。前足基跗节细长，约为其他的 9 倍；后足基节膨大，端宽，长约为宽的 3.3 倍。翅亚缘脉和径脉基具毛。腹：基端棕色，具棕黄色长缘毛。尾器：生殖肢端节靴状。生殖腹板亚长方形，端侧角圆，基缘中凹，端缘平直，其臂强骨化，向内弯。中骨板状，端部分叉。阳基侧突具 15 个大刺。

蛹 体长 3.0mm。头、胸布疣突。头毛 3 对，胸毛 6 对，均简单。呼吸丝 4 条，长于蛹体，成对，具短茎，背对外丝比其他 3 条丝粗长。腹部钩刺和毛序正常。茧编织紧密，前缘增厚，具发达的背中突。

幼虫 体长约 5.0mm。后腹具色斑，头斑阳性。头扇毛约 40 支，触角节 1~3 的节比 6.3∶7.5∶4.2。上颚具 1 枚大缘齿和附齿列，亚颏中的角齿、顶齿突出，侧缘毛 4~5 支。后颊裂小型，槽口状，长约为后颊桥的 0.8。胸、腹体壁光裸。肛鳃每叶具 4~6 个指状小叶。肛骨前臂长约为后臂的 0.8，肛前具刺环。后腹具附骨，后环 82 排，每排具 11~14 个钩刺，腹孔突发达。

生态习性 不详。

模式标本 正模：1♂，从蛹孵化，制片，含相联系的蛹和茧。副模：1♂，2 蛹，2 幼虫。2008 年 8 月，修江帆采自陕西秦岭山溪中的水草上，33° 20′ N，108° 02′ E，海拔 1400m。

地理分布 中国陕西（秦岭）。

分类讨论 本新种幼虫后腹具附骨，茧具发达的背中突，具有这一合并特征的至少有 3 种，即报道自台湾的油丝纺蚋［*S.*（*N.*）*yushangense*］、产自湖南的张家界纺蚋［*S.*（*N.*）*zhangjiajiense*］和马来西亚的 *S.*（*N.*）*caudisclerum*。本新种与油丝纺蚋的主要区别是呼吸丝约等长，与 *S.*（*N.*）*caudisclerum* 的主要区别则是足色迥异，与张家界纺蚋的主要区别是幼虫亚颏侧缘毛、肛鳃小叶和后环钩刺排数有明显差异。

种名词源 以新种的模式产地命名。

附：新种英文描述。

Simulium*（*Nevermannia*）*qinlingense Xiu and Chen，sp. nov.（Fig.12–127）

Form of overview

Female Unknown.

Male Body length about 3.2mm. Wing length about 2.3mm. Head：Slightly wider than thorax. Upper-eye consisting of larger facets in 17 horizontal rows and 17 vertical columns. Clypeus black，grey-dusted，covered with several brown long hairs. Antenna composed of 2+9 segments. The 1st flagellomere somewhat elongate，about 1.4 times as long as the following one. Maxillary palp black with 5 segments，with proportional lengths of the 3rd to the 5th segments of 5.3∶4.9∶10.6；sensory vesicle small，about 0.21 time as long as the 3rd segment. Thorax: Scutum brownish black, grey pruinose, densely covered with recumbent yellow hairs. Postscutellum black and bare. Pleural membrane and katepisternum bare. Legs: All coxae brown; all trochanters medium brown; All femora light brown except mid and hind femora with distal 1/4 dark brown; all tibiae medium brown; all tarsi dark brown except hind basitarsus medium brown; fore basitarsus cylindrical, about 9.0 times as long as width; hind basitarsus enlarged, broad distally, about 3.3 times as long as width. Wing: Costa with spinules as well as hairs; subcosta bare; basal section of radius fully haired. Hair tuft at base of costa and at stem vein brown. Abdomen: Basal scale brownish, with a fringe of brownish yellow long hairs. Genitalia: Coxite rectangular in shape, nearly as long as its greatest width and a little shorter than style. Slyle boot-shaped, twisted inwards and with stronger apical spine. Ventral plate lamellate, in ventral view transverse, slightly tapered posteriorly, about 0.52 times as long as width; posterior margin nearly straight and proximal margin with a median shallow depression directed backwards; and with minute setae medially on posterior 1/2 of ventral surface; basal arms well sclerotized and somewhat converting. Parameres each with a large hook. Median sclerite plate-shaped with bifid tip. Dorsal plate about 1.3 times as long as width, rounded posteriorly.

Pupa Body length about 3.0mm. Head and thorax: Integuments pale yellow and sparsely covered with small tubercles. Head with 3 pairs of long and simple trichomes; thorax with 6 pairs of long, simple trichomes. Gill organ with 4 slender thead-like filaments, arranged in pairs, longer than pupal body; common basal stout stalk then they divided into 2 primary stalks divided again into 2 secondary slender filaments; all filaments subequal in length and thickness except outer filament of dorsal pair slightly longer and thicker than other 3 filaments; all filaments with numerous transverse ridges and covered densely with minute tubercles. Abdomen: Terga 1 and 2 weakly tuberculate; tergum 2 with 6 single setae on each side, one of them much longer than others; terga 3 and 4 each with 4 hooked spines directed forwards along posterior margin; terga 5~8 each with spine-combs and also comb-like groups of minute spines laterated on each side; tergum 9 with a pair of cone-shaped terminal hooks. Sternum 4 with a spinous hair on each side; Sternum 5 with a pair of bifid hooks which situated close together with each other submedially; sterna 6 and 7 each with a pair of bifid hooks widely spaced on each side; sterna 4~8 each with comb-like groups of minute spines on each side. Cocoon: Wall-pocket-shaped, tightly woven, extending forming wide flange, bearing thick anterior margin and with medium anterodorsal projection.

Mature larva Body length about 5.0mm; yellow with sepin-colored spots on posterior abdominal segment dorsally. Cephalic apotome with faint positive head spots. Each cephalic fan with about 40 main rays. Antenna longer than stem of cephalic fan, composed of 3 segments and apical sensillum in proportion of 6.3 : 7.5 : 4.2. Mandible with a large mandibular serration and a few very minute supernumerary serrations. Hypostomial teeth 9 in number, of which median and corner teeth prominent; lateral margins smooth except near apex serrated; hypostomial setae 4~5 in row lying in parallel to lateral margins on each side. Postgenal cleft small, about 0.8 times as long as postgenal bridge, rounded anteriorly. Thoracic and abdominal integuments bare. Rectal gill lobes compound, each with 4~6 finger-like secondary lobules. Anal sclerite of X-formed with anterior short arms about 0.8 times as long as posterior ones; ring of minute spines round rectal papilla. Accessory sclerite marked. Posterior circlet with 82 rows of 11~14 hooklets per row. Ventral papillae well developed.

Type materials Holotype: 1♂, reared from pupa, slide-mounted with pupal skin and cocoon; collected from a rivulet of Qinling, Shanxi Province, 33° 20′ N, 108° 02′ E, alt.1400m, 9th, Aug., 2008 by Xiu Jiangfan. Paratype: 1♂, 2 pupae and 2 larvae, slide-mounted, same day as holotype.

Distribution Shanxi Province, China.

Remarks According to the male ventral plate is lamellate, lacking a median keel; style with a inwardly-twisted apex; medium sclerite inverted Y-shaped; paramere with a single hook and pupal gill with 4 slender filaments, this new species is assigned to the *vernum* group as definted by Crosskey and Davies(1972). Among this group, the present new species is distinctive in having the accessory sclerite on the larval abdomen and the pupal cocoon with an anterodorsal projection, which has been reported only in 3 named species, *S.*(*N.*) *yushangense* Takacka (1979) from Taiwan; *S.* (*N.*) *caudisclerum* Takaika *et* Davies (1995) from Malaysia; *S.* (*N.*) *zhangjiajiense* Chen, Zhang and Bi (2004) from Hunan Province of China. The new species, however, is easily distinguished from *S.* (*N.*) *yushangense* by the pupal filaments of equal length, and from the *S.* (*N.*) *caudiaclerum* by the dark coloration of male legs, and separated from the latter species by the shape of male ventral plate and median sclerite and the dark coloration of male legs; and in number of hypostomial setae, rectal gill lobules and posterior circlet rows in the larva.

Etymology The specific name was given by the local type.

锯突纺蚋，新种 *Simulium* (*Nevermannia*) *serratum* Chen, Zhang and Jiang (陈汉彬，张春林，姜迎海)， sp. nov. (图 12-128)

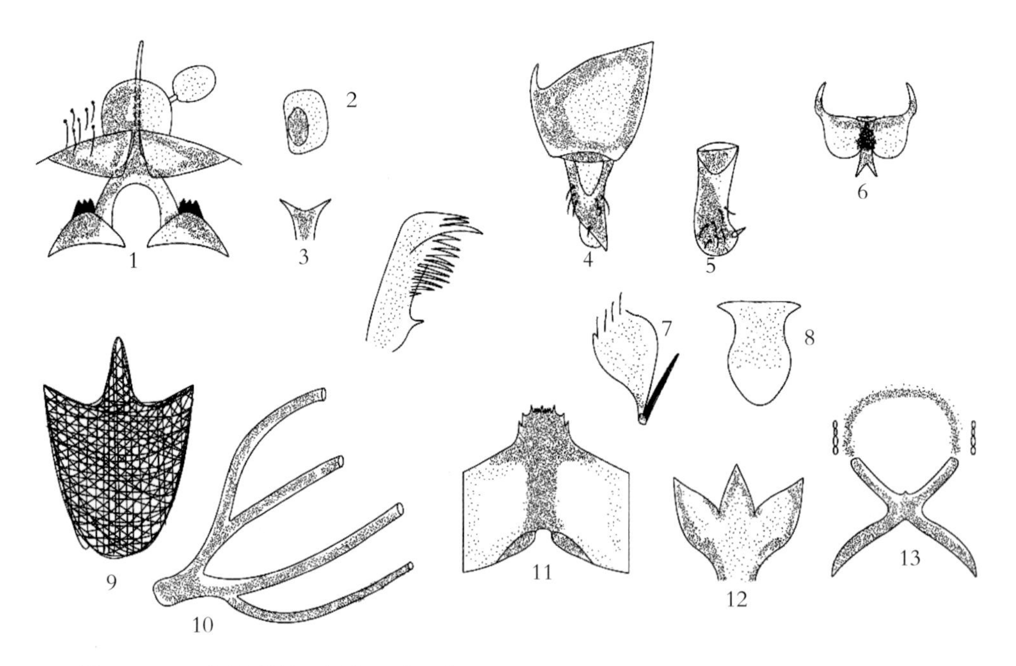

图 12-128 锯突纺蚋，新种 *S.* (*N.*) *serratum* Chen, Zhang and Jiang, sp. nov.

1. Female genitalia; 2. The 3rd segment of female palp; 3. Female cibarial pump; 4. Coxite and style of male; 5. Style view ventrointermally; 6. Ventral plate and median sclerite; 7. Paramere; 8. The 10th tergum; 9. Cocoon; 10. Filaments; 11. Larval head capsules in ventral view; 12. Rectal gills; 13. Larval anal sclerite; 14. Larval mandible

模式产地　中国甘肃（崆峒山）。

鉴别要点　雌虫额指数为 6.5：3.2：6.8，生殖叉突后臂骨化外突前缘具 3~4 个齿突，全锯齿状。雄虫生殖腹板双峰形。茧具长而尖的背中突。幼虫亚颏侧缘毛 6~8 支，肛鳃简单，后腹具附骨。

形态描述

雌虫　体长约 2.8mm；翅长约 2.3mm。头：额暗棕色，灰粉被，覆黄白色毛。额指数为 6.5：3.2：6.8。额头指数为 6.5：30.3。触须节Ⅲ～Ⅴ的节比为 4.5：4.6：10.4，节Ⅲ膨大，拉氏器长约为节Ⅲ的 1/2。下颚具 12 枚内齿和 11~12 枚外齿；上颚具 20 枚内齿，无外齿。食窦光裸。胸：中胸盾片暗棕色，覆金黄色毛。中胸侧膜和后侧片光裸。各足基节、转节中棕色；肢节端 1/4 为棕色，余部为黄色；胫节棕色而中大部为黄色；跗节除后足基跗节和跗节Ⅱ基 1/2 为黄色外，余一致为暗棕色。前足基跗节长为宽的 8 倍，后足基跗细，两侧平行，长约为宽的 7 倍。爪具大基齿。翅亚缘脉和径脉基具毛。腹：背板暗棕色，背淡白色毛。尾器：生殖板亚三角形，内缘斜截，末端宽分离。生殖叉突具骨化细板，后臂粗壮，具发达的外突，其前缘具 3~4 个锯齿突，端内突尖。受精囊椭圆形。

雄虫　体长 3.0mm；翅长约 2.3mm。头：上眼具 17 纵列，18 横排大眼面。触角鞭节Ⅰ的长约为鞭节Ⅱ的 2 倍。触须拉氏器长约为节Ⅲ的 0.2。胸：似雌虫，但后足基跗节膨大，长约为宽的 4 倍，翅亚缘脉光裸。腹：似雌虫。尾器：生殖肢端节靴状，生殖腹板双峰形，端侧角浑圆，基缘和后缘均中凹。中骨长板状，端部分叉。阳基侧突具 1 个大刺。第Ⅹ腹板弹头状，亚基部收缩。

蛹　体长约 3.5mm。头、胸几乎无疣突。头毛 3 对，胸毛 5 对，均简单。呼吸丝 4 条，约等长、等粗，成对，长于蛹体；上、下丝展角约呈 70°。腹部钩刺和毛序分布正常。茧编织紧密，前缘增厚，具长而尖的背中突。

幼虫　体长约 5.0mm。头斑阳性。触角节 1~3 长的节比为 6.0：9.0：7.8。头扇毛 30~32 支。亚颏中的角齿、顶齿发达，侧缘毛 6~8 支。后颊裂小型，槽口状，长约为后颊桥的 1/2。胸、腹体壁光裸。肛鳃简单，后腹具附骨，肛前具刺环，后环 86~90 排，每排具 11~15 个钩刺。

生态习性　幼虫和蛹孳生于山溪急流的水草和石块上。

模式标本　正模：1♀。副模：2♀♀，3♂♂，21 蛹，20 幼虫。2007 年 8 月，姜迎海采自甘肃崆峒山溪涧水流中的水生植物和石块上。

地理分布　中国甘肃。

分类讨论　本新种的突出特征是生殖叉突后臂外突前缘具 3~4 个齿突，呈锯齿状，具有这一特征的已知蚋种至少有 2 种，即报道自西伯利亚的 *S.*（*N.*）*ammosovi*（Vorobets，1987）和 *S.*（*N.*）*dentatura*（Vorobets，1987）。这 2 种均只发现雌虫，它们与本新种的尾器形态、额和触须以及足色都有明显的区别。

种名词源　本新种以其生殖叉突后臂外突呈锯齿状这一特征命名。

附：新种英文描述。

Simulium* (*Nevermannia*) *serratum Chen and Zhang，sp. nov. (Fig.12–128)

Form of overview

Female Body length about 2.8mm，wing length about 2.3mm. Head：Slightly narrower than thorax. Frons dark brown，shiny grey pruinose，covered with whitish yellow hairs interspersed with several dark long hairs. Frontal ratio 6.5 ∶3.2 ∶6.8；Frons–head ratio 6.5 ∶ 30.3. Frontal–ocular area well developed. Clypeus brownish black，covered with yellowish white pubescence and intermixed with a few black ones. Antenna composed of 2+9 segments，light brown except scape yellow. Maxillary palp consisting of 5 segments，with proportional lengths of the 3rd to the 5th segments of 4.5∶4.6∶10.4. The 3rd segment enlarged；sensory vesicle elongate，about 0.5 of the length of respective segment. Maxilla with 12 inner and 11 or 12 outer teeth. Mandible with about 20 inner teeth and lacking outer ones. Cibarium smooth on posterior border. Thorax：Scutum dark brown，grey pruinose，densely covered with golden yellow recumbent pubescence. Scutellum dark brown，with yellowish white hairs. Postscutellum dark and bare. Pleural membrane and katepisternum bare. Legs：All coxae and trochanters medium brown；All femora yellow with apical 1/4 brown. All tibiae brown with large yellowish white patch medially on outer surface. All tarsi blackish brown except hind basitarsus and basal 1/2 of second tarsomere yellow. Fore basitarsus cylindrical，about 8.0 times as long as width. Hind basitarsus nearly parallel–sided，about 7.0 times as long as width. Claws each with large basal tooth. Wing：Costa with 2 paralled rows of brown spines as well as brown hairs. Subcosta hairy. Basal portion of radius fully haired. Hair tuft on stem vein brown. Abdomen：Basal scale brown，with a fringe of light brown hairs. Terga dark brown with pale hairs. Genitalia：Sternite 8 wide，bare medially but furnished with 35~38 medium–long hairs on each side. Anterior gonapophysis subtriangular，covered with microsetae interspersed with some short setae；inner margin widely separated from each other. Genital fork with sclerotized slender stem and widely expanded arms；each arm with a prominent sclerotized projection directed forwards，with 3~4 serrations. Spermatheca elliptic. Paraproct and cercus of moderate size.

Male Body length about 3.0mm. Wing length 2.3mm. Head：Nearly as wide as thorax. Upper–eye consisting of somewhat large facets in 18 horizontal rows and 17 vertical columns on each side. Clypeus black，grey pruinose，covered with pale hairs. Antenna composed of 2+9 segments，the 1st flagellar segment elongate，about twice as long as the following one. Maxillary palp composed of 5 segments；sensory vesicle small，globular，about 0.2 of the length of respective segment. Thorax：Nearly as in female，except hind basitarsus enlarged，spindle in shape，about 4.0 times as long as width；and the subcosta of wing bare. Abdomen：Nearly as in female. Genitalia：Coxite rectangular in shape. Style boot–shaped，twisted inwards and with small apical spine，about 0.9 times as long as style. Ventral plate in ventral view lamelltate，shorter than width，apicolateral corners broadly rounded；with anterior and posterior margins concave medially；setae medially；basal arms shorter than plate body. Parameres each with a large hook. Median sclerite slender plate–shaped with bifid tip，dorsal plate bullet in shape，about 1.3 times as long as width，pointed anteriorly.

Pupa Body length about 3.5mm. Head and thorax：Integuments dark yellow，almost lacking tubercles. Head with 3 pairs of simple，long trichomes，whereas the thorax with 5 pairs of simple， long trichomes. Gill organ with 4 filaments arranged in pairs, slightly longer than pupal body; basal stout stem divided into 2 stalks of variable length, usually extending in a vertical plane at the of about 70 degrees, each stalk divided again into 2 slender filaments; all filaments subequal in thickness, tapered apically, with numerous transverse ridges, covered with minute tubercles. Abdomen: Tergum 2 with 6 single setae on each side. Terga 3 and 4 each with 4 hooked spines directed anteriorly along posterior margin on each side. Terga 5~8 each with transverse row of spine-combs sided by comb-like groups of very minute spines. Tergum 9 with comb-like groups of very minute spines and a pair of stout cone-like terminal hooks. Sternum 5 with a pair of bifid hooks situated closely together on each side. Sterna 6 and 7 each with a pair of inner bifid and outer simple hooks widely spaced on each side. Sterna 4~8 each with comb-like groups of minute spines directed backwards and a few short setae on each side. Cocoon: Wall-pocket-shaped, tightly woven, bearing thick anterior margin and with very long medium anterodorsal projection.

Mature larva Body length about 5.0mm, whole body color light yellow. Cephalic apotome yellow with positive head spots. Antenna composed of 3 segments in proportion of 6.0 : 9.0 : 7.8. Each cephalic fan with 30~32 main rays. Mandible lack supernumerary serrations; hypostomium with row of 9 apical teeth; corner and median teeth prominent; lateral serration developed on apical 1/2; 6~8 hypostomial setae lying in parallel to lateral margin on each side. Postgenal cleft small, squareness in shape, about 0.5 times as long as postgenal bridge. Thoracic and abdominal integuments bare. Rectal gill lobes simple. Anal sclerite of X-formed with anterior short arms about 0.8 times as long as posterior ones, ring of minute spines round rectal papilla. Accessory sclerite marked. Posterior circlet with 86~90 rows of 11~15 hooklets per row. Ventral papillae well developed.

Type materials Holotype: 1 ♀, reared from pupa, slide-mounted with associated pupal skin, was collected in a rivulet of KongTong Mountain, PingLiang (35 °32 ′ N, 106 ° 40 ′ E, alt. 1556m). Gansu, Province China, 24th, Aug., 2007. Paratype: 2 ♀♀, 3 ♂♂, 21 pupae, 20 larvae, taken from trailing grasses exposed to the sun by Jiang Yinghai.

Distribution Gansu Province, China.

Remarks The present new species also seems to fall into the *vernum* group of *Simulium* (*Nevermannia*), as defined by Crosskey sclerotized projection directed forwards, bearing 3~4 small teeth on its anterior surface, this character is shared by two known species, namely *S.*(*N.*)*ammosovi*(Vorobets, 1987) and *S.* (*N.*) *dentatura* (Vorobets, 1987) from Siberia. Although the male, pupa and larva of latter two species by the features of the frons and maxillary palp in the female.

Etymology The specific name was given by the special feature of the arms of the female genital fork.

窄形纺蚋 *Simulium* (*Nevermannia*) *angustatum* Rubtsov, 1956 (图 12-129)

Eusimulium angustatum Rubtsov, 1956. *Blackflies*, *Fauna USSR*, Diptera, 6(6): 458~459. 模式产地: 乌克兰，克里米亚. Chen and Cao (陈继寅，曹毓存), 1983. *Acta Ent. Sin.*, 26 (3): 231.

Simulium (*Nevermannia*) *angustatum* Rubtsov, 1956; Crosskey, 1988. Annot. Checklist World Blackflies

（Diptera：Simuliidae）：458；An（安继尧），1989. *Mag. Acad. Milit. Med. Sci.*，13（3）：182；Crosskey *et al.*，1996. *J. Nat. Hist.*，30：417；Chen and An（陈汉彬，安继尧），2003：The Blackflies of China：194.

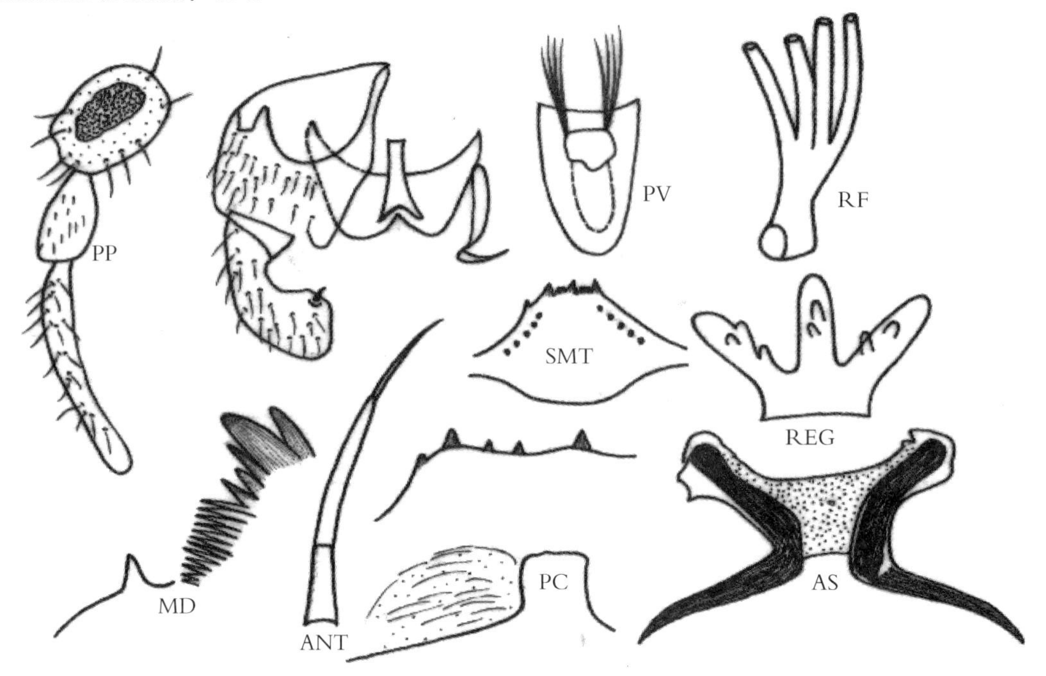

图 12–129　窄形纺蚋 ***S.*（*N.*）*angustatum*** Rubtsov（仿 Rubtsov，1956. 重绘）

鉴别要点　雌虫触角鞭节Ⅰ长。茧掩盖蛹体，前缘内凹。幼虫后颊裂亚方形，肛鳃每叶分 2~3 个次生小叶。

形态概述

雌虫　触须节Ⅲ膨胀，长约为节Ⅳ的 1.5 倍，拉氏器约占节Ⅲ的 1/2。触角鞭节Ⅰ的长约为鞭节Ⅱ的 2 倍。额高约为其最小宽度的 3 倍。下颚具内齿 12 枚，外齿 14 枚。

雄虫　生殖肢基节和端节约等长。生殖腹板宽约为长的 1.5 倍，末端强收缩，前缘凹入呈圆弧形，后缘中凹呈双乳头状突出，腹面中端部有细毛区。中骨杆状，基部细于端部，末端分叉。

蛹　体长约 4mm。呼吸丝 4 条，长 3.5~4mm，成对向前发出，丝茎短，约等长。丝色暗，密布疣突。茧简单，较狭长，前缘加厚，内凹呈弧形，无背中突，茧掩盖蛹体。

幼虫　体长约 8mm。触角节 1 和节 3 约等长，节 2 最长，为节 1 的 1~1/2，头扇毛 50~60 支。上颚具内齿 13~14 枚，缘齿具附齿列。亚颏中齿、角齿中度发达，侧缘齿每侧 1 枚，侧缘毛每侧 5 支。后颊裂小，亚方形，长略大于宽。后腹节具单刺毛。肛鳃每叶分 2~3 个指状小叶。肛板前臂、后臂约等长。后环 88~98 排，每排具 14~18 个钩刺。

生态习性　幼虫和蛹孳生于山溪中，水温 6~8℃，7 月底化蛹。

地理分布　中国：辽宁；国外：乌克兰。

分类讨论　窄形纺蚋的雌虫触角鞭节Ⅰ特别长；茧掩盖全部蛹体，无背中突，蛹呼吸丝具约等长的短茎以及幼虫后颊裂的特殊形状等特征，在宽足蚋组中比较突出，易于鉴别。

双角纺蚋 ***Simulium*** **(** ***Nevermannia*** **)** ***bicorne*** **Dorogostaisky, Rubtsov and Vlasenko, 1935 (图 12-130)**

Simulium (*Eusimulium*) *bicorne* Dorogostaisky, Rubtsov and Vlasenko, 1935. *Parazitologichesky Sbornik.*, 5: 178. 模式产地：俄罗斯（西伯利亚）. An（安继尧），1989. *Mag. Acad. Milit. Med. Sci.*, 13（3）: 182.

Eusimulium bicorne Dorogostasky *et al.*, 1931; Rubtsov, 1956. *Blackflies*, *Fauna USSR*, Diptera: 442~444; Lee *et al.*（李铁生等），1976. N. China, midges, blackflies and horseflies: 116.

Simulium（*Eusimulium*）*bicorne* Dorogostaisky *et al.*, 1935; Crosskey, 1988. Annot. Checklist World Blackflies（Diptera: Simuliidae）: 460; Chen and An（陈汉彬，安继尧），2003. The Blackflies of China: 196.

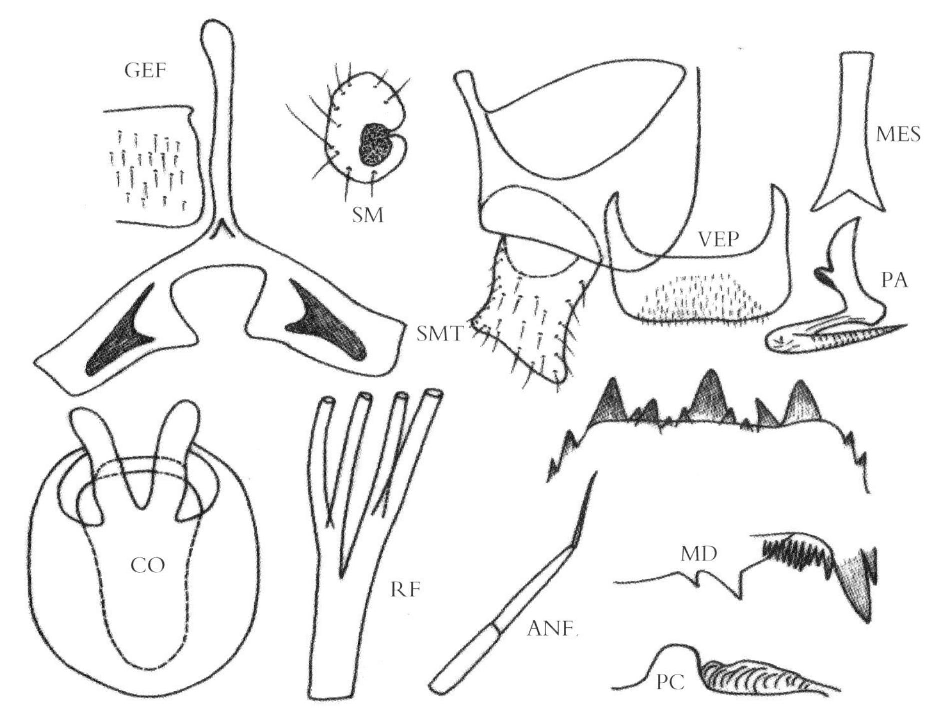

图 12-130 双角纺蚋 ***S.*** **(** ***N.*** **)** ***bicorne*** Dorogostaisky, Rubtsov and Vlasenko, 1935（仿 Rubtsov, 1956. 重绘）

鉴别要点 雌虫生殖叉突后臂膨大部宽叶状，近长方形。雄虫生殖肢端节长靴状，后跟有2个突起。蛹茧具1对背中突。幼虫亚颏中齿、角齿突出，分成3组。

形态概述

雌虫 触须色暗，短粗，节Ⅱ和节Ⅲ约等长，拉氏器相对较小。中胸盾片灰黑色，被银白色毛。生殖叉突两后臂特发达，膨大呈板斧状，无侧突。

雄虫 体长约3.5mm。触角和触须色暗，较短粗。一般形态近似宽足纺蚋，主要区别在外生殖器：生殖肢端节长靴状，后跟有2个突起；生殖腹板横宽，宽度超过长度的2倍；前缘、后缘平直。

蛹 体长3.5~4.0mm。呼吸丝4条，成对发出，上对丝茎长于下对丝茎，上对的上丝较其他3条丝粗。茧较宽，具发达的腹侧突和背中突，背中突一分为二，形成2个长角状突，其内缘直，外缘略弯，端部圆钝。

幼虫 体长约 10mm。体淡黄色。额斑阳性，头扇毛 28~30 支。上颚第 2 顶齿发达，缘齿一大一小。亚颏中齿、角齿显著，中齿和内中侧齿并扰，形成独立的一组。侧缘齿 2 枚，侧缘毛 3 支。后颊裂小而圆。腹节具棕褐色斑。后环约 70 排，每排具 10~13 个钩刺。

生态习性 蛹和幼虫孳生于泉水溪流中的石块下面，以卵越冬，雌虫偶吸人血。

地理分布 中国：黑龙江，吉林，内蒙古；国外：俄罗斯，加拿大，美国阿拉斯加，蒙古国。

分类讨论 双角纺蚋的茧具成对的背中突，特征相当突出。产自印度的纤细纺蚋和中国的新纤细纺蚋也具成对的背中突，但是本种与后两者的两性外生殖器构造迥异，易于鉴别。

苍山纺蚋 *Simulium*（*Nevermannia*）*cangshanense* Xue，1993（图 12–131）

Eusimulium cangshanease Xue，1993. *Acta Zootax Sin.*，8（3）：229~231. 模式产地：中国云南（大理）.

Simulium（*Nevermannia*）*cangshanense* Xue，1993；An（安继尧），1996. *Chin J. Vector Bio. and Control*，2（2）：472；Chen and An（陈汉彬，安继尧），2003. The Blackflies of China：197.

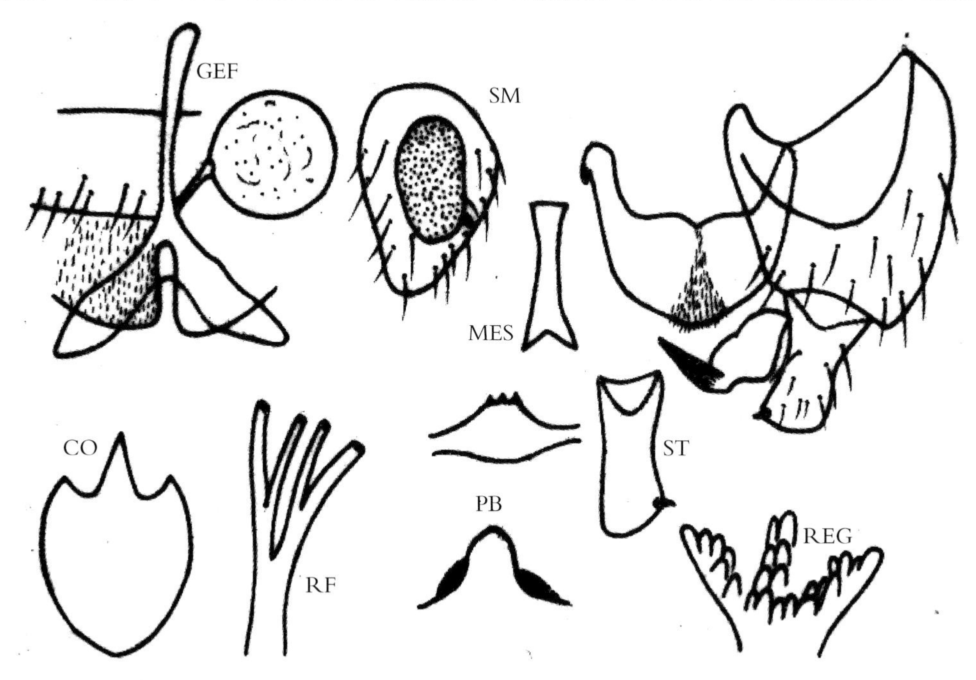

图 12–131 苍山纺蚋 *S.*（*N.*）*cangshanense* Xue（纺薛洪堤，1993. 重绘）

鉴别要点 雌虫食窦后部具疣突，生殖叉突后臂宽大。雄虫生殖腹板后缘中部凸出，前缘中央深凹。蛹呼吸丝茎约等长，茧具角状背中突。幼虫后颊裂亚箭形。

形态概述

雌虫 体长 3.5~3.7mm。额和唇基密被金黄色毛，额高约为其宽的 1.5 倍。食窦后部丛生疣突。触角鞭节Ⅰ的长约为鞭节Ⅱ、鞭节Ⅲ的长度之和。触须棕色，节Ⅲ膨大，拉氏器肾形，长略超过节Ⅲ的 1/2。下颚具内齿、外齿各 13 枚；上颚具 27 枚细内齿。中胸盾片和小盾片密布金黄色毛，无斑纹。前足除胫节中部淡色外，余一致为棕色，中足、后足为深棕色。前足跗节Ⅰ圆筒状，长约为宽的 8.5 倍。跗突和跗沟发达。翅前缘脉具刺和毛，径脉基具毛，腹部密布金色小毛和稀疏长毛。生殖板内缘中部稍凹，生殖叉突后臂宽大。受精囊球状，具网纹。肛侧板近方形，尾须长梭状。

雄虫 体长约 4.0mm。唇基黑色，稀被黑色毛。上眼具大眼面 17 排。触角鞭节Ⅰ的长为鞭节Ⅱ

的 2 倍。触须拉氏器小，椭圆形。中胸盾片黑色，密被黄色柔毛，无斑纹；小盾片棕色，被黄色小毛和稀疏黑色毛；后盾片光裸。前足除外侧苍白外，余部从棕色到黑色；中足、后足为棕色。后足基跗节与胫节的长度和宽度约相等。跗突发达，跗沟明显。翅同雌虫。腹背深棕色，腹面从淡黄色到深黄色，被金黄色小毛和稀疏的黑色长毛。生殖肢基节末端收缩，生殖肢端节短于基节，近长方形，生殖腹板宽大于长，腹面中央密布小毛，前缘中凹，后缘凸出。阳基侧突每侧具 1 个粗刺。中骨长条状，两侧平行，末端分叉。

蛹 体长约 4.5mm。呼吸丝 4 条，长于蛹体，成对发出，2 对丝茎的长度与粗细约相等，基部表面密布小刺。头毛、胸毛和腹部刺钩正常。茧编织致密，前缘具角状背中突。

幼虫 体长约 9.0mm。头大部为黄色，头斑阳性。触角长于头扇柄。头扇毛 38~40 支。上颚缘齿无附齿列。亚颏中齿、角齿突出，侧缘毛每侧 5 支。后颊裂亚箭形，端尖，长度略短于后颊桥。胸、腹部体壁光裸。肛鳃每叶分 5~6 个小叶。后环 81~83 排，每排具 12~14 个钩刺。腹乳突发达。

生态习性 蛹和幼虫孳生于清澈小溪里的石块或水生植物茎叶上。

地理分布 中国辽宁。

分类讨论 本种的指标性特征是两性外生殖器和幼虫后颊裂的形状，这与陈氏纺蚋（*S. cheni*）相似，其间区别见后者的分类讨论项下。

陈氏纺蚋 *Simulium*（*Nevermannia*）*cheni* Xue，1993（图 12-132）

Eusimulium cheni Xue，1993，*Acta Zootax Sin.*，18（2）：232. 模式产地：中国云南（大理）.

Simulium（*Nevermannia*）*cheni* Xue，1993；Crosskey *et al.*，1996. *J. Nat. Hist.*，30：417；An（安继尧），1996. *Chin J. Vector Bio. and Control*，2（2）：472；Chen and An（陈汉彬，安继尧），2003. The Blackflies of China：199.

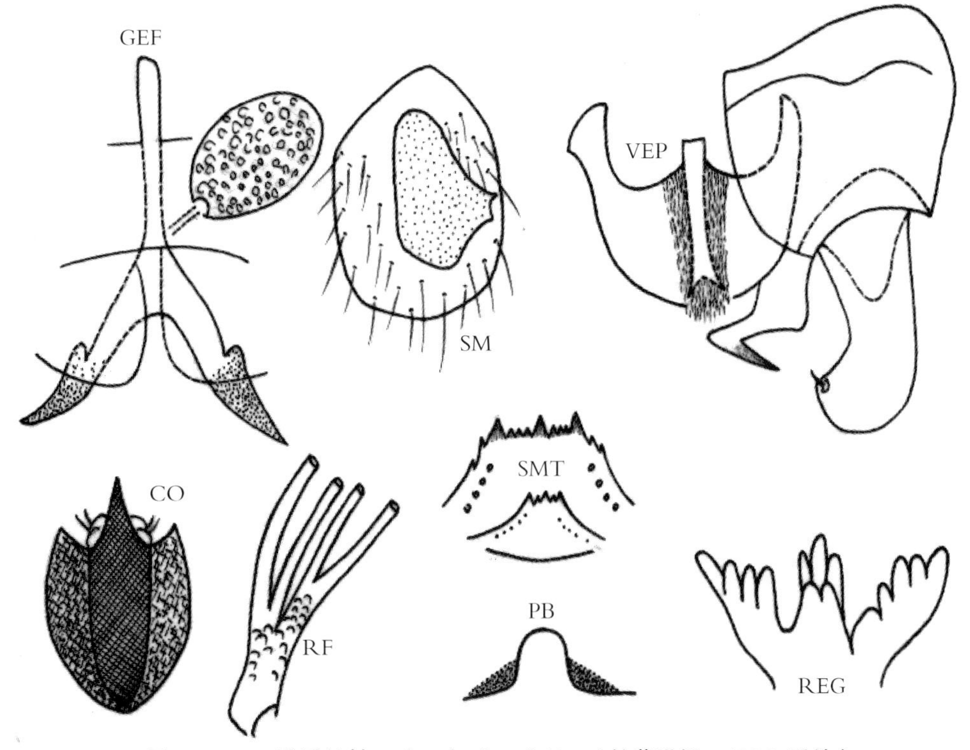

图 12-132 陈氏纺蚋 *S.*（*N.*）***cheni*** Xue（纺薛洪堤，1993. 重绘）

鉴别要点 雌虫生殖叉突后臂稍膨胀呈直棒状，直接向后外伸。雄虫生殖腹板前缘、后缘凸出。

形态概述

雌虫 体长和颜色似苍山纺蚋，两者的主要区别：本种的触须节Ⅲ更为膨大，近方形，拉氏器基部小于端部；生殖叉突后臂较窄，直棒状，中部具不显著的外侧突；受精囊椭圆形。

雄虫 体长和颜色近似苍山纺蚋，两者的主要区别：本种的生殖肢端节约等于或稍长于基节，端部明显内弯；生殖腹板长宽约相等，前缘中部凸出。

蛹 形态与苍山纺蚋基本相似，主要区别：本种的上对呼吸丝的上丝稍长于其他 3 条丝，上对丝茎略长于下对丝茎，基部具细网纹。

幼虫 形态、颜色基本同苍山纺蚋，主要区别：本种的后颊裂较小，拱门状，端圆。

生态习性 蛹和幼虫孳生于山溪小支流中的石块下面，海拔 2300~2500m。

地理分布 中国云南。

分类讨论 陈氏纺蚋与苍山纺蚋近缘，两者主要区别是后者生殖叉突后臂特宽大，受精囊亚球形；生殖腹板较宽，后缘中凹；蛹呼吸丝茎不等长；幼虫后颊裂呈亚箭形，端尖。

郴州纺蚋 *Simulium* (*Nevermannia*) *chenzhouense* Chen，Zhang and Bi，2004（图 12-133）

Simulium（*Nevermannia*）*chenzhouense* Chen，Zhang and Bi（陈汉彬，张春林，毕光辉），2004. *Acta Zootax Sin.*，29（2）：365~371. 模式产地：中国湖南（郴州）.

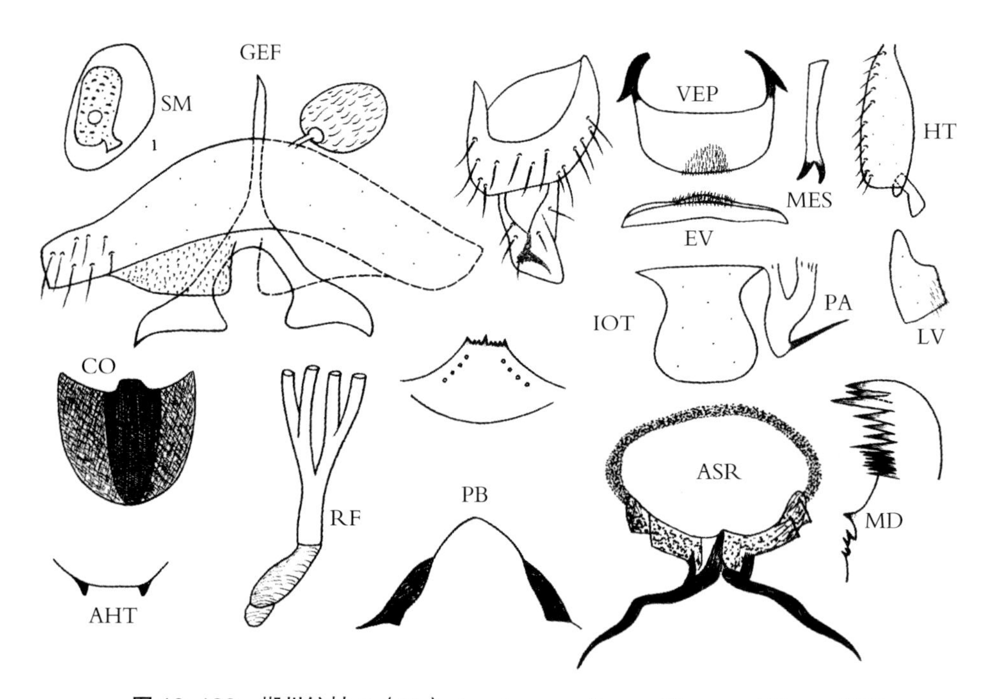

图 12-133 郴州纺蚋 *S.*（*N.*）*chenzhouense* Yang，Wang and Chen，2008

鉴别要点 雌虫生殖叉突无外突，具内突；受精囊亚球形。雄虫生殖腹板端圆，基缘直，中骨端部分叉。茧具背中突。幼虫上颚具附齿列，肛前具刺环，后颊亚三角形。

形态概述

雌虫 体长约 3.0mm；翅长约 2.2mm。额指数为 5.5：3.1：8.0；额头指数为 5.5：27.0。触角鞭节Ⅰ的长为鞭节Ⅱ的 1.4 倍。触须节Ⅲ～Ⅴ的节比为 56：55：81；节Ⅲ膨大，拉氏器长约为节Ⅲ的 0.6。

下颚具12枚内齿和13枚外齿；上颚具16枚内齿和26枚外齿。食窦光裸。中胸盾片黑色，覆黄白色毛，中胸侧膜和下侧片光裸。前足基节和转节黄色；股节和胫节棕黑色而中大部为黄色；跗节暗棕色；中足似前足，除了股节端1/4为暗棕色；后足除了基节和转节为暗棕色以及基跗节基1/2和跗节Ⅱ基1/2为黄色外，余似前足。前足基跗节长约为宽的7倍。爪具大基齿。翅亚缘脉和径脉基具毛。生殖板三角形，内缘直。生殖叉突无外突，具内突。受精囊亚球形。

雄虫 体长3.2mm；翅长约2.5mm。上眼具10纵列，14内排。触角鞭节Ⅰ的长为鞭节Ⅱ的1.8倍。触须节Ⅲ～Ⅴ的节比为5.5：5.0：10.8。拉氏器长约为节Ⅲ的0.18。胸似雌虫。前足基跗节长约为宽的8.8倍，后足基跗节膨大，长为宽的3.6倍。翅亚缘脉光裸。生殖肢端节靴状；生殖腹板横宽，基缘直，侧缘平行，端缘宽凸，端侧角圆。中骨杆状，端部分叉。阳基侧突每侧具1个大刺。

蛹 体长3.0mm。头、胸稀布疣突。头毛、胸毛均简单。呼吸丝4条成对排列，具约等长的短茎；丝约等长、等粗，腹部钩刺和毛序分布正常。茧拖鞋状，编织紧密，前缘具背中突。

幼虫 体长5.5~6.0mm。触角节1~3的节比为51 ：78 ：42。头扇毛30支。上颚缘齿具附齿列。亚颏中的角齿、顶齿发达，侧缘毛4~5支。后颊裂亚三角形，长与后颊桥相当。胸、腹体壁光裸。肛鳃每叶具11~13个次生小叶。肛骨前臂短于后臂。肛前具刺环，后环74排，每排具13~15个钩刺。

生态习性 幼虫和蛹孳生于山溪中的水草上，海拔1350m。

地理分布 中国湖南（郴州）。

分类讨论 本种近似马来西亚的 *S.*（*N.*）*candiselerum* 和我国的清水纺蚋［*S.*（*N.*）*qingshuiense*］，但是可根据其两性尾器形状，茧具背中突，幼虫后颊裂的形状等综合特征加以鉴别。

河流纺蚋 *Simulium*（*Nevermannia*）*fluviatile* Radzivilovskaya，1948（图12–134）

Eusimulium fluviatile Radzivilovskaya，1948. 模式产地：西伯利亚. Rubtsov，1956. *Blackflies*，*Fauna USSR*，Diptera，6（6）：471.

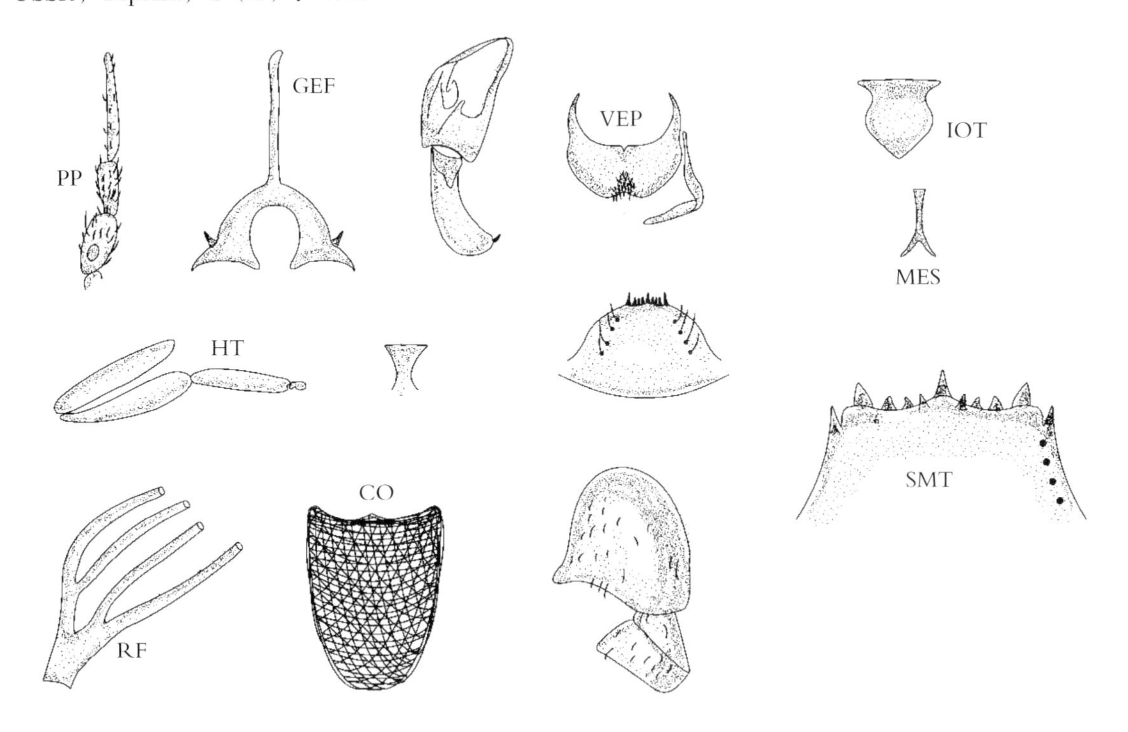

图12–134 河流纺蚋 *S.*（*N.*）*fluviatile* Radzivilovskaya，1948

鉴别要点 雌虫拉氏器小型，生殖叉突外臂外突小。雄虫生殖肢端亚端部膨大；生殖腹板基缘和端缘中凹；第X腹板端尖。

形态概述

雌虫 触角拉氏器小型，约为节Ⅲ长的1/4。额高为其宽的2倍，生殖叉突后臂粗壮，具指状小外突，具内突，膨大部作梨状外伸。后足股节基3/4为棕黄色，端1/4为褐黑色，胫节基1/3为棕黄色，端2/3变为黑色。跗节褐黑色。

雄虫 生殖肢基节和端节约等长。端节弯锥状，亚端部膨大，生殖腹板双峰状，基缘和端缘中凹，侧缘后半收缩。中骨杆状，端部分叉。第X腹板后半呈三角形，端尖。

蛹 呼吸丝4条，成对，具等长的短茎，呼吸丝约等长、等粗。茧简单，前缘中部微凸，但无背中突。

幼虫 体长7.0~8.0mm。触角3节的节比为4：3.5：2。亚颏中齿、角齿、顶齿发达，侧缘毛5支。后环60~62排，每排具10~12个钩刺。

生态习性 幼虫和蛹孳生于山溪中的水草上，水温8~16℃，一年两代，7月份和10月份各发生一代。

地理分布 中国：四川；国外：西伯利亚，罗马尼亚。

分类讨论 本种出自国外文献记录，国内尚无标本以资证实，其分类地位有待进一步研究。

格吉格纺蚋 *Simulium*（*Nevermannia*）*gejgelense*（Diafarov，1954）（图12–135）

Eusimulium gejgelense（Djafarov，1954）：85~93. 模式产地：阿塞拜疆 .

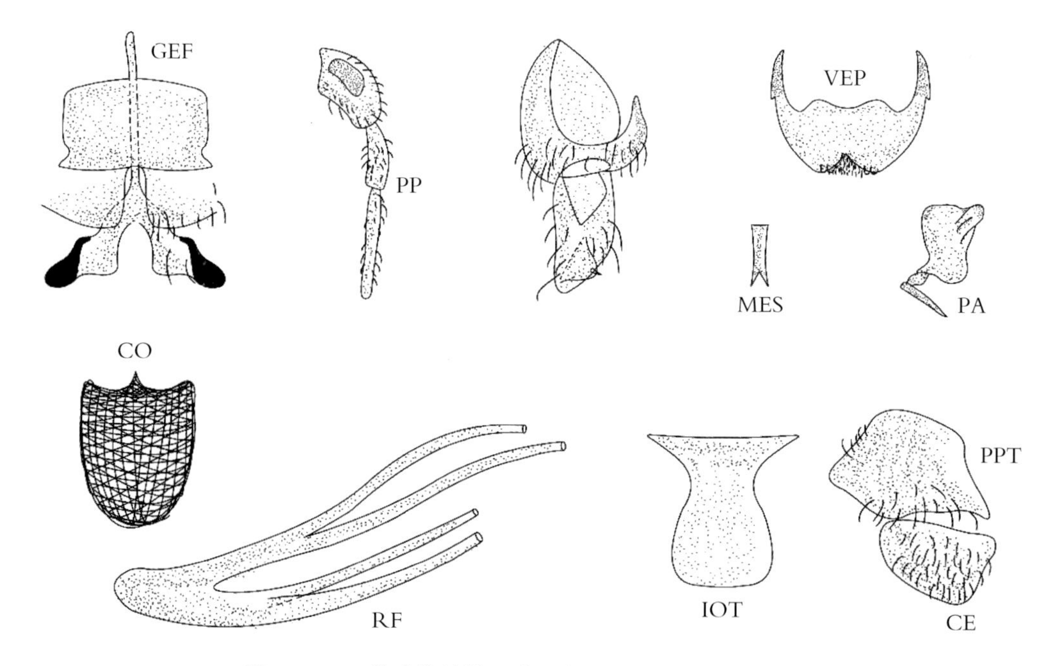

图12–135 格吉格纺蚋 *S.*（*N.*）*gejgelense*（Diafarov，1954）

鉴别要点 雌虫生殖叉突后臂具瘤状外突。雄虫生殖腹板基缘宽凸，端缘亚中部具1~2个齿突。蛹的上对呼吸丝茎明显短粗。幼虫肛鳃简单。

形态概述

雌虫 触角褐黑色。触须节Ⅲ膨大，拉氏器长约为节Ⅲ的1/2。中胸盾片灰黑色，覆淡金色毛。

生殖板三角形，生殖叉突后臂无内突，具瘤状外脊。

雄虫 体长 2.8~3.0mm。中胸盾片密覆淡灰色毛。足两色，黑色部分包括股节端部、胫节基部和跗节。后足基跗节略膨大，纺锤形，长和宽约为胫节的 5/6。生殖肢端鞋状，基 3/4 两侧平行。生殖腹板近半圆形，基缘宽凸，端缘亚中部具 1~2 个齿突。中骨窄板状，末端分叉。阳基侧突每侧具 1 个大刺。第Ⅹ腹板壶状，长约为宽的 1.5 倍。

蛹 体长 3.0~3.2mm。呼吸丝 4 对，成对，上对丝茎明显短、粗于下对丝茎，上对外丝粗而长于其余 3 条丝。茧具角状背中突。

幼虫 体长 6.0~6.5mm。头扇毛 40~44 支。后颊裂端圆，亚颏侧缘毛 5~6 支，排成 2 行。后环具 95~100 排钩刺。肛鳃简单。

生态习性 幼虫和蛹孳生于山溪中的水草和枯枝落叶上，水温 6~13℃，海拔 1000~2000m。

地理分布 中国：四川；国外：阿塞拜疆。

分类讨论 本种系根据国外文献记载（Adler 和 Crosskey，2013，2014）。从生物地理学的角度看，它除了模式产地阿塞拜疆外，仅发现于我国四川，是否属实，尚待采集到标本后方可证实。

纤细纺蚋 *Simulium*（*Nevermannia*）*gracile* Datta，1973（图 12-136）

Simulium（*Nevermannia*）*gracile* Datta，1973，*Oriental Ins.*，7（3）：368~371. 模式产地：印度，达吉岭. Deng *et al.*（邓成玉等），1994. *Sixtieth Anniversary of the Founding*，*China Zool. Soc.*：12.

Simulium（*Nevermannia*）gracile Datta，1973；Crosskey，1988. Annot. Checklist World Blackflies（Diptera: Simuliidae）：461；Chen and An（陈汉彬，安继尧），2003.The Blackflies of China：200.

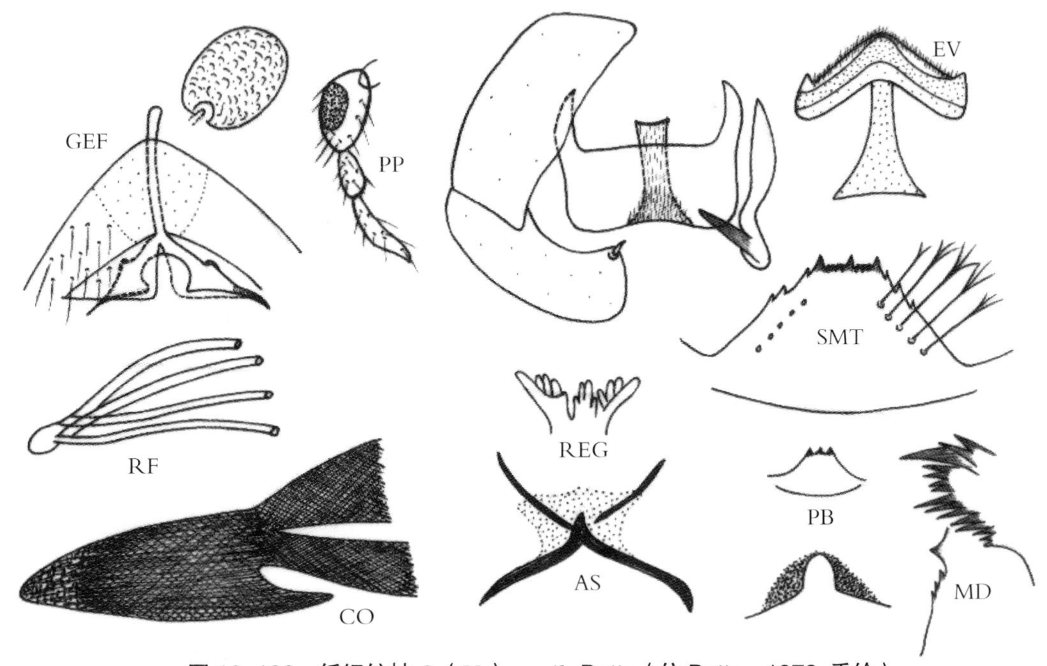

图 12-136 纤细纺蚋 *S.*（*N.*）*gracile* Datta（仿 Datta，1973. 重绘）

鉴别要点 雌虫中胸盾片具 5 条暗色纵纹。蛹头毛、胸毛多分支，茧具 1 对幕帐状前背突。

形态概述

雌虫 体长 2.5~3.0mm。额灰黑色，闪光，被金色细毛。唇基灰黑色，被金色毛和少量黑色竖毛。触角柄节、梗节和鞭节Ⅰ基部色淡，其余为灰黑色。触须节Ⅲ稍膨大，长约为宽的2倍，拉氏器长约为节Ⅲ的1/2。食窦光裸。中胸盾片黑色，被金色柔毛，具5条暗色纵纹；小盾片棕色，具少量金色毛；后盾片光裸。前足基节棕色；转节灰色而基部色淡；股节棕色而端部为黑色；胫节灰色而端部为黑色，并具亚基黑环；跗节灰黑色。中足基节灰黑色；转节和股节淡棕色而端部为黑色。后足基节灰色；转节淡棕色；股节除端部为黑色外，余一致为淡棕色。跗突发达。爪具大基齿。翅径脉基具毛。腹部基鳞具金色缘毛；背板灰色，节Ⅵ~Ⅷ闪光；节Ⅷ腹板山峰状。生殖板亚三角形，内缘亚平行。生殖叉突两后臂端半膨大成犁状，具内突而无外侧突。受精囊圆球形，具网纹。

雄虫 体长3.0~3.5mm。上眼面16横排，15纵列。头顶黑色，被少量金色毛和暗色竖毛。唇基灰色，具金色毛。触角柄节、梗节和鞭节Ⅰ基部为黄色，其余为灰黑色。触须灰黑色。中胸盾片灰红色，被金色毛，无暗色纵纹。小盾片和后盾片似雌虫。足似雌虫，区别是前足基节和转节暗棕色，跗节Ⅰ基部色淡。中足跗节基部色稍淡；后足基跗节端部较膨大。腹部似雌虫。生殖突基节圆筒状，与端节约等长。生殖腹板前缘、后缘平直。中骨末端扩大呈倒三角形。

蛹 体长3.5~4.0mm。头毛4对，胸毛5对，均大而多分支。呼吸丝4条，与蛹体约等长，2对丝茎长短不一。茧拖鞋状，编织疏松，前缘加厚，腹侧角发达，背中突发达，分裂成1对幕帐状的长突。

幼虫 体长5.0~5.5mm。头斑阳性。头扇毛38支。亚颏角齿发达，中齿不突出，侧缘毛每侧4~5支，末端分叉。后颊裂短于后颊桥，圆形，基部收缩。上颚第3顶齿粗长，缘齿一大一小。肛鳃每叶分4~5个小叶。肛板前臂完整，略短于后臂。腹乳突发达。

生态习性 蛹和幼虫孳生于林区水流中的植物茎叶上。

地理分布 中国：西藏；国外：印度。

分类讨论 纤细纺蚋与新纤细纺蚋相似，其间主要区别见后者的分类讨论项下。

河南纺蚋 *Simulium*（*Nevermannia*）*henanense* Wen，Wei and Chen，2007（图12-137）

Simulium（*Nevermannia*）*henanense* Wen，Wei and Chen（温小军，韦静，陈汉彬），2007. *Entomotaxonomia*，2007，29（4）：290~292. 模式产地：中国河南（焦作，云台山）.

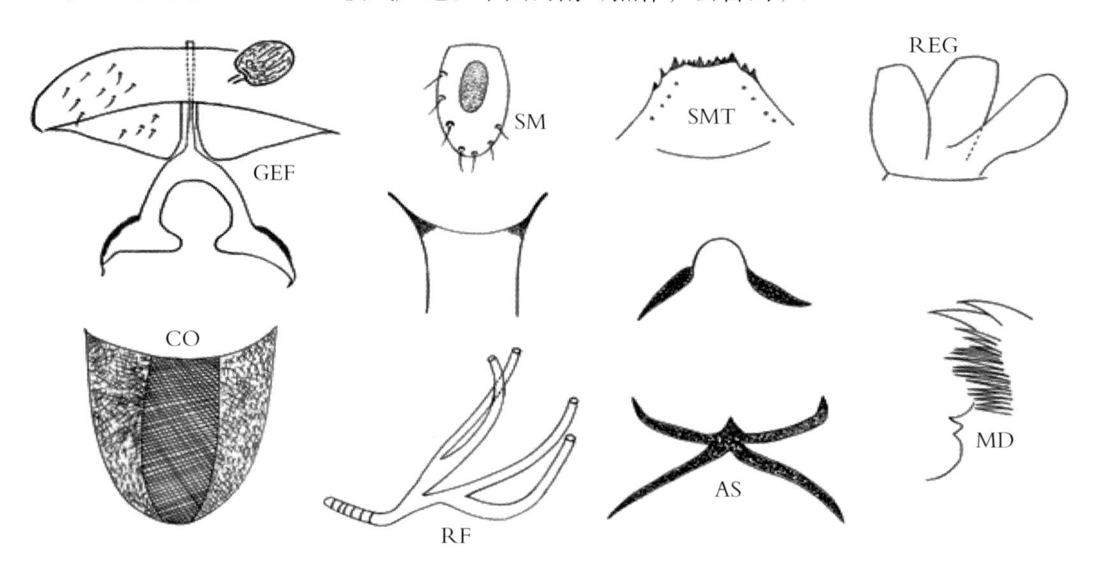

图12-137 河南纺蚋 *S.*（*N.*）*henanense* Wen，Wei and Chen，2007

鉴别要点 各足股、胫节大部为黄棕色，端 1/4~2/5 为棕色。蛹呼吸丝的长约为体长的 1/2。幼虫肛鳃简单。

形态概述

雄虫 不详。

雌虫 体长 3.1mm；翅长 2.4mm。额指数为 7.2：5.0：7.5。额头指数为 7.2 ：27.5。触角鞭节Ⅰ的长为鞭节Ⅱ的 1.5 倍，触须节 3~5 的节比为 50：52 ：123；节Ⅲ膨大，拉氏器长为节Ⅲ的 0.6。食窦光裸。中胸片黑色，覆黄白色毛，中胸侧膜和下侧片光裸。除节Ⅲ前足转节为黄色外，其余各足基、转节为棕色；各足股节大部为黄色，仅端 1/4~2/5 为棕色；各足胫节除端 1/4 为棕色外，余部为黄色；各足跗节除中足基跗节基 1/2、后足基跗节和跗节Ⅱ基 1/2 为黄色外，余部为棕黑色。爪具大基齿。前足基跗节长为宽的 7 倍，后足基跗节细，长约为宽的 7 倍。翅亚缘脉和径脉具毛。第Ⅷ腹板中部光裸，生殖板三角形，内缘直，骨化。生殖叉突后臂无外突，具内突，膨大部呈犁状外伸。受精囊椭圆形，具网斑。

蛹 体长约 3.0mm。头、胸稀布疣突。头毛 3 对，胸毛 5 对，均简单。呼吸丝 4 条，长约为体长的 1/2，成对，具短茎；下对丝粗（1.3 倍）且长（1.5 倍）于上对丝。腹节 1 和 2 背板具疣突。钩刺和毛序分布正常。茧拖鞋状，编织致密，前缘增厚，无背中突。

幼虫 体长 6.0~6.5mm。体色黄棕，头斑阳性。触角节 1~3 的节比为 6.4 ：7.5 ：5.3，头扇毛 38~40 支。亚颏中齿角齿、顶齿发达，侧缘毛 4 支。后颊裂中型，端圆，长与后颊桥约等长。胸、腹体壁光裸，肛鳃简单。肛骨前臂长为后臂的 0.7，后环约 65 排，每排具 12~15 个钩刺。

生态习性 幼虫和蛹孳生于山溪中的水草和枯枝落叶上，海拔 1060m。

地理分布 中国河南。

分类讨论 本种雄虫不详。本种的主要特征是幼虫肛鳃简单，这近似于丝肋纺蚋［*S.*（*N.*）*subcostatum*］和窄形纺蚋［*S.*（*N.*）*angustatum*］，但是并不难鉴别。因为后 2 种的肛鳃通常有 1~3 个次生小叶，偶简单；呼吸丝等于或长于蛹体；雌虫拉氏器较大，足色有明显的差异。

吉林纺蚋 *Simulium*（*Nevermannia*）*jilinense* Chen and Cao，1994（图 12-138）

Eusimulium jilinense Chen and Cao（陈继寅，曹毓存），1983. *Acta Zootax Sin.*，8（3）：307~308. 模式产地：中国吉林（集安）.

Simulium（*Eusimulium*）*jilinense* Chen and Cao，1983；An（安继尧），1989. *Mag. Acad. Milit. Med. Sci.*，13（3）：183.

Simulium（*Nevermannia*）*jilinense* Chen and Cao，1983；Crosskey，1988. Annot. Checklist World Blackflies（Diptera：Simuliidae）：461；Chen and An（陈汉彬，安继尧），2003. The Blackflies of China：202.

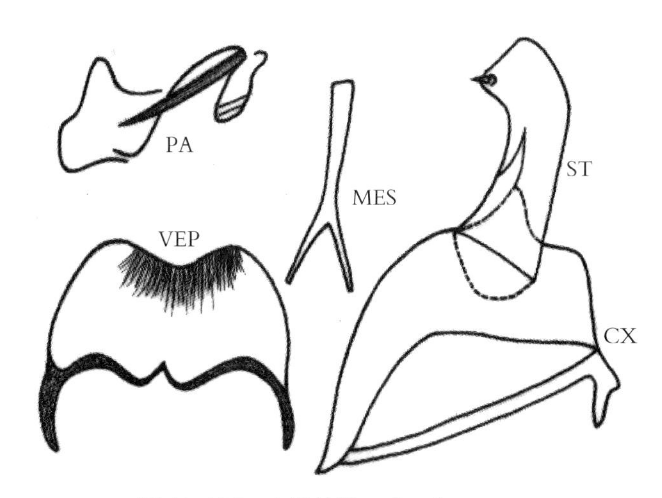

图 12-138 吉林纺蚋 *S.*（*N.*）*jilinense* Chen and Cao，1994（仿陈继寅，1983. 重绘）

鉴别要点 雄虫生殖突基节的长小于宽；生殖突端节靴状，长于基节；生殖腹板后缘中部深凹，其两侧呈乳头状突起，前缘凸出，中部具一深缺刻。

形态概述

雌虫 尚未发现。

雄虫 体长约 3.5mm。触角棕黑色，鞭节Ⅰ的长约为节Ⅱ的 2 倍。触须拉氏器小而圆，位于节Ⅲ的基半部。中胸盾片黑棕色，密被金黄色毛。足棕黄色；暗棕色部分包括前足股节端部 1/5、胫节端部 1/3 和跗节，中足基节、股节端部 1/5、胫节端部 1/3 和跗节，后足股节端部 1/5 和胫节端部 1/4。平衡棒淡棕色。腹部背板棕黑色，腹板棕黄色。生殖突基节短宽，长小于宽；生殖突端节靴形，长于基节，末端向内强弯。生殖腹板横宽，长约为宽的 5/2，前缘中央内陷形成深缺刻，亚中部凸出形成双乳突，后缘收缩，中部深凹。中骨侧缘亚平行，末端分为长的二叉支。腹节Ⅹ腹板前窄后宽。

蛹 尚未发现。

幼虫 尚未发现。

生态习性 不详。

地理分布 中国吉林和辽宁。

分类讨论 吉林纺蚋虽然仅发现雄虫，但是其生殖肢基节短宽，生殖腹板前缘具亚中乳状突，特征相当突出。本种虽然与 *S. fontinale*（Radzivilovskaya，1948）相似，但是两者雄虫外生殖器构造差别很大。

宽丝纺蚋 *Simulium*（*Nevermannia*）*latifile* Rubtsov，1956（图 12–139）

Eusimulium latifile Rubtsov，1956.*Blackflies*，*Fauna USSR*，Diptera，6（6）：472. 模式产地：俄罗斯（西伯利亚）. Chen and Cao（陈继寅，曹毓存），1983.*Trans. Liao. Zool. Soc.*，4（2）：232.

Simulium（*Nevermannia*）*latifile* Rubtsov，1956；Crosskey，1988. Annot. Checklist World Blackflies（Diptera: Simuliidae）：461；An（安继尧），1996，*Chin J. Vector Bio. and Control*，2（2）：472；Chen and An（陈汉彬，安继尧），2003. The Blackflies of China：203.

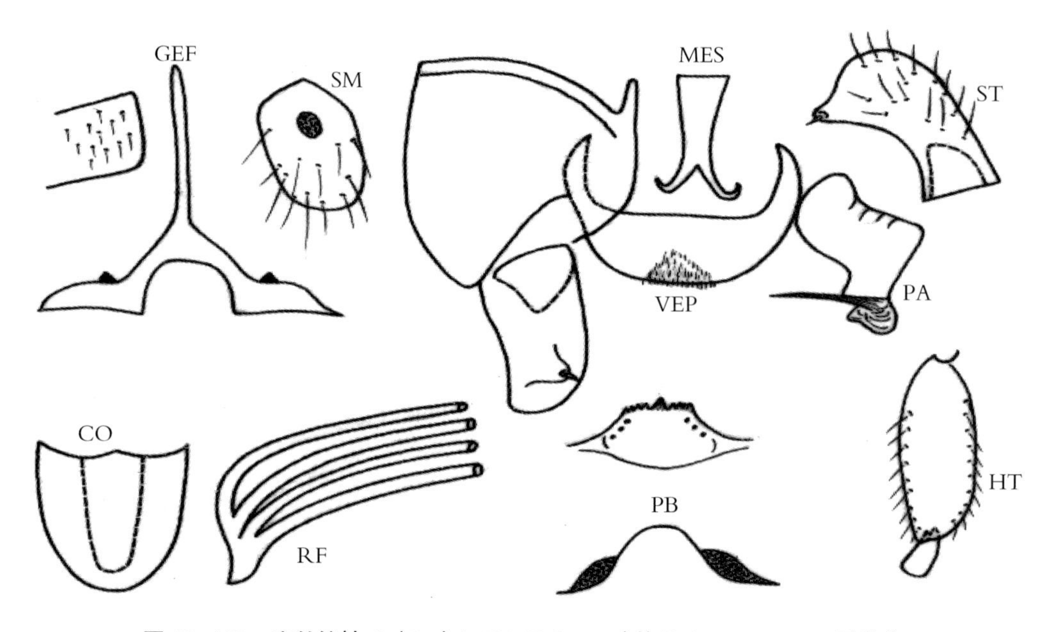

图 12–139 宽丝纺蚋 *S.*（*N.*）*latifile* Rubtsov（仿 Rubtsov，1956. 重绘）

鉴别要点 雌虫拉氏器小，约占触须节Ⅲ的1/4。雄虫生殖腹板前缘、后缘近平直，中骨叉支末端弯曲成钩状。蛹呼吸丝短于蛹体，丝茎特短。幼虫后颊裂亚三角形。

形态概述

雌虫 额宽约为高的1/2。拉氏器小，圆形，长约为触须节Ⅲ的1/4。额、唇基和中胸盾片暗黑色，被银白色毛。平衡棒暗黄色。足大部暗赭石色，股、胫节端部为黑色，中足、后足基节暗褐色，跗节暗褐色。爪具大基齿。腹部暗赭色，被金色短毛。生殖板三角形，内缘直，生殖叉突柄基部骨化，两后臂基半较窄，膨大部呈三角形或近方形，有或无骨化的外侧突。

雄虫 体长约2.8mm。触角、触须黑色，拉氏器小。中胸盾片密被金色毛。腹部似雌虫。生殖肢基节与端节约等长，生殖腹板向后收缩，前缘、后缘近平直，中骨基部宽，向端部渐变细，末端分叉呈弯钩状。

蛹 体长约3.0mm。呼吸丝4条，约等粗，明显短于蛹体，从基部发出或具极短的丝茎。茧简单，前缘加厚，中部隆起但无背中突。

幼虫 体长5.0~6.0mm。头斑阳性。头扇毛31~34支。亚颏中齿、角齿中度发达，侧缘毛每侧4支。后颊裂亚三角形，基部不收缩。肛鳃复杂。后环60~70排，每排具10~11个钩刺。

生态习性 幼虫和蛹孳生于林区山涧溪流中，河宽约2m，水深约20cm，水温10℃，pH值6.5。

地理分布 中国：辽宁；国外：俄罗斯。

分类讨论 宽丝纺蚋雌虫拉氏器特小；雄虫生殖腹板前缘、后缘近平直，中骨形状特殊；蛹呼吸丝明显短于蛹体，茧无背中突；幼虫后颊裂亚三角形等特征相当突出，不难与其近缘种相区别。

龙潭纺蚋 *Simulium*（*Nevermannia*）*longtanstum* Ren，An and Kang，1998（图12-140）

Simulium（*Nevermannia*）*longtanstum* Ren，An and Kang（任兵，安继尧，康增佐），1998. *Chin J. Vector Bio. and Control*，9（2）：103~105. 模式产地：中国山东（青岛）；Chen and An（陈汉彬，安继尧），2003. The Blackflies of China：203.

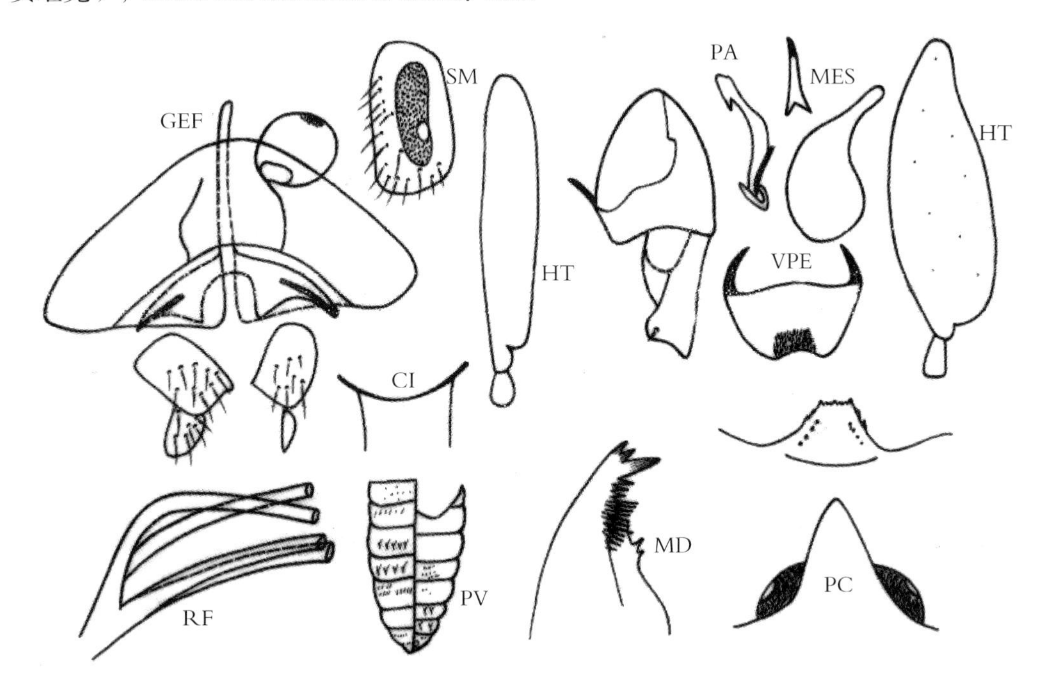

图12-140 龙谭纺蚋 *S.*（*N.*）*longtanstum* Ren，An and Kang，1998

鉴别要点 雌虫拉氏器大；生殖叉突膨大部具明显的内突，内缘形成半圆形空间。雄虫后足基跗节膨胀；生殖腹板盆状。幼虫后颊裂三角形。

形态概述

雌虫 体长约 3.0mm。触角棕黄色，覆棕黄色毛。触须拉氏器长约为节Ⅲ的 3/4。下颚具内齿 13 枚，外齿 14 枚；上颚具内齿 30 枚，外齿 12 枚。中胸盾片和小盾片黑色，具黄白色缘毛。翅径脉基段具毛。中胸下侧片具少量棕黄色毛。前足基、转、股节和胫节基 4/5 为棕黄色，余部为黑色；中足基、转、股节和胫节基部 3/4 为棕色，余部为黑色；后足基、转、股节和胫节基 4/5，基跗节基部两侧及后面均为棕黄色，余部为黑色。跗突发达，爪具大基齿。腹部棕褐色。生殖板三角形。生殖叉突后臂膨大部具发达的内突，内缘形成半圆形空间。受精囊圆形，表面具六角形网斑。

雄虫 体长约 2.8mm。触角棕黄色，触须拉氏器小，球形。中胸盾片黑色，覆黄色毛，盾缘银灰色。小盾片黑色具黄色长缘毛。翅径脉基段具毛。前足基节、转节、股节和胫节基部 4/5 为棕黄色，余部为黑色；中足基节、转节、股节和胫节基部 3/4 为棕黄色，余部为黑色；后足基节、转节、股节和胫节基部 2/3 为棕黄色，余部为黑色。基跗节膨胀，跗突和跗沟发育良好。腹部黑色，基鳞具黄色长毛。生殖肢基节与端节约等长；生殖肢端节鞋形；生殖腹板盆状，两侧向后收缩，前缘略平，后缘内凹，基臂内弯，骨化。中骨末端分叉。阳基侧突每边具 1 个大刺。

蛹 体长约 3.0mm。呼吸丝 4 条，排列成 2+2，略长于蛹体。茧拖鞋状，编织较紧密，无背中突。

幼虫 体长约 5mm。额斑阳性。触角长于头扇柄，头扇毛 38 支。亚颏侧缘毛每边 4 支。后颊裂三角形，端尖，长度略超过后颊桥的 4 倍。肛板后臂长约为前臂的 2.5 倍。后环 72 排，每排具 4~11 个钩刺。

生态习性 幼期孳生于山溪流水中，水宽 3.6m，水深 1.2m，流速 0.3m/s。

地理分布 中国山东。

分类讨论 本种与 *S.*（*N.*）*vernum*、*S.*（*N.*）*jilinense*、*S.*（*N.*）*xinbinense* 相似，但是本种与它们的生殖叉突、生殖腹板、茧和幼虫后颊裂有明显的差异。

泸定纺蚋 *Simulium*（*Nevermannia*）*ludingense* Chen，Zhang and Huang，2005（图 12-141）

Simulium（*Nevermannia*）*ludingense* Chen，Zhang and Huang（陈汉彬，张春林，黄若洋），2005；*Acta Zootax Sin.*，30（3）：625~627. 模式产地：中国四川（泸定，岳王庙）.

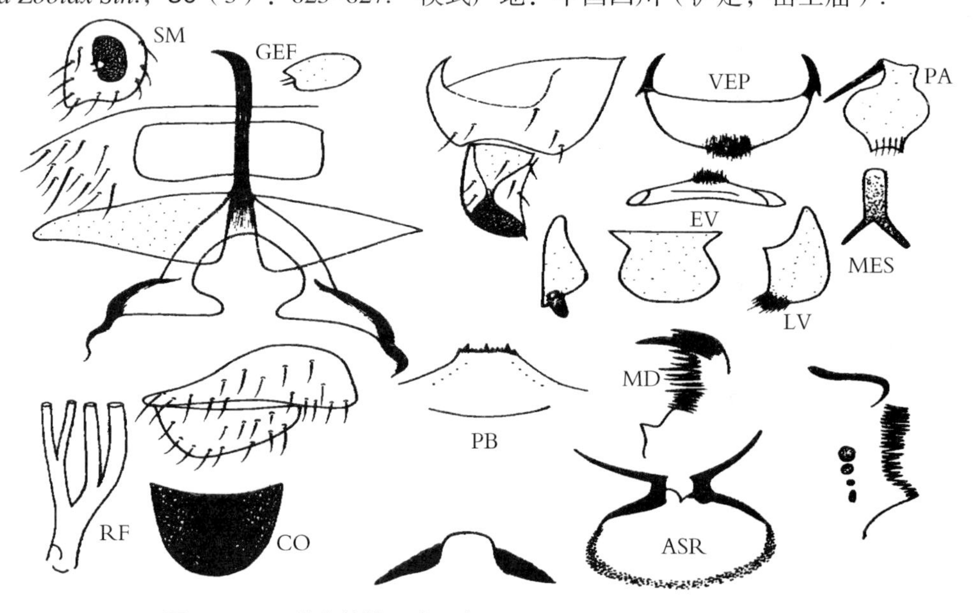

图 12-141 泸定纺蚋 *S.*（*N.*）*ludingense* Wen，Wei and Chen，2007

鉴别要点 雌虫生殖叉突后臂无外突，具强骨化脊。雄虫生殖腹板半圆形。茧无背中突。幼虫后腹具附骨，肛前具刺环；后颊裂小型，端圆；肛鳃每叶具16~20个次生小叶。

形态概述

雌虫 体长3.0mm；翅长2.3mm。额指数为7.5：5.0：9.1；额头指数为7.5：37.4。触角鞭节Ⅰ的长为鞭节Ⅱ的1.5倍。触须节Ⅲ～Ⅴ的节比为5.0：7.0：12.0。节Ⅲ膨胀，拉氏器长为节Ⅲ的0.55。下颚具33枚内齿，无外齿。食窦光裸。中胸盾片棕黑色，密覆黄白色毛。中胸侧膜和后侧片光裸。各足基节和转节除前足转节为黄色外，余部为棕色；股节端1/4~1/3为棕色，余部为黄色；胫节棕色但中大部为黄色；跗节除后足基跗节基4/5和跗节Ⅱ基1/2为黄色外，余部为暗棕色。爪具大基齿。前足基跗长约为宽的7.5倍，后足基跗两侧平行，长约为宽的6.5倍。翅亚缘脉和径脉基具毛。生殖板三角形，内缘骨化，亚平行，生殖叉突后臂具强骨化脊，无外突，具内突。受精囊椭圆形，具网斑。

雄虫 体长3.2mm；翅长2.6mm。上眼具16纵列和15横排大眼面。触角鞭节Ⅰ的长为鞭节Ⅱ的2倍，触须节Ⅲ不膨大，拉氏器长约为节Ⅲ的1/3。胸部近似雌虫，但前足基跗节长约为宽的9倍；后足基跗节膨胀，纺锤形，长约为宽的3.5倍。翅亚缘脉光裸。生殖肢端节靴状，生殖腹板半圆形，基缘平直。中骨棒状，端部分叉。第Ⅹ腹板壶状，长约为宽的1.2倍。

蛹 体长约3.0mm。头、胸稀布疣突。头毛3对，胸毛6对，均简单。呼吸丝4条，成对，短于蛹体，具短茎，背对外丝长且粗于其他3条丝。腹部钩刺和毛序分布正常。茧简单，编织致密，前缘增厚。

幼虫 体长6.0~6.5mm。体色灰黄，头斑阳性。触角节1~3的节比为6.4：6.7：5.6。头扇毛36支。亚颏中的角齿、顶齿发达。侧缘毛5支。后颊裂浅，端圆，长约为后颊桥的3/5。胸、腹体壁光裸，肛鳃每叶具16~20个次生小叶。肛骨前臂短于后臂。后腹具附骨和肛前刺环，后环82排，每排具11~13个钩刺。

生态习性 幼虫和蛹孳生于山溪中的水草和枯枝落叶上，海拔1800m。

地理分布 中国四川。

分类讨论 本种生殖腹板半圆形，幼虫后腹具附骨和肛前刺环以及肛鳃次生小叶多等，是其明显的种征。虽然幼虫后腹具附骨这一特征，与产自我国台湾的 *S.*（*N.*）*yushangense*、湖南的 *S.*（*N.*）*zhangjiajiense*、贵州的 *S.*（*N.*）*qinshuiense*，以及马来西亚的 *S.*（*N.*）*caudisclerum* 和菲律宾的 *S.*（*N.*）*aberraus* 相似，但是前4种的蛹具背中突，后1种的幼虫上颚具附齿列，所以不难鉴别。

梅氏纺蚋 *Simulium*（*Nevermannia*）*meigeni* Rubtsov and Carlsson，1965（图12-142）

Eusimulium meigeni Rubstov and Carlsson, 1965. *Acta Univ. Lund.*(Ⅱ), 18: 19. 模式产地：俄罗斯(西伯利亚).

Eusimulium pygmaeum Zetterstedt，1850；Rubtsuv，1956. *Blackflies*，*Fauna USSR*，Diptera，6（6）：468；Chen and Cao（陈继寅，槽毓存），1983. *Trans. Liao. Zool. Soc.*，4（2）：122.

Simulium（*Nevermannia*）*meigeni* Rubtsov and Carlsson，1965；Crosskey，1988. Annot. Checklist World Blackflies（Diptera：Simuliidae）：461；Chen and An（陈汉彬，安继尧），2003. The Blackflies of China：206.

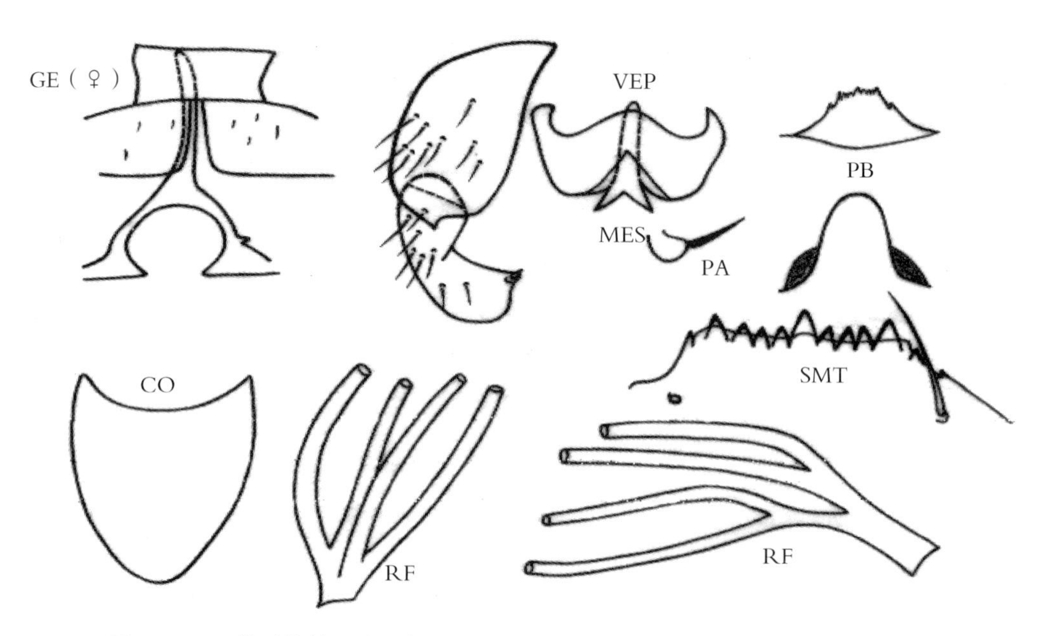

图 12–142　梅氏纺蚋 *S.*（*N.*）***meigeni*** Rubtsov and Carlsson（仿 Rubtsov，1965. 重绘）

鉴别要点　雄虫生殖腹板宽约为长的 2.5 倍。蛹呼吸丝约等粗，茧无背中突。幼虫后颊裂亚箭形。

形态概述

雌虫　额窄，触角和触须黑色。触须节Ⅲ不膨胀，拉氏器较小，短棒状，长约为节Ⅲ的 1/3。中胸盾片灰黑色，密被淡银白色毛。平衡棒结节淡黄色。足暗褐色，跗节黑色，后足基跗节的长度和宽度分别约为胫节的 3/4 和 2/3。腹节Ⅷ腹板长方形，生殖板内缘平行，生殖叉突柄端部略膨胀，两后臂较窄，膨大部呈犁状，具骨化小侧突。

雄虫　体长 2~2.5mm。触角和触须黑色。中胸盾片黑绒状，稀被金色毛，小盾片灰黑色。平衡棒结节褐色。足暗褐色，后足基跗节宽约为胫节的 4/5。生殖肢基节与端节约等长。生殖腹板宽约为长的 2.5 倍，前缘呈弧形突出，后缘明显中凹，形成双乳状突。中骨杆状，末端分叉。阳基侧突具 1 个大刺。

蛹　呼吸丝 4 条，成对发出，短于蛹体，粗细长短近相等，丝茎约等长。茧简单，前缘中凹，无背中突。

幼虫　体灰色。体长约 6.0mm。头斑阳性。触角节 2 长于节 1 和节 3 之和。头扇毛 75~80 支。亚颏中齿、角齿发达，侧缘毛每侧 4~6 支。后颊裂较深，亚箭形。腹部腹节突起成垅状，具棕褐色斑带。肛鳃每叶分 5~7 个次生小叶。后环 80~85 排，每排具 10~12 个钩刺。

生态习性　山地林区种类，蛹和幼虫孳生于溪流中的石块上，水温 7~8℃。

地理分布　中国：辽宁；国外：俄罗斯，蒙古国。

分类讨论　Rubtsov（1956）在苏联《蚋科志》曾记述一新种小真蚋（*E. pygmaeum*），随后，Rubtsov 和 Carlsson（1965）又报道一新种梅氏纺蚋，但未作详细的形态记述，Crosskey 等（1996）认为两者是同物异名。

新纤细纺蚋 *Simulium*（*Nevermannia*）*novigracile* Deng，Zhang and Chen，1996（图 12-143）

Simulium（*Eusimulium*）*novigracile* Deng *et al.*，1996. *Acta Ent. Sin.*，39（4）：423~425. 模式产地：中国西藏（亚东）；Chen and An（陈汉彬，安继尧），2003. The Blackflies of China：207.

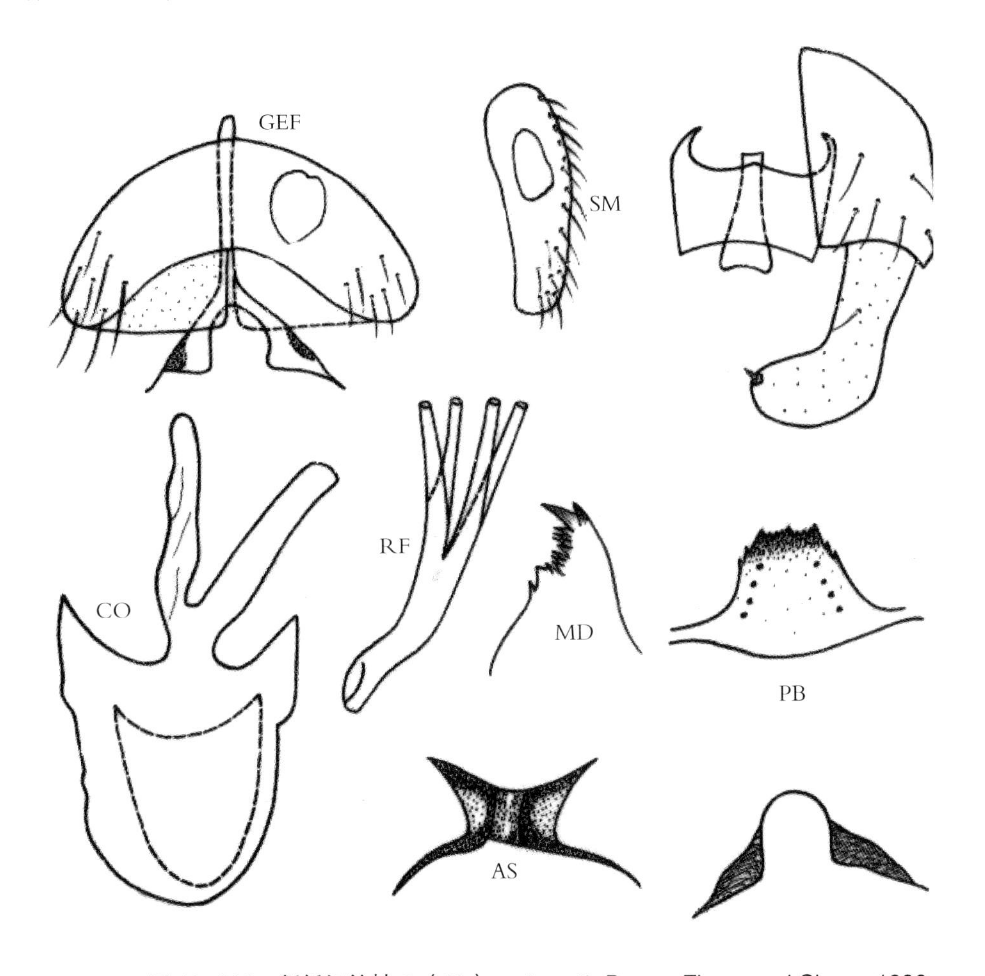

图 12-143 新纤细纺蚋 *S.*（*N.*）*novigracile* Deng，Zhang and Chen，1996

鉴别要点 雄虫生殖腹板前缘中凸，后缘内凹，侧后角尖；中骨板状，末端不分叉。茧具成对长带状背中突。幼虫后颊裂拱门形。

形态概述

雌虫 体长约 3.0mm。额和唇基具黑色长毛。额指数为 16∶10∶16；额头指数为 16∶64。触须Ⅴ节，节比为 6∶8∶19∶13∶24，节Ⅲ中度膨胀，长约为宽的 3 倍，拉氏器长椭圆形，开口于端部，长约为节Ⅲ的 1/3。食窦光裸。中胸盾片被细柔毛，小盾片具黑色长毛，后盾片光裸。翅亚缘脉基半和径脉基具毛，径脉具毛和刺，R_2 脉具毛，Rm 脉暗色。前足、中足跗节 4~5，后足股节基部 2/3，胫节中部 1/2 和跗节Ⅰ、Ⅳ、Ⅴ均色淡，余部色暗。后足基跗节长约为宽的 7.5 倍，跗突发达。爪具大基齿。腹节Ⅰ具长缘毛，腹节Ⅷ腹板宽弯，呈成马鞍形。生殖板亚三角形，内缘直，生殖叉突后臂膨大部呈三角形，外缘强骨化而无侧突。受精囊近球形。

雄虫 生殖肢基节与端节约等长，生殖腹板近梯形，前缘中部凸出，后缘内凹，后侧角近直角状，基臂内弯，中骨板状，自基部向端节渐扩大，后缘近于平直。

蛹 体长约 3.2mm。头、胸部无疣突。头毛 4 对和胸毛均不分支。呼吸丝 4 条，约与蛹体等长，无疣突，具横脊，腹部节 5~8 背板具刺栉。茧拖鞋状，编织疏松，前缘增厚，具 1 对约与茧长相当的长条形背中突，腹侧突中度发达。

幼虫 体长 4.5~5.0mm。触角长于头扇柄，各节长度比为 13 : 17 : 7 : 1。头扇毛约 30 支。亚颏中齿、角齿较发达，侧缘齿 3~4 枚，侧缘毛各 3~4 支，末端分叉。上颚缘齿一大一小，无附齿列。后颊裂拱门状，与后颊桥约等长。肛鳃约 20 个小叶，均从基部发生。肛板"X"形，前臂短于后臂。后环约 75 列，每列具 6~12 个钩刺。

生态习性 幼虫和蛹孳生于小溪中，成虫习性不详。附着于溪流中的水草、枯枝和石块上，水温约 10℃，海拔 2950m。

地理分布 中国西藏。

分类讨论 新纤细纺蚋与纤细纺蚋 *S.*（*N.*）*gracile* 相似，两者主要区别是雌虫触须节Ⅲ的形状，拉氏器开口的位置及两性尾器的构造和形状，蛹头毛、胸毛不分支，呼吸丝茎约等长，茧前背突的形状和长度，幼虫后颊裂拱门状，以及肛板前臂短而不连续和肛鳃的分支情况等。

普格纺蚋 *Simulium*（*Nevermannia*）*pugetense* Dyar and Shannon，1927（图 12-144）

Eusimulium pugetense Dyar and Shannon，1927.*Proc. U. S. Nat. Mus.*，69（10）：23. 模式产地：美国华盛顿 .

Eusimulium longipile Rubtsov，1956；*Blackflies*，*Fauna USSR*，Diptera，6（6）：461~464. Cnetha longipile Dyar and Shannon，1927；Chen（陈继寅），1984 . *Acta Zootax Sin.*，9（2）：169.

Simulium（*Nevermannia*）*pugetense* Dyar and Shannon，1927；Crosskey，1988. Annot.Checklist World Blackflies（Diptera：Simuliidae）：462；Crosskey *et al.*，1996. *J. Nat. Hist.*，30：418；Chen and An（陈汉彬，安继尧），2003.The Blackflies of China：209.

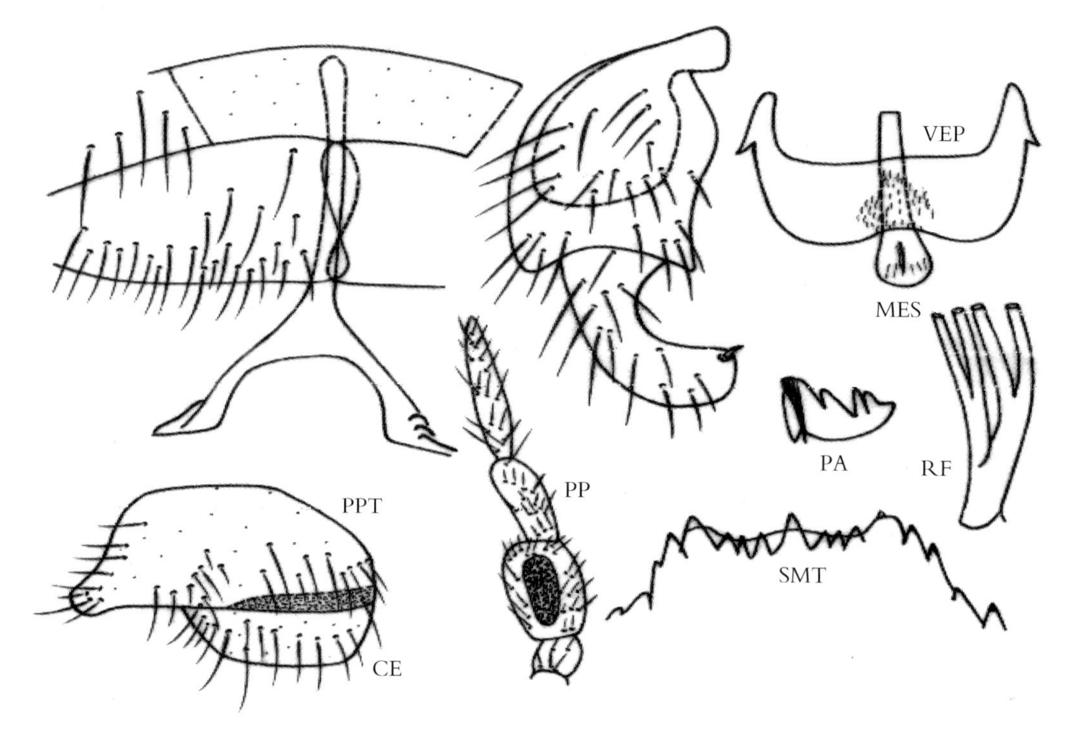

图 12-144 普格纺蚋 *S.*（*N.*）***pugetense*** Dyar and Shannon，1927（仿 Rubtsov，1956. 重绘）

鉴别要点 雌虫生殖板内缘端部重叠。雄虫生殖肢基节和端节被黑色长毛，中骨末端膨大不分叉。幼虫后颊裂钝箭形。

形态概述

雌虫 触角和触须黑色。触须节Ⅲ不膨胀，拉氏器大，长约为节Ⅲ的2/3。额最宽处约为最窄处的2倍。中胸盾片黑绒状，被稀毛，闪光。足暗褐色，股、胫节背色较暗，后足基跗节长度和宽度分别约为胫节的4/5和2/3。爪具大基齿。生殖板内缘基段分离，端部扩展而重叠。生殖叉突细窄。

雄虫 体长3~3.5mm。触角和触须黑色，触须节Ⅴ小于节Ⅲ和节Ⅳ的长度之和。中胸盾片暗褐色，密被绒毛，闪光。后足基跗节与胫节约等宽而稍短，生殖肢基节与端节约等长，被黑色长毛。生殖腹板横宽，宽约为长的2.5倍，前缘几乎平直，后缘中凹。中骨杆状，端部扩大而不分叉。阳基侧突每侧具1个大刺。

蛹 体长约3.0mm。头、胸部具盘状疣突。呼吸丝4条，长于蛹体，成对发出，具约等长的丝茎，上对丝略长于后对丝。茧简单，前缘内凹，无背中突。

幼虫 体长6.0~7.0mm。头斑阳性。头扇毛48~52支。亚颏较宽，中齿、角齿不显著，侧缘毛3~5支，侧缘齿3~5枚。后颊裂膨大，亚箭形，端部呈钝三角形。肛鳃复杂，中叶分10~11个小叶，两侧叶分13~15个小叶。后环74~80排，每排具8~14个钩刺。

生态习性 蛹和幼虫孳生于寒冷的小溪流内，9月份化蛹。

地理分布 中国：黑龙江；国外：美国，加拿大，俄罗斯，蒙古国。

分类讨论 梅氏纺蚋是典型的古北界种类，其分布较广。Rubtsov（1956）曾记述长毛纺蚋（*S. longipile*）新种，Crosskey等（1996）怀疑它是梅氏纺蚋的同物异名。安继尧（1989）在其中国蚋类名录中将这2种同时收入，本书拟将这2种暂作同义词处理。

朴氏纺蚋 *Simulium*（*Nevermannia*）*purii* Datta，1973（图12-145）

Simulium（*Nevermannia*）*purii* Datta，1973. *Oriental Ins.*，7（3）：371~373. 模式产地：印度达吉岭；Deng，Xue，Zhang and Chen（邓成玉等），1994. *Sixtieth Anniversary Founding*，*China Zool. Soc.*：12.

Simulium（*Nevermannia*）*purii* Datta，1973；Crosskey，1988. Annot.Checklist World Blackflies（Diptera：Simuliidae）：462；Crosskey *et al.*，1996，*Chin J. Vector Bio. and Control*，2（2）：472；Chen and An（陈汉彬，安继尧），2003. The Blackflies of China：211.

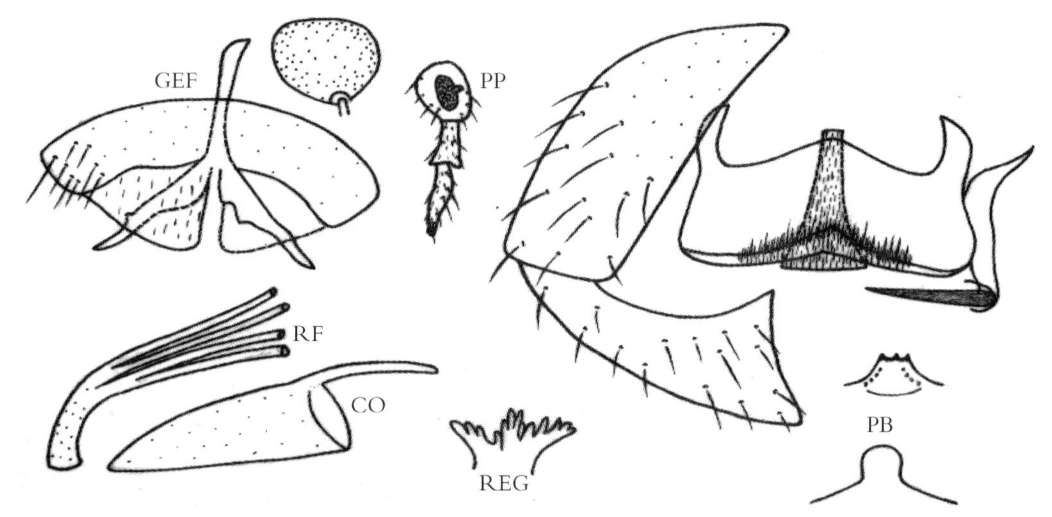

图12-145 朴氏纺蚋 *S.*（*N.*）*purii* Datta（仿Datta，1973. 重绘）

鉴别要点 雌虫中胸盾片具3条暗色纵纹。雄虫生殖腹板基部收缩，端侧角圆钝。茧具长角状背中突。

形态概述

雌虫 体长2.5~3.0mm。触角柄节和梗节棕色，其余为灰黑色。触须拉氏器长约为宽的2倍。中胸盾片灰黑色，密被金色毛，具3条暗色纵纹伸达后盾区，中纵纹略窄于亚中纵纹。小盾片红棕色，闪光，具金色毛和黑色竖毛；后盾片灰色，闪光，光裸。翅径脉基具毛。平衡棒结节黄棕色，柄部灰色。足色较雄虫的稍淡，前足基节、转节棕色，股节棕色而端部为黑色，胫节灰色但端部为灰黑色并具亚基黑环，跗节灰黑色。中足、后足基节灰色，转节棕色，股节灰色向后渐变为灰黑色，胫节灰色，端部灰黑色并具亚基黑环，跗节主要为灰黑色。跗突发达，跗沟明显。爪具大基齿。腹部基鳞具金色缘毛。腹节Ⅱ、Ⅵ和Ⅶ背板色稍淡，其余为灰黑色；腹节Ⅵ~Ⅷ背板闪光。生殖板三角形，内缘平行，生殖叉突后臂基2/3扩大呈三角形并向端部渐变尖。

雄虫 体长3.0~3.5mm。上眼面具纵列15排，横列15排。额黑色，具同色竖毛，唇基灰黑色，具金色毛和黑色竖毛。触须灰黑色。触角鞭节基部黄色，其余为灰黑色。中胸盾片灰黑色，被金色柔毛，无纵纹。小盾片棕黑色，具少量金色毛和黑色竖毛，后盾片光裸。足色比雌虫深。后足基跗节末端稍膨大。腹部基鳞灰色具棕色缘毛，节Ⅱ背板基部棕色，其他背板为灰黑色，无闪光。生殖肢基节圆筒状，长约为宽的3倍，约与端节等长。生殖肢端节基部窄，端部扩大向内突出。生殖腹板基部强收缩，前缘中凸，后缘中凹，后侧角圆钝。中骨基部稍窄，端部扩大，不分支。

蛹 体长约4.0mm。头、胸部体壁几乎无疣突。头毛4对，胸毛5对，均不分支。呼吸丝4条，略短于蛹体，成对发出，约等粗，丝茎约等长。茧拖鞋状，编织中度致密，前缘加厚，具长角状背中突。

幼虫 体长5.5~6.0mm。头斑阳性，触角长于头扇柄。头扇毛36支。亚颏中齿、角齿发达，侧缘毛每侧5~6支。后颊裂圆，短于后颊桥。上颚缘齿一大一小。肛鳃每叶分4~5个小叶。肛板前臂、后臂约等长。腹乳突发达。

生态习性 蛹和幼虫孳生于山地林区溪流中的枯枝落叶上。

地理分布 中国：西藏；国外：印度。

分类讨论 朴氏纺蚋可依据下列综合特征与近缘种相区别：雄虫生殖腹板基部强收缩，雌虫中胸盾片具3条暗色纵纹，蛹具发达的角状背中突以及幼虫的某些特征。

桥落纺蚋 *Simulium* (*Nerermannia*) *qiaoluoense* Chen，2001（图12-146）

Simulium(*Nerermannia*)*qiaoluoense* Chen(陈汉彬), 2001. *Acta Ent. Sin.*, 44(4): 560~566. 模式产地：中国贵州（雷公山）. Chen and An（陈汉彬，安继尧），2003. The Blackflies of China：212.

鉴别要点 雄虫生殖腹板马鞍形，中骨宽带状。幼虫腹部具不发达的附骨环，后颊裂亚箭形。

形态概述

雌虫 未知。

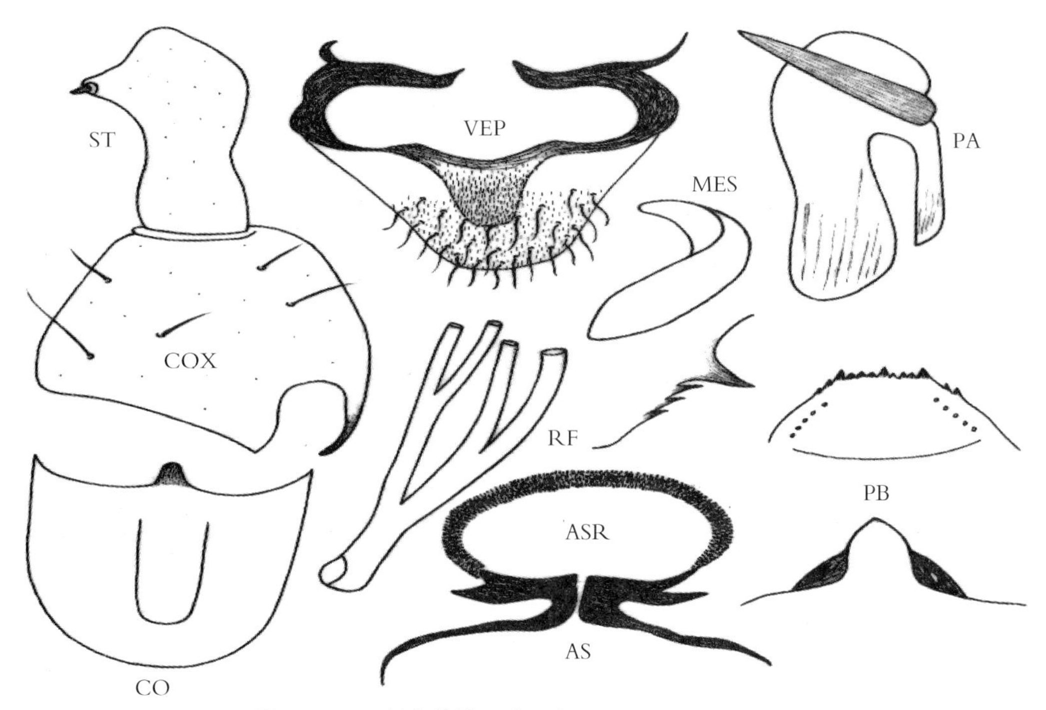

图 12-146 桥落纺蚋 *S.*（*N.*）*qiaoluoense* Chen，2001

雄虫 体长约 3.3mm。上眼面具 12 横排，16 纵列。触角鞭节Ⅰ的长约为鞭节Ⅱ的 1.7 倍。触须拉氏器长约为节Ⅲ的 1/4。中胸盾片暗棕色，被金色毛。小盾片暗棕色，具黑色毛。后盾片光裸。翅亚缘脉和径脉基具毛。前足基节暗棕色，中足、后足基节为黄棕色，所有转节为棕黑色。各足股节基部 1/2 为暗棕色，并向端部渐变为黑色。各足胫节中部黄棕色，余部为暗棕色。各足跗节棕黑色，但后足基跗节为淡棕色。后足基跗节纺锤形。跗突和跗沟发达。爪具大基齿。腹部基鳞具淡色长缘毛。除腹节Ⅱ背板色淡外，其他背板为暗褐色。生殖肢基节和端节约等长，生殖肢端节鞋状。生殖腹板马鞍形，后部强收缩，基臂骨化而内弯，板体后部被弯曲长毛。中骨宽带状，端圆而不分叉。阳基侧突每侧具 1 个大刺。

蛹 体长 3.0~3.5mm。头、胸部稀疏分布盘状疣突。呼吸丝 4 条，排列方式似清水纺蚋。腹节背板无刺栉。茧简单，前缘加厚，具不发达的背中突。

幼虫 体长 5.5~6.5mm。头斑阳性。触角各节长度比为 40∶71∶52∶2。头扇毛 28~30 支。上颚缘齿具附齿列。亚颏中齿、角齿显著，侧缘毛每侧 5 支。后颊裂亚箭形，侧缘平行，长约与后颊桥相当。肛鳃每叶分 8 个次生小叶。肛板前臂翼状，明显短于后臂。附骨环不显著。后环约 78 排，每排具 12~13 个钩刺。腹乳突发达。

生态习性 幼虫和蛹孳生于山涧溪流中的枯枝落叶上。

地理分布 中国贵州。

分类讨论 桥落纺蚋生殖腹板呈马鞍形，基臂粗而向内强弯，板体后部具弯曲长毛以及中骨呈宽带状等特征，在纺蚋亚属中绝无仅有，可资鉴别。

清水纺蚋 *Simulium*（*Neveramannia*）*qingshuiense* Chen，2001（图 12–147）

Simulium（*Neveramannia*）*qingshuiense* Chen（陈汉彬），2001. *Acta Ent. Sin.*，44（4）：560~566. 模式产地：中国贵州（雷公山）；Chen and An（陈汉彬，安继尧），2003. The Blackflies of China：214.

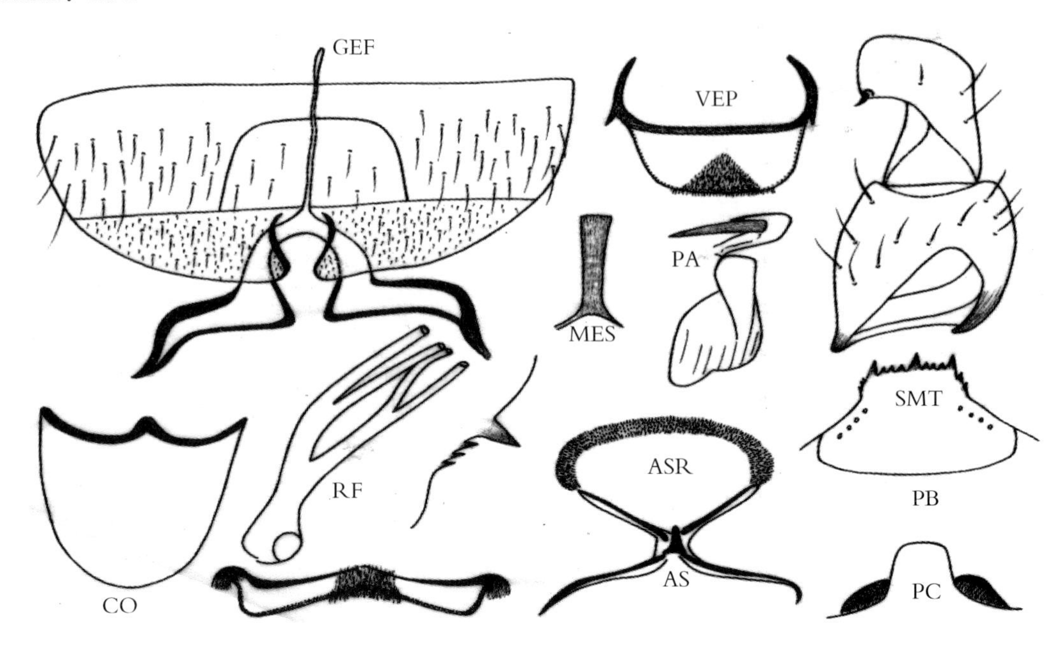

图 12–147　清水纺蚋 *S.*（*N.*）*qingshuiense* Chen，2001

鉴别要点　雌虫生殖板内缘凹入呈弧形，生殖叉突后臂膨大部、亚端部急弯向后伸。雄虫生殖腹板前缘、后缘平直。茧背中突不发达。幼虫具肛前附骨环。

形态概述

雌虫　体长约 3.2mm。后头密覆黄色短毛和棕色长毛。额棕黑色，被银灰色毛。额指数为 31∶28∶44。触角除柄节为淡黄色外，余一致为棕黑色。触须拉氏器长约为节Ⅲ的 2/3。下颚具内齿 11 枚，外齿 15 枚；上颚具内齿 14 枚，外齿 28 枚。中胸盾片棕黑色，密覆金黄色毛。小盾片棕黄色，被金黄色毛。后盾片光裸。翅径脉基段具毛。前足基节黄色，中足、后足基节棕黄色。各足股节黄色而端部 1/4 为棕黑色；各足胫节中部黄棕色，其余为暗棕色；各足跗节棕黑色，但后足基跗节大部分为黄棕色。后足基跗节不膨胀，侧缘平行。跗突和跗沟发达。爪具大基齿。腹部基鳞具金黄色缘毛。背板暗棕色，并被同色毛。生殖板三角形，内缘凹入呈弧形。生殖叉突后臂膨大部、亚端部急弯伸向后方。受精囊卵形，具网斑。

雄虫　体长约 3.4mm。上眼面具 16 横排，16 纵列。唇基灰褐色，具淡色毛。触角鞭节Ⅰ的长约为鞭节Ⅱ的 2 倍。触须拉氏器小，长约为节Ⅲ的 1/4。胸、腹部近似雌虫。生殖肢基节与端节约等长，生殖腹板横宽，前缘、后缘平直，基臂和板体约等长。中骨杆状，末端分叉。阳基侧突每侧具 1 个大刺。

蛹　体长 3.0~3.6mm。头、胸部稀疏分布盘状疣突。头毛 4 对，胸毛 6 对，均为长单支。呼吸丝 4 条，长于蛹体，成对发出，丝茎长短不一，上对的上丝长于其他 3 条丝。茧拖鞋状，编织中度致密，具不发达的背中突。

幼虫　体长 6.0~6.5mm。头斑阳性。触角各节长度比为 12.5∶16∶11∶2。头扇毛 30~32 支。上颚具附锯齿列。亚颏中齿、角齿突出，侧缘毛每侧 4 支。后颊裂拱门状，长与后颊桥相当。肛鳃每叶约具 8 个次生小叶。肛板前臂长约为后臂的 3/4，具附骨环。后环约 74 排，每排具 11~13 个钩刺。

生态习性 幼虫和蛹孳生于山区小河和溪流中的水生植物和枯枝落叶上。

地理分布 中国贵州。

分类讨论 清水纺蚋雌性外生殖器的形态，蛹呼吸丝的上丝明显较其他 3 条丝粗长以及幼虫腹部具附骨环等特征，有别于已知本亚属的其他蚋种。

林纺蚋 *Simulium*（*Nevermannia*）*silvestre* Rubtsov，1956（图 12–148）

Eusimulium silvestre Rubtsov，1956. *Blackflies*，*Fauna USSR*，Diptera，6（6）：433~434. 模式产地：俄罗斯 . Xue（薛洪堤），1987 .*Acta Zootax Sin.*，12（1）：110.

Simulium（*Eusimulium*）*silvestre* Rubtsov，1956；An（安继尧），1989. *Mag. Acad. Milit. Sci.*，13（3）：183.

Simulium（*Nevermannia*）*silvestre* Rubtsov，1956；Crosskey，1988. Annot. Checklist World Blackflies（Diptera：Simuliidae）：462；Crosskey *et al.*，1996. *J. Nat. Hist.*，30：418；Chen and An（陈汉彬，安继尧），2003. The Blackflies of China：265.

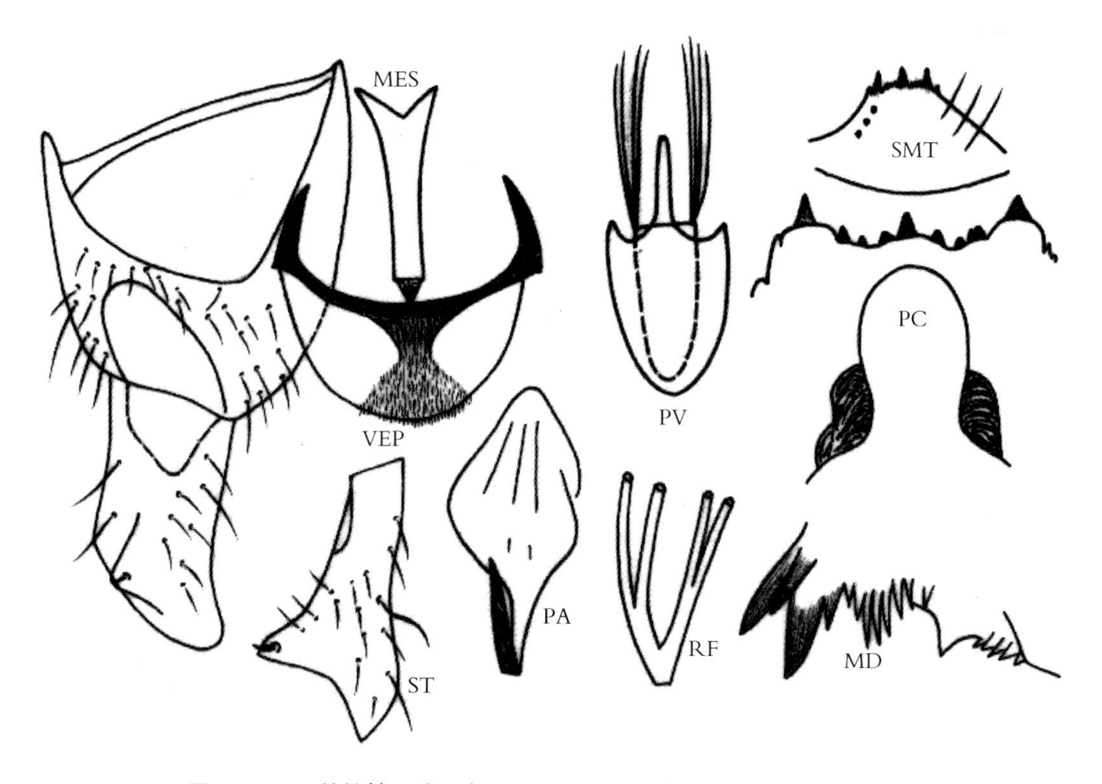

图 12–148 林纺蚋 *S.*（*N.*）*silvestre* Rubtsov（仿 Rubtsov，1956. 重绘）

鉴别要点 生殖肢端节末端内凹，端部膨大形成明显的内突和端侧突；生殖腹板半圆形。茧具长杆状背中突。幼虫后颊裂深，椭圆形。

形态概述

雌虫 与本亚属其他种类的主要区别在生殖叉突的结构。触须节Ⅴ长约为节Ⅲ的 2 倍。

雄虫 体长 2.6~2.8mm，与宽足纺蚋近似，主要区别在外生殖器：生殖肢基节宽，略长于端节；生殖肢端节端部膨胀而内凹，形成明显的内突和角状端侧突；生殖腹板半圆形；中骨基部较窄，端部扩大而分叉。

蛹 体长 3.0~3.2mm。呼吸丝 4 条，约等粗，与蛹体约等长，成对发出，具约等长的短茎。茧拖鞋状，几乎掩盖全部蛹体，前缘加厚，具长杆状的背中突。

幼虫 体长 6.0~6.5mm。头斑阳性。头扇毛 46~48 支。上颚缘齿具附齿列。亚颏中齿、角齿发达。侧缘毛每侧 4 支。后颊裂深，但未伸达亚颏前缘，长椭圆形，基部略收缩。后环 64~68 排，每排具 10~11 个钩刺。

生态习性 蛹和幼虫孳生于林区溪流、沼泽地的缓流中。幼虫出现于 4~5 月份，7 月份底化蛹。

地理分布 中国：云南，四川；国外：北欧地区，俄罗斯，蒙古国。

分类讨论 林纺蚋的雄性外生殖器构造特殊，此外，蛹和幼虫的某些特征也很突出，如茧的背中突长杆状，幼虫后颊裂大而深以及肛鳃次生小叶多等，鉴别时不容易混淆，可资鉴别。

丝肋纺蚋 *Simulium*（*Nevermannia*）*subcostatum* Takahasi，1950（图 12–149）

Eusimulium subcostatum Takahasi，1950. *Iconographia Ins. Jap.*：1555. 模式产地：日本 . Chen and Cao（陈继寅，曹毓存），1983. *Acta Zootax Sin.*，8（3）：310.

Simulium（*Eusimulium*）*subcostatum* Takahasi，1950；An（安继尧），1989. *Mag. Acad. Milit. Med. Sci.*，13（3）：183.

Simulium（*Nevermannia*）*subcostatum* Takahasi，1950；Crosskey，1988. Annot. Checklist World Blackflies（Diptera：Simuliidae）：462；Chen and An（陈汉彬，安继尧），2003. The Blackflies of China：217.

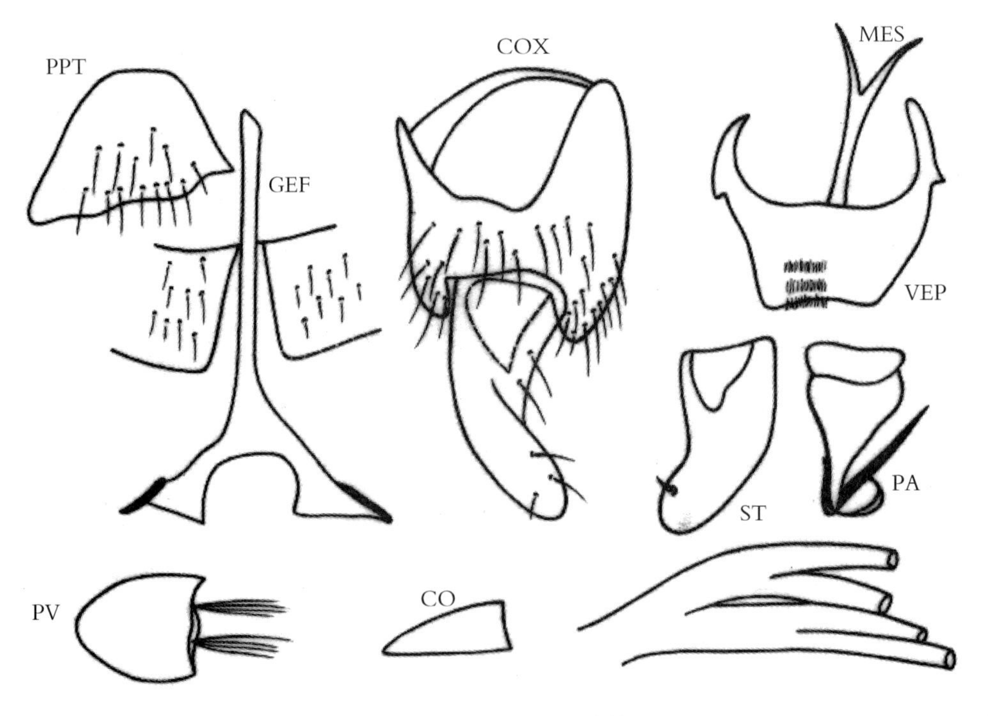

图 12–149 丝肋纺蚋 *S.*（*N.*）*subcostatum* Takahasi，1950（仿 Takaoka，1976；Rubtsov，1964. 重绘）

鉴别要点 雌虫触须拉氏器约占节Ⅲ的1/2。雄虫生殖腹板向后渐收缩。茧无背中突。

形态概述

雌虫 体长约2.8mm。额指数为1.9：1：2.3。下颚具内齿12枚，外齿14枚。触须拉氏器长约为节Ⅲ的1/2。

雄虫 体长约2.6mm。触角鞭节Ⅰ的长约为鞭节Ⅱ的2倍。前足跗节Ⅰ的长约为宽的8.6倍。后足基跗节长为最宽处的3.5~4.5倍。生殖腹板向后渐收缩。

蛹 体长3.0~3.2mm。头、胸部体壁盘状疣突稀疏。呼吸丝明显长于蛹体。腹节1、2背板无疣突，腹节9背板无刺栉。茧无背中突。

幼虫 体长5.5~6.0mm。头斑不明显。头扇毛25~47支。后颊裂圆，长约与后颊桥相当。肛鳃简单或每叶仅分1~2个小叶。肛板前臂长约为后臂的3/4。

生态习性 蛹和幼虫孳生于山溪急流中的水生植物上。吸血习性不详。

地理分布 中国：辽宁；国外：日本，韩国，俄罗斯（西伯利亚）。

分类讨论 本种和内田纺蚋极为近似，主要区别是后者茧具背中突。此外，某些特征也略有差异，见丝肋纺蚋形态概述项下。

饶河纺蚋 *Simulium*（*Nevermannia*）*raohense* Cai and An，2006（图12-150）

Simulium（*Nevermannia*）*raohense* Cai and An（蔡如，安继尧），2006. *Acta Zootax Sin.*，31（3）：646~648. 模式产地：中国黑龙江（饶河，王枯洞）.

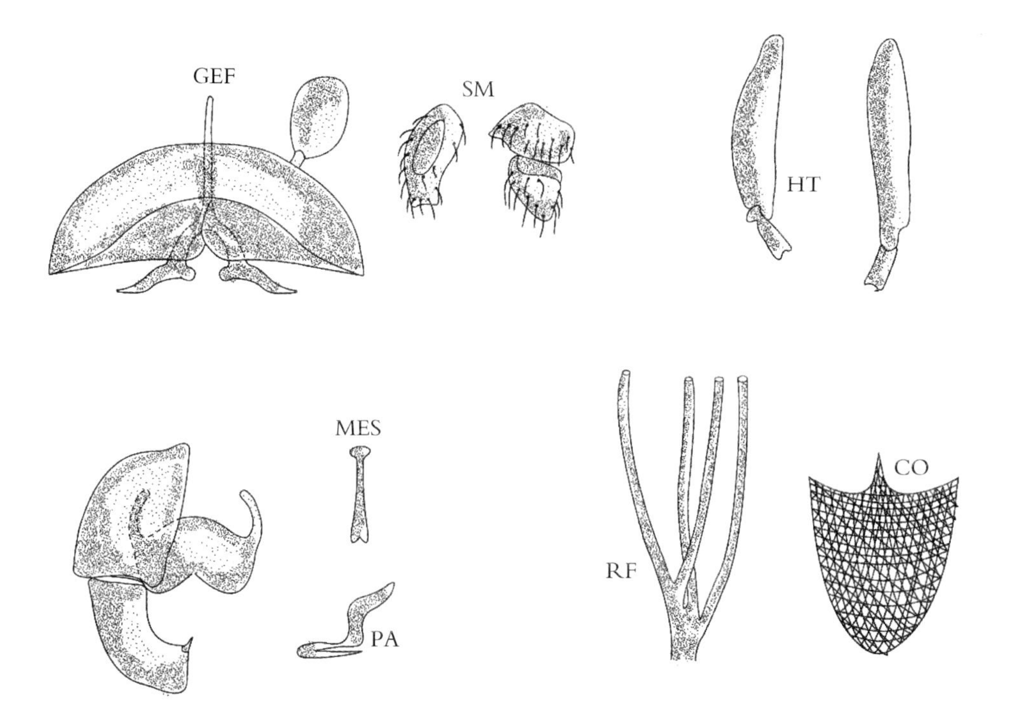

图12-150 饶河纺蚋 *S.*（*N.*）*raohense* Cai and An，2006

鉴别要点 雌虫中胸盾片和小盾片覆黑色毛；生殖板内缘交叉重叠。雄虫中骨长杆状，基部扩大呈圆帽状，骤变细并向后渐变宽，末端分叉。茧具背中突。

形态概述

雌虫 体长 3.2mm；翅长 3.0mm。额指数为 18∶10∶17；额头指数为 18∶80。触须节Ⅲ～Ⅴ的节比为 17∶16∶30。拉氏器长为节Ⅲ的 0.5。内颚具 32 枚内齿和 10 枚外齿；下颚具 11 枚内齿和 14 枚外齿。中胸盾片和小盾片黑色，覆黑色毛。中胸侧膜和下侧片光裸。前足基节、转节、股节基 2/3，胫节基 1/2 均为棕褐色，余部为黑色；中足股节、胫节基 2/3 为棕褐色，余部为黑色；后足股节基部前面 4/5、胫节中部为棕褐色，余部为黑色。爪具大基齿。前足基跗节长约为宽的 7 倍，后足基跗节两侧亚平行。跗突和跗沟发育良好。翅亚缘脉 2/3 和径脉基具毛。生殖板三角形，内缘交叉重叠，生殖叉突柄高度骨化，两后臂无外突，具内突，膨大部外缘强骨化，末段作犁状外伸。受精囊椭圆形，具六角形斑。

雄虫 体长 3.1mm；翅长 3.0mm。触角鞭节Ⅰ的长为鞭节Ⅱ的 2 倍，触须节Ⅲ～Ⅴ的节比为 12∶12∶23。拉氏器长约为节Ⅲ的 0.22。胸部似雌虫，前足基节、股节基 1/2 为棕褐色，余部为黑色；中足股节基 2/3、胫节基 1/2 为棕褐色，余部为黑色；后足股节基内面 2/3、胫节中 1/2 为棕褐色，余部为黑色。前足基跗节长约为宽的 8 倍，后足跗突和跗沟发达。翅亚缘基部具 5 支毛。生殖肢基节和端节约等长，生殖肢端节弯锥形，基 2/3 亚平行，端 1/3 内弯。生殖腹板横宽，基缘宽凸，端缘中凹，基臂内弯。中骨细杆状，基部膨大呈圆帽状，骤变并向后渐变宽，末端分叉。阳基侧突具 1 个大刺。

蛹 体长 4.2mm。头、胸散布疣突。呼吸丝排列为 2+2，下对丝从基部发出。腹部钩刺和毛序正常。茧拖鞋状，编织致密，前缘具背中突。

幼虫 不详。

生态习性 幼期孳生于林缘沟溪中，宽 2~3m，水深 0.5~1.0m，海拔 120m。

地理分布 中国黑龙江。

分类讨论 虽然未发现本种幼虫，但其雌虫生殖板交叉重叠，雄虫中骨帽形状特殊，蛹呼吸丝特征也相当突出，不难与宽足蚋组已知近缘种相区别。

透林纺蚋 *Simulium*（*Nevermannia*）*taulingense* Takaoka，1979（图 12-151）

Simulium（*Eusimulium*）*taulingense* Takaoka, 1979. *Pacif. Ins.*, 20（4）: 373~374. 模式产地：中国台湾.

Simulium（*Nevermannia*）*taulingense* Takaoka，1979；Crosskey，1988. Annot. Checklist World Blackflies（Diptera：Simuliidae）：462；An（安继尧），1996. *Chin J. Vector Bio. and Control*，2（2）：472；Chen and An（陈汉彬，安继尧），2003. The Blackflies of China：218.

鉴别要点 蛹呼吸丝膨胀，由 1 对泡状角组成。幼虫亚颏侧缘毛每侧 8 支，肛鳃每叶分 12~16 个次生小叶。

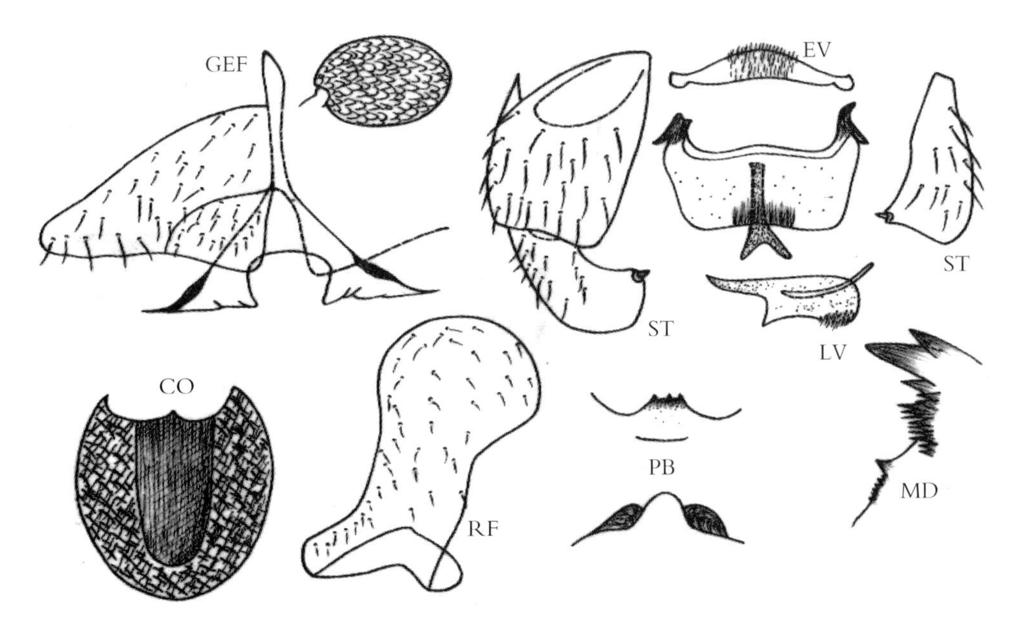

图 12–151 透林纺蚋 ***S.*** (***N.***) ***taulingense*** Takaoka（仿 Takaoka，1979. 重绘）

形态概述

雌虫 体长约 4.2mm。后头密被金色毛，夹杂棕色毛。额和唇基棕色，具灰色粉被，并具黄白色毛和棕色毛。额指数为 13 ∶ 6 ∶ 13。触角棕色。触须节Ⅲ较膨大，长约为宽的 2 倍，拉氏器大，长约为节Ⅲ的 2/3。上颚具 40 枚内齿，16 枚外齿；下颚具内齿、外齿各 16 枚。中胸盾片黑色，不闪光，密被金黄色毛。小盾片棕色，具金黄色毛和长竖毛。后盾片棕黑色，光裸。足棕色，淡色部分包括各足股节基部 3/4 和胫节中部。后足基跗节稍膨大，侧缘亚平行。翅亚前缘脉和径脉基部具毛。腹部基鳞具淡棕色缘毛。背板棕黑色，无闪光，被黄白色毛。生殖板亚三角形，内缘直。生殖叉突柄强骨化，两后臂宽，内缘弯曲围成亚圆形裂隙，膨大部呈亚三角形，无侧突。肛上板短，尾须亚三角形。

雄虫 体长约 4.6mm。后头被黄色长毛夹杂棕色毛。上眼面 19 排。唇基黑色，具灰色粉被和黄白色毛。触角鞭节Ⅰ的长约为鞭节Ⅱ的 2 倍。触须的节比为 3∶3∶12∶9∶23，拉氏器小而圆。生殖肢基节与端节约等长。生殖腹板横宽，前缘中部稍凸，后缘几乎平直，侧缘向后略收缩，基臂短，有时端部内弯呈钩状。中骨细杆状，末端分叉。

蛹 体长约 4.2mm。胸部中度覆以角状疣突。鳃器灰棕色，由 2 个膨胀角组成，1 个向背中伸，1 个向下伸，大角端部膨大呈圆泡状，表面覆盖毛状突和角状疣突。茧拖鞋状，编织紧密，腹侧角发达，前缘加厚，中部稍隆起。

幼虫 体长 7.8~8.2mm。头斑阳性。触角各节的节比为 50∶70∶27∶3。头扇毛 44 支。上颚缘齿具附锯齿列。亚颏中齿、角齿中度发达，侧缘毛每侧 8 支。后颊裂小而圆，略短于后颊桥的 1/2。胸部体壁光滑，后腹部背侧覆以单刺毛。肛鳃每叶具 12~16 个次生小叶，肛板后臂长于前臂。肛前附骨不明显。后环约 110 排，每排具 16 个钩刺。腹乳突发达。

生态习性 蛹和幼虫孳生于山溪水流中的石块上。

地理分布 中国台湾。

分类讨论 本种以其蛹具膨胀型鳃器这一独具特征可与本亚属已知的其他蚋种相区别。

内田纺蚋 *Simulium*（*Nevermannia*）*uchidai* Takahasi，1950（图 12–152）

Eusimulium uchidai Takahasi, 1950. *Iconographia Ins. Jap.*: 1556. 模式产地：日本. Chen and Cao（陈继寅，曹毓存），1983. *Acta Zootax Sin.*，8（3）：309；*Trans. Liao. Zool. Soc.*，4（2）：309.

Simulium（*Nevermannia*）*uchidai* Takahasi，1950；Crosskey，1988. Annot. Checklist World Blackflies（Diptera：Simuliidae）：462；Crosskey *et al.*，1996. *J. Nat. Hist.*，30：419；An（安继尧），1996. *Chin J. Vector Bio. and Control*，2（2）：474；Chen and An（陈汉彬，安继尧），2003. The Blackflies of China：219.

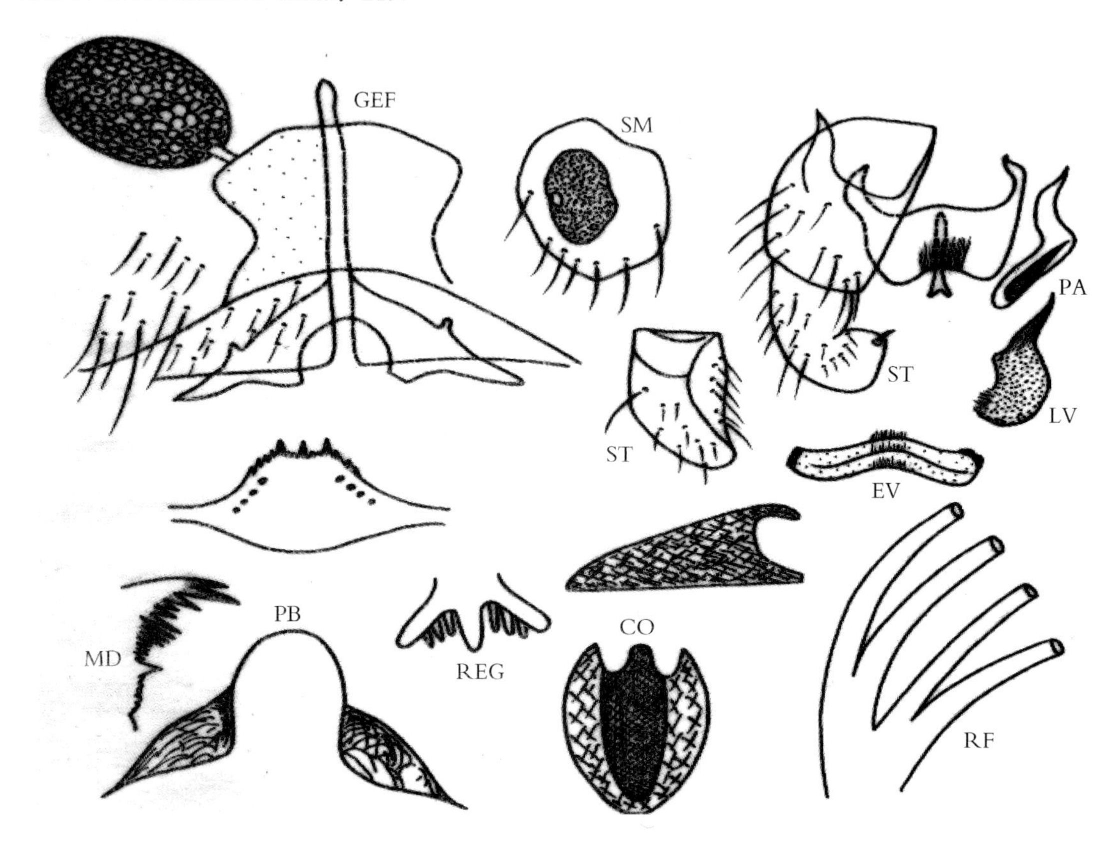

图 12–152 内田纺蚋 *S.*（*N.*）*uchidai* Takahasi，1950（仿 Takaoka，1979. 重绘）

鉴别要点 雌虫触须拉氏器约占节Ⅲ长的 7/10。雄虫生殖腹板明显向后收缩。茧腹侧突长于背中突。

形态概述

雌虫 体长约 3.0mm。额和唇基暗银色，具黄白色毛。额指数为（1.8~2.1）: 2.5 : 2.6。触角柄节、梗节黄棕色，鞭节黑色。触须节Ⅲ稍膨大，拉氏器大，约占节Ⅲ的 0.7。下颚具内齿、外齿各 14 枚；上颚具内齿 30 枚，外齿 11 枚。中胸盾片灰黑色，覆黄白色毛。小盾片具黄白色毛，后盾片银灰色，光裸。前足基节和各足转节为黄棕色；中足、后足基节为棕黑色；各足股节为暗黄棕色，向端部渐变暗而末端为黑色；各足胫节基部 2/3 为黄棕色而端部 1/3 为黑色；各足跗节除后足基跗节中部为棕黑色外，余一致为黑色。前足跗节 I 长约为宽的 7 倍。后足基跗节扁，侧缘平行。跗突中度发达，跗沟显著。爪具大基齿。翅亚前缘脉和径脉基段具毛。腹部基鳞具黄白色缘毛。生殖板内缘几乎直，生殖叉突后臂宽，膨大部为犁状，外侧突小。受精囊随圆形，具网斑。

雄虫 体长约 3.0mm。上眼面 16 排。唇基灰暗，具黄白色毛。触角鞭节Ⅰ的长约为鞭节Ⅱ的 1.5 倍。胸部似雌虫。前足基节暗棕色，中足、后足基节黑色，各足转节棕黑色，股节基部 2/3 为棕黑色，端部 1/3 黑色。前足、中足胫节基部 2/3 为暗棕色，端部 1/3 棕黑色。各足跗节为黑色。前足跗节Ⅰ长约为宽的 7 倍。后足基跗节纺锤状，长约宽的 5 倍。跗突和跗沟发达。翅同雌虫，但亚缘脉光裸。腹部似雌虫。生殖肢基节与端节约等长。生殖腹板长约为宽的 2 倍，前缘中部凸出，后缘中凹。中骨杆状，末段分叉。

蛹 体长 3~4.0mm。头、胸部密布盘状疣突。头毛 4 对，胸毛 5 对，均单长支。呼吸丝 4 条，长于蛹体，成对发出，2 对丝茎长短不一。腹节 6~9 背板具刺栉。茧拖鞋状，编织中度致密，前缘加厚，具发达的腹侧突和短杆状背中突。

幼虫 体长 5.0~6.0mm。头斑明显。触角各节的节比为 40：40：32：3。头扇毛 30~40 支。上颚缘齿具附锯齿列。亚颏中齿、角齿突出，侧缘毛每侧 4 支。后颊裂深，椭圆形，基部收缩，长度超过后颊桥的 2 倍。后腹节背侧具单刺毛。肛鳃简单或每叶分 2~3 个小叶。肛板前臂约为后臂长的 2/3。后环约 78 排，每排约具 12 个钩刺。

生态习性 幼虫和蛹孳生于沟渠或山地缓流中的水草、枯枝落叶或石块上。成虫习性不详。

地理分布 中国：辽宁；国外：日本，韩国，俄罗斯。

分类讨论 内田纺蚋没有突出的标志性特征，鉴别时应考虑综合特征，包括生殖叉突和生殖腹板的形状，蛹茧不发达的背中突，以及幼虫的后颊裂形状和肛鳃的分支情况等。

宽足纺蚋 *Simulium*（*Nevermannia*）*vernum* Macquart，1826（图 12-153）

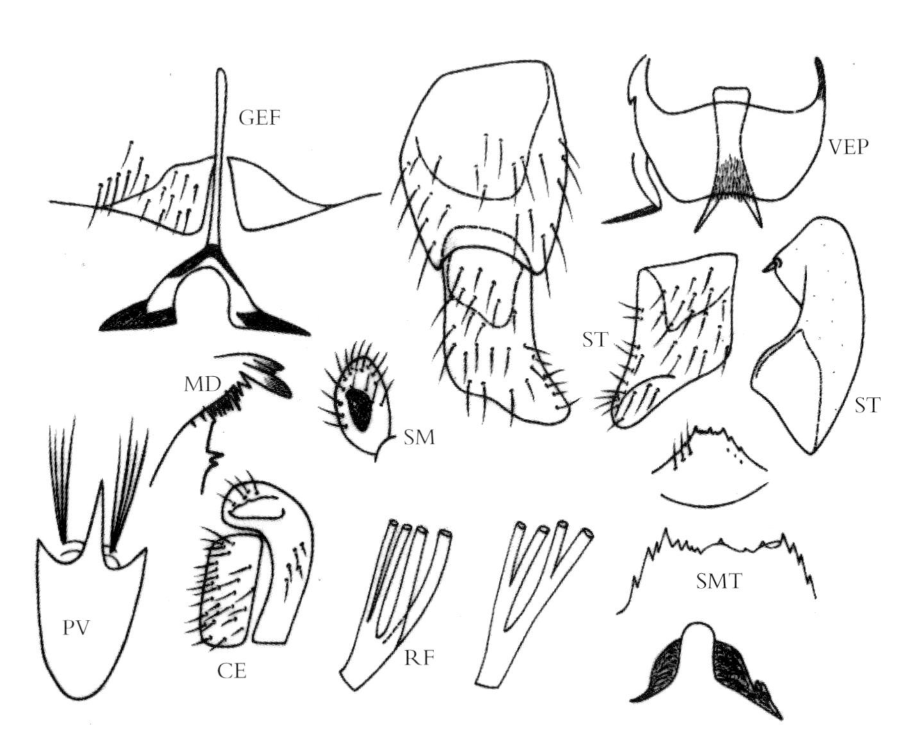

图 12-153 宽足纺蚋 *S.*（*N.*）*vernum* Macquart，1826（仿 Rubtsov，1956. 重绘）

Simulia vernum Macquart，1826. *Racueil des Travaux de la Societe des Sciences，del´Agriculture et des Artes de Lille.*，1826：79.

Eusimulium latipes Meigen，1804；Rubtsow，1956. *Blackflies*，*Fauna USSR*，Diptera，6（6）：426~429；Tan and Chow（谭娟杰，周佩燕），1976. *Acta Ent. Sin.*，19（4）：455~459；Chen and Cao（陈继寅，曹毓存），1983. *Tran. Liao. Zool. Soc.*，4（2）：121.

Eusimulium fluminale Rubtsov，1956. *Blackflies*，*Fauna USSR*，Diptera，6（6）：429~430.

Eusimulium shutovae Rubtsov，1956. *Blackflies*，*Fauna USSR*，Diptera，6（6）：431~433.

Simulium（*Eusimulium*）*latipes* Macquart，1826；An（安继尧），1988. *Mag. Acad. Milit. Sci.*，13（3）：183.

Simulium（*Nevermannia*）*vernum* Macquart，1826；Crosskey，1988. Annot. Checklist World Blackflies（Diptera：Simuliidae）：462；Chen and An（陈汉彬，安继尧），2003. The Blackflies of China：221.

鉴别要点 雌虫生殖叉突后臂膨大部呈犁形。茧具长角状背中突。幼虫亚颏中齿、角齿着生在各自的基座上。

形态概述

雌虫 体长3.5~4mm。触角和触须黑色，触须节Ⅲ膨大，约为节Ⅳ的2倍粗，拉氏器长约为节Ⅲ的1/2。中胸盾片灰黑色，密被银白色毛或淡黄色毛。平衡棒结节黄色。足黑色，具白色长毛。后足基跗节纺锤形，其长度和宽度约为胫节的3/4。爪具大基齿。腹部灰暗色，被银白色毛。生殖板三角形，生殖叉突后臂膨大部发达，形态有变异，通常呈犁状无外侧突。

雄虫 体长2.5~3.5mm。触角和触须黑色。中胸盾片黑丝绒状，密被金黄色，无银白色斑。平衡棒褐色。足色暗，后足基跗节稍膨大，约与胫节等宽。生殖肢基节较大，约与端节等长，生殖肢端节靴状。生殖腹板后部收缩，宽约为长的2倍，前缘微凸，后缘中部稍凹，侧缘斜截。中骨末端分叉。

蛹 体长3.3~4mm。呼吸丝4条，长于蛹体，约等粗，二级丝茎约等长。茧拖鞋状，具角状背中突，其长度超过茧体长的2/3。

幼虫 体长6.0~7.0mm。头斑阳性。触角节2的长约为节1的1.5倍。头扇毛42~50支。上颚第3梳齿大，缘齿一大一小，无附齿列。亚颏中齿弱于角齿，侧缘毛每侧3~4支。后颊裂小，拱门状。

生态习性 蛹和幼虫孳生于林区有石块的河床、流速较小的小河或临时性的小水沟里，通常依附在水深3.33~6.67cm的石块、枯枝或叶片上。成虫5月份始羽化，以幼虫和卵越冬。本种系凶恶的吸血种类，也兼食鸟血。

地理分布 中国：辽宁，浙江；国外：俄罗斯，英国。

分类讨论 本种的形态变异较大，茧具长角状背中突可作为指标性的鉴别特征，以前文献报道的 *S. lapipes*、*S. fluminale* 和 *S. shutovae* 等，根据 Crosskey（1988，1996）的意见，均为本种的同物异名。

五林洞纺蚋 *Simulium* (*Nevermanmia*) *wulindongense* An and Yan，2006（图 12–154）

Simulium (*Nevermanmia*) *wulindongense* An and Yan（安继尧，严格），2006. *Acta Parasital. Med. Entomol. Sin.*，13（2）：109~112. 模式产地：黑龙江（饶河，五林洞）.

鉴别要点 雌虫中胸盾片覆黑色毛；生殖板内缘紧靠，生殖叉突后臂无外突。雄虫生殖腹板后缘具槽口状中凹；中骨棒状，基缘锯齿状，端部分叉。

形态概述

雌虫 体长 3.2mm；翅长 3.0mm。额指数为 15∶7∶20；额头指数为 15∶70。触须节Ⅲ～Ⅴ的节比为 13∶14∶28，节Ⅲ膨大，拉氏器为节Ⅲ的 0.35。下颚具 10 枚内齿，12 枚外齿；上颚具 39 枚内齿，15 枚外齿。食窦光裸。中胸盾片覆黑色毛。前足基节黑色，中足、后足基节黄色；各足转节棕黄色；股节除后股端 1/2 为黑色外，余部为黄色；胫节除前胫端 1/4、中胫端 1/4 和后胫端 1/5 为黑色外，余部为黄色；跗节除后足基跗节基 3/5 为黄色外，余部为黑色。跗突和跗沟发达。爪具大基齿。翅亚缘脉基 2/3 和径脉基具毛。生殖板三角形；内缘紧靠。生殖叉突后臂具粗内突，无外突。受精囊亚球形，肛上板帽状。

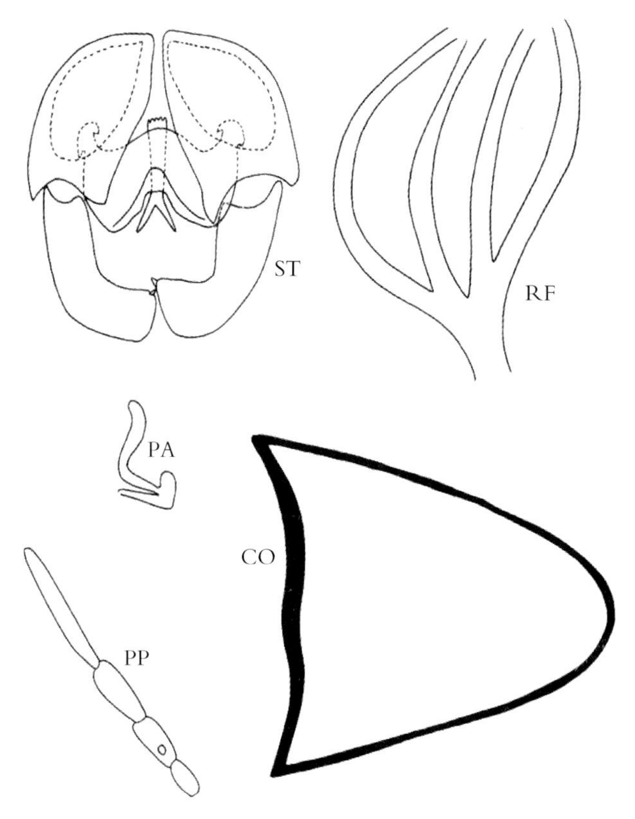

图 12–154 五林洞纺蚋 *S.*（*N.*）*wulindongense* An and Yan，2006

雄虫 体长 3.0mm；翅长 2.4mm。上眼具 15 纵列和 12 横排，触角鞭节Ⅰ的长为鞭节Ⅱ的 2 倍。触须节Ⅲ～Ⅴ的节比为 10∶13∶28。拉氏器长为节Ⅲ的 0.2。中胸盾片黑色，覆同色毛。中胸侧膜和下侧片光裸。前、后足基节黄色，中足基节黑色；各足转节棕黄色；股节黑色，但前股基 1/2、中股基 1/4 和后股基 1/5 为棕黄色；各足胫节和跗节为黑色。前足基跗节细，长为其宽的 9.1 倍。跗突和跗沟发达。翅亚缘脉基 1/3 和径脉基具毛。生殖肢端弯锥形，端 2/5 内弯，生殖腹板横宽，双峰状，基缘宽凸，端缘具槽口状中凹，基臂短粗，端部扩大。中骨棒状，基缘锯状，端分叉。

蛹 体长 2.6mm。头、胸密布疣突。呼吸丝 4 条，具短茎，胸部钩刺和毛序正常。茧简单，编织紧密。

幼虫 未知。

生态习性 不详。

地理分布 中国黑龙江。

分类讨论 本种的标志性特征是雄虫生殖腹板后缘具槽口状中凹，基臂短粗且端缘锯状，中骨基缘锯状，据此可与其他近缘种相区别。

新宾纺蚋 *Simulium*（*Nevermanmia*）*xinbinense* Chen and Cao，1983（图 12-155）

Eusimulium xinbinense Chen and Cao（陈继寅，曹毓存），1983. *Acta Zootax. Sin.*，8（1）：307~308. 模式产地：中国辽宁（新宾）.

Simulium（*Eusimulium*）*xinbinense* Chen and Cao，1983；An（安继尧），1989. *Mag. Acad. Milit. Sci.*，13（3）：184.

Simulium（*Nevermanmia*）*xinbinense* Chen and Cao，1983；Crosskey，1988. Annot. Checklist World Blackflies（Diptera：Simuliidae）：462；Crosskey *et al.*，1996. *J. Nat. Hist.*，30：419；Sun *et al.*（孙悦欣等），1999. *Zool. Stud. China*：204~206；Chen and An（陈汉彬，安继尧），2003. The Blackflies of China：223.

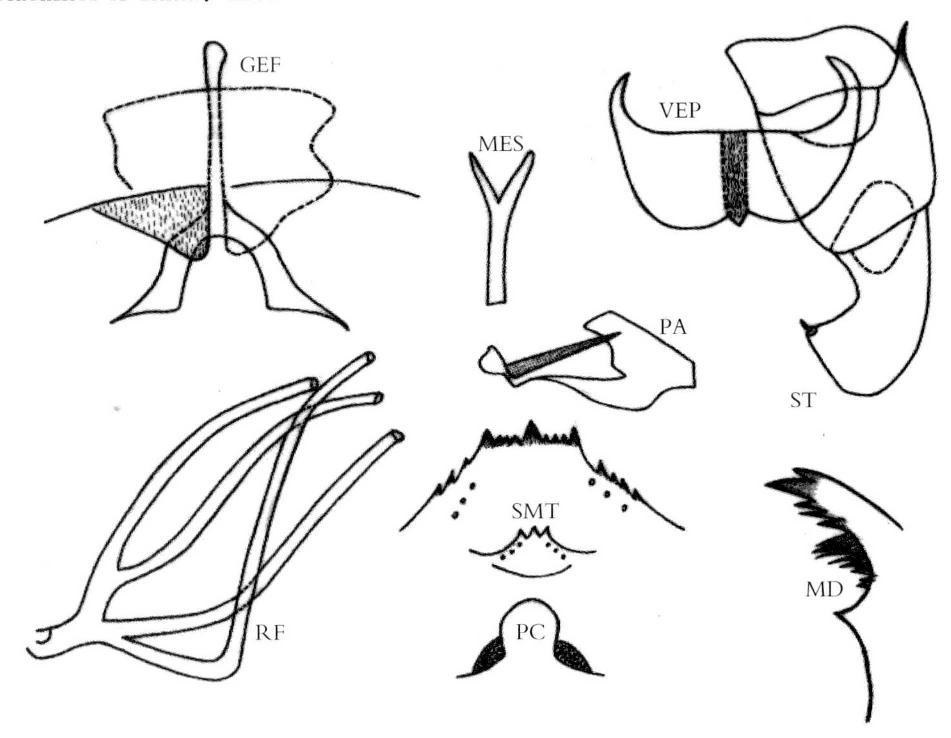

图 12-155　新宾纺蚋 *S.*（*N.*）*xinbinense* Chen and Cao，1983（仿陈继寅，1985. 重绘）

鉴别要点　雄虫生殖腹板具中纵绒毛带，其末端呈三角形突出。蛹上对呼吸丝的上丝向上发出后急剧弯向前方。幼虫后颊裂亚圆形，胸、腹部体壁具棕色斑带和单刺毛。

形态概述

雌虫　体长 1.8~2.0mm。额和唇基褐黑色，具黄色毛，闪光。额指数为 14∶12∶9。触角梗节端部 1/2 和鞭节Ⅰ基部 1/3 为黄色，余部为棕色。触须拉氏器长约为节Ⅲ长的 6/13。下颚具内齿 9 枚，外齿 12 枚；上颚具内齿 21 枚，外齿 9 枚。中胸盾片黑色，被金色柔毛。小盾片黑色，具稀疏黑色长毛。后盾片棕褐色，具黄色和棕黑色长毛。平衡棒柄棕色，结节黄色。足为棕黄色至褐黑色；黄色部分包括各足转节，前足、中足股节，前足胫节基部 4/5，中足胫节基部 3/4，后足股节基部 4/5、胫节基部 1/2 和跗节Ⅰ基部 1/3。前足跗节Ⅰ长约为宽的 7 倍。跗突发达。腹节背板棕褐色，腹板棕黄色。生殖腹板舌状，内缘平行。生殖叉突柄骨化，两后臂约等宽，端部外伸成犁状，无侧突。受精囊卵形。

雄虫　体长 1.8~2.1mm。额和唇基褐黑色，被黄色毛，闪光。触角梗节端部 1/2 和鞭节Ⅰ基部

1/3 为黄色，其余为褐黑色。鞭节Ⅰ的长约为鞭节Ⅱ的 2 倍。触须拉氏器小，卵圆形。中胸盾片棕黑色，密被黄色毛，后部光裸。小盾片和后盾片黑色；暗色部分包括前足股节端部 1/6，胫节基部和端部 1/4 及跗节；中足基节、股节端部 1/6，胫节基部与端部各 1/3 和跗节；后足股节端部 1/5 和胫节端部 1/6。前足跗节Ⅰ的长约为宽的 10 倍。腹部黑色被同色毛。生殖突基节与端节约等长。生殖肢端节侧面观呈弓形。生殖腹板中央具一宽的绒毛纵带，其后缘呈三角形突出，板体前缘强骨化，呈波状横带，后缘略收缩，中凹。

蛹 体长 2.3~2.8mm。呼吸丝略短于蛹体。头、胸部具盘状疣突。头毛 5 对，胸毛 2 对，均不分支。呼吸丝 4 条，上对丝茎略长于下对丝茎，上对的上丝向上发出后急弯伸向前方。腹节 7~9 具刺栉。茧拖鞋形，前缘增厚，无背中突。

幼虫 体长 4.8~5.0mm。头斑阳性。触角长于头扇柄，头扇毛约 30 支。上颚缘齿具附锯齿列。亚颏中齿、角齿突出。侧缘毛每侧 3 支。后颊裂深，圆形，基部收缩，长度略超过后颊桥的 2 倍。胸部具棕色横带，背侧具单刺毛。腹部具棕褐色斑，背侧具单刺毛。肛鳃每叶分 6 个次生小叶。后环约 60 排，每排约具 10 个钩刺。腹乳突存在。

生态习性 蛹和幼虫孳生于山溪的中下游。成虫习性不详。

地理分布 中国辽宁。

分类讨论 新宾纺蚋雄虫生殖腹板具中纵绒毛带，幼虫后颊裂深呈亚圆形等突出特征，可与本组已知的其他近缘种相区别。

薛氏纺蚋 *Simulium*（*Nevermannia*）*xueae* Sun，1994（图 12-156）

Simulium（*Cnetha*）*xueae* Sun（孙悦欣），1994. *Blackflies*, *North China*: 89~91. 模式产地：中国辽宁（新宾）.

Simulium（*Nevermannia*）*xueae* Sun, 1994; Crosskey and Howard. Taxo. Geograp. World Blackflies(Diptera: Simuliidae）：52；Chen and An（陈汉彬，安继尧），2003. The Blackflies of China：225.

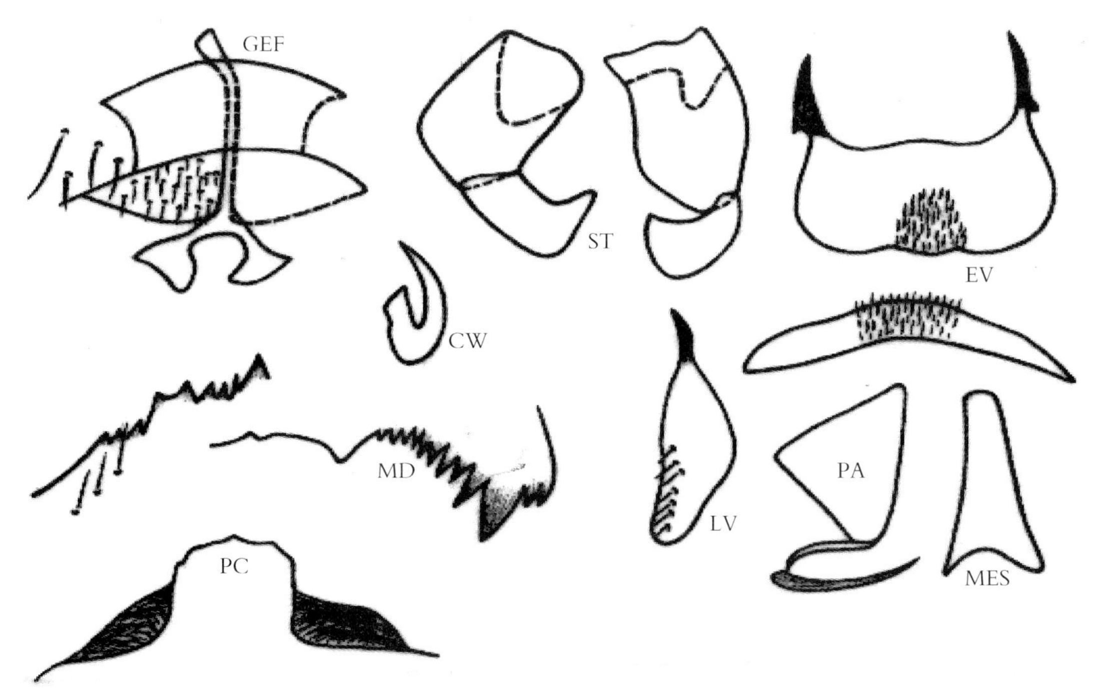

图 12-156 薛氏纺蚋 *S.*（*N.*）*xueae* Sun（仿孙悦欣，1994. 重绘）

鉴别要点 雌虫生殖板内缘平行，生殖叉突后臂膨大部呈杓状。雄虫中骨长板状，端部扩大，末端分叉。幼虫亚颏侧缘毛每边 3 支。

形态概述 （参考孙悦欣，1994）

雌虫 体长 3.2~3.4mm。触须拉氏器长约占节Ⅲ的 2/3。中胸盾片后部具“U”形裸区。爪基齿大。翅径脉基段具毛。生殖板三角形，内缘靠近平行，后缘弧形。生殖叉突柄末端膨大，后臂膨大部杓状。受精囊球形，具网斑。

雄虫 体长 3.2~3.6mm。触角鞭节Ⅰ的长约为鞭节Ⅱ的 2 倍，触须拉氏器小，蝌蚪状。生殖腹板横宽，板体基部收缩，端侧角圆钝，前缘中部略突出，后缘弯曲，中部略凹。中骨长板状，自基部向端部渐扩大，末端分叉。阳基侧突每边具 1 个大刺。

蛹 体长 3.2~3.6mm。头毛 3 对，胸毛 6~8 对。呼吸丝 4 条。腹部钩刺正常。茧拖鞋状，覆盖蛹体。

幼虫 体长 6~8mm。体色苍白，胸腹具棕色横带。头深色，头斑阳性。头扇毛 42~44 支。上颚锯齿一大一小，远距，后颊裂浅，槽口状。后环 76~77 排，每排具 12~14 个钩刺。

生态习性 幼虫和蛹孳生于水温 8℃，pH 值 5.5，海拔 500m 的山涧小溪内。每年 6 月中旬羽化。

地理分布 中国辽宁。

分类讨论 本种的原描述较简单，其突出特征是生殖叉突柄末端膨大，后臂膨大部呈杓状以及雄虫中骨呈长板状，据此可与其近缘种相区别。

张家界纺蚋 *Simulium*（*Nevermannia*）*zhangjiajiense* Chen，Zhang and Bi，2004（图 12-157）

Simulium（*Nevermannia*）*zhangjiajiense* Chen，Zhang and Bi（陈汉彬，张春林，毕光辉），2004. *Acta Zootax Sin.*，29（2）：365~371. 模式产地：中国湖南（张家界）.

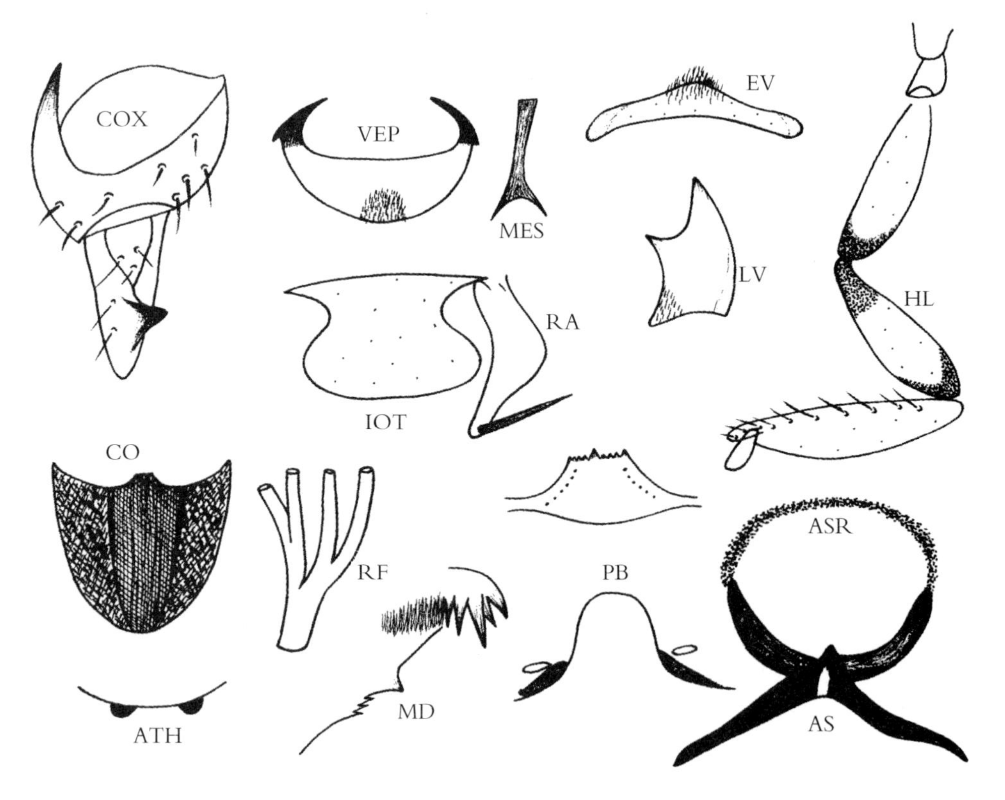

图 12-157 张家界纺蚋 *S.*（*N.*）*zhangjiajiense* Chen，Zhang and Bi，2004

鉴别要点 雄虫生殖肢端节靴状；生殖腹板半圆形，具基侧突。蛹背对外丝长于（约 1.3 倍）其他 3 条呼吸丝。茧具背中突。幼虫上颚具附齿列，肛前具刺环。

形态概述

雌虫 未知。

雄虫 体长 3.0mm；翅长 2.4mm。上眼具 17 纵列，13 横排。触角鞭节Ⅰ的长为鞭节Ⅱ的 1.6 倍。触须节Ⅲ～Ⅴ的节比为 4.0∶4.0∶10.5；节Ⅲ不膨大。拉氏器圆形，长约为节Ⅲ的 0.23。中胸盾片覆灰白色毛。中胸侧膜和下侧片光裸。足色和翅似郴州纺蚋［*S.*（*N.*）*chenzhouense*］。后足基跗节纺锤形，长约为宽的 3.8 倍。生殖肢端节靴状，内缘亚端部具三角形内突，生殖腹板半圆形，基缘略凹。中骨杆状，端部分叉。阳基侧突具 1 个大刺。

蛹 体长约 3.0mm。头、胸、腹近似郴州纺蚋［*S.*（*N.*）*chenzhouense*］，唯其蛹背对外丝长于其余 3 条呼吸丝的 1.3 倍。

幼虫 体长 6.0~6.5mm。体色黄棕，后股节 6~8 具红棕色带，头斑阳性。触角节 1~3 的节比为 57∶66∶43。头扇毛 3 对。上颚缘齿具附齿列。亚颏中齿、角齿显著；侧缘毛 5~6 支。后颊裂端圆，长与后颊桥相当。后股节有刺毛，肛鳃每叶分 10~12 个次生小叶，肛骨前臂、后臂约等长。肛前具刺环，后股具附骨。后环 94 排，每排具 11~13 个钩刺。

生态习性 幼虫和蛹孳生于山溪中的水上植物和枯枝落叶上。

地理分布 中国湖南（张家界）。

分类讨论 本种虽然雌虫不详，但是其雄虫生殖腹板半圆形，幼虫上颚缘齿具附骨，后股具肛前刺环和附骨，特征相当突出，可资鉴别。

油丝纺蚋 *Simulium*（*Nevermannia*）*yushangense* Takaoka，1979（图 12–158）

Simulium（*Eusimulium*）*yushangense* Takaoka，1979. *Pacif. Ins.*，20（4）：370~373. 模式产地：中国台湾.

Simulium（*Nevermannia*）*yushangense* Takaoka，1979；Crosskey，1988. Annot. Checklist World Blackflies（Diptera：Simuliidae）：462；An（安继尧），1996. *Chin J. Vector Bio. and Control*，2（2）：472；Chen and An（陈汉彬，安继尧），2003. The Blackflies of China：226.

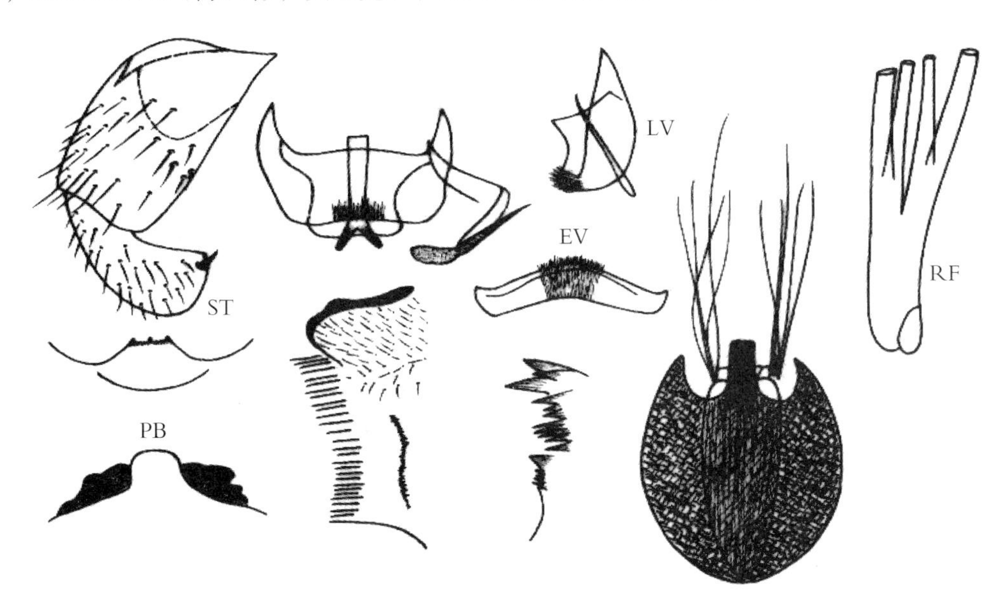

图 12–158 油丝纺蚋 *S.*（*N.*）*yushangense* Takaoka（仿 Takaoka，1979. 重绘）

鉴别要点 蛹上对呼吸丝的上丝特粗长，为其余 3 条丝的 1.4~1.5 倍。幼虫具肛前附骨，肛鳃每叶分 10~12 个次生小叶。

形态概述

雌虫 未发现。

雄虫 体长 3.6~4.0mm。后头具黄白长毛。上眼大眼面 17 排。唇基黑色，具黄白色毛。触角棕黑色，鞭节Ⅰ的长约为鞭节Ⅱ的 1.6 倍。触须拉氏器小，长约占节Ⅲ的 1/2。中胸盾片黑色，密被金黄色毛。小盾片棕色，具金黄色长毛。后盾片黑色，光裸。足为棕黑色至黑色，但各足股节基部 3/4 为淡棕色。后足基跗节膨胀，约与胫节等宽。翅亚缘脉光裸，径脉基段具毛。腹部基鳞棕色具黄色长缘毛。腹节背板棕色，无闪光，被黄色和棕色短毛。生殖肢基节的长约为宽的 2 倍。生殖肢端节靴状，长约为基节的 3/4，端部膨胀向内凸出。生殖腹板横宽，端部略收缩，前缘微凸，后缘中部稍凹，端侧角宽圆。中骨杆状，末端分叉。阳基侧突每侧具 1 个大钩刺。

蛹 体长约 4.0mm。头、胸部除后胸部具角状疣突外，几乎光裸。头毛 4 对，胸毛 5 对，均长单支。呼吸丝 4 条，成对发出，丝茎长短不一，长于蛹体，背面 1 条呼吸丝粗长，长为其他 3 条丝的 1.4~1.5 倍。腹节 5~8 背板具刺栉。茧拖鞋状，编织紧密，前缘加厚，具腹侧角突和条状背中突。

幼虫 体长 6.3~7.2mm。头斑阳性。触角 4 节，节比为 50∶63∶30∶3。头扇毛 42 支。上颚缘齿具附锯齿列，第 2 梳齿小于第 1、第 3 梳齿，亚颏中齿、角齿发达；侧缘毛每侧 5~6 支。后颊裂小而圆，长略超过后颊桥的 1/2。后腹节具单刺毛。肛鳃每叶分 10~12 个次生小叶。肛板前臂略短于后臂，肛前附骨显著。后环 88 排，每排约具 14 个刺钩。腹乳突发达。

生态习性 蛹和幼虫孳生于 2~4m 宽的山溪里的石块和枯枝落叶上。

地理分布 中国台湾。

分类讨论 油丝纺蚋与本组其他的已知种类的主要区别：蛹呼吸丝的背丝明显比其他 3 条呼吸丝粗长，幼虫后腹部具附骨，小而圆的后颊裂和肛鳃多分支等特征。

8）短蚋亚属 Subgenus *Odagmia* Enderlein，1921

Odagmia Enderlein，1921. *Deut. Tierärzti. Wschr.*，29：199. 模式种：*Simulia ornata* Meigen，1818.

Simulium（*Odagmia*），Rubtsov，1940. *Blackflies*，*Fanna USSR*，Diptera，6（6）：368；Chen and An，2003. The Blackflies of China：229.

亚属特征 中胸侧膜具毛。前足胫节具银白色斑，跗节Ⅰ较扁宽。雌虫生殖板内缘凹入呈弧形，爪具亚基齿。雄虫生殖肢端节长于基节，通常具乳头状基内突；生殖腹板板体壶状，通常中部略膨大，具发达的腹突；侧面观，后缘具齿列。蛹呼吸丝 8 条，成对发出，均具短茎或其中 1 对从基部发出，腹节Ⅶ、Ⅷ背板具栉刺。茧编织疏松，前部由粗线缠绕而形成网格结构。幼虫触角有或无次生淡环；后颊裂较浅，亚方形或端圆。肛鳃通常简单。

Odagmia 系 Enderlein（1921）建立的新属，随后，Rubtsov（1940，1956）将其降级作为蚋属的

一个亚属。Crosskey［1988，1997，Adler 和 Crosskey（2008~2014）］再次将其降级作为蚋属蚋亚属的 2 个组，即装饰蚋组（*ornatum* group）和杂色蚋组（*variegatum* group）。本书根据装饰蚋组中胸侧膜具毛这一特征，将其恢复到亚属级地位。

本亚属全世界已知 24 种（Adler 和 Crosskey，2014），我国已记载 4 种，即峨嵋短蚋［*S.*（*Odagmia*）*emeinese*］、斑短蚋［*S.*（*O.*）*ferganicum*］、一洼短蚋［*S.*（*O.*）*iwatense*］和装饰短蚋［*S.*（*O.*）*ornatum*］。

中国短蚋亚属分种检索表

雌虫

1 触须节Ⅴ仅略细于节Ⅳ，其长度约为节Ⅳ的 3 倍……………………一洼短蚋 *S.*（*O.*）*iwatense*

触须非如上述……………………………………………………………………………2

2（1） 生殖叉突后臂具膜质内突……………………………………………………………3

生殖叉突后臂无膜质内突………………………………………………装饰短蚋 *S.*（*O.*）*ornatum*

3（2） 足的淡色部分呈赭红色；生殖叉突后臂膜质内突呈弯条状……………………………

………………………………………………………………斑短蚋 *S.*（*O.*）*ferganicum*

足的淡色部分呈黄白色；生殖叉突后臂膜质内突呈梨状…………峨嵋短蚋 *S.*（*O.*）*emeinese*

雄虫[①]

1 生殖腹板侧面观，腹突端尖呈月牙状……………………………………斑短蚋 *S.*（*O.*）*ferganicum*

生殖腹板侧面观，腹突端圆或末端平齐，呈长方形……………………………………………2

2（1） 中胸盾片具银白色斑；中骨板状，端中裂侧缘光滑……………装饰短蚋 *S.*（*O.*）*ornatum*

中胸盾片边缘具灰白粉被而无银白色斑；中骨梨形，端中裂侧缘具踞齿列……………………

………………………………………………………………峨嵋短蚋 *S.*（*O.*）*emeinese*

蛹[②]

1 呼吸丝大多呈波状弯曲；第 3 对呼吸丝几乎无茎………………………斑短蚋 *S.*（*O.*）*ferganicum*

呼吸丝正常，4 对呼吸丝均具短茎………………………………………………………………2

2（1） 第 3 对呼吸丝茎长于第 4 对丝茎 ………………………………峨嵋短蚋 *S.*（*O.*）*emeinese*

第 3 和第 4 对呼吸丝茎约等长……………………………………………装饰短蚋 *S.*（*O.*）*ornatum*

幼虫[③]

1 触角节 2 具 2 个次生淡环；后颊裂亚圆形，长宽约相等……………装饰短蚋 *S.*（*O.*）*ornatum*

触角节 2 无次生淡环；后颊裂亚方形，宽大于长………………………斑短蚋 *S.*（*O.*）*ferganicum*

① 一洼短蚋［*S.*（*O.*）*iwatense*］的雄虫尚未发现。

② 一洼短蚋［*S.*（*O.*）*iwatense*］的蛹尚未发现。

③ 峨眉短蚋［*S.*（*O.*）*emeinese*］和一洼短蚋［*S.*（*O.*）*iwatense*］的幼虫尚未发现。

峨嵋短蚋 *Simulium*（*Odagmia*）*emeinese* An，Xu and Song，1991（图 12–159）

Simulium（*Odagmia*）*emeinese* An，Xu and Song（安继尧，薛群力，宋锦章），1991. *Contr. Blood-sucking Dipt. Ins.*，3：82~85. 模式产地：四川，峨嵋山．Crosskey *et al.*，1996. *J. Nat. Hist.*，30：428；An，1996. *Chin J. Vector Bio. and Control*，7（6）：474；Chen and An（陈汉彬，安继尧），2003. The Blackflies of China：230.

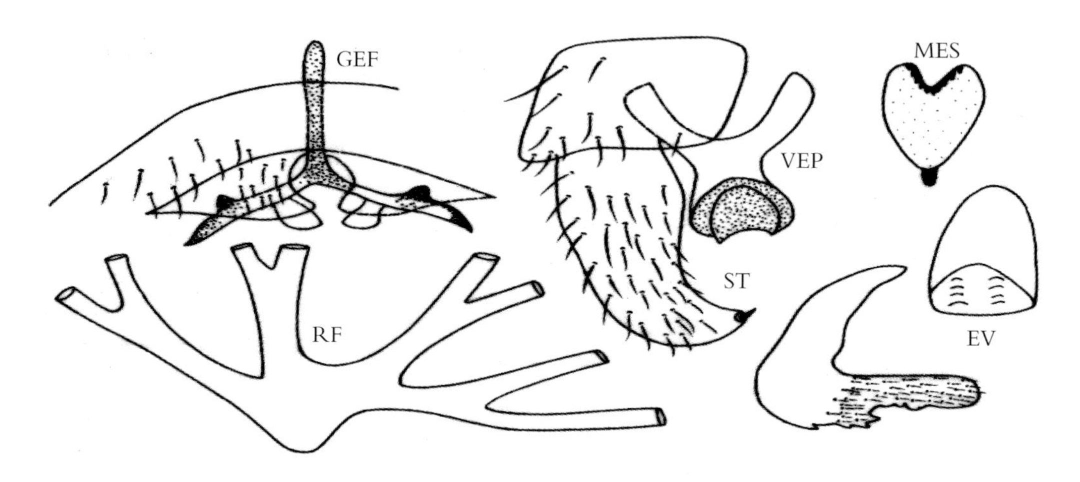

图 12–159 峨嵋短蚋 *S.*（*O.*）*emeinese* An，Xu and Song，1991（仿安继尧等 . 重绘）

鉴别要点 雌虫生殖叉突后臂具梨形膜质内突。雄虫中胸盾片无银白色斑；中骨梨形，中端裂两侧具锯齿列。蛹呼吸丝第 3 和第 4 对短茎约等长。

形态概述

雌虫 体长约 3.2mm。额和颜黑色，覆白色粉被和白色短毛。触角柄节、梗节为棕黄色，鞭节黑色。中胸盾片黑色，稀被黄白色毛。从后上方看，两肩各具 1 个"F"形，中部呈山峰形的浅灰色图案，小盾片黑色，边缘稀被黄白色毛。中胸侧膜具黄色毛。翅径脉基光裸。前足基、转节、股节基 1/2 和胫节基部为棕黄色，胫节中部后侧 4/5 为白色，余部为黑色。中足基、转节、股节基 1/2 为棕黄色，余部为浅黑色；胫节基部后侧面 4/5 为白色，余部为浅黑色；跗节黑色。后足转节、股节基部，胫节基 1/2 及基跗节后侧面 2/3 均为棕黄色，余部为黑色。爪具点状基齿。腹部黑色，节Ⅵ ~ Ⅷ背板闪光。生殖板亚三角形，内缘凹入呈圆弧形，生殖叉突后臂具外突和梨形膜质内突。

雄虫 体长 2.8mm。触角绒黑色。中胸盾片黑色，覆银灰色粉被，稀布黄色短毛，无银白色斑。中胸侧膜具黄色毛。前足基、转节为棕黄色，股节浅黑色，胫节中部后侧面 4/5 为白色，余部为黑色。中足除基、转、股节和胫节基部后面 1/2 为棕黄色外，余部为浅黑色；跗节黑色。后足除转、股、胫节基端和基跗节基部后面 1/2 为棕黄色外，余部为浅黑色或黑色。腹部黑色。生殖肢端节长约为基节的 2 倍，生殖腹板板体壶形，具带齿的腹突，基臂粗壮。中骨梨形，端部膨大，后缘内凹，侧缘具锯齿列。

蛹 呼吸丝 4 对，均具短茎，第 3 和第 4 对短茎约等长。茧编织粗糙。

幼虫 不详。

生态习性 幼虫和蛹孳生于山溪中的水草上。

地理分布 中国四川。

分类讨论 本种的全面特征与 *S.*（*O.*）*ornatum* Meigen，1818 和 *S.*（*O.*）*frigida* Rubtsov，1940 相似，它们的主要区别是本种雌虫中胸盾片具“F”形，中部呈山峰状浅灰色图案；雄虫中胸盾片除前缘中部外，其余边缘覆银灰色粉被。此外，本种雌虫生殖叉突具梨形内突，雄虫中骨梨形，端凹并在凹陷区两侧缘具锯齿列等特征也很突出，足以与其他近缘种相区别。

斑短蚋 *Simulium*（*Odagmia*）*ferganicum* Rubtsov，1940（图 12-160）

Simulium（*Odagmia*）*ferganicum* Rubtsov，1940. *Blackflies*，*Fauna USSR*，Diptera，6（6）：376. 模式产地：俄罗斯 . An（安继尧），1989. *Contr. Blood-sucking Dipt. Ins.*，1：185.

Odagmia ferganicum Rubtsov，1940；Takahasi，1948，*Mushi*，148（10）：66；Lee *et al.*（李铁生等），1976. N. China，midges，blackflies and horseflies：130~131.

Simulium（*Simulium*）*ferganicum* Rubtsov，1940；Crosskey，1988. Annot. Checklist World Blackflies（Diptera：Simuliidae）：476；An（安继尧），1996. *Chin J. Vector Bio. and Control*，7（6）：474. Chen and An（陈汉彬，安继尧），2003. The Blackflies of China：232.

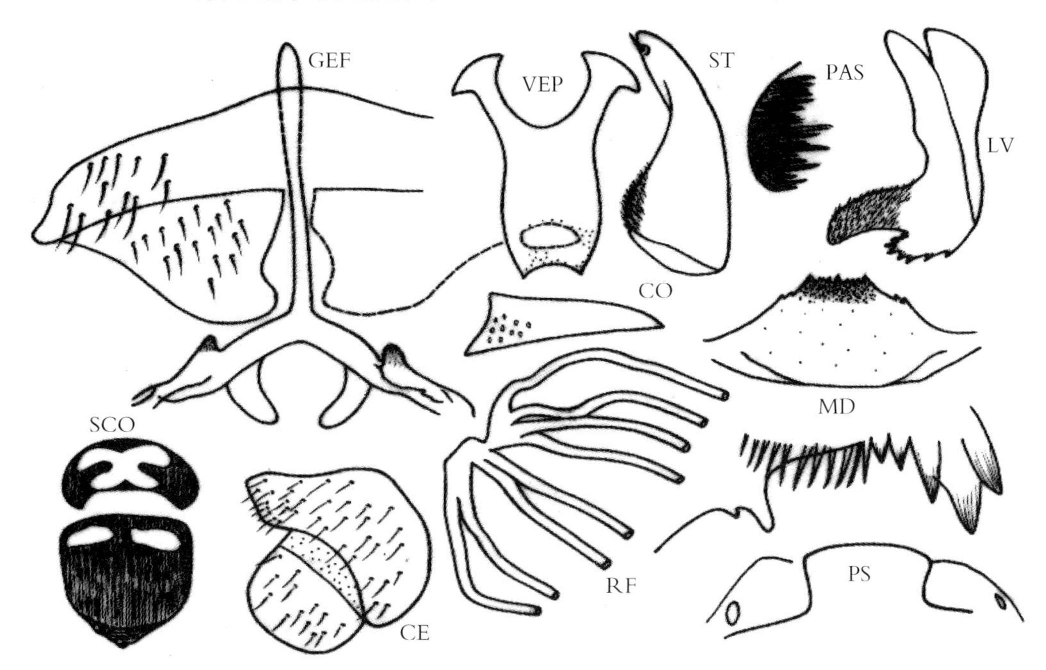

图 12-160 斑短蚋 *S.*（*O.*）*ferganicum* Rubtsov，1940

鉴别要点 雌虫生殖叉突后臂具弯条状膜质内突。雄虫生殖腹板侧面观腹突呈新月形，后缘具 8~11 枚齿；中骨板状。蛹呼吸丝大多弯曲呈波状。

形态概述

雌虫 触角黑褐色，柄节、梗节或包括鞭节Ⅰ为黄色。触须节Ⅴ长于节Ⅲ、节Ⅳ之和。中胸盾片深灰色，具马蹄形银白色肩斑；从上面观，两肩斑后有 2 个半圆形暗色斑，中部尚有 2 个大暗色斑。前足基节黄色，中足、后足基节黑色；中足股、胫节黄色，前、后足胫节端部 1/3~1/4 暗色。中足跗节Ⅰ基 1/2 为黄色，后足基跗节大部为黄色。爪具较大的亚基齿。生殖板内缘亚端部内凹。生殖叉突后臂具外突和弯条状膜质内突。

雄虫　体长约 3.0mm。中胸盾片灰黑色，被金色毛，银白色肩斑清晰。足黑色，后足基节基部和基跗节基部近 1/2 为黄色。生殖肢端节具疣状亚基内突，其上密布细毛。生殖腹板壶状，基臂短粗，板体侧面观腹突为新月形，端尖，后缘具 8~11 枚齿。中骨板状。

蛹　呼吸丝大多弯曲呈波状，第 1、第 2 和第 4 对具短茎，第 3 对从基部发出。茧拖鞋状，前部编织疏松。

幼虫　体长约 6.5mm。头斑阳性。触角无次生淡环。头扇毛 42~46 支，上颚具内齿 11~12 枚。亚颏齿短，侧缘毛每边 9~11 支，排成 1~2 列。后颊裂短宽，亚方形，宽明显大于长，侧缘基部略收缩。肛鳃简单。后环 92~94 排，每排具 14~16 个钩刺。

生态习性　幼虫和蛹孳生于夏季水草丛生的河流里，水温 20~25℃。第二代成虫最早出现于 3 月底或 4 月初（中国科学院动物研究所，1976）。

地理分布　中国：华北地区，西北地区；国外：俄罗斯，吉尔吉斯斯坦，乌克兰，塔吉克斯坦，乌兹别克斯坦。

分类讨论　本种生殖腹板板体较粗壮，生殖叉突具弯条状膜质内突，蛹呼吸丝弯曲呈波状等综合特征，不难与其他近缘种相区别。

一洼短蚋 *Simulium*（*Odagmia*）*iwatense* Shiraki，1935

Odagmia iwatensis Shiraki，1935. *Mem. Fac. Sci. Aqric. Taihoku Imp. Univ.*，16（1）：40~42.　模式产地：日本（Iwate）. Rubtsov，1956. *Blackflies*，*Fauna USSR*，Diptera，6（6）：699.

Simulium（*Simulium*）*iwatense* Shiraki，1935；Crosskey，1988. Annot. Checklist World Blackflies（Diptera：Simuliidae）：475；An（安继尧），1996. *Chin J. Vector Bio.and Control*，7（6）：474. *Simulium*（*Odagmia*）*iwatense* Shiraki，1935.

鉴别要点　雌虫触须节Ⅴ仅略细于节Ⅳ，长约为节Ⅳ的 3 倍。

形态概述

雌虫　体长 2.8~3.7mm。全面特征似装饰短蚋［*S.*（*O*）*ornatum* Maigen，1818］。额覆白粉被，具同色毛。触角柄节、梗节黄色，鞭节黑色。触角节Ⅴ仅略细于节Ⅳ，其长度约为节Ⅳ的 3 倍。中胸盾片灰黑色，被金黄色毛，具 2 个白色肩斑，并向后延伸形成不明显的盾缘白带。中胸侧膜具毛。腹部黑色。足棕黑色，但是基节、股节基部，前胫基 3/4，中、后胫基 2/3，中足跗节Ⅰ基部，后足基跗节基 1/2 和跗节Ⅱ基部均为黄色。前足胫节具长的银灰色斑。爪具亚基齿。

雄虫　尚未发现。

蛹　尚未发现。

幼虫　尚未发现。

生态习性　不详。

地理分布　中国：湖北；国外：日本。

分类讨论　一洼短蚋系 Shiraki（1935）根据采自日本的 2 只雌虫而记述，迄今，尚未见补描述。本种的一般特征颇似装饰短蚋［S.（*O.*）*ornatum* Meigen，1818］，两者的主要区别是本种雌虫触须节Ⅴ特粗长。

装饰短蚋 *Simulium*（*Odagmia*）*ornatum* Meigen，1818（图 12–161）

Simulia ornatum Meigen，1818. *Syst. Beschr. bek. europ. zweif. Ins.*，1：290~291（原文未见）. 模式产地：德国 .

Odagmia ornatum Meigen，1818；Chen and Cao（陈继寅，曹毓存），1982. *Acta Zootax Sin.*，7（1）：82；Xue（薛洪堤），1987. *Acta Zootax. Sin.*，12（1）：111.

Simulium（*Odagmia*）*ornatum* Meigen，1818，An（安继尧），1989. *Contr. Blood-sucking. Dipt. Ins.*，1：185；Chen and An（陈汉彬，安继尧），2003. The Blackflies of China：234.

Simulium（*Simulium*）*ornatum* Meigen，1818；Crosskey *et al.*，1996. *J. Nat.Hist.*，30：428.

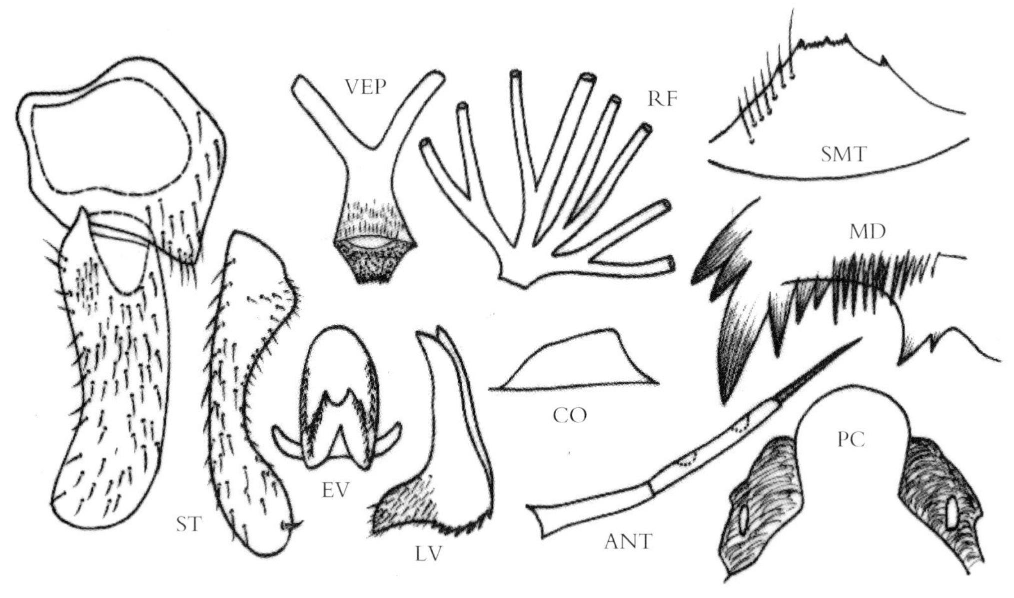

图 12–161 装饰短蚋 *S.*（*O.*）*ornatum* Meigen，1818

鉴别要点 雌虫生殖叉突后臂无膜质内突。雄虫生殖腹板亚端部膨大。蛹 4 对呼吸丝具短茎。幼虫触角节Ⅱ具 2 个次生淡环。

形态概述

雌虫 体长 3.0~3.5mm。额覆银灰粉被，具稀毛。触角柄节、梗节为黄色。触须拉氏器约占节Ⅲ的 1/2 宽。中胸盾片具 2 个银白色肩斑。中胸侧膜具毛。足大部为黄色，包括前足基、转节、股节基 4/5、胫节基 3/4，中足转节、股节基 3/4 和胫节基 2/3，后足股节大部、胫节基 1/2、基跗节基部跗节Ⅱ基 1/2。前胫具银白色斑。后足基跗节两侧平行，长约为宽的 6.5 倍。生殖板内缘凹入呈弧形，端内角舌状，靠近。生殖叉突后臂无内突。受精囊球状。

雄虫 体长 3.0~4.0mm。触角黑色。中胸盾片银白色肩斑，清晰。中胸侧膜具毛。足大部为暗色，但是后足胫基部和基跗节基 1/2 为黄色，前足胫节具银白色斑。腹节Ⅵ、腹节Ⅶ背板具侧白色斑。生殖肢端节中部细，基宽约为端宽的 1/3 倍，具乳头状基内突。生殖腹板板体基部收缩，亚端部膨大，宽约为最窄处的 1.5 倍；侧面观，腹突长约为宽的 2 倍，后缘约具 7 枚齿。中骨板状，基窄端宽。

蛹 体长 3.0~3.5mm。呼吸丝 4 对，均具短茎。茧简单，无孔窗。

幼虫 体长 6.0~7.0mm。触角略短于头扇柄，节 2 具 2 个次生淡环。头扇毛 45~54 支。上颚具内齿 9~11 枚。亚颏顶齿小，侧缘毛每边 3~6 支。后颊裂较浅，亚方形或亚圆形。肛鳃简单，肛前具微刺群。后环 68~80 排，每排具 12~14 个钩刺。

生态习性 幼虫和蛹孳生于山溪、水库沟渠或其他流动水体中的水生植物、枯枝落叶上。水温 10~20℃，不同海拔高度均习见。

地理分布 中国：吉林，辽宁，四川，云南，贵州；国外：广布于欧洲大陆、中亚地区、中东地区，直至俄罗斯（西伯利亚）。

分类讨论 装饰短蚋是一个多型种，其形态变异幅度大，已报道近 30 个同义词。经检查中国各地标本，也发现同样的情况，尤其是足的颜色、呼吸丝的分布形式及基茎的长度都有变异。其分类地位尚待进一步细胞学和分子生物学的研究。

9）副布蚋亚属 Subgenus *Parabyssodon* Rubtsov，1964

Parabyssodon Rubtsov, 1964. *Fliegen der palaearktischen region* 14: 623. 模式种：*Simulium*（*Byssodon*）*transiens* Rubtsov，1940；Chen and An，2003. The Blackflies of China：236.

亚属特征 中胸盾片黑色，雄虫盾缘光裸。中胸侧膜和下侧片无毛。前足跗节 I 宽扁，长为其最大宽度的 4~6 倍（雄虫）和 3.5~5.5 倍（雌虫）。雌爪具大基齿。雄虫生殖肢端节稍长于基节，基部和端部较宽，中部较细，基部内侧具刺丛。生殖腹板横宽。阳基侧突具众多钩刺，排成 2~3 列。蛹呼吸丝 4 条，对生。茧拖鞋状，无颈领。幼虫上颚锯齿指向前方，亚颏顶齿 9 枚，短小，中齿不突出，后颊裂伸达亚颏后缘。腹部体壁被叉状毛，腹面中部 1/3 处有 4 对圆锥形突起。肛鳃复杂。

副布蚋亚属是 Rubtsov 于 1964 年建立。Adler 和 Crosskey（2013，2014）将其降级作为蚋亚属 Subgenus *Simulium* 的一个种组处理，即斯洛蚋组（*slossonae* group）。鉴于蚋亚属是一个杂源组合的大类群，拟不苟同，仍保留其亚属地位。

本亚属全世界仅发现 4 种（Adler 和 Crosskey，2014），分布于古北界和新北界。我国仅知 1 种，即宽跗副布蚋，分布于华北和内蒙古地区。

宽跗副布蚋 *Simulium*（*Parabyssodon*）*transiens*（Rubtsov，1940）（图 12-162）

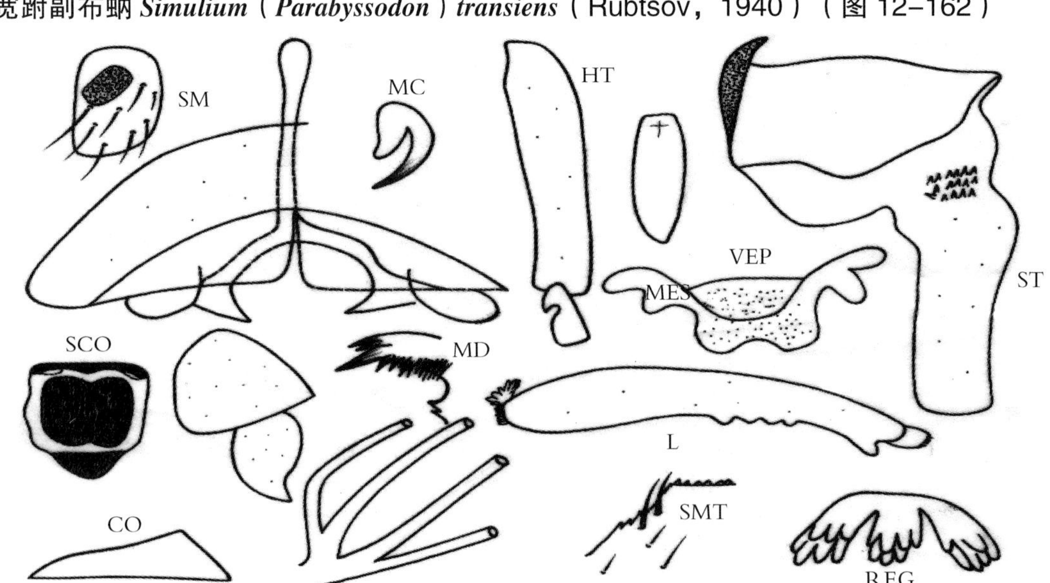

图 12-162 宽跗副布蚋 *S.*（*Pa.*）*transiens*（Rubtsov，1940）

Simulium（*Byssodon*）*transiens* Rubtsov，1940. *Blackflies*，*Fauna USSR*，Diptera，6（6）：502. 模式产地：俄罗斯（西伯利亚）.

Byssodon transiens Rubtsov，1940；Tan and Chow（谭娟杰，周佩燕），1976. *Acta Ent. Sin.*，19（4）：122~123.

Simulium（*Parabysondon*）*transiens* Rubtsov，1940；Rubtsov and Yankovsky，1984. *Cat. Paraearctic Dipt.*，3：136；An（安继尧），1989. *Mag. Acad. Milit. Med. Sci.*，13（3）：199~201；Crosskey *et al.*，1996. *J. Nat. Hist.*，30：421；Chen and An（陈汉彬，安继尧），2003：The Blackflies of China：236.

鉴别要点 雄虫盾缘光裸；前足跗节Ⅰ的长为宽的5~5.5倍；生殖肢端节基内侧具刺丛。雌虫生殖叉突后臂膨大部方形。幼虫亚颏侧缘毛2~3排，后颊裂伸达亚颏后缘；腹部具叉状毛。

形态概述

雌虫 体长2.5~3.0mm。额亮黑色，无毛。触角黑色。触须节Ⅲ的长约为节Ⅳ的1.5倍。中胸盾片黑绒色，散布稀疏金黄色短毛。足棕褐色，股节基部黄色，前足胫节基部3/4处有银白色斑。跗节Ⅰ的长为宽的5~6倍。中足胫节基部2/3为黄色。后足跗节Ⅰ端部1/4为黑色，其宽度约为胫节宽的1/2。腹部背板黑色，端部闪光。生殖板略呈三角形，生殖叉突后臂膨大部成方形，或不明显膨胀而具骨化外突。

雄虫 体长2.2~2.4mm。触角黑色。中胸盾片黑绒色，散布金黄色毛，盾缘光裸。中胸侧膜和下侧片无毛。足棕黑色，前足胫节前面具银白斑。跗节Ⅰ的长为宽的5~5.5倍。后足基跗节基部2/3闪光，长为宽的7~7.5倍。腹部黑色，节Ⅱ腹板有银色闪光。生殖肢基节短于端节，生殖肢端节基部内侧具刺丛。生殖腹板板体横宽，约为其高的3倍，中部密布长毛，基臂粗壮。阳基侧突具众多钩刺，排成2~3列。

蛹 体长约2.5mm。呼吸4条，对生，长约为2.0mm。头毛、胸毛简单。茧拖鞋状。

幼虫 体长4~4.5mm。额斑阳性，触角3节，节2明显长于节1、节3。头扇毛40~50支。上颚具内齿7~8枚，锯齿3枚，指向前方。亚颏顶齿9枚，短小，中齿不明显突出，侧缘毛每侧2~3支，粗壮。后颊裂伸达亚颏后缘。肛鳃每叶分6~8个附叶。后环62~78排，每排具11~13钩刺。

生态习性 幼虫和蛹孳生于溪流或较大的河流中，9月上旬为羽化盛期。

地理分布 中国：内蒙古，华北；国外：俄罗斯（西伯利亚）。

分类讨论 宽跗副布蚋具有副布蚋亚属的一般特征，如雄虫盾缘无毛，生殖肢端节基部内侧具刺丛，阳基侧突具2~3排钩刺，幼虫后颊裂伸达亚颏后缘，腹部具锥形突和叉状毛等，特征相当突出，不难鉴别。

10）逊蚋亚属 Subgenus *Schoenbaueria* Enderlein，1921

Schoenbaueria Enderlein，1921. *Sitzber. Ges. Wochr.*，29（16）：214~215；Chen and An，2003. The Blackflies of China：238.

亚属特征 雌虫额具毛；中胸盾片无银白色斑，中胸侧膜和下侧片光裸，径脉基具毛；足爪短，无基齿；跗突和跗沟发育正常；生殖板长方形。雄虫中胸盾片具黑色柔毛，无或稍有光泽，从后面和侧面观边缘具银白色斑；生殖肢端节短于生殖肢基节，末段平截；生殖腹板叶片状，较宽，中骨末端分叉；阳基侧突每边具 2 个大刺。蛹呼吸丝每边 4~8 条，分成两叉；腹节Ⅴ、Ⅵ背板具刺栉；茧无颈领。幼虫亚颏侧缘齿明显分离，向边缘拉长；后颊裂深，宽而圆，但不伸达亚颏后缘。

本亚属的一个显著特征是幼虫和蛹孳生于大河里。全世界仅记载 23 种（Adler 和 Crosskey，2014），分布于欧洲、喜马拉雅山脉以北的亚洲、阿拉伯北部、撒哈拉沙漠以北的非洲和北美洲。我国已知 3 种，即黄色逊蚋［*S.*（*Sc.*）*flavoantennata*］、曲胫逊蚋［*S.*（*Sc.*）*tibialis*］和尼格逊蚋［*S.*（*Sc.*）*nigrum*］，分布于东北区和蒙新区。

黄色逊蚋 *Simulium*（*Schoenbaueria*）*flavoantennatum* Rubtsov，1940（图 12-163）

Simulium（*Schoenbaueria*）*flavoantennata* Rubtsov，1940. *Blackflies*，*Fauna USSR*，Diptera，6（6）：402~403. 模式产地：新疆 .An（安继尧），1989. *Mag. Acad. Milit. Med. Sci.*，13（3）：183；Crosskey，1996. *J. Nat. Hist.*，30：420；Chen and An（陈汉彬，安继尧），2003. The Blackflies of China：238.

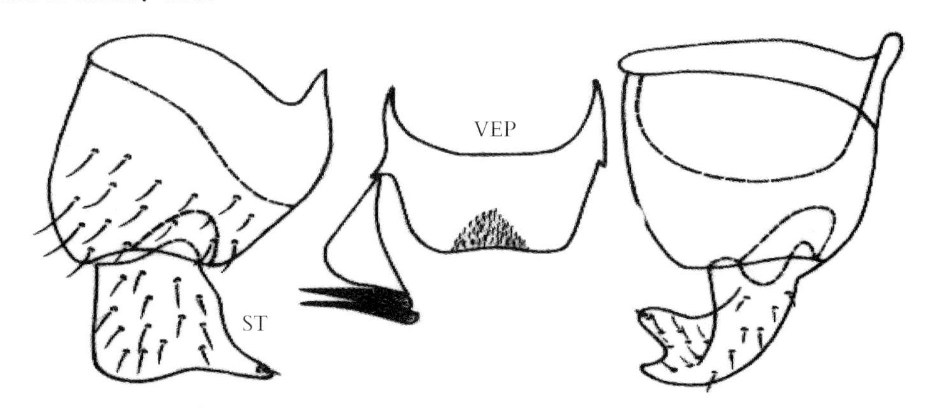

图 12-163 黄色逊蚋 *S.*（*Sc.*）*flavoantennatum* Rubtsov，1940

鉴别要点 雄虫触角、翅脉、平衡棒和足大部均为黄色。

形态概述

雌虫 未知。

雄虫 体长约 2mm。触角除端部为红色外，余一致为黄色。中胸盾片灰黑色，具散在的金黄色短柔毛，无光泽，前缘具不明显的银色闪光。翅脉黄白色。平衡棒黄色。前足基节和股节为棕黄色。中足和后足基节为黑色，股节和胫节基部 1/2 为黄色，端部为亮色，余部为黑色；后足跗节Ⅰ顶端黑色，余部为棕黄色。后足基跗节较短窄，约为胫节长的 3/5，宽的 1/2，两边平行。跗突窄短。后足跗节Ⅱ较长，约为跗节Ⅰ的 1/3，基中部为黄色。腹部背面黑色，覆金黄色毛。生殖肢端节短于基节，其长度略大于宽，末段细长内弯，具 1 个端刺；生殖腹板叶片状，横宽。阳基侧突每边具 1 对粗刺。

蛹 未知。

幼虫 未知。

生态习性 不详。

地理分布 中国：新疆，西藏；国外：蒙古国。

分类讨论 黄色逊蚋的体色特殊，与下述的曲胫逊蚋有明显差异。

曲胫逊蚋 *Simulium*（*Schoenbaueria*）*tibialis* Tan and Chow，1976（图 12–164）

Schoenbaueria tibialis Tan and Chow（谭娟杰，周佩燕），1976 . *Acta Ent. Sin.*，19（4）：455~459. 模式产地：中国东北；Lee *et al.*（李铁生等），1976. N. China，midges，blackflies and horseflies：118. 模式产地：中国东北 .

Simulium（*Schoenbaueia*）*tibialis* Tan and Chow，1976；An（安继尧），1989. *Mag. Acad. Milit. Med. Sci.*，13（2）：184；Crosskey *et al.*，1996. *J. Nat. Hist.*，30：420；Chen and An，2003. The Blackflies of China：239.

鉴别要点 雌虫后足胫节后缘弯曲，中部凹入。

形态概述

雌虫 体长约 3.5mm。与逊蚋亚属其他种类最主要的区别在于后足胫节的后缘弯曲，中部凹入，呈波浪形。

雄虫 未知。

蛹 未知。

幼虫 未知。

图 12–164 曲胫逊蚋 *S.*（*Sc.*）*tibialis* Tan and Chow，1976

生态习性 不详。

地理分布 中国东北。

分类讨论 曲胫逊蚋的种名“tibiale”与蚋属的 *tibiale* Macquart，1834（= *S. ornatum* Meigen，1818）共占一个名称，所以动物学记录以及 Crosskey（1988）的世界蚋科名录均未收录。

尼格逊蚋 *Simulium*（*Schoenbaueria*）*nigrum*（Meigen，1804）（图 12–165）

Simulium nigrum Meigen，1804. *Syst. Beschr*，1：95. 模式产地：德国 .

Simulium behningi Enderlein，1926. *Zool. Anz.*，66：142. Rubtsov，1956. *Blackflies*，*Fauna USSR*，Diptera，6（6）：755；Chen and An（陈汉彬，安继尧），2003. *The Blackflies of China*：316.

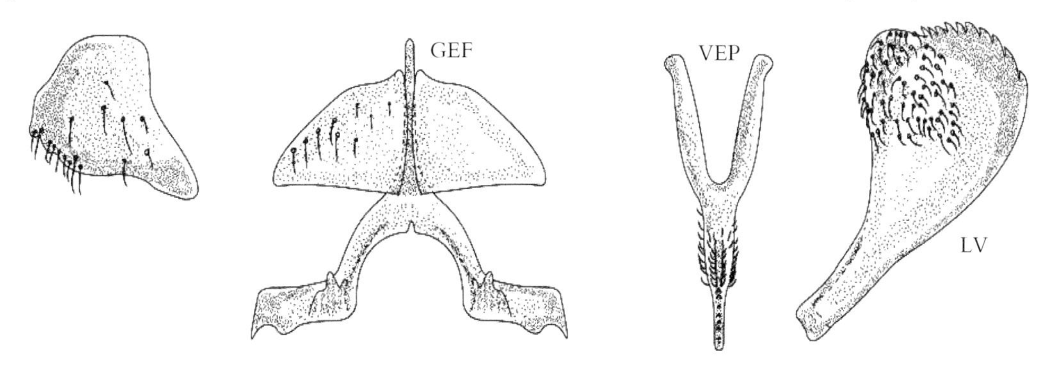

图 12–165 尼格逊蚋 *S.*（*Sc.*）*nigrum*（Meigen，1804）（根据 Rubtsov，1956 和 Yankovsky，2002 的附图，整合）

鉴别要点 雌虫触角全暗。雄虫生殖腹板纵长，板体棒状；基臂粗壮，夹角约 30°。

形态概述

雌虫 额具灰白粉被。触角全长灰黑色。中胸盾片具暗色中纵纹和铜黄色缘饰。腹部灰黑色。足基节和股节为褐黄色，前足胫节无银白色斑，前足跗节 I 稍膨大。

雄虫 体长 3.0~3.2mm。触角柄节、梗节色稍淡。中胸盾片具银白色肩斑。后足基跗节基 1/2 为黄白色，生殖腹板"Y"形，板体纵长，端 1/2 明显收缩，基臂粗壮而前伸，夹角小，约为 30°；侧面观，生殖腹板后缘具齿列，后突稀布刺状毛。

蛹 体长 3.0~4.0mm。呼吸丝 8 条，上对和下面 2 对具短茎。茧编织疏松，前部具大小不等的孔窗。

幼虫 近似淡额蚋［*S.*（*S.*）*noelleri*］。体长 6.0~7.0mm。头扇毛 40~44 支。亚颏侧缘毛每边 3~4。肛鳃每叶具 3~4 个附叶。后环 62~64 排，每排具 10~12 个钩刺。

生态习性 幼虫和蛹孳生于小溪流中的石块或树枝上。

地理分布 中国：北京；国外：俄罗斯。

分类讨论 贝氏逊蚋［*S.*（*Sc.*）*behningi* Gnderlein 系 Enderlein］（1962）根据俄罗斯（西伯利亚）的标本记述的新种。Rubtsov（1940，1956，1959~1964）均以独立种记载。Crosskey（1988）将它作为逊蚋亚属 *S.*（*Sc.*）*nigrum* 的同义词处理。孙悦欣等（2000）根据采自北京的标本对照原描述的全面特征，建议恢复其独立种地位，隶属于蚋属的淡额蚋组。北京标本与原描述比较似有形态变异，如生殖腹板后臂较细，幼虫头扇毛数和后环排数以及肛鳃附叶数较多等，Adler 和 Crosskey（2012~2014）再次认为两者系同物异名。

11）蚋亚属 Subgenus *Simulium* Latreille（s. str.），1802

Simulium Latreille，1802. *Hist. Nat. Grn. Part. Crust. Ins.*，14：294. 模式种：*Simulium*（*Simulium*）*colombaschense* Fabricius，1787；Chen and An（陈汉彬，安继尧），2003. *The Blackflies of China*：240.

Odagmia Enderlein，1921（as genus）. 模式种：*omatum*（原始描述）.

Friesia Gnderlein，1922（as genus）（preocc）. 模式种：*bezzii*，as *tristrigata*（原始描述）.

Gnus Rubtsov，1940（as genus of *Simulium*）. 模式种：*decimatum*（原始描述）.

Tetisimulium Rubtsov，1863（as genus）. 模式种：*bezzii*（原始描述）.

Parabyssodon Rubtsov，1964（as genus）. 模式种：*transiens*（原始描述）.

Himalayum Lews，1973（as subgenus of *Simulium*）. 模式种：*indicum*（原始描述）.

Argentisimulium Rubtsov and Yankovsky，1982（as genus of *Simulium*）. 模式种：*noelleri*（原始描述）.

亚属特征 触角 2+9 节。翅前缘脉具毛和刺，径脉基通常光裸，偶具毛。中胸侧膜和下侧片光裸。后足具发达的跗突和跗沟。前足基跗节长为其最大宽度的 4~6 倍。

雌虫 食窦后部具钝刺（或小疣突）或光滑。中胸盾片通常有灰色或银白色肩斑，有时半闪光或具黑色纵条。跗爪简单或具小基齿。腹部黑色或覆灰色粉被。腹部背板闪光或半闪光，有时具银白色斑或暗色纵条。生殖叉突两臂末段有或无内突和（或）外突。生殖板形状多变，有矩形、三角形或舌形，内缘内凹或平行，靠近或远离，端内角形状多种多样。受精囊表面有网纹或无，囊内无毛。

雄虫 中胸盾片有纹饰，至少有灰色或银色肩斑，通常有黑色中区，与灰色或银色粉被形成明显的对照。生殖肢端节比生殖肢基节长，两边略平行，其长度相当于生殖肢基节的1.5~3倍，具1个端刺。生殖腹板棒状或板状，横宽或窄长；两基臂向上斜伸或直伸。中骨较宽，多数基部窄端部宽，卵圆形，端部具裂缝或无。阳基侧突基部宽大，形成不规则的三角形，末端具众多阳基侧突刺钩。

蛹 每边具呼吸丝3条、6条、8条、10条、12条、16条。茧拖鞋形、鞋形或靴状，前部有或无颈领和（或）大小不一的孔窗。

幼虫 亚颏端齿9枚，短小；中齿和角齿不突出或较突出。亚颏每边具侧缘毛3~15支。上颚通常具2枚缘齿，偶具附齿列。后颊裂抵达或不伸达亚颏后缘；后颊裂未伸达亚颏后缘时，比后颊桥长或短。后颊裂有三角形、箭形、圆形、椭圆形等形状，因种而异。触角3节。肛鳃简单或具附叶。

蚋亚属全世界已知462种，包含若干重要的媒介蚋种和吸血蚋种。其中，439种分别归属19个组（Adler和Crosskey，2014），分布于世界各大动物区。

关于蚋亚属的分类系统及其分组，学者意见尚不统一。Crosskey（1988）曾将Rubtsov（1940）建立的*Gnus*和Enderlein（1921）建立的*Odagmia*等2个独立的属级阶元降级并入蚋亚属；1977年，他又将*Tetisimulium*属归入蚋亚属的白蚋组（*bezzii* group），这种处理虽然可简化分类阶元，但却增加了本亚属异质组合问题的复杂化。为此，本书拟支持Chen和An（2003）的观点，根据中胸侧膜具毛这一重要特征，将*bezzii* group恢复为特蚋亚属（*Tetisimulium*），将*ornatum* group和*bimaculatum* group恢复为短蚋亚属（*Odagmia*）。此外，Takaoka和Davies（1996）把*malyschevi* group的6个种另立为*subvariegatum* group。鉴于这两组成虫极为相似，仅在蛹呼吸丝数目略有差异，拟不苟同。因此，本书将我国蚋亚属已知的127种分为下列11组（其中12种未分组），即：A. 阿根蚋组（*argentipes* group）、B. 灰额蚋组（*griseifrons* group）、C. 淡足蚋组（*malyschevi* group）、D. 多条蚋组（*multistritum* group）、E. 杰蚋组（*nobile* group）、F. 淡额蚋组（*noelleri* group）、G. 爬蚋组（*reptans* group）、H. 盾纹蚋组（*striatum* group）、I. 块根蚋组（*tuberosum* group）、J. 杂色蚋组（*varegatum* group）、K. 脉蚋组（*venustum* group）。

中国蚋亚属分组检索表

雌虫

1　中胸盾片具3~5条清楚的暗色纵条……2
　中胸盾片无纵条或仅具不清楚的纵条……4
2（1）生殖板蚕豆状或亚长方形，内缘平行，后缘圆形，具延伸的腹突叶；前足胫节背面无银白色闪光……**盾纹蚋组** *striatum* group
　无上述合并特征……3
3（2）生殖板短，宽分离……**多条蚋组** *multistritum* group
　生殖板中型，内缘靠近，至少中部不宽分离……**灰额蚋组** *griseifrons* group
4（1）中胸盾片有清晰的银白色斑……5
　中胸盾片无银白色斑或具不清晰的银白色斑……7
5（4）生殖板内缘靠近……**淡额蚋组** *noelleri* group
　生殖板内缘远离……6

6（5） 生殖板后缘平截；爪具小基齿……………………………………淡足蚋组 *malyschevi* group

生殖板内缘圆形；爪通常简单…………………………………………爬蚋组 *reptans* group

7（4） 额眼区不发达……………………………………………………杰蚋组 *nobile* group

额眼区发达………………………………………………………………………………………8

8（7） 生殖板内缘作弧形凹入，两板间形成椭圆形空间；爪具小基突…………………………9

无上述合并特征…………………………………………………………………………………10

9（8） 生殖板端内角呈尖喙状……………………………………………杂色蚋组 *variegatum* group

生殖板端内角圆钝………………………………………………………阿根蚋组 *argentipes* group

10（8） 颜银白色；腹节Ⅱ背板具银白色斑；前足胫节有清楚的银白色斑……………………
……………………………………………………………………………脉蚋组 *venustum* group

颜暗灰色或黑色；腹节Ⅱ无银白色斑；前足胫节无清楚的银白色斑…………………………
……………………………………………………………………………块根蚋组 *tuberosum* group

雄虫

1 中胸盾片黑绒色，被黑色毛，具银白粉被，上有倒“V”形暗节；生殖腹板腹面观收缩呈长板状…………………………………………………………………………杰蚋组 *nobile* group

无上述合并特征…………………………………………………………………………………2

2（1） 生殖腹板马鞍形；光裸或仅具少量毛…………………………盾纹蚋组 *striatum* group

生殖腹板非如上述………………………………………………………………………………3

3（2） 生殖腹板无缘齿…………………………………………………灰额蚋组 *griseifrons* group

生殖腹板具缘齿…………………………………………………………………………………4

4（1） 生殖肢端节具明显的基内突…………………………………………………………………10

生殖肢端节无明显的基内突，至多具带毛小突起……………………………………………5

5（4） 生殖腹板腹面观板体呈板状、方形或长方形………………………………………………6

生殖腹板腹面观板体呈棒状……………………………………………………………………7

6（5） 足几乎全黑；生殖肢端节通常具带毛的基内隆突……………脉蚋组 *venustum* group

足两色；生殖肢端节无带毛的基内隆突……………………………阿根蚋组 *argentipes* group

7（5） 生殖腹板侧面观，下部末段向后具粗长突起或无，有突起时上面具许多刺；中胸盾片、前足胫节和腹部背板具银白色斑…………………………………………爬蚋组 *reptans* group

无上述综合特征…………………………………………………………………………………8

8（7） 生殖腹板腹面观板体向后收缩呈楔状或亚三角形，侧面观具圆形后突，其上具毛，后缘具齿……………………………………………………………………淡额蚋组 *noelleri* group

生殖腹板非如上述………………………………………………………………………………9

9（8） 生殖腹板腹面观，呈亚长方形或壶形；侧面观，有明显的后突和具锯齿的腹突
……………………………………………………………………………杂色蚋组 *variegatum* group

生殖腹板腹面观，大多侧面收缩成棒状，侧面观无后突，后缘通常具齿……………………
……………………………………………………………………………淡足蚋组 *malyschevi* group

10（4） 生殖肢端节基内突长而尖…………………………………………多条蚋组 *multistritum* group

生殖肢端节基内突短而圆钝……………………………………………块根蚋组 *tuberosum* group

A. 阿根蚋组 *argentipes* group

组征概述 中胸侧膜和下侧片光裸。雌虫中胸盾片闪光，无斑纹，覆黄色毛；爪具小基齿，肛上板腹突具毛；生殖板内缘作弧形凹入，两板间形成椭圆形空间，端内角圆钝。雄虫生殖肢端节无基内突，生殖腹板板状，长大于宽。蛹呼吸丝通常 8 条。茧靴状，前部具网格状颈领。幼虫后颊裂深长于后颊桥。

本组全世界已知 6 种，分布于菲律宾、印度尼西亚、马来西亚、日本和中国，我国仅记录 1 种，即双齿蚋［*S.*（*S.*）*bidentatum*（Shiraki，1935）］。

双齿蚋 *Simulium*（*Simulium*）*bidentatum*（Shiraki，1935）（图 12-166）

Odagmia bidentatum Shiraki, 1935. *Mern. Fac. Sci. Agric. Taihotu Imp. Univ.*, 16(1): 34~37. 模式产地：日本（Honshu Is）.

Simulium（*gnus*）*bidentatum*（Shiraki，1935）；Takaoka，1976. *Jap. J. Sanit Zool.*，27（4）：393~398；An（安继尧），1989. *Contr.Blood-sucking Dipt. Ins.*，1：185.

Gnus bidentatum Shirak，1935；Chen and Cao（陈继寅，曹毓存），1982. *Acta Zootax Sin.*，7（4）：387.

Simulium（*Simulium*）*bidentatum*（Shiraki，1935）；Zhang and Wang（章涛，王敦清），1991. *Acta Ent. Sin.*，34：478~488，491；Zhang，Wen and Chen（张春林，温小军，陈汉彬），1999. *Guizhou Sci.*，17（3）：233；Chen and An（陈汉彬，安继尧），2003. The Blackflies of China：261.

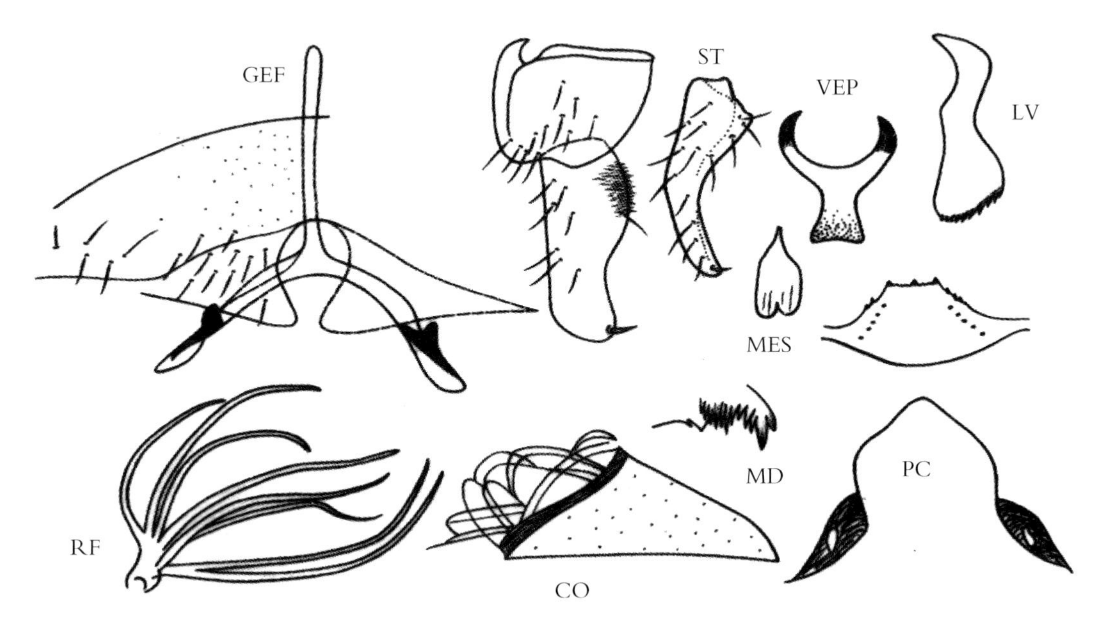

图 12-166 双齿蚋 *S.*（*S.*）*bidentatum*（Shiraki，1935）

鉴别要点 雄虫后足基跗节末端膨大，生殖腹板板体基部收缩，端部扩大。蛹茧靴状，前部具网格状颈领。幼虫后颊裂深，法冠形。

形态概述

雌虫 体长约 2.2mm。额亮黑色，具黑色长毛。唇基棕褐色，覆灰白粉被。触角柄节、梗节和鞭节 I 为黄色，余部渐变为黑色。触须节Ⅲ不膨大。食窦后缘约具 20 枚细齿。中胸盾片棕黑色，被金黄色柔毛，后盾片具黑色长毛。足大部为黄色；黑色部分包括中足、后足转节，后足股节端 1/6，前、后足胫节端 1/5，中足胫节端部，前足跗节，中足基跗节端 1/4、跗节Ⅱ端 1/2 和跗节Ⅲ ~ Ⅴ，后足基跗节端 1/4、跗节Ⅱ端 1/2 和跗节Ⅲ ~ Ⅴ。前足、中足胫节中部外侧具显著的银白色斑。爪具亚基齿。翅径脉基光裸。生殖板亚三角形，内缘凹入，端内角圆钝，后缘平直。生殖叉突后臂具外突。受精囊球形，表面具网斑。

雄虫 体长约 2.3mm。上眼面 16 排。唇基覆银白粉被。触角柄节、梗节和前几个鞭分节黄棕色，其余渐变为黑色，鞭节Ⅰ的长约为鞭节Ⅱ的 1.6 倍。中胸盾片黑色，稀被棕色细毛，具显著的银白色肩斑，并延伸至翅基水平与后盾斑连接。前足基节和各足转节黄色，中足、后足基节为暗棕色；前足股节为暗黄色，两端 1/4 为暗棕色，中足股节大部为暗黄而端部为棕色，后足股节大部棕黑色而基、端部为棕色，或端 2/7 为黑色。前足、中足胫节具银白色斑，后足胫节大部为棕黑色而基、端部为淡黄色。各足跗节除中足基跗节基 2/3、跗节Ⅱ基 1/3、后足基跗节基 3/5 和跗节Ⅱ基 1/2 为黄色外，余全为黑色。后足基跗节膨胀，纺锤形，长约为最宽处的 4 倍。腹部黑色，节Ⅱ、节Ⅴ ~ Ⅶ具银白色背侧斑。生殖肢端节长，基 1/3 最宽，向端 1/3 渐变细，无基内突。生殖腹板板体基部收缩，端部扩大，端缘中凹，具腹中突，其两侧具齿列，基臂末段稍内弯。中骨宽叶状，两侧亚平行，后缘中部具小裂隙。

蛹 体大约 3.0mm。头、胸部密布盘状疣突。头毛 3 对，胸毛 6 对，均不分支。呼吸丝 8 条，成对排列，约等粗，长约为体长的 1.2 倍，上、下对具短茎，中间 2 对几乎无茎，直接从上对丝茎基部发出。腹节 8 具栉刺，节 9 具端钩。茧靴状，前部具由粗丝构成的网格状颈领。

幼虫 体长 5.0~5.5mm。头斑阳性。触角稍长于头扇柄，头扇毛 40~46 支。亚颏中齿、角齿稍显著，侧缘毛每边 4~6 支。后颊裂大而深，法冠状，基部收缩，长为后颊桥的 6~8 倍。胸部光裸。后腹部具黑色刺毛和无色毛。肛鳃每叶具 6~11 个附叶。肛板前臂明显短于后臂。后环 86 排，每排约具 14 个钩刺。无腹突。

生态习性 幼虫和蛹孳生于山溪或水渠中的水草或枯枝落叶上，系南方山地的常见种。雌虫叮人、羊（Ogata，1955）、牛（Bentinck，1955）和马（Takaoka，1976）。

地理分布 中国：辽宁，黑龙江，山西，青海，福建，贵州，云南，四川；国外：日本，韩国。

分类讨论 本种系由 Shiraki（1935）根据日本的雌虫标本而命名，此后，Bentinck（1955）、Ogata *et al.*（1956）和 Orii *et al.*（1969）分别对其他虫期进行了补充描述，Takaoka（1976）复作详细的再描述。采自我国各地的标本与日本标本的形态特征基本相符，但后者雄虫中足股节的颜色大部为棕黑色，仅基端部为黄色，而我国标本则中足股节大部为棕黄色，仅端部为黑色；蛹呼吸丝明显短于蛹体。

B. 灰额蚋组 *griseifrons* group

组征概述 雌虫中胸盾片具暗色纵纹；前足胫节外侧具银白色闪光；翅径脉基段有或无毛；爪简单；生殖腹板三角形，内缘靠近，亚平行；生殖叉突两后臂通常具骨化的外突。雄虫中胸盾片通常具白色肩斑；生殖肢端节的长为生殖肢基节的 1.5~2.5 倍，具中等大小的基内突，其上具刺或毛；生殖腹板板状，较窄，为方形或长方形，两臂直伸或斜伸；阳基侧突具许多小刺钩；中骨棒槌状，上窄下宽。蛹头毛、胸毛通常多分支，呼吸丝 6 条，通常外侧 2~3 条较粗壮，腹部有或无端钩；茧拖鞋状或鞋状，编织紧密，有或无颈领或孔窗。幼虫头部通常具阳斑；亚颏端齿很短，侧缘毛每侧5~9支；后颊裂中型，箭形或亚三角形；肛鳃简单或复杂。

本组全世界已知46种（Adler和Crosskey，2014），主要分布于东洋界，少数延伸至古北界，我国已知20种，即：钟氏蚋［*S.*（*S.*）*chungi* Takaoka and Huang，2006］、鞍阳蚋［*S.*（*S.*）*ephippioidum* Chen and Wen，1999］、格氏蚋［*S.*（*S.*）*gravelyi* Puri，1933］、灰额蚋［*S.*（*S.*）griseifrons Brunetti，1911］、衡山蚋［*S.*（*S.*）*hengshanense* Bi and Chen，2004］、红坪蚋［*S.*（*S.*）*hongpingense* Chen，Luo and Yang，2006］、印度蚋［*S.*（*S.*）*indicum* Becher，1885］、日本蚋［*S.*（*S.*）*japonicum* Matsumura，1931］、卡瓦蚋［*S.*（*S.*）*kawamurae* Matsumura，1915］、乐东蚋［*S.*（*S.*）*ledongense* Yang and Chen，2001］、庐山蚋［*S.*（*S.*）*lushanense* Chen，Kang and Zhang，2007］、中柱蚋［*S.*（*S.*）*mediaxisus* An，Guo and Xue，1995］、秦氏蚋［*S.*（*S.*）*qini* Cao，Wang and Chen，1993］、多枝蚋［*S.*（*S.*）*ramulosum* Chen，2000］、淡白蚋［*S.*（*S.*）*serenum* Huang and Takaoka，2009］、匙蚋［*S.*（*S.*）*spoonatum* An，Hao and Yan，1998］、香港蚋［*S.*（*S.*）*taipokauense* Takaoka，Davies and Dudgeon，1995］、细板蚋［*S.*（*S.*）*tenuatum* Chen，2000］、优分蚋［*S.*（*S.*）*ufengense* Takaoka，1979］、亚东蚋［*S.*（*S.*）*yadongense*，Deng and Chen，1997］。

中国蚋亚属灰额蚋组分种检索表

雌虫[①]

1　翅径脉基具毛……2
　翅径脉基光裸……9
2（1）　生殖板端内具延伸的条状膜质突……**钟氏蚋** *S.*（*S.*）*chungi*
　生殖板无细条状端内突……3
3（2）　生殖板花瓣状，端尖；第Ⅷ腹板后缘具明显的凹槽……**鞍阳蚋** *S.*（*S.*）*ephippioidum*
　无上述合并特征……4
4（3）　生殖叉突后臂无外突……**秦氏蚋** *S.*（*S.*）*qini*
　生殖叉突后臂具外突……5
5（4）　中胸盾片具4条暗色纵纹；腹节Ⅷ腹板前缘呈山峰状突，两侧角骤变细而弯向前方……**灰额蚋** *S.*（*S.*）*griseifrons*
　无上述合并特征……6
6（5）　食窦弓具箭形突；前足胫节和基骶节后缘具粗长毛脊……**印度蚋** *S.*（*S.*）*indicum*
　无上述合并特征……7
7（6）　生殖板两内缘靠近或重叠……9
　生殖板内缘远离……8
8（7）　生殖板舌形……**乐东蚋** *S.*（*S.*）*ledongense*
　生殖板亚三角形……**细板蚋** *S.*（*S.*）*tenuatum*
9（7）　食窦弓具柱状中突；生殖板横宽，条状……**中柱蚋** *S.*（*S.*）*mediaxisus*
　食窦弓无柱状中突；生殖板匙形……**匙蚋** *S.*（*S.*）*spoonatum*
10（1）　生殖叉突后臂无外突……**红坪蚋** *S.*（*S.*）*hongpingense*

① 庐山蚋［*S.*（*S.*）*lushanense*］、香港蚋［*S.*（*S.*）*taipokauense*］和优分蚋［*S.*（*S.*）*ufengense*］的雌虫尚未发现。

生殖叉突后臂具外突……11
11(10) 第Ⅷ腹板绶节状，前缘中2/3平直，端侧角骤变而上弯……12
第Ⅷ腹板非如上述……13
12(11) 生殖板内缘作弧形凹入，形成椭圆形空间……**亚东蚋** *S.*(*S.*) *yadongense*
生殖板内缘直，亚平行……**格氏蚋** *S.*(*S.*) *gravelyi*
13(11) 食窦光裸……14
食窦弓具疣突……15
14(13) 生殖板端内具延伸的条状膜质突；生殖叉突柄末端膨大……**衡山蚋** *S.*(*S.*) *hengshangense*
生殖板无条状膜质端突；生殖叉突柄形状正常……**多枝蚋** *S.*(*S.*) *ramulosum*
15(13) 各足股、胫节大部为黄白色，仅端部色暗；生殖板内缘和后缘具透明区……**淡白蚋** *S.*(*S.*) *serenum*
股、胫节两色……16
16(15) 食窦弓具亚方形中突，其上丛生小疣突，前缘具若干大疣突……**卡瓦蚋** *S.*(*S.*) *kawamurae*
食窦弓无中突，其上仅丛生小疣突而无大疣突……**匙蚋** *S.*(*S.*)*sponatum*

雄虫

1 生殖肢端节无基内突……2
生殖肢端节具基内突……3
2(1) 生殖腹板侧缘平行，具半圆形腹突；中骨端缘平直……**卡瓦蚋** *S.*(*S.*) *kawamurae*
生殖腹板侧缘圆，向基部渐收缩；中骨端圆……**印度蚋** *S.*(*S.*) *indicum*
3(1) 生殖腹板“Y”形，纵长，长度超过基宽度的2倍以上……4
生殖腹板非如上述……5
4(3) 生殖腹板纺锤形；中骨叶状，无端中裂……**亚东蚋** *S.*(*S.*) *yadongense*
生殖腹板长锥形；中骨板状，具端中裂……**细板蚋** *S.*(*S.*) *tenuatum*
5(3) 生殖肢端节基内突尖角状，长度达端节的1/3以上，生殖腹板马鞍形……6
生殖肢端节基内突各式各样，长度不超过端节的1/4，生殖腹板非马鞍形……11
6(5) 生殖腹板特宽，约为其长度的3倍，中骨具端中裂……**乐东蚋** *S.*(*S.*) *ledongense*
生殖腹板宽度不超过长度的2倍；中骨无端中裂……7
7(6) 生殖腹板前缘中部具角状突；中骨自基部向端部渐变宽……8
……**香港蚋** *S.*(*S.*) *taipokauense*
生殖腹板前缘中凹；中骨侧缘亚平行……**鞍阳蚋** *S.*(*S.*) *ephippioidum*
8(5) 生殖肢端节基内突长约为端节的2/3；生殖腹板后缘具齿……**秦氏蚋** *S.*(*S.*) *qini*
无上述合并特征……9
9(8) 生殖腹板前缘具角状中突；阳基侧突每侧具6个大刺……**红坪蚋** *S.*(*S.*) *hongpingense*
生殖腹板和阳基侧突非如上述……10
10(9) 各足股节除后足股基部为黑色外，余为棕黄色……**匙蚋** *S.*(*S.*) *spoonatum*
各足股节除后足股为淡棕色外，余为黄白色……**衡山蚋** *S.*(*S.*) *hengshanense*
11(5) 生殖腹板马鞍形……**庐山蚋** *S.*(*S.*) *lushanense*

生殖腹板，亚方形或梯形……………………………………………………………12
12（11）生殖腹板后缘平直或稍凹……………………………………………………13
生殖腹板后缘浑圆而后凸……………………………………………………14
13（12）生殖肢端节末半宽圆；生殖腹板两基臂末端外展并形成喙状倒钩，板体端缘具 1 个三角形小腹突……………………………………………**灰额蚋** *S.*（*S.*）*griseifrons*
生殖肢端节末半骤变细而端尖；生殖腹板基臂正常，后缘具较大的半圆形腹突……………………………………………………………**格氏蚋** *S.*（*S.*）*gravelyi*
14（12）生殖腹板横宽，马鞍形，宽大于长……………………**卡瓦蚋** *S.*（*S.*）*kawamurae*
生殖腹板长大于宽，近长方形……………………………………**日本蚋** *S.*（*S.*）*japonicum*

蛹[①]

1 腹部背板无刺栉……………………………………………………**印度蚋** *S.*（*S.*）*indicum*
腹部背板有刺栉……………………………………………………………2
2（1） 茧靴状，具高领……………………………………………………………3
茧鞋状或拖鞋状，无领或仅具低领……………………………………………5
3（2） 头毛、胸毛简单，不分支……………………………………**格氏蚋** *S.*（*S.*）*gravelyi*
至少胸毛分支……………………………………………………………4
4（1） 头毛、胸毛每株分 6~12 支；所有呼吸丝基段粗壮并向端部渐变尖……………………………………………………………**卡瓦蚋** *S.*（*S.*）*kawamurae*
头毛简单，胸背毛每株分 3~5 支；呼吸丝形状正常…………………**秦氏蚋** *S.*（*S.*）*qini*
5（4） 茧简单，拖鞋状……………………………………………………………6
茧鞋状 ……………………………………………………………………14
6（5） 无侧窗，无网格……………………………………………………………7
有侧窗和（或）网格…………………………………………………………8
7（6） 腹部仅节 8 具刺栉……………………………………………**优分蚋** *S.*（*S.*）*ufengense*
腹部节 7、节 8 均具刺栉…………………………………………**亚东蚋** *S.*（*S.*）*yadongense*
8（6 ）具网格，无窗孔 ………………………………………………**庐山蚋** *S.*（*S.*）*lushanense*
无网格，具窗孔……………………………………………………………9
9（8） 腹部节 9 具端钩……………………………………………………………10
腹部无端钩…………………………………………………………………11
10（9） 腹节 6~8 背板具刺栉；上面 3 条呼吸丝较粗壮………………**日本蚋** *S.*（*S.*）*japonicum*
腹部仅节 7（偶含节 9）具刺栉；呼吸丝粗度和长度自上而下递减……**钟氏蚋** *S.*（*S.*）*chungi*
11（9） 呼吸丝粗细均匀；茧前缘具几个侧窗；腹节 9 具刺栉……………**匙蚋** *S.*（*S.*）*spoonatum*
无上述合并特征……………………………………………………………12
12（11）腹背仅节 8 具刺栉；3 对呼吸丝短茎明显…………………………**细板蚋** *S.*（*S.*）*tenuatum*
无上述合并特征……………………………………………………………13
13（12）茧前缘中凹成“V”形；具 1 对大侧窗…………………………**红坪蚋** *S.*（*S.*）*hongpingense*

① 中柱蚋［*S.*（*S.*）*mediaxisus*］和香港蚋［*S.*（*S.*）*taipokauense*］的蛹尚未发现。

茧前缘略凹成弧形，具 1~2 对大侧窗和若干孔隙……………………淡白蚋 *S.*（*S.*）*serenum*

14（5） 头、胸部具多分支的棕状毛，每株分 8~30 支……………………………………………………15

头、胸部无棕状毛……………………………………………………………………………………16

15（14）茧具领，无侧窗，或仅具小孔隙；中对呼吸丝具短茎，头毛、胸毛每株分 18~30 支…………
……………………………………………………………………………灰额蚋 *S.*（*S.*）*griseifrons*

茧无领，具 1 个大侧窗；头毛每株分 8~12 支，胸毛每株分 15~20 支…………………………
………………………………………………………………………………多枝蚋 *S.*（*S.*）*ramulosum*

16（15）胸侧毛每株分 3~6 支；中、下对呼吸丝无茎……………………………乐东蚋 *S.*（*S.*）*ledongense*

胸侧毛每株分 2~3 支；呼吸丝茎非如上述………………………………………………………17

17（16）上、下对呼吸丝无茎……………………………………………………鞍阳蚋 *S.*（*S.*）*ephippioidum*

中对呼吸丝无茎………………………………………………………………衡山蚋 *S.*（*S.*）*hengshanense*

幼虫①

1 后颊裂壶形，伸达亚颏后缘……………………………………………………印度蚋 *S.*（*S.*）*indicum*

后颊裂形状各异，中小型，未伸达亚颏后缘…………………………………………………………2

2（1） 后颊裂拱门状，椭圆形；后腹具肛前刺环………………………………………………………3

后颊裂非拱门状；后腹有或无肛前刺环………………………………………………………………4

3（2） 触角节 2 具次生淡环；肛鳃每叶具 10~13 个附叶……………细板蚋 *S.*（*S.*）*tenuatum*

触角无次生淡环；肛鳃每叶具约 8 个附叶…………………………………多枝蚋 *S.*（*S.*）*ramulosum*

4（2） 后颊裂法冠，侧缘圆………………………………………………………………………………5

后颊裂非如上述…………………………………………………………………………………………6

5（4） 后腹具肛前刺环…………………………………………………………衡山蚋 *S.*（*S.*）*hengshanense*

后腹无肛前刺环…………………………………………………………………钟氏蚋 *S.*（*S.*）*chungi*

6（4） 触角节 2 具次生淡环………………………………………………………………………………7

触角无次生淡环…………………………………………………………………………………………8

7（6） 后颊裂心形，头扇毛 58 支；肛鳃每叶具 5 个附叶………………乐东蚋 *S.*（*S.*）*ledongense*

后颊裂亚箭形；头扇毛约 40 支；肛鳃每叶具 18 个附叶……………亚东蚋 *S.*（*S.*）*yadongense*

8（6） 上颚常具 1 枚附缘齿；亚颏侧缘分 6~9 支；后环具 10 排钩刺……………………………
…………………………………………………………………………………日本蚋 *S.*（*S.*）*japonicum*

无上述合并特征…………………………………………………………………………………………9

9（8） 后颊裂浅，长为后颊桥的 2.0~2.5 倍；肛鳃每叶具 15~18 个附叶，后腹具鳞状毛…………
……………………………………………………………………………鞍阳蚋 *S.*（*S.*）*ephippioidum*

后颊裂深，长约后颊桥的 3 倍以上；肛鳃每叶具 12~15 个附叶；后腹无鳞状毛…………10

10（9） 头扇毛 53~60 支；后颊裂的长为后颊桥的 5.0~6.0 倍………………秦氏蚋 *S.*（*S.*）*qini*

头扇毛 38 支；后颊裂的长为后颊桥的 3.0~3.5 倍……………………红坪蚋 *S.*（*S.*）*hongpingense*

---

① 格氏蚋 [*S.*（*S.*）*gravelyi*]、灰额蚋 [*S.*（*S.*）*griseifrons*]、卡瓦蚋 [*S.*（*S.*）*kawamurae*]、庐山蚋 [*S.*（*S.*）*lushanense*]、中柱蚋 [*S.*（*S.*）*mediaxisus*]、淡白蚋 [*S.*（*S.*）*serenum*]、匙蚋 [*S.*（*S.*）*spoonatum*]、香港蚋 [*S.*（*S.*）*taipokauense*] 和优分蚋 [*S.*（*S.*）*ufengense*] 的幼虫尚未发现。

钟氏蚋 ***Simulium*（*Simulium*）*chungi*** Takaoka and Huang，2006（图 12–167）

Simulium（*Simulium*）*chungi* Takaoka and Huang（黄耀特），2006. *Med. Entomol. Zool.*，57（3）：219~227. 模式产地：中国台湾（宜兰）.

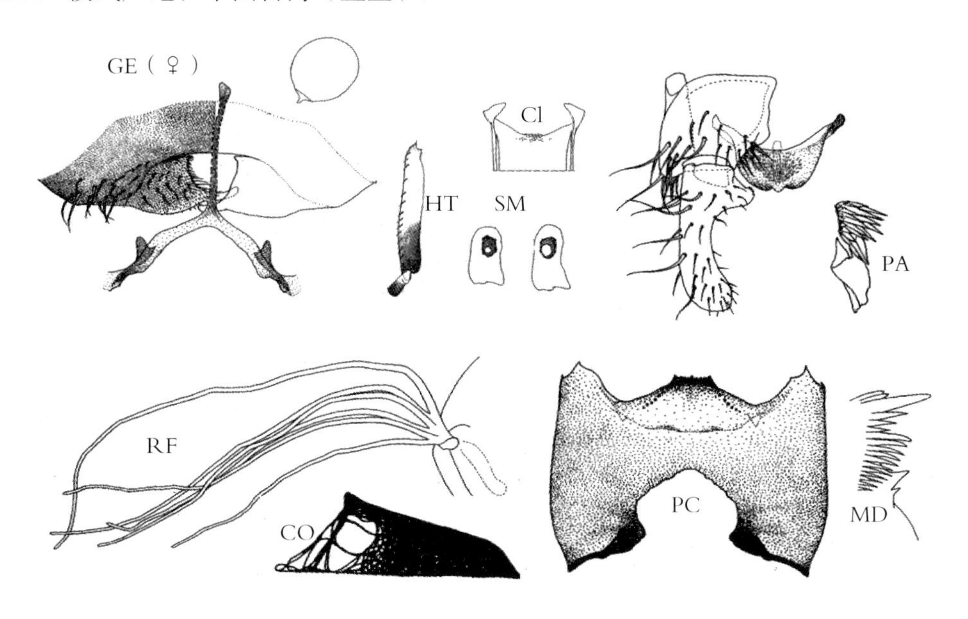

图 12–167　钟氏蚋 *S.*（*S.*）*chungi* Takaoka and Huang，2006

鉴别要点　雌虫径脉基具毛，生殖板具细条状端内突。雄虫上眼具 19 或 20 纵列和 19 或 20 横排大眼面；生殖腹板马鞍形。茧前缘具 1~2 个大侧窗和若干小孔隙。幼虫后颊裂深圆，侧缘宽圆。

形态概述

雌虫　体长 2.2~2.4mm；翅长 2.3~2.4mm。额指数为（1.28~1.29）∶1.00∶（1.04~1.26）；额头指数为 1.00 ∶（3.62~3.75）。触须节Ⅲ ~ Ⅴ的节比为 1.0 ∶ 1.1 ∶（2.6~2.8）。触须拉氏器长为节Ⅲ的 0.35~0.38。下颚具 10~13 枚内齿，11~13 枚外齿；上颚具 21~22 枚内齿和 12 枚外齿。食窦弓具疣突丛。中胸盾片亮黑色，覆黄白色毛，具 5 条白色纵纹并在小盾前区连接。中胸侧膜和下侧片光裸。前足基、转节黄白色；股节黄色而端部为黄棕色；胫节白色而端部为棕黑色。跗节棕黑色，膨大，长约为宽的 5.5 倍。中足基节棕黑色；转节和股节为黄色；胫节黄白色而端部为棕色；跗节除基跗节基 3/5 为黄白色外，余部为棕黑色。基跗节侧缘平行，长约为宽的 5.8 倍。跗突和跗沟发达。爪简单。翅亚缘脉具毛，但端 1/4~1/3 光裸；径脉基具毛。腹背暗棕色但节Ⅱ基 1/2 为黄白色。生殖板三角形，后缘圆，具细条状膜质端内突，内缘深凹，远离。生殖叉突具骨化柄，后臂具外突。受精囊呈球形。

雄虫　体长 2.5~2.6mm；翅长 2.1~2.3mm；上眼具 19 或 20 纵列和 19 或 20 横排大眼面。触角鞭节Ⅰ的长为鞭节Ⅱ的 1.5~1.6 倍。触须节Ⅲ ~ Ⅴ的节比为 10 ∶（1.3~1.4）∶（2.7~3.0）。拉氏器长为节Ⅲ的 0.24~0.28。中胸盾片亮黑色，覆金黄色毛，具 1 对长方形白色肩斑，并沿侧缘向后延伸连接小盾前白色斑。前足基节黄白色；转节淡棕色；股节淡棕色，里面大部为黄色；胫节中棕色至黑棕色；跗节黑色；基跗节长约为宽的 6.1 倍。中足基节棕黑色；转节中棕色但基 1/2 为黄色；股节黄色而端部为淡棕色；胫节除端 1/2 色暗外，余部为黄色；跗节除基跗节 3/5 为黄色外，余部为棕黑色。后足基节棕黑色；转节黄色至暗黄色；股节除端部为暗棕色外，余大部为暗黄色；胫节大部棕黑色而端部为白色；跗节除基跗节基 2/5 和跗节Ⅱ基 1/3 为黄色外，余部为棕黑色。基跗节膨大，长约为宽的 4.1 倍。跗突和跗沟明显。翅亚缘脉和径脉基光裸。腹背黑色，节Ⅱ和节Ⅴ～Ⅶ具银白色斑。生殖肢端节长，外缘直，内缘中凹，无端刺，具亚基内突，其前缘具锥状齿列。生殖腹板马鞍形，板体向后渐变窄，基臂短粗，展角约 90°。中骨细板状，阳基侧突具众多钩刺。

蛹 体长 2.5~3.0mm。头、胸体壁具疣突。头毛 3 对，简单；胸毛 5 对，其中 3 对侧毛简单或分 2~4 支。呼吸丝 6 条，具短茎，背对丝明显粗长，其长度和粗度自背向腹依次递减。腹节 7（偶包括节 9）具刺栉，具锥状端钩。茧拖鞋状，前缘具 1~2 个大侧窗，通常还具若干小孔隙。

幼虫 体长 5.3~5.8mm。头斑明显，触角 3 节的节比为 1.0∶1.3∶0.7。头扇毛约 42 支。亚颏中齿、角齿发达；侧缘毛 5~6 支。后颊裂深，侧缘宽圆，长为后颊桥的 2.1~2.5 倍。胸部体壁光裸。后腹肛侧具无色毛。肛骨前臂长约为后臂的 0.57。肛鳃每叶具 10~15 个附叶。后环 88~92 排，每排具 15~17 个钩刺。

生态习性 幼虫和蛹孳生于山溪中的枯枝落叶上，溪宽 8~10m 或 2~4m，水温 14℃，海拔 600m。

地域分布 中国台湾（宜兰）。

分类讨论 本种近似香港蚋［*S.*（*S.*）*taipokauense*］，仅在触角鞭节Ⅰ的长度、拉氏器长度和足色略有差异。本种与鞍阳蚋［*S.*（*S.*）*ephippioidum*］和乐东蚋［*S.*（*S.*）*ledongense*］近缘，但是在盾饰、生殖板以及雄虫大眼面列数上有明显的差异，详见中国蚋亚属灰额蚋组分种检索表项下。

鞍阳蚋 *Simulium*（*Simulium*）*ephippioidum* Chen and Wen，1999（图 12-168）

Simulium（*Simulium*）*ephippioidum* Chen and Wen（陈汉彬，温小军），1999. *Acta Zootax Sin.*, 24（4）：436~439. 模式产地：中国贵州（梵净山）. Chen and An（陈汉彬，安继尧），2003. The Blackflies of China：294.

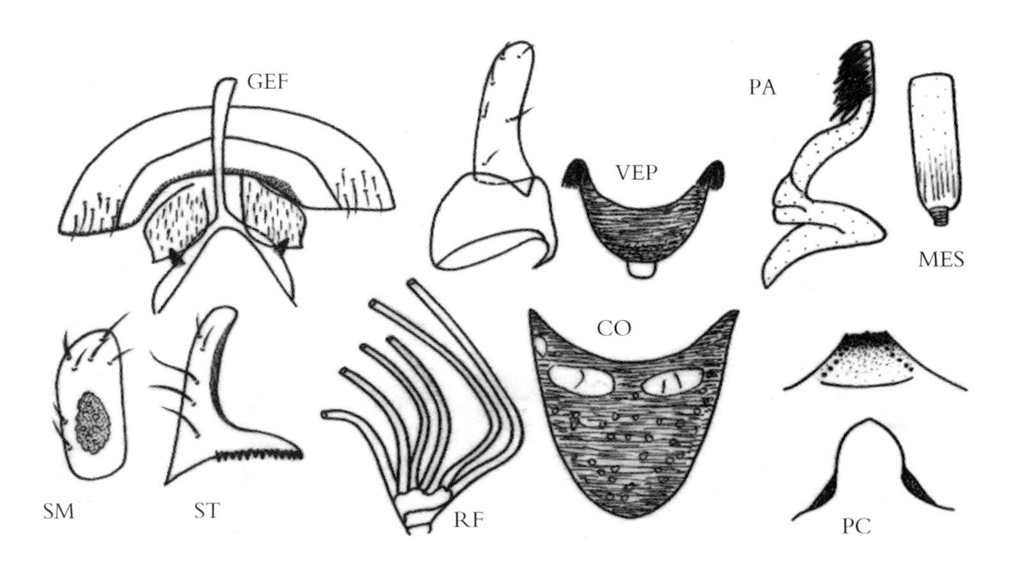

图 12-168 鞍阳蚋 *S.*（*S.*）*ephippioidum* Chen and Wen，1999

鉴别要点 雌虫生殖板花瓣状。雄虫生殖腹板马鞍形。茧具前侧窗。幼虫后腹部具鳞状毛。

形态概述

雌虫 体长约 3mm。额指数为 7.0∶5.5∶7.5。触角除柄节为棕黄色外，余一致为棕黑色。拉氏器约占触须节Ⅲ的0.4。食窦后部丛生疣突。中胸盾片黑色，被金黄色柔毛。前足除胫节端1/4和跗节为棕黑色外，余一致为淡黄色；中足除基节、基跗节端1/2和跗节Ⅱ～Ⅴ为棕黑色外，余一致为淡黄色；后足除转节、股节基7/8、胫节基3/4、基跗节基2/3和跗节Ⅱ基1/2为淡黄色外，余一致为棕黑色。翅亚前缘脉和径脉基具毛。腹节Ⅷ后缘中部为半圆形凹槽。生殖板花瓣状，内缘远离，亚平行，生殖叉突后臂中部具骨化外突。

雄虫 体长约3.2mm。上眼面具15纵列，16横排。触角鞭节Ⅰ的长约为鞭节Ⅱ的1.6倍。胸部毛色似雌虫。足色同雌虫，但前足、中足股节端部渐变为黑色，前胫基2/3和基跗节为棕黑色。翅亚缘脉基1/3和径脉基光裸。腹部似雌虫。生殖肢端节长柱状，两侧亚平行，角状基内突前缘具1列粗齿；生殖腹板马鞍形，具乳头状中腹突。中骨长板状，两侧亚平行，端缘平直。

蛹 体长3.2~5.3mm。头、胸部体壁密布疣突。头毛3对，不分支；胸毛6对，其中3对分2~3支，其余不分支。呼吸丝3对，长约为体长的2/3。上对具短茎，中、下对从基部发出。腹节8背板具刺栉列，节9具微棘刺群和1对端钩。茧拖鞋状，编织疏松，具前侧窗。

幼虫 体长5.5~6.0mm。触角节Ⅱ具1个次生淡环。亚颏侧缘毛每边5~6支。后颊裂深，亚箭形，侧缘平行，长约为后颊桥的2.5倍。后腹部具明显的鳞状毛。肛鳃每叶分15~18个附叶。后环约100排，每排约具17个钩刺。

生态习性 幼虫和蛹孳生于山溪中的水草或枯枝落叶上。

地理分布 中国贵州。

分类讨论 本种两性尾器形态特征相当突出，结合茧具侧窗，幼虫后腹部散布鳞状毛等特征，不难与其近缘种相区别。

格氏蚋 *Simulium*（*Simulium*）*gravelyi* Puri，1933（图12-169）

Simulium（*Simulium*）*gravelyi* Puri，1933. *Ind. J. Med. Res.*，20（3）：803~807. 模式产地：印度（Tamil Nadu）. An（安继尧），1990. *Contr. Blood-sucking Dipt. Ins.*，2：106；Crosskey，1997. Taxo. Geograp. Invent. World Blackflies（Diptera：Simuliidae）：65；Chen and An（陈汉彬，安继尧），2003. The Blackflies of China：246.

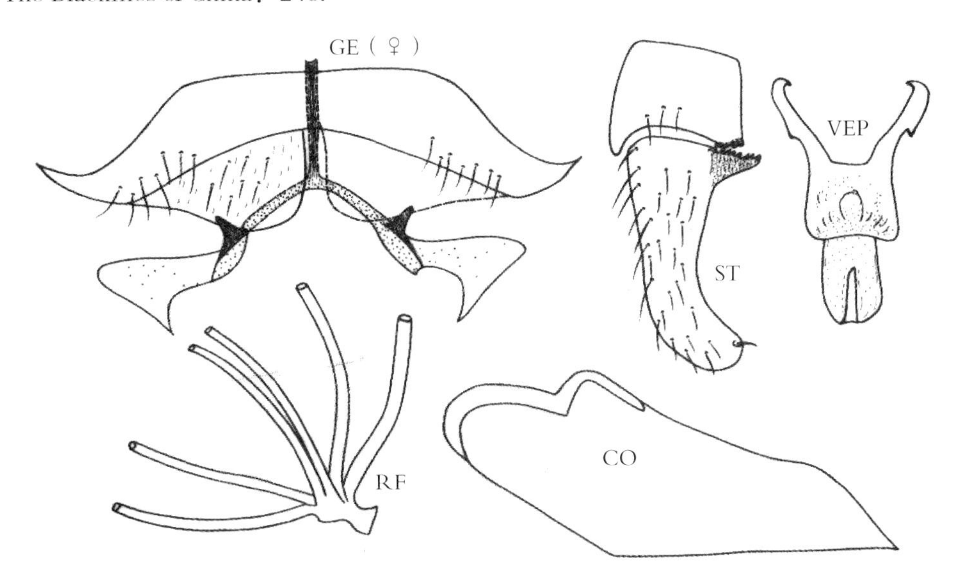

图12-169 格氏蚋 *S.*（*S.*）*gravelyi* Puri（仿Puri，1933. 重绘）

鉴别要点 雌虫中胸盾片具3条暗色纵纹，形成竖琴状图案。雄虫生殖腹板近方形，具角状中腹突。蛹呼吸丝无茎；头毛、胸毛简单；茧靴状。

形态概述

雌虫 额灰黑色，侧缘近平行。触角柄节、梗节和鞭节Ⅰ基半为棕黄色，其余为暗褐色。中胸盾片具3条棕黑色纵纹，形成竖琴状图案。各足股节大部为金黄色，仅端部色稍暗；前胫为棕黄色，并在端部1/4~1/3变为棕黑色，中、后胫大部金黄色而端部1/6为黑色；中足基跗节端部1/2、跗节Ⅱ基部、后足基跗节基部2/3和跗节Ⅱ基部为金黄色，其余为黑色。爪简单。翅径脉基光裸。腹节Ⅷ腹板窄，绶带状。生殖板端圆，内缘平行、分离，生殖叉突后臂中部具骨化外突。

雄虫 颜灰白色。触角柄节、梗节棕黄色，其余为棕色。中胸盾片黑色，被金色柔毛，具1对大的亚中银色斑。后足胫节除基部外，余为暗色；基跗节基1/2为灰黄色，端1/2色暗。腹节背板黑色，具金色细毛，节Ⅱ和节Ⅴ~Ⅶ具银白色斑。生殖肢基节长宽约相等。生殖肢端节细长，具三角形基内突，基内突前缘具粗齿。生殖腹板近方形，具角状中腹突。中骨叶状。

蛹 体长约4.0mm。头、胸部体壁密盖盘状疣突。头毛、胸毛均长且不分支。腹节8、9背板具栉刺列。呼吸丝3对，均无茎，约为蛹体长的1/2。茧靴状，编织紧密，无孔窗，前侧部向前突出，背中部内凹呈槽状。

幼虫 未知。

生态习性 幼虫和蛹孳生于溪流、瀑布中的石块上。

地理分布 中国：西藏；国外：印度。

分类讨论 本种以其蛹头毛、胸毛不分支和茧的特殊形状，与本组其他已知近缘种相区别。

灰额蚋 *Simulium*（*Simulium*）*griseifrons* Brunetti，1911（图12-170）

Simulium（*Simulium*）*griseifrons* Brunetti，1911. *Rec. Ind. Mus.*，4：285. 模式产地：印度（Puri），1932. *Ind. J. Med. Res.*，19（4）：1137~1141；Deng *et al.*（邓成玉等），1994. *Sixtieth Anniversary Founding China Zool. Soc.*：13；Chen and An（陈汉彬，安继尧），2003. The Blackflies of China：248.

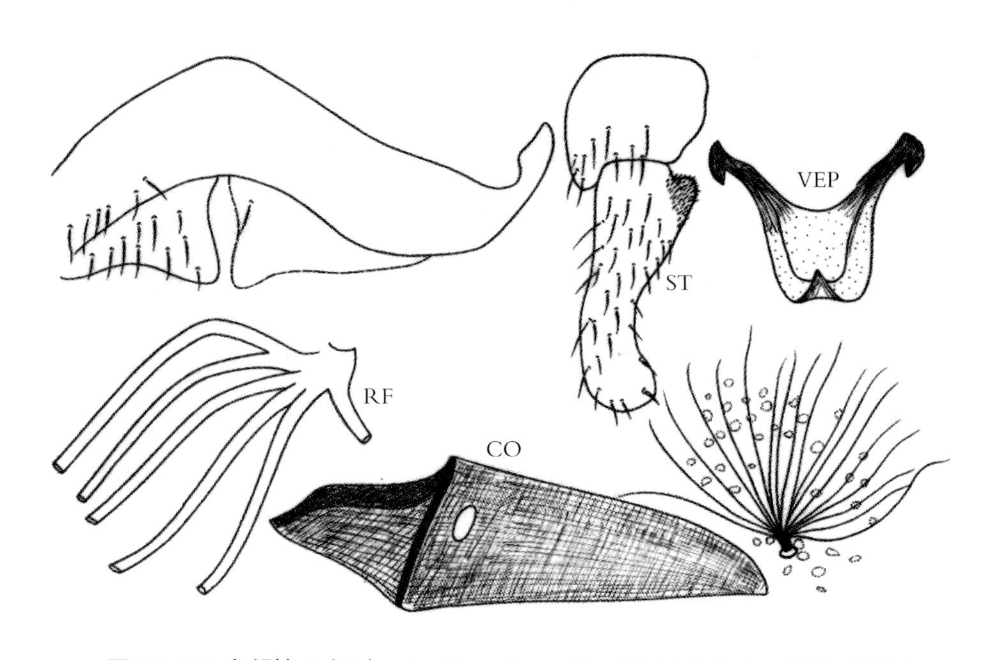

图12-170 灰额蚋 *S.*（*S.*）*griseifrons* Brunetti，1911（仿Puri，1933. 重绘）

鉴别要点 雌虫中胸盾片具4条暗色纵纹；生殖板端内角钝圆。雄虫生殖腹板两基臂末端具发达的倒钩，板体端缘具三角形中腹突。蛹头毛、胸毛每株分15~20支；茧靴状。

形态概述

雌虫 额灰白色。触须黑色。中胸盾片被金色柔毛，具2条宽的暗色亚中纵纹和2条侧纵纹。前足股节基1/2为黄色并向端部渐变为棕黑色，胫节黄色而端部1/4为黑色，外侧覆银色粉被。中足股节基部黄色，端部1/2~2/3黑色；胫节基3/4黄色，端部黑色；跗节Ⅰ基1/3~1/2和跗节Ⅱ基部为黄色，余部为棕黑色。翅径脉基通常具毛。腹节Ⅵ~Ⅷ背板黑色，闪光。生殖板端内角圆钝，内缘稍弯。

雄虫 颜灰白色，并具黑色毛。触角黑色，具白色细毛。中胸盾片黑色，被金色柔毛，具1对亚中银白色斑和1条银色侧纵条。前足胫节外面具银白色斑。翅径脉基具毛。腹节背板黑色，被金色毛，节Ⅱ、节Ⅴ~Ⅶ背板具银白色斑。生殖肢基节宽大于长；生殖肢端节长，具三角形基内突。生殖腹板后缘中部具1个小而反折的三角形中腹突，基臂末端具显著的倒钩。

蛹 体长约3.0mm。头毛3对，胸毛11对，每株分18~30支。腹节7、8背板具刺栉列，节9具端钩。呼吸丝3对，约为体长的1/3，上对呼吸丝具短茎，最下面1条呼吸丝指向下方。茧鞋状，前缘突出，通常无孔窗。

幼虫 未知。

生态习性 幼虫和蛹孳生于山溪急流中。

地理分布 中国：西藏；国外：印度，巴基斯坦。

分类讨论 本种与 *S.*（*S.*）*digrammicum* Edwards，1928相似。根据Puri（1932）的意见，后者为本种的同义词。

衡山蚋 *Simulium*（*Simulium*）*hengshanense* Bi and Chen，2004（图12-171）

Simulium（*simulium*）*hengshanense* Bi and Chen（毕光辉，陈汉彬），2004. *Acta Zootax Sin.*，29（3）：569~571. 模式产地：中国湖南（衡山）.

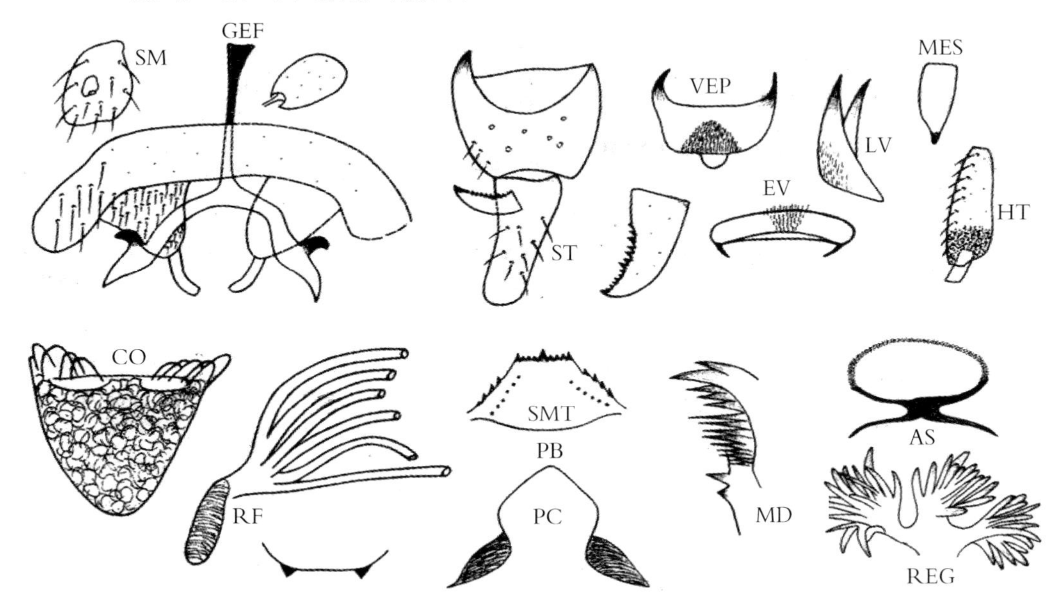

图12－171 衡山蚋 *S.*（*S.*）***hengshanense*** Bi and Chen，2004

鉴别要点 雌虫生殖板舌形，具长条状透明端内突，内缘远离，生殖叉突柄端部扩大，后臂具钩状外突。雄虫生殖腹板亚梯形，具乳头状腹中突；阳基侧突每侧约具 20 个粗刺。茧具短领，编织疏松，前缘具网格状结构和前侧窗。幼虫后颊裂法冠形。

形态概述

雌虫 体长 2.3~2.5mm。额指数为 70：49：58；额头指数为 70：227。触须节Ⅲ～Ⅴ的节比为 1.1：1.2：1.8，节Ⅲ不膨大，拉氏器长约为节Ⅲ的 0.24。下颚具 15 枚内齿，11 枚外齿；上颚具 27 枚内齿，14 枚外齿。食窦光裸。中胸盾片棕黑色，覆灰白粉被和金黄色毛，具 3 条黑色纵纹。中胸侧膜和下侧片光裸。前足基节黄色，中足、后足基节棕色；各足转节黄色；股节黄色但后足股节色稍棕；前足胫节基 3/4 为黄色，端 1/4 棕色；中足、后足胫节几乎全黄色；后足胫节基 4/5 为黄色，端 1/5 棕色。前足跗节棕黑色；中足胫节除基跗节基 4/5 为黄色外，余部为棕色；后足跗节除基跗节基 3/5 和跗节Ⅱ基 1/2 为黄色外，余部为暗棕色。前足基跗节膨大，长约为宽的 4.2 倍；后足基跗节侧缘平行，长约为宽的 6.0 倍。跗突和跗沟发达。爪简单。翅亚缘脉具少量毛，径脉基光裸。腹背棕黑色，但节Ⅱ为黄白色。第Ⅷ腹板中裸。生殖板舌形，内缘远离，具长条状透明端突，生殖叉突柄末端扩大，后臂具钩状外突。受精囊椭圆形。

雄虫 体长约 2.4mm；翅长约 2.2mm。上眼具 10 纵列，13 横排大眼面。唇基黑色，覆同色毛，灰白粉被。触角鞭节Ⅰ的长约为鞭节Ⅱ的 1.7 倍，触须拉氏器小，长约为节Ⅲ的 0.18。中胸盾片黑色，覆金黄色毛，具 1 对分离的灰白色肩斑，1 对侧白带向后伸并和后盾白色斑相连接。足似雌虫，但前足胫节棕黑色而中大部为白色；中足基跗基 1/4 为黄色，端 3/4 为黑色；后足基跗节膨大，长约为宽的 3.9 倍，基 3/5 为黄色，端 2/5 为棕黑色。腹部似雌虫。生殖肢端节短，长约为基节的 1.4 倍，具带齿列的长亚基内突，端圆，无端刺。生殖腹板亚梯形，前缘和后缘几乎平直，具乳头状腹中突，无齿；阳基侧突每侧约具 20 个长短不一的钩刺；中骨长板状，端平。

蛹 体长约 2.5mm。头、胸密布疣突。头毛 3 对，简单；胸毛 9 对，其中 3 对分 2~3 支，其余简单。呼吸丝 6 条，上、下对具短茎，中对无茎，长约为体长的 1/2。腹节 8 具刺栉，节 9 具端钩。茧鞋状，编织疏松，前缘具网格状结构，1 对前侧窗和若干小孔隙。

幼虫 体长 5.0~5.5mm。腹部具红棕色带，头斑阳性。触角 3 节的节比为 44：57：33。头扇毛 34~40 支。亚颏角齿发达，侧缘毛 6 支。后颊裂法冠形，端尖，长为后颊桥的 3~4 倍。胸、腹体壁光裸。肛鳃每叶具 9~14 个附叶，肛骨前臂约为后臂长的 0.6，具肛前刺环，后环 92~98 排，每排具 12~15 个钩刺。

生态习性 幼虫和蛹孳生于山溪中的水草和石块上，海拔 1080m。

地理分布 中国湖南。

分类讨论 本种近似秦氏蚋［*S.*（*S.*）*qini* Cao，Wang and Chen，1993］，但后者雌虫生殖板形状，生殖叉突无外突，翅径脉基具毛，雄虫生殖腹板后缘具齿，蛹胸毛 3~5 支，茧具高领，幼虫后颊裂箭形等特征，与本种有明显差异，可资鉴别。

红坪蚋 *Simulium*（*Simulium*）*hongpingense* Chen，Luo and Yang，2006（图 12-172）

Simulium（*Simulium*）*hongpingense* Chen，Luo and Yang（陈汉彬，罗洪斌，杨明），2006. *Acta Zootax Sin.*，31（4）：874~879. 模式产地：中国湖北（神农架）.

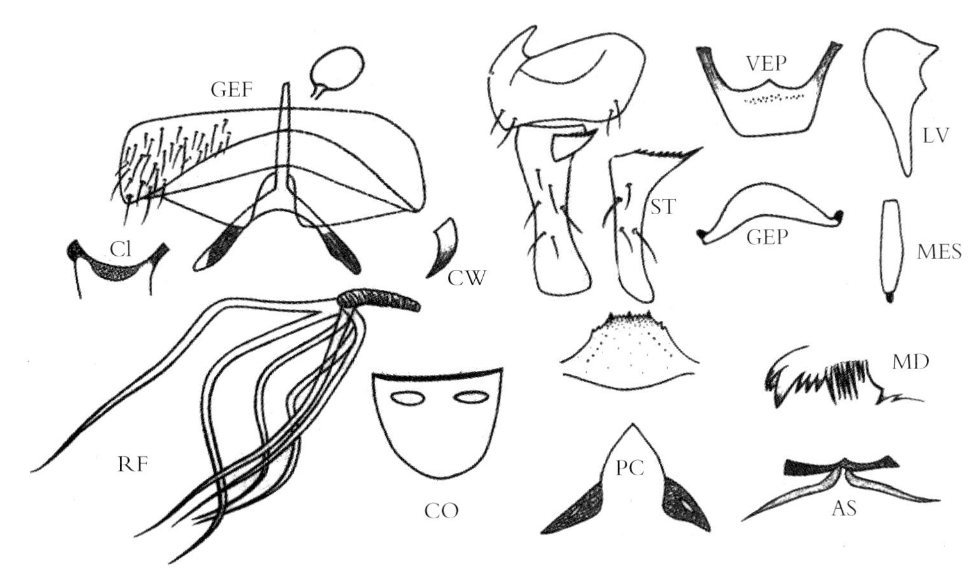

图 12-172 红坪蚋 *S.*（*S.*）***hongpingense*** Chen，Luo and Yang，2006

鉴别要点 雌虫中胸盾片无斑；股、胫节几乎色全淡；生殖板三角形，内缘远离；生殖叉突后臂无内突、外突。雄虫中胸盾片前部、小盾前区具白色斑并与侧白带连接；生殖腹板梯形，前缘具角状中突。中骨细板状，端平。茧具前侧窗。

形态概述

雌虫 体长约 2.4mm；翅长约 2.0mm。额指数为 7.5∶5.4∶6.6；额头指数为 7.5∶30.4。触须节Ⅲ～Ⅴ的节比为 6.0∶5.5∶10.2。拉氏器长约为节Ⅲ的 0.34。下颚具 6 枚内齿，11 枚外齿；上颚具 27 枚内齿，12 枚外齿。食窦弓中部具疣突丛。中胸盾片黑色，覆黄白色毛，无斑。中胸侧膜和下侧片光裸。前足除胫节端 1/4 和跗节为黑色外，余部为黄色；中足除基、转节、基跗节端 2/5 和其余跗节为黑色外，余部一致为黄色；后足除基节、股、胫节端部、基跗节端 2/5 和跗节Ⅱ基 1/2 和其他跗节为黑色外，余部为黄色。前足基跗节膨大，长约为宽的 4 倍。后足基跗节侧缘平行，长约为宽的 5.6 倍。跗突和跗沟均发达，爪简单。翅亚缘脉具毛，径脉基光裸。生殖板三角形，内缘直，远离。生殖叉突后臂具骨化脊，无外突。受精囊椭圆形。

雄虫 体长约 2.6mm；翅长约 2.1mm。上眼具 12 纵列，12 横排大眼面。触角鞭节Ⅰ的长约为鞭节Ⅱ的 2 倍。触须节Ⅲ～Ⅴ的节比为 4.0∶5.4∶15.8；拉氏器长约为节Ⅲ的 0.24。中胸盾片黑色，覆黄色毛，前盾、小盾前区具银白色斑并与侧白带连接。中胸侧膜和下侧片光裸。足似雌虫，但前、后股节端部为黑色，前、后胫节中大部为黄色。后足基跗节膨大，长约为宽的 3.9 倍。翅亚缘脉光裸。腹部似雌虫。生殖肢端节长约为基节的 2 倍，基 1/3 和端 1/3 宽，中 1/3 窄，具亚基内突，其前缘具粗齿列，生殖腹板梯形，前缘中突，后缘平直。阳基侧突每侧具 6 个大钩刺。中骨细板状，端平。

蛹 体长约 2.7mm。头部密布疣突，胸部稀布疣突。头毛 3 对，胸毛 6 对，多分 2~5 支。呼吸丝 6 条，成对排列。背对外丝和中对外丝略粗于其他 4 条丝，几乎无茎或具短茎，长约为体长的 2/5。腹节 7、8 具刺栉，后腹无端钩。茧简单，具大的前侧窗，前缘略增厚。

幼虫 体长约 5.0mm，头斑阳性。触角 3 节的节比为 7.2∶3.1∶3.6。头扇毛 38 支。亚颏中齿、角齿发达。侧缘毛 5 支 。后颊裂矛状，端尖，长为后颊桥的 3.0~3.5 倍。胸、腹体壁光裸。肛鳃每叶具 12~15 个附叶。肛骨前臂短宽，长约为后臂的 0.55。后环 84 排，每排具约 14 个钩刺。

生态习性 幼虫和蛹孳生于山溪急流中的水草上，水温 15℃，海拔 1680m。

地理分布 中国（湖北）。

分类讨论 本种近似福州蚋［*S.*（*S.*）*fuzhouense*］和优分蚋［*S.*（*S.*）*ufengense*］，但是本种茧具前侧窗，雄虫盾饰和尾器构造和上述 2 个近缘种有明显的差异。

印度蚋 *Simulium*（*Simulium*）*indicum* Becher，1885（图 12–173）

Simulium indicum Becher，1885. *J. Asia. Soc. Bengal*，53：199~200. 模式产地：印度阿萨姆 .

Simulium kashmiricum Edwards，1972. *Ent. Month Mag.*，63：255~257.

Simulium（*Himalayum*）*indicum* Becher，1885；Lewis，1973. *Bull. Ent. Res.*，62：453~470；Crosskey，1988. Annot. Checklist World Blackflies（Diptera：Simuliidae）：453；Deng *et al.*（邓成玉，薛群力，张有植，陈汉彬），1994. *Sixtieth Anniversary Founding*，*China Zool. Soc.*：12；Chen and An（陈汉彬，安继尧），2003. The Blackflies of China：145.

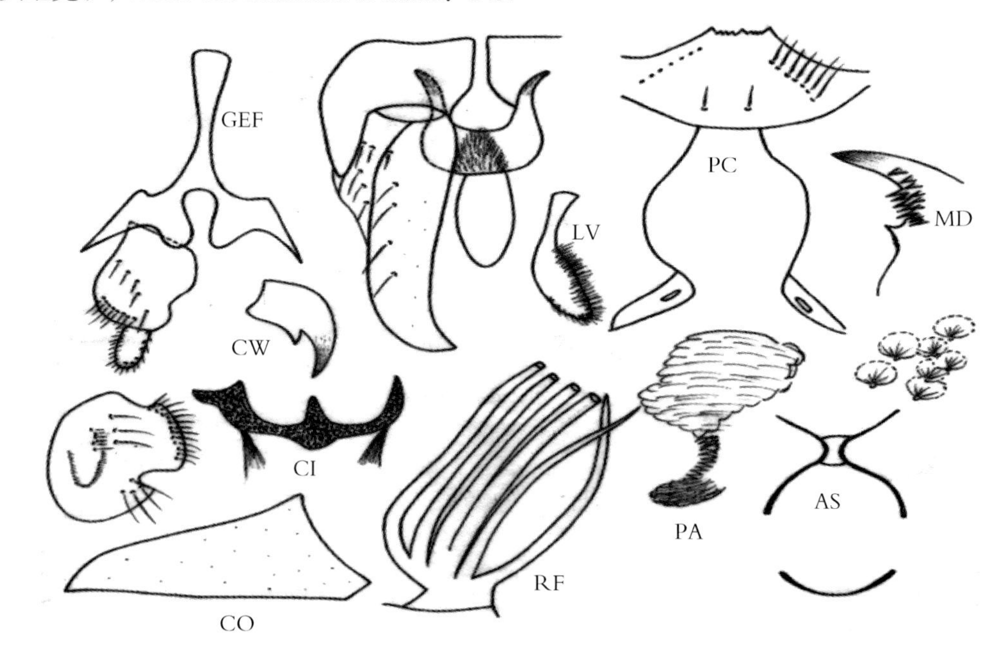

图 12–173 印度蚋 *S.*（*S.*）*indicum* Becher，1885

鉴别要点 雌虫食窦前缘具箭形突；径脉基具毛；前足基跗节和跗节Ⅱ后缘具粗长毛脊；生殖板亚三角形。雄虫生殖肢端节长为基节的 2.5 倍。蛹呼吸丝 6 条，腹节Ⅵ ~ Ⅸ无刺栉和端钩。幼虫胸腹部具扇状鳞，肛板后有弧形附骨片。

形态概述

雌虫 体长约 3.6mm。额及唇基被毛，额较宽。触须第Ⅲ节中度膨大，拉氏器长椭圆形，长约占节Ⅲ的 1/3。上颚具内齿 35 枚，外齿 4 枚；下颚具内齿 12 枚，外齿 16 枚。食窦后缘具发达的箭形突。中胸盾片棕黑色，被金黄色毛，无特殊纹饰。中胸侧膜和下侧片光裸。足大部色暗，但前足股节基 2/3、胫节基 3/5，中足、后足股节、胫节基 1/2 和跗节Ⅰ基 2/5 均色淡。前足基跗节和Ⅷ腹节两侧各具约 15 支刚毛。生殖板亚三角形，内缘骨化。生殖叉突柄顶端膨大，两后臂呈 90° 分叉，其中部具三角形侧突。受精囊无网纹。肛上板大，尾须半圆形。

雄虫 一般特征似雌虫。生殖肢端节长约为基节的 2.5 倍，锥形，端部稍内弯。生殖腹板横宽，向上渐收缩，两臂弯曲，腹中部具毛。中骨基部窄端部宽。阳基侧突基部宽，端部具众多连在一起的小刺。

蛹 胸部体壁无疣突。呼吸丝 6 条，具短柄，其长度约为体长的 1/2。腹节 5~9 背板无刺栉和端钩。茧拖鞋状。

幼虫 亚颏顶齿 9 枚，侧缘毛各 8 支，侧缘齿发达。后颊裂大，伸达亚颏后缘。胸、腹部具扇状鳞，肛鳃复杂。肛板后有弧形附骨片。

生态习性 幼虫孳生习性不详。雌蚋系人诱捕获，嗜吸人血，人被其叮咬后，红肿经久不消，奇痒难忍。

地理分布 中国：西藏；国外：印度，巴基斯坦，阿富汗，尼泊尔，不丹，孟加拉国。

分类讨论 本种原来归属于喜山蚋亚属（subgenus *Himalayum*），根据 Adler 和 Crosskey（2013，2014）的意见，该亚属现已并入蚋亚属的灰额蚋组。

采自西藏察隅的雌虫标本，与 Lewis（1974）所描述的印度喜山蚋的形态特征基本相似，但是其食窦具箭状齿、生殖板呈三角形与后者迥异，鉴于目前各地对本亚属的报道，大多尚未发现如 Lewis（1974）所描述的雄虫、蛹和幼虫，Takaoka（1984）认为所谓的 *S. indicum* 很可能是一个多元的种团。因此，我国标本的分类地位尚有待进一步的研究和考证。

日本蚋 *Simulium*（*Simulium*）*japonicum* Matsumura，1931（图 12-174）

Simulium japonicum Matsumura, 1931. 6000 illustrated insects of the Japan-Empire : 407. 模式产地: 日本. Chen and Cao（陈继寅，曹毓存），1982. *Acta Zootax Sin.*, 7（1）: 82.

Simulium（*Simulium*）*japonicum* Matsumura，1931；An *et al.*（安继尧等），1990. *Contr. Blood-sucking Dipt. Ins.*，2：109；Chen and An（陈汉彬，安继尧），2003. The Blackflies of China：250.

Simulium annulipes Shiraki, 1935. *Mem. Fac. Sci. Agri. Taihoku Imp. Univ.*, 16: 49~52. 模式产地: 日本.

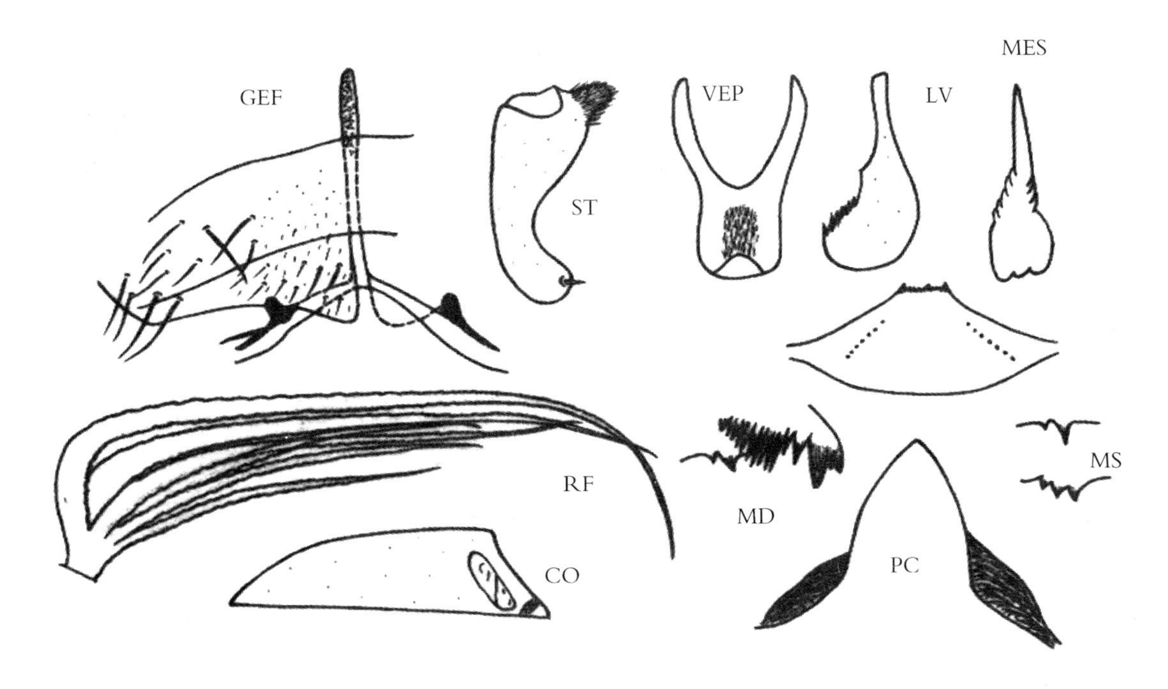

图 12 — 174 日本蚋 *S.*（*S.*）*japonicum* Matsumura，1931

鉴别要点 雌虫中胸盾片具5条暗色纵纹。雄虫生殖腹板后缘浑圆。蛹上面3条呼吸丝特粗长，茧具侧窗。

形态概述

雌虫 体长约3.0mm。额亮黑色，覆灰粉被。唇基被银灰色粉被，具黑色毛。食窦后缘具疣突。中胸盾片具5条暗色纵纹。各足股节除前股基1/4、中股基1/5和后股基1/4为黄色外，余一致为棕黑色；各足胫节黄色而端1/3为黑色，前胫外面具大的银白色斑；后足基跗节基1/2为黄色，端1/2为黑色，两侧亚平行，长度约为宽度的5倍。腹节Ⅱ背板具银白色侧斑。生殖板内缘平直。受精囊球状，具网斑。

雄虫 体长3.0~3.6mm。上眼面约17排。触角鞭节Ⅰ的长约为鞭节Ⅱ的2倍。中胸盾片被金黄色毛，具1对中侧银白色斑。生殖肢端节具带齿的基内突。生殖腹板长方形，后缘浑圆，腹突不发达。中骨楔状，基部尖，后缘平。

蛹 头、胸部体壁密盖盘状和锥状疣突。头毛3对，每株分2~3支；胸毛6对，每株分4~8支。呼吸丝6条，排成3对，长约为体长的1/2，上面3条明显较下面3条粗长。腹节6~8背板具刺栉列，端钩中度发达。茧鞋状，具领和前侧窗，编织紧密但前部疏松。

幼虫 头斑可见。头扇毛35~44支。上颚常有1枚附加缘齿。亚颏侧缘毛每边6~9支。后颊裂深，箭形，侧缘平行，长为后颊桥的2.8~3.6倍。胸、腹体壁光滑，但后腹部具无色毛。肛鳃每叶分6~9个二级小叶。肛板前臂长约为后臂的1/2。后环约110排，每排具10~18个钩刺。

生态习性 本种为北方习见种，幼虫和蛹孳生于江河、溪流中的石块、水草或枯枝落叶上。6~9月份为繁殖盛期。成虫叮咬人畜。

地理分布 中国：福建，吉林，辽宁，黑龙江，西藏；国外：日本，韩国，俄罗斯（西伯利亚）。

分类讨论 本种近似卡瓦蚋［*S.*（*S.*）*kawamurae* Matsumura，1915］，两者的区别见后者分类讨论项下。本种系古北界蚋种，我国福建是否有分布，尚待进一步考证。

卡瓦蚋 *Simulium*（*Simulium*）*kawamurae* Matsumura，1915（图12-175）

Simulium kawamurae Matsumura，1915. *Dai Nippon Gaichu Zeusho*，2：84~85.

Simulium（*Simulium*）*kawamurae* Matsumura，1915；Shogaki，1955. *Zool. Mag.*，65（7）：275~276；Crosskey *et al.*，1996. *J. Nat. Hist.*，30：426；Chen and An（陈汉彬，安继尧），2003. The Blackflies of China：251.

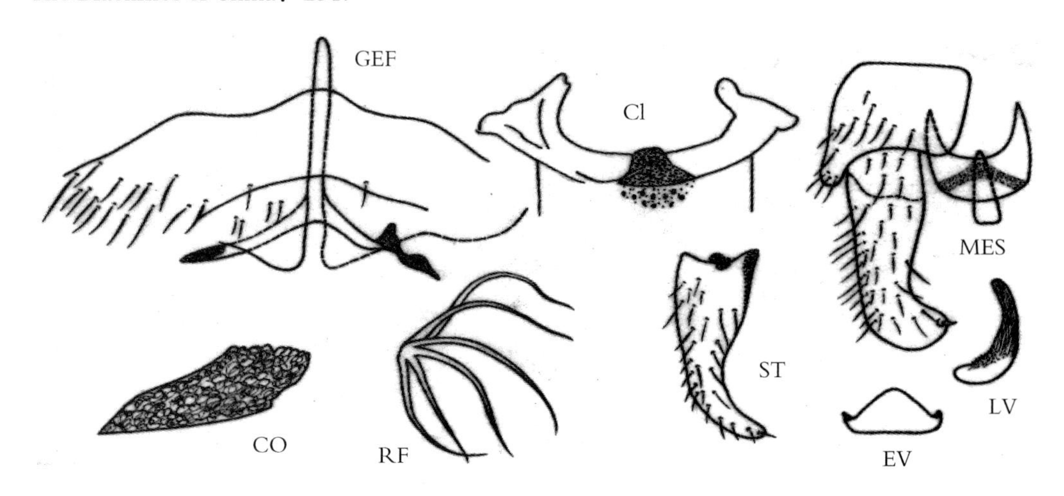

图12-175 卡瓦蚋 *S.*（*S.*）*kawamurae* Matsumura，1915

鉴别要点 雌虫食窦后缘具亚方形中突并具大小 2 种疣突。雄虫生殖腹板横宽，马鞍形。

形态概述 ［根据 Bentinck（1955）和 Rubtsov（1964）的记述］

雌虫 基本形态与日本蚋［*S.*（*S.*）*japonicum*］极为相似，主要区别是本种食窦后缘具亚方形中突和丛生小疣突，在其前方并有若干大疣突。生殖板舌状。

雄虫 近似日本蚋［*S.*（*S.*）*japonicum*］，主要区别是本种生殖腹板横宽，马鞍形，宽大于长，具中度发达的半圆形腹突。中骨后缘无裂隙。

蛹 头、胸部体壁具疣突。头毛、胸毛多分支。腹部具端钩。呼吸丝 6 条，成对排列，无色，上对具短茎，所有呼吸丝基段粗壮并向端部渐变尖。茧靴状，前部具网格结构。

幼虫 未知。

生态习性 不详。

地理分布 中国：湖北；国外：日本。

分类讨论 本种极似日本蚋［*S.*（*S.*）*japonicum* Matsumura，1931］，两者的主要区别是雌虫食窦、雄虫生殖腹板和茧的形态。

乐东蚋 *Simulium*（*Simulium*）*ledongense* Yang and Chen，2001（图 12-176）

Simulium（*Simulium*）*ledongense* Yang and Chen（杨明，陈汉彬），2001. *Acta Zootax Sin.*，26（1）：90~93. 模式产地：中国海南（尖峰岭）；Chen and An（陈汉彬，安继尧），2003. The Blackflies of China：296.

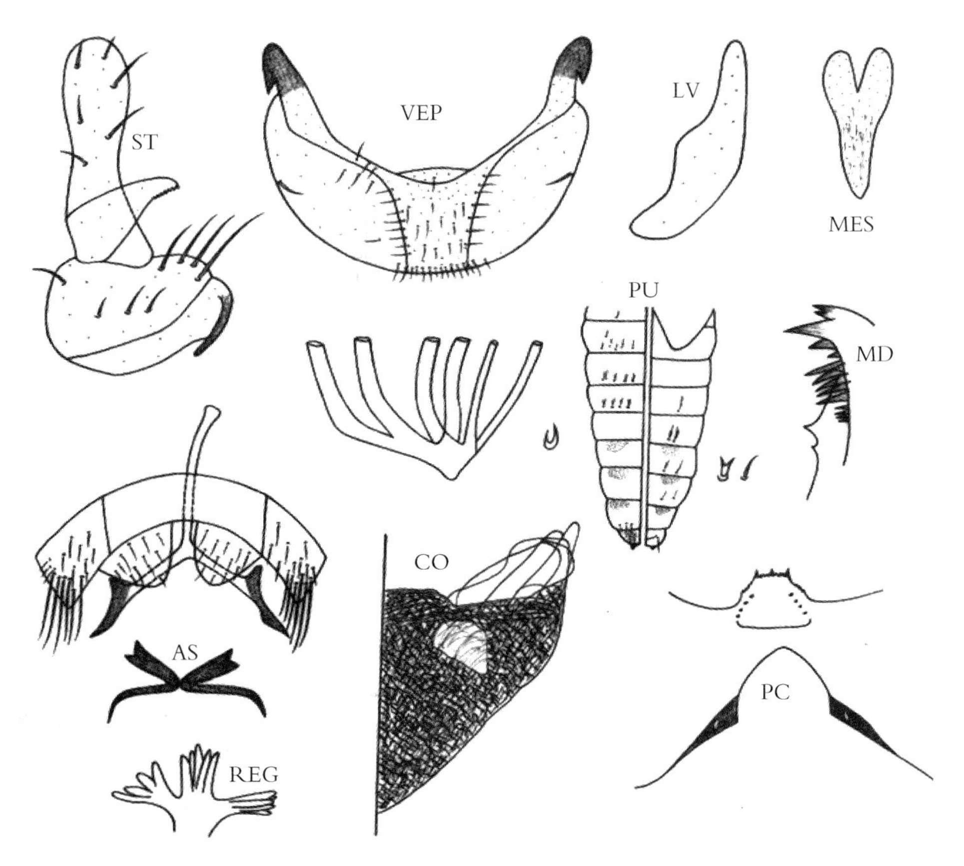

图 12-176 乐东蚋 *S.*（*S.*）*ledongense* Yang and Chen，2001

鉴别要点 雄虫生殖腹板马鞍形；中骨末半膨胀具端中裂。茧前部具网格状结构和大的孔窗。幼虫后颊裂心形，触角节Ⅱ具1个次生淡环。

形态概述

雌虫 体长3.0mm。额指数为2.0∶1.7∶1.6。触须拉氏器长约占节Ⅲ的2/5。食窦光裸。中胸盾片无银白色斑。小盾片和后盾片被银白粉霜。前足股节基2/3和胫节基4/5为淡黄色。后足股节基3/4、胫节外侧大部和基跗节基2/3为棕黄色，其余为棕黑色。翅亚缘脉和径脉基具毛。腹节Ⅷ腹板后缘强凹。生殖板圆锥形，内缘远离，亚平行。生殖叉突柄末端骨化，略膨大，两后臂端1/3具弱骨化的外侧突。受精囊椭圆形，表面具网纹。

雄虫 体长约3.2mm。复眼大眼面15纵列，10横排。触角鞭节Ⅰ的长约为鞭节Ⅱ的1.8倍。中胸盾片黑色，正中具1个小的圆形银白色斑，两侧各具1个"L"形灰棕色斑，并与盾侧银白色纵纹连接；小盾片和后盾片均被银白粉霜。前足除基节和转节基1/2为淡黄色以及胫节外侧大部为银白色外，余一致为暗棕色；中足除胫节基1/3为银白色以及跗节Ⅰ基1/3为棕黄色外，余一致为暗棕色；后足除转节、跗节Ⅰ基1/2和跗节Ⅱ基1/3为淡黄色外，大部为暗棕色，但股、胫节基1/8为淡黄色，股节端1/4为黑色。后足基跗节膨胀成纺锤形，长约为最宽处的3.8倍。腹节Ⅱ背板具银白色横带，其余黑色，腹板暗灰色。生殖肢端节长约为基节的2倍，基1/3和端1/3稍膨胀，具发达的角状基内突，其长度约为端节的1/3，前缘有3~4枚锯齿。生殖腹板马鞍形，宽约为长的3倍，具中腹突。阳基侧突每边约具15个钩刺。中骨基2/5窄细，端2/5膨大，具端中裂。

蛹 体长3.5~4.0mm。头、胸部密布盘状疣突。头毛3对，不分支；胸毛7对，其中胸侧3对每分3~6叉支。呼吸丝6条，成对排列，其长度和粗细自上而下递减，上对具短茎，中、下对自总柄发出。腹节8背板具栉刺列，腹节9每侧具少量粗刺和1对发达的端钩。茧鞋状，具领，编织疏松，前1/3具网篮状结构和多个孔窗。

幼虫 体长5.5~6.0mm。头斑阳性。触角节Ⅱ端1/4处有1个次生淡环。头扇毛58支。亚颏侧缘毛每边5~6支。后颊裂深，心形，基宽端尖，长约为后颊桥的4倍。胸、腹体壁光裸。肛鳃每叶分5个指状小叶。肛前具附加骨环。后环94列，每列具13~15个钩刺。

生态习性 幼虫和蛹孳生于林区山溪中的水草上，海拔600m。

地理分布 中国海南。

分类讨论 本种雄虫生殖腹板和蛹的形状颇似鞍阳蚋（*S. ephippioidum* Chen and Wen，1999），但是本种胸部纹饰、雄虫生殖肢端节和中骨、雌虫生殖板的特殊形状以及幼虫的某些特征与后者有着明显的种间差异。

庐山蚋 *Simulium*（*Simulium*）*lushanense* Chen，Kang and Zhang，2007（图12-177）

Simulium（*Simulium*）*lushanense* Chen，Kang and Zhang（陈汉彬，康哲，张春林），2007. *Acta Zootax Sin.*，32（3）：579~580. 模式产地：中国江西（庐山）.

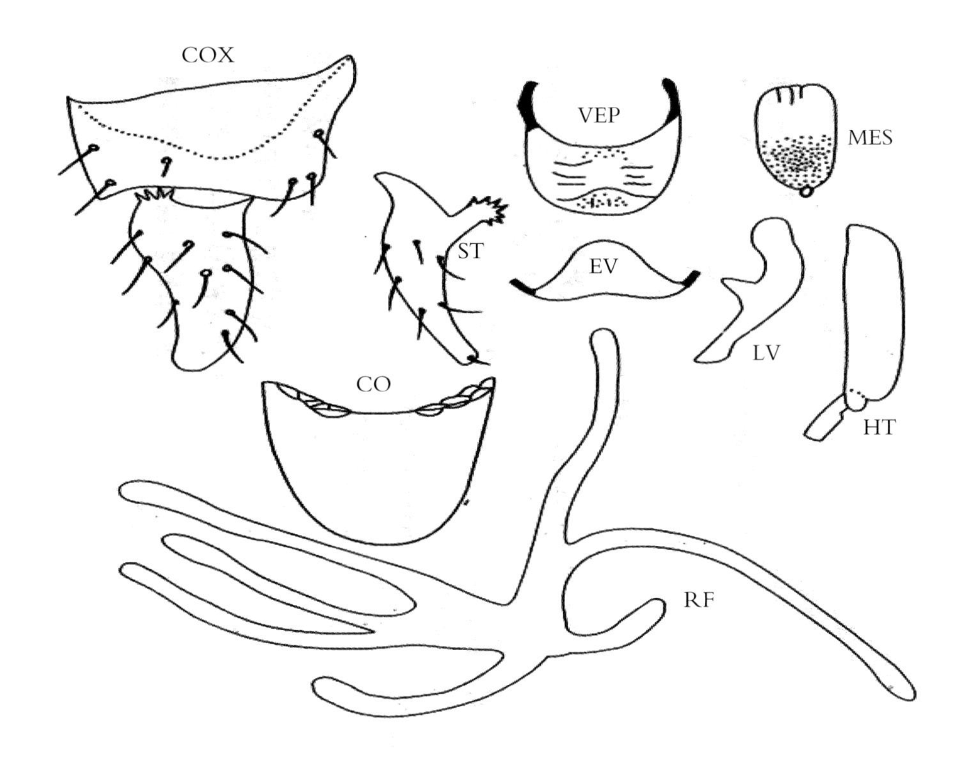

图 12–177 庐山蚋 *S.*（*S.*）*lushanense* Chen，Kang and Zhang，2007

鉴别要点 雄虫生殖腹板马鞍形，光裸；中骨宽板状。茧具低领，前缘两侧具若干孔隙；呼吸丝管状，排列成（1+3）+2。

形态概述

雌虫 尚未发现。

雄虫 上眼具 11 横排，12 纵列大眼面。触角鞭节Ⅰ的长为鞭节Ⅱ的 1.8 倍，触须节Ⅲ不膨大，拉氏器长为节Ⅲ的 0.23。中胸盾片棕黑色，覆棕黑色毛，具 1 对灰白色肩斑向侧缘延伸达翅前区与 1 个独立的小盾前白色斑连接。前足基、转节、股节基 3/4 为黄白色，余部为黑色；中足除胫节基部、基跗节和跗节Ⅱ基 3/5 为淡黄色外，余部为暗棕色；后足除转节、股节基 3/4、胫节中大部外面、基跗节基 3/5 和跗节Ⅱ为淡黄色外，余部为棕黑色。后足基跗节侧缘亚平行，长约为宽的 5 倍。跗突宽度约为基跗节端部的 1/2。跗沟发育良好。翅亚缘脉和径脉基光裸。腹部基鳞棕黑色，并具黑色缘毛。腹节Ⅱ为白色，腹背亮黑色。生殖肢端节弯锥状，具带齿的基内突，生殖腹板马鞍形，光裸，具腹中突。中骨宽板状，侧缘平行，后缘平而具皱褶。阳基侧突每侧具 7~8 个大钩刺。

蛹 体长约 2.6mm。头、胸布疣突。头毛 3 对，简单；胸毛 5 对，每分 2~3 叉支。呼吸丝 6 条，明显膨胀成管状，排列成（1+3）+2，长约为体长的 1/3。腹节 7、8 具刺栉，节 9 具端沟。茧具短领，编织紧密，前缘两侧具网格状结构和众多孔隙。

幼虫 尚未发现。

生态习性 蛹孳生于山溪急流中的水草茎叶上，海拔 300m。

地理分布 中国江西。

分类讨论 本种主要特征是蛹呼吸丝的特殊形状和排列方式，虽然近似马来西亚的显丝蚋

［*S.*（*S.*）*grossifilum*］，但是后者的雄尾构造迥异，其茧具侧窗，头毛、胸毛呈树状，与本种有明显的差异。

中柱蚋 *Simulium*（*Simulium*）*mediaxisus* An，Guo and Xu，1995（图 12–178）

Simulium（*Simulium*）*mediaxisus* An，Guo and Xu（安继尧，郭天宇，许满荣），1995. *Sichuan J. Zool.*，14（1）：3~5. 模式产地：中国西藏（亚东）；Crosskey，1997. Taxo. Geograp. Invent. World Blackflies（Diptera：Simuliidae）：65；Chen and An（陈汉彬，安继尧），2003. The Blackflies of China：252.

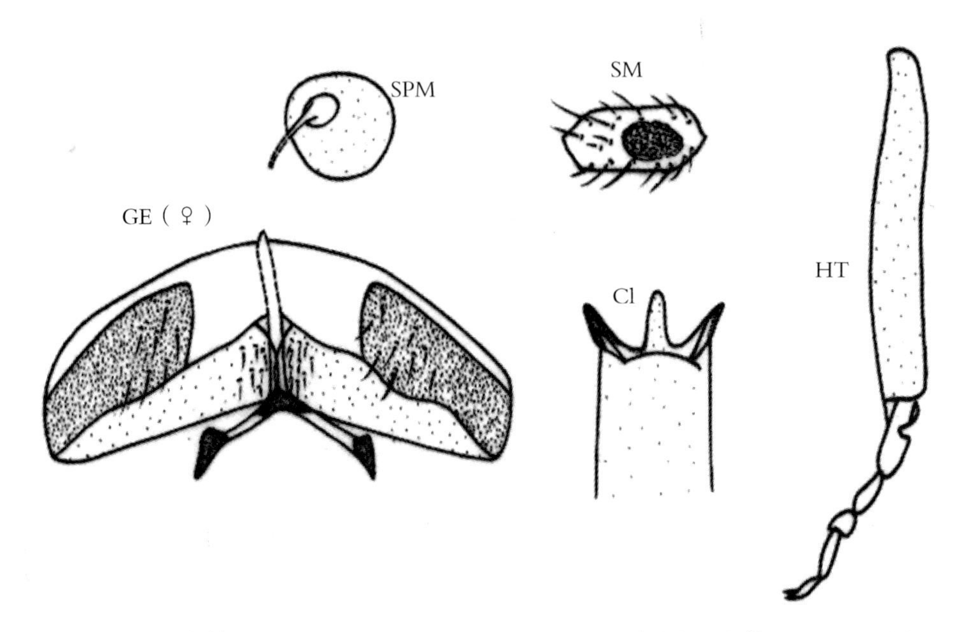

图 12–178 中柱蚋 *S.*（*S.*）*mediaxisus* An，Guo and Xu（仿安继尧等，1995. 重绘）

鉴别要点 雌虫腹节Ⅷ两侧具骨化带；生殖板横宽，内缘几乎连接；食窦后缘具柱状中突而无疣突。

形态概述

雌虫 体长约 3.1mm。额黑色，覆白色粉被。触角黑色，额指数为 40 : 25 : 40。触须拉氏器长约占节Ⅲ的 1/3。上颚具外齿 16 枚，内齿 34 枚；小颚具外齿 15 枚，内齿 16 枚。食窦后缘中部具柱状中突。中胸盾片黑色，稀被黄色短毛。翅径脉基有毛。前足基节、转节基 1/2、股节基 1/4、胫节基 2/3 和跗节Ⅰ基 2/3 为黄色，余部为黑色或浅黑色。后足基 1/3、胫节基 2/3、跗节Ⅰ基 1/2 为黄色，余部为黑色或浅黑色。腹部背板黑色，腹节Ⅷ腹板两侧具宽骨化带。生殖板短宽，三角形，内缘几乎连接，生殖叉突分叉处和两臂末段骨化程度较高。

雄虫 尚未发现。

蛹 尚未发现。

幼虫 尚未发现。

生态习性 未知。

地理分布 中国西藏。

分类讨论 本种与 *S.*（*S.*）*griseifrons* Brunetti，1911 和 *S.*（*S.*）*japonicum* Matsumura，1931 相似，但是生殖叉突、生殖板及食窦的特征与后 2 种有明显的区别。

秦氏蚋 *Simulium*（*Simulium*）*qini* Cao，Wang and Chen，1993（图 12–179）

Simulium（*Simulium*）*qini* Cao, Wang and Chen（曹毓存，王树成，陈继寅），1993. *Acta Ent. Sin.*, 36（1）: 96~99. 模式产地：中国四川（峨眉山）；An（安继尧），1996. *Chin J. Vector Bio. and Control*, 7（6）: 474；Chen and An（陈汉彬，安继尧），2003. The Blackflies of China：301.

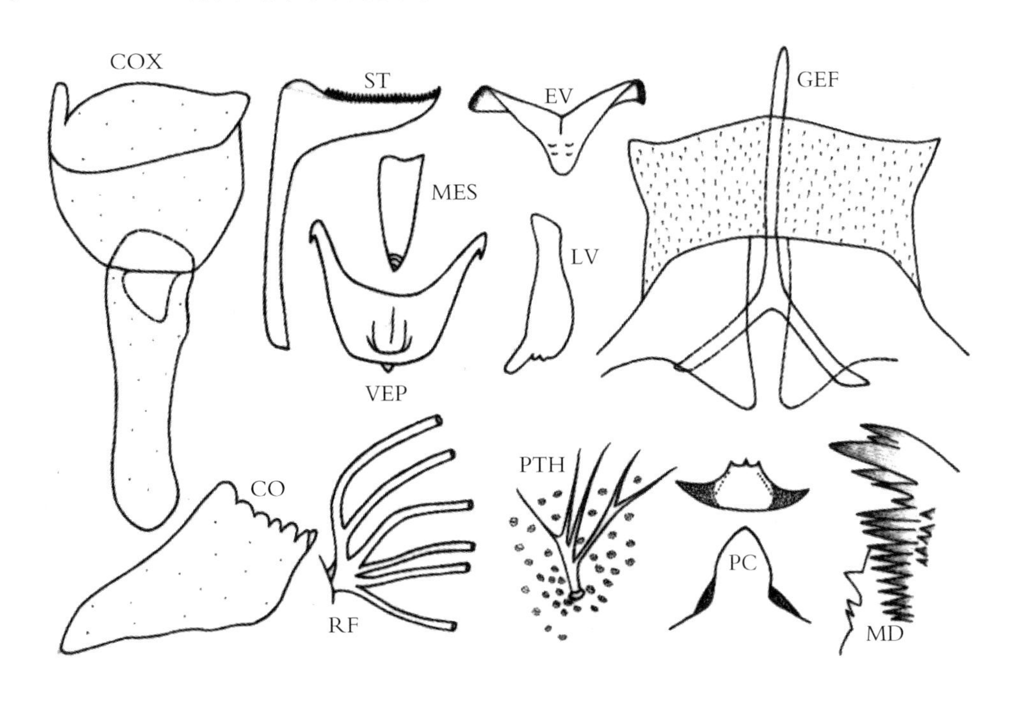

图 12–179 秦氏蚋 *S.*（*S.*）*qini* Cao，Wang and Chen，1993

鉴别要点 雌虫生殖板舌状，后缘凹入。雄虫生殖腹板横宽，梯形。

形态概述

雌虫 体长约 3.0mm。触角柄节、梗节和鞭节Ⅰ、鞭节Ⅱ的腹面为黄色，余部为黑色。中胸盾片黑色，被黄色短柔毛。翅径脉基具毛。足大部为淡棕黄色。爪简单。生殖板窄舌状，内缘略直，端后角略尖，后缘凹入。生殖叉突后臂无外突。

雄虫 体长约 3.8mm。触角柄节、梗节和鞭节Ⅰ~Ⅲ为红棕色，余部为棕黑色。触须拉氏器小，长约占节Ⅲ的 1/5。中胸盾片绒黑色，具银灰色肩斑，覆金黄色毛。足大部为黄色。后足基跗节呈纺锤形。腹节背板绒黑色，节Ⅰ背板基半银灰色，节Ⅵ~Ⅶ每节具银灰色侧斑。生殖肢端节长，端圆，基内突角状，长约为端长的 3/5，前缘具锯齿列。生殖腹板横宽，亚梯形，宽约为长的 2 倍，腹面后部具角状突。生殖腹板端面观呈三角形，侧面观呈鸭头状，后缘具 2~3 个齿突。中骨长板状。阳基侧突每边约具 10 个大刺。

蛹 体长 3.5~4.0mm。胸背毛 3 对，每分 3~5 支。呼吸丝 6 条，成对，上对丝具短茎。茧靴状，编织疏松，前部具网格状颈领。

幼虫 体长 6.0~7.0mm。额斑阳性。触角长于头扇柄，头扇毛 53~60 支。亚颏中齿粗大，侧缘毛每边 6 支。后颊裂深，箭形，基部不收缩，长为后颊桥的 5~6 倍。肛鳃每叶分 12~14 个附叶。后环 96~102 排，每排具 18~20 个钩刺。

生态习性 幼虫和蛹采自山溪中，海拔约 600m。

地理分布 中国四川和山西。

分类讨论 根据本种生殖板的特殊形状，生殖叉突后臂无外突，生殖肢端节基内突特别长和亚梯形的生殖腹板以及茧靴状等综合特征，易于与其他近缘种相区别。

多枝蚋 *Simulium*（*Simulium*）*ramulosum* Chen，2000（图 12–180）

Simulium（*Simulium*）*ramulosum* Chen（陈汉彬），2000. *Acta Zootax Sin.*, 25（1）：100~105. 模式产地：中国贵州（雷公山）；Chen and An（陈汉彬，安继尧），2003. The Blackflies of China：302.

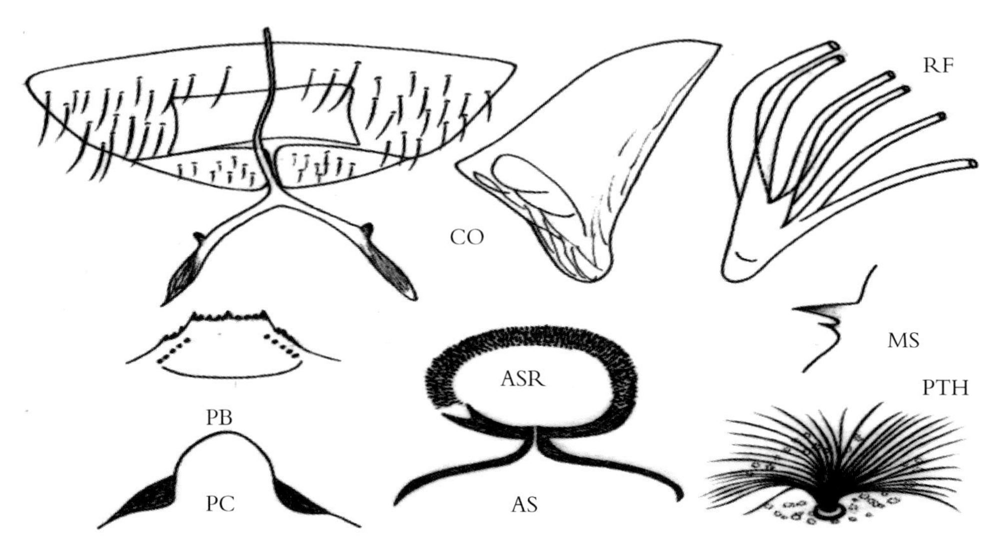

图 12–180 多枝蚋 *S.*（*S.*）*ramulosum* Chen，2000

鉴别要点 生殖板内缘靠近。蛹胸毛每株分 15~22 支。

形态概述

雌虫 体长约 2.5mm。额棕黑色，覆银灰粉被。额指数为 8∶6∶9。触须拉氏器约占节Ⅲ的 2/5。下颚具 14 枚外齿，15 枚内齿；上颚具 16 枚内齿，无外齿。食窦光裸。中胸盾片棕黑色，覆黄白色柔毛。前足除基节、转节、股节基 3/4 和胫节基 2/3 为黄色外，余部为黑色；中足转节基 1/2，股、胫节基 1/3 均为淡黄色，余部为黑色；后足股节、胫节基 3/4 和跗节Ⅰ基 1/3 为淡黄色，余部为黑色。翅亚缘脉具毛，径脉基光裸。腹部除节Ⅱ背板为浅棕色外，余一致为暗棕色。生殖板三角形，两内缘靠近，生殖叉突柄粗，两后臂中部具骨化外侧突。

雄虫 未知。

蛹 体长 3.2~3.5mm。头、胸部密布盘状和角状疣突。头毛 3 对，每株分 4~12 支；胸毛 6 对，树状，每株分 15~22 支。呼吸丝 6 条，成对排列，均无茎，背对外丝明显较粗长。腹节 7、8 具刺栉列和微棘刺群，腹节 9 无端钩。茧鞋状，编织紧密，前部疏松，具前侧窗。

幼虫 体长 5.5~6.5mm。头斑阳性。头扇毛 32~34 支。亚颏侧缘毛每边 5~6 支。后颊裂较浅，亚箭形，长约为后颊桥的 2 倍。胸、腹部体壁光裸。肛鳃每叶分 8 个次生小叶，肛前具刺环。后环约 84 列，每列具 15~16 个钩刺。

生态习性 幼虫和蛹孳生于山区小溪中的水草茎叶上，海拔 800~1000m。

地理分布 中国贵州。

分类讨论 本种近似 *S.*（*S.*）*griseifrons* Brunetti，1911，但是其生殖板和蛹茧的形状与后者迥异，可资鉴别。

淡白蚋 *Simulium*（*Simulium*）*serenum* Huang and Takaoka，2009（图 12-181）

Simulium（*Simulium*）*serenum* Huang（黄耀特）and Takaoka，2009. *Med. Entomol. Zool*，60（1）：33~38. 模式产地：中国台湾（花莲）.

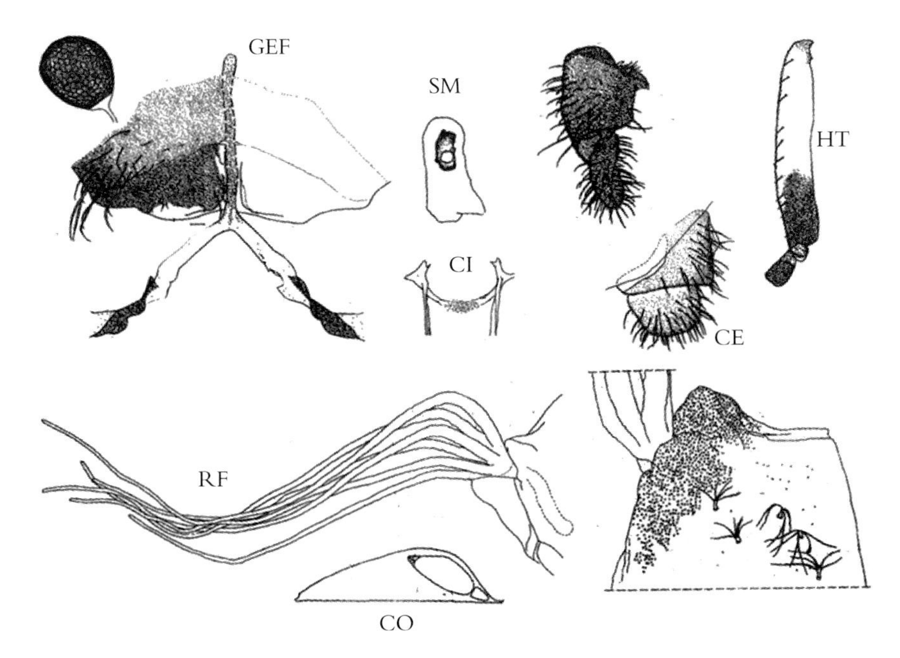

图 12-181 淡白蚋 *S.*（*S.*）*serenum* Huang and Takaoka，2009

鉴别要点 雌虫各足股、胫节大部为黄白色，仅端部色暗；生殖板内缘和后缘具透明区。茧前缘具中裂隙和大侧窗。

形态概述

雄虫 未知。

雌虫 体长约 3.3mm；翅长 3.3mm。额指数为 1.42 : 1.00 : 1.12；额头指数为 1.00 : 3.38。触须节Ⅲ~Ⅴ的节比为 1.00 :（1.15~1.20）:（2.72~2.85），节Ⅲ稍膨大，拉氏器长约占节Ⅲ的 0.40。下颚具 14（15）枚内齿和 13~15 枚外齿；上颚具 27 枚内齿和 14 枚外齿。食窦弓约具 75 个疣突。中胸盾片亮黑色，覆黄色毛，无斑。中胸侧膜和下侧片光裸。前足基、转节黄白色；股节大部为黄色而端部淡棕色；跗节除基跗节基 2/3 为黄色外，余部为棕黑色。后足基节棕黑色；跗节黄色；股节大部为黄色而端部暗棕色，胫节黄色而端面为暗棕色；胫节白色而端 1/5 为黑色；跗节全黑。中足基节棕黑色；转节黄色；股节大部为白色仅端部为淡棕色；胫节大部为黄色而端部淡棕色；跗节除基跗节基 2/3 为黄色外，余部为棕黑色。后足基节棕黑色；转节黄色；股节大部为黄色而端部略棕色；胫节黄色而端部为暗棕色；跗节除基跗节基 3/5 和跗节Ⅱ基 1/2 为黄白色外，余部为暗棕色。基跗节窄，长为宽的 6.27 倍，爪简单。翅亚缘脉具毛，仅端部光裸；径脉基光裸。腹背棕黑色，仅节Ⅱ基半白。生殖板后缘膨大，内缘稍分离，后缘和内缘具透明区，生殖叉突后臂具骨化外突和侧脊。受精囊球形，具网斑。

蛹 体长 3.5mm。头部光裸。头毛 3 对，每分 3~5 支；胸部几乎光裸，但鳃器基部密布疣突。胸毛 8 对，每分 5~7 支。呼吸丝 6 条，具极短的初级茎，背对上丝最长，粗度自上而下递减。腹节 7、8 背板具刺栉，节 9 无端钩。茧拖鞋状，具大的前侧窗或若干小孔隙，前缘中凹呈"V"形。

幼虫 未知。

生态习性 幼虫和蛹孳生于小溪中的落叶上，水温 20.5℃，海拔 80m。

地理分布 中国台湾。

分类讨论 本种茧前缘具深中裂是其独具特征。其雌虫近似泰国的 [*S.*（*S.*）*crocinum*] 和 [*S.*（*S.*）*medioealoratum*]，马来西亚的 [*S.*（*S.*）*rudnicki*]、[*S.*（*S.*）*yongi*] 以及台湾的优分蚋［*S.*（*S.*）*ufengense*］，但是可根据其后足胫节大部为黄色，来与上述近缘种相区别。

匙蚋 *Simulium*（*Simulium*）*spoonatum* An，Hao and Yan，1998（图 12-182）

Simulium（*Simulium*）*spoonatum* An，Hao and Yan（安继尧，郝宝善，严格），1998. *Acta Ent. Sin.*, 41（2）：187~193. 模式产地：中国广东（上川岛）；Chen and An（陈汉彬，安继尧），2003. The Blackflies of China：253.

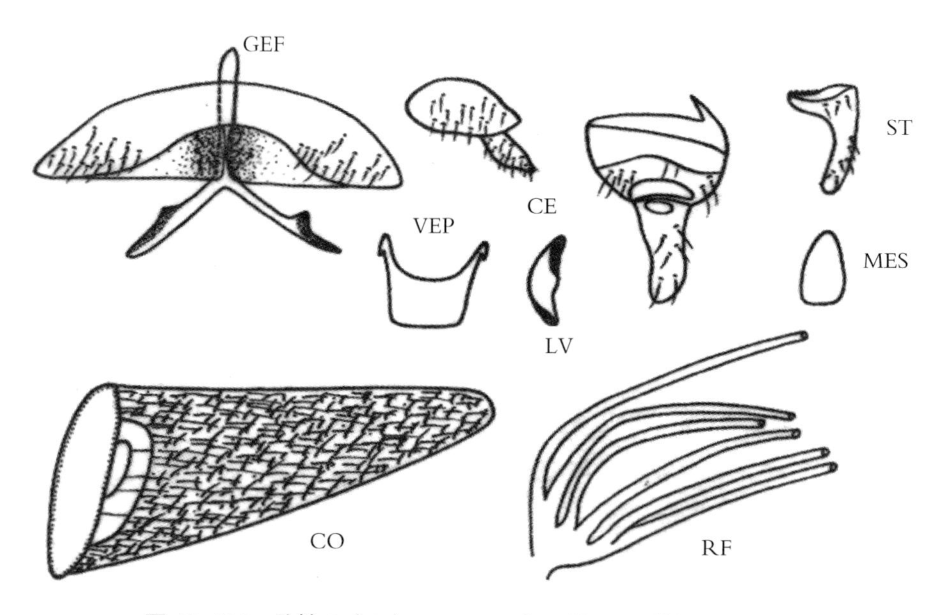

图 12-182 匙蚋 *S.*（*S.*）*spoonatum* An，Hao and Yan，1998

鉴别要点 雌虫生殖板匙状，内缘靠近，后缘平直。雄虫生殖腹板亚方形；各足股节大部为黑色。

形态概述

雌虫 体长约 2.8mm。额、颜为黑色。食窦光滑。触角棕黑色。触须拉氏器约占节Ⅲ的 1/3。中胸盾片黑色，上覆白色粉被和黄色短毛，具 5 条暗色纵纹。前足基节、转节、股节为棕黄色，余部为黑色。中足转节、股节、胫节和跗节Ⅰ基部 2/3 为棕黄色，余部为黑色。后足转节、股节基 4/5、胫节基 4/5 和跗节Ⅰ基 2/3 为棕黄色，余部为黑色。后足基跗节两边平行。爪简单。翅径脉基具毛。腹部黑色。生殖板匙状，内缘靠近，后缘平直。生殖叉突后臂有外突。

雄虫 触角鞭节Ⅰ的长约为鞭节Ⅱ的2倍。中胸盾片黑色，密被金黄色毛，周边有白色粉被。足色同雌虫。生殖肢端节的长约为基节的1.4倍，具角形基内突，上生7枚齿。生殖腹板亚方形，宽约为长的1.3倍，两臂斜伸。中骨扁宽，自基部向端部渐变宽。阳基侧突每边具10个大刺。

蛹 头、胸部具疣突。头毛、胸毛均简单。呼吸丝3对，粗细均匀。腹节8背板具刺栉，腹节9无端钩。茧拖鞋状，编织粗糙，前部具几个大孔窗。

幼虫 尚未发现。

生态习性 幼期孳生于海岛山溪中的水草或枯枝落叶上，海拔20m。

地理分布 中国广东。

分类讨论 根据本种雌虫中胸盾片具纵纹，生殖板内缘靠近，雄虫生殖肢端节具角状基内突，生殖腹板板状，末端不凹入等特征，似隶属于灰额蚋组（*griseifrons* group）。

香港蚋 *Simulium*（*Simulium*）*taipokauense* Takaoka，Davies and Dudgeon，1995（图 12–183）

Simulium（*Simulium*）*taipokauense* Takaoka，Davies and Dudgeon，1995. *Jap. J. trop. Med. Hyg.*，23（3）：192；194~195. 模式产地：香港.Crosskey，1997. Taxo. Geograph. Invent. World Blackflies（Diptera：Simuliidae）：65；Chen and An（陈汉彬，安继尧），2003. The Blackflies of China：254.

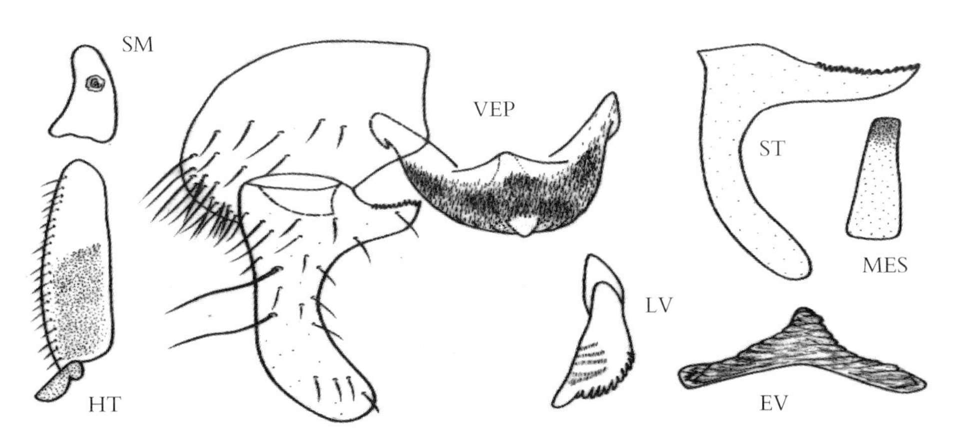

图 12–183 香港蚋 *S.*（*S.*）*taipokauense* Takaoka，Davies and Dudgeon，1995

鉴别要点 雄虫生殖肢端节具长角状基内突，生殖腹板板体马鞍形，具乳头状腹中突。

形态概述

雌虫 尚未发现。

雄虫 体长2.8~3.5mm。上眼面19排。唇基棕黑色，具黑色毛，覆灰白粉被和长缘毛。触角柄节、梗节和鞭节Ⅰ基部色淡，余部为暗棕色至棕黑色。鞭节Ⅰ的长约为鞭节Ⅱ的1.8倍。触须节Ⅲ不膨大，拉氏器约占节Ⅲ长的0.18。中胸盾片棕黑色，覆白粉被，被淡色毛。从背面观，具1对不规则的长方形中侧白斑，1个大的后盾白斑，1对窄的不规则的侧白带，自前侧伸达翅基水平并与后白斑相连接。小盾片暗棕色，覆白粉被，具若干黑色竖毛和淡色毛。后盾片暗棕色，覆白粉被，光裸。前足基节白色，转节和股节暗黄色；胫节棕色，外侧具白色闪光；跗节黑色，跗节Ⅰ的长为宽的5.6~6.3倍。中足基节棕黑色；转节、股节和胫节为黄色，胫节外侧大部具白色闪光；跗节除基跗节基4/5和跗节Ⅱ基部为黄白色外，余一致为棕色。后足基节棕色；转节白色；股节暗黄色或黄棕色，而基部为白色、端部为棕色；胫节暗棕色而基部为白色；跗节除基跗节基1/2和跗节Ⅱ基1/2为白色外，余一致为暗棕色。后足基跗节膨胀，末端宽，长为宽的3.7~4.2倍。跗突不发达，未伸达跗沟。翅径脉基光裸。腹节背板暗棕色，节Ⅱ、节Ⅴ~Ⅶ具银白色侧斑。生殖肢端节长约为基节的1.45倍，无端刺，但具长约为端节1/2的角状基内突，其前缘具小刺。生殖腹板板体马鞍形，端圆，具乳头状腹中突，基臂粗壮。中骨长板状，端半较宽，无端中裂，板体侧面观后缘具1排弱齿。阳基侧突宽，每边具若干大刺。

蛹 尚未发现。

幼虫 尚未发现。

生态习性 原描述成虫系1982年2月在山溪中诱捕的。幼虫孳生习性不详。

地理分布 中国香港。

分类讨论 香港蚋的生殖肢端节具长角状基内突，生殖腹板马鞍形，根据这一合并特征，可与本组已知的蚋种相区别。多条蚋组的乐东蚋［*S.*（*S.*）*ledongense* Yang and Chen，2001］也具有这一合并特征，但是后者中足色淡，中骨具端中裂，可资鉴别。

细板蚋 *Simulium*（*Simulium*）*tenuatum* Chen，2000（图12–184）

Simulium（*Simulium*）*tenuatum* Chen（陈汉彬），2000. *Acta Zootax Sin.*，25（1）：100~105. 模式产地：中国贵州（雷公山）；Chen and An（陈汉彬，安继尧），2003. The Blackflies of China：306.

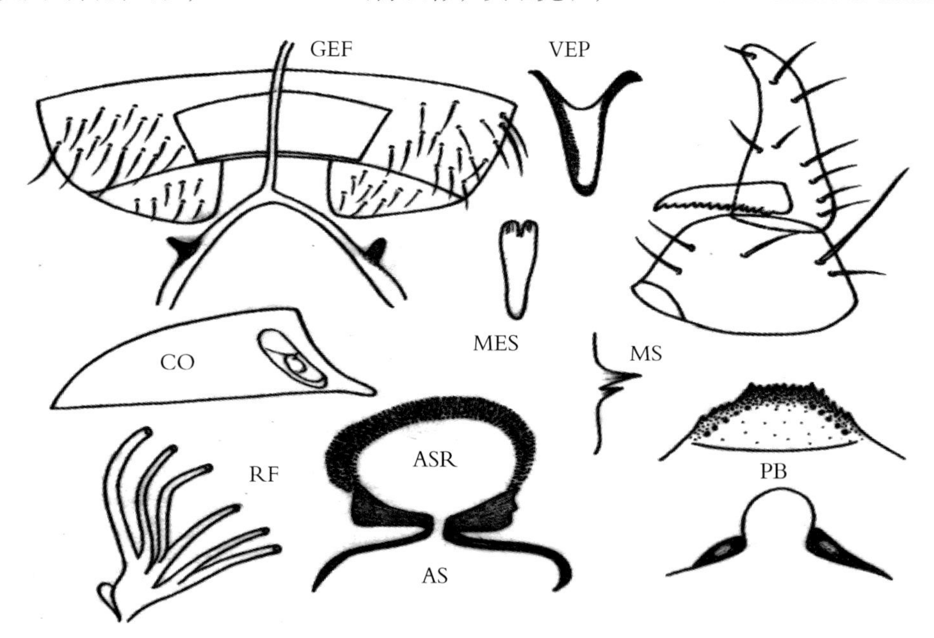

图12–184 细板蚋 *S.*（*S.*）*tenuatum* Chen，2000

鉴别要点 雌虫生殖板内缘远离。雄虫生殖腹板长条状。蛹3对呼吸丝均具短茎。幼虫触角节Ⅱ具1个次生淡环。

形态概述

雌虫 体长3.0~3.2mm。额灰黑色，覆白粉被。额指数为15:13：20。触须拉氏器长约占节Ⅲ的3/10。下颚具内齿、外齿各13枚；上颚具内齿27枚，外齿16枚。食窦光裸。中胸盾片棕黑色，覆灰白粉被。前足除股、胫节端1/4和跗节为棕色外，余一致为黄色；中足暗棕色部分包括基节、转节基1/2、股节端1/4、胫节端1/5，跗节Ⅰ、Ⅱ端1/2；后足基、转节为淡棕色，股、胫节基3/4和跗节Ⅰ基2/3以及跗节Ⅱ基1/2为淡黄色，余部为暗棕色。翅亚缘脉和径脉基具毛。腹部棕黑色，节Ⅱ背板淡棕色。生殖板近三角形，内缘远离，平行，生殖叉突臂端半具骨化的外侧突。

雄虫 体长2.8~3.0mm。上眼面14排。触角鞭节Ⅰ的长约为鞭节Ⅱ的1.7倍。胸部、足色和翅似雌虫，但是后足基跗节呈纺锤状，翅亚缘脉基1/2和径脉基光裸。生殖肢端节基宽端尖，长约为基节的1.5倍，具角状长基内突，其前缘具1列粗齿。生殖腹板呈长条状，长约为宽的2.5倍，具1个指状中腹突。中骨细板状，基1/2细，具端中裂。

蛹 体长3.0~3.5mm。头、胸部密布盘状和角状疣突。头毛3对，不分支；胸毛9对，大多分2~4支。呼吸丝6条，均具短茎，上对外丝较其余5条粗长。腹节8背板具刺栉列，腹节9具端钩。茧鞋状，编织疏松，前部具窗孔。

幼虫 体长5.5~6.5mm。头斑阳性。触角节2具1个次生淡环，头扇毛40支。亚颏侧缘毛每边5~6支。后颊裂近椭圆形，长约为后颊桥的2.5倍。头、胸部体壁光裸。肛鳃每叶分10~13个指状小叶。肛前无刺环。后环78排，每排具11~12个钩刺。

生态习性 幼虫和蛹孳生于山溪中的水草和枯枝落叶上，海拔600~800m。

地理分布 中国贵州。

分类讨论 本种与鞍阳蚋［*S.*（*S.*）*ephippioidum* Chen，2000］相似，但是后者雌虫食窦后部约具40个疣突，腹节Ⅷ腹板后缘中部呈槽状深凹，雄虫外生殖器形态特殊，幼虫肛前无刺环，可资鉴别。

优分蚋 *Simulium*（*Simulium*）*ufengense* Takaoka，1979（图12-185）

Simulium（*Simulium*）*ufengense* Takaoka，1979. *Pacif. Ins.*，20：390~392. 模式产地：中国台湾.An（安继尧），1989. *Contr. Blood-sucking Dipt. Ins.*，1：180；Crosskey，1997. Taxo. Geograp. Invent. World Blackflies（Diptera：Simuliidae）：65；Chen and An（陈汉彬，安继尧），2003. The Blackflies of China：256.

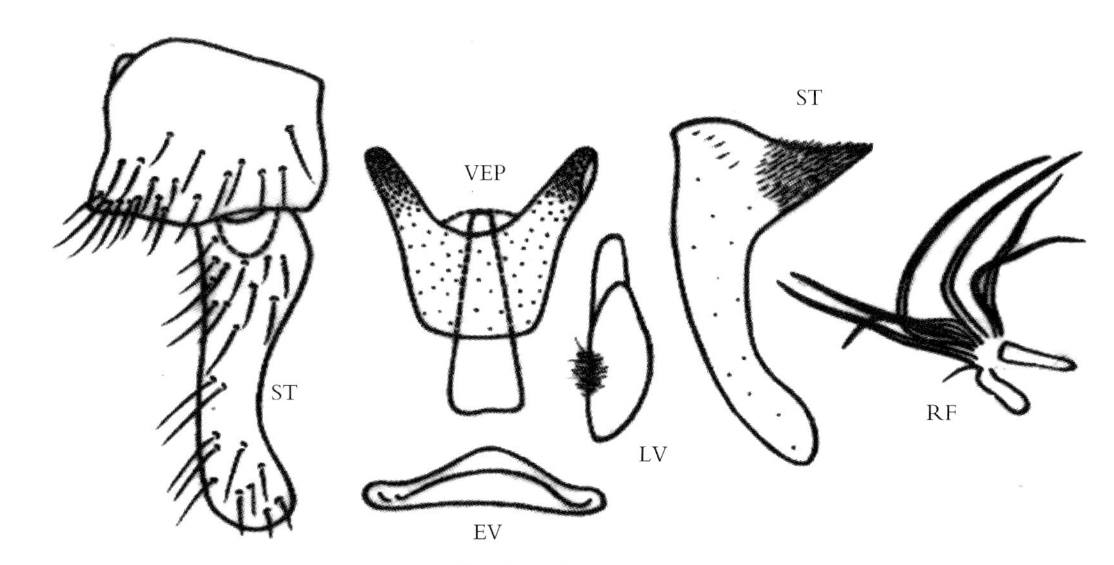

图12-185 优分蚋 *S.*（*S.*）***ufengense*** Takaoka，1979

鉴别要点 雄虫生殖腹板近方形，中骨长板状。蛹头部和前胸部光滑，上、中对呼吸丝的外丝明显较其他 4 条丝粗，腹部仅节Ⅷ背板具刺栉列。

形态概述

雌虫 尚未发现。

雄虫 体长约 3.8mm。唇基黑色，覆灰白色细毛和黑色长毛。上眼面约 20 排。触角鞭节Ⅰ的长约为鞭节Ⅱ的 1.6 倍。触须拉氏器小。中胸盾片黑色，被金黄色柔毛。前足基节黄色，中足、后足基节黑色；各足转节和股节除后股端部为黑色外，余一致为黄色；前胫除内缘和端 1/5 为棕黑色外，大部为暗黄色至棕色，中胫全黄色，后胫基 1/3 黄色；中足跗节Ⅰ基 4/5 为黄色；后足基跗节基 1/2 和跗节Ⅱ基 1/3 为黄色，余部为黑色。后足基跗节中度膨大，长约为宽的 4.2 倍。生殖肢基节方形，长宽约相等。生殖肢端节长约为基宽的 3.7 倍，具三角形基内突，其前缘具 2~3 枚粗齿。生殖腹板亚方形，腹面被细毛。中骨长板状，向端部渐变宽，无端中裂。

蛹 体长约 3.5mm。头部体壁光裸。头毛 3 对，其中 2 对分 2~3 支；胸部前 1/2 几乎光裸，后 1/2 具锥状疣突，胸毛 5 对，每分 3~4 支。呼吸丝 6 条，约等长，成对排列，上、中对外丝粗于其他 4 条丝，均无茎或具极短的茎，约为体长的 1/3。腹部仅节 8 背板具栉刺列，端钩缺。茧拖鞋状，编织紧密，前缘加厚，无孔窗。

幼虫 尚未发现。

生态习性 蛹通常孳生于山区小溪急流中的水草和枯枝落叶上。

地理分布 中国山东、广东、台湾。

分类讨论 本种近似福州蚋［*S.*（*S.*）*fuzhouense* Zhang and Wang，1991］，两者的区别见福州蚋的分类讨论项下。

亚东蚋 *Simulium*（*Simulium*）*yadongense* Deng and Chen，1993（图 12-186）

Simulium（*Simulium*）*yadongense*，Deng and Chen（邓成玉，陈汉彬），1993. *Sichuan J. Zool.*，12（1）：2~5. 模式产地：中国西藏（亚东）；An（安继尧），1996. *Chin J. Vector Bio. and Control*，7（6）：475；Chen and An（陈汉彬，安继尧），2003. The Blackflies of China：368.

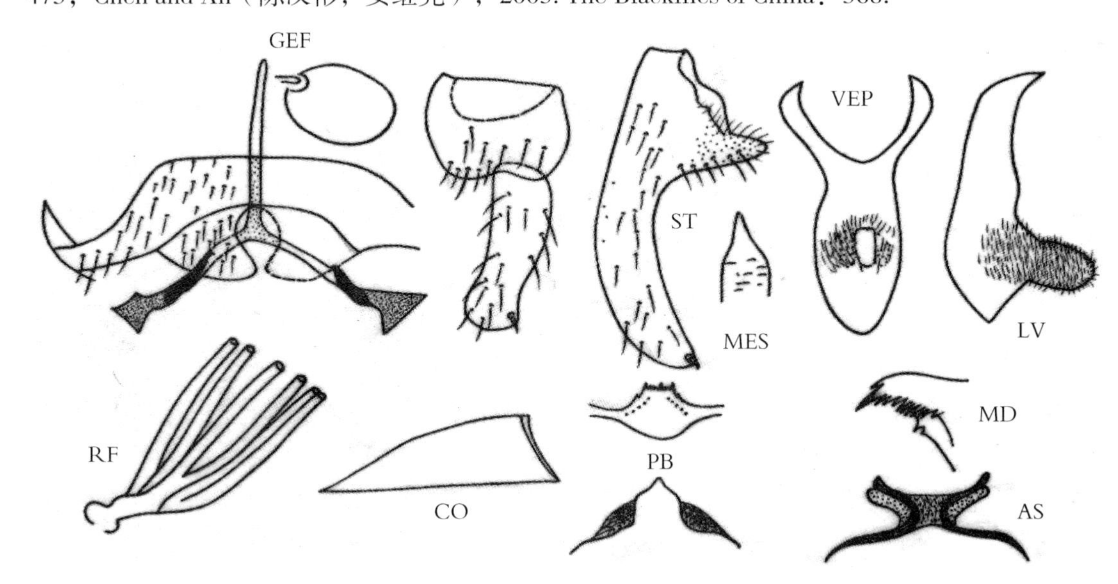

图 12-186 亚东蚋 *S.*（*S.*）*yadongense* Deng and Chen，1993

鉴别要点 雌虫第Ⅷ腹板后缘中凹呈槽状。雄虫生殖腹板长壶状，端圆，腹中突密布刺。蛹头、胸部无疣突。

形态概述

雌虫 体长2.5~3.0mm。额亮黑色，唇基黑色，覆灰白粉被，具黑色长毛。触角柄、梗节黄色，鞭节棕黑色。触角拉氏器长约占节Ⅲ的1/3。中胸盾片亮黑色，密被金黄色毛，具不明显的银白色肩斑。小盾片黑色，被金黄色毛及黑色长缘毛。后盾片光裸。翅径脉基光裸。前足股节端1/8和胫节端1/4及跗节为黑色，余部为黄色。中足基节为灰黑色，股节端1/5及跗节为黑色，余部为金黄色。后足基节灰黑色，股节端1/4~1/3，胫节端1/5~1/4，基跗节端1/2及跗节Ⅱ~Ⅴ为黑色，余部为黄色。后足基跗节长约为宽的6.5倍。爪具基齿。腹背黑色，节Ⅰ背板具金黄色长缘毛，节Ⅱ背板覆银白粉被，节Ⅵ~Ⅷ背板具光泽。第Ⅷ腹板后缘深凹呈梯形槽。生殖板三角形，从槽底长出，内缘凹入呈弧形，端角尖而靠近，后缘弯弧形。生殖叉突后臂具外突。

雄虫 体长3.2~3.5mm。上眼面22排。唇基片黑色，覆灰白粉被，密布黑色毛。触角鞭节Ⅰ的长约为鞭节Ⅱ的2倍。中胸盾片具椭圆形的银白色肩斑，并在侧缘与后盾银白带连接。前足除基、转节为黄色，胫节外侧覆银白粉被外，余一致为黑色。中足、后足为灰黑色至黑色，但胫节和基跗节基部色淡。后足基跗节长约为宽的4倍。腹节Ⅱ背板具银白斑，节Ⅶ、Ⅷ背板具银白色侧斑。生殖肢端节长约为基节的2倍，具角状基内突，其前缘具粗毛。生殖腹板板体长壶状，长约为宽的2倍，后缘钝圆，端腹面约1/4处具1个长约为板体长1/2的指状突，上面布满倒刺毛。中骨叶状。阳基侧突每边约具15个等大的钩刺。

蛹 体长约4.0mm。头、胸部无瘤突。头毛、胸毛不分支。呼吸丝6条，长约为体长的4/5。上、中对具短茎，下对无茎，各呼吸丝约等长，成束向前发出。腹节7、8背板具刺栉，无端钩。茧拖鞋状，编织紧密，前缘增厚，无孔窗。

幼虫 体长7.0~7.5mm。头斑不明显。触角长于头扇柄，节2具1~2个次生淡环，头扇毛约40支。亚颏中齿、角齿和外中侧齿发达。侧缘毛每边6支。后颊裂箭形，侧缘平行，长约为后颊桥的1.5倍。胸腹光裸。肛鳃每叶约具18个附叶。肛板后臂长于前臂，中间不连接。后环78~80排，每排约具13个小钩刺。

生态习性 幼虫和蛹孳生于高海拔山区小溪急流中的水草或枯枝落叶上。

地理分布 中国西藏。

分类讨论 本种足的颜色，雌性尾器构造和蛹头、胸部光裸等特征，颇似昌隆蚋［*S.*（*S.*）*chamlongi*］，但是两者的雄虫尾器构造和幼虫后颊裂形状迥异，可资鉴别。

C. 淡足蚋组 *malyschevi* group

组征概述 雌虫中胸盾片通常具不清晰的银白色肩斑。前足跗节Ⅰ较扁宽，后足胫节基2/3为黄色，爪多具小基齿。体色大部为黄色。生殖板通常内缘远离，后缘平截或不平截，不平截的末端通常圆钝。生殖叉突两后臂具外突，有的并具膜质内突。雄虫中胸盾片具银白色缘饰。后足基跗节稍膨胀。腹节Ⅱ、节Ⅵ~Ⅷ通常具银白色斑。生殖肢端节长于基节，通常基半膨胀，端半变细而内弯，无基内突。生殖腹板大多侧面收缩呈棒状，少数呈亚方形或壶状，侧面观端部通常具齿。蛹呼吸丝6条、8条、10条或16条。腹节7~9通常具刺栉，端钩不发达。茧鞋状，前面通常具孔窗或网格。幼虫头部通常具阳斑。触角约与头扇柄持平。亚颏顶齿很小，后颊裂深，伸达或接近亚颏后缘，形状各异。肛鳃复杂。

本组全世界已知38种（Adler和Crosskey，2014），分布于东洋界、古北界和新北界。我国已报道21种，即尖板蚋［*S.*（*S.*）*acontum* Chen，Zhang and Huang，2005］、黑角蚋［*S.*（*S.*）*cholodkovskii* Rubtsov，1940］、大明蚋［*S.*（*S.*）*damingense* Chen，Zhang and Zhang，2007］、十分蚋［*S.*（*S.*）*decimatum* Dorogostaisky，Rubtsov and Vlasenko，1935］、粗毛蚋［*S.*（*S.*）*hirtipannus* Puri，1932］、短飘蚋［*S.*（*S.*）*jacuticum* Rubtsov，1940］、辽宁蚋［*S.*（*S.*）*liaoningense* Sun，1994］、利川蚋，新种［*S.*（*S.*）*lichuanense* Chen，Luo and Yang，sp. nov.］、淡足蚋［*S.*（*S.*）*malyschevi* Dorogostaisky，Rubtsov and Vlasenko，1935］、纳克蚋［*S.*（*S.*）*nacojapi* Smart，1944］、南阳蚋［*S.*（*S.*）*nanyanyangense* Guo，Yan and An，2013］、新尖板蚋［*S.*（*S.*）*neoacontum* Chen，Xiu and Zhang，2012］、怒江蚋［*S.*（*S.*）*nujiangense* Xue，1993］、窄手蚋［*S.*（*S.*）*omorii* Takaoka，1942］、帕氏蚋［*S.*（*S.*）*pavlovskii* Rubtsov，1940］、如伯蚋［*S.*（*S.*）*rubroflavifemur* Rubtsov，1940］、红足蚋［*S.*（*S.*）*rufipes*（Tan and Zhou，1976）］、刺毛蚋［*S.*（*S.*）*spiculum* Chen，Huang and Yang，2010］、北蚋［*S.*（*S.*）*subvariegatum* Rubtsov，1940］、谭氏蚋［*S.*（*S.*）*tanae* Xue，1992］、虞氏蚋［*S.*（*S.*）*yui* An and Yan，2009］。

中国蚋亚属淡足蚋组分种检索表

雌虫[①]

1　腹节Ⅶ腹板具叉状长毛丛……2
　腹节Ⅶ腹板无叉状毛丛……5

2（1）生殖叉突后臂无外突……**纳克蚋** *S.*（*S.*）*nacojapi*
　生殖叉突后臂具外突……3

3（2）食窦弓具疣突；受精囊亚球形……**粗毛蚋** *S.*（*S.*）*hirtipannus*
　食窦光裸；受精囊椭圆形……4

4（3）食窦弓具角状中突；柱氏器长约为触须节Ⅲ的1/3……**刺毛蚋** *S.*（*S.*）*spiculum*
　食窦弓无角状中突；柱氏器长约为触须节Ⅲ的1/4……**大明蚋** *S.*（*S.*）*damingense*

5（4）生殖叉突后臂具膜质内突……6
　生殖叉突后臂无膜质内突……7

6（5）足大部红色；前足跗节Ⅰ、Ⅱ膨胀，明显宽于胫节……**红足蚋** *S.*（*S.*）*rufipes*
　足非红色；前足跗节Ⅰ、Ⅱ不明显膨胀，与胫节约等宽……**淡足蚋** *S.*（*S.*）*malyschevi*

7（5）爪简单……8
　瓜具基齿或亚基齿……9

8（7）生殖板内缘宽分离；受精囊亚球形……**南阳蚋** *S.*（*S.*）*nanyangense*
　生殖板内缘靠近；受精囊椭圆形……**怒江蚋** *S.*（*S.*）*nujiangense*

9（7）各足股、胫节几乎全黑色；肛上板横宽，宽约为长的2倍……**北蚋** *S.*（*S.*）*subvariegatum*
　无上述合并特征……10

10（9）触须拉氏器大，长约为节Ⅲ的1/2；中胸后片覆银白色毛……
　……**如伯蚋** *S.*（*S.*）*rubroflavifemur*

① 新尖板蚋［*S.*（*S.*）*neoacontum*］的雌虫尚未发现。

无上述合并特征……………………………………………………………………………………………11
11（10）生殖板亚三角形，内缘靠近……………………………………………………………………12
生殖板亚梯形或半圆形，内缘远离……………………………………………………………………16
12（11）生殖叉突后臂无外突…………………………利川蚋，新种 *S.*（*S.*）*lichuanense* sp. nov.
生殖叉突后臂无外突……………………………………………………………………………………13
13（12）生殖板内缘向后外斜截，端角尖……………………………………尖板蚋 *S.*（*S.*）*acontum*
生殖板非如上述…………………………………………………………………………………………14
14（13）足大部黄色；生殖板内缘呈弧形凹入…………………………………谭氏蚋 *S.*（*S.*）*tanae*
无上述合并特征…………………………………………………………………………………………15
15（14）生殖板内缘平行，生殖叉突柄末端通常膨胀呈球形………………窄手蚋 *S.*（*S.*）*omorii*
生殖板内缘斜截，生殖叉突柄端部不膨大……………………………帕氏蚋 *S.*（*S.*）*pavlovskii*
16（15）生殖叉突后臂无外突……………………………………………………………虞氏蚋 *S.*（*S.*）*yui*
生殖叉突后臂具外突……………………………………………………………………………………17
17（16）触角黑色；生殖板半圆形…………………………………………黑角蚋 *S.*（*S.*）*cholodkovskii*
触角基部色淡；生殖板长方形或亚梯形………………………………………………………………18
18（17）后足胫节大部色淡，仅端部为黑色………………………………辽宁蚋 *S.*（*S.*）*liaoningense*
后足胫节大部棕黑，仅基部为黄色……………………………………………………………………19
19（18）生殖板横宽，宽约为长的3倍……………………………………十分蚋 *S.*（*S.*）*decimatum*
生殖板中度宽，宽约为长的1.5倍……………………………………短飘蚋 *S.*（*S.*）*jacuticum*

雄虫①

1 生殖腹板腹面观呈亚方形，长宽约相等或略长于宽……………………………………………………2
生殖腹板"Y"形，板体棒状、楔状、长板状或矛状，长为宽的1.5~5.0倍……………………3
2（1）生殖肢端节亚菱形，中1/3最宽，两头变窄；生殖腹板长约为宽的1.2倍………………
……………………………………………………………………………………十分蚋 *S.*（*S.*）*decimatum*
生殖肢端节基1/3最宽；生殖腹板长宽约相等…………………………黑角蚋 *S.*（*S.*）*cholodkovskii*
3（1）生殖腹板板体矛状，端尖…………………………………………………………………………4
生殖腹板非如上述…………………………………………………………………………………………5
4（3）中骨长板状，端圆………………………………………………………………尖板蚋 *S.*（*S.*）*acontum*
中骨基1/3扩大，形成角状外突，具端中裂……………………………新尖板蚋 *S.*（*S.*）*neoacontum*
5（3）生殖腹板板体长板状，腹面观后缘具锯齿列；中骨长三角形，后缘具锯齿列
……………………………………………………………………………………………谭氏蚋 *S.*（*S.*）*tanae*
无上述合并特征…………………………………………………………………………………………6
6（5）生殖腹板长杆状……………………………………………………………………………………7
生殖腹板楔状………………………………………………………………………………………………9
7（6）中骨板状；具端中裂……………………………………………………辽宁蚋 *S.*（*S.*）*liaoningense*
中骨叶状；端部扩大………………………………………………………………………………………8
8（2）生殖腹板基臂强壮，明显大于板体横径；端部弯向后内………帕氏蚋 *S.*（*S.*）*pavlovskii*

① 南阳蚋［*S.*（*S.*）*nanyangense*］、新尖板蚋［*S.*（*S.*）*neoacontum*］、怒江蚋［*S.*（*S.*）*nujiangense*］、如伯蚋［*S.*（*S.*）*rubroflavifemur*］、红足蚋［*S.*（*S.*）*rufipes*］、虞氏蚋［*S.*（*S.*）*yui*］的雄虫尚未发现。

生殖腹板基臂较细弱，约与板体等粗；端部弯向前外…………………**窄手蚋** *S.*（*S.*）*omorii*

9（6） 阳基侧突每侧具 20 多个同型大刺，生殖腹端节具端刺………**淡足蚋** *S.*（*S.*）*malyschevi*

无上述合并特征……………………………………………………………………………………10

10（9） 足全黑色；生殖肢端节膨大，约为端 1/3 处的 2 倍宽…………**短飘蚋** *S.*（*S.*）*jacuticum*

足两色；生殖肢端节基 1/3 处仅稍膨大……………………………………………………………11

11（10）生殖肢端节基内突具刺；生殖腹板板体侧缘亚平行…………………………………………12

生殖肢端节基内突具毛而无刺；生殖腹板板体基部宽，后端部渐变宽……………………………13

12（11）中骨侧缘亚平行，具端中裂；生殖腹板板体长约为宽的 1.5 倍……………………………………

………………………………………………………………………………**粗毛蚋** *S.*（*S.*）*hirtipannus*

中骨中宽，无端中裂；生殖腹板板体长约为宽的 3.0 倍……………**纳克蚋** *S.*（*S.*）*nacojapi*

13（11）生殖腹板侧面观后缘无齿，腹面观基臂基部具明显的侧突……………………………………

………………………………………………………………………………**大明蚋** *S.*（*S.*）*damingense*

生殖腹板后缘具齿，基臂无侧突……………………………………………………………………14

14（13）生殖腹板基臂向前内弯；中骨端圆中骨状……**利川蚋，新种** *S.*（*S.*）*lichuanense* sp. nov.

生殖腹板基臂向前外伸；中骨非如上述………………………………**北蚋** *S.*（*S.*）*subvariegatum*

蛹[①]

1 呼吸丝 16 条………………………………………………………………………………………2

呼吸丝 6~10 条……………………………………………………………………………………3

2（1） 呼吸丝排成（2+1）+（2+1+1）+（1+1+1+2+2）……………………………………………

……………………………………………………………………………**辽宁蚋** *S.*（*S.*）*liaoningense*

呼吸丝排成（2+1）+（3+1+3+1+3+2）…………………………**淡足蚋** *S.*（*S.*）*malyschevi*

3（1） 呼吸丝 6 条……………………………………………………………………………………4

呼吸丝 8 条、9 条或 10 条…………………………………………………………………………13

4（3） 茧无侧窗………………………………………………………………**南阳蚋** *S.*（*S.*）*nanyangense*

茧具侧窗……………………………………………………………………………………………5

5（4） 茧前缘每侧具 3~4 个侧窗…………………………………………………………………………6

茧前缘每侧仅具 1~2 个大侧窗……………………………………………………………………8

6（5） 茧前缘每侧具 4 个侧窗；呼吸丝排列成（2+2）+2…………………………………………7

茧前缘每排具 3 个侧窗；呼吸丝排列成 2+2+2………………**新尖板蚋** *S.*（*S.*）*neoacontum*

7（6） 下对呼吸丝具中长茎；茧除侧窗外无附加小孔隙…………………………………………

…………………………………………………………**利川蚋，新种** *S.*（*S.*）*lichuanense* sp. nov.

下对呼吸丝仅具短茎；茧具侧窗并有若干小孔隙………………………**尖板蚋** *S.*（*S.*）*acontum*

8（5） 3 对呼吸丝均无茎；呼吸丝与蛹体约等长………………………**北蚋** *S.*（*S.*）*subvariegatum*

至少 1~2 对呼吸丝具短茎…………………………………………………………………………9

9（8） 3 对呼吸丝均具短茎………………………………………………………………………………10

中对呼吸丝无茎……………………………………………………………………………………12

10（9） 呼吸丝排列成（2+3）+2………………………………………………**大明蚋** *S.*（*S.*）*damingense*

---

① 如伯蚋［*S.*（*S.*）*rubroflavifemur*］和红足蚋［*S.*（*S.*）*rufipes*］的蛹尚未发现。

呼吸丝排列成（2+2）+2……………………………………………………………………………11

11（10）呼吸丝短为体长的0.3~0.4；分布于古北界……………………短飘蚋 *S.*（*S.*）*jacuticum*

呼吸丝占体长的1/2；分布于东洋界……………………………………粗毛蚋 *S.*（*S.*）*hirtipannus*

12（9）呼吸丝长约为体长的0.7，分散，展角为150°~160°……………纳克蚋 *S.*（*S.*）*nacojapi*

呼吸丝明显较长；展角约为90°……………………………………………刺毛蚋 *S.*（*S.*）*spiculum*

13（3）呼吸丝8条成对排列……………………………………………………………谭氏蚋 *S.*（*S.*）*tanae*

呼吸丝9~10条非成对排列……………………………………………………………………………14

14（13）呼吸丝9条，排列成2+3+2+2…………………………………………怒江蚋 *S.*（*S.*）*nujiangense*

呼吸丝10条，排列非如上述………………………………………………………………………15

15（14）呼吸分3组，排列成4+（1+1）+4……………………………………帕氏蚋 *S.*（*S.*）*pavlovskii*

呼吸丝分2组，排列非如上述……………………………………………………………………16

16（15）茧靴状，具高领和网格结构……………………………………………………………………17

茧靴状，具低领和网格结构……………………………………………………………………………18

17（16）茧前部具4个大侧窗；呼吸丝均具短茎……………………………………虞氏蚋 *S.*（*S.*）*yui*

茧非如上述；中对呼吸丝无茎………………………………………………窄手蚋 *S.*（*S.*）*omorii*

18（16）茧前缘具有大孔隙的网格；呼吸丝排列成（3+1）+（2+2+2）……………………………

……………………………………………………………………………十分蚋 *S.*（*S.*）*decimatum*

茧前缘具编织较密的网格；呼吸丝排列成（3+1）+（2+1+3）…………………………………

…………………………………………………………………………黑角蚋 *S.*（*S.*）*cholodkovskii*

幼虫①

1 后颊裂囊状，伸达亚颏后缘……………………………………………………………………………2

后颊裂未伸达亚颏后缘………………………………………………………………………………12

2（1）肛鳃每叶分5~8个附叶……………………………………………………………………………3

肛鳃每叶分2~4个附叶…………………………………………………………………………………4

3（2）头扇毛28~30支…………………………………………………………大明蚋 *S.*（*S.*）*damingense*

头扇毛40~44支………………………………………………………………帕氏蚋 *S.*（*S.*）*pavlovskii*

4（2）头扇毛74~82支……………………………………………………黑角蚋 *S.*（*S.*）*cholodkovskii*

头扇毛39~52支……………………………………………………………………………………………5

5（4）头扇毛39~40支；头板具不显著的竖琴状额斑……………………淡足蚋 *S.*（*S.*）*malyschevi*

头扇毛48~52支；头板具不显著的三角形额斑……………………………十分蚋 *S.*（*S.*）*decimatum*

6（5）后颊裂隙，伸达接近亚颏后缘……………………………………………………………………7

后颊裂中型、小型，离亚颏后缘较远…………………………………………………………………11

7（6）头斑尖锥形………………………………………………………………纳克蚋 *S.*（*S.*）*nocojapi*

头斑非锥形…………………………………………………………………………………………………8

8（7）后颊裂长三角形；亚颏侧缘毛6~7支，排成2行……………………窄手蚋 *S.*（*S.*）*omorii*

后颊裂拱门状端圆；亚颏侧缘毛非如上述……………………………………………………………9

9（8）头斑葫芦形；腹节6~8具众多分支叉状扁毛……………………………刺毛蚋 *S.*（*S.*）*spiculum*

① 新尖板蚋［*S.*（*S.*）*neoacontum*］、南阳蚋［*S.*（*S.*）*nanyangense*］、如伯蚋［*S.*（*S.*）*rubroflavifemur*］、红足蚋［*S.*（*S.*）*rufipes*］和虞氏蚋［*S.*（*S.*）*yui*］的幼虫尚未发现。

无上述合并特征……………………………………………………………………………10
10（9） 头斑"H"形 ……………………………………………………… 短飘蚋 *S.*（*S.*）*jacuticum*
头斑非"H"形……………………………………………………………………………11
11（6） 肛鳃每叶分 5 个附叶；头扇毛 34~35 支………………………北蚋 *S.*（*S.*）*subvariegatum*
肛鳃每叶分 7~11 个附叶；头扇毛 34~40 支…………………………粗毛蚋 *S.*（*S.*）*hirtipannus*
12（1） 触角节 2 具次生淡环；亚颏侧缘毛 6~8 支…………………………刺毛蚋 *S.*（*S.*）*spiculum*
无上述合并特征……………………………………………………………………………13
13（12）后颊裂桃形………………………………………………………………………………14
后颊裂箭形 ………………………………………………………………………………15
14（13）亚颏侧缘毛每边 4 支；后颊裂侧缘亚平行……………………怒江蚋 *S.*（*S.*）*nujiangense*
亚颏侧缘毛每边 5 支；后颊裂侧缘圆弧形……………………………辽宁蚋 *S.*（*S.*）*liaoningense*
15（13）亚颏侧缘毛每边 5~6 支；肛鳃每叶具 7~10 个附叶………………………………………
……………………………………………………利川蚋，新种 *S.*（*S.*）*lichuanense* sp. nov.
亚颏侧缘毛每边 4 支；肛鳃每叶具 15 个附叶……………………………谭氏蚋 *S.*（*S.*）*tanae*

利川蚋，新种 *Simulium*（*Simulium*）*lichuanense* Chen，Luo and Yang（陈汉彬，罗洪斌，杨明），sp. nov.（图 12–187）

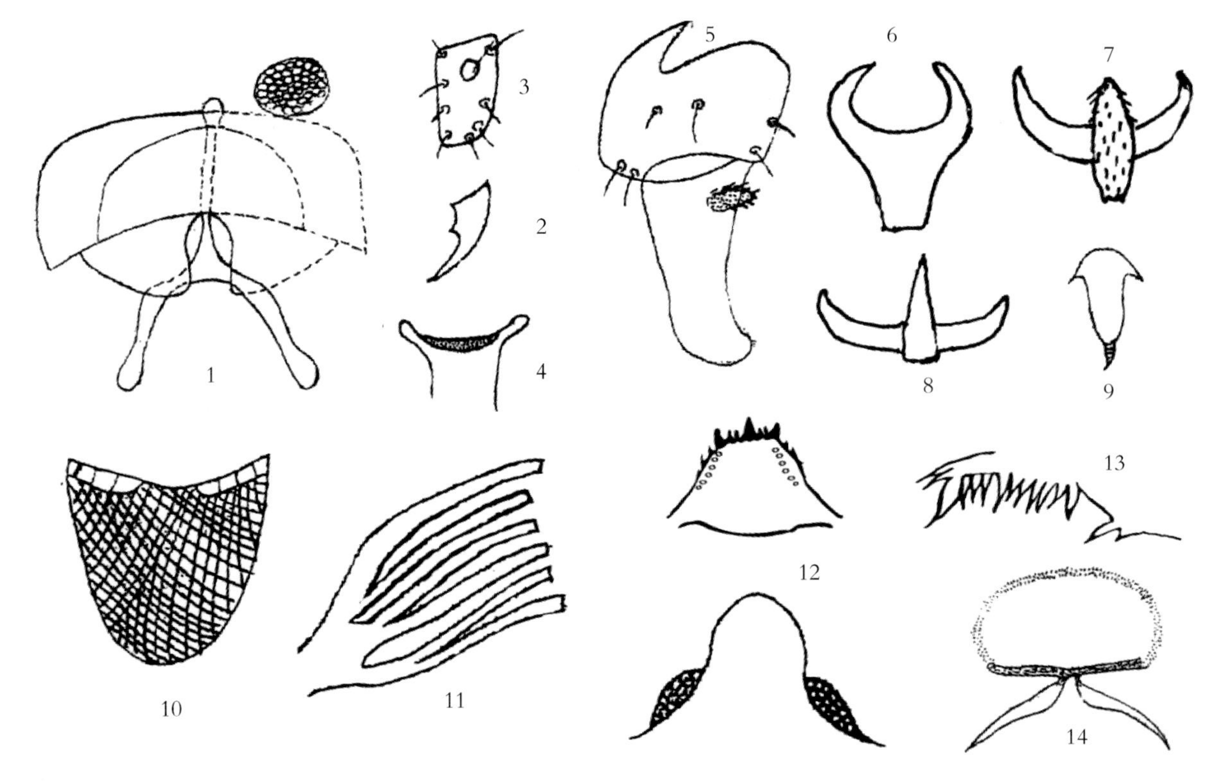

图 12–187 利川蚋，新种 *S.*（*S.*）*lichuanense* Chen，Luo and Yang，sp. nov.

1.Female genitalia；2.Claw of female；3.Female sensory vesicle；4.Cibarium；5.Coxite and style of male；6.Ventral plate；7.Ventral plate in dorsal view；8.Ventral plate in end view；9.Median sclerite；10.Cocoon；11.Pupal filaments；12.Larval head capsules in ventral view；13.Larval mandible；14.Larval anal sclerite

模式产地 中国湖北（利川）。

鉴别特征 雌虫生殖板亚舌形；生殖叉突柄末端膨大，后臂无外突。雄虫生殖腹板“Y”形，板体基部扩大。蛹呼吸丝排列成（2+2）+2，茧前部两侧各具有 4 个侧窝。

形态概述

雌虫 体长约 2.2mm；翅长约 2.0mm。头：窄于胸。额和唇基黑色，覆灰粉被和棕黑色毛。额指数为 7.8∶6.7 ∶6.0；额头指数为 7.8 ∶ 26.2。触须节Ⅲ～Ⅴ的节比 5.0∶4.8∶12.7。拉氏器小，长约为节Ⅲ的 0.28。下颚具 11 枚内齿，13 枚外齿；上颚具 30 枚内齿和 13 枚外齿。食窦弓具疣突丛。胸：中胸盾片黑色，覆灰粉被和黄色细毛。小盾片棕黑色，覆灰粉被和黑色毛。后盾片黑色，光裸。中胸侧膜和下侧片光裸。前足基节黄色，中足、后足基节黑色。各足转节棕黑色但前足转节基 1/2 为黄白色；股节除前、中股节端 1/4 和后足股节端 1/2 为暗棕色外，余部为黄白色；胫节除前、中胫节中大部和后胫基 4/5 为黄色外，余部为棕黑色；跗节除中足基跗节基部、后足基跗节基 3/4 和跗节Ⅱ基 1/2 为黄色外，余部为棕黑色。跗突和跗沟均发达。前足基跗节长约为宽的 6 倍；后足基跗节侧缘平行，长约为宽的 6 倍。爪具小的亚基齿。翅亚缘脉具毛，径脉基光裸。腹：基鳞棕色，具黄色缘毛。背板除节Ⅱ为黄色外，一致为黑色；节Ⅵ～Ⅷ闪光，覆黑色毛。第Ⅷ腹板中裸，两侧各具约 20 支长毛。生殖板亚舌形，内缘稍凹；生殖叉突柄末端膨大，后臂无外突，膨大部后伸，端圆。受精囊亚球形。肛上板和尾须正常。

雄虫 体长约 2.1mm；翅长约 1.9mm。头：上眼具 18 纵列，12 横排大眼面。唇基黑色，覆灰粉被和黑色毛。触角鞭节Ⅰ的长为鞭节Ⅱ的 1.6 倍。触须拉氏器长约为节Ⅲ的 0.24。胸：似雌虫。尾器：生殖肢端节具小的基内突，端圆而内弯。生殖腹板“Y”形，板体基部宽，向后略收缩，具发达的腹中突。中骨板状，端圆，帽状。阳基侧突具众多钩刺。

蛹 体长约 2.8mm。头、胸无疣突。头毛 3 对，胸毛 5 对，均简单。呼吸丝排列成（2+2）+2，具短茎，长约为体长的 2/3。腹节 7~8 具刺栉，端钩缺。茧拖鞋状，前缘增厚，每侧具 4 个侧窗。

幼虫 体长约 5.5mm，头斑不明显。触角 3 节的节比为 3.1∶5.6∶2.9。头扇毛约 40 支。亚颏中齿、角齿发达，侧缘毛每边 5~6 支；后颊裂中型，亚箭形，长为后颊桥的 2.0~3.0 倍。胸、腹体壁光裸。肛鳃每叶具 7~10 个附叶。肛骨前臂短翼状，长约为后臂的 0.4。后环 86~90 排，每排具约 17 个钩刺。

模式标本 正模：1♀，从蛹羽化，与相连系的蛹皮一起制片。罗洪斌采自湖北利川山溪中的水草和枯枝落叶上，37° 17′ N，108° 56′ E，海拔 1070m，2004 年 8 月 24 日。副模：4♀♀，3♂♂，7 蛹和 5 幼虫，同正模。

地理分布 中国湖北。

分类讨论 本种曾以罗洪斌的硕士论文在网上公布，但是尚未正式发表，且当时的雄虫描述有误，后经补点采到雄虫。本种蛹的特征颇似尖板蚋 *S.*（*S.*）*acontum*，但两者的两性成虫尾器和幼虫的形态迥异。详见中国蚋亚属淡足蚋组分种检索表相关项下。

种名词源 本新种以其模式产地命名。

附：新种英文描述。

Simulium*（*Simulium*）*lichuanense Chen，Luo and Yang，sp. nov.（Fig.12–187）

Form of overview

Female Body length about 2.2mm. Wing length about 2.0mm. Head：Narrower than width of thorax. Frons and clypeus black with grey pruinose，covered with several brown dark hair. Frontal ratio 7.8 ：6.7 ：6.0. Frons–head ratio 7.8 ：26.2. Front–ocular well developed. Antenna composed of 2+9 segments，brownish black except scape and pedicel yellow.Maxillary palp with 5 segments，proportional length of the 3rd to the 5th segments 5.0：4.8：12.7；the 3rd segment normal in shape，sensory vesicle elliptical about 0.28 times as long as the length of the 3rd segment. Maxilla with 11 inner teeth and 13 outer ones. Mandible with about 30 inner teeth and 13 outer ones. Cibarium armed with a group of minute denticles.Thorax：Scutum brownish black，grey pruinose，densely covered with yellow pubescence. Scutellum brownish black，grey pruinose with sparse erect black hairs. Postscutellum brownish black and bare. Pleural membrane and katepisternum bare. Legs：Fore coxa yellow，mid and hind ones black. All trochanters brown except basal 1/2 of fore trochanter yellow；All femora yellow except distal 1/4 of fore and mid femora and distal 1/3 of hind femur dark brown. All tibiae brownish black except median large portions of outer surface and basal 4/5 of hind tibia yellow. All tarsi brownish black except base of mid basitarsus，basal 3/4 of hind basitarsus and basal 1/2 of 2nd tarsomere yellow. Calcipala and pedisulcus moderately developed.Fore basitarsus about 6.0 times as long as width. Hind basitarsus nearly parallel–sided，W：L=1.0 ：6.0. Each tarsal claw with small subasal tooth. Wing：Costa with spinules as well as hairs. Subcosta hairy；basal section of radius bare；base of radius with a tuft of brownish black hairs. Abdomen：Basal scale brown，with a fringe of long yellow hairs. Terga black except 2nd segment brown. Tergites 6~8 brownish black，shining and with dark hairs. Genitalia：Sternite 8 with about 20 long stout hairs on each side；Anterior gonapophysis triangular，membraneous，rounded on postero internal tip，covered with about 20 short setae and numerous microsetae，inner margins widely separated and narrowly sclerotized. Genital fork of inverted Y–form，stem with considerably dilated end，each arm with strongly sclerotized posterolateral ridge but devoid of any projection. Paraproct and cercus of moderate size. Spermatheca nearly globular.

Male Body length about 2.1mm. Wing length about 1.9mm. Head：As wide as thorax. Holoptic：Upper –eye facets with 12 horizontal rows and 18 vertical columns. Clypeus brownish black，grey pruinose and with dark hairs.Antenna composed of 2+9 segments，brown except scape，pedicel pale yellow；the 1st segment being about 1.6 times as long as following one. Maxillary palp with 5 segments，sensory vesicle about 0.24 times length of the 3rd segment. Thorax：Nearly as in female except median 1/3 of fore tibia and basal 1/3 of mid tibia，yellow and wing's subcosta bare.Abdomen：Nearly as in female.Genitalia：Coxite a little shorter than width. Style nearly 3 times as long as its greatest width near basal 1/3，flattened ventrodorsally towards apex，gently curved inward with small subapical spine；near base，its dorso–internal surface produced into a small dorsal protuberance.Ventral plate Y–formed，plate–shaped，having a ventrally produced or keel with toothed posterior margin in proximal 1/2 and sparsely setae on outer surface. Parameres each with numerous parameres hooks.Median sclerite plate–like，widened distally and with rounded end.

Pupa Body length about 2.8mm. Head and thorax：Integuments yellow，lacking any tubercles. Head with 1 facial and 2 small frontal pairs of simple trichomes; thorax with 5 pairs of simple trichomes. Gill with 6 filaments arranged in pairs and running practically parallel to one another, short-staked, slightly decreasing in length from dorsal to ventral; 2 filaments of upper pair a little thicker than other filaments of middle and lower pairs; uppermost filament approximately 2/5 length of pupal body; all filaments gradually tapered toward apex, with annular ridges and covered with minute tubercles. Abdomen: Tergum 2 with 1 long simple seta, and 5 short simple spinous setae on each side. Terga 3 and 4 each with 4 hooked spines along posterior margin on each side. Terga 7 and 8 each with a transverse row of spine-combs on each side; Tergum 9 lacking terminal hooks.Sternum 5 with a pair of bifid hooks submedially on each side; Sterna 6 and 7 each with a pair of bifid inner and simple outer hooks widely spaced on each side. Cocoon: Wall-pocket-shaped, moderately woven, with strong anterior rim, specially with large windows and small perforations in webs, not extending ventrolaterally.

Mature larva Body length about 5.5mm; color brownish yellow. Cephalic apotome with indistinct head spots. Antenna composed of 3 segments in proportion of 3.1 : 5.6 : 2.9. Each cephalic fan with about 40 main rays. Mandible with a large and a small teeth mandibular serration but without supernumerary serrations. Hypostomial teeth 9 in number, median and each corner teeth moderately longer than others; Lateral serration present apically; 5 or 6 hypostomial setae diverging posteriorly from lateral margin on each side. Postgenal cleft medium, rounded, about 2~3 times as long as postgenal bridge.Thoracic and abdominal integuments bare. Rectal papilla of 3 lobes, each with 7~10 finger-like secondary lobules.Anal sclerite X-formed, each with wing-like anterior arms about 0.4 times as long as posterior ones; ring of minute spines round rectal papilla. Posterior circlet about 86-90 rows of up to 17 hooklets per row.

Type materials Holotype: 1 ♀, reared from pupa, slide-mounted, was collected from a rapid current from Lichuan City (37 ° 17 ′ N, 108 ° 56 ′ E, alt.1070m, 24, Aug., 2004) , Hubei Province, China. Paratypes: 4 ♀♀, 3 ♂♂, reared from pupae, all slide-mounted, 7 pupae and 5 larvae, take from trailing grasses exposed to the sun on the same day as holotype. ♂, reared from pupa, slide-mounted, 1 pupa and 4 larvae was collected from a small trickle of water from Shennongjia (31° 22′ N, 110° 15′ E, alt. 2200m) Hubei Province, China, by Luo Hongbin.

Distribution Hubei Province, China.

Remarks This new species seems to fall into the *malyschevi* group by having the unstriated scutum, claws each with a subbasal tooth and the inner margins of Anterior gonapophysis widely separated in the female, the Y-formed ventral plate with serrate posterior margins in the male, the 6-filamented gill and the simple, with anterolateral windows in the pupal cocoon.

The new species very characteristic in the shape of ventral plate and median sclerite, and the dorso-intenal surface produced into a small dorsal protuberance in the male; the stem of gential fork with considerably dilated end in the female; the filaments branching and the integuments lacking tubercles in the pupa; and the shape of postgenal cleft and anal sclerite with short, broadened wing-like anterior arms in the larva, by those may be distinguished from all the other known species of *malyschevi* group.

Etymology The new specific name was given for its type locality.

尖板蚋 *Simulium*（*Simulium*）*acontum* Chen，Zhang and Huang，2005（图 12-188）

Simulium（*Simulium*）*acontum* Chen，Zhang and Huang（陈汉彬，张春林，黄丽），2005. *Acta Zootax Sin.*，30（2）：430~435. 模式产地：中国四川（泸定）.

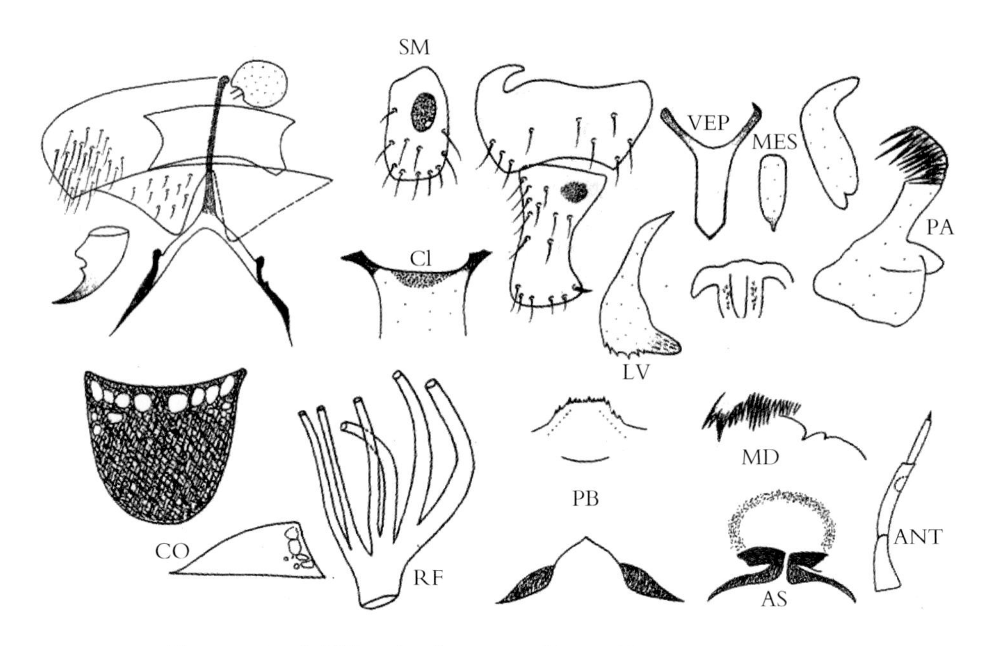

图 12-188 尖板蚋 *S.*（*S.*）*acontum* Chen，Zhang and Huang，2005

鉴别要点 雌虫生殖板端内角尖。雄虫生殖腹板“Y”形，板体长板状，端尖。蛹头、胸部无疣突，茧前部每侧具 4 个大孔窗。幼虫触角节 2 具次生淡环，后颊裂浅，端尖。

形态概述

雌虫 体长 2.8mm，翅长约 2.6mm。额指数为 8.5∶60∶7.6，额头指数为 8.5∶29.6，触须节Ⅲ～Ⅴ的节比为 5.7∶4.4∶10.6，拉氏器长约为节Ⅲ的 1/3。下颚具 14 枚内齿，16 枚外齿；上颚具 33 枚内齿，16 枚外齿。食窦弓具疣突丛。中胸盾片黑色，覆金黄色毛，并具 1 对银白色前侧斑。中胸侧膜和下侧片光裸。前足基节黄色，中足、后足基节棕色；前足、后足转节黄色；中足转节暗棕色；前足股节基 3/4 黄色，端 1/4 棕黑色，中足、后足股节基部黑色，向后渐变暗，端 1/3 棕黑色；前足胫节基 1/4 和端 1/5 为棕黑色，中大部为黄色，中足、后足胫节基 3/4 为黄色，端 1/4 棕黑色；跗节除后足基跗节基 1/2 和跗节Ⅱ基 1/2 为黄色外，余部为棕黑色。前足基跗节长约为宽的 6 倍。后足基跗节侧缘平行，长约为宽的 6 倍。跗突和跗沟发达。爪具亚基齿。翅亚缘脉具毛，径脉基光裸。腹背暗棕色，腹节Ⅴ～Ⅷ亮黑色。第Ⅷ腹板中裸，生殖板三角形，内缘斜截，端部远离，端内角尖，生殖叉突后臂具外突。受精囊球形。

雄虫 体长约 3.0mm；翅长约 2.8mm。上眼具 15 纵列和 15 横排大眼面。触角鞭节Ⅰ的长约为鞭节Ⅱ的 2 倍。触须拉氏器长约为节Ⅲ的 0.28。中胸盾片棕黑色，灰粉被，覆全黄色毛，具 1 对银白肩斑并沿侧缘延伸。无色的雄虫，但是中、后股节基 3/4 黄色，端 1/4 黑色；后足胫节基 1/5 和端 1/5 棕黑色而中大部为黄色。前足基跗节长约为宽的 7 倍；后足基跗节膨大，长约为宽的 4.2 倍。翅亚缘脉光裸。生殖肢端节长约为基节的 2 倍，基 1/3 和端 1/3 宽于中 1/3，具不发达的亚基内突。生殖腹板“Y”形，板体长板状，端尖，具腹中突。阳基侧突具众多钩刺，中骨长板状侧缘平行，端圆。

蛹 体长约 2.6mm。头、胸无疣突。头毛 3 对，胸毛 4 对，均简单。呼吸丝 3 对，具短茎，长约为体长的 2/5，长度约相当，粗度自上而下递减。腹节 8 具刺栉，后腹无端钩。茧拖鞋状，编织紧密，前缘增厚，每侧具 4 个前侧窗和若干个小孔隙。

幼虫 体长 5.0~6.0mm。头斑明显。触角 3 节的节比为 2.1 : 5.2 : 2.9。触角节 2 具 1 个次生淡环，头扇毛 29~36 支。亚颏中角齿发达，侧缘毛 6~8 支。后颊裂宽箭形，侧缘基 1/2 平行，端尖，长度与后颊桥约相等。胸、腹体壁光裸。肛鳃每叶具 16~24 个附叶，肛骨前臂长约为后臂的 1/2。肛前刺环明显，后环约 80 排，每排具 10~12 个钩刺。

生态习性 幼虫和蛹孳生于山溪中的水草上，海拔 2070m。

地理分布 中国四川。

分类讨论 本种主要特征是生殖腹板尖板形，茧前沿每侧具 4 个前侧窗。本种近似新尖板蚋［*S.*（*S.*）*neoacontum*］，两者的区别见后者分类讨论项下。

黑角蚋 *Simulium*（*Simulium*）*cholodkovskii* Rubtsov，1940（图 12-189）

Simulium（*Gnus*）*cholodkouskii* Rubtsov，1940. *Parazitologichesky Sbornik*，7（1939）：199~200. 模式产地：俄罗斯（西伯利亚）；An（安继尧），1989. *Contr. Blood-sucking Dipt. Ins.*，1：185.

Gnus cholodkouskii Rubtsov，1940；Lee *et al.*（李铁生等），1976. N. China，midges，blackflies and horseflies：127~128.

Simulium（*Simulium*）*cholodkouskii* Rubtsov，1940. Crosskey *et al.*，1996. *J. Nat. Hist.*，30：424；Chen and An（陈汉彬，安继尧），2003. The Blackflies of China：263.

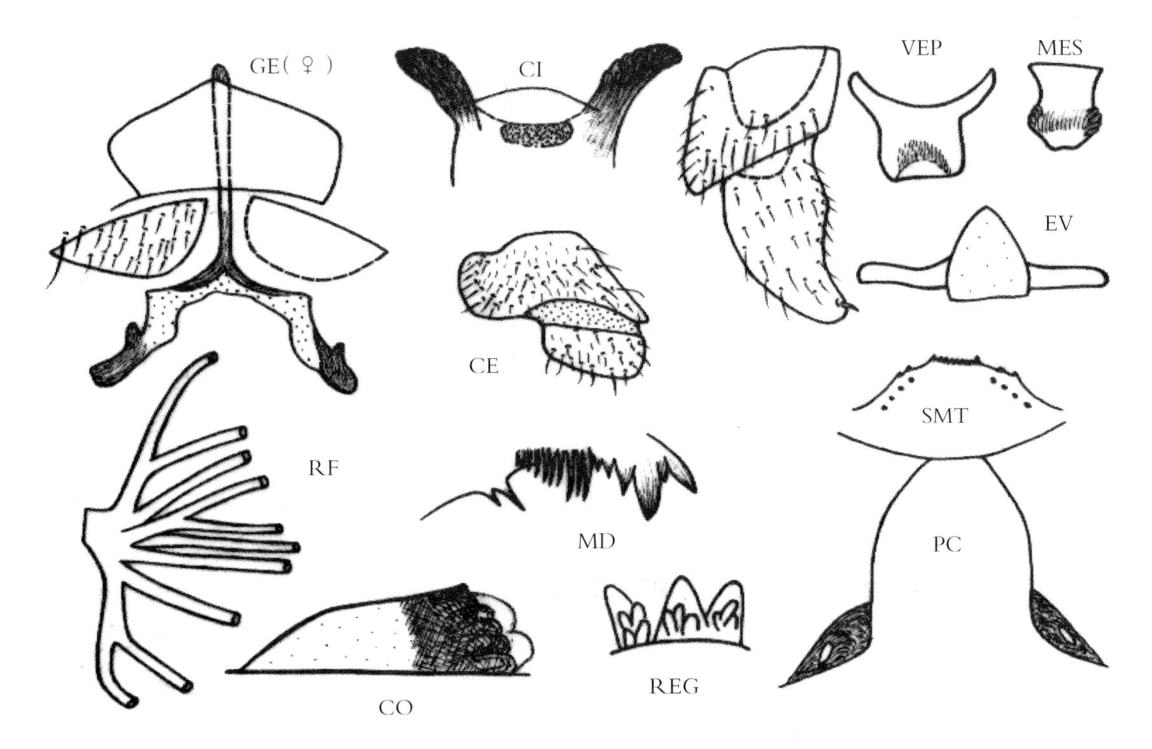

图 12-189 黑角蚋 *S.*（*S.*）*cholodkovskii* Rubtsov，1940

鉴别要点 雌虫触角全黑色；生殖板半圆形。雄虫生殖腹板亚方形。蛹呼吸丝排列特殊。幼虫后颊裂伸达亚颏后缘。

形态概述

雌虫 体长3.0~4.0mm。触角暗黑色。额和唇基覆白粉被。食窦后部丛生疣突。中胸盾片灰黑色，密被金黄色毛，具银白色肩斑。足大部为棕黑色或黑色，基节和股节全黑色。黄色部分包括中足、后足胫节基1/2和后足基跗节基2/3。生殖板半圆形，生殖叉突后臂具外突。

雄虫 体长约3.0mm。触角黑色。中胸盾片具清晰的银白色肩斑。足大部为黑色，仅后足胫节基1/3及基跗节基1/2为黄色。生殖肢端节基半内凸，端半变细而内凹。生殖腹板亚方形，后缘略凹，具腹突。中骨宽叶状，亚端部扩大。阳基侧突每边具3个大刺和许多小刺。

蛹 体长2.5~3.0mm。呼吸丝10条，细长，分成2组，排列成（3+1）+（2+1+3）。茧具网格状颈领。

幼虫 体长5.0~6.0mm。体赭黑色，头斑不明显。头扇毛74~82支。亚颏顶齿小，中齿、角齿突出，侧缘毛每边4~5支。后颊裂伸达亚颏后缘。肛鳃每叶具2~4个小附叶，后腹具单刺毛。后环92~96排，每排具12~14个钩刺。

生态习性 蛹和幼虫孳生于林区和草原的河流或溪渠中，一年两代。

地理分布 中国：黑龙江，吉林；国外：俄罗斯，蒙古国。

分类讨论 黑角蚋以其触角黑色，足大部黑色，生殖板和生殖腹板的特殊形态以及呼吸丝的排列方式和幼虫后颊裂伸达亚颏后缘等特征，容易与其他近缘种相区别。

大明蚋 *Simulium*（*Simulium*）*damingense* Chen，Zhang and Zhang，2007（图12-190）

Simulium（*Simulium*）*damingense* Chen，Zhang and Zhang，（陈汉彬，张建庆，张春林），2007. *Acta Zootax Sin.*，32（4）：779~781. 模式产地：中国广西（大明山）.

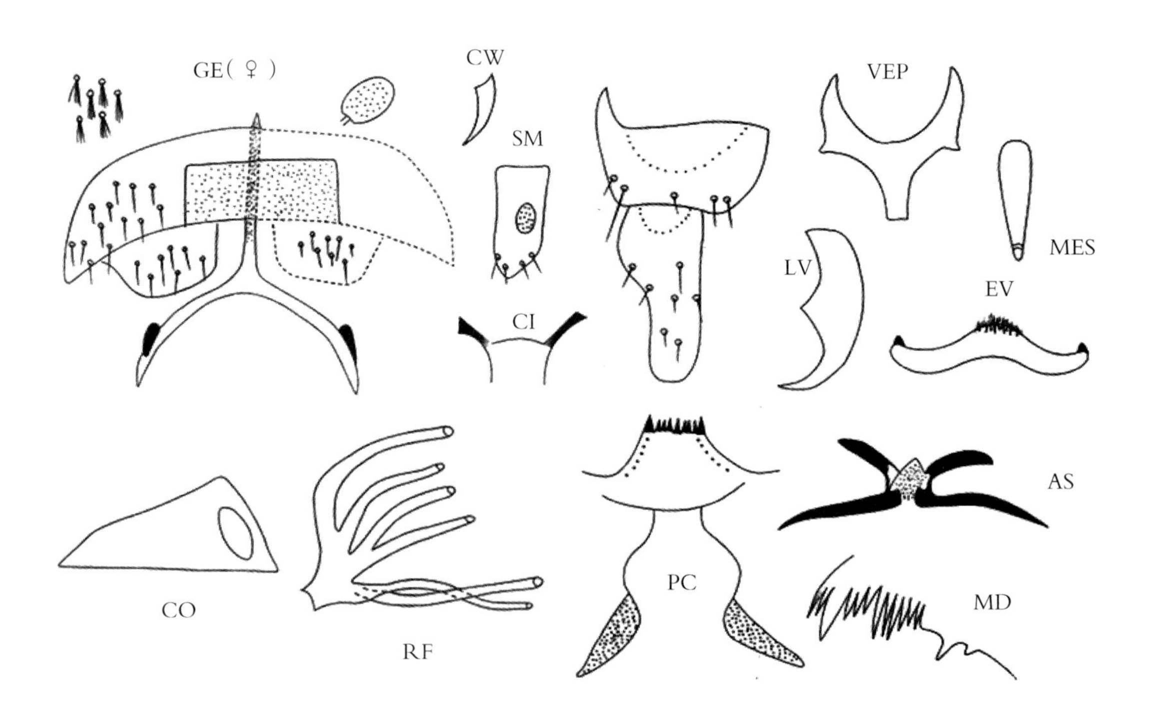

图12-190 大明蚋 *S.*（*S.*）*daminagense* Chen，Zhang and Zhang，2007

鉴别要点 雌虫腹节Ⅶ具分支毛丛；食窦光裸；爪简单。雄虫生殖腹板的"Y"形。后缘无齿。茧具侧窗。幼虫后颏裂伸达亚颏后缘。

形态概述

雌虫 体长 2.6mm；翅长 2.0mm。额指数为 6.7∶6.1∶5.9；额头指数 6.7∶20.6。触须节Ⅲ～Ⅴ的节比为 4.0∶3.4∶7.6；节Ⅲ不膨大，拉氏器长约为节Ⅲ的 0.25。下颚具 10 枚内齿，8 枚外齿；上颚具 25 枚内齿，9 枚外齿。食窦光裸。中胸盾片黑色，灰粉被，覆黄色细毛。中胸侧膜和下侧片光裸。前足基、转节为黄色；中足、后足基、转节为棕色；前、中足股节基 3/4 为黄色，端 1/4 为黑色；后足股节基 2/3 为黄色，端 1/3 为黑色。各足胫节除后胫中大部外面为黄色外，余一致为黑色；各足跗节除中足基跗节基 4/5、后足基跗节基 3/4 和节Ⅱ基 1/2 为黄色外，余部为黑色。前足基跗节膨大，长约为宽的 4.8 倍；后足基跗节侧缘平行，长约为宽的 6.5 倍。跗突和跗沟发达。爪简单。翅亚缘脉端 2/3 具毛，径脉基光裸。第Ⅶ腹节具分支长毛丛，生殖板菜刀状，内缘远离，后缘圆钝，生殖叉突后臂具外突，受精囊椭圆形。

雄虫 体长约 2.8mm，翅长约 2.0mm。上眼具 12 横排和 11 纵列大眼面。触角鞭节Ⅰ的长约为鞭节Ⅱ的 1.6 倍。胸部似雌虫，但亚缘脉光裸。生殖肢端节基 1/3 宽，端圆，无端刺，长约为基节的 2 倍，生殖腹板"Y"形，板体基部宽，侧面观无齿，基臂粗；阳基侧突具大量钩刺；中骨长板状，从基部向端部渐变宽。

蛹 体长约 2.8mm。头、胸无疣突，仅前胸背侧少量疣突。头毛 3 对，胸毛 5 对，均短而简单。呼吸丝 3 对，具短茎，丝长约为体长的 1/2，中对从上对丝茎的亚基部发出。腹节 7~9 具刺栉，无端钩。茧拖鞋状，编织紧密，前缘增厚，具 1 对前侧窗。

幼虫 体长约 5.0mm。头斑不明显。触角 3 节的节比为 2.4∶4.5∶3.1。头扇毛 28~30 支，亚颏中齿、角齿发达，侧缘毛 4 支。后颊裂壶状，伸达亚颏后缘。后腹肛侧具少量刺毛，肛鳃每叶具 5~8 个附叶，肛骨前臂长为后臂的 0.6。

生态习性 幼虫和蛹孳生于山溪急流中的水生植物茎叶上，海拔 1764m。

地理分布 中国广西和江西。

分类讨论 本种近似印度的粗毛蚋［*S.*（*S.*）*hirtipannus*］和日本的 *S.*（*S.*）*nacojapi*，但本种爪简单，幼虫后颊裂伸达亚颏后缘，足的颜色和上述 2 种也有明显的差异。

十分蚋 *Simulium*（*Simulium*）*decimatum* Dorogostaisky, Rubtsov and Vlasenko, 1935（图 12-191）

Simulium decimatum Dorogostaisky，Rubtsov and Vlasenko，1935. *Parazitolog. Sbornik.*，5：145~148.

模式产地：俄罗斯（西伯利亚）.

Simulium（*Simulium*）*decimatum* Dorogostaisky，Rubtsov and Vlasenko，1935；Crosskey *et al.*，1996. *J. Nat. Hist.*，30：424；An（安继尧），1996. *Chin J. Vector Bio. and Control*，7（6）：473；Chen and An（陈汉彬，安继尧），2003. The Blackflies of China：264.

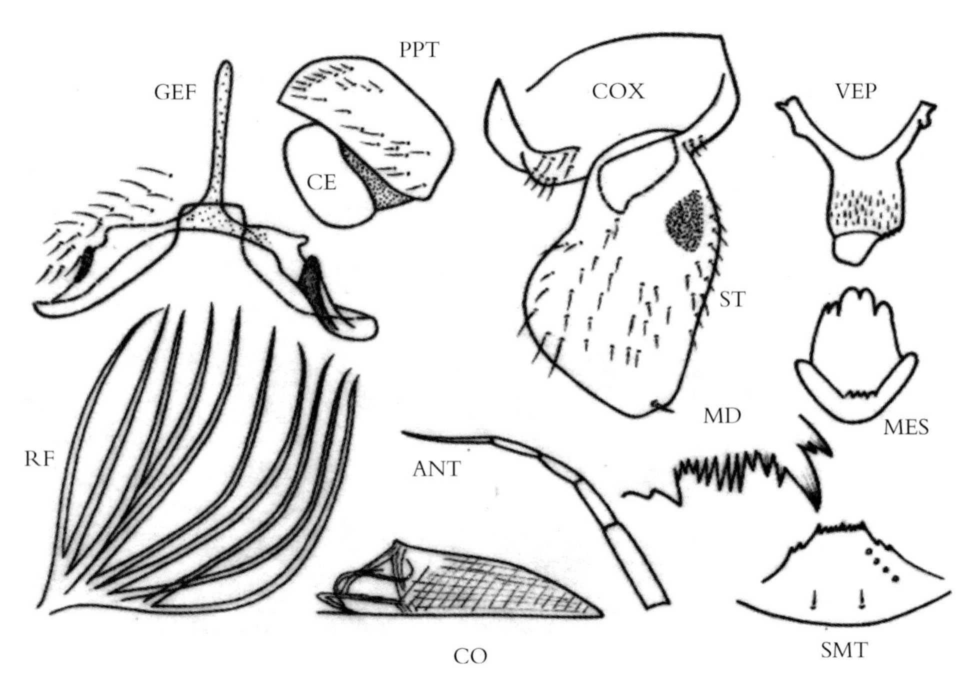

图 12–191　十分蚋 *S.*（*S.*）*decimatum* Dorogostaisky，Rubtsov and Vlasenko，1935

鉴别要点　雌虫生殖板亚梯形，后缘斜截。雄虫生殖肢端节亚菱形，中宽而两头变细，生殖腹板亚长方形，中骨后缘三角状。蛹呼吸丝 10 条。幼虫额斑三角形，后颊裂伸达亚颏后缘。

形态概述

雌虫　额浅灰色，唇基黑色。触角柄、梗节褐色。中胸盾片稀被短柔毛，具不明显的银白色肩斑并向后延伸与后盾斑相连接。足大部为黑色或褐黑色，前足基节和后足基跗节基 3/4 为黄色。腹部背面暗褐色，腹面淡黄色。生殖板亚梯形，内缘远离，平行，后缘斜截，生殖叉突后臂具外突。

雄虫　体长约 4.0mm。额覆银白粉被。触角黑色。中胸盾片具明显的银白色肩斑和侧带，并与后盾斑连接。足大部为黑色，中胫基半外侧白色，后胫大部色淡仅基部为黄色。后足基跗节基 1/2 色稍淡。生殖肢基节横宽，端节亚菱形，中部约为基部的 2 倍宽，基内侧具疣突。生殖腹板长方形，具舌状腹突。中骨宽叶状，后缘呈三角形突出。阳基侧突每边具 6~7 个大刺和若干小刺。

蛹　体长约 4.0mm。呼吸丝 10 条，约等粗，长约为蛹体长的 1/3；分成 2 组，排列成 4+6。茧前部具粗线缠绕形成的网格状颈领和孔窗。

幼虫　体长 7.0~8.0mm。额斑三角形。触角节 2 具 2 个次生淡环。头扇毛 48~52 支。亚颏顶齿短小，侧缘毛每边 5~6 支，并具 1 对中侧小毛。后颊裂伸达亚颏后缘，侧缘呈“S”形弯曲。肛鳃中叶具 7~9 个附叶，两侧叶各具 6~8 个附叶。后环 95~98 排，每排具 14~15 个钩刺。

生态习性　幼虫和蛹孳生于林区或草原地带的江河、溪流中的水生植物上，8 月份羽化。

地理分布　中国：河北，内蒙古，黑龙江；国外：俄罗斯，蒙古国，加拿大。

分类讨论　十分蚋的生殖肢端节和中骨形态特殊，此外，蛹呼吸丝的排列方式和幼虫后颊裂的特征也相当突出，不难鉴别。

粗毛蚋 *Simulium*（*Simulium*）*hirtipannus* Puri，1932（图 12-192）

Simulium（*Simulium*）*hirtipannus* Puri，1932. *Lnd. J. Med. Res.*，20：509~513. 模式产地：印度阿萨姆；Zhang and Wang（章涛，王敦清），*Acta Zootax Sin.*，34：106，109；An（安继尧），1996. *Chin J. Vector Bio. and Control*，7（6）：473；Chen and An（陈汉彬，安继尧），2003. The Blackflies of China：266.

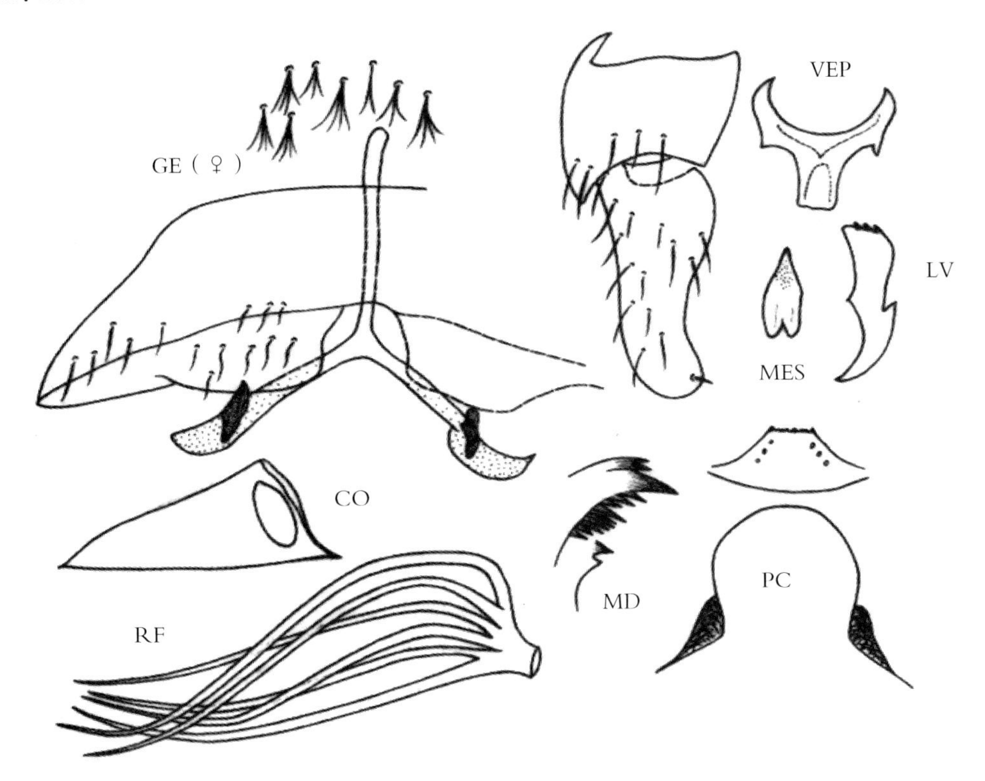

图 12-192 粗毛蚋 *S.*（*S.*）*hirtipannus* Puri，1932

鉴别要点 雌虫腹节Ⅶ具叉状长毛丛；生殖板亚梯形，内缘远离。雄虫生殖腹板板体长方形，具腹突。蛹呼吸丝 3 对均具短茎。幼虫后颊裂深，伸达接近亚颏后缘。

形态概述

雌虫 额黑色，具同色毛。唇基黑色，除中部光裸外，具稀疏毛。食窦后部具若干疣突。中胸盾片黑色，具光泽，被细柔毛。前足股节棕黄色，向端部渐变深，中足、后足股节棕黑色，端部黑色。前足胫节基部和端 1/3 为黑色，中部色淡，外侧具银白色光泽。前足跗节黑色，中足跗节棕黄色并向后渐变深。后足基跗节基 3/4 和跗节Ⅱ基 1/2 为黄色，余部为黑色。后足基跗节两侧亚平行。跗突短，未伸达跗沟。爪具小基齿。翅径脉基光裸。腹节Ⅶ具叉状长毛丛。生殖板亚梯形，内缘远离，后缘略弯，生殖叉突后臂具外突。受精囊亚球形，具网斑。

雄虫 上眼面 14 排。唇基黑色，具黑色长毛。中胸盾片黑绒色，具灰白色肩斑，被短柔毛和黑色长毛。前足股节基部黄色向端部渐变深，端部 1/3 为棕黑色；中足股节黑色；后足股节基部黄色，端 1/3 为黑色。各足胫节除前胫中部色淡和后胫基部为黄色外，余全黑色。前足跗节全黑色，中足跗节Ⅰ~Ⅲ为黄色，节Ⅳ~Ⅴ为棕黑色。后足跗节除基跗节端 1/3 和跗节Ⅳ~Ⅴ为棕黑色外，大部为黄色。后足基跗节两边亚平行。生殖肢端节长，基 1/3 处向内突，其上具细毛丛。生殖腹板板体长方形，具腹突。两基臂末端稍内弯，各具较大的侧翼。中骨长板状，基 1/3 楔状，端 2/3 两侧亚平行，具端中裂。阳基侧突具众多同型的小钩刺。

蛹 头部和前胸具稀疏盘状疣突，后胸稀布角状疣突。头毛 3 对，胸毛 6 对，均长单支。腹节 7~9 均具刺栉，端钩副缺。腹节 6~8 腹板均具微小棘群。呼吸丝 6 条，成对排列，均具短茎，长度和宽度自上而下递减。茧拖鞋状，编织紧密，具 1 对大的前侧窗，前缘略加厚。

幼虫 体长约 4.5mm。头斑不明显。触角长于头扇柄。头扇毛 36~40 支。亚颏中齿、角齿发达，侧缘毛每边 3~4 支。后颊裂深，端圆，基部收缩，长为后颊桥的 8~9 倍。胸腹光裸，但后腹部具无色毛和小棘群。肛鳃每叶具 7~11 个附叶，肛板后臂明显长于前臂。后环 66~70 排，每排具 11~14 个小钩刺。

生态习性 蛹和幼虫孳生于大江河或小溪、沟渠中的水生植物或枯枝落叶上。

地理分布 中国：福建，浙江，广东，贵州，西藏；国外：印度。

分类讨论 Puri（1932）根据印度的两性成虫和蛹标本作了本种的原描述，章涛等（1991）根据福州标本对其幼虫进行补描述。采自我国的标本与原描述基本符合，但足色略有差异。本种与日本的 *S. kyushuense* Takaoka，1978 颇相似，但是后者雌虫腹节Ⅶ腹板无叉状毛丛，幼虫后颊裂伸达亚颏后缘，可资鉴别。

短飘蚋 *Simulium*（*Simulium*）*jacuticum* Rubstov，1940（图 12–193）

Simulium（*Gnus*）*jacuticum* Rubstov，1940. *Blackflies*，*Fauna USSR*，Diptera，6（6）：145~148. 模式产地：俄罗斯（西伯利亚）；An（安继尧），1989. *Contr. Blood-sucking Dipt. Ins.*，1：185.

Gnus jacuticum Rubstov，1940；Lee *et al.*（李铁生等），1976. N. China，midges，blackflies and horseflies：125~126.

Simulium（*Simulium*）*jacuticum* Rubstov，1940；Crosskey，1988. Annot. Checklist World Blackflies：92；An（安继尧），1996. *Chin J. Vector Bio. and Control*，7（6）：473；Chen and An（陈汉彬，安继尧），2003. The Blackflies of China：268.

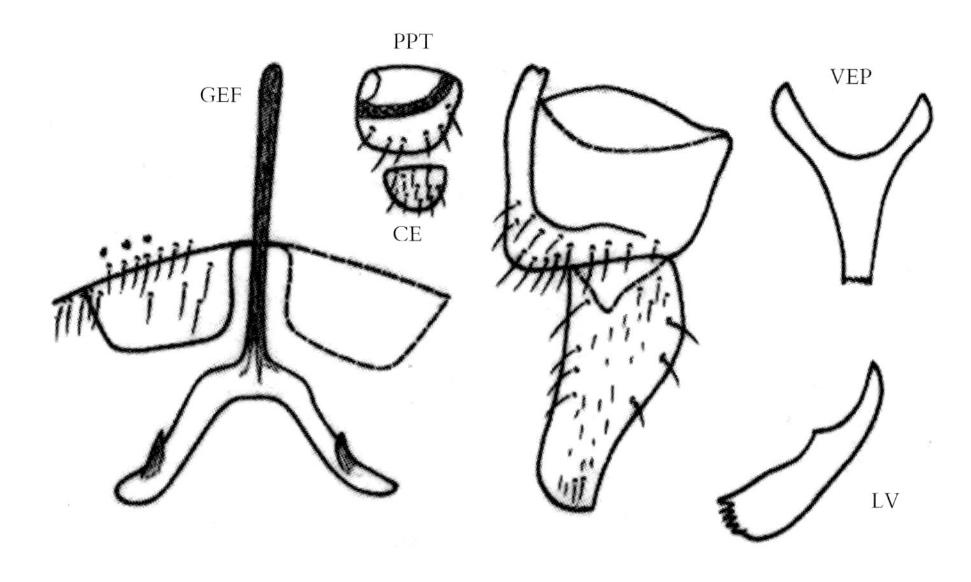

图 12–193　短飘蚋 *S.*（*S.*）*jacuticum* Rubstov，1940

鉴别要点 雌虫肛上板由2块不规则的三角形片组成。雄虫足全黑色；生殖腹板楔形。幼虫后头斑“H”形。

形态概述

雌虫 体长2.2~2.8mm。触角柄、梗节和鞭节Ⅰ为淡棕黄色，余部黑色或一致为棕黄色。额亮黑色，有时具灰白粉被。中胸盾片亮灰黑色，密被金色或黄白色柔毛，具不清晰的银白色斑。足大部黑色；淡黄色部分包括前足基节和胫节大部，中足、后足胫节基部外侧，中足、后足基跗节大部及跗节Ⅱ、Ⅲ的基1/2。爪具小基齿。生殖板亚长方形，生殖叉突后臂具外突，肛上板由2块不规则的三角形片组成。

雄虫 足全黑色。生殖肢端节基1/3膨胀，约为端部宽的2倍。生殖腹板板体楔形，自基部向端部收缩，基宽约为端宽的2倍，侧面观后缘具5个齿突。

蛹 呼吸丝6条，成对排列，具短茎。茧简单，前部具孔窗。

幼虫 体长约5.0mm。后部头斑“H”形，头扇毛44~48支。后颊裂未伸达亚颏后缘。肛鳃3叶约具10个附叶。后环72~90排，每排具13~16个钩刺。

生态习性 蛹和幼虫孳生于大江大河里。成虫7~8月份羽化，雌虫吸血。

地理分布 中国：黑龙江，内蒙古，山西，福建；国外：俄罗斯。

分类讨论 本种具有标志性种征，详见鉴别要点项下。

辽宁蚋 *Simulium*（*Simulium*）*liaoningense* Sun，1994（图12-194）

Simulium（*Simulium*）*liaoningense* Sun（孙悦欣），1994. Blackflies，Northern China：132. 模式产地：中国辽宁（新宾）.

Simulium（*Simulium*）*liaoningense* Sun，1994；Crosskey，1997. Taxo. Geograp. Invent. World Blackflies（Diptera：Simuliidae）：68；Chen and An（陈汉彬，安继尧），2003. The Blackflies of China：270.

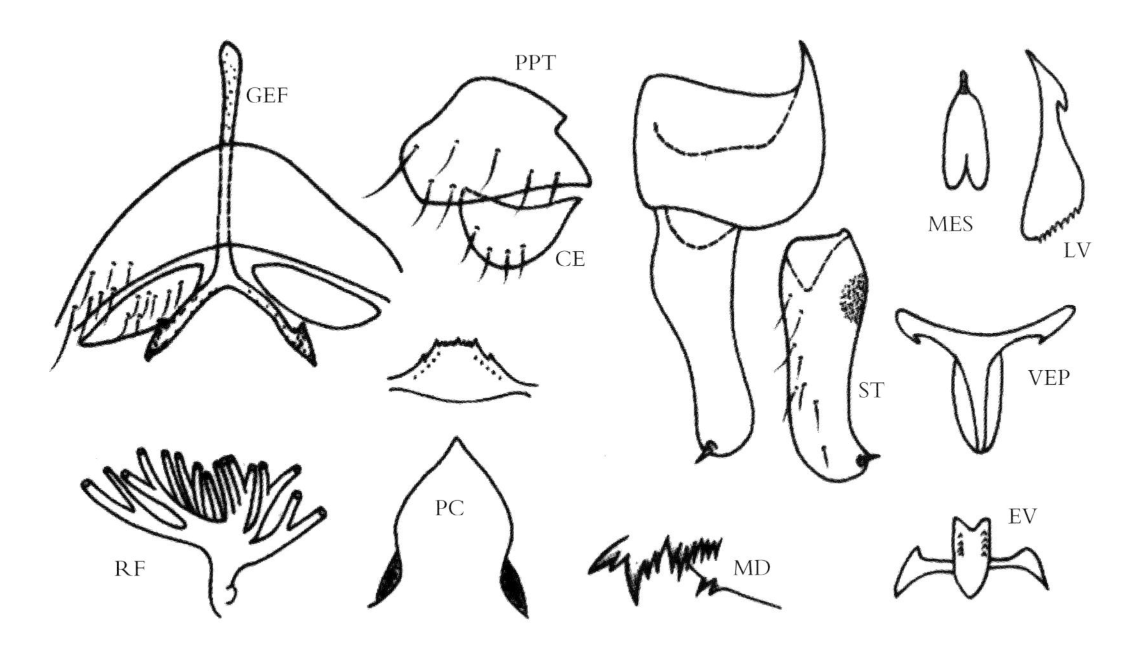

图12-194 辽宁蚋 *S.*（*S.*）*liaoningense* Sun（仿孙悦欣，1994. 重绘）

鉴别要点 蛹呼吸丝 16 条，排列特殊。

形态概述

本种具呼吸丝 16 条，在淡足蚋组中与淡足蚋［*S.*（*S.*）*malayshevi*］相似，两者的主要区别：雌虫触角柄、梗节为棕色；颜不具银白粉被，生殖板半圆形；生殖叉突后臂无片状内突。雄虫生殖腹板板体基部不收缩，阳基侧突每边具 10~12 个大小不等的大刺和若干小刺。蛹呼吸丝 16 条，排列成（2+2）+（2+1+1）+（1+1+1+2+2）。幼虫后颊裂箭状，端尖，未伸达亚颏后缘。

生态习性 未知。

地理分布 中国辽宁。

分类讨论 本种与淡足蚋［*S.*（*S.*）*malayshevi*］相似，两者的主要区别见形态概述项下和中国蚋亚属淡足蚋组分种检索表。

淡足蚋 *Simulium*（*Simulium*）*malyschevi* Dorogostaisky，Rubtsov and Vlasenko，1935（图 12–195）

Simulium（*Simulium*）*malyschevi* Dorogostaisky，Rubtsov and Vlasenko，1935. *Parazitolog.Sbornik.*，5：142~144. 模式产地：俄罗斯（西伯利亚）.

Gnus malyschevi Dorogostisky，Rubtsov and Vlasenko，1935；Tan and Chow（谭娟杰，周佩燕），1976. *Acta Ent. Sin.*，19（4）：455~459；Chen and Cao（陈继寅，曹毓存），1982. *Acta Zootax Sin.*，7（1）：82.

Simulium（*Gnus*）*malyschevi* Dorogostaisky，Rubtsov and Vlasenko，1935；An（安继尧），1989. *Contr. Blood-sucking Dipt. Ins.*，1：185.

Simulium（*Simulium*）*malyschevi* Dorogostisky，Rubtsov and Vlasenko，1935；Croskey，1988. Annot. Checklist World Blackflies：472；An（安继尧）1996. *Chin J. Vector Bio. and Control*，7（6）：473；Chen and An（陈汉彬，安继尧），2003. The Blackflies of China：271.

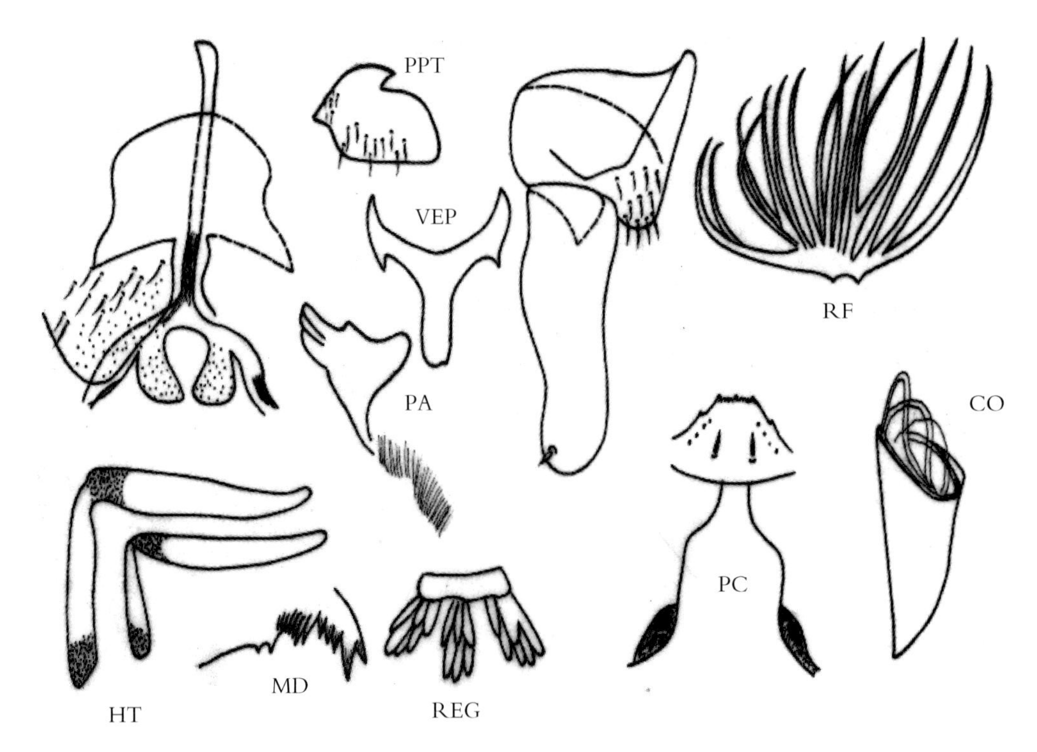

图 12–195 淡足蚋 *S.*（*S.*）*malyschevi* Dorogostaisky，Rubtsov and Vlasenko，1935

鉴别要点 雌虫生殖叉突后臂具发达的片状内突。雄虫阳基侧突每边具 20 多个同型刺。蛹呼吸丝 16 条。幼虫后颊裂伸达亚颏后缘。

形态概述

雌虫 体长 3.0~3.8mm。额亮黑色，颜覆银白粉被。触角柄、梗节为棕黄色，鞭节黑色。食窦后部丛生疣突。中胸盾片亮灰黑色，密被金色毛或白色毛，前端及肩部具银白色斑。足大部为黄色，仅前足跗节、各足胫节端部以及中足和后足跗节端部为黑色。生殖板后内缘斜截，生殖叉突后臂具发达的片状内突，肛上板前端有 1 个缺刻。

雄虫 体长 2.4~3.0mm。触角黑色。中胸盾片黑色，银白色肩斑清楚并向后延伸形成盾缘饰。足大部为黑色，仅中足、后足跗节基部为黄色。生殖腹板板体楔状，长为宽的 2~3 倍，亚端部略扩大，后缘具锯齿。阳基侧突每边具 23 个同型刺。

蛹 体长 2.1~2.3mm。呼吸丝 16 条，茧前部具粗丝编织而成的网格状结构。

幼虫 体长 4.0~6.0mm。额斑不清晰。头扇毛 37~42 支。亚颏侧缘毛每边 4~5 支。后颊裂伸达亚颏后缘。肛鳃每叶具 6~8 个附叶。后环 74~76 排，每排具 14~15 个钩刺。

生态习性 蛹和幼虫孳生于大江大河或小溪渠的急流浅滩中的水草枝叶或石块上。6~7 月份化蛹及羽化，雌虫嗜吸人血。

地理分布 中国：黑龙江，吉林，辽宁；国外：俄罗斯，美国阿拉斯加，加拿大，日本，韩国。

分类讨论 淡足蚋是一个多型种，其足的颜色，蛹呼吸丝排列方式以及幼虫头斑等，都有较大的变异。Rubtsov（1956）曾将它分为 3 个种或亚种，Crosskey 等（1997）则将其合并作为一个独立种，鉴别时宜多加注意。

纳克蚋 *Simulium*（*Simulium*）*nacojapi* Smart，1944（图 12-196）

Simulium nacojapi Smart，1944；*Proc. Roy. Ent. Soc. Lond.*（B），13：133. 模式产地：日本 .

Gnus nacojapi Smart，1944；Chen and Cao（陈继寅，曹毓存），1982. *Acta Zootax Sin.*，7（2）：195；Chen and An（陈汉彬，安继尧），2003. The Blackflies of China：272.

Simulium（*Gnus*）*nacojapi* Smart，1944；Crosskey *et al.*，1996. *J. Nat. Hist.*，30：424；An（安继尧），1996. *Chin J. Vector Bio. and Control*，7（6）：473.

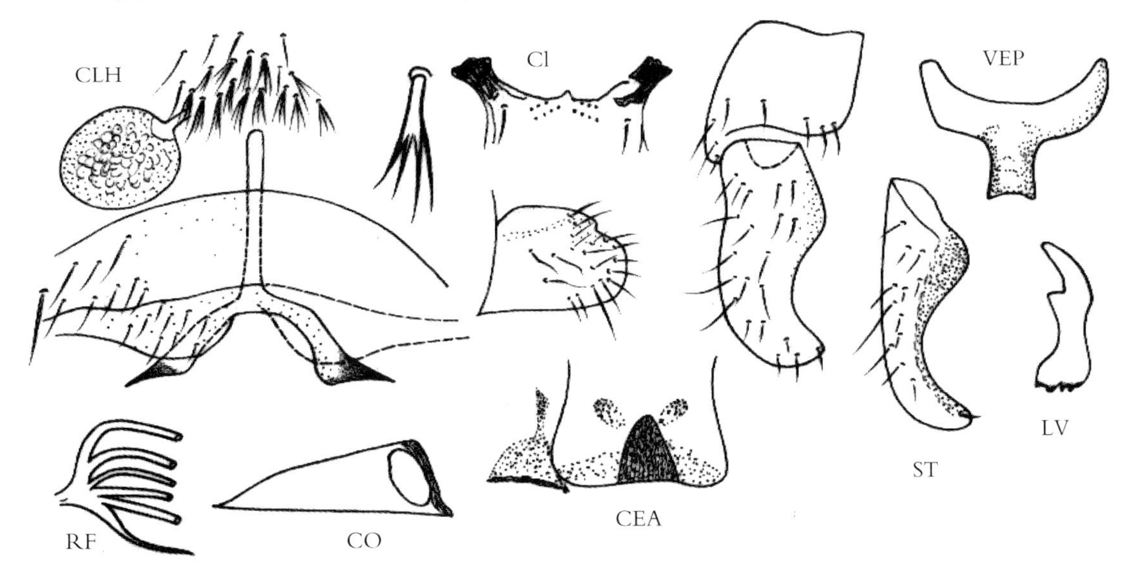

图 12-196 纳克蚋 *S.*（*S.*）*nacojapi* Smart，1944

鉴别要点 雌虫腹节Ⅶ腹板具叉状长毛丛；生殖叉突后臂无外突。蛹呼吸丝 6 条。

形态概述

雌虫 体长 1.5~2.0mm。额亮黑色。触角橙黄色，末端暗。食窦后缘中部两侧具 2 排疣突。中胸盾片黑色，覆灰白粉被，后盾区被淡黄色柔毛。前足胫节具银白色斑。前足股节、胫节基 3/4 和中足基跗节基 2/3 为黄色，余部为黑色。腹节Ⅶ腹板中部具叉状长毛丛。生殖板短宽，内缘向后外方呈 60° 角斜伸，前后两叶形成尖突。生殖叉突后臂无外突。受精囊长卵圆形。

雄虫 一般特征似雌虫。生殖肢端节长约为中宽的 4 倍。生殖腹板板体长板状，长约为宽的 3 倍，两侧亚平行，后缘具 4 个齿突。中骨中宽。阳基侧突具众多不等长的小刺。

蛹 呼吸丝 6 条，约等粗，上、下对具短茎，中对从总茎基部发出。茧简单，拖鞋状，具大的前侧窗。

幼虫 体长约 5.0mm。额斑呈尖锥形。

生态习性 幼虫和蛹孳生于山区丘陵的小河或溪流中的石块、树枝、枯叶或水草上，水温 18~25℃。雌虫吸牛血、羊血、猪血，尤以阴天频繁。

地理分布 中国：辽宁；国外：俄罗斯，日本，韩国。

分类讨论 本种的全面特征颇似粗毛蚋［*S.*（*S.*）*hirtipannus* Puri，1932］，两者雌虫腹节Ⅶ腹板均有叉状毛丛，但是两者的足色、两性尾器构造以及幼虫额斑有一定差异，可资鉴别。

南阳蚋 *Simulium*（*Simulium*）*nanyangense* Guo，Yan and An，2013（图 12-197）

Simulium（*Simulium*）*nanyangense* Guo，Yan and An（郭晓霞，严格，安继尧），2013. *Acta Parasitol. Med. Entomol. Sin.*，20（3）：178~180. 模式产地：中国河南（南阳）.

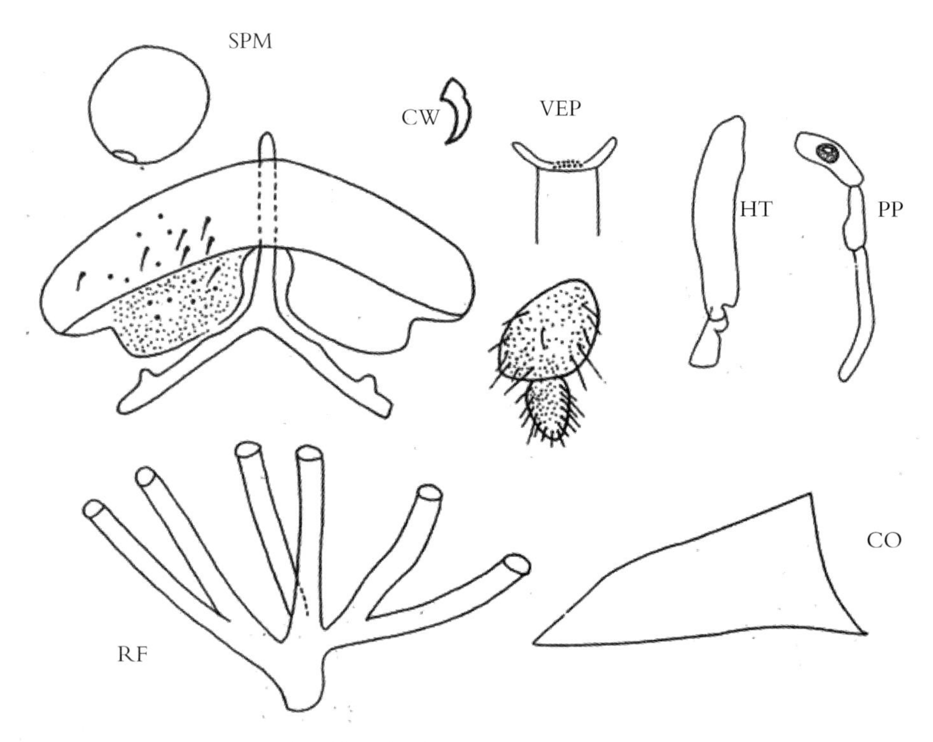

图 12-197 南阳蚋 *S.*（*S.*）*nanyangense* Guo，Yan and An
（仿郭晓霞等，2013. 重绘）

鉴别要点 雌虫爪简单，受精囊亚球形。茧无侧窗。

形态概述

雄虫 尚未发现。

雌虫 体长2.6mm；翅长2.2mm。额和唇基黑色，覆灰白粉被。额指数为40∶30∶30；额头指数为40∶100。触须节Ⅲ～Ⅴ的节比为18∶21∶36，节Ⅲ膨大。拉氏器长约为节Ⅲ的1/3。下颚具10枚内齿，12枚外齿；上颚具32枚内齿，26枚外齿。食窦弓具疣突。中胸盾片棕黑色，覆金黄色毛。中胸侧膜和下侧片光裸。前足基节棕黄色，中后足基节棕黑色；各足转节棕黑色；股节除前端1/3为棕黑色外，余部棕黄色；胫节除前足胫端1/3和中足、后足胫中大部为棕黄色外，余部为棕黑色；跗节除前足跗节、中足基跗节端1/3和节Ⅱ端1/2、后足基跗节端1/4和节Ⅱ端1/2为棕黑色外，余部为棕黄色。跗突和跗沟发达。爪简单。翅亚缘脉基1/5具毛。腹背黑色，第8腹板中裸。生殖板菜刀形，端缘圆，内缘宽分离。生殖叉突倒"Y"形，后臂具外突。肛上板横宽，椭圆形。受精囊亚球形，具网斑。

蛹 体长2.5mm，头胸密布疣突。呼吸丝6条，成对排列，具短茎。茧拖鞋状，无侧窗，前缘略增厚。

幼虫 尚未发现。

生态习性 蛹采自小溪中的水草上，海拔约100m。

地理分布 中国河南。

分类讨论 本种近似俄罗斯的短飘蚋［*S.*（*S.*）*jacuticum* Rubtsov，1940］、印度的粗毛蚋［*S.*（*S.*）*hirtipannus* Pari，1932］和中国的刺毛蚋［*S.*（*S.*）*spiculum* Chen，Huang and Yang，2010］，但是本种雌虫腹节Ⅶ无分支毛丛，爪简单，茧无侧窗，可资鉴别。

新尖板蚋 *Simulium*（*Simulium*）*neoacontum* Chen，Xiu and Zhang，2012（图12–198）

Simulium（*Simulium*）*neoacontum* Chen，Xiu and Zhang，2012（陈汉彬，修江帆，张春林），2012；*Acta Zootax Sin.*，37（2）：382~388. 模式产地：中国贵州（宽阔水）.

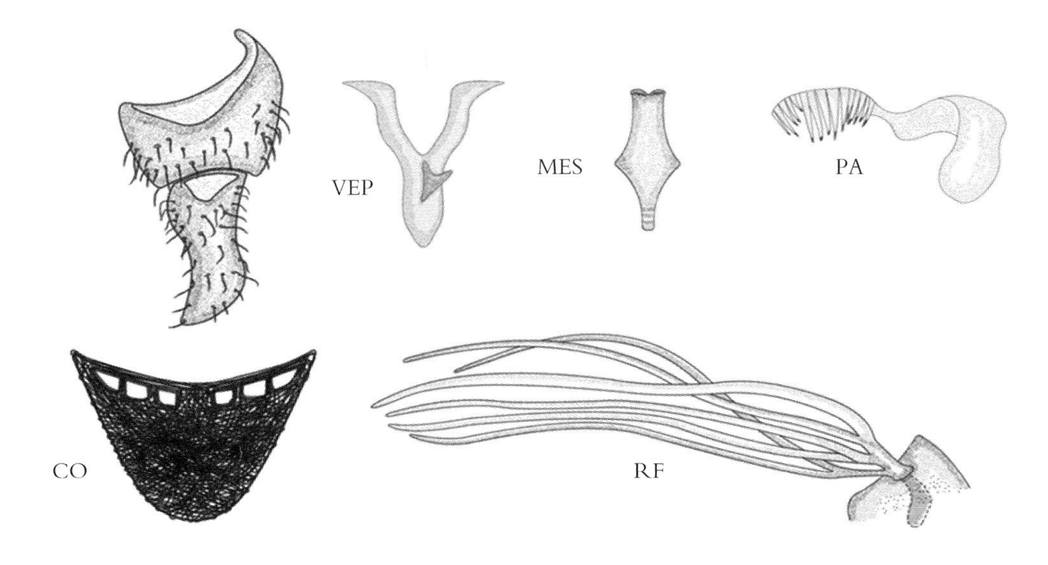

图12–198 新尖板蚋 *S.*（*S.*）*neoacontum* Chen，Xiu and Zhang，2012

鉴别要点 雄虫生殖腹板"Y"型，板体板状，具角状腹中突，基臂夹角小于45°，中盾基1/3宽，向端部渐变窄，具浅的端中裂。蛹呼吸丝排列成（2+2）+2。茧前缘具3个侧窗。

形态概述

雌虫 尚未发现。

雄虫 体长约 3.0mm；翅长 2.9mm。上眼具 12 横排，12 纵列大眼面。唇基棕黑色，覆同色毛和灰粉被。触角鞭节Ⅰ的长为鞭节Ⅱ的 2.2 倍。触须节Ⅲ～Ⅴ的节比为 5.2∶5.0∶9.5。拉氏器长为节Ⅲ的 0.27。中胸盾片暗棕色，覆灰白粉被和金黄色毛。中胸侧膜和下侧片光裸。各足基、转节除前足基节、转节基 1/2、中足转节为淡黄色外，余部为棕色；股节基 2/3 为黄色，端 1/3 为棕色；胫节中大部为黄色，余部为棕色；跗节除后足基跗节和节Ⅱ基 1/2 为黄色外，余部为棕色。前足基跗节稍膨大，长约为宽的 6.5 倍；后足基跗节膨大，长约为宽的 3.8 倍。翅亚缘脉基具毛；径脉基光裸。腹背暗棕色，覆同色毛。生殖肢端节基 1/3 宽，端 1/3 尖而内弯。生殖腹板板体长板状，侧缘平行，端尖，具角状腹中突；臂粗壮，端部向外弯，夹角小于 45°。中骨板状，基部细，基 1/3 最窄，形成角状外突，然后向端部渐收缩，具浅的端中裂。阳基侧突每侧约具 17 个钩刺。

蛹 体长约 2.8mm。头、胸无疣突。头毛 3 对，胸毛 5 对，均简单。呼吸丝 6 条，排列成（2+2）+2。中对和下对具短茎，上对具较长的茎。腹节 8 背板具刺栉，节 9 具端钩。茧拖鞋状，编织紧密。前缘两侧各具 3 个侧窗。

幼虫 尚未发现。

生态习性 幼虫和蛹孳生于山溪急流中的水草茎叶上，海拔 682m。

地理分布 中国贵州。

分类讨论 本种近似尖板蚋［*S.*（*S.*）*acontum*］，两者的主要区别是本种生殖腹板板体较短，基臂夹角小，生殖板端节端尖；呼吸丝排列方式特殊；茧前缘每侧仅具 3 个侧窗。

怒江蚋 ***Simulium*（*Simulium*）*nujiangense*** Xue，1993（图 12–199）

Simulium（*Simulium*）*nujiangense* Xue（薛洪堤），1993. *Acta Zootax Sin.*，18（2）：234~236. 模式产地：中国云南（保山施甸）；An（安继尧），1996. *Chin J. Vector Bio. and Control*，7（6）：473；Chen and An（陈汉彬，安继尧），2003. The Blackflies of China：274.

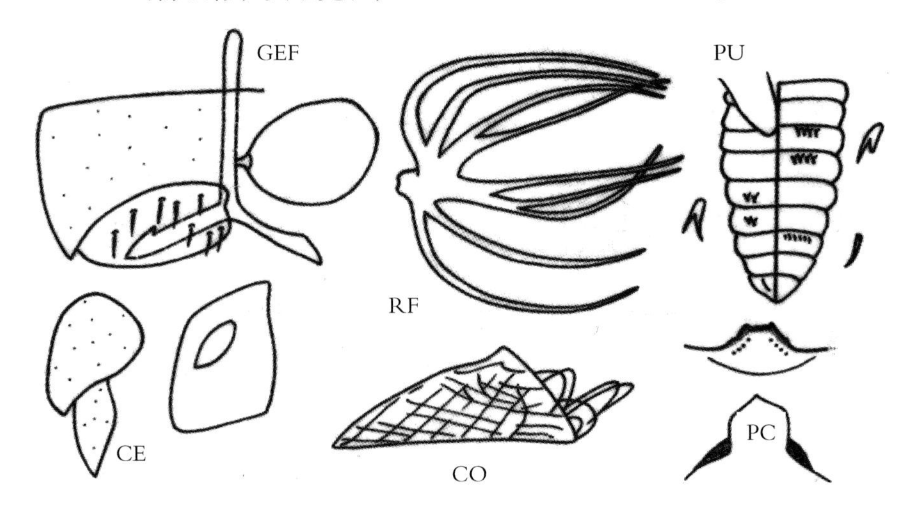

图 12–199 怒江蚋 *S.*（*S.*）***nujiangense*** Xue，1993（仿薛洪堤等，1993. 重绘）

鉴别要点 雌虫中胸盾片无暗色纵纹和银白色斑；爪简单；生殖板内缘略凹，靠近。蛹呼吸丝 9 条。幼虫后颊裂桃形。

形态概述

雌虫 体长约 3.0mm。额黑色。唇基具灰白粉被。触角为淡黄色至深黄色。鞭节Ⅰ的长约为鞭节Ⅱ的 1.7 倍。触须节Ⅲ稍膨大，拉氏器椭圆形，长约为节Ⅲ长的 1/4。上颚具外齿 12 枚，内齿 31 个；下颚具内齿 12 枚。食窦后缘丛生疣突。中胸盾片棕色，密被金黄色柔毛，无斑纹。各足基、转节黄色，股、胫节除端部 1/4 为棕色外，大部分为黄色。前足跗节Ⅰ扁宽，长约为宽的 4.5 倍，后足基跗节长与宽分别为后胫的 3/4。爪简单。翅径脉基具稀毛。腹部背面棕色，腹面淡黄色，被金黄色毛，无斑纹。生殖板内缘略凹，靠近，后缘圆钝，生殖叉突后臂强骨化，外突不明显。受精囊椭圆形，具网斑。

雄虫 未知。

蛹 体长约 3.0mm。棕黄色，呼吸丝 9 条，具短茎。排列成 2+3+2+2，中间 2 对丝茎较长。腹节 7 具刺栉，节 9 无端钩。茧前部具粗线缠绕而成的网格状结构。

幼虫 体长约 6.0mm。亚颏顶齿很小，侧缘毛每边 4 支。后颊裂桃形，端尖，长为后颊桥的 3.5~4.0 倍。

生态习性 幼虫和蛹孳生于城乡溪渠中，水温 25~27℃，海拔 850~900m。

地理分布 中国云南。

分类讨论 本种雌虫胸、腹部无斑纹，爪简单，蛹呼吸丝 9 条以及幼虫后颊裂的特殊形状，特征相当突出，不难与本组的已知种类相区别。

窄手蚋 *Simulium*（*Simulium*）*omorii* Takahasi，1942（图 12-200）

Odagmia omorii Takahasi，1942，*Insecta. Matsumurana*，16（1/2）：39~42. 模式产地：中国黑龙江 .

Gnus tenuimanus Rubtsov，1956. Nat Enderlein. *Blackflies*，*Fauna USSR*，Diptera，6（6）：629~631；Chen and Chao（陈继寅，曹毓存），1982. *Acta Zootax Sin.*，7（2）：195.

Simulium（*Simulium*）*omorii* Takaooka，1942；Crosskey，1988. Annot. Checklist World Blackflies：473；An（安继尧），1996. *Chin J. Vector Bio. and Control*，7（6）：473；Chen and An（陈汉彬，安继尧），2003. The Blackflies of China：275.

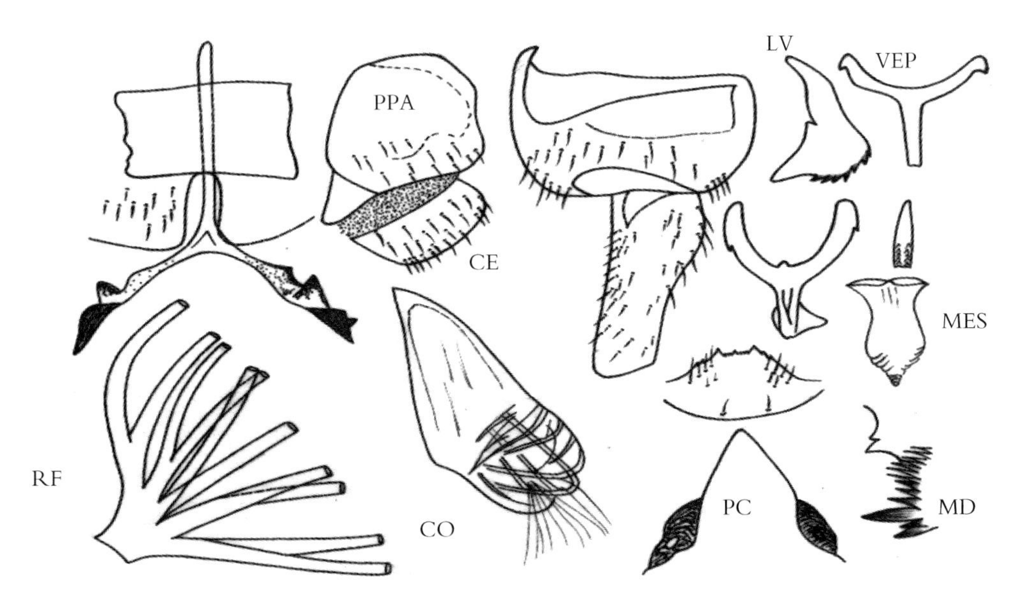

图 12-200 窄手蚋 *S.*（*S.*）*omorii* Takahasi，1942

鉴别要点 雄虫生殖腹板长棒状。蛹呼吸丝 10 条。幼虫后颊裂长三角形，亚颏侧缘毛每侧 6~7 支，排成 2 行。

形态概述

雌虫 唇基具银白粉被，中胸盾片黑色，被金黄色柔毛，具银白肩斑。生殖板三角形，内缘平行，生殖叉突柄末端膨胀或不膨胀，后臂端部强骨化，具骨化的外突。肛上板近方形，尾须短。

雄虫 体长约 3.5mm。中胸盾片具银白肩斑。足除前足基节和后足胫节基部为黄褐色外，余为黑色。生殖肢基节宽大于长，生殖腹板板体长棒状，两侧平行，腹突具 2 排齿，侧面观后缘具 7~8 枚齿。中骨宽叶状，端部扩大。阳基侧突每边具 8 个大刺和众多小刺。

蛹 体长约 3.5mm。呼吸丝 10 条，排列成 4+6，中间 2 条从基部发出，其余 4 对具短茎。茧靴状，具网格状颈领。

幼虫 体长 6.0~7.0mm。额斑呈“H”形。头扇毛 51~53 支，亚颏顶齿短小，侧缘毛每边 6~7 支，排成 2 行。后颊裂长三角形，端尖，伸达接近亚颏后缘。肛鳃每叶具 10~12 个附叶。后环 86~100 排，每排具 10~12 个钩刺。

生态习性 幼和蛹孳生于河流中的水草、枯枝落叶或石块上。

地理分布 中国：黑龙江；国外：俄罗斯。

分类讨论 本种系由 Takahasi（1942）根据我国黑龙江标本而命名。根据 Crosskey 等（1996）的意见，Rubtsov（1956）描述的 Gnus *tenuimanus* 系本种的误订。本种形态描述参照了原描述和 Rubtsov 的记述。

帕氏蚋 *Simulium*（*Simulium*）*pavlovskii* Rubtsov，1940（图 12-201）

Simulium（*Gnus*）*pavlovskii* Rubtsov，1940. *Blackflies*，*Fauna USSR*，Diptera，6（6）：530. 模式产地：俄罗斯（西伯利亚）；An *et al.*（安继尧等），1988. *China Public Health*，2：92.

Simlium ishikawai Takahasi，1940. *Insecta*，*Matsumurana*，15（1/2）：71~73.

Gnus pavlovskii Rubtsov，1940；Lee *et al.*（李铁生等），1976. N. China，midges，blackflies and horseflies：128~129.

Simulium（*Gnus*）*pavlovskii* Takahasi，1940；An *et al.*（安继尧等），1989. *China Public Health*，2：92；An（安继尧），1989. *Contr. Blood-sucking Dipt. Ins.*，1：185.

Simlium（*Simlium*）*pavlovskii* Rubtsov，1940；Crosskey，1988. Annot. Checklist World Blackflies：473；Crosskey *et al.*，1996. *J. Nat. Hist.*，30：425；Chen and An（陈汉彬，安继尧），2003. The Blackflies of China：276.

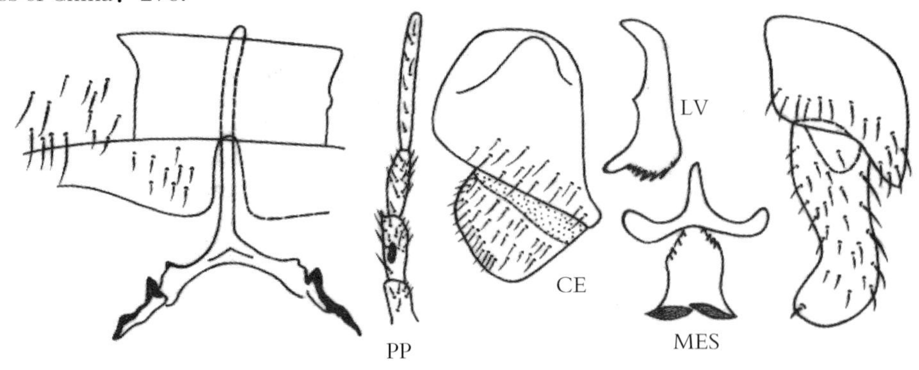

图 12-201 帕氏蚋 *S.*（*S.*）*pavlovskii* Rubtsov，1940（仿 Rubtsov 等，1956. 重绘）

鉴别要点 雄虫生殖腹板锚形，基臂强壮，末段弯向前方。蛹呼吸丝 10 条。幼虫后颊裂伸达亚颏后缘。

形态概述

雌虫 体长 3.5~4.5mm。额黑色，覆银灰粉被。触角柄、梗节棕黄色，鞭节褐黑色。触须末节长于节Ⅲ和节Ⅳ之和。中胸盾片黑色，覆棕灰色粉被，密被淡黄色或黄白色毛，盾缘具银白色斑。足大部为黄色，近似淡足蚋［*S.*（*S.*）*malashevi*］，但是本种股节色较黑。爪具基齿。生殖板亚长方形，端内角圆钝，内缘基部靠近并向后斜截，生殖叉突后臂具外突。

雄虫 体长约 4.0mm。触角全黑色。中胸盾片具清晰的银白色肩斑。生殖肢端节的长为宽的 4~5 倍。生殖腹板锚形，板体细棒状，基臂强壮，端半向前内弯。足大部为黑色，但是中足胫节基 1/2、后足胫节基部和基跗节基 1/2 色淡。中骨宽叶状，亚端部膨大。阳基侧突每边具 10~12 个长短不一的钩刺。

蛹 体长 4.5~5.0mm。呼吸丝 10 条，长约为体长的 1/3，分为 3 组，排列成 4+（1+1）+4。上、下丝组具短茎，中间 2 条丝从基部发出。腹节 8 具刺栉。茧前部具网格状结构和孔窗。

幼虫 体长 7.0~7.5mm。体色明亮，头色稍暗，头斑不清。头扇毛 40~44 支。亚颏中齿短，侧齿突出，侧缘毛每边 4~5 支。后颊裂伸达亚颏后缘。肛鳃中叶具 6 个附叶，两侧叶各具 8 个附叶。后环 82~86 排，每排具 13~14 个钩刺。

生态习性 幼虫和蛹孳生于 5~15℃的小河里，附着在水草或岩石上。雌虫吸血。

地理分布 中国：河北，辽宁，黑龙江，内蒙古，新疆；国外：俄罗斯，乌克兰，蒙古国。

分类讨论 本种与窄手蚋［*S.*（*S.*）*omorii*］近似，但是两者的生殖腹板、蛹呼吸丝的排列方式和幼虫后颊裂的形状显然不同，可资鉴别。

如伯蚋 *Simulium*（*Simulium*）*rubroflavifemur* Rubtsov，1940（图 12-202）

Simulium（*Simulium*）*rubroflavifemur* Rubtsov，1940. *Trudy Zool. Ins. Akad. Nauk.* SSSR，9：436~437. 模式产地：中国新疆；Crosskey，1988. Annot. Checklist World Blackflies；473；An（安继尧），1996. *Chin J. Vector Bio. and Control*，7（6）：473；Chen and An（陈汉彬，安继尧），2003. The Blackflies of China：278.

Gnus rubroflavifemur Rubtsov，1940；Zhu（朱纪章），1989. Proc. 2nd Chinese Med. Ent. Conference：38.

鉴别要点 雌虫触须拉氏器长约占节Ⅲ的 1/2；生殖板亚圆形；后足基跗节基 5/6 为黄色。

形态概述

雌虫 体长 3.5~4.0mm。额和唇基覆银白粉被。触须拉氏器长约占节Ⅲ的 1/2。触角基部黄色。中胸盾片被银白色毛。前足基节褐色，中足、后足基节为黄色；股节大部黄色，仅后股端部为黑色；胫节大部黄色，仅后胫端部为黑色；前足跗节Ⅰ色稍黄，后足基跗节基 5/6 和节Ⅱ基 1/2 为黄色。前足、后足基跗节自基部向端部渐收缩。爪具小基齿。翅前缘脉黄色。生殖板亚长方形，生殖叉突具骨化外突。

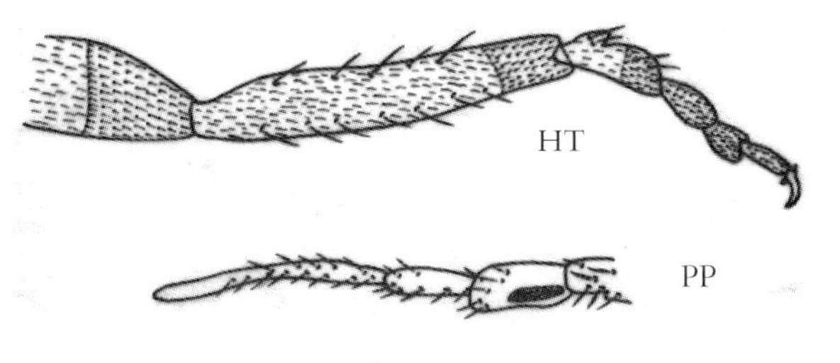

图 12-202 如伯蚋 *S.*（*S.*）*rubroflavifemur* Rubtsov，1940

雄虫 未知。

蛹 未知。

幼虫 未知。

生态习性 未知。

地理分布 中国新疆。

分类讨论 如伯蚋系 Rubtsov（1940）根据我国新疆的单雌标本而命名，迄今尚未见其他虫期的描述。根据原描述，主要特征是雌虫触须拉氏器长，约占节Ⅲ的1/2，似不能排除系个体变异。

红足蚋 *Simulium*（*Simulium*）*rufipes* Tan and Chow，1976（图 12–203）

Gnus rufipes Tan and Chou（谭娟杰，周佩燕），1976. N. China，midges，blackflies and horseflies：126~127.

Simulium（*Gnus*）*rufipes* Tan and Chow，1976；An（安继尧），1989. *Contr Blood-sucking Dipt. Ins.*，1：185.

Simulium（*Simulium*）*rufipes* Tan and Chow，1970；Crosskey，Adler，Wang and Deng，1996. *J. Nat. Hist.*，30：425；An，1996 *Chin J. Vector Bio. and Control*，7（6）：474；Chen and An（陈汉彬，安继尧），2003. The Blackflies of China：280.

鉴别要点 雌虫足大部为红色，前足跗节Ⅰ、Ⅱ膨胀；生殖叉突具内突而无外突。

形态概述

雌虫 与淡足蚋组其他种类的主要区别是足大部为红色，前足股、胫节细，前足跗节Ⅰ、Ⅱ膨胀，明显宽于前足胫节。生殖腹板后缘斜截，生殖叉突后臂具骨片状内突而无外突。

雄虫 未知。

蛹 未知。

幼虫 未知。

生态习性 未知。

地理分布 中国东北。

分类讨论 本种至今仅知雌虫，但是其种的特征突出，中国蚋亚属淡足蚋组分种检索表已列出，不容易混淆，可资鉴别。

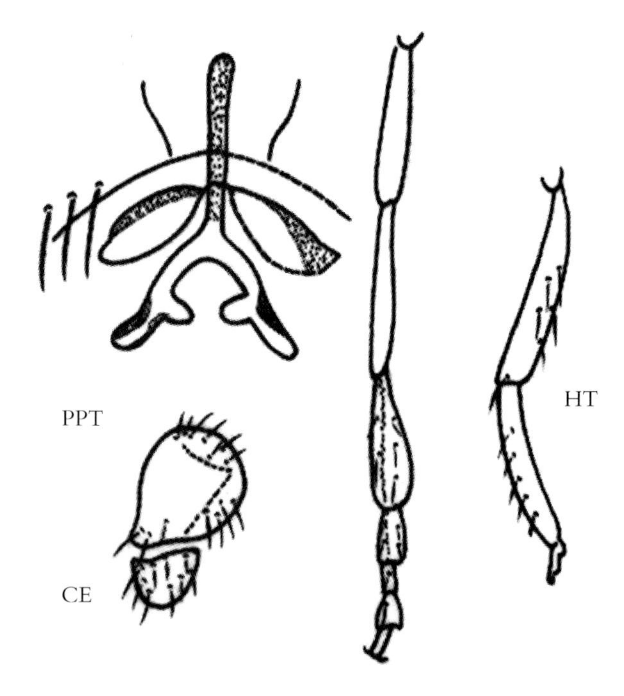

图 12–203 红足蚋 *S.*（*S.*）*rufipes* Tan and Chow
（仿谭娟杰等，1976. 重绘）

刺毛蚋 *Simulium*（*Simulinm*）*spiculum* Chen，Huang and Yang，2010（图 12–204）

Simulium（*Simulium*）*spiculum* Chen，Huang and Yang（陈汉彬，黄若洋，杨明），2010. *Acta Zootax Sin.*，35（2）：327~329. 模式产地：中国黑龙江（绥芬河和牡丹江），吉林（春化），辽宁（本溪和新宾）.

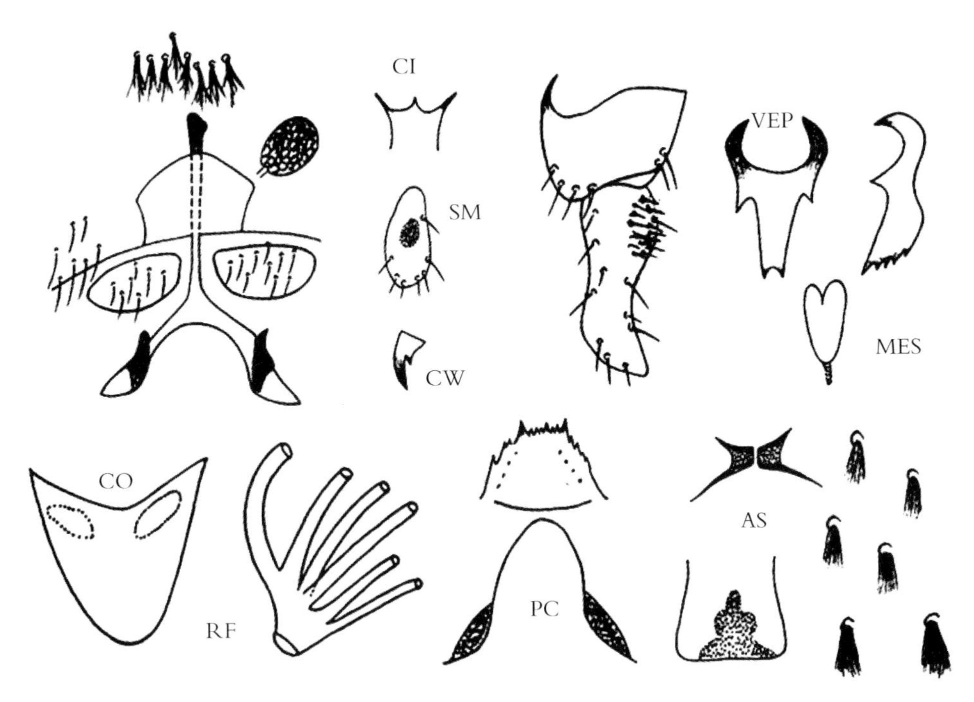

图 12-204 刺毛蚋 *S.*（*S.*）***spiculum*** Chen，Huang and Yang，2010

鉴别要点 雌虫腹节Ⅶ具分支长毛丛；食窦弓具角状前中突；爪具亚基齿。茧具前侧窗。幼虫头斑葫芦状，腹节Ⅵ～Ⅷ覆叉状黑刺毛。

形态概述

雌虫 体长 2.5mm；翅长约 2.1mm。额指数为 5.9∶5.4∶4.9；额头指数为 5.9∶18.5。额和唇基亮黑色，覆黑色毛。触须节Ⅲ～Ⅴ的节比为 4.5∶3.8∶6.7。中胸盾片亮黑色，灰粉被，拉氏器长约为节Ⅲ的 1/3。下颚具 11 枚内齿，9 枚外齿；上颚具 27 枚内齿，10 枚外齿。食窦弓光裸，但具角状前中突，覆黄色细毛。中胸侧膜和下侧片光裸。前足基、转节黄色；中后足基、转节棕色；前、中股节基 3/4 黄色，端 1/4 棕色；后足股节基 2/3 黄色，端 1/3 暗棕色。各足胫节中大部外面为黄色，余部为棕黑色。跗节除中足基跗节基 4/5，节Ⅱ基 4/5，后足基跗节基 3/4 和节Ⅱ基 1/2 为黄色外，余部为棕黑色。前足基跗节稍膨大，长约为宽的 4 倍；后足基跗节侧缘平行，长约为宽的 5.5 倍。跗突和跗沟发达。爪具小的亚基齿。翅亚缘脉端 2/3 具毛，径脉基光裸。腹节背板黑色。第Ⅶ腹板具分支长毛丛，生殖板半圆形，内缘远离，后缘圆。生殖叉突具端部膨大的骨化柄，后臂具骨化外突。受精囊椭圆形。

雄虫 体长 2.5mm；翅长约 2.0mm。上眼具 17 横排和 16 纵列大眼面。触角鞭节Ⅰ的长约为鞭节Ⅱ的 1.6 倍，触须节Ⅲ～Ⅴ的节比为 3.2∶3.5∶7.4，节Ⅲ拉氏器小。中胸盾片亮黑色，覆粉被，黄色细毛，并具 1 对宽分离的银白色肩斑和 1 个大的小盾前银白色斑。各足基、肘节棕黑色，但前足基节黄色；前足、后足股节基 2/3 为黄色，端 1/3 黑色，中足股节棕色；各足胫节棕色而中大部外面为黄色；跗节似雌虫，后足基跗节膨大，长约为宽的 4 倍。跗突和跗沟发达，翅似成虫。腹背黑色，覆黄色毛。生殖肢端节长约为基节的 2.5 倍，无端刺，但有亚基内突，基上具毛丛而无齿。中骨叶片状，具端中裂。

蛹 体长约 2.8mm。头、胸几乎无疣突，仅前胸背侧稀布疣突。头毛 3 对，胸毛 4 对，均简单。呼吸丝 6 条，成对。上、下对具短茎，中对无茎，长约为体长的 1/2。节 7~9 具刺栉，端钩缺。茧简单，具 1 对前侧窗，前缘增厚。

幼虫 体长约 5.0mm，头斑葫芦形。触角 3 节的节比为 3.4∶3.2∶4.1。头扇毛 36~38 支。亚颏中齿、角齿发达，侧缘毛 3~4 支。后颊裂拱门状，伸达接近亚颏后裂。腹节 6~8 具众多分支黑色叉状毛。肛鳃每叶具 5~6 个附叶。肛管前臂长约后臂的 0.8。

生态习性 幼虫和蛹孳生于山溪急流中的水生植物茎叶上，海拔 400~600m。

地理分布 中国黑龙江、吉林和辽宁。

分类讨论 本种近似印度的粗毛蚋［*S.*（*S.*）*hirtipannus* Puri］、俄罗斯的短飘蚋［*S.*（*S.*）*jacuticum* Rubtsov］和中国的大明蚋［*S.*（*S.*）*damingense* Chen，Zhang and Zhang］，可根据下列综合特征加以鉴别：幼虫腹节 6~8 具黑色叉状扁毛，雌虫食窦光裸且具角状中突和生殖叉突后臂具外突，以及雄虫生殖肢端节基内突具毛而无刺等。

北蚋 *Simulium*（*Simulium*）*subvariegatum* Rubtsov，1940（图 12-205）

Simulium（*Simulium*）*subvariegatum* Rubtsov，1940. *Blackies*，*Fauna USSR*，Diptera，6（6）：439~440. 模式产地：俄罗斯（西伯利亚）；An（安继尧），1989. *Contr. Blood-sucking Dip. Ins.*，1：188；Crosskey，1997. Taxo. Geograp. Invent. World Blackflies（Diptera：Simuliidae）：68；Chen and An（陈汉彬，安继尧），2003. The Blackflies of China：281.

Simulium subvariegatum Rubtsov，1940. *Blackflies*，*Fauna USSR*，Diptera，6（6）：799~802；Lee *et al.*（李铁生等），1976. N. China，midges，blackflies and horseflies：139~140.

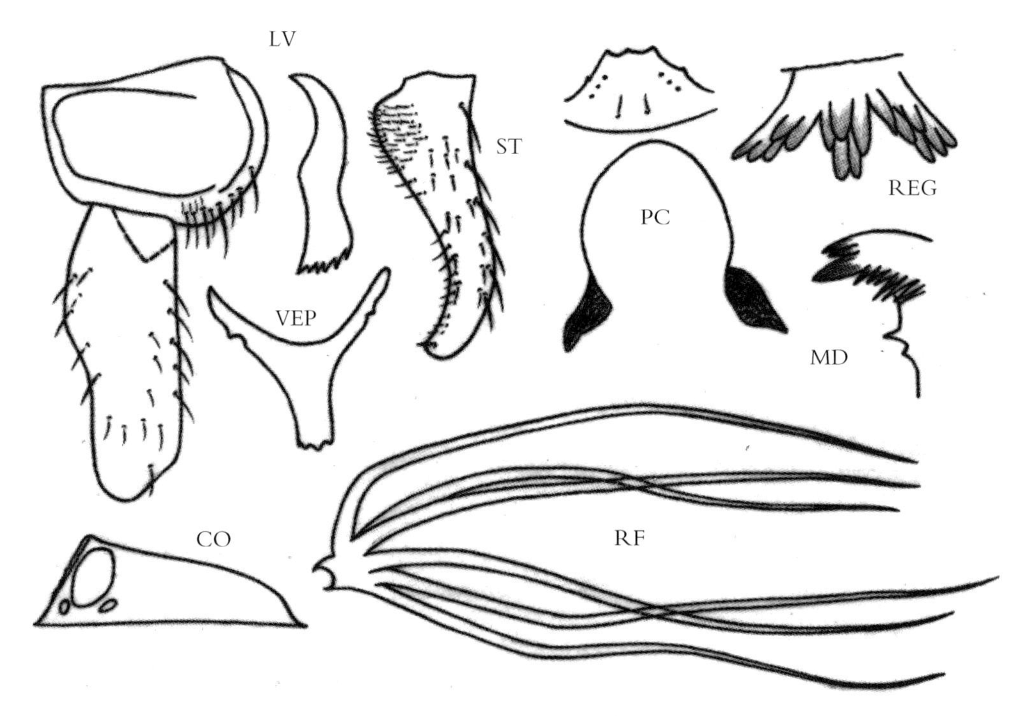

图 12-205 北蚋 *S.*（*S.*）*subvariegatum* Rubtsov，1940

鉴别要点 雌虫肛上板横宽。雄虫生殖腹板楔状，端部窄于中部，侧面观后缘具 5 个齿突。蛹呼吸丝 6 条，均从基部发出。

形态概述

雌虫 体长约 2.5mm。额淡黄色，唇基黑色。触角柄、梗节黄色，鞭节黑色。中胸盾片亮黑色，被金色毛，具银白色肩斑，并具 1 个大的中斑。足大部为黑色，黄色部分包括中足、后足基 1/2 外侧和后足基跗节基 3/4。腹部褐黑色。肛上板横宽，宽约为长的 2 倍。

雄虫 体长 2.0~2.5mm。触角全黑色。中胸盾片黑丝绒色，稀被金色短柔毛，具明显的银白色肩斑并具 1 个中宽斑。足大部为黑色，黄色部分包括前足胫节、后足胫节基部和后足基跗节基 1/2。生殖肢基节短宽，端节基部膨胀。生殖腹板楔状，侧面观后缘约具 5 个齿突，板体端部略窄于基部。阳基侧突每边具 10 余个大小不一的刺。

蛹 体长 2.5~3.0mm。呼吸丝 6 条，与蛹体约等长，均从基部发出。茧拖鞋状，前部具大侧窗和 2 个小孔窗。

幼虫 体长 4.0~4.5mm。额色暗，后部具肾形斑。头扇毛 34~35 支。亚颏侧缘毛每侧 3 支，另有 1 对中刚毛。后颊裂宽而深，伸达亚颏后缘。肛鳃每叶具 5 个附叶。后环 60~62 排，每排具 11~12 个钩刺。

生态习性 幼虫和蛹孳生于山涧河流或溪沟里。雌虫嗜吸人血。

地理分布 中国：北京，华北地区，辽宁；国外：俄罗斯，蒙古国。

分类讨论 本种近似远蚋[*S.*(*S.*)*remotum*]，但是后者生殖腹板基部窄且端部宽，蛹呼吸丝具短茎，幼虫后颊裂未伸达亚颏后缘以及肛鳃附叶数等，都与本种有明显的差异。

谭氏蚋 *Simulium*（*Simulium*）*tanae* Xue，1992（图 12-206）

Simulium tanae Xue（薛洪堤），1992，*Acta Zootax Sin.*，17（1）：93~96. 模式产地：中国云南（大理）.

Simulium（*Simulium*）*tanae* Xue，1992；An（安继尧）1946. *Chin J. Vector Bio. and Control*，7（6）：474；Chen and An（陈汉彬，安继尧），2003. The Blackflies of China：283.

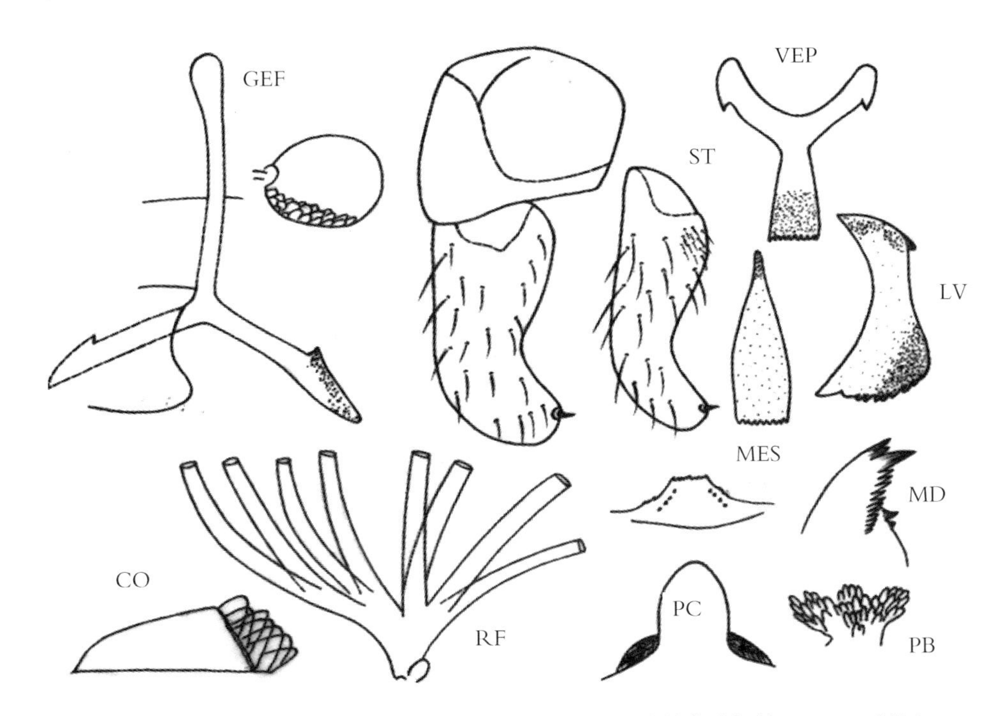

图 12-206 谭氏蚋 *S.*（*S.*）*tanae* Xue，1992（仿薛洪堤等，1982. 重绘）

鉴别要点 雌虫后足股、胫节金黄色，跗节棕色。雄虫生殖腹板长板状，自基部向端部渐变宽，后缘具 6 枚粗齿。

形态概述

雌虫 体长约 4mm。额黑色，唇基覆银灰粉被。中胸盾片褐色，被黄色细柔毛，具 3 条暗色纵纹。前足各节黄色和棕色，中足各节淡黄色，后足各节大部为黄色，跗节棕色。爪具小基齿。腹部棕黄色。生殖板亚三角形，内缘凹入呈弧形，生殖叉突后臂具外突。受精囊球形，表面具网斑。

雄虫 体长 4.0~4.5mm。触角棕色。中胸盾片黑绒色，被稀疏的金色柔毛，具白色肩斑，并沿盾侧向后延伸与白色后盾带相连接。前足股节棕黄色，胫节中部外侧为白色，端部与跗节为黑色。中足棕黄色，后足各节棕黑色。腹背黑色，覆黑色和褐色柔毛与稀疏的黑色长毛。生殖腹板板体长板状，后缘具 6 个粗齿。中骨长板状，基部强收缩，端 2/5 两侧亚平行。

蛹 体长 4.0~4.6mm。头、胸部分布疣突。呼吸丝 8 条，约等长等粗。成对排列，具短茎，上对丝茎最长。腹节 8 具刺栉，节 9 具端钩。茧前部具网格状颈领，后部编织紧密。

幼虫 体长 7.0~8.0mm。头斑不明显。后颊裂箭形，侧缘略弯，长约为后颊桥的 4 倍。亚颏侧缘毛每边 4 支。肛鳃每叶约具 15 个附叶。

生态习性 幼虫和蛹孳生于溪流和小河中的水草上，海拔 850~2100m。

地理分布 中国云南。

分类讨论 谭氏蚋的一般形态近似双齿蚋［*S.*（*S.*）*bidentatum* Shisaki，1935］，但是后者的足色、两性尾器构造和幼虫后颊裂的形状有明显的差异。

虞氏蚋 *Simulium*（*Simulium*）*yui* An and Yan，2009（图 12-207）

Simulium（*Simulium*）*yui* An and Yan（安继尧，严格），2009. *Acta Parasitol. Med. Entomol. Sin.*，16（4）：247~249. 模式产地：黑龙江，饶河县（五林洞）.

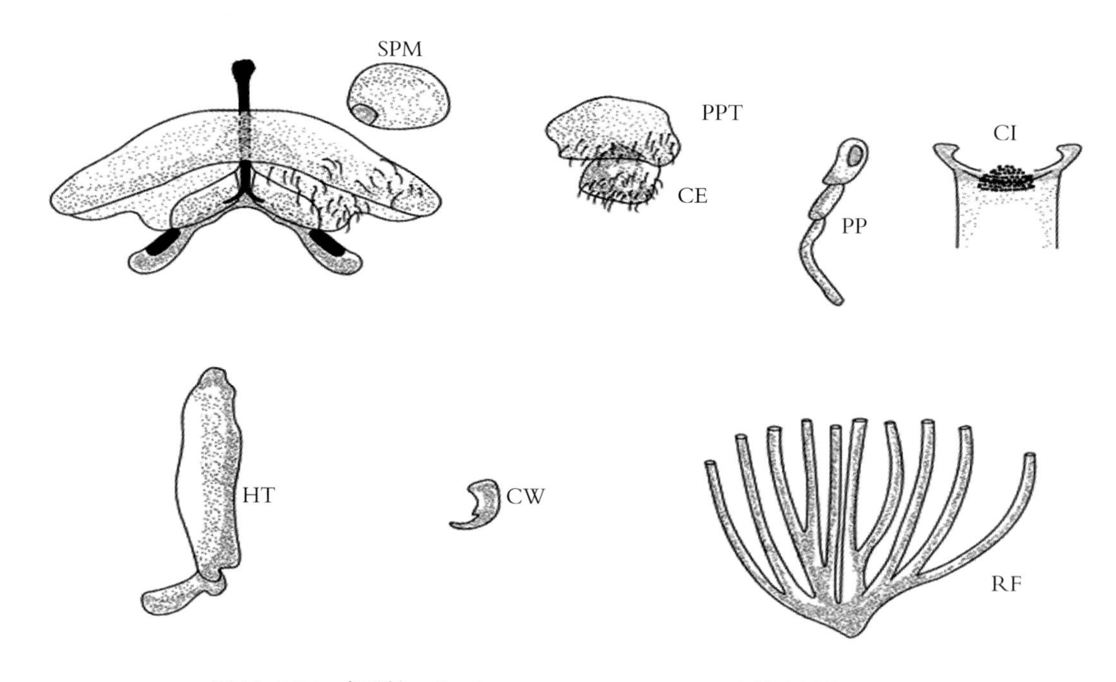

图 12-207 虞氏蚋 *S.*（*S.*）*yui*，An and Yan，2009（仿安继尧，2009. 重绘）

鉴别要点 生殖叉突倒"Y"形；后臂具骨化侧脊，无外突。

形态概述

雌虫 体长3.5mm；翅长3.0mm。额指数为24∶17∶18；额头指数为24∶76。触须节Ⅲ～Ⅴ的节比为16∶16∶35，节Ⅲ稍膨大，拉氏器长约为节Ⅲ的0.43。下颚具13枚内齿，17枚外齿；上颚具45枚内齿，25枚外齿。食窦弓中部具疣突丛。中胸盾片黑色，覆同色毛。各足基节黑色；转节除前足转节为棕黄色外，余部为黑色；股节除后股基2/3为棕黄色外，余部为黑色；胫节除前胫基2/3、中胫基1/2和后胫基2/3为棕黄色外，余部为黑色。跗节除中足基跗节基1/2、后足基跗节基2/3和跗节Ⅱ基1/2为棕黄色外，余部为黑色。跗突和跗沟发达。爪具小基齿。翅亚缘脉基2/3具毛，径脉基光裸。腹背黑色。第Ⅷ腹板中裸。生殖板菜刀状，内缘远离，端圆。生殖叉突倒"Y"形，后臂具骨化脊，无外突，端部略膨胀。肛上板帽状。受精囊亚球形。

雄虫 未发现。

蛹 未发现。

幼虫 未发现。

生态习性 不详。

地理分布 中国黑龙江。

分类讨论 从雌虫的生殖板、蛹的呼吸丝和茧的特征看，本种近似十分蚋 *S.*（*S.*）*decimatum*。从我校馆藏标本初步研究，十分蚋有不少种型，本种可能是其亲缘种的一个成员，其特征主要表现在生殖叉突的形状。

D. 多条蚋组 *multistritum* group

组征概述 雌虫中胸盾片具宽窄不同的暗色纵纹（通常5条）；爪简单；翅径脉基具毛或光裸；生殖板短且通常内缘远离，肛上板横宽。雄虫中胸盾片和腹节Ⅱ、Ⅵ、Ⅷ背板两侧具银白色斑。前足跗节Ⅰ扁宽，长宽比为（6~7）∶1；翅径脉基无毛；生殖肢端节较长，具长角状基内突；生殖腹板多呈方形或桶形，具腹突，下端无齿；阳基侧突具众多钩刺。蛹头、胸毛通常多分支，呼吸丝6条、8条、10条，具短茎。茧拖鞋状或鞋状，前部通常具侧窗。幼虫亚颏齿很小，后颊裂较宽，多呈法冠状或箭形，未伸达亚颏后缘。肛鳃复杂。

本组全世界已报告29种（Adler和Crosskey，2014），分布于东洋界和古北界。我国已记录15种，即包氏蚋［S.（S.）barraudi Puri，1932］、碧峰峡蚋［*S.*（*S.*）*bifengxiaense* Huang，Zhang and Chen，2013］、重庆蚋［*S.*（*S.*）*chongqingense* Zhu and Wang，1995］、细齿蚋［*S.*（*S.*）*dentatum* Puri，1932］、地记蚋［*S.*（*S.*）*digitatum* Puri，1932］、淡股蚋［*S.*（*S.*）*pallidofemum* Deng，Zhang，Xue and Chen，1994］、副瀑布蚋［*S.*（*S.*）*parawaterfallum* Zhang，Yang and Chen，2003］、普拉蚋［*S.*（*S.*）*pulanotum* An，Guo and Xu，1995］、崎岛蚋［*S.*（*S.*）*sakishimaense* Takaoka，1977］、上川蚋［*S.*（*S.*）*shangchuanense* An，Hao and Yan，1998］、膨丝蚋［*S.*（*S.*）*tumidilfilum* Luo，Yang and Chen，2010］、钩突蚋［*S.*（*S.*）*uncum* Zhang and Chen，2001］、瀑布蚋［*S.*（*S.*）*waterfallum* Zhang，Yang and Chen，2003］、武陵蚋［*S.*（*S.*）*wulingense* Zhang and Chen，2000］、小龙潭蚋［*S.*（*S.*）*xiaolongtanense* Chen，Luo and Yang，2007］。

中国蚋属蚋亚属多条蚋组分种检索表

雌虫

1 生殖板半圆形，内缘斜截，远离，无端角……2
- 生殖板舌形或三角形，内缘靠近或中度分离……7

2（1）生殖叉突后臂无外突……**副瀑布蚋** *S.*（*S.*）*parawaterfallum*
- 生殖叉突后臂具外突……3

3（2）生殖叉突后臂外突呈弯钩状……**钩突蚋** *S.*（*S.*）*uncum*
- 生殖叉突后臂外突呈角状或乳头状……4

4（3）食窦弓具疣突丝……5
- 食窦弓光裸……**崎岛蚋** *S.*（*S.*）*sakishimaense*

5（4）后足股节棕黑色……**瀑布蚋** *S.*（*S.*）*waterfallum*
- 后足股节两色……6

6（5）后足股节基2/3和基跗节基2/3为黄白色……**重庆蚋** *S.*（*S.*）*chongqingense*
- 后足股节基3/4和跗节基2/5为黄白色……**小龙潭蚋** *S.*（*S.*）*xiaolongtanense*

7（6）生殖板宽舌形，长宽约相等……**膨丝蚋** *S.*（*S.*）*tumidilfilum*
- 生殖板三角形，宽明显大于长……8

8（7）食窦弓具疣突丝和柱状中突……**碧峰峡蚋** *S.*（*S.*）*bifengxiaense*
- 食窦光裸或具疣突但无柱状突……9

9（8）生殖板内缘凹入或斜截……10
- 生殖板内缘亚平行……11

10（9）生殖板内缘斜截，基部接近，端部远离；食窦光裸；拉氏器长约为触须节Ⅲ的1/3；腹节Ⅷ腹板两侧具骨化带……**普拉蚋** *S.*（*S.*）*pulanotum*
- 生殖板内缘凹入呈弧形，端部接近；食窦弓具疣突；拉氏器长约为触须节Ⅲ的1/2；腹节Ⅷ无骨化带……**淡股蚋** *S.*（*S.*）*pallidofemum*

11（10）后足股节大部为棕黑色，仅基部为黄白色……**细齿蚋** *S.*（*S.*）*dentatum*
- 后足股节大部为黄色或至少基1/3为黄色……12

12（11）后足股节基1/3为黄色并向端部渐变为黑色……**地记蚋** *S.*（*S.*）*digitatum*
- 后足股节至少基3/4为黄色……13

13（12）生殖板后缘具缺刻，呈波状……**武陵蚋** *S.*（*S.*）*wulingense*
- 生殖板后缘平直……14

14（13）食窦弓具丛生三角形齿突；生殖叉突后臂无外突……**上川蚋** *S.*（*S.*）*shangchuanense*
- 食窦光滑裸；生殖叉突后臂具外突……**包氏蚋** *S.*（*S.*）*barraudi*

雄虫①

1 生殖腹板"Y"形，板体楔状，端尖；中骨具端中裂……**小龙潭蚋** *S.*（*S.*）*xiaolongtanense*
- 生殖腹板和中骨非如上述……2

2（1）生殖腹板板体梨形或腰鼓状……3

---

① 普拉蚋［*S.*（*S.*）*pulanotum*］和武陵蚋［*S.*（*S.*）*wulingense*］的雄虫尚未发现。

生殖腹板板体亚方形、矩形、长方形或半圆形……………………………………………4

3（2） 中骨长板状，端侧角外长；上眼面16纵列，13横排………………钩突蚋 *S.*（*S.*）*uncum*

中骨灯泡状，端圆；上眼面18纵列，17横排……………………碧峰峡蚋 *S.*（*S.*）*bifengxiaense*

4（3） 生殖腹板板体半圆形………………………………………………膨丝蚋 *S.*（*S.*）*tumidilfilum*

生殖腹板板体非半圆形………………………………………………………………………5

5（4） 生殖腹板板体长方形，长明显大于宽………………………………………………………6

生殖腹板板体亚方形或矩形，长小于宽或长宽约相等……………………………………7

6（5） 生殖肢端节基内突长角状，其前缘具齿列…………………………地记蚋 *S.*（*S.*）*digitatum*

生殖肢端节基内突三角形，其前缘光裸………………………………淡股蚋 *S.*（*S.*）*pallidofemum*

7（6） 生殖肢端节无端刺……………………………………………………………………………8

生殖肢端节具端刺……………………………………………………………………………9

8（7） 生殖肢端节基内突具齿列…………………………………………瀑布蚋 *S.*（*S.*）*waterfallum*

生殖肢端节基内突光裸…………………………………………副瀑布蚋 *S.*（*S.*）*parawaterfallum*

9（8） 触角淡黄褐色；中骨正三角形……………………………………重庆蚋 *S.*（*S.*）*chongqingense*

无上述合并特征……………………………………………………………………………10

10（9） 中胸盾片无银白色斑…………………………………………………………………………11

中胸盾片具银白色斑…………………………………………………………………………12

11（10） 前足股节为棕黑色……………………………………………上川蚋 *S.*（*S.*）*shangchuanense*

前足股节基1/3为黄白色…………………………………………………细齿蚋 *S.*（*S.*）*dentatum*

12（11） 生殖腹板板体呈铲状，基缘宽凸；中骨宽板状…………………包氏蚋 *S.*（*S.*）*barraudi*

生殖腹板板体正方形，基缘内凹；中骨灯泡状…………………崎岛蚋 *S.*（*S.*）*sakishimaense*

蛹[①]

1 呼吸丝6条……………………………………………………………………………………2

呼吸丝8条……………………………………………………………………………………6

2（1） 茧无前侧窗；后腹无端钩………………………………………………………………………3

茧具前侧窗；后腹有或无端钩…………………………………………………………………4

3（2） 所有呼吸丝基半明显膨胀；胸毛每株分7~8支………副瀑布蚋 *S.*（*S.*）*parawaterfallum*

上、中对外丝明显粗壮，其余4条丝细弱；胸毛每株分2~4支……………………………………

……………………………………………………………………武陵蚋 *S.*（*S.*）*wulingense*

4（3） 所有呼吸丝基半膨胀……………………………………………………………………………5

呼吸丝精细均匀………………………………………………………上川蚋 *S.*（*S.*）*shangchuanense*

5（4） 呼吸丝基半高度膨胀，基部具坑状器…………………………………膨丝蚋 *S.*（*S.*）*tumidilfilum*

呼吸丝基半中度膨胀，无坑状器……………………………………瀑布蚋 *S.*（*S.*）*waterfallum*

6（5） 第1对上呼吸丝明显粗于其余7条丝…………………………………………………………7

4对呼吸丝粗细自上而下递减………………………………………………………………10

① 普拉蚋［*S.*（*S.*）*pulanotum*］和淡股蚋［*S.*（*S.*）*pallidofemum*］的蛹尚未发现

7（6） 腹节 7、8 背板均具刺栉……8
腹部仅节 8 背板具刺栉……9
8（7） 胸毛 5 对，均简单，不分支……**小龙潭蚋** *S.*（*S.*）*xiaolongtane*
胸毛 6 对，通常分 2~3 支，偶简单……**崎岛蚋** *S.*（*S.*）*sakishimaense*
9（8） 头毛、胸毛均不分支……**钩突蚋** *S.*（*S.*）*uncum*
头毛、胸毛每株分 2~3 支……**重庆蚋** *S.*（*S.*）*chongqingense*
10（9） 头毛、胸毛均不分支……**碧峰峡蚋** *S.*（*S.*）*bifengxiaense*
部分胸毛分 2~3 支……11
11（10） 呼吸丝白色……**包氏蚋** *S.*（*S.*）*barraudi*
呼吸丝灰色……12
12（11） 头、胸部密布疣突；腹节 4 腹板光裸……**细齿蚋** *S.*（*S.*）*dentatum*
头、胸部稀疏分布疣突；腹节 4 腹板具 1 支粗刚毛……**地记蚋** *S.*（*S.*）*digitatum*

幼虫①

1 触角节 2 具次生环；亚颏侧缘毛 4 支；肛鳃每叶具 16~20 个附叶……**碧峰峡蚋** *S.*（*S.*）*bifengxiaense*
无上述合并特征……2
2（1） 后颊裂椭圆形，端圆……**钩突蚋** *S.*（*S.*）*uncum*
后颊裂箭形、三角形或法冠形……3
3（2） 后颊裂浅，长为后颊桥的 2.2~2.8 倍……4
后颊裂深，长为后颊桥的 3.0 倍以上……7
4（3） 腹部无肛前刺环；肛鳃每叶具 14~19 个附叶……**小龙潭蚋** *S.*（*S.*）*xiaolongtanense*
腹部具肛前刺环；肛鳃每叶通常具 5~8 个附叶，偶超过 10 个附叶……5
5（4） 后颊裂长三角形……**副瀑布蚋** *S.*（*S.*）*parawaterfallum*
后颊裂亚箭形……6
6（5） 肛鳃每叶具 5~6 个附叶……**瀑布蚋** *S.*（*S.*）*waterfallum*
肛鳃每叶具 12~15 个附叶……**膨丝蚋** *S.*（*S.*）*tumidilfilum*
7（6） 腹部具肛前刺环；肛鳃每叶具 8~9 个附叶……**武陵蚋** *S.*（*S.*）*wulingense*
腹部无肛前刺环；肛鳃每叶具 12~18 个附叶……8
8（7） 后颊裂箭形；肛鳃每叶具 14~18 个附叶……**重庆蚋** *S.*（*S.*）*chongqingense*
后颊裂法冠形，侧缘圆弧形……9
9（8） 头扇毛 38~42 支；肛鳃每叶具 5~8 个附叶；后环约 96 排……**崎岛蚋** *S.*（*S.*）*sakishimaense*
头扇毛 50 支；肛鳃每叶约具 10 个附叶；后环约 105 排……**包氏蚋** *S.*（*S.*）*barraudi*

① 细齿蚋［*S.*（*S.*）*dentatum*］、地记蚋［*S.*（*S.*）*digitatum*］、淡股蚋［*S.*（*S.*）*pallidofemum*］、普拉蚋［*S.*（*S.*）*pulanotum*］和上川蚋［*S.*（*S.*）*shangchuanense*］等的幼虫尚未发现。

包氏蚋 *Simulium*（*Simulium*）*barraudi* Puri，1932（图 12–208）

Simulium（*Simulium*）*barraudi* Puri，1932. *Ind. J. Med. Res.*，19（4）：1130~1132. 模式产地：印度克什米尔. Deng，Xue，Zhang and Chen（邓成玉等），1994. *Sixtieth Anniversary Founding*，*China Zool. Soc.*：13；Chen and An（陈汉彬，安继尧），2003. The Blackflies of China：289.

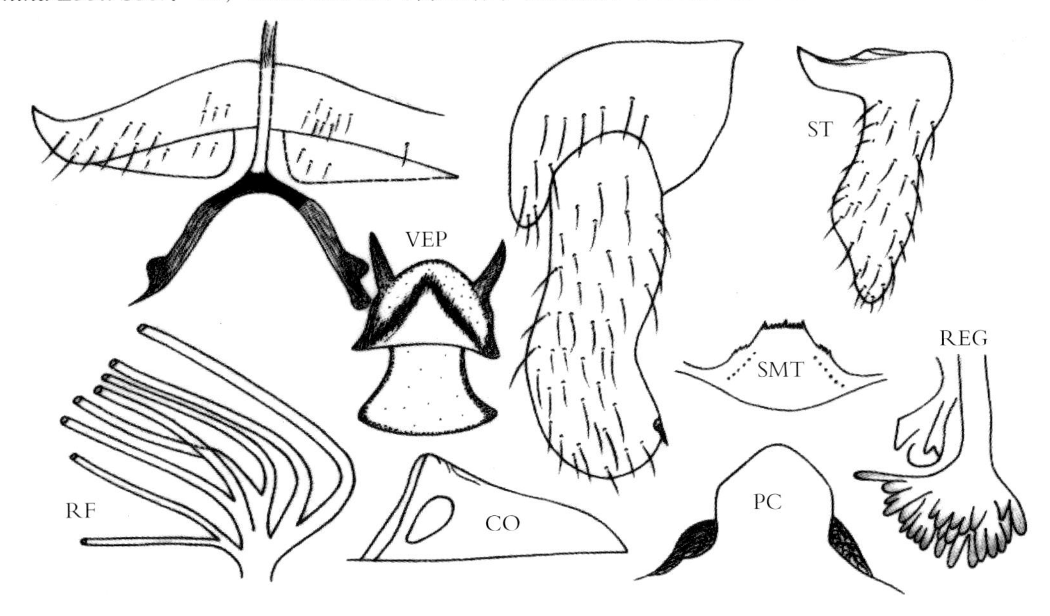

图 12–208 包氏蚋 *S.*（*S.*）*barraudi* Puri（仿 Puri 等，1932. 重绘）

鉴别要点 雄虫生殖腹板具宽圆的腹突。蛹呼吸丝为白色。

形态概述

雌虫 额为亮黑色。触角柄、梗节，鞭节Ⅰ~Ⅲ和鞭节Ⅳ基部为橙黄色，余部为黑色。中胸盾片密被金色柔毛，具 5 条暗色纵纹并在翅基水平处连结；小盾片被白色毛。前足股节大部为黄色，仅端部为灰色，胫节具大的银白色斑而端部为黑色；中足、后足股节大部为黄色，仅端部为灰色；中足胫节为淡黄色而后面为银白色；后足胫节大部为黄色而端 1/5 为黑色，基跗节基 3/4 为黄色，端 1/4 渐变为黑色。爪简单。翅径脉基光裸。腹部基鳞黄色，节Ⅵ~Ⅷ背板亮黑色。生殖板短宽，三角形，内缘远离。

雄虫 颜为灰白色，具黑色毛。触角基半黄色，端半变灰黑色。中胸盾片黑色，密被金色毛，具白色肩斑。腹部黑色，被淡色细毛，节Ⅱ、节Ⅴ~Ⅶ具银白色侧斑。前足股节黄色，仅端部为灰色，胫节具银白色斑。中足股、胫节黄色，端部为灰色，跗节基 1/3 为黄色，余部为黑色。后足股节基部为黄色，向后渐变为黑色；胫节除基部后侧为白色外，余为暗黑色；基跗节基 1/2 为黄色。生殖肢端节长，两侧平行，端 1/3 略宽，端刺不发达，具长角形基内突。生殖腹板腹面观呈铲状，具圆宽的指状腹突。中骨宽板状，端圆，具 1 对亚端侧突，基臂端尖。

蛹 头、胸部密布小疣突。头毛 3 对，不分支；胸毛 5 对，不分支或分 2~3 叉支。腹节 8 具栉刺，无端钩。呼吸丝 8 条，成对排列，具短茎，短于体长的 1/2，其粗细自上而下递减。茧拖鞋状，具前侧窗，前缘加厚。

幼虫 体长 4.5~5.5mm。触角与头扇柄约等长，节 2 具次生淡环。头扇毛约 50 支。亚颏中齿发达，侧缘毛每边 6 支。后颊裂大，法冠形，基部略收缩，长约为后颊桥的 4.5 倍。胸腹光裸，肛鳃每叶具 10 个附叶。肛板后臂长约为前臂的 2 倍。后环约 105 排，每列具 5~14 个小钩。

生态习性 蛹和幼虫孳生于清溪中的水草等物体上。水温 12~20℃，海拔 160~1850m。

地理分布 中国：西藏；国外：印度，巴基斯坦。

分类讨论 本种与印度的 *S.*（*S.*）*lineatum* 近缘，两者雌虫和蛹几乎无区别，但雄虫尾器构造迥异。

碧峰峡蚋 *Simulium*（*Simulium*）*bifengxiaense* Huang，Zhang and Chen，2013（图 12-209）

Simulium（*Simulium*）*bifengxiaense* Huang，Zhang and Chen（黄丽，张春林，陈汉彬），2013：*Acta Zootax Sin.*，38（2）：368~371. 模式产地：中国四川雅安（碧峰峡）.

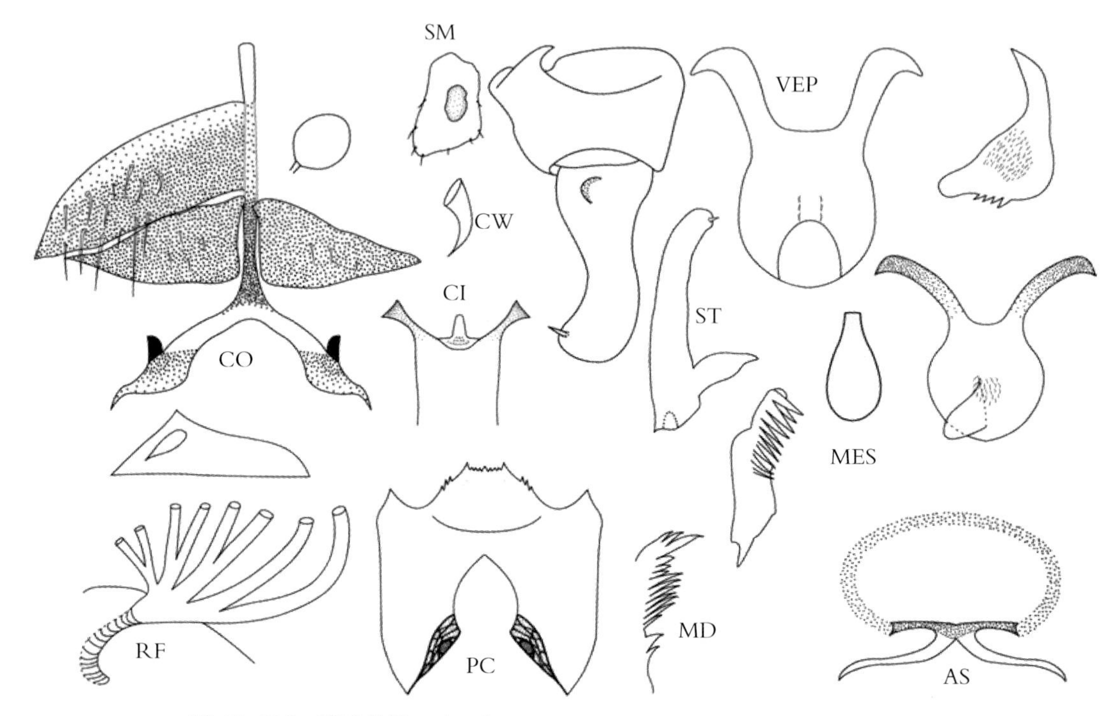

图 12-209 碧峰峡蚋 *S.*（*S.*）*bifengxiaense* Huang，Zhang and Chen，2013

鉴别要点 雌虫中胸盾片具 5 条黑色纵纹；生殖板内缘靠近，亚平行，生殖叉突具外突；食窦弓具疣突和柱状中突。雄虫生殖肢端节具基内突；生殖腹板梨形，具舌状腹突；中骨板状，端部宽而圆。蛹呼吸丝 8 条成对，具短茎；后腹无端钩。幼虫触角具次生环。

形态概述

雌虫 体长约 2.9mm。额亮黑色。额指数为 5.5∶3.6∶7.9；额头指数为 5.5∶24.1。触须节Ⅲ～Ⅴ的节比为 4.5∶4.9∶9.9。拉氏器椭圆形，长约为节Ⅲ的 0.3。下颚具 10 枚内齿，12 枚或 13 枚外齿；上颚具 24 枚内齿和 12 枚外齿。食窦弓具疣突丛和柱状中突。中胸盾片黑色，覆黄色毛，具 5 条暗色纵纹。中胸侧膜和下侧片光裸。足大部为黄色，除了后足转节、前足腹节端部、中足股节端 1/5、后足股节端 2/3、各足胫节端 1/4~1/3 为棕黑色；跗节除后足基跗节基 1/3 和跗节Ⅱ基 1/2 为黄白色外，余部为棕黑色。前足基跗节膨大，长约为宽的 4.5 倍。后足基跗节侧缘平行，长约为宽的 5.4 倍。跗突和跗沟发达。爪简单。翅亚缘脉具毛。翅径脉基光裸。生殖板亚三角形，内缘亚平行。生殖叉突后臂具外突。受精囊亚球形。

雄虫 体长约3.0mm。上眼具18纵列和17横排大眼面。触角鞭节Ⅰ的长约为鞭节Ⅱ的1.9倍。触须拉氏器长约为节Ⅲ的0.2。中胸盾片亮黑色，有灰白粉被，覆黄白色毛。足大部为棕黄色，但前足和中足基节、前足股节基1/3、中足股节基部、后足股节基1/3、前足胫节中大部外面、中足胫节基2/3、后足胫节基部、中足基跗节基1/2和后足基跗节基2/5为黄白色。后足基跗节稍膨大，纺锤形，长约为宽的3.8倍。翅亚缘脉光裸。生殖肢端节具长角状基内突，其前缘无刺毛。生殖腹板梨形，具舌状腹突。中骨板状，从基部向端部渐变宽而端圆。阳基侧突每侧具10个大刺。

蛹 体长约3.0mm。头、胸密布疣突。头毛3对，胸毛6对，均简单。呼吸丝8条，长约为体长的1/2，成对排列，均具短茎，丝约等长，但长对丝明显粗于下对丝。腹部无端钩，腹节8具刺栉。茧拖鞋状，编织紧密，具前侧窗。

幼虫 体长约5.0mm。头斑阳性。触角3节的节比为42.0∶6.4∶3.3；节2具1个次生淡环。头扇毛40~42支。亚颏侧缘毛每侧4支。后颊裂深，亚箭形，长为后颊桥的3.0~4.0倍。胸、腹体壁光裸。肛鳃每叶具16~26个附叶，肛骨前臂长约为后臂的1/2。

生态习性 蛹和幼虫孳生于山溪急流中的水草上，海拔1150m。

地理分布 中国四川。

分类讨论 从碧峰峡蚋雌虫中胸盾片具5条暗色纵纹，爪简单；雄虫生殖肢端节具长的基内突，生殖腹板后缘具齿；蛹呼吸丝8条这些特征来看，本种似应隶属于多条蚋组，但是其雌虫生殖腹板内缘靠近，不远离，又不符合该组特征。所以，其分类地位尚待进一步研究。

重庆蚋 *Simulium*（*Simulium*）*chongqingense* Zhu and Wang，1995（图12-210）

Simulium（*Simulium*）*chongqingense* Zhu and Wang（朱纪章，王仕屏），1995. *Sichuan J. Zool.*，14（3）：95~97. 模式产地：中国重庆（四面山）；An（安继尧），1996. *Chin J. Vector Bio. and Control*，7（6）：474；Chen and An（陈汉彬，安继尧），2003. The Blackflies of China：290.

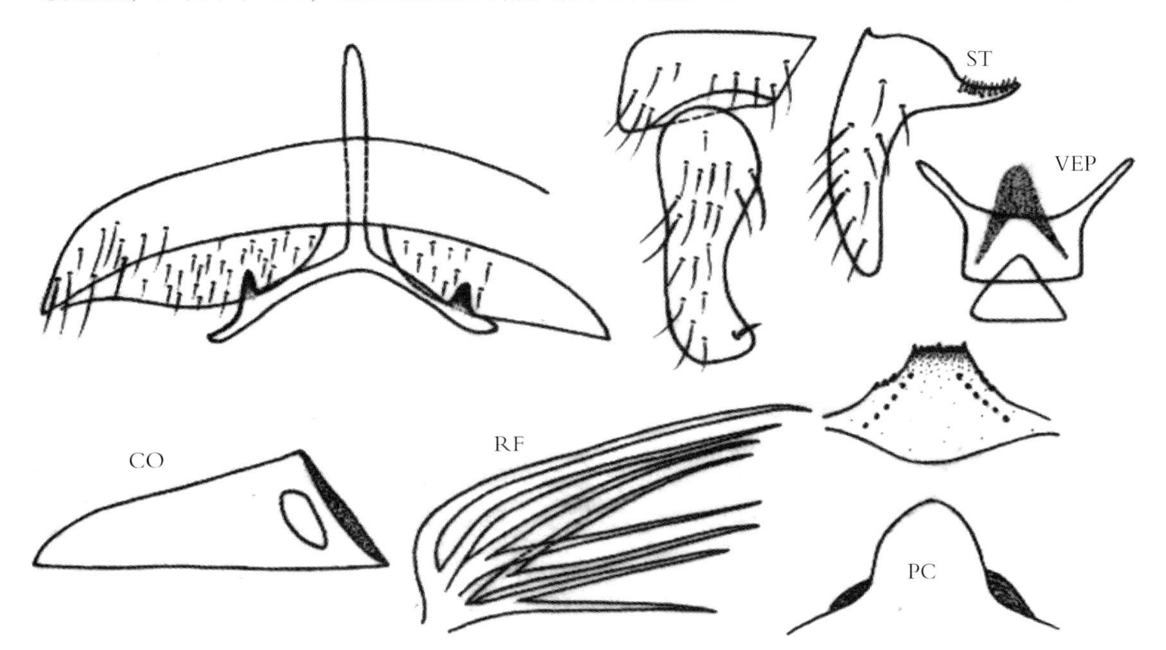

图12-210 重庆蚋 *S.*（*S.*）*chongqingense* Zhu and Wang（仿朱纪章等，1995. 重绘）

鉴别要点 雌虫生殖叉突后臂具角状外突。雄虫生殖腹板长方形；中骨正三角形。

形态概述

雌虫 体长约 3.0mm。触角黑褐色。额棕黑色，光裸。中胸盾片具 5 条暗色纵纹。前足股、胫节基 2/3 为黄色，余部为黑色。中足股节基 4/5 为黄褐色，胫节基 4/5、跗节Ⅰ基 2/3 由黄色渐变为黄褐色，余部为黑褐色。后足股节基 2/3、胫节基 4/5 和跗节Ⅰ基 2/3 为黄色，余部为黑色。爪简单。腹节Ⅰ和Ⅱ基半为黄色，余部为黑褐色。生殖板半圆形，内缘远离，生殖叉突后臂具角状外突。

雄虫 触角淡黄褐色，鞭节Ⅰ长约为鞭节Ⅱ的 2 倍。中胸盾片黑褐色，被棕黑色毛。前足股节基部黄色并向后渐变为黑褐色；胫节基 4/5 前侧为棕黄色，余部为黑褐色。中足股节后侧中 2/5 为黄色，胫节基部黄色并向端部渐变为黑色。后足股节棕黄色，端 1/3 外侧呈三角形棕黑色斑，端 1/4 为黑褐色。后足基跗节端部膨大。腹部节Ⅰ背板基 1/2 为黄色，余部为黑褐色。生殖肢端节长，具发达的角状基内突。生殖腹板长方形，指状腹突长。中骨正三角形，端缘平齐。阳基侧突每边具 3~4 个大刺和多个小刺。

蛹 胸背毛 4 对，分 2~3 支。呼吸丝 8 条，成对排列，均具短茎，其中间 2 对茎最长，下对茎最短。腹节 8 背板具栉刺，节 6~9 背板和节 5~8 腹板具微棘刺群。茧拖鞋状，编织紧密，前缘加厚，具前侧窗。

幼虫 体长 5.6~6.0mm。额斑阴性，触角长于头扇柄，头扇毛 40~46 支。亚颏顶齿突出，中齿、角齿发达，侧缘毛每边 6~7 支。后颊裂箭形，长约为后颊桥的 3.5 倍。胸腹光裸。肛鳃每叶具 13~18 个附叶。后环 80~85 排，每排具 14~16 个小钩刺。

生态习性 幼虫和蛹孳生于山溪中的水草上，水温 16~23℃，海拔 940m。

地理分布 中国重庆。

分类讨论 本种与崎岛蚋近似，但是可根据足的颜色、雄虫尾器构造以及幼虫后颊裂的形状加以鉴别。

细齿蚋 *Simulium*（*Simulium*）*dentatum* Puri，1932（图 12–211）

Simulium（*Simulium*）*dentatum* Puri，1932. *Ind. J. Med. Res.*，19（4）：1135~1137. 模式产地：印度达吉岭；Crosskey，1997. Taxo. Geograp. Invent. World Blackflies（Diptera：Simuliidae）：69；Chen and An（陈汉彬，安继尧），2003. The Blackflies of China：292.

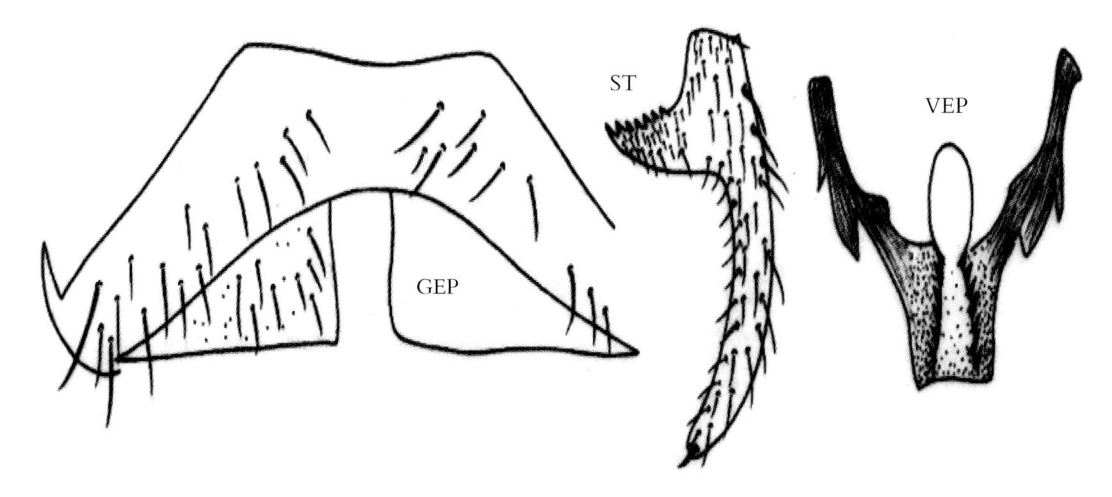

图 12–211 细齿蚋 *S.*（*S.*）*dentatum* Puri（仿 Puri，1932. 重绘）

鉴别要点 雌虫后股大部为棕黑色。雄虫生殖腹板指状突具2排粗齿。

形态概述

雌虫 近似包氏蚋［*S.*（*S.*）*barraudi*］，区别是触角鞭节一致为黑色。腹部色较暗，第Ⅷ腹板前缘中部平齐。前足股节基1/2为黄色，端1/2暗棕色。中足股节基1/3为黄色，向端部渐变为暗棕色。后足大部为暗棕色而基部为淡黄色，胫节大部为黄色而端1/4为黑色，基跗节和跗节Ⅱ基2/3为黄色，余部为黑色。

雄虫 中胸盾片黑色，密被金色毛。前足股节棕黄色，端2/3棕黑色，胫节具银白色斑，中足、后足股节为黑色，仅基部为黄色。腹节Ⅱ，腹节Ⅴ～Ⅶ背板具银白色侧斑。生殖肢端节角状基内突前缘具1列细刺。生殖腹板方形，后部略膨胀，端缘圆，指状突较窄而端圆，光滑。

蛹 与包氏蚋［*S.*（*S.*）*barraudi*］的蛹近似。

幼虫 尚未发现。

生态习性 幼虫和蛹孳生于山溪中的水草上。

地理分布 中国：西藏；国外：印度，不丹。

分类讨论 本种和包氏蚋近似，两者的主要区别在雄虫尾器构造，详见如中国蚋属蚋亚属多条蚋组分种检索表所列。

地记蚋 *Simulium*（*Simulium*）*digitatum* Puri，1932（图12-212）

Simulium（*Simulium*）*digitatum* Puri，1932. *Ind. J. Med. Res.*，19（4）：1132~1134. 模式产地：印度（Dagshai）；An *et al.*（安继尧等），1990. *Contr. Blood-sucking. Dipt. Ins.*，2：106~109；Chen and An（陈汉彬，安继尧），2003. The Blackflies of China：293.

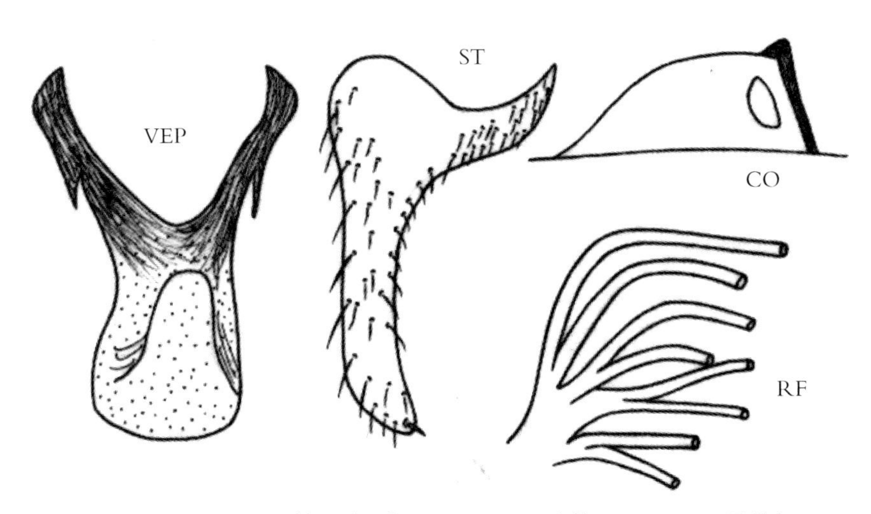

图12-212 地记蚋 *S.*（*S.*）*digitatum* Puri（仿Puri，1932. 重绘）

鉴别要点 雌虫第Ⅷ腹板窄而后缘中部平直。雄虫生殖肢端节基内突具齿列；生殖腹板基部收缩，后部膨胀，后缘钝圆，指状突光滑。

形态概述

雌虫 近似于包氏蚋［*S.*（*S.*）*barraudi*］，主要区别在足的颜色。前足股节黄色，端1/3灰黑色，胫节黄色，端1/3黑色，外侧具银白色斑。中足股节灰黄色而端1/2为灰色。后足股节基1/3黄色，向后变为棕黑色，胫节黄色而端1/4黑色，基跗节和跗节Ⅱ基3/4为黄色，余部为黑色。第Ⅷ腹板较窄，后缘中部1/3平直。

雄虫 头、胸部与包氏蚋［*S.*（*S.*）*barraudi*］近似。前足股节灰黄色，端部灰黑色；胫节黑色，具银白色斑。中足股节棕色，基部黄色，胫节黄色而端1/2变为灰黄色，跗节Ⅰ基1/2为黄色。后足股节基1/3为黄色而端1/3为黑色，胫节为黑色而基部外侧为白色；基跗节和跗节Ⅱ基1/2为黄色，余部为黑色。腹节Ⅱ，腹节Ⅴ～Ⅶ背板具银白色斑。生殖肢端节角状基内突前缘具齿列。生殖腹板板体端部膨胀，后缘钝圆，指状突窄，光滑。

蛹 近似于包氏蚋［*S.*（*S.*）*barraudi*］，主要区别是本种呼吸丝灰色，腹节4腹面具1支刺毛。

幼虫 未知。

生态习性 蛹孳生于山溪中的水草上，成虫习性未知。

地理分布 中国：广东，西藏；国外：印度。

分类讨论 本种与包氏蚋［*S.*（*S.*）*barraudi*］近似，主要区别是足的颜色和两性尾器构造不同。

淡股蚋 *Simulium*（*Simulium*）*pallidofemun* Deng，Zhang，Xue **et al.**，1994（图12-213）

Simulium（*Simulium*）*pallidofemun* Deng，Zhang，Xue and Chen（邓成玉，张有植，薛群力，陈汉彬），1994. *Sichuan J. Zool.*，13（2）：45~47. 模式产地：中国西藏（察隅）；An（安继尧），1996. *Chin J. Vector Bio. and Control*，7（6）：474；Chen and An（陈汉彬，安继尧），2003.The Blackflies of China：299.

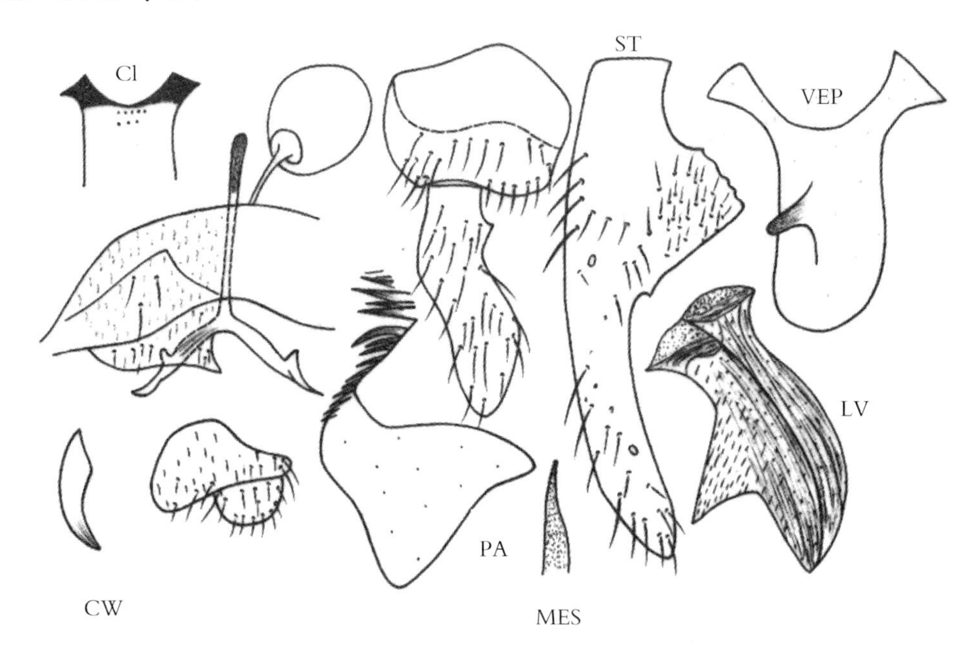

图12-213 淡股蚋 ***S.*（*S.*）*pallidofemun*** Deng，Zhang，Xue ***et al.***，1994

鉴别要点 前足、中足股节色淡；生殖腹板窄长，端圆，指状突小。

形态概述

雌虫 体长约2.5mm。额毛弯曲。触须拉氏器约占节Ⅲ的1/2。食窦后部具8~10个小疣突。中胸盾片被淡色柔毛(玻片标本)。足大部色淡;暗色部分包括前足、中足胫节端部 1/4 和跗节,后足基、股节和胫节端 1/4,基跗节端部和跗节Ⅱ ~ Ⅴ。爪简单。翅径脉基光裸。生殖板三角形,内缘强骨化,内凹呈弧形,后缘呈波浪形。受精囊梨形。

雄虫 上眼面 13 排。触角鞭节Ⅰ的长约等于节Ⅱ的 2 倍。生殖肢端节"S"形,具三角形基内突。生殖腹板板体长约为宽的 1.8 倍,端圆,腹面中央具 1 个约为板体长 1/3 的指状突,其上被细倒刺毛。中骨叶状。阳基侧突每边约具 15 个刺。

生态习性 幼虫和蛹的孳生习性不详,成虫以灯诱采获。

地理分布 中国西藏。

分类讨论 本种生殖肢端节具基内突,雌爪简单,生殖板短宽等特征,似应隶属于多叉蚋组。根据其足色大部淡及两性尾器的特征,可与其近缘种相区别。

副瀑布蚋 *Simulium* (*Simulium*) *parawaterfallum* Zhang,Yang and Chen,2003 (图 12-214)

Simulium (*Simulium*) *parawaterfallum* Zhang,Yang and Chen(张春林,杨明,陈汉彬),2003. *Acta Zootax Sin.*,28(4):741~744. 模式产地:中国海南(琼中).

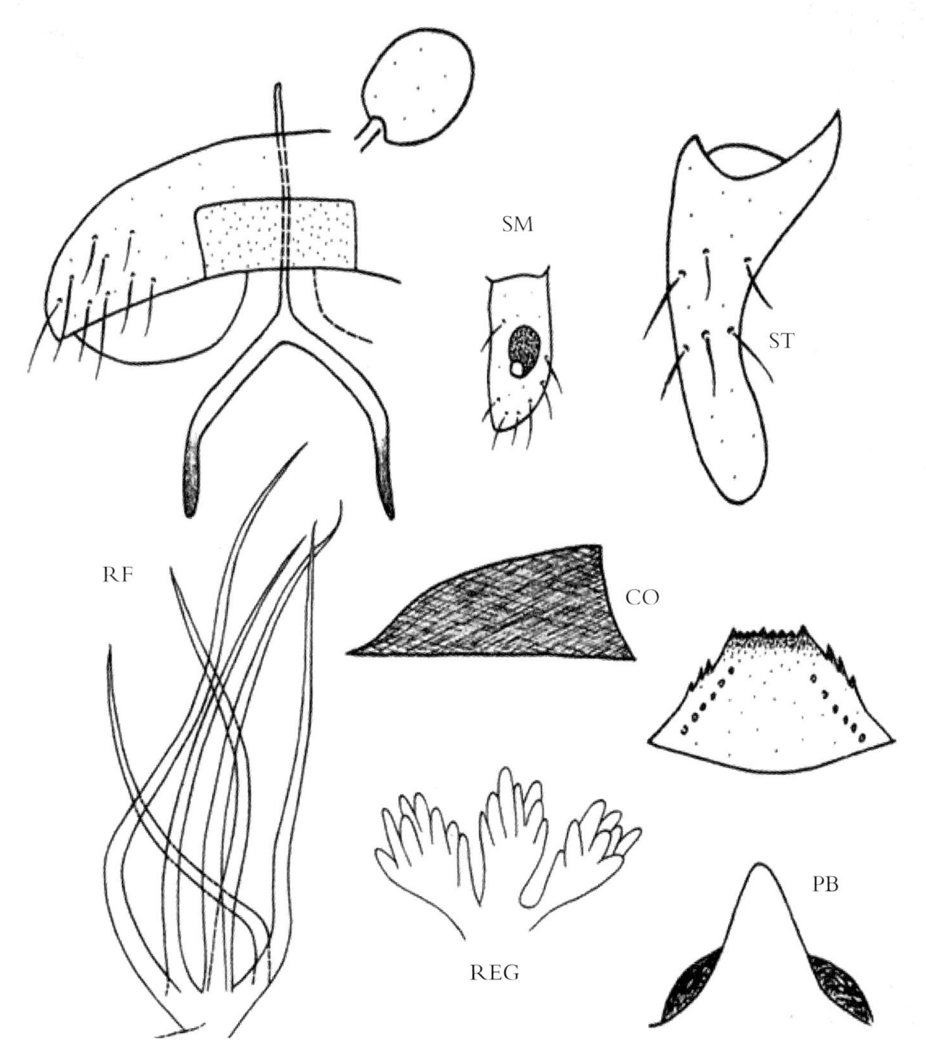

图 12-214 副瀑布蚋 *S.* (*S.*) *parawaterfallum* Zhang,Yang and Chen,2003

鉴别要点 全面特征近似瀑布蚋［*S.*（*S.*）*waterfallum*］，主要区别是生殖叉突后臂无外突，生殖肢端节基内突基缘无齿；蛹腹节Ⅰ背板无疣突，茧无侧窗；幼虫后颊裂三角形，肛鳃每叶具8~9个附叶。

形态概述

雌虫 体长约2.8mm。翅长约2.2mm。与瀑布蚋［*S.*（*S.*）*waterfallum*］近似，主要区别是生殖叉突后臂无外突，受精囊椭圆形。

雄虫 体长约2.6mm；翅长约2.3mm。与瀑布蚋［*S.*（*S.*）*waterfallum*］近似，主要区别是生殖腹板较宽，生殖肢端节基内突前缘无粗齿。

蛹 体长约3.4mm。与瀑布蚋［*S.*（*S.*）*waterfallum*］近似，主要区别是呼吸丝粗度和长度自上而下递减，下3条呼吸丝淡黄色；腹节背板1无疣突；茧无前侧窗。

幼虫 与瀑布蚋［*S.*（*S.*）*waterfallum*］近似，主要区别是亚颏中齿、角齿较不发达；侧缘毛7支；后颊裂长三角形，端部略圆钝，基部不收缩，长约为后颊桥的2.2倍；肛鳃每叶具8~9个附叶。

生态习性 幼虫和蛹孳生于瀑布岩壁上，海拔600m。

地理分布 中国海南。

分类讨论 本种与瀑布蚋［*S.*（*S.*）*waterfallum*］近缘。曾经考虑两者为同物异名，后经复查标本，发现两者的特征差异明显且相当稳定，而且是同域分布，这就排除了个体变异或亚种的可能性。所以，将其作为一个独立种来处理。

普拉蚋 *Simulium*（*Simulium*）*pulanotum* An，Guo and Xu，1995（图12-215）

Simulium（*Simulium*）*pulanotum* An，Guo and Xu（安继尧，郭天宇，许荣满），1995. *Sichuan J. Zool.*，14（1）：3~5. 模式产地：中国西藏（亚东）；An（安继尧），1996. *Chin J. Vector Bio. and Control*，7（6）：474；Chen and An（陈汉彬，安继尧），2003. The Blackflies of China：300.

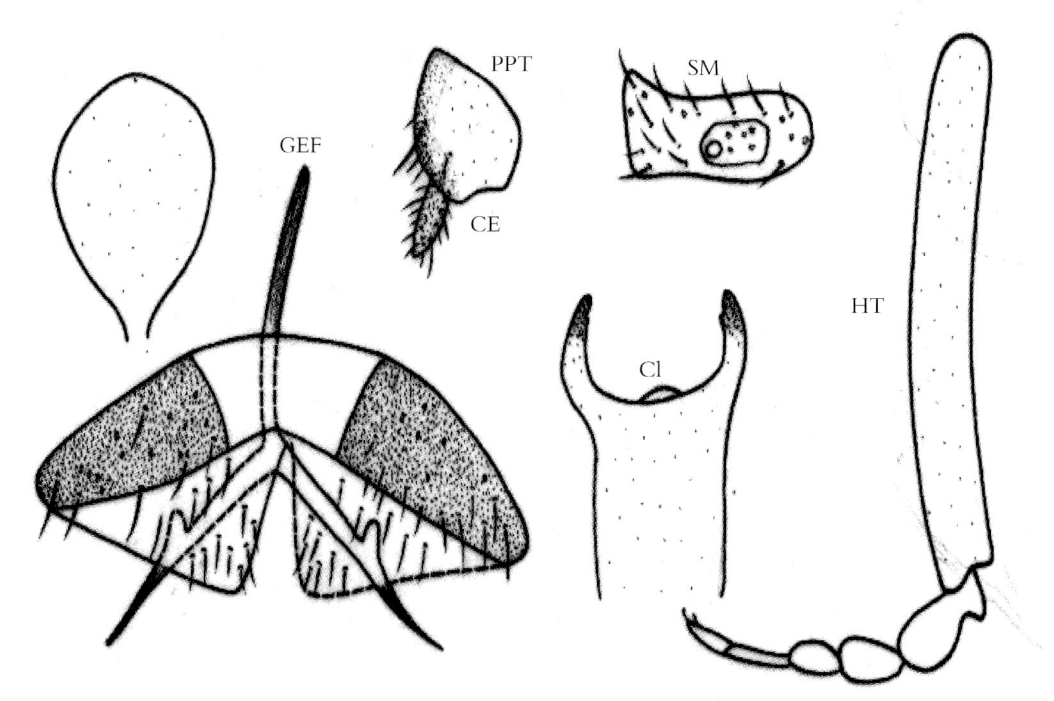

图12-215 普拉蚋 *S.*（*S.*）*pulanotum* An，Guo and Xu（仿安继尧等，1995. 重绘）

鉴别要点 雌虫生殖板内缘斜截，端部远离；第Ⅷ腹板两侧具骨化带。

形态概述

雌虫 体长约 3.0mm。额黑色，颜黑色，覆白粉被。触角黑色。触须拉氏器约占节Ⅲ长的 1/3。食窦光滑。中胸盾片黑色，被黄色短毛，小盾片黑色，缘毛黄色。前足基、转节和胫节基 4/5 为黄色，余部为黑色；中足转、股节和胫节基 4/5，跗节基 1/2 为黄色，余部为黑色；后足转节、股节基 2/3、胫节基 2/3 和基跗节基 2/3 为黄色，余部为黑色。爪简单。翅径脉基光裸。腹节背板黑色，第Ⅷ腹板两侧具宽骨化带。生殖板三角形，内缘斜截，基部紧靠，端部远离。生殖叉突柄的上部和后臂末段高度骨化，后者具外突。

雄虫 未知。

蛹 未知。

幼虫 未知。

生态习性 模式标本采自 5~8 月份海拔 3000m 的林区溪流中。

地理分布 中国西藏。

分类讨论 本种与 *S.*（*S.*）*demtatum* Puri，1932、*S.*（*S.*）*digitatum* Puri，1932 近似，但是后 2 种足色显然不同，生殖板内缘间距窄，第Ⅷ腹板两侧无骨化带，可资鉴别。

崎岛蚋 *Simulium*（*Simulium*）*sakishimaense* Takaoka，1977（图 12-216）

Simulium（*Simulium*）*sakishimaense* Takaoka，1977. *Jap. J. Sanit. Zool.*，28（2）：197~201. 模式产地：日本（Iriomote Is.，Akasaki）；An（安继尧等），1989. *Contr. Blood-sucking. Dipt. Ins.*，1：188.

Simulium（*Simulium*）*fujianense* Zhang and Wang，1991. *Acta Ent. Sin.*，34（4）：484~487；Chen and An（陈汉彬，安继尧），2003. The Blackflies of China：303.

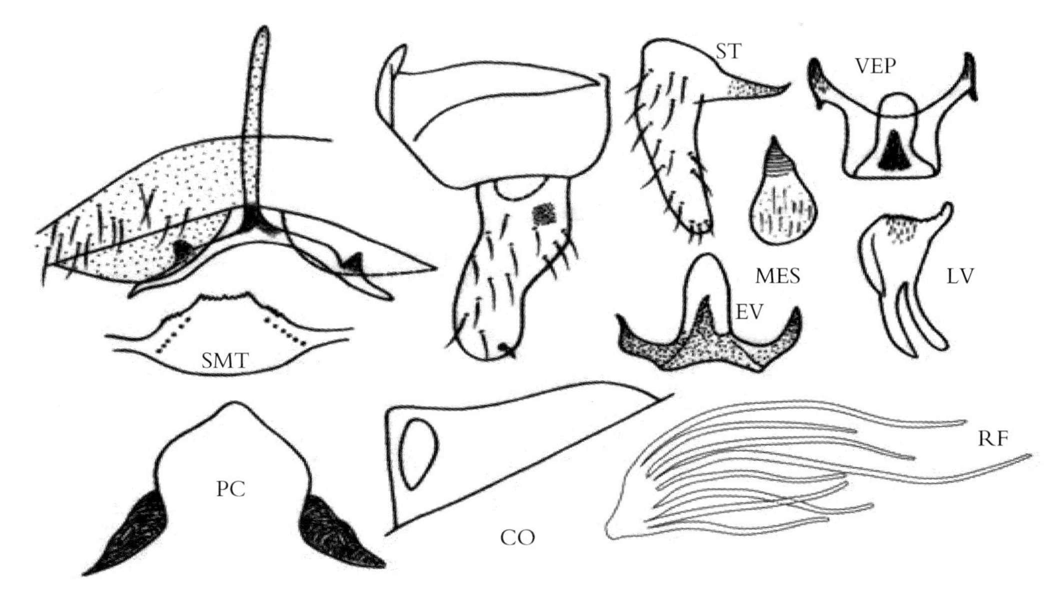

图 12-216 崎岛蚋 *S.*（*S.*）*sakishimaense* Takaoka，1977

鉴别要点 雌虫生殖板短而端圆，内缘远离。雄虫生殖腹板亚方形。

形态概述

雌虫 体长约 3.2mm。额亮黑色，具同色毛。唇基棕黑色，覆银灰粉被。触角柄、梗节棕黄色，余部棕黑色。食窦光滑。中胸盾片被金色柔毛，后盾区具黑色毛，具5条暗色纵纹。小盾片覆灰粉被，后盾片黑色，覆灰白粉被，光裸。前足股节基1/3黄色，向后色渐暗，端1/2黑色；中足股节除基部为棕黄色外，余全暗；后足股节基1/5黄色，端4/5黑色。各足胫节黄色，但是前胫端1/5、中胫端1/3和后胫端1/3至全长为黑色。前胫具银白色斑，中、后胫外侧具白色光泽；各足跗节除中足附节1基1/3，后足基跗节基1/2和跗节Ⅱ基部为黄色外，余为黑色。爪简单。翅径脉基光裸。腹节Ⅱ背板黄棕色，具银白色侧斑，腹节Ⅵ～Ⅷ亮黑色并被同色毛。生殖板短小，半圆形，内缘远离。生殖叉突后臂具外突。

雄虫 体长约2.4mm。上眼面15排。唇基覆银灰粉被和稀黑色毛。触角鞭节Ⅰ的长约为鞭节Ⅱ的2倍。中胸盾片黑色，被金色毛，具银白色肩斑。小盾片、后盾片和足色似雌虫，但是后足股、胫节大部为棕黑色，仅基部为黄色。前足胫节外侧具银白色斑。腹节背板黑色，节Ⅱ、节Ⅴ～Ⅶ具银白色斑。生殖肢端节具角状基内突，其上光滑或具细毛，通常无齿。生殖腹板亚方形，后缘近平直，具光裸的指状腹突。中骨灯泡状，端1/2膨大，端缘圆钝。

蛹 体长约3.0mm。头、胸部密盖疣突。头毛3对，简单；胸毛6对，背毛通常分2~3支。呼吸丝8条，成对排列，均具短茎，其长度自上而下依次递减，上对丝长略超过体长的1/2。腹节7和8具刺栉，节9无端钩。节6~9背板和节3~8腹板具微棘刺群。茧拖鞋状或鞋状，无领或具短领，编织紧密，具前侧窗，前缘加厚。

幼虫 体长5.0~5.5mm。头斑阳性，触角长于头扇柄，节2具1个次生淡环。头扇毛38~44支。亚颏中齿、角齿中度发达，侧缘毛每边5~6支。后颊裂法冠形，基部略收缩，长为后颊桥的4.0~4.5倍。后腹部具无色毛。肛鳃每叶分5~12个附叶。后环90~96排，每排约具15个钩刺。

生态习性 幼虫和蛹孳生于山谷间的大溪或清洁的小溪水中的草上。

地理分布 中国：福建，浙江，江西，台湾，海南，贵州，四川，云南；国外：日本，泰国。

分类讨论 本种系东洋界山区的常见种，种的特征相当突出，一般不易误定，但是本种也常见有地理变异，包括足的颜色、蛹的形态及幼虫肛鳃附叶数等，均有一定程度的变异，鉴定时宜加注意。

上川蚋 *Simulium* (*Simulium*) *shangchuanense* An，Hao and Yan，1998（图12-217）

Simulium（*Simulium*）*shangchuanense* An，Hao and Yan（安继尧，郝宝善，严格），1998. *Acta Ent. Sin.*，4（2）：187~193. 模式产地：中国广东（上川岛）；Chen and An（陈汉彬，安继尧），2003. The Blackflies of China：305.

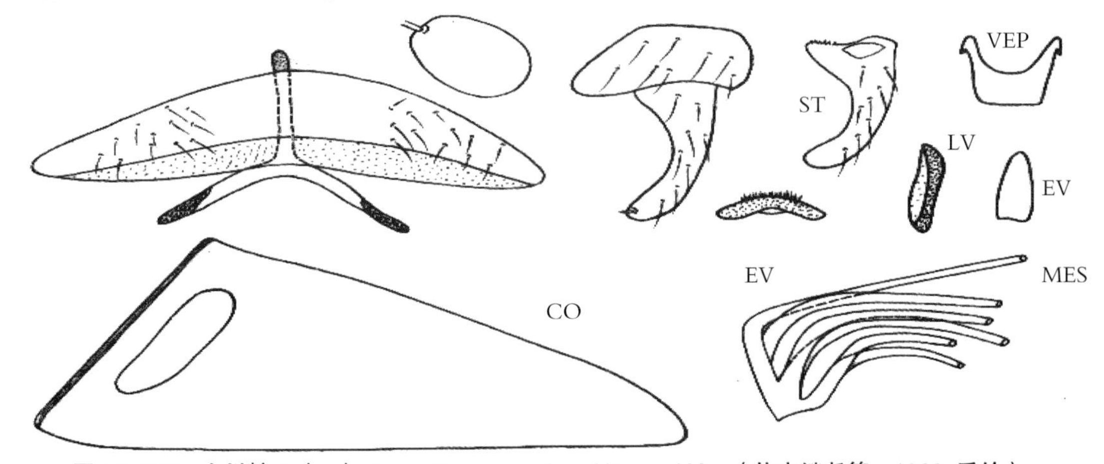

图12-217 上川蚋 *S.*（*S.*）*shangchuanense* An，Hao and Yan（仿安继尧等，1998. 重绘）

鉴别要点 雌虫生殖板短宽，圆锥状。雄虫中骨端宽，无中裂。茧具前侧窗。

形态概述

雌虫 体长 3.4mm。额黑色，被黄色毛。触角鞭节Ⅰ的长约为鞭节Ⅱ的 1.2 倍。触须拉氏器长约占节Ⅲ的 1/3。下颚具内齿、外齿各 13 枚。食窦后部丛生三角形突齿。中胸盾片黑色，被黄色毛。前足基、转、股节和胫节基 2/3 为棕黄色，余部为黑色；中足转、股节、胫节基 2/3 和跗节Ⅰ基 1/2 为棕黄色，余部为黑色；后足转、股节、胫节基 4/5 和跗节Ⅰ基 2/3 为棕黄色，余部为黑色。翅径脉基具毛。腹部黑色。腹节Ⅷ腹板后缘稍凹，生殖板短而横宽，圆锥状，后缘平直，内缘接近，亚平行，生殖叉突后臂末端骨化，但无外突。

雄虫 体长 3.1mm。触角鞭节Ⅰ的长约为鞭 节Ⅱ的 1.8 倍。中胸盾片黑色，被黄色毛。前足基、转节为棕黄色,余部为黑色或棕黑色;中足股、胫节和跗节Ⅰ基2/3为棕黄色,余部为棕黑色;后足转节、股节基 5/6 和跗节Ⅰ基 2/3 为棕黄色，余部为黑色或棕黄色。后足基跗节纺锤形，长约为端宽的 7.3 倍。腹部黑色。生殖肢端节长约为基节的 2.5 倍，具三角形基内突，其前缘约具 6 个粗齿。生殖腹板长方形，宽约为长的 1.7 倍，两臂斜伸，后外缘生倒刺。中骨长板状，端部略宽，后缘稍内凹。阳基侧突每边具 11 个大刺和众多小刺。

蛹 体长约 3.0mm。头、胸部密布疣突。头毛 3 对，其中 1 对颜毛和 1 对额毛各分 2 叉支，另 1 对额毛分 5 支。呼吸丝 6 条，成对排列，无茎，长约为体长的 1/2，均向一边伸出。腹节 9 具刺栉列，无端钩。茧拖鞋状，编织紧密，具前侧窗。

幼虫 未知。

生态习性 幼期孳生于山间溪水中的水草、枯枝和石块上，水宽 2~5m，海拔 20m。

地理分布 中国广东。

分类讨论 本种近似福州蚋［*S.*（*S.*）*fuzhouense* Zhang and Wang，1991］和优分蚋［*S.*（*S.*）*ufengense* Takaoka，1979］，但是本种蛹呼吸丝的排列方式及茧和两性外生殖器的形态与后 2 种均有明显差异。

膨丝蚋 *Simulium*（*Simulium*）*tumidilfilum* Luo，Yang and Chen，2010（图 12-218）

Simulium（*Simulium*）*tumidilfilum* Luo，Yang and Chen（罗洪斌，杨明，陈汉彬），2010. *Acta Zootax Sin.*，35（3）：472~474. 模式产地：中国湖北（星斗山）.

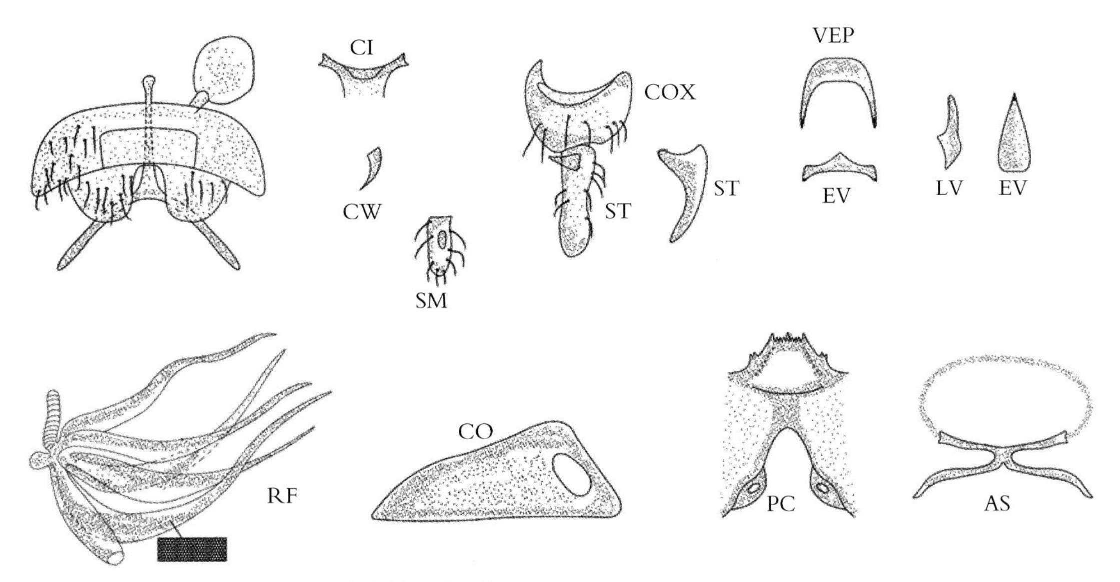

图 12-218 膨丝蚋 *S.*（*S.*）*tumidilfilum* Luo，Yang and Chen，2010

鉴别要点 雌虫生殖板宽舌形，生殖叉突无内、外突。雄虫生殖肢端节具基内突，无端刺；生殖腹板半圆形；中骨楔状，端宽。蛹呼吸丝膨胀，基部具坑状器。

形态概述

雌虫 体长 2.6mm；翅长约 2.2mm。额亮黑色。额指数为 5.8∶5.4∶2.8；额头指数为 5.8∶24.5。触须节Ⅲ～Ⅴ的节比为 6.5∶5.4∶13.1，拉氏器长约为节Ⅲ的 0.32。下颚具 27 枚内齿和 10 枚外齿。食窦弓具一簇疣突。中胸盾片黑色，覆黄色毛。中胸侧膜和下侧片光裸。前足基节、转节、股节基 5/6 和胫节基 3/4 为淡黄色，余部为棕黑色；中足转节、股节基 4/5、胫节中大部外面和基跗节基 3/5 为淡黄色，余部为棕黑色；后足股节基 4/5、胫节基 4/5、基跗节和跗节Ⅱ基 1/2 为淡黄色，余部为棕黑色。前足基跗节膨大，长约为宽的 4.5 倍；后足基跗节侧缘平行，长约为宽的 6 倍。跗突和跗沟发达。爪简单。翅亚缘脉具毛，径脉基光裸。生殖板宽舌形，内缘亚平行，远离。生殖叉突无内、外突，具骨化外侧脊。受精囊椭圆形。

雄虫 体长约为 2.7mm。上眼具 12 纵列和 12 横排大眼面。触角鞭节Ⅰ长约为鞭节Ⅱ的 1.7 倍。触须拉氏器长约为节Ⅲ的 0.3。胸部似雌虫，但是后足胫节中大部为黄色；后足基跗节侧缘平行；翅亚缘脉光裸。生殖肢端节长约为基节的 2 倍，侧缘近平行，无端刺，基内突前缘具 1 列粗齿。生殖腹板板体半圆形，基缘内凹。中骨楔状，端宽。

蛹 体长约 3.0mm。头、胸几乎无疣突。头毛 3 对，分 2 叉支；胸毛 8 对，分 2~6 叉支。呼吸丝 6 条，几乎无茎，基半明显膨胀。鳃器基部具坑状器。茧拖鞋状，编织紧密，具前侧窗。

幼虫 体长约 5.0mm。头斑不明显。触角 3 节的节比为 8.4∶5.6∶3.1。头扇毛约 38 支。亚颏侧缘毛 6 支。后颊裂中型，亚箭形，长约为后颊桥的 2 倍。胸、腹体壁光裸。肛鳃每叶具 12~15 个附叶。肛骨前臂长约为后臂的 0.7。后环约 76 排，每排约具 14 个钩刺。

生态习性 幼虫和蛹孳生于瀑布边淹没在水下的水草上，海拔 1000m。

地理分布 中国湖北。

分类讨论 本种的明显特征是呼吸丝特膨胀，与产自中国海南的瀑布蚋［*S.*（*S.*）*waterfallum*］和副瀑布蚋［*S.*（*S.*）*parawaterfallum*］近似，但是其两性成虫足的颜色、雄虫生殖腹板和中骨形状、蛹呼吸丝的形状和排列方式、具坑状器以及幼虫肛鳃的附叶数等，都有明显的差异。

钩突蚋 *Simulium*（*Simulium*）*uncum* Zhang and Chen，2001（图 12-219）

Simulium（*Simulium*）*uncum* Zhang and Chen（张春林，陈汉彬），2001. *Acta Zootax Sin.*，26（2）：216~218. 模式产地：中国贵州（雷公山）；Chen and An（陈汉彬，安继尧），2003. The Blackflies of China：308.

鉴别要点 雌虫生殖叉突后臂具钩状外突。雄虫生殖腹板梨形。蛹头、胸毛不分支，呼吸丝上对的外丝特粗。幼虫后颊裂圆形。

形态概述

雌虫 体长约 2.5mm。触角柄、梗节黄色，鞭节棕褐色。触须拉氏器长约占节Ⅲ的 1/3。食窦光裸。中胸盾片棕褐色，覆黄色短毛。小盾片棕褐色，具长毛，后盾片光裸。翅径脉基光裸。前足股、胫节端 1/5 及跗节色暗，余部色淡；中足股节基 1/3 和端 1/3、胫节端 1/6 和基跗节端 2/5 色暗，余部色淡；后足股节端 1/5 和胫节端 1/5 色暗，余部色淡。腹节背板棕褐色。生殖板形状似崎岛蚋［*S.*（*S.*）*sakishimaense*］，但是生殖叉突后臂具钩状外突。

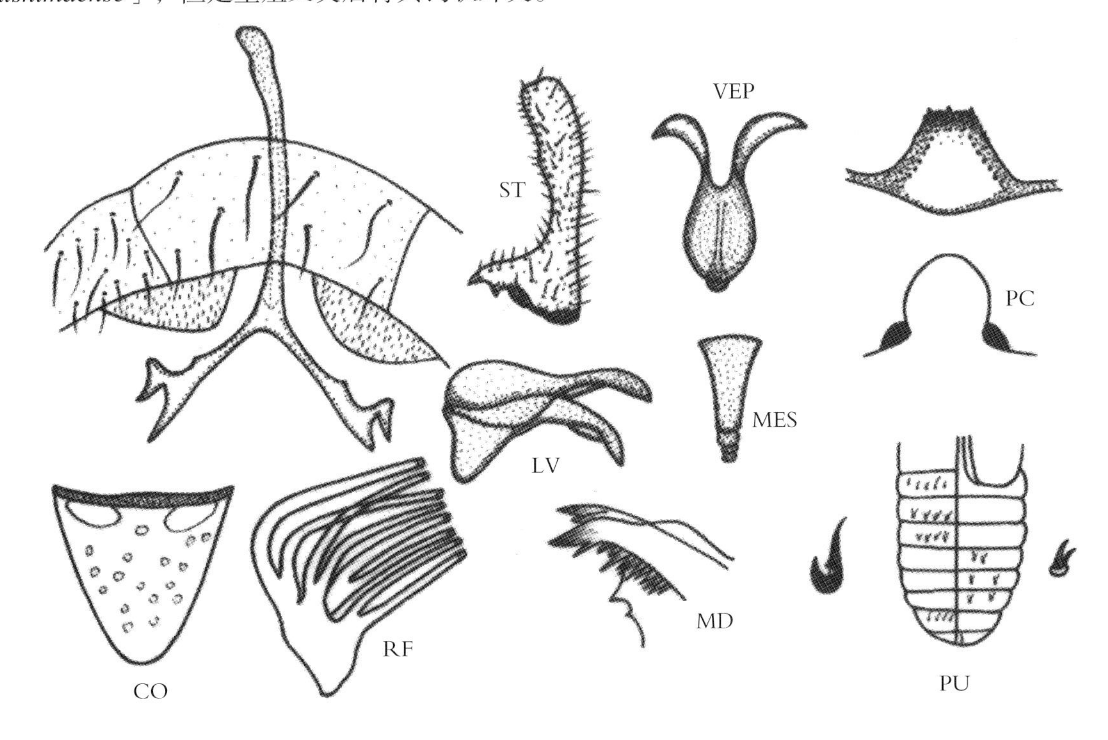

图 12–219　钩突蚋 ***S.*（*S.*）*uncum*** Zhang and Chen，2001

雄虫　上眼面具 16 纵列，13 横排。触角鞭节 I 的长约为鞭节 II 的 2 倍。足和翅同雌虫。生殖肢端节长约为基节的 2 倍，端半略扩大，端刺弱，角状基内突长约为端节长的 1/3，其上具细毛而无刺。生殖腹板梨形，腹突乳头状，光滑，两基臂外弯。中骨长板状，端侧角外展。

蛹　体长约 2.4mm。头、胸部密布盘状疣突和少量角状疣突。头毛 3 对，胸毛 5 对，均细单支。呼吸丝 4 对，下对几乎无茎，上对外丝明显粗于其余 7 条丝。腹节 8 背板具刺栉，节 9 无端钩。茧拖鞋状，编织中度紧密，前部具侧窗和众多小孔洞，前缘略加厚。

幼虫　头斑阳性。头扇毛 35 支。亚颏中齿、角齿发达，侧缘毛每边 6 支。后颊裂短宽，端圆，基部略收缩，长约为后颊桥的 2 倍。胸腹光裸。肛板后臂长于前臂。肛前具附骨环。肛鳃每叶具 13~15 个附叶。后环约 40 排，每排具 12~14 个小钩。

生态习性　幼虫和蛹孳生于山溪中的水草上，海拔 1400m。

地理分布　中国贵州。

分类讨论　本种近似崎岛蚋［*S.*（*S.*）*sakishimaense*］，但是两者在成虫尾器、蛹胸毛、幼虫后颊裂和肛鳃附叶等性状上有明显的种间差异。

瀑布蚋 ***Simulium*（*Simulium*）*waterfallum*** Zhang，Yang and Chen，2003（图 12–220）

Simulium（*Simulium*）*waterfallum* Zhang，Yang and Chen（张春林，杨明，陈汉彬），2003. *Acta Zootax Sin.*，28（4）：741~744. 模式产地：中国海南（琼中）.

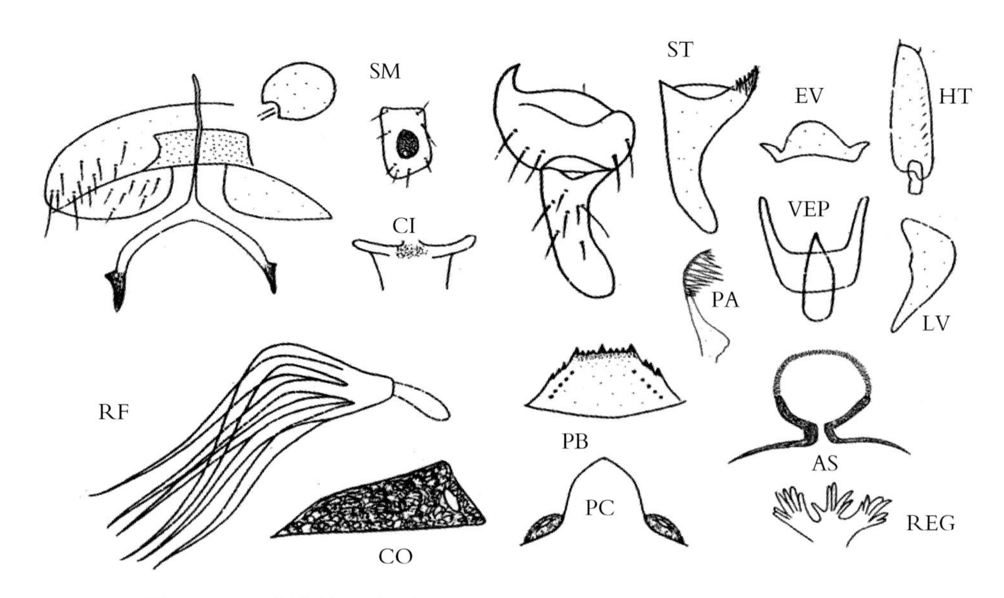

图 12–220　瀑布蚋 ***S.*（*S.*）*waterfallum*** Zhang，Yang and Chen，2003

鉴别要点　雌虫生殖板半圆形，生殖叉突后臂具角状小侧突。雄虫生殖腹板板体亚矩形；中骨长板状，从基部向端部渐变宽而端圆。蛹呼吸丝 3 对，无茎；头毛、胸毛分支；茧具侧窗。

形态概述

雌虫　体长 2.5~2.7mm。翅长约 2.3mm。额和唇基黑色，覆棕黄色毛。额指数为 19 : 16 : 17；额头指数为 19 : 63。触须节Ⅲ ~ Ⅴ的节比为 4.7 : 5.5 : 16.5，节Ⅲ不膨大，拉氏器长约为节Ⅲ的 0.38。下颚具 9 枚内齿，16 枚外齿；上颚具 26 枚内齿，外齿缺。食窦弓具疣突。中胸盾片棕黑色，覆淡色毛。中胸侧膜和下侧片光裸。前足基节、转节、股节基 3/4、胫节中 3/5 为淡黄色，余部为棕黑色；中足转节基 1/2、股节基 3/4、胫节基 3/4 和基跗节基 1/2 为淡黄色，余部为棕黑色；后足棕黑色，但是基跗节基 3/4 和跗节Ⅱ基 1/2 为淡黄色。前足基跗节膨大，长约为宽的 5 倍；后足基跗节侧缘平行，长约为宽的 5.8 倍。跗突和跗沟发达。翅亚缘脉具毛，径脉基光裸。生殖板半圆形，内缘平行，远离。生殖叉突后臂具小侧突。受精囊球形。

雄虫　体长约 2.6mm。上眼具 13 纵列和 15 横排大眼面。触角鞭节Ⅰ的长约为鞭节Ⅱ的 1.7 倍。触须拉氏器小，长约为节Ⅲ的 0.18。胸部近似雌虫，但是后足基跗节膨胀，长约为宽的 4 倍。生殖肢端节的长度超过基节的 2 倍，具角状具齿的基内突，端圆，无端刺。生殖腹板亚矩形，基臂长于板体；板体光裸。中骨长板状，从基部向端部渐变宽，端圆。阳基侧突具众多钩刺。

蛹　体长约 3.0mm。头、胸光滑，但是后胸侧背具小疣突。头毛 3 对，各分 2~3 叉突；胸毛 7 对，每分 8~12 叉支。呼吸丝 3 对，暗棕色，短于蛹体的 1/2，几乎无茎。所有呼吸丝棕黑色，基半膨胀，端半渐变细尖；上对外丝较其他 5 条丝粗长。腹节 1 背板具疣突，节 6~8 背板具刺栉。后腹无端钩。茧拖鞋状，编织紧密，具小的前侧窗。

幼虫　体长约 5.5mm。触角 3 节的长度比为 7.6 : 10.2 : 3.5。头扇毛 36 支。亚颏中齿、角齿发达，侧缘毛 5 支。后颊裂亚箭形，长约为后颊桥的 2.5 倍。胸、腹体壁光裸。肛鳃每叶具 5~6 个指状附叶。肛前刺环明显。后环约 82 排，每排具 15~18 个钩刺。

生态习性　幼虫和蛹孳生于瀑布岩壁上，海拔 600m。

地理分布 中国海南。

分类讨论 本种近似上川蚋［*S.*（*S.*）*shangchuanense* An，Hao and Yan，2000］，但是两者生殖腹板、生殖叉突、受精囊、中骨的形状有明显的差异。

武陵蚋 *Simulium*（*Simulium*）*wulingense* Zhang and Chen，2000（图 12-221）

Simulium（*Simulium*）*wulingense* Zhang and Chen（张春林，陈汉彬），2000. *J. Guiyang Med. Coll.*，25（3）：221~225. 模式产地：中国贵州；Chen and An（陈汉彬，安继尧），2003. The Blackflies of China：309.

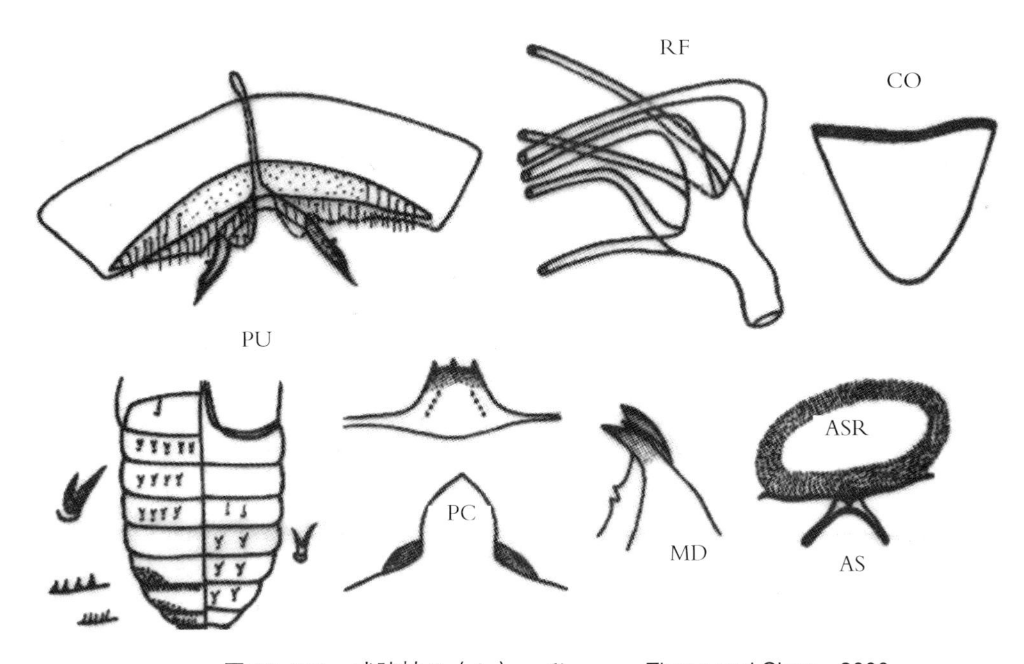

图 12-221 武陵蚋 *S.*（*S.*）*wulingense* Zhang and Chen，2000

鉴别要点 雌虫生殖板短宽，后缘呈波浪状弯曲，内缘向后外伸。蛹腹节 6~8 背板均具栉刺列；呼吸丝似优分蚋。

形态概述

雌虫 体长约 2.8mm。额棕褐色，具黑色毛。额指数为 73∶62∶60。食窦光滑。触须拉氏器长约占节Ⅲ的 1/3。上颚具内齿 33 枚，外齿 28 枚；下颚具内齿 14 枚，外齿 12 枚。中胸盾片和小盾片暗褐色，被棕黄色毛。翅亚前缘脉基 1/4 具毛，径脉基光裸。足暗棕色；黄色部分包括前足基、转节和股节基 3/5，中足转节、股节、胫节、跗节Ⅰ和跗节Ⅱ基 2/5，后足转节、股节、胫节基 5/6、基跗节基 3/5 和跗节Ⅱ基 2/5。后足基跗节两侧平行，长约为宽的 5.5 倍。腹棕褐色，腹节Ⅷ弯弓形。生殖板短宽，长三角形，内缘远离，向后外伸，后缘具缺刻，呈波浪状弯曲，两后臂具齿状侧突。受精囊椭圆形，表面无网纹。

雄虫 尚未发现。

蛹 体长 3.0~3.5mm。头部具少量盘状疣突，胸部具盘状和角状疣突。头毛 3 对，每分 2~3 支；胸毛 8 对，每分 2~4 叉支，但是胸侧 2 对通常不分支。呼吸丝 6 条，每侧内、外各 3 条，均无茎，短于体长的1/2，外侧3条色暗，其中上、中对2条外丝明显粗壮，并在向上发出约1/5处作急弯向前方，其余4条基段略弯向后伸向前方。腹节6~8背板每侧具刺栉列，腹板具微棘刺群，无端钩。茧拖鞋状，编织紧密，前缘加厚，无孔窗。

幼虫 体长5.5~6.0mm。头斑阳性，头扇毛40~40支。亚颏侧缘毛通常每边4支，偶5支。后颊裂法冠状，端尖，长为后颊桥的3~3.5倍。胸、腹部体壁光裸。肛鳃每叶分8~9个次生小叶，具肛前附骨环。后环74~78排，每排10~12个钩刺。

生态习性 幼虫和蛹孳生于山区草场、小溪中的水草上，海拔700m。

地理分布 中国贵州。

分类讨论 本种与福州蚋［*S.*（*S.*）*fuzhouense* Zhang and Chen］近似，但是后者的食窦、雌性外生殖器、蛹腹部的钩刺以及幼虫肛鳃次生小叶和后环列数有明显的差异。本种与优分蚋［*S.*（*S.*）*ufengense* Takaoka，1979］也很近似，但是后者蛹的头部和前胸体壁几乎光裸，可资鉴别。

小龙潭蚋 *Simulium*（*Simulium*）*xiaolongtanense* Chen，Luo and Yang，2006（图12–222）

Simulium（*Simulium*）*xiaolongtanense* Chen，Luo and Yang（陈汉彬，罗洪斌，杨明），2006. *Acta Zootax Sin.*，31（4）：874~879. 模式产地：中国湖北（神农架）.

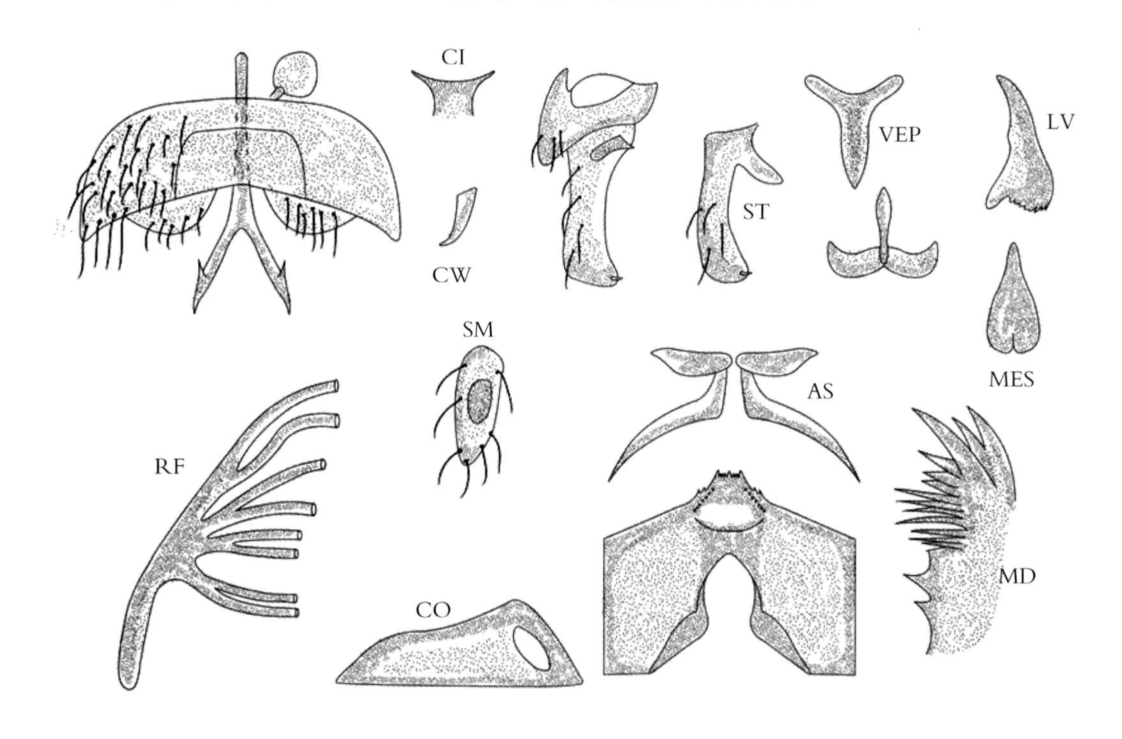

图12–222 小龙潭蚋 *S.*（*S.*）*xiaolongtanense* Chen，Luo and Yang，2006

鉴别要点 雌虫生殖板半圆形，生殖叉突后臂具外突。雄虫生殖肢端节具短基内突，无端刺；生殖腹板楔状，端尖。幼虫肛鳃每叶具14~17个附叶。

形态概述

雌虫 体长约3.0mm。翅长2.3mm。额亮黑色。额指数为8.0∶6.1∶7.5；额头指数为8.0∶27.8。

触须节Ⅲ ~ Ⅴ的节比为 5.5 : 3.9 : 11.8。节Ⅲ膨大，拉氏器长约为节Ⅲ的 1/3。下颚具 13 枚内齿和 10 枚外齿；上颚具 26 枚内齿和 13 枚外齿。食窦光裸。中胸盾片棕黑色，覆黄色细毛，具 5 条黑色纵纹。中胸侧膜和下侧片光裸。前足基节和转节黄色；中足、后足基节和转节棕黑色；各足股节和胫节黄色而端 1/4 为棕黑色；各足跗节除中足基跗节基 1/3、后足基跗节基 2/5 和跗节Ⅱ基 1/2 为黄色外，余部为棕黑色。前足基跗节膨大，长约为宽的 4 倍；后足基跗节侧缘平行，长约为宽的 5.5 倍。跗突明显，跗沟发达。爪简单。翅亚缘脉具毛，径脉基光裸。生殖板小，半圆形，内缘远离，生殖叉突后臂具外突。受精囊球形。

雄虫 体长 3.2mm。翅长 2.4mm。上眼具 12 纵列和 12 横排大眼面。触角鞭节Ⅰ的长为鞭节Ⅱ的 1.7 倍。触须节Ⅲ ~ Ⅴ的节比为 3.9 ： 5.4 ： 12.1。拉氏器长约为节Ⅲ长的 0.3。胸部似雌虫，主要区别是前足、后足胫节中大部外面为黄白色；前足基跗节不膨大；后足基跗节膨大，长约为宽的 3.8 倍。翅亚缘脉光裸。生殖肢端节的长约为基节的 2 倍，基 1/3 和端 1/3 宽于中 1/3，端 1/3 内弯，具基内突。生殖腹板板体楔状，端尖。中骨板状，端宽，具中裂。

蛹 体长约 3.0mm。头、胸稀布疣突。头毛 3 对，胸毛 5 对，均简单。呼吸丝 8 条，成对排列，具短茎，长约为体长的 1/2。茧拖鞋状，编织紧密，具前侧窗。

幼虫 体长约 5.0mm。头斑不明显。触角 3 节的节比为 4.8 : 7.0 : 3.1。头扇毛 38~40 支。亚颏侧缘毛 7~8 支。后颊裂箭形，基部稍收缩，端尖，长为后颊桥的 2.5~3.0 倍。胸、腹体壁光裸。肛鳃每叶具 14~19 个附叶。肛骨前臂长约为后臂的 0.6，后环 86 排，每排约具 18~22 个钩刺。

生态习性 幼虫和蛹孳生于山溪中的水草和枯枝落叶上，海拔 2200m。

地理分布 中国湖北。

分类讨论 本种近似印度的地记蚋 [*S.*（*S.*）*digitatum*] 和包氏蚋 [*S.*（*S.*）*barraudi*]，但是它们的雄虫尾器形态有显著的差异。

E. 杰蚋组 *nobile* group

组征概述 雌虫中胸盾片无纹饰；中足跗节黄色，仅跗节Ⅳ ~ Ⅴ色暗。第Ⅷ腹板强骨化，后缘亚中部两侧向后延伸呈锥状长突，其间形成圆形或椭圆形空槽；生殖板通常退化，细条状，紧贴空槽内缘。肛上板腹面突出，腹内缘圆钝；爪简单或具小基齿。雄虫中胸盾片黑绒色，被棕黑色毛或覆以银白粉被，具倒“V”形暗带；生殖肢端节约为基节的 2 倍长，无基内突；生殖腹板腹面观呈壶状，长大于宽，两端压缩或两侧亚平行，具腹突；板体侧面观后缘具齿，腹突明显，密被细毛，基臂较短，斜伸。腹节Ⅱ，节Ⅳ ~ Ⅷ背板通常每节各具 1 对银白色背侧斑。蛹呼吸丝 3~12 条，丝状或膨胀呈管状（我国已知种均为 3 条，管状），腹部无端钩，幼虫后颊裂深，大多伸达亚颏后缘。

本组全世界已知 11 种，主要分布于东洋界，包括菲律宾、印度尼西亚、马来西亚、泰国、越南、印度、日本。中国已知 2 种，即节蚋 [*S.*（*S.*）*nodosum* Ruri，1933] 和素木蚋 [*S.*（*S.*）*shirakii* Kono and Takahasi，1940]。

中国蚋亚属杰蚋组分种检索表

雌虫

1　腹节Ⅷ腹板两后突末端远离，端内各具 1 个小的月牙状突……………**素木蚋** *S.*（*S.*）*shirakii*
　腹节Ⅷ腹板两后突末端靠近，月牙突位于后突内缘基部……………………**节蚋** *S.*（*S.*）*nodosum*

蛹

1　茧灰白色………………………………………………………………………**节蚋** *S.*（*S.*）*nodosum*
　茧棕黄色………………………………………………………………………**素木蚋** *S.*（*S.*）*shirakii*

幼虫

1　触角节 2 长为节 3 的 1.5 倍；肛骨前、后臂约等长………………………**节蚋** *S.*（*S.*）*nodosum*
　触角节 2 为节 3 的 1.1~1.2 倍；肛骨后臂约为前臂长的 1.5 倍……………**素木蚋** *S.*（*S.*）*shirakii*

节蚋 *Simulium*（*Simulium*）*nodosum* Puri，1933（图 12–223）

Simulium（*Simulium*）*nodosum* Puri, 1933. *Ind. J. Med. Res.*, 20（3）: 813~817.　模式产地：印度（Bihar）；Chen（陈继寅），1985. *Acta Zootax Sin.*，10（3）：308；An（安继尧），1989. *Contr. Blood-sucking Dept. Ins.*，1：187；Zhang and Wang（章涛，王敦清），1991. *Acta Ent. Sin.*，4：486~487；Crosskey，1997. Taxo. Geograph. Invent. World Blackflies（Diptera：Simuliidae）：70；Chen and An（陈汉彬，安继尧），2003. The Blackflies of China：311.

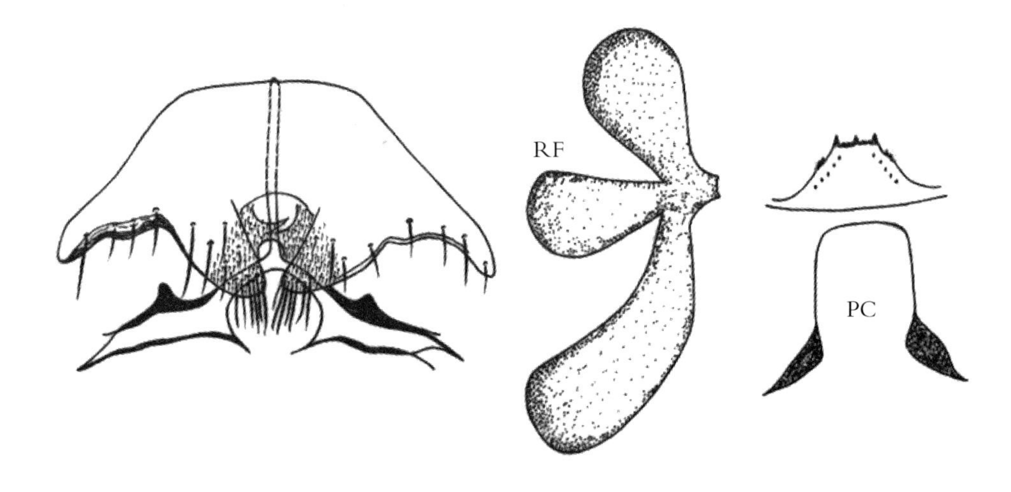

图 12–223　节蚋 *S.*（*S.*）*nodosum* Puri（仿 Puri，1933. 重绘）

鉴别要点　雌虫腹节Ⅷ后突端部并拢，其内缘基部具牙状突。蛹呼吸丝每侧 3 条，膨大成泡状。幼虫后颊裂长方形，伸达或接近亚颏后缘。

形态概述

雌虫　额黑色，闪光，最大宽度约为其长度的 3/4。额头指数为 1∶5。触须黑色。触角除柄、梗节为棕黄色外，一致为棕黑色。食窦弓具齿簇。中胸盾片黑色，闪光，稀被暗色短毛，小盾片具长毛。中胸侧膜和下侧片光裸。前足股节棕黄色，端部暗棕色，胫节黑色，外侧具大的银白色斑，跗节全暗；中足、后足股节和胫节黑色，但股节基部色稍淡。中足跗节Ⅰ～Ⅲ、后足基跗节基部 4/5 和跗节Ⅱ基部 1/2 为淡黄色，其余为黑色。前足跗节Ⅰ膨大，长约为其宽度的 4 倍。跗突中型，跗沟发达。爪长而简单。翅径脉基光裸。腹节Ⅵ～Ⅷ黑色，闪光，稀被暗色毛；腹节Ⅷ腹板横宽，侧后角细，后缘中侧位向后突出形成乳头状后突，其端部并拢，丛生黑色长毛。生殖板退化，沿着后突内缘生出，呈条状，在亚基部向内延伸形成月牙状突。

雄虫 未知。

蛹 体长约 2.2mm。头、胸部体壁大部分光裸，仅后胸部稀布疣突。头毛、胸毛短而简单。腹部刺毛正常，端钩缺。呼吸丝每侧 3 条，特化成泡状短管，其中腹支最长。茧灰白色，鞋状，致密，前缘加厚。

幼虫 体长约 3.8mm。触角节 2 的长约为节 1 的 1.5 倍。头扇毛 35 支。亚颏中齿、角齿发达。后颊裂长方形，伸达或接近亚颏后缘。肛板前臂、后臂约等长。后环约 70 排，每排具 10~13 个钩刺。腹乳突缺。

生态习性 幼虫和蛹孳生于江河急流中。

地理分布 中国：广东，广西，云南，西藏，香港；国外：印度，泰国，越南。

分类讨论 节蚋系 Puri（1933）根据印度标本而命名，Takaoka（1984）根据幼期标本报道它在泰国的分布，此后，我国福建、广东、广西、云南也有相继报道。本种与产自台湾的素木蚋［*S.*（*S.*）*shirakii* Kono and Takahasi，1940］极为近似。经复查福建、广东、海南和云南的标本，节蚋的成虫特征与素木蚋相符合，节蚋的幼虫特征与 Takaoka（1979）的描述也近似。至于节蚋与素木蚋两者的分类地位及在我国的分布区域，尚待进一步研究。

素木蚋 *Simulium*（*Simulium*）*shirakii* Kono and Takahasi，1940（图 12-224）

Simulium shirakii Kono and Takahasi，1940. *Insecta*，*Matsumurana*，14：82；Bentinck，1955. Blackflies，Japan and Korea（Diptera：Simuliidae）：12. *Simulium shirakii* Kono and Takahasi，1940；Takaoka 1979. *Pacif. Ins.*，20（4）：399；An（安继尧），1996. *Chin J. Vector Bio. and Control*，7（6）：474；Crosskey，1997. Taxo. Geograph. Invent. World Blackflies（Diptera：Simuliidae）：70；Chen and An（陈汉彬，安继尧），2003. The Blackflies of China：313.

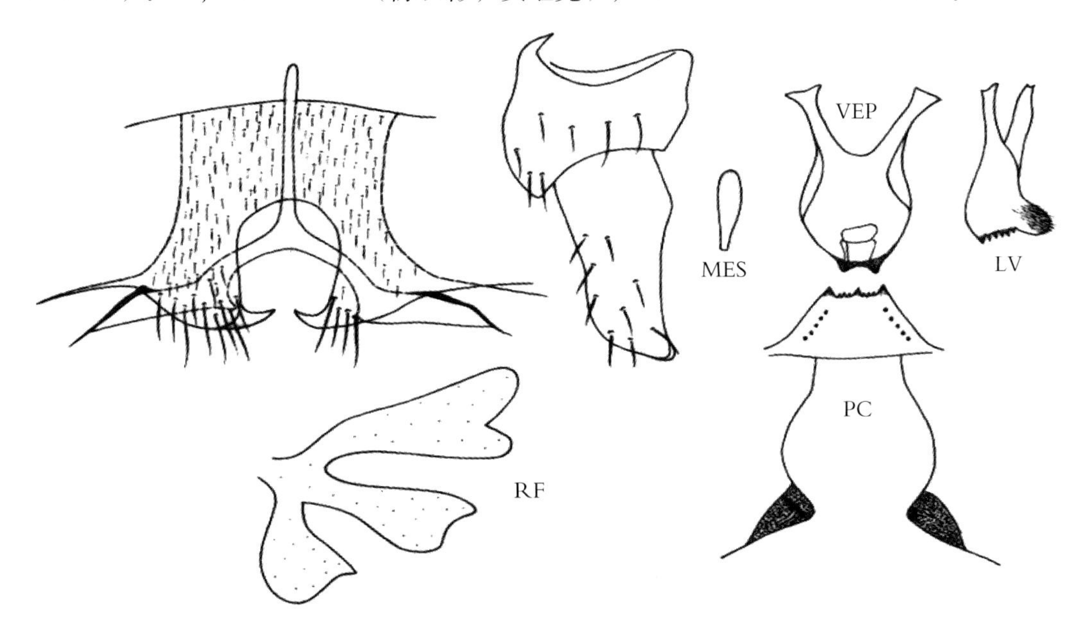

图 12-224 素木蚋 *S.*（*S.*）*shirakii* Kono and Takahasi（仿 Kono and Takahasi，1940. 重绘）

鉴别要点 雌虫第Ⅷ腹板后缘中央具显著的槽状凹陷区，中侧后突分离，其末端各具 1 个月牙状突。幼虫后颊裂壶状，伸达亚颏后缘。

形态概述

雌虫 体长约 2.2mm。一般特征似节蚋，两者的区别是额的最大宽度与其长度约相等；中足、后足股节基部 2/3 色淡，中足、后足胫节外侧中部 1/2 色淡；第Ⅷ腹板后缘中部明显内凹，形成显著的槽状凹陷区，2 个中侧突远离，内缘具退化的生殖板，亚端部向内突出形成月牙状突。

雄虫 体长约 2.1mm。上眼面 16~17 排。触角鞭节Ⅰ的长约为鞭节Ⅱ的 1.6 倍。中胸盾片黑丝绒色，被棕褐色毛，小盾片棕黑色，具黑色长毛。足淡色部分包括前足基节和转节、股节基部 2/3 和胫节中部外侧 1/3，中足股节中部 2/3、胫节外侧中部 1/2 和跗节Ⅰ～Ⅲ，后足转节、股节基部 2/3、胫节中部外侧 3/5、基跗节基部 2/3 和跗节Ⅱ～Ⅲ。后足基跗节两侧亚平行，长约为宽的 7.5 倍。爪长而简单。跗突中度发达，跗沟明显。翅亚缘脉几乎光裸，径脉基光裸。生殖肢基节宽大于长，生殖肢端节无明显的亚端刺。生殖腹板板体椭圆形，具舌状腹突。中骨棒状，末端略膨大。阳基侧突每侧具众多粗短刺。

蛹 与节蚋几乎无区别。茧棕黄色。

幼虫 触角节 1 长约为节 2 的 1.2 倍。头扇毛 30~36 支。亚颏中齿不突出。后颊裂壶状，伸达亚颏后缘。胸、腹体壁被鳞状毛，后腹部尤为密集。肛鳃复杂，每叶分 7~8 个小叶。肛板后臂约为前臂长的 1.5 倍。后环 65~72 排，每排具 10~14 个钩刺。

生态习性 幼虫和蛹孳生于清洁溪流中的水草、石块上。

地理分布 中国：福建，台湾，海南，广东，广西；国外：未知。

分类讨论 从雌虫外生殖器的形态看，本种和节蚋有明显的差异。经检查福建和海南原定为节蚋的标本，确证系本种的误定。

F. 淡额蚋组 *noelleri* group

组征概述 雌虫额银灰色，被银色长毛；中胸盾片具银白色斑；前足跗节Ⅰ较窄，长为其宽的 6~7 倍；生殖板三角形，生殖叉突后臂具骨化外突，肛上板椭圆形，横宽。雄虫中胸盾片、腹部和前足胫节具银白色斑；前足跗节Ⅰ窄，同雌虫；生殖肢端节无基内突；生殖腹板板体两侧向后收缩呈楔状或亚三角形，侧面观具圆形后突，其上具细毛，后缘具齿；中骨板状，端部扩大，具端中裂。蛹呼吸丝 8 条，通常中间 4 条从基部发出，腹节Ⅶ、Ⅷ背板具刺栉。茧拖鞋状，编织疏松，前部具许多小孔。幼虫头斑阳性，“H”形，边缘不清楚；触角节 2 具 2 个次生淡环；亚颏顶齿很小，中齿、角齿不明显突出；上颚前顶齿稍大于中、后顶齿。颊后裂箭状，基部收缩，端尖，未伸达亚颏后缘。肛鳃复杂，肛周具刺毛。

本组全世界已知 9 种（Adler 和 Crosskey，2014），主要分布于古北界，少数分布于新北界。中国已报道 3 种（Chen 和 An，2003），即樱花蚋［*S.*（*S.*）*nikkoense* Shiraki，1935］、淡额蚋［*S.*（*S.*）*noelleri* Friederichs，1920］、沼生蚋［*S.*（*S.*）*palustre* Rubtsov，1956］。

中国蚋亚属淡额蚋组分种检索表

雌虫

1　　后足基跗节中部1/3黄色……………………………………………………樱花蚋 *S.*（*S.*）*nikkoense*
　　后足基跗节基部1/2~2/3为黄色……………………………………………………………………2
2（1）后足胫节基部2/3黄白色………………………………………………沼生蚋 *S.*（*S.*）*palustre*
　　后足胫节仅基部1/2为黄白色…………………………………………………淡额蚋 *S.*（*S.*）*noelleri*

雄虫

1　　生殖腹板板体三角形…………………………………………………………樱花蚋 *S.*（*S.*）*nikkoense*
　　生殖腹板板体非三角形…………………………………………………………………………………2
2（1）生殖腹板板体圆锥状，末端骤变细呈杆状……………………淡额蚋 *S.*（*S.*）*noelleri*
　　生殖腹板板体长楔状…………………………………………………………沼生蚋 *S.*（*S.*）*palustre*

蛹

1　　4对呼吸丝大多从总茎基部发出，上面第4条和下面第2条呼吸丝明显较其余呼吸丝粗壮
　　………………………………………………………………………………沼生蚋 *S.*（*S.*）*palustre*
　　呼吸丝非如上述……………………………………………………………………………………………2
2（1）上面第2条呼吸丝无茎，所有呼吸丝粗度均略相等……………樱花蚋 *S.*（*S.*）*nikkoense*
　　中间2对呼吸丝无茎，上面第4条呼吸丝明显粗壮…………………淡额蚋 *S.*（*S.*）*nolleri*

幼虫

1　　额斑阴性；亚颏侧缘毛每边3支………………………………………樱花蚋 *S.*（*S.*）*nikkoense*
　　额斑阳性；亚颏侧缘毛每边4支以上……………………………………………………………………2
2（1）肛鳃每叶具4~5个附叶；亚颏侧缘毛每侧6支……………………淡额蚋 *S.*（*S.*）*noelleri*
　　肛鳃每叶具8~10个附叶；亚颏侧缘毛每侧4支……………………沼生蚋 *S.*（*S.*）*palustre*

樱花蚋 *Simulium*（*Simulium*）*nikkoense* Shiraki，1935（图12-225）

Simulium nikkoense Shiraki，1935. *Mem. Fac. Sci. Agric. Taihoku Imp. Univ.*，16（1）：77~79. 模式产地：日本（Nikko）；Chen and Cao（陈继寅，曹毓存），1983. *Trans. Liaon. Zool. Soc.*，4（2）：123~124.

Simulium（*Tetisimulium*）*argyreatum* Meigen，1838；An（安继尧）1989. *Contr. Blood-sucking Dipt. Ins.*，1：186.

Simulium（*Simulium*）*nikkoense* Shiraki，1935；An，1989. *Contr.Blood-sucking Dipt. Ins.*，1：187；Croosskey *et al.*，1996. *J. Nat. Hist.*，30：427；Chen and An（陈汉彬，安继尧），2003. The Blackflies of China：317.

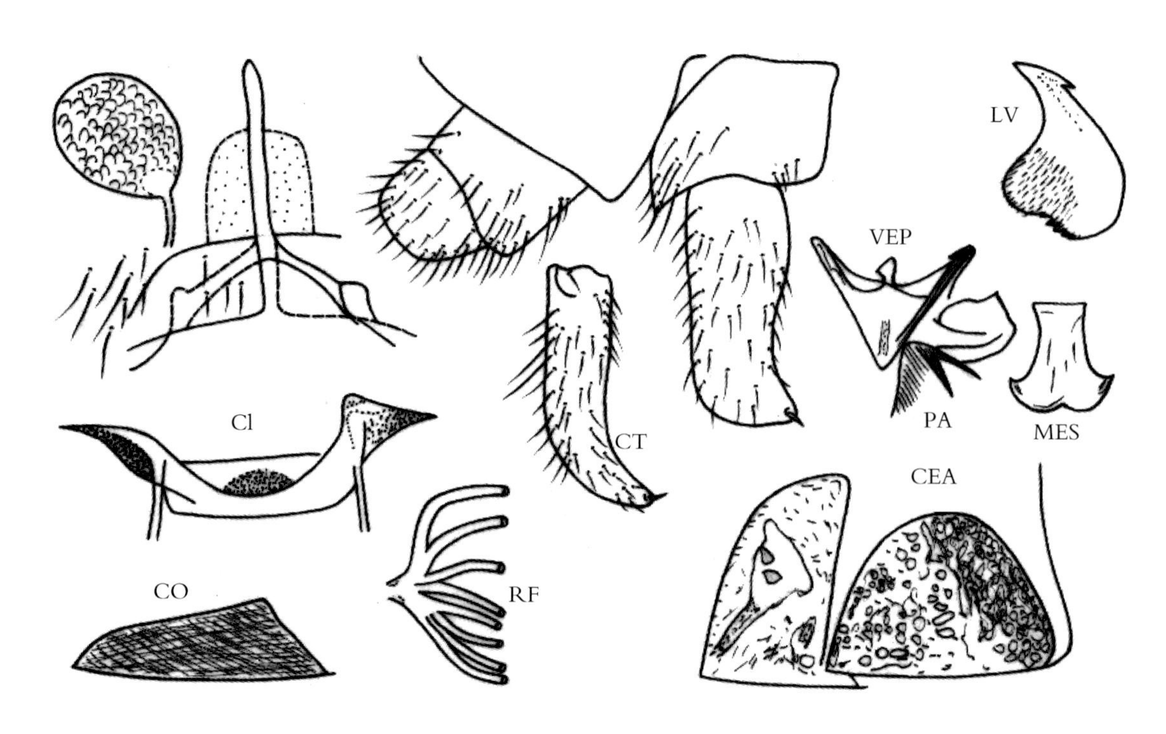

图 12–225　樱花蚋 *S.*（*S.*）***nikkoense*** Shiraki，1935（仿 Rubtsov，1956. 重绘）

鉴别要点　雄虫生殖腹板板体三角形。幼虫额斑阳性，亚颏侧缘毛每边 3 支。

形态概述

雌虫　体长 2.3~3.8mm。触角柄节、梗节和鞭节Ⅰ基 1/2 为棕黄色，余部为棕褐色。食窦后部丛生疣突。中胸盾片具银白色肩斑。前足基节、转节、股节为棕黄色，胫节基 4/5 黄色；中足转节、股节和胫节基 4/5、跗节Ⅰ基 1/2 为黄色或棕色；后足转节、股节基 2/3、胫节基 3/4、跗节Ⅰ中 1/2 为棕黄色，跗节Ⅱ基 1/2 为黄色。后足跗节Ⅰ长约为宽的 5.3 倍。生殖板三角形，内缘亚平行，生殖叉突后臂具外突。受精囊球状。

雄虫　体长 2.5~4.2mm。触角棕褐色。中胸盾片覆灰白粉被，具银白色肩斑。腹节Ⅴ ~ Ⅶ背板具银白色侧斑。前足基节、转节、股节基 3/4、胫节基 1/2 为棕黄色。生殖肢端节端部变细。生殖腹板板体正三角形，侧面观后突宽大，后缘具齿。阳基侧突每边具 3 个大刺和众多小刺。

蛹　体长 2.5~4.0mm。呼吸丝 8 条，上面第 2 对无茎。茧拖鞋状，编织较密，前部两侧疏松，具多数小孔隙。

幼虫　体长 5.2~6.2mm。额斑阴性。触角长于头扇柄。头扇毛 42~46 支。亚颏侧缘毛每边 3 支。后颊裂箭状，基部收缩。上颚内齿 9 枚，第 1 梳齿发达，第 2、第 3 梳齿约等大。肛鳃中叶具 5~8 个附叶，两侧叶各具 7~8 个附叶。后环 57~64 排，每排具 10~11 个钩刺。

生态习性　幼期孳生于山区小河、溪流中的石块、水草、枯枝落叶以及闸门出水坡上，尤以阳光充足处习见。水温 11~15℃，6~10 月份均可采到。雌虫叮人（Bentinck，1955）。

地理分布　中国：辽宁，吉林，内蒙古；国外：日本，韩国。

分类讨论　樱花蚋系由 Shiraki（1935）记述的新种。Rubtsov（1959~1964）将其作为 *S.*（*S.*）*argyreatum triangulare* 的同义词处理。陈继寅（1983）、孙悦欣（1994）曾认为，应保留其种级地位。本种雄虫生殖腹板板体呈三角形，在淡额蚋组中特征相当突出，不容易混淆，可资鉴别。

淡额蚋 ***Simulium*（*Simulium*）*noelleri*** Friederichs，1920（图 12–226）

Simulium noelleri Friederichs，1920. *Berl. Tierärzti. Wschr.*，36：567~568. 模式产地：德国；Lee *et al.*，1976. *N. China*，*midges blackflies and horseflies*：135~136.

Gnus tenuimanus Enderlein，1921；Chen and Cao（陈继寅，曹毓存），1983. *Trans. Liaon. Zool. Soc.*，4（2）：123.

Simulium（*Simulium*）*noelleri* Friederichs，1920；An（安继尧），1989. *Contr. Blood-sucking Dipt*, *Ins.*，1：187；1996. *Chin J. Vector Bio. and Control*，7（6）：474；Chen and An（陈汉彬，安继尧），2003. The Blackflies of China：318.

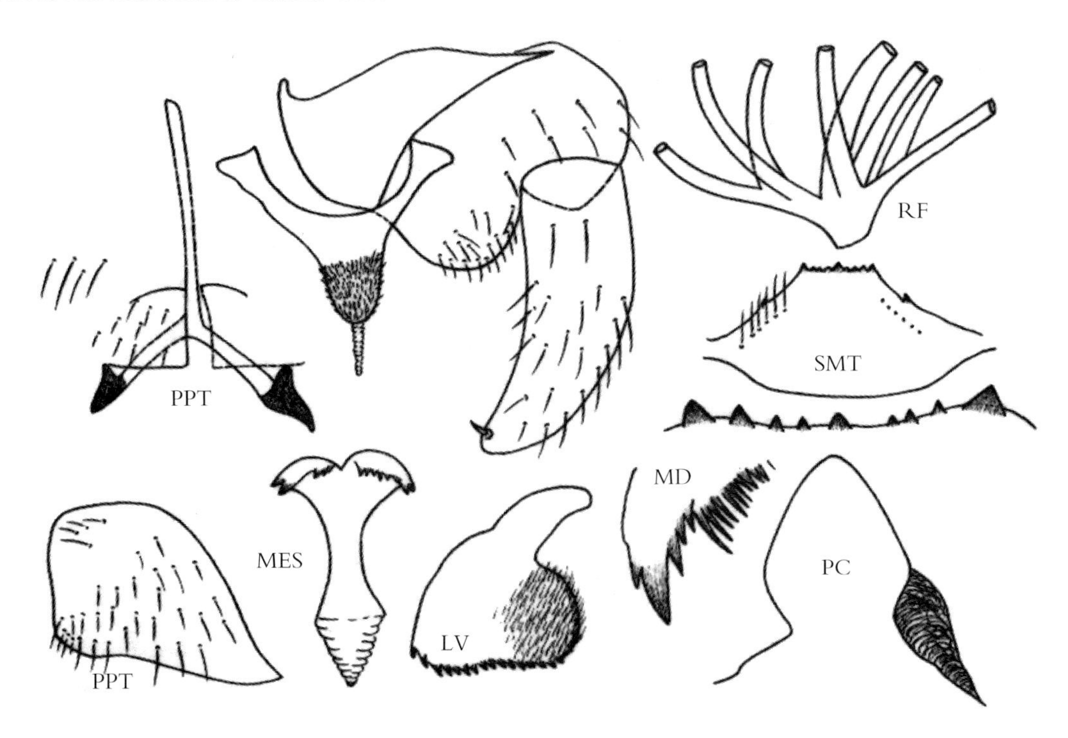

图 12–226 淡额蚋 *S.*（*S.*）***noelleri*** Friederichs，1920（仿 Rubtsov，1956. 重绘）

鉴别要点 雄虫生殖腹板板体末端骤变细呈细杆状，中骨亚基部扩大。

形态概述

雌虫 体长 4.0~4.5mm。额覆亮灰色粉被，颜银灰色。触角柄节、梗节淡黄色，鞭节黑色。中胸盾片具清晰的银白色肩斑。足大部暗褐色，中足、后足胫节基 1/2 外侧为黄白色，后足基跗节基 1/2 为淡黄色。生殖板三角形，端内角直角形。生殖叉突后臂具骨化外突。肛上板大。

雄虫 体长约 4.0mm。触角黑色。中胸盾片及腹部有明显的银白色斑。足大部为黑色。前足跗节 I 的长约为宽的 7 倍。生殖肢端节长，端部内弯。生殖腹板板体长锥形，端部骤变细呈杆状，侧面观后缘具 10 余个齿。中骨亚基部扩大，亚端部强收缩，端部扩大分叉，呈菜花状。阳基侧突具 3~5 个大刺和众多小刺。

蛹 呼吸丝 8 条，上、下 2 对具短茎，中间 2 对从基部发出。茧编织疏松，前部具大量小孔隙。

幼虫 体长 7.0~9.0mm。体栗红色，头扇毛 47~57 支。肛鳃每叶具 4~5 个附叶。后环 68~80 排，每排具 10~15 个钩刺。

生态习性 幼虫和蛹孳生于温度为 10~16℃的小溪或较大河流中的石块上，以卵越冬，偶吸人血或畜血。

地理分布 中国：辽宁，内蒙古；国外：欧洲大陆至俄罗斯（西伯利亚）、蒙古国和美国。

分类讨论 在以往文献里记载的银蚋（*S.argyreatum*）系本种的误定。Crosskey 等（1996）认为真正的银蚋应隶属于古北界的杂色蚋组（*variegatum* group）。

沼生蚋 *Simulium*（*Simulium*）*palustre* Rubtsov，1956（图 12-227）

Simulium palustre Rubtsov，1956. *Blackflies*，*Fauna USSR*，Diptera，6（6）：756~757. 模式产地：俄罗斯（西伯利亚）. Chen（陈继寅），1984. *Acta Zootax Sin.*，8（3）：72.

Simulium（*Simulium*）*palustre* Rubtsov，1956；Crosskey *et al.*，1988. *J. Nat. Hist.*，30：428；An（安继尧），1996. *Chin J. Vector Bio. and Control*，7（6）：474；Chen and An（陈汉彬，安继尧），2003. The Blackflies of China：320.

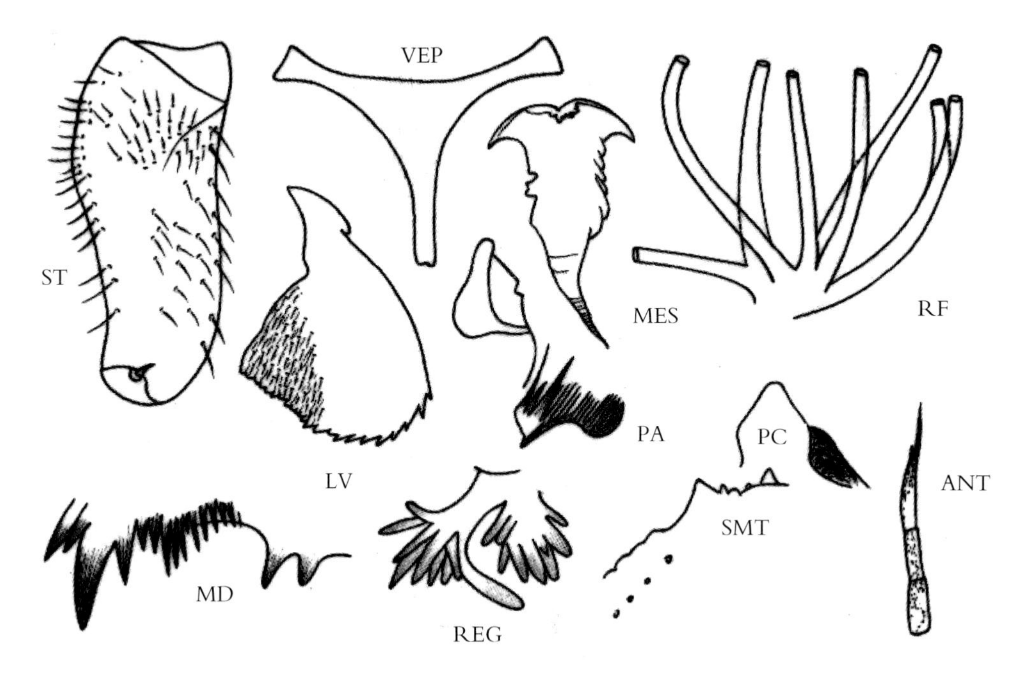

图 12-227 沼生蚋 *S.*（*S.*）*palustre* Rubtsov（仿 Rubtsov，1956. 重绘）

鉴别要点 雄虫生殖腹板板体强收缩呈长楔状，基臂夹角约 160°。幼虫后颊裂伸达接近亚颏后缘；肛鳃每叶具 8~10 个附叶。

形态概述

雌虫 体长约 3.5mm。额暗灰色。触角柄节、梗节为黄色。中胸盾片灰黑色，具暗色中纵纹和不明显的银白色斑。平衡棒白色。足黄色部分包括各足股节基部、前足基节、中足转节、胫节基 2/3、跗节Ⅰ基 1/3 和后足基跗节基 2/3。

雄虫 体长 3.0~3.5mm。触角黑色。中胸盾片银白色肩斑明显，但不发达。中足胫节基部外侧为黄色，后足股节、胫节基部为黄色。后足基跗节基 1/2 不明显长，长约为其宽的 5 倍。生殖肢端节端刺发达。生殖腹板板体长楔状，基部不收缩，后半骤收缩成杆状，基臂短而外展，夹角约 160°。中骨叶状，端部扩大，侧缘具切刻。阳基侧突每边具 4~5 个大刺和约 20 余个小刺。

蛹 呼吸丝 8 条，大多从基部发出，第 2、第 4 条特粗壮。茧拖鞋状，丝结实。

幼虫 体长 6.0~7.0mm。头斑"H"形，向后扩大。头扇毛 52~57 支。亚颏中齿、角齿发达，内齿 2 排。侧缘毛每边 4 支。后颊裂深，箭形，基部略收缩，伸达接近亚颏后缘。肛鳃每叶具 8~10 个附叶。后环 74~78 排，每排具 11~15 个钩刺。

生态习性 幼虫和蛹孳生于小溪或沼泽泥塘流水处的水生植物或水泥地上。水温约 10℃，7 月化蛹和羽化。

地理分布 中国：内蒙古；国外：俄罗斯。

分类讨论 沼生蚋生殖腹板和中骨形状特殊、幼虫后颊裂深及肛鳃附叶多等特征，可与其近缘种相区别。

G. 爬蚋组 *reptans* group

组征概述 雌虫额覆以银白粉被，爪简单或具钝的小亚基齿；生殖板端圆，内缘远离，生殖叉突后臂具骨化外突；肛上板椭圆形，长大于宽或长宽约相等。雄虫后足基跗节明显比雌虫的宽；生殖腹板腹面观，板体棒状或窄板状，后段具毛和刺，侧面观后缘具 1~2 个粗齿突。蛹呼吸丝 6~12 条，由 3~6 条短茎发出；茧简单，拖鞋状或具短颈领，编织完整，前部具若干孔窗。幼虫头斑各式各样，通常仅后额斑清晰；亚颏顶齿小，中齿、角齿不发达，基座宽；颊后裂深，伸达或接近亚颏后缘。

本组全世界已报道 16 种（Adler 和 Crosskey，2014），主要分布于古北界，从欧洲大陆延伸至中亚、中东，直至蒙古国、西伯利亚和我国北方。我国已知 4 种，即爬蚋［*S.*（*S.*）*reptans* Linnaeus，1758］、远蚋［*S.*（*S.*）*remotum* Rubtsov，1956］、谭周氏蚋［*S.*（*S.*）*tanetchovi* Yankovsky，1996］和塔氏蚋［*S.*（*S.*）*tarnogradskii* Rubtsov，1940］。本书另记述 1 新种，即甘肃蚋［*S.*（*S.*）*gansuense* Chen，Jiang and Zhang，sp. nov.］。因此，我国已知爬蚋组达 5 种。

中国蚋亚属爬蚋组分种检索表

雌虫

1　额覆灰白或银白粉被；爪具小基齿；生殖叉突后臂具膜质内突……………………………2

　额亮黑色；爪简单；生殖叉突后臂无膜质内突……………………………………………………3

2（1）中胸盾片具银白色肩斑；前足、中足胫节基 2/3 为黄色，端 1/3 为黑色，生殖板内缘远离……
　……………………………………………………………………**塔氏蚋** *S.*（*S.*）*tarnogradskii*

　中胸盾片前、后和侧缘以及小盾前区具灰白色带；前足、中足胫节中大部为黄色，生殖板内缘基段靠近……………………………………………………**甘肃蚋** *S.*（*S.*）*gansuense* sp. nov.

3（1）中胸盾片具清晰的银白色肩斑；生殖板端内角圆钝；后足胫节基半为黄色……………
　………………………………………………………………………………**爬蚋** *S.*（*S.*）*reptans*

　无上述合并特征…………………………………………………………………………………4

4（3） 中胸盾片覆红铜色毛；各足股、胫节大部为淡黄色，仅端部为黑色……………………………谭周氏蚋 *S.*（*S.*）*tanetchovi*

无上述合并特征……………………………………………………远蚋 *S.*（*S.*）*remotum*

雄虫

1 生殖腹板板体板状，末端明显扩大，侧面观后缘具 5 枚小齿；中骨箭形……………………………谭周氏蚋 *S.*（*S.*）*tanetchovi*

无上述合并特征……………………………………………………2

2（1） 生殖腹板棒状，末端不扩大或扩大不明显；侧面观后缘齿少于 4 枚；中骨非箭形……3

3（2） 阳基侧突每侧具 6~7 个大刺；中骨板状，端缘波状…………甘肃蚋 *S.*（*S.*）*gansuense* sp. nov.

非如上述……………………………………………………4

4（3） 中骨长三角形，端缘中裂；阳基侧突每侧具 20 余个长短不一的钩刺……………………………远蚋 *S.*（*S.*）*remotum*

无上述合并特征……………………………………………………5

5（4） 生殖腹板后缘具 2~3 枚粗齿，后突发达……………………塔氏蚋 *S.*（*S.*）*tarnogradskii*

生殖腹板后缘具 1 枚粗齿，后突不发达………………………爬蚋 *S.*（*S.*）*reptans*

蛹①

1 呼吸丝 6 条……………………………………………………远蚋 *S.*（*S.*）*remotum*

呼吸丝 8 条……………………………………………………2

2（1） 茧前缘完整，无网格状结构；4 对呼吸丝均具短茎…………………爬蚋 *S.*（*S.*）*reptans*

茧前缘具粗线编织成网格状结构，至少部分呼吸丝无茎……………………3

3（2） 上、下对呼吸丝茎较长，为其宽度的 2~3 倍长………甘肃蚋 *S.*（*S.*）*gansuense* sp. nov.

上、下对呼吸丝茎较短，长与其宽度约相等……………………塔氏蚋 *S.*（*S.*）*tarnogradskii*

幼虫②

1 后颊裂伸达亚颏后缘……………………………………………………2

后颊裂未伸达亚颏后缘……………………………………………………3

2（1） 亚颏侧缘毛每侧 6~10 支；肛鳃每叶具 3~5 个次生小叶…………塔氏蚋 *S.*（*S.*）*tarnogradskii*

亚颏侧缘毛每侧 4 支；肛鳃简单…………………………甘肃蚋 *S.*（*S.*）*gansuense* sp. nov.

3（1） 头扇毛 36~38 支；亚颏侧缘毛每侧 3 支；肛鳃每叶具 6~7 个附叶；后环 58~60 排……………………………远蚋 *S.*（*S.*）*remotum*

头扇毛 41~51 支；亚颏侧缘毛每侧 3~5 支；肛鳃每叶具 3~4 个附叶；后环 78~80 排……………………………爬蚋 *S.*（*S.*）*reptans*

① 谭周氏蚋［*S.*（*S.*）*tanetchovi*］的蛹尚未发现。

② 谭周氏蚋［*S.*（*S.*）*tanetchovi*］的幼虫尚未发现。

甘肃蚋，新种 *Simulium*（*Simulium*）*gansuense* Chen，Jiang and Zhang（陈汉彬，姜迎海，张春林），sp. nov.（图 12-228）

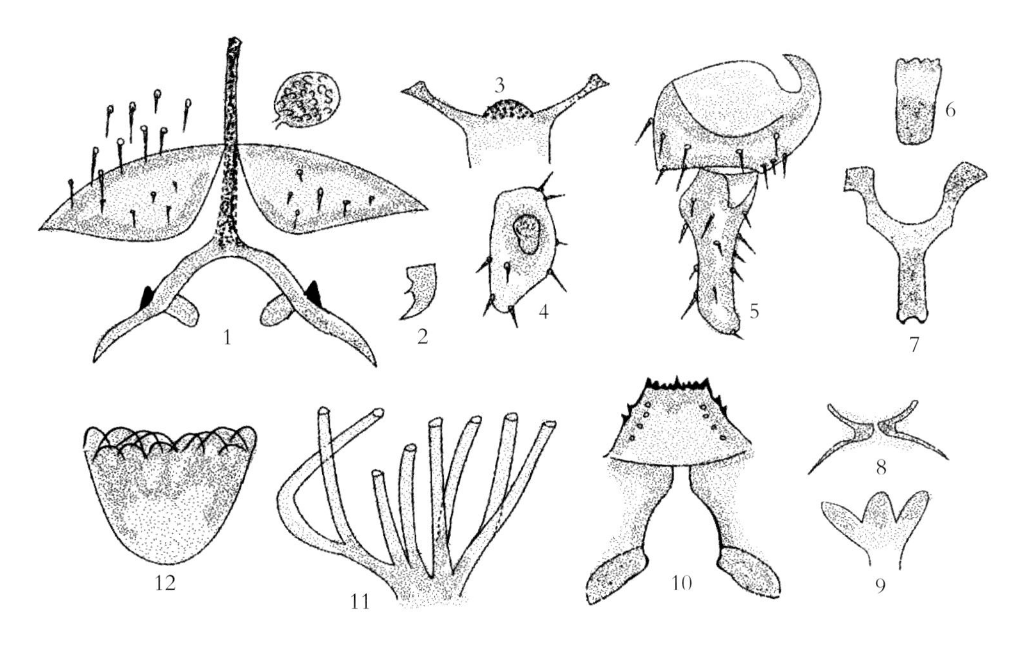

图 12-228 甘肃蚋，新种 *S.*（*S.*）*gansuense* Chen，Jiang and Zhang，sp. nov.

1.Female genitalia；2.Female claw；3.Female cibarium；4.The female 3rd segment of maxillary palp；5.Coxite and style of male；6.Median sclerite；7.Ventral plate in ventral view；8.Larval anal sclerite；9.Rectal gill lobes；10.Larval head capsules in ventral view；11.Basal portion of pupal gill filaments；12.Cocoon

模式产地 中国甘肃（崆峒山）。

鉴别要点 雌虫生殖板内缘基段靠近，末端远离；生殖叉突后臂具内突、外突。雄虫中骨板状，端缘波状。茧前缘具网格状结构。幼虫肛鳃简单。

形态概述

雌虫 体长 2.0~3.0mm。头：额和唇基具灰白粉被。额指数为 7.0∶5.8∶5.5；额头指数为 7.0∶25.3。触须节的Ⅲ～Ⅴ的节比为 4.3∶4.6∶10.2。节Ⅲ不膨大，拉氏器长约为节Ⅲ的 0.32。下颚具 11 枚内齿和 14 枚外齿；上颚具 31 枚内齿和 16 枚内齿。食窦弓中部具一簇疣突。胸：中胸盾片亮黑色，覆黄白色毛。前缘具灰白带，并沿侧缘延伸到小盾前区。小盾片覆灰白粉被，具黑色毛。后胸片黑色，光裸。中胸侧膜和下侧片光裸。各足基节、转节除中足、后足基节为棕黑色外，余部为淡黄色；股节除后足股节基 1/4 为黄色外，余部为棕色；胫节除前足、中足胫节中大部和后足胫节基 2/3 为黄色外，余部为棕色；跗节除中足基跗节基 4/5、后足基跗节基 3/4 和跗节Ⅱ基 1/2 为黄白色外，一致为棕黑色。前足基跗节膨大，长约为宽的 5 倍；后足基跗节侧缘几乎平行。长约为宽的 6 倍。跗突和跗沟发育良好。爪具小基齿。翅亚缘脉具毛，径脉基光裸。腹：基端黄棕色具淡色缘毛，背板棕黑色。尾器：腹节背板Ⅷ中裸。生殖板短舌形，内缘基段靠近，端部远离。生殖叉突柄强骨化，后臂具外突和膜质内突。受精囊球形，具网斑。

雄虫 体长 3.2mm；翅长 2.6mm。头：上眼具 16 个纵列和 15 横排大眼面。唇基黑色，覆灰白粉被，具淡色毛。触角鞭节Ⅰ的长约为鞭节Ⅱ的 2 倍。触须节Ⅲ不膨大，拉氏器小。胸：似雌虫，但后足基跗节的长约为宽的 5.2 倍。腹：近似雌虫。尾器：生殖肢端节长约为基节的 1.5 倍，基 1/3 扩大。生殖腹板“Y”形，板体长板状，端缘具 2 枚粗齿。中骨长板状，端缘波状。阳基侧突每侧具 6~7 个强钩刺。

蛹 体长约 4.0mm。头、胸覆疣突。头毛 3 对，胸毛 5 对，均简单。呼吸丝 8 条，排列成（2+1+1）+（2+2）。所有呼吸丝的长度和粗度约相同，短于蛹体。上、下对丝茎较长，约为其宽的 3 倍。茧鞋状，具短领，前缘由粗丝缠绕形成网格状结构。

幼虫 体长约 4.5mm。体色灰黄。头斑明显。触角 3 节的节比为 2.4∶3.9∶2.6；节 2 具 2 个次生环。头扇毛 28~30 支。亚颏侧缘毛 4 支。后颊裂壶状，伸达亚颏后缘。胸、腹体壁光裸。肛鳃简单。肛骨前臂长约为后臂的 0.4。后环 76~78 排，每排具 14~18 个钩刺。

模式标本 正模：1♀，从蛹羽化，与相联系的蛹皮制片。姜迎海采自甘肃崆峒山的山溪中的水草，35° 32′ N，106° 40′ E，海拔 1550m，2007 年 8 月 23 日。副模：4♀♀，1♂，5 蛹，5 幼虫。同正模。

地理分布 中国甘肃。

分类讨论 本新种与报道自俄罗斯的 *S.*（*S.*）*tarnogradskii* Rubtsov 近似，但是两者在足色、生殖腹板和中骨形状，蛹呼吸丝的分布式样和幼虫肛鳃的亚颏侧缘毛数量有明显的差异。

种名词源 新种以其模式标本产地命名。

附：新种英文描述。

Simulium*（*Simulium*）*gansuense Chen，Jiang and Zhang，sp. nov.（Fig.12–227）

Form of overview

Female Body length 2.0~3.0mm. Head：Narrower than thorax. Frons and clypeus brown with whitish grey pruinose，covered with fine yellowish white pubescence，intermixed with sparse dark hairs. Frontal ratio 7.0 ∶ 5.8 ∶ 5.5；frons–head ratio 7.0 ∶ 25.3. Antenna composed of 2+9 segments，brownish black except scape and pedicel pale yellow. Maxillary palp with 5 segments in proportion of 4.3 ∶ 4.6 ∶ 10.2；the 3rd segment not enlarged，sensory vesicle oblong，about 0.32 times as long as respective segment. Maxilla with 11 inner teeth and about 14 outer ones. Mandible with about 31 inner and 16 outer teeth. Cibarium armed with a group of minute denticles. Thorax：Scutum shiny blackish brown，covered with recumbent yellowish white pubescence. When illuminated in front and viewed dorsally，scutum with whitish grey transverse band along anterior margin，lateral margin and prescutellar area. Scutellum grey dusted，with sparse upstanding black hairs. Postscutellum black and bare. Pleural membrane and katepisternum bare. Legs：All coxae and trochanters pale yellow except mid and hind coxae brownish black. All femora brown except basal 1/4 of hind femur yellow. All tibiae brownish black except fore and mid tibiae with large pale yellow patch medially on outer surface and basal 2/3 of hind tibiae pale yellow. All tarsi blackish brown except basal 4/5 of mid basitarsus，basal 3/4 of hind basitarsus and basal 1/2 of hind 2nd tarsomere yellow–whitish. Fore basitarsus distance dilated，W ∶ L=1.0 ∶ 5.0. Hind basitarsus nearly paralled–sided，W ∶ L=1.0 ∶ 6.0. Calcipala of moderate size，reaching just behind pedisulcus. Each claw with a small basal tooth. Wing：Costa with spinules as well as hairs. Subcosta hairy. Basal section of radius bare. Hair tuft of stem vein brownish.

Abdomen: Basal scale yellowish brown with a fringe of pale hairs. Terga nearly brownish black. Genitalia: Sternite 8 bare medially and with about 10 hairs on each side. Anterior gonapophysis short tangle-shaped, membraneous, covered with a few short setae as well as numerous microsetae. Genital fork inverted Y-formed; stem slender and well sclerotized; arm slender, with distinct sclerotized outer projection directed forward and rounded inner projection on each side. Spermatheca ovoid, sclerotized surface with reticulate pattern. Paraproct of moderate size; cercus rounded posteriorly.

Male Body length about 3.2mm. Wing length about 2.6mm. Head: Slightly wider than thorax. Upper-eye enlarged, with 15 horizontal rows and 16 vertical columns of large facets. Clypeus brownish black, whitish grey pruinose and covered with a few pale hairs. Antenna composed of 2+9 segments brownish black except yellow scape; the 1st flagellar segment about 2 times as long as the following one. Maxillary palp with 5 segments, the 3rd segment not so enlarged and with small sensory vesicle. Thorax: Nearly as in female except hind basitarsus slightly wider about 5.2 times as long as width. Abdomen: Nearly as in female. Genitalia: Coxite rectangular in shape, about 1.2 times as long as width. Style elongate, about 1.5 times as long as coxite and about 2.8 times as long as its greatest width at basal 1/3, with small subapical spine. Ventral plate Y-shaped, strongly sclerotized, plate body long plate-shaped, nearly paralled, and having 2 teeth on apical margin in ventral view. Parameres each with 6~7 strong hooks and some small hooks. Median sclerite long, plate-like, gradually widened distally.

Pupa Body length about 4.0mm. Head and thorax: Integuments brownish yellow, covered with small tubercles. Head with 1 facial and 2 frontal pairs of simple trichomes; thorax with 5 pairs of simple trichomes. Gill organ with 8 filaments arranged in (2+1+1) + (2+2), all filaments subequal to each other in length and thickness, and much shorter than pupal body. Abdomen: Tergum 2 with 5 short spinous setae and 1 long simple seta on each side; terga 3 and 4 each with 4 hook-like spines directed forwards along posterior margin on each side.T ergum 8 with spine-comb in transverse row; tergum 9 with terminal hooks. Sternum 5 with pair of bifid hooks situated closely together on each side; sternum 6 and 7 each with a pair of inner bifid and outer simple hooks widely spaced on each side. Cocoon: Shoe-shaped, with short neak, tighty woven except near anterior end loosely woven, giving rise to several interspaces or windows in the webs.

Mature larva Body length about 4.5mm. Greyish yellow in body. Cephalic apotome indistinct. Antenna composed of 3 segments in proportion of 2.4 : 3.9 : 2.6, segment 2 with pale annulets. Cephalic fan with 28~30 main rays.Mandible with a large and a small mandibular serration but lacking any supernumerary serration. Hypostomium with a row of 9 small apical teeth. Lateral serration weakly developed near apex; hypostomial setae 4 in number, diverging posteriorly from lateral margin on each side. Postgenal cleft ladder-like, reaching posterior margin of hypostomium, somewhat narrowed apically and constricted posteriorly. Thoracic and abdominal integuments bare.Rectal papilla of 3 lobes, all simple. Anal sclerite of X-formed, with short anterior arms about 0.4 times as long as posterior ones; posterior circlet with about 76~78 rows of 14~18 hooklets per row.Ventral papillae absent.

Type materials Holotype: 1♀, reared from pupa, slide-mounted, KongTong Mountain, PingLing, Gansu Province, China (35°32′N, 106°40′E, alt.1550m, 23th, Aug., 2007). Paratype: 4♀♀, 1♂, reared from pupa; 5 pupae; 5 larvae, taken from trailing grasses exposed to the sun by Jiang Yinghai.

Distribution Gansu Province, China.

Remarks On the basis of the inner margins of Anterior gonapophysis widely separated in the famale, the Y-formed ventral plate in the male and the shape of larval postgenal cleft, this new species seems to fall into the *reptans* group of *Simulium* (*Simulium*) as defined by Rubtsov (1956, 1964). It is allied to *S.* (*S.*) *tarnogradskii* Rubtsov from Russia, Armenia and Azerbaijan.The latter species, however, can be readily separated from new species by the pale coloration of the legs, the shape of the ventral plate and median sclerite in the male, the branching method of the gill filaments in the pupa, and the hypostomial setae 6~10 in number and the rectal papilla lobes compound in the larva.

Etymology The specific name was given for its type locality.

远蚋 *Simulium* (*Simulium*) *remotum* Rubtsov, 1956 (图 12-229)

Simulium remotum Rubtsov, 1956. *Blackflies*, *Fauna USSR*, Diptera, 6 (6): 824~825. 模式产地：中国北京；Lee *et al.* (李铁生等), 1976. N. China, midges, blackflies and horseflies: 141~142.

Simulium (*Simulium*) *remotum* Rubtsov, 1956; An (安继尧), 1989. *Contr. Blood-sucking Dipt.Ins.*, 1: 187; 1996.*Chin J. Vector Bio. and Control*, 7 (6) 747; Chen and An (陈汉彬，安继尧), 2003. The Blackflies of China: 279.

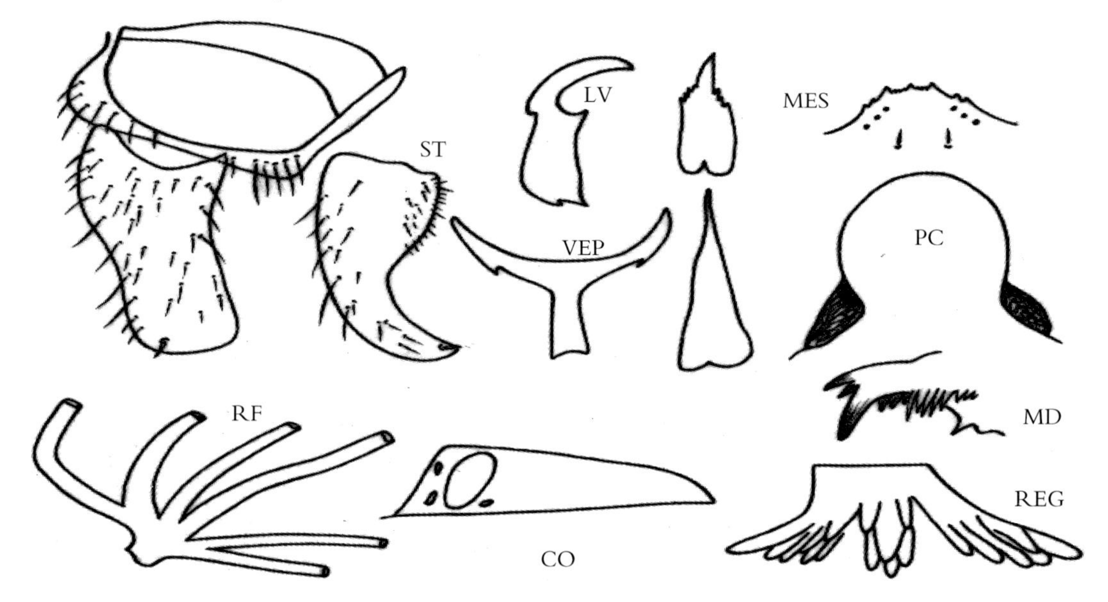

图 12-229 远蚋 *S.* (*S.*) *remotum* Rubtsov (仿 Rubtsov 等，1956. 重绘)

鉴别要点 雌虫生殖板圆形。雄虫生殖腹板自基部向端部渐扩大。蛹呼吸丝 6 条。幼虫后颊裂长椭圆形。

形态概述

雌虫 体长约 3.0mm。额亮黑色。触角基部为淡黄色。中胸盾片灰黑色，银斑不清晰。足为黄黑两色，黄色部分包括后胫基 2/3 和后足基跗节基 2/3。后足基跗节的长为宽的 5.5~6.0 倍。

雄虫 体长 2.7~2.8mm。外形近似爬蚋[*S.*(*S.*)*reptans*]。后足基跗节超过基 1/2 和胫节基部为黄色。生殖肢基节宽大于长，生殖肢端节基 1/2 膨胀，端 1/2 两侧平行。生殖腹板楔形，板体自基部向端部略变宽，侧面观后缘具1~2个小齿突。中骨长三角形，后缘中凹。阳基侧突每边具20余个长短不等的钩刺。

蛹 体长2.8~3.0mm。呼吸丝6条，长约为体长的1/2，均具短茎，下对丝较细弱。茧拖鞋状，前部具大侧窗和3~4个小孔窗。

幼虫 体长4.0~5.0mm。额斑阳性。头扇毛36~38支。亚颏侧缘毛每边3支，中间另具1对刚毛。肛鳃每叶具6~7个附叶。后环58~60排，每排具12~14个钩刺。

生态习性 幼虫和蛹孳生于山区流速大、河床有大石块的河流里，7月份出现成虫。

地理分布 中国：华北地区；国外：俄罗斯。

分类讨论 过去的文献通常把本种列入爬蚋组（*reptans* group），后又移入淡足蚋组（*malyschevi* group），本书根据其综合特征，复又将它归入爬蚋组。

爬蚋 *Simulium*（*Simulium*）*reptans* Linnaeus，1758（图12-230）

Culex reptans Linnaeus，1758. *Syst. Nat.* 10th ed.，1：603. 模式产地：瑞典.

Simulium reptans Linnaeus，1758；Lee *et al.*（李铁生等），1976. N. China，midges，blackflies and horseflies：140~141.

Simulium（*Simulium*）*reptans* Linnaeus，1758；An（安继尧），1989. *Contr. Blood-sucking Dipt. Ins.*，1：187；1996. *Chin J. Vector Bio. and Control*，7（6）：474；Crosskey *et al.*，1996. *J. Nat. Hist.*，30：429；Chen and An（陈汉彬，安继尧），2003. The Blackflies of China：323.

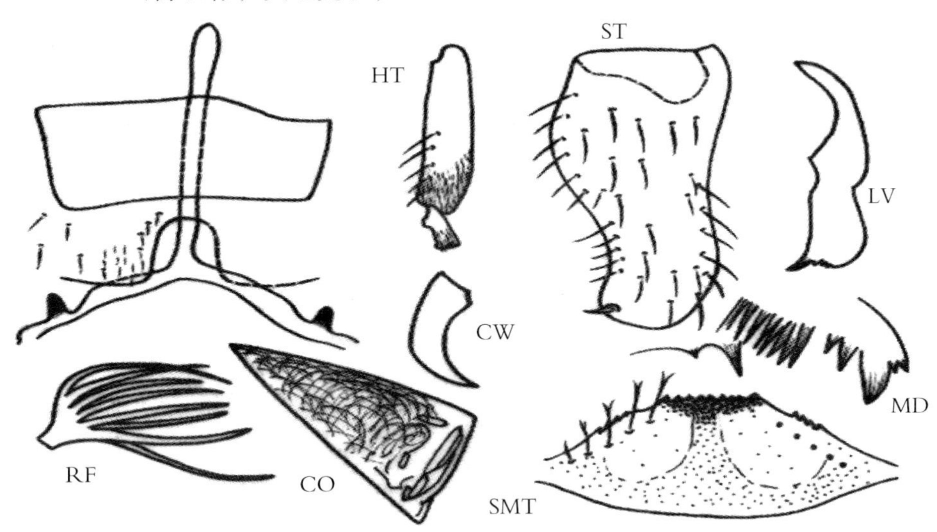

图12-230 爬蚋 *S.*（*S.*）*reptans* Linnaeus，1758

鉴别要点 雄虫生殖腹板后缘具1枚大齿。蛹4对呼吸丝均具短茎。幼虫亚颏侧缘毛每边4~5支，末端分叉。

形态概述

雌虫 体长2.4~3.2mm。额亮黑色。触角柄、梗节为棕黄色，鞭节为黑色。中胸盾片具清晰的银白色肩斑。足大部为暗褐色。前足基节及股节基部，中足胫节基1/2、跗节Ⅰ基部，后足胫节基1/2、基跗节基2/3为黄色，余部为黑色。爪简单。生殖板内缘远离，端内角圆，生殖叉突具骨化外突，肛上板大，近卵圆形。

雄虫 体长约 3mm。触角黑色。中胸盾片稀被金色短柔毛，具清晰的银白色肩斑。前足胫节和腹部也具银白色斑。各足基节和股节全暗，中足、后足胫节基 1/2 和后足基跗节基 2/3 为黄色，余部为黑色。生殖肢端节基 1/3 膨胀。生殖腹板板体纵长，侧面观后缘具 1 枚大齿。阳基侧突每边具 5~6 个长短不一的粗刺并杂有小刺。

蛹 体长约 3.0mm。呼吸丝 8 条，约等粗，长约为体长的 1/2，均具短茎。茧拖鞋状，前部由 2~3 条粗线编织成完整的前缘和 2 个大侧窗。

幼虫 体长 5.5~6.0mm。额斑阳性。触角节 2 中部有 1 个淡环。头扇梳毛 47~51 支。亚颏侧缘毛每边 3~5 支，末端分叉。后颊裂未伸达亚颏后缘。肛鳃每叶具 3~4 个附叶。后环 78~80 排，每排具 12~16 个钩刺。

生态习性 蛹和幼虫孳生于河流里，以卵越冬，成虫于 5 月份或 6 月份初始出现。

地理分布 中国：北京，河北，黑龙江，新疆；国外：瑞典，奥地利，比利时，波斯尼亚，英国，保加利亚，捷克，丹麦，芬兰，法国，德国，匈牙利，冰岛，意大利，拉脱维亚，列支敦士登，立陶宛，卢森堡，马其顿，荷兰，挪威，波兰，葡萄牙，罗马尼亚，俄罗斯，塞尔维亚，斯洛伐克，西班牙，瑞士，土耳其，乌克兰，乌兹别克斯坦，蒙古国。

分类讨论 本种是爬蚋组的代表种，具有一般的组征。其茧结构和幼虫亚颏侧缘毛以及触角节 2 具假关节等特征，很容易与其近缘种相区别。

谭周氏蚋 *Simulium*（*Simulium*）*tanetchovi* Yankovskey，1996（图 12-231）

Simulium rheophilum Tan and Chow，1976；*Acta Ent. Sin.*，19（4）：456；Lee *et al.*，1976. N. China，midges，blackflies and horseflies：142~143.

Simulium（*Simulium*）*rheophilum* Tan and Chow；An（安继尧），1989. *Contr.Blood-sucking Dipt.Ins.*，1：187；1996.*Chin J. Vector Bio. and Control*，7（6）：475；Chen and An（陈汉彬，安继尧），2003.The Blackflies of China：324.

Simulium（*Simulium*）*tanetchovi* Yankovskey，1996：Adler and Crosskey，2014. World Blackflies：94.

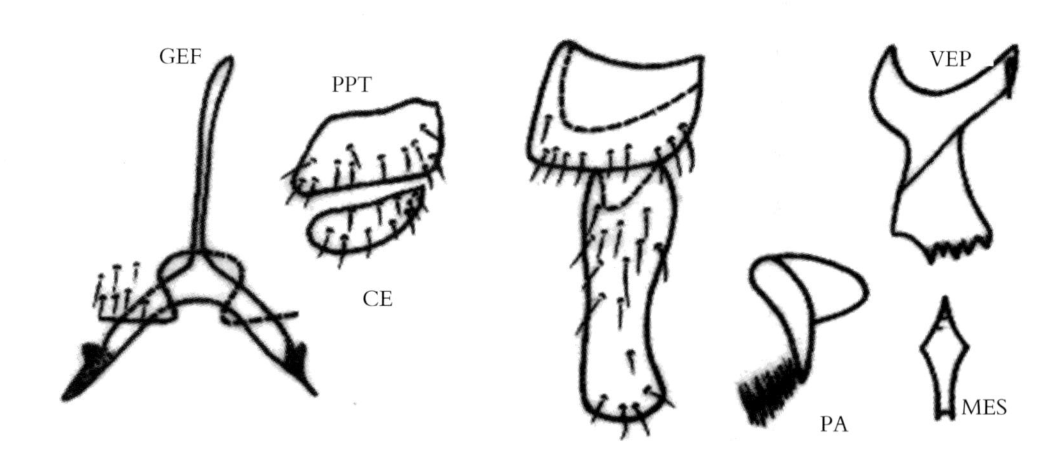

图 12-231 谭周氏蚋 *S.*（*S.*）*tanetchovi* Yankovskey，1996（仿谭娟杰等，1976. 重绘）

鉴别要点 雌虫生殖板端内角略尖。雄虫生殖腹板板体端部扩大，中骨箭形。

形态概述

雌虫 体长2.0~2.8mm。额亮黑色，颜银灰色。触角柄、梗节和鞭节Ⅰ或包括节Ⅱ～Ⅲ为棕黄色，余部为黑色。中胸盾片灰黑色，密被红铜色柔毛，银白色肩斑不清晰。足除前足跗节及中足、后足基节为黑色外，各足股节、胫节大部为淡黄色，仅端部为黑色。生殖板三角形，内缘凹入成弧形而远离，端内角略尖。肛上板横宽。

雄虫 体长2.0~2.8mm。额、颜覆银灰粉被。触角柄、梗节和鞭节Ⅰ为淡棕色，余部为黑色。中胸盾片黑色，密被红铜色毛，具长方形银白色肩斑，并与后缘银白色宽横带相连接。足除后足股节基1/2、胫节基部和中部前缘为棕黄色外，余部为黑褐色。生殖肢端部中1/3略收缩。生殖腹板板体板状，端部扩大，后缘约具5枚粗齿。中骨箭形，亚基部扩大，端缘内凹。

蛹 尚未发现。

幼虫 尚未发现。

生态习性 幼期生活在山涧溪流里，成虫6月份羽化。

地理分布 中国北京和华北地区。

分类讨论 溪蚋［*S.*（*S.*）*rheophilum*］是谭娟杰和周佩燕（1976）记述的新种。Yankovsky（1996）将其更换名称，并以原描述者的姓氏命名。Crosskey（1997）、Adler 和 Crosskey（2014）先后将溪蚋作为谭周氏蚋的同义词处理。但是根据国际动物命名法规，即使两者是同义词，也应该承认前者具有优先权。因此，著者认为其分类地位还值得进一步商榷。

塔氏蚋 *Simulium*（*Simulium*）*tarnogradskii* Rubtsov，1940（图12-232）

Simulium tarnogradskii Rubtsov，1940. *Blackflies*，*Fauna USSR*，Diptera，6（6）：83~84. 模式产地：俄罗斯（高加索）。

Simulium（*Simulium*）*tarnogradskii* Rubtsov，1940；An（安继尧），1996. *Chin J. Vector Bio. and Control*，7（6）：475；Chen and An（陈汉彬，安继尧），1996. *Chin J. Vector Bio. and Control*，7（6）：475；Chen and An（陈汉彬，安继尧），2003. The Blackflies of China：325.

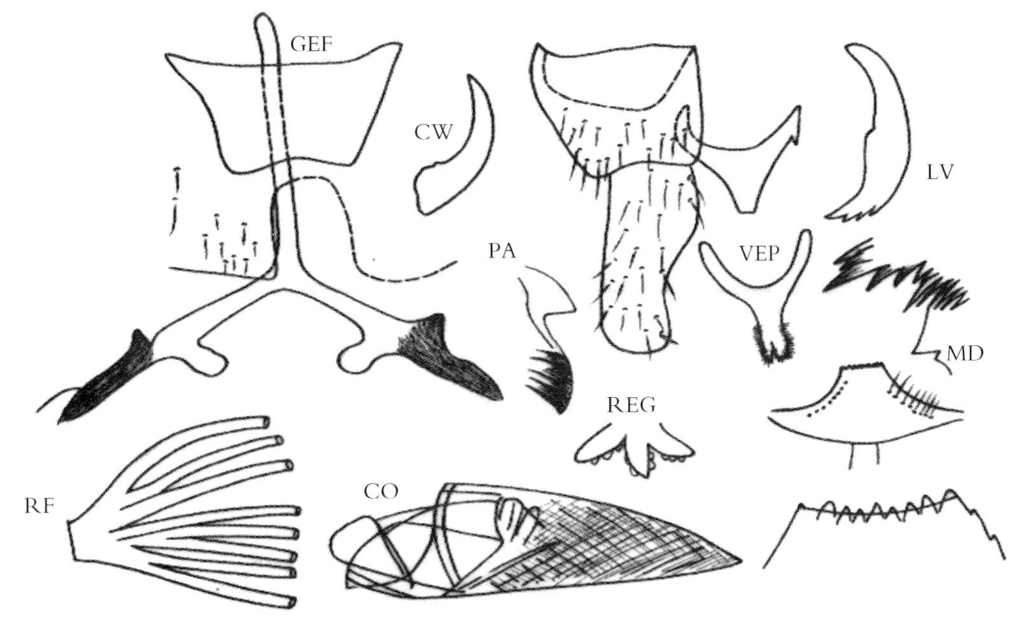

图12-232 塔氏蚋 *S.*（*S.*）*tarnogradskii* Rubtsov，1940（仿Rubtsov，1956. 重绘）

鉴别要点 雌虫额银白色，生殖叉突后臂具膜质内突。茧具颈领。幼虫后颊裂伸达亚颏后缘。

形态概述

雌虫 额覆银白粉被。触角柄、梗节为暗黄色，鞭节褐黑色。中胸盾片暗褐，被稀毛，具银白色肩斑。足大部为黄色；暗色部分包括各足胫节和后足股节端 1/3，中足、后足跗节Ⅰ端 1/3 和后足跗节Ⅱ端 1/2。爪具微小钝基齿。腹部暗褐色，被稀毛。生殖板三角形，内缘远离，端内角圆钝。生殖叉突后臂具骨化外突和膜质乳头状内突。

雄虫 体长 2.5~3.2mm。中胸盾片具银白色肩斑。足大部为黄色。生殖腹板板体呈棒状，侧面观后突发达，后缘具 2~3 枚粗齿。阳基侧突每边具 4~5 个大刺夹杂小刺。

蛹 体长 3.0~4.0mm。呼吸丝 8 条，排成 3+1+2+2；第 4 条丝从基部发出。茧具由粗线编织而成的网格状颈领。

幼虫 体长 5.0~7.0mm。额板后斑和 2 个侧斑清晰。触角前 3 节约等长。头扇梳毛 32~39 支。亚颏顶齿很小，中齿、角齿不发达。侧缘毛每边 6~10 支。后颊裂伸达亚颏后缘。肛鳃每叶具 3~5 个小附叶。后环 90~110 排，每排具 10~15 个钩刺。

生态习性 幼虫和蛹孳生于山溪、小河宽为 10~15m 的江河流水中的植物体上，每年 3~7 月份化蛹和羽化。

地理分布 中国：新疆；国外：阿塞拜疆，亚美尼亚，俄罗斯。

分类讨论 塔氏蚋可依据其生殖叉突后臂具膜质乳头状内突、茧具颈领、幼虫后颊裂伸达亚颏后缘等综合特征，与我国本组已知的其他蚋种相区别。

H. 盾纹蚋组 *striatum* group

组征概述 雌虫中胸盾片具 5 条暗色纵纹；径脉基段具毛；爪简单；第Ⅷ腹板后缘中凹呈槽状；生殖板蚕豆状或亚长方形，内缘靠近；生殖叉突后臂具外突。雄虫生殖肢端节具短基内突，其上着毛而无刺；生殖腹板腹面观大多呈马鞍形，基臂短而直伸；中骨棒状，基部细，后缘宽圆；翅径脉基光裸。蛹呼吸丝 8 条或 10 条。茧鞋状或靴状，具网格状领。幼虫亚颏顶齿很小；后颊裂较大，通常呈桃形或法冠形；腹部体节通常具亚中背突。

本组全世界已报道 20 种（Alder 和 Crosskey，2014），主要分布于东洋界，少数延伸至古北界。我国已记录 11 种，即坝河蚋［*S.*（*S.*）*bahense* Chen，2003］、清迈蚋［*S.*（*S.*）*chiangmaiense* Takaoka and Suzuki，1984］、格勒斯蚋［*S.*（*S.*）*grisescens* Brunetti，1911］、卡氏蚋［*S.*（*S.*）*kariyai* Takahasi，1940］、勐腊蚋［*S.*（*S.*）*menglaense* Chen，2003］、那空蚋［*S.*（*S.*）*nakhonense* Takaoka and Suzuki，1984］、屏东蚋［*S.*（*S.*）*pingtungense* Huang and Takaoka，2008］、萨擦蚋［*S.*（*S.*）*saceatum* Rubtsov，1956］、五条蚋［*S.*（*S.*）*quinquestriatum* Shirakia，1935］、泰国蚋［*S.*（*S.*）*thailandicum* Takaoka and Suzuki，1984］、五指山蚋［*S.*（*S.*）*wuzhishanense* Chen，2003］。

其中，卡氏蚋［*S.*（*S.*）*kariyai*］系 1940 年 Takahasi 根据内蒙古的雄虫标本做了简单的原描述，置于 *Boreosimulium* 亚属项下。Alder，Currie 和 Wood［2004.The blackflies（*Simulium*）of North America：314］根据其径脉基光裸、中胸盾片具纹饰、足具环带等近似五条蚋［*S.*（*S.*）*quinquestriatum*］的这些特征，将它移入蚋亚属（*Simulium*）。本书拟将它作为存疑种处理。因此，本组在我国实际上只有 10 种。

中国蚋亚属盾纹蚋组分种检索表

雌虫[1]

1　　生殖板半圆形，内缘末段远离；肛上板后突长而端圆……………**萨擦蚋** *S.*（*S.*）*saceatum*

　　无上述合并特征……………………………………………………………………………2

2（1）翅径脉基光裸……………………………………………………**勐腊蚋** *S.*（*S.*）*menglaense*

　　径脉基具毛……………………………………………………………………………………3

3（2）生殖叉后臂中部具瘤状外突……………………………………**屏东蚋** *S.*（*S.*）*pingtungense*

　　生殖叉后臂具骨化侧臂而无外突……………………………………………………………4

4（3）受精囊椭圆形……………………………………………………**坝河蚋** *S.*（*S.*）*bahense*

　　受精囊球形或亚球形………………………………………………………………………5

5（4）生殖板蚕豆形，内缘中部向外凹……………………………**五条蚋** *S.*（*S.*）*quinquestriatum*

　　……………………………………………………………………**格勒斯蚋** *S.*（*S.*）*grisescens*

　　生殖板亚长方形，内缘非如上述……………………………………………………………6

6（5）生殖板内缘具亚中角状内突；后足基跗节端 2/5 为黑色…………………………………

　　………………………………………………………………**五指山蚋** *S.*（*S.*）*wuzhishanense*

　　生殖板内缘亚平行，无角状突；后足基跗节端 1/3 为黑色…………**那空蚋** *S.*（*S.*）*nakhonense*

　　清迈蚋 *S.*（*S.*）*chiangmaiense*

雄虫

1　　生殖腹板亚矩形，侧缘亚平行，前缘、后缘几乎平直……………………………………2

　　生殖腹板非如上述……………………………………………………………………………3

2　　生殖肢端节末端圆钝；后足基跗节侧缘平行，长约为宽的 5.4 倍…………………………

　　………………………………………………………………**那空蚋** *S.*（*S.*）*nakhonense*

　　生殖肢端节端缘中凹；后足基跗节稍膨大……………………**泰国蚋** *S.*（*S.*）*thailandicum*

3（1）生殖腹板心形……………………………………………………………………………………4

　　生殖腹板马鞍形………………………………………………………………………………6

4（3）生殖腹板端圆，侧缘具角状基侧突……………………………**萨擦蚋** *S.*（*S.*）*saceatum*

　　生殖腹板端尖，侧缘无角状基侧突…………………………………………………………5

5（4）触角鞭节Ⅰ的长约为鞭节Ⅱ的 1.4 倍；阳基侧突每侧具 7~8 个大刺…………………………

　　………………………………………………………………**五指山蚋** *S.*（*S.*）*wuzhishanense*

　　触角鞭节Ⅰ的长约为鞭节Ⅱ的 1.8 倍；阳基侧突每侧具 5~6 个大刺…………………………

① 泰国蚋［*S.*（*S.*）*thailandicum*］的雌虫尚未发现。

…………………………………………………………………坝河蚋 *S.*（*S.*）*bahense*

6（3） 后足基跗节侧缘平行，长约为宽的6倍；中骨长三角形，从基部向端部渐变宽……………

…………………………………………………………………勐腊蚋 *S.*（*S.*）*menglaense*

后足基跗节稍膨大，长为宽的3.6~4.6倍；中骨长板状……………………………………7

7（6） 中骨侧缘几乎全长亚平行…………………………………………屏东蚋 *S.*（*S.*）*pingtungense*

中骨基1/3宽，端2/3宽而亚平行……………………………………五条蚋 *S.*（*S.*）*quinquestriatum*

格勒斯蚋 *S.*（*S.*）*grisescens*

蛹

1 呼吸丝8条……………………………………………………………………………………2

呼吸丝10条…………………………………………………………………………………3

2 茧具高领…………………………………………………………清迈蚋 *S.*（*S.*）*chiangmaiense*

茧具低领……………………………………………………………坝河蚋 *S.*（*S.*）*bahense*

3（1） 呼吸丝成对排列………………………………………………………………………………4

呼吸丝排成2+3+3+2…………………………………………………………………………5

4（3） 上面5~6条呼吸丝基段明显膨胀……………………………那空蚋 *S.*（*S.*）*nakhonense*

所有呼吸丝均不膨胀…………………………………………………泰国蚋 *S.*（*S.*）*thailandicum*

5（3） 第1、第2、第3、第5呼吸丝基半明显膨胀……………………勐腊蚋 *S.*（*S.*）*menglaense*

所有呼吸丝均等粗……………………………………………………………………………6

6（5） 中小型种，体长3.0~3.2mm；分布于古北界……………………萨擦蚋 *S.*（*S.*）*saceatum*

大中型种，体长3.8~4.2mm；主要分布于东洋界…………五条蚋 *S.*（*S.*）*quinquestriatum*

格勒斯蚋 *S.*（*S.*）*grisescens*

屏东蚋 *S.*（*S.*）*pingtungense*

五指山蚋 *S.*（*S.*）*wuzhishanense*

幼虫①

1 腹部背板具亚中背突和黑刺毛……………………………………………………………2

腹部无亚中背突和黑刺毛……………………………………………………………………3

2（1） 头扇毛36支；后环约具88排钩刺……………………………那空蚋 *S.*（*S.*）*nakhonense*

头扇毛44支；后环具120排钩刺……………………………五条蚋 *S.*（*S.*）*quinquestriatum*

3（1） 肛鳃每叶具10~12个附叶……………………………………格勒斯蚋 *S.*（*S.*）*grisescens*

五指山蚋 *S.*（*S.*）*wuzhishanense*

肛鳃每叶具5~7个附叶…………………………………………萨擦蚋 *S.*（*S.*）*saceatum*

屏东蚋 *S.*（*S.*）*pingtungense*

① 坝河蚋［*S.*（*S.*）*bahense*］、清迈蚋［*S.*（*S.*）*chiangmaiense*］、勐腊蚋［*S.*（*S.*）*menglaense*］和泰国蚋［*S.*（*S.*）*thailandicum*］的幼虫尚未发现。

坝河蚋 *Simulium*（*Simulium*）*bahense* Chen，2003（图 12-233）

Simulium（*Simulium*）*bahense* Chen（陈汉彬），2003. *Acta Zootax Sin.*，28（2）：336~342. 模式产地：云南西双版纳（坝河）.

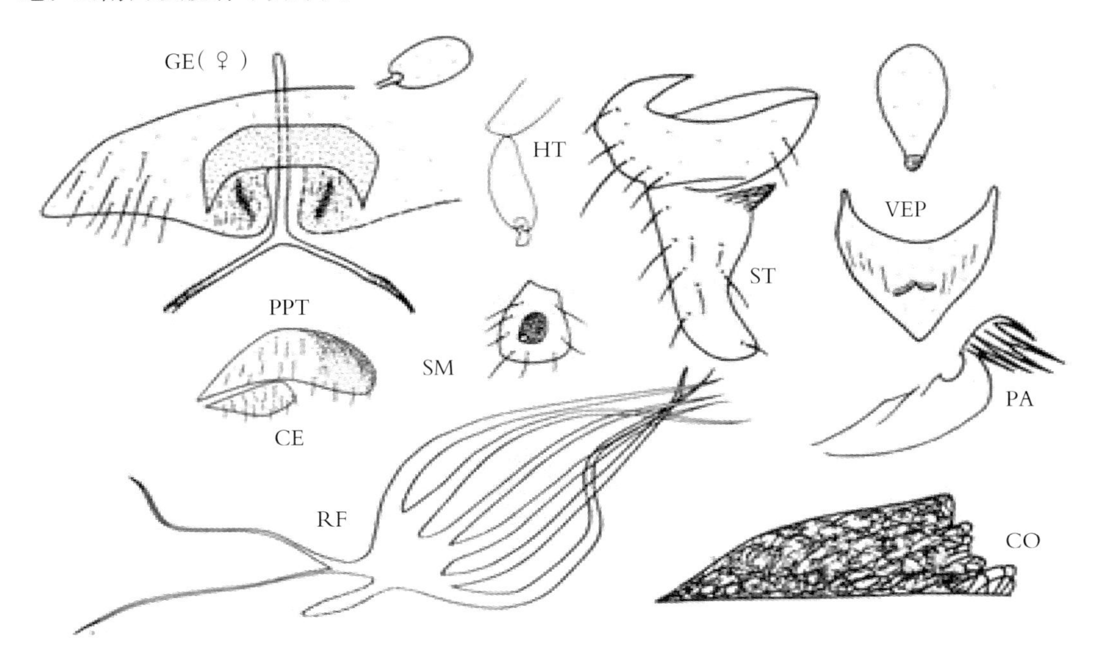

图 12-233 坝河蚋 ***S.***（***S.***）***bahense*** Chen，2003

鉴别要点 雌虫生殖板蚕豆形；受精囊椭圆形。雄虫生殖腹板心形，中骨纺锤形。蛹呼吸丝 8 条。

形态概述

雌虫 小型种，体长 2.2mm，翅长约 2.1mm。额亮黑色，额头指数为 60∶225。唇基亮黑色，灰粉被，覆黑色毛。触须节Ⅲ～Ⅴ节的节比为 31∶34∶58，拉氏器长约为节Ⅲ的 0.40。下颚具 14 枚齿；上颚具 23 枚内齿和 12 枚外齿。食窦弓具疣突。中胸盾片棕黑色，覆灰粉被和黄色细毛，具 5 条暗色纵纹。中胸侧膜和下侧片光裸。前足除基节、转节、股节基 3/4 和胫节中大部为黄色外，余部为暗棕色；中足除股节基 3/4、胫节中大部外面为黄色外，余部为棕黑色；后足除转节基 1/2、股节基 2/3、胫节中大部外面、基跗节基 2/3 和跗节Ⅱ基 1/2 为黄色外，余部为棕黑色。前足基跗节稍膨大，长约为宽的 5 倍；后足基跗节侧缘亚平行，长约为宽的 6.5 倍。跗突和跗沟发达。爪简单。翅亚缘脉和径脉基具毛。腹节Ⅵ～Ⅷ背板闪光。第Ⅷ腹板中部具方形凹槽，生殖板位于槽内，蚕豆状，内缘具腹突叶，骨化明显，生殖叉突具骨化细柄，后臂无内突、外突。肛上板具明显的腹突。受精囊椭圆形。

雄虫 体长约 2.6mm，翅长约 1.8mm。上眼具 12 纵列和 12 横排大眼面。触角鞭节Ⅰ的长约为鞭节Ⅱ的 1.8 倍。触须拉氏器长约为节Ⅲ的 0.25。中胸盾片棕黑色，覆铜色毛，具灰白带沿侧缘至小盾前区。足似雌虫，但后足基跗节明显膨大，长约为宽的 3.8 倍。翅亚缘脉和径脉基光裸。腹部似雌虫。生殖肢端节长约为基节的 2 倍，具角状亚基内突，无端刺。生殖腹板心形，端突，板体几乎光裸，基臂短而强骨化。中骨纺锤形。阳基侧突每侧具 5~6 个强钩刺。

蛹 体长约 2.8mm。头、胸覆疣突。头毛 3 对，简单；胸毛 5 对，背侧 3 对多分 2 叉支，侧面 2 对简单。呼吸丝 8 条，成对排列，具短茎，上 3 对膨大而端部变细尖，下对明显细弱。腹部钩刺排列正常。端钩不发达。茧具短领和网格状结构。

幼虫 未知。

生态习性 蛹采自小溪中的水草上。海拔 650m。

地理分布 中国云南。

分类讨论 坝河蚋的蛹具 8 条呼吸丝，近似泰国蚋［*S.*（*S.*）*thailandicum*］，但是两者在足色、拉氏器形状、后足基跗节以及生殖腹板和中骨的形状有明显的差异。

清迈蚋 *Simulium*（*Simulium*）*chiangmaiense* Takaoka and Suzuki，1984（图 12-234）

Simulium（*Simulium*）*chiangmaiense* Takaoka and Suzuki，1984. *Jap. J. Sanit. Zool.*，35（1）：38. 模式产地：泰国清迈；Xue（薛洪堤），1987. *Acta Zootax Sin.*，12（1）：111；An（安继尧），1989. *Contr. Blood-sucking Dipt. Ins.*，1：186；Crosskey，1997. Taxo. Geograp. Invent. World Blackflies（Diptera：Simuliidae）：73；Chen and An（陈汉彬，安继尧），2003. The Blackflies of China：328.

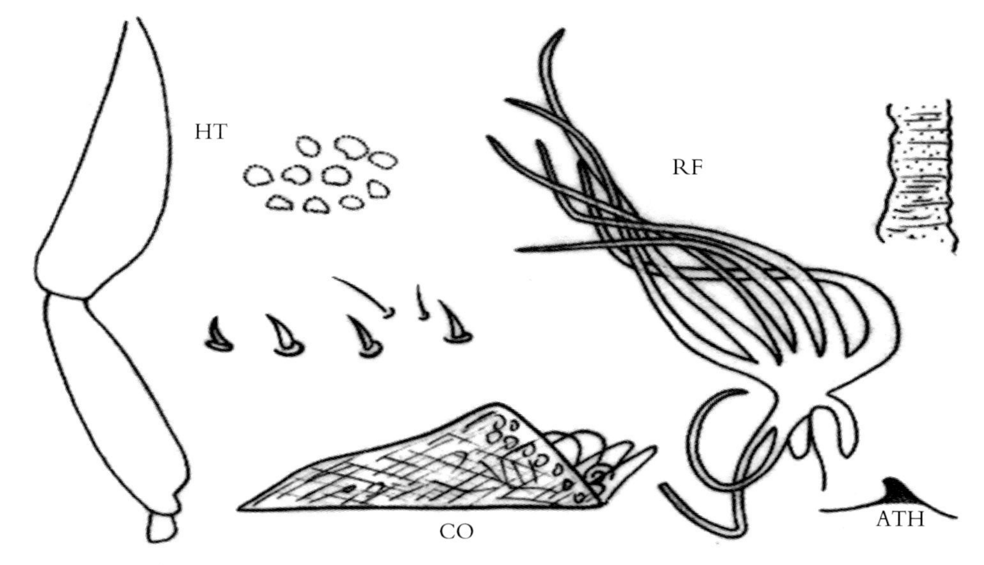

图 12-234 清迈蚋 *S.*（*S.*）*chiangmaiense* Takaoka and Suzuki（仿 Takaoka and Suzuki，1984. 重绘）

鉴别要点 蛹呼吸丝 8 条，上面 3 对基半明显膨胀，下面 1 对特细。

形态概述

雌虫 与下述的那空蚋［*S.*（*S.*）*nakhonense*］几乎没有区别。

雄虫 与下述的那空蚋［*S.*（*S.*）*nakhonense*］几乎没有区别。

蛹 体长约 2.5mm。头、胸部密盖疣突。头毛 3 对，简单；胸毛 5 对，其中 3~4 株分 2~3 支。呼吸丝 8 条，成对排列，上面 3 对基半膨胀而端尖，伸向前方，下面 1 对明显细短等粗而弯向下后方。腹部钩刺正常，末节具端钩。茧鞋状，具高领，前缘具粗线编织而成的花篮状构造。

幼虫 尚未发现。

生态习性 蛹和幼虫采自清澈小溪流中的石块、树枝、枯叶及草茎上。海拔 700~900m，水温 19~20℃。

地理分布 中国：云南（保山和施甸）；国外：泰国。

分类讨论 清迈蚋的蛹呼吸丝 8 条，在盾纹蚋组具有这一特征的只有产于印度的 *S.kapuri*

Datta，1975，但是后者上面 3 对呼吸丝形状正常，基部不膨大，并且蛹腹部无端钩，可资鉴别。

格勒斯蚋 *Simulium*（*Simulium*）*grisescens* Brunetti，1911（图 12–235）

Simulium grisescens Brunetti，1911. *Rec. Indian Mus.*，4：283；Smart，1945. *Trans. R. Ent. Soc. London*，95：505. 模式产地：印度（Kurseong）.

Simulium（*Simulium*）*grisescens* Pui，1932. *Indian J. Med. Res.*，20：523；Datta，1974. *Drsent. Ins.*，8（1）：18.

鉴别要点 雌虫、雄虫和蛹近似五条蚋［*S.*（*S.*）*quinquestriatum*］。幼虫腹部无亚中背突。

形态概述

雌虫 触角柄节、梗节和鞭节Ⅰ均为棕黄色，余部为黑色。前足基节和转节为淡黄色，股节基部为棕黄色，并两端部渐变为灰色；胫节基部为黄色，余部为黑色；跗节黑色，基部膨大，长约为宽的 5 倍。中足、后足基节为黑色；转节为棕黄色；股节和胫节为黑色而基部为淡黄色。中足基跗节为淡黄色，两端部为黑色，节Ⅱ基部为黄色，余部和其他跗节均为黑色。后足基跗节基 2/3 和节Ⅱ基 1/2 为淡黄色，余部为黑色。爪简单。翅径脉基具毛。

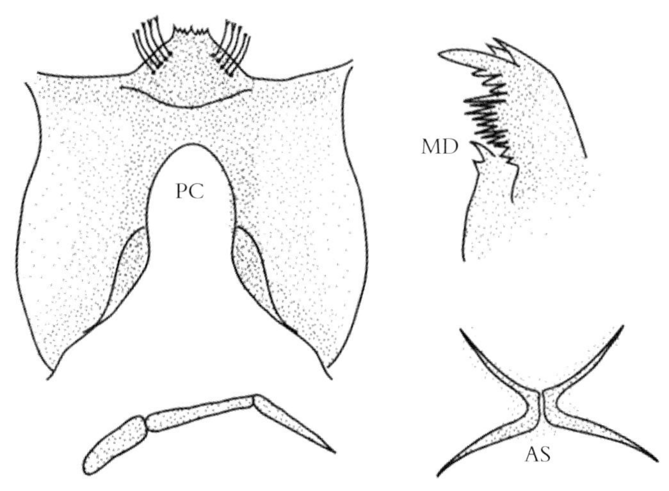

图 12–235 格勒斯蚋 *S.*（*S.*）*grisescens* Brunetti，1911

雄虫 近似五条蚋［*S.*（*S.*）*quinquestriatum*］。前足基节、转节和跗节为灰黄色，两端部为灰黑色；胫节黑色而端部为黄色，跗节黑色。基跗节膨大，长约为宽的 5 倍。中足、后足基节为黑色而基部为黄色；转节、股节和胫节为黑色而基部为黄色。跗节除后足基跗节 1/2 和节Ⅱ基部为黄色，余部为黑色。后足基跗节稍膨大，长为后足胫节的 3/4。翅径脉基光裸。

蛹 近似五条蚋［*S.*（*S.*）*quinquestriatum*］。呼吸丝 10 条，排列成 2+3+3+2，明显短于蛹体。茧靴状，前缘具网格状结构。

幼虫 体长约 6.0mm。头斑阳性。触角黄色，头扇毛约 50 支。后颊裂大而深，明显长于后颊桥，亚箭形，端尖，侧圆，基部收缩。侧缘毛约 5 支。腹部无黑刺毛和亚中突。肛鳃复杂。肛骨前臂叶状，略短于后臂。

生态习性 未知。

地理分布 中国：台湾；国外：印度，不丹，巴基斯坦。

分类讨论 格勒斯蚋是 Brunetti（1911）根据采自印度的单一雄虫标本记述的新种。随后，Puri（1932）、Datta（1974）对其雌虫、蛹和幼虫进行了继描述。从目前的文献资料看，此蚋与五条蚋［*S.*（*S.*）*quinquestriatum*］在两性成虫和蛹的特征上几乎无区别，唯其幼虫腹背无亚中突，很难区别。Takaoka（1984）曾认为两者很可能是同义词。此外，此种无疑是南亚蚋种，中国台湾的分布记录不能排除是五条蚋的误定，其分类地位尚待进一步研究。

勐腊蚋 *Simulium*（*Simulium*）*menglaense* Chen，2003（图 12-236）

Simulium（*Simulium*）*menglaense* Chen（陈汉彬），2003. *Acta Zootax Sin.*，28（2）：336~342. 模式产地：中国云南（西双版纳，勐腊）.

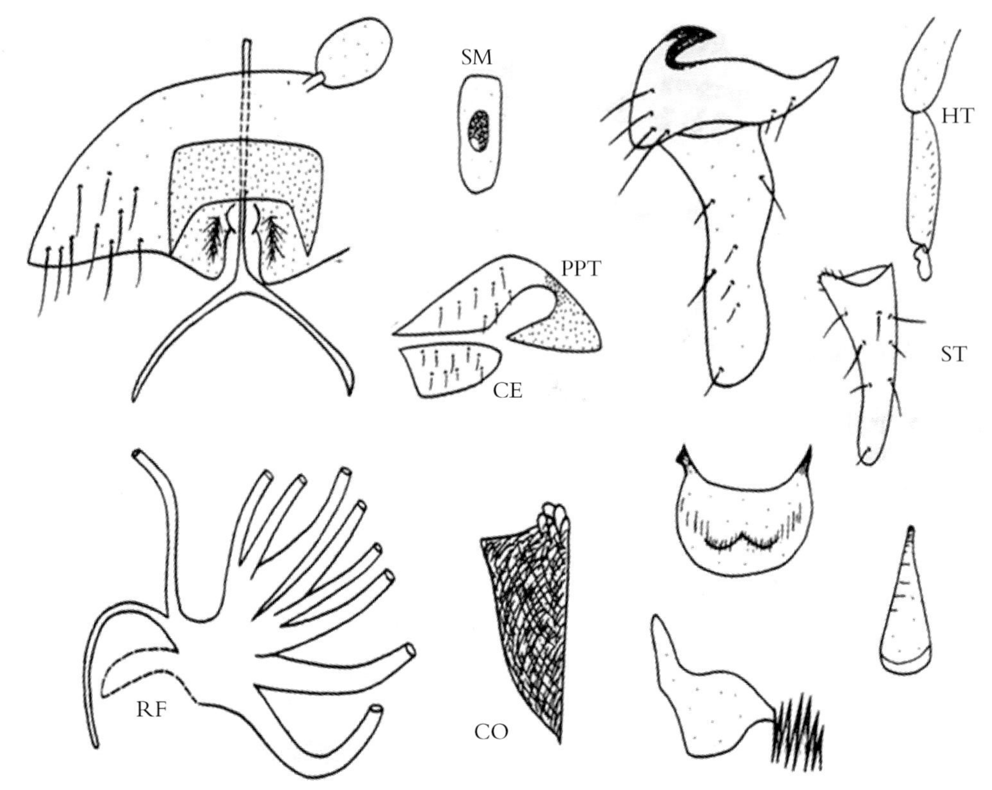

图 12-236 勐腊蚋 ***S.*（*S.*）*menglaense*** Chen，2003

鉴别要点 雌虫生殖板内缘亚中部具角状内突；肛上板后缘中部有明显的槽状凹入；翅径脉基光裸。雄虫生殖板鞍形；中骨长板状，从基部向端部渐扩大而端圆。蛹呼吸丝 10 条，排列成 2+3+3+2，第 1、第 2、第 3、第 5 条丝明显粗壮。

形态概述

雌虫 体长约 2.7mm；翅长约 2.5mm。近似五条蚋［*S.*（*S.*）*quinquestriatum*］，主要区别是前足股节 4/5 为黄色，端 1/5 为棕黑色；各足胫节中 2/3 外面为黄色，余部为黑色；径脉基光裸；肛上板后缘中部具槽状深凹；受精囊椭圆形。

雄虫 体长约 3.0mm；翅长约 2.6mm。全面特征近似五条蚋［*S.*（*S.*）*quinquestriatum*］。上眼具 11 纵列和 11 横排大眼面。触须节Ⅲ～Ⅴ的节比为 27∶33∶48。拉氏器球形，长约为节Ⅲ的 0.18。中胸盾片黑色，覆金黄色毛，具银白色斑，包括 1 对前侧斑、1 对侧斑和 1 个后盾斑。足似雌虫，后足基跗节侧缘平行，长约为宽的 6 倍，腹节背板Ⅱ、背板Ⅵ～Ⅶ各具 1 对背侧白色斑。生殖板基节短宽，生殖肢端节的长约为基节的 2 倍，具基内突。生殖腹板鞍形，具腹中突，基臂短粗。中骨长板状，基部细，两端部渐变宽，端圆。

蛹 体长约 3.3mm。头、胸棕黄色，密覆疣突。头毛 3 对，简单；胸毛 5 对，每分 2~4 叉支，偶简单。呼吸丝 8 条，长约为体长的 1/3，排列成 2+3+3+2；上面第 1、第 2、第 3 和第 5 条丝膨大，下对丝细弱，其外丝最短，长为其他丝的 1/3~1/2。腹部似五条蚋［*S.*（*S.*）*quinquestriatum*］。茧鞋状，具短领和网格状结构和小孔窗。

幼虫 未知。

生态习性 蛹孳生于山地小溪急流，海拔 650m。

地理分布 中国云南（西双版纳）。

分类讨论 本种近似于五条蚋［*S.*（*S.*）*quinquestriatum*］，但是本种雌虫径脉基光裸，肛上板后缘中部具槽状深凹以及雄虫后足基跗节侧缘平行，中骨形状特殊等综合特征，易于区别。

那空蚋 *Simulium*（*Simulium*）*nakhonense* Takaoka and Suzuki，1984（图 12-237）

Simulium（*Simulium*）*nakhonense* Takaoka and Suzuki，1984. *Jap. Sanit. Zool.*，35（1）：33. 模式产地：泰国那空那育（Nakhon Nayok）；Chen（陈继寅），1985. *Acta Zootax Sin.*，10（3）：308；An（安继尧），1996. *Chin J. Vector Bio. and Control*，7（6）：474；Crosskey，1997. *Taxo. Geograp. Invent. World Blackflies*（Diptera：Simuliidae）：73；Chen and An（陈汉彬，安继尧），2003. The Blackflies of China：329.

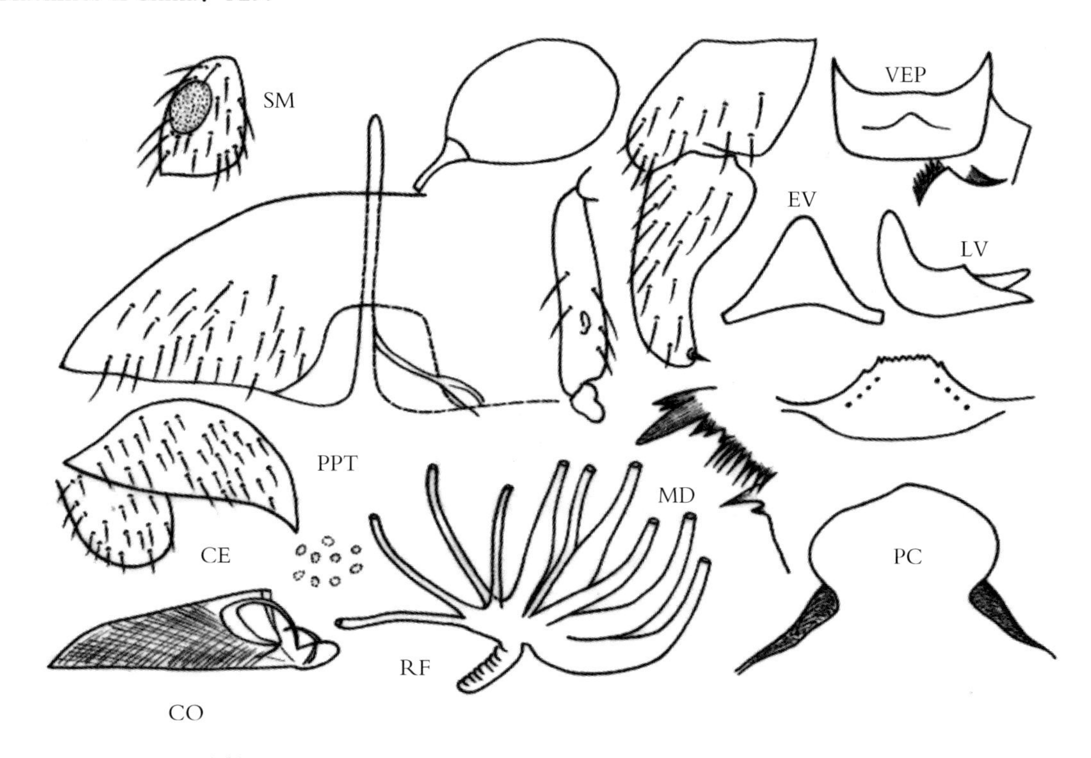

图 12-237 那空蚋 *S.*（*S.*）***nakhonense*** Takaoka and Suzuki（仿 Takaoka 和 Suzuki，1984. 重绘）

鉴别要点 蛹呼吸丝 10 条，成对排列，上面 5~6 条基段明显膨胀。

形态概述

雌虫 体长约 2.2mm。额棕黑色，闪光，侧缘稀布黑色毛。额指数为 77：57：80。唇基棕黑色，具灰白粉被。触角除柄节和梗节为淡黄色外，余为黄棕色。触须Ⅴ节，拉氏器长约占节Ⅲ的 1/3。下颚每侧各具齿约 10 枚；上颚约具内齿 20 枚，外齿 10 枚。食窦后缘具疣突。中胸盾片棕黑色，闪光，覆灰白粉被，盖以黄色柔毛，具5条暗色纵纹并在小盾前区连接形成暗色宽横带。小盾片棕色，并被以黑色长毛和黄色细毛。后盾片光裸。中胸侧膜和下侧片光裸。前足基节淡黄色，中足、后足基节棕黑色；前足、后足转节淡黄色，中足转节暗棕色；各足股节除端部为棕色外，余为淡黄色；各足胫节除中部外侧为淡黄色外，余为棕黑色；前足跗节棕黑色；中足除跗节Ⅰ端部和跗节Ⅱ基部1/2、后足除基跗节端部1/3、跗节Ⅱ端部1/2为棕黑色外，余为淡黄色。后足基跗节两侧平行。跗突和跗沟发达。爪简单。翅径脉基毛丛棕色，径脉基段具毛。腹节背板棕黑色，节Ⅱ背板具透明灰白带，节Ⅵ ~ Ⅷ闪光。腹节Ⅷ腹板后缘中央深凹成方形槽口。生殖板具腹突叶，密被细毛，内缘弱骨化。生殖叉突柄细而强骨化，两后臂细而端部具骨化脊。受精囊亚球形。

雄虫 体长约2.6mm。上眼面约16排。触角似雌虫。触须拉氏器小，球形。中胸盾片棕黑色，无闪光，被铜色毛并在小盾前区具棕色长毛，具1对银白色肩斑，并与后盾区的灰色带在侧缘相连接。足的颜色似雌虫，但是中足、后足跗节无淡区或仅局限在基部外侧色淡。后足基跗节两侧平行，长约为宽的5.4倍。翅亚缘脉和径脉基部光裸。腹部似雌虫。生殖肢基节短，亚方形，生殖肢端节具亚基内突和1个端刺。生殖腹板横宽，板体矩形，具显著的腹中突，两基臂短。中骨宽板状。

蛹 体长约2.6mm。头、胸部中度覆盖盘状疣突。头毛3对，均短而简单；胸毛5对，其中3~4对分2叉支。呼吸丝10条，成对排列，5~6条上丝基段明显膨胀，下面2对丝明显较细长，腹部仅节8背板具刺栉，节4腹板无叉钩。茧鞋状，具领，编织较紧密，前缘具花篮状结构。

幼虫 体长4.2~4.5mm。头斑正常。触角稍长于头扇柄，各节长度比为11.1∶13.5∶7.9∶1。头扇毛36支，上颚缘齿2~3枚。亚颏顶齿9枚，侧齿不发达，侧缘毛每边4支。后颊裂深，端圆，两侧凹入，基部收缩。胸部体壁光裸。腹部每节具1对亚中背突，后腹节稀布小刺毛。肛鳃复杂，每叶具8~10个次生小叶。肛板“X”形，前臂明显较后臂短宽。后环88排，每排具15~17个钩刺。

生态习性 幼虫和蛹孳生于河流中的枝叶上。

地理分布 中国：海南，云南；国外：泰国。

分类讨论 本种成虫与其近缘种难以区分，唯以本种蛹呼吸丝基段膨胀来区分，但是这一特征近似印度的 *S. palmatum* Puri，1932。不过，后者呼吸丝的5条上丝很短，仅为下丝长的1/3~1/2，而本种的5~6条上丝仅略短于下丝，可资鉴别。

五条蚋 *Simulium*（*Simulium*）*quinquestriatum*（Shiraki，1935）（图12-238）

Stillboplax S-striatum Shiraki，1935. *Mem. Fac. Sci. Agric. Taihoku Imp. Univ.*，16：27~33. 模式产地：中国台湾 .

Simulium（*Simulium*）*quinquestriatum*（Shiraki，1935），Anonyn，1974. *Jap. J. Sanit. Zool.*，25：191~193；Takaoka，1979. *Pacif. Ins.*，20（4）：396~399；Chen and Cao（陈继寅，曹毓存），1982. *Acta Zootax Sin.*，2（4）：387；Crosskey，*et al.*，*J. Nat. Hist.*，30：427；Chen and An（陈汉彬，安继尧），2003. The Blackflies of China：331.

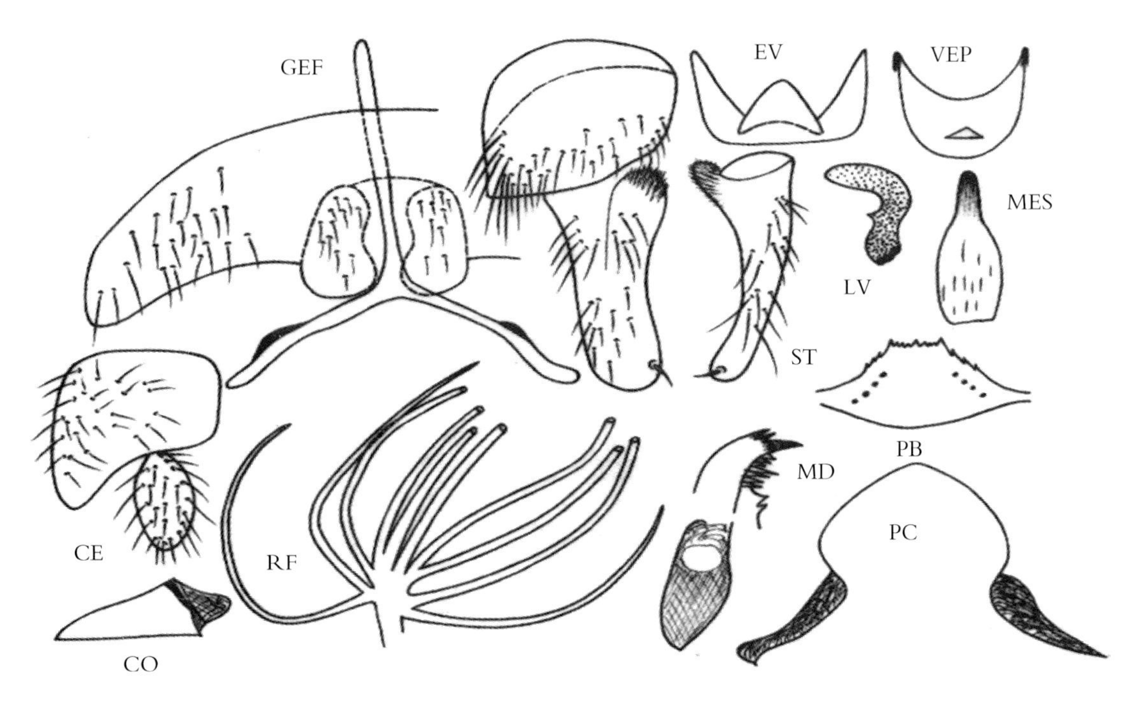

图 12–238　五条蚋 *S.*（*S.*）*quinquestriatum* (Shiraki，1935)

鉴别要点　雌虫中胸盾片具5条暗色纵纹；生殖板具腹突。雄虫生殖腹板马鞍形。蛹呼吸丝10条，成对排列，基段不膨胀。

形态概述

雌虫　体长3.0~3.2mm；翅长2.3~2.5mm。额和唇基黑色，具灰白粉被和黑色毛。额指数为55：40：46。触角柄、梗节和鞭节Ⅰ基部为黄棕色，其余为棕黑色。触须拉氏器长约为节Ⅲ的0.45。下颚具内齿14枚，外齿13枚；上颚约具内齿30枚，外齿14枚。食窦后部具疣突。中胸盾片暗色，闪光，被黄色毛；小盾前区具棕色毛；从前面观，具5条暗色宽纵纹。小盾片黑色，覆灰白粉被，具黑色竖毛。后盾片黑色，覆灰白粉被，光裸。前足基节和转节为黄色，中足、后足基节和转节为黑色。前足股节从黄棕色到暗棕色，端部为黑色，中足、后足股节为黑色而基部色稍淡；前足胫节黑色，外侧具不完整的灰白色斑，中足、后足胫节为黑色，基部为淡黄色，后面灰白色；前足跗节黑色，中足跗节除基跗节基部3/4和跗节Ⅱ基部1/2为黄白色外，余为棕黑色。后足跗节除基跗节基部3/5和跗节Ⅱ基部2/5为黄白色外，余为黑色。后足基跗节两侧平行。跗突和跗沟发达。爪简单。翅径脉基具毛。腹部黑色，节Ⅱ背板具银白带，节Ⅵ~Ⅷ背板闪光。腹节Ⅷ后缘具1个方形深槽。生殖板腹突明显。生殖叉突柄细而强骨化，两后臂细，具骨化的端脊。受精囊球状。

雄虫　体长3.0~3.5mm。上眼面16排。触角鞭节Ⅰ的长约为节Ⅱ的1.6倍。触须拉氏器小，球形。中胸盾片黑色，不闪光，覆金黄色柔毛，小盾前区具黑色长毛，盾片具不规则的灰白色斑，其中1对前侧斑尤为显著。小盾片黑色，具灰粉被，被黑色长毛和黄色平覆毛。后盾片黑色，具灰粉被，光裸。足似雌虫，但前足跗节Ⅰ膨胀，长约为其最宽处的6倍，后足基跗节基部1/2为黄色，两侧平行，长约为宽的3.6倍。翅亚缘脉和径脉基光裸。腹节Ⅱ、Ⅳ、Ⅴ背板各具1对灰白色斑。生殖肢基节短，端节长，具亚基内突。生殖腹板宽圆，马鞍形，具显著的腹中突。基臂短而强骨化。阳基侧突具众多钩刺。中骨宽板状，端圆。

蛹 体长约3.8mm。头、胸部密盖疣突。头毛3对，简单；胸毛4对，均为长单支。呼吸丝10条，明显短于蛹体，基段不膨大，排列成3+3+2+2。腹部端钩不发达。茧靴状，编织疏松，前缘具花篮状结构。

幼虫 体长6.0~6.5mm。头斑明显，触角稍长于头扇柄。头扇毛约44支。上颚缘齿偶具附齿列。亚颏中齿、侧齿较发达，侧缘齿中度发达，侧缘毛4~5支。后颊裂大而侧圆，亚箭形，基部收缩。胸部体壁光裸，稀布黑色刺毛。腹节1~8有凿状黑色毛和黑色刺毛，每节有或无成对的角状突。肛鳃复杂，每叶分10~12个小叶。肛骨前臂短宽，长约为后臂的1/2。后环120排，每排约具18个小钩刺。

生态习性 幼虫和蛹孳生于田边或路边水沟、水渠内的小草、石块或枯枝落叶上。

地理分布 中国：辽宁，福建，江西，广西，台湾，贵州，四川，云南，西藏；国外：日本，韩国，泰国。

分类讨论 五条蚋最早系由Shiraki（1935）根据台湾地区的成虫标本以Stilboplox S-striatum命名的。Orii等（1969）和Takaoka（1977）根据日本标本对其幼期进行了补描述，Takaoka（1979）重新描述了模式产地的所有虫期。本种与台湾地区也有记载的*S.grisescens* Bentinck，1955极为近似，两者雌、雄成虫和蛹的特征几乎无区别，但是后者的幼虫尚未发现。根据Takaoka（1977，1979）的记述，本种的台湾地区和日本幼虫标本，均显示幼虫腹部有密集的单刺毛，并在腹节1~8每节具1对亚中背突，但是在我国大陆标本包括海南标本均未见这一特征，其间是否属于分类地位的差异或是地理变异，尚有待进一步研究。

屏东蚋 *Simulium*（*Simulium*）*pingtungense* Huang and Takaoka，2008（图12-239）

Simulium（*Simulium*）*pingtungense* Huang（黄耀特）and Takaoka，2008. *Med. Entomol. Zool.*，59（4）：309~317. 模式产地：中国台湾（屏东，台东）.

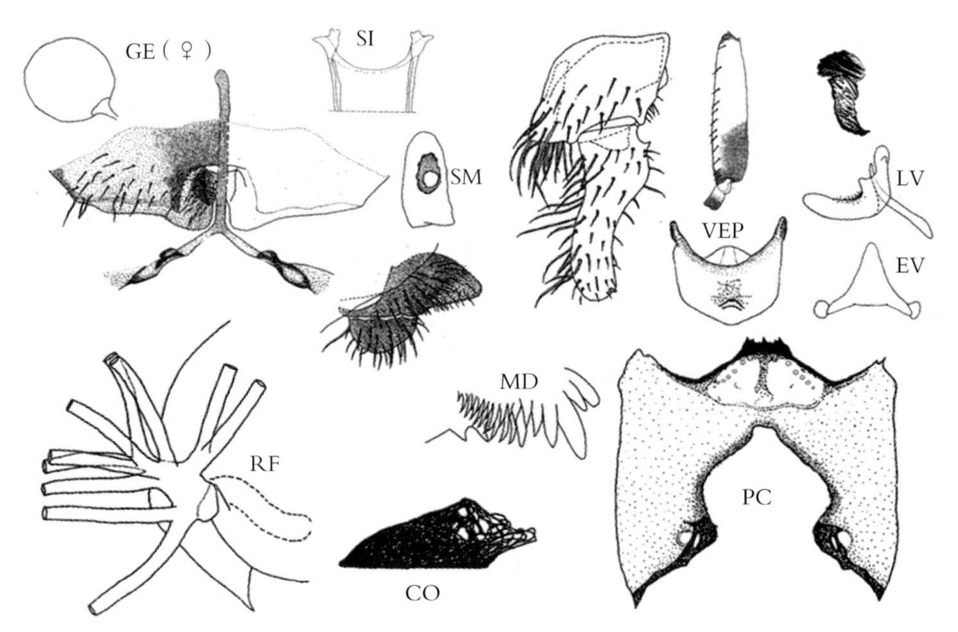

图12-239 屏东蚋 *S.*（*S.*）*pingtungense* Huang and Takaoka（仿黄耀特等，2008. 重绘）

鉴别要点 近似五条蚋［*S.*（*S.*）*quinquestriatum*］，主要区别是幼虫腹部无背突，生殖叉突后臂具外突，生殖叉突亚鞍形，中骨长板状，侧缘平行。

形态概述

雌虫 体长约 2.4mm。额指数为（1.40~1.45）：1.00：（1.23~1.24）；额头指数为 1.00：（3.58~3.93）。触须节的Ⅲ ~ Ⅴ的节比为 1.00：（1.13~1.14）：(2.31~2.54)，节Ⅲ稍膨大，拉氏器长为节Ⅲ的 0.43~0.48。下颚具 11~13 枚内齿和 11~13 枚外齿；上颚具 26~31 枚内齿和 12~14 枚外齿。食窦弓具少数疣突。中胸盾片棕黑色，密覆黄白色，具 5 条暗色纵纹。中胸侧膜和下侧片光裸。前足基节和跗节黄白色；股节基部黄色向端部渐变为黑色；胫节从中棕色至暗棕色，但是基部为淡黄色；跗节棕黑色，基跗节稍膨大，长约为宽的 5.17 倍。中足基节棕黑色，转节中棕色，股节从中棕色至暗棕色；胫节除基部为淡黄色外，余部从中棕色至暗棕色。跗节除基跗节基 5/6 和跗节Ⅱ基部为黄白色外，余为中棕色。后足基节从暗棕色至棕黑色；转节为黄白色；股节和胫节除基部为黄白色外，余部为棕黑色。跗节除基跗节基 3/5 和跗节Ⅱ基 1/2 为黄白色外，余部为黑色。基跗节侧缘平行，长约为宽的 6.61 倍。跗突和跗沟明显。爪简单。翅亚缘和径脉基具毛。第Ⅷ腹板中部具深槽，生殖板端内角圆，具腹突叶。生殖叉突后臂具外突。受精囊球形。

雄虫 体长 2.4~2.9mm；翅长 2.4~2.5mm。上眼具 19 纵列和 20 横排大眼面。触角鞭节Ⅰ的长约为鞭节Ⅱ的 1.71 倍；触须Ⅲ ~ Ⅴ的节比为 1.00：1.32：3.05，节 3 端宽，拉氏器椭圆形，长为节 3 的 0.22~0.24。中胸盾片具斑，包括 1 对前斑，弯的侧缘形成肩斑，小盾前区大横斑与侧缘和前斑连接。中胸侧膜和下侧片光裸。前足基节黄白色；转节暗黄色；股节为暗黄色至中棕色，但是下面黄色；胫节暗棕色而基部为暗黄色。基跗节长约为宽的 6.43 倍。中足基节暗棕色，转节从中棕色至暗棕色；胫节从中棕色至暗棕色；跗节除基跗节基 3/5 和跗节Ⅱ基部为黄白色外，余部为中棕色。后足基节暗棕色；转节黄白色；股节从中棕色至暗棕色；胫节从暗棕色至棕黑色而基部为黄白色。跗节的基跗节基 1/2 和跗节Ⅱ基 1/2 为黄白色，余部从中棕色至暗棕色。基跗节膨大，长约为宽的 4.48 倍。跗突和跗沟发达。翅亚缘脉和径脉基光裸。腹节Ⅱ和Ⅴ ~ Ⅶ节各具 1 对背侧内斑。生殖肢端节长于基节，端 1/2 稍内弯，具基内突。生殖腹板板体宽，亚鞍形，基缘凹，后缘圆钝，几乎光裸，具腹中突。阳基侧突每侧具 3 个大刺和 3~4 个小刺。中骨长板状，侧缘平行。

蛹 体长 2.5~2.9mm。近似五条蚋［*S.*（*S.*）*quinquestriatum*］。

幼虫 体长 6.5~7.7mm。头斑阳性。触角节 1~3 的节比为 1.0：（1.28~1.46）：（0.76~0.79）。头扇毛 47~52 支，亚颏侧缘毛 5~6 支。后颊裂深，宽壶形，长为后颊桥的 6.1~7.7 倍。腹部无背突。肛鳃每叶分 5~7 个指叶。肛骨前臂的长为后臂的 0.66~0.70，无腹突。后环 98~106 排，每排具 18~20 个钩刺。

生态习性 幼虫和蛹孳生于小溪中的水草和枯枝落叶上，海拔约 50m。

地理分布 中国台湾。

分类讨论 本种雌性径脉基具毛，呼吸丝排列成 2+3+3+2，幼虫腹部无背突，这与五指山蚋［*S.*（*S.*）*wuzhishanense*］近似，但是后者雌虫生殖叉突后臂无外突，雄虫上眼大眼面少，生殖腹板心形，形态迥异，可资鉴别。本种与五条蚋［*S.*（*S.*）*quinquestriatum*］也近似，但是后者幼虫腹部有背突，差异明显，不难区别。

萨擦蚋 *Simulium*（*Simulium*）*saceatum* Rubtsov，1956（图 12-240）

Simulium saceatum Rubtsov, 1956. *Blackflies, Fauna USSR*, Diptera, 6(6): 624. 模式产地：中国山东.

Simulium（*Simulium*）*saceatum* Rubtsov，1956；Crosskey，1988. Annot. Checklist World Blackflies（Diptera: Simuliidae）：475；Chen and An（陈汉彬，安继尧），2003. The Blackflies of China：333.

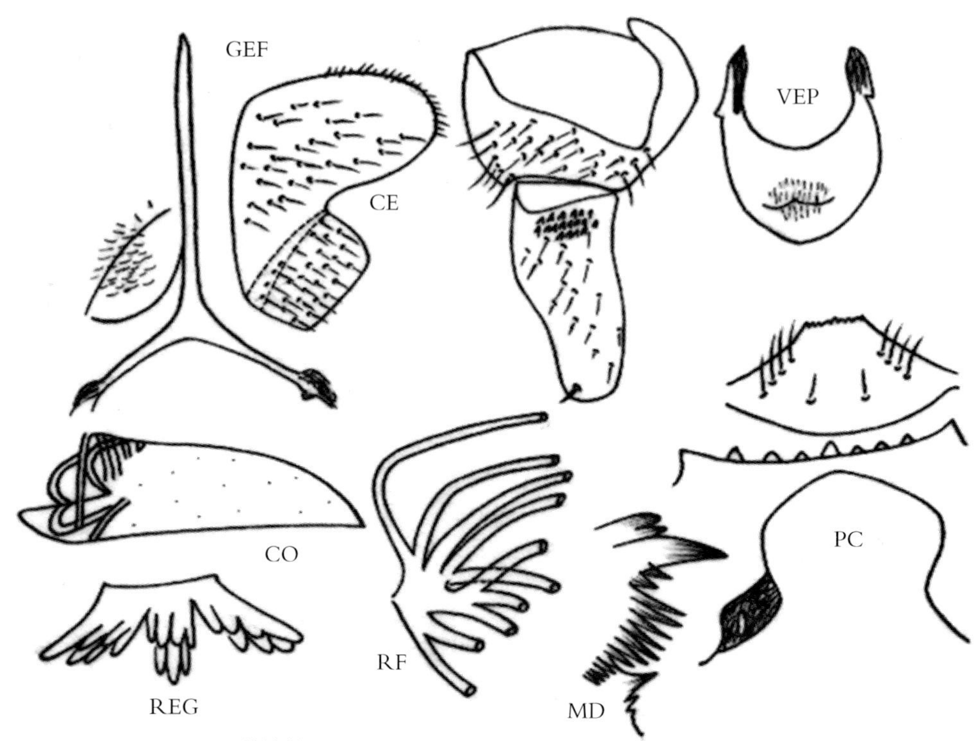

图 12-240 萨擦蚋 *S.*（*S.*）*saceatum* Rubtsov（仿 Rubtsov，1956. 重绘）

鉴别要点 雌虫生殖板半圆形，肛上板下叶长而端圆。雄虫生殖腹板亚心形。

形态概述

雌虫 极似五条蚋［*S.*（*S.*）*quinquestriatum*］，主要区别是后足基跗节仅端 1/3 为黑色，生殖板半圆形，肛上板下叶长而端圆。

雄虫 极似五条蚋［*S.*（*S.*）*quinquestriatum*］，主要区别是生殖腹板为亚心形，后缘中部突出。

蛹 与五条蚋［*S.*（*S.*）*quinquestriatum*］几乎无区别。

幼虫 极似五条蚋［*S.*（*S.*）*quinquestriatum*］，主要区别是肛鳃每叶仅分 6~7 个次生小叶。

生态习性 幼虫和蛹孳生于山溪中的石块上，水温 15℃。

地理分布 中国：山东；国外：西伯利亚。

分类讨论 本种极似五条蚋［*S.*（*S.*）*quinquestriatum*］。Crosskey（1988，1996，1997）将它列入淡足蚋组（*malyschevi* group），显然欠妥。本书根据原描述记述，其分类地位有待进一步研究。

泰国蚋 *Simulium*（*Simulium*）*thailandicum* Takaoka and Suzuki，1984（图 12-241）

Simulium（*Simulium*）*thailandicum* Takaoka and Suzuki，1984. *Jap. J. Sanit. Zool.*，35（1）：37~38. 模式产地：泰国清迈；Chen and An（陈汉彬，安继尧），2003. The Blackflies of China：334.

鉴别要点 蛹呼吸丝10条，基部不膨大，成对排列。

形态概述

雌虫 未发现。

雄虫 体长约2.5mm。一般形态与那空蚋近似，主要区别是后足基跗节稍膨胀，生殖肢端节末段内凹。

蛹 头、胸部覆以小型盘状疣突和较大型的多角形疣突。头毛3对，均简单；胸毛5对，各分2~5叉支。呼吸丝10条，成对排列，上面3对稍粗，自基部向端部渐变细，下面2对较细，约等粗。腹部似那空蚋，但腹节2背板6支毛中的2支很粗壮。茧似那空蚋，但网领较高。

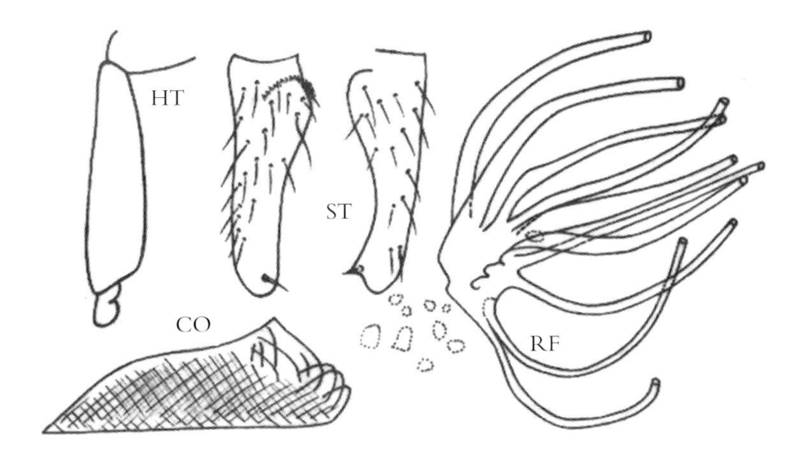

图 12-241 泰国蚋 *S.*（*S.*）*thailandicum* Takaoka and Suzuki，1984

幼虫 未发现。

生态习性 幼虫和蛹孳生于山溪中的枯枝落叶上。

地理分布 中国：云南；国外：泰国，越南。

分类讨论 本种呼吸丝成对排列，其基段不膨胀，可与那空蚋［*S.*（*S.*）*nakhonense* Takaoka and Suzuki，1984］相区别。

五指山蚋 *Simulium*（*Simulium*）*wuzhishanense* Chen，2003（图 12-242）

Simulium（*Simulium*）*wuzhishanense* Chen（陈汉彬），2003. *Acta Zootax Sin.*，28（2）：336~342.

模式产地：中国海南（五指山）.

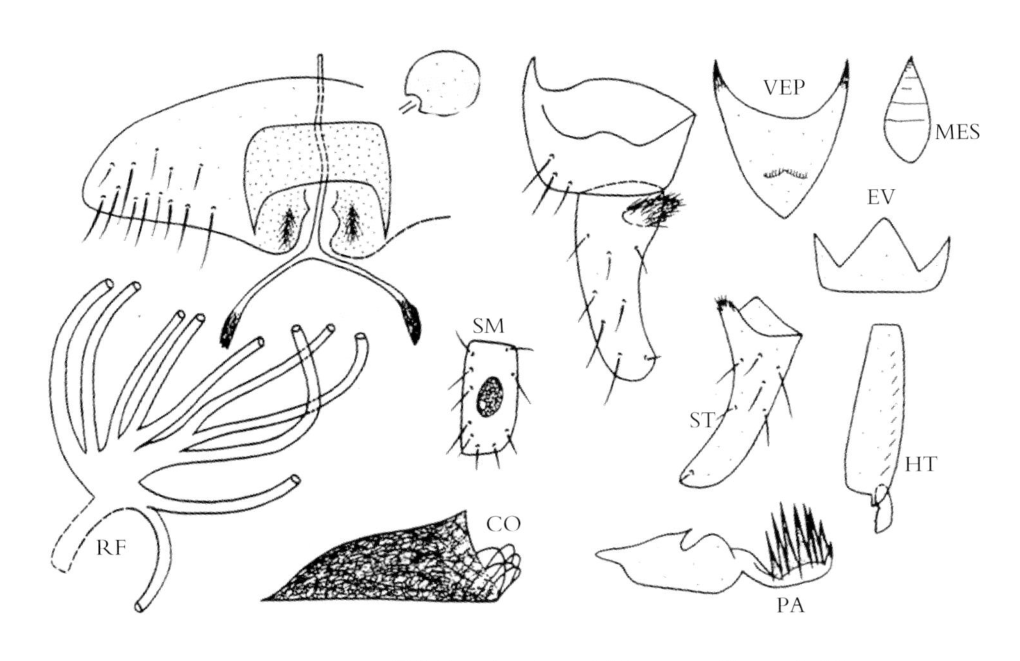

图 12-242 五指山蚋 *S.*（*S.*）*wuzhishanense* Chen，2003

鉴别要点 近似五条蚋［*S.*（*S.*）*quinquestriatum*］，雌虫径脉基具毛。雄虫生殖板内缘具亚中角状内突，蛹呼吸丝排列成 2+3+3+2，但生殖板心形，中骨纺锤形。

形态概述

雌虫 体长约 3.0mm；翅长约 2.9mm。额指数为 60∶48∶228。触须Ⅲ～Ⅴ节的节比为 42∶45∶104，节Ⅲ不膨大，拉氏器的长为节Ⅲ的 0.30~0.33。下颚具 13 枚内齿和 13 枚外齿。食窦具一簇疣突。中胸盾片棕黑色，覆细黄色和灰白粉被，具 5 条暗色纵纹。中胸侧膜和后侧片光裸。前足除基节、转节、股节基 4/5 为淡黄色外，余部为棕黑色；中足除转节基 1/2、胫节基部、基跗节基 4/5 和跗节Ⅱ基 3/5 为黄色外，余部为棕黑色；后足除转节、股节和胫节基部、基跗节基 3/5 和跗节Ⅱ基 1/2 为黄色外，余部为棕黑色。前足基跗节膨大，长约为宽的 4.5 倍。跗突和跗沟发达。翅亚缘和径脉基具毛。腹节Ⅱ具大的黄色背侧斑。与坝河蚋［*S.*（*S.*）*bahense*］近似，但是生殖板内缘亚中部具角状内突。

雄虫 体长约 2.8mm；翅长约 2.6mm。上眼具 12 纵列和 14 横排大眼面。触角鞭节Ⅰ的长约为鞭节Ⅱ的 1.4 倍。触须拉氏器小，长约为节Ⅲ的 0.23。中胸盾片覆黄色细毛，具银白色斑，包括 1 对前侧斑、1 对侧白带伸达小盾前区。足似雌虫，但后足基跗节长约为宽的 4 倍。翅似雌虫，但亚缘脉和径脉基光裸。腹部似雌虫。生殖肢端节长约为基节的 1.6 倍，端圆，稍内突，具亚基内突。生殖腹板心形，端尖，基缘内凹，具显著的腹中突。中骨纺锤形，两端细尖。阳基侧突每侧具 7~8 个强钩刺。

蛹 体长约 3.2mm。头、胸密覆疣突。头毛 3 对，简单；胸毛 6 对，每分 2~3 叉支。呼吸丝 10 条，长约为体长的 1/2，排列成 2+3+3+2。腹部和茧近似五条蚋［*S.*（*S.*）*quinquestriatum*］。

幼虫 体长约 6.0mm。与五条蚋［*S.*（*S.*）*quinquestriatum*］相似，但是腹部无黑色刺毛和背突。

生态习性 蛹和幼虫采自山流急流中的水生植物的茎上。海拔 600m。

地理分布 中国河南、江西、四川和贵州。

分类讨论 与五条蚋［*S.*（*S.*）*quinquestriatum*］近缘，两者的主要区别是雄虫尾器的形态迥异。

I. 块根蚋组 *tuberosum* group

组征概述 雌虫额黑色，光裸，具光泽，颜暗灰色或黑色；中胸盾片无纹饰或具不清晰的银白色斑；爪简单；生殖板内缘端圆，生殖叉突后臂具外突。雄虫中胸盾片侧缘及后区通常具银白粉被；生殖肢端节具圆锥状基内突，其上有刺和（或）毛；生殖腹板腹面观方形或横宽，后缘中凹或平齐或浑圆，具带齿的腹突；阳基侧突钩刺众多，排成 3~4 列；后足基跗节膨胀，纺锤形，与胫节约等宽；径脉基光裸。蛹头、胸毛简单，呼吸丝每边 6 条，通常色暗而短于蛹体（约 0.6），自上而下渐变细；茧拖鞋状，编织紧密，无孔窗。幼虫后颊裂箭状或弓形，上尖下宽，长于后颊桥。亚颏顶齿很小。腹部背面暗色并通常具暗绿色横带，肛鳃复杂。

本组全世界已报道 46 种（Adler 和 Crosskey，2014），广布于东洋界和古北界，少数分布到新北界。我国已记录 15 种，即阿里山蚋［*S.*（*S.*）*arishanum* Shiraki，1935］、新红色蚋［*S.*（*S.*）*neorufibasis* Sun，1994］、黑颜蚋［*S.*（*S.*）*nigrifacies* Datta，1974］、亮胸蚋［*S.*（*S.*）*nitidithorax* Puri，1932］、显著蚋［*S.*（*S.*）*prominentum* Chen and Zhang，2002］、王早蚋［*S.*（*S.*）*puliense* Takaoka，1979］、红色蚋［*S.*（*S.*）*rufibasis* Brunetti，1911］、皱板蚋［*S.*（*S.*）*rugosum* Wu，Wen and Chen, 2013]、神农架蚋[*S.*(*S.*)*shennongjiaense* Yan, Luo and Chen, 2005]、华丽蚋[*S.*(*S.*)*splendidum* Rubtsov, 1940]、柃木蚋[*S.*(*S.*)*suzukii* Rubtsov, 1963]、天池蚋[*S.*(*S.*)*tianchi* Chen, Zhang and Yang, 2003]、树干蚋[*S.*(*S.*)*truncrosum* Guo, Zhang, An *et al.*, 2008]、山状蚋[*S.*(*S.*)*tumulosum* Rubtsov, 1956]、伏尔加蚋[*S.*(*S.*)*vulgare* Dorogostaisky, Rubtsov and Vlasenko, 1935]。

中国蚋属蚋亚属块根蚋组分种检索表

雌虫[①]

1 第Ⅶ腹板具亚中长毛丛……13
  第Ⅶ腹板无亚中长毛丛……2
2(1) 生殖叉突后臂末端膨大成椭圆形内突……**树干蚋** *S.*(*S.*)*truncrosum*
  生殖叉突后臂非如上述……3
3(2) 食窦弓具角状中突;生殖叉突后臂内缘亚端部具弧形凹陷……**神农架蚋** *S.*(*S.*)*shennongjiaense*
  无上述合并特征……4
4(3) 生殖叉突柄末端膨胀成球形;受精囊球形……5
  无上述合并特征……6
5(4) 食窦弓光裸……**皱板蚋** *S.*(*S.*)*rugosum*
  食窦弓丛生疣突……**亮胸蚋** *S.*(*S.*)*nitidithorax*
6(4) 肛上板呈旅游帽状……7
  肛上板非旅游帽状……8
7(6) 后足胫节几乎全暗色;触须节Ⅴ特别长,为节Ⅳ长的7~8倍……**山状蚋** *S.*(*S.*)*tumulosum*
  后足胫节基部黄色;触须节Ⅴ的长为节Ⅳ的5~6倍……**伏尔加蚋** *S.*(*S.*)*vulgare*
8(6) 后足胫节基1/2黄色……**阿里山蚋** *S.*(*S.*)*arishanum*
  后足胫节仅基部或基外侧为黄色,至多在基1/3黄色……9
9(8) 触角全暗……**华丽蚋** *S.*(*S.*)*splendidum*
  触角两色……10
10(9) 食窦弓光裸……**显著蚋** *S.*(*S.*)*prominentum*
  食窦弓丛生疣突……11
11(10) 中足、后足胫节除基部为黄色外,余为黑色……**柃木蚋** *S.*(*S.*)*suzukii*
  中足胫节基1/2内面,后足胫节基1/3为黄色,余部为棕黑色……**天池蚋** *S.*(*S.*)*tianchi*
12(1) 前足胫节基部3/4为黄色;尾须长大于宽;爪简单……**红色蚋** *S.*(*S.*)*rufibasis*
  前足胫节基1/3为黄色;尾须宽大于长;爪具小的亚基齿……**新红色蚋** *S.*(*S.*)*neorufibasis*

① 黑颜蚋[*S.*(*S.*)*nigrifacies*]、王早蚋[*S.*(*S.*)*puliense*]的雌虫尚未发现。

雄虫[①]

1　生殖腹板铲状，端尖；中骨叶状，端中裂深；触角鞭节Ⅰ的长为鞭节Ⅱ的 2.4 倍……………………………………**神农架蚋** *S.*（*S.*）*shennongjiaense*

　无上述合并特征……………………………………2

2（1）生殖腹板马蹄形……………………………………3

　生殖腹板方形或矩形……………………………………4

3（2）生殖腹板侧缘具很多皱纹；中骨宽板状，侧缘平行，后缘具皱纹呈波状……………………………………**皱板蚋** *S.*（*S.*）*rugosum*

　生殖腹板侧缘无皱纹；中骨炮弹状，端半渐收缩，后缘圆钝……………………………………**华丽蚋** *S.*（*S.*）*splendidum*

4（2）生殖腹板端侧角明显向外突出，前缘呈三角形凹出………**黑颜蚋** *S.*（*S.*）*nigrifacies*

　生殖腹板非如上述……………………………………5

5（4）生殖腹板矩形，宽度超过长度 2 倍以上……………………………………6

　生殖腹板方形或亚方形，宽度小于长度的 1.5 倍……………………………………10

6（5）中骨具端中裂……………………………………7

　中骨无端中裂……………………………………9

7（6）生殖腹板板体宽度宽约为长度的 2 倍；中骨端中裂浅……………………………………**新红色蚋** *S.*（*S.*）*neorufibasis*

　生殖腹板板体宽度为长度的 2.5~4.0 倍，中骨端中裂深……………………………………8

8（7）生殖肢端节基内突具 17~20 枚粗齿；生殖腹板板体宽度为长度的 3~4 倍……………………………………**山状蚋** *S.*（*S.*）*tumulosum*

　生殖肢端节基内突仅具 5~6 枚粗齿；生殖腹板板体宽度为长度的 2.5~3 倍……………………………………**伏尔加蚋** *S.*（*S.*）*vulgare*

9（6）生殖腹板前缘中凹，后缘平直……………………………………**显著蚋** *S.*（*S.*）*prominentum*

　生殖腹板前缘平直，后缘稍凹……………………………………**天池蚋** *S.*（*S.*）*tianchi*

10（5）生殖肢端节基内突仅具弱刺毛……………………………………**红色蚋** *S.*（*S.*）*rufibasis*

　生殖肢端节基内突具粗齿……………………………………11

11（10）生殖腹板后缘中凹……………………………………**王早蚋** *S.*（*S.*）*puliense*

　生殖腹板后缘凸出……………………………………12

12（11）前足胫节中大部为黄色；中骨长板状，向端部渐变宽………**柃木蚋** *S.*（*S.*）*suzukii*

　前足胫节仅基部后侧为黄色；中骨长板状；向端部渐变窄……………………………………**亮胸蚋** *S.*（*S.*）*nitidithorax*

蛹[②]

1　鳃器基部具特殊的坑状器……………………………………12

① 阿里山蚋［*S.*（*S.*）*arishanum*］和树干蚋［*S.*（*S.*）*truncrosum*］的雄虫尚未发现。

② 阿里山蚋［*S.*（*S.*）*arishanum*］和树干蚋［*S.*（*S.*）*truncrosum*］的蛹尚未发现。

鳃器基部无坑状器……………………………………………………………………………………2

2（1） 头、胸部疣突边缘具众多小突，中央呈凹陷区……………………**显著蚋** S.（S.）*prominentum*

头、胸部疣突无缘饰………………………………………………………………………………3

3（2） 中对呼吸丝从上对丝茎的亚基部发出…………………………………**红色蚋** S.（S.）*rufibasis*

中对呼吸丝从总茎发出……………………………………………………………………………2

4（3） 头毛、胸毛多分支，呈刷状；头毛每分 8~12 支；胸毛每分 18~24 支…………………………

……………………………………………………………………………**神农架蚋** S.（S.）*shennongjiaense*

头毛、胸毛通常简单………………………………………………………………………………5

5（4） 3 对呼吸丝均具短茎………………………………………………………………………………6

3 对呼吸丝均无茎，或其中 1~2 对从总茎直接发出…………………………………………………8

6（5） 腹部无端钩；下对外丝与其余 5 条丝分离发出……………**伏尔加蚋** S.（S.）*vulgare*

腹部具端钩；所有呼吸丝平行向前发出…………………………………………………………7

7（6） 腹节 7~8 具刺栉………………………………………………………………**柃木蚋** S.（S.）*suzukii*

腹部仅节 8 具刺栉………………………………………………………………**皱板蚋** S.（S.）*rugosum*

8（5） 上对呼吸丝明显较其余 5 条丝粗壮；腹节 7~9 具刺栉……**王早蚋** S.（S.）*puliense*

3 对呼吸丝约等粗等长，或依次递减……………………………………………………………9

9（8） 全部呼吸丝约等粗等长……………………………………………………………………………10

呼吸丝的厚度和长度自上而下依次递减…………………………………………………………11

10（9） 触角鞘具成排的疣突………………………………………………**亮胸蚋** S.（S.）*nitidithorax*

触角鞘光滑…………………………………………………………………**新红色蚋** S.（S.）*neorufibasis*

11（9） 3 对呼吸丝茎极短，几乎无茎；上对丝基段明显比下对丝粗………………………………

……………………………………………………………………………**华丽蚋** S.（S.）*splendidum*

上、下两对呼吸丝具短茎；上对丝仅略粗于下对丝……………**山状蚋** S.（S.）*tumulosum*

12（1） 呼吸丝无茎，腹节 8~9 具刺栉…………………………………**黑颜蚋** S.（S.）*nigrifacies*

上对呼吸丝具短茎，腹节 7~9 均具刺栉……………………………**天池蚋** S.（S.）*tianchi*

幼虫[①]

1 胸、腹部每个体节均具红棕色带…………………………………………………………………11

体无色带或仅后腹节具色带……………………………………………………………………………2

2（1） 亚颏中齿明显低于侧齿，其长度小于侧齿的 1/3………………………………………………3

亚颏中齿和角齿均发达……………………………………………………………………………4

3（2） 亚颏角齿特粗壮；头扇毛 40~50 支……………………………**华丽蚋** S.（S.）*splendidum*

亚颏角齿正常；头扇毛 29~34 支…………………………………**新红色蚋** S.（S.）*neorufibasis*

4（2） 触角节 2 具次生环…………………………………………………………………………………5

触角节 2 无次生环…………………………………………………………………………………6

5（4） 后颊裂长约为后颊桥的 2 倍；后环约 76 排……………………**显著蚋** S.（S.）*prominentum*

后颊裂长约为后颊桥的 4 倍；后环约 88 排……………………………**红色蚋** S.（S.）*rufibasis*

---

① 阿里山蚋［S.（S.）*arishanum*］、黑颜蚋［S.（S.）*nigrifacies*］和树干蚋［S.（S.）*truncrosum*］的幼虫尚未发现。

6（4） 亚颏侧缘毛 7~8 支；肛鳃每叶具 22~26 个次生附叶……………………………………………………………………………………………………神农架蚋 *S.*（*S.*）*shennongjiaense*

亚颏侧缘毛 3~6 支；肛鳃每叶具 5~13 个小叶……………………………………………………7

7（6） 亚颏侧缘毛每侧 3 支；肛鳃每叶具 7~8 个附叶………………山状蚋 *S.*（*S.*）*tumulosum*

无上述合并特征……………………………………………………………………………………8

8（7） 后颊裂尖三角形………………………………………………………王早蚋 *S.*（*S.*）*puliense*

后颊裂箭形或法冠形………………………………………………………………………………9

9（8） 后颊裂法冠形；后环 72 排……………………………………………天池蚋 *S.*（*S.*）*tianchi*

后颊裂箭形；后环非如上述……………………………………………………………………10

10（9） 后颊裂接近亚颏后缘，基部略收缩；肛鳃每叶具 7~8 个附叶……………………………………………………………………………………………………伏尔加蚋 *S.*（*S.*）*vulgare*

后颊裂深，长为后颊桥的 3~4 倍，但未接近亚颏后缘；肛鳃每叶具 9~13 个附叶……………………………………………………………………………………………………皱板蚋 *S.*（*S.*）*rugosum*

11（1） 触角节 2 具次生环；肛鳃每叶具 4~7 个附叶……………………………铃木蚋 *S.*（*S.*）*suzukii*

触角节 2 无次生淡环；肛鳃每叶具 9~13 个附叶…………………………亮胸蚋 *S.*（*S.*）*nitidithorax*

阿里山蚋 *Simulium*（*Simulium*）*arishanum* Shiraki，1935

Simulium arishanum Shiraki，1935. *Mem. Fac. Sci. Agric. Taihoku Imp. Univ.*，16：80~82. 模式产地：中国台湾（阿里山）.

Simulium（*Simulium*）*arishanum* Shiraki，1935；Takaoka，1979. *Pacif. Ins.*，20（4）：400；An（安继尧），1996. *Chin J. Vector Bio. and Control*，7（6）：475；Chen and An（陈汉彬，安继尧），2003. The Blackflies of China：338.

鉴别要点 雌虫中胸盾片被黄白色短柔毛；后足胫节和基跗节基 1/2 黄色。

形态概述 ［根据 Shiraki（1935）的记述］

雌虫 体长 1.8~2.0mm。额灰白色，具少量黄色柔毛。触须拉氏器小。触角柄、梗节为红黄色。中胸盾片黑色，被黄白色柔毛，无纵纹。小盾片暗黑色，被少量黑毛。后盾片光裸。足棕色，各足胫节和中足、后足基跗节超过基 1/2 的为黄色。前足基、转节为黄色而端部为黑色，股节端部渐变为黑色，胫节基 3/4 为黑色，外侧具大的银白色斑。后足基节黑色，转节棕色，股节棕黑色而基部色淡，胫节基半橙黄色端半黑色，基跗节基半橙黄色，端半黑色。腹节Ⅰ~Ⅳ棕黑色，后腹部背板闪光，腹面稍淡。

雄虫 未知。

幼虫 未知。

蛹 未知。

生态习性 成虫系早春采自海拔 2200m 的高山（Shiraki，1935）。

地理分布 中国台湾。

分类讨论 本种迄今仅发现雌虫，其形态近似红色蚋［*S. rufibasis* Brunetti，1911］，但是两者中胸盾饰和足色显然不同，并且本种第Ⅶ腹板无亚中长毛丛。

新红色蚋 *Simulium*（*Simulium*）*neorufibasis* Sun，1994（图 12-243）

Simulium（*Simulium*）*neorufibasis* Sun（孙悦欣），1994. 中国北方部分地区蚋类：183~185. 模式产地：中国辽宁（新宾）；Crosskey，1997. Taxo. Geograph. Invent. World Blackflies（Diptera：Simuliidae）：74；Chen and An（陈汉彬，安继尧），2003. The Blackflies of China：338.

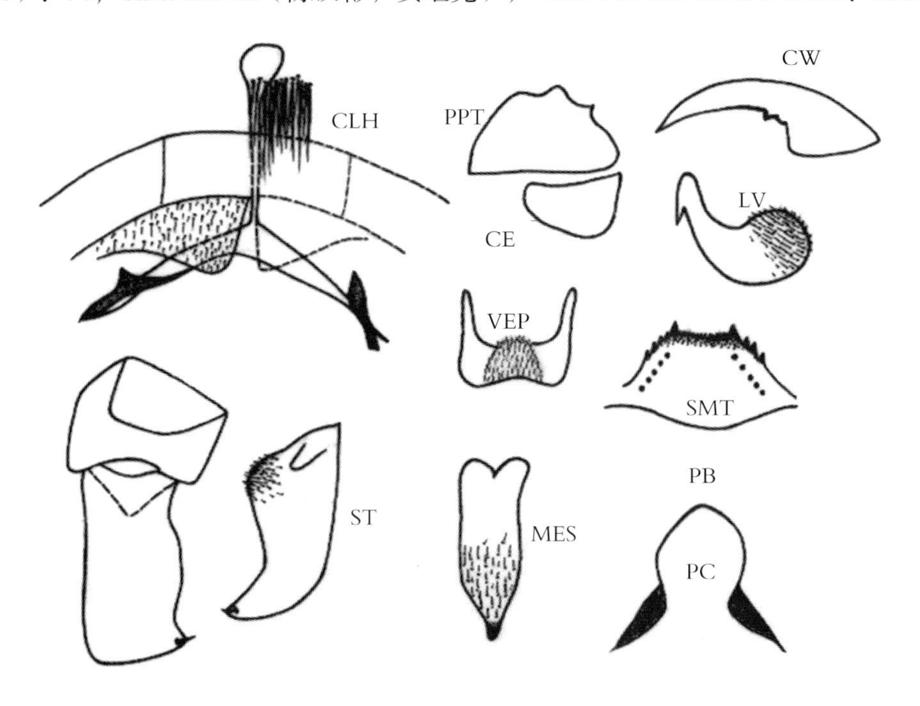

图 12-243 新红色蚋 *S.*（*S.*）***neorufibasis*** Sun（仿孙悦欣，1994. 重绘）

鉴别要点 雌虫腹节Ⅶ腹板有长毛丛。雄虫生殖腹板横宽，中骨基半具微毛。

形态概述

雌虫 触角柄、梗节黄色，鞭节褐黑色。触须节Ⅲ不膨胀，拉氏器长为节Ⅲ的2/5。食窦后缘具疣突。下颚具内齿 13~15 枚，外齿 15 枚；上颚具内齿 34~36 枚，外齿 12~14 枚。足棕黑色；黄色部分包括前足基节、股节基 2/3、胫节中 1/3，中足股节中 1/3、股节基 2/3、跗节Ⅰ基 1/2，后足股节基 3/5、胫节基 2/3。前足胫节长约为宽的 4.5 倍。爪具微小的亚基齿。腹节Ⅶ具亚中长毛丛，腹节Ⅷ腹板近长方形。生殖板亚三角形，后缘后段略内弯，生殖叉突柄末端膨大成球状。受精囊卵圆形，具网纹。

雄虫 触角褐黑色，鞭节Ⅰ的长约为鞭节Ⅱ的 1.5 倍。触须拉氏器小。生殖肢端节长于基节，背面观具基内突，端 1/3 渐变尖。生殖腹板短而横宽，宽约为高的 2 倍，侧缘平行，后缘中部略凹，具半圆形腹突。中骨板状，基 2/5 具微毛，端缘中凹。阳基侧突每边具 6~7 个大刺和若干小刺。

蛹 体长 2.8~3.0mm。呼吸丝每边 6 条，成对排列，均具短茎，上对外丝最长。茧拖鞋状，编织疏松。

幼虫 体长 6.0~6.5mm。头斑阳性，触角长于头扇柄，头扇毛 46 支。亚颏角齿和第 3 中侧齿外露，中齿和其他中侧齿不外露，侧缘毛每边 5 支。后颊裂亚箭形，端尖，基部收缩，长约为后颊桥的 2 倍。肛鳃每叶约分 8 个次生指状小叶。后环约 69 排，每排具 9~10 个钩刺。

生态习性 幼虫和蛹孳生于山涧溪水中的石块和树枝上，水温 13℃，pH 值 5.5。

地理分布 中国辽宁。

分类讨论 本种近似红色蚋［*S. rufibasis* Brunetti，1911］，雌虫腹节Ⅶ腹板具亚中毛丛，但是两者的外生殖器和幼虫迥异。

黑颜蚋 *Simulium*（*Simulium*）*nigrifacies* Datta，1974（图 12–244）

Simulium（*Simulium*）*nigrifacies* Datta，1974. *Oriental Ins.*，7（3）：17~19. 模式产地：印度达吉岭；

Deng *et al.*（邓成玉等），1994. *Sixtiety Anniversary Founding*, *China Zool. Soc.*: 13; Chen and An（陈汉彬，安继尧），2003. The Blackflies of China：340.

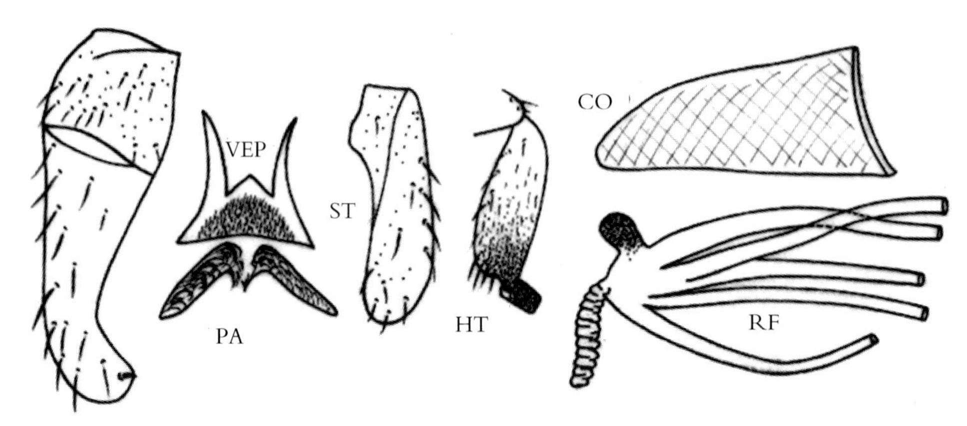

图 12–244 黑颜蚋 *S.*（*S.*）*nigrifacies* Datta（仿 Datta，1974. 重绘）

鉴别要点 雄虫中胸盾片具 1 对新月形铜色斑，生殖腹板前缘呈山峰状突。呼吸丝总茎基部具坑状器，上对外丝特粗大。

形态概述

雌虫 尚未发现。

雄虫 体长约 2.5mm。头顶黑色，具黑色长毛。唇基黑色，闪光，具少量黑色毛。触角柄、梗节和鞭节Ⅰ基部灰暗色，余部黑色。触须拉氏器小，球状。中胸盾片黑色，前侧缘具 1 对新月形铜色斑；盾前区具 1 个大的中斑；后盾片光裸，闪光。平衡棒结节黄色，柄黑色。翅亚缘脉基段具少量毛，径脉基光裸。前足基节棕色；转节灰黑色而基部色淡；股节暗灰色而端部黑色；胫节黑色而基部和外侧为黄色。中足基节、转节黑色；股节暗灰色而端部黑色；胫节暗灰色而端部和外侧为黄色；跗节Ⅰ大部为黄色，跗节Ⅱ、Ⅲ基部为黄色，余部为黑色。后足基节黑色；转节灰黑色；股节暗灰色而端部黑色；胫节暗灰色而基部和端部为黑色；基跗节和跗节Ⅱ基半黄色，余部为黑色。后足基跗节膨胀。腹部黑色，节Ⅱ、节Ⅵ和节Ⅶ背板具大的铜色侧斑，生殖肢端节长约为基节的 3 倍。生殖腹板端侧角长，后缘近于平直，前缘呈山峰状突，基臂简单，端尖。

蛹 体长约 3.0mm。头、胸部密布盘状疣突。头毛 3 对，简单；胸毛 6 对均长单支。呼吸丝 6 条，长度略超过体长的 1/3，上对外丝明显较其他 5 条粗长，总茎下对几乎无茎，基部具坑状器。腹部钩刺正常，节 5~7 背板光滑，节 8、节 9 背板具栉刺列，节 9 无端钩。茧拖鞋状，编织紧密，前缘加厚。

幼虫 尚未发现。

生态习性 原描述标本采自海拔 1900m 的山区。

地理分布 中国：西藏；国外：印度。

分类讨论 本种近似红色蚋［*S. rufibasis* Brunetti，1911］，但是可根据盾饰、雄虫尾器、蛹呼吸丝的形态和发出情况的差异予以鉴别。此外，本种雄虫生殖腹板的特殊形状和蛹呼吸丝基部具坑状器，特征相当突出，不难与其他近缘种相区别。

亮胸蚋 *Simulium*（*Simulium*）*nitidithorax* Puri，1932（图 12-245）

Simulium（*Simulium*）*nitidithorax* Puri，1932. *Ind. J. Med. Res.*，19：909~913. 模式产地：印度（Arunachal Pradesh）；An（安继尧），1989. *Contr. Blood-sucking Dipt. Ins.*，1：187；Zhang and Wang（章涛，王敦清），1991. *Acta Ent. Sin.*，34：489~491；Crosskey *et al.*，1996. *J. Nat. Hist.*，30：429；Chen and An（陈汉彬，安继尧），2003. The Blackflies of China：341.

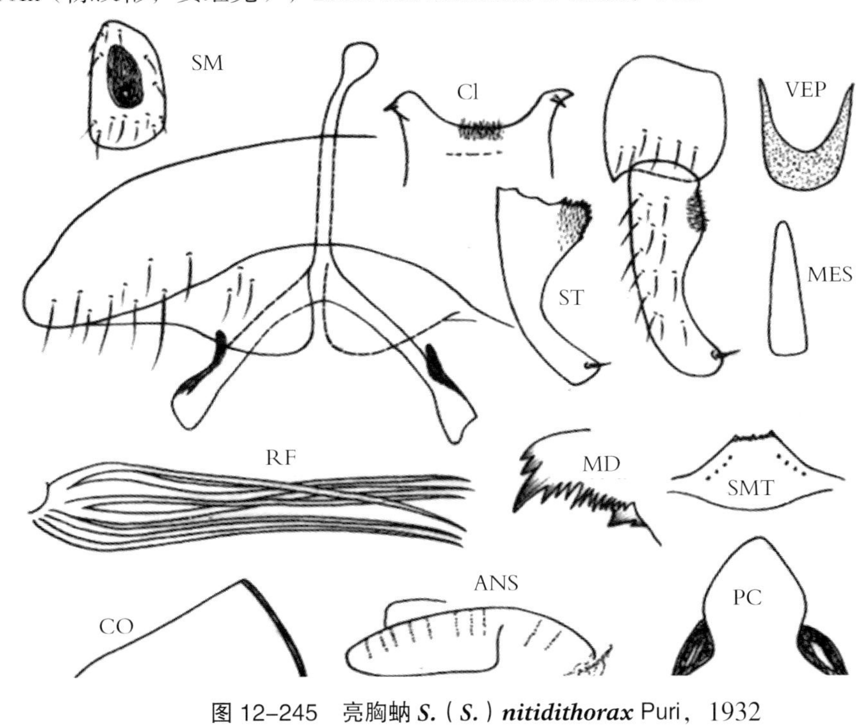

图 12-245 亮胸蚋 *S.*（*S.*）*nitidithorax* Puri，1932

鉴别要点 雌虫生殖叉突柄末端膨胀。雄虫生殖腹板矩形，后缘稍凸。蛹触角鞘具成排疣突。幼虫胸、腹部具红棕色横带。

形态概述

雌虫 额、唇基和触角具灰白粉被，额和唇基黑色并具黑色长毛。触须节Ⅲ稍膨大，拉氏器长椭圆形。食窦后部丛生疣突。中胸盾片黑色具光泽，被短柔毛，具 3 条淡纵纹。各足股节黑色，前、后股节基部为黄色；各足胫节黑色且外侧具银白色斑，前胫中部和中、后胫基部黄色；前足跗节黑色，中足、后足跗节棕黑色，后足基跗节基部 2/3 和跗节Ⅱ基 2/3 为黄色。后足基跗节扁平，两边平行。翅亚前缘脉基 3/8 具毛，径脉基光裸。生殖板亚三角形，内缘近平行，生殖叉突柄强骨化，末端膨大成球形，后臂中部具骨化外侧突。受精囊近球形，具网纹。

雄虫 上眼面 15 排。唇基黑色，并具黑色长毛。中胸盾片黑线绒状，前侧各具 1 个灰白色斑；各足股节黑色；各足胫节黑色，前胫基部后侧黄色；前足、后足跗节黑色，中足跗节Ⅰ基 1/2 和跗节Ⅱ基 1/2 为黄色。后足基跗节膨大成纺锤形，长约为宽的 4.2 倍。翅亚前缘脉和径脉基光裸。生殖肢基节近方形，生殖肢端节长，基 1/3 处最宽，端 1/3 渐变窄，后缘圆钝，基部有具齿的基内突。生殖腹板矩形，宽大于长，腹突密被细毛。阳基侧突每侧具众多大钩和小钩。中骨长板状，向端部渐变窄。

蛹 头、胸部密布疣突。触角鞘通常具成排疣突。头毛 3 对，均不分支；胸毛 9 对，均长而简单。呼吸丝 6 条，成对排列，具短茎。腹节 7~9 具刺栉列，腹节 9 具端钩，腹节 6~9 背板每侧具微棘刺群。腹节 3~8 腹板每侧具微棘刺群。茧拖鞋状，编织较紧密，前侧稍松具小空隙但无前侧窗，前缘增厚。

幼虫 头斑不明显。触角长于头扇柄，头扇毛 37~41 支。亚颏角齿和中齿发达，侧缘毛每边 4~5 支，偶 3 支。后颊裂深，矛状，端尖，长为后颊桥的 3.9~4.2 倍。胸、腹体壁光裸，具棕红色带。肛鳃每叶分 9~12 个次生指状小叶。肛侧具无色毛。肛板前臂略短于后臂。后环 68 排，每排具 12~14 个小钩刺。

生态习性 幼虫和蛹孳生于山溪中的水草、石块或枯枝落叶上。雌虫吸人血（Ogata，1955）。

地理分布 中国：福建，海南，贵州，云南，四川；国外：印度，泰国。

分类讨论 Puri（1932）根据印度的成虫和蛹的标本做了原描述。Takaoka（1984）根据泰国标本做了幼虫的补描述，并指出两地标本的形态差异：后者后足跗突未伸达跗沟，雌虫生殖叉突柄末端呈球形，蛹呼吸丝均具短茎。采自我国各地的标本与 Takaoka（1984）的描述基本符合。

显著蚋 *Simulium*（*Simulium*）*prominentum* Chen and Zhang，2002（图 12-246）

Simulium（*Simulium*）*prominentum* Chen and Zhang，2002. 新种 . *Acta Ent. Sin*（增刊）. 模式产地：中国贵州（雷公山）；Chen and An（陈汉彬，安继尧），2003. The Blackflies of China：343；Zeng and Chen（曾亚纯，陈汉彬），2005. *Acta Parasitol. Med. Sin.*，12（4）：222~224.

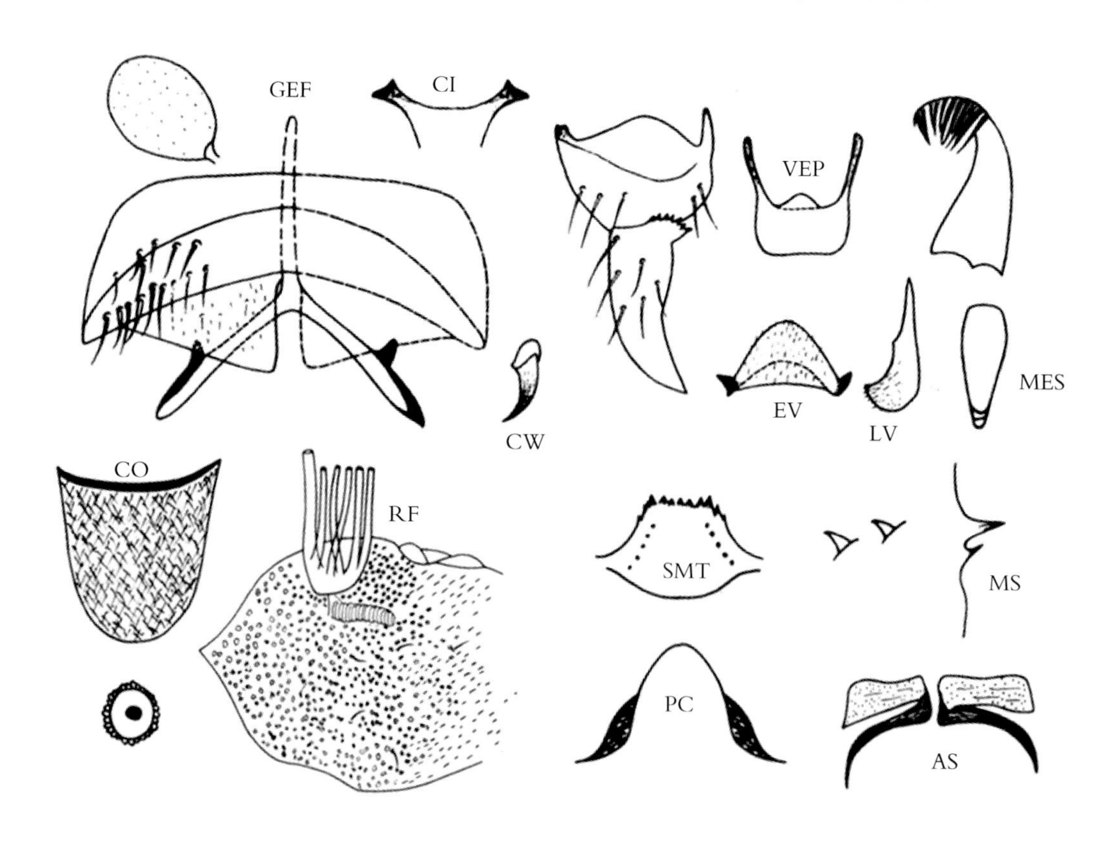

图 12-246 显著蚋 *S.*（*S.*）*prominentum* Chen and Zhang，2002

鉴别要点 雌虫生殖板内缘平行，生殖叉突后臂具外突。雄虫生殖腹板横宽，矩形；生殖肢端节弯刀状，具前缘有齿列的基内突。蛹呼吸丝5对，成对发出；上对外丝明显粗长；头、胸疣突具缘饰。幼虫触角节2具1个次生淡环。

形态概述

雌虫 小型种，体长约2.1mm；翅长约1.5mm。额亮黑色，银白粉被，覆黑色毛。额指数为5.0∶4.0∶5.5；额头指数为5.0∶21.4。触须节Ⅲ～Ⅴ的节比为4.0∶4.4∶5.5，拉氏器长约为节Ⅲ的1/3。上颚具内齿28枚，外齿12枚；下颚具内齿13枚，外齿16枚。触角鞭节Ⅰ的长约为鞭节Ⅱ的1.4倍。食窦光裸。中胸盾片亮黑色，无斑纹，覆棕色毛。中胸侧膜和下侧片光裸。足大部为暗棕色；淡色部分包括前足基、转节、股节基1/5、胫节基腹面2/3，中足胫节基腹面、基跗节基4/5和跗节Ⅱ基2/3，后足转节基1/2、股节基部、胫节基腹面、基跗节腹面3/4和跗节Ⅱ基1/2。前足胫节外侧具银白色斑，基跗节稍膨大，长约为宽的4.5倍。跗突和跗沟发达，爪简单。翅亚缘脉具毛；径脉基光裸。腹节Ⅴ～Ⅷ亮黑色。生殖板三角形，内缘平行，生殖叉突后臂具外突。

雄虫 体长约2.3mm；翅长约1.9mm。上眼大眼面16纵列，12横排。触角鞭节Ⅰ的长约为鞭节Ⅱ的2倍，触须节Ⅲ～Ⅴ的节比为3.5∶4.0∶7.1。拉氏器小，长约为节Ⅲ的0.18。中胸盾片亮黑色，具黑色毛，无斑，其余似雌虫。前足基节黄色，转节基1/2黄色，股节基部黄色而渐向端部变为棕黑色，端1/5黑色，胫节中部外侧具大的银白色斑，跗节黑色，基跗节长约为宽的4倍；中足基节黄色，转节基1/2黄色，股节基3/4黄色，端1/4黑色，胫节黑色，基跗节基4/5黄色，跗节Ⅱ基3/5黄色；后足基、转节、股节基3/4、胫节基部、基跗节基3/5和跗节Ⅱ基1/2为黄色，余部为棕黑色，基跗节端部膨大，长约为宽的4.1倍。跗突和跗沟发达，翅亚缘脉光裸。生殖肢端节弯刀状，端尖，长约为基节的1.7倍，基内突前缘具8枚粗齿。生殖腹板板体矩形，前缘中部突出，后缘平直。中骨长板状，自基部向端部渐变宽，端平。阳基侧突每侧具7~8个粗刺。

蛹 体长约2.5mm。头部和前胸密布大、小两种疣突，多数疣突边缘具众多小突，中央具凹陷区。头毛3对，不分支；胸毛5对，均细单支。呼吸丝6条，成对排列，上对外丝明显粗壮，长约为体长的3/5，所有呼吸丝均无茎或仅具极短的茎，汇集一起伸向前方，背对的外丝明显较其余5条粗长（约为1.5和1.3倍）。腹节7~8背板具刺栉列，节9无端钩。茧拖鞋状，编织中度紧密，前缘加厚。

幼虫 体长约5mm。头斑阳性。触角稍长于头扇柄，节2具1个次生淡环。头扇毛34~36支，亚颏中齿不显著，侧缘毛每边5支。后颊裂亚箭形，侧缘平行，长约为后颊桥的2倍。胸、腹体壁光滑。肛鳃每叶分8~10次生小叶。肛板前臂翼状，长约为后臂的3/5。肛前刺环显著。后环76排，每排具16~20个钩刺。

生态习性 幼虫和蛹孳生于山溪急流中的水草上，海拔1400m。

地理分布 中国湖北和贵州。

分类讨论 本种近似印度尼西亚的 *S.*（*S.*）*sigiti*、印度的 *S.*（*S.*）*nigrifacies*、马来西亚的 *S.*（*S.*）*brevipar* 及台湾地区的 *S.*（*S.*）*puliense*，但是上述4个种中胸盾片具银白色斑，雄虫尾器包括生殖肢端节、生殖腹板和中骨形状与本种迥异。此外，蛹呼吸丝基部有特殊的坑状器，也可资鉴别。后1种雄虫足色，蛹的体壁结构和幼虫后颊裂形状，也与本种有明显的差异。

王早蚋 *Simulium*（*Simulium*）*puliense* Takaoka，1979（图 12–247）

Simulium（*Simulium*）*puliense* Takaoka，1979. *Pacif. Ins.*，20（4）：392 ~ 395. 模式产地：中国台湾（日月潭）；An（安继尧），1996. *Chin J. Vector Bio. and Control*，2（6）：475；Chen and An（陈汉彬，安继尧），2003. The Blackflies of China：344.

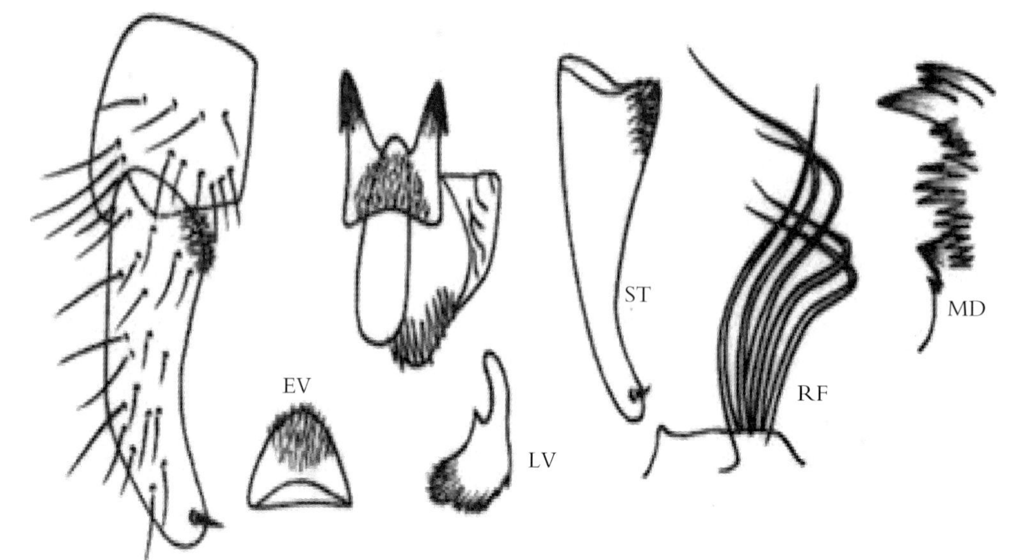

图 12–247 王早蚋 *S.*（*S.*）*puliense* Takaoka（仿 Takaoka，1979. 重绘）

鉴别要点 雌虫后足基跗节基 3/5 为黄色。蛹呼吸丝约等长。

形态概述

雌虫 尚未发现。

雄虫 小型暗色种，体长约 2.2mm。唇基黑色，被银色细毛和黑色毛。上眼面 21 排。触角鞭节Ⅰ基部色淡，长约为节Ⅱ的 1.7 倍。触须拉氏器小，球状。中胸盾片黑色，无光泽，被棕色柔毛，具不规则的银白色斑和银白色窄侧纹。前足基节黄色，中足、后足基节棕黑色，各足转节棕黑色；各足股节棕黑色；前足胫节棕黑色而外侧大部具银色光泽，中、后胫棕黑色而基部外侧具白色光泽；前跗黑色，中足基跗节基 2/3 和跗节Ⅱ基 1/3 为黄色，后足基跗节基 1/2 和跗节Ⅱ基 1/3 为黄色，余部为棕黑色。翅亚前缘脉和径脉基光裸。腹节Ⅱ背板具银白横带，节Ⅵ和节Ⅶ背板各具 1 对银色斑。生殖肢基节亚方形，生殖肢端节长，基 1/2 渐变窄，端 1/2 近平行，基内突具细齿。生殖腹板近矩形，宽略大于长，具腹中毛突，后缘中部稍凹。阳基侧突每边具众多钩刺。中骨板状，基 1/2 稍窄，端圆，无中裂。

蛹 体长约 2.5mm。头、胸部中度覆以盘状疣突。头毛 3 对，胸毛 4 对，均细单支。呼吸丝 6 条，成对排列，上对外丝粗于其余 5 条（1.3 倍），所有呼吸丝约等长（约为体长的 3/5）。腹节 7~9 具栉刺列而无端钩。茧拖鞋状，编织紧密，前缘加厚。

幼虫 头斑阳性。亚颏中齿、角齿中度发达，侧缘毛每边 5 支。后颊裂深，尖三角形，长约为后颊桥的 4.2 倍，内缘直。肛板前臂明显短于后臂。后环 76 排，每排约具 14 个钩刺。

生态习性 幼虫和蛹孳生于山溪缓流中的水草上。

地理分布 中国台湾。

分类讨论 本种近似显著蚋[*S. prominentum* Chen and Zhang],两者的区别详见后者的分类讨论项下。

红色蚋 *Simulium*（*Simulium*）*rufibasis* Brunetti，1911（图 12-248）

Simulium（*Simulium*）*rufibasis* Brunetti，1911. *Rec. Ind. Mus.*，4：285~286. 模式产地：印度；Takaoka，1977. *Jap. J. Sanit. Zool. Soc.*，4（2）：121~125；An（安继尧），1989. *Contr. Blood-sucking Dipt. Ins.*，1：187~188；Zhang and Wang（章涛，王敦清），1991. *Acta Ent. Sin.*，34：483~491；Zhang，Wen and Chen（张春林，温小军，陈汉彬），1999. *Guiz. Sci.*，17（3）：231~235；Chen and An（陈汉彬，安继尧），2003. The Blackflies of China：345.

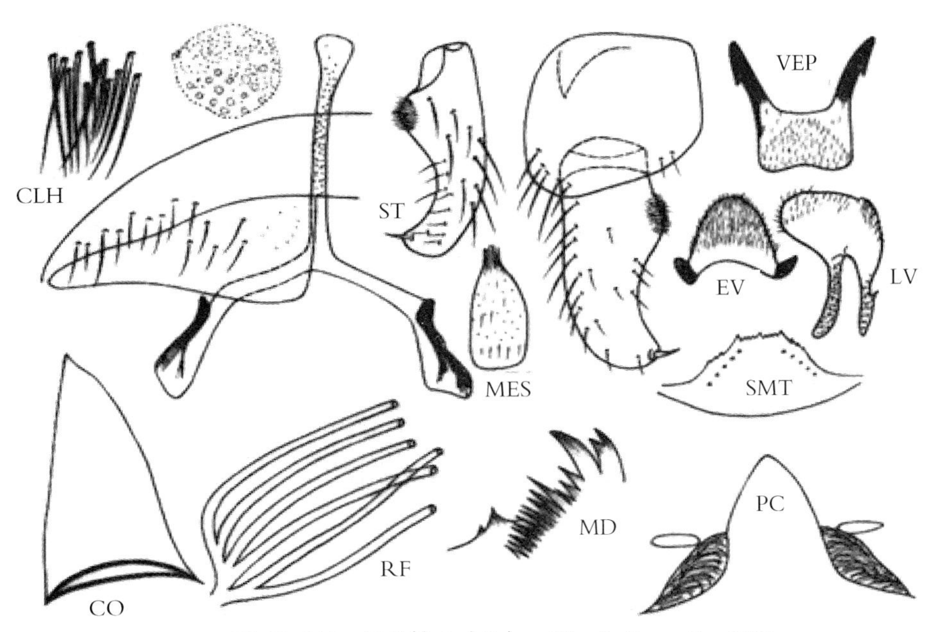

图 12-248 红色蚋 *S.*（*S.*）*rufibasis* Brunetti，1911

鉴别要点 雌虫腹节Ⅶ腹板具亚中长毛丛。雄虫生殖肢端节基内突仅具弱刺毛。蛹中对呼吸丝从上对丝茎发出。

形态概述

雌虫 体长约 2.2mm。额和唇基灰黑色，具黑色毛。触角柄、梗节和鞭节Ⅰ为黄色至棕黄色，余部为棕黑色。食窦后部丛生疣突。下颚具内齿 12 枚，外齿 16 枚；上颚具内齿 30 枚，外齿 12 枚。中胸盾片灰黑色，被金色或铜色细毛，具 1 对灰色前斑，从前面观具 1 条暗色中纵纹。前足基节黄色，中足、后足基节黑色。前足转节暗黄色，中足、后足转节棕黑色。前足股节基部黄色并向端部渐变为黑色，端 1/2 黑色；中足、后足股节为棕黑色，仅基部色淡。前足胫节黄白色，端 1/4 黑色，外侧具银白色斑；中足胫节基 1/2 黄色并向端部渐变为黑色，端 1/3 黑色；后足胫节黄白色，端 1/2 黑色，中足、后足胫节外侧均具银白色斑。各足跗节除中足基跗节基 1/2、跗节Ⅱ基部和后足基跗节基 3/5 和跗节 2 基部为黄色外，余为黑色。翅径脉基段光裸。腹节Ⅱ背板具 1 对银白侧色斑。腹节Ⅶ腹节具 1 对亚中长毛丛。生殖板内缘靠近，平行，后缘宽弯，生殖叉突柄末端膨大呈球状。两后臂中部具骨化的外侧突。受精囊球状，具网纹。

雄虫 体长约2.4mm。上眼面16排。唇基具银色粉被。触角鞭节Ⅰ的长约为鞭节Ⅱ的1.5倍。中胸盾片具银白色斑。前足基节黄色，中足、后足基节为棕黑色。各足股、胫节为黑色，前胫外侧具大的银白色斑，后股基部和中、后胫基部色稍淡。各足跗节除中、后足基跗节基1/3为黄色外，余为黑色。后足基跗节膨胀，纺锤形，长约为宽的3.2倍。腹节Ⅱ和节Ⅴ~Ⅷ背板具银白色侧斑，生殖肢基节长略小于宽。生殖肢端节基内突不发达，具弱刺毛。生殖腹板亚方形，后缘稍凹。中骨细板状，两侧亚平行。

蛹 体长2.4~2.5mm。头、胸毛简单。呼吸丝3对，具短茎，中对丝茎从上对丝茎的基部发出。腹节7、8背板具刺栉，腹节6~9每节两侧具微棘刺群，腹节9无端钩。茧拖鞋状，编织紧密，前缘加厚。

幼虫 体长4.5~5.0mm。头斑不明显，触角长于头扇柄，节2中部具次生淡环。头扇毛37~40支。上颚缘齿具附齿列。亚颏中齿、角齿发达，侧缘毛每边4~5支。后颊裂深，亚箭形，端尖，基部不收缩，长约为后颊桥的4倍。胸部体壁光滑，后腹部具无色毛。肛鳃每叶分8~10个附叶。后环约88排，每排约具14个钩刺。

生态习性 幼虫和蛹孳生于山溪中的水草上。据报道，雌虫叮人（Bentinck，1955；Ogata等，1956）和羊（Ogata等，1956）。

地理分布 中国：辽宁，江西，福建，广东，海南，台湾，湖北，贵州，四川，云南，西藏；国外：印度，巴基斯坦，缅甸，泰国，越南，日本，韩国。

分类讨论 红色蚋系由Brunetti（1911）根据印度单雌标本而记述，此后，Puri（1932）、Takaoka（1977）对其他虫期做了继描述。经检查，我国各地标本对照国外资料，形态学上存在某些差异，但是根据本种雌虫第Ⅶ腹板具亚中长毛丛和蛹呼吸丝的特殊排列方式，并不难鉴别。

皱板蚋 *Simulium*（*Simulium*）*rugosum* Wu，Wen and Chen，2013（图12-249）

Simulium（*Simulium*）*rugosum* Wu，Wen and Chen（吴慧，温小军，陈汉彬），2013. *Acta Zootax Sin.*，38（1）：151~153. 模式产地：中国吉林（长白山）.

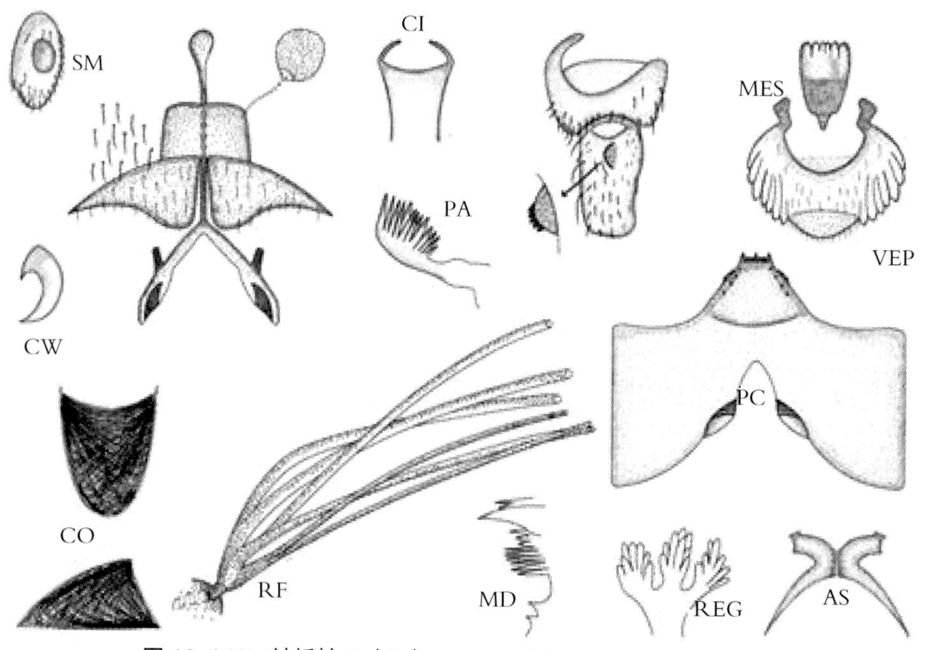

图12-249 皱板蚋 *S.*（*S.*）*rugosum* Wu，Wen and Chen，2013

鉴别要点 雌虫生殖叉突柄末端明显膨胀，食窦光裸。雄虫生殖肢端节长方形，生殖腹板马鞍形，侧缘具众多皱褶；中骨宽板状，端缘具皱褶呈波状。

形态概述

雌虫 体长约 2.9mm。额亮黑色，覆黑色毛。额指数为 6.0 : 4.3 : 5.5；额头指数为 4.0 : 22.3。触须节Ⅲ～Ⅴ的节比为 4.4 : 4.7 : 10.6，拉氏器长约为节Ⅲ的 0.38。下颚具 19 枚内齿，17~18 枚外齿；上颚具 29 枚内齿和 15 枚外齿。食窦光裸。中胸盾片亮黑色，覆灰白粉被和灰白色毛。中胸侧膜和下侧片光裸。前足基节黄色；中足、后足基节棕色。各足转节除前足胫节基 1/2 为黄色外，余部为棕色。各足股节端 1/4 为暗棕色，余部为黄色。各足胫节中大部外面为黄色，余部为棕色。各足跗节除后足基跗节基 2/3 和跗节Ⅱ基 1/2 为黄色外，余部为暗棕色。前足基跗节长约为宽的 6 倍；后足基跗节侧缘平行，长约为宽的 5.8 倍。跗突和跗沟发达。爪简单。翅亚缘脉具毛，径脉基光裸。生殖板亚三角形，内缘基部靠近，端部分离较远，端内角钝圆。生殖叉突柄末端膨胀呈亚球形。后臂具骨化外突，受精囊亚球形。

雄虫 体长约 3mm。上眼具 22~23 纵列，18 横排大眼面。触角鞭节Ⅰ的长约为鞭节Ⅱ的 1.6 倍，触须拉氏器长约为节Ⅲ的 0.22。中胸盾片亮黑色，覆灰白粉被和同色毛，具银白色扇斑。中胸侧膜和下侧片光裸。足似雌虫，但是后足基跗节稍膨胀，长约为宽的 4.5 倍。翅亚缘脉光裸，腹部似雌虫。生殖肢端节宽，侧缘亚平行，长约为基节的 1.3 倍。内基内突具 4~5 枚粗齿。生殖腹板马蹄形，板体侧缘具许多皱褶，基缘内凹，具半圆形腹中突；阳基侧突每侧具 10~12 个强刺。中骨宽板状，端缘具皱褶，侧缘平行。

蛹 体长约 5.0mm。头、胸覆疣突。头毛 3 对，胸毛 5 对，均简单。呼吸丝 6 条，成对，长约为体长的 2/3，具短茎集束发出。背对丝长（1.3~1.5 倍）而粗（约 2 倍）于下对丝。腹节 8 背板具刺栉，后腹具端钩。茧简单，编织紧密，前缘加厚。

幼虫 体长 4.5~5.0mm。腹部具暗色带，头斑明显。头扇毛 32~34 支。触角 3 节的节比为 33 : 48 : 35。亚颏中齿、角齿发达，侧缘毛 4~5 支。后颊裂亚箭形，长为后颊桥的 3~4 倍。胸、腹体壁光裸。肛鳃每叶具 9~13 个附叶。肛骨前臂长约为后臂的 0.6，后环 86~88 排，每排具 9~13 个钩刺。

生态习性 幼虫和蛹孳生于林缘山溪中的水生植物的茎叶和枯枝落叶上，海拔 2051m。

地理分布 中国吉林。

分类讨论 本种主要特征是雄虫生殖腹板马鞍形，前缘中凹，具半圆形腹中突，板体侧缘具众多皱褶，与报道自西伯利亚的 *S.*（*S.*）*qugatum* Boldarueva 相似，但是后者仅见雄虫和蛹，其足色、中骨形状、阳基侧突钩数目以及蛹呼吸丝形状、茧编织疏松等特征，与本种有明显差异。

神农架蚋 *Simulium*（*Simulium*）*shennongjiaense* Yang，Luo and Chen，2005（图 12-250）

Simulium（*Simulium*）*shennongjiaense* Yang，Luo and Chen（杨明，罗洪斌，陈汉彬），2005. *Acta Zootax Sin.*，30（4）：839~841. 模式产地：中国湖北（神农架）.

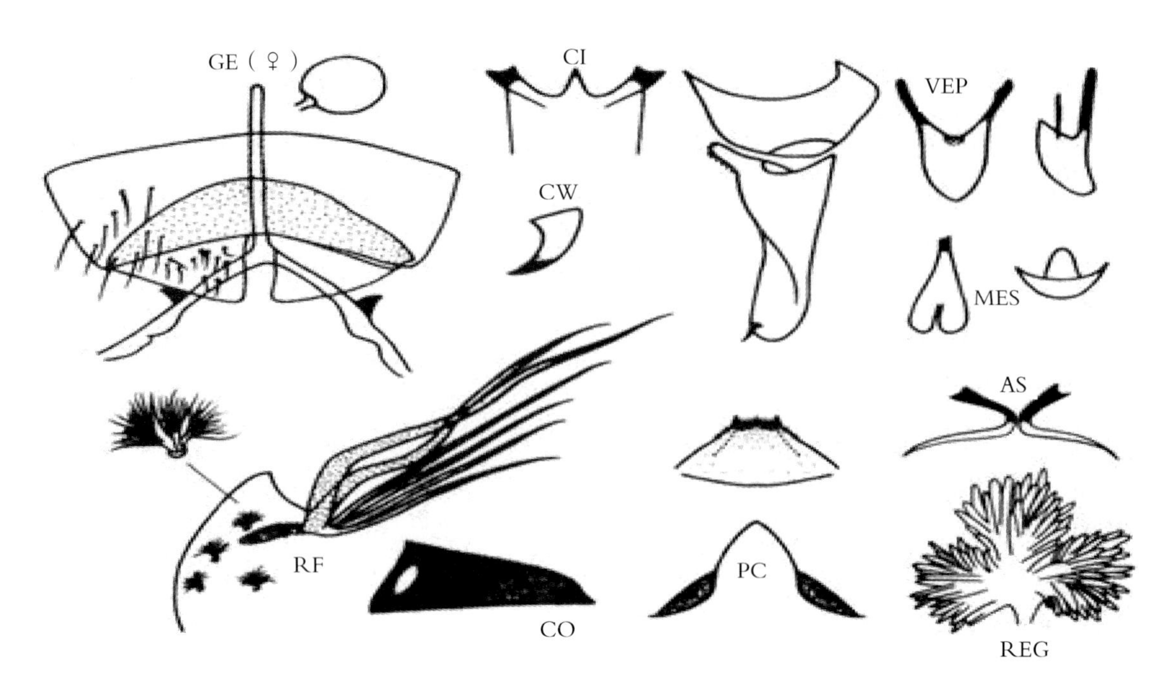

图 12–250　神农架蚋 *S.*（*S.*）***shennongjiaense*** Yang，Luo and Chen，2005

鉴别要点　雌虫中胸盾片无斑纹，食窦弓具角状中突。雄虫触角鞭节Ⅰ的长为鞭节Ⅱ的 2.4 倍，生殖腹板亚箭形，中骨具端中裂。蛹头毛、胸毛多分支呈刷状。幼虫肛鳃每叶具 22~26 个次生附叶。

形态概述

雌虫　体长 3.0mm；翅长约 2.7mm。额指数为 6.5∶6.0∶6.0；额头指数为 6.5∶27。触须节Ⅲ ~ Ⅴ的节比为 5.8∶5.0∶12.6。节Ⅲ不膨大，拉氏器长约为节Ⅲ的 0.34。下颚具 13 枚内齿，14 枚外齿；上颚具 28 枚内齿和 14 枚外齿。食窦弓无疣突，但是有长角状中突。中胸盾片棕黑色，具灰粉被，覆黄色毛。中胸侧膜和下侧片光裸。前足基节、转节、股节基 3/5 和胫节基 3/4 为黄色，余部棕黑色；中足转节基 1/2、股节基 2/3、胫节基 4/5 和基跗节基 2/5 为黄色，余部为棕黑色；后足转节、股节基 3/5、胫节基 3/4、基跗节基 2/3 和跗节Ⅱ基 1/2 为黄色，余部为棕黑色。前足基跗节稍膨大，长约为宽的 5.5 倍；后足基跗节侧缘亚平行，长约为宽的 5 倍。跗突和跗沟明显，爪简单。翅亚缘脉具毛，径脉基光裸。生殖板三角形，内缘亚平行，端内角稍圆钝，生殖叉突后臂具骨化外突和后侧脊，内缘亚端部具弧形内凹。受精囊亚球形。

雄虫　体长约 3.4mm；翅长约 2.8mm。上眼具 19 纵列和 14 横排大眼面。触角鞭节Ⅰ的长约为鞭节Ⅱ的 2.4 倍。触须拉氏器长约为节Ⅲ的 0.3。胸部似雌虫，但是各足胫节中大部为黄白色；后足基跗节稍膨大；翅亚缘脉光裸。生殖肢端节基 1/3 宽，端圆。生殖腹板亚箭形，端尖，板体光滑，阳基侧突具大量钩刺。中骨叶状，具端中裂。

蛹　体长约 3.5mm。头、胸密布疣突。头毛 3 对，长刷状，每分 8~12 叉支；胸毛 5 对，长刷状，每分 18~24 叉支。呼吸丝 6 条，长约为体长的 1/3，上 3 条丝明显粗长而色暗。腹节 7~8 具刺栉，后腹无端钩。茧拖鞋状，编织紧密，具前侧窗。

幼虫　体长约 6.0mm。头斑不明显。触角 3 节的节比为 4.9∶8.7∶4.0。头扇毛约 46 支，亚颏中齿、角齿发达。侧缘毛每侧 7~8 支。后颊裂亚箭形，长约为后颊裂的 3.0 倍。肛鳃每叶具 22~26 个附叶。肛骨前臂翼状，长约为后臂的 0.55；后环约 114 排，每排约具 24 个钩刺。

生态习性 幼虫和蛹孳生于神农架山溪急流中的石块上，海拔 1680m。

地理分布 中国湖北和江西。

分类讨论 本种的明显特征是蛹头毛、胸毛多分支呈刷状，与印度的 *S.*（*S.*）*biforaminiferum* Datta，1974 和我国的 *S.*（*S.*）*ramulosum* Chen，2000 相似。前者仅发现幼虫和蛹，其蛹具端钩，呼吸丝结构、幼虫肛鳃和尾种迥异；后者幼虫后颊裂形状、后腹具肛前刺环以及肛鳃次生附叶数与本种有明显差异，可资鉴别。

华丽蚋 *Simulium*（*Simulium*）*splendidum* Rubtsov，1940（图 12-251）

Simulium（*Simulium*）*splendidum* Rubtsov，1940. *Blackflies*，*Fauna USSR*，Diptera，6（6）：423~424. 模式产地：俄罗斯（西伯利亚）；Lee *et al.*（李铁生等），1976. N. China，midges，blackflies and horseflies：136~137；An（安继尧），1996. *Chin J. Vector Bio. and Control*，7（6）：475；Chen and An（陈汉彬，安继尧），2003. The Blackflies of China：347.

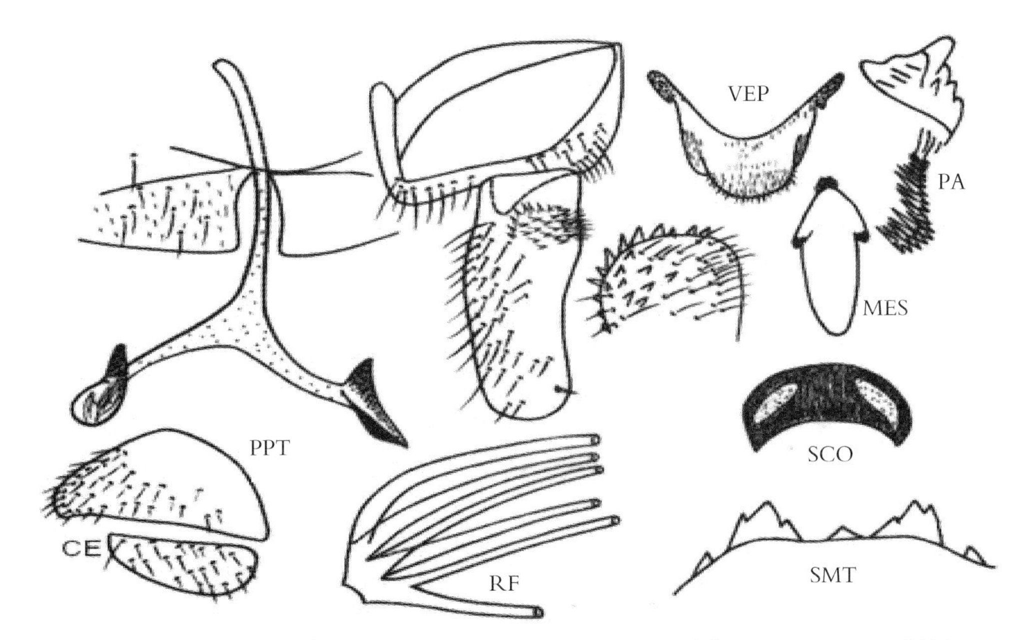

图 12-251 华丽蚋 *S.*（*S.*）*splendidum* Rubtsov，1940（仿 Rubtsov，1956. 重绘）

鉴别要点 雌虫触角色全暗。雄虫生殖腹板马鞍形。蛹呼吸丝几乎无茎。幼虫亚颏顶齿形状特殊。

形态概述

雌虫 体长 3.0~3.8mm。触角、额和颜均为黑色。中胸盾片和前足胫节银白色斑不清晰。前足基跗节的长为宽的 6.0~6.5 倍。足大部色暗，但是中足、后足胫节基部外侧和后足基跗节基部 3/5 色淡。生殖板略呈三角形，内缘稍弯，生殖叉突柄长，后臂具外突。

雄虫 体长 2.6~3.2mm。中胸盾片具银白色肩斑。足大部黑色，仅后胫基部为淡黄色。后足基跗节膨胀，约与胫节等宽。生殖肢端节长，基部和端部约等宽，具不发达的基内突。中骨炮弹状，基 1/3 处有侧突。阳基侧突约具 30 多个大小不等的钩刺。

蛹 体长约 3.0mm。胸毛 5 对。呼吸丝具短茎，自上而下粗度递减，上对丝约为下对丝的 1.5 倍粗。

幼虫 体长 5.5~7.0mm。头斑阳性。头扇毛 40~50 支。亚颏中齿小，侧齿突出。侧缘毛每边 3~4 支。

后颊裂宽大于长，后腹背具刺毛。肛鳃每叶分 6~8 个附叶。后环 62~70 排，每排具 11~13 个钩刺。

生态习性 幼虫和蛹孳生于林区河流中，雌虫吸血。

地理分布 中国：东北地区，内蒙古；国外：俄罗斯。

分类讨论 华丽蚋雌虫触角全黑色，雄虫生殖腹板和中骨形状特殊。此外，幼虫亚颏顶齿的特征也相当突出，不难与其近缘种相区别。

柃木蚋 *Simulium*（*Simulium*）*suzukii* Rubtsov，1963（图 12-252）

Simulium suzukii Rubtsov，1963. Simuliidae（Melusinidae），In *Cindner*，*Die Fliegen Raraearkt. Reg.*，14：525~526. 模式产地：日本；Xue（薛洪堤），1987. *Acta Zootax Sin.*，12（1）：110~112.

Simulium（*Simulium*）*suzukii* Rubtsov，1963. An（安继尧），1989. *Contr. Blood-sucking Dipt. Ins.*，1：188；Chen and An（陈汉彬，安继尧），2003. The Blackflies of China：348.

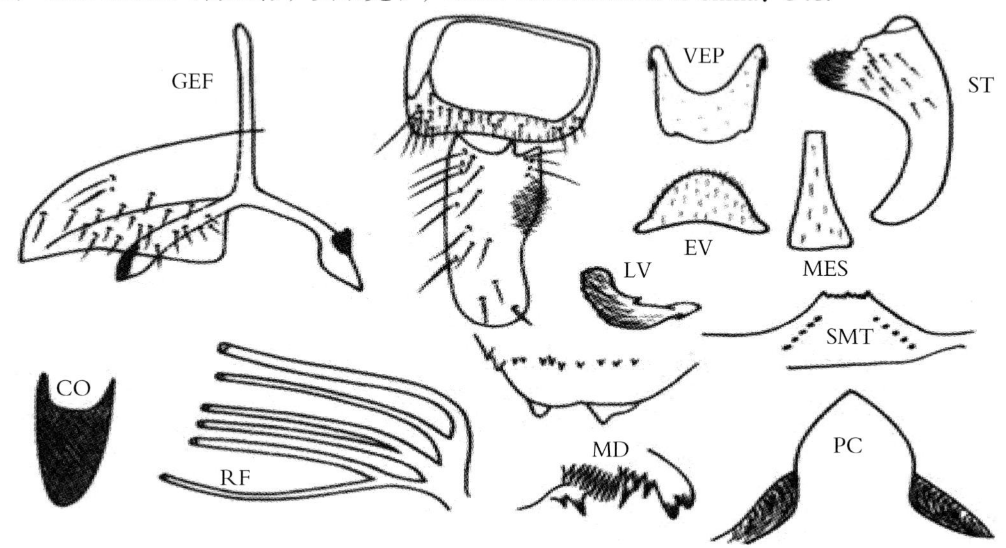

图 12-252 柃木蚋 *S.*（*S.*）*suzukii* Rubtsov，1963（仿 Takaoka，1977. 重绘）

鉴别要点 雄虫生殖肢端节基内突具发达的粗齿，生殖腹板后缘凸出。呼吸丝均具明显的短茎。

形态概述

雌虫 体长约 2.5mm。额和颜黑色，具光泽。食窦后缘丛生疣突。中胸盾片黑色，闪光，被暗色柔毛。各足股节除前足、后足股节基部为黄色外，余为黑色；前足胫节黑色而中间大部为黄色，外侧具银白色斑；中、后胫除基部为黄色外，余为黑色，基部 1/2 外侧具银白色斑；前足跗节黑色，中足、后足跗节除基跗节和跗节Ⅱ基 2/3 为黄色外，余为黑色。后足基跗节膨胀，两边平行。翅径脉基光裸。腹部黑色，腹节Ⅱ具银白色背侧斑，第Ⅷ腹板弯弓状。生殖板三角形，内缘稍分离，生殖叉突后臂具外突。

雄虫 体长约 2.5mm。上眼面 16 排。唇基黑色，被灰白霜。触角鞭节Ⅰ的长约为鞭节Ⅱ的 1.5 倍。中胸盾片黑色，被铜色柔毛，具银白色斑。足色似雌虫，后足基跗节稍膨胀，纺锤形，长约为宽的 3.6 倍。腹节Ⅱ、腹节Ⅴ~Ⅶ背板具银白色斑。生殖肢端节具角状基内突，其上具发达的粗齿。生殖腹板亚方形，长稍小于宽，后缘稍凸出。阳基侧突每边具众多大小不一的钩刺。中骨长板状，自基部向端部渐变宽。

蛹 头、胸部密布盘状疣突。头毛 3 对，胸毛 5 对，均简单。呼吸丝 3 对，均具短茎，腹节 7、

8 具刺栉，端钩中度发达。茧拖鞋状，编织紧密，前缘加厚。

幼虫 体长 4.5~5.5mm。胸、腹部具暗带，触角长于头扇柄，节 2 具次生淡环。头扇毛 34~38 支。上颚无附缘齿。亚颏顶齿不发达。侧缘毛每边 4~5 支。后颊裂箭形，基部略收缩，长约为后颊桥的 4.5 倍。后腹部背侧具无色毛。肛鳃每叶分 4~7 个附叶。后环约 72 排，每排约具 14 个钩刺。

生态习性 幼虫和蛹孳生于山溪或小沟渠中的水草、石块或枯枝落叶上。曾有报道其雌虫在日本叮人（Ogata，1955）。

地理分布 中国：江西，广东，台湾，贵州，云南，四川，香港；国外：日本，韩国，俄罗斯（西伯利亚）。

分类讨论 根据 Crosskey（1997）的意见，过去日本报道的 *S.*（*S.*）*ryukyuense* Ogata，1966 和 *S.*（*S.*）*tuberosum* Bentinck，1955（nat Lundstrom）均为本种的同物异名。

天池蚋 *Simulium*（*Simulium*）*tianchi* Chen，Zhang and Yang，2003（图 12–253）

Simulium（*Simulium*）*tianchi* Chen， Zhang and Yang（陈汉彬，张春林，杨明），2003. *Acta Zootax Sin.*，28（4）：745~750. 模式产地：中国海南（尖峰岭）.

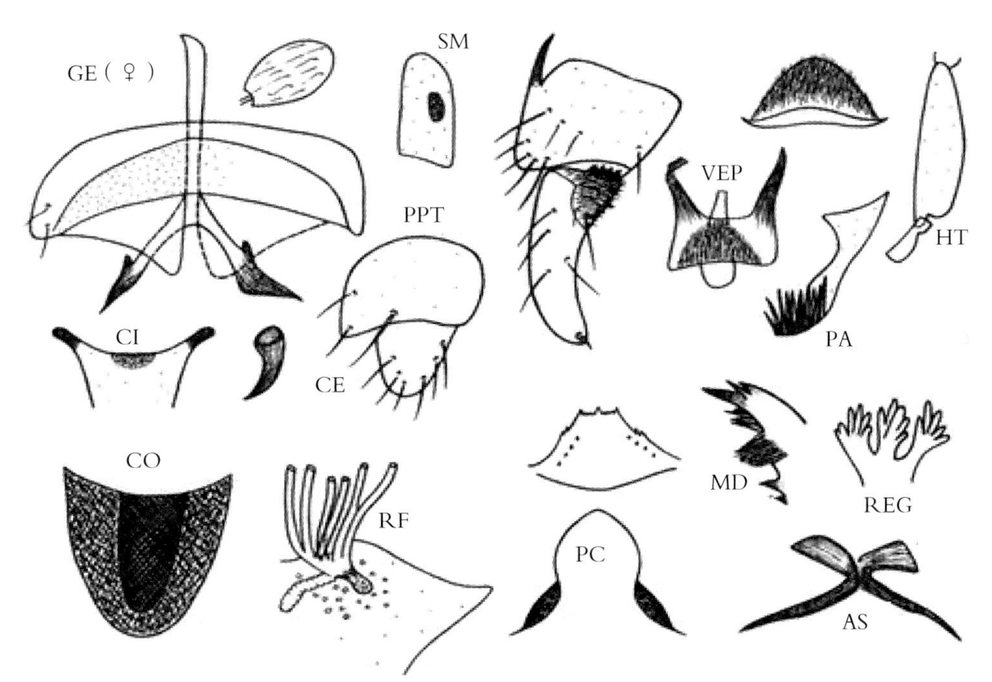

图 12–253 天池蚋 *S.*（*S.*）*tianchi* Chen，Zhang and Yang，2003

鉴别要点 雄虫生殖腹板亚方形，中骨长板状，端圆。蛹鳃器基部具坑状器，腹节 7~9 背板具刺栉。幼虫后颊裂深，法冠形，肛鳃每叶具 5 个附叶。

形态概述

雌虫 体长约 2.2mm；翅长约 1.8mm。额指数为 1.5∶1.1∶1.5；额头指数为 1.5∶4.8。触须节Ⅲ~Ⅴ的节比为 1.0∶1.0∶1.6，拉氏器长约为节Ⅲ的 0.3。下颚具 14 枚内齿，16 枚外齿；上颚具 28 枚内齿和 12 枚外齿。食窦弓具一簇疣突。中胸盾片亮黑色，无斑，覆棕黑色毛。中胸侧板和下侧片光裸。前足基节、转节、股节基部和胫节中大部外面为黄白色，余部为棕黑色；中足胫节基 1/2 内面、基跗节基 2/3 和跗节Ⅱ基 2/3 为黄白色，余部为棕黑色；后足转节、胫节基 1/3 内面、基跗节基 2/3 和跗节Ⅱ基 1/2 为黄白色，余部为暗黑色。前足基跗节长约为宽的 3.6 倍；后足基跗节侧缘平行，长约为宽的 6.5 倍。跗突和跗沟发达，爪简单。翅亚缘脉具毛；径脉基光裸。生殖板三角形，内缘稍骨化，亚平行。生殖叉突具外突。受精囊椭圆形。

雄虫 体长约 2.3mm；翅长约 2.1mm。上眼具 15 纵列，12 横排大眼面。触角鞭节Ⅰ的长约为鞭节Ⅱ的 2.1 倍，触须拉氏器长约为节Ⅲ的 0.18。中胸盾片亮黑色，覆同色毛，具 1 对马蹄形银白色肩斑。中胸侧膜和下侧片光裸。翅前缘脉光裸。生殖肢基节的长约为端节的 0.6。生殖肢端节弯刀状，具带齿的基内突。生殖腹板横宽，亚方形，基缘平直，后缘稍凹。中骨长板状，从基部向端渐变宽，端圆。阳基侧突具众多钩刺。

蛹 体长约 2.5mm。头、胸密布疣突。头毛 3 对，胸毛 5 对，均简单。呼吸丝 6 条，长约为蛹体的 1/2，上对具短茎，中、下对无茎。腹节 7~9 具刺栉，无端钩。茧简单，编织紧密，前缘增厚。

幼虫 体长约 5.0mm。头斑可见。触角 3 节的节比为 3.9∶5.0∶3.3。头扇毛 34 支。亚颏侧缘毛 4 支。后颊裂深，法冠形，长约为后颊桥的 4.5 倍。胸、腹体壁光裸。肛鳃每叶约具 5 个附叶。肛骨前臂翼状，长约为后臂的 0.6。后环 72 排，每排具 14~17 个钩刺。

生态习性 幼虫和蛹孳生于山溪中的水草和石块上，海拔 650m。

地理分布 中国海南。

分类讨论 本种的重要特征是鳃器基部具坑状器，近似印度尼西亚的 *S.*（*S.*）*sigiti*、印度的 *S.*（*S.*）*nigrifasies* 和马来西亚的 *S.*（*S.*）*brevipar* 等，但是可根据足的颜色、两性尾器构造、蛹呼吸丝的形态和幼虫的某些特征加以鉴别。

树干蚋 *Simulium*（*Simulium*）*truncrosum* Guo，Zhang，An *et al.*，2008（图 12-254）

Simulium（*Simulium*）*truncrosum* Guo，Zhang，An *et al.*（郭晓霞，张映梅，安继尧等），2008. *Oriental Insect*，42：341~348. 模式产地：中国新疆（阿尔泰）.

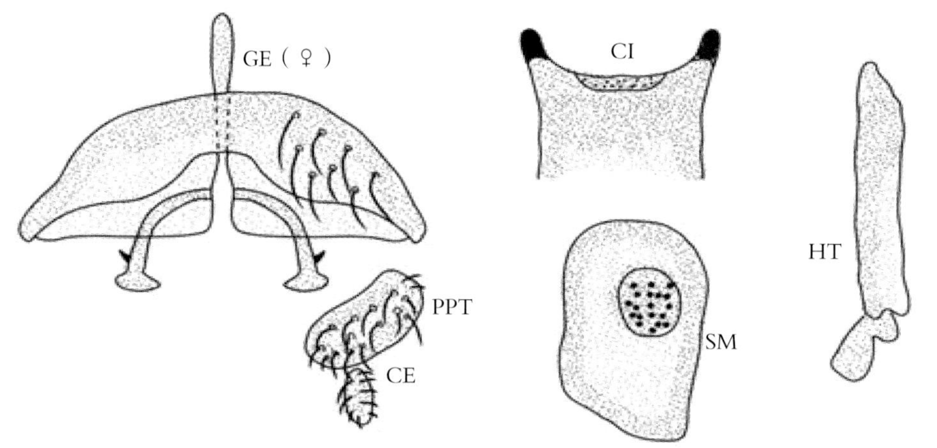

图 12-254 树干蚋 *S.*（*S.*）*truncrosum* Guo，Zhang，An *et al.*（仿郭晓霞等，2008. 重绘）

鉴别要点 雌虫中胸盾片覆黄色毛，无银白色斑；生殖叉突后臂末端膨胀成椭圆形内突。

形态概述

雄虫 未发现。

雌虫 体长约 3.1mm。额亮黑色，唇基覆黄白色毛。额指数为 15∶11∶16；额头指数为 15∶65。触须节的Ⅲ～Ⅴ的节比为 12∶14∶20。触须拉氏器长约为节Ⅲ的 1/3。下颚具 12 枚内齿，13 枚外齿；上颚具 36 枚内齿，18 枚外齿。食窦弓具一簇疣突。中胸盾片棕黑色，覆白粉被和黄色短毛。中胸侧膜和下侧片光裸。前足、中足基节棕黑色，后足基节棕黄色；前足、后足转节棕黄色，中足转节棕黑色。各足股节除中足、后足股节基 1/4 为棕黄色外，余部为棕黑色；各足胫节除前足胫节基 4/5 为黄色、中足胫节基 2/3 和后足胫节基 1/2 为棕黄色外，余部为黑色。各足跗节除中足基跗节基 2/3、后足基跗节基 2/3 为棕黄色外，余部为棕黑色。跗突明显，跗沟发育良好。爪简单。翅亚缘脉基 1/8 具毛，径脉基光裸。腹节背板棕黑色，节Ⅴ～Ⅷ闪亮。第Ⅷ腹板中裸，生殖板鞋状，内缘亚平行，骨化。生殖叉突具骨化柄，后臂具外突，端部明显膨胀成椭圆形端内突。受精囊椭圆形。

蛹 未发现。

幼虫 未发现。

生态习性 标本系光诱捕，具体情况不详。

地理分布 中国新疆。

分类讨论 本种仅发现雌虫，其主要特征是生殖叉突后臂末端膨大成椭圆形内突，尚待进一步发现其他虫态，再作进一步分类讨论。

山状蚋 *Simulium*（*Simulium*）*tumulosum* Rubtsov，1956（图 12-255）

Simulium tumulosum Rubtsov，1956. *Blackflies*，*Fauna USSR*，Diptera，6（6）：738~739. 模式产地：俄罗斯（西伯利亚）；Chen and Cao（陈继寅，曹毓存），1982. *Acta Zootax Sin.*，7（1）：82.

Simulium（*Simulium*）*tumulosum* Rubtsov，1956；An（安继尧），1989. *Contr. Blood-sucking Dipt. Ins.*，1：188. Chen and An（陈汉彬，安继尧），2003. The Blackflies of China：350.

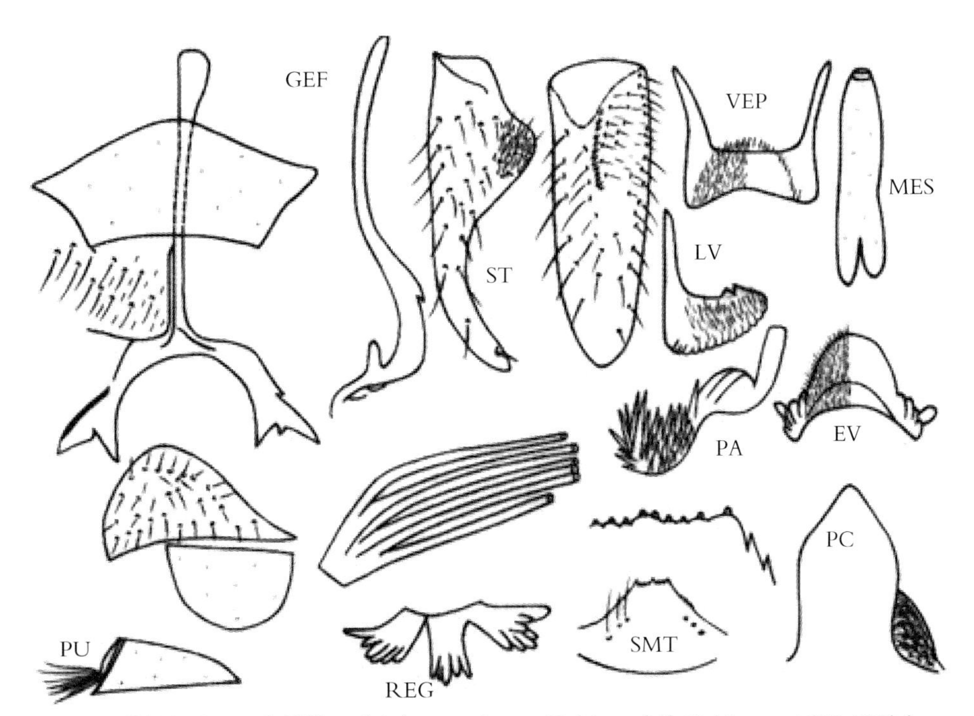

图 12-255 山状蚋 *S.*（*S.*）*tumulosum* Rubtsov（仿 Rubtsov，1956. 重绘）

鉴别要点 雌虫胫节全暗；触须节Ⅴ特别长。雄虫生殖腹板横宽，宽为长的 3~4 倍。幼虫亚颏侧缘毛每侧 3 支。

形态概述

雌虫 触须节Ⅴ特别长，为节Ⅳ长的 7~8 倍。中胸盾片具灰色肩斑。前足胫节外侧具不清晰的银白色斑。腹节背板稀被暗灰色毛，第Ⅷ腹板屋顶状。生殖板三角形，内缘略弯。生殖叉突柄端部膨胀，后臂宽展，无侧突，后半扩大，后缘具尖突。肛上板呈旅游帽状，尾须半圆形。

雄虫 前足胫节具清晰的银白色斑。生殖肢端节基内突发达，其上具 17~20 个粗刺。生殖腹板横宽，宽为长的 3~4 倍，后缘中凹。基臂细长。中骨长板状，具端中裂隙。

蛹 3 对呼吸丝均具短茎，中茎最短。茧简单，拖鞋状，前缘加厚。

幼虫 体长约 6.0mm。头扇毛 36~40 支。亚颏顶齿均具方形基座。侧缘毛每侧 3 支。后颊裂亚箭形，基部略收缩。肛鳃每叶分 7~8 个附叶。后环 68~74 排，每排具 11~12 个钩刺。

生态习性 蛹和幼虫孳生于山溪中的石块上。

地理分布 中国：吉林；国外：芬兰，挪威，瑞士，俄罗斯，蒙古国。

分类讨论 本种两性外生殖器构造特征突出，根据其鉴别要点不难与其近缘种相区别。

伏尔加蚋 *Simulium*（*Simulium*）*vulgare* Dorogostaisky，Rubtsov and Vlasenko，1935（图 12–256）

Simulium vulgare Dorogostaisky, Rubtsov and Vlasenko, 1935. *Parazitolog. sbornik.*, 5: 166~168. 模式产地: 俄罗斯（西伯利亚）.

Simulium vulgare Dorogostaisky，Rubtsov and Vlasenko，1935；An（安继尧），1988. *China Public Health*，2：93；1996. *Chin J. Vector Bio. and Control*，7（6）：475；Chen and An（陈汉彬，安继尧），2003. The Blackflies of China：351.

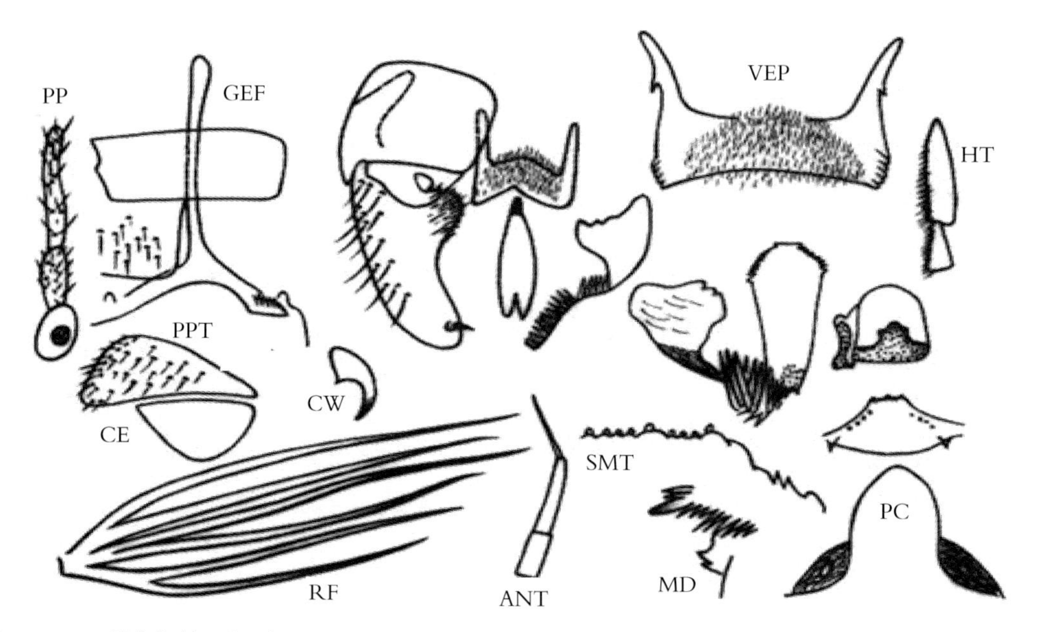

图 12–256 伏尔加蚋 *S.*（*S.*）*vulgare* Dorogostaisky，Rubtsov and Vlasenko，1935（仿 Rubtsov，1956. 重绘）

鉴别要点 雌虫肛上板为旅游帽状。雄虫生殖腹板横宽，前凸后凹。蛹呼吸丝均具短茎。幼虫后颊裂侧缘弯圆。

形态概述

雌虫 触须节Ⅴ约为节Ⅲ和节Ⅳ的长度之和。后足胫节几乎全黑色，基跗节基3/5为棕黄色。第Ⅷ腹板矩形。生殖板三角形，生殖叉突后背具外突，肛上板旅游帽状。

雄虫 体长2.5~3.0mm。中胸盾片和前胫中部外侧具银白色斑。后足胫节基部黄色，基跗节基部1/2色淡。生殖肢端节基内突较发达，乳头状，前缘具4个齿突。生殖腹板短宽，宽为长的2.5~3倍，腹面观前凸后凹，板体密布细毛。中骨长板状，中部最宽，端1/3渐细，具端中裂隙。

蛹 体长2.5~3.0mm。3对呼吸丝均具短茎，上对丝明显较下对丝粗长。下对外丝分离发出。

幼虫 体长5.0~6.0mm。头扇毛29~34支。亚颏侧缘毛每边4~5支。后颊裂深，伸达接近亚颏后缘，亚箭形，侧缘弯圆，基部略收缩，肛鳃每叶分7~8个附叶。

生态习性 蛹和幼虫孳生于小溪中的水草或贝壳上。

地理分布 中国：河北，黑龙江；国外：捷克，芬兰，德国，哈萨克斯坦，拉脱维亚，挪威，罗马尼亚，瑞士，乌克兰，乌兹别克斯坦，俄罗斯，蒙古国，美国，加拿大。

分类讨论 伏尔加蚋与山状蚋［*S. tumulosum* Rubtsov，1956］相似，但是其间两性尾器、足的颜色、蛹呼吸丝的形状和排列方式以及幼虫后颊裂的特征，具有明显的种间差异。

J. 杂色蚋组 *variegatum* group

组征概述 雌虫额暗灰色，具银白粉被；足大部色淡，后足跗节Ⅰ较长且两边平行；爪具基齿；生殖板通常端内角喙状，内缘深凹，形成圆形或椭圆形空间；生殖叉突后臂有外突。雄虫后足基跗节膨大呈纺锤形；生殖肢端节超过基节长的2倍，其末段较细窄，通常无基内突，或仅具小突起，上面具毛而无刺；生殖腹板长大于宽，通常两侧收缩，具带齿的腹突；板体侧面观，下部有明显的后突，端缘有锯齿；中骨叶状或板状，通常基部细而端部宽，有或无端中裂隙。蛹头毛、胸毛简单；呼吸丝6条，成对排列，腹部有或无端钩；茧拖鞋状，编织疏松，偶紧密，前部通常无孔窗。幼虫额斑阳性，其侧斑和后头横斑通常合并形成山形图案，亚颏顶齿很短；后颊裂箭形、弓形或桃形；肛鳃复杂。

本组包括原短蚋亚属（Subgenus *Odagmia*）中的6条呼吸丝的类群。全世界已报道51种（Adler和Crosskey，2014），除非洲外，分布全球。我国已发现14种，即草海蚋［*S.*（*S.*）*caohaiense* Chen and Zhang，1997］、昌隆蚋［*S.*（*S.*）*chamlongi* Takaoka and Suzuki，1984］、同源蚋［*S.*（*S.*）*cognatum* An and Yan，2009］、喜山蚋［*S.*（*S.*）*himalayense* Puri，1932］、经甫蚋［*S.*（*S.*）*jingfui* Cai，An and Li，2008］、卡任蚋［*S.*（*S.*）*karenkoense* Shiraki，1935］、留坝蚋［*S.*（*S.*）*liubaense* Liu and An，2009］、矛板蚋［*S.*（*S.*）*longchatum* Chen，Zhang and Huang，2005］、青木蚋［*S.*（*S.*）*oitanum* Shiraki，1935］、黑色蚋［*S.*（*S.*）*pelius* Sun，1994］、黔蚋［*S.*（*S.*）*qianense* Chen and Chen，2001］、台湾蚋［*S.*（*S.*）*taiwanicum* Takaoka，1979］、角突蚋［*S.*（*S.*）*triangustum* An，Guo and Xu，1995］、遵义蚋［*S.*（*S.*）*zunyiense* Chen，Xiu and Zhang，2012］，此外，本书另记述1新种，即叶片蚋，新种［*S.*（*S.*）*foliatum* Chen，Jiang and Zhang，sp. nov.］。这样，本组在我国已知的达15种。

中国蚋属蚋亚属杂色蚋组分种检索表

雌虫

1 中胸盾片密被黑色短柔毛；后足股节全黑色……………………**卡任蚋** *S.*（*S.*）*karenkoense*
中胸盾片被金黄色毛；后足股节两色……………………………………………………………2

2（1） 生殖叉突后臂具膜质内突……………………………………………………………3
生殖叉突后臂无膜质内突……………………………………………………………4

3（2） 肛上板前缘中凹；受精囊椭圆形……………………………**留坝蚋** *S.*（*S.*）*liubaense*
肛上板无棒状突；受精囊亚球形………………………………**经甫蚋** *S.*（*S.*）*jingfui*

4（2） 中胸侧膜具少量黄色毛…………………………………………**黑色蚋** *S.*（*S.*）*pelius*
中胸侧膜光裸……………………………………………………………………………5

5（4） 生殖叉突无外突…………………………………………………**草海蚋** *S.*（*S.*）*caohaiense*
生殖叉突具外突……………………………………………………………………………3

6（5） 生殖板呈长条状；食窦弓密布众多角突疣突………………**角突蚋** *S.*（*S.*）*triangustum*
生殖板呈亚三角形；食窦光滑或具盘状疣突…………………………………………………7

7（6） 中足、后足股节基部黄色并向端部渐变为黑色……………**喜山蚋** *S.*（*S.*）*himalayense*
中足、后足股节大部为黄色……………………………………………………………………8

8（7） 食窦光裸…………………………………………………………………………………9
食窦弓具疣突……………………………………………………………………………10

9（8） 食窦弓具中突；受精囊椭圆形…………………………………**矛板蚋** *S.*（*S.*）*longchatum*
食窦弓无中突；受精囊亚球形………………………**叶片蚋，新种** *S.*（*S.*）*foliatum* sp.nov

10（8） 生殖板端内角圆钝；肛上板前内侧具棒状突………………**同源蚋** *S.*（*S.*）*cognatum*
生殖板端内角尖，肛上板无棒状突……………………………………………………………11

11（10）食窦弓具 30~40 个疣突……………………………………………………………12
食窦弓具 15~20 个疣突……………………………………………………………………14

12（11）触须拉氏器长约为节Ⅲ的 0.36……………………………………**遵义蚋** *S.*（*S.*）*zunyiense*
触须拉氏器小，长约为节Ⅲ的 0.25………………………………………………………………13

13（12）生殖叉突后臂外突发达，乳头状，长大于宽；受精囊具网无斑………………………
…………………………………………………………………**台湾蚋** *S.*（*S.*）*taiwanicum*
生殖叉突后臂外突不发达，角状，长宽约相等；受精囊无网纹……**黔蚋** *S.*（*S.*）*qianense*

14（11）中足、后足胫节具银白色斑；后足基跗节基部 1/3 为白色………**青木蚋** *S.*（*S.*）*oitanum*
中足、后足胫节无银白色斑；后足基跗节基部 2/3 为白色…………**昌隆蚋** *S.*（*S.*）*chamlongi*

雄虫[1]

1 生殖肢基节具叶片状亚端突……………………………叶片蚋，新种 *S.*（*S.*）*foliatum* sp.nov
生殖肢基节无叶片状亚端突……………………………………………………………………………2
2（1） 生殖肢端节具明显的基内突……………………………………………………………………9
生殖肢端节无明显的基内突……………………………………………………………………………3
3（2） 中足、后足胫节全暗……………………………………………………………………………4
中足、后足胫节两色……………………………………………………………………………………5
4（3） 生殖腹板长壶状，侧缘亚平行……………………………………昌隆蚋 *S.*（*S.*）*chamlongi*
生殖腹板宽板状，侧缘斜截，端部扩大…………………………喜山蚋 *S.*（*S.*）*himalayense*
5（3） 中胸侧膜上部具毛……………………………………………………黑色蚋 *S.*（*S.*）*pelius*
中胸侧膜光裸……………………………………………………………………………………………6
6（5） 生殖腹板纺锤形，末段收缩……………………………………角突蚋 *S.*（*S.*）*triangustum*
生殖腹板板体亚梯形，末段扩大…………………………………………经甫蚋 *S.*（*S.*）*jingfui*
7（2） 生殖腹板板体长，纺锤形……………………………………………遵义蚋 *S.*（*S.*）*zunyiense*
生殖腹板板体中度长，壶形……………………………………………………………………………8
8（7） 生殖肢端节基内突发达；中骨宽叶状，端中裂浅…………………青木蚋 *S.*（*S.*）*oitanum*
生殖肢端节基内突不发达；中骨窄板状，端中裂深…………………黔蚋 *S.*（*S.*）*qianense*
9（2） 生殖腹板矛形，端圆……………………………………………矛板蚋 *S.*（*S.*）*longchatum*
生殖腹板非矛形…………………………………………………………………………………………10
10（9） 中骨椭圆形，中部宽，两头窄………………………………………草海蚋 *S.*（*S.*）*caohaiense*
中骨板状，两侧平行………………………………………………………台湾蚋 *S.*（*S.*）*taiwanicum*

蛹[2]

1 茧前缘有1排小孔窗……………………………………………………遵义蚋 *S.*（*S.*）*zunyiense*
茧非如上述………………………………………………………………………………………………2
2（1） 3对呼吸丝呈束状发出…………………………………………………………………………3
呼吸丝非如上述…………………………………………………………………………………………4
3（2） 中对呼吸丝无茎；腹节7、8背板具刺栉………………………矛板蚋 *S.*（*S.*）*longchatum*
中对呼吸丝具短茎；腹节仅节8背板具刺栉…………………………同源蚋 *S.*（*S.*）*cognatum*
4（2） 3对呼吸丝均具短茎……………………………………………………………………………5
至少其中1对呼吸丝无茎………………………………………………………………………………9
5（4） 中对呼吸丝茎从上对丝茎的亚基部发出………………………………………………………6
3对呼吸丝均从基部发出………………………………………………………………………………7
6（5） 头、胸部具毛；后腹无端钩………………………叶片蚋，新种 *S.*（*S.*）*foliatum* sp. nov.
头、胸部光裸；后腹具端钩………………………………………………黑色蚋 *S.*（*S.*）*pelius*

---

① 同源蚋［*S.*（*S.*）*cognatum*］、卡任蚋［*S.*（*S.*）*karenkoense*］和留坝蚋［*S.*（*S.*）*liubaense*］的雄虫尚未发现。
② 经甫蚋［*S.*（*S.*）*jingfui*］、卡任蚋［*S.*（*S.*）*karenkoense*］和留坝蚋［*S.*（*S.*）*liubaense*］的蛹尚未发现。

7（5） 头部和前胸无疣突……………………………………………… **昌隆蚋** *S.*（*S.*）*chamlongi*

头部和前胸具疣突……………………………………………………………………………………8

8（7） 3对呼吸丝约等粗；端钩不发达……………………………… **台湾蚋** *S.*（*S.*）*taiwanicum*

上、中2对呼吸丝明显粗于下对丝；端钩发达…………………… **青木蚋** *S.*（*S.*）*oitanum*

9（4） 下对呼吸丝茎明显长于上对丝茎；中对呼吸丝茎从上对丝茎亚基部发出……………………

……………………………………………………………………… **角突蚋** *S.*（*S.*）*triangustum*

无上述合并特征…………………………………………………………………………………………10

10（9） 上对外丝明显粗于其余5条呼吸丝………………………………… **黔蚋** *S.*（*S.*）*qianense*

3对呼吸丝的粗度自上而下递减或上面3条呼吸丝明显粗壮……………………………………11

11（10） 呼吸丝长约为体长的1/2；中对2条呼吸丝约等粗…… **喜山蚋** *S.*（*S.*）*himalayense*

呼吸丝长约为体长的3/5；上对和中对上丝明显粗于下面3条呼吸丝……………………………

……………………………………………………………………… **草海蚋** *S.*（*S.*）*caohaiense*

幼虫①

1 后颊裂拱门状或亚圆形，端圆……………………………………………………………………2

后颊裂箭形或法冠形，端尖…………………………………………………………………………3

2（1） 后颊裂浅，长约为后颊桥的1.5倍…………………………… **台湾蚋** *S.*（*S.*）*taiwanicum*

后颊裂深，长约为后颊桥的4倍……………………………… **喜山蚋** *S.*（*S.*）*himalayense*

3（1） 亚颏侧缘毛7~9支，后环88~92排………… **叶片蚋，新种** *S.*（*S.*）*foliatum* sp. nov.

亚颏侧缘毛3~6支，后环62~84排………………………………………………………………4

4（3） 后颊裂浅，基部不收缩，长为后颊桥的1~2倍……………………………………………5

后颊裂深或较深，基部收缩，长为后颊桥的3倍以上…………………………………………7

5（4） 后颊裂三角形……………………………………………………… **遵义蚋** *S.*（*S.*）*zunyiense*

后颊裂亚箭形…………………………………………………………………………………………6

6（5） 肛鳃每叶具6~7个附叶；头扇毛24~28支；后环约80排……………………………………

……………………………………………………………………… **草海蚋** *S.*（*S.*）*caohaiense*

肛鳃每叶具8~9个附叶；头扇毛约33支；后环65~70排……… **黑色蚋** *S.*（*S.*）*pelius*

7（4） 亚颏侧缘毛4支，后环62排……………………………………… **同源蚋** *S.*（*S.*）*cognatum*

无上述合并特征…………………………………………………………………………………………8

8（7） 触角节2具次生淡环；头扇毛42~45支…………………… **矛板蚋** *S.*（*S.*）*longchatum*

无上述合并特征…………………………………………………………………………………………9

9（8） 肛鳃每叶具1~3个附叶………………………………………… **青木蚋** *S.*（*S.*）*oitanum*

肛鳃每叶具6个以上附叶……………………………………………………………………………10

10（9） 肛鳃每叶具6~10个附叶；肛前无刺环……………………… **昌隆蚋** *S.*（*S.*）*chamlongi*

肛鳃每叶具13~17个附叶；具肛前刺环……………………………… **黔蚋** *S.*（*S.*）*qianense*

---

① 经甫蚋［*S.*（*S.*）*jingfui*］、卡任蚋［*S.*（*S.*）*karenkoense*］、留坝蚋［*S.*（*S.*）*liubaense*］和角突蚋［*S.*（*S.*）*triangustum*］的幼虫尚未发现。

叶片蚋，新种 *Simulium*（*Simulium*）*foliatum* Chen，Jiang and Zhang（陈汉彬，姜迎海，张春林），sp. nov.（图 12-257）

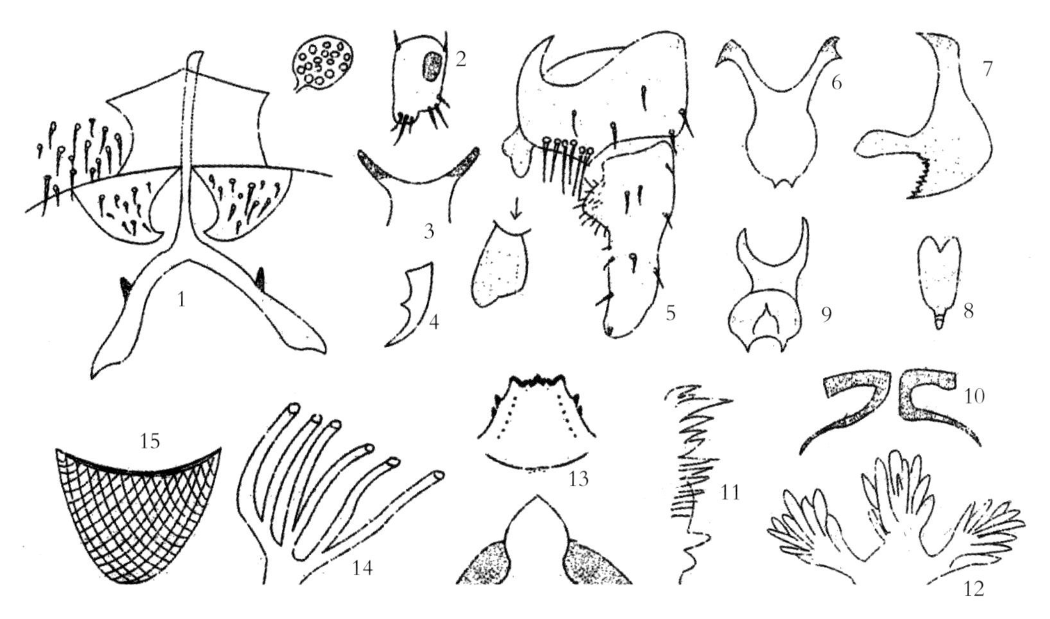

图 12-257 叶片蚋，新种 *S.*（*S.*）*foliatum* Chen，Jiang and Zhang，sp. nov.

1. Female genitalia；2. Female sensory vesicle；3. Female cibarium；4. Female claw；5. Coxite and style of male；6. Ventral plate in ventral view；7. Ventral plate in lateral view；8. Median sclerite；9. Ventral plate in end view；10. Larval anal sclerite；11. Larval mandible；12. Rectal gill lobes；13. Larval head capsules in ventral view；14. Basal portion of pupal gill filaments；15. Cocoon

模式产地 中国甘肃（白龙江）。

鉴别特征 雌虫食窦光裸。雄虫生殖肢基节具叶状亚端突，生殖腹板板体圆壶状。蛹中对呼吸丝从上对丝茎的亚基部发出，茧编织疏松。幼虫侧缘毛 7~9 支。

形态概述

雌虫 体长约 3.0mm；翅长约 2.5mm。头：额和唇基棕黑色，具灰白粉被，覆黑色毛。额指数为 9.8∶5.8∶7.5；额头指数为 9.8∶30.5。触须节Ⅲ～Ⅴ的节比为 6.0∶5.8∶15.8；节Ⅲ不膨大，拉氏器长约为节Ⅲ的 0.3。下颚具 7 枚内齿和 11 枚外齿；上颚具 34 枚内齿和 14 枚外齿。食窦光裸。胸：中胸盾片亮黑色，覆棕黄色毛，具灰白带，从侧缘伸达小盾前区。中胸侧膜和下侧片光裸。前足、后足基节黄色，中足基节棕黑色；各足转节棕黑色；股节除前足、中足股节端 1/5 和后足股节端 1/3 为棕黑色外，余部为黄色；胫节中大部外面为黄色；跗节除中足基跗节基 2/5、后足基跗节基 3/4 和跗节Ⅱ基 1/2 为黄色外，余部为棕黑色。前足基跗节细，长约为宽的 6.5 倍；后足基跗节侧缘平行，长约为宽的 6 倍。爪具亚基齿。跗突和跗沟发达。翅前缘脉具毛，径脉基光裸。腹：基鳞黄棕色，具黄色长缘毛，背板棕黑色。第Ⅷ腹板中裸，生殖板内缘弧状深凹形成桃形空间，端内角喙状，生殖叉突具外突。

雄虫 体长约 3.1mm；翅长约 2.7mm。头：上眼具 17 纵列，18 横排大眼面。唇基黑色，具灰白粉被，覆黄白色毛。触角鞭节Ⅰ的长约为鞭节Ⅱ的 2 倍。触须节Ⅲ～Ⅴ的节比为 5.4∶5.2∶12.5。节Ⅲ不膨大，拉氏器小，长约为节Ⅲ的 0.18。胸：近似雌虫，但是各足基、转节均为棕黑色，后足基跗节稍膨大；

翅亚缘脉光裸。腹：似雌虫，但是腹节Ⅱ、腹节Ⅴ～Ⅶ具银白色斑。尾器：生殖肢基节特殊，具明显的叶状亚端突；生殖肢端节长，具亚基内突；生殖腹板"Y"形，板体圆壶状，具带齿的腹中突。中骨长板状，具端中裂，阳基侧突每侧具众多粗刺和小刺。

蛹 体长约3.5mm。头、胸密布疣突，头毛3对，胸毛5对，均简单。呼吸丝6条，长约为体长的2/3，具短茎，中对丝茎从上对丝茎的亚基部发出。腹节7、8具刺栉，端钩发达。茧简单，编织疏松，前缘加厚。

幼虫 体长6.0~7.0mm。头斑阳性。触角3节的节比为5.8∶8.6∶4.5。头扇毛42~44支。亚颏中齿、角齿发达。侧缘毛7~9支，后颊裂亚箭形，端尖，长为后颊裂的2.0~2.5倍。胸、腹体壁光裸，肛鳃每叶仅具8~11个附叶。肛骨前臂长约为后臂的1/2，后环88~92排，每排约具18个钩刺。

模式标本 正模：1♀，从蛹孵化，与相联系的蛹皮一起制片。姜迎海采自甘肃省白龙江中的水草茎叶上，30° 20′ N，104° 20′ E，海拔2800m，2006年8月28日。副模：5♀♀，7♂♂，20蛹，7幼虫。同正模。

地理分布 中国甘肃。

分类讨论 雄虫生殖肢基节具叶状亚端突是本新种的独具特征。蛹呼吸丝中对丝茎从上对亚基部发出，茧编织疏松等特征，也是明显的种征。

种命词源 新种以其生殖肢基节具叶片状亚端突这一独具特征而命名。

附：新种英文描述。

Simulium* (*Simulium*) *foliatum Chen，Jiang and Zhang，sp. nov.（Fig.12–256）

Form of overview

Female Body length about 3.0mm. Wing length about 2.5mm. Head：Slightly narrower than thorax. Frons and clypeus brownish black，whitish grey pruinose and covered with several dark hairs. Frontal ratio 9.8:5.8:7.5. Frons–head ratio 9.8∶30.5. Antenna composed of 2+9 segments，brownish black except scape，pedicel and base of the 1st flagellar segment yellow. Maxillary palp composed of 5 segments，with proportional lengths of the 3rd to the 5th segments of 6.0 ∶ 5.8 ∶ 15.8，the 3rd segment moderately enlarged，sensory vesicle oblong，about 0.3 length of respective segment. Maxilla with 11 outer teeth and 7 inner ones. Mandible with 34 inner and 14 outer teeth. Cibarium unarmed. Thorax：Scutum shiny blackish brown，uniformly covered with recumbent，brownish yellow pubescence，intersparsed with erect，black hairs on prescutellar area，when illuminated in front and viewed dorsally，scutum whitish grey transverse band along lateral margin and prescutellar area. Scutellum brownish black，whitish grey pruinose with brownish yellow pubescence and long dark hairs. Postscutellum black and bare. Pleural membrane and katepisternum bare. Legs：All coxae and trochanters yellow except mid coxa dark. All femora yellow except apical 1/5 of fore and mid femora and apical 1/3 of hind femur dark brown. All tibiae brown except each median portion on outer surface yellow. All tarsi brown except basal 2/5 of mid basitarsus，basal 3/4 of hind basitarsus and basal 1/2 of the 2nd tarsomere yellow. Fore basitarsus moderately slender，about 6.5 times as long as width. Hind basitarsus nearly parallel–sided，about 6.0 times as long as its greatest width. Calcipala and pedisulcus distinct. Each claw with subbasal tooth. Wing：Costa with spinules as well as hairs. Subcosta hairy. Basal section of radius bare. Hair tuft at base of costa and on stem vein blackish brown. Abdomen: Basal scale yellowish brown, with a fringe of long yellow hairs. Terga brownish black except for the 2nd segment brownish yellow. Genitalia: Sternite 8 bare medially and with about 15 long hairs on each side. Anterior gonapophysis simple, each with 12~15 macrosetae, inner margins very widely concave medially, with thin, bare and pointed tips and approximale; genital fork with slender sclerotized stem and each arm with a sclerotized projection directed forwards. Paraproct and cercus of moderate size.

Male Body length about 3.1mm. Wing length about 2.7mm. Head: Wider than thorax. Upper-eye consisting of large facets in 18 horizontal rows and 17 vertical columns. Clypeus black, whitish grey pruinose, with whitish yellow hairs and sparse brown hairs. Antenna composed of 2+9 segments, the 1st flagellomere somewhat elongated, being about 2.0 times as long as the following one. Maxillary palp with 5 segments, with proportional lengths of the 3rd to the 5th segments of 5.4∶5.2∶12.5; the 3rd segment not enlarged with small sensory vesicle, about 0.18 of the length of respective segment. Thorax: Nearly as in female, except all coxae and trochanters brownish black, hind basitarsus somewhat swollen and subcosta of wing bare. Abdomen: Nearly as in the female except with a dorsolateral pair of silvery spots on segment 2 and 5~7.Genitalia: Coxite rectangular in shape, about 1.5 times as long as width, each with a distinct foliage-like subapical process. Style long, subparallel-sided in the apical 2/3, nearly 2.5 times as long as its greatest breadth near subbase and about twice as long as coxite, distal end rounded and with a developed apical spine, and with a subbasal, hairy dorsally produced protuberance. Ventral plate roughly Y-shaped, having a ventrally produced median process or keel downward with toothed inner and posterior margins in proximal 1/2, distal 1/2 setal process lip-like and beyond dentate portion. Basal arms strongly sclerotized and somewhat diverging from each other. Parameres very large and with numerous long and small parameral hooks. Median sclerite plate-like, nearly parallel-sided, with a cleft apically.

Pupa Body length about 3.5mm. Head and thorax: Integuments yellowish brown, uniformly covered with small tubercles. Head trichomes 3 pairs and thorax trichomes 5 pairs. All simple. Gill organ with 6 filaments approximately 3/5 length of pupal body arranged in 3 pairs arising near base and with short stalk or middle pair almost sessile, gill filaments diverging between uppermost and lowermostfilament diverged in a vertical plane at an angle of about 90 degrees, all filaments run practically parallel to one another. Abdomen: Tergum 2 with 1 long seta and 5 stout setae on each side. Terga 3 and 4 each with 4 hooked spines directed anteriorly on each side, terga 7 and 8 each with spine-combs on each side; tergum 9 with a pair of developed terminal hooks. Sternum 4 with a single seta on each side; Sternum 5 with a pair of bifid hooks situated close together on each side; Sterna 6 and 7 each with a pair of bifid hooks widely separated on each side. Cocoon: Slipper-shaped, roughly woven, slightly extending ventro-laterally, with thick anterior margin but without anterodorsal projection.

Mature larva Body length 6.0~7.0mm, color yellowish brown. Cephalic apotome with positive head spots. Antenna composed of 3 segments in proportion of 5.8 ∶8.6 ∶ 4.5.Cephalic fan each with 42~44 main rays.Mandible with a large and a small mandibular serrations but lacking supernumerary serrations. Hypostomium with 9 apical teeth, of which each lateral tooth largest and median tooth longer than intermediate teeth on each side; lateral serration developed on apical 1/2; 7~9 hypostomial bristles diverging posteriorly from lateral margin on each side. Postgenal cleft medium, subspear-shaped, pointed apically, approximately 2.0~2.5 times as long as postgenal bridge.Thoracic and abdominal integumens bare. Rectal papilla of 3 lobes, each with 9~11 finger-like secondary lobules. Anal sclerite X-shaped, with anterior much shorter arms about 0.5 times as long as posterior ones. Posterior circlet with 88~92 rows of up to 18 hooklets per row. Ventral papillae absent.

Type materials Holotype: 1 ♀, reared from pupa. Slide-mounted with pupal skin, was collected from BaiLong river, Gansu Province, China (30°20′N, 104° 20′ E, alt. 2800m, 28th, Aug., 2006). Taken from submerged grass blades exposed to sun by Jiang Yinghai. Paratype: 5 ♀♀, 7 ♂♂, 20 pupae and 7 larvae, same day as holotype.

Distribution Gansu Province, China.

Remarks According to the feature of the genitalia in both sexes and the pupal gill with 6 filaments per side, the present new species seems belonging to the *variegatum* group of subgenus *simulium* as defined by Rubtsov (1959~1964) and Takaoka *et* Davies (1995).The new species is characterized by the male coxite with a distinct foliage-like subapical process, the female cibarium is unarmed and the pupal cocoon is roughly woven, by those may be distinguished from all the other known species of *variegatum* group.

Etymology The specific name was given by the male coxite with a foliage-like subapical process.

草海蚋 *Simulium* (*Simulium*) *caohaiense* Chen and Zhang, 1997 (图 12-258)

Simulium (*Odagmia*) *caohaiense* Chen and Zhang (陈汉彬, 张春林), 1997. *Acta Zootax Sin.*, 22 (2): 194~196. 模式产地: 中国贵州 (威宁); Chen and An (陈汉彬, 安继尧), 2003.The Blackflies of China: 357.

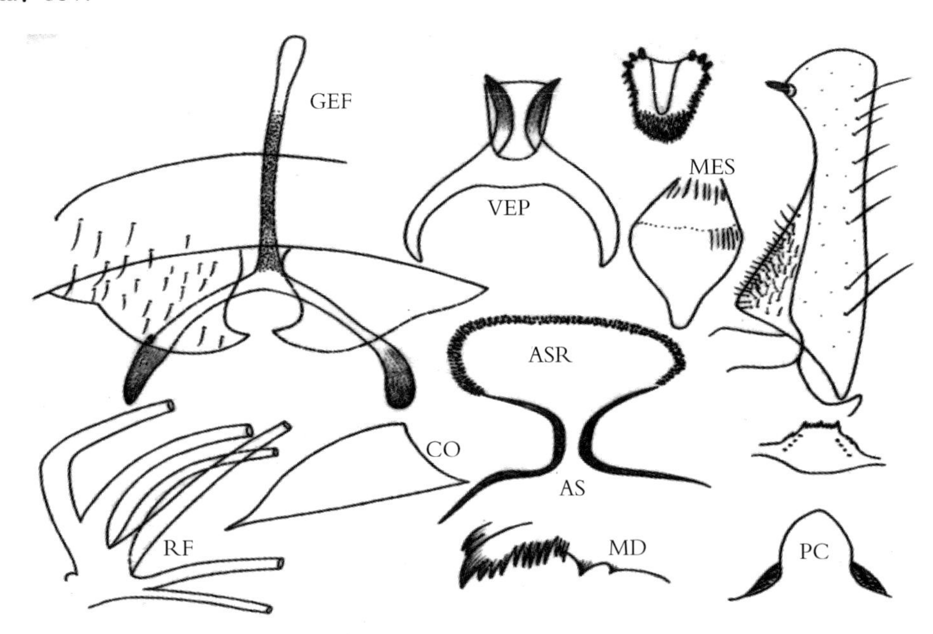

图 12-258 草海蚋 *S.* (*S.*) *caohaiense* Chen and Zhang, 1997

鉴别要点 雌虫生殖叉突后臂无外突。蛹呼吸丝上面 3 条明显粗壮。幼虫具肛前刺环。

形态概述

雌虫 体长约 3.0mm。触须拉氏器长约为节Ⅲ长的 1/4。翅径脉基光裸。前足股、胫节和跗节Ⅰ基部，中足股、胫节和跗节Ⅰ基部 4/5 和后足股、胫节基 4/5、基跗节基 2/3 和跗节Ⅱ基 1/2 均为黄色，余部为黑色。爪具亚基齿。生殖板内缘凹入成弧状，后缘圆，端内角喙状，靠近。生殖叉突后臂无外突。

雄虫 体长约 2.8mm。一般特征似雌虫。上眼面 18 排。触角鞭节Ⅰ的长约为鞭节Ⅱ的 1.9 倍。触须拉氏器约为节Ⅲ的 1/4。翅亚前缘脉光裸。前足股节基 4/5、胫节中 2/5，中足胫节基 4/5、胫节基部 7/8、跗节Ⅰ基部 7/8 和后足股节基 4/5、胫节中 1/2、基跗节基 3/5 和跗节Ⅱ基 2/5 均色淡，余部色暗。生殖肢端节长约为基节的 1.6 倍，具密被细毛的亚基内突。生殖腹板纵长，板体腹面具显著的舌状突，其基部侧缘各具 1 排齿。中骨叶状，椭圆形。

蛹 体长约 3.0mm。头、胸密布疣突。毛 3 对，胸毛 6 对，均不分支。呼吸丝 3 对，长约为体长的 3/5，上、下 2 对具短柄，上对和中对的上丝明显比其他 4 条丝粗壮，上对外丝向上发出约在 1/5 处急作 90° 弯向前方。腹节 7、8 背板具刺栉。端钩发达。

幼虫 体长 7~8mm。头斑阳性，头扇毛 24~28 支。亚颏侧缘毛每边 4 支。后颊裂亚箭形，长约为后颊桥的 2 倍。肛鳃每叶具 6~7 个附叶。肛板中间不连接，后臂长约为前臂的 2 倍。肛前具刺环。后环约 80 排，每排具 9~12 个小钩刺。

生态习性 幼虫和蛹采自高寒山区稻田小沟中的水草上，水温 20℃，海拔 2200m。

地理分布 中国贵州。

分类讨论 本种与青木蚋［*S.*（*S.*）*aokii* Takahasi，1941］近似，但是本种两性尾器构造、蛹呼吸丝的形状及幼虫具肛前刺环等特征，与后者有明显的种间差异。

昌隆蚋 *Simulium*（*Simulium*）*chamlongi* Takaoka and Suzuki，1984（图 12-259）

Simulium（*Simulium*）*chamlongi* Takaoka and Suzuki，1984. *Jap. J. Sanit. Zool.*，35（1）：27~30. 模式产地：泰国；Xue（薛洪堤），1993. *Acta Zootax Sin.*，18（2）：235~236；An（安继尧），1996. *Chin J. Vector Bio. and Control*，7（6）：475；Chen and An（陈汉彬，安继尧），2003. The Blackflies of China：559.

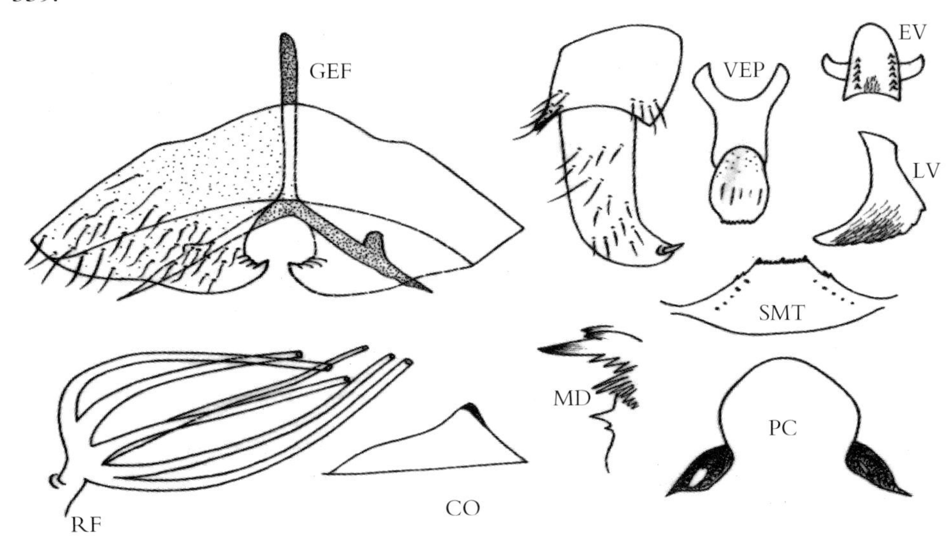

图 12-259 昌隆蚋 *S.*（*S.*）*chamlongi* Takaoka and Suzuki（仿 Takaoka and Suzuki，1984. 重绘）

鉴别要点 雌虫股节几乎全为淡色。雄虫腹节大部为棕黑色，生殖肢端节无基内突。蛹前胸无疣突。

形态概述

雌虫 体长 2.5~3.0mm。额亮黑色。唇基黑色，覆灰白粉被。食窦后部约具 20 个疣突。中胸盾片棕黑色，闪光，覆灰白粉被，密被黄色柔毛。各足股节除端部为棕色外，余全为黄色；前足胫节除基 1/5 为暗黄色和端部为棕黑色外，余为黄色，中部外侧具灰白粉被。中胫几乎全为黄色。后胫基部黄色并向端部渐变为黑色；各足跗节除中足基跗节基 4/5，后足基跗节基 2/3 和跗节Ⅱ基 1/2 为黄色外，余为棕黑色。爪具基齿。翅径脉基光裸。腹节Ⅱ背板色淡，节Ⅵ ~ Ⅷ亮黑色。生殖板内缘凹入成弧形，后缘钝圆，端内角鸟喙状。生殖叉突后臂具外突。

雄虫 体长约 3.0mm。上眼面 19 排。触角鞭节Ⅰ的长约为鞭节Ⅱ的 1.5 倍。中胸盾片黑色，密被金黄色毛，具 1 对银白色肩斑和 1 条后盾白带。前足股节由黄色渐向端部变为棕黑色，中足、后足股节棕色而端部为棕黑色。前胫棕色而端部为棕黑色，中部外侧为黄白色，具白色斑；中胫棕色而端部为黑色，基 1/2 外侧覆白粉被；后胫暗棕色。各足跗节除中足基跗节基 1/2，后足基跗节基 1/2 和跗节Ⅱ为黄白色外，余为棕黑色。腹节背板棕黑色，并具同色毛。腹节Ⅱ、节Ⅴ ~ Ⅶ背板均具白色背侧斑，生殖肢端节长，无基内突。生殖腹板长壶状，端圆，具腹突，其基 1/2 具 2 排侧齿。中骨宽叶状，无端中裂。

蛹 体长约 3.0mm。前胸背体壁光裸。头毛 3 对，胸毛 5 对，均不分支。呼吸丝 3 对，长约为体长的 1/2，具短茎。6 条呼吸丝约等长，但上对明显较粗壮，并自上而下递减。腹节 7~9 背板具刺栉，腹节 4~8 腹板具微棘刺群，腹节 9 具钝端钩。茧拖鞋状，编织紧密，前缘加厚，无孔窗。

幼虫 体长 5.2~5.6mm。额斑阳性。触角长于头扇柄，头扇毛约 46 支。亚颏中齿、角齿较发达。侧缘毛每边 5~6 支。后颊裂深，法冠状，基部收缩，长约为后颊桥的 5 倍。胸、腹光裸。肛鳃每叶具 6~10 个附叶。肛板后臂长于前臂。后环约 80 排，每排约具 14 个钩刺。

生态习性 幼虫和蛹孳生于山区中的水草上。

地理分布 中国：云南；国外：泰国，缅甸，越南，斯里兰卡。

分类讨论 本和近似台湾蚋［*S.*（*S.*）*taiwanicum* Takaoka，1979］，但是本种雄虫后股色暗，蛹前胸体壁光裸，幼虫后颊裂深，与后者有明显的区别。

同源蚋 *Simulium*（*Simulium*）*cognatum* An and Yan，2009（图 12-260）

Simulium（*Simulium*）*cognatum* An and Yan（安继尧，严格），2009. *Acta Parasital. Med. Entomol Sin.*，16（1）：52~54. 模式产地：中国西藏（亚东）.

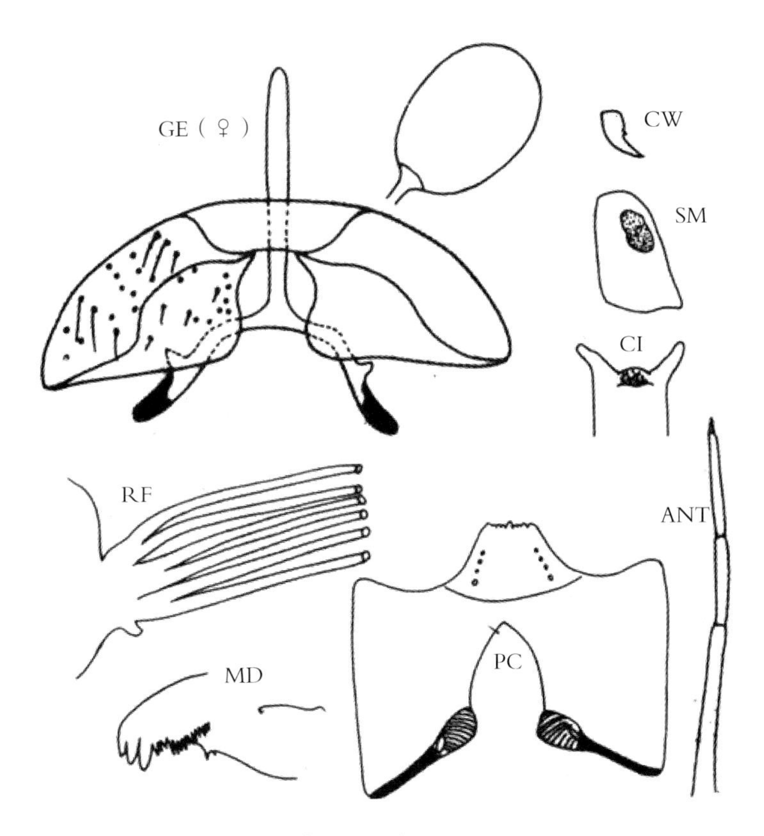

图 12-260 同源蚋 ***S.*（*S.*）*cognatum*** An and Yan，2009

鉴别要点 雌虫生殖板三角形，内缘稍凹，端内角圆，生殖叉突具外突，无内突；肛上板前缘具棒状突。蛹呼吸丝成束发出，均具短茎。幼虫后颊裂矛状。

形态概述

雄虫 尚未发现。

雌虫 体长 3.0mm；翅长 2.8mm。额指数为 45：36：26；额头指数为 45：130。触须节Ⅲ～Ⅴ的节比为 28：14：30；节Ⅲ膨大，拉氏器长约为节Ⅲ的 0.28。下颚具 13 枚内齿，12 枚外齿；上颚具 16 枚内齿，18 枚外齿。食窦弓具疣突丛。中胸盾片棕黑色，覆黄色毛。中胸侧膜和下侧片光裸。前足基节棕黄色，中足、后足基节黑色；各足转节棕黄色，但中足转节基 3/5 为黑色；股节除中股端 1/5、后股端 1/3 为黑色外，余部为棕黄色；胫节除前胫端 1/5、中胫端 1/5 和后胫端 1/3 为黑色外，余部为棕黄色；跗节除后足基跗基 4/5 为棕黄色外，余为黑色。跗突和跗沟发达。爪具小基齿。翅亚缘脉基 1/3 具毛，径脉基光裸。腹节背板黑色，第Ⅷ腹板中裸。生殖板亚三角形，内缘稍凹，端内角圆钝，生殖叉突具骨化柄，后臂具外突，无内突。受精囊球形，肛上板前内具棒状突。

蛹 体长约 3.0mm。头、胸密布疣突，呼吸丝 6 条，成对具短茎，成束发出，长约为体长的 1/2。腹节 8 具刺栉。茧简单，拖鞋状，编织紧密。

幼虫 体长约 3.8mm。头斑阳性，触角 3 节的节比为 20：11：13。头扇毛 36~39 支，亚颏侧缘毛 4 支。后颊裂矛头端尖。胸、腹体壁光裸，肛骨前臂短于后臂。腹乳突缺。后环约 62 排，每排具 8~13 个沟刺。

生活习性 幼虫和蛹孳生于海拔 3000m 的高地山溪中的水生植物上。

地理分布 中国西藏。

分类讨论 本种雄虫肛上板前缘具棒状突系独具特征。其呼吸丝成束发出，近似矛板蚋［*S.*（*S.*）*longchatum*］，但是两者在雌性尾器构造上有明显差异。

喜山蚋 ***Simulium*（*Simulium*）*himalayense*** Puri，1932（图 12-261）

Simulium（*Himalayum*）*himalayense* Puri，1932. *Ind. J. Med. Res.*，19（3）：858~890. 模式产地：印度；Datta，1974. *Oriental Ins.*，8（1）：20~21；Deng，Xue，Zhang and Chen（邓成玉等），1994. *Sixtieth Anniversary Founding*，*China Zool. Soc.*：13；Chen and An（陈汉彬，安继尧），2003. The Blackflies of China：360.

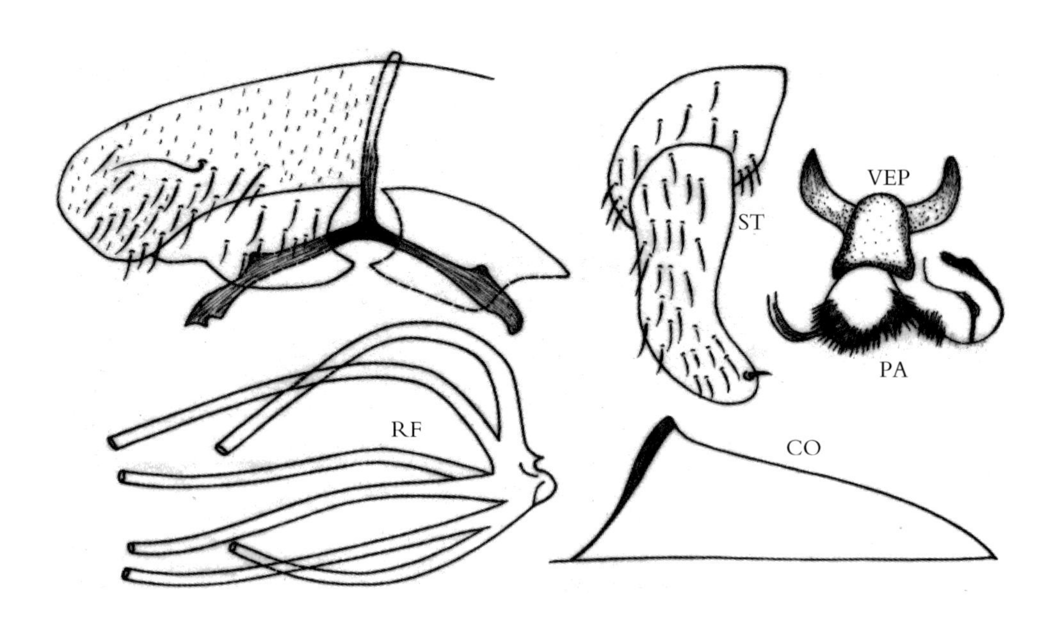

图 12-261 喜山蚋 *S.*（*S.*）***himalayense*** Puri（仿 Puri 等，1932. 重绘）

鉴别要点 雌虫生殖板亚梯形。雄虫生殖肢端节无基内突；生殖腹板后部扩大。幼虫后颊裂亚圆形。

形态概述

雌虫 额亮黑色，唇基覆银灰粉被。触角柄、梗节为黄色，鞭节黑色。中胸盾片黑色，被金黄色毛，前 1/3 覆淡灰粉被。前足股节为深黄色而端部黑色，胫节黄色而端 1/4 为黑色，中部外侧具银白色斑；中足、后足股节为金黄色向后渐变为黑色；胫节大部为金黄色，基 2/3 外侧具银白色斑；各足跗节除中足基跗节大部，跗节Ⅱ基半和跗节Ⅲ基部，后足基跗节基 2/3 和跗节Ⅱ基部为黄色外，余为棕黑色。爪具亚基齿。径脉基光裸。腹节Ⅱ背板黄色，具银白色侧斑，腹节Ⅵ ~ Ⅷ背板亮黑色。生殖板亚梯形，内缘凹入，端角尖，靠近，后缘端 1/2 凹入。

雄虫 中胸盾片具银白色肩斑，并与后盾银白带相连接。前足股节大部为黄色而端部黑色，胫节几乎全黑色，外侧具银白色斑；中足、后足几乎全黑色，中胫外侧也具银白色斑；各足跗节除中足、后足基跗节基 1/2 和后足跗节Ⅱ基部为黄棕色外，余部为黑色。生殖肢端节无基内突，生殖腹板板体后部扩大。

蛹 体长约 3.3mm。头、胸部密布疣突。头毛 3 对，胸毛 9 对，均不分支。呼吸丝 3 对，长约为体长的 1/2；上、下对具短茎，中对无茎；丝的粗细自上而下递减。茧拖鞋状，编织紧密，前缘增厚，无孔窗。

幼虫 体长约 6.5mm。额斑阳性。触角与头扇柄约等长。头扇毛约 50 支。亚颏中齿、角齿较发达，侧缘毛每边 4 支。后颊裂亚圆形，基部收缩，长为后颊桥的 4.5~5.5 倍。肛鳃每叶具 7~9 个附叶。肛板中间连接。

生态习性 幼虫和蛹孳生于山溪中的水草、枯枝落叶或石块上。

地理分布 中国：西藏；国外：印度，巴基斯坦。

分类讨论 本种原归入蚋属喜山蚋亚属（Subg. *Himalayum*），根据 Adler 和 Crosskey（2014）的意见，

该亚属已降格并入蚋亚属的杂色蚋组。喜山蚋近似台湾蚋［*S.*（*S.*）*taiwanicum* Takaoka，1979］，两者的主要区别是雌虫中足的颜色不同；本种也近似昌隆蚋［*S.*（*S.*）*chamlongi* Takaoka and Suzuki，1984］，但是后者雌虫中足、后足股节除端部外全为黄色，蛹前胸部无疣突，幼虫后颊裂法冠形，可资鉴别。

经甫蚋 *Simulium*（*Simulium*）*jingfui* Cai，An and Li，2008（图 12–262）

Simulium（*Simulium*）*jingfui* Cai，An and Li（蔡茹，安继尧，李朝品），2008. *Acta Parasitol. Entomol. Sin.*，15（2）：100~102. 模式产地：中国四川（峨眉山）.

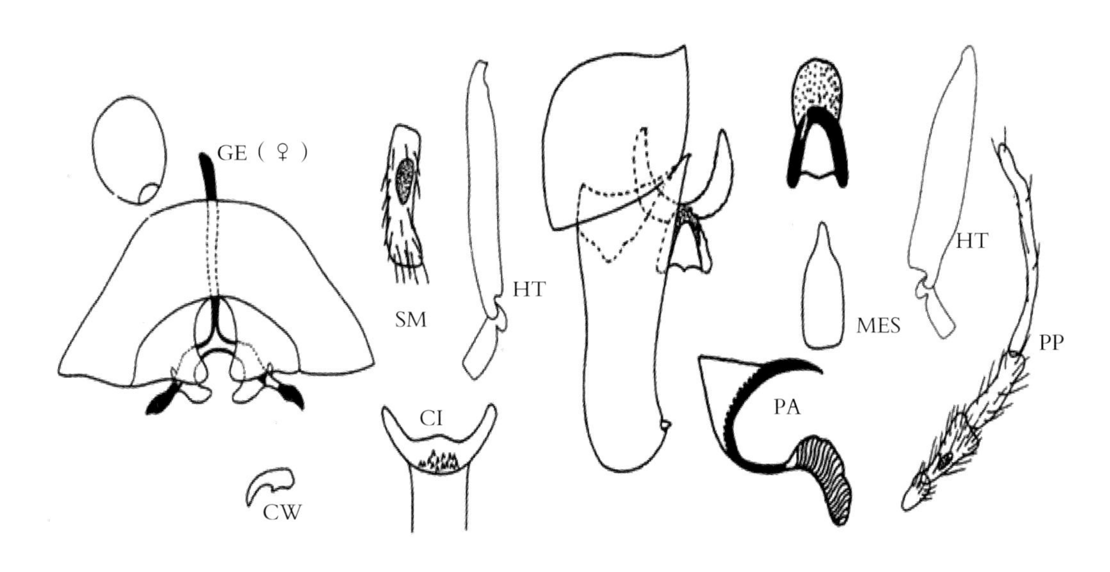

图 12–262 经甫蚋 *S.*（*S.*）*jingfui* Cai，An and Li（仿蔡茹等，2008. 重绘）

鉴别要点 雌虫前足基节、转节和股节为棕黄色；生殖板内缘凹入形成椭圆形空间，后臂具内突、外突。雄虫生殖腹板板体短，长约为顶宽的 4/5。

形态概述

雌虫 体长 3.0mm；翅长 2.6mm。额和唇基棕黑色，覆黑色毛。额指数为 20∶13∶20；额头指数为 20∶50。触须节Ⅲ～Ⅴ的节比为 12∶13 ∶ 24，拉氏器长约为节Ⅲ的 1/3。下颚具 13 枚内齿，12 枚外齿；上颚具 32 枚内齿和 30 枚外齿。食窦弓具疣突丛。中胸侧膜和下侧片光裸，中胸盾片棕黑色。前足基节棕黄色，中足、后足基节为棕黑色；各足转节棕黄色；股节除后足股节为黑色外，余部为棕黄色；胫节除前胫端 1/5 和中胫端 1/5 为黑色外，余部为棕黄色；跗节除后足基跗节基 4/5 为棕黄色外，余部为黑色。跗突和跗沟均发达，爪具小基齿。翅亚缘脉基 2/3 具毛，径脉基光裸。生殖板三角形，内缘凹入形成椭圆形空间，端内角圆钝，生殖叉突具骨化柄，后臂具骨化外突和膜质内突。受精囊球形，肛上板椭圆形。

雄虫 体长约 3.1mm；翅长约 2.6mm。上眼具 15 纵列，12 横排大眼面。触角鞭节Ⅰ的长为鞭节Ⅱ的 2 倍。触须节Ⅲ～Ⅴ的节比为 13∶15∶36。拉氏器小，长约为节Ⅲ的 0.15。中胸盾片亮黑色，中胸侧膜和下侧片光裸。前足基节棕黄色，中足、后足基节黑色；各足转节棕黄色；股节除前股基 1/2、中股基 2/3、后股基 1/5 为棕黄色外，余部为黑色；胫节除前胫基 2/3 和中、后胫基 1/5 为棕黄色外，余部为黑色。跗突和跗沟均发达。翅亚缘脉基 1/2 具毛，径脉基光裸。腹节背板黑色。生殖端节宽，圆锥形，端圆，长约为基节的 2 倍，具粗端刺。生殖腹板“Y”形，板体短，约为顶宽的 4/5，具腹中突，其后缘具齿，基臂粗壮。阳基侧突具众多小钩刺。中骨宽板状，端缘平直。

蛹 未发现。

幼虫 未发现。

生态习性 未知。

地理分布 中国四川。

分类讨论 本种与台湾蚋［*S.*（*S.*）*taiwanicum*］和昌隆蚋［*S.*（*S.*）*chamlongi*］相似，可根据下列综合特征加以鉴别：生殖叉突具发达的内突，肛上板椭圆形；生殖腹板板体短，基臂粗壮和雌虫足色等。详见检索表项下。

卡任蚋 *Simulium*（*Simulium*）*karenkoense* Shiraki，1935

Odagmia karenkoense Shiraki，1935. *Mem. Fac. Sci. Aqric. Taihotu Imp. Univ.*，16：42 模式产地：中国台湾（阿里山）.

Simulium（*Simulium*）*karenkoense* Shiraki，1935；Takaoka，1979. *Pacif. Ins.*，20（4）：400；An（安继尧），1996. *Chin J. Vector Bio. and Control*，7（6）：474；Chen and An（陈汉彬，安继尧），2003：The Blackflies of China：360.

鉴别要点 雌虫中胸盾片密被黑色短柔毛；后足股节全为黑色。

形态概述

雌虫 体长约 2.9mm。额暗棕色，具光泽，覆灰白粉被。触角柄、梗节为黄色，鞭节棕黑色。中胸盾片黑色，覆灰白粉，被黑色短柔毛。小盾片黑色，覆灰棕色粉被，具黑色长毛。后盾片光裸。足黑色；黄色部分包括前足股节基部，中足、后足胫节基部和基跗节基 1/2。前足胫节具银白色斑。爪具基齿。腹节 I 被银白色毛；腹节 II ~ V 具明显的暗色纵纹，后腹节闪光。

雄虫 未知。

蛹 未知。

幼虫 未知。

生态习性 不详。

地理分布 中国台湾。

分类讨论 本种系 Shiraki（1935）根据采自台湾的单雌标本所记述。本种与台湾蚋［*S.*（*S.*）*taiwanicum* Takaoka，1979］相似，两者的主要区别是盾饰和足色不同，如检索表所列。

留坝蚋 *Simulium*（*Simulium*）*liubaense* Liu and An，2009（图 12-263）

Simulium（*Simulium*）*liubaense* Liu and An（刘增加，安继尧），2009. *Entomotaxomia*，31（2）：143~146. 模式产地：中国陕西（留坝）.

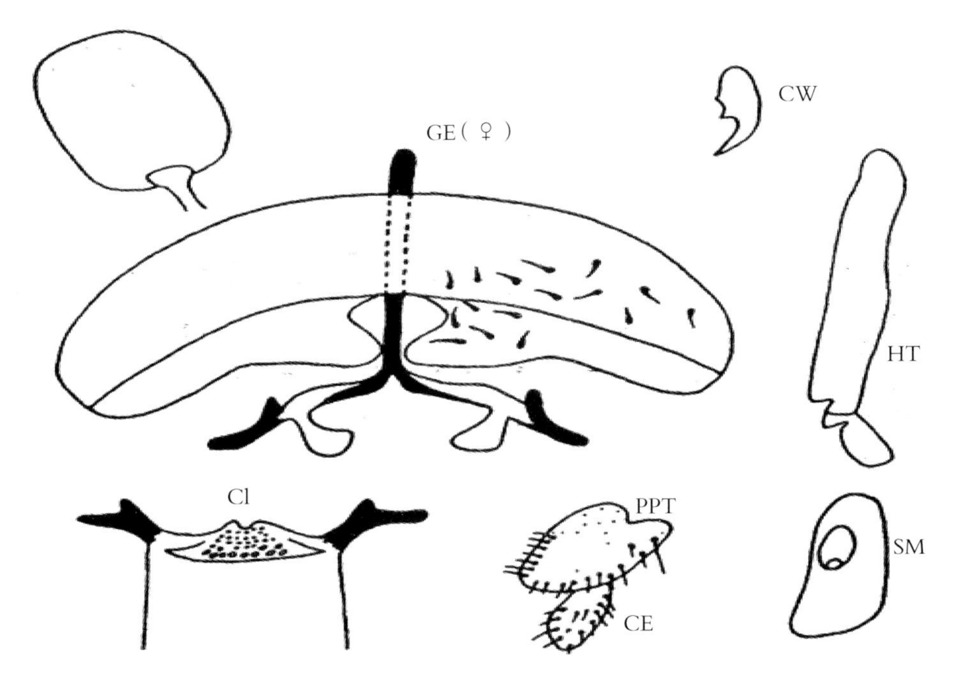

图 12-263 留坝蚋 ***S.*（*S.*）*liubaense*** Liu and An（仿刘增加，安继尧，2009）

鉴别要点 雌虫食窦弓具疣突丛和“M”形中突；生殖板长条形，内缘深凹形成菱形空间，端内角圆钝；生殖叉突后臂具内突、外突；肛上板前缘中部具凹陷；足转节和股节为棕黄色。

形态概述

雄虫 未知。

雌虫 体长 3.3mm；翅长 3.0mm。额和唇基棕黑色，并具同色毛。额指数为 20∶12∶18；额头指数为 20∶75；触角节Ⅲ～Ⅴ的节比为 14∶14∶30，节Ⅲ稍膨大，拉氏器长约为节Ⅲ的 0.37。下颚具 15 枚内齿和 9 枚外齿；上颚具 28 枚内齿和 35 枚外齿。食窦弓具疣突丛和“M”形中突。中胸侧膜和下侧片光裸，前足、后足基节黑色，中足基节棕黑色；各足基节和股节为棕黄色；胫节除前足胫节端 1/4 为棕黑色外，余全部为棕黄色；跗突和跗沟发达，爪具小基齿。翅亚缘脉基 1/2 具毛，径脉基光裸。腹节背板棕黑色。第Ⅷ腹板中裸，每侧 8 支短粗毛。生殖板长条形，内缘深凹形成菱形空间，端内角圆钝。生殖叉突具骨化柄，后臂具骨化外突和膜质内突。肛上板前缘中凹。

蛹 未知。

幼虫 未知。

生态习性 标本系网捕，其余不详。

地理分布 中国陕西。

分类讨论 本种虽然原描述是根据雌虫独模记述的，但是其食窦、生殖板和肛上板的形态种征较明显，易于与其近缘种区别。

矛板蚋 *Simulium*（*Simulium*）*longchatum* Chen，Zhang and Huang，2005（图 12-264）

Simulium（*Simulium*）*longchatum* Chen，Zhang and Huang（陈汉彬，张春林，黄丽），2005. *Acta Zootax Sin.*，30（2）：430~435. 模式产地：中国四川（泸定县药王庙）.

图 12-264 矛板蚋 *S.*（*S.*）*longchatum* Chen，Zhang and Huang，2005

鉴别要点 雌虫食窦光裸。雄虫生殖腹板矛状。蛹呼吸丝成束发出，无端沟。幼虫触角节2具次生淡环。

形态概述

雌虫 体长 3.0~3.2mm；翅长约 3.0mm。额指数为 9.0∶8.0∶8.0；额头指数为 9.0∶33.5；触须节Ⅲ~Ⅴ的节比为 5.9∶6.0∶16.9。节Ⅲ不膨大，食窦弓具中突。中胸盾片棕黑色，灰粉被，覆金黄色毛。中胸侧膜和下侧片光裸。前足基、转节为黄白色；股节基 4/5 为黄色，端 1/5 为黄色；胫节基 4/5 内面为暗棕色，端 1/4 为暗棕色，中大部为黄色。中足基节棕黑色；转节黄色；股、胫节端 1/5 为黑色，余部为黄色；跗节除基跗节基 1/2 为黄色外，余部为黑色。后足基节棕黑色；转节棕色；股节灰黄色而端为棕黑色；胫节基 1/3 为棕黄色，端 1/5 为黑色，中 1/3 为黄色。跗节除基跗节基 2/3 和跗节Ⅱ基 1/2 为黄色外，余部为黑色。前足基跗节稍膨大，长约为宽的 6.5 倍。后足基跗节侧缘平行，长约为宽的 6 倍。跗突和跗沟发达，爪具亚基齿。翅亚缘脉具毛，径脉基光裸。腹节背板棕黑色，腹节Ⅵ~Ⅷ闪光。第Ⅷ腹板中裸，生殖板内缘深凹，端内角喙状。生殖叉突后臂具外突。受精囊椭圆形。

雄虫 体长约 3.0mm；翅长约 2.8mm。上眼具 12 纵列和 18 横排大眼面。触角鞭节Ⅰ的长约为鞭节Ⅱ的 1.7 倍。触须节Ⅲ不膨大，拉氏器长约为节Ⅲ的 0.24。胸部似雌虫，但是后足基跗节膨大，长约为宽的 4 倍。生殖肢端节弯锥状，端圆，具带齿的亚基内突。生殖腹板矛状，端部钝圆，具后缘带齿的腹中突。阳基侧突每侧具 15 个长钩刺。中骨长板状，端 4/5 亚平行。

蛹 体长约 3.2mm。头、胸布疣突。头毛 3 对，胸毛 4 对，均简单。呼吸丝 6 条，成对呈束状发出；上对外丝稍长而粗于其他 5 条丝，其长度约为体长的 1/2。腹节 7、8 具刺栉，端钩缺。茧简单，编织紧密，前缘加厚。

幼虫 体长 5.0~6.0mm。头斑阳性，触角 3 节的节比为 4.0∶6.5∶4.3，节 2 具次淡环。头扇毛 42~45 支。

亚颏中齿、角齿突出，侧缘毛 5 支。后颊裂深，箭形，长约为后颊桥的 3 倍。胸、腹体壁光裸。肛鳃每叶具 9~13 个附叶。肛骨前臂长约为后臂的 0.6，具肛前刺环。后环 84 排，每排约具 14 个钩刺。

生态习性 幼虫和蛹孳生于山溪中的水草上，海拔 2050m。

地理分布 中国四川。

分类讨论 本种近似印度的 *S.*（*S.*）*nilgiricum*、泰国的 *S.*（*S.*）*barnesi*、马来西亚的 *S.*（*S.*）*hackeri* 和中国的黔蚋［*S.*（*S.*）*qianense*］，但是可根据成虫胫节的颜色、雌虫食窦光裸、雄虫生殖腹板矛状、蛹呼吸丝成束发出等特征加以鉴别。本种蛹呼吸丝成束发出与同源蚋［*S.*（*S.*）*cognatum*］雷同，两者的区别见后者的分类讨论项下。

青木蚋 *Simulium*（*Simulium*）*oitanum* Shiraki，1935（图 12-265）

Simulium（*Simulium*）*oitanum* Shiraki，1935. *Mem. Fac. Sci. Agris. Taihotu Imp. Univ.*，16：37~40. 模式产地：日本（Oita）.

Odagmia aokii Takahasi，1941. *Insecta*，*Matsumurana*，15：86~88. 模式产地：日本；Chen and Cao（陈继寅，曹毓存），1982. *Acta Zootax Sin.*，7（1）：82；Chen（陈继寅），1983. *Acta Zootax Sin.*，8（3）：279.

Simulium（*Odagmia*）*aokii* Takahasi，1941；An（安继尧），1989. *Contr. Blood-sucking Dipt. Ins.*，1：185；

Simulium（*Simulium*）*aokii* Takahasi，1941；Crosskey，1988. Annot. Checklist World Blackflies（Diptera：Simuliidae）：478；An（安继尧），1996. *Chin J. Vector Bio. and Control*，7（6）：475；Chen and An（陈汉彬，安继尧），2003. The Blackflies of China：355.

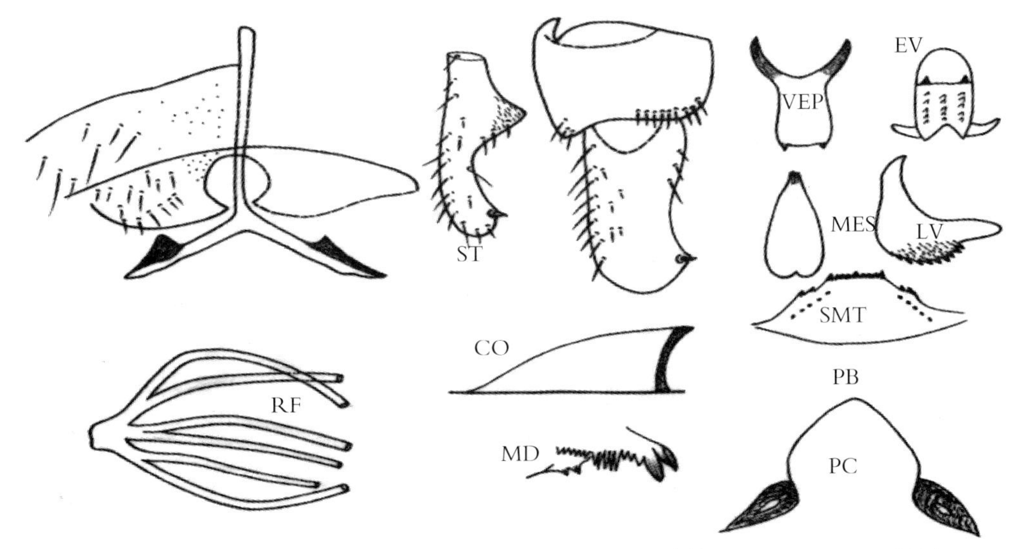

图 12-265 青木蚋 *S.*（*S.*）*oitanum* Shiraki，1935（仿 Takaoka，1976. 重绘）

鉴别要点 雌虫胫节具银白色斑。雄虫生殖肢端节基内突发达。蛹呼吸丝上、中对等粗且明显粗于下对丝。幼虫肛鳃每叶仅具 1~3 个附叶。

形态概述

雌虫 体长约 3.2mm。额亮黑色，具黑色长毛，唇基覆银灰粉被。触须节Ⅲ不膨大，食窦后部约具 15 个小疣突。中胸盾片黑色，半闪光，覆灰粉被，被金黄色毛。各足股节大部黄色，但前股端 1/6 和中、后股端 1/8 为黑色。前足胫节基 1/3 为暗棕色，端 1/5 黑色，中部外侧具显著的银白色斑；中胫黄色，端 1/4 黑色，具银白色斑；后胫基部黄色并向后渐变为黑色，具银白色斑。各足跗节除中足基跗节基 2/3、后足基跗节基 1/3 和跗节Ⅱ基 1/2 为黄色外，余全色暗。爪具小的亚基齿。翅径脉光裸。腹部黑色，腹节Ⅱ背板基 1/2 为黄色，具 1 对大的银白色背侧斑。腹节Ⅵ～Ⅷ亮黑色。生殖板内缘凹入成弧形，后缘圆钝，端内角喙状，生殖叉突后臂具外突。受精囊椭圆形，具网斑。

雄虫 体长约 3.2mm。上眼面 16 排，唇基覆银灰粉被。触角棕黑色，鞭节Ⅰ的长约为鞭节Ⅱ的 1.5 倍。中胸盾片黑色，无光泽，被金黄色毛，具发达的银白色肩斑并向后延伸和大的后盾斑相连接。各足股节为暗棕色至棕黑色。胫节棕黑色，前、中胫节并具银白色斑。各足跗节除中足基跗节基 1/3，后足基跗节基 1/3 和跗节Ⅱ为黄色外，余全暗。后足基跗节膨胀，纺锤状，长约为宽的 4 倍。腹节Ⅱ、腹节Ⅴ～Ⅶ背板均具银白色斑。生殖肢端节的长约为基节的 2 倍，具亚基内突。生殖腹板壶状，端圆，具带齿的中突，中突具 1 个具毛的舌状突伸出齿部之外。中骨宽叶状，侧缘略弯，具浅的中端裂。

蛹 体长约 3.6mm。头、胸部密布疣突。头毛 3 对，胸毛 6 对，均不分支。呼吸丝 3 对，具短茎，中茎较短粗，上、中对呼吸丝约等粗但粗于下对丝，呼吸丝长度略超过蛹体的 1/2。腹节 7、8 具刺栉，腹节 9 具发达的端钩。茧拖鞋状，编织中度紧密，前缘加厚，无孔窗。

幼虫 体长 6.3~7.0mm。额斑阳性。触角稍长于头扇柄，节 2 具 1 个次生淡环。头扇毛 40~42 支。亚颏中齿、角齿发达，侧缘毛每边 5~6 支。后颊裂法冠状，基部略收缩，长约为后颊桥的 3.6 倍。胸腹光裸，但肛侧具无色毛，肛鳃每叶仅具 1~3 个附叶。后环约 80 排，每排约具 14 个钩刺。

生态习性 幼虫和蛹孳生于山溪中的水草上。雌虫刺叮人、牛、马和山羊（Ogata，1954）。

地理分布 中国：吉林，辽宁，四川，云南，贵州；国外：日本，韩国，尼泊尔。

分类讨论 本种与其近缘种成虫形态很难区别，但是本种蛹呼吸丝的排列方式以及幼虫肛鳃附叶很少等，具有种的特异性，可资鉴别。

黑色蚋 *Simulium*（*Simulium*）*pelius* Sun，1994（图 12-266）

Simulium（*Simulium*）*pelius* Sun（孙悦欣），1994. *Sichuan J. Zool.* 模式产地：中国辽宁（新宾）；Crosskey，1997. Taxo. Geograp. Invent. World Blackflies（Diptera：Simuliidae）：76；Chen and An（陈汉彬，安继尧），2003. The Blackflies of China：362.

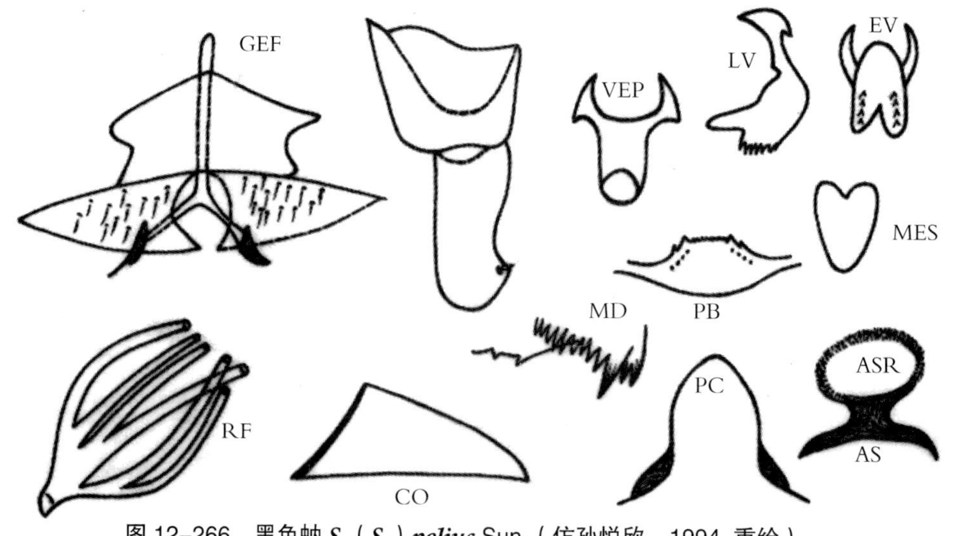

图 12-266 黑色蚋 *S.*（*S.*）*pelius* Sun（仿孙悦欣，1994. 重绘）

鉴别要点 中胸侧膜具少量黄色毛。雌虫生殖叉突柄全长骨化。蛹无头、胸毛。幼虫具肛前刺环。

形态概述

雌虫 体长 2.1~2.4mm。触须节Ⅲ膨大。触角鞭节Ⅰ的长为节Ⅱ的 2 倍。中胸盾片黑色，被金黄色毛。中胸侧膜具少量小黄色毛。各足股节基 3/4 和胫节基 2/3 为黄色，前足胫节具银白色斑；中足、后足基跗节基 1/2 和跗节Ⅱ基 2/3 为黄色，余部为黑色。爪具基齿。生殖板内缘凹入成弧形，端内角尖，后缘钝圆。生殖叉突柄骨化。受精囊圆形。

雄虫 体长 2.5~3.0mm。中胸盾片黑色，稀被金黄色毛，具银白色肩斑和后盾白带。中胸侧膜上部具小黄色毛。前足股节基 1/4 黄色、胫节中 1/3 棕黄色，前外侧具银白色斑。中足股节基 2/3、胫节基 1/2 棕黄色。后足股节基 1/3 黄色、中 1/3 灰棕色、基跗节基 2/3 灰棕色，余部为暗黑色。生殖肢端节长，无基内突。生殖腹板壶状，端圆，有具齿的腹突。中骨宽板状，具中端裂隙。阳基侧突每边具 7 个大刺和若干小刺。

蛹 体长 3.0~3.8mm。头、胸具疣突，无毛，呼吸丝排列为 4+2；中对丝茎从上对丝茎的亚基部发出。茧拖鞋状。

幼虫 体长 3.0~3.8mm。额斑阳性。头扇毛 32 支。亚颏中齿弱于角齿，侧缘毛每边 4 支。后颊裂亚箭形。肛鳃每叶具 8~9 个附叶，具肛前刺环。后环 65~70 排，每排具 9~11 个钩刺。

生态习性 幼虫和蛹生活于小溪急流处的石块或枯枝落叶上，海拔 500m，水温 17℃，pH 值 5.5。5~6 月份羽化。

地理分布 中国辽宁。

分类讨论 依原描述，本种中胸侧膜具小黄色毛，蛹头、胸部无毛，在本组甚至蚋亚属中均为独具特征。鉴于作者未见实物标本，难以对其分类地位作进一步评论。

黔蚋 *Simulium* (*Simulium*) *qianense* Chen and Chen，2001（图 12-267）

Simulium (*Simulium*) *qianense* Chen and Chen（陈虹，陈汉彬），2001. *Acta Ent. Sin.*，8（3）：208~212.

模式产地：中国贵州（雷公山）；Chen and An（陈汉彬，安继尧），2003. The Blackflies of China：363.

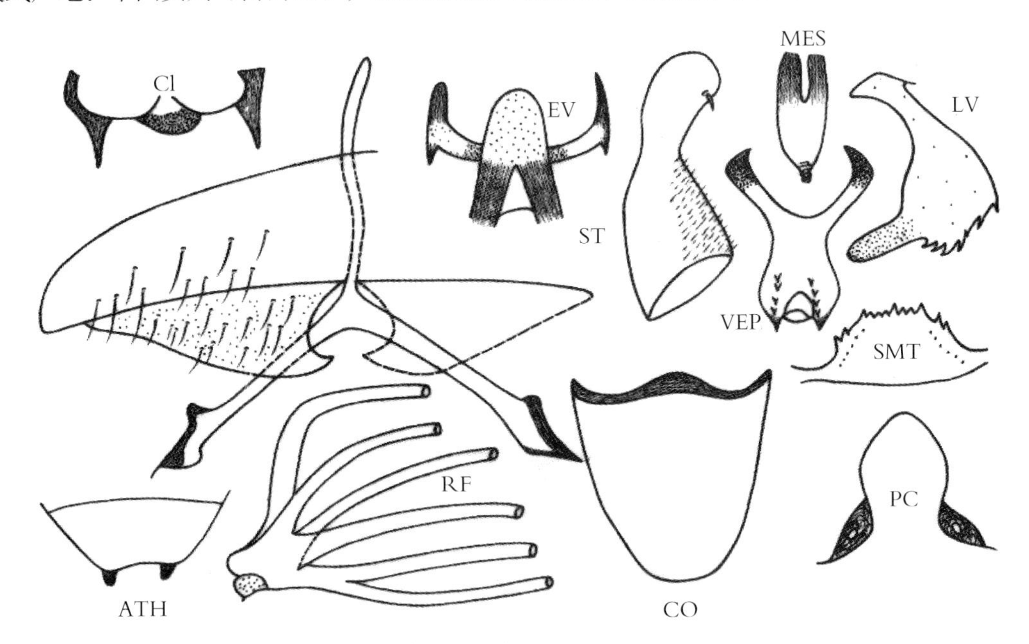

图 12-267 黔蚋 *S.*（*S.*）*qianense* Chen and Chen，2001

鉴别要点 雌虫食窦后部约具40个疣突。雄虫中骨长板状，端缘具深中裂隙。蛹呼吸丝的上对外丝明显较其余5条粗壮。幼虫具肛前刺环。

形态概述

雌虫 体长2.8~3.2mm。额亮黑色，覆灰白粉被，具黑色长毛。触角柄、梗节为黄色，鞭节棕黑色。触须节Ⅲ略膨胀，拉氏器约占节Ⅲ长的1/4。食窦后部约具40个小疣突。中胸盾片黑色，密被灰黄色柔毛。小盾片黑色，被灰黄色毛并具黑色长毛，后盾片光裸。足大部为黄色；暗色部分包括前足胫节端1/4和跗节，中足基节、股节端1/8、胫节端1/5、跗节1端1/6和跗节Ⅱ~Ⅴ，后足基节、股、胫节端1/5和基跗节端1/3。后足基跗节窄，两侧平行。爪具基齿。翅径脉基光裸。腹部背面棕黑色，但节Ⅱ背板黄棕色。生殖板亚三角形，内缘凹入成弧形，端内角尖，后缘稍弯。生殖叉突后臂具角状外突。

雄虫 上眼面具11纵列，12横排。唇基黑色，被灰白色毛。触角鞭节Ⅰ的长约为鞭节Ⅱ的1.7倍。中胸盾片黑色，密被金黄色细毛，后盾区具黑色长毛。小盾片黑色，被金黄色毛和黑色长毛。后盾片黑色，覆灰白粉，光裸。各足股节除端1/4为黑色外，余全为黄色；各足胫节黑色，中部外侧黄白色；各足跗节除中足、后足基跗节基2/3为黄色外，余为棕黑色。腹部背面黑色。生殖肢端节长，端部圆，基端最窄，具不发达的基内突。生殖腹板长壶状，具舌状腹突，其基部1/2具2排齿。中骨长板状，两侧平行，具深的端中裂隙。

蛹 体长3.4~3.6mm。头、胸部密被疣突。头毛3对，胸毛6对，均不分支。呼吸丝6条，长约为体长的2/3，中对几乎无茎，上对的外丝明显较其余5条粗壮。腹节5~7具刺栉，腹节9具发达的端钩。茧拖鞋状，编织紧密，前缘加厚，无孔窗。

幼虫 体长6.5~7.5mm。头斑阳性。头扇毛43~45支。亚颏中齿、角齿较发达，侧缘毛每边7~8支。后颊裂法冠状，基部收缩，长为后颊桥的3.0~3.5倍。胸腹光裸。肛鳃每叶具13~17个附叶。肛板前臂短于后臂，中间分离，具肛前刺环。后环74~78排，每排具12~14个钩刺。

生态习性 幼虫和蛹孳生于山溪中的水草和枯枝落叶上，海拔600~1300m。

地理分布 中国贵州。

分类讨论 本种近似台湾蚋［*S.*（*S.*）*taiwanicum*］，但是两者在生殖腹板、中骨、蛹呼吸丝和幼虫后颊裂的形状上有明显的差异。本种也近似昌隆蚋［*S.*（*S.*）*chamlongi*］，但是后者雌虫食窦后部疣突少，中足胫节色全暗，蛹头部和前胸无疣突，幼虫肛前无刺环，可资鉴别。

台湾蚋 *Simulium*（*Simulium*）*taiwanicum* Takaoka，1979（图12-268）

Simulium（*Simulium*）*taiwanicum* Takaoka，1979. *Pacif. Ins.*，20（4）：388~390. 模式产地：中国台湾；An，Xue and Song（安继尧等），1991. *Contr. Blood-sucking Dipt. Ins.*，3：82，85；Chen and An（陈汉彬，安继尧），2003. The Blackflies of China：365.

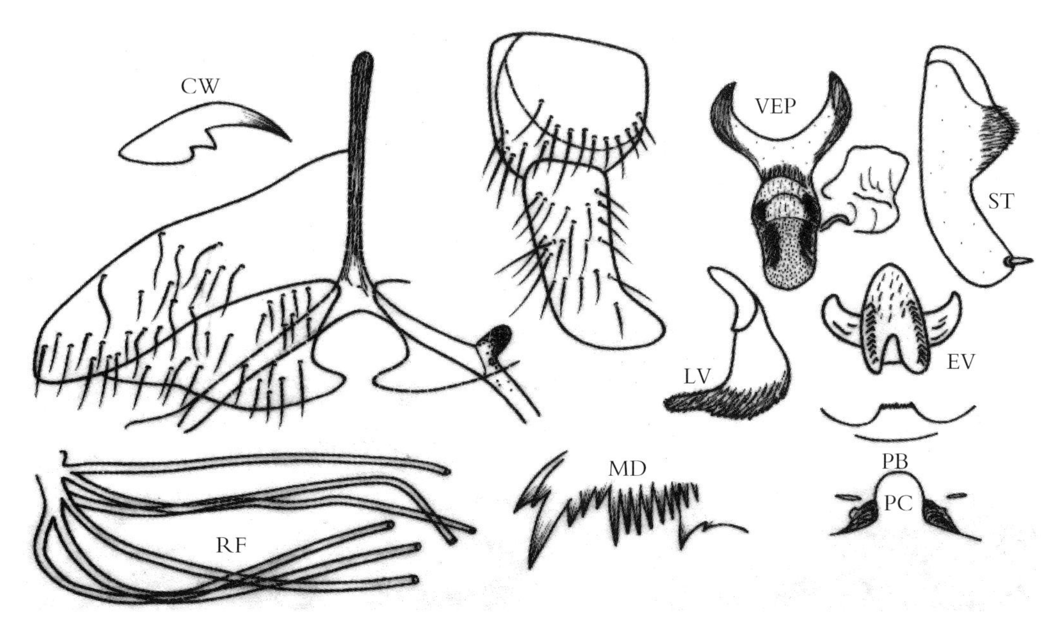

图 12-268 台湾蚋 *S.*（*S.*）***taiwanicum*** Takaoka（仿 Takaoka，1979. 重绘）

鉴别要点 雌虫食窦后部约具 40 个小疣突。雄虫中足股节大部黄色。幼虫后颊裂小而圆。

形态概述

雌虫 体长 3.4~3.7mm。额亮黑色，覆灰白色细毛，具黑色长毛。唇基黑色，被灰白色毛和黄色细毛。触角柄、梗节和鞭节Ⅰ为黄棕色，余部为黑色。触须拉氏器约占节Ⅲ长的 1/4。食窦后部约具 40 个小疣突。中胸盾片亮黑色，被灰白色细毛，后盾区密覆金黄色毛。小盾片黑色，密被金黄色短毛，并具黑色长毛。后盾片覆灰白粉被，光裸。前足基节黄色，中足、后足基节黑色；各足转节黄色至暗黄色；各足股节除端部为棕黑色外，余全为黄色；前胫除中部外侧大部为白色外，余全为黄色；中胫除端部为棕黑色外，余全为黄色；后胫黄色而外侧大部为白色，中、后胫基 1/2 具白色光泽；各足跗节除中足、后足基跗节基 3/5 和后足跗节Ⅱ基 1/2 为黄色外，余全为黑色。后足基跗节窄，两侧平行。爪具基齿。翅径脉基光裸。腹节背板除节Ⅱ为棕黄色并具背侧白色斑外，余为黑色，节Ⅵ～Ⅷ具光泽。生殖板大，内缘宽凹，后缘钝圆，端内角尖而透明，生殖叉突柄长而骨化，后臂具发达的外突。受精囊卵圆形，表面具网斑。

雄虫 体长 3.4~3.7mm。上眼面 22 排。唇基黑色，被灰白色细毛，并具黑色长毛。触角鞭节Ⅰ的长约为鞭节Ⅱ的 1.7 倍。中胸盾片黑色，无光泽，密被金黄色细毛；后盾区具黑色长毛，具 1 对银白色肩斑并向后延伸与后盾银白透明带相连接。小盾片黑色，被金黄色毛并具黑色长毛。后盾片黑色，被灰白粉，光裸。各足股节除端部为棕黑色外，余全为黄色。前胫黄色，中部外侧大部为黄色并具银色光泽，中胫除端部为黑色外大部为棕色，通常基 2/3 后面具银色光泽并被金黄色毛；后胫除基部具银色光泽外全黑色；各足跗节除中足、后足基跗节基 1/2 为暗黄色外，余全为黑色。后足基跗节膨胀，纺锤形，长约为宽的 5 倍。腹节Ⅱ、节Ⅴ～Ⅷ均具银白色侧斑，节Ⅱ银白色斑连接形成银白带。生殖肢端节长，端圆，具亚基内突，其上覆以细毛。生殖腹板“Y”形，具腹中突，其后缘 1/2 具齿，端 1/2 呈舌状并覆以细毛。中骨宽板状，端圆，无端中裂。

蛹 体长约 3.8mm。头、胸部密布疣突。头毛 3 对，胸毛 4 对，均不分支。呼吸丝 6 条，短于蛹体，约等长、等粗。腹节 5 无刺栉，端钩不发达。茧拖鞋状，编织疏松，前缘加厚，无孔窗。

幼虫 体长 8.0~9.0mm。头斑阳性。触角稍长于头扇柄，头扇毛 52 支。亚颏中齿、角齿中度发达，侧缘毛每边 7~8 支。后颊裂小而圆，拱门状，长约为后颊桥的 1.5 倍。胸部光裸。后腹部具无色毛。肛鳃每叶约具 10 个附叶。肛板前臂明显短于后臂。后环 92 排，每排约具 16 个钩刺。

生态习性 幼虫和蛹通常孳生于山涧小溪和沟渠中的水草或枯枝落叶上。

地理分布 中国吉林、江西、广东、四川和台湾。

分类讨论 本种近似喜马拉雅蚋[*S.*(*S.*) *himalayense*]、昌隆蚋[*S.*(*S.*)*chamlongi*]和黔蚋[*S.*(*S.*) *qianese*]，其间区别见检索表和相应蚋种的分类讨论项下。

角突蚋 *Simulium*（*Simulium*）*triangustum* An，Gao and Xu，1995（图 12-269）

Simulium（*Simulium*）*triangustum* An，Gao and Xu（安继尧，郭天宇，许荣满），1995. *Sichuan J. Zool.*，14（1）：1~3. 模式产地：中国西藏（亚东）；An（安继尧），1996. *Chin J. Vector Bio. and Control*，7（6）：475；Chen and An（陈汉彬，安继尧），2003. The Blackflies of China：367.

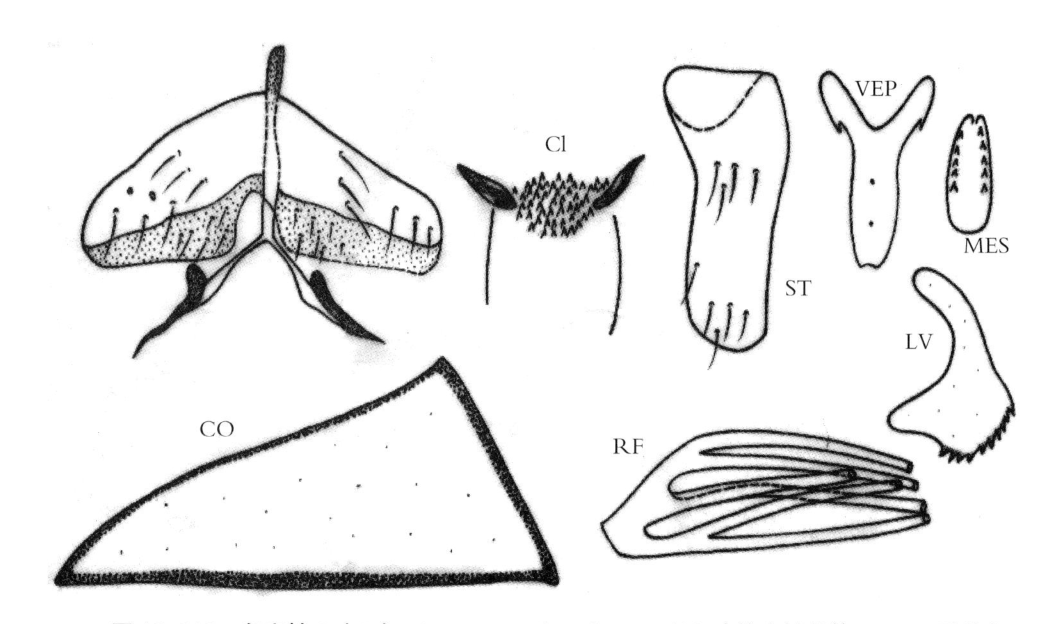

图 12-269 角突蚋 *S.*（*S.*）*triangustum* An，Gao and Xu（仿安继尧等，1995. 重绘）

鉴别要点 雌虫和雄虫触角全黑色。雌虫食窦后部丛生角状齿突，生殖板内缘稍弯。雄虫生殖腹板板体纺锤形。蛹下对呼吸丝茎长于上对丝茎。

形态概述

雌虫 体长约 2.8mm。额亮黑色，颜黑色，覆白粉被，触角黑色。触须拉氏器长约占节Ⅲ的 1/3。食窦后缘中部具许多角状齿突。中胸盾片黑色，覆黄色短毛。小盾片黑色，边缘具黄色长毛。翅径脉基光裸。前足基、转节和股、胫节基 2/3 为黄色，余部为黑色。中足转节基 2/3，股、胫节基 2/3 为黄色，余部为黑色。后足股节基 3/4、胫节基 2/3 和基跗节基 2/3 为黄色，余部为黑色。爪具小基齿。腹部背面黑色。生殖板短而横宽，内缘斜向稍弯，后缘接近平直，端内角钝。生殖叉突两基臂基段和末段骨化，中部具外突。

雄虫 体长约 3.2mm。触角黑色，覆黄色短毛。中胸盾片黑色，被黄色短毛。小盾片黑色，边缘具黑色长毛。足除前足基节、中足胫节基 1/3 和后足胫节基端部为黄色外，余部为黑色或暗褐色。

腹部背面黑色。生殖肢端节长约为基节的 2 倍，端 2/3 两侧平行。生殖腹板板体纵长呈纺锤形，后缘中凹，具腹中突，其基 2/3 有 2 排齿。基臂外侧具倒刺。中骨板状，基窄端宽，后缘中凹。

蛹 体长约 3.8mm。呼吸丝 6 条，长约为体长的 1/2。上、下对丝具短茎，中对丝从上对丝茎基部发出，下对丝茎明显长于上对丝茎。茧拖鞋状，前缘和下部编织致密，且明显加厚，无孔窗。

幼虫 未知。

生态习性 模式标本采自西藏高寒山区，海拔 2700~3000m。

地理分布 中国西藏。

分类讨论 本种雌虫食窦后部丛生角状齿突，生殖板内缘不明显深凹，雄虫生殖腹板的特殊形状以及蛹下对呼吸丝茎长等特征，在杂色蚋组中相当突出，易于鉴别。

遵义蚋 *Simulium*（*Simulium*）*zunyiense* Chen，Xiu and Zhang，2012（图 12–270）

Simulium（*Simulium*）*zunyiense* Chen，Xiu and Zhang（陈汉彬，修江帆，张春林），2012. *Acta Zootax Sin.*，37（2）：382~388. 模式产地：中国贵州（宽阔水）.

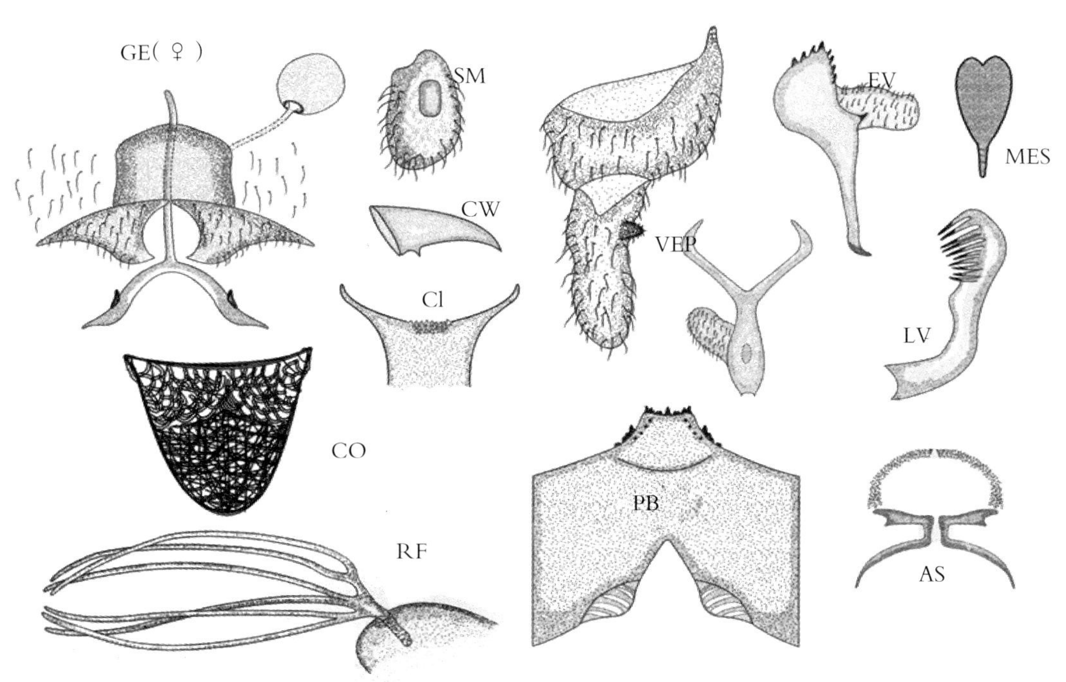

图 12–270 遵义蚋 *S.*（*S.*）*zunyiense* Chen，Xiu and Zhang，2012

鉴别要点 雌虫生殖板端内角喙状，生殖叉突具外突。雄虫生殖肢端节圆锥形，侧缘亚平行，具亚基内突；生殖腹板纺锤形，具腹中突；中骨叶状，具端中裂。蛹上、下对呼吸丝均具短茎。幼虫后颊裂三角形。

形态概述

雌虫 体长约 3.0mm；翅长约 2.6mm。额指数为 9.0：6.5：8.2；额头指数为 9.0：35.3；触须节Ⅲ～Ⅴ的节比为 1.8：1.6：5.1。节Ⅲ膨大，拉氏器长约为节Ⅲ的 0.36。下颚具 9 枚内齿，11 枚外齿；上颚具 28 枚内齿和 13 枚外齿。食窦弓约具 30 个疣突。中胸盾片亮黑色，灰粉被，覆全为黄色色毛。中胸侧膜和下侧片光裸。前足基节黄色，中、后足基节暗棕色；前足、中足转节黄色，后足转节棕色。

各足股节端1/5~1/3为棕色，余部黄色。前足胫节中大部为黄色；中足、后足胫节端1/3为棕色，余部为黄色。各足跗节除中足、后足基跗节基2/3和后足跗节Ⅱ基1/2为黄色外，余部为棕色。前足基跗节细，长约为宽的7.2倍；后足基跗节侧缘平行，长约为宽的6.5倍。翅亚缘脉具毛，径脉基光裸，腹节背板棕黑色。第Ⅷ腹节中裸，两侧各约具30支粗长毛。生殖板亚三角形，内缘作弧形深凹形成椭圆形空间，端内角喙状。生殖叉突后臂具外突。受精囊亚球形。

雄虫 体长3.3mm；翅长约2.8mm。上眼具22纵列和26横排大眼面。触角鞭节Ⅰ的长为鞭节Ⅱ的1.7倍，触须节Ⅲ～Ⅴ的节比为1.7∶1.6∶4.9。拉氏器小，长约为节Ⅲ的0.18。中胸盾片黑色，覆金黄色毛，具1对小的灰白色肩斑和侧白带连接在小盾前区。中胸侧膜和下侧片光裸。足似雌虫，但是各足胫节中、大部为黄色，后足基跗节稍膨大。翅亚缘脉光裸。腹部似雌虫。生殖肢端节长约为基节的2倍，侧缘亚平行，具亚基内突。生殖腹板板体长纺锤形，具板状腹中突，基臂细长，强骨化，端1/3内弯。中骨叶状，具端中裂。阳基侧突每侧约具13个强钩刺。

蛹 体长约3.5mm。头、胸密布疣突。头毛3对，胸毛6对，均简单。呼吸丝6条，成对排列，上、下对具短茎，中对无茎；上对丝粗于其他4条丝，长约为蛹体的2/3。茧简单，前缘加厚，具1排小孔窗。

幼虫 体长约6.0~7.0mm。头斑阳性。触角3节的节比为15∶14∶10。头扇毛36~38支，亚颏中齿、角齿发达；侧缘毛3~4支。后颊裂三角形，长约为后颊桥的1.5倍。胸、腹体壁光裸，肛鳃每叶具11~13个附叶，具肛前刺环。后环80排，每排具12~15个钩刺。

生态习性 幼虫和蛹孳生于林缘山溪中的水草和枯枝落叶上，海拔1483m。

地理分布 中国贵州。

分类讨论 本种与印度的*S.*（*S.*）*niginicum*、*S.*（*S.*）*guineyae*，马来西亚的*S.*（*S.*）*hacheri*，泰国的*S.*（*S.*）*barnesi*以及中国的黔蚋［*S.*（*S.*）*qianense*］相似，但是本种的突出特征是雄虫尾器，与上述近缘种有明显差异。

K. 脉蚋组 *venustum* group

组征概述 雌虫额黑色，闪光；颜银白色；触须节Ⅴ长约为节Ⅲ、节Ⅳ的总和；食窦后部具三角形齿突；前足胫节通常具银白色斑，跗节Ⅰ长约为其最大宽度的4.5倍；爪简单或具基齿；腹节Ⅱ背板具银白色斑；生殖板横三角形或亚长方形，内缘微凹，具毛，两板间隔小。雄虫中胸盾片通常具银白色斑；足几乎全黑色，前足跗节Ⅰ较长，超过其最大宽度的5.5倍；腹节Ⅱ、节Ⅵ和节Ⅶ背板有银白色斑；生殖肢端节的长为基节的1.5~2.2倍，具带绒毛的基内突；生殖腹板腹面观，板体两侧收缩呈长板状或方形，或端部扩大；中骨宽叶状，有的具端中裂；阳基侧突每边具15~20个钩刺。蛹呼吸丝6条或8条，成对发出，具长短不一的茎，长度略超过体长的1/2；茧拖鞋状。幼虫额斑阳性，有些种类呈竖琴状；亚颏齿很小；后颊裂深，长于后颊桥，端圆；肛鳃复杂。

本组全世界已知34种（Adler和Crosskey，2014），主要分布于古北界和新北界。我国已报道7种，即角逐蚋［*S.*（*S.*）*aemulum*］、阿拉蚋［*S.*（*S.*）*arakawae*］、曲跗蚋［*S.*（*S.*）*curvitarse*］、长须蚋［*S.*（*S.*）*longipalpe*］、短须蚋［*S.*（*S.*）*morsitans*］、桑叶蚋［*S.*（*S.*）*promorsitans*］、新宾蚋［*S.*（*S.*）*xinbinen*］。本书另论述1新种，即恩和蚋，新种［*S.*（*S.*）*enhense* Xu，Yang and Chen，sp. nov.］。这样，本组在我国已知达8种。

中国蚋亚属脉蚋组分种检索表

雌虫

1 腹节Ⅶ腹板有亚中长毛丛……………………………………………新宾蚋 *S.*（*S.*）*xinbinen*

腹节Ⅶ腹板无亚中长毛丛………………………………………………………………………2

2（1） 后足胫节外缘中部稍凹入；基跗节内缘基半略弯曲，呈波浪状……………………………………………………………………………………曲跗蚋 *S.*（*S.*）*curvitarse*

后足胫、跗节正常……………………………………………………………………………3

3（2） 中胸盾片具银白色斑…………………………………………………………………………6

中胸盾片无银白色斑…………………………………………………………………………4

4（3） 生殖腹板内缘呈弧形凹入；生殖叉突后臂外突不发达……………………………………………………………………恩和蚋，新种 *S.*（*S.*）*enhense* sp. nov.

无上述合并特征………………………………………………………………………………5

5（4） 肛上板前缘中部有角状裂口…………………………………角逐蚋 *S.*（*S.*）*aemulum*

肛上板形状正常…………………………………………………阿拉蚋 *S.*（*S.*）*arakawae*

6（3） 触须节Ⅴ短，与节Ⅳ约等长；生殖板内缘凹入成弧形………短须蚋 *S.*（*S.*）*morsitans*

触须节Ⅴ明显长于节Ⅳ；生殖板内缘直，亚平行……………………………………………7

7（6） 触角鞭节Ⅰ的长约为鞭节Ⅱ的2倍；后足胫节基1/2色淡……………………………………………………………………………………长须蚋 *S.*（*S.*）*longipalpe*

触角鞭节Ⅰ的长约为鞭节Ⅱ的1.6倍；后足胫节仅基部和中部前缘色淡……………………………………………………………………………………桑叶蚋 *S.*（*S.*）*promorsitans*

雄虫①

1 中胸盾片无银白色斑；中骨端中裂深…………………………角逐蚋 *S.*（*S.*）*aemulum*

中胸盾片具银白色斑；中骨无端中裂或端中裂浅，如果端中裂深则其基部具明显的骨化带……………………………………………………………………………………2

2（1） 生殖腹板板体长为宽的3~3.5倍………………………………………………………………5

生殖腹板板体长度不超过宽度的2倍…………………………………………………………3

3（2） 生殖肢端节末端细尖而内弯；生殖腹板板体末端扩大成亚梯形……………………………………………………………………………………新宾蚋 *S.*（*S.*）*xinbinen*

无上述合并特征………………………………………………………………………………4

4（3） 生殖腹板侧缘全长亚平行，基臂粗壮………………………桑叶蚋 *S.*（*S.*）*promorsitans*

生殖腹板亚端部扩大成角状突；基臂细弱…………恩和蚋，新种 *S.*（*S.*）*enhense* sp. nov.

5（2） 触须短，节Ⅴ与节Ⅳ约等长……………………………………短须蚋 *S.*（*S.*）*morsitans*

触须节Ⅴ明显长于节Ⅳ…………………………………………………………………………6

① 曲跗蚋［*S.*（*S.*）*curvitarse*］的雄虫尚未发现。

6（5） 生殖腹板末端扩大成角状突；中骨具端中裂……………………**长须蚋** *S.*（*S.*）*longipalpe*
生殖腹板末端不扩大；中骨长板状，无端中裂………………………**阿拉蚋** *S.*（*S.*）*arakawae*

蛹

1 呼吸丝每边6条……………………………………………………………………………………2
呼吸丝每边8条……………………………………………………………………………………4
2（1） 3对呼吸丝均具短茎，上对呼吸丝茎向上发出，与下对丝茎约形成直角，中对丝最长，下对外丝最短……………………………………………………………………………………3
呼吸丝排列非如上述；中对丝几乎从基部发出……………………**新宾蚋** *S.*（*S.*）*xinbinen*
3（2） 腹部具端钩…………………………………………………………………**阿拉蚋** *S.*（*S.*）*arakawae*
腹部无端钩…………………………………………………………………**角逐蚋** *S.*（*S.*）*aemulum*
4（1） 仅下面1对呼吸丝具较长的茎………………………………………………………………5
下面2对呼吸丝均具长茎…………………………………………………………………………6
5（4） 下对丝茎的长为其他丝茎的2.5~3.0倍………………………**长须蚋** *S.*（*S.*）*longipalpe*
下对丝茎长度短于其他丝茎…………………………………………**短须蚋** *S.*（*S.*）*morsitans*
6（4） 呼吸丝短，约为体长的1/2；下面2对丝茎特别长，为其宽度的20~25倍，上、下丝展角小于90° ……………………………………………………**恩和蚋，新种** *S.*（*S.*）*enhense* sp. nov.
呼吸丝仅略短于蛹体；下面2对丝茎长度不超过其宽度的15倍；上、下丝展角约为120° ……………………………………………………………………**桑叶蚋** *S.*（*S.*）*promorsitans*

幼虫

1 头斑“H”形或竖琴状…………………………………………………………………………5
头斑正常或阴性……………………………………………………………………………………2
2（1） 头斑阴性；触角节2有次生淡环………………………………**阿拉蚋** *S.*（*S.*）*arakawae*
头斑阳性；触角节2无次生淡环………………………………………………………………3
3（2） 后颊裂三角形，端尖，伸达亚颏后缘………………**恩和蚋，新种** *S.*（*S.*）*enhense* sp. nov.
后颊非三角形………………………………………………………………………………………4
4（3） 头扇毛40~42支；上颚具内齿5~6枚；肛鳃每叶具6~8个附叶……**角逐蚋** *S.*（*S.*）*aemulum*
头扇毛48~52支；上颚具内齿9~11枚；肛鳃每叶具3~5个附叶……………………………………………………………………………………………**桑叶蚋** *S.*（*S.*）*promorsitans*
5（1） 后颊裂箭形；亚颏侧缘毛每边4~5支；肛鳃每叶具3~5个附叶………………………………………………………………………………………………**短须蚋** *S.*（*S.*）*morsitans*
后颊裂椭圆形；亚颏侧缘毛每边5~7支；肛鳃中叶分6~7个附叶，两侧叶各具6~9个附叶…………………………………………………………………**长须蚋** *S.*（*S.*）*langipalpe*

恩和蚋，新种 *Simulium* (*Simulium*) *enhense* Xu，Yang and Chen (徐旭，杨明，陈汉彬)，sp. nov. (图 12-271)

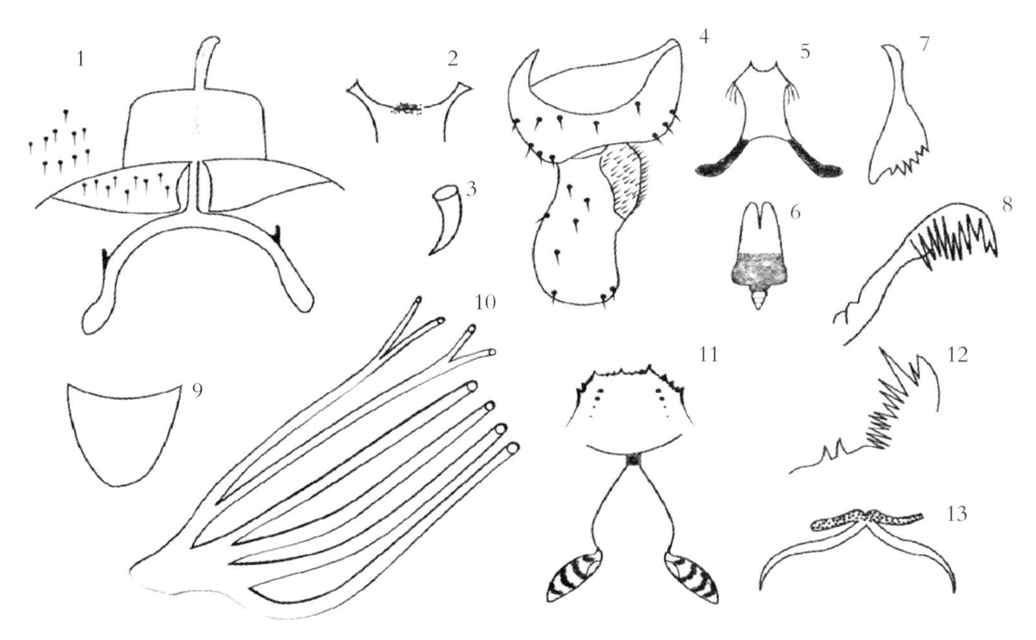

图 12-271　恩和蚋，新种 *S.* (*S.*) *enhense* Xu，Yang and Chen，sp. nov.

1.Female genitalia; 2.Cibarium; 3.Claw of female; 4.Coxite and style of male; 5.Ventral plate; 6.Median sclerite; 7.Ventral plate in lateral view; 8.Paramere; 9.Cocoon; 10.Filaments; 11.Larval head capsules in ventral view; 12.Larval mandible; 13.Larval anal sclerite

模式产地　中国内蒙古（恩和）。

鉴别要点　蛹的下 2 对呼吸丝茎特别长，其长度达宽度的 20~25 倍。雌虫生殖叉突具小外突。雄虫生殖腹板板体亚端部扩大成角状突。幼虫后颊裂深，三角形。

形态概述

雌虫　体长约 2.8mm；翅长约 2.4mm。头：额亮黑色，覆灰白粉被。额指数为 7.8：8.5：5.3；额头指数为 7.8：25.4。触须节Ⅲ～Ⅴ的节比为 47：45：84。触须节Ⅲ不膨大，拉氏器长约为节Ⅲ的 0.36。下颚具 5 枚内齿和 14 枚外齿；上颚具 28 枚内齿和 15 枚外齿。食窦弓具一簇疣突。胸：中胸盾片黑色，覆黄色毛；小盾片黑色，覆黄色毛；后盾片光面光裸。中胸侧膜和下侧片光裸。前足基节和转节黄色，中足、后足基节和转节棕黑色；各足股基 3/4 黄色，端 1/4 黄色；胫节除基部和端 1/4 为棕色外，余部为黄色；跗节除后足基跗节和节Ⅱ基 1/2 为黄色外，余部为棕黑色。前足基跗节膨大，长约为宽的 4 倍；后足基跗节侧缘平行，长约为宽的 6 倍。跗突和跗钩发达，爪简单。翅亚缘脉具毛，径脉基光裸。腹：基鳞棕黄色，具淡色缘毛。背板棕黑色。节Ⅷ腹板中裸，两侧各约具 15 支长毛，生殖板三角形，内缘作弧形凹入，端内角尖。生殖叉突柄后臂宽分离，具刺状外突。

雄虫　体长约 3.0mm；翅长约 2.5mm。头：上眼具 20 纵列和 17 横排大眼面。唇基棕黑色，覆灰白粉被，具淡色毛。触角鞭节Ⅰ的长约为鞭节Ⅱ的 1.7 倍，触须拉氏器长约为节Ⅲ的 0.2。胸：中胸盾片黑色，不闪光，具明显的白色斑，覆全为黄色色毛。各足基节和转节除前足、中足基节为黄色外，余为中棕色；股节端 1/4~1/3 为棕色，余部为黄色；胫节中大部为黄色，余部为棕色。跗节除后足基跗节和跗节Ⅱ为黄色外，余部为棕色。前足基跗节长约为宽的 6.5 倍；后足基跗节长约为宽的 5 倍。

翅亚缘脉基1/2光裸。腹：近似雌虫。尾器：生殖肢基节和端节宽。生殖肢端节端圆，基内侧略凸，丛生刺毛。生殖腹板板状，基2/3亚平行。亚端部扩大成角状突。中骨长板状，从基部向端部略收缩，具端中裂。阳基侧突每侧约具10个大钩刺。

蛹 体长约2.6mm。头、胸稀布疣突。头毛3对，胸毛5对，均简单。呼吸丝8条，排列成（2+2）+（2+2）。2对下丝具短茎，二级茎特别长，其长度为宽度20~25倍，4条下丝明显长（约1.5倍）、粗（约2倍）于4条上丝。茧简单，拖鞋状，编织紧密，前缘加厚。

幼虫 体长约4.5mm。头斑明显。触角3节的节比为3.0∶6.5∶3.0。头扇毛36~38支。亚颏中齿、角齿突出，侧缘毛5支。后颊裂深，三角形，伸达接近亚颏后缘。胸、腹体壁光裸。肛鳃每叶具4~6个附叶。肛骨前臂约为后臂长的0.4。腹乳突缺。

模式标本 正模：1♀，从蛹羽化，与相连的蛹皮制片。徐旭、杨明采自中国内蒙古恩和的小溪中的水草上，50° 32′ N，121° 00′ E，海拔654m，2008年7月31日。副模：4♂♂，5蛹和3幼虫，同正模。

地理分布 中国内蒙古。

分类讨论 本新种主要特征是下2对呼吸丝的二级茎特别长，为其宽度的20~25倍。这一特征近似鲁氏蚋［*S.*（*S.*）*rubtsovi* Smart，1945］，桑叶蚋［*S.*（*S.*）*promorsitans* Rubtsov，1956］和*S.*（*S.*）*shovtshenkovne* Rubtsov，1965，尤其是和鲁氏蚋近缘，但是两者在雌虫肛上板、雄虫生殖腹板形状、足色、蛹呼吸丝的排列式样以及幼虫后颊裂的形状和头扇毛数量等，都有明显的差异。本新种与上述其他近缘种的主要差异在两性尾器、呼吸丝排列方式和幼虫后颊裂的形状。

种名词源 本新种以其模式标本产地内蒙古恩和命名。

附：新种描述英文稿。

Simulium*（*Simulium*）*enhense Xu，Yang and Chen，sp. nov.（Fig.12–271）

Form of overview

Female Body length about 2.8mm. Wing length about 2.4mm. Head: Slightly narrower than thorax. Frons shiny black, with grey pruinose and covered with several dark hairs; frontal ratio 7.8 : 8.5 : 6.3; frons–head ratio 7.8 : 25.4. Frontal–ocular area well–developed. Antenna composed of 2+9 segments, dark brown with yellow scape. Maxillary palp with 5 segments, proportional lengths of the 3rd to the 5th segments of 47 : 45 : 84; the 3rd segment not enlarged, sensory vesicle about 0.36 times as long as respective segment. Maxilla with 5 inner teeth and 14 outer ones. Mandible with 28 inner and 15 outer ones. Cibarium armed with a group of minute denticles. Thorax: Scutum black, densely covered with yellow pubescence. Scutellum black with yellow pubescence. Postcutellum black and bare. Pleural membrane and katepisternum bare. Legs: Fore coxa and trochanter yellow; mid and hind coxae and trochanters dark brownish. All femora yellow except distal 1/4 brownish. All tibiae yellow except each base and distal 1/4 brownish. All tarsi blackish brown except hind basitarsus and basal 1/2 of hind 2nd the tarsomere yellow. Fore basitarsus somewhat dilated, about 4.0 times as long as width. Hind basitarsus nearly parallel–sided, about 6.0 times as long as width. Calcipala and pedisulcus well developed.All claws simple. Wing: Costa with spinules as well as hairs. Subcosta hairy. Basal section of radius bare.Hair tuft of stem vein brownish black. Abdomen: Basal scale brownish yellow with a fringe of pale hairs. Terga brownish black. Genitalia: Sternite 8 bare medially and with about 15 long hairs on each side. Anterior gonapophysis subtriangular, covered with microsetae; inner margins slightly widely concave medially, with tips, pointed and approximate; genital fork with slender sclerotized stem, arms moderately wide, each with small sclerotized projection directed forwards. Spermatheca ovoid, unpattern.Paraproct of moderate size; cercus about 1.5 times as long as width.

Male Body length about 3.0mm. Wing length about 2.5mm. Head: Slightly wider than thorax. Upper-eye with 17 horizontal rows and 20 vertical columns of large facets. Clypeus brownish black, whitish grey pruinose and covered some pale hairs. Antenna composed of 2+9 segments; the 1st flagellomere about 1.7 times as long as the following one. Maxillary palp as in female but the sensory vesicle small, about 0.20 times as long as the length of respective segment. Thorax: Scutum black, not shiny, with distinct white spots and densely covered with golden yellow pubescence, rest as in female. Legs: All coxae and trochanters brown except fore and mid coxae yellow. All femora yellow with distal 1/4~1/3 brown. All tibiae brown with large yellow patch medially on outer surface. All tarsi brownish black except hind basitarsus and second tarsomere yellow. Fore basitarsus about 6.5 times as long as width. Hind basitarsus about 5.0 times as long as width. Wing as in female except basal 1/2 of subcosta bare.Abdomen: Nearly as in female.Genitalia: Coxite rectangular in shape, about 2/3 as long as width. Style appear massive and comparatively broad, beyond basal curved inwards distally, and about 2.5 times as long as its greatest width near base, distal end rounded and with apical spine directed inwards; its dorso-internal surface produced into a small protuberance bearing a cluster of strong setae. Ventral plate long, plate-shaped, nearly parallel-sided and with 2 strong teeth on apical margin in ventral view; basal arms strongly sclerotized. Median sclerite long, plate-like, with bifid tip. Parameres each with about 10 parameral hooks.

Pupa Body length about 2.6mm. Head and thorax: Integuments yellow, sparsely covered with tubercles.3 pairs of head trichomes all simple, whereas thorax with 5 pairs of slender and simple trichomes. Gill organ with 8 filaments, approximately 1/2 times as long as pupal body and arranged in (2+2) + (2+2) from dorsal to ventral; 4 lower pairs of filaments shortly stalked, and much longer (1.5 times) and thicker (2.0 times) than those of 4 upper pairs of filaments, with much longer secondary stalks, about 20~25 times as long as width; the outer filament of lower pair diverged in a vertical plane at angle; all filaments tapering distal, with numerous transverse ridges and covered with minute tubercles. Cocoon: Simple, slipper-shaped and tightly woven, with strong anterior margin.

Mature larva Body length about 4.5mm. Cephalic apotome with positive head spots. Antenna composed of 3 segments, in proportion of 3.0∶6.5∶3.0.Cephalic fan with 36~38 main rays. Mandible with a large and a small mandibular serration. Hypostomium with a row of 9 apical teeth, median and corner teeth longer than others; hypostomial setae 5 in number, diverging posteriorly from lateral margins on each side; lateral serration weakly developed near apex. Postgenal cleft deep, subspear-shaped, pointed anteriorly and slightly constricted at base, nearly reaching posterior margin of hypostomium. Thoracic and abdominal integuments bare. Rectal gill of 3 lobes, each with 4~6 finger-like secondary lobules. Anal sclerite of usual X-form, anterior arms about 0.4 times as long as posterior ones. Ventral papillae absent.

Type materials Holotype: 1 ♀, reared from pupa, slide-mounted, together with its associated pupal skin, was collected in fast-flowing stream from Jiaokoumu, Enhe, Inner Mongolia (50° 32′ N,

121° 00′ E，alt.654m，31st，July，2008），taken from submerged grass blades exposed to the sun by Yang Ming and Xu Xu.Paratype：4 ♂♂，5 pupae and 3 larvae，on the same day as holotype.

Distribution Inner Mongolia Autonomous Region，China.

Remarks According to the feature of adult genitalia and the 8-filamented pupal gill，the present new species seems to belong to the *venustum* group of *Simulium* as defined by Rubtsov（1956）. This new species is very distinctive among species of *venustum* group by the pupal lower 2 pairs of filaments with much longer secondary stalks，this character is shared by several known species，such as *S.*（*S.*）*rubtzovi* Smart（1945），*S.*（*S.*）*promorsitans* Rubtsov（1956） and *S.*（*S.*）*shovtshenkovne* Rubtsov（1965），is most closely resembling to the *S.*（*S.*）*rubtzovi* Smar（1947），from Kazakstan in some characters including the shape and branching method of the pupal gill filaments，but the latter species easily distinguished from this new species by the shape of paraproct in the female；the ventral plate with 9~13 teeth and hind basitarsus is entirely black in the male and the lower 2 pairs of pupal filaments lack primary stalk；and the shape of postgenal cleft and largely number of main rays of cephalic fan in the larva.The new species，can be readily separated from other related species mentioned above by the structure of female and male genitalia，the shape and branching method of the pupal gill filaments and the shape of the larval postgenal cleft and rectal gills.

Etymology The specific name enhense refers to the locality，Enhe，Inner Mongolia，where this new species was collected.

角逐蚋 *Simulium*（*Simulium*）*aemulum* Rubtsov，1940（图 12-272）

Simulium（*Simulium*）*aemulum* Rubtsov，1940；*Blackflies*，*Fauna USSR*，Diptera，6（6）：531. 模式产地：俄罗斯（西伯利亚）；An（安继尧），1989. *Contr. Bloods-sucking Dipt. Ins.*，1：186；Chen and An（陈汉彬，安继尧），2003. The Blackflies of China：372.

Simulium aemulum Rubtsov，1940；Chen and Cao（陈继寅，曹毓存），1982. *Acta Zootax Sin.*，7（2）：195.

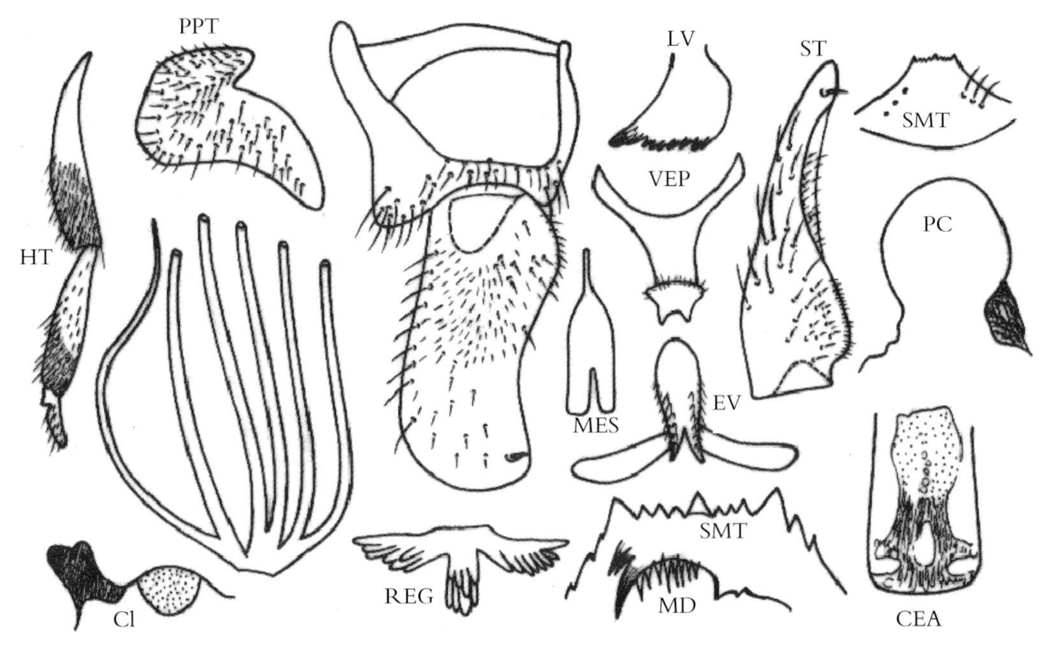

图 12-272 角逐蚋 *S.*（*S.*）*aemulum* Rubtsov，1940（仿 Rubtsov，1956. 重绘）

鉴别要点 雌虫肛上板前缘中部有角状裂口。雄虫中胸盾片无银白色斑；中骨端中裂深。蛹腹部无端钩。

形态概述

雌虫 额亮黑色。触角节Ⅱ、节Ⅲ的宽大于长。触须节Ⅴ的长约为节Ⅲ、节Ⅳ之和。拉氏器长约为节Ⅲ的1/2。中胸盾片灰黑色，稀被白色毛，无清晰的银白色斑。前足胫节具银白色斑，长约为宽的4倍。中足胫节超过基1/2的为淡黄色；后足股节黑色，胫节基1/2、基跗节基3/5为淡黄色或淡棕色。腹节Ⅰ背板有棕色或白色毛，其余腹节为黑色，被稀毛。生殖板亚方形。肛上板横宽，前缘中部具角状裂口。

雄虫 体长约2.7mm。中胸盾片无银白色斑。后足基跗节略膨胀，长为宽的4.0~4.5倍。生殖肢端节的长约为基节的1.6倍，基部向内隆起。生殖腹板板体长方形，长为宽的2.0~2.5倍，具带齿的腹突，侧面观后缘具6~8枚齿。中骨长板状，端中裂较深。

蛹 体长2.5~2.8mm。呼吸丝6条，均具短茎，中对丝最长，下对外丝最短。腹部无端钩。茧简单，编织紧密。

幼虫 体长4.5~5.0mm。额斑曲柄状。头扇毛40~42支。上颚内齿5~6枚。亚颏侧缘毛每边4~5支。后颊裂椭圆形，伸达接近亚颏后缘。肛鳃每叶具7~8个附叶。后环72排，每排约具12个钩刺。

生态习性 幼虫和蛹孳生于山区开阔河流中的石块、枯枝落叶上，在中国东北地区7月份可大量采获。

地理分布 中国：辽宁；国外：俄罗斯，蒙古国。

分类讨论 根据检索表所列的鉴别特征，可与其近缘种相区别。

阿拉蚋 *Simulium*（*Simulium*）*arakawae* Matsumura，1915（图12-273）

Simulium arakawae Matsumura，1915. *Dai Nippon Gaichu Zensho*，2：85.

Simulium（*Simulium*）*arakawae* Matsumura，1915；Deng *et al.*（邓成玉等），1994. *Sixtieth Anniversary Founding*，*China Zool. Soc.*：12；Crosskey *et al.*，1996. *J. Nat. Hist.*，30：431~432；An（安继尧），1996. *Chin J. Vector Bio. and Control*，7（6）：475；Chen and An（陈汉彬，安继尧），2003. The Blackflies of China：373.

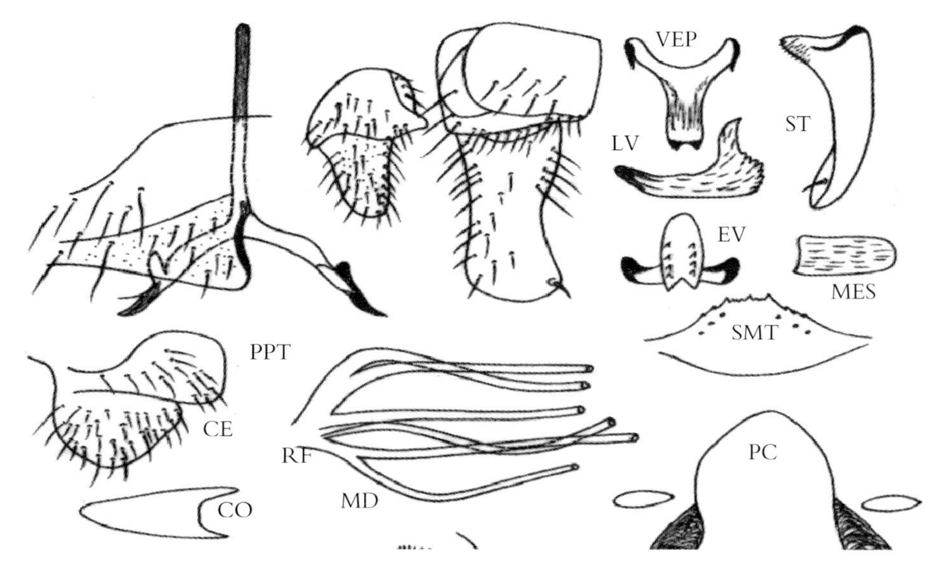

图12-273 阿拉蚋 *S.*（*S.*）*arakawae* Matsumura，1915

鉴别要点 雄虫中骨无端中裂。幼虫头斑阴性，后颊裂箭形，触角节 2 具次生淡环。

形态概述

雌虫 体长约 3.5mm。额棕黑色，闪光。唇基银灰色，具黑色缘毛。触角柄、梗节为黄棕色，鞭节为棕色至棕黑色。触须棕黑色，节Ⅲ不膨大。食窦弓丛生疣突。下颚具 11 枚内齿和 15 枚外齿。中胸盾片棕黑色，覆灰粉被，盖以金黄色柔毛。前足基节黄色，中后足基节棕黑色。前足、后足转节黄色而中足转节为棕色。前足、中足股节基部为黄色，向端部渐变暗，端部黑色；后足股节暗棕色，基部黄色前、中胫节基 3/4 为黄色，端 1/4 黑色。后足胫节基 1/2 为黄色，端 1/2 棕黑色；各足胫节外侧均具明显的白色斑。前后跗节黑色；中足跗节Ⅰ基 1/2、后足基跗节基 2/3 和跗节Ⅱ基 1/2 为黄色，余部为黑色。后足基跗节两侧平行。爪简单。腹部棕黑色，节Ⅱ背板具银白色背侧斑，节Ⅵ~Ⅷ闪光。生殖板三角形，内缘稍弯。生殖叉突后臂具骨化外突。受精囊椭圆形，具网斑。

雄虫 体长约 3.2mm。上眼面 18 排。唇基银灰色，被黑色毛。触角鞭节Ⅰ的长度超过鞭节Ⅱ的 2 倍。中胸盾片具不规则的银白色斑。足大部色暗；淡色部分包括前足基节、后足股节基部和后足胫节基部，中足、后足跗节Ⅰ基 1/2。前足胫节外侧具大的银白色斑。前足基跗节膨大，长为最宽处的 5~6 倍。后足基跗节两边平行，长约为宽的 4.5 倍。腹部黑色，节Ⅱ、节Ⅵ、节Ⅶ背板具银白色斑。生殖肢端节长约为生殖肢基节的 1.8 倍，具中度发达的基内突。生殖腹板纵长，板体壶状，具腹突，侧面观后缘约具 10 枚齿。中骨板状，后缘无中裂隙。

蛹 体长约 3.5mm。头、胸部稀布疣突。呼吸丝 6 条，均具短茎。腹节 6~8 均具刺栉列，节 9 具端钩。茧简单。

幼虫 体长 6.0~6.8mm。额斑阴性。触角与头扇柄约等长，节 2 具 2 个次生淡环。头扇梳毛约 40 支。亚颏中齿、角齿发达，侧缘毛每边 4 支。后颊裂亚箭形，侧缘后 1/2 收缩渐变尖，长约为后颊桥的 2.5 倍。肛鳃每叶具 5~6 个附叶。后环 74 排，每排约具 16 个钩刺。

生态习性 幼虫和蛹孳生于宽 20cm 至 6m 的山溪及河流中的水草、枯枝落叶上。雌虫刺叮人、马、牛、羊（Ogata，1955）。

地理分布 中国：吉林，西藏；国外：日本，韩国。

分类讨论 以往文献记载，本种的定种年代是 1921 年，但是根据 Crosskey 等（1996）的考证，其原描述发表年代系 1915 年。本种系古北界种，是我国东北地区的常见种。

曲跗蚋 *Simulium*（*Simulium*）*curvitarse* Rubtsov，1940（图 12-274）

Simulium（*Simulium*）*curvitarse* Rubtsov，1940. *Blackflies*，*Fauna USSR*，Diptera，6（6）：519. 模式产地：俄罗斯（西伯利亚）；An（安继尧），1989. *Contr. Bloods-sucking Dipt. Ins.*，1：186；Chen and An（陈汉彬，安继尧），2003. The Blackflies of China：375.

Simulium curvitarse Rubtsov，1940；Tan and Chow（谭娟杰，周佩燕），1976. *Acta Ent. Sin.*，19（4）：457，459；Lee *et al.*（李铁生等），1976. N. China，midges，blackflies and horseflies：137~138.

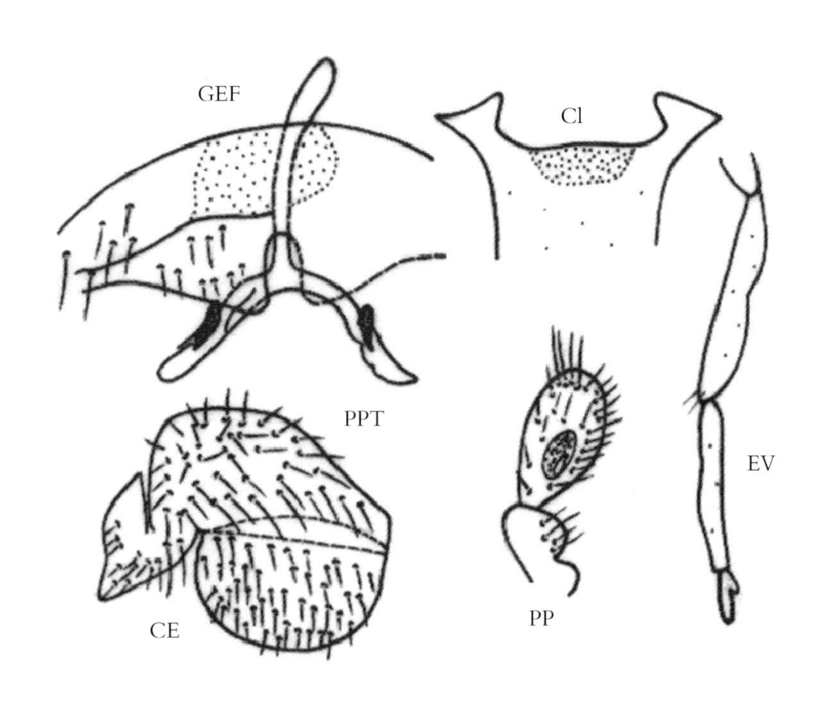

图 12-274 曲跗蚋 ***S.*（*S.*）*curvitarse* Rubtsov**，1940（仿李铁生等，1976. 重绘）

鉴别要点 雌虫后足胫节外缘中部稍凹入，基跗节内缘略弯曲成波浪状。

形态概述

雌虫 体长 2.8~3.8mm。触角黑色，有时柄、梗节为棕黄色，被白色毛。中胸盾片暗黑色，覆灰黄粉被，密被金黄色毛，无清晰的银白色斑。足为黄黑两色，后足胫节基 1/2 或小于基半和基跗节基 2/3 为黄色。后足胫节两边不平行，内缘直，外缘中部稍凹入，基跗节略弯曲呈波浪形。生殖板内缘略凹入，生殖叉突后臂具骨化外突。肛上板横向延长。

雄虫 尚未发现。

蛹 尚未发现。

幼虫 尚未发现。

生态习性 成虫全天活动，清晨和黄昏尤为活跃。雌虫吸人、畜血（李铁生等，1976）。

地理分布 中国：河北；国外：俄罗斯。

分类讨论 尽管本种的雄虫和幼期不详，但是雌虫足的形态特征相当突出，正如检索表所述，不容易混淆，可资鉴别。

长须蚋 *Simulium*（*Simulium*）*longipalpe* Beltyukova，1955（图 12-275）

Simulium longipalpe Beltyukova, 1955. *Uchenye Zap. Gor. Gosud. Univ.* Perm., 7(3): 32~33. 模式产地：俄罗斯（乌拉尔和西伯利亚）；Chen（陈继寅），1984. *Acta Zootax Sin.*，9（1）：72.

Simulium（*Simulium*）*longipalpe* Beltykova，1955. An（安继尧），1989. *Contr. Blood-sucking Dipt. Ins.*，1：186；Crosskey *et al.*，1996. *J. Nat. Hist.*，30：432；Chen and An（陈汉彬，安继尧），2003. The Blackflies of China：376.

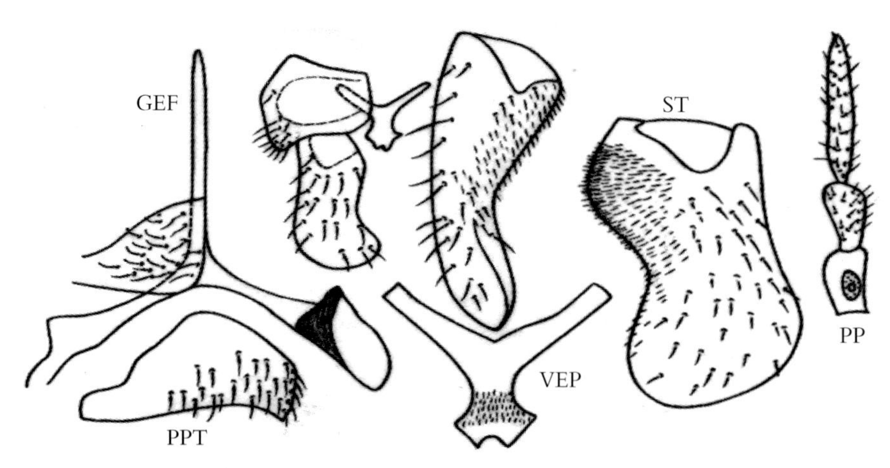

图 12-275　长须蚋 *S.*（*S.*）***longipalpe*** Beltyukova，1955（仿 Rubtsov，1956. 重绘）

鉴别要点　触须长。雌虫节Ⅴ明显长于节Ⅳ。雄虫生殖腹板末端扩大成角状突。蛹下对呼吸丝茎长，为其他丝茎的 2.5~3.0 倍。

形态概述

雌虫　触角暗黑色，覆白粉被，鞭节Ⅰ的长约为鞭节Ⅱ的 2 倍。触须长，节Ⅴ明显长于节Ⅳ。中胸盾片被淡黄色毛，无清晰的银白色斑。前足跗节Ⅰ超过最宽处的 3.5~4.0 倍。后足基跗节两侧平行，基 2/3 为黄色，长约为宽的 6 倍。生殖板三角形，内缘靠近，生殖叉突后臂具骨化外突。肛上板横宽，侧缘弯曲成波浪状。

雄虫　体长约 3.0mm。触须长，暗褐色，节Ⅴ的长约为节Ⅲ、节Ⅳ之和。足大部为黑色，后足基跗节超过基 1/2 的为黄色。生殖肢端节末端圆钝，基 1/3 略膨大。生殖腹板纵长，板体长超过宽的 2 倍。腹面观端部的两侧扩大成角状突，基臂夹角成 90°~100°，侧面观后缘具 6~7 枚齿。阳基侧突具众多同形大刺。

蛹　体长约 3.5mm。呼吸丝 8 条，成对发出，均具茎，下对丝茎的长为其他丝茎的 2.5~3.0 倍。茧简单，无孔窗。

幼虫　体长 5.0~6.0mm。额斑"H"形。触角节 2 长于节 1、节 3。亚颏侧缘毛每边 5~7 支。肛鳃中叶具 6~7 个附叶，两侧叶各具 6~9 个附叶。后环每排具 10~12 个钩刺。

生态习性　幼虫和蛹孳生于小溪流中的石块或草茎上，水温 9~12℃，河宽 0.5m，水深约 6cm。

地理分布　中国：内蒙古；国外：俄罗斯，乌克兰，乌兹别克斯坦。

分类讨论　长须蚋的触须长是相对于短须蚋而言，本种的主要特征是生殖腹板末端向两侧扩大呈角状突，蛹下对呼吸丝茎明显长于其他丝茎。

短须蚋 *Simulium*（*Simulium*）*morsitans* Edwards，1915（图 12-276）

Simulium morsitans Edwards，1915. *Bull. Ent. Res.*，6：32~33.　模式产地：英国；Takahasi，1942. *Insecta*，*Matsumurana*，16（1/2）：42；Lee *et al.*（李铁生等），1976. N. China，midges，blackflies and horseflies：138~139.

Simulium（*Simulium*）*morsitans* Edwards，1915；An（安继尧），1989. *Contr. Blood-sucking Dipt. Ins.*，1：186. Crosskey *et al.*，1996. *J. Nat. Hist.*，30：432；Chen and An（陈汉彬，安继尧），2003. The Blackflies of China：377.

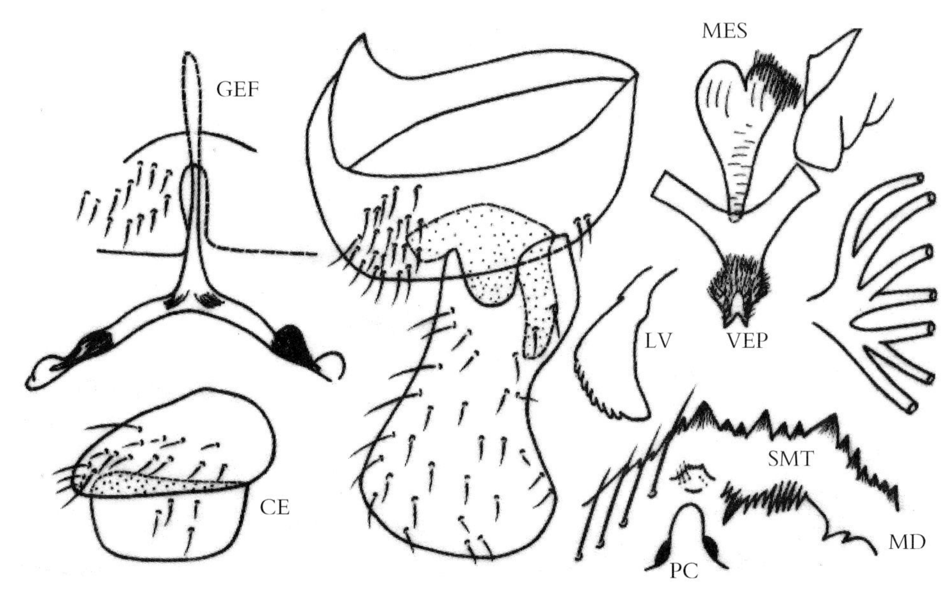

图 12-276 短须蚋 *S.*（*S.*）***morsitans*** Edwards，1915（仿 Rubtsov，1956. 重绘）

鉴别要点 成虫触须短，节Ⅴ与节Ⅳ约等长。幼虫后颊裂箭形，肛鳃每叶具 4~6 个附叶。

形态概述

雌虫 体长超过 3.0mm。触须短，节Ⅴ与节Ⅳ约等长。拉氏器约占Ⅲ长的 1/2。中胸盾片灰黑色，具暗色肩斑，银白色斑不明显。足大部为黑色，仅前足基节、后足胫节基 1/2 和基跗节大部为黄色。生殖板三角形，内缘稍凹呈浅弧形，生殖叉突后臂具骨化外突。肛上板正常。

雄虫 体长约 3.0mm。触须短，节Ⅴ与节Ⅳ约等长。身体和足均为暗黑色，中胸盾片、足和腹部具明显的银白色斑。前足跗节Ⅰ的长约为宽的 5.5 倍。后足基跗节长约为宽的 4 倍。生殖肢基节端 1/3 特膨大，约超过基宽的 1.5 倍，无端刺。生殖腹板纵长，板体端部略扩大，但未形成角状突；侧面观后缘具 6~7 枚齿。中骨叶状，基部突，端部宽圆，具中裂隙。阳基侧突每边具 18~19 个长短不一的刺。

蛹 体长 2.8~3.6mm。呼吸丝 8 条，长约为体长的 2/3，均具短茎。上面 2 对丝较粗壮，下对丝茎与其余丝茎约等长。腹节 7、8 具刺栉。茧简单。

幼虫 体长 5.5~6.0mm。额斑"H"形。触角节 1 和节 3 约等长，节 2 的长约为节 1 的 1/4 倍。头扇梳毛 30~50 支。上颚具内齿 7~9 枚。亚颏侧缘毛每边 4~5 支。肛鳃每叶具 4~6 个附叶。后环 60 排，每排具 12~13 个钩刺。

生态习性 蛹和幼虫孳生于水草丛生的河流里。雌虫在林区叮人、吸血。

地理分布 中国：内蒙古；国外：英国，比利时，捷克，丹麦，爱沙尼亚，芬兰，法国，哈萨克斯坦，拉脱维亚，立陶宛，卢森堡，北爱尔兰，挪威，波兰，罗马尼亚，俄罗斯，瑞典，土耳其，乌克兰，蒙古国。

分类讨论 短须蚋的突出特征是雌虫触须短，节Ⅴ与节Ⅳ约等长。此外，雄虫生殖肢端节末 1/3 特膨大、无端刺等特征也相当突出，不难与其近缘种相区别。

桑叶蚋 *Simulium*（*Simulium*）*promorsitans* Rubtsov，1956（图 12-277）

Simulium promorsitans Rubtsov，1956. *Blackflies*，*Fauna USSR*，Diptera，6（6）：785. 模式产地：俄罗斯（乌拉尔）；Chen（陈继寅），1984，*Acta Zootax Sin.*，9（1）：72.

Simulium（*Simulium*）*promorsitans* Rubtsov，1956；An（安继尧），*Contr. Blood-sucking Dipt. Ins.*，1：186；Crosskey *et al.*，*J. Nat. Hist.*，30：432；Chen and An（陈汉彬，安继尧），2003. The Blackflies of China：379.

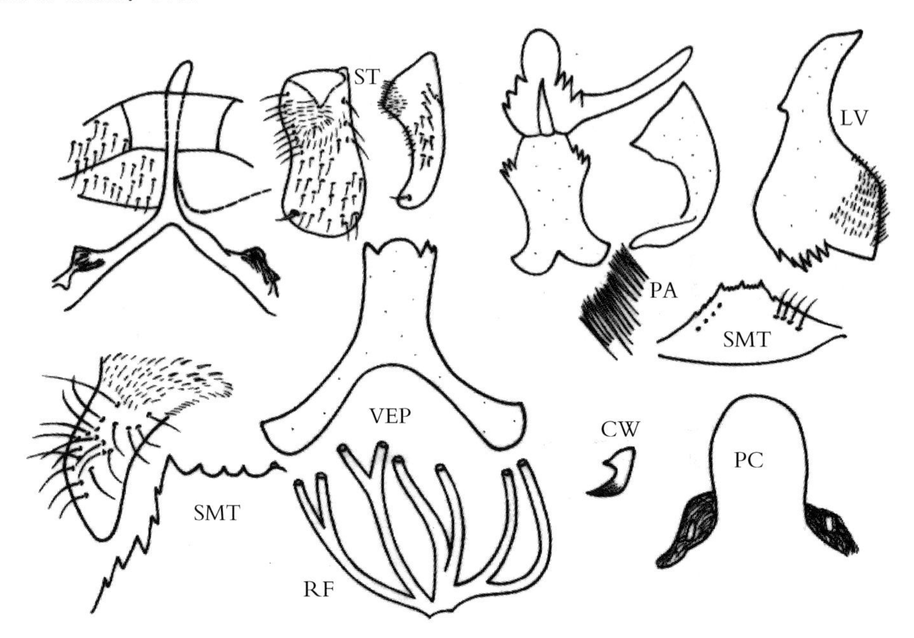

图 12-277 桑叶蚋 S.（S.）*promorsitans* Rubtsov（仿 Rubtsov，1956. 重绘）

鉴别要点 与长须蚋十分近似。触须长。雄虫触角鞭节Ⅰ的长约为鞭节Ⅱ的 1.6 倍。蛹的 2 对下呼吸丝具较长的茎。

形态概述

雌虫 额亮黑色，覆银白粉被，颜中部光裸。触须节Ⅴ的长约为节Ⅳ的 1.25 倍，节Ⅲ不膨大。足大部为黑色，但是中足胫节和跗节Ⅰ基部、后足胫节基 1/2 和后足基跗节基 2/3 具不明显的淡黄色。爪具基齿。腹节Ⅷ腹板近长方形。生殖板三角形，内缘靠近平行，生殖叉突后臂具骨化外突。肛上板前缘具 7~8 支短刺毛。

雄虫 体长约 3.0mm。触角柄、梗节为黄色，鞭节黑色，鞭节Ⅰ的长约为鞭节Ⅱ的 1.6 倍。中足跗节Ⅰ的长约为宽的 7 倍。后足基跗节的长约为宽的 4 倍。生殖肢端节端部和基部约等宽，基内突具长毛。生殖腹板板体长方形，两侧亚平行，基臂粗壮。中骨具端中裂。阳基侧突每边具 10 个大刺和 15~20 个小刺。

蛹 体长约 3.3mm。头、胸部散布疣突。呼吸丝 8 条，略短于体长，成对发出，下面 2 对丝茎明显长于其余丝茎。茧简单。

幼虫 额斑阳性。头扇梳毛 48~52 支。上颚具内齿 9~10 枚。亚颏侧缘毛每边 3~4 支。后颊裂椭圆形，明显长于后颊桥。肛鳃每叶具 5 个附叶。后环 68~72 排，每排具 10~12 个钩刺。

生态习性 幼虫和蛹孳生于小溪流中的石块上，水温约 10℃。

地理分布 中国：内蒙古；国外：俄罗斯。

分类讨论 桑叶蚋与其近缘种的区别是生殖板的形状，蛹呼吸丝下面 2 对具长茎。

新宾蚋 *Simulium*（*Simulium*）*xinbinen* Sun，1992（图 12-278）

Simulium（*Simulium*）*xinbinen* Sun（孙悦欣），1992. 辽宁青年学术会论文集：324；1994. *Chin J. Vector Bio. and Control*，5（3）：220~222；Crosskey，1997. Taxo. Geograp. Invent. World Blackflies（Diptera：Simuliidae）：78；Chen and An（陈汉彬，安继尧）. 2003. The Blackflies of China：380.

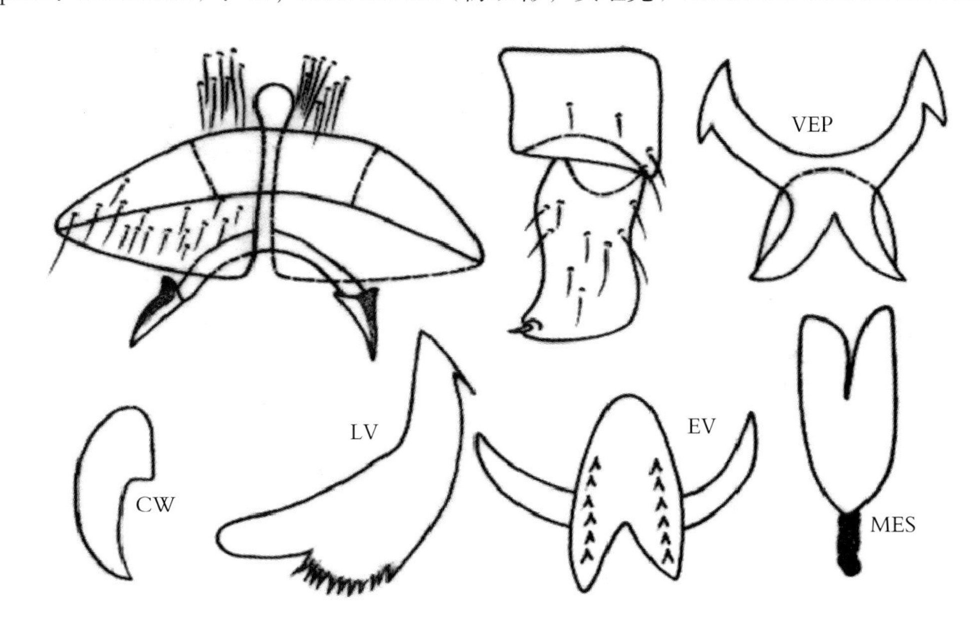

图 12-278 新宾蚋 *S.*（*S.*）*xinbinen* Sun，1992（仿孙悦欣，1994. 重绘）

鉴别要点 雌虫腹节Ⅷ腹板具亚中长毛丛。雄虫生殖肢端节末端削尖。蛹呼吸丝 6 条，中对无茎。

形态概述

雌虫 体长 3.8~4.0mm。唇基光裸。触须节Ⅴ的长约为节Ⅳ的 1.7 倍。上颚具内齿 14 枚，外齿 12 枚；下颚具内齿 12 枚，外齿 17 枚。前足胫节具银白色斑。腹节Ⅶ腹板具 2 个亚中长毛丛，腹节Ⅷ腹板弯弓状。生殖板三角形，内缘接近，平行。生殖叉突柄末端略膨大成球状，后臂具外突。受精囊近球形。

雄虫 体长 3.8~4.4mm。一般特征似雌虫。前足胫节具银白色斑。生殖肢端节两侧亚平行，末端削尖。生殖腹板板体末端扩大成亚梯形，两基臂具发达的倒钩；板体侧面观后缘约具 10 枚齿。中骨长板状，两侧平行，基柄强骨化，端中裂深。阳基侧突具众多长刺。

蛹 体长 3.8~5.2mm。呼吸丝每边 6 条，中对从基部发出，上、下对具短茎。腹节 7、8 具刺栉列；无端钩。茧简单。

幼虫 未知。

生态习性 蛹生活在海拔 500m、水温 3~5℃、pH 值 5.5 的河水里，以成熟蛹越冬。

地理分布 中国辽宁。

分类讨论 新宾蚋以其雌虫腹节Ⅶ具亚中长毛丛这一独具特征，结合雄虫尾器和蛹呼吸丝的特征，易于与本组已知其他蚋种相区别。

L. 蚋属蚋亚属未分组蚋种 *Simulium* species unplaced to group

我国蚋属蚋亚属已知 127 种，其中 115 种分别隶属于上述 11 组，另外 12 种隶属于未分组蚋种，即含糊蚋［*S.*（*S.*）*ambiguum* Shiraki，1935］、克氏蚋［*S.*（*S.*）*christophersi* Puri，1932］、齿端蚋［*S.*（*S.*）*densastylum* Yang，Chen and Luo，2009］、福州蚋［*S.*（*S.*）*fuzhouense* Zhang and Wang，1991］、赫氏蚋［*S.*（*S.*）*howletti* Puri，1932］、仙人蚋［*S.*（*S.*）*immortalis* Cai，An and Li，2004］、揭阳蚋［*S.*（*S.*）*jieyangense* An，Ya，Yang and Hao，1994］、卡头蚋［*S.*（*S.*）*katoi* Shiraki，1935］、多叉蚋［*S.*（*S.*）*multifurcatum* Zhang and Wang，1991］、黑足蚋［*S.*（*S.*）*peliastrias* Sun，1994］、轮丝蚋［*S.*（*S.*）*rotifilis* Chen and Zhang，1998］、山西蚋［*S.*（*S.*）*shanxiense* Cai，An，Li and Yan，2004］。主要原因是有的蚋种形态特殊，现行分组尚未能涵盖其特征；有的是其特征交叉，难以确定归属；有的是原描述过于简单，没有将主要组征记述清楚；还有的是种的记述虫期不全，难以确定组别。由于这些蚋种的异质性，暂时未能编制检索表，这里只提供其形态特征概述，供作进一步研究参考。

含糊蚋 *Simulium*（*Simulium*）*ambiguum* Shiraki，1935

Simulium ambiguum Shiraki，1935. *Mem. Fac. Sci. Agric. Taihotu Imp. Univ.*，16：71~73. 模式产地：中国台湾 .

Simulium（*Simulium*）*ambiguum* Shiraki，1935；Takaoka，1979. *Pacif. Ins.*，20（4）：400~401；Chen and An（陈汉彬，安继尧），2003. The Blackflies of China：288.

鉴别要点 雌虫中胸盾片密被棕色柔毛；后足胫节除基部外侧为黄色外，余为黑色，基跗节金黄色。雄虫股节金黄色，后足基跗节大部为黄色。

形态概述

雌虫 体长约 2.4mm。额棕黑色，覆灰白粉被，具光泽。触角基部黄棕色并向端部渐变为黑色。中胸盾片黑色，密被棕色柔毛，具 5 条暗色纵纹，中纵纹窄，中侧纵纹宽。小盾片和后盾片与中胸盾片同色。腹部暗棕色，节 I 色淡，后腹部为亮黑色。足为黑色，黄色部分包括前足基、转节，后足转节，前足股节，中足、后足股节基部外侧和后足基跗节。爪简单。

雄虫 体色比雌虫暗，中胸盾片具银白色肩斑。腹节Ⅳ、Ⅴ具银白色侧斑。足色似雌虫。

蛹 尚未发现。

幼虫 尚未发现。

生态习性 未知。

地理分布 中国台湾。

分类讨论 本种系 Shiraki（1935）根据采自台湾的两性成虫标本而记述的。迄今尚未发现幼期标本。根据原描述，其雌虫中胸盾片具暗色纵纹，爪简单，雄虫中胸盾片具银白色肩斑，应隶属于多叉蚋组。由于原描述未见两性尾器的资料，与其近缘种仅可依据其盾饰和足色加以鉴别。

克氏蚋 *Simulium* (*Simulium*) *chistophersi* Puri，1932 (图 12-279)

Simulium (*Simulium*) *christophersi* Prri，1932. *Ind. J. Med. Res.*，19 (3) ：906~909. 模式产地：印控克什米尔；Deng，Xue，Zhang and Chen (邓成玉等) ，1994. *Sixtieth Anniversary Founding*，*China Zool. Soc.*：13；An (安继尧) ，1996. *Chin J. Vector Bio. and Control*，7 (6) ：475；Crosskey *et al.*，1996. *J. Nat. Hist.*，30：430；Chen and An (陈汉彬，安继尧) ，2003. The Blackflies of China：388.

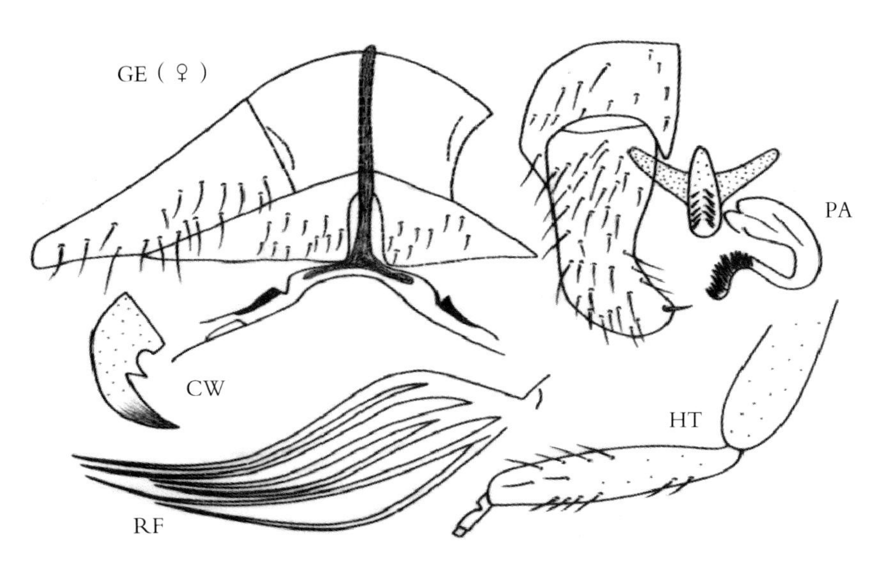

图 12-279　克氏蚋 *S.* (*S.*) *chistophersi* Puri (仿 Puri，1932. 重绘)

鉴别要点　触角黑色；足大部为黑色；胫节外侧、雄虫中胸盾片和腹部具银白色斑。

形态概述

雌虫　体长约 3.2mm。额灰黑色，被黑色毛，半闪光。颜灰白色，具黑色短毛。触角柄、梗节和鞭节Ⅰ为暗棕色，余部为黑色。触须黑色，中胸盾片被淡金色毛，前面观具 1 条暗色窄中纵纹和 1 对暗色亚中宽纵纹，形成七弦琴图案。小盾片黑色，被金色毛和黑色缘毛。小盾片光裸。前足基、转节淡黄色；股节黄色而端部为黑色；胫节基 2/3 为淡黄色，端 1/3 黑色，外侧具大的白色斑；跗节黑色。中足、后足基节黑色；转节基半黄色而端半黑色；中足股节淡黄色而端部为黑色；胫节黄色并向白端部渐变为黑色，后面具白色闪光；跗节除基跗节稍淡外，余为黑色。后足股、胫节黄色而端 1/4 变为黑色；基跗节基 2/3 黄色而端 1/3 为黑色。跗节Ⅱ基 1/2 为黄色，余部为黑色。爪具发达的亚基齿。翅径脉基段具毛。腹部黑色，基鳞具金色长缘毛。腹节Ⅵ ~ Ⅷ闪光，第Ⅷ腹板弯弓状，中 1/3 光裸。生殖板三角形，内缘稍骨化，亚平行，生殖叉突柄和后臂端部骨化，外突小。肛上板弱骨化，尾须小。

雄虫　唇基灰白色，被黑色毛。触角黑色，被白色细毛。触须黑色。中胸盾片密被金色细毛，具 1 对银白色肩斑，并与盾侧窄银白带相连接。前足基节棕黄色，后足基节黑色；各足转、股、胫节棕黑色而端部为黑色，前足胫节外侧具大的银白色斑；后足基跗节基半灰黑色，端半黑色。前足基跗节的长约为宽的 8 倍，后足基跗节膨胀，纺锤形，长约为宽的 3 倍。腹部黑色，被金色毛。腹节Ⅱ ~ Ⅳ腹侧具小的长毛丛，腹节Ⅱ、节Ⅳ ~ Ⅶ具银白色侧斑。生殖肢端节的长约为基宽的 3 倍，无基内突。生殖腹板纵长，板体端圆，腹突发达，具 2 排齿突。中骨板状，基半窄，端半宽圆。阳基侧突具众多钩刺。

蛹 体长约 3.0mm。头部和前胸光裸。头、胸毛长而简单。腹节 7~9 具刺栉列，腹节 9 具端钩。呼吸丝 6 条，长约为体长的 2/3。上、下对具短茎，中对直接从上对基部发出，上面 4 条丝基段明显较粗壮。茧简单，拖鞋状，前缘略加厚。

幼虫 尚未发现。

生态习性 蛹孳生于山溪急流中的附着物上，海拔 762m。

地理分布 中国：西藏；国外：印度。

分类讨论 Crosskey 等（1996）和安继尧（1996）曾先后将本种列入杂色蚋组（*variegatum* group）。但是本种雌虫的生殖板形状显然不属于该组。随后，Crosskey（1997）复将它作为无组别蚋种处理，其分类地位尚待进一步研究。采自西藏的雄虫标本与原描述基本相符，唯其前足基跗节较细长，长约为宽的 10 倍，而不是 8 倍。

齿端蚋 *Simulium*（*Simulium*）*densastylum* Yang，Chen and Luo，2009（图 12–280）

Simulium（*Simulium*）*densastylum* Yang，Chen and Luo（杨明，陈汉彬，罗洪斌），2009. *Acta Zootax Sin.*，34（3）：454~456. 模式产地：中国湖北（神农架）.

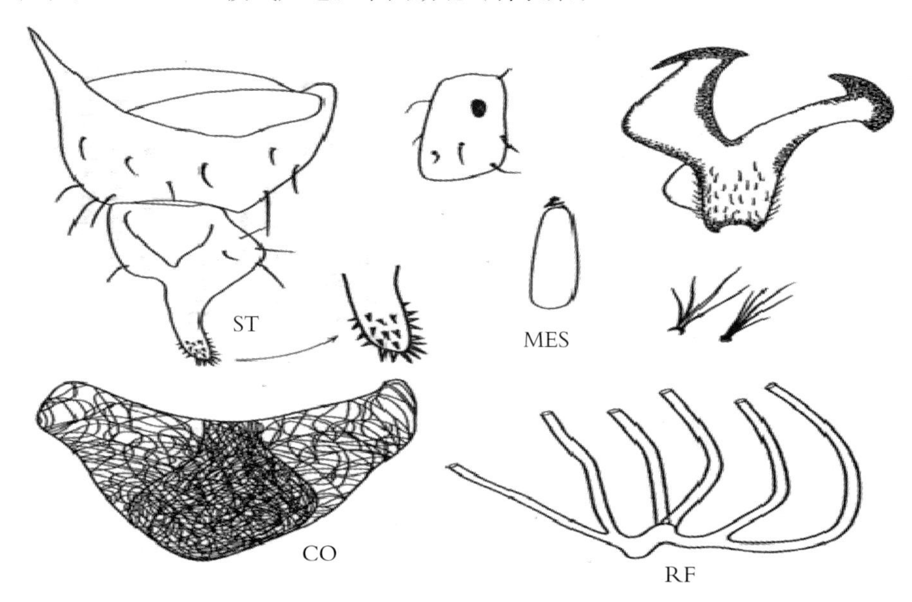

图 12–280 齿端蚋 *S.*（*S.*）*densastylum* Yang，Chen and Luo，2009

鉴别要点 雄虫生殖肢端节基末膨大，端半骤细，1/5 具粗齿丛，生殖腹板“Y”形。茧编织疏松。

形态概述

雌虫 尚未发现。

雄虫 体长约 2.8mm，翅长约 2.5mm，唇基黑色，覆同色毛。上眼具 18 纵列和 17 横排大眼面。触角鞭节 I 的长为鞭节 II 的 1.7 倍。触须拉氏器小，长约为节 III 的 0.2。中胸盾片亮黑色，无斑纹，中胸侧膜和下侧片光裸。前足基节黄色，中足、后足基节棕色；前足、中足转节黄白色，余部和后足转节为棕色。各足股节除后足股节端部为棕色外，余大部为黄色。前足、后足胫节中大部为黄色，余部为棕色，中足胫节全为黄色。跗节除中足基跗节、后足基跗节基 3/5 和跗节 II 基 1/2 为黄色外，余部为棕黑色。前足基跗节细，长约为宽的 7.5 倍；后足基跗节膨大，长约为宽的 4 倍。跗突和跗沟发达。腹背除节Ⅱ为暗黄色外，余为黑色，覆黑色毛。尾器、生殖肢基节和端节约等长。生殖肢端节形状特殊：基 1/2 膨胀，端 1/2 骤细，端 1/5 丛生短粗齿。生殖腹板“Y”形，板体长板状，腹面具微毛，具腹中突，基臂粗壮；中骨长板状，端部宽圆。

蛹 体长 2.6mm，头、胸密布疣突。头毛 3 对，简单；胸毛 6 对，每分 2~5 支。呼吸丝 6 条，成对具短茎，长约为体长的 1/2，上对外丝稍粗，但 6 条丝长度约等长。腹节 8 具刺栉，节 9 具端钩。茧宽，编织疏松，无孔窗。

幼虫 尚未发现。

生态习性 蛹孳生于于山溪中的枝落叶上，海拔 1700m。

地理分布 中国湖北。

分类讨论 本种原描述系根据单只雄虫和它相联系的蛹皮记述的。其主要特征是生殖肢端节形状特异，与基节约等长。此外，生殖腹板和茧的构造也颇有个性特征。但是由于是独模，尚待发现其他虫期后，其分类地位再作定夺。

福州蚋 *Simulium*（*Simulium*）*fuzhouense* Zhang and Wang，1991（图 12-281）

Simulium（*Simulium*）*fuzhouense* Zhang and Wang（章涛，王敦清），1991. *Acta Zootax Sin.*，16（1）：109~113. 模式产地：中国福建（福州鳝溪）；An（安继尧），*Chin J. Vector Bio. and Control*，2（2）：474；Crosskey *et al.*，1996. *J. Nat. Hist.*，30：426；Crosskey，1997. Taxo. Geograp. Invent. World Blackflies（Diptera：Simuliidae）：65；Chen and An（陈汉彬，安继尧），2003. The Blackflies of China：245.

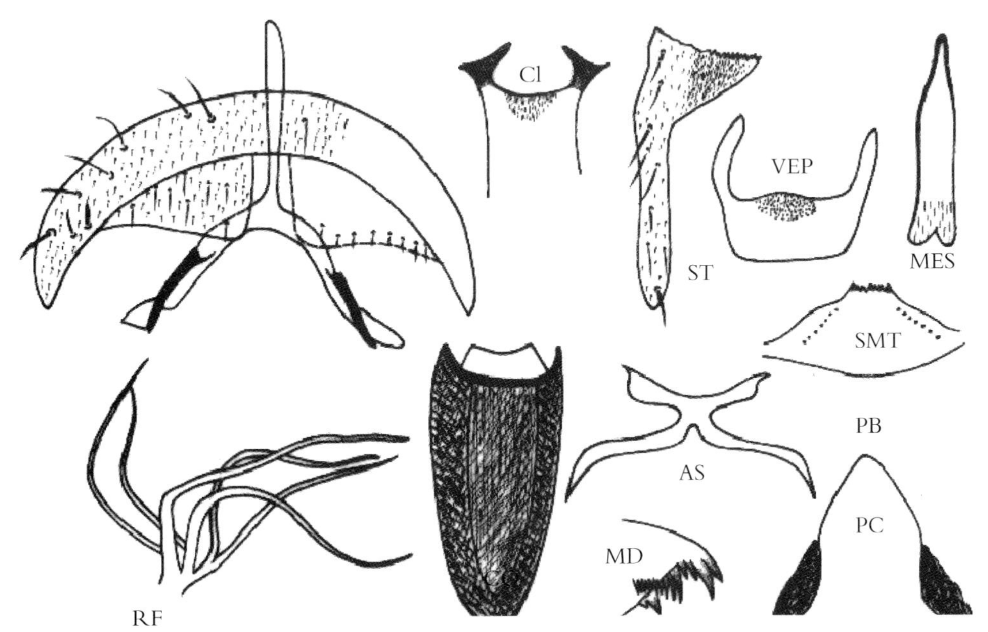

图 12-281 福州蚋 *S.*（*S.*）*fuzhouense* Zhang and Wang，1991

鉴别要点 雄虫生殖腹板横宽，长方形。蛹呼吸丝背、中对的外丝明显粗于其他 4 条丝。

形态概述

雌虫 额黑色，长略小于宽。食窦后部丛生疣突。触须节Ⅲ不膨大，拉氏器小，近球形。翅亚前缘脉和径脉基段具毛。生殖板内缘平行，生殖叉突后臂端半骨化，具小外突。受精囊近球形，具网纹。

雄虫 上眼面 19 排。触角鞭节Ⅰ的长约为鞭节Ⅱ的 1.6 倍。中胸盾片黑色，被黄色柔毛。翅径脉基段光裸。前足股节棕黄色，胫节内侧缘和端部 1/3 为黑色，外侧具银白色斑；中足股节黄色，胫节黄色而端部颜色渐变深，跗节Ⅰ基部 2/3 为黄色，端部 1/3 为黑色；后足股节棕黄色，端部 1/5 为黑色，胫节棕黑色，基部黄色，基跗节基 2/3 为黄色，端部 1/3 为棕黑色。前足基跗节的长约为宽的 5.6 倍，后足基跗节纺锤形，端部略膨大。生殖肢基节短宽。生殖肢端节长，角状基内突长约为生殖肢端节的 1/3，表面具微毛，前缘具粗齿。生殖腹板横宽，长方形，长约为其宽的 1/2，腹面密布小毛。阳基侧突每边具若干粗大刺和许多小刺。中骨长板状，两侧亚平行，末端具中裂隙。

蛹 头部具盘状疣突。头毛 3 对，每分 2~3 支。胸部背中部光裸，后胸部具角状疣突。胸毛 11 对，每分 2~7 支。腹节 7、8 背板具刺栉列，腹节 5~9 背板具微棘刺群，腹节 3~8 每侧具微棘刺群，无端钩。呼吸丝 6 条，约等长，成对排列，无茎，短于蛹体，背、中对的 2 条外丝特粗，2 条内丝指向内侧，其余的指向前方。茧拖鞋状，编织紧密，前缘增厚。

幼虫 头斑阳性。触角长于头扇柄，各节的节比为 30：40：15：2。头扇梳毛 45~47 支。亚颏中齿、角齿和外侧中间齿发达，凸出前缘鳞外，侧缘毛每边 7~8 支，末端分细支。后颊裂圆尖，长约为后颊桥的 2.6 倍。胸、腹部体壁光裸，在肛板两侧具无色毛。肛鳃每叶具 15~20 个次生小叶。肛前具小棘群。后环 110~115 排，每排具 13~14 个钩刺。

生态习性 幼虫和蛹生活于小溪中的水草上。

地理分布 中国福建。

分类讨论 福州蚋雄虫足的颜色及蛹的形状颇似产自台湾的优分蚋［*S. ufengense*］，但是两者的雄性外生殖器有明显的差异。此外，蛹的某些特征也有区别。

赫氏蚋 *Simulium*（*Simulium*）*howletti* Puri，1932（图 12–282）

Simulium（*Simulium*）*howletti* Puri，1932. *Ind. J. Med. Res.*，20（2）：505~509；Deng，Xue，Zhang and Chen（邓成玉等），1994. *Sixtieth Anniversary Founding*，*China Zool. Soc.*：13；An（安继尧），1996. *Chin J. Vector Bio. and Control*，7（6）：473；*Crosskey et al.*，1996. *J. Nat. Hist.*，30：424；Chen and An（陈汉彬，安继尧），2003. The Blackflies of China：383.

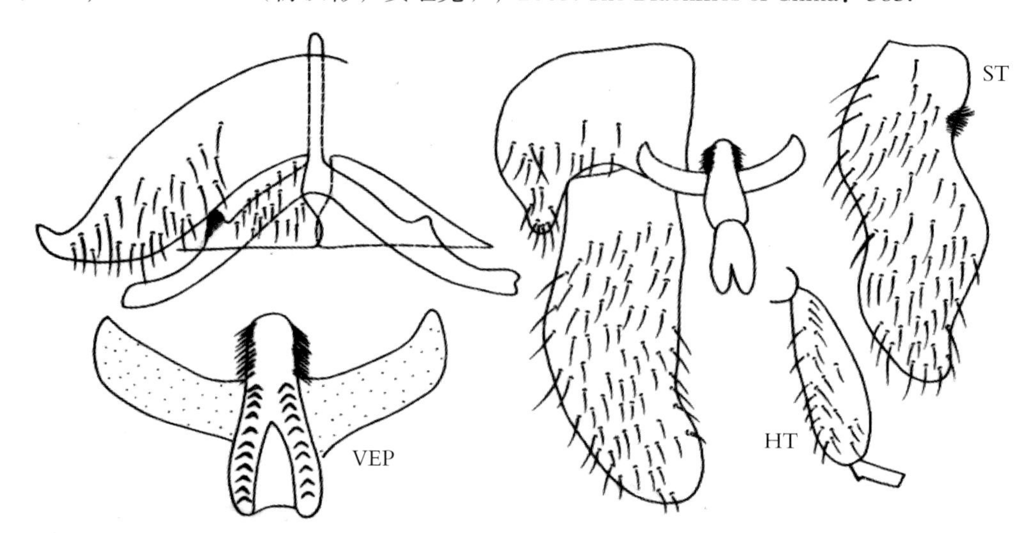

图 12–282 赫氏蚋 *S.*（*S.*）*howletti* Puri（仿 Puri，1932. 重绘）

鉴别要点 雌虫足具亚基齿，触角和足大部色暗。雄虫生殖板和生殖腹板形状特殊；生殖肢端节具小的基内突。

形态概述

雌虫 头顶被金色细毛，额灰暗色，半闪光，唇基灰暗色。触角柄、梗节为暗棕色，鞭节黑色。触须黑色。中胸盾片灰黑色，被金色细毛。从前面观，2条黑色带起自盾片前沿亚中部，弯向盾角伸达翅基水平，盾片中部有1条宽的暗色壶形中纵带和3条淡色细纵纹。从上面观，黑色侧带和暗色中带之间有1对显著的长方形银白色斑。小盾片棕黑色，被金色细毛和黑色长缘毛。前足基、转节黄棕色；股节暗棕色而基部色淡；胫节暗棕色而基部端1/4为黑色，前面具1个大的银白色斑；跗节色全暗。中足、后足基节和转节为棕黑色；股节棕黑色而基部为黄色，端部为黑色；中足胫节淡黄色而端1/4为黑色，后面具白色光泽；跗节Ⅰ基1/2为黄色，余部为黑色；后足胫节基2/3为棕黄色，向后渐变为黑色，基3/4后面具白色光泽；基跗节和跗节Ⅱ基1/2为黄色，余部为黑色。前足基跗节长约为宽的5倍。爪具小的亚基齿。翅径脉基段光裸。腹部棕黑色，基鳞具金色长毛，腹节Ⅱ背板具灰色光泽，节Ⅵ～Ⅷ闪光，被金色毛。第Ⅷ腹板弯弓状，前缘圆，侧脊细而弯向前方，前缘内凹。生殖板三角形，内缘弯，端部并拢，生殖叉突后臂具外突。肛上板大，尾须长。

雄虫 头顶被黑色，额亮灰色，具黑色毛。触角柄、梗节棕黑色，鞭节黑色。中胸盾片黑色，被金色细毛，具1对中侧银灰色斑；盾侧和后盾白色，具银灰色光泽；小盾片棕黑色，被金色细毛和长黑毛。前足基节棕色，中足、后足基节为棕黑色；各足转节和股节为暗棕色；前足胫节淡黄色而端1/4为黑色，外面具大的银白色斑，跗节黑色。中足胫节基1/3为黄色，向后渐变为棕黑色，基1/3后面具白色光泽；基跗节基1/3为黄棕色，余部为黑色。后足胫节基部为棕黄色，端2/3为棕黑色，基1/3后面具白色光泽；基跗节基1/2和跗节Ⅱ基部为棕黄色，余部为黑色。后足基跗节膨胀，长约为宽的4倍。腹部背板黑色，覆金色细毛，腹节Ⅱ、腹节Ⅴ～Ⅶ具银灰色背侧斑。生殖肢基节的宽略大于长，生殖肢端节较宽，长约为基宽的3.5倍，具小的基内突，其上具细毛丛，端刺亚端位。生殖腹板纵长，端部稍宽，后缘中凹，板体具发达的腹突，其上具2排侧齿列。

蛹 未知。

幼虫 未知。

生态习性 成虫系从山地诱捕。习性不详。

地理分布 中国：西藏；国外：印度。

分类讨论 本种具某些组的交叉特征。Crosskey等（1996）曾将它置于淡足蚋组（*malyschevi* group）。随后，Crosskey（1997）又将它归为无组别项下，其分类地位尚待进一步研究。

仙人蚋 *Simulium*（*Simulium*）*immortalis* Cai，An，Li ***et al.***，2004（图12-283）

Simulium（*Simulium*）*immortalis* Cai，An，Li and Yang（蔡茹，安继尧，李朝品等），2004. *Acta Parasitol. Med. Entomol. Sin.*，11（1）：31~35. 模式产地：中国山西（五台山）.

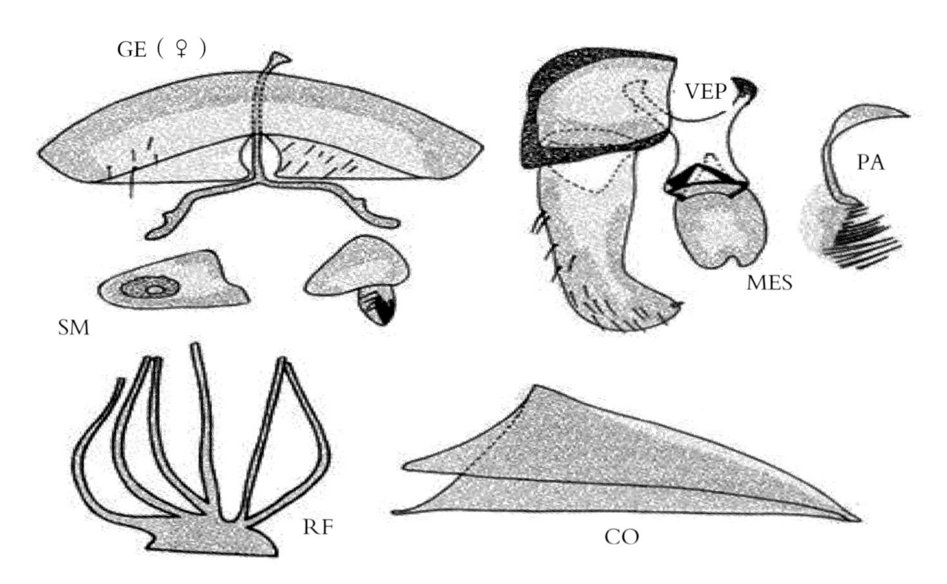

图 12-283 仙人蚋 *S.*（*S.*）***immortalis*** Cai，An，Li ***et al.***（仿蔡茹等，2004. 重绘）

鉴别要点 雌虫生殖板三角形，内缘作弧形凹入，生殖叉突柄末端扩大，后臂宽而扁，具外突。雄虫生殖腹板较长，具三角形腹中突；中骨宽叶状，具端中裂。

形态概述

雌虫 体长 3.3mm；翅长 3.1mm。额指数为 21∶17∶21；额头指数为 21∶80。触须节Ⅲ～Ⅴ的节比为 35∶25∶55。拉氏器长为节Ⅲ的 0.43。下颚具 16 枚内齿，15 枚外齿；上颚具 30 枚内齿，26 枚外齿。中胸盾片黑色。中胸侧膜和下侧片光裸。前足基节、转节、股节基 2/3 和胫节基 1/3 为棕黄色，余部为黑色；中足转节、股节除端部外，胫节基 2/3、基跗节基 1/3 为黄色，余部为黑色；后足转节、股节基 3/4、胫节基 3/4、基跗节基 2/3 和跗节Ⅱ基 1/3 为棕黄色，余部为黑色。跗突发达，跗沟发育良好。爪具小基齿。生殖板略呈三角形，后 1/2 向后外伸，具外突。肛上板略呈鞋形。受精囊亚球形。

雄虫 体长 3.0mm；翅长 2.8mm。触须节Ⅲ～Ⅴ的节比为 27∶30∶41。拉氏器长为节Ⅲ的 0.26。中胸盾片黑色，具黑色长毛。中胸侧膜和下侧片光裸。前足基节、股节基 3/4 和胫节基 1/3 为棕黄色，余部为黑色；中足股节基 4/5、胫节中 1/2 外面和基跗节基部为棕黄色，余部为黑色；后足股节基 3/4、胫节中 1/3 外面、基跗节基 2/3 和跗节Ⅱ基 1/3 为棕黄色，余部为黑色。跗突发达，跗沟发育良好。腹部黑色。生殖肢端节的长约为基节的 2 倍，具附生毛的基内突。生殖腹板较长。中骨叶片状，具端裂。阳基侧突具众多大小不一的钩刺。

蛹 体长 4.0mm。头、胸密布疣突。呼吸丝 6 条，长约为体长的 1/2。茧拖鞋状，无孔窗。

幼虫 尚未发现。

生态习性 幼虫和蛹孳生于宽约 5m、水深为 0.2~0.4m 的山溪中的水草上，海拔 1800m。

地理分布 中国山西。

分类讨论 根据本种原描述曾将其归入杂色蚋组（*variegatum* group）。可能是其生殖板的形状不符合杂色蚋组的组征，加上某些重要形状，如雌爪是否具基齿没有交代，于是 Adler 和 Crosskey 复将其归入未分组类群。

揭阳蚋 *Simulium*（*Simulium*）*jieyangense* An，Yan，Yang ***et al.***，1994（图 12-284）

Simulium（*Gnus*）*jieyangense* An，Yan，Yang and Hao（安继尧，严格，杨礼贤，郝善宝），1994. *Sichuan J. Zool.*，13（1）：4~6. 模式产地：中国广东（揭阳玉湖）.

Simulium（*Simulium*）*jieyangense* An，Yan，Yang and Hao，1994；An，1996. *Chin J. Vector Bio. and Control*，7（6）：473；Chen and An（陈汉彬，安继尧），2003. The Blackflies of China：269.

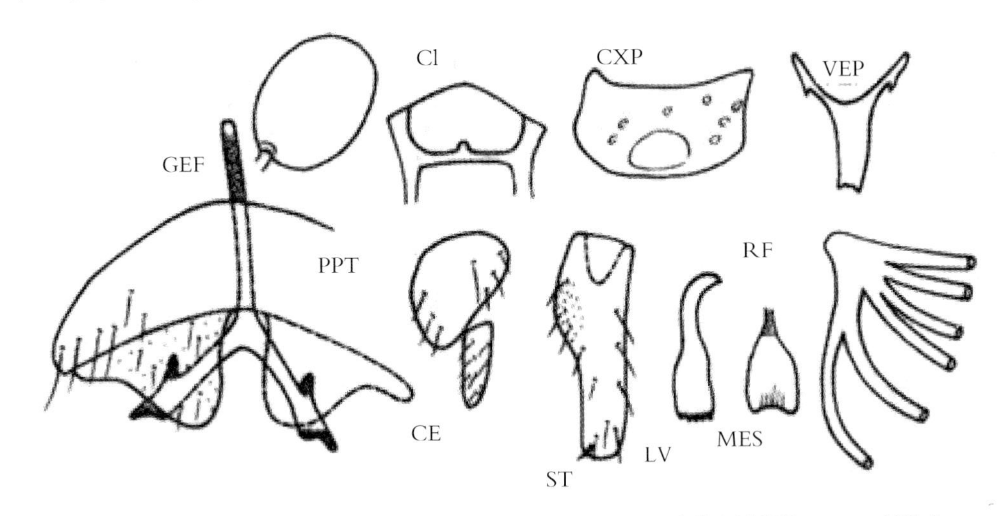

图 12-284　揭阳蚋 *S.*（*S.*）*jieyangense* An，Yan，Yang *et al.*（仿安继尧等，1994. 重绘）

鉴别要点　雌虫生殖板宽舌形，生殖叉突后臂末段骨化部分两叉。雄虫生殖腹板板体壶状。蛹呼吸丝 6 条约等粗。

形态概述

雌虫　体长约 3.0mm。额黑色，颜黑色，覆白粉被。触角黑色，被棕色毛。触须拉氏器长约为节Ⅲ的 3/10。中胸盾片亮黑色。足大部为黑色或浅黑色；淡色部分包括前足胫节后面，中足跗节Ⅰ基 3/4 和跗节Ⅱ、跗节Ⅲ基 2/3，后足胫节基 1/2、跗节Ⅰ基 3/4 及跗节Ⅱ、跗节Ⅲ基 4/5。爪具小基齿。腹背黑色。生殖板宽舌形，后缘钝圆，内缘稍凹。生殖叉突后臂末段骨化部分两叉，形成骨化的外突和端突。

雄虫　体长约 2.9mm。触角黑色。触须拉氏器长约为节Ⅲ 3 的 1/5。中胸盾片前侧和后盾区覆银白粉被，余部为黑色。足色似雌虫，但是后足胫节仅基部为黄白色。腹背黑色，节Ⅴ、节Ⅵ背板覆白色粉被。生殖肢端节的长约为基节的 3 倍。生殖腹板板体壶形，基部和端部略收缩，后缘中凹，基臂向前外直伸，外侧各具 1 个倒刺。中骨宽板状，后缘中凹，后 2/3 膨大，基 1/3 呈锥状。

蛹　体长约 3.3mm。呼吸丝 6 条，约等粗，长度略小于体长的 1/2。茧前面两侧有较大的孔窗。

幼虫　未发现。

生态习性　不详。

地理分布　中国广东。

分类讨论　本种近似双齿蚋［*S.*（*S.*）*bidentatum*］（Shraki，1935）和淡足蚋［*S.*（*S.*）*malyschevi* Dorogostaisky，Rubtsov and Vlasenko，1935］，但是可根据检索表中指出的综合特征加以区别。

卡头蚋 *Simulium*（*Simulium*）katoi Shiraki，1935

Simulium katoi Shiraki, 1935. *Mem. Fac. Sci. Agric. Taihotu Imp. Univ.*, 16: 53~56. 模式产地: 中国台湾. *Simulium*（*Simulium*）*katoi* Shiraki，1935；Crosskey，1979. *Pacif. Ins.*，20（4）：400；An（安继尧），1996. *Chin J. Vector Bio.and Control*，7（6）：474；Chen and An（陈汉彬，安继尧），2003. The Blackflies of China：297.

鉴别要点 雌虫中胸盾片密被黑色短柔毛; 后足股节基1/3为黄色, 端2/3为黑色, 基跗节长于后胫。

形态概述

雌虫 体长约2.8mm。额黑色，覆灰粉被，具光泽。触角柄、梗节和鞭节Ⅰ~Ⅲ为红棕色，余部为黑色。中胸盾片黑色，具灰白粉被，覆金黄色柔毛，具5条暗色宽纵纹伸达翅基水平。小盾片黑色，后缘具黑色长毛。后盾片黑色，端部具细灰带。腹部棕黑色，后腹部闪光并具宽的银白基带，腹节Ⅱ~Ⅳ被黑色短毛，每节具圆形灰色侧斑。足胫节具长的银白色斑；前足除股、胫节端部和跗节为黑色外，大部为黄色；后足股节端2/3、胫节和基跗节端1/3为黑色，余部为黄色。后足基跗节与后胫约等长。

雄虫 未发现。

蛹 未发现。

幼虫 未发现。

生态习性 不详。

地理分布 中国台湾。

分类讨论 本种的原描述系根据采自台湾地区的单雌标本而记述的，至今尚未发现其他虫期。从原描述看，颇似崎岛蚋［*S.*（*S.*）*sakishimaense*］，主要区别是后者后足基跗节长于后胫，且后足股节的颜色也有差异。

多叉蚋 *Simulium*（*Simulium*）*multifurcatum* Zhang and Wang，1991（图12-285）

Simulium（*Simulium*）*multifurcatum* Zhang and Wang（章涛，王敦清），1991. *Acta Ent. Sin.*，34（4）：483~484. 模式产地: 中国福州(鳝溪); An(安继尧), 1996. *Chin J. Vector Bio. and Control*, 7(6): 474；Chen and An（陈汉彬，安继尧），2003. The Blackflies of China：297.

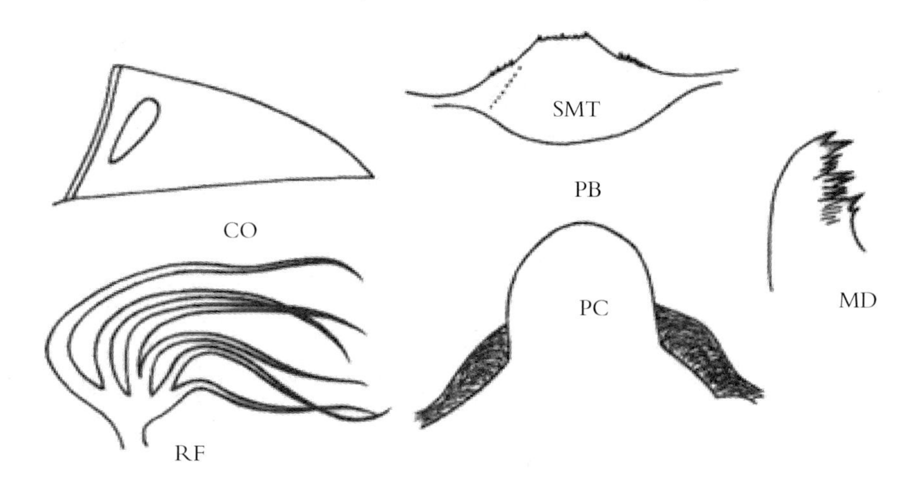

图12-285 多叉蚋 *S.*（*S.*）*multifurcatum* Zhang and Wang（仿章涛等，1991. 重绘）

鉴别要点 蛹的3对呼吸丝均具短茎，每对上丝粗于下丝。幼虫后颊裂较浅，拱门状，端圆。

形态概述

雌虫 未发现。

雄虫 未发现。

蛹 体长约3.0mm。头、胸部密布盘状疣突。头毛3对，每分2~5支；胸毛背毛8对，侧毛3对，均长而分2~9支。呼吸丝3对，长度自上而下递减，伸向前方，每对上丝粗于下丝而下面1对粗丝粗于上面1对细丝。腹节8背板具栉刺，腹节5~9每节具微棘刺群，腹节9无端钩，腹节3~8腹板具微棘刺群。茧拖鞋状，编织紧密，具前侧窗，前缘增厚。

幼虫 体长约5.0mm。头斑明显，触角长于头扇柄。头扇毛52~56支。亚颏中齿、角齿较发达，侧缘毛每边8~9支，末端分叉支。后颊裂拱门状，端部钝圆，长为后颊桥的2.1~2.3倍。后腹部具无色毛和小棘群。肛板前臂明显短于后臂。肛鳃每叶具13~18个附叶。

生态习性 幼虫和蛹孳生于小溪中的水草上。

地理分布 中国福建。

分类讨论 本种成虫尚未发现，根据蛹头毛、胸毛多分支，茧具侧窗等特征，应隶属于多条蚋组。本种呼吸丝、幼虫后颊裂的形状以及亚颏侧缘毛和后环数，均有别于本组已知的其他种类。

黑足蚋 *Simulium*（*Simulium*）*peliastrias* Sun，1994（图12-286）

Simulium（*Simulium*）*peliastrias* Sun, 1994. 中国北方部分地区蚋类: 191. 模式产地: 中国辽宁（新宾）; Crosskey, 1997. Taxo. Geograp. Invent. World Blackflies（Diptera: Simuliidae）: 78; Chen and An（陈汉彬，安继尧），2003. The Blackflies of China: 385.

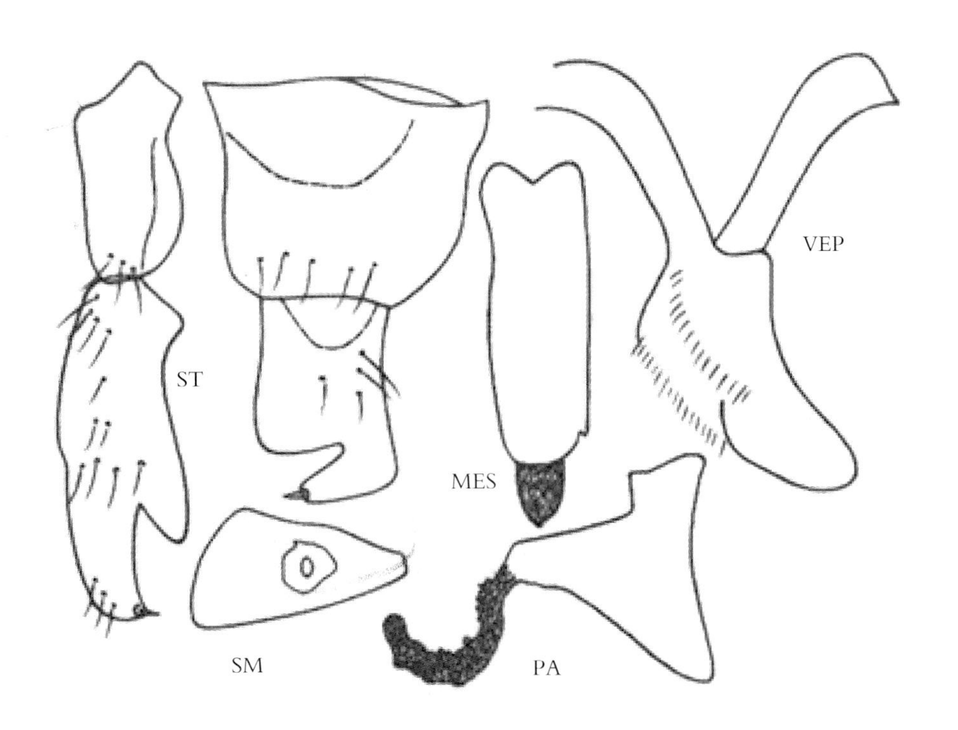

图12-286 黑足蚋 *S.*（*S.*）*peliastrias* Sun（仿孙悦欣等，1994. 重绘）

鉴别要点 雄虫触角和足全暗，生殖肢端节 1/3 变形呈弯钩状。

形态概述

雌虫 未发现。

雄虫 触角黑色。鞭节Ⅰ的长约为鞭节Ⅱ的 1.5 倍。唇基黑色，具稀发毛。触须各节的节比为 8 : 7 : 14 : 16 : 38，拉氏器小。中胸盾片被金黄色细毛。中胸侧膜和下侧片光裸。翅径脉基段光裸。足褐黑色。前足胫节具银白色斑，跗节Ⅰ的长约为宽的 6 倍。后足跗突未伸达跗沟。生殖肢端节长于生殖肢基部，内缘亚基部和亚端部各具 1 个突起，基 2/3 宽而亚平行，端 1/3 骤细，变形呈弯钩状。生殖腹板侧面观板体呈靴状，基半被细毛而无齿。中骨长板状，端部稍扩大，中端裂较浅，基部细而强骨化。阳基侧突具大量小刺。

蛹 未发现。

幼虫 未发现。

生态习性 模式标本于 10 月初采自山涧旱田中的小溪里，海拔 250~300m。

地理分布 中国辽宁。

分类讨论 本种有待进一步发现雌虫和幼期标本，方可确定其分类地位。

轮丝蚋 *Simulium*（*Simulium*）*rotifilis* Chen and Zhang，1998（图 12-287）

Simulium（*Simulium*）*rotifilis* Chen and Zhang（陈汉彬，张春林），1998. *Acta Zootax Sin.*，23（1）：57~61. 模式产地：中国贵州（雷公山）；Zeng，Kang and Chen（曾亚纯，康哲，陈汉彬），2006. *Acta Parasital. Entomol. Sin.*，13（3）：161~162；Chen and An（陈汉彬，安继尧），2003. The Blackflies of China：385.

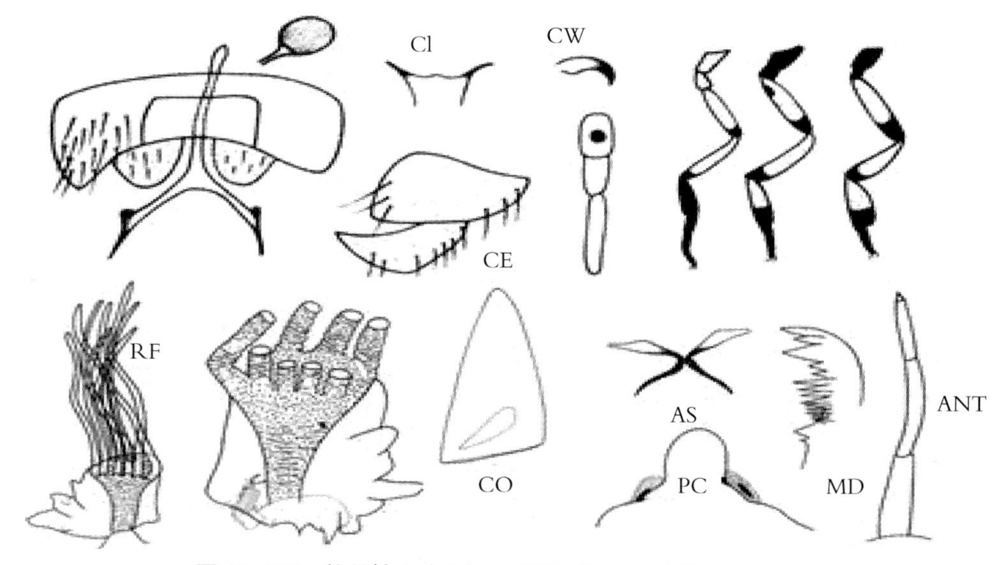

图 12-287 轮丝蚋 *S.*（*S.*）*rotifilis* Chen and Zhang，1998

鉴别要点 蛹的鳃器具透明膜质鞘，8 条呼吸丝集束发出，作轮状排列于火炬状的总柄上。

形态概述

雄虫 尚未发现。

雌虫 体长 2.8mm；翅长 2.1mm。额棕黑色，覆灰白粉被和棕色毛。额指数为 7.0 : 5.9 : 7.2；额头指数为7.0∶21.8。触须节Ⅲ～Ⅴ的节比为4.5∶4.4∶7.8，节Ⅲ不膨胀，拉氏器长为节Ⅲ的0.32。下颚具11枚内齿，12枚外齿。触角鞭节Ⅰ的长为鞭节Ⅱ的1.7倍。食窦光裸。中胸盾片棕黑色，具灰粉被，覆黄棕色毛。中胸侧膜和下侧片光裸。足大部分色淡；暗色部分包括前足股节端1/5、胫节端1/5，中足基、转节、股节端1/4、端节端1/5、基跗节端2/5和其他跗节，后足基、转节、股节端1/3、胫节端1/4、基跗节端2/5、跗节Ⅱ基1/2和其他跗节。另外，中足股节具亚基黑斑。前基跗节膨大，长约为宽的3.8倍；后足基跗节端部扩大，长约宽的4倍。跗突和跗沟中度发达。爪简单。翅亚缘脉具毛，径脉基光裸。第Ⅷ腹板长方形，生殖板舌形，内缘远离，后缘圆钝。生殖叉突具骨化柄，后臂具外突，肛上板正常，尾须亚三角形。受精囊亚球形，具网斑。

蛹 体长2.6~2.9mm。黄棕色。头、胸部体壁无疣突。头毛3对，其中2对细单支，另1对分2~3长叉支；胸毛8对，长而分2~8叉支，偶不分支，其中侧面3对分5~8叉支。呼吸丝8条，约为体长的2/3，总柄粗壮，火炬状，疣突密集，柄外被以透明膜状鞘，端部膨大成盘状，呼吸丝在其上作轮状排列向前集束发出，其中最外1条丝亚基部扭曲。腹节2背板每侧具4支刺毛和1支小毛；腹节3、4背板每侧具4个叉钩；腹节5~8每侧具刺栉列；腹节9无端钩。腹节5腹板每侧具1对互相靠近的叉钩；腹节6、7每侧具1对远离的叉钩。茧拖鞋状，编织较紧密，具大的前侧窗，前缘略加厚，无中突。

幼虫 体长6~8mm。额斑不明显，触角4节，各节的节比为12∶9∶10∶1。头扇毛33~38支。亚颏顶齿较小，侧缘毛每边5~6支。后颊裂拱门状，端圆，长为后颊桥的2倍。胸腹体壁光裸，肛鳃每叶约具15个附叶。肛板"X"形，中间分离，前臂、后臂约等长。前臂翼状，后臂骨化。后环86~88排，每排具15~19个钩刺。

生态习性 幼虫和蛹孳生于山地小沟中的水草上，水温19℃，海拔1400m。

地理分布 中国贵州。

分类讨论 轮丝蚋依其蛹的鳃器具透明膜状鞘，8条呼吸丝作轮状排列集束发出的独具特征，可与蚋属已知的其他种类相区别。本种蛹腹节6背板具栉刺列，似应隶属于绳蚋亚属（*Gomphostilbia* Enderlein）、真蚋亚属（*Eusimulium* Robaud）或纺蚋亚属（*Nevermannia* Enderlein），但是从幼虫、蛹和雌虫的全面特征看，似应列入蚋亚属，其确切的分类地位，有待雄虫发现后再作定夺。

山西蚋 *Simulium*（*Simulium*）*shanxiense* Cai，An，Li *et al.*，2004（图12-288）

Simulium（*Simulium*）*shanxiense* Cai，An，Li and Yang（蔡茹，安继尧，李朝品等），2004. *Acta Parasitol. Med. Entomol. Sin.*，11（1）：31~35. 模式产地：中国山西（五台山）.

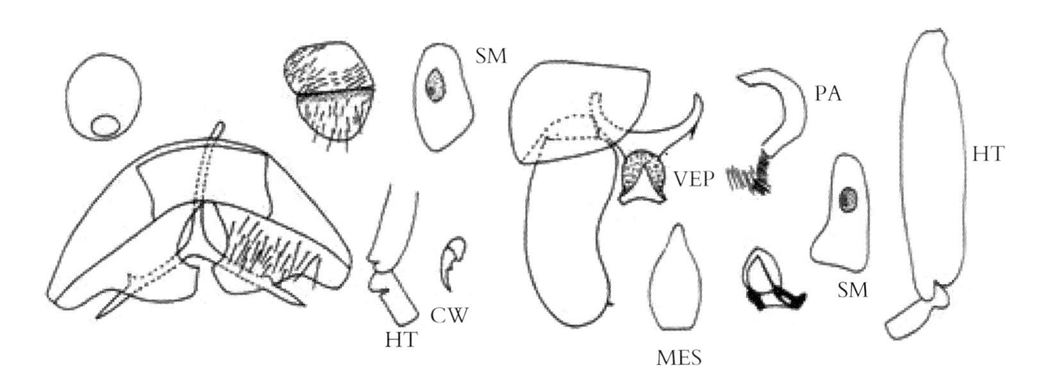

图12-288 山西蚋 *S.*（*S.*）*shanxiense* Cai，An，Li *et al.*（仿蔡茹等，2004.重绘）

鉴别要点 雌虫生殖板内缘末端宽，端内缘具锯齿。雄虫生殖腹板具椭圆形腹突。

形态概述

雌虫 体长 3.2mm；翅长 3.0mm。额指数为 33∶16∶23；额头指数为 33∶70。触须节Ⅲ～Ⅴ的节比为 35∶35∶55。拉氏器长为节Ⅲ的 0.315。下颚具 11 枚内齿，16 枚外齿；上颚具 25 枚内齿，28 枚外齿。中胸盾片和小盾片黑色，覆同色毛。中胸侧膜和下侧片光裸。前足基节、转节、股节（除端部外）为棕黄色。胫节（除端部外）基部和侧面为白色，余部为黑色；中足转节、股节（除端部外）、胫节（端部除外）、基跗节基 1/2 为棕黄色，余部为黑色；后足转节、股节（端部除外）、基跗节基部后面和侧面 2/3 为棕黄色，余部为黑色。跗突发达，跗沟发育良好。爪具小基齿，腹部黑色。生殖板内缘形成椭圆形空间，末端宽大，端内缘具细齿。受精囊椭圆形，生殖叉突后臂具外突，肛上板略呈方形。

雄虫 体长 3.0mm；翅长 2.8mm。触须节Ⅲ～Ⅴ的节比为 38∶37∶54。拉氏器长约为节Ⅲ的 0.21。胸部似雌虫。前足基节、股节（末端除外）和胫节中 1/2 为棕黄色，余部为黑色；中足股节（端部除外）、胫节中 1/2 为棕黄色，余部为黑色；后足转节、股节基 3/4、胫节后面中 1/2 和基跗节均为棕黄色，余部为黑色或浅黑色。跗突发达，跗沟发育良好。腹部黑色。生殖肢端节长约为基节的 2 倍，具短的基内突，上生毛丛。生殖腹板板体具椭圆形腹突。中骨长板状，基部细，端宽而平。阳基侧突具众多的钩刺。

蛹 尚未发现。

幼虫 尚未发现。

生态习性 标本采自宽 5m、水深 0.2~0.4m 的山溪中，海拔 1800m。

地理分布 中国山西。

分类讨论 本种原描述将其归入杂色蚋组（*variegatum* group），但是 Adler 和 Crosskey（2013，2014）将它移入未分组类别，其分类地位尚待发现幼期标本再作定夺。

12）特蚋亚属 Subgenus *Tetisimulium* Rubtsov，1963

Tetisimulium Rubtsov，1963. *Fliegen der palaeaktischen Reg.*，14：497. 模式种：*Melusina bezzii* Corti，1914；Lee *et al.*（李铁生等），1976. N. China，midges，blackflies and horseflies：133；Chen and An（陈汉彬，安继尧）. 2003. The Blackflies of China：389.

Friesia Enderlein，1922. *Konowia*，1：69. 模式种：*Nevermannia tristrigata* Enderlein，1922（= *Melusina bezzii* Corti，1914）.

鉴别要点 中胸侧膜具毛。径脉基和中胸下侧片光裸。雌虫前足跗节的长为宽的 7~9 倍。中胸盾片淡灰色，无银白色缘饰，但通常具 3 条暗色纵纹，中纵纹尤为显著。爪具亚基齿。生殖板多为舌状，内缘凹入。生殖叉突后臂有或无外突，通常具膜质内突。雄虫中胸盾片具明显的银白色肩斑。生殖肢端节明显长于基节，具带毛的瘤状基内突。生殖腹板纵长，"V"形，两侧强收缩，端部呈尖楔状，板体侧面观后跟不突出。蛹呼吸丝每边通常 8 条。腹部端钩发达，弯曲。茧靴状，前部编织疏松，具网格状颈领或具大孔窗。幼虫触角节 2 通常具次生淡环，颊后裂拱门状或亚三角形，基半扩大。亚颏中齿、角齿发达。上颚前顶齿约为中、后顶齿的 2 倍大。肛鳃简单，偶复杂。腹乳突缺。

特蚋亚属原系 Rubtsov（1963）建立的新属。*Friesia* Enderlein，1922 为其同物异名。Crosskey 等（1996，1997）、Adler 和 Crosskey（2008~2014）以及安继尧（1996）等将它降级作为蚋亚属的白蚋

组［*Simulium bezzii*（*Corti*）group］处理。鉴于这一类群具有中胸侧膜具毛这一明显的亚属特征，陈汉彬、安继尧（2003）建议恢复其亚属地位。本书支持这一观点。

本亚属全世界已知14种（Adler和Crosskey，2014），主要分布于古北界。我国已报道8种，本书另记述3新种。这样，本亚属在我国已知达11种，即无茎特蚋，新种［*S.*（*Te.*）*atruncum* Chen，Ma and Wen，sp. nov.］、贺兰山特蚋，新种［*S.*（*Te*）*helanshanense* Chen，Wang and Yang，sp. nov.］、菱骨特蚋，新种［*S.*（*Te.*）*rhomboideum* Chen，Lian and Zhang，sp. nov.］、巨特蚋［*S.*（*Te.*）*alajense*（Rubtsov，1938）］、正直特蚋［*S.*（*Te.*）*coarctatum* Rubtsov，1940］、沙特蚋［*S.*（*Te.*）*desertorum* Rubtsov，1938］、扣子特蚋［*S.*（*Te.*）*kozlovi* Rubtsov，1940］、龙岗特蚋［*S.*（*Te.*）*longgengen* Sun，1992］、塔城特蚋［*S.*（*Te.*）*tachengense* An and Maha，1994］、五台山特蚋［*S.*（*Te.*）*wutaishanense* An and Yan，2003］、小岛特蚋［*S.*（*Te.*）*xiaodaoense* Liu，Shi and An，2004］。

中国蚋属特蚋亚属分种检索表

雌虫

1 生殖叉突后臂具骨化外突和膜质内突，或至少具内突……3

生殖叉突后臂无内突、外突……2

2（1）中胸盾片暗色中纵纹短，仅伸达盾片亚中部……**龙岗特蚋** *S.*（*Te.*）*longgengen*

中胸盾片暗色中纵纹伸达小盾前区……**无茎特蚋，新种** *S.*（*Te.*）*atruncum* sp. nov.

3（1）生殖板端内角末端具锯齿列……4

生殖板端内角末端无锯齿列……6

4（3）生殖板亚三角形；前足胫节全黑色；生殖叉突无外突……**塔城特蚋** *S.*（*Te.*）*tachengense*

生殖板宽钩形；前足胫节两色；生殖叉突具外突……5

5（9）肛上板帽状；生殖叉突后臂外突发达，长约为宽的2倍……**小岛特蚋** *S.*（*Te.*）*xiaodaoense*

肛上板非帽状；生殖叉突后臂外突不发达，长宽约相等……**五台山特蚋** *S.*（*Te.*）*wutaishanense*

6（3）生殖板端内角端尖……7

生殖板端内角端圆……9

7（6）生殖板端内角内弯成喙状；后足基跗节长约为宽的8倍……**扣子特蚋** *S.*（*Te.*）*kozlovi*

生殖板端内角向后约伸成尖角状；后足基跗节长为宽的6~7倍……8

8（7）食窦弓具疣突……**贺兰山特蚋，新种** *S.*（*Te.*）*helanshanense* sp. nov.

食窦光裸……**菱骨特蚋，新种** *S.*（*Te.*）*rhomboideum* sp. nov.

9（6）肛上板上缘中部具角状突；前足基跗节长纹为宽的9倍……**正直特蚋** *S.*（*Te.*）*coarctatum*

无上述合并特征……10

10（9）生殖板端内角靠近；腹节Ⅲ～Ⅵ背板暗色中斑和侧斑在前缘连接……**巨特蚋** *S.*（*Te.*）*alajense*

生殖板端角远离；腹节背板的暗中斑和侧斑分离……**沙特蚋** *S.*（*Te.*）*desertorum*

雄虫①

1 中胸盾片具3条暗色纵纹……5
中胸盾片无3条暗色纵纹，但可有白色肩斑……2
2(1) 中骨菱形，端尖……**菱骨特蚋，新种** S.(*Te.*) *rhomboideum* sp. nov.
中骨板状，具端中裂或端缘成波状……3
3(2) 生殖肢端节端部骤内弯成钩状；生殖腹板板体纺锤形，侧面观无缘齿……**龙岗特蚋** S.(*Te.*) *longgengen*
无上述合并特征……4
4(3) 中骨基1/4骤变细，端3/4宽大……**五台山特蚋** S.(*Te.*) *wutaishanense*
中骨非如上述……5
5(4) 生殖板板体基部两侧不收缩，侧面观具3~4枚缘齿……**无茎特蚋，新种** S.(*Te.*) *atruncum* sp. nov.
生殖板板体基部收缩，端缘齿5~6枚……**贺兰山特蚋，新种** S.(*Te.*) *helanshanense* sp. nov.
6(1) 生殖腹板侧面观无缘齿，中骨端缘呈波状……**塔城特蚋** S.(*Te.*) *tachengense*
无上述合并特征……7
7(6) 生殖腹板板体纺锤形，基臂粗壮……**扣子特蚋** S.(*Te.*) *kozlovi*
生殖腹板板体条状，基臂正常……8
8(7) 中胸盾片3条暗色纵斑宽而显著……**巨特蚋** S.(*Te.*) *alajense*
中胸盾片3条暗色纵斑细而不显著……9
9(8) 生殖腹板侧面观具5~8枚缘齿……**沙特蚋** S.(*Te.*) *desertorum*
生殖腹板侧面观具4~5枚缘齿……**正直特蚋** S.(*Te.*) *coarctatum*

蛹②

1 茧简单，无颈领，前缘有或无网格状结构……2
茧具颈领，前缘具网格状结构……5
2(1) 4对呼吸丝均从基部发生，无茎……**正直特蚋** S.(*Te.*) *oarctatum*
至少部分呼吸丝具短茎……3
3(2) 中对呼吸丝具短茎，上、下对无茎……**龙岗特蚋** S.(*Te.*) *longgengen*
上、下对呼吸丝具短茎，中间2对几乎从基部发生……4
4(3) 上、下对呼吸丝茎较长，长为宽的3~4倍……**贺兰山特蚋，新种** S.(*Te.*) *helanshanense* sp. nov.
上、下对呼吸丝茎较短，长宽约相等……**沙特蚋** S.(*Te.*) *desertorum*
5(1) 呼吸丝几乎无茎……**无茎特蚋，新种** S.(*Te.*) *atruncum* sp. nov.
至少部分呼吸丝具短茎……6
6(5) 上2对呼吸丝具短茎，下2对无茎；上长约为体长的3/4……**五台山特蚋** S.(*Te.*) *wutaishanense*
无上述合并特征……7
7(6) 茧前缘无网格状结构……**菱骨特蚋，新种** S.(*Te.*) *rhomboideum* sp. nov.

① 小岛特蚋［S.（*Te.*）*xiaodaoense*］的雄虫尚未发现。
② 塔城特蚋［S.（*Te.*）*tachengense*］和小岛特蚋［S.（*Te.*）*xiaodaoense*］的蛹尚未发现。

	茧前缘有网格状结构	……8
8（7）	茧颈领长；呼吸丝展角约 120°	……**扣子特蚋** *S.*（*Te.*）*kozlovi*
	茧颈领短；呼吸丝上展角为 160° ~170°	……**巨特蚋** *S.*（*Te.*）*alajense*

幼虫[①]

1	触角节 2 无次生淡色环	……2
	触角节 2 具 1 个次生淡色环	……4
2（1）	上颚第 3 顶齿特粗短，长约为宽的 2 倍；内齿 11~13 枚	……**扣子特蚋** *S.*（*Te.*）*kozlovi*
	上颚顶齿和内齿非如上述	……3
3（2）	后颊裂矛状，端尖	……**龙岗特蚋** *S.*（*Te.*）*longgengen*
	后颊裂拱门状，端圆	……**巨特蚋** *S.*（*Te.*）*alajense*
4（1）	后颊裂浅，端圆，与后颊桥约等长	……**正直特蚋** *S.*（*Te.*）*coarctatum*
	后颊裂深或较深，长度超过后颊桥的 2 倍	……5
5（4）	肛鳃复杂，每叶具 34 个次生小叶	……**沙特蚋** *S.*（*Te.*）*desertorum*
	肛鳃简单	……6
6（5）	头扇毛约 32 支	……**菱骨特蚋，新种** *S.*（*Te.*）*rhomboideum* sp. nov.
	头扇毛 40~46 支	……7
7（6）	后腹具肛前刺环；后环约 82 排	……**贺兰山特蚋，新种** *S.*（*Te.*）*helanshanense* sp. nov.
	后腹无肛前刺环；后环约 90 排	……**无茎特蚋，新种** *S.*（*Te.*）*atruncum* sp. nov.

无茎特蚋，新种 *Simulium*（*Tetisimulium*）*atruncum* Chen，Ma and Wen（陈汉彬，马玉龙，温小军），sp. nov.（图 12–289）

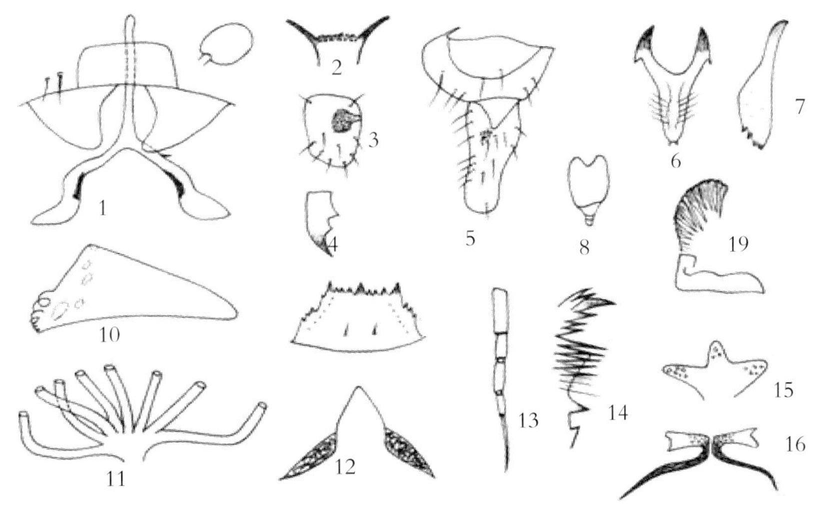

图 12–289　无茎特蚋，新种 *S.*（*Te.*）***atruncum*** Chen，Ma and Wen，sp. nov.

1.Female genitalia；2.Cibarium；3.Female sensory vesicle；4.Claw of female；5.Coxite and style of male；6.Ventral plate in ventral view；7.Ventral plate in lateral view；8.Median sclerite；9.Parameral organ；10.Cocoon；11.Filaments；12.Larval head capsules；13.Antenna of larva；14.Larval mandible；15.Larval rectal gill；16.Larval anal sclerite

① 塔城特蚋［*S.*（*Te.*）*tachengense*］，五台山特蚋［*S.*（*Te.*）*wutaishanense*］和小岛特蚋［*S.*（*Te.*）*xiaodaoense*］的幼虫尚未发现。

模式产地：中国青海（德令哈）.

鉴别特征 雌虫生殖叉突后臂无内突、外突；食窦具疣突。蛹的呼吸丝几乎无茎。雄虫生殖腹板板体基 2/3 亚平行，不收缩。

形态概述

雌虫 体长 3.4mm；翅长 3.0mm。头：额和唇基黑色，灰白粉被，覆黑色毛。额指数为 8.8∶6.6∶6.1；额头指数为 8.8∶27.8。触须节Ⅲ～Ⅴ的节比为 6.9∶3.0∶13.4。节Ⅲ膨大，拉氏器长约为节Ⅲ的 0.35。下颚具 16 枚内齿和 16 枚外齿；上颚具 27 枚内齿和 16 枚外齿。食窦弓具 2 排疣突。胸：中胸盾片黑色，具灰白粉被，具 3 条暗色纵纹，覆灰白色毛。小盾片覆灰白粉被，具同色毛。后盾片暗棕色，具灰白粉被，光裸。中胸侧膜具毛，下侧片光裸。各足基节和转节中棕色；股节除前股端 1/4、中股基 1/5 和端 1/4 以及后股端 1/3 为棕色外，余部为黄色；胫节中大部外面为黄色，余部为棕色；跗节除中足基 3/5、后足基跗节基 3/4 和跗节Ⅱ基 1/2 为黄色外，余部棕色。前足基跗节长约为宽的 7.5 倍；后足基跗节侧缘平行，长约为宽的 6.5 倍。爪具基齿。跗突小，跗沟发育良好。翅亚缘脉端部具毛，径脉基光裸。腹：基鳞具黑缘毛。背板淡灰色，具 3 条暗色纵纹。第Ⅷ腹板中裸，两侧各约具 30 支棕色长毛。生殖板唇形，内缘凹入，端内角圆钝。生殖叉突具骨化中内脊，但无内突、外突。

雄虫 体长 3.2mm；翅长约 2.6mm。头：稍宽于胸。上眼具 18 纵列和 17 横排大眼面。唇基棕黑色，具灰白粉被，覆淡色毛。触角鞭节Ⅰ的长为鞭节Ⅱ的 1.8 倍。触须节Ⅲ～Ⅴ的节比为 5.8∶5.1∶12.9，节Ⅲ不膨大，拉氏器小，长约为节Ⅲ的 0.18 倍。胸：中胸盾片具明显的灰白肩斑。中胸侧膜具毛。足色似雌虫。前足基跗节长约为宽的 8 倍。后足基跗节侧缘亚平行，长约为宽的 5 倍。腹：基鳞棕色，具同色缘毛。背板棕色，有灰白粉被具同色毛。生殖肢端节的长约为基节的 1.75 倍，生殖腹板“Y”形，板状。板体基 2/3 侧缘亚平行，端 1/3 渐变细尖，端缘具 3~4 枚齿。阳基侧突具众多钩刺。中骨板状，侧缘亚平行，具端中裂。

蛹 体长约 4.0mm。头、胸密覆疣突。头毛 3 对，胸毛 5 对，均简单。呼吸丝 8 条，成对，几乎无茎，约等粗、等长。腹部钩刺和毛序分布正常。茧鞋状，具短领，前缘两侧具粗线网格，亚端部具若干孔窗。

幼虫 体长约 5.0mm。头斑明显。触角节 1~3 的节比为 2.1∶4.9∶2.8，节 2 具 2 个次生淡环。头扇毛 40~42 支，亚颏中齿和角齿突出。侧缘毛 8~9 支。后颊裂箭形，端尖，长为后颊桥的 3.0~4.0 倍。胸、腹体壁光裸。肛鳃简单。肛骨前臂翼状，长约为后臂的 1/2，具肛前刺环。后环 90 排，每排具 10~14 个钩刺。

模式标本 正模：1♀，从蛹孵化，制片，具相联系的蛹皮和茧。副模：2♂♂，11 蛹，5 幼虫。马玉龙采自青海德令哈黑石山水库山边小溪中的水草、枯枝落叶和石块上，37° 27′ N，97° 21′ E，海拔 2910m，2006 年 8 月 21 日。

地理分布 中国青海（德令哈）。

分类讨论 本新种雌虫食窦弓具疣突，生殖叉突后臂无内突、外突；雄虫生殖腹板长板状；蛹呼吸丝无茎等，综合特征相当突出，可与特蚋亚属已知的近缘种相区别。

种名词源 本新种以其蛹呼吸丝无茎这一特征而命名。

附 新种英文描述。

Simulium (Tetisimulium) atruncum Chen，Ma and Wen，sp. nov.（Fig.12–289 ）

Form of overview

Female Body length about 3.4mm. Wing length about 3.0mm. Head: Slightly narrower than thorax. Frons and clypeus black，whitish grey pruinose，covered with black hairs. Frontal ratio 8.8 : 6.6 : 6.1.Frons–head ratio 8.8:27.8. Antenna composed of 2+9 segments，brownish black except brownish yellow scape. Maxillary palp brown，with 5 segments，with proportional lengths of the 3rd to the 5th segments of 6.9 : 3.0 : 13.4，the 3rd segment slightly enlarged，sensory vesicle elliptical and about 0.35 times as long as respective segment. Maxilla with 16 inner teeth and 16 outer ones. Mandible with 27 inner teeth and 16 outer ones. Cibarium with a cluster of 2 transverse rows on minute denticles of posterior border. Thorax: Scutum brownish black，grey pruinose，with 3 dark longitudinal stripes distinct when viewed anterodorsally and covered densely with whitish grey recumbent pubescence. Scutellum with whitish grey pruinose and covered with whitish grey pubescence and long dark hairs. Postscutellum dark brown，whitish grey pruinose and bare. Pleural membrane haired.Katepisternum bare. Legs: All coxae and trochanters brown. All femora yellow except apical 1/4 of fore femur，basal 1/5 and apical 1/4 of mid femur and apical 1/3 of hind femur brown. All tibiae brown except median large portion on outer surface yellow. All tarsi brown except basal 3/5 of mid basitarsus，basal 3/4 of hind basitarsus and basal 1/2 of second tarsomere yellow.Fore basitarsus slender，about 7.5 times as long as width.Hind basitarsus nearly parallel–sided，about 6.5 times as long as its greatest width. Claws each with small basal tooth. Calcipala small but pedisulcus moderately developed. Wing: Costa with spinules as well as hairs.Apical of subcosta haired.Basal section of radius bare. Hair tuft at base of stem vein yellow. Abdomen: Basal scale with a fringe of dark brown hairs. Terga with three lines of dark spots on pale greyish ground. Genitalia: Sternite 8 bare medially，with about 30 long brown hairs laterally on each side. Anterior gonapophysis membraneous，with a lot of macrosetae as well as numerous microsetae on either side; inner margin gently curved and widely separated，much produced posteriorly. Genital fork with slender stem，is well sclerotized; each arm lacking any distinct projection directed forwards or inner projection. Spermatheca elliptic and unpatterned. Paraproct and cercus of moderate size.

Male Body length about 3.2mm. Wing length about 2.6mm. Head: Slightly wider than thorax. Upper–eye consisting of 17 horizontal rows and 18 vertical columns of large facets. Clypeus brownish black，whitish grey pruinose and covered with a few pale hairs. Antenna composed of 2+9 segments，brownish black except pale scape，the 1st flagellomere about 1.8 times as long as the following one. Maxillary palp composed of 5 segments，proportional lengths of the 3rd to the 5th segments of 5.8 : 5.1 : 12.9. The 3rd segment of normal size，sensory vesicle small，about 0.18 times as long as the 3rd segment. Thorax: Scutum with distinct whitish gery shoulder spots. Pleural membrane haired. Legs: Coloring as in female.Fore basitarsus slender，about 8.0 times as long as width. Hind basitarsus nearly parallel–sided，W : L=5 : 1. Wing as in female. Abdomen: Basal scale brown，with a fringe of brown hairs. Terga dark brown，whitish grey pruinose with whitish grey hairs. Genitalia: Coxite subconical in shape. Style elongate，about 1.75 times as long as coxite and about 2.6 times as long as its greatest width at basal 1/3, with subapical spine. Ventral plate Y-shaped, plate body long, plate-shaped, nearly paralled, tapered distally in ventral view, and having 3~4 teeth on apical margin in lateral view. Parameres large basally and each with numerous parameral hooks. Median sclerite plate-like, parallel-sided and with a cleft apically.

Pupa Body length about 4.0mm. Head and thorax: Integuments brownish yellow, uniformly covered with dense small tubercles all over. Head with 1 facial and 2 frontal pairs of simple trichomes. Thorax with 5 pairs of simple trichomes. Gill organ with 8 tawny short filaments in pairs, nearly sessile, all filaments subequal in length and in thickness. Abdomen: Tergum 2 with 1 long and 5 short simple setae on each side. Terga 3 and 4 each with 4 hooked along posterior margin on each side. Tergum 8 with a cross row of spine-combs. Tergum 9 with terminal hooks. Sternum 5 with a pair of bifid hooks situated closely together on each side. Sterna 6 and 7 each with a pair of bifid or simple hooks widely spaced on each side. Cocoon: Shoe-shaped with low neck, tightly woven except near anterior end loosely woven, giving rise to several interspaces in the webs.

Mature larva Body length about 5.0mm. Brownish yellow in body color. Cephalic spots indistinct. Antenna with 3 segments in proportion of 2.1 : 4.9 : 2.8, segment 2 with 2 pale annulets. Cephalic fan with 40~42 main rays. Mandible with a large and a small mandibular serration, but lacking any supernumerary teeth.Hypostomium with a row of 9 apical teeth, corner and median teeth moderately developed and intermediate teeth small. Lateral serration present apically.8~9 hypostomial setae lying in parallel to lateral margin on each side. Postgenal cleft mitre-shaped, moderately pointed apically and about 3.0~4.0 times as long as postgenal bridge.Thoracic and abdominal integuments bare. Rectal gill lobes simple with no secondary lobule. Anal sclerite of X-form type with broadened wing-like anterior short arms about 0.5 times as long as posterior ones. Ventral papillae absent.Ring of minute spines round rectal gill. Posterior circlet with about 90 rows of approximately 10~14 hooklets per row.

Type materials Holotype: 1 ♀, reared from pupa, slide-mounted, with pupal skin and cocoon, was collected from a rapid current from Heishishan (37°27′N, 97°21′E, alt.2910m).Delingha city, Qinghai Province, China; 21st, Aug., 2006.Paratype: 2 ♂♂, 11 pupae, 5 larvae, all slide-mounted, same day as holotype by Ma Yulong.The pupae and larvae were taken from trailing grasses, leaves and stones.

Distribution Qinghai Province, China.

Remarks The present new species belongs to the subgenus *Tetisimulium* of genus *Simulium* as defined by Crosskey (1969) by the pleural membrane haired; the male ventral plate Y-shaped; the female scutum with 3 distinct dark longitudinal stripes; and each claw is with basal tooth.Among this subgenus, the new species is distinctive in the arms of female genital fork lacking any distinct projection directed forwards and inner projection; the male ventral plate body is long plate-shaped and the pupal filaments all sessile, by those combination characters may distinguished from all other known species of this subgenus.

Etymology The specific name was given by the all pupal filaments is nearly sessile.

贺兰山特蚋，新种 ***Simulium*（*Tetisimulium*）*helanshanense*** Chen，Wang and Yang（陈汉彬，王嫣，杨明），sp. nov.（图 12–290）

图 12–290 贺兰山特蚋，新种 ***S.*（*Te.*）*helanshanense*** Chen，Wang and Yang，sp. nov.

1.Female genitalia；2.Cibarium；3.Female sensory vesicle；4.Claw of female；5.Thorax and abdomen of female；6.Coxite and style of male；7.Ventral plate in ventral view；8.Ventral plate in lateral view；9.Ventral plate in end view；10.Median sclerite；11.Cocoon；12.Filaments；13.Larval head capsules；14.Larvae rectal gill；15.Larval anal sclerite

模式产地：中国宁夏（贺兰山）.

鉴别要点 雌虫生殖板端内角削尖，生殖叉突后臂具外突，无内突；食窦弓具疣突，跗节Ⅲ～Ⅶ具黑色中纵条，每节具 1 对灰白色侧圆斑。蛹呼吸丝上、下对具较长的茎。幼虫具肛前刺环。

形态概述

雌虫 体长约 3.2mm；翅长约 2.9mm。头：额和唇基棕黑色，灰白粉被，覆棕色毛。额指数为 7.5 : 6.6 : 6.0；额头指数为 7.5 ： 28.7。触角鞭节Ⅰ的长约为鞭节Ⅱ的 1.5 倍。触须节Ⅲ～Ⅳ的节比为 5.0 : 4.9 : 12.3。节Ⅲ不膨大，拉氏器椭圆形，长约为节Ⅲ的 0.36。下颚具 12 枚内齿和 15 枚外齿；上颚具 27 枚内齿和 15 枚外齿。食窦弓具疣突。胸：中胸盾片具灰白粉被，覆黄白色毛，具 3 条暗色宽纵纹。中纵纹明显长于中侧纵纹。中胸侧毛具棕色毛，下侧片光裸。各足基节棕黑色，转节中棕色；股节除中足股节基 3/4、后足股节基 2/3 为棕黄色外，余部为黑色。胫节除前足胫节端 1/3、中足胫节端 1/3 和后足胫节端 4/5 为黑色外，余部为黄色；跗节除中足基跗节基 3/5、后足基跗节基 3/4 和跗节Ⅱ基 1/2 为黄色外，余部为棕黑色。前足基跗节侧缘平行，跗突和跗沟发达。爪具小基齿。翅亚缘脉端 2/5 具毛，径脉基光裸。腹：基端黑色，具同色缘毛。跗节Ⅱ暗棕色，具灰白色背侧斑。腹节Ⅲ～Ⅶ具宽的暗色纵纹和背侧灰白色圆斑。第Ⅷ腹板中裸，两侧各约具 15 支长毛。生殖板角状，内缘作弧形凹入，端内角尖。生殖叉突具外突，无内突。受精囊椭圆形，无网斑。

雄虫 体长 3.0mm。头：上眼具 18 横排和 17 纵列大眼面。触角鞭节Ⅰ的长约鞭节Ⅱ的 2 倍。触须节Ⅲ不膨大，拉氏器小。胸：中胸盾片暗棕色，覆大的灰白色肩斑，肩斑向后延伸并与小盾前区的横白色斑连接。小盾片暗棕色，具黑色毛和灰白色毛。后盾片棕黑色，具灰白粉被，光裸。足色似雌虫，但后股基 3/4 为棕黄色，端 1/4 黑色。后足基跗节两侧平行，长约为宽的 5.6 倍。翅似雌虫。腹：基鳞棕色，具黄色缘毛。背板暗棕色，覆同色毛。尾器：生殖肢端节的长约为基节的 1.7 倍，生殖腹板枪锋状，板体侧面观端缘具 5~6 枚齿。中骨板状，具端中裂隙。阳基侧突每侧约具 10 个长钩刺。

蛹 体长约 3.5mm。头、胸覆疣突。头毛 3 对，胸毛 6 对，均简单。呼吸丝 8 条，短于蛹体，排列成 4+2+2。上、下对具较长的茎。茧具低领，前缘具若干孔隙。

幼虫 体长约 4.5~5.0mm，体色黄。头斑阳性，触角 3 节的节比为 2.8∶5.5∶3.0，节 2 具 1~2 个次生环。头扇毛 44~46 支。亚颏中的角齿、顶齿发达。侧缘毛每侧 7~9 支。后颊裂亚箭形，端尖，长为后颊桥的 3~4 倍。胸、腹体壁光裸。肛鳃简单。肛骨前臂翼状，长约后臂的 0.6。后腹具肛前刺环，后环 82 排，每排具 12~14 个钩刺。

模式标本 正模：1♀，从蛹孵化，与相联系的蛹皮制片。副模：5♀，6♂♂，16 蛹和 10 幼虫，均制片，同正模。王嫣采自宁夏贺兰山小溪中的水草茎叶和枯枝落叶上，38° 28′ N，106° 35′ E，海拔 3556m，2006 年 8 月 27 日。

地理分布 中国宁夏。

分类讨论 本种近似沙特蚋［*S.*（*Te.*）*desertorum*］和冬令特蚋［*S.*（*Te.*）*hiemalis*］，但是可根据本新种生殖叉突后臂无内突、呼吸丝排列方式、幼虫肛鳃简单和具肛前刺环等综合特征加以鉴别。

种名词源 新种以其模式标本产地命名。

附：新种英文描述。

Simulium*（*Tetisimulium*）*helanshanense Chen and Yang，sp. nov.（Fig.12–290）

Form of overview

Female Body length about 3.2mm. Wing length about 2.9mm. Head：Slightly narrower than thorax. Frons and clypeus brownish black，whitish grey pruinose，covered with brownish hairs. Frontal ratio 7.5 ∶ 6.6 ∶ 6.0.Frons–head ratio 7.5 ∶ 28.7. Antenna composed of 2+9 segments，brownish black except brownish yellow scape，the 1st fragellar segment about 1.5 times as long as the following one. Maxillary palp with 5 segments；proportional length of the 3rd to the 5th segments of 5.0 ∶ 4.9 ∶ 12.3；the 3rd segment not enlarged，sensory vesicle elliptical and about 0.36 times as long as the 3rd segment. Maxilla with 12 inner teeth and 15 outer ones. Mandible with 27 inner teeth and 15 outer ones. Cibarium armed with a few of minute denticles. Thorax：Scutum with whitish grey pruinose and covered closely with whitish grey pubescence when illuminated in front and viewed dorsally，scutum thickly whitish grey with 3 rather broad longitudinal dark stripes composed of 1 long medial and 2 short submedial stripes. Scutellum with whitish grey pruinose and erect long black hairs. Postscutellum whitish grey and bare. Pleural membrane with some brown hairs. Katepisternum bare. Legs：All coxae brownish black. All trochanters brownish. All femora black except with basal 3/4 of mid femur and basal 2/3 of hind femur brownish yellow. All tibiae yellow except apical 1/3 of fore tibia，apical 1/3 of mid tibia and apical 2/5 of hind tibia black. All tarsi black except basal 3/5 of mid basitarsus，basal 3/4 of hind basitarsus and basal 1/2 of second tarsomere yellow. Fore basitarsus nearly parallel–sided.Calcipala and pedisulcus moderately developed.Each claw with small basal tooth. Wing:

Costa with spinules as well as hairs. Apical 2/5 of subcosta hairy.Basal section of radius bare. Hair tuft at base of stem vein brownish yellow. Abdomen: Basal scale black with a fringe of dark hairs.The 2nd segment dark brown with large, dorsolateral whitish grey spots. Terga 3~7 with distinct broad, medium longitudinal stripes and each with large, dorsolateral whitish grey round spots. Genitalia: Sternite 8 bare medially with about 10 long hairs laterally on each side. Anterior gonapophysis membraneous, hook-shaped, covered with about 15 hairs; inner margin widely concave, posterior margin widely rounded and transparent. Genital fork with well sclerotized stem, and each arm with distinct projection directed forwards but lacking inner projection. Paraproct and cercus of moderate size. Spermatheca elliptic and unpatterned.

Male Body length about 3.0mm. Head: Slightly wider than thorax. Upper-eye consisting of 18 horizontal rows and 17 vertical columns of large facets. Clypeus as in female. Antenna composed of 2+9 segment; brownish black except scape brownish yellow, the 1st flagellomere about 2.0 times as long as the following one. Maxillary palp composed of 5 segments, the 3rd segment of normal size and with small sensory vesicle.Thorax: Scutum dark brown, grey pruinose, covered with whitish grey hairs, and with large anterior pair of white spots on shoulders, extend along lateral borders and connect to large transverse spot on posterior 1/3 including entire prescutellar area. Scutellum dark brown, whitish grey pruinose, with several black erect hairs and whitish grey pubescence. Postscutellum brownish black, whitish grey pruinose and bare.Legs: Coloring as in female, except mid and hind femora brownish yellow on basal 3/4 and black on distal 1/4, hind basitarsus parallel-sided, W : L=1.0 : 5.6. Wing: As in female. Abdomen: Basal scale brownish, with a fringe of yellow hairs. Terga dark brown with dark brown hairs. Genitalia: Coxite nearly subconical in shape. Style elongate, about 1.7 times as long as coxite and about 2.5 times as long as its greatest width at basal 1/3, broad on basal 1/3, gradually tapering toward apex, with subapical spine. Ventral plate V-shaped, plate body lance in shape, in lateral view having 5~6 teeth on apical margin, basal arms diverged from each other forming the right angle and bending inward and downwards apically. Median sclerite plate-shaped, nearly parallel-sided and with a cleft apically. Parameres each with about 10 long hooks.

Pupa Body length about 3.5mm. Head and thorax: The integuments brown, uniformly covered with dense small tubercles all over. Head trichomes 3 pairs, whereas the thorax with 6 pairs, all long and simple. Gill organ with 8 slender filaments arranged in 4+2+2, short-stalked, much shorter than pupal body. Abdomen: Tergum 2 with 5 short and 1 long simple setae on each side; terga 3 and 4 each with 4 hooked spines directed forwards along posterior margin on each side; tergum 8 with a cross row of spine-combs; tergum 9 with terminal hooks.Sternum 5 with a pair of bifid hooks situated closely together on each side. Sterna 6 and 7 each with a pair of inner bifid and outer single hooks widely spaced on each side. Cocoon: Shoe-shaped with low neck, closely woven except near anterior end loosely woven, giving rise to several interspaces or windows in the webs.

Mature larva Body length 4.5~5.0mm. Brownish yellow in body color. Cephalic spots indistinct.Antenna slightly longer than cephalic fan stem and with 3 segments in porportion of 2.8 : 5.5 : 3.0, segment 2 with 1 or 2 pale annulets. Cephalic fan with 44~46 main rays. Mandible with a large and a small mandibular serration, but lacking any supernumerary teeth. Hypostomium with a row of 9 apical teeth, median and each corner teeth moderately longer than others; lateral serration present apically; 7~9 hypostomial setae diverging posteriorly from lateral margin on each side. Postgenal cleft subspear-shaped, pointed anteriorly and about 3~4 times as long as postgenal bridge. Thoracic and abdominal integuments bare. Rectal papilla of 3 lobes, all simple. Anal sclerite of X-form type with broadened wing-like anterior short arms about 0.6 times as long as posterior ones; ring of minute spines round rectal gill. Posterior circlet with about 82 rows of 12~14 hooklets per row. Ventral papillae absent.

Type materials Holotype: 1 ♀, reared from pupa, slide-mounted, with pupal skin, in a small stream of Baisikou, Mountain Helan (38° 28′ N, 106° 35′ E, alt.3556m, 27th, July, 2006, by Wang Yan and Fan Wei), Ningxia Hui Autonomous Region, China. Paratype: 5 ♀♀, 6 ♂♂, 16 pupae, 10 larvae, all slide-mounted, same day as holotype. The pupae and larvae were taken from trailing grasses and leaves.

Distribution Ningxia Hui Autonomous Region, China.

Remarks According to pleural membrane haired, the male ventral plate Y-shaped; the female scutum with 3 distinct dark longitudinal stripe, the pupa with 8 filaments and the larval rectal gill lobes simple, this new species seems to fall into the subgenus *Tetisimulium* of the genus *Simulium*.It closely allied to *S.* (*Te.*) *desertorum* Rubstov and *S.* (*Te.*) *hiemalis* Rubstov.The new species, however, can be separated from the two related species mentioned above by several combination characters, such as the terga 3~7 with distinct dark, median longitudinal stripe and the arms of genital fork lacking inner projection in the female, the gill with 8 filaments arranged in 4+2+2, short-stalked and cocoon with very low neck in the pupa, the shape of postgenal cleft and the rectal papilla lobes all simple and with ring of minute spines round rectal gill in the larva.

Etymology The specific name was given for its type locality.

菱骨特蚋，新种 *Simulium* (*Tetisimulium*) *rhomboideum* Chen, Lian and Zhang, sp. nov. (图 12-291)

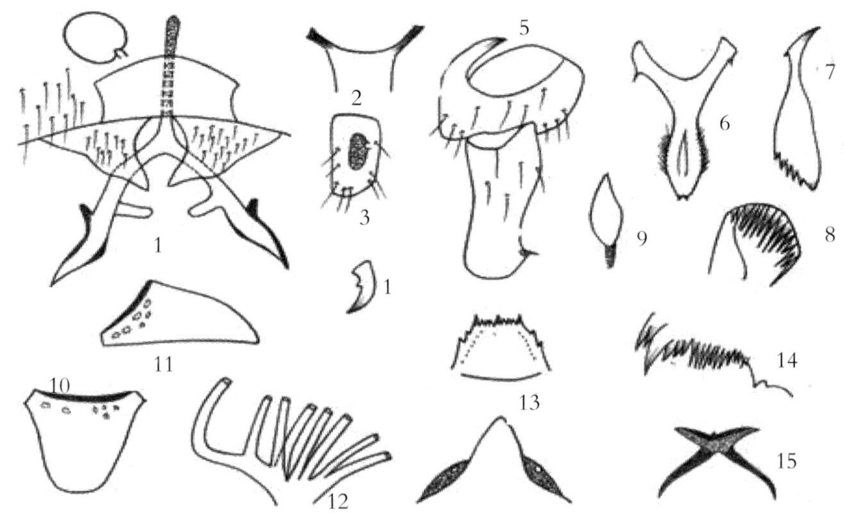

图 12-291 菱骨特蚋，新种 *S.* (*Te.*) ***rhomboideum*** Chen, Lian and Zhang, sp. nov.

1.Female genitalia; 2.Cibarium; 3.Female sensory vesicle; 4.Claw of female; 5.Coxite and style of male; 6.Ventral plate in ventral view; 7.Ventral plate in lateral view; 8.Paramerae; 9.Median sclerite; 10~11.Cocoon; 12.Filaments; 13.Larval head capsules; 14.Larval mandible; 15.Larval anal sclerite

模式产地 中国山西（蒙山）。

鉴别要点 雌虫生殖叉突后臂具内突、外突；食窦具疣突。雄虫中骨菱形；生殖腹板板体基2/3亚平行，不收缩。蛹呼吸丝背、腹对具短茎。

形态概述

雌虫 体长3.2mm；翅长2.7mm。头：稍窄于胸。额黑色，灰粉被，覆黑色毛。额指数为10.5∶7.0∶6.8；额头指数为10.5∶37.5。唇基黑色，具灰粉被。触角柄节黄棕色，余部棕黑色。触须节Ⅲ～Ⅴ的节比为6.9∶6.0∶9.8。节Ⅲ不膨大，拉氏器长约为节Ⅲ的0.4。下颚具11枚内齿和14枚外齿；上颚具28枚内齿和16枚外齿。食窦光裸。胸：中胸盾片黑色，具灰白粉被，覆黄色毛，具3条暗色纵纹，中纵纹长于亚中纵纹。小盾片覆灰粉被。后盾片黑色，具灰粉被，光裸。中胸侧膜具少量棕色毛，下侧片光裸。各足基节和转节除前足基节为黄色外，余为中棕色；股节除前、中股节端1/4和后足股节端1/4为棕黑色外，余为黄色；胫节黑色而中大部为黄色；跗节除中足基跗节基1/2、后足基跗节基3/4和跗节Ⅱ基1/2为黄色外，余部为棕黑色。前足基跗节长约为宽的7.5倍；后足基跗节侧缘平行，长约为宽的6.5倍。跗突和跗沟发达。爪具小的亚基齿。翅亚缘脉具毛，径脉基光裸。腹：基鳞具棕黄色缘毛。背板灰棕色，具不明显的暗色中纵纹。第Ⅷ腹板中裸，两侧各约具15支棕色长毛。生殖板三角形，内缘作弧形凹入，端内角削尖。生殖叉突后臂具内突和外突。受精囊亚球形，无斑。

雄虫 体长约3.0mm。头：上眼具19横排和18纵列大眼面。触角鞭节Ⅰ的长约为鞭节Ⅱ的2倍。触须节Ⅲ不膨大，拉氏器小。胸：中胸盾片黑色，灰白粉被，覆黄白色毛，具1对明显的灰白色肩斑。小盾片黑棕色，具灰白粉被，具黑色毛。后盾片棕黑色，具灰白粉被，光裸。中胸侧膜具毛。足色似雌虫，但后足基跗节的长约为宽的4.8倍。翅亚缘脉光裸。腹：基鳞具黄棕色缘毛，背板棕黑色，具灰白粉被，覆灰白色毛。尾器：生殖肢端节的长约为基节的1.8倍，生殖腹板“Y”形，板体枪锋状，端缘具5枚齿。阳基侧突具众多钩刺。中骨菱形，端尖。阳基侧突每侧具15个钩刺。

蛹 体长约4.0mm。头、胸近似无茎特蚋［*S.*（*Te.*）*atruncum* sp. nov.］，但是背对和腹对呼吸丝具短茎。腹部钩刺和毛序排列正常。茧具短领。

幼虫 体长4.0~5.0mm。体色黄棕。头斑阳性，触角3节的节比为4.6∶5.5∶2.8，节2具2个次生淡环。头扇32支，上颚具11枚内齿。亚颏中齿、角齿突出，约等长。侧缘毛6~8支。后颊裂箭形，端尖，长约为后颊桥的3倍。胸、腹体壁光裸。肛鳃简单。肛骨前臂长约为后臂的0.4。腹乳突缺。后环84排，每排具12~15个钩刺。

模式标本 正模：1♀，自蛹孵出，具相联系的蛹皮制片。副模：5♂♂，11蛹和1幼虫，同正模。廉国胜采自山西蒙山小溪中的水草和石块上，36° 94′ N，110° 81′ E，海拔1650m，2006年7月14日。

地理分布 中国山西。

分类讨论 本新种近似沙特蚋［*S.*（*Te.*）*desertorum*］和巨特蚋［*S.*（*Te.*）*alajense* Rubtsov，1938］，但是本新种的生殖板端内角削尖，雄虫中骨呈菱形，幼虫肛鳃简单等综合特征，可与上述近缘种相区别。

种名词源 新种以其雄虫中骨呈菱形这一独具特征命名。

附：新种英文描述。

Simulium*（*Testisimulium*）*rhomboideum Chen and Zhang，sp. nov.（Fig.12–291）

Form of overview

Female Body length about 3.2mm. Wing length about 2.7mm. Head：Narrower than thorax. Frons black，with grey pollinosity and covered with some dark hairs. Frontal ratio 10.5∶7.0∶6.8；frons–head ratio 10.5∶37.5. Clypeus black，grey pruinose. Antenna composed of 2+9 segments，brownish black except scape yellowish brown. Maxillary palp with 5 segments，with proportional lengths of the 3rd to the 5th segments of 6.9∶6.0∶9.8；The 3rd segment of moderate size；sensory vesicle elongated，about 0.4 times of the length of respective segment. Maxilla with 11 inner teeth and 14 outer ones. Mandible with 28 inner teeth and 16 outer ones. Cibarium unarmed. Thorax：Scutum black，whitish grey pruinose，and densely covered with yellow pubescence；when viewed in front，dorsal scutum with 3 indistinct longitudinal dark stripes composed of 1 long medial and 2 short submedial ones. Scutellum grey pruinose with several black hairs along posterior margin. Postscutellum black，grey pruinose and bare. Pleural membrane with a few brown hairs.Katepisternum smooth. Legs：All coxae and trochanters brown except fore coxa yellow. All femora yellow except distal 1/4 of fore and mid femora and distal 1/3 of hind femur blackish brown. All tibiae blackish brown except each median large portion yellow. All tarsi blackish brown except basal 2/3 of mid basitarsus and base of second tarsomere，basal 3/4 of hind basitarsus and basal 1/2 of second tarsomere，which yellow. Fore basitarsus slender about 7.5 times as long as width. Hind basitarsus nearly parallel–sided and about 6.5 times as long as width. Calcipala and pedisulcus moderately developed. Each claw with small basal tooth. Wing：Costa with spinules as well as hairs. Subcosta and basal portion of radius bare. Hair tuft of stem vein mostly brownish yellow. Abdomen：Basal scale with a fringe of brownish yellow hairs. Terga brown grey with indistinct dark longitudinal stripes at middle. Genitalia：Sternite 8 bare medially and with about 15 long brown hairs on each side. Anterior gonapophysis membraneous，with numerous macrosetae as well as microsetae on each side；bent ventrally，subtriangular with inner strongly concave，narrowed toward tip. Stem of genital fork well sclerotized，each arm with sclerotized projection directed forwards and a distinct stripes–shape inner projection at middle. Spermatheca ovoid，unpatterned. Paraproct and cercus of moderate size.

Male Body about 3.0mm. Head：Slightly wider than thorax. Upper–eye enlarged，with 19 horizontal rows and 18 vertical columns of large facets. Clypeus：As in female. Antenna composed of 2+9 segments；brownish except scape yellowish brown，the 1st flagellomere somewhat elongate and being about 2.0 times as long as the following one. Maxillary palp with 5 segments，the 3rd segment not elongated，and with small sensory vesicle. Thorax：Scutum black，whitish grey pruinose and densely covered with yellowish white pubescence，and with distinct anterior pair of whitish grey spots on shoulders.Scutellum blackish brown，whitish grey pruinose，and with several erect black hairs.Postscutellum brownish black，grey pruinose and bare. Pleural membrane haired. Legs：As in female except hind basitarsus about 4.8 times as long as width. Wing：As in female except subcosta bare. Abdomen：Basal scale brown，with a fringe of yellowish brown hairs.Terga blackish brown, grey pruinose with whitish grey hairs. Genitalia: Coxite in ventral view about 0.8 times as long as width. Style elongate, about 1.7 times as long as coxite and about 2.5 times as long as its greatest width, broad on basal 1/3, gradually tapering toward apex and with subapical spine. Ventral plate of Y-shaped, plate body lance in shape, with about 5 teeth on apical margin in lateral view. Median sclerite characteristic, rhomb in shaped and pointed apically. Parameres each with about 15 hooks.

Pupa Body length about 4.0mm. Head and thorax: Nearly same as in *S.*（*Te.*）*atruncum* Chen *et al.*, sp. nov.. Except dorsal and ventral pairs of filaments with short-stalked. Abdomen: Arrangement of setae, spines and hooks of both dorsal and ventral surface of abdomen similar to those of *S.*（*Te.*）*atruncum.*

Mature larva Body length 4.5~5.0m. Yellowish brown in body color. Cephalic spots indistinct. Antenna composed of 3 segments, longer than stem of cephalic fan and with proportional lengths of 4.6 : 5.5 : 2.8; segment 2 with 2 pale annulets.Cephalic fan with 32 main rays. Mandible with 11 inner teeth and mandibular serrations with a large and a small tooth but lacking supernumerary serrations. Hypostomium with a row of 9 apical teeth, median tooth as long as each corner tooth but longer than 3 intermediate teeth on each side; lateral serration present apically; hypostomial setae 7 in member. Postgenal cleft mitre-shaped, moderately pointed apically and about 3 times as long as postgenal bridge. Thoracic and abdominal integuments bare. Rectal gill lobes simple. Anal sclerite of X-formed type with anterior short arms about 0.4 times as long as posterior ones. Ventral papillae absent. Posterior circlet with about 84 rows of 12~15 hooklets per row.

Type materials Holotype: 1 ♀, reared from pupa, slide-mounted with associated pupal skin, was collected on grasses trailing in the water of small shaded streams from Mengshan, Shanxi Province, China（36°94′N, 110°81′E, alt.1650m）, 14th, July, 2006, by Lian Guosheng. Paratype: 5 ♂♂.11 pupae and 1 larva.Same day as holotype.

Distribution Shanxi Province, China.

Remarks This new species also belongs to the subgenus *Tetisimulium.* It seems to be most closely allied to *S.*（*Te.*）*deserlorum* Rubtsov and *S.*（*Te.*）*hiemalis* Rubtsov, in the some features of female genitalia and the branching method of the pupal gill filaments, however, it is clearly distinguishable by several combination characters, such as the having characteristic rhomb-shaped median sclerite and with numerous parameres hooks in the male. The shape of pupal cocoon and the larval rectal gill lobes simple and the number of inner teeth of mandible.

Etymology The specific name was given by the shape of male median sclerite.

巨特蚋 *Simulium*（*Tetisimulium*）*alajense*（Rubtsov, 1938）（图 12-292）

Friesia alajensis alajensis（Rubtsov）, 1939: 193~194. 模式产地：俄罗斯（高加索）.

Tetisimulium alajense（Rubtsov, 1956）.*Blackflies, Faunn USSR*, Diptera, 6（6）: 704~708.Tan and Chen（谭娟杰，周佩燕）, 1976. *Acta Ent. Sin.*, 19（4）: 457.

Simulium（*Tetisimulium*）*alajense* Rubtsov, 1956; An（安继尧）, 1996. *Chin J. Vector Bio. and Control*, 7（6）: 473.

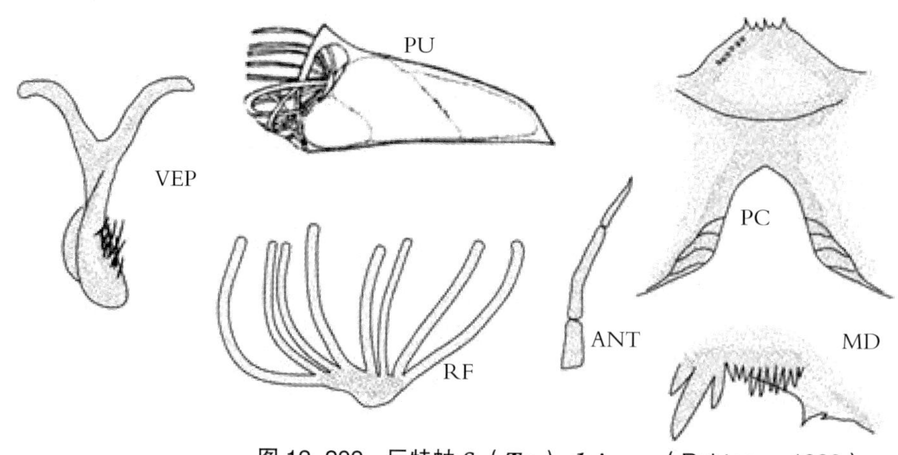

图 12–292 巨特蚋 *S.*（*Te.*）*alajense*（Rubtsov，1938）

鉴别要点 雌虫生殖叉突后臂具外突和弯条状膜质内突，腹节Ⅲ ~ Ⅵ背板的暗色中斑和两侧斑在前缘连接。雄虫中胸盾片 3 条暗色纵纹宽而显著。茧具短领，呼吸丝上、下对具短茎，展角为 160°~170°。幼虫后颊裂拱门状。

形态概述

雌虫 体长 4.0~4.5mm。额颜灰色，具金色毛。触角柄、梗节黄色，鞭节黑色。中胸盾片淡灰色，具 1 条暗色长斑和 2 个不明显的宽而短的褐色侧斑。足大部棕黄色。腹节Ⅲ ~ Ⅵ背板各有 1 个横排和 3 个暗色斑。生殖板内缘凹入，端内角舌状；生殖叉突后臂具外突和弯条状膜质内突。

雄虫 体长约 4.0mm。触角柄、梗节为黑褐色，鞭节黑色。中胸盾片具宽的银白色缘饰，中部具 3 个宽的黑色纵斑，尤以中纵斑较长。生殖腹板纵长，板体基部强收缩，亚端部扩大，侧面观后缘约具 5 枚小齿。

蛹 体长约 4.0mm。呼吸丝 4 对，长约为体长的 1/3，上、下对具短茎，展角为 160° ~170° 。茧鞋状，具短领，前缘有粗线缠绕，具 1~2 个大孔窗。

幼虫 体长 7~9mm。触角节 2 长约为节 1 的 1.75 倍，无次生环。上颚具内齿 7~8 枚。头扇毛 32~36 支。亚颏侧缘毛每侧 7 支。角齿长为亚中齿的 3~4 倍。后颊裂拱门状，长为后颊桥的 3.0~3.5 倍，肛鳃简单。后环 70~74 排，每排具 11~13 个钩刺。

生态习性 幼虫和蛹孳生于山区和林缘地带的溪流和小河里，采集时水温 2~24℃。在中国辽宁较干旱的辽西丘陵地带，3~4 月份和 8~9 月份多见。1970 年 3 月，曾在辽原县郊出现大量该种成虫叮人的虫情（孙悦欣，1994）。

地理分布 中国：辽宁，内蒙古，新疆，西藏；国外：吉尔吉斯斯坦，亚美尼亚，保加利亚，哈萨克斯坦，塔吉克斯坦，乌克兰，罗马尼亚，土耳其，印度，巴基斯坦，阿富汗。

分类讨论 谭娟杰和周佩燕（1976）首次记录我国分布有巨特蚋，但从其描述和附图看，显然是巨特蚋冬令亚种（*S. alajense hiemale* Rubtsov，1956）。此后，陈继寅等（1983）和安继尧（1989），先后又报道我国有巨特蚋，但未作形态概述。因为谭娟杰、周佩燕（1976）和孙悦欣（1994）论述的巨特蚋的图文实际上是冬令特蚋，所以陈汉彬、安继尧（2003）将我国的巨特蚋作为冬令特蚋处理。本书支持 Adler 和 Crosskey（2013，2014）的意见，我国冬令特蚋是巨特蚋的误述。

正直特蚋 *Simulium*（*Tetisimulium*）*coarctatum* Rubtsov，1940（图 12-293）

Simulium（*Odagmia*）*coactatum* Rubtsov，1940. *Blackflies*，*Fauna USSR*，Diptera，6（6）：374. 模式产地：哈萨克斯坦。

Tetisimulium coarctatum Rubtsov，1940；Crosskey，1988. Annot. Checklist World Blackflies（Dipter：Simuliidae）：481.

Simulium（*Simulium*）*coarctatum* Rubtsov，1940；Crosskey *et al.*，1996. *J. Nat. Hist.*，30：423；An（安继尧），1996，*Chin J. Vector Bio. and Control*，7（6）：473.

Simulium（*Tetisimulium*）*coarctatum* Rubtsov，1940. Chen and An（陈汉彬，安继尧），2003. The Blackflies of China：391.

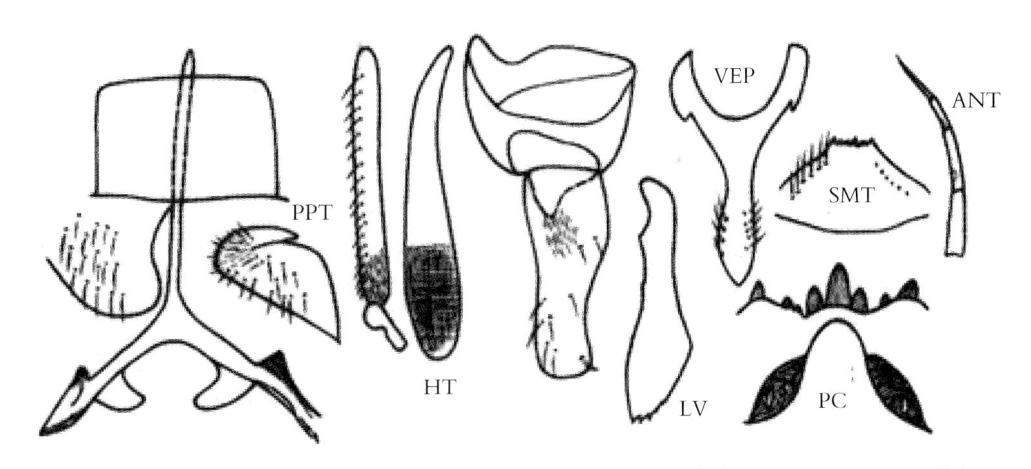

图 12-293 正直特蚋 *S.*（*Te.*）*coarctatum* Rubtsov，1940（仿 Rubtsov，1956. 重绘）

鉴别要点 雌虫肛上板上缘中部具角状突。蛹 4 对呼吸丝均无茎。幼虫后颊裂拱门状，长约为后颊桥的 1/2。

形态概述

雌虫 与其近缘种的主要区别是后足基跗节基部比端部略宽，长为其宽的 7~7.5 倍。生殖板端内角靠近，生殖叉突具外突和弯条状膜质内突，肛上板上缘中部具角状突。

雄虫 体长 3.0~3.5mm。中胸盾片银白色斑仅伸达盾片中部，从上面观与后盾银白带不连接，与 3 条独立的暗色纵纹不分离。后足股节基部、胫节基 1/2 和基跗节基 2/3 为黄色。后足基跗节基部略宽于端 1/3。生殖腹板板体矛状，基部强收缩，亚端部扩大，侧面观后缘具 4~5 枚小齿。

蛹 体长 3.5~4.0mm。呼吸丝 4 对，均无茎。茧简单或前缘加厚，具若干小孔窗。

幼虫 体长 7.0~8.0mm。触角节 2 具 2 个次生淡环，头扇毛 40~46 支。亚颏中齿发达，长于角齿。侧缘毛每边约 6 支。后颊裂较浅，拱门状，长约与后颊桥相当。后环 92~94 排，每排具 12~14 个钩刺。

生态习性 幼虫和蛹孳生于海拔 1000~1300m 的山溪中。

地理分布 中国：新疆；国外：伊朗，哈萨克斯坦，塔吉克斯坦，乌兹别克斯坦，蒙古国。

分类讨论 正直特蚋蛹的呼吸丝无茎，幼虫后颊裂浅，拱门状，这些特征相当突出，不难与其近缘种相区别。

沙特蚋 *Simulium*（*Tetisimulium*）*desertorum* Rubtsov，1938（图 12-294）

Simulium（*Odagmia*）*desertorum* Rubtsov, 1938. *Vopr. kraevoi Parazit.*, 3：195~196. 模式产地：中国西藏.

Tetisimulium desertorum Rubtsov，1938；Chen and Cao（陈继寅，曹毓存），1982. *Acta Zootax Sin.*，7（1）：82.

Simulium（*Tetisimulium*）*desertorum* Rubtsov，1938；An（安继尧），1989. *Contr. Blood-sucking Dipt. Ins.*，1：186；Chen and An（陈汉彬，安继尧），2003. The Blackflies of China：392.

Simulium（*Tetisimulium*）*desertorum* Rubtsov，1938；Crosskey *et al.*，1996. *J. Nat. Hist.*，30：423；An（安继尧），1996. *Chin J. Vector Bio. and Control*，7（6）：473.

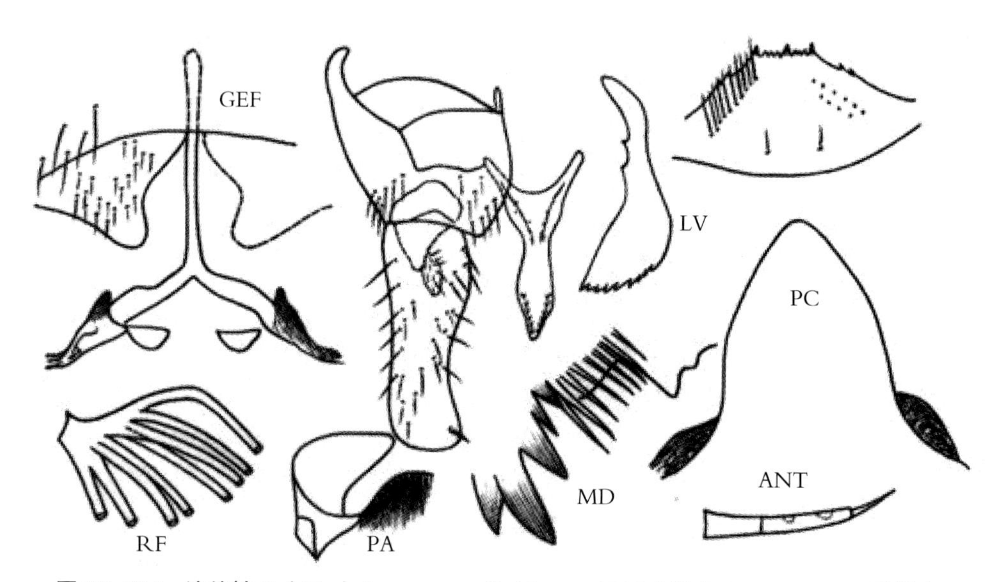

图 12-294 沙特蚋 *S.*（*Te.*）*desertorum* Rubtsov，1938（仿 Rubtsov，1956. 重绘）

鉴别要点 雌虫生殖板端内角远离，中胸盾片暗色中斑和侧斑在小盾前区连接。雄虫中胸盾片银白色斑发达，暗色中纵纹窄短。幼虫亚颏侧缘毛每边 8~11 支；肛鳃复杂。

形态概述

雌虫 额、颜闪光。触角柄、梗节为黄色。中胸盾片暗色中纵纹自前缘伸达小盾前区，暗色侧纵纹不清晰，始自肩部，并向后延伸与中纵纹呈弧形连接。各足股、胫节大部为黄色。中足胫节为黄色，前足、后足胫节基 1/4 为暗褐色。中足、后足基跗节基 3/4 为黄色。腹节Ⅲ~Ⅴ背板暗色中斑和侧斑分离，腹Ⅵ~Ⅷ背板仅具暗色中斑。生殖板内缘凹入，基部靠近，端部 1/2 远离。生殖叉突后臂具外突和杓状膜质内突。

雄虫 体长 3.0~3.5mm。中胸盾片前部具宽阔的银白色斑，暗色纵纹很窄，从上面观仅中纵纹与后盾斑连接。足大部暗褐色，前足胫节淡黄色，黄色部分包括中足、后足转节、胫节基 1/2、基跗节基 1/2 和跗节Ⅱ基 1/2。后足基跗节稍膨大，长约为宽的 6 倍。腹节Ⅱ和节Ⅳ~Ⅶ背板具银白色侧斑。生殖肢端节长约为基节的 1.6 倍。生殖腹板板体基部强收缩，端部矛状，后缘具 4~8 枚齿。阳基侧突每边具 6~7 个大刺和若干小刺。

蛹 体长 3.0~4.0mm。呼吸丝 4 对，上、下对具短茎，中间 2 对从基部发出。茧简单，有时具短领，前缘由很多细丝编织形成很多小孔窗。

幼虫 体长 6.0~7.5mm。体色黄绿，腹部具棕色斑带。头斑阳性，触角节 2 具 2 个次生淡环。头肩毛 44~48 支。上颚具内齿 7~8 枚。亚颏侧缘毛每边 7~11 支。后颊裂较小，箭形。肛鳃每叶具 3~4 个附叶。后环 95~100 排，每排具 18~19 个钩刺。

生态习性 幼虫和蛹孳生于山区溪流中的石块上。

地理分布 中国：吉林，新疆，西藏；国外：哈萨克斯坦，巴基斯坦，塔吉克斯坦，土库曼斯坦和保加利亚。

分类讨论 沙特蚋可依其两性中胸盾片的造型、尾器形态、茧结构和幼虫亚颏侧缘毛数量多以及复杂的肛鳃等综合特征，与其近缘种相区别。

扣子特蚋 *Simulium*（*Tetisimulium*）*kozlovi* Rubtsov，1940（图 12–295）

Simulium（*Odagmia*）*kozlovi* Rubtsov，1940. *Blackflies*，*Fauna USSR*，Diptera，6（6）：371~374. 模式产地：塔吉克斯坦 .

Tetisimulium kozlovi Rubtsov，1940；Zhu（朱纪章），1989. Proc. 2nd Chinese Med. Ent. Conference：38.

Simulium（*Simulium*）*kozlovi* Rubtsov，1940；Crosskey 1988. Annot. Checklist World Blackflies（Diptera Simuliidae）：481；An（安继尧），1996. *Chin J. Vector Bio. and Control*，7（6）：473.

Simulium（*Tetisimulium*）*kozlovi* Rubtsov，1940，Chen and An（陈汉彬，安继尧），2003. The Blackflies of China：395.

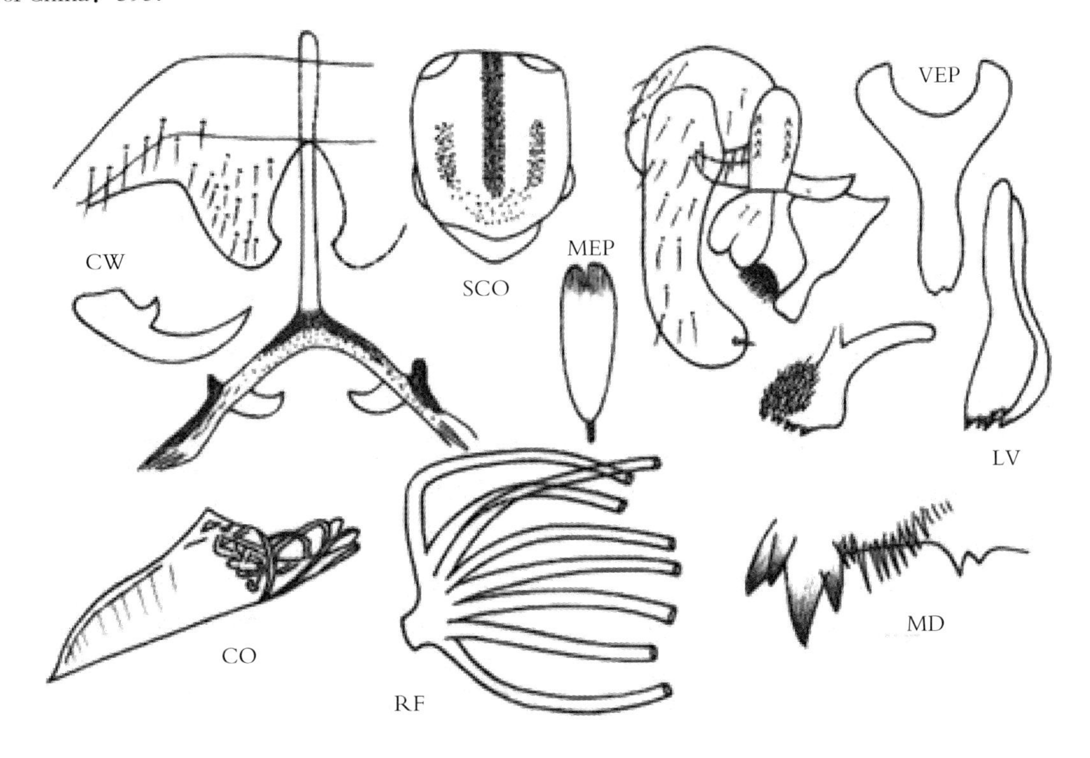

图 12–295 扣子特蚋 *S.*（*Te.*）*kozlovi* Rubtsov，1940

鉴别要点 雌虫生殖板端内角鸟喙状，后足基跗节长度超过宽度的 8 倍。雄虫生殖腹板纺锤状。蛹下对呼吸丝无茎。

形态概述

雌虫 后足基跗节两边平行，长约为宽的 8 倍。后足股节基部、胫节基 3/5、基跗节基 4/5 和跗节Ⅱ基 1/2 为黄色。生殖板端后角鸟喙状。生殖叉突后臂具外突和弯条状膜质内突。

雄虫 体长约 3.0mm。中胸盾片银白色缘饰窄，从前面观，暗色中纵纹宽。后足基跗节窄长，长约为宽的 7 倍。生殖腹板纵长，板体纺锤形，侧面观后缘具 3~4 枚齿。阳基侧突每边约具 20 个大小不等的钩刺。

蛹 体长 3.0~3.5mm。呼吸丝 4 对，上面 2 对具短茎，下面 2 对从基部发出，茧具网格状颈领。

幼虫 体长 6.0~8.0mm。头斑不明显。触角细，节 1 与节 3 约等长。上颚顶齿粗短，内齿 11~12 枚。

生态习性 高山型种类。幼虫和蛹孳生于海拔约 1700m 的山区小河或溪流中。

地理分布 中国：青海；国外：阿塞拜疆，哈萨克斯坦，吉尔吉斯斯坦，塔吉克斯坦，乌兹别克斯坦，蒙古国。

分类讨论 本种雌虫生殖板和雄虫生殖腹板的形状特殊，后足基跗节特细长，可资鉴别。

龙岗特蚋 *Simulium*（*Tetisimulium*）*longgengen* Sun，1992（图 12-296）

Simulium（*Tetisimulium*）*longgengen* Sun（孙悦欣），1992. 辽宁青年学术会论文集：324. 模式产地：中国辽宁（新宾）. Chen and An（陈汉彬，安继尧），2003. The Blackflies of China：397.

Simulium（*Tetisimulium*）*longgengen* Sun，1992；Crosskey 1997. Taxo. Geograph. Invent. World Blackflies（Diptera：Simuliidae）：64.

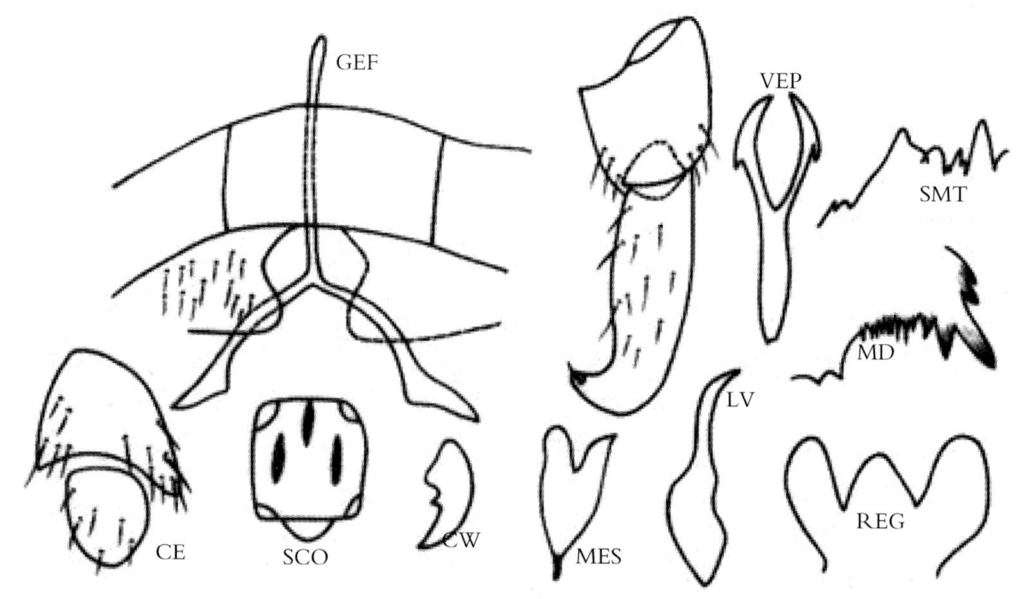

图 12-296 龙岗特蚋 *S.*（*Te.*）*longgengen* Sun，1992（仿孙悦欣，1994. 重绘）

鉴别要点 雌虫中胸盾片暗色中纵条短，生殖叉突后臂无内突、外突。雄虫中胸盾片无纵纹；生殖腹板长梭形。蛹中对呼吸丝具较短的茎。

形态概述

雌虫 体长 3.0~3.6mm。唇基光裸。触须拉氏器椭圆形。中胸盾片暗色中纵纹仅伸达盾片中部。中胸侧膜具黄色毛，生殖腹板长三角形，内缘凹入。生殖叉突后臂无外突和膜质内突。受精囊椭圆形。

雄虫 体长 3.4~3.8mm。触角鞭节Ⅰ的长约为鞭节Ⅱ的 2 倍。中胸盾片无纵纹。中胸侧膜前部具黄色毛。前足胫节具大白色斑。生殖肢端节长于基节，端部内弯成钩状。生殖腹板纵长，板体成纺锤形。中骨薄板状，具骨化细基柄，端中裂明显。阳基侧突具众多长刺。

蛹 体长 2.9~3.2mm。呼吸丝 8 条，中对丝具短茎。茧拖鞋状，前部具 3 个孔窗。

幼虫 体长 7.0~7.3mm。体灰白色。额斑阳性。头扇毛 34~36 支。亚颏中齿细长，角齿发达，侧缘毛每边 6 支。后颊裂矛状。肛鳃简单。后环 72 排，每排约具 12 个钩刺。

生态习性 蛹和幼虫生活在水温 17℃，海拔 580m 的小河或小溪急流处。

地理分布 中国辽宁。

分类讨论 龙岗特蚋两性成虫的盾饰和尾器构造特征在特蚋亚属中相当突出，虽然尚未见正式发表，但是作为独立种可信。

塔城特蚋 *Simulium*（*Tetisimulium*）*tachengense* An and Maha，1994（图 12–297）

Simulium（*Tetisimulium*）*tachengense* An and Maha（安继尧、马合木提），1994. *Acta Zootax Sin.*，19（2）：214~216. 模式产地：中国新疆（塔城）. Chen and An（陈汉彬，安继尧），2003. The Blackflies of China：398.

Simulium（*Simulium*）*tachengense* An and Maha，1994. Crosskey，1996. *J. Nat. Hist.*，30：423；An，1996. *Chin J. Vector Bio. and Control*，7（6）：473.

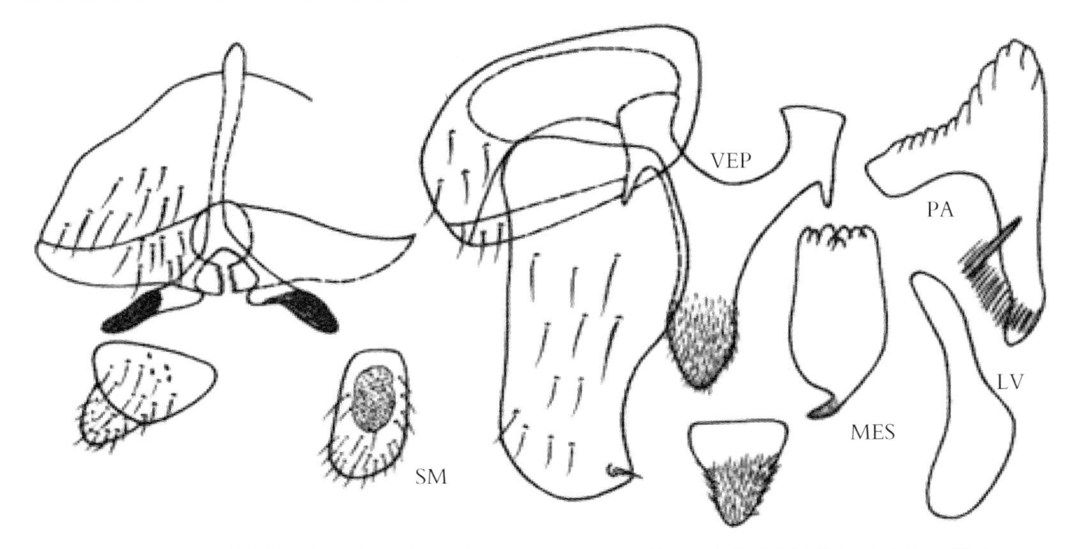

图 12–297 塔城特蚋 *S.*（*Te.*）*tachengense* An and Maha（仿安继尧等，1994. 重绘）

鉴别要点 雌虫生殖板亚三角形，内缘末段具锯齿列。雄虫生殖腹板基臂具发达的侧刺。

形态概述

雌虫 体长约 2.8mm。触角棕褐色。触须拉氏器长约为节Ⅲ的 2/5。中胸盾片灰色，覆黄白色毛，具 3 条暗色纵条。小盾片灰色，覆黄白色毛。中胸侧膜具毛。翅径脉基段光裸。前足转节、股节基

1/2、跗节 1 基 1/2，中足股节基 1/2、胫节基 3/4、跗节Ⅰ基部和跗节Ⅱ基 1/2，后足股节基 1/3 和端部、胫节基 1/2、基跗节基 2/3 和跗节Ⅱ基 1/2 均为棕黄色，余部为黑色。生殖板亚三角形，内缘凹入，末段靠拢，具锯齿列。生殖叉突后臂末段骨化，具内突，无明显的外突。

雄虫 触角梗节棕褐色，余部黑色。触须拉氏器的长约为节Ⅲ的 1/5。中胸盾片、翅径脉基段和中胸侧膜似雌虫。前足股节端部、胫节基 3/4 为棕黄色，余部为黑色；中足股节端部、胫节基 3/4、跗节Ⅰ基部和跗节Ⅱ、跗节Ⅲ为棕黄色，余部为黑色；后足股节基 1/3 和端部、胫节基 1/2、基跗节基 2/3 和跗节Ⅱ基 1/2 为棕黄色，余部为黑色。腹部黑色，腹节Ⅴ～Ⅶ背板两侧覆灰白粉被和黄白色毛。生殖肢端节长约为基节的 2 倍。生殖腹板纵长，板体矛状，基臂外侧具发达的侧刺。中骨基部有细的骨化带。阳基侧突具众多小刺。

生态习性 不详。

地理分布 中国新疆。

分类讨论 塔城特蚋与 *S.*（*Te.*）*hiemalis* 和 *S.*（*Te.*）*kozlovi* 相似，但是后 2 种生殖板、生殖叉突、生殖腹板和中骨的形状与本种迥异。

五台山特蚋 *Simulium*（*Tetisimulium*）*wutaishanense* An and Yan，2003（图 12-298）

Simulium（*Tetisimulium*）*wutaishanense* An and Yan（安继尧，严格），2003. *Acta Parasitol. Med. Sin.*，10（3）：170~173. 模式产地：中国山西（五台山）.

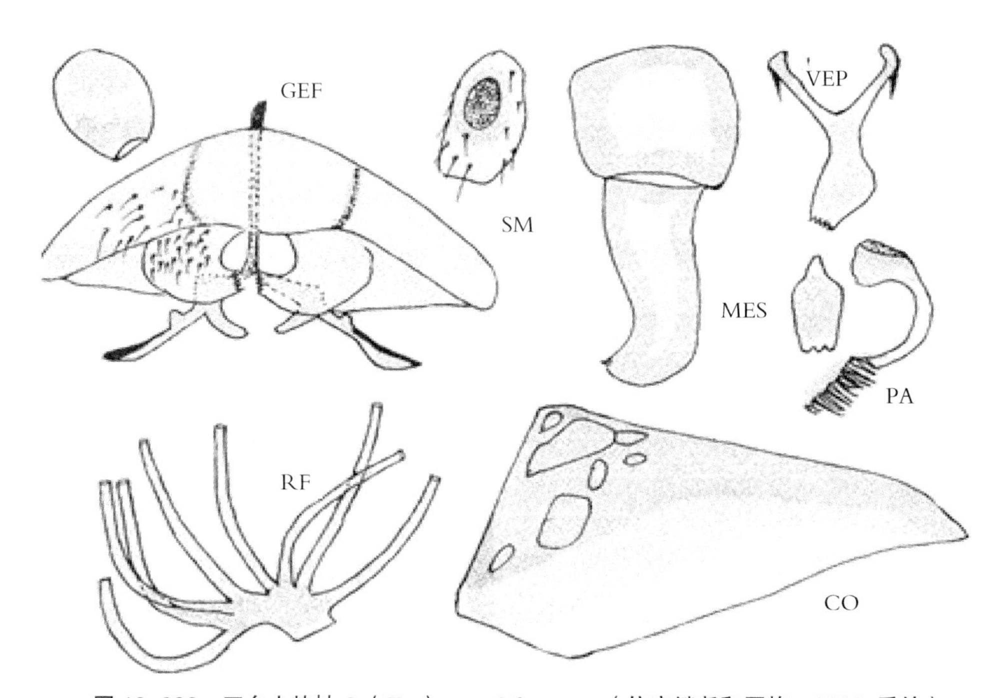

图 12-298 五台山特蚋 *S.*（*Te.*）*wutaishanense*（仿安继尧和严格，2003. 重绘）

鉴别特征 雌虫生殖板宽钩状，端内角末端具锯齿列；生殖叉突后臂无内突、外突；食窦具疣突。蛹的呼吸丝几乎无茎。雄虫生殖腹板板体基 2/3 亚平行，中骨板状，端缘波状。

形态概述

幼虫 尚未发现。

雌虫 体长 3.4mm。翅长 2.8mm。体色灰白。触角柄节和梗节为棕黄色，鞭节为黑色。触须节Ⅲ～Ⅴ的节比为 34∶28∶52。拉氏器长约节Ⅲ的 0.35。额指数为 50∶33∶34；额头指数为 50∶134。上颚具 32 枚内齿，16 枚外齿；下颚具 13 枚内齿和 12 枚外齿。中胸盾片灰白色，具 3 条暗色纵纹，中纵纹较长，两侧呈点状。小盾片黑色。中胸侧膜具毛。径脉基具毛。前足胫节基 4/5 为棕黄色，余部为黑色。中足胫节基 4/5 和基跗节基 4/5 为棕黄色，余部为黑色。后足胫节基 4/5、基跗节基 4/5 为棕黄色，余部为黑色。跗突明显，跗沟发达。爪具基齿。腹背灰白色，具黑色中纵条，前部侧缘各具 1 条短纵条。生殖板宽钩状，内缘作弧形凹入，两板合围呈椭圆形空间，端内角末端锯齿列。受精囊成椭圆形。

雄虫 体长 3.2mm；翅长 2.7mm。体色黑灰。触角黑色。触须节Ⅲ～Ⅴ的节比为 32∶30∶62。拉氏器长约为节Ⅲ的 0.28。中胸盾片黑色，覆黄白色毛，肩部灰白色。小盾片黑色，具黑色缘毛。中胸侧膜具毛。翅径脉基光裸。前足股节端部、胫节基部和中 1/3 为棕黄色，余部为黑色；中足股节基 2/3、胫节基 2/3、基跗节基 1/2 为棕黄色，余部为黑色或浅黑色。跗突明显，跗沟发育良好。腹部黑色。生殖肢端节长于基节的 2 倍。生殖板“Y”形，两臂亚端具骨化倒刺。生殖腹板端面具 2 排齿。中骨基 1/4 骤变细，宽 3/4 宽大，末端波状。阳基侧突具众多钩刺。

蛹 体长约 4.0mm。呼吸丝 8 条，最长者达体长的 3/4。茧靴状，具短领，编织紧密，前部具孔窗。头、胸密被疣突。头毛 2 对。腹背节 2 具 6 支刺毛，腹节 3、腹节 4 每侧各具 4 个粗刺钩，腹节 6~8 每侧各具 2 个粗刺钩，腹节 9 具刺栉。

生态习性 蛹孳生于宽 5m、水深为 0.2~0.4m 的山溪中的水草上，海拔 1800m。

地理分布 中国山西。

分类讨论 本种生殖板端内角末端和生殖腹板端缘均为锯状，具有明显的种征。

小岛特蚋 *Simulium*（*Tetisimulium*）*xiaodaoense* Liu，Shi and An，2004（图 12-299）

Simulium（*Tetisimulium*）*xiaodaoense* Liu，Shi and An（刘增加，石淑珍，安继尧），2004. *Entomotaxaxnomia*，26（3）：197~199. 模式产地：中国青海（格尔木市，小岛）.

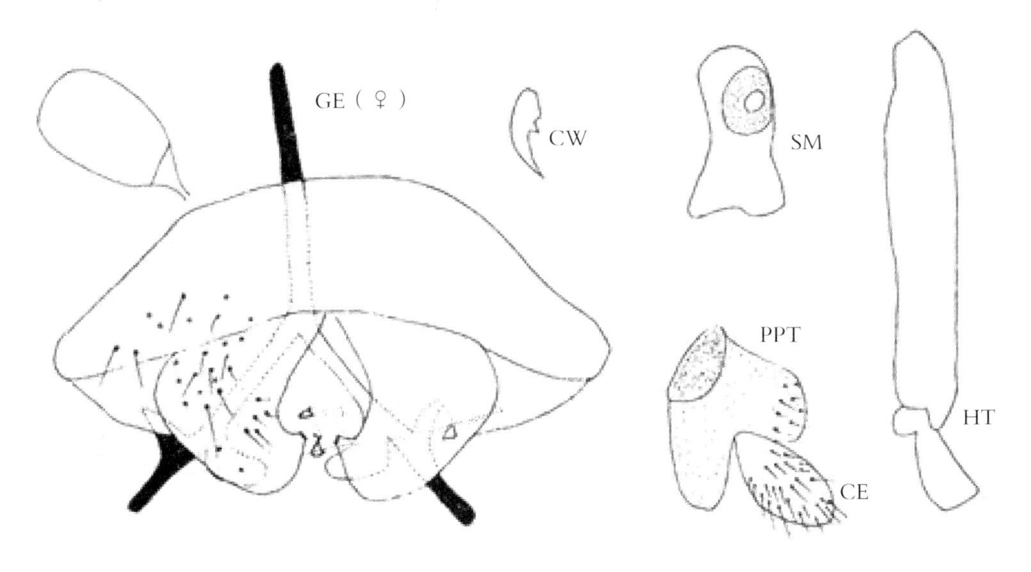

图 12-299 小岛特蚋 *S.*（*Te.*）*xiaodaoense*（仿刘增加等，2004. 重绘）

鉴别要点 生殖板宽钩状，端内角末端具锯齿列；生殖叉突后臂具发达的外突和内突；肛上板帽状。

形态概述

雄虫 未发现。

雌虫 体长 3.3mm；翅长 3.0mm。头稍窄于胸，额黑色。灰粉被，覆黑色毛。额指数为 18∶11∶13；额头指数为 18∶60。唇基黑色，灰粉被。触角柄节和梗节黄棕色，鞭节黑色。触须节Ⅲ～Ⅴ的节比为 12∶14∶27。节Ⅲ不膨大，拉氏器长约为节Ⅲ的 1/3。下颚具 10 枚内齿和 12 枚外齿；上颚具 28 枚内齿和 34 枚外齿。中胸盾片覆灰白粉被，具 3 条暗色纵纹，亚中纵纹明显较宽。小盾片棕黑色。后盾片棕黑色，具灰白粉被，光裸。中胸侧膜具暗色毛。各足基节黑色；转节黄棕色；股节除前足股节基部、中足股节基 1/3 和后足股节基 1/4 为黄棕色外，余部为黑色；胫节除前足股节基 1/2、中足股节基 2/3 和后足股节基 1/2 为黄棕色外，余部为黑色；跗节除前足基跗节端部、中足基跗节基 2/3 和跗节Ⅱ基 1/2、后足基跗节基 2/3 和跗节Ⅱ基部为黄棕色外，余部为黑色。跗突发达，跗沟明显。爪具小基齿。翅亚缘脉和径脉基光裸。腹部背板灰黑色，腹节Ⅱ～Ⅴ背板具三角形黑色中斑，节Ⅰ～Ⅴ腹板灰白色，节Ⅵ～Ⅷ腹板黑色。节Ⅷ腹板中裸。两侧各约具 9 支粗毛。生殖板宽钩状，内缘深凹，形成裂形空间，端内角末端呈锯齿状。生殖叉具强骨化柄，后臂具发达的外突和乳头状囊内突。受精囊椭圆形。肛上板帽形，尾须圆。

蛹 未发现。

幼虫 未发现。

生态习性 不详。标本系网捕于中国青海格尔木市小岛，海拔 2800m。

地理分布 中国青海。

分类讨论 本种生殖板端内角末端呈锯齿状，近似塔城特蚋和五台山特蚋，但是其间尾器构造包括生殖腹板、生殖叉突和肛上板的形态迥异，可资鉴别。

13）杵蚋亚属 Subgenus *Trichodagmia* Enderlein，1934

Trichodagmia Enderlein，1934［1933］（as genus）. 模式种：*townsendi*，*as latitarsis.*

Obuchovia Rubtsov，1947（as subgenus of *Simulium*）. *Izvesiya Akad*，*Nauk*，*SSSR*（*Bio.*），1947（1）：90，105. 模式种：*Simulium*（*Obuchovia*）*albellum* Rubtsov，1947；Chen and An，2003. The Blackflies of China：228.

亚属特征 径脉基无毛。足两色。中胸侧膜通常具毛。雌虫体具灰白粉被，食窦光裸或具疣突，爪简单或具亚基齿。中胸盾片具纵纹。生殖叉突后臂侧外突明显。雄虫生殖肢端节伸长，具 0~3 个端刺。蛹呼吸丝 6~16 条。茧拖鞋状或靴状，通常具领。幼虫亚颏中齿发达，侧缘毛 8 支以上，排成单行或 2~3 行。后颊裂亚三角形，通常长于后颊桥，腹乳突副缺。肛鳃复杂。后环通常超过 100 排钩刺。

本亚属全世界已报道 73 种，主要分布于古北界、新北界和新热带界。共分 5 组，即 *albellum* group、*canadense* group、*orbitale* group、pictipes group 和 *tarsatum* group。我国仅发现 1 种，即成双杵蚋［*S.*（*Tr.*）*biseriata*］（Rubtsov，1990），隶属于白杵蚋组（*albellum* group）。

白杵蚋组是欧蚋亚属（Subgenus *Obuchovia*）降格作为的 1 个种组，并入杵蚋亚属。

白杵蚋组 *albellum* group

组征概述 雌虫额宽，有光泽并覆以银白色粉被。触须细长，末节最长。中胸盾片具银白色斑，中胸侧膜具毛。前足跗节 1 扁平，中等宽。爪粗长，无基齿。足大部分黄色。腹部背板黄色，具黑色斑。生殖板略呈方形，端缘，圆钝，略呈舌状，肛上板横宽。雄虫中胸盾片银白色斑有时不明显。后足基跗节不明显比雌虫的宽。跗突和跗钩发达。生殖肢端节长、扁、宽，其长度约为基节的 2 倍。生殖腹板叶片状，端半横宽，中间有小突起，后缘略呈圆形，基臂末端外弯。中骨窄条状，端部具深裂。阳基侧突钩刺多而短，排成 2 列。蛹呼吸丝每边 6 条，较短。茧拖鞋形成靴形。幼虫触须短粗，节Ⅱ较长，相当于节Ⅰ的 2 倍。亚颏基部很宽，端齿 9 枚，短小，但中齿突出，明显高于其他顶齿。侧缘毛各具 2~3 排。后颊裂上尖下宽，未伸达亚颏后缘。上颚顶齿较短，与梳齿约等长。肛鳃复杂。后环 130~200 排，每排具 20~30 个钩刺。

本组中胸侧膜具毛，雌虫额宽，爪粗长，幼虫亚颏顶齿短小，后环具大量钩刺等特征，近似维蚋亚属（*Wilhelmia*），但是可依下列特征加以鉴别：生殖肢端节长、扁、宽，生殖板方形，幼虫亚颏下部较宽以及蛹呼吸丝细丝状而不膨胀。

本组全世界已记录 15 种，分布于古北界和新北界。我国仅发现成双杵蚋 1 种，分布于西藏。

成双杵蚋 *Simulium*（*Trichodagmia*）*biseriata* Rubtsov，1940.（图 12-300）

Simulium（*Astega*）*biseriata* Rubtsov，1940. *Blackflies*，*Fauna USSR*，Diptera，6（6）：330. 模式产地：塔吉克斯坦 .

Obuchovia biseriata Rubtsov，1940；Rubtsov，1956. *Blackflies*，*Fauna USSR*，Diptera，6（6）：578~579.

Simulium（*Obuchovia*）*biseriata* Rubtsov，1940；Crosskey，1988. Annot. Checklist World Blackflies（Diptera：Simuliidae）：463；Chen and An，2003. The Blackflies of China：228.

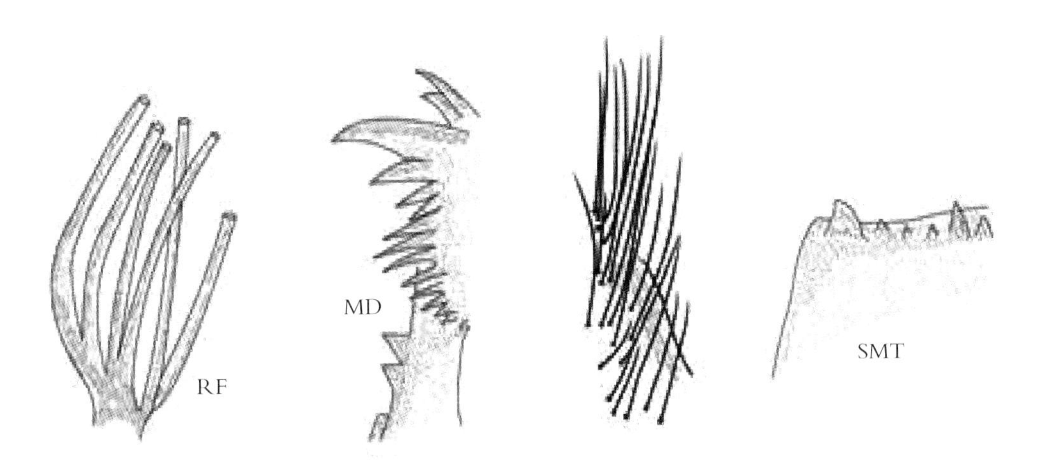

图 12-300 成双杵蚋 *S.*（*Tr*）***biseriata*** Rubtsov，1940

鉴别要点 幼虫亚颏顶齿短小，侧缘毛 2~3 排；后环具众多钩刺。

形态概述

雌虫 尚未发现。

雄虫 尚未发现。

蛹 尚未发现。

幼虫 体长 10~12mm。头暗色或暗棕色，额斑阴性。头扇毛 40~45 支。亚颏下部较宽，每边侧缘毛 13~15 支，排成 2 行，外行 8~9 支，内行 5~6 支。肛鳃简单。后环 110~120 排，每排具 17~20 个钩刺。

生态习性 幼虫孳生于山区清澈的溪流中。

生态分布 中国：西藏；国外：塔吉克斯坦。

分类讨论 成双杵蚋原描述是以成熟幼虫定种，成虫和蛹至今尚未发现，但是其特征相当突出，易于鉴别。

14）洼蚋亚属 Subgenus *Wallacellum* Takaoka，1983

Wallacellum，Takaoka，1983. Blackflies Philip.：20. 模式种：*Simulium*（*Eusimulium*）*carinafum* Delfinado，1969. Chao-Lin Chung（钟兆麟），1986. *J. Taiwan Mus.*，39（2）：1~10；Chen and An（陈汉彬，安继尧），2003. The Blackflies of China：399.

鉴别要点 触角 2+9 节。径脉基具毛，肩横脉和径中横脉色暗。中胸侧膜具鳞状毛和简单毛或仅具黄色鳞状毛，下侧片具毛。触须Ⅴ节，第Ⅲ节长于第Ⅳ节。前足基跗节细，后足胫节基部内侧具棱状突和尖齿簇。后足基跗节侧缘平行，跗突发达，至少伸达跗节Ⅱ末端或更长，并几乎与基跗节末端等宽。雌虫额和唇基密盖黄色毛或金色毛。上颚无外齿。食窦光滑。中胸盾片黑色，不闪光，具 3 条细纵纹。爪具大基齿。腹部被以淡色毛但无闪光。生殖板内缘并拢。雄虫生殖肢基节长度明显大于宽度，生殖肢端节楔形，短于基节。生殖腹板横宽，形状各异。中骨宽板状，通常端部宽于基部。阳基侧突细，每侧具 4 个钩刺。蛹呼吸丝 4 条，丝状或膨大成管状。触角鞘平滑或具锯状刺列。腹节 6~9 无刺栉，第 6、第 7 节腹板通常无外钩，第 9 腹板无锚状钩，末节具 1 对圆锥形而下弯的端钩。幼虫亚颏顶齿的中齿、角齿发达，侧缘毛 6~12 支，侧齿列发达。后颊裂中型，通常前面中部骤然变细而延伸。肛板“X”形，后臂稍长于前臂。腹乳突中度发达。附骨存在或副缺。肛鳃简单或复杂。

本亚属中胸侧膜和下侧片具毛，与魔蚋亚属（*Morops*）近似，但是本亚属后足跗突特发达，后足胫节内面具棱状突，腹部平覆淡鳞而无闪光，蛹腹节 6 和 7 腹板每侧仅具 1 个叉钩以及幼虫头扇毛具特殊的羽状分支等特征，可与后者相区别。

本亚属全世界已知约 17 种，除个别种分布于日本外，主要分布于菲律宾和印度尼西亚，我国仅在台湾兰屿发现 1 种，即屿岛洼蚋［*Simulium*（*Wallacellum*）*yonakuniense* Takaoka，1972］。

屿岛洼蚋 *Simulium*（*Wallacellum*）*yonakuniense* Takaoka，1972（图 12-301）

Simulium（*Morops*）*yonakuniense* Takaoka，1972. *J. Med. Ent.*，9（6）：521~525. 模式产地：日本 .

Simulium（*Wallacellum*）*yonakuniense* Takaoka，1983. Blackflies Philip：21；Chao-Lin Chung（钟兆麟）. 1986. *J. Tawan Mus.*，39（2）：1~10.

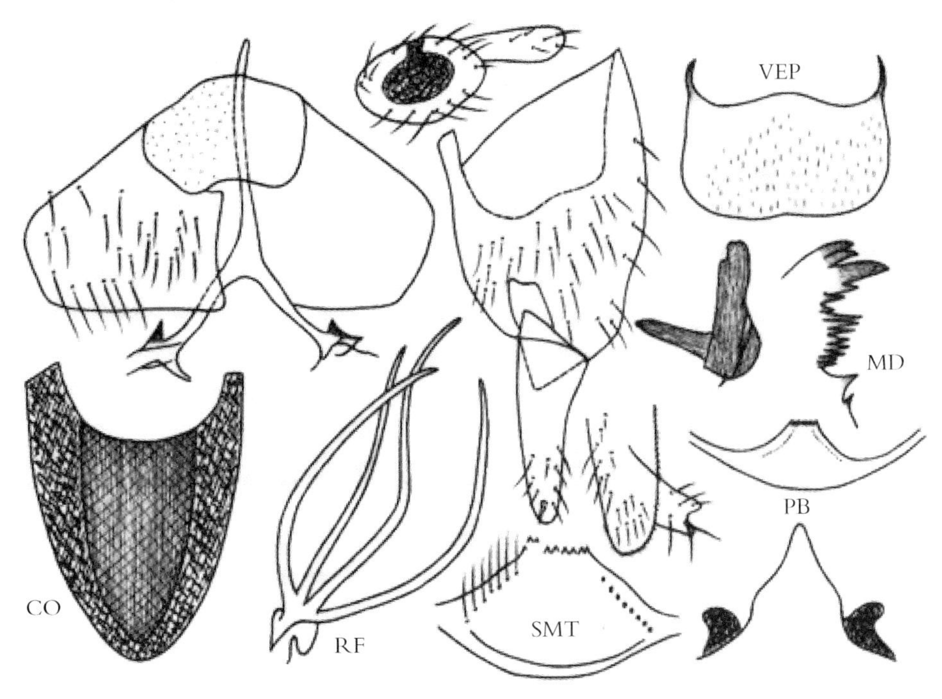

图 12-301 屿岛洼蚋 *S.*（*Wa.*）*yonakuniense* Takaoka（仿 Takaoka 等，1972. 重绘）

鉴别要点 雌虫中胸侧膜和下侧片具毛。后足跗突伸达跗节Ⅱ末端；后足胫节内面具棱状突和尖齿丛。蛹呼吸鞘具波状刺列，呼吸丝 4 条，腹节 5~9 无刺栉。幼虫后颊裂深，后环超过 100 排。

形态概述

雌虫 体长 2.4~2.9mm。额和唇基灰黑色，无闪光。触角 2+9 节，除前 2 节和鞭节Ⅰ基部 1/2 外全暗色。触须暗棕色，节Ⅲ膨胀，拉氏器大，椭圆形，长约为宽的 1.5 倍，为节Ⅲ全长的 1/2。下颚具内齿 13~14 枚，外齿 9~11 枚；上颚具内齿 21~23 枚，外齿缺。食窦光滑。中胸盾片黑色，被黄白色毛，无闪光，具 3 条暗色纵纹。中胸侧膜和下侧片具毛。翅径脉基具毛，肩横脉和径中横脉具暗色斑。后足胫节特化，基 2/3 前侧面具棱状突和角状鳞簇，后足基跗节侧缘平行，长约为宽的 8 倍。跗突发达，伸达跗节Ⅱ末端，爪具大基齿。腹部黑色，被以黄白色毛，节Ⅷ腹板宽。生殖板亚三角形，内缘近平行。生殖叉突臂后部具角化的前侧突和 1 个后伸的附属物。

雄虫 生殖肢基节长大于宽。生殖肢端节弯而渐尖，长约为基节的 2/3。生殖腹板横宽，板体长约为宽的 1/2，密盖微刺毛，端缘近于平直，前侧缘具 3 条骨化内弯的粗线。中骨梯状，端 1/4 膜质，两侧具毛。

蛹 呼吸丝 4 条，短于蛹体，几乎无柄，分为 2 对，下对的上丝作 60° 弯向前方，所有呼吸丝具横脊和疣突。头毛 3 对，胸毛 5 对，均简单。头、胸部体壁覆以稀疏盘状疣突。触角鞘每侧具 8 个刺突。腹部第 4、第 6、第 7 腹板每侧仅具 1 个分叉钩刺，后腹节具 1 对发达的端钩，但无锚状钩。茧拖鞋状，简单，编织粗糙。

幼虫 体长 4.7~5.0mm。头斑明显。头扇毛 42 支。腹节 4~7 和腹节 9~10 体壁具暗棕色斑。亚颏中齿、角齿稍发达。侧缘毛 5~8 支。侧缘齿不发达。后颊裂深，端尖而向前延伸。肛骨“X”形，肛鳃 3 叶，简单。后环 97~126 排，每排 12~16 个刺钩。

生态习性 幼虫和蛹孳生于海滨溪流中。

地理分布 中国：台湾（兰屿）；国外：日本。

分类讨论 因为屿岛洼蚋两性中胸侧膜和下侧片具毛、蛹呼吸丝 4 条、茧简单、幼虫后颊裂深等特征，所以原描述把它置于魔蚋亚属（*Morops*），但是本种两性跗突伸达跗节 2 末端，胫节基 2/3 前侧面具棱状突和角状鳞丛，蛹呼吸鞘具波状刺列，腹部第 5~9 节无刺栉等特征，似更符合洼蚋亚属。本种跗突仅伸达跗节 2 末端，翅具暗斑，幼虫体小，后环超过 100 排等综合特征，可与菲律宾已知本亚属的其他种类相区别。

15）维蚋亚属 Subgenus *Wilhelmia* Enderlein，1921

Wilhelmia Enderlein 1921. *Dt. Tierärzti. Wschr.*，29：199. 模式种：*Atractocera lineata* Meigen，1804；Rubtsov，1956. *Blackflies*，*Fauna USSR*，Diptera，6（6）：542；Lee *et al.*（李铁生等），1976. N. China，midges，blackflies and horseflies：118；Crosskey. 1988. Annot. World Blackflies（Diptera: Simuliidae）：482；An（安继尧），1996. *Chin J. Vector Bio. and Control*，2（2）：472；Chen and An（陈汉彬，安继尧），2003. The Blackflies of China：401.

鉴别要点 成虫触角 2+9 节。中胸侧膜具毛，下侧片光裸。翅径脉基段具毛。前足跗节较细，跗节 I 为其最大宽度的 6~8 倍。后足跗节具跗突和跗沟。雌虫中胸盾片灰色，具 3 条暗色纵纹，形状似七弦琴。爪长而简单。腹部背面覆以银白色鳞片，生殖板端内角逐渐变细，形成细长卷曲的附属物。雄虫中胸盾片黑绒色，前面两侧有或无银灰色三角斑或具 3 条暗色纵纹。生殖肢基节粗长，超过端节的 2~3 倍长，生殖肢端节细短而内弯。生殖腹板亚三角形，两基臂较长，向前外伸，形状各异。中骨形状各式各样，通常末段分裂而成 2 个刺疣突。阳基侧突细长，末端具众多钩刺。蛹呼吸丝 8 条，膨胀成薄壁管状，通常在侧面具 1 对粗管，每侧有 6 条细管向前发出，排成 2 行。茧鞋状或拖鞋状，通常具领。幼虫头斑阳性，触角 3 节。上颚 3 枚梳齿约等长。后颊裂较长，长于后颊桥，箭形或亚卵圆形，端尖。亚颏顶齿 9 枚，短钝，侧缘毛每边 3~6 支。腹部肛鳃简单，无附叶。后环 90~120 排，每排具 17~30 个钩刺。腹乳突副缺。

维蚋亚属系由 Enderlein 于 1922 年建立，随后，Rubtsov（1956，1964）和 Crosskey（1969）进一步进行整理、充实和修订。本亚属是一个同质性类群，但具有特殊的形态特征，诸如翅径脉基和中胸侧膜具毛；雌虫生殖板端内角具卷曲的尾状附属物；雄虫生殖肢端节细短，生殖腹板亚三角形；蛹呼吸丝变形和幼虫无腹乳突等。近年来，细胞学和分子生物学研究也证实这一类群的特异性。因此，学者对其分类地位的归属也颇有分歧。有的认为它是独立的属级甚至是族级阶元，而现行分类大多将它置于蚋属的亚属级阶元，显然值得商榷，其分类地位有待进一步厘清。本书暂时按现行分类处理。

本亚属全世界已知 27 种（Adler 和 Crosskey，2014），主要分布于古北界，并向东洋界延伸，少数种分布于新北界和非洲界。

本亚属共分 2 组，即 *buettikeri* group（分布于中东）和 *equinum* group。我国已记录 16 种，均

隶属于后一组。本书另记述3新种，这样，本亚属在我国已知达19种，即窄叉维蚋［*S.*（*W.*）*angustifurca* Rubtsov，1956］、敦煌维蚋［*S.*（*W.*）*dunhuangense* Lin and An，2004］、马维蚋［*S.*（*W.*）*equinum* Linnaeus，1758］、宽臂维蚋［*S.*（*W.*）*eurybrachium* Chen，Wen and We，sp. nov.］、格尔木维蚋［*S.*（*W.*）*germuense* Liu，Gong and Zhang，2003］、沼泽维蚋［*S.*（*W.*）*lama* Rubtsov，1940］、力行维蚋［*S.*（*W.*）*lineatum* Meigen，1804］、北京维蚋［*S.*（*W.*）*pekingense* Sun，1999］、翼骨维蚋［*S.*（*W.*）*pinnatum* Chen，Zhang and Jiang，sp. nov.］、伪马维蚋［*S.*（*W.*）*pseudequinum* Séguy，1921］、青海维蚋［*S.*（*W.*）*qinghaiense* Liu，Gong，An *et al.*，2003］、清西陵维蚋［*S.*（*W.*）*qingxilingense* Cai and An，2005］、塔城维蚋［*S.*（*W.*）*tachengense* Maha，An and Yan］、高桥维蚋［*S.*（*W.*）*takahasii* Rubtsov，1962］、桐柏山维蚋［*S.*（*W.*）*tongbaishanense* Chen and Luo，2006］、沟额维蚋［*S.*（*W.*）*veltistshevi* Rubtsov，1940］、乌什维蚋［*S.*（*W.*）*wushiense* Maha，An and Yan，1997］、兴义维蚋［*S.*（*W.*）*xingyiense* Chen and Zhang，1998］和张掖维蚋［*S.*（*W.*）*zhangyense* Chen，Zhang and Jiang，sp. nov.］。

中国蚋属维蚋亚属分种检索表

雌虫[1]

1　中胸盾片中纵纹骤变细窄……………………………………**力行维蚋** *S.*（*W.*）*lineatum*

　中胸盾片中纵纹正常……………………………………………………………………2

2（1）　中胸盾片覆灰白色毛……………………………………………………………………3

　中胸盾片覆金黄色毛或黄白色毛………………………………………………………6

3（2）　生殖叉突后臂膨大部具明显的角状内突…………………**窄叉维蚋** *S.*（*W.*）*angustifurca*

　生殖叉突后臂膨大部无角状内突…………………………………………………………4

4（3）　前足基跗节细，长约为宽的9倍…………………………………**马维蚋** *S.*（*W.*）*equinum*

　前足基跗节长约为宽的7倍…………………………………………………………………5

5（4）　各足胫节棕色而中大部黄色；后足基跗节基3/4黄色……………………………………
………………………………………………………**张掖维蚋** *S.*（*W.*）*zhangyense* sp. nov.

　前足、中足胫节基1/3~1/4黄色，后足胫节基3/5黄色；后足基跗节中大部黄色……………
……………………………………………………………………**沼泽维蚋** *S.*（*W.*）*lama*

6（2）　生殖叉突后臂具明显的内突……………………………………………………………7

　生殖叉突后臂无内突………………………………………………………………………10

7（6）　后足基跗节基2/3黄色……………………………………………………………………8

　后足基跗节大，大部为黄色…………………………………………………………………9

8（7）　生殖叉突后臂具角状内突………………………………**清西陵维蚋** *S.*（*W.*）*qingxilingense*

　生殖叉突后臂具乳突状内突……………………………………………**乌什维蚋** *S.*（*W.*）*wushiense*

9（7）　中足、后足胫节棕色而中大部黄色…………………………**格尔木维蚋** *S.*（*W.*）*germuense*

　各足胫节除基部为黄色外，大部为棕色………………………**青海维蚋** *S.*（*W.*）*qinghaiense*

10（6）　触须拉氏器小，长约为节Ⅲ的0.25……………………………**高桥维蚋** *S.*（*W.*）*takahasii*

① 塔城维蚋［*S.*（*W.*）*tachengense*］的雌虫尚未发现。

触须拉氏器中型或大型，长为节Ⅲ的 0.35~0.55…………………………………………………………11
11（10）生殖叉突后臂具骨化侧突…………………………………………………………………………12
生殖叉突后臂无侧突……………………………………………………………………………………13
12（11）体长 3.5~4.0mm；生殖叉突后臂膨大部呈亚方形……………………………………………………
……………………………………………………………伪马维蚋 *S.*（*W.*）*pseudequinum*
体长约 3.0mm；生殖叉突后臂膨大部呈亚三角形……翼骨维蚋 *S.*（*W.*）*pinnatum* sp. nov.
13（11）后足基跗节基 3/5~2/3 黄色………………………………………………………………………14
后足基跗节棕而中大部黄色……………………………………………兴义维蚋 *S.*（*W.*）*xingyiense*
14（13）额的上半部具中纵沟……………………………………………沟额维蚋 *S.*（*W.*）*veltistshevi*
额无中纵沟………………………………………………………………………………………………15
15（14）触须拉氏器大，长为节Ⅲ的 0.4~0.55…………………………………………………………16
触须拉氏器较小，长为节Ⅲ的 0.33………………………………………………………………………17
16（15）生殖叉突两后臂无内突……………………………宽臂维蚋 *S.*（*W.*）*eurybrachium* sp. nov.
生殖叉突后臂具发达的内突……………………………………………北京维蚋 *S.*（*W.*）*pekingense*
17（15）后足胫节具亚基黑环；生殖板三角形……………………桐柏山维蚋 *S.*（*W.*）*tongbaishanense*
后足胫节无亚基黑环；生殖板长条形…………………………敦煌维蚋 *S.*（*W.*）*dunhuangense*

雄虫[①]

1　　生殖肢端节从基节端部发出………………………………………………………………………2
生殖肢端节从基节亚端部发出……………………………………………………………………………7
2（1）　中胸盾片具明显的银白色肩斑…………………………………………………………………3
中胸盾片无银白色肩斑……………………………………………………………………………………4
3（2）　中骨“U”形（马蹄形）……………………………………………………马维蚋 *S.*（*W.*）*equinum*
中骨长板状…………………………………………………………………伪马维蚋 *S.*（*W.*）*pseudequinum*
4（2）　生殖腹板板体宽大于长；基臂具球形端突………………………乌什维蚋 *S.*（*W.*）*wushiense*
无上述合并特征…………………………………………………………………………………………5
5（4）　生殖腹板板体亚三角形；中骨亚圆形……………………………塔城维蚋 *S.*（*W.*）*tachengense*
生殖腹板板体非三角形；中骨棒状，端部分叉……………………………………………………6
6（5）　生殖腹板后缘平直；阳基侧突每侧具 6 个大刺……………张掖维蚋 *S.*（*W.*）*zhangyense*
生殖腹板后缘圆钝；阳基侧突每侧具 3 个大刺………………窄叉维蚋 *S.*（*W.*）*angustifurca*
7（1）　中骨板状，其端部变形成 1 对杆状侧突……………………………………………………8
中骨椭圆形，无杆状端侧突…………………………………………………………………………9
8（7）　生殖腹板板体横宽，约为其高的 2 倍；阳基侧突每侧具 6~7 个大钩刺…………………………
……………………………………………………………………沟额维蚋 *S.*（*W.*）*veltistshevi*
生殖腹板亚三角形，长宽约相等；阳基侧突每侧具 5 个大钩刺………………………………………
……………………………………………………………张掖维蚋 *S.*（*W.*）*zhangyense* sp. nov.
9（7）　阳基侧突每侧具 12~14 个强钩刺……………………………………高桥维蚋 *S.*（*W.*）*takahasii*
阳基侧突每侧具 6~9 个强钩刺……………………………………………………………………10

① 敦煌维蚋［*S.*（*W.*）*dunhuangense*］、格尔木维蚋［*S.*（*W.*）*germuense*］和沼泽维蚋［*S.*（*W.*）*lama*］的雄虫未发现。

10（9） 中骨侧缘变形，形成1对角状侧突……………………………………………………11
中骨无角状侧突……………………………………………………………………………13
11（10）中骨箭状；阳基侧突每侧具8~9个强钩刺；生殖腹板基臂宽分离展角约150° ……………
……………………………………………………宽臂维蚋 *S.*（*W.*）*eurybrachium* sp. nov.
中骨长方形；阳基侧突每侧具6个强钩刺；生殖腹板基臂分离展角小于120° ……………12
12（11）生殖腹板基臂粗长，为板体的3.5~4.0倍……………翼骨维蚋 *S.*（*W.*）*pinnatum* sp. nov.
生殖腹板基臂约于板体等长……………………………桐柏山维蚋 *S.*（*W.*）*tongbaishanense*
13（10）中骨具1个长棍状突……………………………………………力行维蚋 *S.*（*W.*）*lineatum*
中骨非如上述………………………………………………………………………………14
14（13）生殖腹板前缘中凸…………………………………………………………………………15
生殖腹板前缘几乎平直………………………………………………………………………16
15（14）中骨扇形；阳基侧突每侧具8个大钩刺……………………兴义维蚋 *S.*（*W.*）*xingyiense*
中骨长方形；阳基侧突每侧具6个大钩刺…………………………北京维蚋 *S.*（*W.*）*pekingense*
16（14）生殖腹板基臂末端具球形端突……………………………青海维蚋 *S.*（*W.*）*qinghaiense*
生殖腹板基臂粗壮但无球形端突……………………………清西陵维蚋 *S.*（*W.*）*qingxilingense*

蛹[①]

1 6条管状内呼吸丝基部骤然收缩变细并汇集在一起……………………………………………2
呼吸丝形状正常………………………………………………………………………………6
2（1） 呼吸丝长度约相等…………………………………………………………………………3
下丝长于或短于上丝…………………………………………………………………………5
3（2） 腹节背板1和2具疣突……………………………张掖维蚋 *S.*（*W.*）*zhangyense* sp. nov.
腹节背板1和2无疣突…………………………………………………………………………4
4（3） 6条内丝均叶状……………………………………………沟额维蚋 *S.*（*W.*）*veltistshevi*
6条内丝均棒状……………………………………………敦煌维蚋 *S.*（*W.*）*dunhuangense*
5（2） 下丝特别长，约为上丝的2倍长……………………………伪马维蚋 *S.*（*W.*）*pseudequinum*
下丝很短，约为上丝长的1/2……………………………………力行维蚋 *S.*（*W.*）*lineatum*
6（1） 内丝粗短，袋状………………………………………………………马维蚋 *S.*（*W.*）*equinum*
内丝非如上述…………………………………………………………………………………7
7（6） 6条内丝约等长………………………………………………………………………………8
其中1~2条内丝长于其他内丝………………………………………………………………10
8（7） 所有内丝棒状…………………………………………………窄叉维蚋 *S.*（*W.*）*angustifurca*
所有内丝管状…………………………………………………………………………………9
9（8） 头、胸无疣突……………………………………宽臂维蚋 *S.*（*W.*）*eurybrachium* sp. nov.
头、胸体壁具疣突…………………………………………翼骨维蚋 *S.*（*W.*）*pinnatum* sp. nov.

① 格尔木维蚋［*S.*（*W.*）*germuense*］、沼泽维蚋［*S.*（*W.*）*lama*］、青海维蚋［*S.*（*W.*）*qinghaiense*］、塔城维蚋［*S.*（*W.*）*tachengense*］、乌什维蚋［*S.*（*W.*）*wushiense*］的蛹尚未发现。

10（7） 基臂宽于内丝的 1.0~1.5 倍……………………………………高桥维蚋 *S.*（*W.*）*takahasii*
基臂宽于内丝的 2.0~4.0 倍……………………………………………………………………11
11（10）下外丝长为上内丝的 1.5 倍………………………………兴义维蚋 *S.*（*W.*）*xingyiense*
下外丝长为上内丝的 2.0~4.0 倍………………………………………………………………12
12（11）基臂约宽于内丝的 2.0 倍………………………………………………………………13
基臂宽于内丝的 3.0~4.0 倍………………………………北京维蚋 *S.*（*W.*）*pekingense*
13（12）下外丝约长于上内丝的 2.5 倍……………………桐柏山维蚋 *S.*（*W.*）*tongbaishanense*
下外丝约长于上内丝的 2.0 倍…………………………清西陵维蚋 *S.*（*W.*）*qingxilingense*

成熟幼虫[①]

1 头扇毛 23~25 支；后环具 126~130 排钩刺………………窄叉维蚋 *S.*（*W.*）*angustifurca*
头扇毛 26~53 支；后环具 86~124 排钩刺………………………………………………2
2（1） 后腹节覆以分支小黑刺…………………………………………………………………3
后腹节光裸或仅具简单黑刺…………………………………………………………………4
3（2） 后腹节具暗斑；头扇毛 37~38 支………………………………力行维蚋 *S.*（*W.*）*lineatum*
后腹节无暗斑；头扇毛 42~48 支…………………………沟额维蚋 *S.*（*W.*）*veltistshevi*
4（2） 后颊裂端圆或前缘几乎平直…………………………………………………………………5
后颊裂端尖………………………………………………………………………………………9
5（4） 后颊裂前缘几乎平直……………………………………敦煌维蚋 *S.*（*W.*）*dunhuangense*
后颊裂端圆………………………………………………………………………………………6
6（5） 头扇毛 26~28 支；后环具 106~124 排钩刺……………………伪马维蚋 *S.*（*W.*）*pseudequinum*
头扇毛 35~53 支；后环具 92~106 排钩刺………………………………………………7
7（6） 头扇毛 35 支；后环约具 106 排钩刺…………………………清西陵维蚋 *S.*（*W.*）*qingxilingense*
头扇毛 44~47 支；后环具 92~96 排钩刺………………………………………………8
8（7） 头扇毛 51~53 支；后环具 92 排钩刺……………………………北京维蚋 *S.*（*W.*）*pekingense*
头扇毛 44~47 支；后环具 96 排钩刺………………………………兴义维蚋 *S.*（*W.*）*xingyiense*
9（4） 头扇毛 26~28 支…………………………………………翼骨维蚋 *S.*（*W.*）*pinnatum* sp. nov.
头扇毛 35~53 支………………………………………………………………………………10
10（9） 头扇毛 46~53 支…………………………………………………马维蚋 *S.*（*W.*）*equinum*
头扇毛 34~42 支………………………………………………………………………………11
11（10）后环具 108 排钩刺……………………………………桐柏山维蚋 *S.*（*W.*）*tongbaishanense*
后环具 86~100 排钩刺………………………………………………………………………12
12（11）头扇毛 34~38 支；后环约具 100 排钩刺……………张掖维蚋 *S.*（*W.*）*zhangyense* sp. nov.
头扇毛约 42 支；后环约具 86 排钩刺…………宽臂维蚋 *S.*（*W.*）*eurybrachium* sp. nov.

① 格尔木维蚋［*S.*（*W.*）*germuense*］、青海维蚋［*S.*（*W.*）*qinghaiense*］、高桥维蚋［*S.*（*W.*）*takahasii*］、塔城维蚋［*S.*（*W.*）*tachengense*］、乌什维蚋［*S.*（*W.*）*wushiense*］等的幼虫尚未发现。

宽臂维蚋，新种 *Simulium*（*Wilhelmia*）*eurybrachium* Chen，Wen and Wei（陈汉彬，温小军，韦静），sp. nov.（图 12–302）

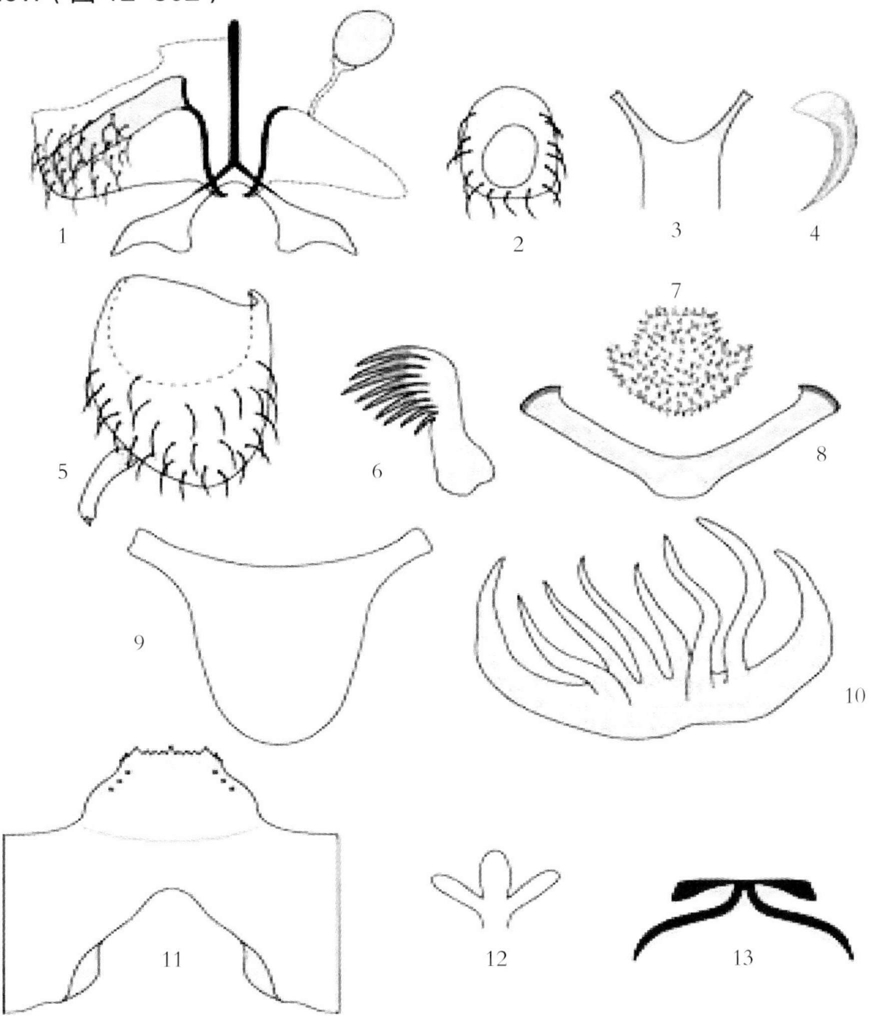

图 12–302 宽臂维蚋，新种 *S.*（*W.*）*eurybrachium* Chen，Wen and Wei，sp. nov.

1.Female genitalia；2.The 3rd segment of female maxillary palp；3.Female cibarium；4.Claw of female；5.Gonocoxite and gonostylus of male；6.Paramere；7.Median sclerite；8.Ventral plate；9.Cocoon in dorsal view；10.Filaments；11.Larval head capsules in ventral view；12.Larval rectal papilla；13.Larval anal sclerite

鉴别要点 雌虫生殖叉突后臂无内突。雄虫生殖腹板两臂宽分离，展角约150°，头和前胸无疣突。

形态概述

雌虫 体长约3.0mm；翅长约2.5mm。头：额黑色，具灰粉被，覆灰白色毛。额指数为9.0∶4.5∶5.5；额头指数为9.0∶26.5。触角2+9节，柄节黄色，余部棕黑色。触须节Ⅲ～Ⅴ的节比为5.2∶5.3∶9.8。节Ⅲ膨大，拉氏器长约为节Ⅲ的0.55。下颚具11枚内齿和8枚外齿；上颚具19枚内齿和11枚外齿，食窦光裸。胸：中胸盾片覆灰黄色毛，具3条暗色纵纹。小盾片黑色，具灰白粉被，覆黄白色毛。中胸侧膜具毛，下侧片光裸。各足基节和转节除前足基节为黄色外，余为中棕色；股节除前、中股节中1/3和后股节基1/2为黄色外，余部为棕色；跗节除后足基跗节基3/4和跗Ⅱ基1/2为黄色外，余部为棕黑色。前足基跗节的长约为宽的6.5倍；后足基跗节侧缘平行，长约为宽的6倍。跗突和跗沟发达，爪简单。翅亚缘脉具毛，径脉基具毛。腹：基鳞暗棕色，背板黑色。第Ⅷ腹节中部光裸，两侧各约具12支棕色长毛。生殖板亚三角形，内缘宽分离，端内具透明钩状突；生殖叉突具细骨化柄，后臂具骨化外脊但无外突。受精囊椭圆形。

雄虫 体长3.2mm；翅长约2.6mm。头：上眼具13纵列和14横排大眼面。触角2+9节，柄节黄色，余部为棕色。鞭节Ⅰ的长约为鞭节Ⅱ的2倍。触须节Ⅲ稍膨大，拉氏器长约为节Ⅲ的0.4。胸：中胸盾片黑色，具灰白粉被，覆灰黄色毛，无斑纹。小盾片黑色，覆灰黄色毛。后盾片光裸，足和翅似雌虫。腹：似雌虫。尾器：生殖肢基节宽大，端部收缩。生殖肢端节亚端位，长约为基节的1/4。生殖腹板板体短，光裸，两臂壮而宽分离，展角约为150°，端部强骨化。阳基侧突每侧具8~9个大钩刺。中骨箭状，密布角刺，侧缘具角状外突。

蛹 体长约3.1mm。头、胸：无疣突。头毛3对，胸毛5对，均简单。基臂内具6条管状呼吸丝，下外丝仅稍长于上内丝。腹部钩刺毛序分布正常，但腹节5~9无刺栉。茧鞋状，具短领，编织紧密，前缘增厚。

幼虫 体长约5.0mm。体色黄。头斑阳性。触角3节的节比为3.0∶3.8∶2.7，头扇毛42支。上颚无附齿列。亚颏顶齿短钝，侧缘毛每侧4支。后颊裂大，宽箭形，端半收缩，端中缘圆钝，长约为后颊桥的3倍。胸、腹体壁光裸。肛鳃简单。肛骨前臂长约为后臂的0.6。后环86排，每排约具24个钩刺。腹乳突缺。

模式标本 正模：1♀，从蛹孵化，制片，具相联系的蛹皮。副模：2♀♀，6♂♂，10蛹和4幼虫。韦静采自河南重庆沟的山溪中的水草上，33° 52′ N，111° 44′ E，海拔660m，2005年6月15日。

地理分布 中国河南。

分类讨论 本新种主要特征是生殖腹板短宽，基臂宽分离，中骨具角状外突，阳基侧突每侧具8~9个大钩刺，有别于维蚋亚属已知的近缘种。

种名词源 新种以其雄虫生殖腹板基臂展角大这一“宽臂”的特征命名。

附：新种描述英文稿。

***Simulium*（*Wilhelmia*）*eurybrachium* Chen，Wen and Wei，sp. nov.（Fig.12–301）**

Form of overview

Female Body length about 3.0mm. Wing length about 2.5mm. Head：Narrower than thorax.Frons black，grey–dusted，covered with several greyish yellow hairs；frontal ratio 9.0 ∶ 4.5 ∶ 5.5；frons–head ratio 9.0 ∶ 26.5. Clypeus black，pruinose. Antenna composed of 2+9 segments，brownish black except scape yellow. Maxillary palp with 5 segments，with proportional length of the 3rd to the 5th segments of 5.2∶5.3 ∶ 9.8；the 3rd segment enlarged；sensory vesicle elongated，about 0.55 times as long as respective segment. Maxilla with 11 inner teeth and 8 outer ones. Mandible with 19 weak inner teeth and 11 outer ones. Cibarium armed smooth. Thorax：Scutum black，covered densely with greyish yellow pubescence and with three narrow，dark longitudinal lines. Scutellum black，white grey–dusted and covered with yellowish white pubescence. Postscutellum black and bare. Pleural membrane covered with hairs.Katepisternum bare.Legs：All coxae and trochanters brown except fore coxa yellow. All femora brown except median 1/3 of fore and mid femora and basal 1/2 of hind femur yellow. All tibiae brownish black except each median 1/3，which yellow. All tarsi blackish brown except basal 3/4 of hind basitarsus and basal 1/2 of second tarsomere，which yellow.

Fore basitarsus about 6.5 times as long as width. Hind basitarsus nearly parallel-sided and about 6.0 times as long as width.Calcipala and pedisulcus moderately developed. All claws simple. Wing: Costa with spinules and hairs; subcosta hairy; basal section of radius haired. Abdomen: Basal scale dark brown, with a fringe of yellow hairs. Terga nealy black.Genitalia: Sternite of segment 8 bare medially and with about 12 long brown hairs on each side. Anterior gonapophysis membraneous, somewhat triangular in shape, covered with several microsetae, its inner margins widely separated, each end with transparent narrow long projection. Genital fork with slender sclerotized stem and widely expanded arms, arms well sclerotized, each with strong sclerotized posterolateral ridge but devoid of any projection directed forwards. Spermatheca ellipsoidal.Paraproct and cercus of moderate size.

Male Body length about 3.2mm. Wing length about 2.6mm. Head: Clypeus black, white grey-dusted. Upper-eye consisting of large facets in 14 horizontal rows and 13 vertical columns. Antenna composed of 2+9 segments, brownish except scape yellow; the 1st flagellomere somewhat elongate and being about 2.0 times as long as following one. Maxillary palp with 5 segments, the 3rd segment somewhat enlarged; sensory vesicle about 0.4 times of the length of the 3rd segment. Thorax: Scutum black, covered densely with greyish yellow pubescence, unpattern. Scutellum black, covered with greyish yellow pubescence. Postscutellum black and bare. Pleural membrane covered with hairs. Legs and wings nearly as in female. Abdomen: Nearly as in female. Gentialia: Gonocoxite very large and a little narrower distally. Gonostylus arising subterminally, curved and about 0.25 times of the length of gonocoxite. In ventral view, the ventral plate of the share of a wide V, with convex posterior margin and proximal margin, ventral plate very short and broad with rather stout, long basal arms, and the plate body almost smooth. Parameres each with 8~9 paramera hooks. Median sclerite large, arrow in shape, covered densely with stout spines, its lateral margin modified into a pair of corner-like projections.

Pupa Body length about 3.1mm. Head and thorax: Integuments yellow and lacking tubercles. Head with 3 pairs of short trichomes all simple. Thoracic trichomes with 5 pairs, are all simple. Gill organ with 8 filaments, which formed of enlarged thin-walled tubular basal arms, oriented dorsoventrally, between which arising 6 tubular filaments directed forward. Abdomen: Tergum 2 with 5 short, simple spines; terga 3 and 4 each with 4 hooked spines along posterior margins on each side; tergum 9 with terminal hooks; terga 5~9 dorsally without spine-combs. Sternum 5 with a pair of bifid hooks submedially on each side, each of 6 and 7 with a pair of bifid hooks widely spaced on each side. Cocoon: Shoe-shaped, with well formed short neck, tightly woven and with strong anterior margin.

Mature larva Body length about 5.0mm. Color yellow. Cephalic apotome with positive head spots. Antenna composed of 3 segments and a terminal sensory organ; proportional lengths of 3 segment from base to tip of 3.0∶3.8∶2.7. Each labral fan with 42 main rays. Mandible normal, first 3 comb-teeth evenly decreasing two serrations. Hypostomium with 9 apical teeth, those short and blunt; 4 setae in each hypostomal rows divergent behind from lateral margins of hypostomium; lateral serration present apically. Postgenal cleft large, mitre-shaped, moderately pointed apically and about 3 times as long as postgenal bridge.Thoracic and abdominal integuments bare. Rectal papilla of 3 lobes, are all simple. Anal sclerite X-shaped with anterior arms about 0.6 times as long as posterior one. Posterior circlet with about 86 rows of up to 24 hooklets per row. Ventral papillae absent.

Type materials Holotype: 1 ♀, reared from pupa, slide-mounted together with its associated pupal skin, was collected in a small stream from Chongqing (33°52′ N, 111°44′E, alt.660m), Henan Province, China.15th, June, 2005, taken from submerged grass blades exposed to the sun by Wei Jing. Paratypes: 2 ♀♀, 6 ♂♂, 10 pupae and 4 larvae on the same day as holotype.

Distribution Henan Province, China.

Remarks This new species characterized by the shape of male ventral plate, which is very short and broad with rather stout, long basal arms.This charater is shared by two known species, such as *S.* (*W.*) *squinum* Linnaeus (1758) and *S.* (*W.*) *angustifurca* Rubtsov (1956).The new species, however, can be separated from latter 2 species by the shape of the gonostylus and median sclerite in the male; the feature of the pupal filaments and the shape of larval postgenal cleft.

Etymology The specific name was given by the shape of male ventral is plate.

翼骨维蚋，新种 *Simulium* (*Wilhelmia*) *pinnatum* Chen, Zhang and Jiang (陈汉彬，张春林，姜迎海), sp. nov. (图 12-303)

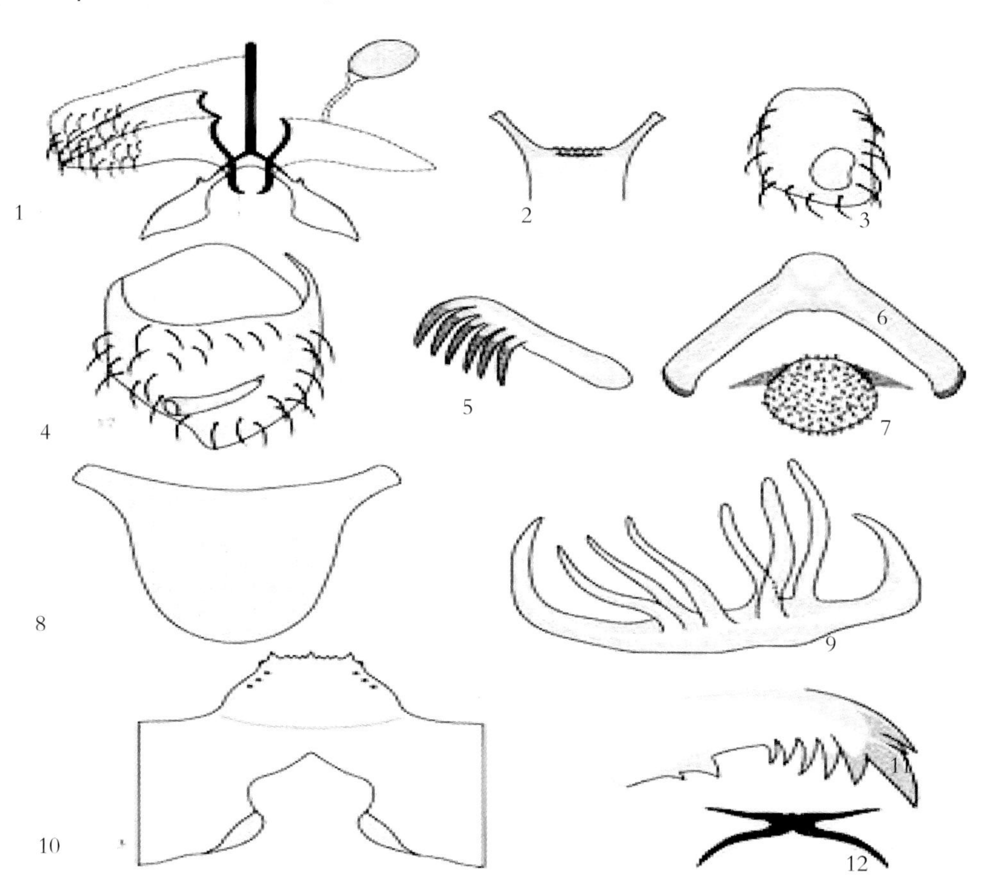

图 12-303 翼骨维蚋，新种 *S.* (*W.*) *pinnatum* Chen, Zhang and Jiang, sp. nov.

1. Female genitalia; 2. Female cibarium; 3. The 3rd segment of female maxillary palp; 4. Gonocoxite and gonostylus of male; 5. Paramere; 6. Ventral plate; 7. Median sclerite; 8. Cocoon in dorsal view; 9. Filaments; 10. Larval head capsules in ventral view; 11. Larval mandible; 12. Larval anal sclerite

鉴别要点 雌虫食窦弓具疣突；生殖叉突后臂具小的骨化外突，呈三角形。雄虫生殖腹板基臂粗长，长为板体的3.5~4.0倍。蛹、头、胸几乎无疣突。幼虫后颊裂桃形，端尖。

形态概述

雌虫 体长约3.0mm；翅长约2.4mm。头：额和唇基黑，具灰白粉被，覆黄白色毛。额指数为7.0∶4.8∶5.1；额头指数为7.0∶25.1。触角柄节淡黄色，余部棕色。触须节Ⅲ～Ⅴ的节比为3.5∶3.9∶8.8。节Ⅲ膨大，拉氏器长约为节Ⅲ的1/2。上颚具23枚内齿和11枚外齿；下颚具11枚内齿和9枚外齿。食窦弓约具20个疣突。胸：中胸盾片黑色，覆黄白色毛，具3条暗色纵纹。中胸侧膜具毛，下侧片光裸。各足基节和转节除前足、中足转节基部为黄色外，余部为棕色；股节棕黄色而端1/3为棕黑色；胫节棕色而中大部为黄色；跗节除后足基跗节基3/4和跗节Ⅱ基1/2为黄色外，余部为棕黑色。前足基跗节长约为宽的6.5倍；后足基跗节两侧亚平行，长约为宽的6.5倍。跗突和跗沟发达，爪具大基齿。翅亚缘脉和径脉基具毛。腹：背板棕黑色。尾器：第Ⅷ腹板中部光裸。生殖板亚三角形，内缘骨化，宽分离。两后臂中部具小的骨化外突，膨大部无内突，呈三角形。受精囊椭圆形，具网斑。

雄虫 体长3.2mm；翅长约2.6mm。头：上眼具16纵列和17横排大眼面。触角柄节黄色，余部为棕色。触须拉氏器长约为节Ⅲ的0.4。胸：中胸盾片密覆黄色毛，具1对灰色肩斑。中胸侧膜具毛。足和翅近似雌虫，但各足基节和转节棕为黑色；翅亚缘脉基1/2光裸。腹：近似雌虫。尾器：生殖肢基节大，端1/3骤变细。生殖肢端节小，长约为基节的2/5，亚端位。生殖腹板宽"V"形，端缘圆钝，基缘略凹。中骨卵圆形，密覆角刺，后端具1对翼状侧突。阳基侧突每侧具6个大刺。

蛹 体长约3.2mm。头、胸：近似宽臂维蚋［*S.*（*W.*）*eurybrachium*］，但是前胸具疣突。腹：腹部的钩刺和毛序和宽臂维蚋［*S.*（*W.*）*eurybrachium*］相似，但是其背板1、背板2具疣突。

幼虫 体长约5.0mm。体色黄棕。头斑阳性。触角3节的节比为3.2∶4.1∶3.0，头扇毛每侧26~28支。上颚无附齿列。亚颏中的角齿、顶齿发达，侧缘毛每侧3~4支。后颊裂大，桃形，端尖，长为后颊桥的4~5倍。胸、腹体壁光裸。肛腮简单。肛骨前臂长约为后臂的0.6。后环86~90排，每排约具23个钩刺。

模式标本 正模：1♀，从蛹羽化，制片，具相联系的蛹皮和茧。副模：1♀，5♂♂，5蛹和5幼虫，均制片。姜迎海采自甘肃崆峒山的山溪中的水草上，35° 32′ N，106° 40′ E，海拔1550m，2007年8月23日。

地理分布 中国甘肃。

分类讨论 本新种的突出特征是食窦弓具疣突，生殖叉突后臂具外突；雄虫生殖腹板基臂粗壮，中骨具翼状侧突；幼虫后颊裂形状特殊，根据这些综合特征不难与其近缘种相区别。

种名词源 新种以其雄虫中骨具翼状侧突这一特征命名。

附：新种描述英文稿。

Simulium*（*Wilhelmia*）*pinnatum Chen，Zhang and Jiang，sp. nov.（Fig.12-302）

Form of overview

Female Body length about 3.0mm. Wing length about 2.4mm. Head：Frons and clypeus black， white grey–dusted, covered with some yellowish white hairs. Frontal ratio 7.0 : 4.8 : 5.1.Frons–head ratio 7.0 :25.1. Antenna composed of 2+9 segments brownish except scape pale yellow. Maxillary palp brownish, with 5 segments, proportional length of the 3rd to the 5th segments 3.5 :3. 9:8.8; the 3rd segment somewhat enlarged; sensory vesicle elongate, about 1/2 length of respective segment. Mandible with 23 inner small teeth and 11 outer ones. Maxilla with 11 inner teeth and 9 strong outer ones. Cibarium armed with about 20 minute tubercles. Thorax: Scutum black, not shiny, and densely covered with yellow pubescence as well as sparse erect black hairs on prescutellar area; when viewed in certain angle of light, with 3 longitudinal black lines.Scutellum black and covered with yellow pubescence. Postscutellum black and bare.Pleural membrane hairy. Katepisternum bare. Legs: All coxae and trochanters brown except base 1/2 of fore and mid trochanters yellow. All femora brownish yellow with distal 1/3 brownish black. All tibiae brown with median large portion yellow. All tarsi brownish black except basal 3/4 of hind basitarsus and basal 1/2 of second tarsomere yellow. Fore bastiarsus about 6.5 times as long as width. Hind basitarsus parallel–sided, W : L=1.0 : 6.5.Calcipala and pedisulcus well developed. All claws simple. Wing: Costa with spinules and hairs; subcosta hairy; basal section of radius haired. Abdomen: Basal scale dark brown, with a fringe of pale brown hairs.Terga dark brownish, not shiny. Genitalia: Sternite 8 bare medially and with a few brown macrosetae on each side. Anterior gonapophysis membranous, somewhat triangular in shape, covered with several microsetae, inner margins widely separated from each other, each end with a transparent narrow long projection. Genital fork Y–shaped, with sclerotized slender stem and widely expanded arms, each arm with a sclerotized projection directed forwards. Spermatheca ellipsoidal in shape. Paraproct and cercus of moderate size.

Male Body length about 3.2mm. Wing length about 2.6mm. Head: Width equal to thorax. Clypeus black, white grey–dusted. Upper–eye consisting of large facets in 17 horizontal rows and 16 vertical columns. Antenna composed of 2+9 segments, brown with scape yellow. Maxillary palp with 5 segments; sensory vesicle about 0.4 times as long as the 3rd segment. Thorax: Scutum black, covered densely with yellow pubescence when viewed in certain angle of light, with anterior pair of grey spots on shoulders, which extend along lateral borders. Scutellum black covered with yellow pubescence.Postscutellum black and bare.Pleural membrane haired. Legs and wings: Nearly as in female except all coxae and trochanters brownish black, and basal 1/2 of wing's subcosta bare. Abdomen: Nearly as in female.Genitalia: Gonocoxite very large, tapering distally and abruptly narrowed on apical 1/3. Gonostylus small, about 2/5 length of gonocoxite, arising sub–terminally, with a stout apical spine. When viewed ventrolateraly, gonostylus abruptly narrowed apically and twisted inwards. Ventral plate in ventral view of the share of a wide V, with convex posterior margin, proximal margin also convex but slightly concave medially. Median sclerite oblong, covered densely with spines, its posterior end modified into a pair of wing–like lateral projections. Parameres each with about 6 strong hooks.

Pupa Body length about 3.2mm. Head and thorax: Nearly as in *S.* (*W.*) *eurybrachium* sp. nov.except dorsal and lateral surface of posterior 1/2 of thorax with some minute tubercles. Abdomen: Arrangement of setae, spines and hooks of both dorsal and ventral surface of abdomen similar to those of *S.* (*W.*) *eurybrachium* sp. nov.

except terga Ⅰ and Ⅱ of abdomen with tubercles.

Mature larva Body length about 5.0mm; color yellowish brown. Cephalic apotome yellow, with positive head spots. Antenna composed of 3 segments and a terminal sensory organ; proportional lengths of 3 segments from base to tip of 3.2 : 4.1 : 3.0. Labral fan each with 26~28 main rays. Mandible lacking supernumerary serrations. Hypostomial teeth 9 in number and its median and corner teeth moderately developed; lateral serration absent except for anterion portion; 3~4 hypstomial setae diverging posterior from lateral margian on each side. Postgenal cleft large, mitre-shaped, moderately pointed apically but constricte posteriorly, and about 4~5 times as long as postgenal bridge. Thoracic and abdominal integuments bare. Rectal papilla of 3 lobes, all simple. Anal sclerite X-formed, anterior arms about 0.6 length of posterior ones. Posterior circlet with about 86~90 rows of up to 23 hooklets per row.Ventral papillae absent.

Type materials Holotype: 1♀, reared from pupa, together with its pupal skin and cocoon on slide-mounted.Paratypes: 1♀, 5♂♂, all slide-mounted, 5 pupae and 5 larvae, collected in a rapid current from Kongtong mountain, Pingling (35° 32′ N, 106° 40′ E, alt.1550m), Gansu Province, China. 23rd, Aug., 2007.Water temperature is 10℃, taken from trailing grasses exposed to the sun by Jiang Yinghai.

Distribution Gansu Province, China.

Remarks According to the shape of pupa and the genitalia of both sexes, the present new species is assigned to the *Simulium* (*Wilhelmia*).It seems to be most closely related to *S.* (*W.*) *takahasi* Rubtsov, 1955 from Japan, *S.* (*W.*) *xingyiese* Chen and Zhang, 1998, *S.* (*W.*) *pekingense* Sun, 1999 and *S.* (*W.*) *tongbaishanense* Chen and Luo, 2006 from China.The new species, however, can be readily separated from other related species mentioned above by the color of adult legs; the arms of genital fork each are with a moderately sclerotized projection directed forwards and the cibarium is armed with minute tubercles in the female, the special shape of median sclerite in the male, and the shape of larval postgenal cleft.

Etymology The specific name was given by the shape of male median sclerite.

张掖维蚋，新种 *Simulium* (*Wilhelmia*) *zhangyense* Chen, Zhang and Jiang（陈汉彬，张春林，姜迎海），sp. nov.（图 12-304）

鉴别要点 雌虫生殖板亚三角形；生殖叉突后臂膨大部具内突。雄虫生殖肢端节从基节端部发出；生殖腹板后缘平齐；中骨具 1 对端侧突。蛹呼吸丝基部骤收缩。幼虫后颊裂箭形，端尖。

形态概述

雌虫 体长约 3.0mm；翅长约 2.5mm。头：额指数为 9.5∶5.8∶5.0；额头指数为 9.5∶28.8。触须节Ⅲ～Ⅴ的节比为 2.8∶5.0∶8.7。节Ⅲ膨大，拉氏器长约为节Ⅲ的 1/2。下颚具 4 枚内齿和 11 枚外齿；上颚具 20 枚内齿和 10 枚外齿。食窦光裸。胸：中胸盾片淡灰色，覆灰白色毛，具 3 条暗色窄纵纹。小盾片灰白色，覆灰色毛。后盾片光裸。中胸侧膜具毛，下侧片光裸。各足基节和转节中棕色；股节除基部和端 1/3~2/5 为棕黑色外，余部为黄色；胫节棕色而中大部为黄色；跗节除后足基跗节基 3/4 和跗节Ⅱ基 1/2 为黄色外，余部为棕黑色。前足基跗节细，长约为宽的 8 倍；后足基跗节侧缘平行，长约为宽的 7 倍。跗突和跗沟发达，爪具大基齿。翅亚缘脉端 1/3 和径脉基具毛。腹：基鳞棕色，具淡色长缘毛。背板灰色，腹节Ⅳ～Ⅵ各具 1 对暗色侧斑。尾器：第Ⅷ腹板中裸，两侧各约具 20 支长毛。生殖板亚三角形，内缘骨化，端内具钩状长突，两后臂具骨化外脊但无外突，膨大部具内突呈犁状外伸。

雄虫 体长 3.2mm；翅长约 2.7mm。头：唇基黑色，具灰白粉被。上眼具 19 纵列和 19 横排大眼面。触角鞭节Ⅰ的长为鞭节Ⅱ的 1.9 倍。触须拉氏器小，长约为节Ⅲ的 0.2。胸：中胸盾片黑色，灰白粉被，覆黄白色毛，具 1 对黄白色肩斑并沿侧缘向后延伸。中胸侧膜具毛，下侧片光裸。足和翅近似雌虫。腹：基鳞棕色，具黄白色缘毛。背板棕黑色，覆灰黄色毛。尾器：生殖肢基节大，端部略窄。生殖肢端节从基节端部发出，弯刀状，生殖腹板后缘平直，基缘略凹，基臂粗端部向前内弯。中骨板状，基 2/3 两侧平行，端 1/3 分叉，形成棒状前侧突，其上布满粗刺。阳基侧突每侧具 5 个大刺。

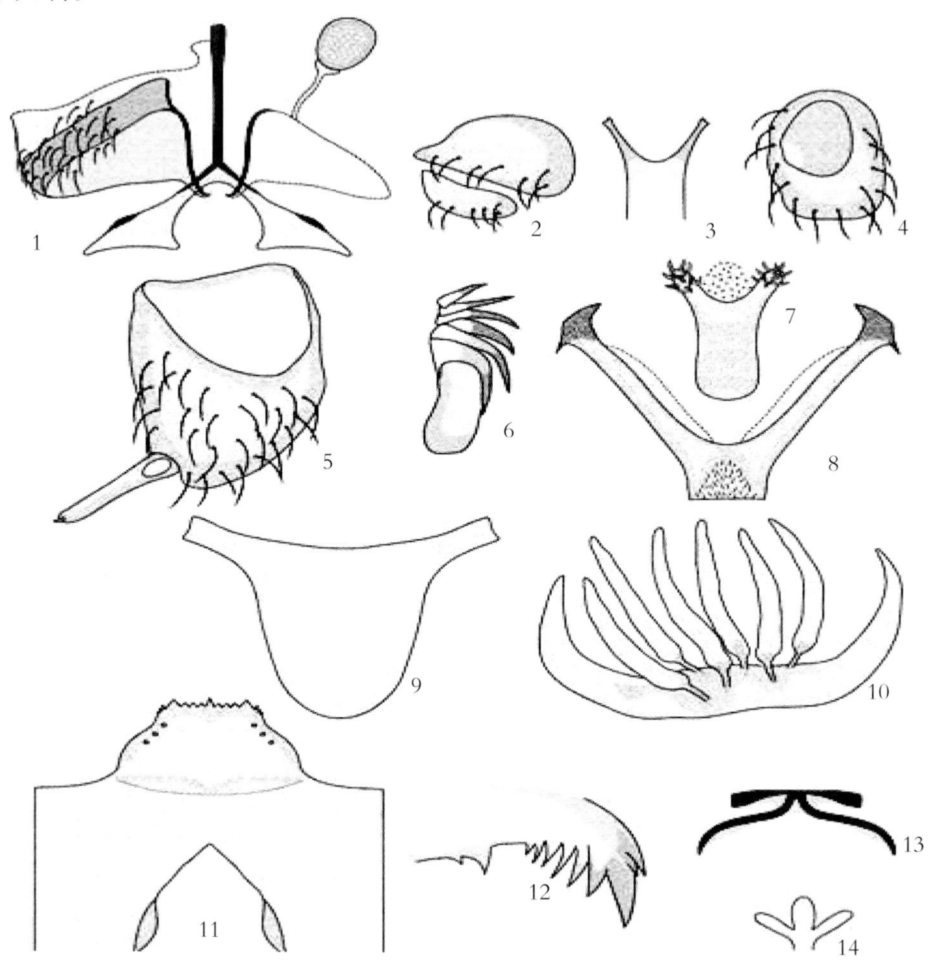

图 12–304　张掖维蚋，新种 *S.*（*W.*）***zhangyanse*** Chen，Zhang and Jiang，sp.nov

1. Female genitalia；2. Paraproct and cercus of female；3. Female cibarium；4. The 3rd segment of female maxillary palp；5. Gonocoxite and gonostylus of male；6. Paramere；7. Median sclerite；8. Ventral plate；9. Cocoon in dorsal view；10. Filaments；11. Larval head capsules in ventral view；12. Larval mandible；13. Larval anal sclerite.14. Larval rectal papilla

蛹 体长约 3.2mm。头、胸：除后胸外几乎无疣突。头毛 3 对，胸毛 5 对，均简单。6 条内呼吸丝约等长、等粗，基部骤收缩。腹：节 1、节 2 背板具疣突，节 3、节 4 两侧各具 4 个叉钩，节 9 无端钩，节 6 腹板具 1 对亚中叉钩，节 6、节 7 各具 1 对分离的叉钩。茧靴状，具短领，编织紧密。

模式标本 正模：1♀，从蛹羽化，具相联系的蛹皮，制片。副模：12♀♀，10♂♂，26蛹和9幼虫，同正模。姜迎海采自甘肃张掖的山溪中的水草上，32° 20′ N，104° 20′ E，海拔2200m，2007年8月20日。

地理分布 中国甘肃。

分类讨论 本新种近似伪马维蚋［*S.*（*W.*）*pseudequinum* Séguy，1921］，但是后者中胸盾片覆灰白色毛，生殖叉突后臂具骨化外突，呼吸丝长短不一，幼虫后颊裂端圆，与本种有明显的差异。

种名词源 新种以其模式产地命名。

附：新种描述英文稿。

Simulium Wilhelmia zhangyense Chen，Zhang and Jiang，sp. nov.（Fig.12–303）

Form of overview

Female Body length about 3.0mm. Wing length about 2.5mm. Head：Frons and clypeus brownish black，whitish grey–dusted，covered with several yellowish grey hairs. Frontal ratio 9.5 ：5.8 ：5.0；frons–head ratio 9.5 ：28.8. Antenna composed of 2+9 segments brownish black except scape，pedicel and base of the 1st flagellar segment pale yellow. Maxillary palp with 5 segments，proportional length of the 3rd to the 5th segments of 2.8 ：5.0 ：8.7. The 3rd segment somewhat enlarged，with elongated sensory vesicle，about 0.5 times the length of respective segment. Maxilla with 4 inner teeth and 11 outer ones. Mandible with 20 weak inner teeth and 10 outer ones. Cibarium unarmed. Thorax：Scutum pale greyish covered with whitish grey pubescence，and with three narrow，dark longitudinal lines. Scutellum whitish grey and covered with grey pubescence. Postscutellum whitish grey and bare. Pleural membrane haired. Katepisternum bare.Legs：All coxae and trochanters brown. All femora yellow except each base and apical 1/3~2/5 brownish black. All tibiae brown except median large portions of outer surface pale yellow. All tarsi brown except basal 3/4 of hind basitarsus and basal 1/2 of second tarsomere pale. Fore basitarsus slender，W：L=1.0 ：8.0.Hind basitarsus nearly parallel–sided，W：L=1.0：7.0. Calcipala and pedisulcus well marked. All claws simple. Wing：Costa with spinules and hairs；apical 1/3 of subcosta hairy；basal section of radius haired；base of radius with a tuft of yellow hairs. Abdomen：Basal scale brown，with a fringe of pale hairs. Terga greyish；terga 4~6 each with pair dark laterior spots. Genitalia：Sternite 8 bare medially with about 20 long hairs laterally on each side. Anterior gonapophysis membraneous，subtriangular in shape，separated，each with a transparent narrow long projection. Genital fork with slender sclerotized stem and widely expanded arms，each arm with a inner projection but lacking any projection directed forwards. Spermatheca ellipsoidal，sclerotized with reticulate pattern. Paraproct and cercus of moderate size.

Male Body length about 3.2mm. Wing length about 2.7mm. Head：Clypeus brownish black，white grey–dusted. Upper–eye consisting of large facets on 19 horizontal rows and 19 vertical columns. Antenna composed of 2+9 segments，brown except yellow scape，the 1st flagellar segment about 1.9 times as long as the following one. Maxillary palp composed of 5 segments；sensory vesicle small，about 0.2 times as long as the 3rd segment. Thorax：Scutum black，white grey–dusted，covered with whitish yellow pubescence and with large anterior pair of whitish yellow spots on shoulders extend along lateral borders.Scutellum black and covered with whitish yellow pubescence. Postscutellum black, white grey–dusted and bare.Pleural membrane haired. Katepisternum bare. Legs and wings nearly as in female. Abdomen: Basal scale brownish, fringe with white yellow hairs.Terga dark brown with grey yellow hairs. Genitalia: Gonocoxite very large and little narrower distal. Gonostylus arising terminally, small and curled.In ventral view, the ventral plate of the share of a wide V–shaped; with nearly straight posterior margin and convex proximal margin; basal arms stout and diverging from each other.Median sclerite plate–shaped, basal 2/3 nearly parallel–sided, is covered with spines on distal 1/2, its posterior end modified into a pair of rod–like lateral projection, with some strongly stout teeth, Parameres each with about 5 strongly hooks.

Pupa Body length about 3.2mm. Head and thorax: Integuments yellow, lacking tubercles except dorsal and lateral surface of posterior 1/2 of thorax with minute tubercles. Head with 1 longer facial pairs and 2 shorter frontal pairs of simple trichomes, whereas the thorax with 5 pairs of simple trichomes.Gill organ with 8 filaments, consisting dorsal and ventral branches each curling around anterior end of pupa; from the middle of main branches given off 6 minor branches, subequal in length and more or less close together and the bases of there minor branches show somewhat ringed appearance. Abdomen: Terga 1 and 2 covered with tubercles. Terga 3 and 4 each with 4 hooked spines along posterior margins on each side. Tergum 9 lacking terminal hooks. Sternum 5 with a pair of bifid hooks submedially on each side; sterna 6 and 7 each with pair of bifid hooks widely spaced on each side. Cocoon: Shoe–shaped, with low neck, tightly woven.

Mature larva Body length about 5.0mm, color yellow. Cephalic apotome with 3 segments in proportion of 2.6 :4.1: 2.5. Each labral fan with 34~38 main rays. Mandible with a large and a small teeth mandibular serration, but without supernumerary serrations. Hypostomium with a row of 9 apical teeth, median and each corner teeth moderately longer others; lateral serration present apically; 3~4 hypostomial setae diverging posteriorly from lateral margin on each side. Postgenal cleft large, mitre–shaped, moderately pointed apically and about 3~4 times as long as postgenal bridge. Thoracic and abdominal integuments bare. Rectal papilla of 3 lobes, all simple. Anal sclerite X~shaped, anterior arms about 0.5 times as long as posterior ones. Posterior circlet with about 100 rows of up to 29 hooklets per row.

Type materials Holotype: 1 ♀, reared from pupa, slide~mounted, was collected from Bailong river (32° 20′ N, 104° 20′ E, alt.2200m), Zhangye, Gansu Province, China. 20th, Aug., 2007. Paratype: 12 ♀♀, 10 ♂♂, reared from pupa, slide–mounted, 26 pupae and 9 larvae same day as holotype by Jiang Yinghai.

Distribution Gansu Province, China.

Remarks This new species seems to be most closely related to *S.* (*W.*) *pseudequinum* Séguy, 1921 by the feature of male genitalia, but the latter species easily distinguished from this new species by the scutum covered with whitish grey pubescence; the arms of female genital fork each with a sclerotized projection directed forwards, the lower filament is of 6 minor branches about 2 times as long as upper ones, and the postgenal cleft is rounded anteriorly in the larva.

Etymology The specific name was given for its type locality.

敦煌维蚋 *Simulium*（*Wilhelmia*）*dunhuangense* Liu and An，2004（图 12-305）

Simulium（*Wilhelmia*）*dunhuangense* Liu and An（刘增加，安继尧），2004. *Acta Zootax Sin.*，29（1）：161~162. 模式产地：中国甘肃（敦煌）.

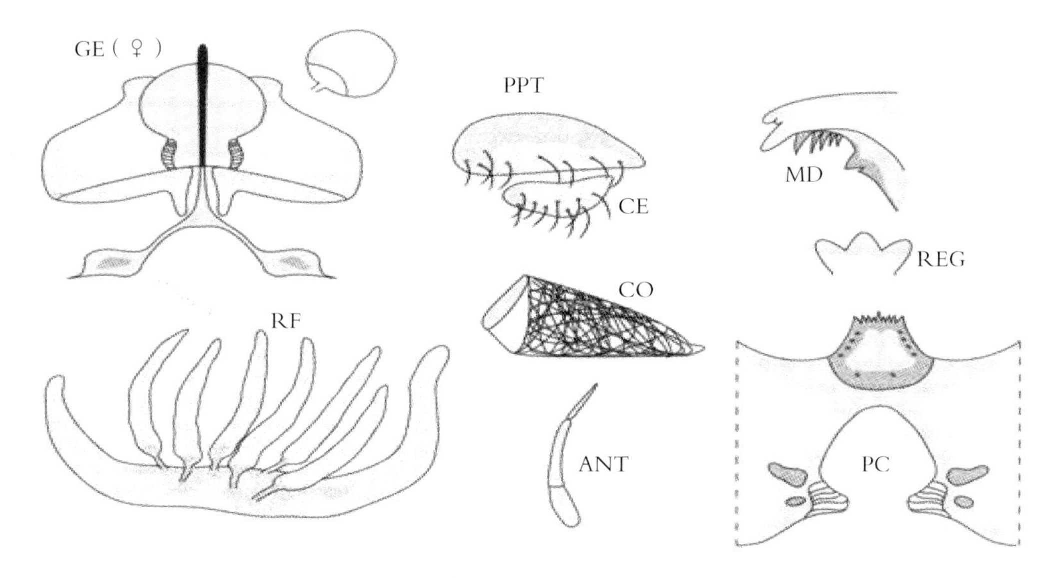

图 12-305 敦煌维蚋 ***S.*（*W.*）*dunhuangense*** Liu and An，2004

鉴别要点 雌虫生殖板长条状。蛹 6 条内呼吸丝棒状，基部强收缩。幼虫后颊裂基部收缩，中间扩大，端缘平齐。

形态概述

雄虫 未知。

雌虫 中胸侧膜具毛。生殖板长条状；内侧后伸形成圆柱状突。生殖叉突柄强骨化；后臂末端膨大。肛上板长圆形；尾须三角形。

蛹 体长 3.2mm。6 条内呼吸丝棒状，基部收缩变细。茧具领。

幼虫 体长约 7.0mm。黑绿色。触角 3 节的节比为 18∶29∶13。上颚顶齿发达。梳齿 3 枚，内齿 2 枚，缘齿 2 枚，亚颏中的角齿、顶齿发达；侧缘毛每侧 4 支，近后缘有 1 对亚中毛。后颊裂深亚壶形，基部强收缩，中部扩大，端缘平直，长约为后颊桥的 5 倍。

生态习性 标本采自中国甘肃敦煌市，海拔 1139m。

地理分布 中国甘肃。

分类讨论 本种虽然雄虫未知，雌虫也标本不全，但是其蛹呼吸丝和幼虫后颊裂的特征相当突出，易于鉴别。

窄叉维蚋 *Simulium*（*Wilhelmia*）*angustifurca* Rubtsov，1956（图 12-306）

Wilhelmia angustifurca Rubtsov，1956. *Blackflies*，*Fauna USSR*，Diptera，6（6）：557. 模式产地：俄罗斯（高加索）. Chen（陈继寅），1983. *Acta Zootax Sin.*，8（3）：279.

Simulium（*Wilhelmia*）*angustifurca* Rubtsov，1956；Crosskey，1988. Annot. Checklist World Blackflies（Diptera：Simuliidae）：482；Crosskey *et al.*，1997. Taxo. Geograph. Invent. World Blackflies（Diptera：Simuliidae）：80；Chen and An，2003. The Blackflies of China：405.

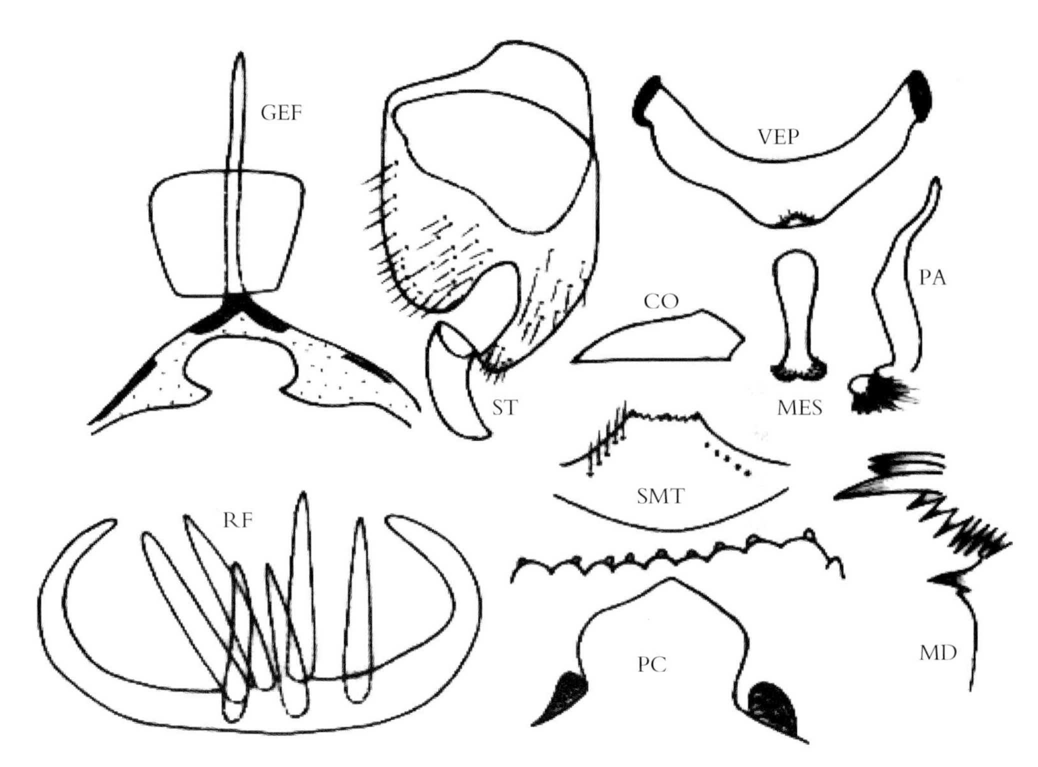

图 12-306 窄叉维蚋 ***S.*（*W.*）*angustifurca*** Rubtsov（仿 Rubtsov，1956. 重绘）

鉴别要点 雌虫生殖叉突后臂膨大部内缘收缩形成角状内突。蛹内、外呼吸丝棒状，约等长、等粗。幼虫头扇毛 23~25 支。

形态概述

雌虫 Rubtsov（1956）的描述为肛上板着生稀疏刚毛，尾须密被刚毛；生殖叉突膨大部呈犁状，内缘中部强烈收缩而形成角状内突。

雄虫 体长约 4mm。生殖肢端节较短粗，端刺较小。生殖腹板短宽，板体向端部收缩，后缘中部反折。中骨花瓶状，基半膨胀，端半变细，刺疣突发达。阳基侧突每侧约具 8 个大刺和众多小刺。

蛹 体长约 4mm。内、外呼吸丝棒状，约等长、等粗，每条丝自基部向端部渐变细。茧致密，无孔窗，具短领。

幼虫 体长约 8mm。头斑不明显，触角较短粗，头扇毛 23~25 支。上颚梳齿约等长。亚颏顶齿均匀，中侧齿弯向中齿方向。后环 120~130 排，每排 24~28 个钩刺。

生态习性 幼虫和蛹孳生于山区小溪流无森林的堤岸边。4 月化蛹，成虫吸哺乳动物血。

地理分布 中国：内蒙古；国外：俄罗斯，保加利亚。

分类讨论 窄叉维蚋成虫的原描述很简单，根据其蛹呼吸丝的特殊形状可与本亚属已知种类相区别。

马维蚋 *Simulium*（*Wilhelmia*）*equinum*（Linnaeus，1758）（图 12-307）

Culex equinum Linnaeus，1758. Syst. Nat. 10th ed.：1603. 模式产地：斯堪的纳维亚 . *Simulium equimum*（Linnaeus，1758）；Wu（胡经甫），1940. *Cat. Ins. Sin.*，5：83.

Wilhelmia equinum（Linnaeus，1758）. Takahasi，1998. *Mushi*，18（10）：65~66；Lee *et al.*（李铁生等），1976. N. China，midges，blackflies and horseflies：119~120.

Simulium (*Wilhelmia*) *equinum* (Linnaeus, 1758). Crosskey, 1988. Annot. Checklist World Blackflies (Diptera: Simuliidae): 482; An (安继尧). 1996. *Chin J. Vector Bio. and Control*, 7 (6): 472. Chen and An (陈汉彬，安继尧). 2003. The Blackflies of China: 406.

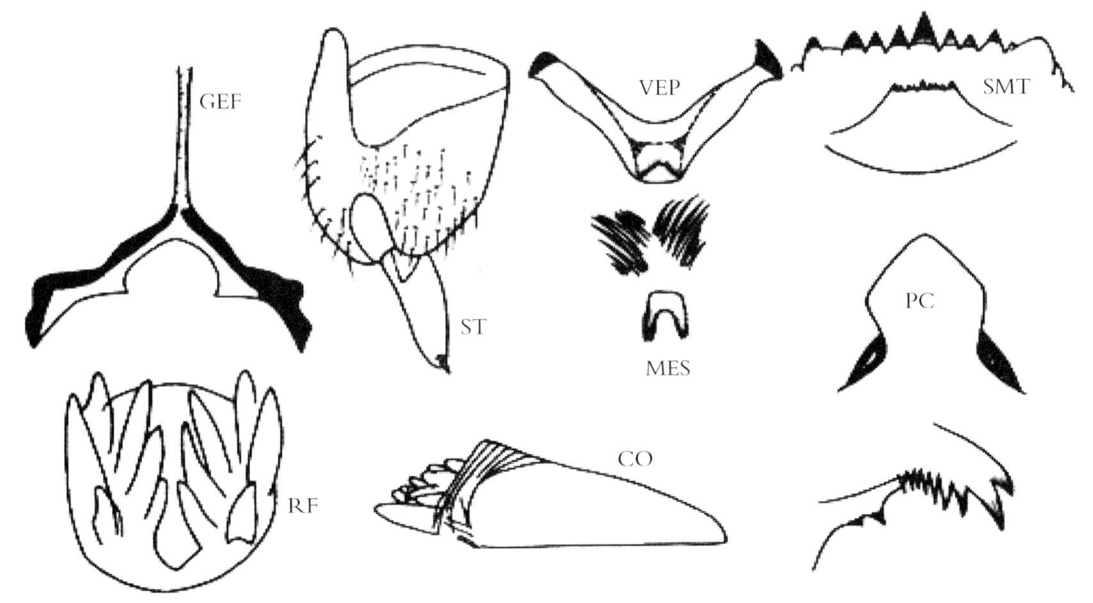

图 12–307 马维蚋 ***S.* (*W.*) *equinum*** (Linnaeus，1758) (仿 Rubtsov，1956. 重绘)

鉴别要点 雄虫中胸盾片具银白色肩斑；中骨马蹄形。蛹呼吸丝粗壮，囊状。幼虫后颊裂亚箭形。

形态概述

雌虫 体长约 4.0mm。额的纵沟不明显。触角暗褐色，柄、梗节和鞭节 Ⅰ 端部色淡。触须拉氏器约占节Ⅲ长的 1/2。中胸盾片灰黑色，被银白色或淡金黄色毛，具 3 条暗色纵纹。平衡棒白色。后足基跗节通常基部宽，端部较窄，前足跗节 Ⅰ 长约为宽的 9 倍。爪长而简单，腹部密被淡金色毛。

雄虫 体长 3.5~4.0mm。触角柄、梗节基部为黄色，其余色暗。触须末节长度超过节Ⅲ、节Ⅳ长度的总和。中胸盾片黑绒色，被金色毛，盾缘灰白色，从肩部斜向中央各有 1 个银白色斑。平衡棒黄色。生殖腹板基臂长，板体略呈三角形，端部反折；中骨马蹄形，2 个刺疣突长。阳基侧突每侧具 3~4 排长短不一的刺，每排各具 5~7 个刺。

蛹 体长 3.6~4.0mm。呼吸丝 8 条，6 条内、外丝粗壮，膨胀呈囊状，仅略细于上、下丝。茧鞋状具领，编织紧密，前缘不加厚。

幼虫 体长 5~7mm。头斑云雾状，头扇毛 37~53 支。亚颏中齿发达。后环 80~100 排，每排具 17~24 个刺钩。

生态习性 蛹和幼虫孳生于蔓生水草的江河流水中。第一代成虫 4 月初出现。嗜吸马血。

地理分布 中国：华北、东北和西北地区各省（区），山东；国外：英国，西欧至东西伯利亚。

分类讨论 Linnaeus (1758) 原描述将本种置于库蚊属 (*Culex*) 下，直至 21 世纪初叶，Patton 和 Evans (1929) 才将它归入蚋科。由于其形态变异较大，出现了诸多同物异名，包括安继尧 (1996) 记载的依瓦亚种 [*S. equinum ivachentzove* Rubtsov，1956]。本种是北方习见蚋种，具有医学重要性。其呼吸丝特征突出，鉴别时不容易混淆，可资鉴别。

格尔木维蚋 *Simulium*（*Wilhelmia*）*germuense* Liu，Gong and An，2003（图 12–308）

Simulium（*Wilhelmia*）*germuense* Liu，Gong and An（刘增加，宫占威，安继尧等），2003. *Acta Parasitol. Med. Entomol. Sin.*，10（1）：57~60. 模式产地：中国青海（格尔木）.

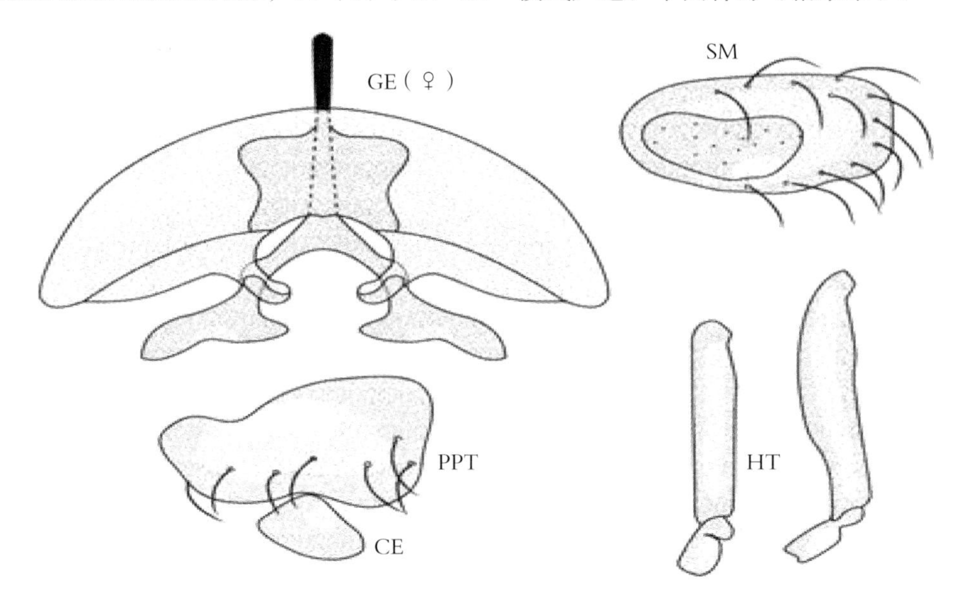

图 12–308 格尔木维蚋 *S.*（*W.*）*germuense*（仿刘增加等，2003. 重绘）

鉴别要点 雌虫中足、后足胫节为棕色而中大部为黄色。

形态概述

雄虫 未知。

雌虫 体长 2.8mm；翅长 2.1mm。触角黑色。触须第Ⅲ～Ⅴ节的节比为 24∶22∶28，拉氏器长约为节Ⅲ的 0.54。额头指数为 21∶60。下颚具 9 枚内齿，12 枚外齿；上颚具 21 枚内齿和 17 枚外齿。中胸盾片和小盾片黑色，中胸侧膜具毛，下侧片光裸。前足转节前面基 1/2、股节前面基 3/4，中足转节基端部、股节前面基 3/4、胫节中 1/2，后足转节前面、股节前面基 3/4、胫节侧面中 1/2、基跗节中 3/5、跗节Ⅱ基 1/2 为棕黄色，余部为黑色。跗突明显，跗沟发育良好。翅径脉基具毛。腹节背板具灰色斑。生殖叉突柄高度骨化，生殖板内缘弧形，分离，形成圆形空间，两臂膨大部具圆锥状端内突。肛上板宽大。受精囊圆形。

蛹 未知。

幼虫 未知。

生态习性 标本采自中国青海格尔木，海拔 2800m。

地理分布 中国青海。

分类讨论 本种原描述是根据 2 只雌虫记述的新种，但是从分类学的角度看，似无明显的排它性种征。所以，其分类地位尚待发现其他虫态再作定夺。

沼泽维蚋 *Simulium*（*Wilhelmia*）*lama* Rubtsov，1940（图 12–309）

Simulium（*Wilhelmia*）*lama* Rubtsov，1940. *Blackflies*，*Fauna USSR*，Diptera，6（6）：416~417. 模式产地：中国新疆（天山）；An（安继尧），1989. *Contr. Blood-sucking Dipt. Ins.*，1：184；

Crosskey, 1988. Annot. Checklist World Blackflies (Diptera: Simuliidae): 482; Chen and An (陈汉彬, 安继尧). 2003. The Blackflies of China: 408.

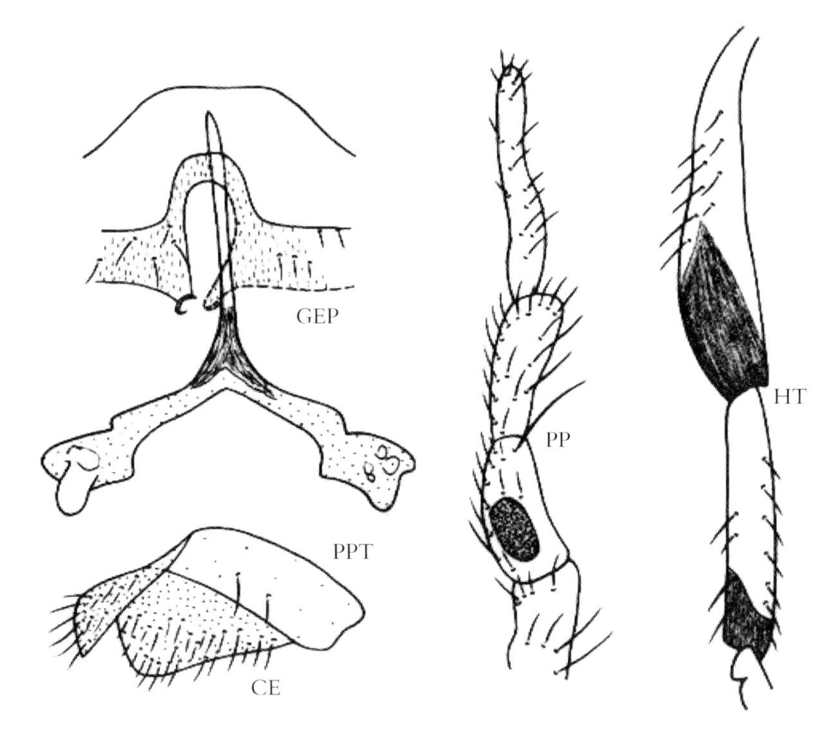

图 12-309 沼泽维蚋 ***S.* (*W.*) *lama*** Rubtsov, 1940 (仿 Rubtsov, 1956. 重绘)

鉴别要点 雌虫后足胫节基部超过 1/2 黄色；生殖叉突后臂膨大部形状特殊。

形态概述

雄虫 未发现。

雌虫 小型种，体长约 2.5mm。触角柄、梗节和鞭节Ⅰ为黄色。触须第Ⅲ节膨大，超过节Ⅲ粗的 2 倍。节Ⅴ长度超过节Ⅲ的 1.5 倍。前足、中足胫节基部 1/3~1/4 为黄色。后足胫节基部超过 1/2 为黄色。后足基跗节基部暗色，中部 3/5 为黄色，其长度约为后足胫节的 3/5，超过本身宽度的 6~7 倍。足和腹部稀被淡银白色毛。生殖板内缘末端的钩状附属物发达，卷曲；生殖叉突柄骨化，两后臂膨大部近方形，外缘基部具 1 个刻缺，端缘具 1 个后乳突。

蛹 未发现。

幼虫 未发现。

生态习性 未知。

地理分布 中国：新疆；国外：蒙古国。

分类讨论 沼泽维蚋迄今仅发现雌虫，其突出特征是后足胫节和基跗节大部色淡，生殖叉突后臂膨大部形状特殊，可资鉴别。

力行维蚋 *Simulium* (*Wilhelmia*) *lineatum* Meigen, 1804 (图 12-310)

Culex lineatum Meigen, 1804. Braunschw: 3. 模式产地：德国.

Wilhelmia lineatum (Meigen, 1804). Rubtsov, 1956. *Blackflies*, *Fauna USSR*, Diptera, 6 (6): 562.

Simulium (*Wilhelmia*) *lineatum* Meigen, 1804; Crosskey. 1988. Annot. Checklist World Blackflies (Diptera: Simuliidae) : 483; An (安继尧) , 1996. *Chin J. Vector Bio. and Control*, 7 (6) : 473; Chen and An (陈汉彬, 安继尧) , 2003. The Blackflies of China: 409.

Simulium (*Wilhelmia*) *turgaicum* Rubtsov, 1940. *Blackflies*, *Fauna USSR*, Diptera, 6 (6) : 411~412; Crosskey *et al.*, 1996 *J. Nat. Hist.*, 30: 421; An (安继尧) , 1996. *Chin J. Vector Bio. and Control*, 7 (6) : 473.

鉴别要点 雄虫足几乎全暗色；生殖腹板板体较窄。雌虫中胸盾片无银白色斑。

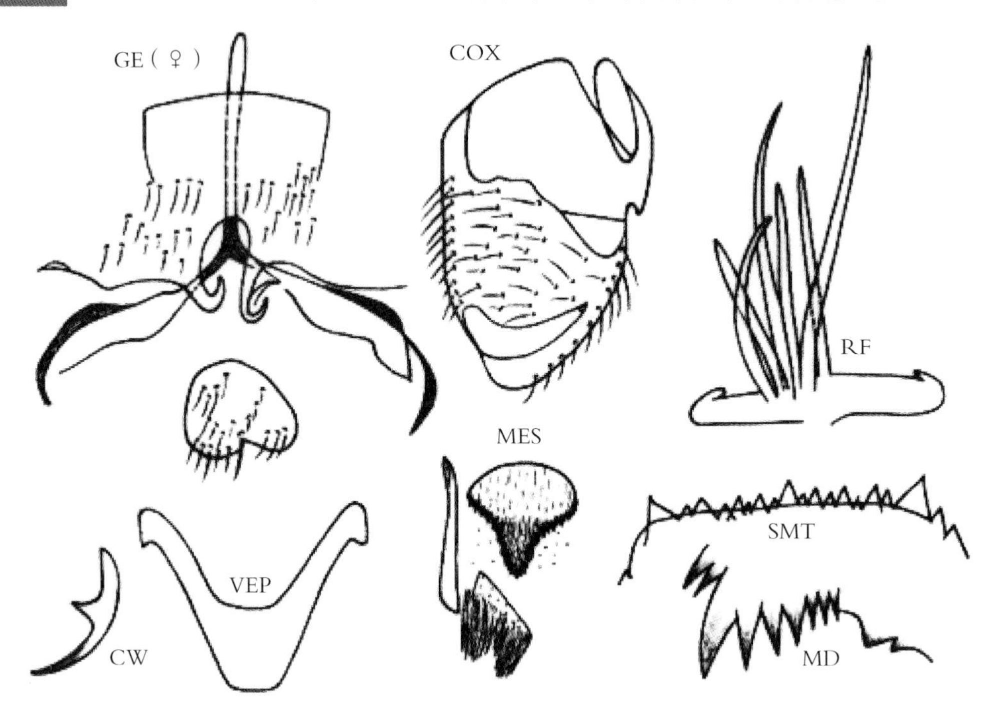

图 12-310 力行维蚋 *S.* (*W.*) ***lineatum*** Meigen, 1804 (仿 Meigen, 1956. 重绘)

形态概述

雌虫 体长 2.5~3.0mm。触角柄、梗节为黄色，其余为褐色。中胸盾片无银白色斑，具 3 条暗色纵纹。中侧纵纹向前略膨大成不规则的三角形斑，有时不清晰。平衡棒黄色。足大部色暗，仅胫节基部为黄色。

雄虫 体长 2.5~3.0mm。触角柄、梗节为赭石色，其余为褐色。中胸盾片灰褐色，无银白色斑，具 3 条暗色纵纹。足全为暗色。平衡棒黄色。生殖腹板板体较窄，长宽约相等，后缘平直或钝圆而不反折，基臂夹角小，约为 70°。中骨膜质，椭圆形。阳基侧突每边具 10~15 个刺。

蛹 体长 2.5~2.8mm。内、外呼吸丝约等粗，汇集在一起，丝的中部不膨大，基部不收缩，下外丝特别长，约为上丝的 2 倍长。茧鞋状，具领，无窗孔。

幼虫 体长 4.0~5.0mm。头斑阳性，头扇毛 37~38 支。后颊裂不深，基部有明显的几丁质增厚。后腹节具 2 个暗褐色斑并散布叉状毛。后环 108~112 排，每个背排约具 20 个钩刺，而每个腹排约具 30 个钩刺。

生态习性 幼虫和蛹孳生于山区溪水或沟渠里，7 月份为羽化盛期。雌虫吸牛、马血。

地理分布 中国：北京，内蒙古，新疆和华北地区；国外：德国，英国，西欧至俄罗斯和中亚。

分类讨论 本种系古北界的广布种，根据 Crosskey（1997）的意见，我国以前报道的褐足维蚋（*S. turgaicum*）系本种的同物异名。Rubtsov（1956）记载的所谓 *W. lineata* 并非本种，而是 *S.*（*W.*）*paraequinum* 的误定。

北京维蚋 *Simulium*（*Wilhelmia*）*pekingense* Sun，1999（图 12–311）

Simulium（*Wilhelmia*）*pekingense* Sun（孙悦欣），1999. *Chin J. Vector Bio. and Control*，10（2）：84~86.

模式产地：中国北京 . Chen and An（陈汉彬，安继尧），2003. The Blackflies of China：410.

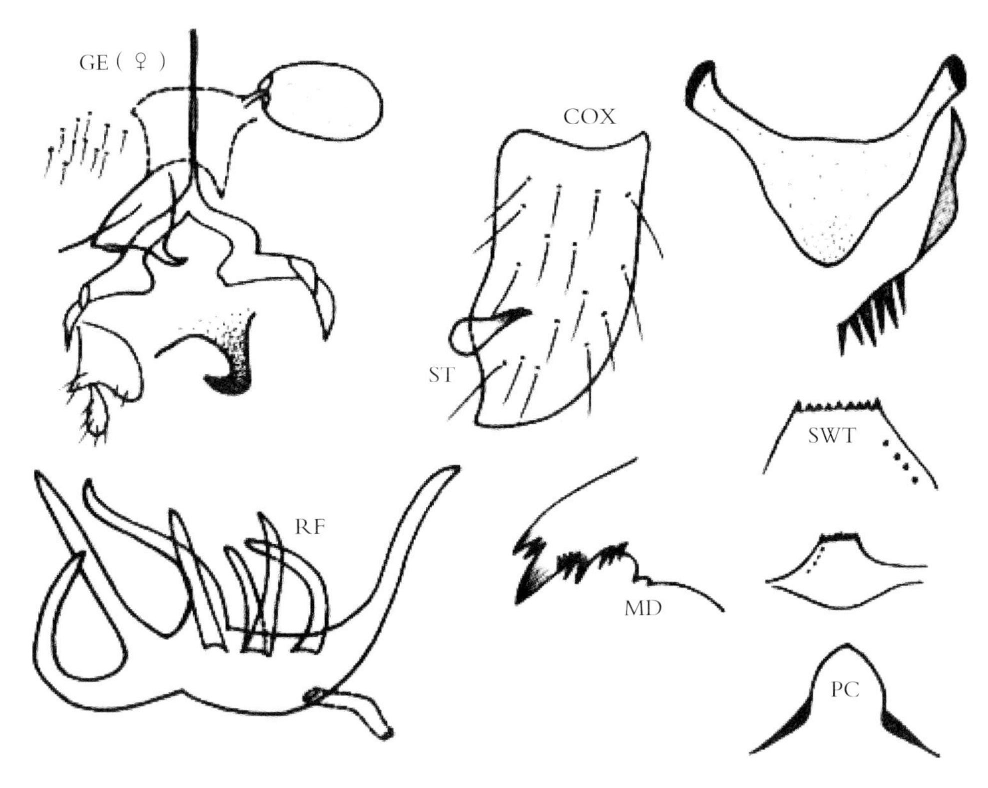

图 12–311 北京维蚋 ***Simulium*（*Wilhelmia*）*pekingense*** Sun（仿孙悦欣等，1999. 重绘）

鉴别要点 雌虫生殖叉突膨大部端部向后伸。幼虫后颊裂圆宽，亚颏中齿、角齿不发达。

形态概述

雌虫 体长 2.5~2.8mm。触角柄、梗节和鞭节Ⅰ基部 1/2 为黄色，触须拉氏器长条形，约占节Ⅲ的 1/2。中胸盾片和小盾片黑色，被黄色闪光短毛。足两色，黄色部分包括前足股节中部 2/3、胫节基部 3/5，中足股节基部 2/3、胫节基部 2/3，后足胫节中部 2/3 和基跗节基部 2/3。前足跗节Ⅰ长约为宽的 6 倍。跗突小。爪简单。生殖板内端具钩状附属物，生殖叉突膨大部端半折向后伸。

雄虫 体长 2.4~2.6mm。触角鞭节Ⅰ的长约为鞭节Ⅱ的 1.8 倍。胸部似雌虫。足色大部似雌虫，但是后足股节基 2/3、胫节基部 2/3、基跗节基部 3/4 和跗节Ⅱ基部 1/2 均为黄色。生殖肢端节亚端位。生殖腹板近似兴义维蚋，中骨亚方形，阳基侧突每边具 6 个钩刺。

蛹 体长 2.7~2.9mm。呼吸丝近似兴义维蚋。茧鞋状，具短领，前缘增厚。

幼虫 体长 4.8~5.0mm。头斑阳性。头扇毛 51~53 支。触角节Ⅱ的长约为节Ⅲ的 1.7 倍。亚颏中齿、角齿不发达。侧缘毛每侧 4 支。后颊裂宽圆。肛鳃简单。后环约 92 排，每排约具 24 个钩刺。腹乳突缺。

生态习性 蛹和幼虫孳生于小溪急流处的水草茎叶上。溪宽 1.5~2.0mm。

地理分布 中国北京。

分类讨论 北京维蚋近似高桥维蚋（*S. takahasii*）和兴义维蚋（*S. xingyiense*），特别是两性尾器与高桥维蚋很难区分。北京维蚋蛹的特征又极似兴义维蚋，但是幼虫特征又有较大差异。鉴于高桥维蚋的幼虫尚未发现，难以进一步比较。所以，本种的分类地位尚待进一步研究。

伪马维蚋 *Simulium*（*Wilhelmia*）*pseudequinum* Séguy，1921（图 12-312）

Simulium pseudequinum Séguy，1921. *Bull. Mus. Paris*，27：295. 模式产地：加拿里群岛（Canary Islands）.

Simulium（*Wilhelmia*）*pseudequinum* Séguy，1921；Crosskey，1988. Annot. Checklist World Blackflies（Diptera: Simuliidae）：483；An（安继尧），1996. *Chin J. Vector Bio. and Control*，2（2）：473. Chen and An（陈汉彬，安继尧），2003. The Blackflies of China：411.

Simulium（*Wilhelmia*）*mediterraneum* Puri，1925. *Ann. Mag. Nat. Hist.*，16（9）：253~255；An（安继尧），1989. *Contr. Blood-sucking Dipt. Ins.*，1：184.

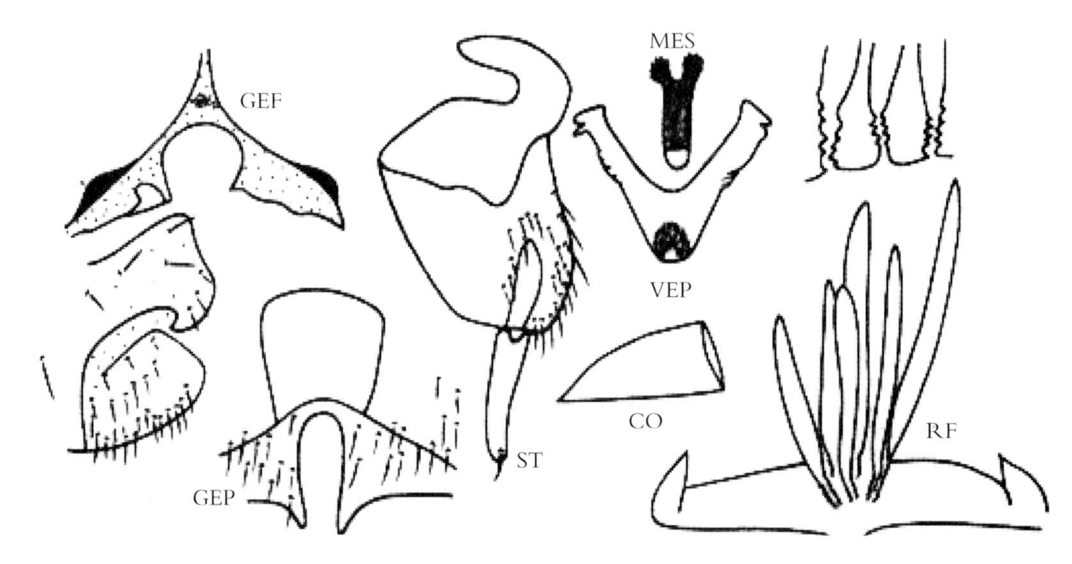

图 12-312 伪马维蚋 *S.*（*W.*）*pseudequinum* Séguy，1921

鉴别要点 雄虫中胸盾片具银白色斑；生殖腹板细长，后缘中部具尾状突；中骨较细长。后足基跗节端部 2/3 色淡。蛹呼吸丝基部收缩而汇集在一起，上外丝明显长于下内丝。

形态概述

雌虫 触角柄、梗节和鞭节 I 色淡。中胸盾片前缘具竖琴状斑和淡色毛。前足基跗节的长为其宽度的 7~8 倍，后足基跗节基部 2/3 为黄色。外生殖器近似马维蚋（*S. equinum*）。

雄虫 体长 2.5~2.8mm，偶可达 3.5~4mm。触角柄、梗节和鞭节 I 基部为黄色。中胸盾片具清晰的银白色斑。生殖腹板窄长，后缘中部具尾状突出。中骨较细，阳基侧突每侧具 1 列，约具 6 个粗刺。

蛹 体长 2.8~3.0mm，偶可达 4.0mm。中部呼吸丝基部强收缩并汇集在一起。上外丝的长度约为下内丝的 1.5~2.0 倍长。茧鞋状，具短领。

幼虫 体长 5.0~7.0mm。头斑明显，触角节 2 的长约为节 3 的 1.5 倍。头扇毛 27~30 支。亚颏中齿、角齿发达。后颊裂深而宽。后环 104~124 排，每排具 22~32 个钩刺。

生态习性 幼虫和蛹孳生于溪流中的水草或石块上。

地理分布 中国：山西，新疆；国外：加拿里群岛，阿尔及利亚，亚美尼亚，阿塞拜疆，保加利亚，伊拉克，以色列，意大利，约旦，黎巴嫩，罗马尼亚，叙利亚，土耳其，乌克兰。

分类讨论 本种的形态有一定的变异幅度，以前文献记载相当混乱。根据 Crosskey（1997）的意见，*S. mediterraneum* Puri，1921 以及 *S. guimari* Becker，1908 等，均系本种的同义词。

青海维蚋 *Simulium*（*Wilhelmia*）*qinghaiense* Liu，Gong，An *et al.*，2003（图 12-313）

Simulium（*Wilhelmia*）*qinghaiense* Liu，Gong，An *et al.*（刘增加，宫占威，安继尧等），2003. *Acta Parasitol. Med. Entomol. Sin.*，10（1）：57~60. 模式产地：中国青海（格尔木）.

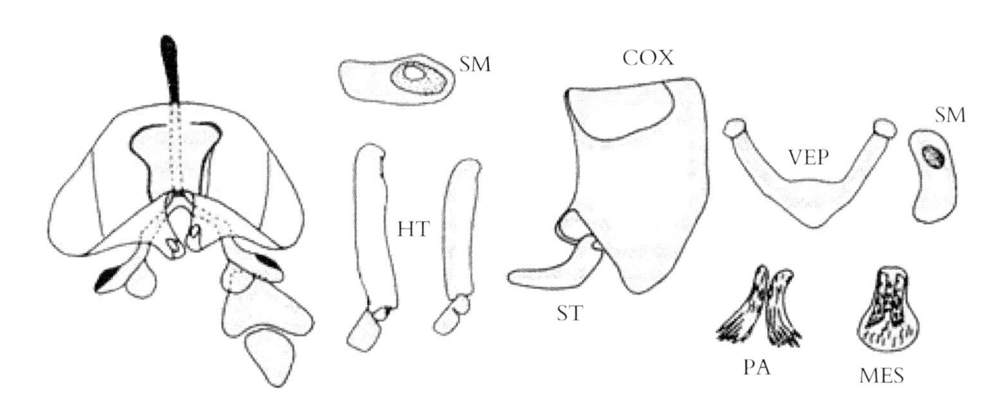

图 12-313 青海维蚋 *S.*（*W.*）*qinghaiense*（仿刘增加等，2003. 重绘）

鉴别要点 雌虫生殖板内缘基部远离，端部并拢；生殖叉突后臂具椭圆形内突。雄虫生殖腹板基臂具球形端突；中骨灯泡状，中部具骨化脊，在脊间具三角形刺，末端呈丛刺状。各足胫节除基部为黄色外，大部为棕黑色。

形态概述

雌虫 体长 3.0mm；翅长 2.6mm。触角柄节和梗节为黄色，余部为黑色。触须节Ⅲ~Ⅴ的节比为 27：25：36。拉氏器长为宽的 2 倍。额指数为 22：16：15；额头指数为 22：65。上颚具 18 枚内齿和 11 枚外齿；下颚具 11 枚内齿和 9 枚外齿。中胸侧膜具毛，下侧片光裸。足除各足胫节基部、后足基跗节中 3/5、跗节Ⅱ基 1/2 为黄色外，余部为黑色。跗突和跗沟发达，爪简单。翅径脉基具毛。生殖板内缘弧形，基部远离，端部靠拢，末端具圆锥状长突。生殖叉突柄高度骨化，后臂膨大部具球状端内突。肛板鞋形。受精囊圆形。

雄虫 体长 2.8mm；翅长 2.2mm。触角鞭节黄色，余部黑色。触须节Ⅲ~Ⅴ的节比为 23：25：48，拉氏器长约为节Ⅲ的 0.26。中胸盾片和小盾片黑色。中胸侧膜具毛，下侧片光裸。足同雌虫，跗突明显，跗沟发育良好。翅径脉基具毛。生殖肢基节宽大，端节短小，内弯。生殖腹板基臂伸向前外，端具球状前突，球基部具骨化带。中骨基 1/3 窄，侧缘平行，端 2/3 膨大，端圆，有 1 对亚中骨化纵脊，脊上和脊间具三角形刺，端缘具刺丛。阳基侧突每侧具 6 个钩刺。

幼虫 未知。

蛹 未知。

生态习性 不详。标本采自格尔木，海拔 2800m。

地理分布 中国青海。

分类讨论 本种生殖板内缘基部远离，端部靠拢；生殖叉突后臂具球状端内突；生殖腹板基臂具球状端突；中骨无侧突，具亚中骨化脊，特征相当突出。

清西陵维蚋 *Simulium*（*Wilhelmia*）*qingxilingense* Cai and An，2005（图 12-314）

Simulium（*Wilhelmia*）*qingxilingense* Cai and An（蔡茹，安继尧），2005. *Acta Zootax Sin.*，30（3）：628~630. 模式产地：中国河北（易县）.

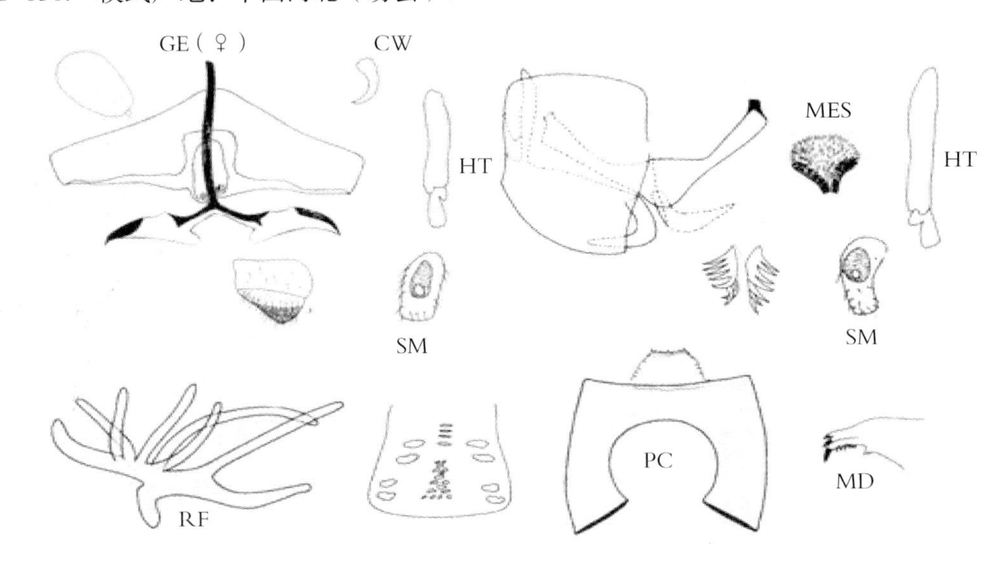

图 12- 314 清西陵维蚋 *S.*（*W.*）*qingxilingense*（仿蔡茹等，2005. 重绘）

鉴别要点 雌虫生殖板长条状。雄虫生殖腹板基臂强壮。幼虫后颊裂圆形。

形态概述

雌虫 体长 3.0mm；翅长 2.4mm。额具白粉被，覆黄色毛。额指数为 43：23：31；额头指数为 43∶120。触须节Ⅲ～Ⅴ的节比为 27：25：30。拉氏器长约为节Ⅲ的 0.6。上颚具 20 枚内齿和 17 枚外齿；下颚具 12 枚内齿和 10 枚外齿。中胸盾片密覆黄色细毛，具 3 条琴弦状黑色纵纹。小盾片黑色，覆黄色毛。中胸侧膜具毛，下侧片光裸。前足基节、转节、跗节为黑色，股节和胫节为棕黄色；中足股节基 4/5、胫节端 4/5、基跗节基 3/4 和跗节Ⅱ基 1/2 为黄色，余部为黑色；后足股节、胫节和基跗节棕黄色，余部为黑色。爪简单。翅亚缘毛光裸，径脉基具毛。生殖叉突柄，两后臂基半和端缘骨化，膨大部具内突。生殖板长条状，端内具卷曲长突。受精囊椭圆形。

雄虫 体长 2.8mm；翅长 2.4mm。触须节Ⅲ～Ⅴ的节比为 14∶20∶22，拉氏器长约为节Ⅲ的 0.42。中胸盾片覆黄色毛，无斑纹。中胸侧膜具毛，下侧片光裸。前足转节、股节、胫节和基跗节为棕黄色，余部为黑色；中足色同前足。后足转节、股节、胫节和基跗节基 2/3 为棕黄色，余部为黑色。跗突、跗沟发育良好。翅同雌虫。生殖肢基节宽大，近长方形，生殖肢端节细小，中弯呈钩状。生殖腹板板体亚三角形，两基臂粗壮向前外延伸，末端骨化。中骨扇形，基本具倒“八”字形骨化脊。阳基侧突每侧具 7 个粗刺。

蛹 体长 3.0mm。呼吸丝排列成 2 行，下外丝长约为上内丝的 2 倍。头、胸具疣突。茧鞋状，具短领。

幼虫 体长约 5.0mm。触角 3 节，节比为 10∶14∶8。头扇毛 35 支。亚颏中齿、角齿稍发达。侧缘毛 4 支。后颊裂圆形，长于后颊桥。头斑阳性。肛鳃简单。肛骨后臂长于前臂。后环 106 排，每排具 18~25 个钩刺。

生态习性 幼虫和蛹孳生于河北易县清西陵小河里，河宽 10~20m，水深 0.2~0.4m。

地理分布 中国河北。

分类讨论 清西陵维蚋与北京维蚋［*S.*（*W.*）*pekingense*］、高桥维蚋［*S.*（*W.*）*takahasii*］和兴义维蚋［*S.*（*W.*）*xingyiense*］相似，其间区别可详见相应检索表。

塔城维蚋 *Simulium*（*Wilhelmia*）*tachengense* Maha，An and Yan，1997（图 12–315）

Simulium（*Wilhelmia*）*tachengense* Maha，An and Yan（马哈木提，安继尧，严格），1997. *Acta Parasitol. Med. Entomol. Sin.*，4（4）：232~235. 模式产地：中国新疆（塔城）. Chen and An（陈汉彬，安继尧），2003. The Blackflies of China：413.

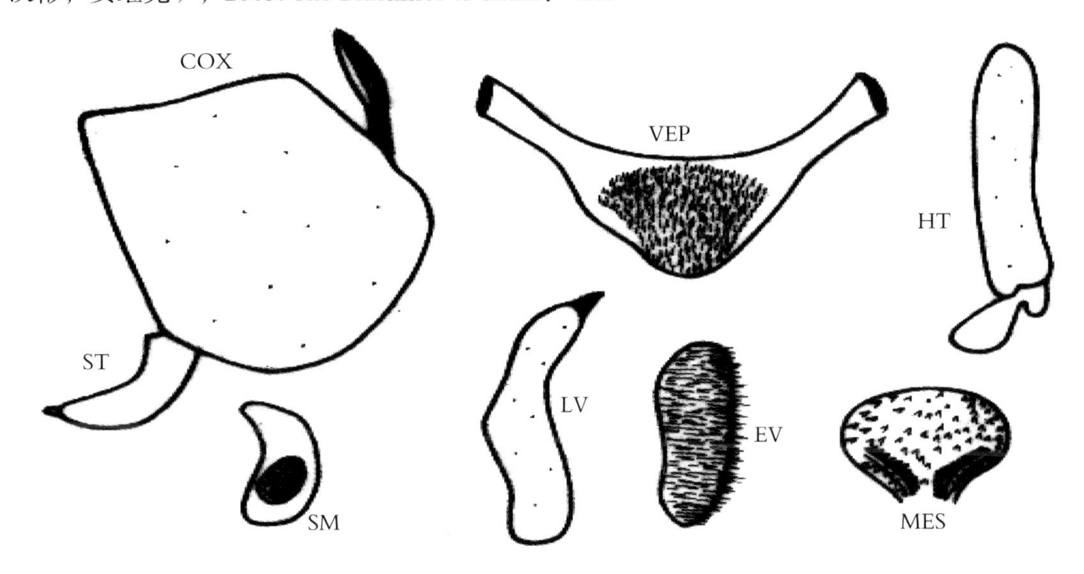

图 12–315 塔城维蚋 *S.*（*W.*）*tachengense*（仿马哈木提等，1997. 重绘）

鉴别要点 雄虫生殖腹板基臂末端具骨化带；中骨近圆形，后部具“八”字形骨化带；阳基侧突每边具 3 个大刺和 7 个细刺。

形态概述

雌虫 尚未发现。

雄虫 体长约 2.8mm。虫体黑色。触角覆白色短毛。触须节比为 10∶10∶21∶24∶51。拉氏器约为节Ⅲ的 1/3。中胸盾片黑色，覆黄色毛，周边黄色毛较密并覆以白色粉被；小盾片黑色，被黄色长毛。中胸侧膜具毛，各足股节末端、胫节基部和后足基跗节基 2/3 为黄色，余部为黑色。跗突长约为基跗节末端宽度的 1/3，跗沟发育良好。平衡棒黑色，球部黄色。翅径脉基段具毛，腹部黑色。生殖肢基节宽大，生殖肢端节亚端位，小而内弯，端爪发达。生殖腹板亚三角形，前缘平齐，两臂粗壮约呈 120° 角外伸，末端形成高度骨化带。中骨亚圆形，前部具众多三角形短刺，后部收缩，具一“八”字形的骨化带。阳基侧突每边具 3 个粗刺和 7 个细刺。

蛹 尚未发现。

幼虫 尚未发现。

生态习性 不详。

地理分布 中国新疆。

分类讨论 本种隶属于 *salopiensis* group，与 *S.*（*W.*）*balcaniaca* 和 *S.*（*W.*）*xingyiense* 相似，但是其间的生殖腹板、中骨和足色有明显差异。

高桥维蚋 *Simulium*（*Wilhelmia*）*takahasii* Rubtsov，1962（图 12-316）

Wilhelmia takahasii Rubtsov，1962. *Die Fliegen der palaearktischen Reg.*，14：411~412. 模式产地：日本；Chen and Cao（陈继寅，曹毓存），1982. *Acta Zootax. Sin.*，7（4）：387；Xue（薛洪堤），1987. *Acta Zootax. Sin.*，12（1）：111.

Simulium（*Wilhelmia*）*takahasii* Rubtsov，1962；Crosskey，1988. Annot. Checklist World Blackflies（Diptera: Simuliidae）：483；An（安继尧），1996. *Chin J. Vector Bio. and Control*，7（6）：473；Chen and An（陈汉彬，安继尧），2003. The Blackflies of China：414.

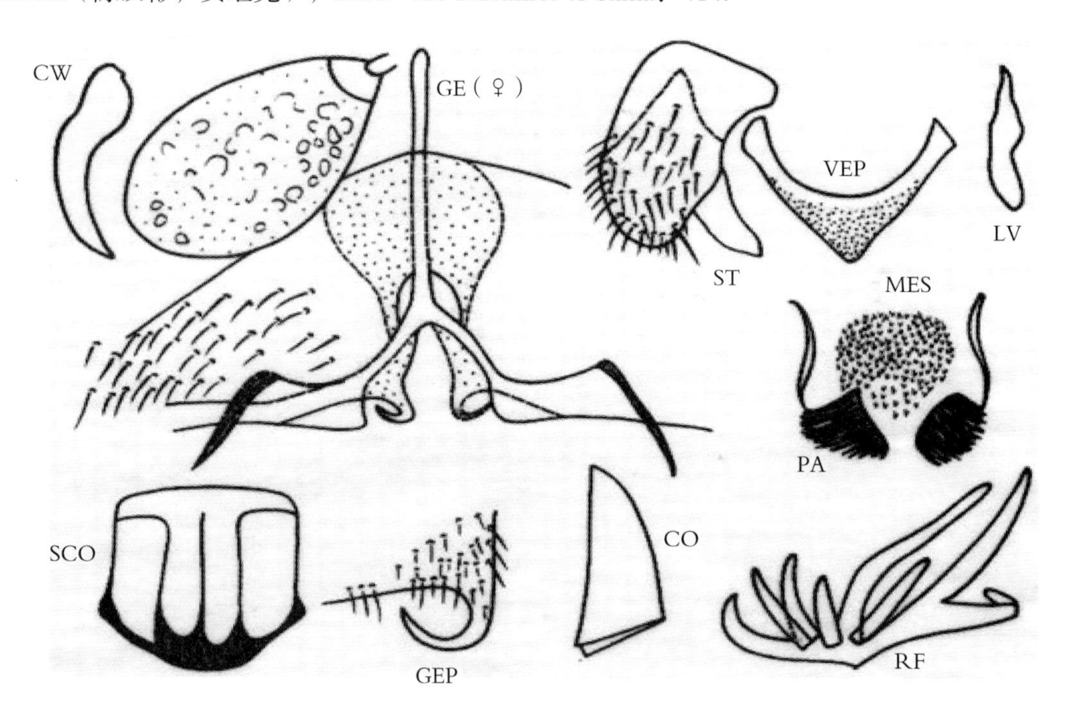

图 12-316 高桥维蚋 *S.*（*W.*）*takahasii* Rubtsov，1962

鉴别要点 生殖叉突后臂膨大部呈矩形。生殖肢端节短粗，着生在生殖肢基节的中部。蛹上、下呼吸丝的宽度约为内、外丝的 1.5 倍。

形态概述

雌虫 体长 1.8~2.2mm。触须拉氏器小，约占节Ⅲ的 1/4。中胸盾片具 3 条暗色纵纹，中纵纹细，侧纵纹起自盾侧肩部，横伸至中侧位转向后伸，渐扩大并在小盾前区与中纵纹相连接。足为两色；

淡色部分包括前足股节中部 2/5、胫节腹缘大部，中足股节中部 3/5、胫节基部和中部 3/5，后足股节基部 3/5、胫节基部和中部 2/5、基跗节中部 4/5。生殖板内缘端部具钩状附属物，生殖叉突后臂膨大部呈矩形，向外伸，外缘端半骨化并向后外伸。

雄虫 体长 1.5~1.8mm。一般特征似雌虫，但是中胸盾片无暗色纵纹。生殖肢端节着生在基节中部。生殖腹板亚三角形，前缘中部内凹成弧形，端圆，不反折。中骨膜质，卵圆形，前 2/3 具众多小刺。阳基侧突细窄，每边端部具 12~14 个大刺。

蛹 上、下呼吸丝的宽度一般不超过内、外丝的 1.5 倍，下内丝和下外丝特别长，为其他 4 条丝的 2~3 倍长。茧鞋状，具领。

幼虫 未知。

生态习性 蛹和幼虫孳生于山溪缓流中。7~9 月份是成虫活动盛期。雌虫吸牛、马血，偶吸人血。

地理分布 中国：山西，新疆；国外：日本，韩国。

分类讨论 高桥维蚋与兴义维蚋（*S. xingyinense*）相似，两者的主要区别在雌性尾器和蛹呼吸丝的形态特征。此外，后者系东洋界蚋种。

桐柏山维蚋 *Simulium*（*Wilhelmia*）*tongbaishanense* Chen and Luo，2006（图 12-317）

Simulium（*Wilhelmia*）*tongbaishanense* Chen and Luo（陈汉彬，罗洪斌），2006. *Acta Zootax Sin.*，31（3）：640~642. 模式产地：中国湖北（桐柏山）.

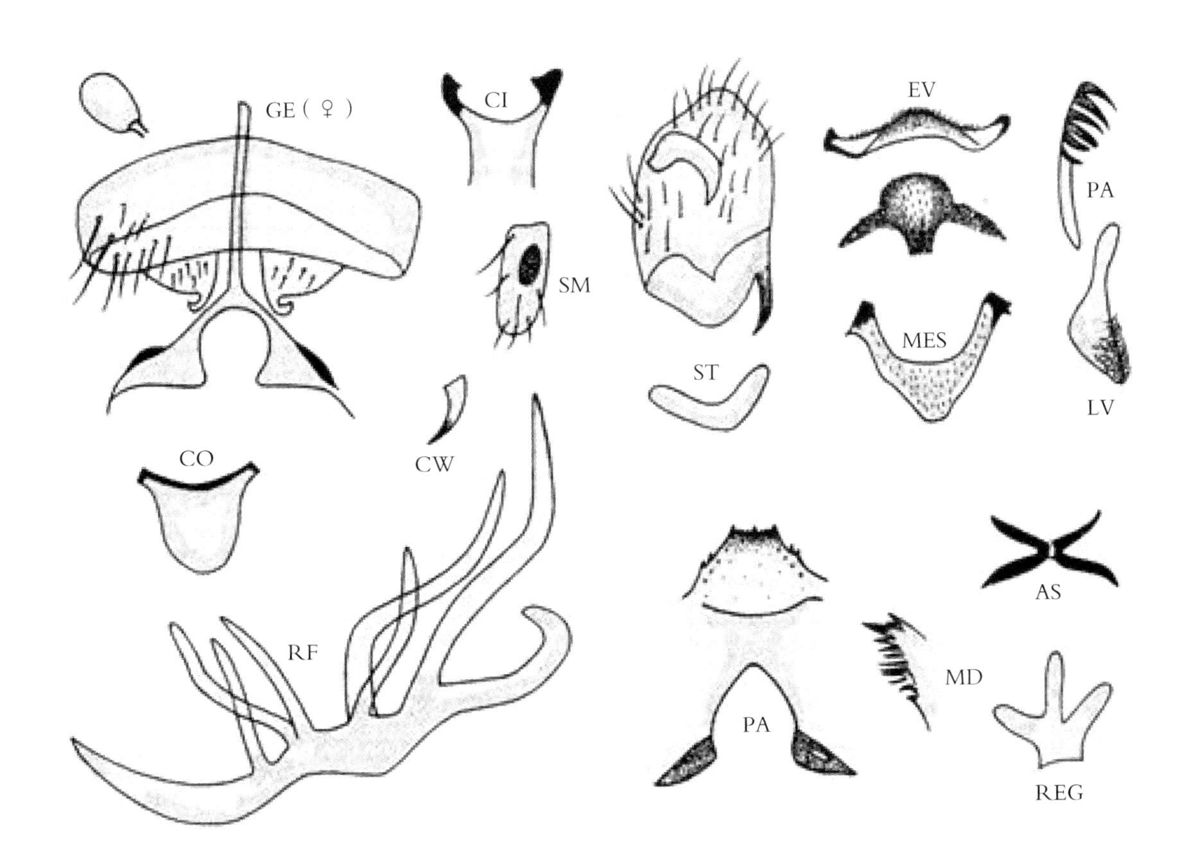

图 12-317 桐柏山维蚋 *S.*（*W.*）*tongbaishanense* Chen and Luo，2006

鉴别要点 雌虫后足胫节具亚基黑环；生殖板亚三角形。雄虫中骨具翼状侧突。蛹头、胸部无疣突。幼虫后颊裂亚箭，端尖。

形态概述

雌虫 体长约3.0mm；翅长约2.5mm。额指数为9.5∶6.0∶7.5；额头指数为9.5∶33.0。触须节Ⅲ～Ⅴ的节比为6.0∶5.9∶9.8。节Ⅲ不膨大。拉氏器长约为节Ⅲ的1/3。下颚具6枚内齿和12枚外齿；上颚具19枚内齿和11枚外齿。食窦光裸。中胸盾片黑色，密覆黄色毛，具3条暗色纵纹。中胸侧膜具毛，下侧片光裸。前足基节和转节淡黄色；股节基部黄色，余部棕色；胫节基部黄色，端1/4暗棕色，余部中棕色；跗节棕黑色。中足似前足，除了基节为黑色和基跗节为黄色。后足基节和转节淡棕色；股节端1/3黑色，余部棕色；胫节棕色而具亚基黑环；跗节除基跗节基3/5和跗节Ⅱ基1/2为黄色外，余部为黑色。前足基跗节的长约为宽的7倍；后足基跗节侧缘亚平行，长约为宽的6倍，爪简单。跗突和跗沟均发达。翅亚缘脉和径脉基具毛。生殖板亚三角形，内缘宽分离，端内角延伸形成细钩状突；两后臂具骨化侧脊，内突不明显，外突副缺，膨大部呈犁状外伸。

雄虫 体长约3.1mm；翅长约2.6mm。上眼具12纵列和14横排大眼面。触角柄节和梗节黄色，鞭节棕色。触须拉氏器长约为节Ⅲ的0.4。中胸盾片密覆黄色毛，无纹饰。中胸侧膜具毛。足和翅似雌虫，但是后足胫节较暗，翅亚缘毛光裸。腹部似雌虫。生殖肢基节宽大，端节从其亚端部发出，镰刀状。生殖腹板亚三角形，端中缘圆钝。基臂与板体约等长，端部强骨化；中骨端圆，中部具翼状侧外突；阳基侧突每侧具6个钩刺。

蛹 体长约3.0mm。头、胸具疣突。头毛3对，胸毛6对，均简单。呼吸丝不成对排列，下外丝长度超过上内丝的2倍。茧具短领，编织紧密，前缘增厚。

幼虫 体长约5.0mm。头斑阳性。触角3节，节比为3.1∶4.0∶2.8。头扇毛每边约38支。亚颏中齿、角齿较发达。侧缘毛3~4支。后颊裂深，亚箭形，端尖，长约为后颊桥的3倍。肛鳃简单。肛骨前臂约为后臂的0.6。后环约108排，每排具18~24个钩刺。

生态习性 幼虫和蛹孳生于山溪中的水生植物和枯枝落叶上，海拔约500m。

地理分布 中国湖北。

分类讨论 本种与其近缘种的主要区别是雌虫后足胫节具亚基黑环，雄虫中骨形状特殊，蛹呼吸丝的样式和幼虫后颊裂的形状。本种的种征相当突出，不难鉴别。

沟额维蚋 *Simulium*（*Wilhelmia*）*veltistshevi* Rubtsov，1940（图12–318）

Simulium（*Wilhelmia*）*veltistshevi* Rubtsov，1940. *Blackflies*，*Faunna USSR*，Diptera，6（6）：413~414. 模式产地：塔吉克斯坦；An（安继尧），1996. *Chin J. Vector Bio. and Control*，13（2）：473；Crosskey，1997. Taxo. Geograp. Invent. World Blackflies（Diptera：Simuliidae）：81；Chen and An（陈汉彬，安继尧），2003. The Blackflies of China：415.

Wilhelmia veltistshevi Rubtsov，1940. Lee *et al.*（李铁生等），1976. N. China，midges，blackflies and horseflies：121~122；Tan and Chow（谭娟杰等），1976. *Acta Ent. Sin.*，19（4）：459.

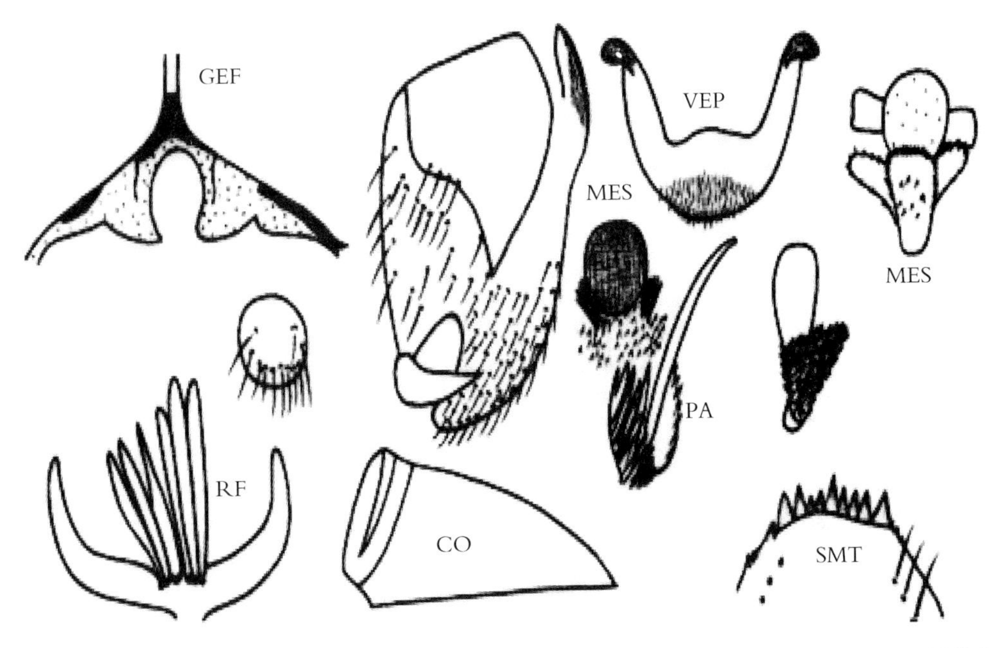

图 12-318　沟额维蚋 ***S.*（*W.*）*veltistshevi*** Rubtsov，1940（仿 Rubtsov，1956. 重绘）

鉴别要点　雌虫额上半部具明显的中纵沟。雄虫中骨葫芦状，中部两侧的刺疣突发达。蛹呼吸丝内、外丝约等长，丝的中部稍膨大，基部骤变细并汇集在一起。幼虫后腹节散布叉状毛。

形态概述

雌虫　额的上半部中央具纵沟。触角淡褐色，柄、梗节色淡。中胸盾片被淡金黄色毛，具 3 条清晰的暗色纵纹，中侧纵纹前、后稍扩大，并与中纵纹在后缘相连接。后足基跗节基部 2/3 为黄色，端部 1/3 色暗。生殖叉突后臂膨大部犁状，其后缘中部有 1 个凹隙。

雄虫　体长 3~3.5mm。触角除梗节边缘色稍淡外，余为黑色。中胸盾片无银白色斑，被金黄色毛。后足基跗节基部 2/3 为黄色，端部为黑色。腹部黑色，稀被暗色毛。背板后缘色较淡。生殖肢端节较短，基部膨大，向后渐变尖。生殖腹板横宽，端中缘钝圆并反折。中骨葫芦状，刺疣突发达，翼状。阳基侧突每边端部具 8~12 个刺，其中 1~2 个特别粗长。

蛹　体长 2.8~4.5mm。内、外呼吸丝约等长，丝的中部稍膨大，基部收缩变细，并汇聚在一起。茧鞋状，较长，具领。

幼虫　体长 5~6mm。头斑阳性，头扇毛 42~48 支，亚颏顶齿发达，后颊裂宽圆。后腹节散布叉状毛。后环 106~115 排，每排具 20~25 个钩刺。

生态习性　蛹及幼虫生活在高山溪水中，一年两代，8 月下旬到 9 月上旬为第 2 代成虫羽化盛期。

地理分布　中国：华北地区，内蒙古，新疆；国外：塔吉克斯坦，阿塞拜疆，哈萨克斯坦，罗马尼亚，乌克兰，阿富汗，土耳其和巴基斯坦。

分类讨论　沟额维蚋雄虫外生殖器和蛹呼吸丝特征相当突出，但是其雌虫盾片着毛的颜色原描述和我国标本有差异，鉴别时应多加注意。

乌什维蚋 *Simulium*（*Wilhelmia*）*wushiense* Maha，An and Yan，1997（图 12–319）

Simulium（*Wilhelmia*）*wushiense* Maha，An and Yan（马哈木提，安继尧，严格），1997. *Acta Parasiol. Med. Entomol. Sin.*，4（4）：232~235. 模式产地：中国新疆（乌什县）；Chen and An（陈汉彬，安继尧），2003. The Blackflies of China：417.

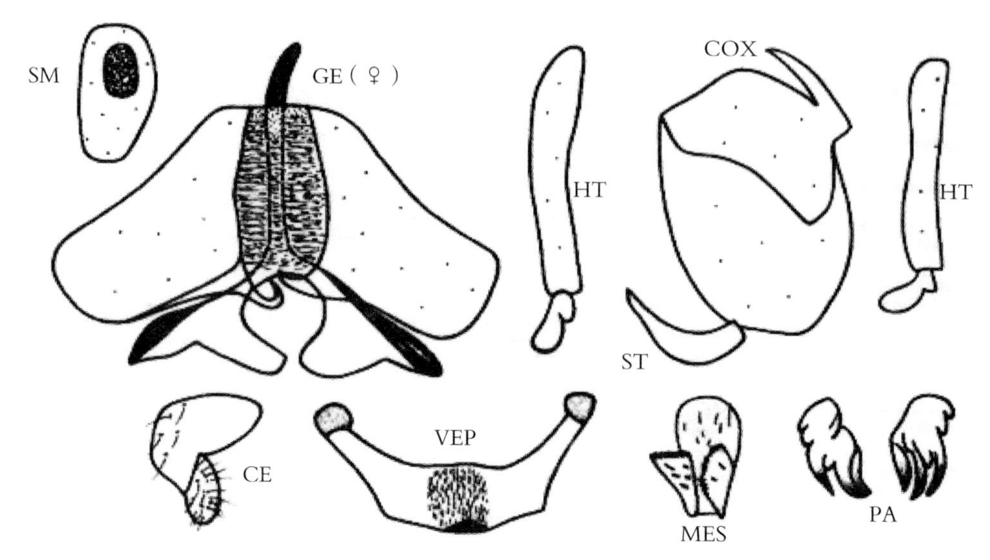

图 12–319 乌什维蚋 *S.*（*W.*）*wushiense*（仿马哈木提等，1997. 重绘）

鉴别要点 雌虫生殖叉突柄和后臂外侧骨化，两臂内突粗大，末端相距近；生殖肢端节端位。雄虫生殖腹板横宽，两臂末端近球形，球下具骨化带；中骨形状特殊，前部具 2 个三角形骨化脊。

形态概述

雌虫 体长约 3.0mm。虫体灰色。触角柄、梗节为棕黄色，鞭节为棕褐色。额、颜黑色，覆白色粉被，具黄色毛。触须拉氏器约占节Ⅲ的 1/2。上颚具内齿 22 枚；下颚具内齿、外齿各 9 枚。中胸盾片深灰色，被黄白色毛，中央和亚中侧具 3 条琴弦状暗色纵纹。小盾片黑色，具棕黄色毛。中胸侧膜具毛。各足除股节端部、胫节基端及后足基跗节基 2/3 为棕黄色外，余部为黑色。平衡棒棕褐色，球部棕黄色。跗突明显，跗沟发育良好，爪无基齿。翅径脉基段具毛。腹部棕褐色，密覆棕黄色毛，第Ⅷ腹板中央呈长方形，内生许多圆形外突。生殖叉突柄和后臂端半外侧明显骨化，两臂内突粗长，末端相距较近。生殖板不发达，内缘末端各具 1 个钩状突。肛上板宽大，帽状。受精囊椭圆形。

雄虫 体长约 2.8mm。虫体灰色。触角柄、梗节为棕褐色，鞭节黑色，触须拉氏器长约占节Ⅲ的 1/3。中胸盾片黑色，稀布黄白色毛；小盾片黑色，边缘具白色长毛。中胸侧膜具毛。前足股节内侧棕褐色，胫节端部棕黄色；中足股节基 2/3，胫节基 2/3 均为棕褐色；后足股节后侧中部 2/3 和胫节基端为棕褐色，基跗节中 2/3 为棕黄色，余部为黑色。跗突和跗沟发育良好。平衡棒柄棕黑色，球部棕黄色。翅径脉基段有稀疏毛。腹部棕黑色。生殖肢基节宽大，生殖肢端节小而内弯，端位。生殖腹板体横宽，中部密生细毛，前缘中部略突出，后缘中央具 1 个三角形骨片，两臂约呈 120° 外伸，末端球状，球下具 1 个细骨化带。中骨前半部呈圆形，向后渐变细，并形成 2 个三角形骨化隆起的脊，其边缘生有许多三角形短刺。阳基侧突每边具 3 个粗刺和若干小刺。

蛹 尚未发现。

幼虫 尚未发现。

生态习性 不详。

地理分布 中国新疆。

分类讨论 乌什维蚋隶属 *equina* group，其生殖叉突后臂内突发达，生殖肢端节端位，生殖腹板横宽并在两臂末端呈球状，球下具骨化带以及中骨末端具1对三角形骨化脊，特征相当突出。在我国已知维蚋中，近似 *S.*（*W.*）*veltistshevi*，但是根据鉴别特征所述，并不难区分。

兴义维蚋 *Simulium*（*Wilhelmia*）*xingyiense* Chen and Zhang，1998.（图 12-320）

Simulium（*Wilhelmia*）*xingyiense* Chen and Zhang（陈汉彬，张春林），1998. *Acta Zootax. Sin.*，23（1）：57~59. 模式产地：中国贵州（兴义）；Chen and An（陈汉彬，安继尧），2003. The Blackflies of China：418.

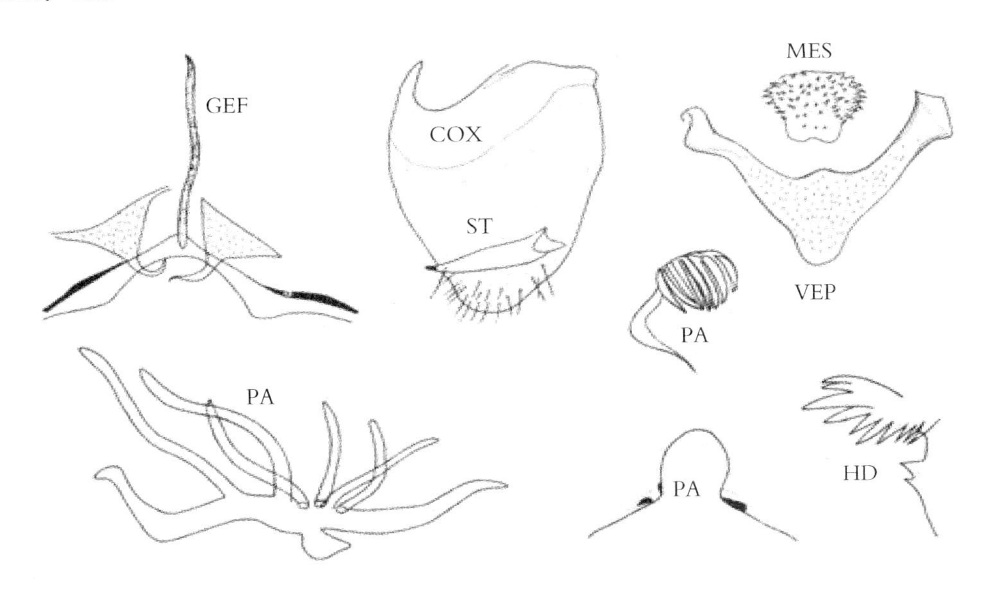

图 12-320 兴义维蚋 *S.*（*W.*）*xingyiense* Chen and Zhang，1998

鉴别要点 雌虫生殖叉突后臂膨大部呈犁状。雄虫生殖肢端节亚端位，生殖腹板前缘中部具角状突。蛹上、下呼吸丝的宽度为内、外丝的2~3倍。

形态概述

雌虫 体长2.8~3.0mm。触角拉氏器长约占节Ⅲ的1/2。中胸盾片具3条暗色纵纹。足两色，淡色部分包括前足股节中部2/5、胫节中部1/3；中足股节中部1/3，胫节腹面中部1/2；后足股节基部2/3，胫节基部1/3和跗节Ⅰ中部1/2。跗突短，爪无基齿。生殖板亚三角形，具钩状附属物，生殖叉突后臂膨大部犁状，外伸。

雄虫 体长约2.8mm。一般特征似雌虫。生殖突基节圆锥状，生殖肢端节亚端位，生殖腹板亚三角形，后缘圆，前缘中部具角状突。中骨扇状，具众多细齿。阳基侧突每边具1列约8个大刺。

蛹 体长2.8~3.5mm。头、胸部被稀疏疣突。头毛3对、胸毛6对，均不分支。上、下呼吸丝的宽度为内、外呼吸丝的2~3倍，下外丝的长度约为上内丝的1.5倍。茧鞋状，具领。

幼虫 体长8~9mm。额斑阳性。头扇毛44~47支。触角节2的长约为节3的1.5倍。亚颏中齿、角齿发达，侧缘毛每边4支。后颊裂长椭圆形，长约为后颊桥的3倍。后环约106列，每列具13~23

个钩刺。

生态习性 蛹和幼虫孳生于山溪中的水草上，海拔 500~1400m。

地理分布 中国贵州。

分类讨论 本种与产自日本、韩国的高桥维蚋［*S.*（*W.*）*takahasii* Rubtsov，1962］近似，但是后者生殖叉突膨大部矩形；生殖肢端节明显地粗长，且是从生殖肢基节中部发出，生殖腹板前缘中凹；蛹的上、下丝的宽度一般不超过内、外丝的 1.5 倍，而下外丝长度为上内丝长度的 2~3 倍，可资鉴别。

6. 畦克蚋属 Genus *Sulcicnephia* Rubtsov，1971

Sulcicnephia Rubtsov, 1971. *Ann. Historico–nat*, *Musei Nat. Hung*, 63: 263. 模式种：*Simulium*（*Astega*）*ovtshinnikovi* Rubtsov，1940；Chen and An（陈汉彬，安继尧），The Blackflies of China：67.

属征概述 体色暗。翅前缘脉具毛和刺，径分脉简单。后足基跗节无跗突，节Ⅱ有跗沟。侧膜光裸。生殖肢端节靴状，端部中凹或无中凹，具 1 个粗长端刺。生殖腹板横宽。中骨基部宽，端部具中裂缝。蛹呼吸丝较少，仅 10~20 条，腹部具锚状短端钩。幼虫亚颏前端较窄，亚三角形，顶齿很小。后颊裂通常伸达亚颏后缘。上颚梳齿粗长，与第 3 顶齿约等长。

畦克蚋属系由 Rubtsov 于 1971 年建立。迄今已知超过 23 种（Adler 和 Crosskey，2014），主要分布于中亚、俄罗斯和蒙古国。我国已发现 7 种，即短领畦克蚋（*Su. brevineckoi* Wen，Ma and Chen，2010）、黄足畦克蚋（*Su.flavipes*）、褐足畦克蚋（*Su.jeholensis*）、荆棚畦克蚋（*Su. jingpengensis*）、奥氏畦克蚋（*Su. ovtshinnikovi*）、十一畦克蚋（*Su. undecimata*），以及本书记述的另 1 新种二十畦克蚋（*Su.vigintistriatum* Yang and Chen，sp. nov.），均分布于古北界。

中国畦克蚋属分种检索表

雌虫[①]

1 足大部淡黄色……………………………………………………………………2

足大部褐黑色……………………………………………………………………3

2（1） 生殖叉突后臂骨化侧突不明显，末端外伸且扩大并翻转覆盖……………………………………………………………………**十一畦克蚋** *Su.undecimata*

生殖叉突后臂具发达的骨化侧突，末段骤变细尖形成钩状突……**短领畦克蚋** *Su.brevineckoi*

3（1） 生殖叉突两臂末段 1/2 向内弯，膨大成球形……………………**褐足畦克蚋** *Su.jeholensis*

生殖叉突后臂末段 1/2 外伸，扩大成铲状……………………**奥氏畦克蚋** *Su.ovtshinnikovi*

雄虫[②]

1 生殖肢端节端部中凹……………………………………………………………2

生殖肢端节端部平截或削尖………………………………………………………3

2（1） 生殖腹板半圆形；阳基侧突每侧钩具 6 个大刺和若干小刺……………………………………………………………………**十一畦克蚋** *Su.undecimata*

生殖腹板横宽，后缘中凹；阳基侧突每侧具 1 个大刺和 4~5 个细刺……

① 二十畦克蚋、黄足畦克蚋和经棚畦克蚋的雌虫尚未发现。

② 经棚畦克蚋的雄虫尚未发现。

……………………………………………………………………奥氏畦克蚋 *Su.ovtshinnikovi*

3（2） 生殖肢端节基半膨胀，端半骤变细尖成钩状；生殖腹板亚矩形…………………………………………………………………………………二十畦克蚋 *Su.vigintistriatum*

无上述合并特征……………………………………………………………………4

4（3） 足褐黑色；生殖肢端节锥状；阳基侧突每侧具众多小刺，无大刺…………………………………………………………………………………褐足畦克蚋 *Su.jeholensis*

足股节和胫节大部黄色；生殖肢端节宽大，阳基侧突每侧至少具2~3个大刺……………5

5（4） 生殖肢亚三角形；中骨细杆状，无端中裂隙……………………黄足畦克蚋 *Su.flavipes*

生殖腹板亚矩形；中骨长板状，具端中裂隙…………………短领畦克蚋 *Su.brevineckoi*

蛹

1 呼吸丝每侧10~11条…………………………………………………………2

呼吸丝每侧16~20条…………………………………………………………3

2（1） 呼吸丝每侧10条…………………………………奥氏畦克蚋 *Su.ovtshinnikovi*

呼吸丝每侧11条…………………………………………十一畦克蚋 *Su.undecimata*

3（1） 呼吸丝20条…………………………………………二十畦克蚋 *Su.vigintistriatum*

呼吸丝16条……………………………………………………………………4

4（3） 茧具短领………………………………………………短领畦克蚋 *Su.brevineckoi*

茧高领……………………………………………………………………………5

5（4） 呼吸丝排列成（2×2）+（6+2）+（2×2）…………………褐足畦克蚋 *Su.jeholensis*

呼吸丝排列成（2×2）+（2×4）+（2×2）…………………………………………6

6（5） 呼吸丝中间茎很短，2条二级茎约等长，各作二歧分支后再作二歧分支……………………………………………………………………………………黄足畦克蚋 *Su.flavipes*

呼吸丝中间茎直接从基部发出2支长短不一的二级茎，再分出对称的4支……………………………………………………………………………………经棚畦克蚋 *Su.jingpengensis*

幼虫[①]

1 亚颏顶齿7枚……………………………………………………………………3

亚颏顶齿9枚……………………………………………………………………2

2（1） 触角第1节短于第3节；后颊裂壶状；亚颏顶齿分3组，组间远离，中齿及其两侧各具1枚亚中齿发达而凸出……………………………………经棚畦克蚋 *Su.jengpengensis*

触角第1节明显长于第3节；后颊裂长梯形；亚颏齿不分组，约等距排列，仅中齿发达……………………………………………………………………奥氏畦克蚋 *Su.ovtshinnikovi*

3（1） 亚颏仅中齿发达，凸出于前缘外……………………………………………4

亚颏9个顶齿均伸出前缘外……………………………………………………5

4（3） 触角节1和节3约等长……………………………………褐足畦克蚋 *Su.jeholensis*

触角节1约为节3的2倍长………………………………短领畦克蚋 *Su.brevineckoi*

5（3） 头扇毛约28支…………………………………………二十畦克蚋 *Su.vigintistriatum*

头扇毛约50支……………………………………………………黄足畦克蚋 *Su.flavipes*

① 经棚畦克蚋的幼虫尚未发现。

二十畦克蚋，新种 *Sulcicnephia vigintistriatum* Yang and Chen（杨明，陈汉彬），sp. nov.（图 12-321）

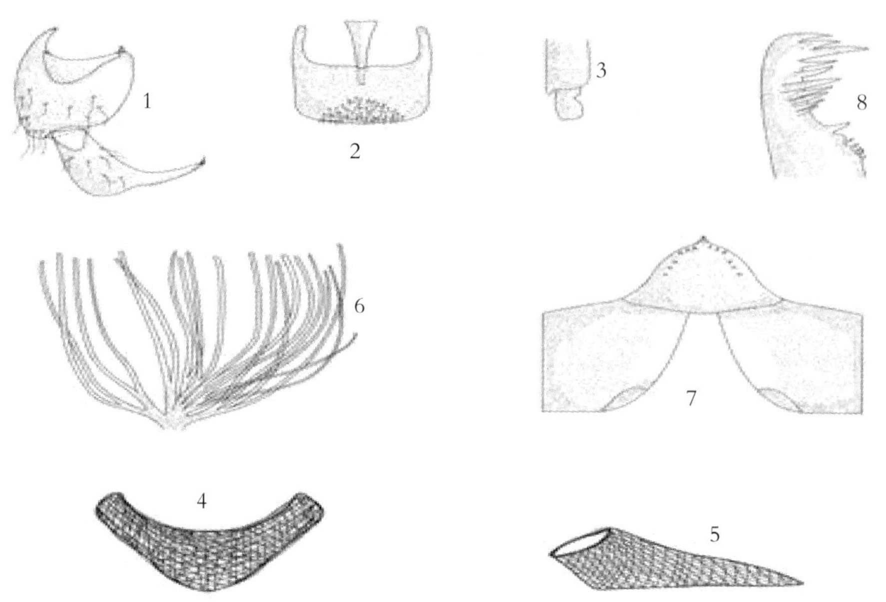

图 12-321 二十畦克蚋，新种 ***Sulcicnephia vigintistriatum*** Yang and Chen，sp. nov.

1.Coxite and style of male；2.Ventral plate and median sclerite；3.Hind basitarsus and the 2nd tarsomere；4~5.Cocoon；6.Filaments；7.Larval head capsules in ventral view；8. Larval mandible

鉴别要点 蛹呼吸丝 20 条。雄虫生殖肢端节端半骤变尖细呈钩状，生殖腹板亚矩形，后缘平直。

形态概述

雌虫 尚未发现。

雄虫 体长约 2.8mm。头：复眼大眼面具 17 横排和 16 纵列。唇基黑色，覆灰白粉被。触角鞭节 I 的长约为鞭节 II 的 1.7 倍。触须节 III ~ V 的节比为 4.2 : 3.8 : 8.3。拉氏器小，约为节 III 长的 0.2。胸：中胸盾片棕黑色，覆黄灰色细毛。各足基节和转节暗棕色。各足股节除端 1/5~1/4 为棕黑外，余为黄色。各足跗节除基 1/5 和端 1/4 为棕黑色外，余为黄棕色。各足跗节除后足基跗节基 5/6 和跗节 II 基 1/2 外，一致为棕黑色。前足基跗节细长约为其宽的 9 倍，后足基跗两侧亚平行，长约宽的 5.8 倍。跗突小而尖，跗沟发达。翅亚缘脉光裸，径脉基段具毛。腹：背板暗棕色，覆灰白色毛。尾器：生殖肢基节圆锥形。生殖肢端节形状特殊，中段膨胀，端半骤变细尖呈钩状，具端刺。生殖腹板亚矩形，后缘几乎平直，基缘中凸，侧缘亚平行。中骨细，长板状。

蛹 体长约 3.0mm。头、胸体壁淡黄色，覆疣突。头毛 3 对，小而简单；胸毛 8 对，简单。呼吸丝 20 条，短于体长的 1/2，从主茎分 3 支发出，排列为（2×2）+（3×4）+（2×2）。腹节 2 背板每侧具 6 支简单毛；腹节 3、4 每侧具 4 个钩刺；腹节 5~8 背板尖裸；腹节 9 无端刺。茧编织紧密，靴状，具高领。

幼虫 体长 5.0~5.8mm，体壁黄色。头斑不明显。触角节 1~3 的节比为 2.3 : 3.7 : 2.2。头扇毛 26~28 支。上颚缘齿具 4~5 枚附齿。后颊裂梯形，伸达亚颏后缘。侧缘毛每侧 4~5 支。亚颏顶齿 7 枚。中齿大，凸出前缘外。胸、腹体壁通常光裸。肛鳃简单。肛板前臂约为后臂长的 0.6。后环 95~100 排，每排约具 20 个钩刺。

生态习性 幼期孳生于山溪急流中的水生植物和枯枝落叶上。雌虫吸血习性不详。

模式标本 正模：1♂。从蛹羽化，制片。杨明于2010年7月28日采自西藏那西（巴青和孔马）的山溪中的水草和枯枝落叶上，30° 48′ ~31° 53′ N，91° 37′ ~94° 10′ E，海拔3140m，2010年7月28日。副模：1♂，6蛹和9幼虫，同正模。

地理分布 中国西藏。

种名词源 本新种以根据其呼吸丝数目命名。

分类讨论 本新种蛹呼吸丝20条，有别于本属已知蚋种的呼吸丝为10~16条。其次，新种的雄虫生殖肢端节和生殖腹板的特殊形状也与其他已知种有明显的差异。

附：新种英文描述。

Sulcicnephia vigintistriatum Yang and Chen，sp. nov.（Fig.12–320）

Form of overview

Female Unknown.

Male Body length about 2.8mm. Head：As wide as thorax. Upper–eye consisting of 17 horizontal rows and 16 vertical columns of large facets. Clypeus black，covered with whitish grey pubescence. Antenna composed of 2+9 segments，the 1st flagellar segment about 1.7 times as long as the following one. Maxillary palp with 5 segments in proportional of the length of the 3rd to the 5th segments of 4.2： 3.8 ： 8.3，sensory vesicle small，about 0.20 times as long as the length of respective segment. Thorax：Scutum brownish black，covered densely with yellowish grey pubescence as well as sparse black hairs on prescutellar area. Legs：All coxae and trochanters brown. All femora yellowish brown with brownish black on distal 1/5~1/4. All tibiae yellow except basal 1/5 and distal 1/4 brownish black. All tarsi blackish brown except basal 5/6 of hind basitarsus and basal 1/2 of the 2nd tarsomere yellow. Fore basitarsus slender，about 9 times as long as width. Hind basitarsus nearly parallel–sided，about 5.8 times as long as width. Calcipala small，pedisulcus developed. Wing：Costa with spinules as well as hairs.Subcosta bare. Basal portion of radius fully hairs. Abdomen：Terga dark brown，covered with grey hairs. Genitalia：Gonocoxite subconical. Gonostyle very characteristic，hook in shape，rather wide in middle，abruptly bent inward，and much narrowed subapical toward apex，is with apical spine. Ventral plate flat，subquadrate，distal margin nearly straight and proximal margin convex medially，lateral margin nearly parallel–sided. Median sclerite slender，long plate–shaped.

Pupa Body length about 3.0mm. Head and thorax：The integuments of head and thorax brownish yellow with tubercles all over. Head with 3 pairs of simple trichomes. Thorax with 8 pairs of simple trichomes.Gill organ with 20 filaments，arranged in（2×2）+（3×4）+（2×2）. All filaments subequal to each other on length and thickness，and much shorter than 1/2 pupal body. Abdomen：Targum 2 with 6 single setae on each side；terga 3 and 4 each with 4 hooked spines directed forwards along posterior margins；terga 5~8 bare；tergum 9 lacking terminal hooks. Cocoon：Tightly woven，shoe–shaped with moderate neck and undeveloped anterior margin.

Mature larva Body length 5.0~5.8mm，entirely yellow. Head spots negative. Antenna composed of 3 segments in proportion of 2.3 ：3.7 ：2.2. Cephalic fan each with 26~28 main rays. Mandible with a few supernumerary serrations. Hypostomium with 7 apical teeth and its median tooth prominent. Hypostomial setae 4 or 5 on each side. Postgenal cleft deep, ladder–like, reaching posterior margin of hypostomium, somewhat narrowed apically.Thoracic and abdominal integuments bare. Rectal gill lobes simple. Anal sclerite of X–formed with anterior short arms about 0.6 times as long as posterior ones. Posterior circlet with 95~100 rows of approximately 20 hooks.

Type materials Holotype: 1 ♂, reared from pupa, side mounted, collected in a shaded stream from Naxi (Baqing and KongMa), Tibet Autonomous Region, China (30°48′~31°53′N, 91°37′~94°10′E, alt.3140m, 28th, July, 2010) by Yang Ming. Paratype: 1 ♂, 6 pupal and 9 larvae, all slide–mounted, same day as holotype. The pupal and larvae were taken from trailing grasses and leaves.

Distribution Tibet Autonomous Region, China.

Etymology The specific name was given for its numbers of pupal gill filaments.

Remarks The present new species is characterized by the pupa with 20 gill filaments. By this character may be distinguished from all the known species of genus *Sulcicuephia*.

短领畦克蚋 *Sulcicnephia brevineckoi* Wen, Ma and Chen, 2010(图 12–322)

Sulcicnephia brevineckoi Wen, Ma and Chen(温小军,马玉龙,陈汉彬), 2010. *Acta Zootax Sin.*, 35(3): 469~471.

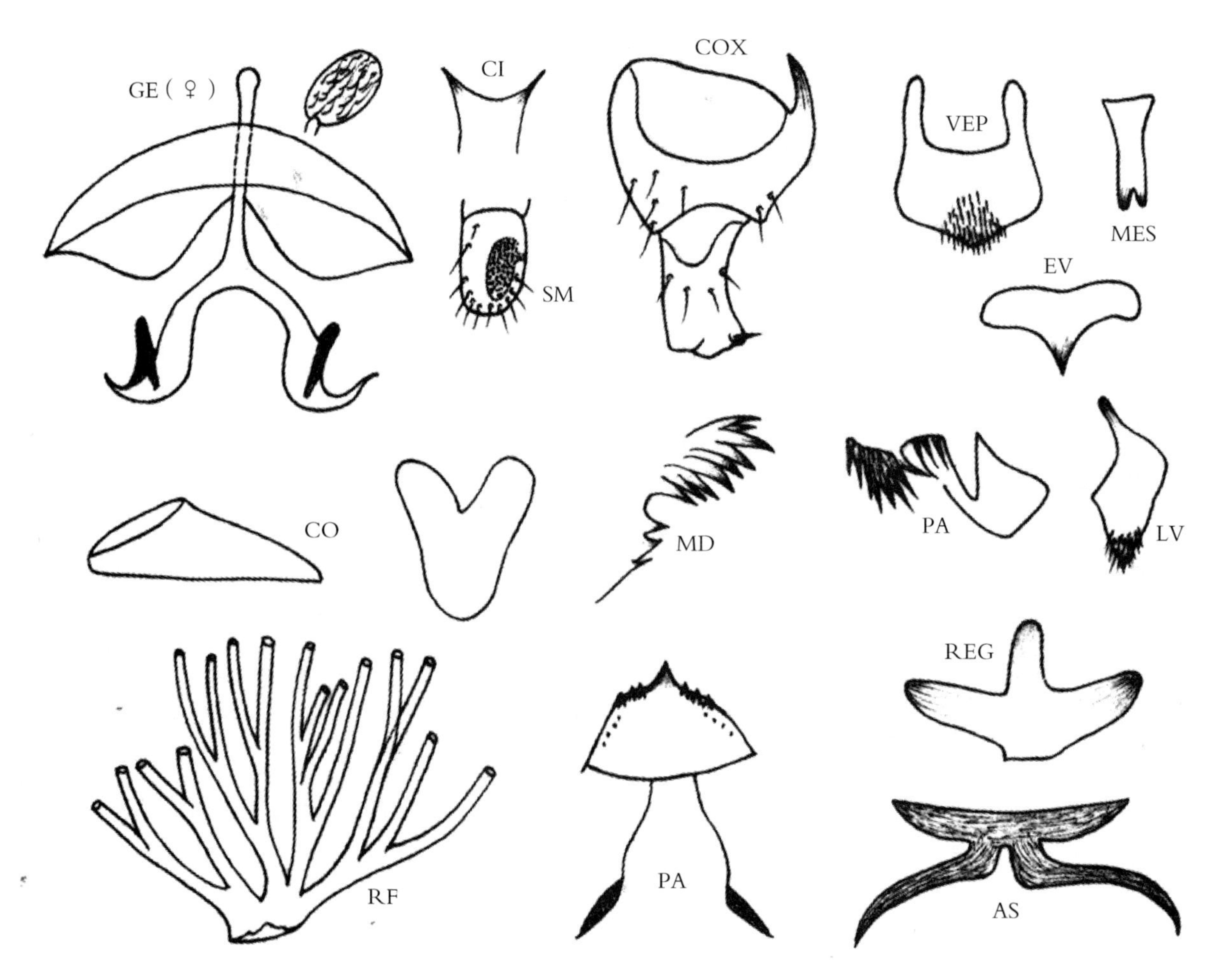

图 12–322 短领畦克蚋 *Sulcicnephia brevineckoi* Wen, Ma and Chen, 2010

鉴别要点 雌虫生殖叉突后臂末段骤变尖细形成钩状外突。雄虫生殖腹板亚矩形。茧具短领。

形态概述

雌虫 体长约 2.8mm。额和唇基黑色，覆灰白粉被，具同色毛。额指数为 8.0 ：5.1 ：5.8。额头指数为 8.0 ：25.4。触角除末Ⅱ节为淡黄色外，余为棕黑色。触须节Ⅲ～Ⅴ的节比为 2.4：2.1：5.2。节Ⅲ略膨胀，拉氏器约为节Ⅲ的 0.6。下颚具 13 枚内齿和 13 枚外齿；上颚具 12 枚内齿和 34 枚外齿。食窦光裸。中胸盾片棕黑色，覆灰白色细毛。各足基转节棕色，股节除基 1/4 为黄棕色外，余为棕黑色。胫节除端 1/4 为棕黑色外，余为黄色。跗节除后足基跗节端 1/4 和跗节Ⅱ端 1/2 为黄色外，余为棕黑色。前足基跗节细，长约为宽的 8 倍。后足基跗节两侧亚平行，长约为宽的 6.2 倍。跗突很不发达，跗沟小。爪具大基齿。翅亚缘脉光裸。腹部背板暗棕色，密覆灰黄色毛。腹节Ⅲ～Ⅵ背板各具 1 对暗色侧斑。生殖板短舌状，后缘钝圆，内缘分离，生殖叉突具骨化柄，后臂具发达的骨化侧突，末段骤变尖细形成钩状外突。受精囊椭圆形。

雄虫 体长约 3.0mm。上眼大眼面具 15 横排和 17 纵列。触角鞭节Ⅰ的长约为鞭节Ⅱ的 1.8 倍，触须节Ⅲ～Ⅴ的节比为 4.2：4.4：9.5。拉氏器小，约为节Ⅲ长的 0.18。胸部似雌虫，但是后足基跗节稍膨胀，长约为其宽的 4.4 倍。生殖肢基节形状特殊，两侧亚平行，具端刺，长约为基节的 0.9 倍。生殖腹板亚方形，后缘中凸，阳基侧突每侧 3 个大刺和众多小刺。中骨长板状，具端中裂。

蛹 体长约 3.0mm。头、胸体壁棕黄色，覆疣突。头毛 3 对，胸毛 8 对，均简单。呼吸丝 16 条，位于蛹体的 1/2，排列成（2×2）+（2×4）+（2×2）。腹节 2 背板每侧具 6 支简单毛；腹节 3、4 背板每侧具 4 个钩刺；腹节 5~8 背板光裸，端钩缺；腹节 6、7 腹板每侧具 1 对分叉钩刺。茧靴状，但领特短。

幼虫 体长 5.2~5.8mm，体壁淡黄色。头斑阴性。触角 3 节，节比为 4.3：1.5：2.1。头扇毛 38~40 支。上颚锯齿 3 枚，两大一小。侧缘毛 4~5 支，亚颏顶齿 7 枚，上齿发达，凸出于前缘外，其余 6 枚顶齿未伸出前缘外。后颊裂壶状，伸达亚颏后缘。胸、腹体壁光裸。肛鳃简单。

生态习性 幼期孳生于山溪中的水草和枯枝落叶上，采集于 6 月初，海拔 3140m。

地理分布 中国青海。

分类讨论 本种近似发现于内蒙古的黄足畦克蚋［*Su. flavipes*（Chen，1984）］，但是本种的足色，雄虫生殖肢、生殖腹板和中骨的形状，茧特短和头扇毛数量等，与前者有明显的差异，可资鉴别。

黄足畦克蚋 *Sulcicnephia flavipes*（Chen，1984）（图 12-323）

Cnephia flavipes Chen（陈继寅），1984. *Acta Zootax. Sin.*，9（4）：387. 模式产地：中国内蒙古 .

Sulcicnephia flavipes（Chen，1984）；Crosskey，1988. Annot. Checklist World Blackflies（Diptera：Simuliidae）：442；An（安继尧），1996. *Chin J. Vector Bio. and Control*，7（6）：741；Chen and An（陈汉彬，安继尧），2003. The Blackflies of China：69.

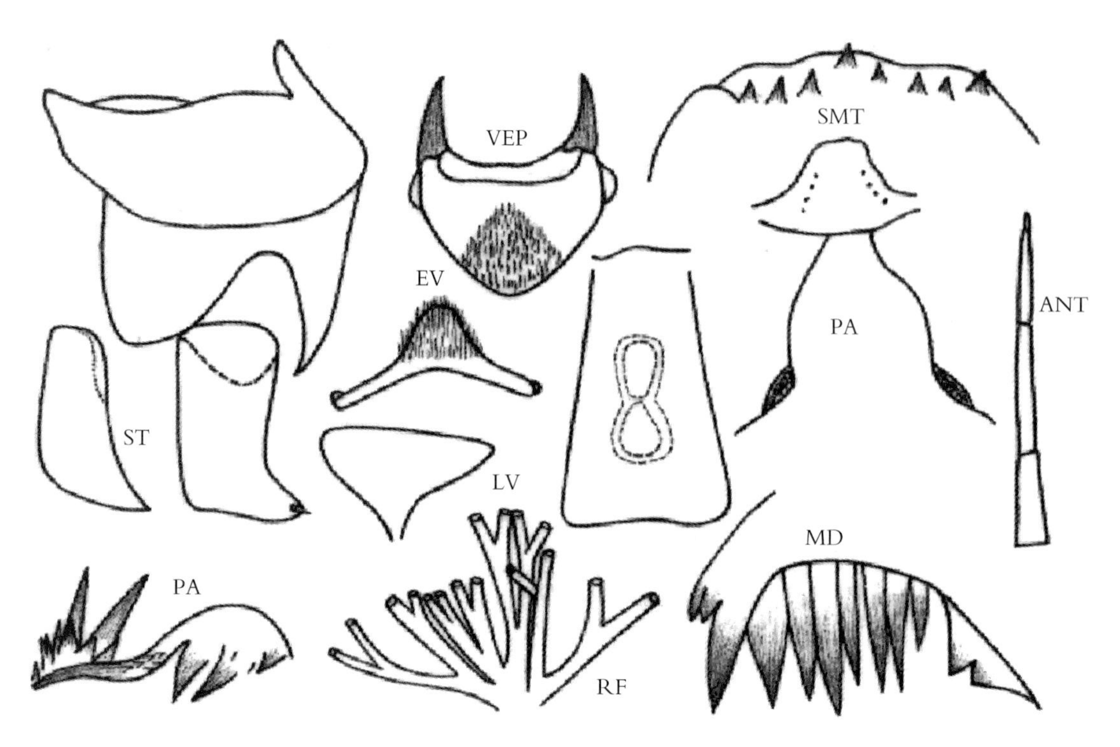

图 12-323 黄足畦克蚋 *Su. flavipes*（Chen）（仿陈继寅，1984. 重绘）

鉴别要点 雄虫足大部为黄色，生殖腹板亚三角形。呼吸丝 16 条，中间茎分出的 2 支二级茎约等长。幼虫的亚颏齿仅中齿发达。

形态概述

雌虫 尚未发现。

雄虫 体长 3.0~3.2mm。头、胸约等宽。触角 11 节，棕黑色。触须暗棕色，拉氏器小。中胸盾片黑色，密被黄色毛。足大部分黄色，但是前足、中足基节和各足股节端部 1/5，前足、中足胫节端部 1/3 和后足胫节端部 1/5 为暗色。前足第 I 跗节细长，长约为宽的 8 倍。腹部背板黑棕色，腹板黄棕色。生殖肢基节宽大，生殖肢端节近靴形。生殖腹板亚三角形，宽约为长的 1.3 倍。中骨杆状。阳基侧突每侧具 2~3 个大刺和多个小刺。

蛹 体长 3.5~4.0mm。呼吸丝 16 条，由 3 支短茎发出，组成为（2×2）+（2×4）+（2×2），排列在一个平面上。中茎很短，2 支二级茎约等长，各作二歧分支后再作二歧分支。茧靴状，有颈领，无窗孔，呼吸丝大部分露出茧口外。

幼虫 体长 5.0~5.5mm，淡黄白色。额斑阴性。触角长于头扇柄，3 节，节 1 和节 3 约等长。头扇毛约 50 支。上颚第 3 顶齿和梳齿发达，约等长，锯齿 2 枚，一尖一钝。亚颏齿 7 枚，中齿较大，伸出前缘外。侧缘毛 3~4 支。后颊裂壶状，伸达亚颏后缘。肛鳃简单。后环 82~90 排，每排具 12~16 个钩刺。

生态习性 幼虫和蛹孳生于大河里的石块、树枝上，河水混浊，含泥沙，水温 18℃，阳光充足处孳生数量多。

地理分布 中国内蒙古。

分类讨论 本种足大部为黄色，生殖腹板亚三角形和幼虫亚颏顶齿的排列方式特征突出，易于与本属已知其他蚋种相区别。

褐足畦克蚋 *Sulcicnephia jeholensis*（Takahasi，1942）（图 12-324）

Neuermannia jeholensis Takahasi，1942. *Insect*，*Matsumurana*，16（2）：37. 模式产地：中国河北 .

Cnephia jeholensis（Takahasi，1942）；Lee *et al.*（李铁生等），1976. N. China，midges，blackflies and horseflies：109.

Sulcicnephia jeholensis（Takahasi，1942）；Crosskey，1988. Annot. Checklist World Blackflies（Diptera：Simuliidae）：442；An（安继尧），1996. *Chin J. Vector Bio. and Control*，7（6）：741；Chen and An（陈汉彬，安继尧），2003. The Blackflies of China：70.

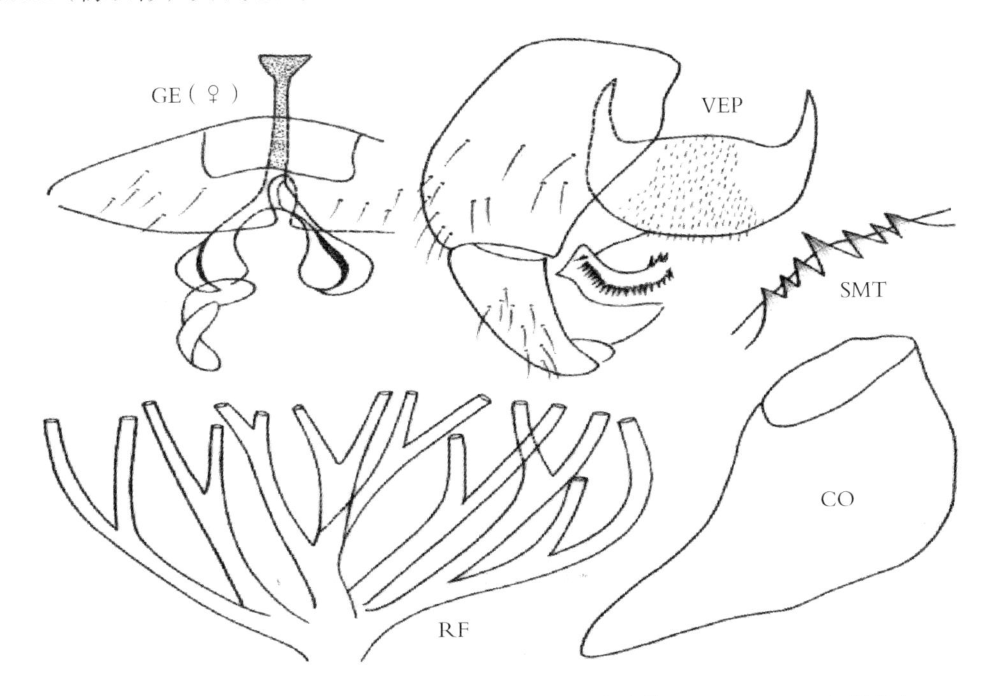

图 12-324 褐足畦克蚋 *Su.jeholensis*（Takahasi）（仿 Takahasi，1942. 重绘）

鉴别要点 雌虫生殖叉突后臂末端1/2内弯，膨大成勺状。雄虫阳基侧突每侧具许多小刺，无大刺。幼虫亚颏齿7枚，均突出于前缘外。

形态概述

雌虫 体长约2.5mm。触角黑褐色，基部颜色较淡。触角黑褐色，基部颜色较淡。触须末节细长。中胸盾片无银斑，具黄色毛；侧板银灰色。足股节淡褐色，仅基部淡黄色，胫节棕黄色，端部为黑色。前足跗节Ⅰ细，黑色。后足基跗节细于胫节，两边平行，基部3/4为棕黄色。爪具大基齿。生殖板半圆形，生殖叉突后臂端部1/2向内膨大呈勺状。

雄虫 体长约2.5mm，体黑色。触角和足黑褐色。中胸盾片黑色，前缘略呈银灰色，被金黄色短毛；中胸侧板银灰色。生殖肢端节锥状，生殖腹板横宽，后缘浑圆。中骨细杆状。阳基侧突具众多小刺，无明显的大刺。

蛹 呼吸丝16条，排列为（2×2）+（4×2）+（2×2）。茧鞋状具短领。

幼虫 体灰白色至暗灰色，额斑不清。触角3节，节1和节3约等长。亚颏齿7枚，约等距排列，中齿较发达，均伸出前缘外。

生态习性 不详。

地理分布 中国河北。

分类讨论 本种系我国华北地区的特有种。

经棚畦克蚋 *Suleicnephia jingpengensis* Chen，1984（图 12-325）

Cnephia jingpengensis Chen（陈继寅），1984. *Acta Zootax. Sin.*，9（14）：38. 模式产地：中国内蒙古 .

Sulcicnephia jingpnegensis Chen，1984；Crosskey，1988. Annot. Checklist World Blackflies（Diptera：Simuliidae）：442；An（安继尧），1996. *Chin J. Vector Bio. and Control*，7（6）：741；Chen and An（陈汉彬，安继尧），2003. The Blackflies of China：72.

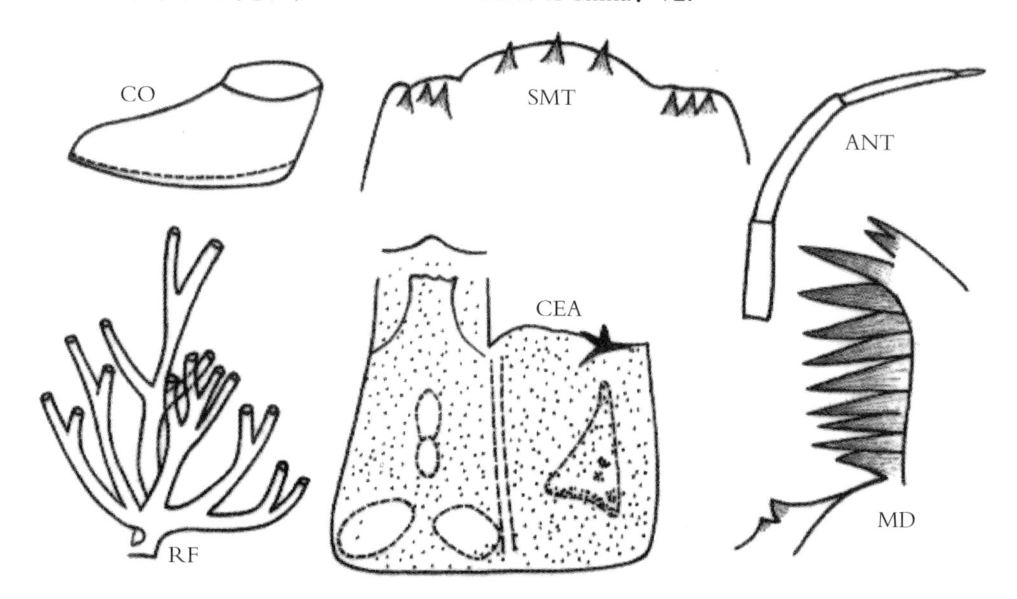

图 12-325 经棚畦克蚋 *Su.jingpengensis* Chen（仿陈继寅，1984. 重绘）

鉴别要点 蛹呼吸丝 16 条，中茎分支特殊。幼虫亚颏 9 枚顶齿分 3 组，中间 3 齿发达，凸出。

形态概述

雌虫 未发现。

雄虫 未发现。

蛹 体长约 3mm。呼吸丝 16 条，由 3 支短茎发出，排列为（2×2）+（4×2）+（2×2），中茎的呼吸丝分支特殊：共同茎很短，几乎从基部发出 2 支长短不一的二级长茎再各分 4 支。茧靴状，有颈领，无窗孔，蛹体藏于茧内，呼吸丝不外露。

幼虫 体长 4.5~5.0mm。青灰白色。头棕黄色。额斑阳性，清晰。触角略长于头扇柄，3 节，节 1 短于节 3。头扇毛约 40 支，上颚梳齿 5 枚，与第 3 顶齿约等长，锯齿 2 枚。亚颏齿 9 枚，明显分 3 组，组间间距不大，中组 3 枚齿较发达，凸出于前缘外。侧缘毛每侧 5 支。后颊裂伸达亚颏前缘，壶状。肛板“X”形。肛鳃简单。后环 80~88 排，每排具 14~16 个刺。

生态习性 幼虫和蛹孳生于大河里的石块和树枝上，河水较混浊，含泥沙，水温 18℃，阳光充足处孳生数量多。

地理分布 中国内蒙古。

分类讨论 本种成虫虽然未发现，但是幼期特征突出，易于与畦克蚋属已知蚋种相区别。

奥氏畦克蚋 *Sulcicnephia ovtshinnikovi* Rubtsov，1940（图 12–326）

Cnephia ovtshinnikovi Rubtsov，1940.*Blackflies. Fauna USSR*，Diptera，6（6）：323. 模式产地：苏联.

Sulcicnephia ovtshinnikovi Rubtsov，1940；Crosskey，1988. Annot.Checklist World Blackflies（Diptera：Simuliidae）：442；An（安继尧），1996. *Chin J. Vector Bio. and Control*，7（6）：741；Chen and An（陈汉彬，安继尧），2003. The Blackflies of China：73.

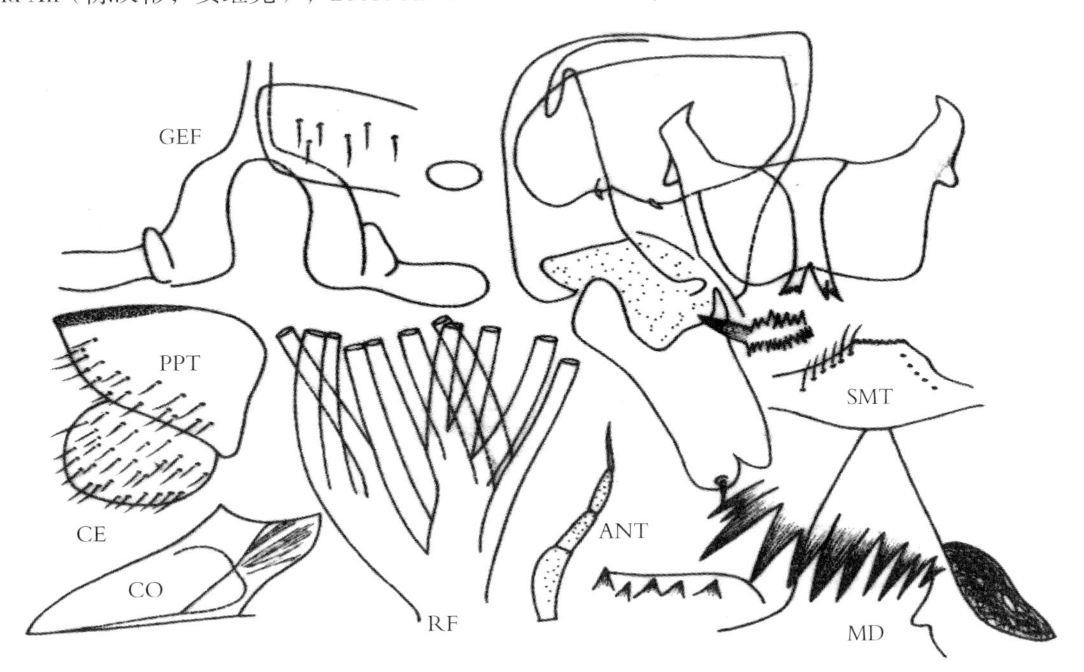

图 12–326 奥氏畦克蚋 *Su.ovtshinnikovi* Rubtsov，1940（仿 Rubtsov，1956. 重绘）

鉴别要点 雄虫生殖腹板后缘中部凹陷；中骨末端分叉。蛹呼吸丝 10 条。

形态概述

雌虫 体长约 3mm。额、唇基和身体褐色，具银白色毛，触角基部黄色。中胸盾片暗色无淡斑，侧膜光裸。足大部暗赭色，生殖板短宽，生殖叉突两后臂分离较窄，基部 1/2 近平行，端部 1/2 急剧外伸并膨大。

雄虫 体长 2.8~3.0mm。颜部具银白色长毛。触角和中胸盾片暗色，被银白色毛。中胸侧膜光裸。足大部暗赭色。生殖腹板横宽，后缘中部凹陷。中骨端部分叉。阳基侧突具 1 个大刺和若干小刺。生殖肢端节略短宽，两边近平行，端部中央略凹。

蛹 体长约 4mm。呼吸丝 10 条。腹部第 4~8 节具刺栉列，端钩缺。茧靴状，具高领。

幼虫 体长 6~7mm，色淡。触角 3 节，节 1 略膨大，明显长于节 3。头扇毛 48~55 支。上颚梳齿发达，与第 3 顶齿约等长。亚颏齿 9 枚，中齿发达，伸出前缘外。侧缘毛 5 支。后颊裂伸达亚颏后缘，亚三角形。

生态习性 不详。

地理分布 中国：新疆；国外：塔吉克斯坦，吉尔吉斯斯坦和俄罗斯。

分类讨论 奥氏畦克蚋与其近缘种的主要鉴别特征是雄虫生殖腹板和中骨的形状及蛹呼吸丝 10 条。

十一畦克蚋 *Sulcicnephia undecimata*（Rubtsov，1951）（图 12–327）

Eusimulium（*Astega*）*undecimata* Rubtsov，1951：757. 模式产地：苏联 . *Cnephia undecimata*（Rubtsov，1951）；An（安继尧），1989. *Contr. Blood-sucking Dipt. Ins.*，1：180.

Sulcicnephia undecimata（Rubtsov，1951）；Crosskey，1988. Annot. Checklist World Blackflies（Diptera：Simuliidae）：442；Crosskey *et al.*，1996. *J. Nat. Hist.*，30：407；An（安继尧），1996. *Chin J. Vector Bio. and Control*，7（6）：741；Chen and An（陈汉彬，安继尧），2003：The Blackflies of China：74.

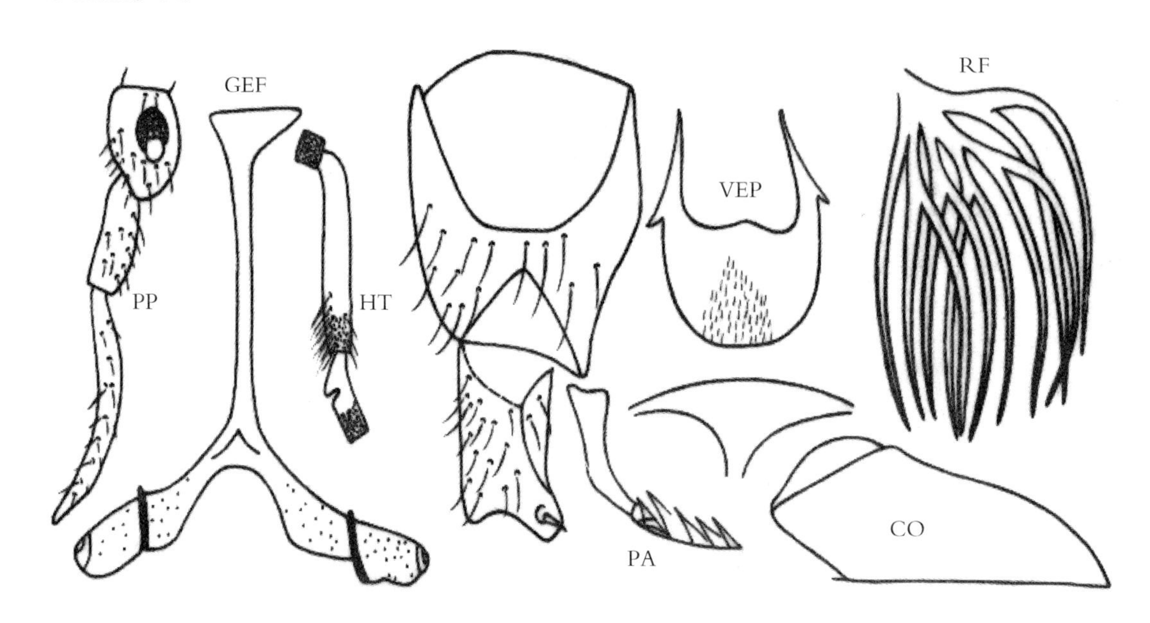

图 12–327　十一畦克蚋 *Su.undecimata*（Rubtsov，1951）（仿 Rubtsov，1964. 重绘）

鉴别要点　雄虫生殖腹板后缘浑圆，基缘中央具角状突；阳基侧突各具 6 个大刺；生殖肢端节形状特殊。蛹呼吸丝 11 条。

形态概述

雌虫　体长约 2mm。触角和触须褐黄色，颜部和额部被银白色细毛。中胸盾片色稍暗，密被金黄色毛。翅前缘 4 条纵脉黄色，平衡棒褐黄色。足大部为黄色。生殖叉突柄末端扩大成倒三角形，生殖叉突两后臂末端 1/2 外伸，扩大并翻转覆盖。

雄虫　触角和触须黄色。后足基跗节不膨大，其长度和宽度约为后足胫节的 3/5。生殖肢端节短宽，两边近平行，亚端部急剧变细向后内伸，形成 1 个指状突。生殖腹板横宽，板体宽度约为长度的 1.3 倍，后缘圆。阳基侧突每侧约具 6 个大刺和若干小刺。

蛹　体长约 3.2mm。呼吸丝 11 条，由 3 条细茎发出，排列成 2+（4+2）+3。茧靴状，具领。

幼虫　尚未发现。

生态习性　每年 6~8 月份化蛹和活动，大致一年发育一代。

地理分布　中国：新疆；国外：乌兹别克斯坦，哈萨克斯坦。

分类讨论　本种雌足大部黄色，生殖叉突末段扩大并翻转；雄虫生殖腹板后缘浑圆，其前缘具中角突以及生殖肢端节形状特殊，易于与其他近缘种相区别。

参考文献

安继尧，陈汉彬．绳蚋亚属 (*Gomphostilbia*) 的分组研究 (双翅目 : 蚋科)[J]. 寄生虫与医学昆虫学报，2007，**14**(2):110–113.

安继尧， 马德新．中国蚋科一新纪录 [J]. 动物分类学报， 1993，**18**(1):84.

安继尧， 马合木提．新疆蚋属一新种 [J]. 动物分类学报，1999，**19**(2):210–216.

安继尧，严格．山西蚋属一新种 (双翅目 : 蚋科)[J]. 寄生虫与医学昆虫学报，2003，**10**(3):170–173.

安继尧，阎丙申．蚋科昆虫与疾病的关系 [J]. 医学动物防治，1997，**13**(2):51–54.

安继尧，郭天宇，许荣满．西藏蚋属三新种 (双翅目 : 蚋科)[J]. 四川动物，1995，**14**(1):1–5.

安继尧，郝宝善，龙芝美，等．粤桂琼蚋科昆虫的初步调查 [J]. 医学动物防制，1996，**12**(3):15–16.

安继尧，郝宝善，严格，等．黄足真蚋实验室饲养 (二)[J]. 中国媒介生物学及控制杂志，1997，**8**(3):201–203.

安继尧，郝宝善，严格．黄足真蚋幼期发育的观察 [J]. 寄生虫与医学昆虫学报，1995，**2**(3):182–185.

安继尧，郝宝善，严格．广东蚋属二新种记述 (双翅目 : 蚋科)[J]. 昆虫学报，1998，**41**(2):187–192.

安继尧，龙芝美，袁文汉，等．海南蚋科昆虫初步调查 [J]. 四川动物，1996，**15**(1):5–7.

安继尧，马德新，虞以新．里海伊蚊和斑梯蚋的昼夜活动规律观察 [J]. 军事医学科学院院刊，1989，**13**(3):119–120.

安继尧，薛群力，宋锦章．峨嵋山蚋科新种 (双翅目 : 蚋科)[G]. // 虞以新．吸血双翅目昆虫调查研究集刊．上海 : 上海科学技术出版社，1991，3:82–85.

安继尧，严格，郝宝善，等．黄足真蚋实验室饲养研究 (一)[G]. // 虞以新．吸血双翅目昆虫调查研究集刊．上海 : 上海科学技术出版社，1991，3:19–24.

安继尧，严格，郝宝善，等．蚋类幼期 (幼虫和蛹) 的生态观察 [J]. 军事医学科学院院刊，1992，**16**(2):111–114.

安继尧，严格，杨礼贤，等．广东蚋科一新种 (双翅目 : 蚋科)[J]. 四川动物，1994，**13**(1):4–6.

安继尧，虞以新，马德新．北湾地区里海伊蚊和斑梯蚋昼夜刺叮活动的观察 [J]. 军事医学科学院院刊，1989，**13**(3):199–201.

安继尧，虞以新，邹吉民，等．珍宝岛斑梯蚋昼夜消长的初步观察 [J]. 中国公共卫生，增刊，1988，(2):92–94.

安继尧，张有植，邓成玉．西藏蚋科调查记述 [G]. // 虞以新．吸血双翅目昆虫调查研究集刊．上海：上海科学技术出版社，1990，2:103–109.

安继尧．中国蚋类名录 [G]. // 虞以新．吸血双翅目昆虫调查研究集刊．上海 : 上海科学技术出版社，1989a，1:180–190.

安继尧．漳厦地区蚋的记述 [G]. // 虞以新．吸血双翅目昆虫调查研究集刊．上海 : 上海科学技术出版社，1989b，1:179.

安继尧．中国蚋科名录 [J]. 中国媒介生物学及控制杂志，1996，**7**(6):470–476.

毕光辉，张春林，陈汉彬．湖南省蚋类调查研究初探 (双翅目 : 蚋科)[J]. 贵阳医学院学报，2003，**28**(4):290–292.

蔡茹，安继尧，李朝品，等．陕西省蚋属二新种 (双翅目 : 蚋科)[J]. 寄生虫与医学昆虫学报，2004，**11**(1):31–35.

蔡茹，安继尧，李朝品．新疆绳蚋一新种 (双翅目 : 蚋科)[J]. 寄生虫与医学昆虫学报，2005，**12**(3):179.

蔡茹，安继尧．河北蚋科一新种 (双翅目 : 蚋科)[J]. 动物分类学报，2005，**30**(3):628–630.

曹毓存，王树成，陈继寅．四川省蚋属一新种记述 [J]. 昆虫学报，1993，**36**(1):96–99.

陈汉彬，安继尧．中国蚋科修订名录 [J]. 贵阳医学院学报，2002，**27**(2):103–107.

陈汉彬，安继尧．中国黑蝇 [M]. 北京：科学出版社，2003:1–448.

陈汉彬，张春林．中国短蚋一新种 [J]. 动物分类学报，1997a，**22**(2):194–196.

陈汉彬，张春林．贵州蚋属真蚋亚属二新种记述 (双翅目：蚋科)[J]. 动物分类学报，1997b，**22**(3):301–306.

陈汉彬，张春林．中国蚋科五新种 [C]. // 北京：中国昆虫学会．中国昆虫学会第六次全国代表大会暨学术讨论会论文集，1997c: 468.

陈汉彬，张春林．贵州蚋属二新种记述 [J]. 动物分类学报，1998，**23**(1):57–61.

陈汉彬．中国蚋类的区系分布和地理区划 [J]. 动物分类学报，2002，**27**(3):189–195.

陈汉彬．中国吸血蚋类研究回眸 [J]. 中国寄生虫学与寄生虫病杂志，2003，**21**(2):69–70.

陈继寅，曹毓存．中国蚋科新纪录 [J]. 动物分类学报，1982a，**7**(2):195.

陈继寅，曹毓存．长白山蚋科采集小记 [J]. 动物分类学报，1982b，**2**(1):82.

陈继寅，曹毓存．辽宁省的蚋类 (双翅目：蚋科)[J]. 辽宁动物学会会刊，1983a，**4**(2):121–125.

陈继寅，曹毓存．真蚋属新种和新纪录 [J]. 昆虫学报，1983b，**26**(2):229–232.

陈继寅，曹毓存．真蚋属新种和新纪录 (Ⅱ)[J]. 动物学报，1983c，**8**(3):307–310.

陈继寅，曹毓存．克蚋属 2 新种记述 [J]. 动物分类学报，1984，**9**(4):387–391.

陈继寅，高翌．贵州省蚋科采集记录 [J]. 动物分类学报，1982，**7**(4):387.

陈继寅．中国蚋科新纪录 2[J]. 动物分类学报，1983，**8**(3):279.

陈继寅．中国蚋科新纪录 3[J]. 动物分类学报，1984a，**9**(1):72.

陈继寅．中国蚋科新纪录 4[J]. 动物分类学报，1984b，**9**(2):169.

陈继寅．中国蚋科新纪录 5[J]. 动物分类学报，1985，**10**(1):308.

陈学新．昆虫生物地理学 [M]. 北京：科学出版社，1997:102.

褚秀玲，成军，周学章，等．水泡性口炎的研究进展 [J]. 吉林畜牧兽医，2004，(7): 9–12.

邓成玉，陈汉彬．西藏蚋属一新种记述 [J]. 四川动物，1993a，**12**(1):2–5.

邓成玉，陈汉彬．察隅绳蚋蛹和幼虫的补充描述 [J]. 四川动物，1993b，**12**(2):31–32.

邓成玉，薛群力，陈汉彬．云南省山蚋亚属一新种描述 (双翅目：蚋科)[J]. 中国媒介生物学及控制杂志，2005，**16**(3):191–192.

邓成玉，薛群力，张有植，等．西藏蚋科一新种及国内新纪录 [C]. // 中国动物学会成立 60 周年：纪念陈桢教授诞辰 100 周年论文集，1995，10–16.

邓成玉，张有植，陈汉彬．西藏林芝真蚋三新种 (双翅目：蚋科)[J]. 四川动物，1995，**14**(1):7–10.

邓成玉，张有植，薛群力，陈汉彬．西藏察隅蚋属一新种 (双翅目：蚋科)[J]. 四川动物，1994，**13**(2):49–51.

邓成玉，张有植，薛群力，等．西藏真蚋一新种 (双翅目：蚋科)[J]. 昆虫学报，1996，**39**(4):423–425.

邓成玉，张有植，薛群力，等．西藏蚋类名录和地理分布及其区系分析 [J]. 中华卫生杀虫药械，2010，**16**(2):133–138.

冯兰洲．医学昆虫学 [M]. 北京：科学出版社，1983:1–304.

侯晓辉，杨明，陈汉彬．四川省西北部吸血蚋类调查研究初报 (双翅目：蚋科)[J]. 贵州科学，2006，**24**(4):31–33.

黄丽，张春林，陈汉彬．四川省吸血蚋类分类研究初探 (双翅目：蚋科)[J]. 贵阳医学院学报，2004，**29**(6):477–480.

黄丽，张春林，陈汉彬．蚋类唾腺多线染色体制备方法的改进 [J]. 中国媒介生物学及控制杂志，2009，**20** (4): 281–283.

黄丽，张春林．黔蚋唾腺多线染色体研究 [J]. 中国寄生虫学与寄生虫病杂志，2012，**30**(5):17-353-356.

黄若洋，张春林，陈汉彬．吉林省蚋（双翅目：蚋科）补点调查 [J]. 贵阳医学院学报，2008，**33**(6):628-631.

姜迎海，张春林，陈汉彬．甘肃省蚋类区系初步研究 [J]. 贵阳医学院学报，2008，**33**(3):237-239.

瞿逢伊．我国澳门特别行政区的蚊蛉蚋纪录 [J]. 寄生虫与医学昆虫学报，2001，**8**(1): 31-33.

康哲，张春林，陈汉彬．江西省吸血蚋类（双翅目：蚋科）分类研究 [J]. 贵州科学，2006，**24**(4):27-28.

李晋川，邓成玉，薛群力，等．西藏东南部蚋类名录及分亚属检索 [J]. 四川动物，1997，**16**(4):186-187.

李铁生，谭娟杰，周佩燕，等．中国北方的吸血蠓蚋虻 [M]. 北京：科学出版社，1976: 90-143.

林立辉，黄佳亮，刘江峰，等．南海湾蚋类昆虫引起皮炎的调查 [J]. 中国媒介生物学及控制杂志，2008，**19**(3):252-253.

刘丹，温小军，陈汉彬．山蚋亚属 (*Montisimulium*) 分类地位的探究（双翅目：蚋科）[J]. 寄生虫与医学昆虫学报，2007，**14**(2):114-117.

刘增加，安继尧．维蚋亚属一新种记述（双翅目：蚋科）[J]. 动物分类学报，2004，**29**(1):161-162.

刘增加，宫占威，张继军，等．蚋属三新种记述（双翅目：蚋科）[J]. 寄生虫与医学昆虫学报，2003，**10**(1):57-60.

柳支英，陆宝麟．医学昆虫学 [M]. 北京：科学出版社，1990: 201-218.

龙芝美，安继尧，郝宝善，等．海南绳蚋二新种描述 [J]. 中国媒介生物学及控制杂志，1994，**5**(6):405-409.

罗洪斌，杨明，陈汉彬．湖北省吸血蚋类分类研究初探（双翅目：蚋科）[J]. 贵州科学，2005，**23**(3):31-35.

罗洪斌，杨明，陈汉彬．五条蚋细胞色素 C 氧化酶Ⅰ（*CO* Ⅰ）基因的生物信息学分析 [J]. 中国寄生虫学与寄生虫病杂志，2010，**28**(6): 473-475.

马哈木堤，安继尧，严格．新疆维蚋二新种（双翅目：蚋科）[J]. 寄生虫与医学昆虫学报，1997，**4**(4):232-235.

任兵，安继尧，康增佐．崂山绳蚋一新种记述 [J]. 中国媒介生物学及控制杂志，1998b: 932-35.

任兵，安继尧，康增佐．山东蚋属一新种 [J]. 中国媒介生物学及控制杂志，1998a，**9**(2):103-105.

孙悦欣，崔颖．安徽省蚋科首次纪录（双翅目：蚋科）[J]. 中国媒介生物学及控制杂志，1996，**7**(5):394.

孙悦欣，李文学．山东蚋科二新种及一疑义种记述（双翅目：蚋科）[J]. 中国媒介生物学及控制杂志，2000，**11**(2):86-90.

孙悦欣，宋秀慈．辽宁蚋科一新种（双翅目：蚋科）[J]. 四川动物，1995，**14**(2):50-52.

孙悦欣，薛洪堤．辽宁原蚋属一新种 [J]. 四川动物，1994，**13**(2):51-53.

孙悦欣，周承先．浙江省蚋类采集纪录 [J]. 中国媒介生物学及控制杂志，1992，**3**(4):12.

孙悦欣，董明珍，葛成杉，等．宽甸真蚋幼虫的描述及真蚋亚属二新纪录 [J]. 中国媒介生物学及控制杂志，1995，**6**(3):185-186.

孙悦欣，田庆．北方蚋幼期的描充描述并蚋属一新纪录（双翅目：蚋科）[J]. 寄生虫与医学昆虫学报，2000，**7**(6):185-187.

孙悦欣．吞蚋属中国新纪录及新种（双翅目：蚋科）[C].// 北京：中国昆虫学会．中国昆虫学会成立五十周年纪念暨学术讨论会论文集，1992a:68.

孙悦欣．江西省蚋科采集记录 [J]. 中国媒介生物学及控制杂志，1992b，**3**(5):262.

孙悦欣．辽宁蚋类 4 新种．辽宁青年学术会议论文集 [C]. 沈阳：东北工学院出版社，1994a:324.

孙悦欣．真蚋属一新纪录 [J]. 中国媒介生物学及控制杂志，1994b，**3**(1):42.

孙悦欣．双翅目蚋科中 4 种的补充描述 [J]. 中国媒介生物学及控制杂志，1994c，**5**(3):220-222.

孙悦欣 . 中国蚋属一新种记述 (双翅目 : 蚋科)[J]. 中国媒介生物学及控制杂志，1999，**10**(2):84–86.

孙悦欣 . 辽宁原蚋属二新种 (双翅目 : 蚋科)[J]. 寄生虫与医学昆虫学报，2008，**15**(4):247–250.

孙悦欣 . 中国绳蚋亚属 5 新种记述 (双翅目 : 蚋科)[J]. 中国媒介生物学及控制杂志，2009，**20**(6):545–549.

孙悦欣 . 辽宁蚋属纺蚋亚属一新种 (双翅目 : 蚋科)[J]. 寄生虫与医学昆虫学报，2012，**19**(1):46–49.

谭娟杰，周佩燕 . 中国蚋科的新种和新纪录 [J]. 昆虫学报，1976，**19**(4):455–459.

王敦清 . 武夷山区的蚋及其危害作者 [J]. 福建医药杂志，1985，(4):51.

王仕屏，李秀安，孙立萍 . 真蚋亚属一新种 (双翅目 : 蚋科)[J]. 四川动物，1996，**15**(3):96–97.

韦静，温小军，陈汉彬 . 河南省山地蚋类调查研究 (双翅目 : 蚋科)[J]. 贵州科学，2006，**24**(3):48–51.

温小军，陈汉彬，张春林，等 . 贵州雷公山自然保护区蚋类调查名录 [J]. 贵阳医学院学报，2007，**32**(4):349–351.

温小军，韦静，陈汉彬 . 河南纺蚋多线染色体研究 [J]. 四川动物，2007，**26**(3):525–527.

温小军，韦静，陈汉彬 . 五条蚋两地理株多线染色体的比较研究 [J]. 中国寄生虫学与寄生虫病杂志，2007，**25**(3):253–255.

修江帆，张春林，陈汉彬 . 陕西省秦岭蚋相初探 (双翅目 : 蚋科)[J]. 贵阳医学院学报，2009，**34**(6):601–604.

修江帆，张春林，陈汉彬 . 五条蚋不同地理株种群多样性的 ISSR 标记研究 [J]. 生物技术通报，2013，7:107–103.

徐旭，杨明，陈汉彬 . 内蒙古蚋类 rDNA–ITS 序列分析 [J]. 贵州科学，2012，**30**(4):25–28.

薛洪堤 . 云南蚋科种类记录 (双翅目)[J]. 动物分类学报，1987，**12**(1):110–112.

薛洪堤 . 昌隆蚋两个两性体 [J]. 中国媒介生物学及控制杂，1990a，**1**(5):274.

薛洪堤 . 蚋类 (幼和蛹) 水生期生态观察 [J]. 中国媒介生物学及控制杂志，1990b，**1**(6):347–349.

薛洪堤 . 云南蚋科一新种 [J]. 中国媒介生物学及控制杂志，1991，**2**(2):93–94.

薛洪堤 . 云南蚋属一新种 [J]. 动物分类学报，1992，**17**(1):93–96.

薛洪堤 . 云南省真蚋二新种 [J]. 动物分类学报，1993a，**18**(2):229–233.

薛洪堤 . 云南蚋科一新种 [J]. 动物分类学报，1993b，**18**(4):466–468.

薛洪堤 . 云南蚋属一新种及一新纪录种 [J]. 动物分类学报，1993c，**18**(2):234–236.

薛健，安继尧 . 山东泰山蚋属真蚋亚属一新种记述 (双翅目 : 蚋科)[J]. 寄生虫与医学昆虫学报，2001，**8**(1):46–49.

薛群力，宋锦章，彭玉芳 . 峨嵋山麓流水沟蚋类初步调查 [J]. 四川动物，1992，**11**(3):24.

寻慧，杨明，吴慧，等 . 兴义维蚋成熟幼虫消化道组织学研究 [J]. 中国寄生虫学与寄生虫病杂志，2011，**29**(2): 104–106.

寻慧，丁凯泽，杨明，等 . 兴义维蚋中枢神经系统的组织学观察 [J]. 中国寄生虫学与寄生虫病杂志，2013，**31**(6): 443–447.

严格，郝宝善，杨礼贤，等 . 黄足真蚋自育卵的观察 [G]. // 虞以新 . 吸血双翅目昆虫调查研究集刊 . 上海：上海科学技术出版社，1991，3:200–203.

杨建设，陈汉彬 . 川滇部分地区蚋类采集报告 [J]. 医学动物防制，1998，**14**(2):34–35.

杨明，陈汉彬 . 海南省蚋属一新种 (双翅目 : 蚋科)[J]. 动物分类学报，2001，**26**(1):90–93.

杨明，罗洪斌，陈汉彬 . 五条蚋和环齿蚋 nrDNA–ITS 区序列分析 (双翅目 : 蚋科)[J]. 寄生虫与医学昆虫学报，2004，**11**(4):219–222.

曾亚纯，陈汉彬 . 显著蚋成虫期的补充描述 (双翅目 : 蚋科)[J]. 寄生虫与医学昆虫学报，2005，**12**(4):222–224.

曾亚纯，康哲，陈汉彬 . 轮丝蚋雌虫的补充描述 (双翅目 : 蚋科)[J]. 寄生虫与医学昆虫学报，2006，**13**(3):161–162.

张春林，陈汉彬．贵州蚋属一新种记述(双翅目：蚋科)[J]. 动物分类学报，1998，**26**(2):216:218.

张春林，陈汉彬．贵州5种常见蚋的核型研究(双翅目：蚋科)[J]. 寄生虫与医学昆虫学报，2000a，**3**(1):55-59.

张春林，陈汉彬．贵州梵净山蚋属一新种(双翅目：蚋科)[J]. 贵阳医学院学报，2000b，**25**(3):221-223.

张春林，陈汉彬．海南岛蚋相简报并绳蚋亚属一新种记述(双翅目：蚋科)[J]. 中国媒介生物学及控制杂志，2003，**4**(5):354-355.

张春林，陈汉彬．贵阳地区蚋类区系研究初探(双翅目：蚋科)[J]. 贵阳医学院学报，2004，**29**(6):475-476，480.

张春林，温小军，陈汉彬．贵州蚋类调查研究初报[J]. 贵州科学，1999，**17**(3):231-235.

张建庆，张春林，陈汉彬．广西壮族自治区吸血蚋类研究(双翅目：蚋科)[J]. 贵州科学，2005，**23**(3):35-38.

张建庆，张春林，陈汉彬．黑水山蚋的唾腺多线染色体研究[J]. 中国国境卫生检疫杂志，2008，**31**(2): 96-102.

张荣祖，赵肯堂．关于《中国动物地理区划》的修改[J]. 动物学报，1978，**24**(2):196-202.

张荣祖．中国动物地理区划的再修订[J]. 动物分类学报，1998，**24**(增刊):207-222.

章涛，王敦清．福建蚋一新种[J]. 动物分类学报，1991a，**16**(1):109-113.

章涛，王敦清．福建省蚋虫初步调查[J]. 昆虫学报，1991b，**34**(4):483-491.

赵辉元．禽畜寄生虫与防治学[M]. 长春：吉林科学出版社，1996: 98-108.

赵慰先．人体寄生虫学(2版)[M]. 北京．人民卫生出版社，1994: 1171-1181.

郑作新，张荣祖．中国动物地理区划与中国昆虫地理区划[M]. 北京：科学出版社，1959: 1-66.

周静，陈汉彬，杨明．西藏古北界地区蚋类调查初探[J]. 贵阳医学院学报，2010，**36**(3):226-229.

朱纪章，王仕屏．四川蚋科新纪录[J]. 四川动物，1993，**12**(2):28.

朱纪章，王仕屏．中国蚋属一新种(双翅目：蚋科)[J]. 四川动物，1995，**14**(1):13-15.

朱纪章．新疆蚋科采集纪录[C]. // 第二届全国医学昆虫学术讨论会论文集，1989:38.

朱纪章．中国蚋科新纪录[J]. 四川动物，1991，**10**(3):11.

朱纪章．王仕屏．中国蚋科三新纪录[J]. 四川动物，1992，11:25-26.

ABEBE M, CUPP M S, CHAMPAGNE D, *et al*. Simulidin: a blackfly (*Simulium vittatum*) salivary gland protein with anti-thrombin activity [J]. *Journal of Insect Physiology*, 1995, **41**(11): 1001-1006.

ABEBE M, CUPP M S, RAMBERG F B, *et al*. Anticoagulant activity in salivary gland extracts of blackflies (Diptera: Simuliidae) [J]. *Journal of Medical Entomology*, 1994, **31**(6):908-911.

ABEBE M, RIBEIRO J M, CUPP M S, *et al*. Novel anticoagulant from salivary glands of *Simulium vittatum* (Diptera: Simuliidae) inhibits activity of coagulation factor V [J]. *Journal of Medical Entomology*, 1996, **33**(1):173-176.

ADLER P H, CROSSKEY R W. World blackflies (Diptera:Simuliidae) : A comprehensive revision of the taxonomic and geographical inventory [M/OL]. Clemson University. http: // entweb. Clemson.Edu / blackfly in vetory. pdf, 2010-2014, 2010:1-112; 2011:1-1-117; 2012:1-119; 2013:1-120; 2014:1-121.

ADLER P H, WANG Zunming. Simuliidae, 1994: 478-487 [M]. // Morse C, Yang L and Tian L(eds), Aquatic insects of China useful for monitoring water quality. Nanjing: Hohai Univesity Press:Xi+539.

ADLER P H, BECNEL J J, MOSER B. Molecular characterization and taxonomy of a new species of Caudosporidae (Microsporidia) from blackflies (Diptera: Simuliidae) with host-derived relationships of the North American caudosporids[J]. *Journal of Invertebrate Pathology*, 2000,**75**(2):133-143

ADLER P H, CURRIE D.C., WOOD D.M. The blackflies (Simuliidae) of North America [M]. New York:Cormell University Press,

2004: 94–199.

ADLER P H, ROACH D, REEVES W K, *et al*. Attacks on the endangered Attwater's Prairie–Chicken (Tympanuchus cupido attwateri) by blackflies (Diptera: Simuliidae) infected with an avian blood parasite [J]. *Journal of Vector Ecology*, 2007, **32**(2):309–312.

ADLER P H,WANG Zunming, BEARD C E. First records of natural enemies from Chinese blackflies (Diptera:Simuliidae) [J]. *Med. Entomol. Zool.*, 1996, **47**(3):291–292.

AGATSUMA T, HIRAI H, OCHOA JO, *et al*. Typing of *Simulium* using mitochondrial DNA PCR products with restriction endonuclease digestion [J]. *Ann. Trop. Med. Parasitol*, 1993, **87**(3):307–309.

ALBERS A, ESUM M E, TENDONGFOR N, *et al*. Retarded Onchocerca volvulus L1 to L3 larval development in the *Simulium damnosum* vector after anti–wolbachial treatment of the human host [J]. *Parasites and Vectors*, 2012, 5:12.

AN Jiyao, YAN Ge (安继尧 , 严格). A new species of *Simulium* (*Simulium*) from Yaodong, Tibet, China (Diptera:Simuliidae) [J]. *Acta Parasitol. Med. Entomol. Sin.*, 2009, **16**(1):52–54.

AN Jiyao, YAN Ge, HAO Baoshan (安继尧 , 严格 , 郝宝善). Preliminary studies on laboratorial colonization of *Simulium* (*Eusimulium*) *aureohirtum* (Diptera:Simuliidae) [C]. XIX International congress of Entomology, 1992:157.

AN Jiyao,YAN Ge (安继尧 , 严格). A new species of *Simulium* from Heilongjiang, China (Diptera:Simuliidae) [J]. *Acta Parasitol. Med. Entomol. Sin.*, 2009, **16**(4):247–249.

AN Jiyao,YAN Ge (安继尧 , 严格). Redescription of *Simulium* (*Simulium*) *omorii* (Takahasi) (Diptera:Simuliidae) [J]. *Acta Parositol Med. Entomol. Sin.*, 2010, **17**(3):173–178.

ANDERSEN J F, PHAM V M, MENG Z, *et al*. Insight into the sialome of the Black Fly, *Simulium vittatum* [J]. *Journal of Proteome Research*, 2009, **8**(3):1474–1488.

BAI Xiong and KOCHER T D. Comparison of mitochondrial DNA sequences of seven morphospecies of blackflies (Diptera:Simuliidae) [J]. *Genoma*, 1991, 34:306–311.

BEDO D G. Banding in Polytene Chromosomes of *Simulium ornatum* and *S. melatum* (Diptera:Simuliide) [J]. *Chromosoma*, 1975, 51:291–300.

BEDO D G. Polytene Chromosomes of three species of blackflies in the *Simulium ornatum* group [J]. *Can. J .Zool.*, 1975, 53:1147–1164.

BENTINCK W.C. The black flies of Japan and Korea (Diptera:Simuliidae) [M]. Department of Entomology, 406th Medical General Laboratory and Far East Medical Reseach Unit, 8003 Army Unit, San Francisco, 1955: 23. 〔+33 unnumbered pages of figures〕.

BERNARDO M J, CUPP E W, KISZEWSKI A E. Rearing blackflies (Diptera: Simuliidae) in the laboratory: colonization and life table statistics for *Simulium vittatum* [J]. *Annals of the Entomological Society of America*, 1986, **79**(4): 610–621.

BERNOTIEN R, STUN NAS V. On the biology of *Simulium galeratum* in Lithuania: ecological and molecular data [J]. *Ekologija*, 2009, **55**(2), 123 - 126.

BI Guanghui, CHEN Hanbin (毕光辉 , 陈汉彬) . A new species of the genus *Simulium* Latreille from Hunna Province, China (Diptera:Simuliidae) [J]. *Acta Zootax Sin.*, 2004, **29**(3):569–571.

BIANCO A E, ROBERTSON B D, KUO Y M, *et al*. Developmentally regulated expression and secretion of a polymorphic antigen by Onchocerca infective–stage larvae [J]. *Molecular and Biochemical Parasitology*, 1990, **39**(2):203–211.

BOAKYE D A, CORNEL A J, MEREDITH S E, *et al*. DNA in situ hybridization on polytene chromosomes of Simulium sanctipauli at loci relevant to insecticide resistance [J]. *Medical and Veterinary Entomology*, 2000, **14**(2):217–222.

BOAKYE D A, TANG J, TRUC P, *et al*. Identification of bloodmeals in haematophagous Diptera by cytochrome B heteroduplex analysis [J]. *Medical and Veterinary Entomology*, 1999, **13**(3):282–287.

BROCKHOUSE C L, VAJIME C G, MARIN R, *et al*. Molecular identification of onchocerciasis vector sibling species in blackflies (Diptera: Simuliidae)[J]. *Biochemical and Biophysical Research Communications*, 1993, **194**(2):628–634.

CAI Ru, AN Yiyao, LI Chaopin（蔡茹，安继尧，李朝品）. A new species of the subgenus *Simulium* from Sichuan, China (Diptera:Simuliidae) [J]. *Acta Parasitol. Med. Entomol. Sin.*, 2008, **15**(2):100–102.

CHAGAS A C, CALVO E, PIMENTA P F, *et al*. An insight into the sialome of *Simulium guianense* (Diptera:Simuliidae) , the main vector of River Blindness Disease in Brazil [J]. *BMC Genomics*, 2011,12:612.

CHAPMAN R F. The Insects：Structure and Function [M]. New York:American Elsevier,1998.

CHARALAMBOUS M, READY P D, SHELLEY A J, *et al*. Cytological and isoenzyme analysis of the Bucay and Quevedo cytotypes of the Onchocerciasis vector *Simulium exiguum* (Diptera: Simuliidae) in Ecuador [J]. *Mem órias do Instituto Oswaldo Cruz*, 1993, **88**(1):39–48.

CHEN Hanbin（陈汉彬）. Descriptions of two new *Simulium* species from Leigong Mountain, Guizhou Province, China (Diptera:Simuliidae) [J]. *Acta Zootax Sin.*, 2000, **25**(1):100–105.

CHEN Hanbin（陈汉彬）. Two new species of *Simulium (Nevermannia)* from Guizhou Province China (Diptera:Simuliidae) [J]. *Acta Ent.Sin.*, 2001a, **44**(4):560–566.

CHEN Hanbin and AN Jiyao（陈汉彬，安继尧）. Supplement of A Checklist of Chinese Simuliidae Diptera:Simuliidae [J]. *J. Guiyang Med. Coll.*, 2002, **27**(3): 209–213.

CHEN Hanbin and CHEN Hong（陈汉彬，陈虹）. A new species of *Simulium* (*Gomphostilbia*) from Hainan Island, China [C]. Proceedings of the Chinese Entomolgical Society Conference, 2000:129.

CHEN Hanbin and WEN Xiaojun（陈汉彬，温小军）. A new species of *Simulium* (*Simulium*) from Fanjing Mountain Guizhou Province China (Diptera:Simuliidae) [J]. *Acta Zootax Sin.*, 1999, **24**(4):436–439.

CHEN Hanbin(陈汉彬). Studies on blackflies of Hainan Island Ⅱ. Record of subgenus *Morpos* Enderlein in China with description of a new species (Diptera:Simuliidae) [J]. *Acta Zootax Sin.*, 2001b, **26**(4):565–567.

CHEN Hanbin(陈汉彬). A Supplement to the Checklise of Chinese blackflies (Diptera:Simuliidae) [J]. *Journal of Natural History*, 2007, **41**(21–24):1467–1480.

CHEN Hanbin, Huang Li, ZHANG Chunlin（陈汉彬，黄丽，张春林）. First remmcord of *Simulium* (*Montisimulium*) from Sichuan Province with two new species (Diptera:Simuliidae) [J]. *Acta Zootax Sin.*,2005, **30**(1):175–179.

CHEN Hanbin, Huang Ruoyang, Yang Ming（陈汉彬，黄若洋，杨明）. A New species of the genus *Simulium* from China (Diptera:Simuliidae) [J]. *Acta Zootax Sin.*, 2010, **35**(2):327–329.

CHEN Hanbin, Kang Zhe, ZHANG Chunlin（陈汉彬，康哲，张春林）. A New Species of the Genus *Simulium* from Jiangxi Province (Diptera: Simuliidae) [J]. *Acta Zootax Sin.*, 2007, **32**(3):579–580.

CHEN Hanbin, Lian Guosheng, ZHANG Chunlin（陈汉彬，廉国胜，张春林）. A fannal summary of *Simulium* (*Montisimulium*) with descriptions of five new species from China (Diptera:Simuliidae) [J]. *Acta Zootaxa Sin.*, 2011, 3017:51–68.

CHEN Hanbin, LUO Hongbin（陈汉彬，罗洪斌）. A new species of *Simulium* (*Wilhelmia*) from Tongbai Mountain, Chian

(Diptera:Simuliidae) [J]. *Acta Zootax Sin.*, 2006, **31**(3):640–642.

CHEN Hanbin, LUO Hongbin, YANG Ming (陈汉彬 , 罗洪斌 , 杨明). First Listed of Blackflies with Two New Species from Shennongjia, Hubei Province, China (Diptera: Simuliidae) [J]. *Acta Zootax Sin.*, 2006, **31**(4):874–879.

CHEN Hanbin, WU Hui, YANG Ming (陈汉彬 , 吴慧 , 杨明). A new *Boophthora* species from China (Diptera:Simuliidae) [J]. *Acta Zootax Sin.*, 2010, **35**(3):486–488.

CHEN Hanbin, XIU Jangfan, ZHANG Chunlin (陈汉彬 , 修江帆 , 张春林). A Survey of blackflies with three species from Kuankuoshui, Guizhou, China (Diptera:Simuliidae) [J]. *Acta Zootax Sin.*, 2012, **37**(2):382–388.

CHEN Hanbin, ZHANG Chunlin (陈汉彬 , 张春林). Studies on blackflies of Hainan Island, China I. Descriptions of three new species of *Simulium* (*Gomphostilbia*) (Diptera: Simuliidae) [J]. *Acta Zootax Sin.*,2000, **26**(3):361–368.

CHEN Hanbin, ZHANG Chunlin (陈汉彬 , 张春林). A new species of *Simulium* (*Simulium*) from Guizhou Province,China (Diptera:Simuliidae) [J]. *Acta Ent.Sin.*, 2002, **45**(Supplement):77–78.

CHEN Hanbin, ZHANG Chunlin (陈汉彬 , 张春林). Review of faxonomy of blackflies from Xishuangbanna, China, with a description of a new species (Diptera:Simuliidae) [J]. *Acta Zootax Sin.*, 2003, **28**(3):542–545.

CHEN Hanbin, ZHANG Chunlin (陈汉彬 , 张春林). A New species of *Simulium* (*Gomphoslilbia*) From Yunnan Province,China (Diptera:Simuliidae) [J]. *Acta Parasitol. Med. Entomol. Sin.*, 2004, **11**(2): 90–94.

CHEN Hanbin, ZHANG Chunlin and WEN Xiaojun (陈汉彬 , 张春林 , 温小军). Two new species of *Simulium* (*Gomphostilbia*) from Fanjing Mountain, China (Diptera:Simuliidne) [J]. *Entomol. Sin.*, 2000, **7**(1):21–28.

CHEN Hanbin, ZHANG Chunlin, BI Guanghui (陈汉彬 , 张春林 , 毕光辉). Descriptions of three new species of *Simulium* (Subg. *Nevenmammia*) from Hunan Province, China (Diptera:Simuliidae) [J]. *Acta Zootax Sin.*, 2004, **29**(2):365–371.

CHEN Hanbin, ZHANG Chunlin, HUANG Li (陈汉彬 , 张春林 , 黄丽). A new species of *Simulium* (*Nevormannia*) from Sichuan Province, China (Diptera:Simuliidae) [J]. *Acta Zootax Sin.*, 2005a, **30**(3):625–627.

CHEN Hanbin, ZHANG Chunlin, HUANG Li (陈汉彬 , 张春林 , 黄丽). Two new blackflies species of *Simulium* (*Simulium*) from Sichuan Province, China (Diptera:Simuliidae) [J]. *Acta Zootax Sin.*, 2005b, **30**(2):430–435.

CHEN Hanbin, ZHANG Chunlin, LIU Dan (陈汉彬 , 张春林 , 刘丹). A Survey of *Simulium* (*Montisimulium*) in the Sichuan Province with two new species (Diptera:Simuliidae) [J]. *Acta Zootax Sin.*, 2008, **33**(1):68–72.

CHEN Hanbin, ZHANG Chunlin, YANG Ming (陈汉彬 , 张春林 , 杨明). Descriptions of Two new species of the subgenus *Nevermannia* Euderlein and *Simulium* Latreille from Hainan Island, China (Diptera:Simuliidae) [J]. *Acta Zootax Sin.*, 2003b, **28**(4):745–750.

CHEN Hanbin, ZHANG Chunlin,YANG Ming (陈汉彬 , 张春林 , 杨明). Checklist of Guizhou blackflies with description of a new species (Diptera:Simuliidae) [J]. *Guizhou Science*, 2003a, **21**(1–2):46–50.

CHEN Hanbin, ZHANG Jianqing, ZHANG Chunlin (陈汉彬 , 张建庆 , 张春林). A New Blackfly to species of the genus *Simulium* from Guangxi, China (Diptera:Simuliidae) [J]. *Acta Zootax Sin.*, 2007, **32**(4):779–781.

CHEN Hong and CHEN Hanbin (陈 虹 , 陈 汉 彬). A new blackfly species of *Simulium* (Diptera:Simuliidae) from Guizhou Province [J]. *China Entom. Sin.*, 2001, **8**(3):208–212.

ChHEN Hanbin(陈 汉 彬). Note on Chinese members of the *Simulium striatum* group, with descriptions of three new species (Diptera,Simuliidae) [J]. *Acta Zootax Sin.*, 2003, **28**(2):336–342.

CHUBAREVA L.A. and PETROVA N A. Karyotypes of Blackflies (Diptera: Simuliidae) of the World [J]. *Entomolgical Review*,

2003, **83**(2): 149–204.

CHUBAREVA LA. Karyotypic characteristics of the genus *Prosimulium* Roub. (Simuliidae) and the problems of systematic [J]. *Parazitologiia*, 1978, **12**(1): 37–43.

CHUNG ChaoLim (钟 兆 麟). A new record of *Simulium (Wallacellum) yonakuniense* from Lanyu Is., Taitung County, Taiwan (Diptera:Simuliidae) [J]. *J. Taiwan Mus.*, 1986, **39**(2):1–10.

CONCEIÇÃO P A, CRAINEY J L, ALMEIDA T P, *et al.* New molecular identifiers for *Simulium limbatum* and *Simulium incrustatum* s. l. and the detection of genetic substructure with potential implications for onchocerciasis epidemiology in the Amazonia focus of Brazil [J]. *Acta Tropica*, 2013, **127**(2):118–125.

CONFLITTI I M, KRATOCHVIL M J, SPIRONELLO M, *et al.* Good species behaving badly: Non–monophyly of black fly sibling species in the Simulium arcticum complex (Diptera: Simuliidae) [J]. *Molecular phylogenetics and evolution*, 2010, **57**(1):245–257.

CONFLITTI I M, PRUESS K P, CYWINSKA A, *et al.* DNA barcoding distinguishes pest species of the black fly genus Cnephia (Diptera: Simuliidae) [J]. *Journal of medical entomology*, 2013, **50**(6):1250–1260.

CONFLITTI I M, SHIELDS G F, MURPHY R W, *et al.* The speciation continuum: Population structure, gene flow, and maternal ancestry in the *Simulium arcticum* complex (Diptera: Simuliidae) [J]. *Molecular phylogenetics and evolution*, 2014, 78:43–55.

CRAINEY J L, HURST J, WILSON M D, *et al.* Construction and characterisation of a BAC library made from field specimens of the onchocerciasis vector *Simulium squamosum* (Diptera: Simuliidae) [J]. *Genomics*, 2010, **96**(4):251–257.

CRAINEY J L, WILSON M D, POST R J. An 18S ribosomal DNA barcode for the study of Isomermis lairdi, a parasite of the blackfly *Simulium damnosum* s. l. [J]. *Medical and Veterinary Entomology*, 2009, **23**(3):238–244.

CRAINEY J L, WILSON M D, POST R J. Phylogenetically distinct Wolbachia gene and pseudogene sequences obtained from the African onchocerciasis vector *Simulium squamosum* [J]. *International Journal for Parasitology*, 2010, **40**(5):569–578.

CROSSKEG R W, Buttiker W. Insects of Saudi Arabia Dipera: Fam. Simuliidae [J]. *Fauna of Saud Arabia*, 1982, 4:398–445.

CROSSKEG R W, Adler P H, WANG Zunming, *et al.* A taxonomic and fauna summary of the blackflies of China (Diptera:Simuliidae) [J]. *J. Nat. Hist.*, 1996, 30:407–445.

CROSSKEG R W. The classification of *Simulium* Latreille (Diptera:Simuliidae) from Australia, New Guinea and the Western Pacific [J]. *J. Nat. Hist.*, 1967, 1:23–51.

CROSSKEG R W. A reclassification of the Simuliidae (Diptera) of Afirica and its islands [J]. *Bull. Bri. Mus., (Natural History) (Entomology), Supplement*, 1969, 14:1–195.

CROSSKEG R W. An annotated checklist of world blackflies (Diptera:Simuliidae) [J]. *J. Nat. Hist.*, 1988, 22:321–355.

CROSSKEY R W, T.M.Howard. A new Taxonomic and geographical Inventory of world blackflies (Diptera: Simuliidae) [M]. London:The Natural History Museum, 1997:145.

CROSSKEY R W. The natural history of blackflies[M].U K: Chichester ,1990.

CUPP M S, CUPP E W, RAMBERG F B. Salivary gland apyrase in blackflies (*Simulium vittatum*) [J]. *Journal of Insect Physiology*, 1993, **39**(10): 817–821.

CUPP M S, RIBEIRO J M, CHAMPAGNE D E, *et al.* Analyses of cDNA and recombinant protein for a potent vasoactive protein in saliva of a blood–feeding black fly, *Simulium vittatum* [J]. *The Journal of Experimental Biology*, 1998, 201(Pt 10):1553–1561.

CUPP M S, RIBEIRO J M, CUPP E W. Vasodilative activity in blackfly salivary glands [J]. *The American Journal of Tropical Medicine and Hygiene*, 1994, **50**(2):241–246.

Dalmat H T. The blackflies (Diptera:Simuliidae) of Guatemala and their role as vectors of onchocerciasis [G].Smithsonian Miscellaneous Collection, 1995, **125**(1):vii +1–425.

DARIES D M, GYORKOS H. The Simuliidae (Diptera) of Sri Lanka, Descriptions of three new species in the subgenera *Eusimulium* and *Gomphostilbia* of the genus *Simulium* [J]. *Can. J. Zool.*, 1987, 65:1483–1502.

DARIES D M, GYORKOS H. Two new Australian species of Simuliidae (Diptera) [J]. *J. Aust. Ent. Soc.*, 1988, 27:105–115.

DARIES D M, GYORKOS H. The Simuliidae (Diptera) of Sri Lanka, Descriptions of three new species in the subgenera *Eusimulium* and *Gomphostilbia* of the genus *Simulium* [J]. *Can. J. Zool.*, 1987, 65:1483–1502.

DATTA M, New species of black flies (Diptera:Simuliidae) of the subgerera *Eusimulium* Roubaud and *Gomphostilbia* Enderlein from the Darjeeling area [J]. *India Oriental Ins.*, 1973, 7:363–401.

DATTA M, New species of blackflies (Diptera:Simuliidae) from the Darjeeling area [J]. *Oriental Ins.*, 1974a, **8**(4):457–468.

DATTA M, Some black flies (Diptera:Simuliidae) of the subgenus *Simulium* Latreille (s. str.) from the Darjeeling area (India) [J]. *Oriental Ins.*, 1974b, 8:15–27.

DATTA M, A new blackfly species (Simuliidee:Diptera) from the Darjeeling area [J]. *India. Proc. Ind. Acad. Sci.* (B), 1975, 81:67–74.

DAVIES D M, GYORKOS H. The Simuliidae (Diptera) of Sri Lanka, Description of a new species of *Simulium (Byssodon)* [J]. *Can. J. Zool.*, 1987, 66:2150–2154.

DAVIES J B, OSKAM L, LUJÁN R, *et al.* Detection of Onchocerca volvulus DNA in pools of wild–caught *Simulium ochraceum* by use of the polymerase chain reaction [J]. *Annals of Tropical Medicine and Parasitology*, 1998, **92**(3):295–304.

DAY J C, GOODALL T I, POST R J. Confirmation of the species status of the blackfly *Simulium galeratum* in Britain using molecular taxonomy [J]. *Medical and Veterinary Entomology*, 2008, **22**(1), 55 – 61.

DELFINADO M D. The Philippine species of *Simulium* (Diptera:Simuliidae) [J]. *Philip. J. Sci.*, 1960, 89:47–62.

DELFINADO M D. Notes on Philippine blackflies (Diptera:Simuliidae) [J]. *J. Med. Entomol.*, 1969, 6:199–207.

DIAWARA L, TRAORÉ M O, BADJI A, *et al.* Feasibility of onchocerciasis elimination with ivermectin treatment in endemic foci in Africa: first evidence from studies in Mali and Senegal [J]. *PLos . Neglected Tropical Diseases*, 2009, **3**(7):e497.

DUMAS V, HERDER S, BEBBA A, *et al.* Polymorphic microsatellites in *Simulium damnosum* s. l. and their use for differentiating two savannah populations: implications for epidemiological studies [J]. *Genome*, 1998, **41**(2):154–161.

DUNCAN G A, ADLER P H, PRUESS K P, et al. Molecular differentiation of two sibling species of the blackfly *Simulium vittatum* (Diptera: Simuliidae) based on random amplified polymorphic DNA [J]. *Genome*, 2004, **47**(2):373–379.

EDWARDS E W. The Simuliidae (Diptera) of Jave and Sumatra [J]. *Arch Hydrobiol.*, 1934, 13(Suppl., 5):92–138.

EISENBARTH A, EKALE D, HILDEBRANDT J, *et al.* Molecular evidence of 'Siisa form', a new genotype related to Onchocerca ochengi in cattle from North Cameroon [J]. *Acta Tropica*, 2013, **127**(3):261–265.

ERTTMANN K D, MEREDITH S E, GREENE B M, *et al.* Isolation and characterization of form specific DNA sequences of *O. volvulus* [J]. *Acta Leidensia*, 1990, **59**(1–2):253–260.

ERTTMANN K D, UNNASCH T R, GREENE B M, *et al.* A DNA sequence specific for forest form *Onchocera volvulus* [J]. *Nature*, 1987, **327**(6121):415–417.

FINN D S, ADLER P H. Population genetic structure of a rare high-elevation black fly, Metacnephia coloradensis, occupying Colorado lake outlet streams [J]. *Freshwater Biology*, 2006, 51:2240–2251.

FINN D S, THEOBALD D M, BLACK W C 4TH, *et al*. Spatial population genetic structure and limited dispersal in a Rocky Mountain alpine stream insect [J]. *Molecular Ecology*, 2006, **15**(12):3553–3566.

FISCHER P, YOCHA J, RUBAALE T, *et al*. PCR and DNA hybridization indicate the absence of animal filariae from vectors of *Onchocerca volvulus* in Uganda [J]. *The Journal of Parasitology*, 1997, **83**(6):1030–1034.

FLOOK P K, Post R J. Molecular population studies of *Simulium damnosum* s. l. (Diptera: Simuliidae) using a novel interspersed repetitive DNA marker [J]. *Heredity*, 1997, **79**(Pt 5):531–540.

FRYAUFF D J, TRPIS M. Identification of larval and adult *Simulium yahense* and *Simulium sanctipauli* based on species-specific enzyme markers and their distribution at different breeding habitats in Central Liberia [J]. *The American Journal of Tropical Medicine and Hygiene*, 1986, **35**(6):1218–1230.

FUKUDA M, OTSUKA Y, UNI S, *et al*. Molecular identification of infective larvae of three species of *Onchocerca* found in wild-caught females of *Simulium bidentatum* in Japan [J]. *Parasite*, 2010, **17**(1):39–45.

GAMBRELL L A. The embryology of the blackfly, *Simulium pictipes* Hagen[J]. *Ann. Entomol. Soc. Am.*, 1933, 26: 641–671.

GOLINI V I, ROTHFELS K H. The polytene chromosomes of North American blackflies in the *Eusimulium canonicolum* group (Diptera: Simuliidae) [J]. *Can. J. Zool.*, 1984, 62: 2097–2109.

GONZALEZ R J, CRUZ-ORTIZ N, RIZZO N, *et al*. Successful interruption of transmission of Onchocerca volvulus in the Escuintla-Guatemala focus, Guatemala [J]. *PLos Neglected Tropical Diseases*, 2009, **3**(3):e404.

GOPAL H, HASSAN H K, RODRÍGUEZ-PÉREZ M A, *et al*. Oligonucleotide based magnetic bead capture of *Onchocerca volvulus* DNA for PCR pool screening of vector blackflies [J]. *PLos neglected tropical diseases*, 2012, **6**(6):e1712.

GREEN T B, WHITE S, RAO S, *et al*. Biological and molecular studies of a cypovirus from the blackfly *Simulium ubiquitum* (Diptera: Simuliidae) [J]. *Journal of Invertebrate Pathology*, 2007, **95**(1):26–32.

GUEVARA A G, VIEIRA J C, LILLEY B G, *et al*. Entomological evaluation by pool screen polymerase chain reaction of *Onchocerca volvulus* transmission in Ecuador following mass Mectizan distribution [J]. *The American Journal of Tropical Medicine and Hygiene*, 2003, **68**(2):222–227.

GUO Xiaoxia, YAN Ge, AN Jiyao (郭晓霞，严格，安继尧). A new species of *Simulium* (*Simulium*) from Henan Province, China (Diptera:Simuliidae) [J]. *Acta Parasitol. Med. Entomol. Sin.*, 2013, **20**(3):178–180.

GUO Xiaoxia, ZHANG Yingmei, AN Jiyao, *et al*.(郭晓霞，张映梅，安继尧，等). Observation on the biting activity of blackflies in Beiwan area, Xinjiang, China, with description of two new species (Diptera:Simuliidae) [J]. *Oriental Insects*, 2008,42:341–348.

HAGEN H E, KLÄGER S L, BARRAULT D V, *et al*. The effects of protease inhibitors and sugars on the survival and development of the parasite *Onchocerca oochengi* in its natural intermediate host *Simulium damnosum* s. l. [J]. *Tropical Medicine and International Health*, 1997, **2**(3):211–217.

HAGEN H E, KLÄGER S L, CHAN V, *et al*. *Simulium damnosum* s. l.: identification of inducible serine proteases following an Onchocerca infection by differential display reverse transcription PCR [J]. *Experimental Parasitology*, 1995, **81**(3):249–254.

HAGEN H E, KLÄGER S L, MCKERROW J H, *et al*. *Simulium damnosum* s. l.: isolation and identification of prophenoloxidase following an infection with *Onchocerca* spp. using targeted differential display [J]. *Experimental Parasitology*, 1997, **86**(3):213–218.

HAGEN H E, KLÄGER S L. Integrin-like RGD-dependent cell adhesion mechanism is involved in the rapid killing of *Onchocerca* microfilariae during early infection of *Simulium damnosum* s. l. [J]. *Parasitology*, 2001, **122**(4):433-438.

HAM P J, ALBUQUERQUE C, BAXTER A J, *et al*. Approaches to vector control: new and trusted. 1. Humoral immune responses in blackfly and mosquito vectors of filariae [J]. *Transactions of the Royal Society of Tropical Medicine and Hygiene*, 1994, **88**(2):132-135.

HARNETT W, CHAMBERS A E, RENZ A, *et al*. An oligonucleotide probe specific for *Onchocerca volvulus* [J]. *Molecular and Biochemical Parasitology*, 1989, **35**(2):119-125.

HELLGREN O, BENSCH S, MALMQVIST B. Bird hosts, blood parasites and their vectors-associations uncovered by molecular analyses of blackfly blood meals [J]. *Molecular Ecology*, 2008, **17**(6):1605-1613.

HELLGREN O, WALDENSTROM J, BENSCH S. A new PCR assay for simultaneous studies of Leucocytozoon, Plasmodium, and Haemoproteus from avian blood [J]. *The Journal of Parasitology*, 2004, **90**(4): 797-802.

HERNÁNDEZ-TRIANA L M, PROSSER S W, RODRÍGUEZ-PEREZ M A, *et al*. Recovery of DNA barcodes from blackfly museum specimens (Diptera: Simuliidae) using primer sets that target a variety of sequence lengths [J]. *Molecular Ecology Resources*, 2014, **14**(3):508-518.

HIGAZI T B, BOAKYE D A, WILSON M D, *et al*. Cytotaxonomic and molecular analysis of *Simulium (Edwardsellum)* damnosum sensu lato (Diptera: Simuliidae) from Abu Hamed, Sudan [J]. *Journal of Medical Entomology*, 2000, **37**(4):547-553.

HUANG Li, ZHANG Chunlin, CHEN Hanbin (黄丽 , 张春林 , 陈汉彬). A new species of the genus *Simulium* from Sichuan, China (Diptera:Simuliidae) [J]. *Acta Zootax Sin*., 2013, **38**(2):368-371.

HUANG Li, ZHANG Chunlin, JIANG Yinghai, *et al*.(黄丽, 张春林, 姜迎海, 等). Polytene Chromosomes of *Simulium* (*Wilhelmia*) *Xingyiense* (Diptera:Simuliidae) from China [J]. *Acta Entomol.Sin*, **55**(8):988-993.

HUANG Yaote (黄耀特 , 音), TAKAOKA H. 2006. A new species of *Simulium* (*Simulium*) (Diptera:Simuliidae) from Taiwan [J]. *Med. Entomol. Zool*, 2012, **60**(1):33-38.

HUANG Yaote and TATAOKA H. A new species of *Simulium* (*Gomphostilbia*) from Taiwan [J]. *Med. Entomol. Zool*, 2008, **59**(3):171-179.

HUANG Yaote, and TAKAOKA H. *Simulium* (*Simulium*) *pingtungense*, a new species of blackfly (Diptera:Simuliidae) from Taiwan [J]. *Med. Entomol. Zool*, 2008, **59**(4):309-371.

HUANG Yaote, TAKAOKA H, OTSUKA Y A. *Simulium* (*Gomphostilbia*) *taifungenus*, a new species of blackfly (Diptera:Simuliidae) from Taiwan with description of the the male of *Simulium* (*Gomphostilbia*) *tuenense* Takaoka [J]. *Trop Biomed*., 2011, **28**(3):577-588.

HUNTER F F, BAYLY R. ELISA for identification of blood meal source in blackflies (Diptera: Simuliidae) [J]. *Journal of Medical Entomology*, 1991, **28**(4): 527-532.

HUNTER S J, GOODALL T I, WALSH K A, *et al*. Nondestructive DNA extraction from blackflies (Diptera: Simuliidae): retaining voucher specimens for DNA barcoding projects [J]. *Molecular Ecology Resources*, 2008, **8**(1):56-61.

IMURA T, SATO Y, EJIRI H, *et al*. Molecular identification of blood source animals from blackflies (Diptera: Simuliidae) collected in the alpine regions of Japan [J]. *Parasitology Research*, 2010, **106**(2):543-547.

JACOBS J W, CUPP E W, SARDANA M, et al. Isolation and characterization of a coagulation factor Xa inhibitor from blackfly salivary glands[J]. *Thrombosis and Haemostasis*, 1990, **64**(2): 235-238.

JACOBS-LORENA M, DOMAN M, MAHOWALD A. Indentification of species specific DNA sequences in North American blackflies [J]. *Trop. Med. Parasit.*, 1988, 39:31–34.

Japan Society for Sanitary Zoology. A list of Japanese Simuliidae [J]. *Jap. J. Sanit. Zool.*, 1974, 25:191–193.

JARIYAPAN N, TAKAOKA H, CHOOCHOTE W, *et al.* Morphology and electrophoretic protein profiles of female salivary glands in four Oriental blackfly species (Diptera: Simuliidae) [J]. *Journal of Vector Ecology*, 2006, **31**(2):406–411.

JOY D A, CONN J E. Molecular and morphological phylogenetic analysis of an insular radiation in Pacific black flies (Simulium)[J]. *Systematic Biology*, 2001, **50**(1):18–38.

JOY D A, CRAIG D A, CONN J E. Genetic variation tracks ecological segregation in Pacific island blackflies[J]. *Heredity (Edinb)*, 2007, **99**(4):452–459.

KANG Zhe, ZHANG Chunlin, CHEN Hanbin (康哲 , 张春林 , 陈汉彬). A new species of *Simuliu* (*Gomphostilbia*) from Jiangxi Province, China (Diptera:Simuliidae) [J]. *Acta Parasitol. Med. Entomol. Sin.*,2007, **14**(3):185–187.

KLÄGER S L, HAGEN H E, BRADLEY J E. Effects of an Onchocerca–derived cysteine protease inhibitor on microfilariae in their simuliid vector [J]. *Parasitology*, 1999, **118**(3):305–310.

KLOWDEN M J. Physiological Systems in Insects(2[th]ed.) [M]. California:Academic Press, 2007.

KOCHER T D, THOMAS W K, MEYER A, *et al.* Dynamics of mitochondrial DNA evolution in animals: amplification and sequencing with conserved primers [J]. *Proceedings of the National Academy of Sciences of the United States of America*, 1989, **86**(16):6196–6200.

KRUEGER A, HENNINGS I C. Molecular phylogenetics of blackflies of the *Simulium damnosum* complex and cytophylogenetic implications [J]. *Molecular Phylogenetics and Evolution*, 2006, **39**(1):83–90.

KRÜGER A, GELHAUS A, GARMS R. Molecular identification and phylogency of East African *Simulium damnosum* s. l. And their relationship with african species of the complex (Diptera:Simuliidae) [J]. *Insect Mol. Biol.*, 2000, **9**(1):101–108.

Kr ü ger A, NURMI V, YOCHA J, *et al.* The *Simulium damnosum* complex in western Uganda and its role as a vector of Onchocerca volvulus[J].*Trop. Med.* and *Int. Hlth.*, 1999, **12**(4): 819–826.

KÚDELA M, BRÚDEROVÁ T, JEDLIČKA L, *et al.* The identity and genetic characterization of *Simulium reptans* (Diptera: Simuliidae) from central and northern Europe [J]. *Zootaxa*, 2014, **3802**(3):301–317.

KUNZE E. Artunterschiede im Bau der Riesenchromosomen in der Gattung *Simulium* Latr [J]. *Oesterr.Zool. Z.*, 1953, 4:23–32.

KUTIN K, KRUPPA T F, BRENYA R, *et al.* Efficiency of *Simulium sanctipauli* as a vector of Onchocerca volvulus in the forest zone of Ghana [J]. *Medical and Veterinary Entomology*, 2004, **18**(2):167–173.

LARUE B, GAUDREAU C, BAGRE H O, et al. Generalized structure and evolution of ITS1 and ITS2 rDNA in blackflies (Diptera: Simuliidae) [J]. *Molecular Phylogenetics and Evolution*, 2009, **53**(3):749–757.

LEWIS D J. The Simuliidae (Diptera) of Pakistan (Br.) [J]. *Bull.Entomol.Res.*, 1973, 62:453–470.

LEWIS D J. Man biting Simuliidae (Diptera) of Northern India [J]. *Isracl.J.Entomol.*, 1974, 9:23–53.

LIU T P, DAVIES D M. Ultrastructural localization of glutamic oxaloacetic transaminase in mitochondria of the flight muscle of Simuliidae [J]. *Journal of Insect Physiology*, 1972, **18**(9):1665–1671.

LIU Zengjia, AN Jiyao (刘增加 , 安继尧). A new species of *Simulium* (Diptera:Simuliidae) from Shaanxi, China [J]. *Entomo. Taxonomic*, 2009, **31**(2):143–146.

LUO Hongbin, YANG Ming, CHEN Hanbin (罗洪斌 , 杨明 , 陈汉彬). A new species of genus *Simulium* from Xingdou mountain,

China (Diptera:Simuliidae) [J]. *Acta Zootax Sin.*, 2010, **35**(3):472–474.

LUSTIGMAN S, BROTMAN B, HUIMA T, et al. Molecular cloning and characterization of onchocystatin, a cysteine proteinase inhibitor of *Onchocerca volvulus* [J]. *The Journal of Biological Chemistry*, 1992, **267**(24):17339–17346.

MALLOCH J R. American blackflies or buffalo gnats [J]. *Technical Series*, 1914, 26:7–82.

MALMQVIST B, STRASEVICIUS D, HELLGREN O, *et al.* Vertebrate host specificity of wild-caught blackflies revealed by mitochondrial DNA in blood [J]. *Proceedings Biological Sciences*, 2004, **271**(Suppl 4):s152–s155.

MANK R, WILSON M D, RUBIO J M, *et al.* A molecular marker for the identification of *Simulium squamosum* (Diptera: Simuliidae) [J]. *Annals of Tropical Medicine and Parasitology*, 2004, **98**(2):197–208.

MANSIANGI P, KIYOMBO G, MULUMBA P, *et al.* Molecular systematics of *Simulium squamosum*, the vector in the Kinsuka onchocerciasis focus (Kinshasa, Democratic Republic of Congo) [J]. *Annals of Tropical Medicine and Parasitology*, 2007, **101**(3):275–279.

MARCHON-SILVA V, CAËR J C, POST R J, *et al.* Detection of *Onchocerca volvulus* (Nematoda: Onchocercidae) infection in vectors from Amazonian Brazil following mass Mectizan distribution [J]. *Memórias do Instituto Oswaldo Cruz*, 2007, **102**(2):197–202.

MCCALL P J. Oviposition aggregation pheromone in the *Simulium damnosum* complex [J]. *Medical and Veterinary Entomology*, 1995, **9**(2):101–108.

MEAD D G, LOVETT K R, MURPHY M D, *et al.* Experimental transmission of vesicular stomatitis New Jersey virus from *Simulium vittatum* to cattle: clinical outcome is influenced by site of insect feeding [J]. *Journal of Medical Entomology*, 2009, **46**(4):866–872.

MEREDITH S E, LANDO G, GBAKIMA A A, *et al. Onchocerca volvulus*: application of the polymerase chain reaction to identification and strain differentiation of the parasite [J]. *Exp. Parasitol*, 1991, **73**(3):335–344.

MEREDITH S E, TOWNSON H. Enzymes for species identification in the *Simulium damnosum* complex form West Africa [J]. *Tropenmedizin und Parasitologie*, 1981, **32**(2):123–128.

MEREDITH S E, UNNASCH T R, KARAM M ,*et al.* Cloning and characterization of an *onchocerca volvulus* specific DNA sequence [J]. *Mol. Biochem Parassitol.*, 1989, **36**(1):1–10.

MERRIWEATHER A, UNNASCH T R. *Onchocerca volvulus*: development of a species specific polymerase chain reaction-based assay [J]. *Experimental Parasitology*, 1996, **83**(1):164–166.

MILLER B R, CRABTREE M B, SAVAGE H M. Phylogenetic relationships of the Culicomorpha inferred from 18S and 5.8S ribosomal DNA sequences [J]. *(Diptera:Nematocera). Insect Molecular Biology*, 1997, **6**(2):105–114.

MORALES-HOJAS R, KRUEGER A. The species delimitation problem in the *Simulium damnosum* complex, blackfly vectors of onchocerciasis [J]. *Medical and Veterinary Entomology*, 2009, **23**(3):257–268.

MORALES-HOJAS R, POST R J, CHEKE R A, *et al.* Assessment of rDNA IGS as a molecular marker in the *Simulium damnosum* complex [J]. *Medical and Veterinary Entomology*, 2002, **16**(4):395–403.

MORALES-HOJAS R, POST R J, WILSON M D, *et al.* Completion of the sequence of the nuclear ribosomal DNA subunit of *Simulium sanctipauli*, with descriptions of the 18S, 28S genes and the IGS [J]. *Medical and Veterinary Entomology*, 2002, **16**(4):386–394.

MOULTON J K. Molecular sequence data resolves basal divergences within Simuliidae (Diptera) [J]. *Systematic Entomology*, 2000, **25**(1): 95–113.

MOULTON J K. Can the current molecular arsenal adequately track rapid divergence events within Simuliidae (Diptera) [J]. *Molecular Phylogenetics and Evolution*, 2003, **27**(1):45–57.

MUSTAPHA M, KRÜGER A, TAMBALA P A, *et al*. Incrimination of *Simulium thyolense* (Diptera: Simuliidae) as the anthropophilic blackfly in the Thyolo focus of human onchocerciasis in Malawi [J]. *Annals of Tropical Medicine and Parasitology*, 2005, **99**(2):181–192.

NORIEGA R, RAMBERG F B, HAGEDORN H H. Ecdysteroids and oocyte development in the blackfly *Simulium vittatum* [J]. *BMC Developmental Biology*, 2002, 2:6.

OGATA K, SASA M. Takonomic notes on Simuliidae or blackflies of Japan, with special references on the subgenera *Eusimulium* Roubaud and *Nevermannia* Enderlein (Diptera) [J]. *Jap. J. Exp. Med.*, 1954, **24**(5):325–333.

OGATA K. Notes on Simuliidae of the Ryukyu Islands (Diptera) Jap [J]. *J. Med. Sci and Biol.*, 1956, 9:59–69.

OGATA K. Additional notes on Simuliidae of the Ryukyu Islands (Diptera) [J]. *Kontyu.*, 1966, 34:123–130.

OKAMOTO M. *Simulium (Boophthora) yonagoensen*. sp. [J]. *Jap. J. Zool*, 1958, **9**(1):39–45.

ONO H. Description of *Prosimulium sarurensen*. sp. from Japan (Diptera: Simuliidae) [J]. *Jap. J. Sanit. Zool.*, 1976, **27**(3): 217–222.

ONO H. Redescription of the Two blackflies, Genus *daisensis* Takahasi and *Helodon multicaulis* (Popov) (Diptera,Simuliidae) [J]. *Res. Bull. Obihiro Univ.*, 1976, 10:253–269.

ONO H. Description of *Prosimulium apoinan*. sp. n. from Japan [J]. *Res. Bull. Obihiro Univ.*, 1977a, 10:749–757.

ONO H. Description of Twinnia cannibran. sp. n. from Japan (Diptera: Simuliidae) [J]. *Res. Bull. Obihiro Univ.*, 1977b, 10:759–768.

ONO H. Description of *Simulium tobetsuensis* sp. n. from Japan (Diptera: Simuliidae) [J]. *Jap. J. Sanit. Zool.*, 1977c, **28**(3): 263–271.

ONO H. Description of a new *Odagmia* species, *O. nishijimain*. sp. n. (Diptera: Simuliidae) from Japan [J]. *Kontyu Tokyo*, 1978a, **46**(1):43–51.

ONO H. Description of Genus *fulvipesn*. sp. from Japan (Diptera:Simuliidae) [J]. *Jap. J. Sanit. Zool.*,1978b, **29**(4):299–304.

ONO H. Description of the two new species of the Genus *Cnetha* from Japan (Diptera: Simuliidae) [J]. *Res. Bull Obihiro Univ.*, 1978c, 10:893–909.

ONO H. A new species of the Genus *Cnetha* from Hokkaido, Japan with redescription of Cnetha konoi (Takahasi,1950) (Diptera:Simuliidae) [J]. *Jap. J. Sanit. Zool.*, 1979, **30**(3):243–254.

ONO H. Description of *Boophthora yonagoenese makunbei* sp. n. from Hokkaido (Diptera:Simuliidae) [J]. *Jap. J. Zool.*, 1997, **28**(2):186–192.

ONO H. Some new species of blackflies (Diptera:Simuliidae) fromHokkaido, Japan [J]. *Kontyu Tokyo*, 1980a, **48**(3):333–361.

ONO H. The Simuliidae of Hokkaido Ⅱ A new species of the genus *prosimulium* from Hokkaido, Japan with redescription of *Pr. yezoense* Shiraki, 1935 (Diptera,Simuliidae) [J]. *Jap. J. Sanit. Zool.*, 1980b, **31**(3):181–191.

OSKAM L, SCHOONE G J, KROON C C, *et al*. Polymerase chain reaction for detecting *Onchocerca volvulus* in pools of blackflies [J]. *Tropical Medicine and International Health*, 1996, **1**(4):522–527.

PAPANICOLAOU A, WOO A, BREI B, *et al*. Novel aquatic silk genes *Simulium (Psilozia) vittatum* (Zett) Diptera: Simuliidae [J]. *Insect Biochemistry and Molecular Biology*, 2013, **43**(12):1181–1188.

PERLER F B, KARAM M. Cloning and characterization of two *Onchocerca vovulus* reqeated DNA sequences [J]. *Mol. Biochem. Parasitol*, 1986, **21**(2):171–178.

PHAYUHASENA S, COLGAN D J, KUVANGKADILOK C, *et al*. Phylogenetic relationships among the blackfly species (Diptera: Simuliidae) of Thailand based on multiple gene sequences [J]. *Genetica*, 2010, **138**(6):633–648.

PIÉGU B, GUIZARD S, SPEARS T, *et al*. Complete genome sequence of invertebrate iridescent virus 22 isolated from a blackfly larva [J]. *The Journal of General Virology*, 2013, **94**(9):2112–2116.

PIÉGU B, GUIZARD S, SPEARS T, *et al*. Complete genome sequence of invertebrate iridovirus 25 isolated from a blackfly larva [J]. *Archives of Virology*, 2014, **159**(5):1181–1185.

POST R J, FLOOK P K, MILLEST A L, *et al*. Cytotaxonomy, morphology and molecular systematics of the Bioko form of *Simulium yahense* (Diptera: Simuliidae) [J]. *Bulletin of Entomological Research*, 2003, **93**(2):145–157.

POST R J, FLOOK P. DNA probes for the identification of members of the *Simulium damnosum* complex (Diptera: Simuliidae) [J]. *Medical and Veterinary Entomology*, 1992, **6**(4):379–384.

PRAMUAL P, ADLER P H. DNA barcoding of tropical blackflies (Diptera: Simuliidae) of Thailand [J].*Molecular Ecology Resources*, 2014, **14**(2):262–271.

PRAMUAL P, KUVANGKADILOK C, BAIMAI V, *et al*. Phylogeography of the blackfly *Simulium tani* (Diptera: Simuliidae) from Thailand as inferred from mtDNA sequences [J]. *Molecular Ecology*, 2005, **14**(13):3989–4001.

PRAMUAL P, KUVANGKADILOK C. Integrated cytogenetic, ecological, and DNA barcode study reveals cryptic diversity in *Simulium (Gomphostilbia) angulistylum* (Diptera: Simuliidae) [J]. *Genome*, 2012, **55**(6):447–458.

PRAMUAL P, WONGPAKAM K, ADLER P H. Cryptic biodiversity and phylogenetic relationships revealed by DNA barcoding of Oriental black flies in the subgenus *Gomphostilbia* (Diptera: Simuliidae) [J]. *Genome*, 2011, **54**(1):1–9.

PROCUNIER W S, POST V K. Development of a method for the cytological identification of man biting sibling species within the *Simulium damnosum* complex [J]. *Tropenmed. Parasitol*.,1986, 37:49–53.

PROCUNIER W S. A cytological study of species in Cnephia s. str. (Diptera: Simuliidae) [J]. *Can. J. Zool*., 1982, 11:2866–2878.

PROCUNIER W S. Cytological approaches to simuliid biosystematics in relation to the epidemiology and control of human onchocerciasis [J]. *Genome*, 1989, 32: 559–569.

PROCUNIER W, ZHANG D, CUPP M S, *et al*. Chromosomal localization of two antihemostatic salivary factors in *Simulium vittatum* (Diptera: Simuliidae) [J]. *Journal of Medical Entomology*, 2005, **42**(5):805–811.

PRUESS K P, ADAMS B J, PARSONS T J, *et al*. Utility of the mitochondrial cytochrome oxidase II gene for resolving relationships among black flies (Diptera: simuliidae) [J]. *Molecular Phylogenetics and Evolution*, 2000, **16**(2):286–295.

PRUESS K P, ZHU Z, POWERS T O. Mitochondrial transfer RNA genes in a blackfly, *Simulium vittatum* (Diptera:Simuliidae), indicate long divergence from mosquito (Diptera:Culicidae) and fruit fly (Diptera:Drosophilidae) [J]. *J. Med Entomol*, 1992, **29**(4):644–651.

PURI I M. On the life–history and structure of the early stages of *Simuliidae* (Diptera,Nematocera) part Ⅰ [J]. *Parasitology*, 1925, 17: 295–334.

PURI I M. Studies on Indian Simuliidae. Part I. *Simulium himalayense* sp. n.; *Simuliumgurneyae* Senior White and *Simuliumnilgiricum* sp. n. [J]. *Ind. J. Med. Res*., 1932a, 19:883–898.

PURI I M. Studies on Indian Simuliidae. Part Ⅱ . Descriptions of males, females and pupae of *Simulium rufibasis* Brunetti, its variety fasciatum nov, var. and of three new species from the Himalayas [J]. *Ind. J. Med. Res.*, 1932b, 19:899–915.

PURI I M. Studies on Indian Simuliidae. Part Ⅲ . Descriptions of males, females and pupae of *S. griseifrons* Brunetti (1911) and of four new species with striped thorax [J]. *Ind. J. Med. Res.*, 1932c, 19:1125–1143.

PURI I M. Studies on Indian Simuliidae. Part Ⅳ . Desctriptions of two new species from north east India *Simulium howletti* n. sp. and *Simulium hirtipannus* n. sp., with a note on *S. ornatum* Meigen [J]. *Ind. J. Med. Res.*, 1932d, 20:505–514.

PURI I M. Studies on Indian Simuliidae.Part Ⅶ .Descriptions of larva,pupa, and female of *Simulium nodosum* sp. nov., with an appendix dealing with *S. novolineatum* nov. nom. (= *S. lineatum* Puri) [J]. *Ind. J. Med. Res.*, 1933a, 20:813–817.

PURI I M. Studies on Indian Simuliidae. Part Ⅷ . Description of larvae, pupae, males and females of *S. arureohirtum* Brunetti and *S. aureum* Fries [J]. *Ind. J. Med. Res.*, 1933b, 21:1–9.

RAMÍREZ-RAMÍREZ A, SÁNCHEZ-TEJEDA G, MÉNDEZ-GALVÁN J, *et al.* Molecular studies of *Onchocerca volvulus* isolates from Mexico [J]. *Infection, Genetics and Evolution*, 2006, **6**(3):171–176.

RAMOS A, MAHOWALD A, JACOBS-LORENA M. Gut-specific genes from the blackfly *Simulium vittatum* encoding trypsin-like and carboxypeptidase-like proteins [J]. *Insect Molecular Biology*, 1993, **1**(3):149–163.

RAMOS A, MAHOWALD A, JACOBS-LORENA M. Peritrophic matrix of the blackfly *Simulium vittatum*: formation, structure, and analysis of its protein components [J]. *The Journal of Experimental Zoology*, 1994, **268**(4):269–281.

RENSHAW M, HURD H. The effects of Onchocerca lienalis infection on vitellogenesis in the British blackfly, *Simulium ornatum* [J]. *Parasitology*, 1994, **109**(3):337–343.

RENSHAW M, HURD H. Vitellogenin sequestration by *Simulium oocytes*: the effect of Onchocerca infection [J]. *Physiological Entomology*, 1994, **19**(1):70–74.

RIBEIO J C, CHARLAB R, ROWTON E D, *et al. Simulium vittatum* (Diptera: Simuliidae) and Lutzomyia longipalpis (Diptera: Psychodidae) salivary gland hyaluronidase activity [J]. *Journal of Medical Entomology*, 2000, **37**(5): 743–747.

RIVERA J, CURRIE D C. Identification of Nearctic blackflies using DNA barcodes (Diptera: Simuliidae) [J]. *Molecular Ecology Resources*, 2009, **9**(s1):224–236.

RIVOSECCHI L, CIANCHI R, BULLINI L. Electrophoretic identification of Simuliidae of the reptans group (Diptera, Nematocera) in a study of their attacks on livestock in the Adige valley [J]. *Annali Dell Istituto Superiore di Sanità*, 1984, **20**(4):377–385.

RODRÍGUEZ-PÉREZ M A, DANIS-LOZANO R, RODRÍGUEZ M H, *et al.* Detection of *Onchocerca volvulus* infection in *Simulium ochraceum* sensu lato: comparison of a PCR assay and fly dissection in a Mexican hypoendemic community[J]. *Parasitology*, 1999, **119**(6):613–619.

RODRÍGUEZ-PÉREZ M A, DOMÍNGUEZ-VÁZQUEZ A, UNNASCH T R, *et al.* Interruption of transmission of *Onchocerca volvulus* in the Southern Chiapas Focus, Mexico [J]. *PLos Neglected Tropical Diseases*, 2013, **7**(3):e2133.

RODRÍGUEZ-PÉREZ A, GOPAL H, ADELEKE M A, *et al.* Detection of *Onchocerca volvulus* in Latin American blackflies for pool screening PCR using high-throughput automated DNA isolation for transmission surveillance [J]. *Parasitology Research*, 2013, 112:3925–3931.

RODRÍGUEZ-PÉREZ A, KATHOLI C R, HASSAN H K, *et al.* Large-scale entomologic assessment of *Onchocerca volvulus* transmission by poolscreen PCR in Mexico [J]. *The American Journal of Tropical Medicine and Hygiene*, 2006, **74**(6):1026–1033.

RODRÍGUEZ-PÉREZ M A, LILLEY B G, DOMÍNGUEZ-VÁZQUEZ A, *et al.* Polymerase chain reaction monitoring of transmission of *Onchocerca volvulus* in two endemic states in Mexico [J]. *The American Journal of Tropical Medicine and Hygiene*, 2004, **70**(1):38–45.

RODRÍGUEZ–PÉREZ M A, NÚÑEZ–GONZÁLEZ C A, LIZARAZO–ORTEGA C, *et al*. Analysis of genetic variation in ribosomal DNA internal transcribed spacer and the NADH dehydrogenase subunit 4 mitochondrial genes of the onchocerciasis vector *Simulium ochraceum* [J]. *Journal of Medical Entomology*, 2006, **43**(4):701–706.

ROTHFELS K H, DUNBAR R W. The salivary gland chromosomes of the blackfly *Simulium vittatum* Zett [J]. *Can. J. Zool*., 1953, 31:226–241.

ROTHFELS K H. Blackflies: sibling, sex and species grouping [J]. *J. Hered*., 1956, 47: 113–122.

ROTHFELS K H. Cytotaxonomy of blackflies (Simuliidae) [J]. *Ann Bev Entomol*, 1979, 24:507–539.

ROTHFELS K H. A cytological study of natural hyhrids between *Prosimulium multidentatum* and *P. magmum* with notes on sex determination in their Simuliidae [J]. *Chromosoma*, 1981, 82:673–691.

RUBTSOV I A, CARLSSON G. On the taxonomy of blackflies from Scandinavia and northern U.S.S.R [J]. *Acta Univ. Lundensis*, 1965, **2**(18):1–40.

RUBTSOV I A. Balckflies (fam. Simliidae) (2[th]ed.) [M]. Fauna of the USSR (New Series No.64) Diptera, 1956, **6**(6):859 .

SASAKI H, NISHIJIMA Y, ONO H. Note on the blood source of blackflies (Diptera: Simuliidae) collected at the Onnebetsu–dake area [J]. *Medical Entomology and Zoology*, 1986, **37**(1): 41–45.

SATO Y, HAGIHARA M, YAMAGUCHI T, *et al*. Phylogenetic comparison of *Leucocytozoon* spp. from wild birds of Japan [J]. *The Journal of Veterinary Medical Science*, 2007, **69**(1): 55–59.

SATO Y, TAMADA A, MOCHIZUKI Y, *et al*. Molecular detection of *Leucocytozoon lovati* from probable vectors, blackflies (Simuliudae) collected in the alpine regions of Japan [J]. *Parasitology Research*, 2009,**104**(2):251–255.

SCHAFFARTZIK A, WEICHEL M, CRAMERI R, *et al*. Cloning of IgE–binding proteins from *Simulium vittatum* and their potential significance as allergens for equine insect bite hypersensitivity [J]. *Veterinary Immunology and Immunopathology*, 2009,**132**(1):68–77.

SENATORE G L, ALEXANDER E A, ADLER P H, *et al*. Molecular systematics of the *Simulium jenningsi* species group (Diptera: Simuliidae), with three new fast–evolving nuclear genes for phylogenetic inference [J]. *Molecular Phylogenetics and Evolution*, 2014, 75:138–148.

SHAH J, KARAM M, PIESSENS W F, *et al*. Characterization of an Onchocerca specific clone from *Onchocerca volvulus* [J]. *The American Journal of Tropical Medicine and Hygiene*, 1987, **37**(2):376–384.

SHIRAKI T. Simuliidae of the Japanese Empire [J]. *Mem. Fac. Sci. Agric. Taihoku Imp. Univ*., 1935, 16:1–90.

SIMMONS K R, EDMAN J D, BENNETT S R. Collection of blood–engorged blackflies (Diptera: Simuliidae) and identification of their source of blood [J]. *Journal of the American Mosquito Control Association*, 1989, **5**(4): 541–546.

SMITH GV. Insect and other arthropods of Medical importance [M]. London:Br. Mus. (Nat. Hist.),1973:109–153.

SNYDER T P. Electrophoretic characterization of blackflies in the *Simulium venustum* and *verecundum* species complexes (Diptera: Simuliidae) [J]. *Can. Entomol*., 1982, 114: 503–507.

SNYDER T P. Linton M. C. Electrophoretic and morphological separation of *Prosimulium fuscum* and *P. mixtun* larvae (Diptera: Simulliidae) [J]. *Can. Entomol*., 1983, 115:81–87.

SOHN U, ROTHFELS K H, STRAUS N A. DNA: DNA hybridization studies in blackflies [J]. *Journal of Molecular Evolution*, 1975, **5**(1):75–85.

SPIRONELLO M, RIZVI L, CURRIE D C, *et al*. Isolation and characterization of 11 microsatellite loci from the blackfly, *Simulium negativum* (Diptera: Simuliidae) [J]. *Molecular Ecology Resources*, 2009, **9**(3):969–971.

SRIPHIROM P, SOPALADAWAN P N, WONGPAKAM K, *et al*. Molecular phylogeny of blackflies in the *Simulium tuberosum* (Diptera: Simuliidae) species group in Thailand [J]. *Genome*, 2014, **57**(1):45–55.

STALLINGS T, CUPP M S, CUPP E W. Orientation of Onchocerca lienalis Stiles (Filarioidea: Onchochercidae) microfilariae to blackfly saliva [J]. *Journal of Medical Entomology*, 2002, **39**(6): 908–914.

ST-ONGE M, LARUE B, CHARPENTIER G. A molecular revision of the taxonomic status of mermithid parasites of black flies from Quebec (Canada) [J]. *Journal of Invertebrate Pathology*, 2008, **98**(3):299–306.

SUN Baojie, YU Changyou, AN Jiyao (孙宝杰，于长友，安继尧). A new species of *Simulium* (*Gomphostilbia*) from Shandong, China (Diptera: Simuliidae) [J]. *Med. Entomol. Sin*., 2011, **18**(4):242–250.

SUN Yuexin (孙悦欣). A detailed description of the larva of *Simulium* (*Gomphostilbia*) (Diptera: Simuliidae) [J]. *Acta Parasitol. Med. Entomol. Sin*., 2011, **18**(3):174–175.

SYNEK P, MUNCLINGER P, ALBRECHT T, *et al*. Avian haemosporidians in haematophagous insects in the Czech Republic [J]. *Parasitology Research*, 2013, **112**(2):839–845.

TAKAHASI H, Sigie S H. A new blackfly species of *Simulium* (*Gomphostilbia*) from Java, Indonesia [J]. *Jap. J. Trop.Med.Hyg*., 1992, **20** (2):135–142.

TAKAHASI H. Description of five new species of Simuliidae fram Manchoukuo (Studies on Simuliidae of Manchoukuo, I.) [J]. *Insecta. Matsumurana*, 1940, **15**(1/2):63–74.

TAKAHASI H. Die Simuliiden von Mandschukuo Ⅱ [J]. *Insecta. Matsumurana*, 1942, **16**(1/2):36–43.

TAKAHASI H. Simuliidae of Shansi, China [J]. *Mushi*, 1948, **18**(10):65–66.

TAKAOKA H, HUANG Yaote (黄耀特，音). A new species of *Simulium* (*Simulium*) (Diptera:Simuliidae) [J]. *Med. Entomol. Zool*, 2006, **57**(3):219–227.

TAKAOKA H, Hadi U K. Two new blackfly speeies of *Simulium* (*Simulium*) from Java, Indonesia [J]. *Jap. J. Trop. Med. Hyg*., 1991, **19**(4):357–370.

TAKAOKA H , ROBERES D M. Notes on black flies from Sulawesi, Indonesia[J].*Jap. J. Trop. Med. Hyg*., 1988, **16**(3):191–219.

TAKAOKA H, DAVIES D M. The blackflies (Diptera:Simuliidae) of Java, Indonesia [J]. *Bishop Mus Bull. Entomol*, 1996,6:181.

TAKAOKA H, DAVIES D M, Dudgeon D, Blackflies (Diptera: Simuliidae) from Hong Kong: taxonomicnotex with two new specie [J]. *Jap. J. Trop. Med. Hyg*., 1995, **23**(3):189–196.

TAKAOKA H, Somboon P. Eleven new species and one new record of blackflies (Diptera:Simuliidae) from Bhutan [J]. *Medical Entomology and Zoology*, 2008, **59**(3):213–262.

TAKAOKA H. A new species of Simuliidae from Yonakuni Island, Ryukyu Islands, Japan (Diptera: Simuliidae) [J]. *J. Med. Ent*., 1972, **9**(6):521–523.

TAKAOKA H. Blackflies from Cheju Island in Korea witt the description of *Simulium* (*Eusimulium*) *subcostatum chejuensen*. n. ssp. (Diptera:Simuliidae) [J]. *Jap. J. Sanit. Zool*., 1974, **25**(2):141–146.

TAKAOKA H. Studies on blackflies of the Nansei Islands, Japan (Diptera:Simuliidae). I. On six species of the subgenus *Eusimulium* Roubaud, with the descriptions of *Simulium* (*E.*) *satsumense* sp. nov., and *S.* (*E.*) *subcostatum koshikiense* ssp.nou.Jap [J]. *J. Jap. Sanit. Zool*., 1976a, 27:163–180.

TAKAOKA H. Studies on blackflies of the Nansei Islands, Japan (Diptera:Simuliidae). Ⅱ .On six sppcies of the subgenera,*Gomphostilbia* Eaderlein, *Morops* Enderlein, *Odagmia* Enderlein and Gnus Rubtsov,with the description of *Simulium* (*Gomphostilbia*) *okinawense* sp.nov. [J]. *Jap. J. Zool.*, 1976b, 27:385–398.

TAKAOKA H. Studies on blackflies of the Nansei Islands, Japan (Simuliidae: Diptera). Ⅲ . On six species of the subgenus *Simulium* Latreille [J]. *Jap. J. Sanit. Zool.*, 1997a, 28:193–217.

TAKAOKA H. Studies on blackflies of the Nansei Island, Japan Ⅳ [J]. *Jap. J. Sanit. Zool.*, 1977b, **28**(2):219–224.

TAKAOKA H. A new species of blackfly from Kyushu, Japan [J]. *J. Trop. Med. Hyg.*, 1978, **6**(1):9–14.

TAKAOKA H. The blackflies of Taiwan (Diptera:Simuliidae) [J]. *Pacif. Ins.*, 1979, 20:365–403.

TAKAOKA H. The blackflies (Diptera:Simuliidae) of the Philippines [M]. Tokyo:Japan Society for the Promotion of Sciences, 1983:210.

TAKAOKA H. Revised list of Japanese blackflies (Simuliidae) [J]. *Jap. J. Sanit. Zool.*, 1988.39(2):97–103.

TAKAOKA H. Notes on blackflies (Diptera:Simuliidae) from Myanmar (Formerly Burma) [J]. *Jap. J. Trop. Med. Hyg.*, 1984, **17**(3):243–257.

TAKAOKA H. The blackflies (Diptera:Simuliidae) of Sulawesi, Maluka and Irian Jaya [M]. Kyashu University Press, Fukuoka, 2003:581.

TAKAOKA H, DAVIES D M. The blackflies (Diptera:Simuliidae) of west Malaysia [M]. Kyushu University Press, 1995: 1–175.

TAKAOKA H, Suzuki H. The blackflies (Diptera:Simuliidae) from Thailand [J]. *Jap. J. Sanit. Zool.*, 1984, **35**(1):7–45.

TANAKA T. The alimentary canal of the larva of *Simulium pictipes* Hagen [D]. Masters's thesis, Cornell University, Ithaca, NY, USA, 1924:77 , 17 plates.

TANAKA T. The cytological studies of the alimentary canal of *Simulium pictipes* Hagen: its structure and metamorphosis [C]. Bulletin of the Kagoshima Imperial College of Agriculture and Forestry (Papers on the 25th Anniversary of Kagoshima Advanced Agricultural School), 1934, 11: 813 – 912.

TANG J, PRUESS K, CUPP E W, *et al.* Molecular phylogeny and typing of blackflies (Diptera: Simuliidae) that serve as vectors of human or bovine onchocerciasis [J]. *Medical and Veterinary Entomology*,1996, **10**(3):228–234.

TANG J, TOÉ L, BACK C, *et al.* Mitochondrial alleles of Simulium damnosum sensu lato infected with *Onchocerca volvulus* [J]. *International Journal for Parasitology*, 1995, **25**(10):1251–1254.

TANG J, TOÈ L, BACK C, *et al.* The Simulium damnosum species complex: phylogenetic analysis and molecular identification based upon mitochondrially encoded gene sequences [J]. *Insect Molecular Biology*, 1995, **4**(2):79–88.

TANG J, TOÈ L, BACK C, *et al.* Intra-specific heterogeneity of the rDNA internal transcribed spacer in the *Simulium damnosum* (Diptera: Simuliidae) complex [J]. *Molecular Biology and Evolution*,1996, **13**(1):244–252.

TANG J, UNNASCH T R. Discriminating PCR artifacts using directed heteroduplex analysis (DHDA) [J]. *Biotechniques*, 1995, **19**(6):902–905.

TARTAR A, BOUCIAS D G, ADAMS B J, *et al.* Phylogenetic analysis identifies the invertebrate pathogen Helicosporidium sp. as a green alga (Chlorophyta) [J]. *International Journal of Systematic and Evolutionary Microbiology*, 2002, **52**(1):273–279.

TESHIMA J. DNA-DNA Hybridization in Blackflies (Diptera: Simuliidae) [J]. *Can. J. Zool.*,1972, **50**(7): 931–940.

THANWISAI A, KUVANGKADILOK C, BAIMAI V. Molecular phylogeny of blackflies (Diptera: Simuliidae) from Thailand, using ITS2 Rdna [J]. *Genetica*, 2006, **128**(1–3):177–204.

TOE L, MERRIWEATHER A, UNNASH T R. DNA probe-based classification of *Simulium danmosum* s. 1. Borne and human-derived filarial parasites in the onchocerciasis control program area [J]. *Am.J. Trop. Med. Hyg.*, 1994, **51**(5):676–683.

TRAORE M O, SARR M D, BADJI A, *et al.* Proof-of-principle of onchocerciasis elimination with ivermectin treatment in endemic foci in Africa: final results of a study in Mali and Senegal [J]. *PLos Neglected Tropical Diseases*, 2012, **6**(9):e1825.

TSUJIMOTO H, GRAY E W, CHAMPAGNE D E. Blackfly salivary gland extract inhibits proliferation and induces apoptosis in murine splenocytes [J]. *Parasite Immunology*, 2010, **32**(4):275–284.

TSUJIMOTO H, KOTSYFAKIS M, FRANCISCHETTI I M, *et al.* Simukunin from the salivary glands of the blackfly *Simulium vittatum* inhibits enzymes that regulate clotting and inflammatory responses [J]. *PLos One*, 2012, **7**(2):e2964.

WÄCHTLER W, RÜHM W, WELSCH U. Histological, histochemical and electron-microscopical studies on the salivary gland of *Boophthora erythrocephala De Geer* (Simuliidae, Diptera) [J]. *Z Parasitenkd*, 1968, **31**(1):18–19.

WAHL G, SCHIBEL J M. *Onchocerca oochengi*: morphological identification of the L3 in wild *Simulium damnosum* s. l., verified by DNA probes [J]. *Parasitology*, 1998, **116**(4):337–348.

WEN Xiaojun and CHEN Hanbin (温小军 , 陈汉彬). A new species of *Simulium* (*Gomphostilbia*) from China (Diptera:Simuliidat) [J]. *Guizhou Sci.*, 2000, **18**(1–2):113–115.

WEN Xiaojun, CHEN Hanbin (温小军 , 陈汉彬). A new species of the subgenus *Simulium* (*Montisimulium*) from Sichuan,China (Diptera:Simuliidae) [J]. *Acta Zootax Sin.*, 2005, **31**(4):880–882.

WEN Xiaojun, MA Yulong, CHEN Hanbin (温小军 , 马玉龙 , 陈汉彬). A new species of genus *Sulcicnephia* from China (Diptera Simuliidae) [J]. *Acta Zootax Sin.*, 2010, **35**(3):469–471.

WEN Xiaojun, WEI Jing, CHEN Hanbin (温小军 , 韦静 , 陈汉彬). First record of subgenus *Montisimulium* from Henan Province with a new species (Diptera:Simuliidae) [J]. *Acta Parasitol. Med. Entomol. Sin.*, 2006, **13**(4):239–240.

WEN Xiaojun, WEI Jing, CHEN Hanbin (温小军 , 韦静 , 陈汉彬). A new species of the genus *Simulium* (Diptera:Simuliidae) [J]. *Entomotaxonomia*, 2007, **29**(4):290–292.

WHITE M M, LICHTWARDT R W, COLBO M H. Confirmation and identification of parasitic stages of obligate endobionts (Harpellales) in blackflies (Simuliidae) by means of rRNA sequence data [J]. *Mycological Research*, 2006, **110**(9):1070–1079.

WILLIAMS T, CORY J. DNA restriction fragment polymorphism in iridovirus isolates from individual blackflies (Diptera: Simuliidae) [J]. *Medical and Veterinary Entomology*, 1993, **7**(2):199–201.

WIRTZ H P. Bioamines and proteins in the saliva and salivary glands of Palaearctic blackflies (Diptera: Simuliidae) [J]. *Tropical Medicine and Parasitology*, 1990, **41**(1):59–64.

WU C F (胡经甫). Family Simuliidae P.83 [M]. // WU C F. Catalogus Insectorum Sinensium, 1940: 524.

WU Yifang (吴贻芳). A contribution to the biology of *Simulium* (Diptera) [J]. *Michigan Acad of Sciarts and Letters*, 1931, 13:543–599.

XIONG B, DOCHER T D. Phylogeny of sibling species of *Simndum venustum* and *S. verecundum* (Diptera:Simuliidae) based on sequence of the mitochondrial 16S rRNA gene [J]. *Mol Phylogenet Evol*, 1993, **2**(4):293–303.

XIONG B, JACOBS-LORENA M. Gut-specific transcriptional regulatory elements of the carboxypeptidase gene conserved between black flies and Drosophila [J]. *Proceedings of the National Academy of Sciences of the United States of America*, 1995, 92:9313–9317.

XIONG B, JACOBS-LORENA M. The blackfly *Simulium vittatum* trypsin gene:characterization of the 5'-up-stream region and induction by the blood meal [J]. *Exp. Parasitol*, 1995, **81**(3):363–370.

XIONG B, KOCHER T D. Comparison of mitochondrial DNA sequence of seven morphospecies of blackflies (Diptera:Simuliidae) [J]. Genome, 1991, **34**(2):306–311.

XIONG B, KOCHER T D. Phylogeny of sibling species of *Simulium venustum* and *S. verecundum* (Diptera: Simuliidae) based on sequences of the mitochondrial 16S rRNA gene [J]. *Molecular Phylogenetics and Evolution*, 1993, **2**(4):293–303.

YAMÈOGO L, TOÈ L, HOUGARD J M, *et al*. Pool screen polymerase chain reaction for estimating the prevalence of *Onchocerca volvulus* infection in *Simulium damnosum* sensu lato: results of a field trial in an area subject to successful vector control [J]. *The American Journal of Tropical Medicine and Hygiene*, 1999, **60**(1):124–128.

YANG Ming, CHEN Hanbin, LUO Hongbin (杨明 , 陈汉彬 , 罗洪斌). A Characteristic new blackfly species from Shennongjia Natural reserve, China (Diptera:Simuliidae) [J]. *Acta Zootax Sin*., 2009, **34**(3):454–456.

YANG Ming, FAN Wei, CHEN Hanbin (杨明 , 樊卫 , 陈汉彬). A new blackfly species of the *Simulium* (*Eusimulium*) from Liaoning Province, China (Diptera:Simuliidae) [J]. *Acta Zootax Sin*., 2008, **33**(3):523–525.

YANG Ming, LUO Hongbin, CHEN Hanbin (杨明 , 罗洪斌 , 陈汉彬). Description of a new species of the genus *Simulium* Latreille from Shennongjia, Hubei, China [J]. *Acta Zootax Sin*., 2005, **30**(4):839–841.

YANG Y J, DAVIES D M. Occurrence and nature of invertase activity in adult blackflies (Simuliidae) [J]. *Journal of Insect Physiology*, 1968, **14**(9):1221–1232.

ZHANG Chunlin, CHEN Hanbin (张春林 , 陈汉彬). Two new species of subg. *Gomphostilbia* of *Simulium* Latreille from Hunan Province, China (Diptera: Simuliidae) [J]. *Acta Zootax Sin*., 2004, **29**(2):372–376.

ZHANG Chunlin, CHEN Hanbin (张春林 , 陈汉彬). A new blackfly of *Simulium* (*Montisimulium*) from Sichuan Province, China (Diptera:Simuliidae) [J]. *Acta Zootax Sin*., 2006, **31**(3):643–645.

ZHANG Chunlin, YANG Ming, CHEN Hanbin (张春林 , 杨明 , 陈汉彬). Two new species of the genus *Simulium* breeding adjacent on a warterfall from Wuzhishan of Hainan Island, China (Diptera:Simuliidae) [J]. *Acta Zootax Sin*., 2003, **28**(4):741–744.

ZHANG Jianqing, GAO Bo, CAI Hengzhong, *et al*.(张建庆 , 高博 , 蔡亨忠 , 等). Notes on the blackflies of the Wuyi mountain, China with a new species description (Diptera:Simuliidae) [J]. *Acta Parasitol. Med. Entomol. Sin*., 2009, **16**(2):107–110.

ZHU X, PRUESS K P, Powers T O. Mitochondrial DNA Polymorphism in a blackfly, *Simulium vittatum* (Diptera: Simuliidae) [J]. *Can. J. Zool*., 1998, **76**(3): 440–447.

ZHU X. Mitochondrial DNA polymorphism in black flies (Diptera: Simuliidae)[D]. Lincoln: University of Nebraska, 1991.

学名中名对照索引

O

P

Q

R

S

中名索引

六画

七画

八画

九画

十画

十一画

十二画

十三画

十四画

十五画

十六画

十七画

十八画